U0107294

上

BAINIAN ZHONGGUO
MEIXUE MINGZHU DAODU

百年中国
美学名著导读

潘知常 ◎ 主编

百花洲文艺出版社
BAIHUAZHOU LITERATURE AND ART PRESS

图书在版编目（CIP）数据

百年中国美学名著导读 / 潘知常主编. –– 南昌：
百花洲文艺出版社, 2023.12
ISBN 978-7-5500-5115-7

Ⅰ.①百… Ⅱ.①潘… Ⅲ.①美学 – 著作研究 – 中国
– 文集 Ⅳ.①B83–81

中国国家版本馆CIP数据核字（2023）第204412号

百年中国美学名著导读

潘知常　主编

出 版 人	陈　波	
责任编辑	周振明	
书籍设计	黄敏俊	
制　　作	何　丹	
出版发行	百花洲文艺出版社	
社　　址	南昌市红谷滩世贸路898号博能中心一期A座20楼	
邮　　编	330038	
经　　销	全国新华书店	
印　　刷	江西千叶彩印有限公司	
开　　本	720 mm×1 000 mm　1/16	印张　72
版　　次	2023年12月第1版	
印　　次	2023年12月第1次印刷	
字　　数	1080千字	
书　　号	ISBN 978-7-5500-5115-7	
定　　价	129.00元（全二册）	

赣版权登字　05-2023-366

版权所有，盗版必究

邮购联系　0791-86895108
网　　址　http://www.bhzwy.com
图书若有印装错误，影响阅读，可向承印厂联系调换。

序言

　　1808年，贝多芬的《命运交响曲》完成。后人评价道："贝多芬就是在这部交响曲上成为巨人的。"

　　我常常想，这个评价何其精彩！一个艺术家要"成为巨人"，唯一的方式，就是借助自己的作品。由此我也常常联想，既然艺术家是如此，那么，对于一个学者而言，是否也应该是借助自己的作品而"成为巨人"？答案无疑是肯定的。

　　这或许就是我所赞同的所谓"美学的一本书主义"。《白鹿原》的作者陈忠实先生曾经说："悬在我心里的一个愿望，就是写一部死时可以垫棺作枕的书。我从少年时期就喜欢写作，如果到死时连一本自己满意的书都没有，真不敢想那有多悲哀。"当然，在学术研究中也是一样。一个学者，无疑只能被自己的学术成果所定义。学者的生命就是自己的学术成果。而这自己的学术成果又只能以两种方式存在：传世名著或所立新说。这就是：或者"著书"（写出名著），或者"立说"（提出新学说）。人们常言"著书立说"，四个字言简意赅，完全道出了学术研究的堪称公开的秘密。任何一个真正的学者，都一定是要么因为他所写出的名著要么因为他所提出的新学说而得以牢牢地在学术史上站稳脚跟的。没有名著或者没有新学说，那就只能成为流星、陨石，也只能在学术历史的大浪淘沙中被无情淘汰。

　　从学术史的角度来看也是一样。我们知道，评价任何时代的文学最为重要的一个尺度，就是看这个时代文学的高端成果。比如现代文学，我们有了鲁迅的作品，这就是一个文学国家的高端成果。同样，法国文学的高端成果是雨果的作品，英国文学的高端成果是莎士比亚的作品，美国文学的高端成果是海明威的作品，日本文学的高端成果要看川端康成的作品，俄国文学的高端成果要看托尔斯泰的作品……这当然跟每年的经济期待不同，也不能一年来一个总结。我偶然看到还有人发明了中国的特色的学术史的写法，即把组织开会的人、选为学会领导的人、编撰丛书的人、翻译西方书籍的人等乃至谁主持谁发言也都写进学术史，不惜把学术史写成流水账。似乎，自己尽管进不了学术史但也无须刻苦努力，径直去改变学术史的写法就可以了。从而，自己不但现在是频繁露面于各类主题的学术会议的"华威先生"，而且以后在学术史里也可以分得一席之地。然而，这无疑是不正确的。名著是岁月沉淀冲刷的沙金，也是学术史得以成为学术史的根本所在，非但不是腐肉砒霜氰化物之类所可以比拟，也不是众多的"平庸之作"所可以冲抵。尤其是在一个学术的"豆腐渣工程"时有出现的时代，显然理应更是这样。

还必须提及的是"项目学术""集体学术""热点学术""工程学术"等，时代使然，我因此也并不一概反对。但是我必须指出的是，这类研究从一开始就很难逃过"计量统计"的陷阱。因为，"计量统计"只能反映平均水平，但是却不能反映前沿水平。然而，学术水平却始终都是由最为前沿的水平决定的。否则，就会出现曲阜师范大学数学学科竟然力压北京大学数学学科而位居中国第一的窘境。为此，我多年来一直就呼吁："计量统计"尽管可以"奖勤罚懒"，但是更可以"汰优"与"汰劣"。它能够留下来的或许造就的，就只是"中等人才"。或者，我们可以称之为"精致的平庸"，甚至在一定意义上，也可以称之为劣币驱逐良币。学术的上梁没有了，既然如此，一些学术工程的合伙人、一些学术车间的"计件工人"，甚至一些学术会议上的"口力工人"，也就俨然成为学术的"上梁"。在他们的带动下，学术圈里几乎唯一的话题，就是某某人得了重大项目、某某人获了什么奖、某某人评了什么头衔……过去大家经常一起津津乐道的是谁又写了什么好书，又写了什么好文章，谁又提出了什么新学说……类似的场景，而今确实是已经出现得越来越少了。

但是，顶刊论文不绝对等于顶级成果，重大项目不绝对等于重大成果。这其实是学术界彼此心照不宣的常识。"大抵学问，是荒江野老屋中，二三素心人商量培养之事，朝市之显学，必成俗学。"这其实也是学术界彼此心照不宣的常识。无论如何，"莫道谗言如浪深，莫言迁客似沙沉。千淘万漉虽辛苦，吹尽狂沙始到金"。因此，优秀的成果一定是不为积习所蔽，不为时尚所惑，一定是沉潜把玩、博学深思的结果，一定是倾尽一生、倾尽全力、倾尽所有的结果。"勿慕时为，勿甘小就"，甚至总是片面深刻，总是比较稚嫩，总是不入其他宗派、门派的法眼……优秀的成果一定是"从0到1"，而不是"从1到99"。优秀的成果一定不是以跟踪、模仿和附和别人为主的第二手科研，一定反对赝科研、伪科研、以发表C刊论文为目的的科研。也许，优秀的成果在某一特定时间内会郁郁寡欢、遭人白眼，但是，时间最终却绝对不会辜负它们。16世纪德国天文学家开普勒关于行星运动的著作而今业已成为经典名著了，当年却并非如此，开普勒曾针对这本书激愤而言："这本书可能要等上一个世纪才有一个读者，就像上帝等了六千年才有了一个天文观察者一样。"然而，今天再看，我们却必须承认：这本书已经不再落后于时代。

由此就要说到百年中国美学。众所周知，这是美学大"热"的百年、名家辈出的百年，也是"著书立说"成果累累的百年。蒋孔阳先生提出过"美的多层累性"，其实，美学史的演进也同样存在"研究成果的多层累性"。它不可能由一个人毕其功于一役，而是大家一起奋力探索、辩难、争鸣……严复《救亡决论》描述道："生人之计虑知识，其开也，必由粗以入精，由显以至奥，层累阶级，脚踏实地，而后能机虑通达，审辨是非。"这庶几近之？而且，一旦站在百年之后的今天回望过去，就不难发现："草鞋没样，边打边像"，犹如令人大快朵颐的人参、燕窝、熊掌，百年中国美学，也已经孕育催生了自己的已经产生了广泛影响的扛鼎之作。

鲍勃·迪伦说过："昔日我曾如此苍老，但我如今风华正茂。"这就类似我们日常所说的：日子从前往后过，生命从后往前懂。由此，一个自然而然的想法是：把这些已经产生了广泛影响的扛鼎之作挑选出来，并且隆重予以介绍。

这当然就是眼前这本《百年中国美学名著导读》的由来。

至于"挑选"的原则，简单而言，其实也就是两条：第一条，是强调"首创"与"独创"。"首创"，侧重的是发表的时间，先来后到，这是必须尊重的；"独创"，侧重的则是深度。最好的，当然是既是"首创"又是"独创"。第二条，是要看所带来的学术影响的大小。当然，我也知道很多所谓的"影响"往往是靠不住的。但是，倘若以百年为尺度，这影响的大小却也不难判断。毕竟，"赠君一法决狐疑，不用钻龟与祝蓍。试玉要烧三日满，辨材须待七年期。周公恐惧流言日，王莽谦恭未篡时。向使当初身便死，一生真伪复谁知？"。

具体来说，《百年中国美学名著导读》分为上下卷，共80万字，精选百年中国美学名著20本，力求完整展现百年中国美学的成果。其中，上卷为美学基本理论，选择了8本美学名著，下卷为中西美学、部门美学，选择了12本美学名著。毫无疑问的是，具体书目的选择颇费思量。我们大量征求了国内美学同人的意见，也反复进行了筛选，并且多次相互协商。甚至，在确定了选目之后，因为负责撰写该书导读的作者在写作过程中质疑自己所写的对象并非名著，我们又断然加以替换。当然，我们一般不选主编的书籍、撰写的教材，一般也不选论文集（早期的例外）。同时，我们还尽量把美学与艺术学、文艺学的名著相对加以区别（早期的例外）。因为它们本来就是作为三个不同的二级学科而存在的。擅长于游走其中的三栖学者固然有其贡献，但是毕竟不宜三家通吃。美学也还是要坚持自己的相对独立性的。最后，名家必须有名作，但是名作不一定出自名家。为此，20本名著也就没有按照美学史上的学术地位或者学术头衔排序，而是直接按照名著的作者姓氏的汉语拼音为序。也许，这样可以方便读者只去关注这20本名著，而不去关注这些名著背后的更多的无关紧要的东西。

不过，挑选美学名著其实也是一个主观的过程，没有什么客观的标准，因此肯定存在不足之处，肯定无法求得所有学人的认同。幸而，我也从来没有期待过所有学人的认同。在这里，我只敢说一句可以为自己壮胆的话：我相信，如果以"首创""独创"以及所带来的学术影响的大小来衡量，也许在同一领域的美学著作中很难可以挑选出足以取代这20本中任何一本的美学著作来了。自然，也有遗憾，在我看来，在中国美学研究的领域，也许还可以有两三部足以入选。遗憾的是，中国美学研究领域的美学名著已经挑选出来的有点多了，因此，只能憾然作罢。

1878年，雨果在著名的《纪念伏尔泰逝世一百周年的演说》中说："伏尔泰不仅是一个人，他是一个世纪！"

我也想说：这20本书也都不仅是一本书，而是一个世纪！

倏忽百年，置身其中，我每每想起南宋时人季苾的《祭吴先生履斋》一文。季苾在文章中悼念他的朋友吴先生说："后世而无先生者乎？孰能志之？后世而有先生者乎？孰能待之？"意思是说：后世如果没有了先生这样的人，谁又能继续？即使后世有了先生这样的人，那有谁又能够等到那一天呢？而在我们所导读的20部美学名著中，也有一些先生已经远去。其余的一些先生，也大多年事已高。十分庆幸的是，我们还有他们的"传世名著"与"所立之说"。

这是他们传递给我们的美学财富，也是百年中国美学凝聚而成的美学结晶。对此，我们理应永远传承，也理应无比珍惜。

感谢为本书撰稿的20位美学学者，也感谢江西百花洲文艺出版社的各位编辑朋友。未来的道路肯定并不平坦，但是，你们的大力支持，必将会推动着我不懈前行！

2022年12月1日，南京卧龙湖，明庐

目　录

上卷

001 ｜ 主体论美学的庄严建构

　　　　——高尔泰《美是自由的象征》导读／范　藻

068 ｜ 美在创造

　　　　——蒋孔阳《美学新论》导读／江　飞

138 ｜ 美与实践

　　　　——李泽厚《美学四讲》导读／李　骏

196 ｜ 生命美学："光明在勾拨我爱的心弦"

　　　　——潘知常《走向生命美学——后美学时代的美学建构》导读／刘　燕

270 ｜ 王国维的"美"与"真"

　　　　——王国维《人间词话》导读／吴申珅

341 ｜ 自我的超越和超越的美学

　　　　——杨春时《作为第一哲学的美学——存在、现象与审美》导读

　　　　　　　　　　　　　　　　　　　　　／肖建华、吴上清

447 ｜ 中国现代美学"体"与"用"的确立

　　　　——朱光潜《文艺心理学》导读／周　丰

515 ｜ 实践·生成·境界

　　　　——朱立元《走向实践存在论美学》导读／王　敏

下卷

579 | 独具慧眼、探本溯源、中西融合

　　——佛雏《王国维诗学研究》导读 / 黄石明

626 | 美、诗学与艺术的迷思

　　——胡经之《文艺美学》导读 / 段绪懿

665 | 感性的实践生成与对象化历史

　　——李泽厚《美的历程》导读 / 吴寒柳

705 | 中国美学之何为与可为

　　——刘纲纪《中国美学史》导读 / 王世海

748 | 书法的故事　灵魂的探险

　　——熊秉明《中国书法理论体系》导读 / 颜以虎

798 | 为人生而艺术

　　——徐复观《中国艺术精神》导读 / 秦兴华

857 | 中国美学图景的初次勾勒

　　——叶朗《中国美学史大纲》导读 / 崔淑兰

901 | "有"与"无"的双重变奏

　　——张法《中西美学与文化精神》导读 / 向　杰

961 | 美与人生境界

　　——张世英《美在自由》导读 / 王燕子

1006 | 守正与创新：语境中的美学突围

　　——朱光潜《西方美学史》导读 / 李金来

1040 | 散步美学的延续

　　——朱良志《中国美学十五讲》导读 / 陈　莉

1088 | 意境美学的现代建构

　　——宗白华《艺境》导读 / 张泽鸿

主体论美学的庄严建构

——高尔泰《美是自由的象征》导读

范　藻[①]

这是一部贮满了泪水与心血的生命之书；

这是一部闪耀着哲理与诗情的美学名著；

这就是著名主观派美学的重要代表高尔泰的《美是自由的象征》。

这本书在1986年12月由人民文学出版社首次推出后，一时洛阳纸贵，1988年又原封不动再版发行，"美是自由的象征"成为当代中国第二次"美学热"的流行概念。及至2021年，北京出版集团再次以《美是自由的象征》为名出版此书，虽然这个版本编排上有些调整，内容也有一些增减，但《论美》《美感的绝对性》[②]《美是自由的象征》《美的追求与人的解放》《人道主义与艺术形式》《关于艺术的一些思考》六篇作为《美是自由的象征》一书核心的重要文章依旧在列。

笔者要引领大家走进人民文学出版社1986年版的《美是自由的象征》。

---

① 范藻，四川文理学院教授。

② 《美感的绝对性》在1957年第7期的《新建设》上发表时，标题为"论美感的绝对性"，该文后来被收录到高尔泰的各种著作中，标题多为"美感的绝对性"，两者实为同一篇文章，特此说明。

　　尽管这不是一部篇章井然、条理分明的学术专著，但却是一部思想精深、观点新颖和文采斐然的美学名著；虽然这不是一部史实钩沉、思想总结的学问著作，但却是一部写给"未来"和走向"未来"的书。不论是此书"前言（一）"表露的能否适应未来时代需要的担忧，还是"前言（二）"写下的对"未来"的期待，抑或是高尔泰在2021年版《美是自由的象征》开篇的《庚子春秋——作者前言》里发出的"渺小个人在巨大历史命运面前的无能为力"的感慨，都是对"作为同一种意义的追寻"。①那么，他追寻的是一种什么样的"意义"呢？那就是生命意义。

　　从1986年到2021年，弹指一挥，三十六载，世事沧桑，社会巨变，但高尔泰在这本书里拳拳执念的两个问题——"人"的问题和"美"的问题，依然未变，并且愈加复杂和日益沉重。

一、高尔泰与《美是自由的象征》

（一）一个不可复制的高尔泰

　　孟子问："颂其诗，读其书，不知其人，可乎？"答案当然是否定的。

　　高尔泰是江苏高淳人，中国画家、美学家、散文作家，1935年生于江苏省高淳县，1955年肄业于江苏师范学院美术系，历任兰州第十中学美术教师、敦煌文物研究所研究员、兰州大学哲学系教师、中国科学院哲学所美学研究室研究员、四川师范大学美学研究室主任与副教授。1970年代，他开始发表作品，1992年出国，在海外从事绘画、写作，并成为内华达等大学访问学者。他先后出版了《论美》《美是自由的象征》《评论的评论》《寻找家园》和《美的抗争：高尔泰文选之一》《美的觉醒：高尔泰文选之二》等著作。

　　以上是网络上对高尔泰的介绍。循着网络上提供的信息，经过笔者的"修复"和"还原"，我们将发现一个什么样的美学家高尔泰呢？

---

① 高尔泰：《美是自由的象征》，北京出版社，2021年版，前言第7页。

1. 历经坎坷的高尔泰

1937年底日军占领南京，高淳县沦陷，为躲避战乱，高尔泰父亲带着一家老小逃难来到靠近安徽的大游山山脚下的一个村庄，在这里高尔泰度过了他清苦而单调的童年，直到抗战胜利，1945年秋回到高淳。高尔泰在逃学、打架和留级中完成了中学学业，唯有高淳县中的老图书馆，他可以自由地出入，在里面自由地阅读。1949年起，他独自一人辗转于私立的苏州美专和丹阳的正则艺专，1952年学校并入江苏师范学院。1955年在反胡风运动中，他因为有"不当"言论受到批判，后侥幸毕业，即被分配到甘肃兰州十中担任美术教师。他在1957年第2期的《新建设》上发表了他的长文《论美》，同年又在这个刊物的第7期上发表了《论美感的绝对性》，鲜明提出并坚持"美在主观"。在那个时代，"主观论"即是"唯心论"，而持"唯心论"者即是"反动派"。因此高尔泰不久被打成"右派"并被开除公职，被送到河西走廊尽头酒泉市的夹边沟农场劳动教养，因甘肃省迎接建国十周年要创作大型美术作品，而得以从大饥荒中死里逃生，1962年到敦煌文物研究所工作，"文革"时遭受批斗，及至1978年得到平反。

从1958年到1978年，是他苦难悲伤的20年，也可谓是他大难不死的20年，借用他的好友著名诗人北岛《回答》里的诗句，可以这样说：他经历了"卑鄙是卑鄙者的通行证，高尚是高尚者的墓志铭"的是非颠倒，他看惯了"在那镀金的天空中，飘满了死者弯曲的倒影"的草菅人命，他也发出过"冰川纪过去了，为什么到处都是冰凌"的沉痛质疑，他也有过"我来到这个世界上，只带着纸、绳索和身影"的孤独求索，他更是充满着"新的转机和闪闪星斗，正在缀满没有遮拦的天空"的理想情怀。

高尔泰的家庭也充满诸多不幸。他的父亲高竹园新中国成立前一直在家乡办学，新中国成立后被划为地主，后被打成"右派"，死于批斗改造；他的第一任妻子李茨林23岁死于下放的农村，他未曾见上最后一面，他们的女儿高林后来也因精神失常，无人照看，1992年病死于成都郊外林中。

印度诗哲泰戈尔说："世界以痛吻我，我却报之以歌。"中国诗人顾城说："黑夜给了我黑色的眼睛，我却用他寻找光明。"在一定意义上，可以这样说：这个痛楚的"歌声"和惨白的"光明"就是高尔泰奉献给我们的主观论美学。

2. 才情洋溢的高尔泰

作为文学艺术家的高尔泰有着深厚的家学渊源和良好的启蒙教育，他的父亲高竹园是当地的士绅，开办了私立淳南实验小学，还精通诗文，写得一手好字，高尔泰在《寻找家园》里记载了他父亲写的诗："紫藤铺绿上纱棂，暑夏风廊昼曲肱。往事追寻陈迹杳，无言默对旧时僧。"在小学六年级时，他写了一篇作文《我家的狗》，尽管老师一点不喜欢，但高尔泰依然把它投寄到《中央日报》的副刊《儿童周刊》，居然发表了，这给童年的高尔泰带来了极大的鼓励。[①]

高尔泰的父亲喜欢画画，也常常教他画画，在高尔泰15岁那年把他送到苏州美专学西洋画。高尔泰对单调枯燥的素描没有兴趣，不久转到丹阳正则艺专学习国画、书法、刺绣，在这里他第一次读到了尼采、罗曼·罗兰等西方文学家的艺术名著。1955年，他从江苏师范学院美术专业毕业，"十年磨剑"，打下了较为扎实的艺术创作基础。1959年，他被抽调到兰州为庆祝建国十周年甘肃建设成就展览绘制大型宣传油画，其中一幅《社员之家》颇受好评。1972年在"五七"干校劳动期间，他还业余创作了《两姐妹》童话故事，并画成400多幅的连环画，1978年到兰州大学任教时为兰州友谊饭店创作了一幅大型油画《山风》，1980年又根据一段生活经历创作小说《运煤记》，1982年创作小说《杨吉祥》。著名文学评论家谢昌余在高尔泰《论美》一书的序里说道："他除了长于绘画之外，还经常从事其他方面的艺术创作，发表过新诗、古体诗和短篇小说。八〇年他在《北方文学》上发表了两篇小说，很受欢迎，其中的一篇《在山中》，立即被翻译成德文，收入西德慕尼黑版的当代中国小说选集中。"[②]2021年台湾佛光文化事业有限公司出版了《禅话禅画》，这是由台湾著名的星云法师选取一百则"古今富含意趣的禅门事迹"，再由高尔泰和他的

① 高尔泰：《寻找家园》，花城出版社，2004年版，第31—35页。

② 高尔太：《论美》，甘肃人民出版社，1982年版，序言第3页。

妻子蒲小雨配画合作完成的一部图文并茂的"禅学教科书"。

在高尔泰的文学创作中，特别值得一提的是2011年11月北京十月文艺出版社出版的《寻找家园》。这是一部自传性散文，记叙了孩提时代家乡的美好，与灾荒年代在夹边沟农场经历的九死一生，以及"文革"时期在敦煌文物研究所经受的人间乱象。该书从琐碎的小事里还原了历史的真实与荒诞，在平静的叙写中见出了生命的美好与丑恶，用真切的感受和传神的笔墨传递了作者对故乡与故人的无限眷念，对人性与人道的无上崇敬，对自我与自由的无比挚爱。

3. 格外真实的高尔泰

维护真实，坚持真相，追求真理，是包括美学家在内的一切正直、正义和正道人士为人处世和安身立命的共性。在中国近现代美学家中，王国维用弱小的生命坚守真实的人格，宗白华以优雅的散步表现真实的人生，吕荧在倔强的抗争中彰显真实的人品，而高尔泰则给当代中国美学呈现出了一个通体透明、绝假纯真，以至于我行我素的美学生命和生命美学。

从不墨守成规以及大胆创新是高尔泰重要的思想品质，向往自由、彰显个性是高尔泰鲜明的人生姿态，热情浪漫、爱憎分明是高尔泰浓郁的生命底色，这一切都表现在他透明而又真实的言谈举止上。少儿时代，他在学校不服从老师的管教，不喜欢参加集体活动，坚持己见，却热衷于写作、画画，喜欢躲在一边看书，在正则艺专不屑于几十个人画一个石膏像。《寻找家园》之《留级》篇里写道："那时候，越是大人不许做的事，越是要做。不是想做，总要反在里头才痛快。"1949年少年高尔泰为了一只狗，和驻扎在村里的解放军闹得很不愉快，后来部队首长又请他去画了一幅《将革命进行到底》的宣传画，尽管受到解放军的称赞，但他内心依然不快乐，可见当时他心里没有时代政治的观念，只有个人的喜好。1955年文化界掀起了一场声势浩大的批判胡风"反革命"运动，形势之严峻，他浑然不知，还抱着追求真理的想法，认为"个人自由的程度是一个社会进步程度的标志"。

1957年，他因发表《论美》受到批判，如果做一个检查或自我批评，或许就平安无事，可他不但不这样，反而接着又发表了比《论美》更大胆和更激进的《论美感的绝对性》，并慨然宣称："永恒真理是绝对的。不可能被否定的东西总是绝对的。美感具有了自己的特征，它就不可能被否定。因此它也是绝对的。"①这样做的结果可想而知：开除公职，劳动教养。真实的审美感受并没有给高尔泰带来求真的学术环境，反而"弄真成假"了，但这丝毫不影响他对真理的探索。

面对同样在"文革"中落难的学者萧默撰文《〈寻找家园〉以外的高尔泰》爆料"告密"事件，他也在《草色连云》里毫不回避："我确实揭发了他，然后又告诉了他。但是这个事实，和他说的不同。"②今天看来，其中的是非曲直或记忆有误，属于个人恩怨，不足深究，难能可贵的是高尔泰坦然面对。

1983年适逢文化界开展"清除精神污染"运动，高尔泰在北京十月文艺出版社2011年出版的《寻找家园》之《韩学本》里写道："运动忽又莫名其妙地中断了。胡乔木打电话给甘肃省委书记刘冰，叫别把我怎么样。校党委找我谈话，传达这个'中央首长的关怀'，让我恢复上课。我同意复课，但要求他们先为停课道歉。"③文人的倔强和学人的耿直，由此可见一斑。

（二）高尔泰的主体论美学

1. 主观论美学的检视

围绕1950年代中后期"美是什么"的美的本质探讨，中国当代美学形成了四个派别：以蔡仪为代表的客观派，以李泽厚为代表的客观—社会派，以朱光潜为代表的主客观统一派，以吕荧和高尔泰为代表的主观派。"在这美学四派中，除了'主观派'以外，其余三派都属于苏联美学体系。……而'主观派'虽然没有服膺苏联美学，但也没有能够真正找到现代美学的理论根据，而更多的是依据了人的审美经验，因而也大体上属于古典的经验美学形态。后来，'主观派'受到严厉的政治迫害，便表明非苏联化的美学思想在中国学术界的

---

①　高尔太：《论美》，甘肃人民出版社，1982年版，第24页。

②　高尔泰：《草色连云》，中信出版社，2014年版，第110页。

③　高尔泰：《寻找家园》，北京十月文艺出版社，2011年版，第335页。

不合法性。"①这段话告诉我们几个信息。其一，"主观派"不属于也不愿意归入当时的主流学派，在美的问题上执着于个体的生活经验和生命体验，没有把美的问题视为社会意识和历史积淀，因而没有走"认识论""反映论"的旧路。其二，受制于当时的时代，"主观派""受到严厉的政治迫害"，吕荧在反胡风运动中公开表示胡风的见解是文艺观点，而不是政治问题，更不是反革命，当即被隔离审查，"文革"时期死于狱中；高尔泰则被打成"右派"，大难不死，终于带着"主观美学"走进新时期，重返美学。其三，当时或许真的"没有能够真正找到现代美学的理论根据"，但是"主观派"美学的重要代表人物高尔泰经过20多年的苦难经历和不懈探索，已经触摸到了美学理论的神圣大门。这就是高尔泰在《论美》和《美是自由的象征》里，受马克思《1844年经济学哲学手稿》理论的启发，在撰写《美是自由的象征》这一文章时引用马克思的见解："人是类存在物，……仅仅由于这一点，他的活动才是自由的活动。"②他将包括本质、特征等在内的人的问题与美学的问题联系起来，从而将个体性的"主观性"美学升华为人类性的"主体论"美学。

由1950年代的"主观派"美学到1980年代的"主体论"美学，即由"主观"到"主体"，表面一字之差，高尔泰酝酿20余年，最后结集为《美是自由的象征》公开出版，由此宣告"主体论"美学的庄严诞生。

在此，笔者有必要先简要辨析一下"主观"与"主体"的大致区别。通常语境中的"主观"是与"客观"相反的一种思维方式，表现为：不顾及事实或现象，未经逻辑分析或数据推算，就下结论或做决策或做出行为反应等。主观派美学的"主观"是指人的包括审美活动在内的意识活动。如吕荧所说的："美是物在人的主观中的反映，是一种观念。"③高尔泰在1957年发表的《论美》中更是直接说道："美，只要人感受到它，它就存在，不被人感受到，它

① 汝信、王德胜主编：《美学的历史：20世纪中国美学学术进程》，安徽教育出版社，2000年版，第194—195页。

② 马克思著，中共中央马克思恩格斯列宁斯大林著作编译局编译：《1844年经济学哲学手稿》，人民出版社，2018年版，第53页。

③ 吕荧：《吕荧文艺与美学论集》，上海文艺出版社，1984年版，第416页。

就不存在。"①而哲学意义上的"主体"是与"客体"相对的一个概念，指对外在世界有正常的思维、认知和实践能力的作为类的个体的人。人是相对于自然而言的，在人和自然环境的交往过程中，随着对自然的认识、利用和驾驭，由无数个体人的能力集合就形成了人类的概念，某一个体的体质和智慧的状态就代表着人类的状态，如2009年8月16日的柏林田径世锦赛男子100米决赛上，博尔特跑出9秒58打破世界纪录，成为人类首个跑进9秒60大关的人，由此代表人类在奔跑速度上了一个新的台阶。就这个意义而言，文化哲学人类学意义上的主体更多的是指人类的意志和实践的能力。真正的美学家就是以个体主观的感受、认知审美对象来代表人类的感受、认知审美对象，个体人既把自己当作客体对象，又把自己视为具有能动作用的主体；既是人类中的某一个个体，也代表人类意义的群体。

由吕荧到高尔泰，可以视为由"主观"美学到"主体"美学，为了显示这个演变，我们有必要分析一下吕荧的"主观论"美学。吕荧的美学思想是针对蔡仪"美是典型"和朱光潜"美是客观与主观的统一"提出的，即"美是人的观念"。他在《美学问题——兼评蔡仪教授的〈新美学〉》一文中认为："美，这是人人都知道的，但是对于美的看法，并不是所有的人都相同的。"他又在《再论美学问题——答蔡仪教授》中说："自然界的事物或现象本身无所谓美丑，它们美或不美，是人给与它们的评价。"他又进一步提出："美是人的一种观念，而任何精神生活的观念，都是以现实生活为基础而形成的，都是社会的产物，社会的观念。"②吕荧的"主观论"美学尽管由个体的美的主观经验发展到美的社会意识，即"美是人的社会意识"，但是依然未能跳出"主观"与"客观"、"存在"与"意识"、"历史"与"时代"的局限，将美的思考锁定在社会存在"物"的对象性层面，而未能超越"主客体"的阈限而进入"非对象性"界域。"非对象性"运用的是主客融合一体的认知路径或思维方式，这是一种消弭了"物我""主客"和对象与主体二元对立后的唯有

---

① 高尔泰：《美是自由的象征》，人民文学出版社，1986年版，第322页。

② 吕荧：《吕荧美学与文艺学论集》，上海文艺出版社，1984年版，第416、503页。

主体自我存在和自觉活动的生命之思。

2. 主体论美学的探索

高尔泰也不是一登上美学的殿堂就形成了主体论美学思想的，从1950年代中期到1980年代中期，他走过了一条从"主观"美学到"主体"美学的蜕变和完善之路，最后成就为当代中国美学史上独领风骚的主体论美学。

学术界普遍把他和吕荧的美学思想视为1950年代四大美学派别之一的"主观派"美学不是没有道理的。高尔泰将收入《美是自由的象征》一书里的两篇著名文章《论美》和《美感的绝对性》列入"附录"，其动机是意味深长的。的确，与20年后他的美学思想相比，这两篇文章的不成熟和稚嫩性显而易见，尽管这是两篇在当代中国美学史上有影响和分量的文章。他在《论美》的开篇就直言道："客观的美并不存在。"那美又在哪里呢？他说："事物之成为美的，是因为欣赏它的人心里产生了美感。没有人就没有美感，也就没有美。所以，美和美感，实际上是一个东西。"[①]这种新颖的见解和鲜明的观点，建基于个体的审美意识和生活的审美实践。高尔泰在《美感的绝对性》里通过月亮、青蛙、旗帜、湖沼的美感经验分析后，更加直接而肯定地说道："当一个人对一件事物感到美的时候，他的心理特征就是审美事实。你不承认它，它依然存在。这就是美感的绝对性。"并且，他还延续了《论美》中"美的条件"等外部因素的思考，在《美感的绝对性》里，仍然强调"客观因素只是美的条件，并不就是美。美是审美主体的经验属性，而不是审美客体的形式特征"[②]。在"美是什么"的问题上，高尔泰认为产生美的条件并不是美的本质，"美的社会属性"表现为美的功利性质，就连具有客观意义的"美的历史，也就是心理结构的历史，外在事物的感性形式不过是心理结构借以表现出来的媒介物"[③]。可见，这一时期的高尔泰坚持个体心理学意义上的主观论美学思想。

当高尔泰历经夹边沟农场的非人待遇和莫高窟敦煌研究所的"文革"乱

---

① 高尔泰：《美是自由的象征》，人民文学出版社，1986年版，第319、321—322页。

② 高尔泰：《美是自由的象征》，人民文学出版社，1986年版，第343、346页。

③ 高尔泰：《美是自由的象征》，人民文学出版社，1986年版，第322页。

象，还有壁画观摩、变文研究，加上一度被征调去画革命宣传画，从离乱和荒漠归来的高尔泰，带着满身的伤痕、岁月的沧桑，以及人生的积淀和对未来的憧憬，再一次站在了中国新时期美学的前沿，从人的本质思考、美的自由象征两个方面开启了主体论美学的庄严建构。

《关于人的本质》作为第一篇收录在《美是自由的象征》的文章，第二段鲜明地提出"审美能力是人的一种本质能力。审美的需要是人的一种基本的需要。所以美的本质，基于人的本质"。遵循马克思《1844年经济学哲学手稿》"自然界对人的生成"的重要思想，高尔泰从"人的本性"和"人的本质"的哲学思辨入手，前者说明的是"共同人性"，这是人的内部问题，后者要揭示的是，"在马克思看来，人怎样超越出动物界，人就怎样进入历史，而形成自己的本质"。①这就是孟子努力分辨的"人之所以异于禽兽者几希"，最大的区别就是人具有"审美能力"。

《美是自由的象征》也是高尔泰发表在《西北师大学报》1982年第1期上的文章，毫无疑问是最能代表高尔泰主体论美学思想的重要文章。高尔泰一以贯之地质询道："美是什么？美在哪里？"他通过对中西哲人思考历程的简述，引出鲍姆加登创立的"美学"，初步完成了由"美"的感觉到"美"的理论的升华，指出美学"是一个以价值体系为构架的文化心理结构的产物，所以离开了一个反映整体关系的哲学概括，就谈不上什么对美的认识"。②请注意，在这里高尔泰已经开始告别曾经坚信的美是"心灵本身的表现"和"美感的绝对性"。结合"历史是人的历史，所以自由作为人的本质，既是它的起点也是它的终点"③的见解，我们可以从人类历史的发展规律以及人的本质的自由特性，推导出高尔泰主体论美学有关美是什么的"三段式"："大前提——人的本质是自由"，"小前提——美是人的本质的对象化"，结论——"美是自由的象征"。

---

① 高尔泰：《美是自由的象征》，人民文学出版社，1986年版，第1—2页。

② 高尔泰：《美是自由的象征》，人民文学出版社，1986年版，第43页。

③ 高尔泰：《美是自由的象征》，人民文学出版社，1986年版，第15页。

（三）主体论美学的要义

作为"主观派"美学的创始人，吕荧实际上是不彻底的"主观"，尽管他坚持"美是人的观念，不是物的属性"，但也认为"人的观念是主观的，但是它是客观决定的主观，人的社会生活，社会存在决定的社会意识"。[①]可以说，这是依托于"社会意识"的带有个体意义的主观论美学。而作为"主观派"的后继者兼同盟军的高尔泰则超越了吕荧的社会论美学观，建立起了自己的本体论美学观，并从四个方面充实和展现了这种主体论美学思想。

一是人道主义的出发点。

高尔泰的主体论美学既不是像康德一样的"象牙塔"的苦心孤诣，也不是如克罗齐那样的"直觉说"的抒情表现，甚至不是王阳明的"心外无物，心即理"的自我表象，而是源于自己逃避战乱的童年记忆、异地求学的少年坎坷、背井离乡而又饱尝苦痛的青春离散、探求真理而家破人亡的中年遭遇。因此，高尔泰倡导的人道主义是布满伤痕、贮满泪水和充满哀痛的生命之悲和生命之思的人道主义。他21岁时在《论美》中就认为美和爱、美和善有着不可分割的联系："爱与善，这是美学上的两个基本原则。美永远与爱，与人的理想关联着。"[②]如此单纯的理想和美好的憧憬，却在历史的无情理性和现实的残酷打击下灰飞烟灭。高尔泰复出后的第一篇文章《关于人的本质》发表在《西北师大学报》1981年第2期，也是《美是自由的象征》一书中的第一篇文章，该文最后又一次强调："我们对爱、温暖、同情、信仰……等等的需要"是"人的主体地位的确证"，"从本质上来说，也就是审美主体的自由的象征"。[③]他从"人的主体"和"审美主体"的高度，为人道主义的理论奠定了哲学的基础，也为人道主义的登场开辟了路径，进而提到了人的解放的高度。

他从艺术的角度对人道主义进行了一次全面的阐释。高尔泰在《人道主义与艺术形式》一文中指出："艺术，同人道主义一样，不仅包含着对于生命和

---

① 吕荧：《吕荧文艺与美学论集》，上海文艺出版社，1984年版，第495页。

② 文艺报编辑部编：《美学问题讨论集》（第2集），作家出版社，1957年版，第140页。

③ 高尔泰：《美是自由的象征》，人民文学出版社，1986年版，第37页。

自由的肯定评价，而且包含着对于生命和自由的热烈而又执着的追求。"①那么，什么是人道主义呢？他认为这个概念是西方文艺复兴精神的体现，是"把人放在优先地位，把人作为最高的价值和终极目的，以人为万物的尺度"②。接着，他又在发表于1983年第5期《当代文艺思潮》的《美的追求与人的解放》里阐释道："所谓人道主义，也就是要建立社会和自然相统一的关系结构，或者说就是要使人成为社会和自然统一的主体，不为前者而牺牲后者，也不为后者而牺牲前者。"③具有和谐美学意义的主体，就社会而言是没有被异化的人，就自然而言是遵从内心的人，因为"人道主义的立脚点和归宿是人"，"'按照美的规律来建造'世界，这也就是人道主义的最基本的原则"。④沿着这个出发点，进而才能实现美的追求与人的解放的一致。这也是1843年秋马克思在《论犹太人问题》中提出的著名论断："任何解放都是使人的世界即各种关系回归于人自身。"⑤

二是生命体验的存在感。

众所周知，高尔泰的美学思想不是为学问而美学的凌空蹈虚，而是为人生而美学的身体力行，犹如双脚紧踏在大地上。这就是王国维在《文学小言》里阐述的"以文学得生活"和"为文学而生活"的区别，前者可以面壁虚构，而后者必须深入生活，获得生命的体验。高尔泰的美学正是后者，他的主体论美学不是呈现出纸上得来的抽象性，而是具有着躬行此事的存在感，具体表现在以下几个方面。

首先，感同身受的悲苦体验。高尔泰一生坎坷曲折、起伏动荡，他的美学著作中的许多思想发端于人生困厄的动乱时代，他一边屈辱地"苟且偷生"，一边痛苦地"悲天悯人"，凡有所感便悄悄地记载在报纸空白处、书页边角

① 高尔泰：《美是自由的象征》，人民文学出版社，1986年版，第252页。
② 高尔泰：《美是自由的象征》，人民文学出版社，1986年版，第230页。
③ 高尔泰：《美是自由的象征》，人民文学出版社，1986年版，第98页。
④ 高尔泰：《美是自由的象征》，人民文学出版社，1986年版，第99、114页。
⑤ 中共中央马克思恩格斯列宁斯大林著作编译局编译：《马克思恩格斯文集》（第1卷），人民出版社，2009年版，第46页。

和烟盒上面，尽管只是只言片语，如《美是自由的象征》"前言（一）"所说的：

> 我写作这些文章的激情，来自"史无前例"的那个时代：那时街道上涂满红字，书店里空着书架；子女监视父母，学生殴打老师，夫妻互相揭发，科学家奴颜婢膝……于是关于人是什么和人应当是什么的种种思想，便不由自主地频频来到心头。①

又如"前言（二）"坦言的："大幸生于忧患，吾生往往如此，也确实应当感激命运。"②他有了如此悲苦乃至荒诞的际遇和体验，于是便有了这部著作里面的《关于人的本质》的思考、《美的追求与人的解放》的憧憬、《人道主义与艺术形式》的理解。

其次，感兴勃发的艺术经验。高尔泰不仅从一般意义上思考美学问题，而且凭借着他丰富的艺术实践，结合中外艺术创作和艺术鉴赏来建构主体论美学。在《美是自由的象征》一文中，他通过对中国古典文学和西方罗丹《老妓女》、蒙克《呼喊》、凡·高《麦地》等现代艺术的赏析，指出："真正的艺术家们即使在最快乐的时候，心中也总有一种潜在的忧郁、不安和期待。"③1983年3月，在《当代文艺思潮》编辑部召开的一次美学座谈会上，高尔泰有一个名为《艺术的觉醒》的主题发言，认为艺术不但要跟上时代步伐，而且要推动时代前进，"应当放手让艺术家们用自己的眼睛看，用自己的耳朵听，用自己的心灵感受，用自己的脑子思索，而不要用一个模式来铸造他们"④。《社会科学战线》1986年第3期发表了他的《关于艺术的一些思考》，根据文章开篇拟定的"没有自我，我们将何以前进"的艺术美学原则，几个小标题分别是"艺术是人类的创造物""艺术是精神产品""艺术是情感的表现""艺术是真实情感的表现性形式"等，将艺术感兴与生活体验、艺术感性与生命体会、艺术感情与美学理论阐释得生动形象，总结得深刻精彩。

---

① 高尔泰：《美是自由的象征》，人民文学出版社，1986年版，前言第1—2页。
② 高尔泰：《美是自由的象征》，人民文学出版社，1986年版，前言第3页。
③ 高尔泰：《美是自由的象征》，人民文学出版社，1986年版，第79页。
④ 高尔泰：《美是自由的象征》，人民文学出版社，1986年版，第221页。

再次，感遇时代的人生历验。随着新时期的到来，从荒漠归来的高尔泰，时来运转，拥趸如云，亲历拨乱反正的时代巨变，逐浪思想解放的时代洪流，思考的第一个问题就是社会主义的"异化"。北京出版社2021年推出的《艺术的觉醒》的前两篇《异化现象近观》《漫谈异化》就是他1979年的学术随笔和学术演讲。他在《异化现象近观》里写道："在'为人民服务'的口号下，抽象的人民成了神，而具体的人民，则被物化，成了供神的牺牲。"①他对美学的思考就是对人生的思考，正如他在《美是自由的象征》书里多次说到的："人道主义是宏观历史学，现代美学是微观心理学。"②就这个意义而言，高尔泰的主体论美学，不但顺应时代潮流，而且引领时代思想。为此，他关注北岛、芒克、舒婷和顾城的朦胧诗，还关注《牧马人》《大墙下的红玉兰》《雪落黄河静无声》等伤痕文学，以及电影《人生》和何多苓的绘画。"我深感在艰难困苦的反'左'斗争中，提倡说真话和辨别真假，提倡把文学评论同祖国和人类的进步事业联系起来是必要的。"③

三是感性动力的创造性。

"感性动力"是高尔泰主体论美学的重要概念，也是一个与实践美学"积淀说"相对的充满创造力的概念。早在1957年他就在发表于《新建设》的《论美》和《论美感的绝对性》里提出了"到人的内心去找"美、美的"主观条件""心理条件"，在此基础上高尔泰将这些在《关于人的本质》《美是自由的象征》等里归结为"感性动力"，特别是在《美的追求与人的解放》里进行了集中的阐述，"人的感性动力不是天赐的智慧，不是预言者的启示，而是人自身的一种本质能力，是在进化和历史中不断发展和丰富起来的"④。1980年代，高尔泰美学的研究者丁枫指出它是"创造的动因，是人的自然生命力"，"旨在揭示美的根源、美的底蕴，是自然生命力的一首颂歌"⑤。其最大的美

---

①　高尔泰：《艺术的觉醒》，北京出版社，2021年版，第5页。

②　高尔泰：《美是自由的象征》，人民文学出版社，1986年版，第106页。

③　高尔泰：《美是自由的象征》，人民文学出版社，1986年版，第282页。

④　高尔泰：《美是自由的象征》，人民文学出版社，1986年版，第102页。

⑤　丁枫：《高尔泰美学思想研究》，辽宁人民出版社，1987年版，第122、124页。

学价值就是揭示了以审美活动为标志的生命活动的创造性意义，对于人类生命而言，它所蕴含的创造力虽然来自自然性的进化力量，但却会爆发出社会性的进步力量。

如此，感性动力具有这样三个特征：首先是它的原初性存在，生命的感性和感性的生命在生老病死的诸多生物学意义的存在中，最具有人类性的是由"生"到"老"，间或有"病"，终于"死"的状态，其中并不因为有"病"、要"老"而坐以待毙，而是向死而生，因为生命充满着生长的力量和发展的未来。他在《关于人的本质》一文中将之阐述为"共同人性"，它是"人的本质的自然基础"，在《美的追求与人的解放》中认为这"是人自身的一种本质能力"。其次是它的开放性过程，开放性为创造留下了无限的空间，高尔泰说："这种创造常常表现为手段对于目的的超越。它代复一代地进行，形成文化，形成复杂的精神文明。"①或许目的已经不重要了，而重要的是体现为过程的手段，因为目的是理性的静止和凝固，而唯有手段才是感性的动力和过程。可见"感性动力"说明的是人类生命的未定型、可变性和理想性特征。最后是它的审美性意义，诚然"感性"是由痛苦与欢乐、郁闷与舒畅、苦涩与甜蜜组成的复合体验，而能成为"动力"的一定是对欢乐、舒畅和甜蜜的向往和企及，因此高尔泰在《美的追求与人的解放》里说道："审美活动是感性动力行进的一种形式"，这里的"美是作为未来创造的动力因而动态地存在的"。②如此充满生命活力的感性动力，在克服生命本身的动物性、功利性和有限性后，必然朝着生命的人类性、精神性和无限性前进，从而显示出"美是自由的象征"的巨大魅力。

四是自由境界的人类性。

正是因为高尔泰经历了动辄得咎的身不由己、唯书唯上的思想钳制，更有刻骨铭心的囹圄之灾，他才热切向往身心的自由、倍加珍惜生活的自由，更是痛苦思考自由的含义和意义。如果说"自由"体现于物质与精神、有限与无

① 高尔泰：《美是自由的象征》，人民文学出版社，1986年版，第6页。

② 高尔泰：《美是自由的象征》，人民文学出版社，1986年版，第108、109页。

限、现实与理性的关系认知和实践，那么，康德的"自由论"是在哥尼斯堡小镇苦苦思索意志自由与理性能力的关系，萨特的"自由说"源于战俘生涯体验并思考虚无人生与绝对自由的关系；而高尔泰对自由的理解就是来自1957年到1978年20余年身体与心灵的双重匮乏，于是，美学的思考和艺术的创作成了他解除匮乏的选择，他上下求索，身心突围，终于铸成了"美是自由的象征"的理论武器。他用"象征"来说明自由，"象征"所包含的象征体是包括高尔泰在内的一个个苦苦呼告和孜孜以求的生命；属于个体的、主观的和有限的自由，其具有的象征意则具有普遍性、理想性和超越性的意义，即由自由的境遇进入自由的境界，自由的现实升华为自由的理想，自由的个体拓展至自由的人类，所以人的本质是人的世界，即"个体和整体的统一"①。

高尔泰美学自由境界的人类性是如何构成的呢？首先，主体性是前提。随着个体意识的诞生和人类文明的进步，人的自由度越来越大，人的能动性越来越强，曾经外在的、异己的世界越来越融进人的世界，人与人的关系也逐渐由分离走向融合，促使人的主体性意识和地位愈发增强和提高，高尔泰说道："他作为主体拥有这个世界，并参加在这个世界之中，被这个世界所创造，也创造这个世界。"②其次，超越性是关键。自由境界之所以具有人类性意义，是因为它借助审美活动有效地突破了个体分散而有限的时间和空间，个体的自由追求更多地具有主观性意愿，而人类的自由境界才具有主体性意义，为此，"在超越的意义上，美作为个体和整体相统一的中介，也恰恰是自由的象征。因为人类的自由，只能存在于个体和整体的统一之中"；或者由个体超越至人类。③最后，审美性是目的。中国人说"爱美之心人皆有之"，陀思妥耶夫斯基说"美能拯救世界"，是因为"人同此心心同此理"的共同美普遍存在。"所以当人在审美的时候，这就意味着他至少在审美的刹那间在精神上克服了异化，而实现了个体与整体的统一。"④在审美中或美感的获得中，个体性就

---

① 高尔泰：《美是自由的象征》，人民文学出版社，1986年版，第9页。
② 高尔泰：《美是自由的象征》，人民文学出版社，1986年版，第10页。
③ 高尔泰：《美是自由的象征》，人民文学出版社，1986年版，第64页。
④ 高尔泰：《美是自由的象征》，人民文学出版社，1986年版，第67页。

是人类性，这是高尔泰坚持的美与美感的同一性。

二、"人"的沉思：主体超越的人论

"人啊，认识你自己！"这是刻在古希腊德尔菲神庙上的箴言。

"人生天地之间，若白驹之过隙，忽然而已。"这是庄子面对宇宙的喟叹。

高尔泰的《美是自由的象征》与其说是对"美"的思考，不如说是对"人"的质询；与其说是一个"美是什么"的美学疑难，不如说首先是一个"人应何为"的人学反思。他在该书的第一篇文章《关于人的本质》里开篇就宣称："人和人的解放问题，是马克思主义的中心问题，也是现代美学的中心问题。"因为他坚信"审美能力是人的一种本质能力。审美的需要是人的一种基本的需要"。[1]新时期的高尔泰一登上美学的殿堂就步入了思想和学术的前沿，不仅应和着时代思潮的人道主义呼声，而且进入了现代哲学的生命美学领域，他的美学观点是新时期生命美学美学思想的第一次萌发，也是当代中国美学对"人"的最早思考之一。

研究美必须研究人，只有"人的问题"透彻，"美的问题"才能明了，而在"人"的沉思过程中，他首先开始对人的异化进行现实的批判，接着才思考人的本质存在，最后才憧憬人的解放，在此基础上形成了主体超越人论的美学思想。在高尔泰建构的美学大厦里，"人学"既是坚固的地基也是顶层的设计。

（一）人的异化批判

"异化"是一个从复杂的社会历史现象而成为近代哲学深刻反思的重要概念，是指客体与主体的一种对立状态，即：主体在实践活动中产生的客体，由于主体对客体过度依赖和信赖，终于脱离了主体变成一种外在的异己力量，反

---

[1] 高尔泰：《美是自由的象征》，人民文学出版社，1986年版，第1页。

过来又控制、支配和统治着主体。它起源于《圣经》的"偶像崇拜"，人在对"上帝"一类具有绝对精神自由的偶像崇拜的过程中，因为理性意识的放弃而逐渐丧失了自我，以至于偶像控制了自我，最后从"偶像崇拜"变成了"偶像绑架"的主客体对立的异化。1807年，黑格尔在他的《精神现象学》中对异化进行了哲学反思，他指出，作为精神现象的"意识"是"单一的东西的分裂为二"或树立对立面的过程，同时又是"重建其自身的同一性"过程，[①]认为异化是主体与客体的分裂，但人可通过克服精神的异化实现自我超越，其继承者费尔巴哈认为"异化"是主体的丧失。20世纪中叶以来，马尔库塞结合马克思"劳动异化"的理论，针对发达工业社会或晚期资本主义社会，指出全面异化的社会是一种"单向度的社会"，人们也被异化为"单向度的人"。后来作为西方马克思主义的法兰克福学派二代代表人物的哈贝马斯，痛感金钱和权力日益成为社会的表征，导致人的主体性地位丧失，提出了"交往异化"理论。

毫无疑问，马克思的异化见解不但有着政治经济学的批判意义，而且具有哲学的深度、人学的高度和美学的温度。在《1844年经济学哲学手稿》中，马克思明确提出了资本主义条件下"劳动异化"的观点，"劳动生产了宫殿，但是给工人生产了棚舍。劳动生产了美，但是使工人变成畸形"[②]。的确，异化导致人丧失能动性，人的个性不能全面发展，只能片面甚至畸形发展。如果说，马克思的异化批判着眼的是资本主义社会的私有制，指向的是现实的无产阶级，属望的是未来的共产主义，因而还在《手稿》中慨然畅想"共产主义是对私有财产即人的自我异化的积极的扬弃"[③]；那么，高尔泰的异化批判针对的是社会主义的特殊时期，聚焦的是当下个体，解决的路径是审美艺术，在《美是自由的象征》一文中，他指出："当人在审美的时候，这就意味着他至

①　黑格尔：《精神现象学》（上卷），贺麟、王玖兴译，商务印书馆，1979年版，第11页。

②　马克思著，中共中央马克思恩格斯列宁斯大林著作编译局编译：《1844年经济学哲学手稿》，人民出版社，2018年版，第49页。

③　马克思著，中共中央马克思恩格斯列宁斯大林著作编译局编译：《1844年经济学哲学手稿》，人民出版社，2018年版，第77页。

少在审美的刹那间在精神上克服了异化，而实现了个体与整体的统一。"①可见，高尔泰是紧扣他的注重生命能动意义的主体论美学建构来反思异化的。

高尔泰的异化批判不是在纯粹哲学意义上进行的，而是在社会学意义上进行的。这归因于他1957年至1978年间独特的人生经历，他有着饱尝非人遭遇、历经苦难的切肤之痛和切身感受，为人道主义的真理、人文主义的真诚和人生意义的真爱——人的生存和发展、人的尊严和权力、人的价值和意义而进行的生命异化批判，并从"阶级社会"与"人的本质"对立的视角指陈异化的危害："阶级社会的历史作为异化的历史就夺去了人的现实的本质，使它变形为宗教、国家、资本等等，而与个人的现实的存在相对立，成为一种否定和压迫人类的东西，把人变成一种和自己的本质相矛盾的存在物。"②这也是马克思揭示的人成了"既在精神上又在肉体上非人化的存在物"，进而人沦落为动物状态，"动物的东西成为人的东西，而人的东西成为动物的东西"。③高尔泰结合自己所经历的是非颠倒的时代和人鬼混淆的人生，是如何进行异化批判的呢？或者他为异化理解贡献了哪些新的思想呢？

首先，他指出了异化的产生是因为人的需要，这体现在他的《关于人的本质》一文里。尽管高尔泰认为异化是人类外部的、客体的"阶级社会的历史"必然需要，但他更看重人内部的、主体的"为了维持肉体的存在"需要，这符合他一以贯之的主体论思想。面对"个人的这种自我分裂"的异化，"人为什么不得不这样做呢？为了生活，即为了维持肉体的存在。仅仅为了生存而劳动和动物没有两样，人的这样的存在是动物的存在，是和人的本质相矛盾的存在"④。人的本质更多的是社会性的，而为了"活下去"，不得不回到自然状态。尤其是苦难中的苟延残喘，危难时的苟且偷生，将人的非人状态的异化推向了极致。

---

① 高尔泰：《美是自由的象征》，人民文学出版社，1986年版，第67页。

② 高尔泰：《美是自由的象征》，人民文学出版社，1986年版，第19—20页。

③ 马克思著，中共中央马克思恩格斯列宁斯大林著作编译局编译：《1844年经济学哲学手稿》，人民出版社，2018年版，第51、62页。

④ 高尔泰：《美是自由的象征》，人民文学出版社，1986年版，第20页。

其次，他分析了异化存在的历史是基于人的关系，这体现在他的《美是自由的象征》一文里。异化固然与人的基本需求有关，那满足了这个需求异化就能消除吗？由于社会私有制的历史性存在以及人类原欲的必然性存在，异化贯穿于整个人类历史和个体生命，成为人类和人的宿命。马克思在《关于费尔巴哈的提纲》说道："人的本质并不是单个人所固有的抽象物，在其现实性上，它是一切社会关系的总和。"[①]一部个体历史和人类历史就是异化存在的历史，在这个历史进程中，人在处理与自然、与社会、与自我等诸多复杂的关系中制造并感受异化，由是"异化之成为人与人关系的中介结构，是人这个物种的自我分裂。……异化了的社会产生异化了的人"。高尔泰接着要我们辩证地看待异化："人类的历史作为自由的发展史，同时也就是异化和异化扬弃的历史。"[②]因为向往自由、渴望超越和追求幸福依然伴随着人类的始终，在这个过程中饱含着个体的扭曲、局部的牺牲、道义的被玷污和正义的遭强暴，而人类就在这浴火重生中实现"华丽转身"，这是"雪被下古莲的胚芽"，这是"挂着眼泪的笑涡"。高尔泰在《美是自由的象征》一文的第八部分开始就提出"美感，这是一种比思想更为深刻的思想"，在该部分末尾又重申"异化产生伪价值，而美，则是真正的价值"，这个价值就是悲剧昭示的崇高。[③]

最后，他说明了人的解放在于个体的异化扬弃，这体现在他的《美的追求与人的解放》一文里。虽然异化如影随形而不可避免，异化灾难丛生而后患无穷，但面对这个历史宿命和与生俱来的悲剧，人类不能坐以待毙，而要绝地反击，不能逆来顺受，而要背水一战。马克思主义认为，通过无数个体的异化扬弃实现人类的解放，"共产主义是对私有财产即人的自我异化的积极的扬弃，因而是通过人并且为了人而对人的本质的真正占有；因此，它是人向自身、也就是向社会的即合乎人性的人的复归，这种复归是完全的复归，是自

---

① 中共中央马克思恩格斯列宁斯大林著作编译局编译：《马克思恩格斯文集》（第1卷），人民出版社，2009年版，第501页。

② 高尔泰：《美是自由的象征》，人民文学出版社，1986年版，第68页。

③ 高尔泰：《美是自由的象征》，人民文学出版社，1986年版，第67、70页。

觉实现并在以往发展的全部财富的范围内实现的复归"①。高尔泰充分彰显了马克思个体的异化扬弃意义，并以审美活动作为依托和中介提出自我的超越和人的解放，"审美活动作为一种无私的和非实用的活动，是个人自我超越的一种形式。……而审美的自我，其解放也就是从这种异化现实的心理方面获得解放"②。看重个体存在，注重心理意识，是高尔泰主体论美学的重要标志，并以此作为扬弃异化的重要武器。

高尔泰之所以如此重视异化批判，是因为现有的理论已经不能满足他的人学探索理论，或人学思考疑问。而要重新理解人的命运和思考人的本质，也只有真正弄明白"人"的问题（尽管不可能有最后的"明白"），或"人学"的建立（虽然这种建立永远"在路上"），才能给他一个个人命运为何有霄壤之别的哲学答案，才能为他主体论美学破茧而出扫除最深层的哲学障碍。

（二）人的本质思考

在高尔泰的美学思考中，人的本质思考就像《关于人的本质》一文开篇说的那样："美的本质，基于人的本质……研究美而不研究人，或者研究人而不研究美，在这两个方面都很难深入。"③换言之，在人的问题没有弄明白之前，是很难弄清楚美的问题的。因此不论是出于主体论美学的建构，还是基于人本主义美学的探索，人的本质问题都是包括高尔泰在内的所有美学家绕不过的一座山峰，而高尔泰与他们不同的地方在于高尔泰认为人的本质的思考先于美的本质的思考，这也是《美是自由的象征》一书在众多美学著作中别具一格或高人一筹之处。

在人的本质思考过程中，高尔泰没有单纯地下定义或做判断，而是认为"我们关于'本质'的理论，是一种方法论，而不是本体论"④。可见，他更

---

① 马克思著，中共中央马克思恩格斯列宁斯大林著作编译局编译：《1844年经济学哲学手稿》，人民出版社，2018年版，第77—78页。

② 高尔泰：《美是自由的象征》，人民文学出版社，1986年版，第95页。

③ 高尔泰：《美是自由的象征》，人民文学出版社，1986年版，第1页。

④ 高尔泰：《美是自由的象征》，人民文学出版社，1986年版，第1页。

看重从方法论的视角来思考这个问题，分别从三个层次来论述人的本质。

首先是从"自然基础"层次论述人的本质。这是一个涉及人的本性与本质相区别的话题，人的本性更多是从人的动物性而言的，而人的本质则是超越动物性而拥有的社会性。在马克思人学理论中，人怎样超越动物界，人就怎样具有社会性而进入人的历史，从而形成自己的本质。为此，高尔泰一复出就参与因1970年代末和1980年代初文学界热议毛泽东谈诗歌的"共同美"而引起的美学界对"共同人性"的讨论，他较为详尽地辨析了"共同人性"中一直存在的"自然性"和文明社会才有的"阶级性"的两种说法，指出它们并不矛盾，但是，"无论前者还是后者，都不是人的本质"，"所以'人的本质'是和人对于必然性的认识、把握和驾驭分不开的"。在这个过程中体现出人的主体自觉性和能动性作用。因此，"至多，共同人性只能算是人的本质的自然基础，即人的本质的第一个层次"。①

其次是从"社会意识"层次论述人的本质。高尔泰循着人类文明进步表现出来的一般性劳动到创造性劳动、自然性活动到意识性活动、物质性诉求到精神性追求的嬗变规律，突出了实践，尤其是创造性的实践活动使人摆脱了动物为了生存的基本需求的劳动，正如马克思在《资本论》里说的："最蹩脚的建筑师从一开始就比最灵巧的蜜蜂高明的地方，是他在用蜂蜡建筑蜂房以前，已经在自己的头脑中把它建成了。"②在这样代复一代的创造性劳动过程中，因为交流形成了语言，因为反思形成了意识，因为协调形成了组织，直至形成了创造求真向善爱美的精神文明和他总结的"复杂的、能动的、反思的精神结构——文化心理结构"。"所以劳动，是作为主体的人的有意识的、自由自觉的、主动能动的实践活动。这种活动不仅创造了世界，也创造了人。"③具有社会意识的人才能证明人的本质所彰显出来的人的"主体性"意义。

最后是从"人的世界"层次论述人的本质。按照高尔泰的说法，"人的世

---

① 高尔泰：《美是自由的象征》，人民文学出版社，1986年版，第3、5页。

② 中共中央马克思恩格斯列宁斯大林著作编译局编译：《马克思恩格斯全集》（第23卷），人民出版社，1972年版，第202页。

③ 高尔泰：《美是自由的象征》，人民文学出版社，1986年版，第7页。

界"包含了个体世界与整体世界，这源于马克思的见解："人并不是抽象的蛰居于世界之外的存在物。人就是人的世界，就是国家、社会。"①个体世界是由人的肉体与精神、自然性与社会性构成的一个小宇宙，这也是高尔泰美学思想最基本的依托形式和最根本的存在内容，但是仅有这个小世界也是不够的，还必须有无数个体创造而形成的、包含个体性质和特征的外部大世界，即整体世界。每个个体"他作为主体拥有这个世界，并参加在这个世界之中，被这个世界所创造，也创造这个世界。正因为如此，他能够在这个世界中'直观自身'"②。这个脱离动物状态后的人所形成和呈现的"人的世界"，在改造客观物质世界的过程中也改造自己的主观世界，更加彰显出人的本质力量，于是由"主体"上升为"主体性这一概念，也就获得了自由的含意"③。

通过以上自然的、社会的和自我的三个层次的分析，高尔泰得出"人的本质是自由"这一结论，尽管这来源于马克思"一个种的整体特性、种的类特性就在于生命活动的性质，而自由的有意识的活动恰恰就是人的类特性"。④相较于古希腊普罗塔哥拉的"人是万物的尺度"、费尔巴哈总结中世纪的"上帝的本质就是人的本质"、文艺复兴意大利思想家费奇诺说的"爱是人的本质"、马克思说的人的本质就是"一切社会关系的总和"，以及后来的卡希尔的"符号说"、弗洛伊德人的"本能说"、萨特的"虚无说"等，高尔泰更关注人的本质是如何构成的，或者说高尔泰认为人的本质的含义更有价值，因为多年的人生坎坷和生活阅历使他更看重建立在人生实践基础上的理论思考和理论的实践意义，而不是像黑格尔那样为自己建立一个自足而封闭的思维王国。主体论美学的建立也离不开对人的本质问题的理解。那么在"关于人的本质"的问题上，高尔泰对最能体现"人"的本质的"自由"又有哪些新的认识呢？

① 中共中央马克思恩格斯列宁斯大林著作编译局编译：《马克思恩格斯文集》（第1卷），人民出版社，2009年版，第3页。

② 高尔泰：《美是自由的象征》，人民文学出版社，1986年版，第10页。

③ 高尔泰：《美是自由的象征》，人民文学出版社，1986年版，第10页。

④ 马克思著，中共中央马克思恩格斯列宁斯大林著作编译局编译：《1844年经济学哲学手稿》，人民出版社，2018年版，第53页。

其一，人的自由是在历史发展中形成的。

社会存在决定社会意识，当然社会意识也反作用于社会存在，形成这种双向促进的机制是什么呢？是人类自由意识的觉醒，在闭塞而苦难的处境中萌生出对无限和美好的向往，毫无疑问，包含真善美又超越真善美的自由是最高的价值标准和最好的理想诉求，结合高尔泰"自由是人类历史的起点"的见解，自由还是推动人类由原始社会、奴隶社会、封建社会、资本主义社会发展到社会主义社会，乃至未来的共产主义社会的强劲动力，因此，"从归宿的意义上来说，自由的实现，也就是人类现有的历史，即阶级社会的历史的终点。历史是人的历史，所以自由作为人的本质，既是它的起点也是它的终点"①。在历史发展的过程中，人不是游离于历史之外的存在，而是参与社会活动、融入历史进程的主体，不断创造自己、完善自我，最后实现马克思和恩格斯在《共产党宣言》中属望的"在那里，每个人的自由发展是一切人的自由发展的条件"的理想社会。由此可见，自由不但是一个人本主义的哲学概念，更是一种历史发展的社会理想。

其二，人的自由是在个体需求中满足的。

高尔泰不是从一般意义去理解马克思的"自然的人化"观点，他吸收了马斯洛的"需要层次"学说，认为动物的需要是天生的，而人类的需要是后天的，"是人类自己创造出来的"，"需要的人化也就是自然的人化"，"对于人类来说，仅仅活着，仅仅吃好，穿好，住好，已经不够了，他还需要更多的"。②这个更多的需求肯定是精神的需求、情感的需求、艺术的需求和爱美的需求——自由的需求！如果人类没有自由的向往，人类就永远处于动物状态而臣服于自然的法则。根据马斯洛的观点，人的"自我实现"的需求，其实就是自由实现过程的体现，而"满足这种需要的活动，也就是追求真、善、美的活动。真、善、美的统一是自由。所以这一切需要又可归结为对自由的需要"③。高尔泰的这个见解，无疑极大地丰富了我们对自由的理解，是开创性

---

① 高尔泰：《美是自由的象征》，人民文学出版社，1986年版，第15页。

② 高尔泰：《美是自由的象征》，人民文学出版社，1986年版，第22页。

③ 高尔泰：《美是自由的象征》，人民文学出版社，1986年版，第23页。

的"自由说"。

其三，人的自由是在审美活动中实现的。

"人是生而自由的，却无往不在枷锁之中。"这是卢梭在《社会契约论》开篇的第一句话。的确，在物质的世界，人不能随时做到"天高任鸟飞，海阔凭鱼跃"，在科学的世界，人只能掌握相对的真理，在伦理的世界，人只能践行有限的善良，而在审美的世界则迥然不同了，它能够给人带来"坐地日行八万里，巡天遥看一千河"的想象效果。"所以审美的快乐是一种体验自由的快乐，审美的经验是一种体验自由的经验。"①想必这不仅是作为思想家的高尔泰的理性推论，而且是作为艺术家的高尔泰，作为一个真诚而热诚的普通人的高尔泰的切身感受吧。于是，他在《关于人的本质》一文的最后慨然宣布："审美的需要和审美的能力"是"人的主体地位的确证，是人的本质——自由的确证"。②何谓人的本质，于此真相大白！

（三）人的解放憧憬

人的解放，是一个令人怦然心动而热切向往的理想，是一个叫人奋然前行而热血沸腾的理念，当然更是一个引人幡然醒悟而热忱思考的理论。

众所周知，人的不自由、被异化和受压抑源于人与自然、人与社会、人与自身的三重矛盾，而马克思主义是人类解放最全面的解说理论的最深刻说明，恩格斯在《反杜林论》和《社会主义从空想到科学的发展》中，把人的解放阐释为实现"三个解放"，成为"三个主人"，马克思在《〈黑格尔法哲学批判〉导言》中指出："德国人的解放就是人的解放。这个解放的头脑是哲学，它的心脏是无产阶级。"③马克思还最早提出了人类解放，强调只有通过无产阶级的解放才能实现，无产阶级只有解放全人类才能解放自己。这些都启示我们人的解放体现在这样三个方面：从自然获得解放是通过挣脱自然的"外

---

① 高尔泰：《美是自由的象征》，人民文学出版社，1986年版，第27页。

② 高尔泰：《美是自由的象征》，人民文学出版社，1986年版，第37页。

③ 中共中央马克思恩格斯列宁斯大林著作编译局编译：《马克思恩格斯文集》（第1卷），人民出版社，2009年版，第18页。

在强制"，成为与自然和谐的"本我"；从社会获得解放是摆脱社会的"异化现状"，成为与社会融洽的"超我"；从自身获得解放是解脱自身的"内在焦虑"，成为与身心一体的"自我"。尽管高尔泰的"解放"思考来自马克思主义，但与马克思着眼于人类历史的宏观解放不同的是，他瞩目于人类个体的微观解放——精神的和心灵的解放，当然借助的是审美的路径，"美的追求与人的解放"理所当然地融合在了他的美学思想中。

新时期高尔泰重返美学园苑后思考的第一个问题是"关于人的本质"，他深刻指出"对美的需要可以表述为自我解放的需要"[①]。发表的第一篇美学论文《美是自由的象征》明确指出"审美活动是人的一种解放"[②]。他终于在1983年第5期《当代文艺思潮》上隆重推出《美的追求与人的解放》，开篇就深刻揭示了"美的力量，恰恰就是把人们从那种自我施加的种种束缚限制中解放出来的力量"，并慨然宣称："对美的追求，也就是对解放的追求。"这直接将美学思想还原为人学思考，更是将自由追求置换为解放追求。高尔泰认为人的解放是"精神解放、思想解放，而不是政治经济学上的实际解放"[③]，这种美学意义上的解放依然表现在人如何面对和认知自然、社会和自身这样三个方面。

首先，从生物学的角度看，脱离动物状态而获得感觉的解放。

高尔泰是一个标准的现代人，但是有着一段不堪回首的生活经历。那时他的所有感觉都被限制在了维持生存的食物需求和证明身体的寒暑感觉上，他对生物学的生命有着很多美学家所不具有的体认，因而对走出动物世界、摆脱自然状态有着更为迫切的需求。但是，就更广泛的一般意义而言，人类解放首先面对的是如何认知、改造并征服自然的大问题，并在这个过程中人又通过改造和征服而获得更高级、更复杂和更丰富的认知，让人的感觉更加人性。

恩格斯在《反杜林论》中说："人来源于动物界这一事实已经决定人永远不能完全摆脱兽性，所以问题永远只能在于摆脱得多些或者少些，在于兽性或

---

① 高尔泰：《美是自由的象征》，人民文学出版社，1986年版，第24页。

② 高尔泰：《美是自由的象征》，人民文学出版社，1986年版，第71页。

③ 高尔泰：《美是自由的象征》，人民文学出版社，1986年版，第91页。

人性的程度上的差异。"①受制于动物的本能，人只有生物学意义上的生命，但是摆脱动物性的成分越多，人就越能超越生物学的本能而获得自由，进而实现快感到美感的递进。马克思还说过："有意识的生命活动把人同动物的生命活动直接区别开来。正是由于这一点，人才是类存在物。"②超越动物的感觉而获得人的感觉，并随着征服和认知领域的扩大而不断丰富这种感觉，高尔泰说："这种感觉的解放，是他们获得审美能力的前奏。""只有征服自然到一定程度的人类，能够超越自己的实际需要而听和看，这种超越也就是解放，这种解放也就是审美。"③朝着人的解放这一宏伟目标，在人与自然的接触以及关系中高尔泰首先看重的是人的感觉，无疑为主体论美学的建构打下了第一块基石。

其次，从社会学的角度看，打破理性结构而获得感性的解放。

尽管高尔泰瞩目的是人内在的"精神解放"和"思想解放"，但是这种解放不是在象牙塔和实验室里进行的，而是与历史形成的文化传统和时代表现的意识形态息息相关的。1970年代末和1980年代初，他经历了冰火两重天的人生起伏，在个人之于时代、个体之于国家的渺小与宏大的巨大命运落差和复杂的形势变化中，他痛苦地发现"感性动力"与"理性结构"的天然矛盾和二律背反，前者是作为"人自身的一种本质能力，是在进化和历史中不断发展和丰富起来的"，而后者则是"与感性动力相异化了的理性结构，是封闭的僵死的理性结构，它使我们的知觉囿于狭小的范围"。④理性结构犹如历史的积淀和现实的桎梏，严重地限制和损害了我们对艺术和美好的追求。

为此，高尔泰认为，作为社会的人只有弘扬感性动力才能打破理性结构，只有批判理性结构才能将感性动力付诸实践，挣脱有限的实用，释放沉重的自

① 中共中央马克思恩格斯列宁斯大林著作编译局编译：《马克思恩格斯选集》（第3卷），人民出版社，2012年版，第478页。

② 马克思著，中共中央马克思恩格斯列宁斯大林著作编译局编译：《1844年经济学哲学手稿》，人民出版社，2018年版，第53页。

③ 高尔泰：《美是自由的象征》，人民文学出版社，1986年版，第96、97页。

④ 高尔泰：《美是自由的象征》，人民文学出版社，1986年版，第102页。

我，"从而体验到一种轻松愉快的感觉，一种自由解放的感觉"①。这就是感性解放后"审美的快乐"的狂欢。"所谓'审美的快乐'，也就是物种对于个体因作出这个贡献而给予的奖赏与鼓励吧？"②在个体生命对社会理性的超越中，生命的感性得以真正解放。

最后，从历史学的角度看，彰显创造活力而促使感情的解放。

压抑感性动力的理性结构是在历史过程中形成的，而消除它的积弊同样需要在历史的过程中完成，因为"感性动力作为一种人的生命力，不仅经历过自然进化，也经历过历史的进化"③。联系到高尔泰经历的"反胡风运动""反右运动"和"文革"，强制而专制的理性结构严酷规整，而感性动力犹如傲霜斗雪的红梅，因此从历史学的角度看，异化与异化扬弃、灾难与灾难抗争、压抑与压抑反动所形成的历史辩证法，必然将人类的生命活力释放得淋漓尽致，演绎得如火如荼。归来的高尔泰积蓄已久的精神意力、创作热力和情感活力，终于如火山一样爆发了！做研究奋笔疾书，搞创作妙笔生花，作演讲口若悬河，彰显生命的创造活力而促使情感大解放。

以感情为标志的创造活力的解放，衡量它的标准只能是马克思所说的"人的尺度"，而不是"物的尺度"，更不是"神的尺度"。"人的尺度"就是人的解放尺度，有了这样的尺度，感觉得以全面解放，感性得以真正解放，感情得以彻底解放，因此，马克思的人本主义哲学，为高尔泰的生命主体美学所运用——"美的尺度是人的尺度，人的尺度是人类走向解放的尺度，是人的个性和创造力全面发展的尺度"④。事实胜于雄辩地证明了，作为时间意义的历史，不仅积淀以异化为表征的理性结构，而且积蓄、酝酿并爆发以情感促推的异化扬弃为标志的感性动力。

人的解放，是马克思主义哲学的一个宏伟的社会理想，是高尔泰主体论美学的一次微观的个体实践，经由了人的自然性的感觉、社会性的感性和自身性

① 高尔泰：《美是自由的象征》，人民文学出版社，1986年版，第103页。
② 高尔泰：《美是自由的象征》，人民文学出版社，1986年版，第105页。
③ 高尔泰：《美是自由的象征》，人民文学出版社，1986年版，第109页。
④ 高尔泰：《美是自由的象征》，人民文学出版社，1986年版，第116页。

的感情的三重审视后，它的理论目标是自由，它的生活目的是幸福，正如高尔泰所说的："人的解放和人的幸福是不可分割的（人只有在自由的时候才体验到幸福，只有在幸福的时候才体验到自由）。""所谓人的解放，也就是要实现人的自由本质。"①在高尔泰看来，解放即幸福，幸福即解放，没有幸福感的解放无异于竹篮打水。当然这是高尔泰式的美学思想，即要理解人的本质，就必须把美与自由、美与幸福、美与解放联系起来，融为一体，也就是美等于自由、美等于幸福、美等于解放，最终要证明的是"美的追求与人的解放的一致性"。

当经历人的异化批判、人的本质思考、人的解放憧憬的高尔泰主体性人论三部曲后，我们发现，在高尔泰的美学思想大厦的建构过程中，"美是什么"的探索，起源于"人是什么"的沉思；"人是什么"的沉思，来源于高尔泰独特的人生经历，历练于高尔泰坚毅的生命意志，升华于高尔泰深刻的哲学思辨，最后形成了具有高尔泰个人魅力且不可复制的主体超越的人论思想。

于高尔泰个人而言，恰如诗人顾城所写的："黑夜给了我黑色的眼睛，我却用它寻求光明。"

于整个人类而言，正如马克思所言："社会的进步，就是人类对美追求的结晶。"

三、"美"的探索：自由象征的美学

"什么是美"的感受，一种无需提醒和点拨的"爱美之心人皆有之"。

"美是什么"的思考，一个困惑了人类2000多年的"斯芬克司之谜"。

对美的探索，尤其是对美的本质的思考是中外所有美学家都绕不开的一条"卡夫丁峡谷"，更是必须面对的一座"喜马拉雅山峰"，高尔泰也概莫能外。他在发表于1957年第2期《新建设》的第一篇美学论文《论美》里就直言不讳地说道："有没有客观的美呢？……我的回答是否定的：客观的美并不存

---

① 高尔泰：《美是自由的象征》，人民文学出版社，1986年版，第118页。

在。"仅此一言，犹如一声断喝，更像一声霹雳炸响在中国美学的天空，马上引来了著名美学家宗白华《读"论美"后一些疑问》的商讨，还有著名文艺理论家敏泽《主观唯心论的美学思想——评"论美"》的批判。为了回应大师们的质疑，高尔泰依据生活中美和美感的同一性事实，在1957年第7期《新建设》上发表《论美感的绝对性》，进一步指出："美是审美主体的经验属性，而不是审美客体的形式特征。"他在1982年第1期《西北师大学报》上发表的文章更是以《美是自由的象征》为题阐发他的美学见解，第二年又在可视为这篇文章的姊妹篇《美的追求与人的解放》中阐述了美是人的"本质力量"、"美感是生命力"、"审美是人的解放"等富有原创性和体系性的观点。

面对美的万象纷呈，置身美感的万种风情，走进审美的万千世界，不论是美的本质思考，还是美感的人生体验，抑或审美的艺术实践，靠什么原则才能一以贯之，借什么平台才能一揽入怀，用什么视点才能总揽全局？自由——人类文明的最高理想、个体人生的最美境界的自由。

自由象征的主体论美学，呼之欲出。

（一）"美"与人道主义的精神关联

如前所说，人道主义的出发点是高尔泰主体论美学的第一个要义，正是沿着这个出发点，高尔泰将美的探索与人的思考联系起来，而连接其中的精神中介就是人道主义。

在美的问题上，受制于真善美人类精神世界三原色的牵绊，从古希腊的柏拉图美学到德国古典主义的鲍姆加登美学，哲学王国始终是美学栖息的家园，从中国先秦的孔子美学到近代的蔡元培美学，伦理天地一直是美学盘桓的疆域。在中国1950年代的美学大讨论中，沉浸于哲学思辨的有朱光潜的"主客观统一"说，游走在艺术思维里的有蔡仪的"典型"说，引入了马克思主义思想的有李泽厚的"实践"说。至于通常被归入"主观派"的吕荧和高尔泰，前者看重美的社会意识是相对主观论，认为"美是物在人的主观中的反映，是一种观念"，后者强调美的主体意识是绝对主观论，坚持"美产生美感""客观的美并不存在"，很显然，吕荧和高尔泰的美学更具有人本主义的色彩和人道主义的魅力。

高尔泰在《美是自由的象征》中，是如何寻找到美与人道主义的精神关联的呢？

1. 来源于他独特的人生阅历

同为"主观派"美学家，高尔泰和吕荧就有很大的不一样。在美学观点的来源上，如果说吕荧的美学见解与他的学者人生和诗人气质相关的话，那么高尔泰的美学思想就更与他的苦难人生和艺术气质有关。似乎可以这样认为，"主观派"美学在思想渊源上与人道主义有着天然的联系。在思想来源上，如果说吕荧在学术上偏重苏俄的现实主义文艺理论，那么高尔泰则博览群书，少年时在苏州正则艺专就阅读了狄更斯的《大卫·科波菲尔》、罗曼·罗兰的《约翰·克里斯多夫》、尼采的《查拉斯图特拉如是说》《贝多芬传》《米开朗琪罗》等，1980年代初又关注过现代存在主义哲学的创始人、现代人本心理学的先驱克尔恺郭尔的哲学，还有陀思妥耶夫斯基和卡夫卡的小说，可以说尊重人、呵护人、关爱人的理念深植于高尔泰内心。这时他还十分关注新时期文学的朦胧诗、伤痕小说等。于是在思考个人命运与历史规则的关系中，他发现"个人获得解放的程度，是同历史转变为世界史的程度相一致的"[1]。这里所说的"世界史"就应该是人类不断走向自由的历史，更是以人为本理念的历史性实现。

他善于在美学思考中融入个人的生活体验和人生体会，他在《美是自由的象征》"前言（一）"说到该书的很多内容都"来自'史无前例'的那个时代"，只有高尔泰在众人庸庸碌碌、麻木不仁的生活中思考着人是什么和人应当是什么，"忍不住要偷偷地拿起笔来，在环绕在四周的厚墙上挖几个透气的小孔，以减轻一点窒息的痛苦"。人的问题，不仅有如何才能活下去，更有为什么要活下去和活着的意义是什么；生活的喜剧和命运的悲剧，让高尔泰身陷荒诞的无奈。如果说其中包含着美的思考的话，那一定是悲剧之美的苦难美

---

[1] 高尔泰：《美是自由的象征》，人民文学出版社，1986年版，第223页。

学，而在拨乱反正后终于能够"痛定思痛"了，给人带来的又是"痛何如哉"的不堪回首，但又不得不频频回首。在美与人道主义的精神关联上，如"前言（二）"所言："人道主义是宏观历史学，现代美学是微观心理学。"①如此箴言，绝非"纸上得来"的学术总结，必定是"此事躬行"的生命感悟。

2. 表现于他理解的艺术形式

美与人道主义的关联在于它们的共同指向和连结纽带是人，这在他1983年第5期发表的《美的追求与人的解放》一文中得到了充分的阐述。可是，令人纳闷的是，他先思考的却是"人道主义与艺术形式"，1982年10月他在北京画院和中央美术学院作的学术报告就以此题被收入《美是自由的象征》一书中。就书中的《人道主义与艺术形式》这篇文章看，这两次演讲不是一般性地谈论人道主义和艺术形式，而是从如何克服异化"实现人的个体与整体的统一"去讨论人道主义和艺术形式。人道主义的内容毋庸赘述，而人道主义的表现却是一个值得思考的问题。当时的艺术按照毛泽东《在延安文艺座谈会上的讲话》的说法是"可以而且应该比普通的实际生活更高，更强烈，更有集中性，更典型，更理想，因此就更带普遍性"②，因此高尔泰认为艺术"是人类思想感情的表现"，"人类行为的特征是自由而有意识的创造，艺术是这种创造活动的特殊方式"，进而体现了"艺术的人道主义本质"。③人道主义与艺术形式之所以有关联，是因为高尔泰看到了人的个体与整体、艺术形式与内容的独立性与转化性的辩证关系：个体即整体，整体即个体，形式即内容，内容即形式。

高尔泰以电影《人生》中刘巧珍的婚礼为例，尽管场面热闹非凡，但由于新娘刘巧珍是和一个自己不喜欢的男人结婚，欢乐中隐藏着深刻的悲哀，他说"这不是用欢乐的形式来表现悲哀的内容，而是悲哀的一种强有力的表现形式"，"所以艺术形式不是盛装内容的容器"，④它本身就是一种"有意味的形式"。他还以中国绘画讲究"气韵生动"为例，说明将内在的"气韵"表现

---

①　高尔泰：《美是自由的象征》，人民文学出版社，1986年版，前言第1、2、4页。

②　毛泽东：《毛泽东选集》（第3卷），人民出版社，1991年版，第861页。

③　高尔泰：《美是自由的象征》，人民文学出版社，1986年版，第237—238页。

④　高尔泰：《美是自由的象征》，人民文学出版社，1986年版，第242页。

于"生动"的形式是艺术家人品的表征和人格的象征。这种"感性的真率"在原始艺术中得到了形象的体现,"把生命力贯注于单纯的形象之中,达到生命力和形式合而为一,使形式有效地反映出生命力的运行"。①这种富有生动形式的生命力,就是人类对真善美的追求,更是人类最伟大而崇高的人道主义精神。这既是高尔泰对人道主义含义的丰富,也是他对艺术形式理解的创新。这种丰富和创新都并非无中生有的凭空臆造,与他经历了因犯、教师、学者、画家的生涯和尝试过临摹、绘画、写诗、写小说等艺术类型息息相关,如此,他才单纯地摆脱了形式与内容的孤立理解,而是结合个体与整体的交融,并聚焦和升华到"生命力"的角度和高度,照高尔泰的说法是:"这种形式结构由于贯注着生命力而成为一种多样统一的开放性动态结构,一种具有生命意味的、气韵生动的形式"②,从而说明"艺术与人道主义是一致的"。

3. 致力于他深刻的美学理想

高尔泰的美学理想是经由个体的"自由"追求而达到人类的"解放"目标,或曰借助人类的"解放"理想而实现个体的"自由"境界。不论是"自由",还是"解放",它们已经由哲学的含义和社会学的概念演化为一个人学或美学的范畴,毫无疑问,这里的自由只能是人的自由,这里的解放只能是人的解放,而与此无关,甚至与之相反的"自由"和"解放"都应该被毫不犹豫地放弃或义无反顾地放逐;质言之,不论是从"美是自由的象征"的角度看,还是从"审美是人的解放"的高度看,它们都是服务于高尔泰深刻的美学理想,即人道主义的社会理想,虽然在那时的历史条件下显得有些奢侈和曲高和寡,但就像"自由"和"解放"永远是人类的"普世价值"一样,人道主义也就是人类的现实理想。

人道主义虽然在不同的历史阶段和不同的社会条件下有不同的含义,但是,都应该"把人的解放程度,即人的本质的实现程度,作为衡量一切文明、文化、包括一切政治经济制度进步程度的标志"③。此时,自由、解放和人道

---

① 高尔泰:《美是自由的象征》,人民文学出版社,1986年版,第252—255页。
② 高尔泰:《美是自由的象征》,人民文学出版社,1986年版,第263页。
③ 高尔泰:《美是自由的象征》,人民文学出版社,1986年版,第230页。

主义就是美，反之亦然；也可以说，在自由、解放、人道主义和美之间都是可以画上等号的。它们之所以具有相同的内涵，是因为高尔泰认为"人道主义的立脚点和归宿是人"，而理想状态的人，或者说应该如此的人，一定是马克思说的"按照美的规律来塑造"的人。而马克思的人道主义尽管不是从美学角度来论述的，但确实比历史上一切的人道主义见解更具有高屋建瓴的宏大性、深刻性和理想性，因为他是着眼于共产主义而言的，在《1844年经济学哲学手稿》里马克思是这样说的：

> 这种共产主义，作为完成了的自然主义，等于人道主义，而作为完成了的人道主义，等于自然主义；它是人和自然界之间、人和人之间的矛盾的真正解决，是存在和本质、对象化和自我确证、自由和必然、个体和类之间的斗争的真正解决。①

高尔泰在《人道主义与艺术形式》一文引用了这段话后，并赞赏道："正是在马克思所描绘的共产主义蓝图之中，我们看到了人道主义的最完满的形式。"②如此一来，人与自然、人与社会、人与自我等诸种对立的克服和矛盾的解决，不就是伟大的人道主义的效果吗，不就是崇高的美学理想的实现吗？

综上所述，美与人道主义有着精神的关联，人道主义与美也同样有着情感的互动，不论是围绕美的问题，还是针对人的问题，二者都是你中有我，我中有你，形成这种关联或互动的关键是审美对象或社会生活的内容。高尔泰并不是单纯地关注人道主义的问题，也不是简单地思考艺术形式的问题，而是聚焦于"美"与"人"的核心问题，在这次演讲半年后发表的《美的追求与人的解放》明确阐明了主体论美学核心思想："现代美学以'人'为研究对象，以美感经验为研究中心，通过美感经验来研究人，研究人的一切表现和创造物，提出了'自我超越'这一既是人道主义的、又是美学的任务。"③

至此，美是自由的象征——高尔泰重要而具有原创性的美学思想已经瓜熟

---

① 马克思著，中共中央马克思恩格斯列宁斯大林著作编译局编译：《1844年经济学哲学手稿》，人民出版社，2018年版，第78页。

② 高尔泰：《美是自由的象征》，人民文学出版社，1986年版，第234—235页。

③ 高尔泰：《美是自由的象征》，人民文学出版社，1986年版，第100页。

蒂落!

（二）"美"与自由生命的象征关系

高尔泰既综合朱光潜、李泽厚和蔡仪三家之长，又有自己的特色：不但有形而上的"自由"境界、伦理学的"解放"目标、文艺学的"形式"理念，而且又在丰富的人生阅历、多样的艺术实践基础上建立起"美"与自由生命的象征关系，这也是他主体论美学的核心所在。

在"美是自由的象征"这个命题中，中心词"象征"是我们绕不过的一个关键概念。黑格尔说："象征首先是一种符号。不过在单纯的符号里，意义和它的表现的联系是一种完全任意构成的拼凑。"①这不但说明象征是以具体而形象的符号物蕴含一般和抽象的意义，而且告诉人们象征是一种十分主观地认识对象并赋予对象特定意义的思维方式。美有着具体形象的感受，更有着无限丰富的意义，可人们都是仁者见仁智者见智，甚至是盲人摸象。相比于康德说的"美是道德的象征"，将美局限在伦理规范之内，以及厨川白村说的"美是苦闷的象征"，将美引入痛苦的深渊，高尔泰虽然用"自由"为美赋予了最广阔、最理想和最深刻也最有想象性和能动性的意义，但还是认为自由"在象征的意义上，直接的现实性并非审美事实的要素"，并提出一个条件，即这个象征物的"对象是否表现出'生命的意味'"。②这里的"生命"不仅是一个个体的物理性存在，而且是一次由物质性到精神性的递进，在"美"与自由生命的关系上，它依次包含了生活的幸福、生存的和谐和生命的自由三个层次。

1. 美是生活幸福的表征

如果说"美是什么"是高尔泰终生思考的形而上问题，那么"什么是美"则是他时刻感受的形而下生活，但是美好的幸福生活于他而言确实是一种奢侈，离乱的童年、压抑的少年、苦难的青年、漂泊的中年，几乎构成了他全部的人生经历，一个美学家居然很难体验到生活的幸福。是的，历史给予了他荒

---

① 黑格尔：《美学》（第2卷），朱光潜译，商务印书馆，1979年版，第10页。
② 高尔泰：《美是自由的象征》，人民文学出版社，1986年版，第53页。

唐的现实，而他却给历史留下了真诚的思考，《美是自由的象征》一文的第一句话就是："美，是人类生活的有机组成部分。凡有人类的地方就有美，凡有生活的地方就有美。"正是凭着这个坚定而乐观的信念，他有了一双发现美的眼睛，更有了一颗思考美的大脑。

接着他又极力赞美大自然的美。在自然生活方面，由江南水乡的高淳到西北大漠的酒泉，由黄河之滨的兰州到天府之国的成都，美丽的风光都在他笔底流淌：

> 无论春华、秋实，夏日的云影还是冬天的树木，无论晨曦、暮霭，正午灿烂的阳光还是潇潇不绝的夜雨，都可以是美的。大至星汉日月，惊雷狂飙，小至花蕊蜂须，冰雪的结晶，古老如绝塞长城，石鼓篆鼎，短暂如晓月秋露，飘风流莺，都可以是美的。无论大街、小巷、荒村、野店，无论森林、草原、沙漠、极洲，无论大海深处还是宇宙太空，都有美的踪迹。

或许这些都是我们能感受到的美，而作为美学家的高尔泰却发现了蕴含其中的奥秘："这些无情的物质事实，都由于美而有了人性。"[1]比起立普斯的"移情说"，高尔泰的"人性说"充满"生命的意味"，更具有文化的内涵和人文的情意。

企求生活的幸福是人类的共同心愿，作为美学家的高尔泰既有着人的共性愿望，也有着他的个性特征，这就是反思生活的不幸，洞彻人生的悲剧。虽然生活没有为他绽放玫瑰的芬芳，他依然凝视这带刺的花朵，"由于体验痛苦，我们知道了什么是幸福"，让人生的苦难变成幸福渴望的思想资源，"正因为如此，痛苦才有可能获得审美价值，痛苦的价值就是象征自由的价值，是通向幸福的桥梁，是达到其自身反面的绝对中介"。[2]恰如泰戈尔吟唱的："世界以痛吻我，我却报之以歌。"是的，这不仅是忧郁的"歌"，而且是深刻的"思"：因为痛苦生活的体验，他发现了幸福人生的绝对存在和通向幸福意义

---

① 高尔泰：《美是自由的象征》，人民文学出版社，1986年版，第38页。

② 高尔泰：《美是自由的象征》，人民文学出版社，1986年版，第84页。

的终极道路。这也是痛苦对幸福生活的反向表征。

2. 美是生存和谐的明征

记得歌德说过："没有在长夜痛哭过的人，不足以言人生。"所谓"言人生"，就是由思考生活的本来到反思生命的本质，直至揭示世界的本体。高尔泰不但有资格言说人生，而且有水平思考生存，当然他不仅是从生活的幸福缺失上来思考生存的，而且是着眼于生活幸福的美学高度来思考生存的。

我们生存的世界也就是周遭的环境，在高尔泰还没有经历变故时，一切在他眼中都是美的，大自然与人的关系是"天人合一"。在第一篇美学论文《论美》中他瞭望西北的夜空：

> 我们凝望着星星。星星是无言的，冷漠的，按照大自然的律令运动着，然而我们觉得星星美丽，因为它纯洁，冷静，深远。一只山鹰在天空盘旋，无非是想寻找一些吃食罢了，但我们觉得它高傲、自由、"背负苍天而莫之夭阏，抟扶摇而上者九万里"……[①]

高尔泰也指出"纯洁，冷静，深远，高傲，自由"是人赋予星星和山鹰的"属性"，和天空、山鹰本身没有丝毫的关系，但我们依然觉得它们是美的，由此得出"美是主观的"结论。

人们一般觉得事物的美都属于"优美"或"喜剧""形式美"的范畴，那么崇高和壮美、悲剧和粗粝是否能明征我们生存世界的和谐之美呢？在《论美》中，他还辨析了"雄伟"和"美"的关系，认为天空的太阳、雨中的雷鸣、风暴的大海、喜马拉雅山峰，和高耸的金字塔、狰狞的斯芬克司、荡气回肠的悲剧、迎风招展的旗子，以及前面说过的秋星、夜雨、落叶等之所以"都是美的"，是因为"雄伟也必然体现着善与爱""雄伟的概念就是美的概念"。

不论是大自然的粗犷与简朴，还是社会中的粗野与粗暴，这些我们生活中的不和谐，高尔泰在美学中都把它们升华为我们生存世界的和谐，这是克服并消除了社会异化后的和谐，表现为"个体和整体、存在和本质、自然和社会等

---

① 高尔泰：《美是自由的象征》，人民文学出版社，1986年版，第326页。

等的统一，是在历史中形成的人的需要"①。"人的需要"！这是一个多么伟大的发现，不但是高尔泰人道主义世界观的体现，而且是高尔泰主体论美学观的说明，更是他追求人类生存世界和谐美的明征。由此可见，在个体自由和人类解放的追求过程中，就像人类不能拔着自己的头发要离开大地一样，人类是不能离开自己的生存世界的，不论是幸福还是苦难，不论是自然还是社会，都是我们必须面对的，唯有"美能拯救我们"。

3. 美是生命自由的象征

"生命诚可贵，爱情价更高；若为自由故，二者皆可抛。"自由的生命是"与生俱来"的生命，生命的自由是"天赋人权"的自由。诚然，生活的自由是有限制的，生存的自由是有条件的，而生命的自由却是不可阻挡的。当历经不自由的高尔泰对自由的渴望不能在生活和生存中实现时，只有艺术的创作和哲学的思考，给了他充分的自由，而当自由与生命结伴而行时，或说当他把生命与自由等量齐观时，此时的自由便是"两岸猿声啼不住，轻舟已过万重山"的轻逸，而此时的生命更是"问渠那得清如许，为有源头活水来"的澄澈。就这个意义而言，与其说"美是自由的象征"，不如说"美是生命自由的象征"。

这里，我们不得不提及高尔泰一个著名的"三段式"推论：

大前提：人的本质是自由；小前提：美是人的本质的对象化；结论：美是自由的象征。②我们先姑且不说这个推论是否完全符合形式逻辑，仅就他敏锐地抓住了"人"（生命）、"美"与"自由"的联系就足以见出高尔泰的敏锐与深刻了，其实高尔泰要准确表述的是美是人类生命自由或自由生命的象征。在这个判断中"美"是我们讨论的中心概念，围绕它而产生的"生命"和"自由"又是一个什么样的关系呢？在高尔泰的美学话语里，就像美和美感是同样的概念一样，那么生命与自由也是一张纸的两面，生命即自由，自由即生命，而联系这一体两面的就是"创造"。

---

①　高尔泰：《美是自由的象征》，人民文学出版社，1986年版，第101页。

②　高尔泰：《美是自由的象征》，人民文学出版社，1986年版，第44页。

　　关于生命的创造性，与理性结构相反，也与之相辅相成的感性动力就是最大的创造力，他说道："人是一种处在不断自我创造的过程中的活的因素，一旦这个创造停止，他就会异化为与自己的本质相矛盾的存在物。"①这里的创造犹如诗人骆耕野在《不满》中所表达的："是涌浪，怎能容忍山涧的狭窄，是雏鹰，岂肯安于卵壁的黑暗。"高尔泰的人生就充分体现了"不断自我创造的过程"，他在安稳的教师生活里却开始了《论美》的思考，在苦难的劳教日子里发现了"幸福的符号"，在过上正常的生活后开始了文学的创作。如果没有对主体自由意志的向往，他一定会按部就班地生活下去，可见自由之于生命的魅力。正可谓"自由是生命力的升华，它通过认识和驾驭必然性，有意识地按照主体的需要而不断创造世界，并在这创造过程中不断地生产出新的需要，新的动力"。②

　　在关于"美是什么"，即在美的本质的问题上，柏拉图在西方最早的一部美学著作《大希庇阿斯篇》中感叹过"美是难的"，还有狄德罗在《美之根源及性质的哲学的研究》也遗憾地说过："几乎所有的人都同意有美，并且只要哪儿有美，就会有这许多人强烈感觉到它，而知道什么是美的人竟如此其少。"③黑格尔和歌德也有过类似说法。但是，这依然没有让美学家们望而却步，反而激起极大的探索欲望。

　　"美是自由的象征"是高尔泰美学思想的核心和贡献所在，这个"自由"绝不是哲学思辨的自由或艺术想象的自由，而是在期求幸福生活受阻后，在走向和谐人生路途上所追求的生命自由。高尔泰哪怕身处逆境，也依然没有放弃思考的权利和义务。

（三）美与自然科学的方法论关涉

　　一个美学家最有魅力的是独步前沿，不仅是学术性的前沿，而且是方法论

---

① 高尔泰：《美是自由的象征》，人民文学出版社，1986年版，第85页。

② 高尔泰：《美是自由的象征》，人民文学出版社，1986年版，第49页。

③ 中国社会科学院文学研究所编：《文艺理论译丛》（第1辑），知识产权出版社，2006年版，第1页。

的前沿，不仅是在人文学科里为美学开疆拓土，而且是在自然科学中为美学引来他山之石。就此而言，高尔泰无疑是富有魅力的美学家了。

他在美学研究里一起步就注重并思考美与自然科学的关系，在《论美》中为了说明美和光的关系，指出"光有波动和微粒的二重特性，许多生物根据这种特性给自己创造了视觉，以反映周围的色彩、明暗和形象"[①]。在《关于人的本质》里还涉及了"人工智能"的概念，在《美是自由的象征》一文里又介绍了"熵定律"，即热力学第二定律，最能代表高尔泰这方面的文章当然是《关于美学与自然科学问题的札记》。此时的高尔泰已经在美学的领域独领风骚，更是独步前沿，当代诸多的美学家无出其右。他为何"跨界"到一个我们通常认为"风马牛不相及"的地方呢？

> 本文的目的，并不是要说明什么新获得的对于真理的认识，不是要说明美是什么和美在哪里，而是为了有感于我们的社会科学的封闭性和凝固性，以及从之而来的美学研究方法论的封闭性和凝固性，想通过强调行之有效的自然科学的方法论和世界观来化解和冲击一下。[②]

原来他将自然科学的系统论、控制论和信息论，以及热力学第二定律等引入美学思考，是为了给当代中国美学开辟出了一块崭新的天地，也为破解"美学之谜"提供了全新的思路。

1. "自然人化"的基础

自然科学面对的是"自然"问题，而人和自然的关系是其中的重要问题，马克思的"自然人化"理论就为美与自然科学的关涉提供了思考的基础。

在人类认识世界之初是不分什么科学或所谓学科的，难怪苏格拉底、柏拉图、亚里士多德都是"百科全书"式的大家，中国古老的《山海经》《易经》《老子》是人类智慧东方式的闪耀，因为人类的先贤们无法准确地分辨生命的自然性和社会性，当然只能从这种原始而混沌的统一中去"认识自己"。恩格斯说过，"人来源于动物界这一事实已经决定人永远不能完全摆脱兽性"，但

---

① 高尔泰：《美是自由的象征》，人民文学出版社，1986年版，第324页。
② 高尔泰：《美是自由的象征》，人民文学出版社，1986年版，第164页。

人类依然努力摆脱这种状况，促使哲人们思考着人的本质。马克思有"人是一切社会关系的总和"的著名论断："人对人的关系直接就是人对自然的关系，就是他自己的自然的规定。因此，这种关系通过感性的形式，作为一种显而易见的事实，表现出人的本质在何种程度上对人来说成为自然，或者自然在何种程度上成为人具有的人的本质。"①社会关系首先是生产关系，马克思和恩格斯在《德意志意识形态》中还说生产"一方面是自然关系，另一方面是社会关系"。这两种关系的结合就是人的自然性必然走向人的社会性，即"自然的人化"，从而实现"自然界向人的生成"。

对马克思"自然人化"的理解影响了当代中国众多美学家的思维，也产生了很多有价值的思想，而高尔泰的独特贡献是发挥了马克思的"历史是人的真正的自然史"的见解，马克思是这样论述的："正像一切自然物必须形成一样，人也有自己的形成过程即历史，但历史对人来说是被认识到的历史，因而它作为形成过程是一种有意识地扬弃自身的形成过程。"②可见"人化"不是一蹴而就的，而是在漫长的自然进化和历史演化，即由被动到主动、顺从到自觉、消极到积极的"人化"过程里完成的，"从最深的层次上来说，'实践'、'人化'等等是自然力运动在'历史'这一水平级上的特殊形态"③，进而实现"历史和进化、感性和理性的统一"。这种统一不一定都是物质意义上的，而是在最无法限制的心灵和精神上反映出来，"历史是在人的意识中反映出来"的"特殊形态"，当然就是艺术和审美。④就这个意义而言，"美是自由的象征，而丑是异化的象征，它们最深的根源恰恰是在人的自然存在的深处"⑤。

---

① 马克思著，中共中央马克思恩格斯列宁斯大林著作编译局编译：《1844年经济学哲学手稿》，人民出版社，2018年版，第77页。

② 马克思著，中共中央马克思恩格斯列宁斯大林著作编译局编译：《1844年经济学哲学手稿》，人民出版社，2018年版，第105页。

③ 高尔泰：《美是自由的象征》，人民文学出版社，1986年版，第128页。

④ 高尔泰：《美是自由的象征》，人民文学出版社，1986年版，第131页。

⑤ 高尔泰：《美是自由的象征》，人民文学出版社，1986年版，第128页。

2. "人择原理"的启迪

科学讲究绝对的客观性，审美看重相对的主观性，如果仅用"主观论"美学来解释高尔泰，就很难把他与自然科学联系起来，而用"主体论"来概括他的美学思想则不一样了，因为主体论与"人择原理"在凸显并强调人类的主观能动性方面有着惊人的相似。

"自然的人化"就是自然规律性和人类目的性的统一，其统一的机制就是人有意识地选择和适应自然，进而改造自然为我所用。那么，人与自然的关系是如何实现良好匹配的呢？为此，高尔泰率先在美学界引入了"人择原理"的观点，高尔泰在《关于美学与自然科学问题的札记》一文中7次提到"人择原理"。这个概念是英国当代天文物理学家布兰登·卡特在1973年提出的观点，认为"虽然我们的位置不一定是中心，但不可避免地有某种程度的优惠"。[①]正是人类的存在，才能解释宇宙向人类呈现的现象和人类与大自然相处的现象，如地球绕太阳旋转的速度是每秒30千米，如果大于或小于这个速度，地球上的温度就会太热或太冷，就不会出现人类。"人择原理"揭示了人类与宇宙或自然的"巧合"，如果我们仅就那些有利于人类和能给人类带来好处的现象进行思考，就会得出"天人合一"的和谐论的美学观，这也是哲学上的"主观性"和认识论的"或然性"；"人择"本身就包含了其中人类利用自然的目的性、改造自然的能动性和认识自然的主观性。

高尔泰看重这个理论是因为这与他的主观性审美实践和主体论美学思想息息相关。高尔泰指出，人择原理说明"由于这些规律与人的存在的无意识的目的相暗合，而把它们表象为美"。因此"我们可以相信人类对美的感觉能力也都是原始生命力的升华，它不仅具有历史的和社会的根源，而且具有原始生命力的根源"，就像不同的人看《红楼梦》会看到不一样的东西。[②]人类的任何选择既要符合自我生理—心理生命的原理，也要吻合自然—宇宙生命的原理，才具有美或美感产生的可能。"人择原理"具有多学科和跨学科的意义，而高

[①] 转引自刘苏燕：《人择原理及其哲学观点》，《华中师范大学学报》（自然科学版），1992年第2期。

[②] 高尔泰：《美是自由的象征》，人民文学出版社，1986年版，第147页。

尔泰对它的理解不仅看到了美，而且看到了美的根源——人类在征服和认知大自然的伟大斗争中所彰显的旺盛而强健的生命活力。可见，高尔泰的主体论美学就是当代中国生命美学的重要来源，不仅为生命美学最早引入了自然科学的思维，而且为中国美学贡献了主体哲学的思想。

3. "一"的光辉的渲染

"人择原理"从人类的主体意识层面指明了在人与自然关系中美产生的"偶然性"，但是为什么能产生美呢？高尔泰进一步说道："我们可以把这一原理，理解为研究事物可能性的条件，理解为理论论理学、理论美学，或者在单一场合什么是真正的善、什么是真正的美的法则。这个法则不是主观的，也不是客观的，而是'自然'的，即'一'的。"①由此，高尔泰将自然科学原理用于美学的思考深入到了形而上的思辨层次。

"一"的概念源于道家哲学《老子》的"万物得一以生"，但何谓"一"却众说纷纭，高尔泰认为"一"让主客体的划分失去了意义，"最高的实在是'一'"，"'一'是一切现象的根源"，可谓"道生一，一生二，二生三，三生万物"。高尔泰没有止步于"一"的思考，而是从辩证法的角度引出了与"一"相反相对的"多"。"这个'一'与'多'的关系，即'可能性'与'现实性'的关系，以人为中介，通过主体性的人的实践，也就被表象为规律性与目的性的关系。"②这段话，高尔泰给了我们两个重要启示。一是，"一"作为存在本体并不是深藏不露的"道"，而是宇宙世界人生的规律或玄机，是自然得以人化的潜在的可能性，而"多"作为存在现象是"一"的显灵或"道成肉身"，体现了全息生物学的"一滴水见出太阳的光芒"，而表现出丰富多彩的现实性。二是，高尔泰引入了以人为中介的"实践"概念，从而使得存在意义上的"死寂"状态的"一"获得了"显灵"的出场可能，所谓"万古长空，一朝风月"，也是王阳明的"未看花时，花汝同寂，待看花时，一时明白"。这正是高尔泰主体论美学思想的生动体现。"所以'美是一的光辉'

---

① 高尔泰：《美是自由的象征》，人民文学出版社，1986年版，第158页。

② 高尔泰：《美是自由的象征》，人民文学出版社，1986年版，第143、152页。

这一命题，又可表述为'美是自由的象征'。""所谓'一的光辉'，是相对于变化、差异和多样性而言。"①高尔泰借用源于普罗提诺的"上帝是一的光辉"的理论，形象地呈现了美的绚丽多姿。

"一"即元宇宙与生命力的最深层的最后说明，而"一"所呈现的光辉，就是美的表现，这如同高尔泰多次说过的"美就是表现，表现就是创造，源于生命向力，追求真善美的生命创造"，而且体现了他的主体论美学思想，释放自我，展示本我，追求真我，高举"自由"美学的旗帜，再一次发出了"美就是生命自由的象征"的呼唤。

4. "熵"的概念引入

在自然与人、"一"与"多"、可能性与现实性的诸种关系中，高尔泰认为"它们都具有一个多样统一的动态结构，并且这个结构可以用同一个数学方程加以表示"。这就是"非平衡态热力学所揭示的生命系统是一种典型的耗散结构"。②这更是高尔泰给美学引入的一个非常重要的自然科学概念"熵"或"熵流""熵项"。熵的概念是由德国物理学家克劳修斯于1865年提出的，是用来描述"能量退化"的物质状态的参数之一，后来用于说明一个系统"内在的混乱程度"，即平衡态被打破的程度。随着生产力的提高，人的欲望不断增加，导致社会由有序向无序的异化，生命由美好到丑陋的蜕变，表现为社会"熵"的增加。高尔泰认为"熵定律是物质世界的规律，不是精神世界的规律。之所以可以用它来说明美与艺术之类的精神现象，是因为精神可以通过正确的实践作用于和外化为物质现象"。③生命是物质与精神的有机统一，人类实现生命的意义就不能没有精神的活动，"反增熵"充满着生命克服阻力而追求美好和自由的审美活动。

19世纪后半叶自然科学的两个伟大发现——进化论和熵定律，尤其是熵定律，即热力学第二定律，告诉我们"熵最大"即意味着无序的死寂状态，与

---

① 高尔泰：《美是自由的象征》，人民文学出版社，1986年版，第153页。

② 高尔泰：《美是自由的象征》，人民文学出版社，1986年版，第151、150页。

③ 高尔泰：《美学可以应用熵定律吗？——对批评的答复》，《文学评论》，1988年第1期。

生命的有序状态是背道而驰的，启示人类正确认识"生命是远离平衡态的平衡态"这句话。随着现代物质文明对人类精神的蚕食，卢梭掀起了人类最早的反现代化思潮，企图以人文精神抵抗科技理性对心灵的戕害，中国的现代文化先驱鲁迅1908年发表的《文化偏至论》提出"剖物质而张灵明，任个人而排众数"的精神与个性的双重解放，但后来出现了"救亡"压倒"启蒙"、"科学"甚于"民主"的革命文化的裹挟和高压，一进入新时期高尔泰就顺应思想解放的时代洪流和人道主义的启蒙呼唤，敏锐地感觉到并且前瞻性地警示："生命为了保持自己的存在，它的全过程都是一场持续不断的反对熵流的斗争"，通过同外部世界信息的交流，"连续不断地同化和异化，构成了生命"。[①]这样使得人类生命中的"熵"最大限度地呈现为死寂状态，在"反增熵"的抗争中保持生命持续的创造力。

"美是自由的象征"，不仅是高尔泰主体论美学的标志性概念，更是原创性思想。其中包含了人道主义的生命悲剧体验，揭示了自由生命的人生反思，引入了自然科学的他山之石，不但给他的美学思想奠定了人文科学与自然科学厚实的基础，而且为中国美学的发展带来了一个启示：任何有意义的美学思考绝对不能"头足倒置"，安泰的双脚一定要踩在坚实而宽广的大地上。独特、丰富而曲折的人生经历不仅是生命的财富，而且是美学的幸运。

四、"艺"的表现：生命创造的艺术

朱光潜曾有言：不通一艺莫谈艺，可谓"绝知此事要躬行"。

高尔泰也说过：艺术家有着"内在的强大生命力"，真是"为有源头活水来"。

高尔泰本来就是著名的艺术家，这为他进入美学殿堂提供了一条常人没有的"生命通道"，他还是富有诗人气质的美学家，也为他思考艺术哲学打开了一扇"生命之门"。正是充满艺术家的情怀，带着哲学家的睿智，他开始了

① 高尔泰：《美是自由的象征》，人民文学出版社，1986年版，第50页。

艺术表现与生命创造的美学思考。1957年，他在发表的《论美》里说道："艺术家的全部劳动（包括主题的孕育在内），在于努力完满地表现自己的灵感，亦即表现那激起他全部创作热情的东西。"同年，他在《美感的绝对性》中指出："艺术是人有意识的创造，在艺术中凝结着人的情感与观念，所以艺术是艺术家心灵的再现。"①正是这种具有强烈的主观性体验和主体论深度的美学个性，使得他的艺术研究贮满了爱与美的生命风采和思与诗的美学魅力。

作为美学家的高尔泰，要通过艺术来证明自己的人生价值，寄托自己的精神追求，张扬自己的生命活力，就像少年高尔泰离家学艺一样，是渴望进入一个更有情趣和自由的求学领域，青年时期作为美术老师，也是在艺术教学中释放洒脱豪放的性情，乃至以后的文学创作，或许是狭小的调色板已经容不下他激越的想象、激荡的情感和激涌的笔触了。就像鲁迅说的："从喷泉里出来的都是水，从血管里出来的都是血。"②那么可以说，从高尔泰笔下涌出来的不仅是线条、色彩和文字，更是他全部生命的情感、活力和创造。是的，如他所言："艺术家不同于一般人之处，就在于他不但善于感受和体验，而且善于创造形式把它表现出来。他的内在的生命力愈是强大，他就愈是能用这生命力去摇撼或激活别人的心灵。"③

今天我们一边静静地欣赏他的油画《乡愁》《山风》，小说《庆端阳》《杨吉祥》和100幅"禅话禅画"，台湾高雄雷音寺的大型壁画，以及风靡一时的散文集《寻找家园》《草色连云》，一边慢慢地品读他的《美是自由的象征》，从这"艺"的表现中，发现不一般的"美"的创造。

（一）艺术的内在要素

鉴于高尔泰在"人的问题"和"美的问题"上的互换性和通融性，并且二者都紧扣人的"解放"目标和美的"自由"特性，因此，他最看重的就是艺术

---

① 高尔泰：《美是自由的象征》，人民文学出版社，1986年版，第334、349页。

② 鲁迅：《鲁迅全集》（第3卷），人民文学出版社，1981年版，第544页。

③ 高尔泰：《美是自由的象征》，人民文学出版社，1986年版，第175页。

的思想性内容、人文性主题、精神性意义和真实性情感等内在要素。他在《关于艺术的一些思考》一文中阐述了他关于艺术是什么或艺术构成的基本认识：在艺术是美的总体认识下，第一个层次即"艺术是人类的创造物"，第二个层次即"艺术是精神产品"，第三个层次即"艺术是情感的表现"，第四个层次即"艺术是真实情感的表现性形式"，还有"艺术与社会生活"等。这种认识在他的艺术创作中得以具体体现。仅以"文革"时期的部分"地下"创作为例，就可见一斑。同为《乡愁》的两幅油画，表现了长年背井离乡和失去妻子的人生愁苦寄寓，还有400多幅连环画《两姐妹》童话故事，表现了善良一定能战胜暂时强大的恶，也可从他的《呈常书鸿先生》的"且向冰天炼奇气，隐几萧条待春回"看出他的倔强毅力、不平胸臆和美好期待。建立在切身体验基础上的艺术思考，一定不是隔靴搔痒的空洞乏味和海阔天空一样的不着边际。总之，基于生命活力的艺术观，是如何体现出他的"美是自由的象征"的思想呢？

1. 审美的精神显现

如果说审美是人类精神的充分彰显，那么精神就是人类存在的最高证明，连接二者的有科学的真理和伦理的善良，而最能形象生动和典型凝练地显现人类精神的毫无疑问是艺术。尽管艺术有着认识作用、教育作用，但高尔泰和中外所有美学家一样崇尚艺术的精神启迪和心灵感悟，而坚持艺术的审美作用、审美特性，认定"艺术是精神产品"，是人类审美活动的精神显现。

首先，艺术的"精神"内涵。黑格尔的"精神现象"的"精神"是以社会历史为对象，体现了个体与普遍、客体与主体的有机统一，经过"意识""自我意识""理性""伦理精神"等的推进，最后让逻辑和历史统一于"绝对精神"。高尔泰也同样经历了黑格尔这个精神历程，只不过更具有个体和时代的烙印，"意识"是社会意识，"自我意识"是主体觉醒，"理性"是个体自由，"伦理精神"是人的解放，高尔泰将体现黑格尔"绝对精神"的艺术、宗教和哲学演绎为作为"最高的实在"和"一切现象的根源"的"一"，而美是"一"的光辉，最能闪耀这光辉的当然是艺术。这在他后来创作的油画《精卫填海》《夸父逐日》的一片宇宙迷蒙、元气混沌中得到了生动的展示。

其次，艺术的"精神"价值。高尔泰认为人类的精神价值有"结构性"和"动力性"两种类型，前者产生于以维持社会稳定为目的、统治者倡导忠孝节烈的社会，最终异化为阻挡社会进步的静止型和和谐性的"理性结构"；后者是为了推动社会前进，艺术家高倡自由解放，进而在异化的扬弃中通过文学艺术激发生命的鲜活性和创造力。可见，"艺术并不是任何一种精神产品，而是这样一种精神产品，它以感性动力为主导，是感性动力的表现性形式"①。"感性动力是人的生命力"，这是他在一直强调的。感性动力既与理性结构相辅相成，又与之背道而驰，它作为精神的价值充满了黑格尔的辩证法，"生命是向否定以及否定的痛苦前进的，只有通过消除对立和矛盾，生命才变成对它本身是肯定的"②。

最后，艺术的"精神"生产。通常意义上，艺术包括艺术家、艺术品和艺术接受者，就此而言，一种或一件能发挥审美价值的艺术首先是物质形态的艺术品，然后才是具有精神价值的艺术性、社会性和思想性的集合。而高尔泰根据自己的从艺经历，并结合时代的社会思潮，更看重艺术的精神性内涵和价值，"所谓创作，是精神生产，是用心灵来创造价值"，当然这种生产必须符合艺术的特性和规律，其中高度的主观性和个体性一定要体现在创造性上，"应当放手让艺术家们用自己的眼睛看，用自己的耳朵听，用自己的心灵感受，用自己的脑子思索，而不要用同一个模式来铸造他们"。③黑格尔的见解不但切中艺术创作的肯綮，而且印证了高尔泰"美学是一种精神动力学"的主体论美学观。

2. 真实的情感表现

艺术表现的"情"，是经过文化熏陶、过滤和包装了的"情"，所谓"以礼节情""发乎情止乎礼"。这不仅是人和动物的最大区别，而且是艺术和非艺术的根本区别。高尔泰也说过"智慧追求真，道德追求善，热情追求

---

① 高尔泰：《美是自由的象征》，人民文学出版社，1986年版，第172页。
② 黑格尔：《美学》（第1卷），朱光潜译，商务印书馆，1979年版，第124页。
③ 高尔泰：《美是自由的象征》，人民文学出版社，1986年版，第220、221页。

美"①。尽管求真求善和爱美一样需要情感的付出和出自真诚的热情，但是真之于情与真本身没有关联，善之于情是有条件和差别的，而审美尤其是艺术则不一样了，如"爱美之心人皆有之"的情是发自生命本能的原欲，更是彰显生命意义的大爱。著名哲学家李泽厚提出了"情本体"的历史本体论，他在对"知之者不如好之者，好之者不如乐之者""君子有三乐""至乐无乐，是为天乐"进行阐述后，认为"都是将最高最大的'乐'的宗教情怀置放这个世界的生存、生活、生命、生意之中，以构建情感本体"。②

"以情为本"，"以情统文"，如果说在最宏观的意义上人类文化发展的内在动力尚是如此，那么在最本质的意义上作为人类文化感性显现的艺术更是这样了。因此，具有本体论意义上的"情"——真情是艺术区别于非艺术的最本质的差别和特性。

其一，"表现"是情感的意义。情感尽管是内在于心的，还深藏在人类文化和个体生命的最隐秘处，在强大的社会理性压抑下和道德规范中，中国文化还要求"含而不露""以理节情"，但经过新文化运动的洗礼，我们终于发现了情感就是艺术的推动剂和生命力，就像郭沫若的诗歌一样，必须让情感尽情地释放出来、充分地表现出来，"艺术家不同于一般人之处，就在于他不但善于感受和体验，而且善于创造形式把它表现出来"③。因为高尔泰坚信"表现情感"就是"表现自我"——不仅表现自我的生命，更是表现人类的生命。

其二，"同情"是艺术的目的。人类为何需要艺术，这是一个涉及艺术起源和艺术意义的大问题，历史上留下了"工具说""巫术说""游戏说""劳动说"等说法，而高尔泰基于"艺术是情感的表现"和"艺术是真实情感的表现"，提出了艺术作品存在的目的是"同情"，就是"我的情感与别人的情感同一"，进而"在变化、差异和多样性的基础上实现人类个体与整体的统

---

① 高尔泰：《美是自由的象征》，人民文学出版社，1986年版，第169页。
② 李泽厚：《实用理性与乐感文化》，生活·读书·新知三联书店，2005年版，第87—88页。
③ 高尔泰：《美是自由的象征》，人民文学出版社，1986年版，第175页。

一"。①看来，他的"同情"不是西方审美心理的"移情"，也不是中国传统文论的"共鸣"，也不是日常生活中对不幸和弱小的怜悯，而是寻求人类美好情感和生命不竭动力的最大公约数。

其三，"真诚"是艺术的底线。在艺术的创作过程中仅有情感是不够的，因为这个情感有可能是"为文造情"，是"为赋新词强说愁"，甚至是猫哭老鼠。经历过极左年代，尤其是"文革"时期，对于此类虚情假意的艺术，高尔泰见得太多了，更是深恶痛绝，"所以每一个艺术家都必须遵守一条最高的律令：诚实。诚实是艺术的生命线"②。今天这个已经成为社会的共识和艺术的原则，当初它的意义是不同寻常的，高尔泰和巴金一样，回归常识，回到真实，说出真话，应和了拨乱反正的时代潮流，捍卫了人类文明的基本准则。

3. 创作的意境呈现

说到艺术创作作品呈现的审美状态是什么，人们几乎异口同声地回答是"形象"，然而高尔泰却给予了全新的理解，那就是"意境"。如果说对于艺术家而言，创作就是其审美的精神显现和真实的情感表现，那么对于艺术品而言呢，创作就是其作品的意境呈现，"所谓艺术的创作问题，实际上是一个意境问题"。"意境就是一个由物质媒介（例如色彩、声音等等）组成的活的有机整体，其结构和运动轨迹无不同艺术家的感情或心绪（我们通称为感情）相对应，从而具有那种感情或心绪的表现性。"③

高尔泰为何不用我们耳熟能详和学界通用的"形象"，而借用了一个颇有古典美学意味的"意境"？如果说"形象"是平面性和凝固性的逻辑构成的话，那么"意境"就是立体性和动态性的情感结构，前者再现出艺术的物质形态，而后者呈现出艺术的心灵的、精神的和生命的情态，在真实的呈现中表现深厚而深刻、多样而丰富的意蕴。高尔泰的"意境"就是他"感性动力"的艺术呈现。

其一，鲜活的有机整体。高尔泰以颜色和画布的结合说明生活中存在各种

① 高尔泰：《美是自由的象征》，人民文学出版社，1986年版，第176页。

② 高尔泰：《美是自由的象征》，人民文学出版社，1986年版，第179页。

③ 高尔泰：《美是自由的象征》，人民文学出版社，1986年版，第181页。

颜色，但要把它们做成一幅画，这些"颜色构成一个活的有机整体"，当然这是加入了创作者生命情调的一个生意盎然的艺术整体，它包含了主观与客体、物质与精神、再现与表现、形式与内容、有意识与无意识等方面的辩证统一，特别是情感与思想的"你中有我"和"我中有你"的关系，"情感作为一种对现实的本能的评价，实际上是一种更深刻、因而更不自觉的思想"。[①]这也是中国古典美学说的"使情成体"。

其二，独特的个人发现。同样丰富的社会生活，为何有的能够被艺术家创作为艺术，为何艺术家创作的艺术水平高下不一？高尔泰专门就"艺术与社会生活"进行了思考，指出："艺术家之所以是艺术家，就因为他们的敏感和诚恳有助于他们不辱使命，有助于他们在平常中发现异常，在公认不是问题的地方发现问题。"[②]所谓"生活中不是缺少美，而是缺少发现美的眼睛"，有了如此的"眼睛"，哪怕生活中的苦难也能被艺术家升华为美丽的花朵，对此高尔泰感叹道："正是这种不幸，孕育了他们的艺术。"[③]

其三，敏锐的时代感受。刘勰说"文变染乎世情，兴废系乎时序"，艺术的演变联系着社会的情况，文坛的盛衰关乎着时代的动态。在艺术与时代的关系上，高尔泰认为"文艺不仅要跟上时代，而且要推动时代前进"[④]。艺术家从丰富生动和日新月异的时代生活中获得创作素材，激发创作灵感，让充满感性动力的艺术突破板滞的理性结构。一方面，针对"形式束缚了内容"，他竭力呼唤艺术"需要创造新形式"，另一方面对朦胧诗、探索剧和伤痕文学、美术新潮等新兴内容和形式表示极大的肯定。

（二）艺术的表现形式

克莱夫·贝尔说："艺术是有意味的形式。"

苏珊·朗格说："艺术是人类情感的符号形式的创造。"

---

① 高尔泰：《美是自由的象征》，人民文学出版社，1986年版，第182、183页。

② 高尔泰：《美是自由的象征》，人民文学出版社，1986年版，第188页。

③ 高尔泰：《美是自由的象征》，人民文学出版社，1986年版，第194页。

④ 高尔泰：《美是自由的象征》，人民文学出版社，1986年版，第213页。

清初著名画家石涛说："无法而法，乃为至法。"

高尔泰说："艺术家不同于一般人之处，就在于他不但善于感受和体验，而且善于创造形式把它表现出来。"①

是的，正如歌德说的那样："题材人人看得见，内容意义经过努力可以把握，而形式对大多数人是一个秘密。"为何"黄金分割率"能构成最美的图形，为何七个音阶能组成最美的乐音，为何"三一律"成了西方古典戏剧的圭臬……艺术构成方式的千奇百怪，使得艺术具有了大象无形的魅力；艺术表现形式的千变万化，使得艺术充满着波诡云谲的神奇。高尔泰不但有着丰富的艺术创作经验，而且更有深邃的美学理论修养，他一开始就站在了文艺美学的前沿，借助主体论美学的思维利器，认为形式绝非孤立而单纯的形式，而是"把生命力贯注于单纯的形象之中，达到生命力和形式的合而为一，使形式有效地反映出生命力的运行"②。形式与内容高度融合，或者形式本身也成了一种特殊的内容。

1. 追求形式的创新性

一部中国文学艺术的历史就是不断创新的历史，尤其是古典诗歌，从最早《诗经》的四言到秦汉的古风、魏晋的五言再到唐代的律诗、宋代的词章和元代的散曲，或是字数的变化，或是行数的增减，或是声韵的讲究，或是格式的调整，等等。之所以"变"，是因为社会生活内容在不断"刷新"，更是由于艺术家的天性崇尚"好动"。高尔泰自己就是一个生动的个案，且不说他求学时期转益多师，仅在艺术的种类上就不断转移阵地，先后从事过油画、国画、连环画和书法，还有诗歌、小说、散文等，究其原因，是源自生命深处审美的"感性动力"渴望冲破历史传统和现实规范合谋而成的"理性结构"。

在艺术形式的创新性问题上，高尔泰告诉我们要处理好这样三个关系。

一是主体与对象的关系。这回答的是艺术家为何热衷于创新，尤其是现代艺术在表现形式上的"实验"意义。任何一种艺术对象在表现形式上一经定型

---

① 高尔泰：《美是自由的象征》，人民文学出版社，1986年版，第175页。

② 高尔泰：《美是自由的象征》，人民文学出版社，1986年版，第255页。

或成熟，就具有相对的稳固性和典范性，后来者只是按照这个范式和结构填充内容；但是，真正的艺术家都不甘墨守成规而渴望标新立异。为何会这样呢？高尔泰认为形式充满生命活力而不是一成不变的"模式"，"这是一种活的，有生命的、因而是千差万别、变化无穷的形式，所以它在不同的作品里永不重复"。这是"表现着人类情感的力的运动形式"[①]。情感之力就是生命之力，以强烈而磅礴的力量冲破陈规、超越内容、碾压对象而让艺术永远给人以耳目一新的感觉，真可谓"美是自由的象征"！

二是内容与形式的关系。这回答的是艺术家如何实现创新，艺术表现形式的创新，绝不是为创新而创新，尽管这样的形式可能非常新奇，但这是没有内容支撑的"空洞"和缺乏意义支持的"时髦"，除了吸引眼球和刺激感官而一无是处；但是，如果仅有内容而忽略或没有形式，艺术就会异化为宗教的神谕、道德的说教和政治的口号。因此，艺术的内容与形式一定要有机统一。"艺术形式不是盛装内容的容器，不是一种可以把任何外在的理性结构容纳进来的语法逻辑，也不是可以传导任何信息的导体。"[②]甚至独特而新颖的形式本身就是内容，如高尔泰认可的无标题音乐、山水花鸟画和中国的书法艺术也都是"人道主义"精神的体现。

三是西方与本土的关系。这回答的是艺术家如何理解创新，进入改革开放新时期的中国，如何看待大量涌入中国的西方现代艺术，如在蒙娜丽莎脸上画胡子，在维纳斯身上开抽屉，以及艺术与美无关的理论等。他在1983年3月7日《当代文艺思潮》编辑部召开的美学座谈会上，认为"问题不在于我们看什么，而在于我们怎么看"，指出这些向工业社会抗议的作品，并非形式上古典与"现代"的分歧，而我们也应在参考借鉴中"创造我们自己的新形式，我们国家和我们时代的新形式"，还一针见血地指出现在的问题是"迫切需要创造新形式"，以此促进国人的"艺术的觉醒"。[③]

---

① 高尔泰：《美是自由的象征》，人民文学出版社，1986年版，第167页。
② 高尔泰：《美是自由的象征》，人民文学出版社，1986年版，第242页。
③ 高尔泰：《美是自由的象征》，人民文学出版社，1986年版，第214—217页。

2. 揭示形式的意蕴性

艺术的形式绝非艺术家手中的"盛装内容的容器"或艺术品依托的"呈现意义的外观",而是富有"意味"的形式,正如著名美学家宗白华说的:"形式之最后与最深的作用,就是它不只是化实相为空灵,引人精神飞越,超入美境;而尤在它能进一步引人'由美人真',探入生命节奏的核心。"①以实写虚,以形传神,其中的"虚"或"神"就是依托形式而又超越形式而企及的意蕴,说明任何形式都是具体而有限的,而优秀的艺术作品都从不将形式的创新作为追求的终极目标,而以虚实结合和形神兼备作为最高的美学追求,其中的"虚"或"神"就是"大化流演"的生命之力和生命之意。从这个意义上说,尽管艺术是作家生命、作品生命和读者生命的三位一体,但它不是生命本身。高尔泰清醒地认识到:"艺术并不创造生命力。艺术创造的是形式结构。这种形式结构由于贯注着生命力而成为一种多样统一的开放性动态结构,一种具有生命意味的,气韵生动的形式。"②可见,形式最大而最深的意蕴是人类生命力的象征。

高尔泰是从内容和形式两个方面阐述艺术的"生命力"或"生命意蕴"的。

在高尔泰的话语体系里,"自由"与"生命"息息相关。自由对于高尔泰而言,不仅是哲学王国的思考对象和艺术世界的理想目标,而且是他与生俱来的生命追求,因此他心目中的自由已经从形而上的书斋,重返形而下的生活——艺术审美的生活,蜕变为一种前进之力——带有方向性的更高更快更强和求真向善爱美的"生命向力",著名文艺理论家宋耀良阐释道:"生命向力是生命的物质存在与生命的精神发展的集中体现,是世界上全部生命个体、生命能力和生命意识的总和。"③它具有生长和发展的不可逆性,虽然源于原始生命本能,但经过漫长的文化陶养和文明规范,具有了社会的正能量和生命的正向性。

---

① 宗白华:《美学散步》,上海人民出版社,1981年版,第100页。
② 高尔泰:《美是自由的象征》,人民文学出版社,1986年版,第263页。
③ 宋耀良:《艺术家生命向力》,上海社会科学院出版社,1988年版,第166页。

如果说以上见解还不足以显示高尔泰的美学观的话，那么当他把"形式"与"生命"或"形式感"与"生命力"相联系时，就足可见他的高人一筹。他要求："把生命力贯注于单纯的形象之中，达到生命力和形式合而为一，使形式有效地反映出生命力的运行。"①此时的形式已经由物质蜕变为精神而具有了思想的力量、情感的力量和生命的力量。黑格尔用"灌注生气"在形式中说明艺术的生命力，"一种灌注生气于外在形状的意蕴"②；席勒用"活的形象"来说明艺术的生命力，"美又是生命，因为我们可以感知它"③。高尔泰关于艺术形式的美学见解，不仅揭示了艺术的生命意蕴，而且阐明了美学的生命意义，即不是从我们司空见惯的情感性、思想性来阐述的，而是从我们较为忽略也是最为熟悉的多样统一、动态平衡、互补和谐的艺术形式美上超然而出，用生命力将美与艺术的形式原则升华为深厚、深广和深刻的"人类自由"境界和"人道主义"理想。

3. 反思形式的民族性

接受过比较系统的传统文化教育，又广泛涉猎西方文学艺术的高尔泰，尽管主要从事油画创作，但对中国传统国画和书法也颇有心得，哪怕是他创作的油画也不是西洋画风的"应物形象"，而充满了中国气派的"气韵生动"，可见这种艺术形式充满着由厚重文化传统积累起来的民族性特征。

包括艺术在内的不同文化的表现而形成的审美特征，首先是外在形式的独特性，由此形成了形式的民族特色和民族风格，早在1938年毛泽东同志就提出了"马克思主义必须和我国的具体特点相结合并通过一定的民族形式才能实现"的见解，④这里的"民族形式""中国特点"，当然包括中国艺术的形式和特点。1980年代初，改革开放的中国社会和当代艺术，如何处理艺术形式的守正与创新的关系，继承传统如何弘扬民族性，学习西方如何保持民族性，一直是高尔泰关注的问题。他在北京画院和中央美术学院的学术演讲中，在《当

---

① 高尔泰：《美是自由的象征》，人民文学出版社，1986年版，第255页。
② 黑格尔：《美学》（第1卷），朱光潜译，商务印书馆，1979年版，第24页。
③ 席勒：《审美教育书简》，冯至、范大灿译，上海人民出版社，2003年版，第207页。
④ 毛泽东：《毛泽东选集》（第2卷），人民出版社，1991年版，第534页。

代文艺思潮》编辑部的座谈会上，多次阐述了自己的见解。他认为：

> 一个民族的文化只有具有不同于别的民族的特色才成其为民族文化，我们也只有承认一个民族的文化有保持其特点的权利，才能对整个人类文化的价值有全面的认识。①

那么，高尔泰针对艺术创作的形式问题，是如何反思民族性的呢？

首先，个人爱好与民族特色的关系。这是一个个性与共性的关系，个性彰显共性，共性寓于个性，二者相辅相成而相得益彰，在个人的爱好中展示民族的特色。高尔泰本人创作的油画也不是完全追求写实性，而呈现出写意的魅力，所以他才深有体会地说："个人的艺术创作，也是以其独特的感受及其表现性形式，为丰富和发展人类的精神文明作出贡献的。"②在实际创作上，每个艺术家是不一样的，我们应该尊重这种差异，而差异产生多样性。对此，高尔泰尊重个人艺术创作在形式上追求独特性，不仅视之为个人的艺术风格，而且视之为人道主义，这也符合他的一贯认识："艺术的形式就是它的内容"。

其次，艺术技巧与民族精神的关系。精湛的技巧呈现精美的形式，精美的形式需要精湛的技巧，技巧即形式，形式与技巧，二者水乳交融，作为艺术家的高尔泰是深谙个中三昧的，他盛赞齐白石、毕加索、张大千的求新求变，认为"不能光从笔墨技巧着眼"艺术形式，还指出刘继卣的动物画、叶浅予的舞蹈人物画"不论技巧多高，都很难说是真正的艺术品"。③相反，高尔泰非常肯定罗中立的《父亲》、何多苓的《春风》和何多苓与艾轩合作的《第三代》，说这些作品充满着中华民族在新时期的"强烈的感性批判精神"。④他把艺术技巧的创新性与民族精神的时代性联系起来，而显示出美学家的睿智。

最后，传统艺术与民族特色的关系。一定的民族性或民族特色是"冰冻三尺非一日之寒"，而艺术在表现形式上的风格是一柄双刃剑，没有风格不足以说明艺术家的成就和艺术品的特色，而一旦形成风格就会有停滞不前、墨守

---

① 高尔泰：《美是自由的象征》，人民文学出版社，1986年版，第236页。

② 高尔泰：《美是自由的象征》，人民文学出版社，1986年版，第238页。

③ 高尔泰：《美是自由的象征》，人民文学出版社，1986年版，第245—246页。

④ 高尔泰：《美是自由的象征》，人民文学出版社，1986年版，第248—249页。

成规，甚至阻挠创新的危险，那么，我们该如何看待艺术形式的风格呢？高尔泰以"京剧动作的一步三摇""故宫建筑的万仞宫墙""繁复而又严格的诗词格律"这些中国传统艺术的形式所形成的风格为例，指出形式"具备有各该时代、民族、阶级等等的特征"，"这些程式不是哪一个人的作品，而是历史和社会的产物。所以它表现出民族的、时代的和历史的个性"。①

（三）艺术的中国特色

不论是艺术所包含的精神品质、情感特质，还是艺术蕴含的生命主题、自由象征，抑或是艺术必备的形式要素、创作技巧，它都要显示一个民族的历史文化、时代思潮和审美理想，就这个意义而言，任何艺术首先是民族的，然后才是世界的。

为此，高尔泰结合对中国哲学的理解对中国艺术进行了一次较为详尽的思考，撰写的《中国艺术与中国哲学》长文刊发在了1982年第3期《西北师大学报》上，开篇即指出：

> 每一个民族、时代、社会的文化，都有其不同于其他民族、时代、社会的特征，表现出不同的民族性格，不同的时代精神和不同的社会思潮。所谓艺术的民族气派与民族风格，不过是特殊的民族精神在艺术中的一般表现而已。②

记得马克思曾指出"任何真正的哲学都是自己时代精神的精华"③，毛泽东也要求"洋八股必须废止，空洞抽象的调头必须少唱，教条主义必须休息，而代之以新鲜活泼的、为中国老百姓所喜闻乐见的中国作风和中国气派"④。如果说马克思揭示的是哲学与时代的关系，那么毛泽东则阐述的是文化与民族的关系，这对我们理解高尔泰论述人类艺术与中国特色的关系有着极大的启发

---

① 高尔泰：《美是自由的象征》，人民文学出版社，1986年版，第261页。
② 高尔泰：《美是自由的象征》，人民文学出版社，1986年版，第283页。
③ 马克思、恩格斯：《马克思恩格斯全集》（第1卷），人民出版社，1956年版，第121页。
④ 毛泽东：《毛泽东选集》（第2卷），人民出版社，1991年版，第534页。

意义。

1. 中西比较的方法论

"不识庐山真面目，只缘身在此山中"，要知道中国艺术的特色或艺术的中国特色，最好的方法就是跳出庐山看庐山，通过与异域文化的比较进而更准确地认识中国文化。高尔泰从哲学的视角高屋建瓴地建立起了主体论美学的中西比较的方法论，这源于他对哲学的深刻认识："哲学是民族、时代、社会的自我意识。伟大的艺术作品总是表现出深刻的哲学观念。"[①]而且，哲学不是一般的自我意识，是"时代精神的精华"。那么，高尔泰是从哪些方面进行比较的呢？这些比较对我们认识中国艺术有什么样的启发呢？

首先，在理性精神上，借用康德的话说，西方哲学是追求知识的"纯粹理性"，那么中国哲学就是追求道德的"实践理性"，因此中国哲学富有感性色彩和直观特征，因而具有开放性和启示性意义。高尔泰总结中国哲学为重人伦、讲道德的"内省的智慧"，因此中国哲学较早达到了"人的自觉"而表现为"忧患意识"，这种忧患意识就是司马迁说的："《诗》三百篇，大抵圣贤发愤之所为作也。"高尔泰说："读中国诗、文，听中国词、典，实际上也就是间接地体验愁绪。"[②]就连杜甫欣赏张旭的书法，也能感觉到"悲风生微绡，万里起古色"。

其次，在信仰建构上，中西方都面临着灾难深重的现实，而努力建构一个可以托付精神和安放灵魂的彼岸世界，西方是以宗教的方式建立起"天国世界"，中国是以伦理方式建立起"先王世界"。中国的"先王世界"是一个"内圣外王"的世界，高尔泰认为这是一个"主体性的，内在的世界"，因而获得了此岸的实践意义。体现于艺术就是"以理节情"，高尔泰说："所以在中国，艺术创作的动力核心是作为主体的人的感性与理性的统一。"[③]而不是像西方那样借助知识或神灵的外在动力。因而这使得中国传统艺术总是体现出含蓄、敦厚、温和的美学特征，所谓"好色而不淫，怨诽而不乱"。

---

① 高尔泰：《美是自由的象征》，人民文学出版社，1986年版，第284页。

② 高尔泰：《美是自由的象征》，人民文学出版社，1986年版，第294页。

③ 高尔泰：《美是自由的象征》，人民文学出版社，1986年版，第290—291页。

最后，在艺术创造上，高尔泰比较了几组常见的艺术创作的美学范畴。一是"再现"与"表现"，这涉及了对艺术的本质的理解，前者要求再现客体的现实对象而强调模仿和反映现实，后者要求表现作为主体的人的精神世界而强调艺术的抒情写意功能，所以"中国美学把艺术看作一种成就德性化人格的道路，所以它不要求把艺术作品同具体的客观事物相验证，而是强调'以意为主'。即所谓'取会风骚之意'"。① 二是"叙事"与"抒情"，这是"再现"和"表现"关系的延续，更是对"表现"的深入研究，高尔泰以人类最早的艺术——诗歌为例，指出西方最早的诗歌是叙事诗，而《诗经》是抒情诗，进而指出中国艺术就连后起的小说和戏剧"都带有浓厚的抒情性，同中国诗的性质相近"。如曹雪芹的《红楼梦》和王实甫的《西厢记》，高尔泰总结道：这是与表意论有密切关系的"写意原则"。② 三是"形象"与"人格"，西方注重艺术塑造的形象，尤其是人物的"形象的感染力"，重视通过同外在自然和社会的斗争显示出来的巨大的物质力量；而中国艺术更看重艺术家和作品主人公在真诚的情感力量、坚毅的意志力量中蕴含的高尚的人格力量，于艺术家而言是"尚志"，于艺术品而言是"中国艺术所追求表现的力，不是'剑拔弩张'的力，而是'纯棉裹铁'的力"。③

2. 忧患意识的生命论

中华民族是一个充满忧患意识的民族，"大禹治水""女娲补天""后羿射日""夸父逐日"等远古神话，就是这个民族走出洪荒与蒙昧的沉痛记忆。《易经·系辞传》说："作易者，其有忧患乎？"当然最大的"忧患"是生命的死亡，而一旦意识到"终有一死"就意味着生命的真正诞生，所谓"人的发现"或"人的自觉"："人意识到自己的力量和地位，意识到一切忧患和痛苦都在于忘记了自己的地位和内在的力量，而听凭外在的天命摆布。我们把这种意识称之为忧患意识，它是中国哲学的起源，也是中国哲学发展的基

---

① 高尔泰：《美是自由的象征》，人民文学出版社，1986年版，第297页。
② 高尔泰：《美是自由的象征》，人民文学出版社，1986年版，第299—301页。
③ 高尔泰：《美是自由的象征》，人民文学出版社，1986年版，第313页。

础。"①这段话里的前一个意识即自我生命的"自觉"，社会生命的价值是向死而生，所以充满着主体意志；后一个意识是"忘掉"自我生命的痛苦，自然生命的本能是趋利避害的。其中的核心意识"忧患"就兼有了情感性的"好恶"倾诉和哲理式的"忧郁"深思。高尔泰充满生命辩证法的忧患意识，所揭示出的"艺术的中国特色"表现在以下三个方面。

一是儒家与道家相同的审美人格。高尔泰对"忧患意识"的辩证理解，既有如荀子所言的"制天命而用之"的主体意识，也有庄子的"离形去知，同于大通"的非主体意识，因此高尔泰认为儒道两家都从忧患意识出发，而"带着浓厚的伦理感情色彩"。其体现在孔子"三军可夺帅也，匹夫不可夺志也"，孟子"富贵不能淫，贫贱不能移，威武不能屈"的大义凛然；也体现在老子"自知不自见，自爱不自贵"，庄子"举世誉之而不加劝，举世非之而不加沮"的高风亮节。"无论是儒家还是道家，人格理想的追求，在这里都充满着感性的、积极进取的实践精神。"②

二是悲剧与喜剧相通的审美风格。由于中国哲学的阴阳互补转化理念，人物命运的否极泰来、创作立意的以丑写美、艺术技巧的计白当黑的艺术辩证法，使得古代中国艺术呈现出悲喜交加的风格，"文以载道"，它们都致力于表现生活不合理的"忧患"，悲剧"激起人们的奋发抗争之情"，喜剧"引起人们的轻蔑嘲笑之感"，"它们之间并没有不可逾越的界线"。③高尔泰还以《窦娥冤》《梁山伯与祝英台》《长恨歌》为例，说主人公就是死了也要化作冤魂报血仇，化作双飞蝶和连理枝、比翼鸟。这种美学创意更加符合人们对美好的呵护，对理想的憧憬，可视为不朽的生命之歌。

三是情感与理性统一的审美原则。忧患意识既是一种情绪也是一种思绪，富有情感与理性的二重性，但从现实看理性往往压倒情感，即所谓"以理节情"，高尔泰认为这是"一切艺术创作的一条原则"。高尔泰比较详细地分析了屈原的《离骚》、《诗经》中的《采薇》《风雨》和魏晋的诗文，还有孙过

---

① 高尔泰：《美是自由的象征》，人民文学出版社，1986年版，第286页。

② 高尔泰：《美是自由的象征》，人民文学出版社，1986年版，第289页。

③ 高尔泰：《美是自由的象征》，人民文学出版社，1986年版，第201页。

庭论书法等，无不充满着"以理节情"的含蓄、忧郁和愤懑的情与理矛盾后的和谐，"深沉而又冷静的忧患意识，表现在一种情感和理性相统一的形式之中，使我们感受到一种巨大的力量"。这不仅是"中华民族精神最集中的反映"，而且是人类生命意志最伟大的表现。①

3. 发愤抒情的表现论

因为忧患意识，我们知道了"生年不满百"人生的短促，我们感受着"昼短苦夜长"时光的短暂；于是，借助艺术"以一管之笔，拟太虚之气"而渴望生命的永恒，借助艺术"惜诵以致愍兮，发愤以抒情"而表现生命的意气，这种"慨当以慷，忧思难忘"的不平胸臆，即"发愤抒情"，是中国古典艺术表现论的审美特征，更是一股强大的感性动力。

高尔泰认为"发愤抒情"既是艺术的"表现论"，表达真挚的感情和激愤的反抗；又是艺术创作的"动力论"，释放强烈的自我意识和批判精神，这种艺术创作论不同于传统"温柔敦厚"和"中庸之道"的"美刺"规范。如高尔泰对中国古典艺术的总结："在漫长而又黑暗的中世纪封建社会，中国艺术很好地表现了处于沉重的压力之下不甘屈服而坚持抗争，不甘沉寂而力求奋发，不同流合污，而追求洁身自好的奋斗精神。"②那么，这种"发愤抒情"的奋斗精神是如何表现的呢？

首先，表现道德境界的高贵。之所以"发愤抒情"，是因为忧患意识与道德境界紧密相连，"道是忧患所从之而来和从之而去的普遍规律，德是生于忧患意识的责任感和行动意志"③。然而，艺术家所处的现实常常如司马迁所言："意有所郁结，不得通其道也，故述往事，思来者。"在"前不见古人，后不见来者"的孤独中，艺术充满着"念天地之悠悠，独怆然而涕下"的悲剧浩叹，表现出"路漫漫其修远兮，吾将上下而求索"的高贵人格。所以，"中国美学把艺术看作一种成就德性化人格的道路，所以它不要求把艺术作品同具体的客观事物相验证，而是强调'以意为主'，即所谓'取会风骚之

---

① 高尔泰：《美是自由的象征》，人民文学出版社，1986年版，第291、316页。

② 高尔泰：《美是自由的象征》，人民文学出版社，1986年版，第314页。

③ 高尔泰：《美是自由的象征》，人民文学出版社，1986年版，第305页。

意'"①。

其次，表现诚实品格的可贵。高尔泰指出："艺术，作为德性化人格的表现，不言而喻，它首先要求诚实。"②这恰如《周易》阐述的"修辞立其诚"，《庄子》强调的"不精不诚不能动人"。对于艺术家而言，不论是道德境界，还是诚实品格，其实质都是一种人格的体现。因为，真正的艺术家都既追慕屈原"芳草美人"一样的高洁品质，又向往陶潜"辞官归去"那样的真诚情怀，还欣赏李白"斗酒诗篇"的真实生活。纵观高尔泰的一生，不论是读书学艺，还是为人处世，抑或是艺术创作，他都以追求真理的勇毅、袒露真我的无私和表现真情的纯洁而赢得朋友和同道、学界和社会的广泛尊敬。

最后，表现意志力量的宝贵。高尔泰弘扬了中国艺术的"诗品出于人品"的美学传统，要求艺术家在"发愤抒情"时不可虚情假意，也不能无病呻吟，而要表现精神的人格力量和真诚的情感力量，从而显示生命的力量。"精诚，是一种能摇撼别人灵魂的力量。不仅是情感的力量、人格的力量，而且是一种意志的力量。"③通过这种意志的力量，也即是他看重而弘扬的"自由解放的力量"和"人的自觉的力量"，中国艺术在生命的感性动力对文化的理性结构的突破中，实现感性与理性、情感与意志的有机结合，更好地突破"中庸之道"的艺术观和"以理节情"的表现论，将"抒情""言志"统一起来。

综上所述，通过对艺术尤其是中国艺术精神性和情感性的内容阐发、艺术创新性和技巧性的形式说明，高尔泰心目中的艺术不仅表现出意境性和民族性的特征，而且洋溢着生命性和生命力的魅力，这既体现出中国文化的"忧患意识"的诗意呈现，也蕴含着人类审美的"感性动力"的自我证明，而一旦二者发生碰撞，不论是自由的追求，还是美学的建构，它飞溅的火花再一次将"美是自由的象征"的思想照亮。

---

① 高尔泰：《美是自由的象征》，人民文学出版社，1986年版，第297页。
② 高尔泰：《美是自由的象征》，人民文学出版社，1986年版，第307页。
③ 高尔泰：《美是自由的象征》，人民文学出版社，1986年版，第311页。

尾声：一个有待超越的高尔泰

捧读高尔泰的《美是自由的象征》，我想起了两句诗。

一句是王安石的"看似寻常最奇崛，成如容易却艰辛"。这部书是高尔泰半生苦难辉煌的证明，从西域的大漠戈壁到内地的讲堂书屋，其中的心血和泪水，其中的体验和思考，非经历者不能解其味。

一句是刘禹锡的"千淘万漉虽辛苦，吹尽狂沙始到金"。这部美学名著是高尔泰平生奋斗求索的写照，从美的追求到人的解放，从异化扬弃到感性动力，其中的真知灼见和鞭辟入里，非精读者不能会其意。

今天，我们又一次走进高尔泰的"美的历程"，再一次翻开《美是自由的象征》，流连忘返，披沙拣金，"登山则情满于山，观海则意溢于海"，在书中发现了一个不可复制的高尔泰，其中的三个关键词是：苦难、才情、真诚。苦难是特殊时代给他的馈赠，才情是遗传基因给他的优势，真诚是爱美人格给他的标签，所谓"天时地利人和"共同促成了《美是自由的象征》所呈现的美学生命和生命美学的"三部曲"：

1. "人"的沉思：主体超越的人论。

2. "美"的探索：自由象征的美学。

3. "艺"的表现：生命创造的艺术。

行文至此，或许是秦观的诗歌意境正向我们招手："曲终人不见，江上数峰青。"是的，曲未终，人还在，高尔泰犹如远处的青峰，在人格层面令人"高山仰止，景行行止"，在学术层面我们"虽不能至，心向往之"。

"滚滚长江东逝水，浪花淘尽英雄"，一个有待超越的高尔泰，应该提到中国当代美学发展的议事日程上了。学人的命运，自由的理解，美学的重构，是《美是自由的象征》的内容，更是主体论美学家高尔泰留给我们的思考。

其一，学人的命运是逆境中成才还是顺势而为？

不可复制的高尔泰就是因其既非专业美学的科班出身，又非专业学会的龙头老大，还不是知名学府的冠名学者，却不断有新的理论震撼学界，才成为风云人物。二十出头，初生牛犊不怕虎，一出江湖就因《论美》而一鸣惊人；人到中年，带着满身的创伤，重返学界又因其"人道主义"的呼唤和"异化扬弃"的洞见而被人视为"另类"；当然更有他"美是自由的象征"风靡1980年代，影响而今，进入国家图书馆官网，在"文津搜索"里输入"高尔泰"，就有290条信息。

无疑，高尔泰是逆境成才的典范。假设高尔泰人生一帆风顺，还会是现在的高尔泰吗？他的人生经历不可复制，他的艺术才华也是不可复制。回到当下，我们深感欣慰的是，国泰民安，风调雨顺，歌舞升平，人民生活日益美好，"中华民族伟大复兴"正在临近；美学研究者应该乘势而起，顺势而为，莫辜负了好时代。当今的学术体制不断健全，学问探究更加规范，学者成长按部就班，然而这一代由博士、教授组成的美学队伍中"大师"安在哉？由课题、项目构成的美学研究里"原创"安在哉？"钱学森之问"又一次刺痛了中国的美学。

当然"世界上没有两片相同的树叶"，每一个生命都是不可复制的。逆境成才挑战我们生命的意志，顺势而为考验我们生命的性情，就选择学术人生而言，前者是底线的耐力，后者是高标的诱惑。抛开这种带有先验性的逻辑假设和形而上的非此即彼，如果我们将这个两难性的问题升华一下或换个角度，原来决定学人命运的"逆境"或"顺境"都是外在条件，而关键是内在原因，那就是看你有没有一种发自生命的热爱！对学术有着如鲁迅般的"纠缠如毒蛇，执着如怨鬼"的执着，而不是将之作为"敲门砖"，更不是"稻粱谋"和"乌纱帽"。无疑，高尔泰做到了。

其二，生命的境界是自由的追求还是自由的信仰？

自由，一个多么美好而令人心往神驰的诱惑啊！它是匈牙利诗人裴多菲"若为自由故，二者皆可抛"的生命承诺，它是美国帕特里克·亨利"不自由，毋宁死"的生命担当，它还是法国大革命引导人民前进的精神领袖"自由女神"。这个概念进入中国后，尤其是1950年代以来，人们把它与资产阶级意识相提并论，视它与无产阶级专政背道而驰，要么被打入冷宫，要么受到批判，至少也是被视为另类。就在全国人民都三缄其口、讳莫如深的时候，高尔泰却开始了"自由"的思考，尽管他已经失去了人身自由。

不论是1950年代中期，还是1980年代初期，美学之所以成为当时社会的"热点"，受人追捧，是因为它先天地肩负起了思想解放的使命，于是"自由"就成为当代中国美学家们的"标配"，李泽厚说"美是自由的形式"，蒋孔阳说"美是自由的形象"，潘知常说"美是自由的境界"，刘纲纪认为"美是人的自由的本质及其具体的表现"，杨春时也认为"美是超越，超越就是自由"。①然而，高尔泰在"自由"的提倡上给中国美学以巨大贡献，因为他早在1982年初就以《美是自由的象征》为题予以阐述。在当代中国美学，至少也是新时期中国美学，他是第一个提倡"自由"的，而李泽厚和潘知常都是1985年才引入这个概念的，其启蒙意义不可小觑。

以上简述可见，不论是高尔泰，还是实践美学的领袖李泽厚和学界称为后实践美学的代表潘知常，在他们的观点中自由都是作为人类美好生命境界的目标的，尽管这个目标无限美妙而难以企及，但人类文明一直将自由奉为最美的伊甸园，因此对"自由"的追求永远"在路上"。原来，自由不是美好的承诺，也不是美丽的憧憬，它是一种信仰——生命之美的信仰。在"美"与"自由"关系上，"自由"是一种信仰，美学家封孝伦2022年第3期《铜仁学院学报》上的见解深得我心，给我们思考自由以全新的启迪。

其三，美学的重构是"自然的人化"还是"自然界向人生成"？

李泽厚的离世意味着秉持"自然的人化"的实践美学的风光不再，"苍天已死，黄天当立"，21世纪中国美学是否要再一次进入群雄割据的"战国时代"？其实早在1980年代中期，年青的学人潘知常就开始挑战如日中天的实践美学了，其后种种说法频现，如杨春时的"超越论美学"、张弘的"生存论美学"，还有曾繁仁的"生态美学"、刘悦迪的"生活美学"、王晓华的"身体美学"等，但包括高尔泰的"主体论美学"在内，这些新的理论都未能对实践美学实现完全的超越，这是因为马克思建立在人类社会实践基础上的"自然的

---

① 封孝伦：《"自由"是一种信仰——"美"与"自由"关系的再思考》，《铜仁学院学报》，2022年第3期。

人化"这些理论是其共同的思想资源和理论武库。

高尔泰在运用马克思这一重要思想时，也显示出了他认知过程的复杂性。他最先说"自然的人化实际上也就是人的物化"，接着又说"需要的人化也就是自然的人化"，后来还说道："自然的人化，这是人在自然中存在的确证。"①或许前两次说法都有特定的语境，我们可以不深究，而唯有第三次阐释才与他的主体论美学相吻合，尽管在美是什么上，他与李泽厚的观点迥然不同，但在这个问题上高尔泰与李泽厚依然保持着一致性。其实高尔泰只要牢牢守住"美即美感"的生命主体性，再加上他拥有丰富而曲折的人生经历和多样而出色的艺术历练，他完全是可以也能够亮出"美即生命"的自由象征旗帜的。

美学重构的关键是要厘清美学的出发点和归宿地是什么，中国当代美学都把马克思"巴黎手稿"奉为圭臬，尽管有实践美学和后实践美学的冲突，但其实在人和自然关系的理解上，只有生命美学才算是真正读懂了马克思。"整个所谓世界历史不外是人通过人的劳动而诞生的过程，是自然界对人来说的生成过程"②，潘知常阐释道："'自然界生成为人'，'生成'的就是这样的人，因此才'人是人'。"③生命也完成了庄严的"第二次诞生"。在生命与审美之间，"自然"或"自然界"是一个不可或缺的中介，更是生命意义之美起锚的港湾。由此，生命美学开辟了区别于"实践本体论"的"实践的人道主义"的美学道路。

借助对《美是自由的象征》的研读，我们从发现一个不可复制的高尔泰到思考有待超越的高尔泰，其实都是一个充满着生命活力与创造活力的高尔泰。

时光悠悠，生灵绵绵。在高尔泰心中"人的问题"就是"美的问题"，"美的问题"也是"人的问题"。那么，人将何为？美将何谓？不经意翻阅到《美是自由的象征》第35页的最后一行，再轻轻翻过：

---

① 高尔泰：《美是自由的象征》，人民文学出版社，1986年版，第12、22、54页。

② 马克思著，中共中央马克思恩格斯列宁斯大林著作编译局编译：《1844年经济学哲学手稿》，人民出版社，2018年版，第89页。

③ 潘知常：《美学的奥秘在人——生命美学第一论纲》，《文艺论坛》，2022年第1期。

　　面对无限深邃而又冷漠无情的宇宙，我们需要爱，需要温暖，需要同情，需要信仰，需要真诚，需要英雄主义，需要梦，需要值得为之而献身的东西。[①]

　　这究竟是什么"东西"呢？那就是一种巨大的力量，磅礴无限的宇宙之美和氤氲无尽的生命之爱交合而形成的"力"——人生进步的自由向力、艺术来源的感性动力、审美创造的形式张力。

---

① 高尔泰：《美是自由的象征》，人民文学出版社，1981年版，第35—36页。

美在创造

——蒋孔阳《美学新论》导读

江　飞 ①

前　言

　　蒋孔阳（1923—1999），当代著名美学家、文艺理论家，20世纪五六十年代"美学大讨论"的积极参与者，1980年代"美学热"的重要推动者，是中国实践美学学派的重要代表人物。他在长达半个世纪的学术生涯中，先后出版《文学基本知识》《论文学艺术的特征》《德国古典美学》《形象与典型》《美和美的创造》《先秦音乐美学思想论稿》《蒋孔阳美学艺术论集》《美学新论》《美在创造中》《蒋孔阳全集》等著作。他在马克思主义美学、美学理论、中国美学史、西方美学史、中西比较美学、文艺美学、文学理论、文学批评、学术翻译和学科教育等诸多领域都取得了巨大成就，尤其"在西方美学本土化、古代美学现代化、马克思主义美学中国化的学术道路上均有重要的开拓

---

① 江飞，安庆师范大学教授。

之实绩"，①因而在近百年中国美学史上占有重要地位。

《美学新论》是蒋孔阳最后的集大成之作。从1978年动念要写一本美学通俗读物《美学浅论》，到1992年最终完成这部30余万言的皇皇巨著《美学新论》，前后历时14年！在写完之后，蒋孔阳抑制不住内心的激动，写下一首诗《美的塑造》作为"题词"，诗云：

> 在人生的旅途上，
>
> 每个人都在塑造自己的形象。
>
> 形象美不美？全看他生活得怎么样。
>
> 艺术家为了创造美，
>
> 经常在自我焚烧。他用女娲造人的土，
>
> 投进生活的熔炉。
>
> 掌握必然的规律，
>
> 升向自由的领域。
>
> 点燃生命的火，
>
> 热血绘彩图。
>
> 都说作者痴，哪知作者苦？
>
> 葡萄不是美酒，
>
> 但美酒却由葡萄酿造。
>
> 美不等于生活，
>
> 但美却在生活中创造。
>
> 不是每个人都充满了对于美的渴望。
>
> 我们每天都在开拓新的生活。
>
> 我们每天都在塑造美的形象。
>
> 但愿与美同在：
>
> 健康、幸福而高尚。②

---

① 曾繁仁：《蒋孔阳教授在20世纪中国美学史上的杰出贡献》，《社会科学战线》，2014年第4期。

② 蒋孔阳：《蒋孔阳全集》（第6卷），上海人民出版社，2014年版，第146—147页。

"都说作者痴，哪知作者苦？"这部《美学新论》何尝不是作者塑造美的形象、焚烧自我、以生命创造的美的"彩图"？不难看出，"美却在生活中创造"是这首诗的诗眼所在，而"创造"正是蒋孔阳美学思想的核心范畴与创新创意所在。

《美学新论》究竟"新"在何处呢？按他自己所言，有三方面"新意"：一是史论结合，有史有论。"让论都有史的根据，让史能够展现出自己规律性的线索"，从而让读者不仅能增加一些历史知识，并从历史的"温故"中更好地了解美学的新发展和新情况。①二是"以我观物"，顺变求新。客观世界在变在新，美学问题和美学研究随之在变在新，美学研究者的主观态度和眼光也应随之不断地变，不断地新。因此，"我这本《新论》，所追求的既不是新的体系，也不是新的名词和术语，而是力图通过我自己的眼睛和耳朵，通过我自己的感受和理解，来把马克思主义的思想和理论，应用到千变万化的客观现实中去，使之具有我自己的特点，具有我自己的'新意'"②。三是广泛联系和具体分析，这是对马克思主义唯物辩证法的坚持。天下万物都在彼此联系的关系之中，文学艺术更是牵涉到人类丰富复杂的社会生活和精神生活，必须通过多方面的联系，进行具体的分析，才能判定其美丑好坏。③这种"夫子自道"一定程度上阐明了《美学新论》所坚持的方法论，揭示了这本书在知识性、历史性、主体性等方面的创新之处；但很显然，《美学新论》的"新意"和贡献远不止于此。

《美学新论》是蒋孔阳美学思想的集中体现。全书分为六编：第一编"总论"，第二编"美论"，第三编"美的规律"，第四编"美感论"，第五编"审美范畴"，第六编"中西艺术与中西美学"。毋庸讳言，这不是一部普通的美学史论，也不是一部一般的《美学原理》或《美学概论》式的教科书，而是一部有史有论、史论结合的美学专题论稿，尽管题目与题目之间没有外在的形式上的联系，却具有内在的体系上的联系，可谓一部自成体系、具有突破性

---

① 蒋孔阳：《蒋孔阳全集》（第3卷），上海人民出版社，2014年版，第442—443页。
② 蒋孔阳：《蒋孔阳全集》（第3卷），上海人民出版社，2014年版，第443页。
③ 蒋孔阳：《蒋孔阳全集》（第3卷），上海人民出版社，2014年版，第443—444页。

和总结性的美学经典，其经典性主要表现在对马克思主义人本美学思想的坚持，对创造论实践美学的建构，以及对中西比较美学的开创这三个方面。

一、人是世界的美

（一）审美意识

朱光潜在其晚年著作《美学拾穗集》中曾提出一个构想，即区分"美学思想"和"美学"，也即在鲍姆加登之前与在他之后美学的两种理论形态，此前是一种"回溯性的美学"，而后才是具有现代学科性质的美学。但如果我们更加彻底地与历史性、回溯性地看待美学的产生和发展，就会发现，在美学学科和美学思想诞生之前，人类便有了审美意识。比如在语言文字产生之前，丁村人、河套人、山顶洞人、半坡人等原始人类，在劳动实践中对日常使用工具的制作就不仅追求好用，还追求好看，他们在洞穴石壁上画画，聚集在一起手舞足蹈，审美意识逐渐萌芽和形成；而在语言文字产生之后，人类的审美意识就进一步发展成为更加明确的、具有一定理论形式的美学思想，这些美学思想或以哲学的形式出现，或以文艺评论的形式出现，中外莫不如是。审美意识是涉及人类心理方面的精神事件，它使人区别于动物和自然世界的其他物种，在心理的现实性上不断地实现自我提升，获得心理上和精神上的满足所产生的愉悦即美感。

从审美意识到美学思想是一次质的飞跃，因为美学思想获得了语言文字的固化，以文献的形式得以流传，并摆脱感性的碎片化，而获得具有明确观点和概念的理性形式，成为名副其实的意识形态，成为人类正式的美学遗产。如果说美学思想是审美意识向着理论形式的方向发展，那么，美学则是美学思想独立成为一门学科的表现。正如蒋孔阳所揭示的："美学的产生和发展，经历了一个漫长的历史过程。先有审美意识，后有美学思想，最后才有美学这一门学科的产生和建立。当然，这三者不是绝对划分的，它们相互渗透和积累，形成一个历史过程。"①

　　值得注意的是，在人类审美意识的起源问题上，蒋孔阳特别强调的是人的实践与生命。在他看来，人是从动物性的"人"发展到人的"人"，后者与前者的两点区别就是类的意识和实践意识，这使得人与动物之间发生了一场巨大的变革，使人区别于动物而变为社会的人，即人终于有意识地把自然当成对象，在劳动生产的过程中把主观的目的性与客观的规律性相结合，按照美的规律把客观世界改造成自己的创造物，并由此而直观自身，人类的审美意识就诞生在这种符合"美的规律"并能"直观自身"的劳动生产之中。而且，审美意识是与人类早期的意识一同诞生的，在人类最初的有目的性的生产和生活实践中，就已经产生了要把世界加以美化的审美意识，从这个意义上来说，人类审美意识的发展史与人类意识的发展史是同步的。

　　由上也不难看出，蒋孔阳对马克思主义人类学思想有着自觉的理解与吸收。1985年，国内出版了《马克思恩格斯全集》第45卷，选辑了马克思晚年五个《人类学笔记》中的四个，引起学术界的关注。但此时国内的几大美学流派，其核心观点基本上已经定局，所以马克思主义经典作品的人类学美学思想还没有来得及被充分吸收。而蒋孔阳则通过其敏锐的直觉意识到美学和人类学都是研究人的学问，有必要将二者联系起来进行研究，并认为美学研究者应当把马克思的两个手稿，即强调人的价值的经济学哲学手稿和强调社会和人的起源与发展的人类学手稿，作为建构马克思主义美学体系的指导，从某种程度上来说，马克思主义人类学是马克思主义美学的基础和根据。正是这种善于兼容美学与人类学的跨学科意识，使得蒋孔阳在构建自己的马克思主义美学新体系的时候，比较自觉地吸收马克思主义人类学思想，并应用于人类审美意识的产生、审美关系的发生与发展、人的本质、人的本质力量的对象化、美的创造等一系列问题的研究中。

----

　　① 蒋孔阳：《蒋孔阳全集》（第3卷），上海人民出版社，2014年版，第16页。毋庸讳言，蒋孔阳提出"审美意识"，没有摆脱认识论框架下的主客关系模式，而张世英将"审美意识"理解为"美感"，并认为审美意识是人与世界融合（"天人合一"）的产物，是超越主客关系的"忘我之境"。参见张世英：《美在自由——中欧美学思想比较研究》，人民出版社，2012年版，第13—15页。

总之，在《美学新论》的第一编"总论"部分，蒋孔阳首先立足于马克思主义人类学立场，揭示出从审美意识到美学思想再到美学学科这一历史过程，这无疑有助于我们准确理解美学的产生和发展，更重要的是，凸显出审美意识在美学发展史上的特殊意义和深远影响，由此为当代美学提供了一个重要的不可忽视的研究命题。总体来看，当代以来的美学史研究还是多偏重于美学思想的梳理与阐释，审美意识研究一直是中国美学研究中的薄弱环节，直到《美学新论》出版15年后，蒋孔阳的弟子朱志荣才接续师承，主编出版了8卷本的《中国审美意识通史》，对每个时代的审美意识进行了全方位的梳理和概括，较好地揭示了每个时代独有的审美意识，尤其是将审美意识的研究与中国人特有的生命意识联系起来，将中国古人对美的创造与他们的生命活动联系起来，审美意识研究因而变得接地气和灵动起来。

（二）人对现实的审美关系

按上所述，人类审美意识的产生，不是凭空的，也不是单向度的，是在长期的劳动实践中，人类的生理和心理"向人生成"，人与现实之间的审美关系才得以确立。"美不自美，因人而彰"，在蒋孔阳看来，"美是就人而言的，有了人，世界才有美，美离不开人，是人创造了美，是人的本质决定了美的本质。美学中的一切问题，都应当放在人对现实的审美关系中来加以考察。在人与现实的关系中，现实包括自然，也包括社会，审美关系就是人与现实之间的各种关系中的一种关系，美学研究的出发点就是人对现实的审美关系"。[1]因此，他把《人对现实的审美关系》放在《美学新论》的开篇，可见其重要性，从某种意义上来说，其全部美学思想就是"人对现实的审美关系的历史地、全面地展开"。而从学理上来说，马克思主义实践论则是审美关系说的哲学基础，因此我们必须从"实践"谈起。

1. 美是在社会生活实践中创造出来的

早在20世纪五六十年代"美学大讨论"时期，蒋孔阳就发表了美学处女作

---

① 蒋孔阳：《蒋孔阳全集》（第3卷），上海人民出版社，2014年版，第621页。

《简论美》。他提出了与朱光潜、李泽厚等实践派相一致的观点，比如"美是在社会生活实践的过程中创造出来的"[①]，但在侧重点、基本思路、主要论点及理论的阐述和具体展开上是大异其趣的，在某些重要观点上甚至是对立的。比如，蒋孔阳从一开始便以物质劳动和精神劳动的统一来界定"实践"，这与李泽厚坚持以使用和制造工具的物质生产劳动来界定"实践"明显不同。他通过批判唯心主义和旧唯物主义的美学观而明确指出：

> 从社会生活实践的观点来探求美，我们就可以看出来：美既不是人的心灵或意识，可以随意创造的；但也不是可以离开人类社会的生活，当成一种物质的自然属性而存在。它是人类在自己的物质与精神的劳动过程中，逐渐客观地形成和发展起来的。[②]

不难看出，其中包含了三层意思：（1）实践既包括物质劳动，也包括精神劳动；（2）实践创造美，美是客观的；（3）美是社会历史的产物。一方面，蒋孔阳早年文学创作实践的经验和文学基本理论的研究，[③]使其和朱光潜一样将"精神劳动"（尤其是文学艺术）视为"实践"的必要的组成部分，而不是像早期李泽厚等实践论者那样，从认识论的角度将其视为第二性的社会意识范畴而排除在外；另一方面，他通过文学阅读和理论学习而初步形成的苏联化马克思主义历史唯物论思想，[④]又使其赞同并吸收了李泽厚的"客观社会

[①] 新建设编辑部编：《美学问题讨论集》（第5集），作家出版社，1962年版，第131页。

[②] 文艺报编辑部编：《美学问题讨论集》（第2集），作家出版社，1957年版，第269页。

[③] 在此之前，蒋孔阳已先后在《合川日报》《中学生》《大公报·星期文艺》《中央日报》《中国青年》《芜湖日报》《大江报》《文艺月报》《解放日报》等报刊发表诗歌、评论等多篇；并在复旦大学结合"文学引论""写作"等课程的教学编写了《文学的基本知识》（1957，中国青年出版社），发表了《论文学艺术的特征》[《复旦学报（社会科学版）》，1956年第2期]等。参见高楠：《蒋孔阳美学思想研究》，辽宁人民出版社，1987年版，第288—290页。

[④] 蒋孔阳于1954年5月被派往北京大学学习，听了苏联专家毕达可夫的文艺理论课，初步接触到苏联史摩菲耶夫的文艺理论体系，后将其融入《文学的基本知识》《论文学艺术的特征》这两部著作中；此前他还翻译了库尼兹的《从文艺看苏联》（原名《苏联文学史》，1950，商务印书馆），在大量阅读苏联小说之后还发表了《学习苏联小说表现英雄人物的经验》（《人民文学》，1951年第5期）。参见高楠：《蒋孔阳美学思想研究》，辽宁人民出版社，1987年版，第289—290页。

论"观点，强调美的客观性、普遍性、社会性、历史性和动态性。这种不拘一格的"比较综合"能力由此也可见一斑。

同时，蒋孔阳又从马克思的《1844年经济学哲学手稿》（以下简称《手稿》）中获得重要启示。他非常赞同朱立元的以下看法：西方传统美学一般都着重研究客观世界，把美当成客观的存在或属性。到了康德，他掀起了一场"哥白尼式的革命"。这个"革命"，主要是从先验的主观唯心主义出发，把美学研究从客观世界转移到主观世界，转移到主观的鉴赏能力和主观的审美心态。马克思的《手稿》之所以不同凡响，能够在人类美学研究的历史上揭开一个新的篇章，是因为它把美学研究从康德的主观重新转移到客观。但这客观，既已不是黑格尔的"心灵"或"意识"，又已不是费尔巴哈的"自然"或"物质"，而是人，客观活动在社会生活中的人。人通过劳动实践改造了客观世界，也创造了主观世界。《手稿》就是在主体和客体交互关系的历史过程中，抓住人的本质力量对象化的这一核心，来探寻"美学之谜"，为解答"美学之谜"作出全新的思考。①

正因如此，蒋孔阳特别强调劳动实践的历史过程使审美主客体同时形成。按其所言，"无论是作为审美对象的现实，或者作为主体的人的审美能力，都是社会历史的产物，都是人们在劳动实践的过程中，客观地形成起来的。正因为它们都是人类社会的产物，所以，它们都不属于自然的范畴，而属于社会的范畴；美不是自然的现象，而是社会的现象"②。这一观点后来在《论美是一种社会现象》一文中得到了进一步阐发。③而在《美和美的创造》一文中，他坚持强调劳动实践的内涵在于"人的本质力量的对象化"，特性在于"创造"，结果在于创造了物质的和精神的"两种产品"与双重满足，即"人通过劳动所得到的，不仅是物质上的满足，同时也是精神上的享受。劳动所创造

① 参见蒋孔阳：《蒋孔阳全集》（第4卷），上海人民出版社，2014年版，第229页。

② 文艺报编辑部编：《美学问题讨论集》（第2集），作家出版社，1957年版，第270—271页。

③ 参见蒋孔阳：《论美是一种社会现象》，《学术月刊》，1959年第9期。1961年9月修改后收入新建设编辑部编：《美学问题讨论集》（第5集），作家出版社，1962年版，第118—135页。

的，不仅是物质的产品，而且也是劳动者的思想和感情、聪明和智慧等这样一些人的本质力量的实现。就在这些本质力量实现的过程中，人感到了愉悦和庆幸，因而也感到了美。马克思说："'劳动生产了美'，就是这个意思"。①由此可见，劳动实践（"人的本质力量的对象化"）不仅创造了美，而且也创造了"美感"。这种从现实生活的现象、经验以及马克思原典出发规定"实践"内涵、统一对立二元（主体与客体、物质劳动与精神劳动、物质满足与精神享受）、统一美和美感的思路，使蒋孔阳有效避免了美学大讨论中普遍的"存在决定意识""不是唯物就是唯心"的认识论干扰，还原和凸显了精神与物质、主体与客体之间同生共在、辩证统一的关系。以实践中形成的人与现实之间的这种"关系"为前提，蒋孔阳才提出了美学研究的逻辑起点——"人对现实的审美关系"。

2. 人对现实的审美关系

蒋孔阳对"人与现实的关系"的关注和强调，同样得益于马克思"实践本体论"的启示。马克思以唯物史观的"实践"来解决人与世界之间的根本关系，"实践"作为一种关系本体而存在，从这个意义上说，所谓"实践本体论"其实也就是"关系本体论"。因此，在蒋孔阳看来，马克思在《德意志意识形态》中提出，只有人才意识到"关系"并从人与自然的关系中全面地来研究人，是马克思学说划时代的意义。由此，他认为："正是人与自然以及人与人的关系，构成了人与现实的关系。现实包括自然，也包括社会。"②一方面，作为关系的主体（人）与客体（现实），在内容上各自都非常丰富复杂："人"具有自然性与物质性、社会性与精神性、历史性与历史感，并在它们的交互影响下形成了人的生理和心理结构；"现实"包括从自然到社会、从物质到精神、从过去到现在的存在的一切现象。另一方面，"人与现实的关系"本身更为丰富复杂，其中最根本的是实用关系；随着人类生产力和感觉能力的不断提高，审美关系才慢慢从实用的、认识的、工艺的、道德的等等关系中独立

---

① 蒋孔阳：《蒋孔阳全集》（第3卷），上海人民出版社，2014年版，第534页。

② 蒋孔阳：《蒋孔阳全集》（第3卷），上海人民出版社，2014年版，第5页。

出来并无处不在。而人之所以要和现实发生审美关系，则是由于人的本质具有审美需要，而人的本质又是人在漫长的劳动实践过程中逐渐形成的。蒋孔阳认为，相较于其他关系，人对现实的审美关系有四个特点：一是通过感觉器官来和现实建立关系；二是审美关系是自由的；三是审美关系是人作为一个整体来和现实发生关系，人的本质力量能够得到全面的展开；四是审美关系还特别是人对现实的一种感情关系。[①]由此，他揭示出审美关系的四个特性：感性性（形象性和直觉性）、自由性、整体性以及感情性。此外，他还强调人对现实的审美关系是不断变化和发展的，即动态性。总之，他认为："人对现实的审美关系，是美学研究的出发点。美学当中的一切问题，都应当放在人对现实的审美关系当中，来加以考察。"[②]可见，"人对现实的审美关系"是其实践美学研究的根本问题或者说本体所在。

"人对现实的审美关系"这一命题的提出，意味着蒋孔阳深刻认识到：美学研究不应偏重于客观的实体或主观的实体，而应落脚于审美活动结构中主体与客体及其所形成的审美关系三位一体的动态、立体的子结构之上。这种以"审美关系"为本体的美学思想，无疑是对西方哲学和美学史上传统的形而上学的"实体（实在）本体论"的否定，对马克思"实践（关系）本体论"（人类本体论）的顺应，不仅实现了对主客二元对立的消解或超越，而且为探讨美和美感准备了合情合理的理论空间。按其所言，"美是普遍地客观地存在于人类社会生活之中的。有生活的地方，就有美；有人的地方，也就有美感"[③]，无论是普遍性、客观性的"美"，还是属人的"美感"，二者历史地、动态地共存于社会生活——人与现实的各种关系的总和——之中。这虽然在根源上有混淆"美"与"美感"的危险，但对于凸显作为实践主体、审美主体的"人"无疑具有积极意义，值得肯定。

3. 审美关系的两面——美与美感

"总的说来，蒋先生的美学思想是以马克思主义的实践论为基础的，但并

① 蒋孔阳：《蒋孔阳全集》（第3卷），上海人民出版社，2014年版，第10—14页。
② 蒋孔阳：《蒋孔阳全集》（第3卷），上海人民出版社，2014年版，第3页。
③ 文艺报编辑部编：《美学问题讨论集》（第2集），作家出版社，1957年版，第276页。

不像实践派那样，直接从实践概念来界定美，而是以马克思《1844年经济学—哲学手稿》中'人的本质力量的对象化'和'自然的人化'的思想为立论的主要依据，从人与现实（自然）的审美关系的历史形成入手来揭示美和美感的诞生和本质的。"①以马克思主义实践论为基础，蒋孔阳对审美关系的主客体两方面进行了全面深刻的阐释，形成了自己独特的美论与美感论，这构成《美学新论》的重要组成部分。

先说美论，即审美关系的客体方面。什么是美？从柏拉图追问"美本身"开始，美的本质问题一直是中外美学研究的重中之重，尤其在中国，成为贯穿"美学大讨论"和"美学热"的核心问题。在《美学新论》一书的第二编《美论》中，蒋孔阳不固执一说，而是多方探讨，联系历史和现实生活，探讨辨析了十一种与"美"有关的定义或观念学说，全面深入地阐明了"美不是什么"；尔后，在此基础上兼收并蓄，提出了自己的四种美的定义。

美不是什么：（1）美不是美的东西，而是美的东西之所以美的根本性质和普遍规律。（2）美不是形式，形式是美的重要因素，只重形式而不重内容，或只重内容而不重形式，都是不行的。（3）美不是愉快，美虽然能够给我们带来愉悦，但仅仅是愉快的还不能等同于美。（4）美不是完满，美是感性与理性的统一，而不仅仅是感性认识的完满。（5）美不是理念或理念的感性显现。（6）美不是关系，但离不开关系，人对现实的审美关系可以产生美。（7）美不是生活，但要联系生活来研究美。（8）美不在于现实生活保持距离，而是人的本质力量与对象之间所发生的审美关系。（9）美不只是主观感情的外射，而是人的本质力量的全部展现，且离不开审美对象的某种性质或形式因素。（10）美不是无意识。（11）美的本质问题既无法否定，也无法回避。

美是什么：（1）美在创造中，美由多种因素因缘汇合而成。（2）美离不开人，人是"世界的美"，美是一种社会现象。（3）美是人的本质力量的对象化，人的本质力量不同，因而所创造和欣赏的美也不同；（4）美是自由的

---

① 朱立元编：《当代中国美学新学派——蒋孔阳美学思想研究》，复旦大学出版社，1992年版，第2页。

形象，人生离不开自由，因而离不开美。

由上可以看出蒋孔阳美论研究的几个特点：

其一，兼收并蓄，做加法不做减法。蒋孔阳对古今中外的各家各派不是采取批判的态度，而是"取长补短，各归其位"，几乎将此前所有与"美"有关的各种理论学说一网打尽，再融会贯通，提出自己的美论。他分别从四个方面探讨了美的性质和特点，说明了美的多样性和丰富性，但它们又以人为中心，相互联系，说明了美的整一性和系统性。蒋孔阳有意打破一元论的、现成论的美的本质观，认为美不是单一的、固定的某种实体，而是一种时空复合的结构，一种多层累的突创，一种处于不断创造的开放系统，由此将各家学说纳入其美论之中。这种综合、开放、多元、包容的思路与阐释，一定程度上纠正了长期以来美学研究上存在的本质主义弊病，是运用马克思主义唯物辩证法探讨美的本质问题的一个杰出范例，富有创造性和启示性。

其二，吸收马克思主义人本美学思想，确立人是"世界的美"。马克思主义人本美学思想集中体现在《手稿》中。《手稿》吸收德国古典哲学的丰富思想资源，从批判地改造康德的"实践理性"、人与自然和谐统一的思想两方面出发，借助黑格尔的唯心论辩证法与费尔巴哈的唯物论人类学，形成了他自己的人本主义哲学思想，进而又将"自然的人本主义"与"人的自然主义"密切结合起来，提出了"劳动创造美"这一核心命题，形成了人本主义美学思想。蒋孔阳通过对《手稿》的学习和领会，解释了人为什么会成为"世界的美"，原因就是人有自由意识，人的本质由此凸显。在马克思看来，"有意识的生命活动直接把人跟动物的生命活动区别开来"，有了意识，人就认识了作为主体的自身和作为客体的对象，并在主客体之间建立起实用的、伦理的等多种关系，而只有有了自由意识的人，才能和现实发生审美关系，只有自由的人才能有美。总之，蒋孔阳认为："美是人在对现实发生审美关系的过程中诞生的。人是这一审美关系的主体，美就是对人而言的。'世界的美'，不在于自然，而在于人。"①很显然，这不同于"见物不见人"的客观美学，也不同于"见

━━━━━━━━━━━━━━━

① 蒋孔阳：《蒋孔阳全集》（第3卷），上海人民出版社，2014年版，第139页。

人不见物"的主观美学，而是"见人见物"的审美关系美学。

其三，以"美是人的本质力量的对象化"为中心线索，蒋孔阳对这句话的丰富内涵做了独特、深刻、精彩的美学阐释。这种阐述，坚持了马克思主义的实践论，但又与审美和艺术创造实际紧密结合，使一个哲学命题美学化，从而把我国美学界对美的本质的探讨向前推进了一步。当时的中国美学研究者大都从《手稿》中汲取养料，都对"人的本质力量的对象化""自然的人化"等命题有所借用和阐发。比如，朱光潜在《生产劳动与人对世界的艺术掌握——马克思主义美学的实践观点》一文中，将"人的本质力量对象化的过程"与"人与艺术方式掌握世界"自觉地结合起来，分析了作为实践的艺术审美与劳动生产之间的辩证统一关系。李泽厚在《论美感、美和艺术》《美的客观性和社会性》《美学三题议》中，3次援引马克思《手稿》中有关"人的本质力量对象化"的同一段话，率先引入了"人化的自然"观念，对"自然美"问题进行了深入阐发，尤其是在《〈新美学〉的根本问题在哪里》这篇被普遍忽视的文章中5次引用《手稿》来说明"自然的人化""实践"的内涵，强调实践作用于自然，"使自己对象化，同时也使对象人类化"。

相较而言，蒋孔阳的贡献在于：将主体方面的"人的本质力量"具体化、美学化。叶燮说："凡物之美者，盈天地皆是也，然必待人之神明才慧而见。"美离不开人，美的本质与人的本质不可分离，然而究竟何谓"人的本质力量"？蒋孔阳指出，"人的本质力量不是单一的，而是一个多元的、多层次的复合结构"，人的本质力量既有物质属性，又有精神属性，它们作为"一切社会关系的总和"而体现出来，它们也会随着社会历史的实践活动和人类生活的不断开展而永远在进行新的排列组合、新的创造，因此，人的本质力量不是固定不变的，而是万古常新的、永远在创造之中的。对于现实的人来说，"这种本质，不是多种因素的量的聚合，而是灌注到个性鲜明的生命个体当中，成为一个有机的生命整体"。[①]由此，他特别强调人的本质力量的生命性，"人

---

① 蒋孔阳：《蒋孔阳全集》（第3卷），上海人民出版社，2014年版，第156页。

的本质力量不是抽象的概念，而是生生不已的活泼泼的生命力量"，[①]所以，美离不开活的形象，美只能是充满了生命力的本质力量的对象化，而不可能是本质概念的对象化，而人只有在审美关系中，才是全面的人，丰富的人，完整的人。

蒋孔阳对客体方面的"自然"（对象）也做了深刻独到的研讨。他认为，只有人化了的自然，才能与人发生审美关系，人的本质力量才能在它上面显现出来，成为人的审美对象。他特别概括了"自然的人化"的五种情况：人通过劳动实践直接改造自然，使之服从人的需要；人通过自由的想象和幻想自由地支配和安排自然，使自然从自然的规律中解放出来，变成符合人的主观希望的自由形象；有的自然以其本身特殊的物质结构形式和自然景观，来抒发人的胸怀和意气，来表现人的思想和感情；自然的多方面、多层次的属性，根据人的不同目的需求与本质力量所达到的程度，同人发生不同方面、层次、程度的人化关系，自然的人化由此呈现出千姿百态和各种个性；存在着非人化的自然，但它们不具备审美的价值和意义，不能成为审美的对象。不难看出，他一方面从"自然的人化"角度对审美关系中的客体进行了深入阐发，揭示了人化自然的多种方式与丰富内涵；另一方面又始终坚持从主客体交互关系的角度来审视客体的属性，始终以"人"这一主体为轴心来揭示美的本质。

蒋孔阳还对"对象化"进行了独到阐释。他认为，在人与自然的关系中，人在自然中选择对象、发现对象，把自己全部生命的本质力量灌注进去，使对象活起来，成为自己的自我实现和自我创造，这时就产生了"对象化"。人是怎样通过"对象化"活动，在对象当中塑造自我形象的呢？他指出，首先要有对象意识，要对对象的性质和特点非常熟悉且充满感情；其次，人所对象化的是人在自然的基础上根据社会的要求所达到的最高水平，它是人对于自身存在的肯定和确证，既是现实的，又是理想的；再次，对象化以两种方式来进行，一是理论的方式，存在于哲学家的思维中，二是实践的方式，结合客观现实的物质材料来进行人的本质力量的对象化。实践方式的对象化就是形象化，主体

---

① 蒋孔阳：《蒋孔阳全集》（第3卷），上海人民出版社，2014年版，第157页。

以自己整个活泼泼的生命力量（人的感情、意识和理性）投入客观物质世界使之成为"第二自然"，即"有意味的形式"。因为每个人的禀赋、能力、技巧、爱好、信念等各异其趣，因此他们的对象化充满个性化的独特情趣和风格，它所创造的美永不重复，恒变恒新；最后，对象化还是双向的，而不是单向的，人的本质力量与对象相得益彰，相互依存，相互转化，双向反馈，循环不已，对象化成为一个不断丰富、不断完善、不断创造的过程。

蒋孔阳还将"人的本质力量的对象化"渗透贯彻于审美范畴论。早在《简论美》中，他就提出"美"并非"人对现实的审美关系"的唯一特性，在他看来，"人和现实的美学关系，并不限于美；现实的美学特性，除了美之外，还有悲剧、喜剧、崇高、滑稽、丑恶等"。但同时他也认为，这些"其他的美学特性，却都必须直接或间接地为美服务，直接或间接地肯定美"。①蒋孔阳关注与美相关的重要的美学范畴，而不将"美"绝对化，这是与李泽厚的思路相一致的，正如后者在《关于崇高与滑稽》一文中所表明的："美学范畴是与美的本质紧相联系的，它们是美的本质的具体展开。对美的本质的不同哲学理解，自然会对诸美学范畴作不同或相反的解释。"②正因如此，蒋孔阳在《美和美的创造》中从"人对现实的审美关系"出发对"喜剧""崇高"等美学范畴进行简要说明，又在《美学新论》第五编专门讨论了"崇高""丑""悲剧性""喜剧性"四大"审美范畴"，从而深化了对"美的本质"和美感问题的理解。比如"崇高"与"丑"，蒋孔阳指出："美向着高处走，不断地将人的本质力量提高和升华，以至超出了一般的感受和理解，在对象中形成一种不可企及的伟大和神圣的境界，这时就产生了崇高。美向着低处走，愈走愈低微卑贱，以至人的本质力量受到窒息和排斥，而非人的本质力量却以堂皇的外观闯进了我们审美的领域，这时，它在对象中显现出来的就不是美，而是丑。"③可见，"人的本质力量的对象化"贯穿于蒋孔阳美学思想的一切方面、一切

①　文艺报编辑部编：《美学问题讨论集》（第2集），作家出版社，1957年版，第276页。1979年之后，他将"美学关系"改称为"审美关系"。

②　李泽厚：《美学论集》，上海文艺出版社，1980年版，第198页。

③　蒋孔阳：《蒋孔阳全集》（第3卷），上海人民出版社，2014年版，第334页。

审美范畴中，这既使他的美学思想中心突出、特色鲜明，又使他的全部美学理论、观点、主张由一条中心线索贯穿起来，具有高度的内在系统性。

再说美感，即审美关系的主体方面。古今中外的美学家大都把美感看成是人类精神生活中所达到的最高享受和最高境界，那么，什么是美感？在《美学新论》"美感论"部分的开篇，蒋孔阳就提出，美感就是人的"本质力量得到对象化或者自由显现之后，我们对它的感受、体验、观照、欣赏和评价，以及由此而在内心生活中所引起的满足感、愉快感和幸福感，外物的形式符合了内心的结构之后所产生的和谐感，暂时摆脱了物质的束缚后精神上所得到的自由感"[①]。在他看来，美感与美是人对现实的审美关系的密不可分的两面，都是人类社会实践的产物，因此，他不赞成先有美再有美感或先有美感再有美的看法，而认为"在实践的过程中，它们像火与光一样，同时诞生，同时存在"[②]。

蒋孔阳在美感论方面的贡献主要有四个方面：

第一，在审美发生学方面，他根据马克思主义经典作品有关论述和中外人类学、考古学、文化学的成果和原始文化资料，正确地指出，人的美感不是自然的禀赋，而是社会历史实践的产物，并更明确地指出，"人类美感的诞生，开始于工具的制造和使用"，美感"来源于动物，但却超越了动物"，"是在人开始制造工具、把自己从自然中分化出来以后，他对自己的生产和生殖活动，所采取的观赏的态度"。[③]他提出美感有一个极其漫长的发展演变过程，原始人的美感出于实用的需要，常与超自然的神秘感结合在一起，具有模糊性和朦胧性；揭示出美感是多种因素的因缘汇合，具有四个主要因素：一是在实践和人类文化发展中审美能力的形成，二是有助于追求社会美与个性美的审美环境的配合，三是不同结构不同层次、丰富复杂的审美心理的熏染，四是特定条件下审美态度的支配。

第二，在我国当代美学家较少涉及的审美生理学方面，他进行了独特探

① 蒋孔阳：《蒋孔阳全集》（第3卷），上海人民出版社，2014年版，第226页。
② 蒋孔阳：《蒋孔阳全集》（第3卷），上海人民出版社，2014年版，第227页。
③ 蒋孔阳：《蒋孔阳全集》（第3卷），上海人民出版社，2014年版，第229—230页。

讨，在探论作为心理活动的美感之前，大胆地提出美感的生理基础问题，并予以科学的阐述。在他看来，"感受性，是美感最基本的特点"，美是"感觉的对象"，"人是通过感觉器官来与客观现实建立审美关系的"，所以"美感的生理基础，就是感觉器官"。[①]值得注意的是，他不是从生理学角度而是从社会学角度来分析人的感官功能的，他指出，人的感官虽从动物感官发展而来，但在生理结构上不同于动物，不仅有生理本能的快感，而且能产生精神性的美感；人的感觉不像动物是一次性的，而是有连续性与积累性，因而感觉力会日趋完善丰富。

他还着重比较分析了人的感觉高于动物的感觉因而能产生美感的五点原因：其一，动物的感觉完全是自然的，直接限制在对象上的，是不自由的，而人的感觉则和对象保持一种自由的关系，以旁观者的态度对对象进行观照和欣赏；其二，动物的感觉是感性的，人的感觉是感性与理性的统一；其三，人的感觉不是被动的、消极的，人的感觉是积极主动、有组织能力和造型能力、富有创造性的；其四，动物的感觉能力与感觉器官紧密联系在一起，始终受到感觉器官的局限，人的感觉则与思维和意志相结合，具有自由创造的想象力，因而是无限的；其五，动物的感觉与生俱来，世代相传，很少变异，人类的感觉与言词或其他物质符号形式相结合，从无意识变成有意识，经过实践、教育和训练，可以变得丰富和多样。这些细致的比较探讨，成功应用了马克思主义人类学观点，避免了西方许多美学家就生理论生理的自然主义倾向，对美感的生理基础问题进行了非常透彻细致的辨析，为美感的心理学探究奠定了坚实的基础。

第三，在审美心理学方面，他对美感的心理功能进行了全方位、多层次、动态的综合研究，而且与艺术创造和鉴赏的实际紧密结合，把国内外对美感的心理研究的累积成果予以融化吸收，上升到一个新的水平。他关于在美感状态下人的感受与直觉、知觉与表象、记忆和联想、想象、思维与灵感、通感等心理功能的分析研讨，兼顾了横向和纵向两个方面，既揭示了美感生成发展的

---

① 蒋孔阳：《蒋孔阳全集》（第3卷），上海人民出版社，2014年版，第238—239页。

动态过程和在心理层面上逐渐开拓审美境界的一般顺序，又展示了美感诸心理环节环环相扣、交互作用的有机联系和整体功能。他不仅从形象的直觉性、注意的集中性、感受的完整性和想象的生动性四个方面，探讨美感欣赏活动表层的心理特征；还从生理与心理、个性与社会性、具象性与抽象性、自觉性与非自觉性、功利性与非功利性等五个方面的矛盾的统一出发，探讨了美感欣赏内在的深层的心理结构特征。这种对美感心理的辩证研究，是在马克思主义的指导下所进行的综合研究，它把哲学、心理学、艺术学、发生学、现象学、人类学、社会学等学科及其具体方法综合起来了，把中国古代和西方现代的美学流派，把西方美学史上近代的理性主义与经验主义、现代的科学主义与人本主义的思潮结合起来了，比起当时国内那些用心理学一般原理、术语加艺术例证的简单化做法显然要高明得多，也深刻得多。

第四，在美感教育方面，他特别强调了美感（审美）教育对转移人的心理气质和精神面貌所发挥的重要的不可替代的作用。蒋孔阳之所以高度重视审美教育，一方面是因为他从自己的人生经历中切身感受到文艺对自己的审美教育作用，尤其是抗日战争爆发之初，全校同学齐唱《松花江上》《打回老家去》等歌曲，给他以深刻印象和巨大感染；另一方面，是因为他认识到，人的本质力量只有在审美的愉悦状态下才能自由而充分地表现出来。在他看来，审美教育是一种娱乐的教育、感情的教育、自由的教育、和谐的教育、人生价值的教育，[①]审美教育的根本目的就是要培养全面发展的人，"培养人们对于美的热爱，从而感到生活的乐趣，提高生活的情趣，培养对生活的崇高的目的"[②]。他从三个方面探讨了美感教育如何转移人的心理气质和精神面貌：第一，从生理的兴奋与快感，转移到心理的恬适和愉悦；第二，从个别性的感受和形象，转移到普遍性的观照和沉思；第三，从功利性的占有和享受，转移到超功利性的旷达和赏玩。此外，他还提出要从自然美、社会美和艺术美三种方式来进行美感教育，特别强调了文学艺术的美感教育作用。由此不难看出蒋孔阳美育思

---

① 参见蒋孔阳：《蒋孔阳全集》（第4卷），上海人民出版社，2014年版，第39—43页。

② 蒋孔阳：《蒋孔阳全集》（第3卷），上海人民出版社，2014年版，第599页。

想的基本要义：重视人的全面教育，强调美育内容的广泛性，强调艺术在美育中的核心作用，强调通过美育来塑造美的人格，等等。这些都为后来的中国当代美育理论研究提供了参照和启示，他还积极参与社会多方面的美育实践活动，为美育事业的发展做了大量工作。

在西方美学史上，柏拉图的理念论美学、奥古斯丁的神学美学等都属于"无人美学"，而费尔巴哈、车尔尼雪夫斯基等人的美学则属于"有人美学"。当然，费尔巴哈和车尔尼雪夫斯基的美学是一种旧唯物主义的人本主义美学，存在着许多局限性，最主要的是脱离社会实践谈人，存在形而上学的问题。而蒋孔阳则吸收了他们重视人，联系了美的本质、美感与人的生活、心理等相关合理因素，尤其是吸收了马克思主义人类学和实践论思想，始终坚持"以人为本"的马克思主义人本主义立场，从人的本质方面探求美的本质，把美的本质看成是人的本质力量的对象化，从人类的生理和心理两方面来探究美感的产生和复杂内涵。

尤其值得一提的是，在"自然美"这个最难解释的美学问题上，蒋孔阳在《美学新论》中提出了"自然物的美，不在于自然物本身，而在于它与人的关系"的命题，[①]至今仍然具有重要的现实意义。实践美学学派往往在认识论思维影响下，过分强调"人的本质力量的对象化"，即强调主观之人对客观之自然的征服和改造，通过实践使自然成为"人化的自然"。[②]而蒋孔阳则从自然与自然美的区别、自然和自然美的历史发展过程、作为审美主体的人、自然美的生成等方面论证了这个命题，指出："自然美一方面离不开人，从它的产生和发展来看，是人类劳动实践过程中的产物；但另方面，我们人类又不能离开自然任意地创造自然美，任意地用主观的情趣来解释自然美，或者单纯用社

---

① 蒋孔阳：《蒋孔阳全集》（第3卷），上海人民出版社，2014年版，第205页。

② 在实践美学学派之外，蔡仪的客观派自然美论值得重新重视和评价，其马克思主义唯物主义自然美论有四个方面的学术贡献：第一，坚持自然美是没有人力参与的纯自然产生的物的美；第二，坚持自然美在于自然自身的价值；第三，提出自然美是一种认识之美、典型之美，乃至生命之美；第四，坚定地批判了"人化的自然"的美学观点。总之，蔡仪的自然美论完全可以与国际学界同时出现的自然生态美学相比肩。参见曾繁仁：《我国自然生态美学的发展及其重要意义——兼答李泽厚有关生态美学是"无人美学"的批评》，《文学评论》，2020年第3期。

亲身体味到"文学艺术的创作，比较起人类其他的生产活动，是最富有目的性和创造性的，是最自由的美的活动"①。"艺术创作是人类最能创造美的一种劳动"，"美是艺术的基本属性"。②总之，无论是物质劳动，还是精神劳动（文艺创造），都是"美的创造"。

就美论而言，蒋孔阳以"美在创造中"对"美的本质"问题做了最为简洁的回答。在《美和美的创造》一文中，他曾对"美是什么"的本质问题做了这样的界定，"美是一种客观存在的社会现象，它是人类通过创造性的劳动实践，把具有真和善的品质的本质力量，在对象中实现出来，从而使对象成为一种能够引起爱慕和喜悦的感情的观赏形象。这一形象，就是美"③。即美是人类的劳动实践创造的一种形象，这依然是对"美"的一种实体性的、绝对性的定义。而在1986年发表的《美在创造中》一文中，他通过对古今中西美学史的梳理而提出"美的相对性"，主张"打破关于美的形而上学的观点，从变化和运动当中，从多层次的结构当中，来探讨和研究美"。④在他看来，美的本质问题既无法否认，也无法回避，与其进行形而上学的定义，不如对形成美的主客观条件进行形而下的科学探究：

> 我们探讨美的本质问题，应当打破传统美学的一些观念，把美看成是某种固定不变的实体，无论是物质的实体或精神的实体；把美看成是由某种单纯的因果所构成的某种单一的现象。与此相反，我们应当把美看成是一个开放性的系统，不仅由多方面的原因与契机所形成，而且在主体与客体交相作用的过程中，处于永恒的变化和创造的过程。美的特点，就是恒新恒异的创造。⑤

在这里，蒋孔阳沿着早期"美是一种社会现象"的思路，对"美"进行了"现象还原"，即不再追问"美"的某种实体性的、固定的"本质"，而是探

---

① 文艺报编辑部编：《美学问题讨论集》（第2集），作家出版社，1957年版，第277页。

② 蒋孔阳：《美和美的创造》，《学术月刊》，1980年第3期。

③ 蒋孔阳：《美和美的创造》，《学术月刊》，1980年第3期。

④ 蒋孔阳：《美在创造中》，《文艺研究》，1986年第2期。

⑤ 蒋孔阳：《蒋孔阳全集》（第3卷），上海人民出版社，2014年版，第123页。

究"美"何以成为一种复杂的、变动的现象。受当时"方法论"热、《手稿》热的影响，他把"美"视为"一个开放的系统"，并揭示其特点在于"恒新恒异的创造"。美之所以是"开放"的、"恒新恒异"的，原因在于"天下没有固定不变的美"，无论宇宙还是人类社会，无论自然美还是社会美，都在不断地变化和创造过程中，作为一种社会现象的"美"也同样如此。所谓"美在创造中"，也就是"美在恒新恒异的创造中"。

那么，美究竟是如何创造出来的呢？哪些因素、条件影响美的创造呢？蒋孔阳通过细致分析多个经验性的例证（如欣赏中山陵、仰望星空等），证明了一个新的最具独创性也是最核心的命题——"美是多层累的突创"。[①]

首先，这一命题的理据在于马克思主义唯物辩证法的量变质变规律。按其所言，"我们所说的创造，是在物质的基础上，通过各种因素相互联系，相互矛盾，相互冲突，然后从量变发展到质变，所产生出来的质的变化。美的创造所遵循的正是马克思主义的这一普遍规律"[②]。美的创造不是无中生有，而是由各种因素先通过联系、矛盾和冲突形成量变，然后由量变发展到质变。紧接着，他说道：

> 根据这一普遍规律，我们认为美的创造，是一种多层累的突创（Cumulative emergence）。所谓多层累的突创，包括两方面的意思：一是从美的形成来说，它是空间上的积累与时间上的绵延，相互交错，所造成的时空复合结构。二是从美的产生和出现来说，它具有量变到质变的突然变化，我们还来不及分析和推理，它就突然出现在我们的面前，一下子整个抓住我们。[③]

在这里，他从创造论或者说生成论的视角对美的内容和表现形式做了明确

---

① 关于"多层累的突创"说的来源主要有五种：顾颉刚的历史"层累"说，李泽厚的"积淀说"，唯物辩证法的质量互变规律思想，达尔文的生物进化论，以及杜威的"突创论"。参见朱志荣：《论蒋孔阳先生的"多层累的突创"说》，《学术月刊》，2003年第12期；姚文放：《"多层累的突创"说探源——蒋孔阳创造美学与杜威"突创"论的相关性》，《学术月刊》，2013年第10期。

② 蒋孔阳：《蒋孔阳全集》（第3卷），上海人民出版社，2014年版，第123页。

③ 蒋孔阳：《蒋孔阳全集》（第3卷），上海人民出版社，2014年版，第123—124页。

阐发：就美的内容而言，美是多种因素多种层次在时空中相互作用、相互积累而形成的复合结构（"多层累"），蕴含了人类的各种文化成果、心理因素及功能，因此具有多层次、多侧面的特点；就美的表现形式而言，它是经由量变而突然出现的质变（"突创"），具有纯粹性、完整性、直观性的特点，其结论在于，"美一方面是多层因素的积累，另一方面又是突然的创造，所以它能把复杂归于单纯，把多样归为一统，最后成为一个完整的、充满了生命的有机的整体"。①比如在"仰望星空"的例子中，他指出，星空之所以"美"，正是各种因素和条件（诸如星球群的存在、太阳光的反射、黑夜的环境、文化历史所积累下来的关于星空的种种神话和传说以及观赏者所具备的心理素质、个性特征和文化修养）积累突创的结果。

由此，蒋孔阳将"美"这一复合结构置于"双重关系"即时空关系和审美主客体关系之中，进一步考察其多层次性与突创性。一方面，"美"的复合结构可解析为四个层次，即自然物质层、知觉表象层、社会历史层和心理意识层。其中，自然物质层决定了美的客观性质和感性形式，知觉表象层决定了美的整体形象和感情色彩，社会历史层决定了美的生活内容和文化深度，心理意识层决定了美的主观性质和丰富复杂的心理特征。因此，美是内容与形式、客观与主观、物质与精神、感性与理性相统一的复合体；另一方面，这一复合体又是一个处于不断创造过程中的复合体，因为"在空间上，它有无限的排列与组合；在时间上，它则生生不已，处于永不停息的创造与革新之中。而审美主体与审美客体的关系，则像坐标中两条垂直相交的直线，它们在哪里相交，美就在哪里诞生"②。可见，美是一个在时空中多层次积累的、由主客体共同创造的有机结构或开放系统，任何将"美"简单化、固定化的观点都无法揭示出美的这种丰富性、复杂性、突然性和创造性。从理论上来说，这种美是"复合体"的观点，是对朱光潜所坚持的"审美活动中精神与劳动实践、精神与身体

① 蒋孔阳：《蒋孔阳全集》（第3卷），上海人民出版社，2014年版，第132页。
② 蒋孔阳：《蒋孔阳全集》（第3卷），上海人民出版社，2014年版，第131页。

的统一性"的继承与更深入的发展。[1]

（二）火光之喻

如果说，蒋孔阳是将审美对象的"美"放在主客体关系中加以考察形成其"美论"的话，那么，他同样也将审美主体的"美感"放在主客体关系中加以考察，并将"美在创造中"的思想也贯穿其中，从而形成了与众不同的"美感论"。因此，其美感研究的特点就在于——时时不忘美与美感的关系，处处不离主体与客体的关系。

比如，在上文中，他既从审美客体角度提出"自然物质层""社会历史层"，又从审美主体角度提出"知觉表象层""心理意识层"；在指出美的突然性、创造性之后，马上又指出这种"突然的创造"使得美感也具有四个特点，即直觉的突然性、感受的完整性、思想感情的集中性和想象的生动性。同样，在《美学新论》"美感论"部分的开篇，他就这样说道："如果说，美是人的本质力量的对象化，是人的本质力量在客观对象上的自由显现，那么，美感则是这一本质力量得到对象化或者自由显现之后，我们对它的感受、体验、观照、欣赏和评价，以及由此而在内心生活中所引起的满足感、愉快感和幸福感，外物的形式符合了内心的结构之后所产生的和谐感，暂时摆脱了物质的束缚后精神上所得到的自由感。"[2]美感与美相辅相成，正如审美主体、审美客体在实践中同时形成。换言之，他始终在审美主体与审美客体、美感与美的密不可分的相互关系中来探究"美"和"美感"。

那么，美感与美究竟是何种关系呢？蒋孔阳以"火光之喻"做了形象生动的说明。在他看来，美感"离不开美，但范围要比美更为广阔、丰富和复杂。这就好像光，虽然来源于火，但却不等于火，而且要比火更为丰富和广阔一样"。[3]"火光之喻"的提出好像一下子也点燃了其"美感论"的思想火

---

① 朱立元：《新时期朱光潜美学思想中实践观念的发展及其启示》，《安徽大学学报》（哲学社会科学版），2011年第5期。

② 蒋孔阳：《蒋孔阳全集》（第3卷），上海人民出版社，2014年版，第226页。

③ 蒋孔阳：《蒋孔阳全集》（第3卷），上海人民出版社，2014年版，第226页。

光，据此他又提出了"循环"说和"同时同在"说。一方面，火生成光，光亦生成火，火与光互为因果，彼此循环，也就是说，"美本身在不断地创造中，它既有客观的原因，也有主观的原因，美感就是创造美的主观原因。这样，美感又成了创造美的原因之一。它们二者相互循环，我们很难说，有了美就产生美感"①。另一方面，火与光的产生没有先后，火在即光在，光生即火生，也就是说，"美和美感都是人类社会实践的产物。在实践的过程中，它们像火与光一样，同时诞生，同时存在"②。"火光之喻"的意义是不言而喻的，它不仅打破了认识论哲学的思维逻辑，更重要的是将美学研究建基于"生活和历史的实践"之上，如其所言，"从哲学的认识论和思维的逻辑顺序来说，是先有存在后有思维，先有物质后有意识，先有美后有美感，但从生活和历史的实践来说，我们却很难确定先有那么一个形而上学的、与人的主体无关的美的存在，然后再去由人去感受和欣赏它，再由美产生出美感来。我们只能说：美和美感都是人类社会实践的产物"③。美与美感的关系，不能像美学大讨论时期那样完全以认识论的思维逻辑在美与美感之间强分先后，简单地将美感视为美的反映，而应当尊重生活、尊重实践、尊重历史，认识到二者各自的复杂性、变动性以及二者之间关系的同时性：这无疑是一种"突破认识论框架的成功尝试"。④

至于"美感是如何诞生的"这一关键问题，蒋孔阳同样从发生学角度将其归结于"实践"——制造和使用工具的劳动实践。在他看来："人通过制造和使用工具的劳动实践，把主体的意识如目的、愿望、聪明、才智等，灌注到客体的对象中去，从而使对象成为主体意识的自我实现，或者对象化。就在这对象化的同时，人观照和欣赏到自我的创造，感到了自我不同于动物并超越动物的本质力量。这时，他所得到的，不仅是物质实用上的满足，同时也是心理

---

① 蒋孔阳：《蒋孔阳全集》（第3卷），上海人民出版社，2014年版，第226—227页。

② 蒋孔阳：《蒋孔阳全集》（第3卷），上海人民出版社，2014年版，第227页。

③ 蒋孔阳：《蒋孔阳全集》（第3卷），上海人民出版社，2014年版，第227页。

④ 朱立元：《美感论：突破认识论框架的成功尝试——蒋孔阳美学思想新探》，《文史哲》，2004年第6期。

上和精神上的满足。于是，美感就诞生了。"①可见，通过综合运用马克思的"自然的人化""人的本质力量的对象化"等历史唯物主义实践论思想，他认为：美感的诞生不是一蹴而就的，也不是一劳永逸的，而是"有一个极其漫长的发展和演变的过程"②。制造和使用工具的劳动实践最初产生的是"那些能成为人的享受的感觉，即确证自己是人的本质力量的感觉"③，在此"感觉"基础上产生的美感主要是一种低级的满足感；④而随着人类工具制造的不断发展、实践能力的不断提高，人日益成为自由的人，美感便进入最高阶段——自由感。按其所言："只有当人类制造的工具进一步发展，提高了征服自然的能力，从自然的必然中逐步解放出来，超越了自我的限制和自然的限制，这时，他方才能够把生命的创造力量和本质力量，自由地在客观对象中展现出来，既感到了自我与外界的和谐，又感到了自我的解放和自由。只有这时，他们的美感才不仅是满足感、愉快感和幸福感，而且同时还是和谐感和自由感。这是美感发展的最高阶段。只有充分发展了的人，也就是真正自由了的人，才有这样的美感。"⑤可见，美感是在主体与客体的双向互动关系中由低级到高级不断生成的。

蒋孔阳以"实践"作为美和美感的创造根源，又主张美感与美"同时诞生、同步存在"，但并没有将美与美感相混淆或等同，恰恰相反，他明确指出："从美到美感，这当中有许多中介环节，离开了这些中介环节，有了美并不一定能够产生美感。"⑥而要探究这些"中介环节"，就必须借助更为深入的、科学的心理学研究。在蒋孔阳看来："由于美感是一种心理活动，所以人

---

① 蒋孔阳：《蒋孔阳全集》（第3卷），上海人民出版社，2014年版，第229页。

② 蒋孔阳：《蒋孔阳全集》（第3卷），上海人民出版社，2014年版，第231页。

③ 中共中央马克思恩格斯列宁斯大林著作编译局编译：《马克思恩格斯全集》（第42卷），人民出版社，1979年版，第126页。

④ 早在《简论美》中，蒋孔阳便认识到美感、美与感觉的密切关系。他说："美是通过感觉来把握的，所以它和感觉分不开"；"人的感觉能力像人的思维能力一样，都是人在劳动的实践过程中，长期地发展起来的"。参见文艺报编辑部编：《美学问题讨论集》（第2集），作家出版社，1957年版，第273—274页。

⑤ 蒋孔阳：《蒋孔阳全集》（第3卷），上海人民出版社，2014年版，第233页。

⑥ 蒋孔阳：《蒋孔阳全集》（第3卷），上海人民出版社，2014年版，第226页。

类对于心理学研究所达到的高度，常常决定了美感研究所达到的高度。"①因此，他既坚持马克思主义历史唯物主义的实践观，同时又对西方18世纪以来从心理学角度研究美感的"审美心理学"持肯定态度。他认为，如果说美是"多层累的突创"，那么，美感就是审美能力、审美环境、审美心理、审美态度等"多种因素的因缘汇合"。

显然，蒋孔阳和李泽厚一样，都看到了美感心理的多样性、复杂性，把美感视为多种因素共同作用的结果，都不约而同地选择从心理学视角来建立"美感发生学"，表现出一种强烈的科学诉求。相较而言，李泽厚提出感知、想象、情感、理解四要素综合统一的"美感心理数学方程式"猜想，关注的是审美心理本身；而蒋孔阳不仅讨论了美感诞生的主（能力、心理、态度）客（环境）观原因或条件，还突出强调了美感的"生理基础"（感觉器官），由浅入深地细致分析了美感的"心理功能"（感受和直觉、知觉与表象、记忆和联想、想象和幻想、思维和灵感、通感）；不仅阐明了美感欣赏活动表层、深层的心理特征，还说明了美感教育对人的心理气质和精神面貌的转移作用，可谓更加全面和深入。从某种程度上来说，蒋孔阳对美感心理的探讨实现了对1980年代国内外心理学美学研究成果的汇合与总结。

（三）艺术创造与美的规律

艺术论在蒋孔阳的实践创造论美学体系中占据举足轻重的地位。早在《简论美》中，他就说道："文学艺术的范围，虽然并不限于美；然而，我们研究美的问题，却必须以文学艺术作为主要的对象。"②而在《美学研究的对象、范围和任务》一文中，蒋孔阳既反对把美学看作是关于美的一门学科，又反对把美学看作是关于艺术的一门学科，而主张对两派意见"加以综合和调和"，即在明确"两个前提"之下"把艺术当成是美学研究的主要对象"，这"两个前提""一是美学研究的根本问题，是人对现实的审美关系；二是美学研究的

---

① 蒋孔阳：《蒋孔阳全集》（第3卷），上海人民出版社，2014年版，第236页。
② 文艺报编辑部编：《美学问题讨论集》（第2集），作家出版社，1957年版，第277页。

基本范畴，是美"。也就是说，"通过艺术来研究美"。①可见，蒋孔阳和李泽厚一样，都把艺术作为美学研究的主要对象，不同在于后者主要从哲学美学的角度观照艺术美本身，而前者则从创造美学的角度阐明艺术美是如何创造出来的，即艺术创造与"美的规律"的关系问题。

在蒋孔阳看来，"艺术的本质与劳动的本质，从根本上来说，应当是相通的、一致的，它们都是'人的本质的对象化'"②，劳动和艺术都按照美的规律来进行创造，只不过劳动创造的是"物体"，而艺术创造的是"形象"。那么，艺术又是如何按照美的规律来创造的呢？通过融合中国古代画论（"外师造化，中得心源"）与马克思《手稿》中的"两个尺度"说，他对此进行了阐释：

> 所谓"外师造化"，就是要懂得"任何物种的尺度"；而"中得心源"，则是人类"内在固有的尺度"。
>
> …………
>
> 外师造化，中得心源，既要深入生活，对周围现实有细致周密的观察和感受，又要有内心的修养和高尚的情操，对人生具有炽烈的同情心。这是对文艺工作者提出的两个最基本的要求。③

可见，蒋孔阳在坚持"两个前提"之下，以内外"两个尺度"对创造主体（"人"）的内在素养和外在能力做了具体要求，从理论上说，解释了生成艺术美的首要的主体条件；从方法上说，实现了中西思想的跨文化、跨学科的互证与互释。值得注意的是，他同时也指出中西思想的差异性："'外师造化，中得心源'的提法，是把造化与心源看成各自独立的两个方面；而马克思所提的两个'尺度'，则是在劳动实践的过程中统一起来，成为'美的规律'。这一'美的规律'，既是劳动的特点，又是文艺创作的特点，它们都是人的本质力量的对象化，都是人的自我实现和自我创造。"④"实践"作为本体，不仅

---

① 蒋孔阳：《蒋孔阳全集》（第3卷），上海人民出版社，2014年版，第494—495、500页。
② 蒋孔阳：《蒋孔阳全集》（第3卷），上海人民出版社，2014年版，第218页。
③ 蒋孔阳：《蒋孔阳全集》（第3卷），上海人民出版社，2014年版，第219—224页。
④ 蒋孔阳：《蒋孔阳全集》（第3卷），上海人民出版社，2014年版，第224页。

实现了实践主客体之间的对立统一，更重要的是，创造了"人"（人类和个体）的劳动（包括艺术创作）所应遵从的"美的规律"，为整个"创造美学"夯实了基础，确立了法则。

（四）创造美学与美学创造

蒋孔阳的创造论美学，在中国当代美学形成和发展中，是属于"实践美学"的大范畴之内的。中国的"实践美学"奠基于马克思《手稿》，萌生于20世纪五六十年代"美学大讨论"，后在1980年代"美学热"中不断发展和完善，逐渐形成了一个人数众多、规模庞大、观点各异的谱系结构，成为当代美学史上最具影响力的主导思潮和流派，有力地推动了当代中国的思想解放和文化启蒙。

学界一般认为，"实践美学"有狭义和广义之分：狭义的"实践美学"专指李泽厚的实践美学；广义的"实践美学"则是指坚持以马克思主义的实践唯物主义和实践观点为哲学基础和主要视点的美学流派，包括"实践美学"（或称"旧实践美学"）和"新实践美学"，前者主要有李泽厚的"主体性实践美学"、朱光潜的"整体的人实践美学"、王朝闻的"审美关系论美学"、杨恩寰的"审美现象论实践美学"、周来祥的"和谐论美学"、刘纲纪的"创造自由论美学"、蒋孔阳的"创造论实践美学"等，后者主要有邓晓芒与易中天的"新实践美学"、张玉能的"新实践美学"、朱立元的"实践存在论美学"。及至1990年代，伴随着"实践论"向"生存论"的转向，实践美学受到以杨春时"超越美学"、潘知常"生命美学"、张弘"存在美学"、王一川"体验—修辞美学"等为代表的"后实践美学"的质疑和挑战。无论如何，正是由于蒋孔阳《美学新论》、刘纲纪《传统文化、哲学与美学》、周来祥《再论美是和谐》等美学论著的出版，实践美学自然而然地成为中国当代美学的主潮，在中国当代美学新时期的发展格局中"一枝独秀"。

从"美学大讨论"到"美学热"，蒋孔阳始终立身于实践美学的第一方阵之中，经过近40年的苦心经营，终于建构起以实践为基础、以人对现实的审美关系为出发点、以创造论为核心、美论—美感论—艺术论三位一体并彼此呼应的"创造论"实践美学体系，为"实践美学"开创了新的领地，在美学史上做出了自己的"美学创造"，主要表现在这样几个方面：

1.将"实践美学"推进到"创造美学"。1980年代，把"创造"概念运用到实践美学研究中是一种必然的延伸，这一时期出现了各种与"创造"相关联的美学命题。比如，美是创造生活的生活，是在生活的创造中不断自我完善的生命力的自由表现[①]；美是人们创造生活、改造世界的能动活动及其在现实中的实现或对象化[②]；美是内容和形式的统一，是对象的形式特征表现人的自由创造活动内容的感性形象。[③]但是，这些命题中关于"创造"的含义还是比较笼统，也还没有凸显出来，这种情况在蒋孔阳研究的初期和中期也同样存在。如上所述，自1986年发表《美在创造中》开始，他具体深入地把创造的丰富复杂的内涵揭示了出来，提出了"美在创造中""多层累的突创"等一系列命题，标举了创造在美的形成和出现过程中的巨大作用，阐述了美的创造的物质性、时空复合性、多层次性、心理功能性、量变质变性等。总之，蒋孔阳的创造美学成为"实践美学"学派中的一种自成体系的响亮声音，有力地推进了实践美学的丰富和发展。

2.突破和超越认识论。西方哲学美学或中国实践美学经常被诟病的问题之一，就是没有摆脱"主客二分"的思维模式和认识论框架，而这也正成为当代中国美学努力寻求突破的突破口。事实上，在实践美学学派内部，蒋孔阳是试图突破和超越知识论（主要是认识论）的美学家之一，这可以从上述美论、美感论等看出。一方面，他的"审美关系"说已经指出审美关系与认识关系是不同的，审美关系并不从属于认识关系，他专门分析了审美关系不同于其他关系（首先是认识关系）的独特之处，很明显，在探讨美学学科的出发点、为美学定位时，他已经自觉地把人对现实的审美关系与认识关系严格区分开来了，实际上已在一定程度上突破和超越了知识论的哲学框架。另一方面，其美感论把

---

① 张志扬：《〈经济学—哲学手稿〉中的美学思想》，《美学》，1980年第2期。

② 王朝闻主编：《美学概论》，人民出版社，1981年版，第29页。

③ 杨辛、甘霖：《美学原理》，北京大学出版社，1983年版，第64页。

美感置于主客关系之中加以探讨，已经开始突破和超越认识论的哲学基础，主要表现为：（1）认为美感已不再是对美的客观认识和"反映"，提出了美与美感相互创造、互为因果的"循环"说；（2）从发生学角度在理论上阐明了美感与美在实践中如何同时生成、同步发展的，清晰地表现出他通过审美关系而非认识关系把握美感的历史生成的基本思路；（3）蒋孔阳的"美感论"，基本未涉及认识论问题，他把重点放在心理学研究上，认为美感是一种审美体验的复杂心理过程，而不是认识过程。①这种对认识论的突破和超越，体现在他对一系列美学基本问题的探讨中。

3.以"生成论"突破现成论。蒋孔阳坚决贯彻马克思主义的历史唯物主义哲学观念，将惯常的追问方式从"美是什么""美感是什么"转换为"美是如何生成的""美感是如何生成的"，即从一种动态的、历史的、发生的视角探究其生成的多种因素或必要条件：这无疑是一种突破现成论的思路。这种思路的直接表现就是——放弃确定性的"定义"，代之以不确定性的"描述"。在《美学新论》中，他分别从"美在创造中""人是'世界的美'""美是人的本质力量的对象化""美是自由的形象"四方面来论"美"，不难看出：这些话语都不是一种对"美"或"人"的一种本质性定义，而是一种多角度的规定和描述；即使像"美是××"（包括核心命题"美是多层累的突创"）这样的判定语，其实也只是对"美是一种开放性的系统"的说明。同样，所谓"美感是多种因素的因缘汇合"以及"满足感""愉快感""幸福感""和谐感""自由感"之类，也只是对美感的描述而非定义。总之，"创造美学"的创造性之一在于把美和美感视为丰富复杂（多层累积或多种因素汇合）的研究对象，多向度地揭示和描述其生成的多种主客观条件，最终突破现成论的窠臼，摈弃唯一的、封闭的、恒定的美和美感，而追求一种复数的、开放的、生成的美和美感。

4.以"关系论"突破实体论。按上所述，"关系"论是蒋孔阳构建美学的

---

① 复旦大学文艺美学研究中心编：《美学与艺术评论》（第6集），复旦大学出版社，2002年版，第76—80页；朱立元：《美感论：突破认识论框架的成功尝试——蒋孔阳美学思想新探》，《文史哲》，2004年第6期。

理论基石，事实上也是一种结构主义思维的美学表现。在《美学新论》的第一编《总论》部分，他就确立了"人对现实的审美关系"作为美学研究的出发点；在第二编《美论》部分，他又一连串地探究了与"美"紧密相关的十种"关系"："美和美的东西""美与形式""美与愉快""美与完满""美与理念""美与关系""美与生活""美与距离""美与移情""美与无意识"，几乎将古今中外代表性的"美论"一网打尽。正是以主体（"人的本质力量"）与客体（"对象"）的"关系"为本体，"以'美在关系'为其中心线索"，创造美学实现了"对于传统美在客观与美在主观的实体论美学的重要突破，开启了中国美学界研究美在经验的先河"。①这种"关系"论实践创造美学成为1990年代中国美学的一种别开生面的创新。

5.以"人本论"服务人生。以上在理论、方法、理念等方面的重要创造，最终都可归结于蒋孔阳对美学的学科特性和根本任务的认识。他始终坚持"人的本质力量的对象化""人类也是依照美的规律来造形"等马克思的实践观，更重要的是，他将美的本质引向人生的本质，表明："美的本质就是人生的本质。探讨美的价值和意义，实际上就是探讨人生的价值和意义。真正的人生，应当是美的；因此，对于美的追求，就是对于人生的追求。"②美是一种人生境界，美、审美与人的生存是紧密结合在一起的。他还提出美学的"为人生"的目的："照马克思看来，美学其实是一门关于人的科学。我们研究美学的任务，就在于充分地发挥人之所以不同于动物、人之所以为人的本质力量。这样，美学研究的任务，目的是艺术，但又不限于艺术。它在提高艺术美学质量的过程中，丰富和提高了整个的人生。美学的根本任务，是在为整个的人生服务！"③事实上，其实践创造论美学正是以此为根本任务的，处处体现了"以人为本"的马克思主义人本主义精神和情怀。在他看来，"人对现实的审美关系"是美学研究的出发点和根本问题，人本身就是"世界的美"，"世界的美

---

① 曾繁仁：《蒋孔阳教授在20世纪中国美学史上的杰出贡献》，《社会科学站线》，2014年第4期。

② 蒋孔阳：《蒋孔阳全集》（第6卷），上海人民出版社，2014年版，第116页。

③ 蒋孔阳：《蒋孔阳全集》（第3卷），上海人民出版社，2014年版，第499页。

是人创造的，离开了人，世界再没有美"①；人是实践的主体，创造的主体，审美的主体，人的这种"主体性"始终贯穿在上述创造美学的所有命题中。胡适曾在《中国哲学史》开篇说道："凡研究人生切要的问题，从根本上着想，要寻一个根本的解决。这种学问，叫做哲学。"②如果说，胡适选择以哲学来根本解决人生的切要问题，那么，蒋孔阳则选择以美学来"研究人生切要的问题"，在这一点上，他与朱光潜以及主张将美学作为"第一哲学"的李泽厚都是殊途同归的，共同创造了一种"为人生"的实践美学。总之，"人和人生"始终贯穿在其美学话语之中，也正是在这个意义上，有学者认为，"蒋孔阳美学思想体系是一个以马克思主义为主导，以西方美学思想为参照，以中国传统美学思想为基础的人生论美学思想体系"③。

毋庸置疑，创造论实践美学也存在着一些有悖于马克思主义实践观的缺陷，如：不加区别地对待美和美的对象，常以审美对象的创造取代美的创造；宽泛地理解"劳动"和"人的本质力量"，把人类所有的劳动都当成了"人的本质力量的对象化"，将艺术劳动等同于生产劳动，也就无法阐明美的本质及审美活动的特殊性；没有彻底贯彻实践论，以主体意识来解释"两个尺度"，以艺术生产的规律来阐释"美的规律"，等等。当然，瑕不掩瑜，"创造美学"的"美学创造"及其历史贡献是不容否认的，它已经并将继续为建设中国现代美学发挥重要作用。

三、中西比较美学

朱光潜在其《诗论》序言中说道："一切价值都由比较得来，不比较无由见长短优劣。"④比较不仅仅是一种研究方法，更是一种研究态度，正是通

---

① 蒋孔阳：《蒋孔阳全集》（第3卷），上海人民出版社，2014年版，第134页。

② 胡适：《中国哲学史大纲》，商务印书馆，2011年版，第1页。

③ 参见黄定华：《蒋孔阳人生论美学思想研究》，中国社会科学出版社，2012年版，前言第2页。

④ 朱光潜：《朱光潜全集》（第3卷），安徽教育出版社，1987年版，第4页。

过对中西诗学的比较互证，朱光潜为中国现代比较诗学奠定了基础。同理，要认清中国美学与西方美学的各自特点和价值，既不能妄自尊大，又不能妄自菲薄，既不盲目照搬西方，又不互相排斥，也要通过比较才能得来。

在1984年10月湖北省美学学会召开的中西美学与艺术比较讨论会上，蒋孔阳做了《对中西美学比较研究的一些想法》的发言，他提出，"我们不再满足于对中国美学或西方美学单方面的研究，我们自觉地要求从世界水平的高度，把中国美学拿来和世界美学相比较，从而建立一种既适应中国民族化的传统、又符合世界现代化潮流的美学体系。我们也可以说，比较研究是促使我国美学研究工作现代化的一条重要途径"①。这是他第一次提出民族化与现代化的问题。但也正如他所说，要对中西进行认真的比较，必须具备两个条件：第一，对中西方文化都进行过相当深入的研究和了解，知道各自的长处和短处。第二，具有独立自主的精神，能够用当代世界的眼光，对我国优秀的传统进行梳理、整理和解释，然后向世界介绍，推向世界，纳入世界的范围。正因为深谙"比较"对于实现美学研究的民族化与现代化的重要意义，又因为对中西美学都已做过深入研究，具备了世界眼光和独立自主精神，所以他相继写下《中国古代美学思想与西方美学思想的一些比较研究》《中西艺术和中西美学》等文章，这些文章后来整理为其集大成之作《美学新论》的第六编，由此，蒋孔阳成为中西比较美学研究领域较早的开创者和倡导者。

（一）德国古典美学与近代西方美学

蒋孔阳特别强调对西方美学的学习。在他看来，要学习中国美学，应当先懂一点西方美学。这是因为：第一，美学作为一门学科，是从西方输入进来的，美学的研究对象、范围以及一系列的名词、概念、术语和范畴等，差不多都是从西方输入进来的。第二，有了西方美学的修养，我们将能够更为深入地理解和更为准确地运用中国古代美学的名词、术语。第三，中国古代的美学思维强调主观妙悟，因此具有朦胧模糊、不重体系的特点，因而有必要向西方美

---

① 蒋孔阳：《蒋孔阳全集》（第4卷），上海人民出版社，2014年版，第72页。

学思想学习，用西方美学思想的思维方法，来增强我国美学思想的逻辑性和系统性，并运用这种逻辑性和系统性，来对中国古代的美学思想做出清晰的解释和系统的阐述。第四，中国美学发展的历史也告诉我们，"中国现代美学是在西方美学的冲击和影响下，逐步发展和完善起来的。老一辈美学家如朱光潜、宗白华等先生，是在学习西方美学的基础上，有所发明，有所建树的。历史的经验表明，美学是中国民族文化很重要的组成部分。我们要发展中国现代美学，离不开对西方美学的借鉴和对中国传统美学思想的继承。只有这样，才能使中国美学既能保持传统，又能逐步走向世界，从而使美学为中国民族文化的繁荣和精神文明的建设起到积极的作用"①。因此，西方美学研究构成蒋孔阳美学研究的重要组成部分。

1. 西方美学的研究

早在1960年代，蒋孔阳就开始了对西方美学史上成就最高、影响最大的德国古典美学的研究。那时候，他在复旦大学由文艺理论改教《美学》和《西方美学》，这对他来说无疑是回到了"自己的园地"，所以他感到非常高兴，先备课，写成讲义，然后上课，再编修讲义。后来商务印书馆来组稿，要他写《德国古典美学》，他便在讲义基础上加以修改和补充，于1965年完稿。然而不久后"文革"爆发，他的这部书稿在编辑部被埋藏了10多年，直到"文革"结束，才从编辑部要回书稿，进行了一次认真的大修改，终于在1980年由商务印书馆出版。这部见证时代动荡、命运多舛的《德国古典美学》一经问世便引起了巨大反响，连台湾谷风出版社都翻印了这部书。

《德国古典美学》以马克思主义唯物史观和辩证方法为指导，以经典作家对德国古典哲学的论述为依据，对开山祖师康德，发展者费希特、谢林、歌德和席勒，集大成者黑格尔等德国古典哲学家的美学思想，进行了全面系统的梳理、深刻细致的剖析，对整个德国古典美学做了多侧面、多层次、富有历史感的立体式动态研究，准确而精辟地评介了各位代表人物的美学思想的成就、特点和局限，清晰地勾勒出诸代表人物的思想之间的影响关系，以及德国古典

---

① 蒋孔阳：《蒋孔阳全集》（第1卷），上海人民出版社，2014年版，自序第1页。

美学如何从康德的主观唯心主义转化到黑格尔的客观唯心主义的来龙去脉与发展轨迹；深入考察了19世纪资产阶级美学对德国古典美学的批判，实际上提供了19世纪整个西方美学发展动向的线索；全面、正确地揭示了德国古典美学对马克思主义美学的重要启示，以及经典作家对德国古典美学创造性的批判继承和改造发展，主要体现为：（1）关于美的性质问题，马克思、恩格斯用革命的实践观点批判了德国古典美学的唯心主义性质，将其倒置的头足摆正过来，并在审美理想上使美学革命化；（2）关于人的对象化和美的本质问题，马克思、恩格斯用唯物史观批判了黑格尔与费尔巴哈的唯心主义的人的本质观，从社会关系的总和上来把握"人"，从物质劳动实践来说明"对象化"，并由此出发阐述美的本质；（3）关于艺术的历史发展，马克思、恩格斯批判了黑格尔的理念显现说，在艺术发展动力、前途等问题上贯彻了唯物史观；（4）关于典型问题，马克思、恩格斯扬弃了从康德到黑格尔的唯心主义因素，批判地细说了他们的辩证法合理内涵，在对典型、典型化和典型环境的理解和阐释上做出了重要贡献。

　　当时国内研究德国古典美学思想的，除了蒋孔阳，也只有朱光潜、宗白华、汝信、李泽厚等几位，其中影响最大的无疑是朱光潜的《西方美学史》。《西方美学史》是国内最早比较系统地介绍德国古典美学的著作，对中国当代美学研究产生了重要影响，为美学史研究开辟了新路。但也毋庸讳言，作为一部西方美学通史，它的视野涵盖了西方美学发展的全过程，从古希腊开始，一直到20世纪初，德国古典美学只是其中的一部分，没有也不可能充分展开。同时，《西方美学史》作为一本按教学需要编写的教材，它不得不舍弃了许多不宜作为教材的内容，因而取材不可能全面。汝信、夏森撰写两本《西方美学史论丛》，其中有几篇文章论及德国古典美学，但也只是一些单篇专论，不是对德国古典美学的系统研究，甚至也不是对某一美学家的全面介绍和评价。李泽厚在影响甚大的《批判哲学的批判——康德述评》里较系统地介绍和论述了康德哲学尤其是康德的《判断力批判》，但对德国古典美学的其他代表人物则未做过论述。从这个意义上来说，蒋孔阳的《西方美学史》是中国第一部全面系统地研究德国古典美学的专著，也是我国第一部西方美学断代史研究专著，因而具有里程碑式的意义。

蒋孔阳对"美学启蒙老师"朱光潜[①]的《西方美学史》既有肯定也有批评，因而在《德国古典美学》中取长补短，并在《美学新论》中多有借用和补充。比如，蒋孔阳认为，朱光潜在《西方美学史》中对某些美学问题和美学现象没有给以应有的地位，如谢林，他对黑格尔的影响那么大，黑格尔的美学体系和关于艺术历史类型的划分，谢林都起了"抛砖引玉"的作用，可是善于探讨意识形态相互影响和历史线索的朱先生，却竟忽视了，这不能不令人感到遗憾。[②]因而在《德国古典美学》中，蒋孔阳将谢林与费希特列入同一章，专门阐述了谢林的"同一哲学"和他的美学思想，尤其在篇末强调其影响，谢林较早地根据灵魂从物质中解脱的过程，并结合历史发展来区分雕刻与绘画，对黑格尔产生了较大影响。[③]这在中国当代美学史上是对谢林美学思想的首次论述，当时的不少美学工作者和美学爱好者都是在读了《德国古典美学》之后才接触了谢林美学，并了解其基本内容和特点的。

再比如德国理性派，在西方美学发展的历史过程中占有重要地位，但朱光潜却只是把它归入德国启蒙运动中，简单地介绍一下就过去了，不能不令人感到不满足。在《美学新论》的"美与完满"一节，蒋孔阳从伏尔泰《老实人》中的哲学老师邦葛罗斯宣传德国理性派的哲学观点"这个世界是一切可能世界中最为完满的世界"谈起，谈到德国理性派的奠基人莱布尼兹及其门徒沃尔夫。他指出，17世纪德国的理性主义者认为整个世界都是上帝按照理性原则预先安排好的，符合目的的，因而有一种"预定的和谐"，莱布尼兹就把世界比作一座钟，其中的每一部分都按照"天意"安排得妥妥帖帖，从而产生出一个和谐的整体，这个整体是完满的，因而也是美的。沃尔夫则进一步发展了"完满"的概念，并以此来解释美。继而蒋孔阳又转引《西方美学史》中鲍姆加登的话，认为鲍姆加登把美是完满讲得最为完善。由此不难看出，蒋孔阳积极吸收了朱光潜的研究成果，并有意填补其"美中不足"，力求实现对德国古

---

① 参见蒋孔阳：《蒋孔阳全集》（第4卷），上海人民出版社，2014年版，第498—499页。

② 蒋孔阳：《蒋孔阳全集》（第3卷），上海人民出版社，2014年版，第572页。

③ 蒋孔阳：《蒋孔阳全集》（第2卷），上海人民出版社，2014年版，第140页。

典美学乃至整个西方美学整体性、合理性的思想深描，这在一定程度上提升了西方美学研究的整体水平。

《美学新论》中，我们还可见蒋孔阳将德国古典美学研究的心得尤其是马克思主义哲学美学的观点贯穿其中，可以说，西方美学思想是其美学研究的重要思想资源和立论依据，这构成其中西比较美学的一级。比如，在《德国古典美学》中，蒋孔阳专辟一节，比较细致地论及席勒《审美教育书简》的成书背景、写作目的、对美的分析以及该书的贡献和局限，指出席勒写给丹麦王子奥克斯丁堡公爵的第二封信中说："美先于自由"，"如果我们要实现政治的自由，必然通过审美教育的道路。因为通过美，我们才能达到自由"。[1]在《美学新论》中论述"美是自由的形象"问题时，他自然而然地谈到席勒，说席勒不仅热衷于理想与自由，而且专门写了美学著作《审美教育书简》来系统地探讨美与自由的关系。在引用上述信中的两句话之后，他指出，席勒把自由和美紧密地联系在一起，他从对人性的分析入手，认为人性要得到完美的实现，必须经过自然、审美和道德三个阶段，同时指出席勒对于人性和自由的分析虽然有正确的地方，但因为从思辨的唯心主义出发，所以未免把问题讲得太玄、太抽象了。由此援引马克思的观点来予以纠正，指明：马克思是把人放在现实的社会关系中来分析，人愈进步，愈是要改造环境，愈是能够取得更多的自由，自由愈多，他就愈是能够充分地、丰富地展开他自己作为人的本质力量，使人的本质力量全面地实现，全面地对象化，从而成为全面发展的人，也就是真正自由的人。在马克思看来，只有到了社会主义，人的本质力量得到"新的显现"和"新的充实"，人的活动才能真正成为自由的活动。只有这时，自由的理想与美的理想，才能够变成一致，人的本质力量才能够尽可能地对象化，转化成为生动活泼而又自由的美的形象。[2]由此可见，蒋孔阳不是直接坦陈自己的观点，而是将席勒的美学思想化用其中，并借用马克思主义的立场和观点予以批判；同时，他还合理地吸收和引证了黑格尔的"自由首先就在于主体对和

---

① 蒋孔阳：《蒋孔阳全集》（第2卷），上海人民出版社，2014年版，第171页。

② 蒋孔阳：《蒋孔阳全集》（第3卷），上海人民出版社，2014年版，第173—175页。

它自己对立的东西不是外来的，不觉得它是一种界限和局限，而是就在那对立的东西里发现自己"、康德的"自由应以人的自由和自由的意志作为前提"等观点①，创造性地将德国古典美学代表人物的思想精华熔为一炉，服务于自我观点"美是自由的形象"的阐发，因而显得视野宏阔，很有说服力。

总之，《德国古典美学》一书的学术成就是美学界公认的，在西方断代美学史研究方面具有开创性意义和示范价值，至今仍是国内这方面的权威性著作，对推动我国西方美学史研究起了重要作用。

当然，不足也是有的，比如对德国当时的社会历史状况的描述和分析还不太深入；对当时现实主义、浪漫主义文艺思潮的梳理还不够清晰；对德国理性派、经验派美学缺少深入的、整体的凸显；对各个美学家思想发展的历程缺少描述和探讨；还有一些非学术性的话语；等等。1999年，经过10年的艰苦努力，蒋孔阳和朱立元主编完成了480万字的《西方美学通史》（七卷）。这部通史对西方从古希腊到当代2000多年美学发展的历程做了全方位的梳理，体系宏大，史料丰富，视角新颖，结构缜密，是一部比鲍桑葵《美学史》、吉尔伯特和库恩《美学史》更为完备的西方美学通史。这也成为蒋孔阳西方美学研究最后的总结和贡献，上述不足在其中得到了修正，获得了新的学术进展。

2. 西方美学的译介

翻译与研究相辅相成、齐头并进，是现代以来中国美学话语建构的独特风景。和朱光潜、宗白华等美学家一样，蒋孔阳也是一位翻译家。1980年，译稿《近代美学史评述》与《德国古典美学》同时出版，学界大都注意到《德国古典美学》的创造性价值，但对《近代美学史评述》之于蒋孔阳西方美学史研究尤其是《美学新论》的影响和意义认识不足，故有必要在这里略作说明。

《近代美学史评述》是英国李斯托威尔伯爵于1933年出版的一部美学史著作，其目的有二：一是把鲍桑葵的《美学史》继续写下去，即从1890年写到1930年代，因此，这本书可谓鲍桑葵《美学史》的续篇，是关于19世纪末和20世纪初的一部西方美学史。二是对当时的各种美学流派提出自己的"破坏性

---

① 蒋孔阳：《蒋孔阳全集》（第3卷），上海人民出版社，2014年版，第176—177页。

和建设性的批评"。蒋孔阳翻译此书是在1960年代初，所以在当时的历史语境下，他翻译此书是"为了更好地反对近代资产阶级形形色色的美学理论，划清马克思主义与修正主义的界限"。①他认为这本书中所宣扬的完全是资产阶级唯心主义的观点，主要表现有三点：第一，特别推崇以里普斯和伏尔盖特为代表的移情说；第二，在主观与客观的两大派美学之间，作者公开宣扬折衷主义，认为主观主义与客观主义各有其正确的一面；第三，作者所宣扬的美学理想也完全是资产阶级唯心主义美学一脉相传的那一套。当然，他也承认，"作为一部反面教材，作为了解近代资产阶级美学流派及其发展的历史情况，本书材料丰富，论述清晰，还是具有一定的参考价值"②。很显然，对所谓"资产阶级唯心主义美学"的批判是那个时代所打下的政治烙印，是其不可避免的局限性，但可以肯定的是，正是通过翻译这部书，蒋孔阳对近代西方美学史，尤其是各种美学流派有了比较全面深入的了解，这为其批判性地反思美学问题、建立马克思主义美学话语和体系提供了思想资源和创新可能。

《近代美学史评述》把近代形形色色的美学流派分为主观的和客观的两大部分，然后一一加以介绍。作者一共介绍了14个流派，属于主观派的美学理论有表现论、快乐论、游戏论、外观论和幻觉论、精神分析论、实验论、移情论、现象学论、折衷论，以及关于艺术和美的一般心理学；属于客观派的美学理论有艺术科学论、自然论、社会学论、形式论。同时，作者从艺术的起源、史前艺术和原始艺术以及儿童的美感经验等方面阐述了发生学的美学，具体讨论了崇高、悲剧性、戏剧性、美、丑五个美学范畴。不难发现，这些内容都不同程度地移植和化用在《美学新论》之中，当然，不再以唯物与唯心、主观与客观这样简单的二元对立的面貌出现和加以批判。比如，在"快乐论"章节，李斯托威尔以美国美学家马歇尔为例进行阐述，指出，马歇尔纯粹是从心理学的角度来探讨美学问题，但其立论的假设主要是生理学上的，他认为，快乐与刺激有关，当人对刺激做出反应的力量大于刺激的力量，我们就感到快乐，

---

① 李斯托威尔：《近代美学史评述》，蒋孔阳译，安徽教育出版社，2007年版，"译者的话"第1—2页。

② 蒋孔阳：《蒋孔阳全集》（第2卷），上海人民出版社，2014年版，第356—358页。

当对于刺激做出的反映的力量小于刺激的力量，我们就感到不快乐；但是，在不断的刺激下，我们发现从低级的感官所取得的快乐很快就消失了，并且终于转变成它的对立面，转变成痛苦。眼和耳则不然，它们是持久享受的源泉。像这样一种"稳定的快乐"，正好是艺术所提供的特殊的快乐。①蒋孔阳将马歇尔的这一研究成果作为例证几乎原封不动地移植到《美学新论》第二编"美论"之"美与愉快"中，并直接引用其中的两句——"美就是相对稳定的，或者真正的快乐"，"享乐是我们在这些领域中经验到的最自然而又最普遍的产物，我们绝不能把它完全从审美的意识中排斥出去"，②以此论证美与愉快有着自然的稳定的联系。再比如，《美学新论》第五编"审美范畴"，涉及"崇高""丑""悲剧性""喜剧性"四个范畴，这种体例安排几乎就是《近代美学史评述》"几种美学范畴"的完全移植。

很显然，李斯托威尔对近代西方美学史的细致勾勒和批判建设，为蒋孔阳打开了一扇有别于中国美学的新世界的门，为其了解和把握19世纪以来西方美学的历史进程和最新研究成果提供了便利。与此同时，他还节选翻译了很多西方美学经典文章，诸如柏拉图《柏拉图对话集法律篇》、亚里士多德《修辞学》、康德《构成天才的各种心灵的能力》、席勒《素朴的诗和感伤的诗》、叔本华《意志和表象的世界》、柏格森《笑之研究》、卢卡奇《一篇美学专论的序论》、道生《作为一种美学原理的"距离"》、麦斯《心理学与美学》、夏普《论艺术象征》、格林《论艺术美和自然美》、斯托尔尼兹《简论分析哲学与美学》、杰塞普《分析哲学与美学》等，这些译作大都翻译于1960年代，几乎贯穿了从古典到现代的整个西方美学史。对这些译介成果，蒋孔阳没有也不可能简单照搬或模仿，而是有选择、有辨析、有"批评建设"地加以吸收和消化，并与中国美学相比较、相融通，将其容纳进自己构建的马克思主义美学体系之中，使之成为创造论实践美学的有机组成部分。无论是在给复旦大学本科生和研究生开设的"现代西方美学"课程中，还是在《美学新论》中，

① 蒋孔阳：《蒋孔阳全集》（第2卷），上海人民出版社，2014年版，第367页。

② 蒋孔阳：《蒋孔阳全集》（第3卷），上海人民出版社，2014年版，第65页。

我们都可以看见蒋孔阳对西方一切优秀人文科学知识的吸收和运用，几乎每个章节都充满了对西方现代和后现代哲学和美学以及文学艺术的知识占有和材料应用。总之，通过《德国古典美学》的撰述和《近代美学史评述》等的译介，蒋孔阳对西方美学有了深入的研究和了解，从而为中西比较美学的研究打下了基础。

（二）中国音乐美学、唐诗美学与绘画美学

蒋孔阳曾在《在人生选择的道路上》一文中说，自己不善于写作（文学家），也不善于玄思（哲学家），而是走了一条中间道路（作为美学家和文艺理论家），这就在一定程度上决定了蒋孔阳的美学研究具有文艺美学的性质，即把艺术和美紧密结合起来。在他看来，"美学是对于艺术的哲学思考，不加强美学与艺术的联系，不对各门艺术的美学特征进行深入的探讨，一方面，会造成美学脱离实际的现象；另一方面，即使在理论上也不可能提高，这就因为美学的理论主要来自对于艺术规律的深刻概括和对于艺术创作与欣赏的深切体会"[1]。因此，在进行中国美学研究的时候，他不像李泽厚、朱光潜、刘纲纪等其他美学家，偏重于哲学美学的研究，而是另辟蹊径，以断代史的形式，聚焦中国古代的音乐、诗歌、绘画等艺术与美学之间的密切关系，从而形成了自己独到的音乐美学、唐诗美学、绘画美学等文艺美学的研究视角与研究成果，因而在同时期的美学研究中别具一格，极大地丰富和拓展了中国美学研究。中国美学思想成为蒋孔阳建构和完善其实践美学体系的思想资源，也为其倡导中西比较美学提供了条件和可能。

1. 音乐美学

相较于《德国古典美学》，《先秦音乐美学思想论稿》是蒋孔阳"自己特别心爱的"，因为"我是中国人，写中国的东西，特别感到亲切"。[2]按其所言，这部书是"文化大革命"中"靠边"写出来的。1975年，蒋孔阳从"干

---

① 蒋孔阳：《蒋孔阳全集》（第3卷），上海人民出版社，2014年版，第610页。

② 蒋孔阳：《蒋孔阳全集》（第4卷），上海人民出版社，2014年版，第439页。

校"回到复旦大学，恢复教师身份，但既不能教书，也不能参加任何教学活动，成了"靠边"的"闲人"。于是，他天天上图书馆，在阅读古代史书的过程中，发现我国古代的音乐特别发达，而且有关音乐的言论和思想也特别多，他认识到音乐在我国古代社会的重要地位，于是产生了研究我国古代音乐美学思想的念头。恰恰这时，他又看到顾颉刚主编的《古史辨》，当中有好几篇谈论阴阳五行的文章，而且它们都把阴阳五行与音乐联系在一起来谈。他便根据它们提供的线索，再去查阅《左传》《国语》等书，不久就写出了《阴阳五行与春秋时的音乐美学思想》，从此一发不可收，陆续写了关于孔子、墨子、老子、庄子、孟子、荀子、商鞅、韩非子、《礼记·乐记》等的多篇文章，逐渐形成了《先秦音乐美学思想论稿》的初稿。然而，"文革"结束后，因为无暇顾及这方面的工作，他原本打算写的《评〈易传〉的音乐美学思想》和《评〈吕氏春秋〉的音乐美学思想》都未完成，在经过10年的延宕之后，《先秦音乐美学思想论稿》才于1986年由人民文学出版社出版。无论如何，正是这次无功利的写作，产生了这部别具一格的中国先秦美学的断代史研究专著，一部中国音乐美学的开拓性著作。

1984年，刘纲纪与李泽厚共同主编的《中国美学史》第一卷出版，引起热烈反响，使尘封已久的中国古代美学研究成为显学。如果蒋孔阳也怀有撰写《中国美学史》的心愿的话，那么，《先秦音乐美学思想论稿》无疑是中国美学史的序章，正如他在"前言"中所言：

> 在各门艺术当中，我国古代的音乐特别发达，而且有关音乐的论述又特别多，因此，探讨我国古代的音乐美学思想，应当是研究我国古代美学思想的一个重要环节。我们甚至可以这样说，我国古代最早的文艺理论，主要是乐论；我国古代最早的美学思想，主要是音乐美学思想。[①]

在蒋孔阳看来，先秦音乐美学奠定了中国古典美学的基础，聚焦于此基础，无疑抓住了中国美学的源头活水，其意义不言而喻。因此，尽管《论稿》篇幅并不太大，但其在中国美学史研究方面所取得的理论成就，绝不亚于《德

---

① 蒋孔阳：《蒋孔阳全集》（第1卷），上海人民出版社，2014年版，第394页。

国古典美学》在中国研究西方美学史领域中的成就，主要表现在：

（1）视角独到，扬长避短。蒋孔阳承认自己并不懂音乐，更不懂先秦音乐，如此来写先秦音乐美学，其合理性何在呢？对此，他在后记中直言不讳："我这本《先秦音乐美学思想论稿》，一不是研究先秦时代的音乐本身，二不是研究先秦时代有关音乐的历史资料，三不是研究先秦时代音乐家们所创造的音乐形象"，而是"先秦时代有关音乐的美学思想"，主要是"当时的诸子百家对于音乐的看法和想法，他们有关音乐的美学思想"，并且，"我把这些音乐美学思想，主要是当成一种哲学理论来进行探讨的"，"是联系音乐或者通过有关音乐的言论，来谈哲学，来谈政治和社会"。[①]对先秦音乐美学思想，当然可以从当时的音乐作品、乐器、乐史出发做实证研究，但由于时代久远这方面的第一手资料相当缺乏；而且，真正能代表那个时代音乐美学思想的，未必在具体作品上，而在诸子对音乐的哲理化的认识和看法。蒋孔阳选择这个独到视角，既避开了研究上的困难，又充分发挥了自己作为美学家而非音乐家的学识与才力，从而在研究中有所发现，有所突破。

（2）视野宏阔，发人未发。蒋孔阳以宏观的眼光、广阔的视野、渊博的学识，站在时代的高度重新审视先秦各派美学思想，得出前人未发之新见，极大地提升了研究水平。比如，在论及老子"大音希声"的音乐美学思想时，蒋孔阳从"道"的高度加以总体把握，并将其与柏拉图之"理念"相比较，认为老子的"道"只有形而上学的意义，而没有任何神学的意义。进而提出，当"道"还处于"无"的状态的时候，它是道的本身，因此是至善至美的；而当它进入"有"的状态，成了具体的"物"，它就成了"道"的一种显现。这一理论运用到音乐美学中就成了"大音希声"，即最完美的音乐是作为"道"的音乐，是我们无法听见的音乐本身。他又举陶渊明抚无弦琴以寄其意之例，得出"最完美的琴声只存在于想象和思维当中"的精妙解释，可谓深得其精髓。[②]

---

① 蒋孔阳：《蒋孔阳全集》（第1卷），上海人民出版社，2014年版，第609—610页。

② 蒋孔阳：《蒋孔阳全集》（第1卷），上海人民出版社，2014年版，第501—503页。

（3）讲求实证，考据缜密。蒋孔阳以微观研究为基础，不仅占有了详细的第一手资料（包括历史文献资料、文物考古发掘资料、他人的研究成果与结论等），而且以缜密的考据功夫对若干现有资料进行新的考证，推出新的结论，使立论建立在可靠的材料基石上。比如，在论及孔子"正乐"思想时，以《汉书·礼乐志》、孙希旦《礼记集解》以及魏源《诗古微》等典籍为考据的依据，提出孔子所极力排斥的"郑声"并不限于郑国，而是包括了各个地方的音乐，它是新声或新乐的代表，是与孔子在《诗经》中肯定的"雅乐"相对的"俗乐"。这种实证是必要的，也是令人信服的。

（4）史论结合，以论为主。一方面，蒋孔阳以马克思主义唯物史观为指导，在对先秦美学进行总体把握和分学派研究的同时，也明晰地勾勒出先秦美学的历史发展过程，即从殷商、西周奴隶主贵族有神学唯心主义色彩的美学思想，发展到有唯物主义色彩的前期五行音乐美学，经过春秋战国时期儒、道、墨、法等各派美学的斗争消长，再发展到战国末期有神秘色彩的后期阴阳五行音乐美学思想。由此，他对先秦美学思想进行了一个系统的历史梳理和分期，为先秦美学史的撰写奠定了坚实基础。另一方面，蒋孔阳在史的叙述中展示论的光彩，在论的阐发中时时可见史的眼光，因而他对各家各派美学的核心、特征都能准确把握、一语中的，深入开掘，新见迭出。比如，对人们较少注意的儒家和道家内部的流派（老子与庄子，孔子与孟子、荀子等）的差异与分歧予以特殊关注和辨析；再比如，质疑孔子的"正乐"理论，推崇墨子的"非乐"思想，时常有独特发现和精辟之论。

总之，《先秦音乐美学思想论稿》是蒋孔阳唯一一部正式出版的中国古代美学研究著作，代表了其在中国古代美学研究方面的最高成就。诚如有学者所评价的："自蒋孔阳《先秦音乐美学思想论稿》付梓以来，有关中国音乐美学的讨论不复寂寥，相关论述时有所见；但是蒋孔阳这部作于'文革'后期的《先秦音乐美学思想论稿》大气磅礴又绵密细致，立论既恢弘鲜明，材料的布列更是苦心孤诣，深稽博考层层推进。而说到底，一种虚怀若谷的人文意志，坚韧地贯穿了下来，这是蒋孔阳音乐美学思想的一个标识，也是蒋孔阳整个美学思想的鲜明特点。"①

2. 唐诗美学

1980年，蒋孔阳应邀赴日本神户大学中国语言文学系任客座教授，开设了"中国古典美学"课程，遗稿《唐诗的形成及其美学特点》正是其讲稿之一。全书分为三个部分：唐诗的形成，唐诗发展的历史阶段，唐诗的美学特征。之所以选择"唐诗"，是因为在他看来，"诗是美的艺术，真正的好诗，必然是美的。唐诗是中国诗的代表，是中国古代文化中诗艺的结晶，因此，唐诗应当是美的"。②古代文学研究者关注的重点往往是唐代的文化背景与唐诗创作之间的关系，比如余恕诚的《唐诗风貌》，就唐诗总体风貌、唐诗各阶段风貌、唐诗主要流派和主要体裁风貌展开论述，寻求诗歌风貌与时代社会生活之间的连接点，论及唐诗对时代的反映以及其所表现的生活美与精神美。③相较而言，作为美学家的蒋孔阳，一方面也关注时代生活的烙印，因为唐诗的美学特征"是唐代社会生活反映在唐代诗人身上所共同形成的一代的'诗风'，一代的审美意识的结晶"，所以他先梳理了唐诗形成的根本原因和发展的三个历史阶段，作为阐释唐诗美学特征的前提和基础；另一方面，他特别关注诗人与诗艺，因为他认为："诗歌的美，就在于诗人能够把他所感受到的哀乐，塑造为艺术形象，从而打动人，引起人的爱慕。这样，诗歌的美，应当说是来自两个方面，一是诗人本身内在的品质，二是诗歌艺术形象的生动性和完美性。"④所以，他在强调唐诗具有整体的美学特征的同时，也特别强调诗歌的个性特征和个性美，杜甫诗的美学特征与李白、王维、孟浩然等各不相同，边塞诗与田园诗、讽喻诗与闲适诗等也各有千秋。在他看来，"美和个性是分不开的，愈是美的东西，愈是富有个性"，"美是在劳动当中创造的，但只有当我们是以具有个性的、自觉的身份参与劳动，我们才会创造美"，⑤这就将美

---

① 陆扬：《论蒋孔阳的音乐美学思想》，《宁波大学学报》（人文科学版），2021年第1期。
② 蒋孔阳：《蒋孔阳全集》（第5卷），上海人民出版社，2014年版，第109页。
③ 余恕诚：《唐诗风貌》，中华书局，2010年版。
④ 蒋孔阳：《蒋孔阳全集》（第5卷），上海人民出版社，2014年版，第109—110页。
⑤ 蒋孔阳：《蒋孔阳全集》（第5卷），上海人民出版社，2014年版，第126—127页。

的"创造说"与"个性说"融为一体，突出个性对于美的创造的意义。由此，在《美学新论》中，蒋孔阳在谈及美感心理时特别设专节阐述"个性与社会性的矛盾统一"是美感欣赏活动深层的心理特征之一，指出"个性是一个人作为一个人的标志，是人类文化长期熏陶的结果，是一个人思想感情和精神品质的结晶"，①个性应当是作为人的独立自主性与作为表现形式的自由性二者的结合，正是个性与社会性在内心结构中的矛盾统一，使美感欣赏既同中有异，富有个性色彩；又异中有同，具有共同的社会标准。

除了将"个性美"作为唐诗的美学特征，蒋孔阳还分别阐述了唐诗的"音乐美""建筑美或视觉美""意境美"。音乐美强调的是唐诗的语言不单纯是表情达意，而是在表情达意时还讲究语言的格律、节奏，使之具有音乐的美感。重视唐诗的语言美是难能可贵的，因为中国古代的诗歌语言批评历来是重印象而轻语言的，现代以来，从王力《汉语诗律学》到蒋绍愚的《唐诗语言研究》都只是"语言的研究"而非"诗歌语言的研究"。唯有朱光潜的《诗论》对中国诗歌的语言特点（音律、节奏、声韵等）进行了细致分析，但也未上升到美学的高度。蒋孔阳从对偶、平仄、押韵、节奏四个方面总结了唐诗的格律美，凸显了诗歌语言本身的特性和美感，为古典诗歌的语言研究提供了参照。

"建筑美或视觉美"强调唐诗善于化虚为实，化动为静，通过具体意象的描写，把本来是按照时间顺序流逝的时间艺术，变得具有空间的立体感。这是一种象征性的比喻，用来说明唐诗形象的具体性、鲜明性，以及唐诗那种多方面的立体感。闻一多在《诗的格律》一文中也曾提出"音乐美、绘画美、建筑美"为新诗三美，奠定了新格律诗派的理论基础，他所提出的"建筑美"是要求在诗的整体外形上，节与节之间要匀称，行与行之间要均齐，虽不必呆板地限定每行的字数一律相等，但各行的相差不能太大，以求齐整之感。而在蒋孔阳看来，唐诗"善于把时间搏入空间当中，让时间的流逝，随着空间的排列，尽可能让每一个意象延长其静观的一刻，从而使意象和意象重叠交织起来，形成一个令人有建筑感的诗歌形象"，由此他称赞"唐诗中的绝句，有如

---

① 蒋孔阳：《蒋孔阳全集》（第3卷），上海人民出版社，2014年版，第290页。

中国建筑中的亭子。亭子的结构只有几根柱子和一个顶，然而它却吞吐着整个宇宙的气息"。①尽管他将诗歌仅仅当作"时间的艺术"是值得商榷的，但这种对唐诗的"意象空间美学"的揭示是非常有意味的，不是单纯的诗歌外观形式上的美感，而是由诗歌意象与意象之间的空间排列和依次展开而建构的完整形象和立体空间所形成的美感，其学术价值还没有得到应有的重视。

"意境美"是蒋孔阳着墨最多的唐诗美学特征之一。他从"什么是境界"谈起，指出唐代把"境界"引入美学思想中来，用来评价诗歌创作所达到的水平，除了诗歌自身的传统，还有佛教的影响，佛教把物质性的时空境界，引到了精神性的心理境界。佛家所说的境界包含三层意思：一是侧重具体的感觉即六根；二是侧重被感觉、认识的对象即六识；三是侧重在意识中所产生的意象即六境。吸收佛家境界说后，中国诗歌理论在唐代形成了自己的意境说，以王昌龄、皎然为代表。由于境界说将主客观有机融合，所以它包括了中国古代关于诗歌的美学理论中的"言志说""缘情说""形似说""神韵说"，即"境界说是把情、志、神等内在的精神，思想感情，通过完美的形式，表现到作品中，成为一种生动的、富有生命力的艺术形象。这一艺术形象本身自成一个完整的、有机的世界"。②进而指出，"诗歌的意境，应当是诗歌形象性特点的具体体现"，"如果说，个性美是诗人成熟的标志，那么意境美则是一首诗成熟的标志"。③中国古代诗歌"心物感应"的美学理想，经过长期的发展达到了心物交融的最高境界，而唐诗则把中国古典传统的心物感应的诗歌美学理想，在实践上加以实现了。蒋孔阳认为，意境是中国诗歌美学的一个中心问题，概括了中国传统诗歌强调"心物感应""感物咏志"的基本内容，意境美就表现在艺术形象上所承载的主观与客观、理性与感性、心与物、情与景的矛盾统一。唐诗的意境美，具有情景相生、生气盎然和韵味无穷三个特征，体现出唐诗由实转虚，由虚转实，意与境相互渗透、相互统一的美学特点。

蒋孔阳对唐诗美学的探究，既有袭承前人（比如闻一多《唐诗杂论》）

① 蒋孔阳：《蒋孔阳全集》（第5卷），上海人民出版社，2014年版，第123、126页。
② 蒋孔阳：《蒋孔阳全集》（第5卷），上海人民出版社，2014年版，第133页。
③ 蒋孔阳：《蒋孔阳全集》（第5卷），上海人民出版社，2014年版，第134页。

的一面，更有自出机杼的一面，尤其是对语言美、建筑美、个性美的重视，发人之所未发，颇有启示性。他用丰富的诗歌例证，自由灵活的辩证法，解析和描绘了唐诗的"美学风貌"，在他看来："唐诗的美，在于内容与形式，言与意，自然与人为，都达到了高度的统一。"①这为我们研究唐诗美学提供了基本路径。

3. 绘画美学

与唐诗美学相映成趣的，是蒋孔阳对绘画美学的探究，这集中体现在《中国古代绘画中所表现的美学思想》这部遗稿中。全书分为三个部分：一是中国古代绘画历史发展概述；二是中国古代绘画的一些基本特点；三是中国古代绘画中的美学思想。不难看出，他从历史的、艺术的和美学的角度，对中国古代绘画进行了历时性和共时性的探求，揭示出中国古代绘画的历史历程、艺术特色和美学特征。比较有特色的是，他将中国画的特点概括为五个方面：笔墨、线、以大观小、不受时空限制、综合性，从内容和形式、内在和外在的四大维度，充分显示出中国画本身高超的艺术成就和文化成就。更为重要的是，他从四个方面总结了中国古代绘画的美学思想：

其一，美在神似。蒋孔阳对"神似"进行了比较详细的学术史梳理，强调了两个方面：一方面，中国绘画并非不强调"形似"，无论是在早期，还是唐代，画应当形似的思潮，在中国从古到今的美学思想中始终没有中断过。中国古代绘画的美学思想中重要的一条，是要在形似的基础上，传达出自然界的生命，表现出作者的思想感情，以达到神似。另一方面，"神似"这一概念最早是在魏晋时期提出的，把"传神"或者"畅神"当成绘画中重要的美学原理，要求"形神兼备，以神写形"，要求突破事物的外表形式，以把握和表现事物的精神本质。魏晋之后，中国画随着山水画、花鸟画的兴起，"传神"的要求逐渐从人物画扩展开来，扩大到山水画、花鸟画以至整个中国古代的绘画。唐宋元明清的绘画普遍不重形似，而重神似，在内容上越来越要求有主观的寄托，有个人的兴趣，有感情的抒写，在形式上越来越要求明白、简率、单

---

① 蒋孔阳：《蒋孔阳全集》（第5卷），上海人民出版社，2014年版，第150页。

纯。归根结底，"绘画的美，在于通过形似的描绘，传达出客观事物的生命动态，引起观者的联想和情趣。重要的不在形，而在意，在神，在所寄托的兴趣"①。

其二，美在心灵。即在"师造化"与"法心源"的统一中，强调美在画家的人品和修养。张璪的"外师造化，中得心源"是中国绘画创作的美学原理。"师造化"，不同于西方画强调的写生和模仿自然，它不仅仅是一种像自然学习的绘画方法，更是一种生活方式，画家生活在自然中，用心去拥抱自然，使自然渗入画家的灵魂中，成为画家整个人品的一个组成部分。在师造化的同时，必须法心源，中国绘画的美，来自造化与心源两方面的统一。而统一到什么程度，造化能否通过"心源"产生出美来，关键在于画家的人品和修养。在"迁想妙得"中，画家的本质力量得以实现，造化与心源相互渗透，相互转化，最后成为画中的境界。中国古代的绘画，就是这样创造了绘画的美。中国古代的绘画美学思想，也就在外事造化与内法心源之中，强调了这种境界的美。蒋孔阳对"外师造化，中得心源"情有独钟，在《美学新论》中多次提到，比如在论及"美的规律与文艺创作"时，将中国古代画论"外师造化，中得心源"与马克思所说的两个"尺度"进行关联和比较，此处不赘。可见，蒋孔阳将中国古代画论与马克思主义哲学理论互证互释，在比较中阐明了文艺创造的美学要求，即文艺工作者首先应当是一个美的人，然后才能按照美的规律去创造，真正实现内外统一、两个"尺度"的统一。

其三，美在整体的意境。即在个体与整体的统一中，强调美在整体的境界。蒋孔阳以宋代马和之《赤壁图卷》、夏珪《山水卷》、倪瓒《溪亭秋色图》等诸多山水画为例，指出，中国古代绘画着重整体境界的描写，其主题不是描写某一个地方，某一个人，而是表现某一种情趣，某一种境界。而这整体境界的构成，则是以情景为内容，以笔墨为形式，情景交融，虚实相生，笔精墨妙。"中国画，特别是山水画，并不贵在情节，而贵在有情有趣。而这一情趣的表现，并不在于个别的细节，或个体的描绘，而在于画的整体境界。也就

---

① 蒋孔阳：《蒋孔阳全集》（第5卷），上海人民出版社，2014年版，第196页。

是说，我们摊开画，我们最欣赏的，不是某一树、某一石，而是整个画面所传达的天机情趣。"①总之，中国古代绘画所要表现的整体境界，不仅要画出画中的人物、事物，而且要渲染和烘托出当时的整个情境和意蕴，要把个体放在整体中来表现。不重细节，而重气韵；不重局部，而重整体，这就是中国古代绘画的整体意境之美。

其四，美在能够与道契合。中国古代绘画最高的美学思想是道，是自然。自然有两个含义：其一，为客观自然世界。但中国过去谈到这一自然时，常常给它赋予生命的意义，而不单纯是指机械的物质世界。其二，为自然而然，不假人工雕琢。客观的自然是自然的，天然如此。中国古代哲学强调"天人合一"，强调"我看青山多妩媚，青山看我应如是"的两相契合，在人与自然的契合中感受天地之大美，在直观中把道作为整体来把握。

总之，蒋孔阳尽管不懂绘画，却对中国古代绘画进行了独具慧眼的美学阐释。他提出中国画艺术美学的五个维度——笔墨、线、以小观大、超越性、综合性，既重视技法形式，又重视精神内容。他还从艺术哲学的角度总结中国古代绘画"美在神似""美在个性""美在整体""美在自然"四个审美特征，层层递进，紧扣中国画的本色精神，又运用新的理论加以阐述，在绘画美学研究上具有典范性意义。此外，总体来看，无论是对先秦古代音乐美学思想的研究，还是他晚年对唐诗、文人画的审美特征所作的探讨，都不难见出他"将西方美学的概念、话语、思维方式极其自然地融会贯通到他对中国古代美学、传统中国诗画理论的批评中"②，但其对西方美学的选择和接受又始终立足于中国美学和中国艺术的传统，"中西融合、以中为本"是他中西比较美学研究的基本立场。

---

① 蒋孔阳：《蒋孔阳全集》（第5卷），上海人民出版社，2014年版，第211页。

② 蒋红：《论蒋孔阳对中西诗画美学思想的思考和比较研究》，《东吴学术》，2011年第2期。

（三）中西比较美学

在对中国美学和西方美学有了充分研究和深入了解之后，中西比较美学的提出便自然而然、水到渠成了。事实上，这种比较意识早就已经萌芽了。1948年5月，林同济邀请蒋孔阳到上海海光图书馆去当编译。林同济胸襟开阔，知识丰富，具有极高的鉴赏力，他常常对蒋孔阳谈中国和西方的绘画、园林、建筑等。曾有一次，他们到复兴公园玩，林同济说："复兴公园的风格与兆丰公园的风格，完全不同。复兴公园是法国型的，古典型的，讲究整齐和雕琢；兆丰公园则是英国型的，因为受了中国园林的影响，讲究曲折和自然，讲究丘陵和起伏。"①尽管那个时候的蒋孔阳还不知道有一种学问叫美学，但这些话给他留下了深刻印象，在其走向美学尤其是中西比较美学的道路上无疑起到了重要的推进作用。在《美学新论》第六编"中西艺术与中西美学"中，蒋孔阳深刻阐明了中西艺术与中西美学的比较意义、中西美学思想的比较以及中国马克思主义美学思想体系的建立等重要问题，为中西比较美学研究开辟了新的道路。

1. 目的和要求

历史上的中国和西方虽然经历了大致相同的社会阶段，但西方自古以来在经济形态上就具有较为鲜明的商业性质，而中国古代却一直是以牢固的农业经济为基础。经济特色的不同，造成了双方在民族传统精神上的差异：西方较多地表现出人与自然对立的精神，而中国则崇尚人与天的融洽亲和；西方人注重人的外在的实际活动效果，而中国则重视人的内在心性和情感；西方人较多地看到事物的差异、对立，中国人则重视事物的整体性、混一性；西方人在历史观上尚"变"，而中国人尚"通"。不同的民族传统精神背景，决定了中西双方在创作倾向和艺术理论形态上的种种区别。

在蒋孔阳看来，艺术是一个民族的精神长相，一个民族的精神生活和精神面貌，是通过艺术表现出来的。不同民族的精神生活和精神面貌，孕育出不同的艺术。中西艺术和中西美学之间的差异显而易见。关键在于，我们对此应

---

① 蒋孔阳：《蒋孔阳全集》（第4卷），上海人民出版社，2014年版，第464页。

当采取怎样的态度？晚清以来的沉痛历史告诉我们，"当一种新的先进的文化从外面进来的时候，我们不是正确地加以引进、消化和借鉴，而只是盲目地采取排斥的态度，是没有不失败的"[1]。而五四以来，有些人一方面"疑古"，要"打倒孔家店"，否定中国古代传统的价值，甚至要"废除汉字"，而主张"全盘西化"，照搬西方的一切"现代文明"。在当时的历史条件下，其积极的进步性不言而喻，但其消极性（比如对中国优秀传统文化的伤害）也毋庸讳言。所幸的是，总有一些有识之士如朱光潜、宗白华、陈寅恪等，在接受西方文化的同时，思考和探讨中国民族文化的特征，寻求二者的融合。

在否定"排斥"和"全盘西化"这两种错误的态度之后，蒋孔阳提出了正确的态度——比较。他不是把"比较"当作一般的方法和态度，而是提高到"民族现代化""美学现代化"的高度来认识和阐释的。他认为，比较既是历史证明的结果，更是民族现代化的要求，是继五四和中华人民共和国建立之后"我国现代史上第三次的解放和现代化的运动"。[2]在他看来，比较"一方面是为了更好地认识西方从古到今的艺术和美学思想，以便他山之石，可以攻玉；另一方面，则是要用世界的眼光，来重新认识中国古代的艺术和美学思想，以便挖掘出民族的'根'，发扬其固有的优点，克服其不能适应当代世界的缺点，从而走向世界，独树一帜"[3]。不难看出，这与陈寅恪曾提出的"必须一方面吸收输入外来之学说，一方面不忘本民族之地位"[4]是一致的。在今天，这看起来似乎是常识，但事实上，我们经常会在这二者之间走极端，尤其是在经过1980年代"西学东渐"的再次洗礼之后，我们一股脑儿地拿来了西方的各种各样的新潮学说，在短短的20年里走过了西方近200年的理论发展历程，这件事的积极意义在于打开了眼界，解放了思想，推进了文艺和理论的繁荣，消极意义在于难以摆脱心态上的自卑，唯西方马首是瞻，对各种西方学说

---

① 蒋孔阳：《蒋孔阳全集》（第3卷），上海人民出版社，2014年版，第372页。

② 蒋孔阳：《蒋孔阳全集》（第3卷），上海人民出版社，2014年版，第373页。

③ 蒋孔阳：《蒋孔阳全集》（第3卷），上海人民出版社，2014年版，第374页。

④ 陈寅恪著，陈美延编：《金明馆丛稿二编》，生活·读书·新知三联书店，2001年版，第284—285页。

思潮趋之若鹜，又囫囵吞枣。蒋孔阳作为经历过时代动荡的亲历者，一方面感受到学习西方的重要性和必要性，另一方面更意识到确立民族独立自主精神和世界眼光的重要性和急迫性。"通过比较，我们可以知道如何克服本民族的片面性、狭隘性和落后性，以及如何适应世界先进的潮流，用当代世界的精神来焕发我们民族潜在的创造能力和思维能力，使我国优秀的民族传统重新得到发扬光大，从而唤醒广大人民奔向觉醒和解放大道。"①美学作为精神文明的一个组成部分，应当而且必须现代化，由此就必须把美学放在世界的范围来研究，"一方面，我们要继承中国古代美学思想的优良传统，研究中国古代美学思想发展的特殊规律，注意民族化；另一方面，则要借鉴西方的美学思想，从中吸收有益的东西，用来丰富和发展我们自己的美学，做到现代化"。这也就意味着，我们既不能盲目崇外，也不能妄自尊大，既不能死守民族性不要现代性，也不能只要现代性放弃民族性，而是要坚持马克思主义的观点，实事求是，兼收并蓄，"建立一方面是民族化的、另一方面又是现代化的马克思主义的美学体系"②。这种放眼世界的眼界和胸怀、坚持民族本位的立场和情怀，无疑是十分正确的，是让人感佩的，至今仍具有启示意义。

由此出发，蒋孔阳在方法论上为中西比较美学研究提出了几点要求：（1）不能绝对化，专门求异。比较不是对立，把中西对立起来，处处求异，是错误的，因为比较必须在具有相同的基础或某些相似之处的东西之中才能进行。我们不能搞对立的原则，而只能采取对比的原则，即在同中要发现异，在异中又要探求同。（2）不能片面化，只计一点，不及其余。只抓住中西的某一点差异而无限夸大，以致牵强附会，违背实际。比如"中国的绘画是线条的艺术，西方的绘画是块团的艺术"；中国美学强调言志，西方美学强调模仿；等等。虽然这些都有一定道理，但都带有不同程度的片面性。（3）比较不是比高低，而是比特点。将中西美学进行比较，不是要证明中国比西方高明，不是用中国的美学思想来反对西方的美学思想；或证明西方比中国高明，从而否

---

① 蒋孔阳：《蒋孔阳全集》（第3卷），上海人民出版社，2014年版，第373页。
② 蒋孔阳：《蒋孔阳全集》（第3卷），上海人民出版社，2014年版，第415页。

定中国的美学思想。比较是为了探讨各自的特点，各自的特殊的规律性，为相互的学习和借鉴提供客观根据。（4）要对西方不同的艺术实践、不同的民族精神风貌和生活方式进行总体比较，"从生活方式到精神生活与面貌，从精神生活与面貌到艺术实践，再从艺术实践到美学思想，这应当是我们比较研究中西艺术和中西美学所应当采取的一条道路"[1]。这些比较方法和原则，为我们正确理解比较的目的和意义、全面开展中西艺术和美学的比较研究，提供了正确的方法和态度，也为比较美学研究确立了基本的要求。

2. 特点与差异

知己知彼，百战不殆，进行中西比较美学研究同样如此。蒋孔阳首先分别从中西方古代的经济、社会、生活和精神面貌出发，审视和分析各自的文学艺术实践和审美意识，总结出中西美学在基本倾向、侧重点、思路等方面的不同特点。

在他看来，西方艺术和古代美学思想有六个特点：（1）在希腊的影响下，西方的艺术一直追求理想的美的形式；西方的美学思想一直重视形式的美与和谐。（2）西方的艺术多表现人与自然的斗争，西方的美学思想常从人与自然的矛盾来探讨美与艺术。（3）模仿说一直支配着西方的美学思想，真实性一直是西方艺术和美学的一个重要问题。（4）重视"求知"，不是从艺术的直觉到达美学的理论，而是从艺术经过哲学，然后才到达美学。（5）西方艺术追求自由，通过自由艺术确立了自己独立自主的性质和目的，由此带来西方美学思潮和流派不断创新，自由竞争。（6）宗教精神深刻地影响了西方的艺术与美学，因而艺术充满宗教主题、神秘主义和神圣的使命感。而中国古代的艺术和美学思想由于受到礼乐制度的影响，主要有五个特点：（1）具有浓厚的政治伦理色彩。（2）具有森严的等级差别。（3）强调人与自然的统一，强调"致中和"的美学思想。（4）重视感情，讲究人情味。（5）现世的世俗的追求。

继而，蒋孔阳从社会历史的背景、思想的渊源和传统、文学艺术的实践以

---

[1]　蒋孔阳：《蒋孔阳全集》（第3卷），上海人民出版社，2014年版，第374—379页。

及语言文字的结构这四个方面，比较了中西美学思想的差异，为中西比较美学提供了一个总体线索和纲要。

其一，从社会历史的背景上来说，中国的民族和社会不如西方民族和社会那样具有浓厚的宗教性和商业性，而是更多地具有宗法性和农业性。西方美学思想具有宗教性，经常与神（超验性、超自然性）的观念相联系，始终笼罩着某种神秘主义色彩。而中国由于宗法性，歌颂帝王和帝王的生活，成为中国古代文学艺术一个十分重要的内容，而反映这种生活与文学艺术的美学思想，就是把朝廷宗庙的礼仪与钟鼓琴瑟之音配合起来的礼乐思想。西方重视商业，富有冒险精神，在美学思想上求新求变，而中国古代是一个农业社会，相对封闭自足，美学思想上表现为崇古求静，"知足之足常足矣"的精神，"这种精神，以自我为中心，以自我的感受为直径，然后形成一个又大又小的完整的宇宙。说其大，因为它与天地精神相往来；说其小，因为万变不离其宗，一切都离不开自我"。[①]

其二，从思想的渊源和传统上来说，西方的美学家和文艺理论家在柏拉图、亚里士多德等古希腊"求知""斗智"传统的影响下，过分看重理智上的探讨，而相对轻视感情上的欣赏，他们喜欢对文学艺术和美学问题进行彻底的分析和研究，十分注意修辞和逻辑上的严密性，追求精密而博大完整的美学体系。而中国在儒道思想的影响下，重视做人，而非求知，因而在美学思想上主要探讨文学艺术在人生中的地位和作用，而不是探讨文学艺术的本质、美的本质等。儒家美学思想以"文以致用""微言大义"等为主要传统，道家美学思想以"修身养性"为传统，由此形成了中国美学思想不重系统著作而重零星感受、不重理论分析而重直观欣赏、不重逻辑分析而重丰富联想的特点。

其三，从文学艺术的实践上来说，西方文学艺术的实践导源于希腊的史诗、戏剧和雕塑，重在模仿客观自然。中国古代文学艺术的实践导源于《诗经》《楚辞》和书法，偏重主观抒情。如果说西方美学思想偏重于"模仿说"，那么，中国古代美学思想则偏重于"表现说"。

---

① 蒋孔阳：《蒋孔阳全集》（第3卷），上海人民出版社，2014年版，第418页。

其四，从语言文字的结构上来说，西方是以音为主的表音文字，注重词性、结构、时态等，中国则是以形为主的表意文字，不讲究文法结构，没有语格、时态等变化，因而中国文艺偏重形式美的组合，富有暗示性和联想性，缺乏明确性和严密性。西方美学论著强调逻辑分析，层层深入，结构丝丝入扣，而中国美学著作多着重个人体验的深微和文字的优美。

由上可以看出，蒋孔阳中西比较美学研究具有以下几个特点：

其一是鲜明的历史意识。历史意识不仅贯穿在蒋孔阳的中西美学史的研究中，同样也贯穿在其中西比较美学的研究中。要进行比较，首先得说清楚比较对象的特质，把握中西艺术与美学思想的来龙去脉，只有追根溯源，才能有的放矢。因此，蒋孔阳梳理了中西艺术和美学发展的历史脉络，明确了各自的基本倾向和特点。

其二是坚持美学与艺术相结合。蒋孔阳尽管不认为美学的研究对象就是艺术，但坚信艺术是美学研究的主要对象。在他看来，"美学应当以艺术作为主要对象，通过艺术来研究人对现实的审美关系，通过艺术来研究人类的审美意识和美感经验，通过艺术来研究各种形态和各种范畴的美"①。因此，具有较高艺术修养的蒋孔阳，决不做"空头美学家"，而是始终遵从朱光潜所讲的，"决不能把美学思想与文艺创作实践割裂开来，而悬空地孤立地研究抽象的理论"。②他总是将美学和艺术实践综合起来，对艺术作品做出合理的审美鉴赏和深刻的批评分析。如果说黑格尔"不是从概括艺术实际的经验来建立他的美学体系，而是要使艺术实际符合他的体系"的话，③那么，蒋孔阳则是从艺术实际的经验来建立他的美学体系，即从中西艺术的文本阐释过渡到对中西美学思想的揭示，通过艺术实践的比较，呈现中西美学思想的差异，在艺术与美学的综合对照中展现中西艺术和美学思想的各自光彩。

其三是确立比较美学的基本原则。如比较的三个层次（艺术—精神—生活方式）和四个方面（社会—思想—艺术—语言），多维度、多层次地展现出中

① 蒋孔阳：《蒋孔阳全集》（第3卷），上海人民出版社，2014年版，第35页。

② 朱光潜：《西方美学史》，商务印书馆，2011年版，第5页。

③ 蒋孔阳：《蒋孔阳全集》（第2卷），上海人民出版社，2014年版，第195页。

西艺术和美学之间的可比性，为我们把握中西方各自的优点和缺点、寻求融合以建立具有中国特色的现代美学体系提供了可能。

其四是始终坚持比较的研究方法。"中西比较美学"的关键在于"比较"，因此在研究过程中，蒋孔阳将比较的方法贯彻始终，并遵循上述比较的要求，不是在中西之间分出高低，而是"各美其美，美美与共"。比如，在论及中国古代强调人与自然的统一、"致中和"的美学思想时，他指出：西方以人为本位，向外开拓，向外征服，西方是在掌握自然的必然规律上获得支配自然的权利，从而达到自由的王国；而我国古代同样以人为本位，但它不是要向外开拓，向外征服，而是自我的尽性尽命，自我在精神上"上下与天地同流"，"我们不能说中国的比西方的好，也不能说西方的比中国的好，它们所表现的是两种不同的宇宙观，不同的人生态度。从中国的态度出发，可以达到一种天人感应、物我交融、万象森然的气象或意境；从西方的态度出发，他们的'智慧的最后的断案'是：'要每天每日去开拓生活与自由，然后才能作生活与生活的享受'"[①]。通过比较，蒋孔阳客观指出中西美学之间的异中之同和同中之异，区分西方的"反抗斗争精神"和中国的"致中和"精神，尊重差异，不分优劣。这种开放包容的比较态度，对于应对当下世界范围内日益严重的文化冲突，建构文明互鉴、和谐与共的人类命运共同体，无疑具有重要的启示意义。

总之，无论是中西方美学史研究，还是中西比较美学研究，蒋孔阳始终扎根在中国的大地上做学问，坚持民族化与现代化的统一，其美学研究最终是为了建立具有中国特色的马克思主义美学思想体系。所以，在比较总结了中西方古代艺术和美学思想之后，他直面西方冲击下的中国现代美学和1980年代以来的"美学热"，最后提出了建立马克思主义美学思想体系的前景目标。为了实现这个目标，我们要把民族化与现代化统一起来，在比较中西美学的基础上，扬长避短，兼容并包，为建立具有中国特色而又现代化的马克思主义美学体系而努力。

---

① 蒋孔阳：《蒋孔阳全集》（第3卷），上海人民出版社，2014年版，第399—400页。

四、真理占有我

（一）综合比较

1986年，在《蒋孔阳美学艺术论集》的后记中，蒋孔阳总结自己40多年的治学经验时不免感慨道：

> 我感到我一生的当中，给我影响最深的，是马克思的一句话："真理占有我，而不是我占有真理。"因为我并不认为自己占有真理，所以我总是感到自己的不足。我总是张开两臂，去听取和接受旁人的意见。我不仅没有想到要去建立一个体系，一个学派，而且对各家的学说，也从来不是扬此抑彼，而是采取兼收并蓄、各取所长的态度。……马克思之所以伟大，之所以具有历久不衰的生命力，就在于他敢于承认，他并不是占有真理，而只是不断地发现真理，让真理去占有他。正因为这样，所以他提醒我们：真理是过程，而不是结论。[①]

这确实是蒋孔阳的肺腑之言和行动指南，今天再读这段话，依然振聋发聩、感动人心！每一个做学问的人，都是真理的探索者，而不可能是真理的占有者。蒋孔阳所努力争取的，不是他个人的胜利或所谓的"成家立派"，而是始终听从真理的召唤，像苏格拉底那样，承认自己的"无知"，像亚里士多德那样，"吾爱吾师，吾更爱真理"，不断修正自己的错误，不断吸收他人的长处，反对学术上的"唯我独尊""霸权主义"，"不求一家独霸学术论坛，但愿百家争鸣，万紫千红"[②]，在"真理"与"我"之间，应当是"真理占有我，而不是我占有真理"。现在回过头去看，《美学新论》之所以至今仍具有历久不衰的生命力，正是因为它是蒋孔阳不断发现真理、真理占有他的结果。蒋孔阳不是教条地学习、机械地应用马克思的只言片语，而是深刻领悟了真理的生成性和开放性，通过兼收并蓄、各取所长，而最终"成一家之言"。具体

---

① 蒋孔阳：《蒋孔阳全集》（第4卷），上海人民出版社，2014年版，第418—419页。
② 蒋孔阳：《蒋孔阳全集》（第4卷），上海人民出版社，2014年版，第423页。

说来，这种"兼收并蓄、各取所长"主要体现在以下几点：

其一，熔古今中外理论学说于一炉。《美学新论》的"新"，归根结底，是"旧中出新"。正如当代哲学家贺麟所言，"从旧的里面去发现新的，这就叫做推陈出新。必定要旧中之新，有历史有渊源的新，才是真正的新。那种表面上五花八门，欺世罔俗，竞奇斗异的新，只是一时的时髦，并不是真正的新"①。所以，古今中外之"旧"，都成为蒋孔阳新见新说的历史和渊源，用他自己的话来说，就是"温故而知新"，"介绍历史上的知识，加以整理和继承，然后从过去的经验中，总结出一些东西来，这就是'新'"。②比如，他关于"美是人的本质力量的对象化"的主张，虽然直接来自马克思的观点，但其中的许多具体阐释和论述显然与德国古典美学和中国古典美学密切相关：康德对美的分析、关于"主观合目的性"、理解力与想象力的自由和谐活动等观点，席勒的"人性"说、"游戏冲动说"和"外观"说，黑格尔的"美是理念的感性显现"和"在外在事物中进行自我创造"的观点，费尔巴哈关于人的感性自然"对象化"的观点，等等，都成为其重要的论证资源，从而使"对象化"理论具体化、系统化，渐趋完善和丰富，富有历史感与说服力；与此同时，中国古代美学中的"天人合一"思想，尤其是道家在天人关系中强调自由和自然的思想，帮助蒋孔阳丰富和发展"对象化"理论，引导他逐步形成自己的"美是多层累突创"的思想，并成为其"审美关系"说的理据。这正如他所言，身处古今巨变、中外汇合的时代，"我们不能固步自封，我们要把古今中外的成就，尽可能地综合起来，加以比较，各取所长，相互补充，以为我所用。学者有界别，真理没有界别，大师海涵，不应偏听，而应兼收"③。

在《美学新论》的每一章节，我们都不难发现：在论及某个具体问题时，蒋孔阳要么先做"历史的回顾"，要么列举同时代他人关于此问题的几种看法，加以辨析，然后再"杂取种种，合成一个"，提出自己的看法。比如，在分析和阐释马克思的"美的规律"究竟是什么时，他先提到他所看到的蔡仪、

① 贺麟：《文化与人生》，商务印书馆，1988年版，第51页。

② 蒋孔阳：《蒋孔阳全集》（第4卷），上海人民出版社，2014年版，第467页。

③ 蒋孔阳：《蒋孔阳全集》（第3卷），上海人民出版社，2014年版，第43页。

朱光潜、李泽厚、朱狄、陈望衡、周来祥这六人的讲法，再肯定其合理性，否定其不合理之处。他直言不讳地指出，蔡仪所说的美的规律就是"美的事物的所以美的本质"，虽然正确，却很空洞，而所提出的"典型的规律"说又显然存在谬误。然后，蒋孔阳再吸收其他五家的合理性，联系人类劳动实践来谈美的规律，结合对《手稿》的学习提出自己的意见，最后得出结论："我认为美的规律应当是：人类在劳动实践的过程中，按照客观世界不同事物的规律性，结合人们富有个性特征的目的和愿望，来改造客观世界，不仅引起客观世界外在形态的变化，而且能够实现自己的本质力量，把这一本质力量自由地转化为能够令人愉悦和观赏的形象。"①而关于"美学的研究对象"问题，他同样先列举出国内的四种不同意见（美、艺术、人的审美意识和美感经验、人对现实的审美关系），再指出，"它们各有所长，也各有所短，我们不能说哪一种意见绝对正确，也不能说哪一种意见绝对错误。我们应当兼收并蓄，把它们各自的长处吸收过来，加以调和与综合，然后形成一种我们认为是比较全面的看法"②，由此他提出，美学研究的对象应包括上述四个方面，而以艺术为主要对象，通过艺术把其他三方面融会贯通起来。一言以蔽之，蒋孔阳的美学思想是熔古今中外理论学说于一炉而加以推陈出新、独立创造的结果。

其二，对跨学科研究方法进行综合比较，这一点尤为重要。1985年，国内掀起"方法论热"，文艺学界广泛借鉴"老三论"（信息论、系统论、控制论）、"新三论"（突变论、协同论、耗散论）等为核心的自然科学，应用于文艺学、美学研究，后来又转向大力引进、借鉴西方现代美学、文论以及其他人文社会学科多种多样的研究方法，产生了一批较好的交叉融合的研究成果，但也带来许多牵强附会、强制阐释的不良结果。在此影响下，蒋孔阳积极深入美学之外的诸多学科，包括自然科学、新兴边缘学科、交叉学科等现代学科，不生搬硬套、搞新名词轰炸，而是从现代学科中吸收一些有价值的理论、思路、观念、方法，经过消化吸收和合理改造后运用到自己的美学研究中。其创

---

① 蒋孔阳：《蒋孔阳全集》（第3卷），上海人民出版社，2014年版，第190—191页。

② 蒋孔阳：《蒋孔阳全集》（第3卷），上海人民出版社，2014年版，第35页。

造美学之所以能自成一派，正是因为他综合比较了古今中外的美学思想和研究方法，[①]并根据自己的实践经验，将其熔铸为自己的新方法（唯物论、辩证法与历史主义三合一），创造出自己的新理论（创造论实践美学）。总体来看，《美学新论》比此前的研究更注意多学科的吸收和全方位的开拓，尽管传统的哲学、社会学方法仍占主导地位，但他显然更有意识地吸收了其他人文社会科学和自然科学的研究思路和方法，特别是心理学方法，其在《美学新论》中应用得最为普遍，也最为得心应手。这种主动打破学科边界，以我为主的"拿来主义"，使得他的美学思想不僵化、不保守，始终保持灵动、开放、充满生机活力。

在《美学新论》"美学研究的方法"一节，蒋孔阳非常细致地谈到美学研究的方法问题，这也是我们理解其"跨学科综合研究法"的通道。

一方面，美学的性质决定了美学研究方法的多样化。美学虽然是一门边缘的科学，但是美学是一门关于人生价值的科学，凡是与人生有关的学问，都与美学有关，因此，哲学、艺术学、心理学、社会学、人类学、发生学、现象学、考古学、伦理学、文化学等人文社会科学和自然科学都与美学有联系，因为联系的方面不同，所以我们可以通过不同的途径来对美学进行研究。同时，美学作为一门历史的科学，它不是静止的，而是在动态的发展中，随着研究者主观目的和能力以及客观形势和规律的变化而不断发展变化，这就强化了美学方法多样化的性质。

另一方面，既要正确认识自然科学对于美学研究的重要意义，又要坚持美学自身的特性。美学的发展与自然科学的进步密切相关，日新月异的自然科学不仅为美学研究带来了新的研究方法，更开拓了新的审美领域，建立了新的美学体系。但我们必须要认识到："自然科学的发展，可以推动和帮助美学研究的提高和改进，却不能根本改变美学研究的哲学性质和艺术学性质。这就因为自然科学是从局部入手来研究审美活动中的各种问题，它可以非常细致，也可

---

① 参见蒋孔阳：《德国古典美学》，商务印书馆，1980年版；《近代美学史评述》，上海译文出版社，1980年版；《先秦音乐美学思想论稿》，人民文学出版社，1986年版。

以非常精确；但美学所研究的并不是人生中某一些审美的细节，而是人们对待审美活动和审美现象的整个态度，整个人生的审美价值。这就得从整体来研究美和人生。哲学的特点就是从整体来研究问题，因此，美学始终具有哲学的性质。同时，美不仅是某种客观存在的物理现象或心理现象，而且是能够引起人们心灵震动和反应的感情现象，它需要有个人的感情体验和价值判断。这就不是自然科学根据数据所能够明确地加以说明的了。它需要艺术学来探讨感情的特殊规律。因此，美学又始终离不开艺术学。"①这种辩证的看法，既避免了故步自封的狭隘，又避免了"唯科学论"的盲目，无疑是切中肯綮、十分合理的。在当下，面对科技加速度的发展，面对自然科学对人文社会科学的挤压，蒋孔阳的这一看法无疑值得我们深思。

由此，蒋孔阳赞同和倡导王元化所提出的"综合比较"方法。"综合比较百家之长，乃能自出新意，自创新派。"②在他看来，这"综合比较"至少包括三方面：（1）综合比较古代哲学方法与近代科学方法。（2）综合比较中国古代美学方法与西方美学方法。（3）综合比较同时代的各种方法。同时，他还倡导考据的求实精神，这是因为美学方法不仅是一种思维能力和方式，而且要符合客观的事实和规律，文艺复兴的到来，五四时代学术的繁荣，都和当时考据的求实精神分不开，因此，严格讲求科学的实证态度和考据的求实精神非常重要。

其三，坚持唯物辩证法。以考据的求实精神，经过对古今中外各种美学方法的综合比较之后，蒋孔阳认为，唯物辩证法是迄今为止最好的一种研究方法。这是因为，唯物辩证法是唯物、辩证和历史三者的统一。"唯物"意味着尊重客观的存在、事实和规律，这正是马克思主义所强调的理论联系实际，实事求是；"辩证"意味着尊重辩证的法则，一方面，要认识到任何事物都是对立面的统一，都是多方面的联系，因而要从正反两面、多面、全面地看；另一方面，要认识到任何事物都不是固定的，而是处于永远变化的动态之

---

① 蒋孔阳：《蒋孔阳全集》（第3卷），上海人民出版社，2014年版，第42页。

② 蒋孔阳：《蒋孔阳全集》（第3卷），上海人民出版社，2014年版，第43页。

中，因此要从动态的观点，在变化中进行研究。"辩证法的基本特点，就是在于能把自然界和人类社会描写为一个具有内在联系的、合乎规律发展的历史过程。"① "历史"意味着尊重历史的积累，不能割断历史，而要从历史的根源和当时社会的背景，来追本溯源，寻根究底。

蒋孔阳的美学研究，正是坚定不移地坚持了唯物辩证法，把美学放在客观事实的基础上，从人对现实的审美关系这一基本事实出发，来探讨人类审美活动的客观规律；正是把美看成是对立面的统一、多样的统一，来探求美的本质问题；正是从历史的根源上来探寻每一种学说的起源、发展和演变，比如人类的审美活动、美学的客观规律等。总之，正是因为坚持了马克思主义唯物辩证法，所以，蒋孔阳在进行美学研究时能够尊重客观事实，实事求是，做到理论联系实际，有理有据，能够在古今中外的各种联系中兼收并蓄，兼容并包，能够在不断的自我否定之中，不断地自我完善，不断地进行新的创造，最终成为中国当代美学研究的杰出代表。

（二）深入浅出

蒋孔阳对文风一直有着清醒的认识和自觉的追求，他非常赞赏朱光潜《西方美学史》所表现出的"学风上的朴素无华和文风上的深入浅出"。"所谓深入浅出，其实就是要把道理讲清楚，没有道理可讲，不能深入；讲不清楚，不能浅出。"②《西方美学史》之所以长盛不衰，自出版以来一直得到读者的喜爱，是因为朱光潜没有故作高深，而是把艰深难懂、富有哲理意义的美学问题深入浅出地讲出来，让读者一目了然、心领神会，《美学新论》同样如此。蒋孔阳曾说："文章要写得深，很难；要写得浅，也很难。在这两难之中，我选取了后一条道路，我希望能够把我的文字写得浅，写得容易叫人懂。"③为此，"他在语言叙述和文词表达上都力避险峻，务求平实，因而能把深奥的美

---

① 蒋孔阳：《蒋孔阳全集》（第2卷），上海人民出版社，2014年版，第210页。

② 蒋孔阳：《蒋孔阳全集》（第3卷），上海人民出版社，2014年版，第559页。

③ 蒋孔阳：《蒋孔阳全集》（第4卷），上海人民出版社，2014年版，第421—422页。

学理论用浅近通俗的语言阐发得一清二楚，准确透彻，而且其行文优美而质朴，畅达而洗炼，亲切而明晰，思路严谨，条分缕析，层层递进，如行云流水，一气呵成"[①]，可以说，他理论著述的语言臻于化境。所以，读者无论是读《美学新论》，还是读《先秦音乐美学思想论稿》《德国古典美学》等论著，都不会感觉吃力、艰涩难懂，只会觉得生动有趣、饶有兴味、欲罢不能。总之，深入浅出，平易近人，既是朱光潜等老一辈美学家的治学和写作特点，也是蒋孔阳自觉继承和实践的特点。

此外，为了把道理讲清楚，蒋孔阳常常采取文本杂糅的方式，把美学理论与艺术作品相结合，借用各种哲学、美学、艺术学、诗学、文学、书论、乐论、画论等诸多文化文本来进行互证参照，以互文本（inter-text）的形式编织成一个包罗万象又圆融自洽的大写的"文本"（text）。比如，在论述审美范畴"丑"时，他先后引证了恩格斯、朱狄、热尔曼·巴赞、伯里克利、柏拉图、亚里士多德、普卢塔克、普罗提诺、奥古斯丁、休谟、鲍姆加登、斯宾诺莎、莱辛、雨果、契诃夫、李斯托威尔等理论家、艺术家的相关理论文本和观点，并援引了歌德《浮士德》、陀思妥耶夫斯基《地下室手记》、波德莱尔《恶之花》、吉阿康麦蒂《市镇广场》、约瑟夫·海勒《第二十二条军规》、尤涅斯库《秃头歌女》、李白《于阗采花》、罗丹《老妓》、周敦颐《爱莲说》等中外诗歌、小说、雕塑、戏剧等艺术文本，将美学与艺术、理论与实践、古代与现代、中国与西方等融会贯通，充分展现了蒋孔阳学术视野之宏阔，理论知识之渊博，艺术感受之敏锐。在其他章节和著作中，这一特点随处可见。蒋孔阳既有美学家的理论思维与深刻洞见，又有鉴赏家的艺术感觉和审美领悟，不仅重视对美学理论和美学史的抽象思辨研究，也注意对艺术和审美经验的总结，尤其善于从历史和现实的艺术实践、审美经验中汲取养料，总结上升为普遍的美学原理与规律。在话语表达上，他从来都不是从理论到理论、从抽象到抽象，而是化抽象为具象，理论阐释与艺术鉴赏相辅相成，相得益

[①] 朱立元：《当代中国美学新学派——蒋孔阳美学思想研究》，复旦大学出版社，1992年版，第18页。

彰，从而使得他的美学研究不仅"深入"，而且"浅出"。

值得注意的是，为了把道理讲清楚，蒋孔阳还时常会以自己的亲身经历作为例证，显得亲切动人。比如，在阐明"美在创造中"这一命题时，他不仅列举了南京中山陵、夏夜星空、杜甫诗歌等多个例证，还以自己参观敦煌的经历为例："记得1983年9月，我到敦煌参观。敦煌周围都是沙漠，既单调，也荒凉，谈不上什么美。但有一个黄昏，我站在三危山的沙滩上，忽然落日的光辉照射过来，把沙漠笼罩上一层金色的披纱，一时之间，沙漠显得非常美。"寥寥数语，就描绘了一幅非常美好的"敦煌落日图"，贴切地解释了"有的本来不美的现象，但在一定的条件之下，主客契合，也会突然转化成为美"，并由此进一步阐明，"美并不是某种固定的实体，而是多种因素的积累。当作为审美对象的客体和作为审美主体的人，相互契合了，情与景相互交融了，这时，美就会突然创造出来。主体与客体的关系，永远处于恒新恒变的状态之中。因此，美也处于不断的创造过程中"。[1]在书中，这样的例证俯拾皆是，不胜枚举。显然，这些带有鲜明个人性、生活化的例证，不仅非常生动形象地阐明了理论问题，更拉近了作者与读者之间的距离，增强了理论的人情味和文学性，也增强了学术著作的可读性，使著作显得平易近人，很有说服力和感染力。在"学术八股文"盛行的当下，这种深入浅出、朴实无华的文风无疑值得理论工作者学习和借鉴。

总之，无论是对"美学大讨论"时期四派理论的客观评价和兼收并蓄，还是综合比较"中西艺术与中西美学"以建立中国化的"马克思主义美学思想体系"，蒋孔阳真正做到了科学性、创新性、突破性、时代性的融合，不仅实现了其所服膺的"真理占有我，而不是我占有真理"，而且为中国现代美学的建设提供了理论和方法的指引。正如《蒋孔阳评传》作者所言："阅读蒋孔阳应该是一件愉快的事，因为蒋孔阳从来不故作高深，总是以简洁、明快、清新的方式，引领读者抵达学术的王国。在今天这个'快餐化'的时代，或者'晦涩化'的时代，蒋孔阳的文字愈发彰显了它的魅力。阅读是我们与思想者对话，

---

① 蒋孔阳：《蒋孔阳全集》（第3卷），上海人民出版社，2014年版，第125页。

并使自己成为思想者，这是任何阅读的本意。"①

结　语

一时代有一时代之美学，一时代有一时代之美学家。蒋孔阳立身于中国当代美学的历史进程之中，承上启下，熔古铸今，中西合璧，坚持马克思主义人本美学思想，建构创造论实践美学，开创中西比较美学研究，形成了一个以人生实践为本源、以审美关系为出发点，以人和人生为中心，以艺术为典范对象，以创造—生成观为指导思想和基本思路的理论体系，为马克思主义美学的中国化、中国实践美学的多样化和中西美学的深层对话与融合做出了重要贡献，他所提出的"人对现实的审美关系""美在创造""美是多层累的突创"等命题理论以及践行的"兼收并蓄""综合比较"等研究方法，已经成为当代中国美学研究的重要成果。可以说，"蒋孔阳是继张岱年提出中国文化应走'综合创新'道路、王元化力倡'综合研究法'之后，全面阐释、践行和开拓'综合创新：美学的中国道路'的第一人。他深刻揭示了'综合创新'道路形成的历史必然性、时代性和实践性，具体回答了如何在继承中综合、在综合中创新，建设和发展既有时代特色又有民族特色的中国美学"②。这些贡献都集中地体现在《美学新论》之中。

作为中国实践美学学派中独树一帜的美学家，蒋孔阳的贡献还在于超越认识论的实践论，为美学寻找存在论的哲学根基，为我国美学理论在21世纪的创新和突破指出了方向。如果说李泽厚的主体性实践美学（或人类学本体论美学）始终未跳出人类中心论的认识论框架的话，那么，蒋孔阳的创造论实践美学则已开始超越认识论而向存在论深入，即走向实践论与存在论的结合。"作为他一生美学思想总结的《美学新论》实际上已开始从四个层面探索实践论与

---

① 时胜勋、胡淼森：《蒋孔阳评传》，黄山书社，2016年版，自序第2页。

② 李衍柱：《综合创新：美学的中国道路——谈蒋孔阳先生对中国美学建设的贡献》，《文艺理论研究》，2014年第1期。

存在论的结合：一是从劳动实践入手直探人的存在本质，认为人的本质是从劳动实践中创造出来的，劳动没有止境，人的本质也就没有止境，永远处在创造之中。二是揭示了人和世界的多层累性，认为人是一个有生命的有机整体，人的本质力量是生生不已的活泼的生命力量，世界及其向人展示出来的美也是既多层累又无限流变。三是揭示出审美现象的生成性质，认为美是人在对现实发生审美关系的过程中诞生的；人作为审美主体也不是现成主体，而是审美关系里的主体。四是提出人是世界的美，认为美的各种因素都必须围绕人这一中心，人在自己的生存实践中实现自己的本质力量而创造了美。美为人而有、因人而生，人是美的目的和归宿。"[①]

蒋孔阳的这一实践存在论探索虽然并未完成，在行文中也并未完全摆脱二元对立思维的影响，但作为一种重要的思想资源，深刻影响了后来的美学家，这一探索在其弟子们那里得到继承和发展。比如，其弟子之一朱立元，通过重新研读马克思的《手稿》以及蒋孔阳的《美学新论》等著作，尤其是在海德格尔现象学存在哲学启示下，发现和揭示出由于种种原因被遮蔽的马克思实践观的存在论维度，最终主张"从存在论（本体论）角度把实践的内涵理解为人最基本的存在方式，理解为广义的人生实践，从而实现实践论与存在论的有机结合"[②]，从而以马克思主义实践存在论哲学为基础建立起自己的"实践存在论美学"，使美学的研究视角、思路、理论展开回归到实践中存在的"人"本身。同时，实践存在论美学还很好地继承和发扬了蒋孔阳的实践生成论、审美关系论思想，以生成论取代现成论，坚持"关系在先"原则，主张美永远是一种"现在进行时"，审美关系、审美活动以及美都是生生不息的过程，将随人类和人类文明的存在和发展而永远生成下去；审美主客体以及美都在具体的审美关系中生成，没有审美关系及其现实展开的审美活动，就没有审美主客体，也就没有美，美只能在现实的审美关系和活动中生成。[③]总之，实践存在论美

① 朱立元：《谈谈当代中国学术语境中的实践存在论美学》，《美与时代（下）》，2021年第4期。

② 朱立元：《我为何走向实践存在论美学》，《文艺争鸣》，2008年第11期。

③ 江飞：《实践存在论美学的历史生成与独特创新》，《上海文化》，2019年第2期。

学实现了对蒋孔阳美学思想的继承和发展，颠覆了传统美学的二元对立的僵化思维，突破了人类中心主义的狭隘视野，逐步走向了海德格尔的"人与存在相契合"，推动了当代中国美学话语体系和理论范式的重建。

在世界美学发展的今天，中国美学发挥着越来越重要的作用和影响，实践美学、新实践美学、实践存在论美学、生存—超越美学、生命美学、生态美学、生活美学、身体美学等各种理论形态多元共生，繁荣发展，但同时也面临着国内外各种各样的危机与挑战。面对日益复杂的国际局势和文明冲突，我们要秉持世界眼光和中国立场，一方面，继续扩大开放，继续引进拿来，积极保持与世界范围内所有美学的交流和对话；另一方面，我们又要像王国维、朱光潜、宗白华、蒋孔阳等前辈美学家那样，始终坚持中国道路，回应中国问题，紧密联系中国的社会实践和艺术实践，兼容并包，综合创新，努力构建具有中国特色的马克思主义美学学科体系、学术体系和话语体系。最后，让我们记住蒋孔阳的那句诗——

美不等于生活，

但美却在生活中创造！

美与实践

——李泽厚《美学四讲》导读

李　骏①

前　言

　　《美学四讲》是李泽厚早期最为重要的美学专著。作为1980年代以来中国最重要的美学家之一，李泽厚的"美学四书"（《美的历程》《美的哲学》《美学四讲》《华夏美学》）"影响了一代人"，也确立了李泽厚在美学界作为实践美学的创始人和主要代表的地位。

　　李泽厚被认为是"具有原创性思想"的学者，也曾被青年人尊为"精神导师"。他的著作丰富，除"美学四书"外，他先后出版了《我的哲学提纲》《批判哲学的批判——康德述评》等哲学著作，《中国古代思想史论》《中国近代思想史论》《中国现代思想史论》等思想史著作，以及杂文集《走我自己的路》等。李泽厚的哲学与美学思想立足于马克思主义的历史唯物主义学说，其早期哲学思想关注实践、人化与主体，晚期关注立命、心理与情本。美学家

---

　　①　李骏，南京财经大学研究员。

刘悦迪曾指出，李泽厚整个的哲学思想历程是从"人化实践"的启蒙哲学走向"人性情本"的立命哲学，这又构成了另一种"启蒙与立命"的双重变奏。事实上，在李泽厚的哲学与美学思想中，我们可以鲜明地看出他批判性地吸收了康德、皮亚杰、荣格、克莱夫·贝尔等人的思想，并注入了他对中国传统哲学思想特别是儒家传统思想的深刻感悟，其对20世纪后期中国的现代性思想启蒙产生了巨大的影响。李泽厚在其著作中提出了许多新的概念，如积淀、异质同构、儒道互补、实用理性、乐感文化、巫史传统、人化自然、有意味的形式、文化—心理结构、救亡压倒启蒙等，这些都成为中国思想史的重要资源，也成为文学和艺术家们进行创造实践的思想资源。其中文化心理、巫史传统、西体中用、儒学四期这四个成系统的重要学术观点与发现，已被上海译文出版社结集成册出版，称为"李泽厚旧说四种"系列丛书。

《美学四讲》是李泽厚建构实践美学的重要论著，是李泽厚对美、美学、美感、艺术等本质问题的深度思考，体现了他实践论的美学思想。在这本著作中，李泽厚以"自然的人化"为理论主线，主要谈论了美学的对象与范围、美、美感以及艺术的本质四大美学问题。此外，他提出了具有创造性的一些概念，如美学类别的多元化，美的三层含义，美感的矛盾二重性，艺术的形式层、形象层与意味层，原始积淀、艺术积淀与生活积淀，内在自然的人化，文化心理结构，等等。这些创新概念不仅阐释了李泽厚对美、美感与艺术等的认知，也构成了其独特的人类学本体论美学理念。在这本著作中，他指出，美感是"内在自然的人化"，即人的感官、感知以及情感、欲望的人化，人类在内在自然的人化中创造了精神文明，因而美感同时具有主观自觉性和客观功利性两种特性，这两种特性互相对立但又相互依存、不可分割，正是这一"美感的矛盾二重性"造就了"客观性与社会性统一"的美。

《美学四讲》是李泽厚全面而系统地阐述其美学思想的论著，创作《美学四讲》的这一时期是李泽厚美学思想演变过程中的重要阶段，起到承上启下的作用。它既是对其自身早期美学思想的修正与完善，也是对其完整美学思想体系的探索与开创。著作立足于马克思"自然的人化"思想，是马克思主义美学本土化的重要尝试，这一点毋庸置疑。著作本身所具有的思想性与创造性使作品充满了鲜活的魅力，这些充满思辨的创新点也引起了美学界的广泛关注与热议，对1980年代的中国美学理论建设产生了巨大影响与推动作用，因而在美学史上具有重要的意义。

《美学四讲》中创造性的美学思想也引起了西方学术界的关注。美国诺顿出版公司出版的《诺顿理论和批评选集》，是甄选、介绍、评注从古典时期至现当代的世界各国批评理论、文学理论的权威性著作，入选的篇章皆出自公认的、有定评的、有影响力的杰出哲学家、理论家和批评家。选集第二版共选录了四位非西方学者的文章，李泽厚是其中之一。这一版选集仅收录十三位学者的文章，几乎都是声名赫赫的大哲学家，包括休谟、康德、莱辛、席勒、黑格尔等。李泽厚是其中唯一的非西方现当代哲学家。选集选录了《美学四讲》英文版的第八章"形式层与原始积淀"（The Stratification of Form and Primitive Sedimentation）。[①]该选集的编者认为，李泽厚在融合东西方众多思想传统的基础上构建起他的哲学和美学体系，而其著作的最深根基则是康德、马克思及传统中国思想。他通过提出有关主体性、人文知识及美学的崭新论述，将马克思和康德联系在一起，并通过与传统中国思想的贯通而对这两位思想家做出独到的再阐释。李泽厚挑战康德先验认识论的形而上学理念，将眼光投向人类历史，从而发展出自己的一系列思想，其中最著名、最具独创性的是其"积淀"（或"文化—心理构成"）理论。编者还指出，李泽厚对于美学理论的主要贡献在于将实践引入关于美的本质的研究。他认为个体之所以有能力对自然进行审美欣赏，是因为作为集体的人类实践已经改变了自然与人的关系，将原本的对立力量转换成服务于人的需求的事物。因此，对于美的本质的探讨就不仅要考虑个体的感官、心理和文化反应，而且要注意集体创造性实践的物质和社会范畴，包括美感在时间中的发展。[②]选集对于李泽厚以及《美学四讲》的评价，也意味着李泽厚本人"中国美学应走向世界、走进世界"的愿望开始实现。

---

①　杨斌编著：《李泽厚学术年谱》，复旦大学出版社，2016年版，代序第7页。

②　杨斌编著：《李泽厚学术年谱》，复旦大学出版社，2016年版，代序第3—4页。

一、李泽厚的美学贡献

1930年，李泽厚出生于汉口，4岁时，跟随家庭回到湖南长沙。其父上过预科，是邮局的高级职员，属于中产阶级上层，母亲读过几天女校，是李泽厚的启蒙教师。然而，李泽厚13岁那年，父亲去世，从此家道衰落，陷入困境。李泽厚在接受采访时曾表示，他对哲学的兴趣就产生于这一年。这年春天，他看到山花烂漫、春意盎然，忽然感到：“人是要死的，这一切还有什么意义呢？”他说，“这大概是我后来对哲学感兴趣的最初起源，也是我的哲学始终不离开人生，并把哲学第一命题设定为‘人活着’，而对宇宙论、自然本体论甚至认识论兴趣不大的心理原因。”[①]在中小学期间，他的功课一直名列前茅，特别是文学，他写过新诗、小说、骈文，办过小报；在省立第一师范学校期间，学生运动风起云涌，时局日趋动荡，李泽厚在形形色色的学说、主张和理论中自觉接受了马克思主义，这对于他后来的研究极有裨益。

（一）美的本质之初探

1950年，李泽厚以第一名的成绩考入北大哲学系。在大学期间，他潜心研读中国思想史和西方哲学史，同时，他还自修了历史、文学和美学。这一期间的学习，应该说奠定了其学术研究的深厚功底。四年哲学系学习毕业后，他被分配到中国科学院哲学研究所，不久，《哲学研究》创刊，他是创刊人之一。在哲学所工作的这段时间，是李泽厚美学思想初展锋芒的时期，在1956年美学大讨论中他发表了《论美感、美和艺术——兼论朱光潜的唯心主义美学思想》，提出美感两重性、形象思维特征等重要问题，建立起关于美的本质的“客观社会说”。有学者指出，该文在国内美学文章中第一次提出运用马克思《1844年经济学哲学手稿》（后文亦简称《手稿》）中的观点，提出了美感的二重性、美的本质和艺术范畴，并产生了“积淀说”的萌芽。[②]1957年1月在

---

① 李扬：《李泽厚　思想之河汨汨向前》，《文汇报》，2010年11月22日第10版。

② 王生平：《李泽厚美学思想研究》，辽宁人民出版社，1987年版，第220页。

《人民日报》发表《美的客观性和社会性——评朱光潜、蔡仪的美学观》，指出美是客观性与社会性的统一，此文其实是《论美感、美与艺术——兼论朱光潜的唯心主义美学思想》一文主旨的凝练。

同年6月，李泽厚在《光明日报》发表《"意境"杂谈》，提出了"意境"是"形"与"神"、"情"与"理"的统一；同年他还在《学术月刊》发表《关于当前美学问题的争论——试再论美的客观性和社会性》，提出马克思的"自然的人化"不是指通过主观意识去"化"，而是指通过实践去"化"，自然之所以美，在于其社会性，而不在于自然属性本身，美的本质是"自然的人化"。1958年李泽厚发表《论美是生活及其他——兼答蔡仪先生》，文章指出，从马克思美学观点来看，美是那些包含了现实生活发展的本质、规律或理想的具体社会形象（包括社会形象、自然形象和艺术形象）。他指出蔡仪美学观的要害在于："漠视和否认了美的社会性质，认为美可以脱离人类社会生活而存在"，蔡仪"把美归结为这种简单的低级的机械、物理、生理的自然属性或条件，认为客观物体的这种自然属性、条件本身就是美"，"把物体的某些自然属性如体积、形态、生长等等从各种具体的物体中抽象出来，僵化起来"，以为这就是美的法则。①1959年李泽厚先后撰写了《〈新美学〉的根本问题在哪里？》《关于崇高与滑稽》《试论形象思维》《以"形"写"神"——艺术形象的有限与无限、偶然与必然》《山水花鸟的美——关于自然美问题的商讨》等文章，从不同视角论述"自然的人化"与美的实践论。

这一时期，随着大量英文原著的摄入，李泽厚的思想也在不断地发生变化。1962年，他发表《美学三题议——与朱光潜同志继续论辩》，指出美是真与善的统一，亦即合规律性与合目的性的统一，提出了美是自由之形式的命题。值得一提的是，该文对"美"的阐释、论述和定义与1956年发表的《论美感、美和艺术——兼论朱光潜的唯心主义美学思想》已大不相同。在1956年的文章中，李泽厚主要批判了朱光潜唯心主义的美学观点，认为朱光潜"美在主客观的统一"不过是一种妥协、动摇和"折中调和"。随后他通过论述美与美

---

① 杨斌编著：《李泽厚学术年谱》，复旦大学出版社，2016年版，第24页。

感的辩证关系，论证美的客观社会性，指出美是客观的不以人的意志为转移的不断发展前进的社会生活、实践，符合社会发展的本质、规律和理想；而美的具体形象性是指美必须是一个具体的、有限的生活形象的存在。因而，李泽厚对美的定义是：美是蕴藏着真理的生活想象。这一定义与1962年《美学三题议——与朱光潜同志继续论辩》注重美的实践性、美是合目的性与和规律性的统一是不太相同的。

1963年李泽厚先后发表《审美意识与创作方法》《典型初探》等，后由于受到"文化大革命"的影响，在干校劳动期间他悄悄研究康德，研读《纯粹理性批判》，撰写《批判哲学的批判——康德述评》等著作，于1976年完稿。在这本书中，他提出了主体性哲学概念。1978年，他相继发表《关于形象思维》《形象思维续谈》等，参加当时形象思维大讨论，指出形象思维是文艺创作的客观规律，阐述形象思维和逻辑思维的区分、先后、优劣，从美感看形象思维与逻辑思维的关系等问题。《康德的美学思想》发表于1979年，文章进一步强调"实践的人……使自然成为人的自然"。同年哲学专著《批判哲学的批判——康德述评》出版，这是李泽厚学术生命中较为重要的一本著作。学界普遍认为李泽厚的这一著作"能够见出一个新的哲学体系"，也即"人类学历史本体论"。

（二）哲学与美学之交融

1980年李泽厚出版《美学论集》，1981年出版《美的历程》，1984年出版《中国美学史》第一卷，填补了世界美学史的一项空白；1985年出版《李泽厚哲学美学文选》和《中国古代思想史论》。在以上几本著作中，李泽厚有一个主要的观点：未来哲学的主导既非科学哲学、分析哲学、结构主义，也非萨特的存在主义、法兰克福学派，也不是中国的智慧"天人合一"，而应该是主体性哲学。[1]这一创新性的理论反复被提及，具有极为重要的历史意义。陈燕谷、靳大成在《刘再复现象批判》中谈道："在我国，主体性问题是李泽厚

---

[1] 王生平：《李泽厚美学思想研究》，辽宁人民出版社，1987年版，第218页。

首先提出来的。……《批判哲学的批判》，《美的历程》，《主体性论纲》以
及思想史论三部曲，他的著作一再成为当代文化生活中引人注目的事件，其
中影响最大的无疑是他对康德、对马克思的主体理论的创造性阐述与发挥，使
这种思想像一股暗流潜伏在每一个热血的思考人生的人心中。"①主体性理论
或者说主体性哲学，贯穿于李泽厚的哲学与美学思想中，成为他解读与论证现
代社会与传统文化的利器。同时，这一理论还触及了社会变革下对个人生活意
义的探索。这一探索与1980年代"人的觉醒"有着绝对的联系，当时知识界普
遍以青年马克思关于"人本"观念的思想开展新的意识形态的探索，李泽厚则
是中流砥柱，他提出了"美是自由的形式"等命题，对反映论美学、文学进行
批判，强调人的能动性与创造性，强调主体结构在历史运动中的价值。尽管在
1980年代后期出现了整体主体性与个体主体性等方面的论争，李泽厚的实践论
美学受到重大挑战，但依然无法抹杀他这一时期对于"主体性"探索的理论功
绩。有学者指出："李泽厚的'主体性哲学'是改革开放新时期以来启蒙主义
话语的主导性表述，其对当代中国文化思想所产生的影响无疑是广泛而深远
的。更由于，李泽厚在美学方面的学术建树，使其对当代文学理论的影响尤为
突出。从理论层面上看，可以说李泽厚的'人类学本体论哲学'或'主体性实
践哲学'思想，开启了一种新的哲学视域，生成了一种新的哲学思维方式，建
立了一种新的哲学话语形态，确立了一种新的哲学价值取向，奠定了80年代思
想解放运动或新启蒙运动的哲学基础或理论基础。"②

（三）"情本体"研究之魅

1985年之后李泽厚的主要思想为"情本体"，这一概念在《论实用理性与
乐感文化》中被充分论述。丁耘认为："'情本体'可算是李泽厚晚年体系的
基石，他认为情本体'伦理—宗教'的走向可将牟宗三的体系摄于其下，更试

① 陈燕谷、靳大成：《刘再复现象批判——兼论当代中国文化思潮中的浮士德精神》，
《文学评论》，1988年第2期。

② 宋伟：《李泽厚与刘再复："主体性哲学"与"文学主体性"》，《文艺争鸣》，2017
年第5期。

图通过阐发该本体'伦理—政治'的走向，以'儒法互用'为主轴建立为儒家复兴乃至中国政治思想的重建提出新的方案。"①那么，什么是"情本体"？李泽厚在《美学四讲》中提出了"认识论—伦理学—审美学"理论模式，"一是认识的领域，即人的逻辑能力、思维模式；一是伦理的领域，即人的道德品质、意志能力；一是情感的领域，即人的美感趣味、审美能力"。②这三者合一便是"文化心理结构"或"情感本体"。从《美学四讲》中我们可以了解到：情本体实际上是一种文化心理结构，这一文化心理结构是由文化向内积淀而成的，是现实的、感性的、当下的，也是具体的。在李泽厚的视野里，情本体是以悠久的中国传统文化作为历史基础，主要受到中国传统儒学的启发，它是对注重情感、现实与生活本身的中国哲学的提炼，与西方抽象思辨的哲学传统形成了鲜明对比。从这一点而言，李泽厚的情本体理论又是其理论创新生涯中的重要一笔。方旭、徐碧辉指出："李泽厚的'情本体'的提出不仅是中国思想史上的重要贡献，还是中国哲学对世界哲学的贡献，因为它实现了以儒家为主的三教合一的文化传统和新时期以来的马克思主义中国化的新传统的结合，实现了对马克思唯物史观在文化、心理层面的创造性发展。同时它继承并发展了现代哲学的理性精神，还对当下的普遍性的现代性生存困境提出中国式的哲学回应。"③

　　李泽厚晚年定居美国，其学术研究对中国传统与现代化、中国文化、伦理学、教育学、哲学等多有关注。而这一时期，学术界对于李泽厚美学思想的研究主要集中在李泽厚美学总体、美学思想来源、美学核心概念、美学史书写意义、伦理思想的美学维度，以批判性、专题化研究为主，研究视域跨越了美学，涉及了教育、文化等领域。相较国内学术界，国外则对李泽厚伦理思想的美学维度、审美伦理话语、李泽厚实践美学与国外学者美学思想的比较、李泽厚美学思想的儒学来源及再阐释等关注更多。中西方美学界、哲学界对于李泽厚的关注，与他在美国高校任教有着千丝万缕的关系。一方面，李泽厚在学术道路上深积的对西方哲学的解读与领悟使其具有一定的西方视角；另一方面，李泽厚对中国文化的洞悉又使其具备了中西对话、对比的能力，加之李泽厚的作品不断在国外出版，更加引发了研究热潮。

纵观李泽厚的一生，他创立了主体性实践美学思想并且在中国美学界产生了广泛而深远的影响，以他为代表的实践美学与其他学派共同为中国美学的发展做出了重要贡献。他的美学思想体系内涵丰富、博大精深，其中蕴含了对中国传统文化的深刻诠释，也引发了中国三次美学论争，其美学思想体系的发展进程推动了中国美学的现代转型。

二、中国美学的三次论争

在20世纪的五六十年代和1980年代，以及1990年代，中国的学术界发生了三次美学论争，每一次论争都与李泽厚密切相关。而在这几次论争中，《美学四讲》仿佛是一座桥梁，既承继了20世纪五六十年代第一次美学大讨论中关于"美是客观性与社会性的统一"的主要观点，修正了李泽厚早年美学思想中的偏狭，也构建起实践美学的理论体系，同时又为情本体美学的诞生奠定了基础。因而，《美学四讲》与中国美学的三次论争密不可分，在百年中国美学史上占有重要而独特的地位。

（一）第一次美学大讨论

第一次美学论争或美学大讨论通常指自1956年开始，持续近10年的中国第一次"美学热"。李泽厚虽初出茅庐，但却成为这场美学大讨论的一员主将，27岁的他发表《论美感、美和艺术——兼论朱光潜的唯心主义美学思想》，提出"美是客观性和社会性的统一"，与朱光潜、蔡仪、高尔泰、叶秀山等知名学者展开论战，奠定了其在美学界不可撼动的独特地位。

这次美学大讨论主要围绕三个核心问题：第一，什么是美；第二，美是如何产生的；第三，美是如何存在的。具体落脚在"美是主观的还是客观的"。

1956年4月28日，毛泽东在中共中央政治局扩大会议上提出，艺术问题上的"百花齐放"、学术问题上的"百家争鸣"，应该成为我国发展科学、繁荣文学艺术的方针。6月，朱光潜在《文艺报》上发表了一篇自我批评的长篇文章《我的文艺思想的反动性》，对自己此前的学术工作进行了无情的否定，认为自己的美学思想和艺术趣味"带有阶级的有色眼镜"，"有极浓厚的悲观厌世"，有"鄙视群众，抬高自我，脱离现实，聊图个人享乐"的"颓废思想"等。后由于周扬关于"美学也可以争鸣"的倡导，黄药眠在《文艺报》发表批判朱光潜的文章《论食利者的美学——朱光潜美学思想批判》，之后蔡仪撰文批判黄药眠也是主观唯心主义者。朱光潜发文反驳，认为美学既是唯物的，又是辩证的，并不像蔡仪说得那么简单机械。李泽厚在1956年第5期《哲学研究》上发表《论美感、美和艺术——兼论朱光潜的唯心主义美学思想》，既批判了朱光潜的观点，也批判了蔡仪的观点。1957年1月李泽厚在《人民日报》上发表《美的客观性和社会性》，1962年发表《美学三题议——与朱光潜同志继续论辩》，至此，李泽厚大体上完整表述了自己的美学理论和美学思想。

李泽厚在《美的客观性和社会性——评朱光潜、蔡仪的美学观》一文中谈道："我们和朱光潜的美学观的争论，过去是现在也仍然是集中在这个问题上：美在心还是在物？美是主观的还是客观的？是美感决定美呢还是美决定美感？"这一阐述展现出这一时期的美学大讨论实则是唯物主义与唯心主义的斗争。因而，在这场争论中，关于美的本质（或者美是什么）诞生了四种主要观点：第一种观点是主观论，主要以吕荧和高尔泰为代表。吕荧将美与审美联系起来，强调美的主体性。他指出："美是物在人的主观中的反映，是一种观念。"[①]他充分认识到美与美感是统一的，他强调人的观感与评价，主张美通过审美判断得以成立。也正是在这一意义上，他常常被定性为美的主观论者，认为他有唯心主义的倾向。朱志荣指出："以往有的学者将吕荧的美学思想划归为唯心论的说法具有片面性。吕荧是从现实生活和实践出发反思美学问题的，具有一定的客观性。他态度鲜明地指出了美的观念基于客观存在的事

---

① 吕荧：《吕荧文艺与美学论集》，上海文艺出版社，1984年版，第416页。

物，并继承了车尔尼雪夫斯基的美来自生活的观点，认为美是社会的产物……他提出'美的观念是社会生活的反映'的观点，尽管具有反映论色彩，但是不能抹杀他以现实生活为基础的美学思想。吕荧还坚决反对脱离实践、从主观的观念出发思考美的本质问题。这都说明，吕荧超越了时代的唯物、唯心之分，体现出主客观相统一的美学追求。"①如果说将吕荧的美学思想归为主观论尚有争议，那么高尔泰则在这次美学大讨论中旗帜鲜明地提出了美的主观性和美感的绝对性等观点，他直抒胸臆地表达："有没有客观的美呢？我的回答是否定的：客观的美并不存在。"②他认为美就是美感，"离开了人，离开了人的主观，就没有美"③。这句话的意思是说美并非客观反映，而是人赋予客观对象的。尽管高尔泰也认为在审美过程中任何对象缺一不可，美必须体现在对象"物"上，只不过这个"物"要成为美，还需要一定的转化条件，是一个怎样的条件呢？高尔泰指出："条件不能自成条件，它之所以成为条件，是因为人符合于它（人往往以为是它符合于人）因而能引起人的美感。"④就这样，"美是主观"中唯一蕴含的客观性要素（物象）也因"人符合于它"而"主观化"了。因而，高尔泰才是美的主观论的真正代表人物。

　　第二种观点是客观论。蔡仪是公认的唯物主义美学"客观说"的代表人物。他的核心观点是"美是典型"，与高尔泰所持的观点正好相左。他认为美是客观存在，客观事物的美在于客观事物本身，而不在人的主观精神。他谈道："承认客观现实本身的美，认为我们日常生活中所谓客观事物的美即在于客观事物本身，不在于欣赏者的主观精神作用。客观事物的美的形象关系于客观事物本身的实质……而不决定于观赏者的看法。"⑤这段话至少包括几层含义：一是美在于客观事物本身，与人的主观愿望和情感无关；二是客观事物的美在于其典型性；三是他认为美是永恒的，既不被历史所改变，也不被人

① 朱志荣：《论吕荧美学思想的价值》，《贵州社会科学》，2021年第5期。

② 文艺报编辑部编：《美学问题讨论集》（第2集），作家出版社，1957年版，第132页。

③ 高尔泰：《论美》，甘肃人民出版社，1982年版，第7页。

④ 文艺报编辑部编：《美学问题讨论集》（第2集），作家出版社，1957年版，第133页。

⑤ 蔡仪：《唯心主义美学批判集》，人民文学出版社，1958年版，第78页。

的主观情感所动摇。人的美感只能反映美，而不能改变美。蔡仪通过自然美、社会美和艺术美等一切美的现象来论证美的客观说。如在论证自然美时，他谈到两点：自然美是非人为的，自然美与人的美的认识没有关系。这一论点，鲜明地证明了他所认为的"物的形象是不依赖于鉴赏者的人而存在的，物的形象的美也是不依赖于鉴赏的人而存在的"[1]。美的客观说有一定的合理性，正如李泽厚在美学大讨论中所指出的："应该肯定，蔡仪同志是坚持了美在客观、美感是美的反映、艺术美是生活美的反映这一唯物主义的反映论的基本原则的。"[2]然而，蔡仪的美学思想充满了形而上学与机械性，否定了美与人的生活实践的关系，只承认美作为客观事物的自然物质属性，否定其社会属性，因而是不全面的。也正如任范松在《论"金银"的自然美——兼论蔡仪的"美即典型"论》中所评论的："蔡仪同志孤立地、机械地、绝对地看待自然美，把自然与社会，自然与人，自然属性与社会属性机械地分开，从自然属性自身中探求美，提出'美即典型'的理论。这从方法论上看，是把'人类和自然'对立起来，把艺术美与自然美等同起来，把自然属性与社会属性隔裂起来。其根本的错误就是马克思在《关于费尔巴哈的提纲》中说的：'只是从客体的或者直观的形式去理解，而不是把它们当作人的感性活动，当作实践去理解，不是从主观方面去理解。'"[3]因而，蔡仪所坚持的这种唯物论的认识论理论模式，很难对审美中的复杂现象进行深入细致的解释，因而在美学大讨论中真正赞成蔡仪美学思想的学者并不多。

第三种观点是主客观统一论，这一观点主要以朱光潜为代表。朱光潜的美学思想自1930年代到1950年代是存在变化的。1930年代时他在《文艺心理学》中建构了一种"美即美感"的心理学美学模式，这一模式强调美的奥秘在于审美主体的特殊心理活动对审美对象的影响。然而，在五六十年代的美学大讨论中，他对自己过去的美学思想进行了批判，认为它完全建立在主观唯心主义

---

① 蔡仪：《唯心主义美学批判集》，人民文学出版社，1958年版，第56页。

② 文艺报编辑部编：《美学问题讨论集》（第3集），作家出版社，1959年版，第138页。

③ 任范松：《论"金银"的自然美——兼评蔡仪的"美即典型"论》，《复旦学报》（社会科学版），1980年第5期。

基础上，于是他在学习马克思主义相关理论的基础上提出了"美是主观与客观的统一"这一观点。"'美是主观与客观的统一'既是他（朱光潜，引者注）全部理论的支点，也是他整个生命的支点，他的大多数探求和大半个人生是围绕这一命题展开的。"①朱光潜从对美感经验的分析入手，阐析美的生成。"无论是艺术或是自然，如果一件事物叫你觉得美，它一定能在你心眼中现出一种具体的境界，或是一幅新鲜的图画，而这种境界或图画必定在霎时中霸占住你的意识全部，使你聚精会神地去观赏它，领略它，以至于把它以外一切事物都暂时忘去。"②那么，美与美感究竟是什么关系呢？朱光潜明确指出，"美是引起美感的"，也即美的存在决定美感。朱光潜将审美对象分为物本身（物甲）和物的形象（物乙），前者是自然存在的、纯粹客观的，后者则不是纯客观存在的，物的形象是物本身具备某些条件后产生的，还必须加上人的主观条件的影响。物的形象是劳动创造的产品，劳动创造需要有主观情感的参与，所以物的形象具有意识形态性；美存在于物的形象中，因而它也具有意识形态性，意识形态是主客观统一的，因而，美也是主客观的统一。朱光潜的这一观点是在美学大讨论中形成的，因为回顾起来，当年的美学大讨论从实际效果看，就是"新建立国家的一种'政治社会化'过程，其目的是落实马克思主义意识形态的独尊地位"③。如他根据马克思主义"艺术是审美的社会意识形态"和"艺术是一种生产活动"两个言说，形成了关于美的本质是主客观统一说。

第四种观点是实践论，主要以李泽厚为代表。在这次美学大讨论的激烈论辩中，27岁的李泽厚发表《论美感、美和艺术——兼论朱光潜的唯心主义美学思想》一文，提出"美是客观性和社会性的统一"，这一观点是在对朱光潜和蔡仪的观点进行批评的过程中产生的。如他认为朱光潜"处处把依存于人类意识的美感的主观性看作是美的所谓'主观性'，把美感和作为美感对象的美

---

①　阎国忠：《重温朱光潜美是主客观统一的命题》，《北京大学学报》（哲学社会科学版），1989年第4期。

②　朱光潜：《文艺心理学》，复旦大学出版社，2009年版，第5页。

③　刘春阳：《社会学视野中的20世纪中国"美学热"》，《文艺研究》，2014年第6期。

混为一谈"①。因而李泽厚认为朱光潜的观点是唯心主义的。他认为，"美是美感的客观现实基础"，研究美，就要从最抽象的美感以及美与美感的关系开始。李泽厚谈道："美是不依赖人类主观美感的存在而存在的，而美感却必须依赖美的存在才能存在。美感是美的反映、美的模写。"②他运用马克思主义的实践观点，从美产生的根源上来追溯美，认为美的本质、根源出自人类主体使用、制造工具的物质生产实践中。他将这一物质生产实践活动称为"自然的人化"。"自然对象只有成为'人化的自然'，只有在自然对象上'客观地揭开了人的本质的丰富性'的时候，它才成为美。……自然本身并不是美，美的自然是社会化的结果，也就是人的本质对象化的结果。自然的社会性是自然美的根源。"③就这样，李泽厚开启了实践美学的道路。然而，囿于一种认知，李泽厚的实践论仍然有不科学之处，邓晓芒、易中天曾这样评价："李泽厚为了使客观美学摆脱其庸俗性、机械性，引入了马克思的实践的能动性；而为了从实践观点坚持美的客观性，又从实践中排除了人的主观因素，使之成为一种毫无能动性的、非人的实践，这种实践只有在资本主义的异化劳动，即那种动物式的谋生活动中才体现出来。这正是李泽厚美学中所贯穿的最大矛盾。"④

对于20世纪五六十年代的这一次美学大讨论的意义，学术界褒贬不一。有人认为，这场大讨论激发了人们对于美学的兴趣，掀起了一股美学热，"谁还没读过李泽厚呢"这样的隐喻预示着美学界掀起了一股热潮，自然也培养出了一批美学学者。许多学者在这场讨论中不断修正、完善自己的观点，逐步形成了独到的理论核心或体系，使中国美学得以进一步发展。然而，由于这次美学大讨论伴随着强烈的政治因素与复杂的背景，因而，"学术研究被其（政治因素，引者注）推上了一条非苏联非马克思不可的道路，这就中断了之前国内部分学者对西方一些强调审美主体的美学理论研究，强制性地把美学讨论范畴划

---

① 李泽厚：《美学论集》，上海文艺出版社，1980年版，第54页。

② 李泽厚：《美学论集》，上海文艺出版社，1980年版，第2、18页。

③ 李泽厚：《美学论集》，上海文艺出版社，1980年版，第25页。

④ 转引自朱寿兴：《美学的实践、生命与存在——中国当代美学存在形态问题研究》，中国文史出版社，2005年版，第40页。

分到唯物主义世界观之下进行，特别是朱光潜先生的自我批评以后，国内美学界更是一片谈唯心变色的景象，美学四大派也都是打着唯物主义的旗帜瑟缩地进行'讨论'"①。还有学者评论这一场美学大讨论"主要由于朱光潜充满智慧又无可奈何的理论策略、表述艺术与李泽厚在主流框架内的学术创造，使得讨论自身保持了某种学术气氛与学术水准，在一定程度上开展了逻辑的较量、智力的交锋、思维的碰撞。然而，说到底，这场美学讨论表现出来的有限的活跃，不过是鱼缸里的波澜"②。同时，这场美学大讨论中许多真正的美学问题被遮蔽，而仅仅集中在"美是什么"这个问题上，导致理论的探索不够深入。这场讨论还使20世纪前半期引进的西方美学思想被中断，苏联美学取代了西方美学，现代美学思想成果被清除，在某种程度上制约了美学理论的发展。但无论如何评判，这场美学大讨论是中华人民共和国成立以来的第一次美学论争，也是李泽厚实践美学形成的起点。

（二）第二次美学论争

1980年代的美学论争涉及诸多重要的当代美学问题，但其核心议题都是围绕着如何理解、阐释马克思《1844年经济学哲学手稿》而展开的，这些核心议题包括自然的人化、美的规律等。朱光潜、李泽厚等从"自然的人化"理论出发，建构起全新的马克思主义主体观和实践观。而在这次美学论争中，也形成了中国当代美学史上的不同学派。其中，以李泽厚等人为代表的实践派美学和以蔡仪为代表的认识论美学是当时影响较大的美学学派。双方就马克思美学哲学的基础问题如人的本质、美的本质、主体性实践问题、"两种尺度"和美的规律等问题展开了尖锐而深刻的理论论争。以李泽厚等为代表的实践派认为，《1844年经济学哲学手稿》中的美学是以人的本质和人的本质的异化理论为基础的，马克思是从人类最基本的实践活动出发来讲美的规律的。因而，有学者认为，在对马克思美学哲学基本问题的论争中，李泽厚"打破了对哲学家和哲

---

① 冯宁：《中国二十世纪美学发展与五六十年代美学大讨论的关系》，《牡丹》，2017年第15期。

② 赵士林：《李泽厚美学思想的文化背景与当代价值》，《华文文学》，2010年第5期。

学观点原有的评价体系，宣布了以唯物论和唯心论、可知论和不可知论为核心的评价标准的无效，进而也宣布了以物质与意识何者为第一性作为哲学根本问题的荒诞性。'苏联模式'马克思主义的物质本体论、一元决定论对现实世界的解释宣告失效；同时，主体性实践哲学通过确立实践的本体地位而重新揭示了人在世界中的位置及人与自然关系的悖论性。主客二分、心物二元的认识论对现实生存着的人的解释宣告失效；同时，在形而上学领域内人性得以复归，人性的完整性、复杂性得以揭示，阶级性的分裂的人性走向完整的普遍人性"①。

在关于人的本质和主体性实践问题的基础上，李泽厚强调马克思在《1844年经济学哲学手稿》中从人和人的感性实践活动出发，在探讨自然的人化和人的异化问题中关注了人的主体性问题，李泽厚正是在吸收了这一理论的基础上，形成了自己的主体性哲学与美学观。回顾历史，1980年代在中国历史上是一个相当特殊的时期，经历了革命战争、社会主义改造、阶级斗争、"文化大革命"等重大变革之后的中华人民共和国，迫切需要建立起一种新的文化意识形态，改革开放、现代化等概念的提出以及现实的变革，使哲学与美学领域也受到了冲击。这一时期随着思想解放的潮流，文艺政策上出现了"二为"方针：文艺为人民服务，为社会主义服务。美学领域也出现了感性启蒙，李泽厚在这一时期几乎是一名勇敢的"斗士"。他认为1950年代至1970年代的马克思主义"在中国长期的战争环境和军事斗争中产生了主观唯心论和意志论哲学，而且与农民意识的民粹主义和中国传统的道德主义相混合，已完全离开了唯物史观和马克思的原意"②。因此李泽厚借助康德哲学中的主体论和马克思的唯物史观构建了主体性实践哲学，这一思想在《美的历程》与《美学四讲》等著作中多有体现。因而有学者评价，1980年代的李泽厚至少做到了"以思想来改变现实"的两个方面：一是解构了1950年代至1970年代社会主义意识形态的逻辑，另一个就是确立了以"主体"和"现代化"为内容的1980年代的新的意识

---

① 吴泽南、宋伟：《重返20世纪80年代美学论争的理论现场——以〈美学〉〈美学论丛〉两本辑刊为对象》，《沈阳大学学报》（社会科学版），2019年第1期。

② 李泽厚：《课虚无以责有》，《读书》，2003年第7期。

形态，并且这种巨大的影响几乎一直持续到1990年代。①毋庸置疑，这一"个体的觉醒"或者"主体的觉醒"在历史发展中的作用是至关重要的，人们开始追求个体的独立、自由、平等，这一追求实际上也为即将到来的改革开放、社会主义市场经济的发展、文化的繁荣以及社会的高速进步奠定了基础。

　　这一时期，蔡仪在《关于〈经济学—哲学手稿〉讨论中的三个问题》一文中通过三个问题阐述了自己的观点：一是马克思在《手稿》中是怎样论述他的基本观点的，二是应该怎样评价《手稿》，三是应该怎样看待马克思主义。蔡仪指出，《手稿》借对费尔巴哈的批判探讨人本主义和人的异化问题，展现的是科学共产主义和历史唯物主义。关于如何看待马克思主义的问题，蔡仪分析了"西方马克思主义"新思潮的实质、人道主义和马克思主义实践观，并建议"我国的马克思主义的研究者，如果真想发展马克思主义，是否认为当务之急在于认真努力掌握马克思主义的基本观点和原则，细致地刻苦地调查研究我国的具体实际和人民要求，为建设社会主义的高度的物质文明和精神文明，作出应有的贡献，这也就是为马克思主义的发展作出了相应的贡献"②。蔡仪的这些观点也体现在这一时期他对李泽厚的批判中，如在《论人本主义、人道主义和"自然人化"说——〈经济学—哲学手稿〉再探（下篇）》中，蔡仪指出，"有些美学家却把'自然的人化'和'人的本质的对象化'，作为他们立论的根据，而且因为这样的话是出于马克思的《手稿》中的，就把他们那种美学理论称为'马克思主义美学'"③。蔡仪对李泽厚的"美的自然是社会化的结果""人化的自然"以及"自然的社会性是美的根源"等论点展开了批判，他认为李泽厚的美学理论建立在明显地表现人本主义原则的两个短语上，实际上是地地道道的主观唯心主义的论调。再如在《评一种"新的马克思主义哲学"》《"六经注我"学风对马克思主义的糟踏》等文章中，蔡仪针对李泽厚

　　① 　张伟栋：《李泽厚的主体论与80年代的精神图景》，《渤海大学学报》（哲学社会科学版），2010年第6期。

　　② 　蔡仪：《关于〈经济学—哲学手稿〉讨论中的三个问题》，《学术月刊》，1983年第8期。

　　③ 　蔡仪：《论人本主义、人道主义和"自然人化"说——〈经济学—哲学手稿〉再探（下篇）》，《文艺研究》，1982年第4期。

"人类学本体论的实践哲学"等思想与观点进行批判，"首先是把唯心主义的人本主义作为马克思主义，这是思想原则上的错误；其次是把不是论美的言论作为论美的言论，这是论证资料上的错误；然后总的说来，所谓自然成为'人化的自然'才美的论点，就表明他把人本主义唯心主义的美论作为'马克思主义唯物主义美学'来宣传，这就是亵渎马克思主义，糟踏马克思主义。这一切表明他的思想和作风都是根本错误的"①。

除却实践论美学和认识论美学的纷争，在1980年代的美学论争中，特别值得一提的是，1985年潘知常在《美学何处去》一文中提出了生命美学的设想，开启了生命美学的征途。他指出："真正的美学应该是光明正大的人的美学、生命的美学。美学应该爆发一场真正的'哥白尼式的革命'，应该进行一场彻底的'人本学还原'，应该向人的生命活动还原，向感性还原，从而赋予美学以人类学的意义。"当时潘知常仅是一名青年学者，缘何有勇气发出如此振聋发聩的声音？他回忆道，当时流行的实践美学既没有办法在理论上令人信服地阐释审美活动的奥秘，又没有办法在历史上与中西美学家的思考对接，也没有办法解释当代的纷繁复杂的审美现象。②那么，生命美学如何超越了实践美学？我们还得从其内涵谈起。潘知常有过这样的一番解读：生命美学立足于"万物一体仁爱"的生命哲学，把生命看作一个由宇宙大生命的"不自觉"（"创演""生生之美"）与人类小生命的"自觉"（"创生""生命之美"）组成的向美而生也为美而在的自组织、自鼓励、自协调的自控系统，以"自然界生成为人"区别于实践美学的"自然的人化"，以"美者优存"区别于实践美学的"适者生存"，以"我审美故我在"区别于实践美学的"我实践故我在"，以审美活动是生命活动的必然与必需区别于实践美学的以审美活动作为实践活动的附属品、奢侈品，其中包含两个方面：审美活动是生命的享受（"因生命而审美"、生命活动必然走向审美活动）；审美活动也是生命的提升（"因审美而生命"、审美活动必然走向生命活动）。以"美的名义"孜

---

① 蔡仪：《"六经注我"学风对马克思主义的糟踏》，《文艺理论与批评》，1990年第1期。
② 潘知常：《生命美学引论》，百花洲文艺出版社，2021年版，第10—12页。

孜以求于人的解放，是生命美学的基本特征。[1]同时，潘知常在1985年出版的《美的冲突》里将生命美学称为"启蒙美学"，他认为这一美学强调人的感性情欲的合法地位和自由表现，强调作家以审美主体的表现为主，直抒胸臆，摆脱束缚的启蒙美学独尊感性情欲，开始冲破"发乎情，止乎礼义"的古典美学观，开始把感性的、充满世俗人情的社会生活推上美的殿堂。[2]当然，这一时期生命美学尚未能够引起学术界、美学界的足够重视，占据主导地位的仍然是李泽厚实践美学论。

（三）第三次美学论争

刘成纪指出，1990年代以来，中国当代美学进入了一个新的"战国时期"，在实践美学之后，生存美学、生命美学、体验美学、超越美学等共同构成了新时期美学"二次启蒙"的景观。随着时间的推移，越来越多的美学家、学者们发现了实践美学在理论上的不彻底性，甚至有着难以治愈的、与美的自由追求背道而驰的痼疾。比如，实践美学设定的人的本质是一种类本质，作为人的本质力量的实践也是一种社会性的类化实践。这种普遍性的命题不但对个体的审美自由构成威胁，而且因其以人的社会属性取代自然属性，以审美活动的现实性取代更为重要的超越性，从而造成了实用压倒审美、理性压倒感性、现实性挤压超越性的不正常状况。[3]杨春时也列举出实践美学的十大局限，如认为实践美学残留着理性主义印记，把审美划入理性活动领域，忽略了审美的超理性特征；认为实践美学具有现实化倾向，把审美划入现实活动领域，忽略了审美的超现实特征；强调实践的物质性，忽略审美的纯精神性；强调实践的社会性，忽略了审美的个性化特征；等等。他特别谈到，李泽厚的"积淀说"虽然有合理的一面，但存在着决定论倾向，也即李泽厚混淆了原始人类的"实践"活动（包括儿童活动）与文明人类的实践活动（包括成人活动），也混淆

---

① 余萌萌、潘知常：《当代中国生命美学的历史贡献——与潘知常教授对话生命美学》，《四川文理学院学报》，2022年第3期。

② 潘知常：《美的冲突》，学林出版社，1985年版，第84—85页。

③ 刘成纪：《生命美学的超越之路》，《学术月刊》，2000年第11期。

了深层心理结构与表层心理结构（文化意识的观念），从而形成一种"实践决定论"。但事实上，人类在早期历史活动中形成了深层心理结构，而文明时代的实践活动则创造了现实的文化意识的观念。审美则是无意识与有意识冲突的解决方案，它使无意识突破有意识压制，升华为自由的审美意识，从而实现了个体、感性和形式的解放。因而审美意识并非实践积淀的产物，而是主体突破实践水平的超越性努力的结果，因而无决定论可言。[①]在这一批判的基础上，杨春时打出了后实践美学的旗帜，促使人们从最为根本的方面去思考实践美学的前景和出路。

这一时期生命美学得到了美学界更多的认同与长足的发展。1990年，潘知常在《百科知识》发表《生命活动：美学的现代视界》一文，对生命美学概念予以强调。1991年，潘知常在《学术月刊》上发表《为美学定位》，同年，河南人民出版社出版了潘知常的《生命美学》。至此，生命美学亮相于中国学术界特别是美学界。1993年杭州大学出版社出版了潘知常的《生命的诗境——禅宗美学的现代诠释》，1997年上海三联书店出版了《诗与思的对话——审美活动的本体论内涵及其现代阐释》等，引起了一大批国内著名美学家如阎国忠、周来祥、劳承万以及一些中青年美学家的关注，他们以多种方式充分肯定了生命美学及其学派的地位和意义。如阎国忠曾评价生命美学的出现对于超越建国之后先后占据主导地位的认识论美学与实践美学的"自身局限""有积极意义"[②]，而劳承万也预言生命美学"是中国当代美学启航的信号"[③]。然而，理论的争鸣从未停息，生命美学在发展历程中也饱受争议，如李泽厚就曾说过："最近几年的所谓'生命美学'，由于完全不'依附'于实践，站在自然生命立论，这并不是什么'创造'，反像是某种倒退，因为前人早有类似观点，只是今天换了新语汇罢了，仍然是动物性的本能冲动，抽象的生命力

---

① 杨春时：《走向"后实践美学"》，《学术月刊》，1994年第5期。

② 悠悠：《第四届全国美学会议综述》，《文艺研究》，1994年第1期。

③ 劳承万：《中国当代美学启航的讯号——潘知常教授〈生命美学〉述评》，《社会科学家》，1994年第5期。

之类，所以也很难有真正的开拓和发展。"①回想起来，李泽厚说这番话是在
21世纪初，他不仅对"生命"这一概念进行狭隘的误读，即将"生命"理解为
"动物性的本能冲动、抽象的生命力"，而且也倒置了生命与实践的关系，在
逻辑与知识之前，生命就已存在，在进入实践活动之前生命就已存在，如果不
回归到生命本源，实践从何谈起？因而，潘知常的生命美学必然会从实践本体
论转向生命本体论。如今生命美学的发展早已经超越了李泽厚的判断，随着研
究的不断深入和潘知常对生命美学发展历程的梳理，我们也更加清晰地认知到
西方生命美学只是西方现当代美学中的一个重要学派，而中国当代的生命美学
才是中国自古迄今的元美学，潘知常提出的生命美学以及中国当代的生命美学
的追求贯穿了中国美学的全部艰难探索的沧桑历程。回到1990年代中国的第三
次美学论争，我们必须肯定，潘知常美学研究的最大贡献就是将"生命"第一
次引入了美学的园地。同时，这一理论在当时的情境下，打破了实践美学一统
天下的局面，推动了美学理论的争鸣与中国当代美学的纵深发展。

三、美学与美

李泽厚在《美学四讲》序中谈道："《美学四讲》者，前数年发表之四
次演讲记录稿'美学的对象与范围''谈美''美感谈''艺术杂谈'，加以
调整联贯，予以修改补充，裁剪而贴之者也。"因此这部著作主要谈论了美、
美感、艺术与美学四大互相关联的问题，这些问题有些在李泽厚的早期思想中
已经出现并阐释，但一些观点在这一阶段已然发生改变。这本著作中的观点多
半产生于1980年代，也即中国美学界的第二场美学论争，徐碧辉、王丽英两位
学者将这一时期李泽厚的美学思想定义为实践美学的深化时期，认为这一时期
李泽厚主要是提出了"情本体"与"人的自然化"。②在《美学四讲》中，李
泽厚对其实践观点与自然人化学说进一步加以阐释，提出了"内在自然的人化

---

① 李泽厚、周宪、吴炫等：《笔谈——对话》，《南方文坛》，2001年第1期。

② 徐碧辉、王丽英：《论李泽厚的实践美学》，《吉林大学社会科学学报》，2006年第1期。

说"，并用这些理念来建构关于美的本质、美感与艺术的美学体系。

（一）美学的对象与范围

通常我们认为，1735年，德国哲学家鲍姆加登在其博士论文《关于诗的哲学沉思录》中根据希腊语词根创造出"Aesthetics"一词，意为"感性学"。1750年，鲍姆加登在其著作《美学》中正式提出了这一学科概念。这就标志着美学这门学科第一次有了自己的名字。在鲍姆加登看来，美是一种完善（perfection），而美学是研究感性表现的完善的科学。鲍姆加登也因为这一创造被称为"美学之父"，但事实上，有学者认为，沙夫茨伯里和哈奇森在他之前就写下了美学的全部内容，只是缺少那个名称。[①]高建平也指出，鲍姆加登创造了美学这一词汇，但这并不意味着这门学科就此形成，构成美学基础的诸多核心概念是在18世纪由一些重要学者陆续提出来的，从而为美学这门学科的诞生奠定了基础。[②]美学学科自诞生之日起便受到了科学与理性的质疑，时至今日，仍然未能逃脱这一争论。当年鲍姆加登在美学诞生之时就担忧地写道："我们的科学也许会遭到人们的非议：认为它有损哲学家的尊严，而且，求助于各种情感、幻想、传说以及唤起情欲，都会使哲学家的视野变得低下。"[③]他的这一担忧主要基于长期以来美学作为哲学的附庸，而在科学主义盛行的时代，感性总是让位于理性。这一担忧不无道理，一直延续到李泽厚时期。李泽厚在《美学四讲》中开篇即发问："但首先是，有没有美学？"随即他指出："从很早起到目前止，一直有一种看法、意见或倾向，认为不存在什么美学。美或审美不可能也不应该成为学科，因为在这个领域，没有认识真理之类的知识问题或科学问题，也没有普遍必然的有效法则或客观规律。……美是主观的和相对的，因人而异，哪里有什么共同标准可找呢？不可能也不需要去发现或

---

① N.戴维：《鲍姆加登的美学：一个后伽达默尔式的反思》，《哲学译丛》，1990年第4期。

② 任冠虹：《构建中国美学的学术、思想与话语体系——访中华美学学会会长高建平》，《中国社会科学报》，2022年4月28日第2版。

③ 吉尔伯特、库恩：《美学史》，夏乾丰译，上海译文出版社，1989年版，第382页。

建立美或审美的规则、理论或科学。"①当然，李泽厚对这一认识是持否定态度的。他列举出当时中国流行的三种关于美学的定义：一为"美学是研究美的学科"，二为"美学是研究艺术一般原理的艺术哲学"，三为"美学是研究审美关系的科学"。李泽厚依次指出这三种定义的缺憾与不足，并带领读者从"学科的具体历史和现况"着手寻觅美学的定义。通过对历史上关于美和艺术的哲学议论和理论探讨的分析，以及对欧美、苏联、日本、中国主要美学思想的剖析，他得出"美学的多元化"的结论。

李泽厚所言"美学的多元化"，主要是指类型和形态的不同。他将美学分为哲学美学、历史美学和科学美学三大类，其中历史美学包括审美意识史或趣味流变史、艺术风格史与美学史，科学美学则包含基础美学与实用美学。基础美学由心理学美学、艺术学（史）美学和分析美学组成，实用美学则包括生活的方方面面，如建筑美学、社会美学、教育美学等。各类别之间并非各自为政，而是互相渗透、制约、分化与综合，从这一意义而言，美学是一个开放的家族，因而，他认为追求一个统一的美学定义已然缺乏意义，却也坚持自己曾提出的"美学——是以美感经验为中心，研究美和艺术的学科"这一定义从哲学角度而言仍有一定的实用性。在多元化的原则指导下，李泽厚重点分析了哲学美学和马克思主义美学，并提出了要建立"人类学本体论的美学"观。

何谓哲学美学？顾名思义，其通常指的是"从既定的哲学体系出发，按照其哲学原理来阐明美学经验现象，并把其美学观点作为哲学体系的推演、注释和工具"，因而称为"哲学美学"或"形而上学的演绎法"。②在20世纪中叶之前，从哲学角度对美和艺术进行探讨，是西方美学的主流。这一哲学美学视角也造就了一批哲学美学家，如柏拉图、康德等人。李泽厚以柏拉图为例论证哲学家们关于美和艺术的思辨与反思之所以拥有永恒的魅力，是因为这些反思"深藏着永恒性情感"，是"人类最高层次的自我意识"，是"人意识其自己存在的最高方式"。柏拉图指出，美是"美本身"，艺术是"影子的影子"，

---

① 李泽厚：《美学四讲》，长江文艺出版社，2019年版，第3、4页。

② 贾明、晓瀛：《回顾与检讨：哲学美学与实践美学的研究方法》，《学术月刊》，1993年第10期。

尽管他最终的结论是"艺术毫无用处，诗人应当被赶出理想国"，但关于美和艺术的本质的问题，却依然具有鲜活的生命力，这就是哲学的魅力所在。

哲学为何如此动人心弦？我们活在世间，总不免要思考两个问题：世界究竟是什么？人生的意义究竟是什么？这两个基本问题的思考，不仅是哲学的基本问题，也是美学的基本问题，更是哲学美学的基本问题。人类永恒存在着，那么人类对世界以及人生意义的思考与探索便生生不息。自古以来，人类就在不断探索真、善、美的话题，然而这些古老的话题及其哲学探讨，在每个时代都有着不同的答案与解读，这些解读影响了现实世界具体事物的发展。因而，哲学美学的存在有着重要的意义，它探究的是美学最根本性的问题，是对美和艺术的本质进行形而上的思考，它的存在，使人类生存的基本价值充满了生动的感性意味。同时，哲学美学也不是脱离现实而存在的，更不是割裂的。李泽厚指出，它总是与自己时代的伦理、科学和艺术有着深刻的瓜葛和牵连，经常各有侧重，各自包含着不同方面的科学内容或疑问。如康德美学更多的是审美心理学的问题，而黑格尔美学则更多的是艺术史方面的内容，它们所关涉的哲学体系大不相同，使得美学面貌也呈现出别样的光芒。

李泽厚指出，美学史上最为重要的理论也常常是从哲学角度提出的，这些理论脱胎于哲学思考，并且作为哲学思想或体系的一部分，支配和影响整个美学领域的各个问题，使人们得到崭新的启发或观念。特别是20世纪西方哲学家关于美和艺术的观念和理论，在当代西方美学史上具有极其重要的地位。"与二十世纪以前的哲学家相比，他们的观念和理论不仅具有鲜明的时代特色，而且还有一些在整个文化观念形态、思维特征和方法上的根本的转变。在考察这些理论和观念时，我们只有把它们还原成哲学问题，才能把握其本源意义，揭示出它们的内在逻辑和深厚内涵，理解其深刻的理论的和文化的价值，而绝不仅仅是艺术论的和美学的价值。"[1]因而，随着时代的发展和社会的进步，人们反而越来越觉得在每个不同的时代和社会里，真、善、美或人的本质、人生

---

① 章启群：《哲人与诗——西方当代一些美学问题的哲学根源》，安徽教育出版社，1994年版，第2页。

的价值和意义这些永恒的课题总是有着新鲜的内容，使得每一个时代都具有不同的视角和研究方法，而这些与众不同的研究视角必将使哲学美学充满永恒的生机与活力。

马克思主义美学是马克思主义的重要组成部分，也是中国现代美学的主流。李泽厚在《美学四讲》中明确指出，必须承认马克思主义美学是中国现代美学的主流，离开了这样的"现实的审视"来谈美学，"将是一种逃避和怯懦"。李泽厚之所以如此定义，主要原因在于他认为马克思主义美学"主要是一种讲艺术与社会的功利关系的理论，是一种艺术的社会功利论"。①马克思主义美学与马克思主义一样，是在批判地吸取当时的资产阶级理论的基础上建立以及丰富发展起来的，时常与无产阶级的革命事业以及批判精神紧密联系在一起，且特别注重文学艺术的社会效应。如马克思、恩格斯对于现实主义的阐释，列宁、毛泽东等人论文学与艺术等，皆强调艺术对社会的效应、功能与作用。因而，李泽厚认为，与西方近现代美学强调艺术的非社会功利性审美特征不同，马克思主义美学更多地体现出一种反映论，即强调艺术对现实生活的某种摹写、反映和认识。

马克思主义美学的特征是有一定的时代历史背景的，这是毋庸置疑的。李泽厚指出，它是马克思主义本身的批判性、革命性和实践性在艺术——美学领域中的体现。马克思主义于20世纪初被海外留学青年引入中国，三四十年代被广泛传播，1949年以后便一直占据统治地位。在中国，历届领导人均具有较高的文学艺术素养与理论素养，因而他们对马克思主义在中国的发展倾注了较多心血，如毛泽东思想、邓小平理论便是马克思主义基本原理同中国具体实际相结合的成果。在这些成果中，有不少是关于美学的。其中，最为典型的便是文艺"二为"方针。文艺为人民服务，为社会主义服务，在某种程度上，是马克思主义美学"功利性"的表现。李泽厚对这样的马克思主义美学是持批判态度的，他认为这种只谈革命斗争的反映论美学已经不再适应时代的需要，深感马克思主义美学需要发展。"不能仅仅从无产阶级革命事业的角度，而更应该

---

① 李泽厚：《美学四讲》，长江文艺出版社，2019年版，第22—23页。

从人类总体的物质文明和精神文明的成长建设的角度，即人类学本体论的哲学角度，来对待和研究美和艺术。"①那么，当前马克思主义美学应当研究什么呢？李泽厚认为，是"心灵塑造和人性培育问题"。因此，李泽厚提出了人类学本体论视角，也创立了人类学本体论美学。

人类学本体论美学脱胎于人类学本体论哲学，后者是李泽厚以马克思的"自然的人化"思想为理论生长点创立的。因而，谈论人类学本体论美学无法离开人类学本体论哲学，而这一概念是李泽厚在其《批判哲学的批判——康德述评》一书中首次提出的。这一概念又可演变为"主体性的实践哲学"，它以作为主体的人（人类和个人）为研究对象。李泽厚在书中对"人类学本体论"以及"主体性"的概念分别做了解释。他指出："本书所讲的'人类的''人类学''人类学本体论'，就完全不是西方的哲学人类学之类的那种离开具体的历史社会的或生物学的含义，恰恰相反，这里强调的正是作为社会实践的历史总体的人类发展的具体行程。它是超生物族类的社会存在。所谓'主体性'，也是这个意思。人类主体性既展现为物质现实的社会实践活动（物质生产活动是核心），这是主体性的客观方面即工艺—社会结构亦即社会存在方面，基础的方面。同时主体性也包括社会意识亦即文化心理结构的主观方面。从而这里讲的主体性心理结构也主要不是个体主观的意识、情感、欲望等等，而恰恰首先是指作为人类集体的历史成果的精神文化：智力结构、伦理意识、审美享受。"②

要深刻理解人类学本体论的美学，依然得回到马克思在《1844年经济学哲学手稿》中谈到的"自然的人化"思想。李泽厚认为"自然的人化"包括两个方面：一是外在自然的人化，即山河大地、日月星空的人化，人们在这一自然的人化中创造了物质文明；二是内在自然的人化，即人的感官、感知和情感、欲望的人化，这一人化创造了精神文明。前者主要靠社会的劳动生产实践，后者在个体成长意义上而言，主要靠教育、文化、修养和艺术来实践。而随着现

---

① 李泽厚：《李泽厚十年集》（第1卷），安徽文艺出版社，1994年版，第444—445页。
② 李泽厚：《批判哲学的批判——康德述评》，人民出版社，1984年版，第94页。

代科技的高度发展及物质文明高度发达，文化心理问题日益凸显，是未来世界需要重点思考的问题，李泽厚通过对世界哲学发展历史的分析，认为21世纪应是历史学派和心理学派在某种形态上的统一。如此，"寻找、发现由历史所形成的人类文化—心理结构，如何从工具本体到心理本体，自觉地塑造能与异常发达了的外在物质文化相对应的人类内在的心理—精神文明，将教育学、美学推向前沿，这即是今日的哲学和美学的任务"[1]。

要特别注意的是，这里所指的文化心理、心理本体等，不仅指向个体，而且指向全人类。关于这一点，李泽厚在《批判哲学的批判——康德述评》中曾用"大我"和"小我"来表述，其中"小我"表示个体自我，"大我"则表示人类集体，单独的个体来自群体社会，但个体也是人类历史的财富和产物，其存在有着巨大的意义和价值，这也正是李泽厚能够抓住美的本质的关键。同时，李泽厚也毫不忽略从人类集体的意义上来探讨心理本体。他倡导人类学本体论的哲学对"生""性""死"与"语言"进行充分的、开放的研究，去关心整个人类、个体心灵和自然环境，从这一视角谈美和美感，即可以对美的本质有更为直观的把握，美学才能够成为人的哲学。如此，人类学本体论美学的主题便不是对审美对象的精细描述，而是对美的本质的直接把握；不是审美经验的科学剖解，而是陶冶性情、塑造人性、建立新感性；也不是词语分析、批评原理或艺术历史，而是使艺术本体归结为心理本体，艺术本体论变为人性情感作为本体的生成扩展的哲学。由此，李泽厚从这三个方面构建起其独有的人类本体论美学理论。

李泽厚关于美学特别是人类学本体论美学的论断，引起了学术界的热议。大多数学者认为这是李泽厚作为实践美学代表人物的思想体系的完善，时至今日，当实践美学、生命美学、生活美学等当代美学思潮抑或美学学派多元共生、互相交融之时，关于李泽厚人类学本体论美学的贡献与遗憾仍在被理论界津津乐道，也从侧面展示出这一思想对美学界的撼动。如张都爱认为："人类学本体论美学从美到美感到艺术的人类主体性精神之历史性建构，使中国马克

---

[1] 李泽厚：《美学四讲》，长江文艺出版社，2019年版，第39—40页。

思主义美学回到人的'新感性'的心理结构的建设这一当代课题，反映了20世纪80年代的时代精神，标志着中国马克思主义美学研究不再是来自于政治和意识形态的需要，而是来自于其自身的学术性、学科性要求，已经脱离'辩证唯物主义和历史唯物主义'的依附，融进了许多世界美学的新思想，其中可贵的是最大可能地把中国本土经验和资源运用于新的美学体系中。"①除了赞美之声，董学文、阎国忠的观点似乎更为辩证与科学。他们认为李泽厚"对马克思、康德等经典作家的细致的品味和大胆的阐释，他对当代社会与学术潮流的锐敏的觉察和吸纳，他对美学作为一门关乎人性完善的科学的热心关注和思虑，都值得我们学习和借鉴"。然而，不得不承认的是，李泽厚的很多论点和命题似乎都还有待进一步辨析和论证，如"能否以对人性的关注在康德、席勒和马克思之间找到一种特殊的思想学术传统"，"把人的本体分为'工具本体'和'心理本体'是否恰当"，"对将美学一分为三，把审美心理学和艺术社会学当作美学的主干与核心也感到疑惑"。②建构或创设一种新的理论或观点，总是会遇到各种各样的困难，特别是理论界的质疑以及理论本身的不完善。梁忠指出："李泽厚先生在其'人类学历史本体论'中，试图融汇中、西、马于一炉并据此构建其新哲学。然而其'人类学历史本体论'因概念含混、逻辑混乱以及内容上的自相矛盾，无法达到最起码的逻辑自洽性要求，致使其'新哲学'流于徒具其名的哲学口号。"③然而不管怎样，李泽厚提出的人类学本体论美学使当时占据主流形态的认识论美学受到了冲击，美学的功利化也得到了一定程度的纠正。

（二）美的三层含义

从词源学上对一件事物追根溯源，是理论界通常的做法。李泽厚也从词源

---

① 张都爱：《马克思主义美学本土化的重要尝试——基于〈美学四讲〉的本质把握》，《理论探索》，2013年第3期。

② 阎国忠：《走向人类学本体论的美学》，《学术月刊》，2004年第10期。

③ 梁忠：《创思"新哲学"的尴尬——以"人类学历史本体论"为例》，《河北师范大学学报》（哲学社会科学版），2013年第2期。

学角度对"美"进行了探究。汉代许慎《说文解字》对"美"有两种解释：一是羊大为美。李泽厚解析为：美与感性存在，与满足人的感性需要和享受（好吃）有直接关系。二是羊人为美。这说明"美"与原始的巫术礼仪活动有关，具有社会的意义和内容，与人的群体和理性相连。李泽厚认为，两种对"美"字来源的解释有个共同趋向，即都说明美的存在离不开人的存在。同时，就《论语》等古代典籍中所谈的"美"而言，古人常常将"美"等同于"善"，如"里仁为美""君子成人之美"等，这里的"美"主要偏重社会性。

李泽厚接着指出，及至当下，"美"在日常语言中，通常有三种既有联系又有区别的含义：一是表示感官愉快的强形式；二是伦理判断的弱形式；三是指使人产生审美愉快的事物与对象。李泽厚从第三种含义入手进行剖析，指出中西方很多美学家长期以来的误区，即把"美"和"审美对象"混为一谈。如坚持主客观统一论美学的朱光潜便认为，单有客观事物，或者单有主观心灵意识，都不能成为美，只有当客观事物加上主观意识的作用时，美才会产生或形成，"美是客观方面某些事物、性质和形状适合主观方面意识形态，可以交融在一起而成为一个完整形象的那种特质"[①]。李泽厚认同美作为审美对象确实离不开人的主观的意识形态，但也提出疑问：光有主体的意识条件，没有对象所必须具有的客观性质是否可行呢？美还能成之为美吗？事物之所以是美的，是因为这些事物本身就具有某种客观的审美性质或素质。一个事物能不能成为审美对象，光有主观条件或以主观条件为决定因素还不行，还需要对象上的某种东西，这种东西即称为"审美性质"或"审美素质"。

那么，这些审美性质又是如何出现的呢？李泽厚认为格式塔心理学派的主客体同构说能够解释审美性质的根源和来由，即：一定的形式结构因为同构感应引发人们特定的知觉情感，从而具有审美素质。但李泽厚也提出疑问，因为动物也可以有这种同构反应，但人能够从中得到美感，而动物却不能。其原因在于，人的生物性的同构反应乃是人类生产劳动和其他生活实践的历史成果。李泽厚指出，人的审美感知的形成，就个体而言，有其生活经历、教育熏陶、

---

① 文艺报编辑部编：《美学问题讨论集》（第3集），作家出版社，1959年版，第36页。

文化传统的缘由；就人类来说，它是在长期的生活实践里，在外在的自然的人化的同时，内在自然也日渐人化的历史成果。基于以上分析，李泽厚认为美至少有三层含义，一是审美对象，二是审美性质（素质），三是美的本质、美的根源。这三层含义也是分层次的，李泽厚明确指出，《美学四讲》就是要用人类学本体论研究美的普遍必然性的本质与根源。

（三）美的本质

尽管如此，李泽厚虽力图探讨美的本质问题，但依然落入了将美与美的对象混为一谈的窠臼。如他指出："美是人类实践的产物，它是自然的人化，因此是客观的、社会的。"①在这里，"美"仍然指向审美对象，但李泽厚引入了"自然的人化"这一概念来探究美的本质与根源。中国美学界通常认为，"自然的人化"这一概念来自马克思的《1844年经济学哲学手稿》，其本意是说，人是自然的一部分，但又是不同于动物的自然存在物，"自然的人化"的历史过程就是"自然界生成为人"的过程，是人的诞生、成长、形成、发展的过程。马克思谈"自然的人化"主要是强调物质生产劳动作为人与动物的本质区别的重要性。李泽厚采用马克思主义的这一实践观点，从美产生的根源上探究美，认为美的真正根源出自人类制造和使用工具的劳动生产，即实实在在的改造客观世界的物质活动。

在五六十年代美学大讨论中，李泽厚就提出"美是客观性与社会性的统一"，虽然他认同这种统一也是"主客观的统一"，但他的观点仍然是一种客观论。"美只有在主观实践与客观现实的相互作用的意义上……才可说是一种主客观的统一。但这种主客观的统一，仍然是感性现实的物质存在，仍是社会的、客观的，不依存于人们主观意识、情趣的。……马克思完全不是从审美、意识、情趣、艺术实践而是从人类的基本实践——人对自然的社会性的生产活动中来讲美的规律，这就深刻地点明了美的客观性的本质含义所在。"②李泽

---

① 李泽厚：《美学四讲》，长江文艺出版社，2019年版，第57页。
② 李泽厚：《美学论集》，上海文艺出版社，1980年版，第162—163页。

厚用大段的论述，阐释美为何是社会的、客观的，又回到马克思关于美的定义以及实践观来佐证美是"自然的人化"。1980年，李泽厚继续阐释，"美是真与善的统一，也就是合规律性和合目的性的统一"。在此基础上，他将美分成依存美和纯粹美两种。前者更多表现出一种客观的合目的性，后者则指看不出什么社会内容的形式美、自然美。但无论哪一种美，都有感性自然形式。李泽厚将这一感性自然形式称为"人化的自然"。

为了进一步阐明"不是个人的情感、意识、思想、意志等'本质力量'创造了美，而是人类总体的社会历史实践这种本质力量创造了美"[1]，李泽厚还专门从社会美与自然美来作进一步阐释。他认为美学一般很少涉及社会美，但是社会美却非常重要，因为社会美是美的本质的直接展现，应当从三个方面去理解社会美：一是从动态过程到静态成果方面去理解。社会美首先存在于、出现于、显示于各种活生生的、艰难困苦的、百折不挠的人对自然的征服和改造，以及其他方面（如革命斗争）的社会生活过程之中，其次才呈现在静态成果或产品痕迹上。二是从历史尺度去理解。人类实践活动的不断深入使不同时代形成了不同的社会美的标准、尺度和面貌，随着实践的发展，社会美的内涵与标准也在不断提高、变迁和进步。三是从技术工艺和生活韵律方面去理解。李泽厚从东西方技术工艺的发展带来的生活韵律的差异出发，提出了现代化过程中的美学课题，即"如何使社会生活从形式理性、工具理性（Max Weber）的极度演化中脱身出来，使世界不成为机器人主宰、支配的世界，如何在工具本体之上生长出情感本体、心理本体，保存价值理性、田园牧歌和人间情味"[2]。答案仍然是"自然的人化"，李泽厚将之称为"天人合一"，意思是使整个社会、人类以及社会成员的个体身心健康、和谐统一。

关于自然美，李泽厚承认它是美学的难题，他认为自然美不但是美的本质的重要问题，也是消除异化、建立心理本体的重要问题。因而他既不赞同朱光潜所认为的自然无美，美只是人类主观意识加给自然的，也不认同蔡仪所坚持

---

[1] 李泽厚：《美学四讲》，长江文艺出版社，2019年版，第67页。

[2] 李泽厚：《美学四讲》，长江文艺出版社，2019年版，第72—73页。

的自然美在于其自身的自然条件而与人类无关。他认为自然美是在人与大自然的历史关系中形成的，无论自然是否经过改造，都因为"被掌握了的规律性"而被认为是人类历史的产物，因而是"自然的人化"。为了更好地阐释"自然的人化"，李泽厚还引入了"人的自然化"概念。他认为两者互相对应，是整个历史过程的两个方面。"人的自然化"包括三个层次或内容：一是人与自然界友好和睦、互相依存；二是人投身于大自然，把自然景物和景象作为欣赏、欢娱的对象；三是人通过某种学习，使身心节律与自然节律相吻合，达到与自然合一的境界状态。这两种对应也从另一侧面佐证了李泽厚将自然美的本质规定为"自然人化"的缘由。自然美并不是由于自身本来就美，而是由于人在改造自然的实践中与自然产生了关系，此时的自然便成为人的社会实践的产物，因而自然美也具有社会性。如此，李泽厚通过对社会美与自然美的分析，从"美的根源是自然的人化"对美的本质做了明确而自洽的定义。

四、美感与艺术

李泽厚的美学研究深受西方思想和中国古典文化的影响，也深知美感研究对于解决美学问题的重要性，因此，美感学说成为李泽厚美学思想的主要组成部分并非偶然，美感积淀说、美感矛盾二重性等原创思想无一不展示了李泽厚对美学的深度思考，同时，李泽厚又将美感积淀说与艺术的三个层次等结合起来，进一步深入论证其对"自然的人化"这一马克思主义核心思想的理解。

（一）美感的含义与形态

李泽厚指出，美感问题属于心理科学范围，是审美心理学专门研究的课题。但由于美感问题涉及《美学四讲》中提出的心理本体特别是情感本体，因而李泽厚主要是从哲学角度来探讨美感。他强调："从主体性实践哲学或人类学本体论来看美感，这是一个'建立新感性'的问题，所谓'建立新感性'也就是建立起人类心理本体，又特别是其中的情感本体。"①李泽厚认为广义的美感等于审美意识或审美心理，狭义的美感则是一种审美感受或审美判断，总体来说，美感仍然是一种"内在自然的人化"，它分为"感官的人化"和"情欲的人化"两个层面。前者指的是"感性非功利性的呈现"，也就是说人的感官虽然是个体的，受生理欲望支配，但经过长期的"人化"，逐渐消弭了狭隘的维持生殖、生理与生存的功利性，而成为一种社会性的东西。这便是人和动物的区别。后者则指向对人的动物性的生理情欲的塑造或陶冶，李泽厚用"性"与"爱"的关系来解读这一概念。他指出，人们的感情是感性的、个体的，有生物根源与生理基础，但其中积淀了理性的东西，超越了生物性质而具有丰富的社会历史的内容，从而使动物之"性"走向人之"爱"。由此我们可以看出，美感包含着两重含义：一方面是感性的、直观的、非功利性的，另一方面又是超感性的、理性的。那么，理性的东西如何表现在感性里？社会的东西如何表现在个体里？李泽厚创造出"积淀"一词，用以表达社会的、理性的、历史的东西积累沉淀为一种个体的、感性的、直观的东西，这也是通过"自然的人化"过程来实现的。由此，美感就是对人类生存所意识到的感性肯定，李泽厚将其称为"新感性"。

关于"新感性"，李泽厚在《美学四讲》中强调他所提出的这一概念与马尔库塞的观点不同，他认为马尔库塞将"新感性"作为一种纯自然的东西，或者直接视为爱欲，"感性的审美需求使感性能够脱离感性自身的感觉层面，而保持在一个自由的天地里寻求自身解放的潜能"②。李泽厚则认为人与人的"新感性"是通过三种审美形态不断建立起来的。第一种形态是悦耳悦目，这一形态并非单纯的感官快乐，也是一种包含想象、理解、情感等多种功能的动力综合，既是一种生理快感，又是一种身心愉悦感。"耳目愉悦的范围、对象和内容在日益扩大，这具体标志着陶冶性情、塑造人性、建立新感性的不断前

---

① 李泽厚：《美学四讲》，长江文艺出版社，2019年版，第102页。

② 转引自董军：《走向"新感性"：在马尔库塞与李泽厚之间》，《华中学术》，2022年第14期。

进。它是人类的心理—情感本体的成长见证。"[1]第二种形态是悦心悦意，这一形态的范围和内容更加宽广，"精神性"和"社会性"更加突出，多样性、复杂性更加明显，它使人的感性情欲日益高级化、复杂化和丰富化。李泽厚指出，人类的新感性也就正是通由这种悦心悦意的审美形态而不断建立起来的。第三种形态悦志悦神被李泽厚称为"人类所具有的最高等级的审美能力"，它是"在道德的基础上达到某种超道德的人生感性境界"，是整个生命和存在的全部投入，在中国文化中，表现为"天人合一"的精神境界。李泽厚强调："中国传统的'天人合一'将不再是古典式的和谐宁静，而将是一个充满了冲突、苦难、斗争的过程，……是真实的感性的苦痛和艰辛。"[2]在这一过程中也是"自然的人化"，通过美感的三形态论，李泽厚将美、美感、新感性、积淀等概念串联起来，统一到"自然的人化"中来，进一步建构其人类学本体论美学体系。

（二）艺术的三个层面

李泽厚对于艺术的本质的认知，是有一个发展过程的：20世纪五六十年代，也即李泽厚美学研究的初期，他始终将艺术作为认识世界、反映生活的一种特殊方式，认为艺术只是客观生活的反映和艺术家主观情趣的抒发。但随着其主体性实践哲学观点的逐步形成，他对艺术本质的看法也在不断发生改变，"情感"的要素在艺术中逐渐占据了主导地位。他明确指出艺术不是狭义地教人去认识世界，而是使人激励与团结起来，教人去行动和改造世界。及至1980年代，他对艺术问题的思考进入了第三个阶段，这一阶段他"着眼于艺术与人的审美经验以及人在实践基础上所形成的审美心理结构之间的内在关系，并主要从这种关系中来揭示艺术独具的本质特征。这种转变的意义在于，它突出了艺术家在艺术活动中的主体地位，也突出了审美心理结构在生活与艺术之间的中介作用。这样，艺术的独特存在价值就主要不在于它是人们认识生活、把握

---

① 李泽厚：《美学四讲》，长江文艺出版社，2019年版，第142页。
② 李泽厚：《美学四讲》，长江文艺出版社，2019年版，第146、149页。

真理的一种特殊的手段，而是在于艺术作为审美对象是人的本质的一种美的呈现"①。李泽厚对艺术本质认知的变化体现了当代中国知识分子难能可贵的探索精神，以及不断质疑与反思的问题意识，也只有这样的不断探索，李泽厚的"情本体论"才得以产生并成为其理论创新，从而为中国美学的发展特别是中西文化的会通开辟了一条新思路。

那么，究竟如何理解作为审美对象存在的艺术呢？在《美学四讲》中，李泽厚将艺术定义为"各种艺术作品的总称"。那么，艺术作品又是什么呢？它们是在什么条件下成为艺术作品的呢？"只有当某种人工制作的物质对象以其形体存在诉诸人的此种情感本体时，亦即此物质形体成为审美对象时，艺术品才现实地出现和存在。"②许多物质产品即便在还没有成为纯粹的观赏对象时也已经承载了物质的、精神的功能，已然在建构情感本体。当物质产品经过艺术打造，原本的实用功能逐步退却，但日常的、实用的心理功能与审美感受却可以同时存在且互相渗透，因而，"实在没有所谓纯粹的艺术，只有或多或少地渗透人世情感内容的艺术"③。一般来说，物质产品要具备两个条件才能成为艺术品：一是人工制作的物质载体，无论是创作还是欣赏都需要物质载体，才能传递审美意义；二是主体欣赏者的审美经验，这和主体所处的时代、社会、阶级集团、文化背景以及个人的性格、气质、教养、经历等有着密切的关系。只有具备了以上的必要条件和充分条件，艺术品才得以存在，这一存在，也是一种主客观的统一。

李泽厚认为艺术品作为审美对象既是一定时代社会的产物，又是一种人类心理结构的对应品。因而，对艺术品的研究，即是对物态化了的一定时代社会的心灵结构的研究，审美对象（艺术品）的历史正是审美心理结构的历史，是人类自己建立起来的心理—情感本体世代相承的文化历史。李泽厚将艺术品分为三个层面来剖析审美心理结构：形式层、形象层和意味层。我们常说：艺

---

① 张天曦、陈芳：《艺术：情感本体的物态化形式——李泽厚艺术思想述评》，《思想战线》，2000年第2期。

② 李泽厚：《美学四讲》，长江文艺出版社，2019年版，第153、156—157页。

③ 李泽厚：《美学四讲》，长江文艺出版社，2019年版，第158页。

术是有意味的形式，形式塑造形象，想象表达意味。这三者尽管是层层递进、逐渐深入的关系，但时常处在同一个审美对象中，彼此渗透交融、反复重叠。形式即素材、结构、手段或媒介，不同的时代不同的民族会采用不同的艺术形式，不同的主体也会采用不同的艺术形式；反之，不同的艺术形式会赋予主体不同的感性知觉，它能够直接唤起、调动人的感受、情感和力量，因而艺术形式的创造和改变是"真正审美的突破"，同时也是"艺术创造"，这一创造和突破看起来是纯形式的，但仍然是社会性的，因而，"艺术作品的感知形式层的存在、发展和变迁，正好是人的自然生理性能与社会历史性能直接在五官感知中的交融会合，它构成培育人性、塑造心灵的艺术本体世界的一个方面，尽管似乎还只是最外在的方面或层次"①。

　　比艺术作品形式层更进一步的自然生理性能与社会历史性能的交融会合，构成了艺术作品的形象情欲层。李泽厚指出，对艺术形象层的分析要注意到表面形象下的意识和无意识的深层结构，这些深层结构中，积淀着人化的情欲，它既表现为动物性的本能、冲动和非理性，又具有社会性的观念、理想和理性，两者交融渗透出希望、期待、要求、动力和生命，不断启发、激励和陶冶着人们。因而，艺术形象层的变异过程，展现为一种"由再现到表现，由表现到装饰，再由装饰又回到再现与表现"的行程流变②，这个过程也同样是人类审美心理结构特别是情欲不断丰富和复杂成熟的过程。艺术作品的第三层面是意味层，顾名思义，意味层是指艺术作品的形象层、感知层的"意味"和"有意味的形式"中的"意味"。这一"意味"不脱离且同时超越形象与感知，表现为整个心理状态的人化以及长久的持续的可品味性，正如"意味"字面的意思有"意味深长"的丰富性与深刻性。因而李泽厚解释道："从哲学美学看，意味层的持续性、永恒性与前面讲的情欲层的永恒性之不同，就在情欲层涉及的是主题内容的永恒，包含有感性血肉的动物生命的族类永恒在内，而这里所涉及的却已超越了这种族类生理性的存在，而作为纯对人类性的心理情感本体

---

① 李泽厚：《美学四讲》，长江文艺出版社，2019年版，第174页。

② 李泽厚：《美学四讲》，长江文艺出版社，2019年版，第195页。

的建立。正是在这一层里，体现着人性建构的实现程度。"①简而言之，意味层中的"意味"二字可以称为"人生意味"或"生命意味"，深远的人生意味或生命意味通过具有感性形象的艺术来实现，便是艺术本身的本体所在。

在李泽厚所有的理论创新中，尤为引人关注的是"积淀说"，它与艺术的关系也极为密切。在论述艺术品时，李泽厚将艺术品的三个层面对应三种或三层不同的积淀，即原始积淀、艺术积淀与生活积淀。那么，究竟什么是积淀？李泽厚曾先后作出过解释，主旨含义是指"社会的、理性的、历史的东西积累沉淀成了一种个体的、感性的、直观的东西"，并要通过"自然的人化"过程来实现。②后来李泽厚将积淀分为广义的积淀和狭义的积淀："广义的'积淀'指不同于动物又基于动物生理基础的整个人类心理的产生和发展。……而狭义的'积淀'则专指理性在感性（从五官知觉到各类情欲）中的沉入、渗透与融合。"③关于狭义的积淀，李泽厚进一步解读："所谓'积淀'，正是指人类经过漫长的历史进程，才产生了人性——即人类独有的文化心理结构，亦即哲学讲的'心理本体'，即'人类（历史本体）的积淀为个体的，理性的积淀为感性的，社会的积淀为自然的，原来是动物性的感官人化了，自然的心理结构和素质化成为人类性的东西'。"④艺术对应的三种积淀属于狭义的积淀，简而言之，原始积淀指向一种感知，艺术积淀主要表现为情欲的人化，而生活积淀则指向对人性结构的更深层次的讨论与把握，更多的是一种人生意味。三者共同推动人们对艺术美的把握，也使艺术美具有了更深层次的美的体现。

当然，"积淀说"的提出有一个较长的过程，也是李泽厚思想不断完善的过程。1956年李泽厚在《论美感、美和艺术——兼论朱光潜的唯心主义美学思想》中，使用的是"凝冻"一词，他这样表述："艺术（美感）与科学（理智）在这里（形式上）的不同乃在于：后者是通过抽象概念的推演来展开和反

①　李泽厚：《美学四讲》，长江文艺出版社，2019年版，第205页。
②　李泽厚：《美学四讲》，长江文艺出版社，2019年版，第112页。
③　李泽厚：《历史本体论》，生活·读书·新知三联书店，2002年版，第124—125页。
④　李泽厚：《美学四讲》，长江文艺出版社，2019年版，第104—105页。

映这种关系；而前者是把这种关系凝冻在一个具体有限的形象里，通过这个凝冻的形象来反映关系。"①之后在1962年发表的《略论艺术种类》一文中，李泽厚开始使用"沉淀"一词，这实际上是他"积淀"理论的前期表达，"积淀说"的核心思想已然体现出来，即理性与感性之间的自由转换。1979年起，李泽厚开始使用"积淀"一词，在《批判哲学的批判——康德述评》一书中，他明确指出："时空不是概念、理性，也不同于被动的纯感觉如色味香暖之类，而在于这种感性直观中积淀有社会理性，因之对个体来说，它们似乎是先验的直观形式，无所由来；然而从人类整体说，它们仍然是社会实践的成果。"②这是他首次正式阐释"积淀"的概念，并将这一概念试图与审美、实践、自然的人化等联系起来，开始实施其美学哲学构想。1981年《美的历程》出版，该书对审美积淀论多有阐释，如他指出美之所以是"有意味的形式"，正在于它是积淀了社会内容的自然形式；而心理学分析家们企图用来解释"审美积淀"的人类集体的"无意识"，实际上也正是这种积淀、融化在形式、感受中的特定的社会内容和社会感情。在这本著作中，李泽厚还结合具体艺术门类对"积淀说"的理论内涵和操作路径进行了深入而生动的阐释，对"积淀说"原本存在的缺陷进行修改、完善。及至《美学四讲》出版，李泽厚的"积淀说"已然相当完善，对应着艺术品的三个层次进行了积淀的分类，不断构建起自身的实践美学论以及人类历史本体论哲学体系。

"积淀说"有着深厚的理论渊源，学界普遍认同这是李泽厚在马克思主义唯物论和实践论的基础上，吸收并改造了康德的"先验论""共通感论"，荣格的"集体无意识原型"论，克莱夫·贝尔的"有一意味的形式"论，以及格式塔心理学的"完形论"和皮亚杰的"发生认识论"等。这一学说是李泽厚在探讨人的精神文化和心理结构时提出来的，表达的是人性的"感性中有理性，个体中有社会，知觉情感中有想象和理解，也可以说，它是积淀了理性的感性，积淀了想象、理解的感情和知觉，也就是积淀了内容的形式"。③"积

① 李泽厚：《美学论集》，上海文艺出版社，1980年版，第8页。
② 李泽厚：《批判哲学的批判——康德述评》，人民出版社，1984年版，第119页。
③ 李泽厚：《美的历程》，中国社会科学出版社，1984年版，第266—267页。

淀说"是李泽厚美感论的基石，是他美学话语的独创，更是其实践美学最为重要的概念之一，同时他以"积淀说"为基础，延展出哲学上的宏大构想，为其人类学本体论打下了基础。因此，这一学说自诞生以来便引起了学术界的广泛关注与争论，有学者一分为二看待这一学说，如尽管认为"积淀说"是"对马克思思想的误读和倒转"，但同时也未否认这种误读"实际上是一种创造性的阐释"，无可厚非。[1]关于李泽厚"积淀说"的论争与批评，在某种程度上推动了当代美学的发展，当代著名的美学学者如杨春时、朱立元、潘知常等都是在对"积淀说"的剖析中成长起来的。但"积淀说"的批评之声不少，其中较为典型的批评意见是高建平发表于《学术月刊》的文章《"积淀说"的反思与重释"新感性"》。他认为"积淀说"理论有着严重的缺陷，如这种理论所持的理性积淀为感性的思路，造成美学的过度理性化；内容积淀为形式忽视了形式有着自身独特的、不依赖内容的起源；对"实践"也不能理解为依照理性来实施行动，而应该理解为"感性活动"；"新感性"要建立在"实践"基础之上，它既不能变成"理性的感性呈现"，也不能看成原始本能的激情迸发。[2]潘知常先后发表了《实践美学的美学困局——就教于李泽厚先生》与《再说实践问题的美学困局——再就教于李泽厚先生》，认为李泽厚创造的无论是"主体性"还是"积淀说"，无非就是一种"美学魔术"，实际上仍然必须回归到"生命活动"与生命本体，但李泽厚并未清晰地认知到这一点。

五、实践美学的前世今生

朱志荣指出，实践美学是20世纪中国最重要的、最具特色和最具生命力的美学流派，是中国美学家创立的具有本土特色的美学理论。它以马克思主义的实践论思想为基础，同时融入了西方现代美学思想中的精髓，并在对我国传

---

[1] 苏宏斌：《理论创新的阐释学路径——以李泽厚的"积淀说"为例》，《东北师大学报》（哲学社会科学版），2022年第3期。

[2] 高建平：《"积淀说"的反思与重释"新感性"》，《学术月刊》，2022年第3期。

统美学的适度继承和吸收中，随着时代的发展而不断充实和完善。实践美学
在20世纪中国的产生和发展，体现了历史的必然和逻辑的必然，在今后还将得
到更加深入的发展，并且必将在中国美学史上留下不可磨灭的印记。[①]一般认
为，实践论美学起源于20世纪五六十年代的美学大讨论，在这场讨论中，中国
大陆美学学科形成了四大派别，其中包含李泽厚主张的"社会性与客观性统一
派"，成为实践论美学的前身。潘知常在"中国当代美学前沿丛书"总序中谈
道："美学四派的概括，却是等到实践美学的主要代表之一蒋孔阳先生在1979
年写的《建国以来我国关于美学问题的讨论》一文的出现才逐渐得到了包括当
事人在内的广泛认同，并且流传至今。……再看实践美学，则其至连自己的名
字都是被后人追认的，……至于提出者本人，李泽厚是在2004年才接受'实践
美学'这个称谓的。"[②]尽管如此，学界普遍认同的是，李泽厚所持的实践美
学观点被称为"主流派实践美学"，这一派别从1980年代起成为中国美学的主
流，李泽厚本人也被认定是实践美学当之无愧的代表人物和创始人。而其他持
实践美学观点的学者如刘纲纪、蒋孔阳、周来祥等人，其美学思想属于非主流
派的实践美学，而朱立元提出的实践存在论美学、张玉能提出的新实践美学等
均归为"后实践美学"。

（一）实践美学的提出

学术界形成共识的是，实践美学作为一个思潮和流派起源于20世纪五六十
年代的美学大讨论，李泽厚和朱光潜因对马克思主义实践观的理解不同而开启
了不同的维度的思考，形成了不同的思想与观点。两者的区别在于对于"实
践"的认知：李泽厚将实践活动严格界定为物质生产实践，并将实践活动与艺
术活动进行了严格的区分，认为世间一切的美包括自然美等都要经过物质生产
实践而不能脱离人的要素。朱光潜则认为在审美的意义上，生产实践与艺术实
践、物质生产与精神生产都是一致而互相贯通的，都是"按照美的规律来建

---

①　朱志荣：《论实践美学发展的必然性》，《湖北大学学报》（哲学社会科学版），2008
年第3期。

②　潘知常：《生命美学引论》，百花洲文艺出版社，2021年版，总序第6页。

造"的；李泽厚所理解的"自然的人化"是客观物质生产实践的成果，而朱光潜所认为的"自然人化"则是认知或情感产生的后果。就这两点而言，李泽厚与朱光潜二人各有偏狭，然而，由于朱光潜强调的是美的精神性和意识形态性，因此被无情地定性为主观唯心主义并遭到批判，也因此被排斥在实践美学之外。而李泽厚则在后期不断地完善其实践美学论的内涵，并且取得了一定的创新。因而，如今我们在谈论实践美学时，在某种程度上常常忽略了朱光潜等人的贡献而将李泽厚作为创始人。朱志荣曾客观地分析道："李、朱二人的学说也在辩论交流中互为补充，架构起实践美学发展的理论基础。同时，客观派和主观派也都从各自的角度间接为实践美学的诞生提供了可供参照的美学理论和阐述方式。"①朱立元也曾谈到，朱光潜不仅从实践角度解释形象思维，还强调马克思的实践观点必然会导致美学领域的彻底革命，并表明从这一意义而言，朱光潜、李泽厚正是这场"革命"的首倡者和践行者，对中国马克思主义实践美学的建立功不可没。②

如果回到当时的历史语境中，还有一个视角，实际上，李泽厚的实践美学思想在很大程度上也受到了苏联美学家万斯洛夫、斯托洛维奇等"社会派"美学思想的影响。在论及美的本质方面，万斯洛夫的观点被称为"社会说"，他认为，一个对象，它的可感的属性具有人的意义，具有社会产生的表情，这个对象就可以叫审美对象，审美对象不但是具体可感的、有表情的，而且必须有社会的内容。那么，何为"美的内容的社会性"？万斯洛夫认为："美是有内容的，这内容是受社会发展过程所制约的。在美的东西中，总是表现出该现象的符合人的生活的有价值的正面特征的、肯定着人的生命活力的生活本质。"③比较李泽厚对于美的本质的看法，不难发现，他受万斯洛夫影响很大，特别是在关于自然物、自然美的社会性方面，李泽厚似乎直接接受了万斯洛夫的影响。万斯洛夫对于自然物的形象为什么能够体现人的、社会的内容的

① 朱志荣：《论实践美学发展的必然性》，《湖北大学学报》（哲学社会科学版），2008年第3期。

② 朱立元等：《当代中国马克思主义美学研究》，上海人民出版社，2019年版，第53页。

③ 杨成寅：《万斯洛夫美论述要》，《学术月刊》，1984年第12期。

回答是：因为人类的社会历史实践，即通过实践人的本质的对象化和自然的人化。而李泽厚在论述自然美时，认为自然美的根源在于人类社会实践活动基础上的主客观的相互统一，天空、大海、沙漠、荒山野林，虽没有经过人的改造，但也是"自然的人化"。至于斯托洛维奇，他在1956年发表的《论现实的审美特性》一文中这样分析美的"客观性"："现实的现象和事物的审美特性的客观性就在于：这些特性是不依赖于艺术意识、不依赖于审美感受而形成和存在的，而审美感受在某种程度上能正确地反映这些特性。"[1]由于历史的原因，以上二人的美学思想在20世纪五六十年代通过各种译著传播至中国，且作为主流的思想深刻影响了李泽厚等一代青年学人，而作为元理论的马克思主义思想在这一时期的中国第一次美学大讨论中被确立为指导地位，正是在这样的历史文化语境与思想影响下，李泽厚才提出了"美是客观性与社会性的统一"，为实践论美学的确立奠定了基础。

（二）实践美学的内核

20世纪七八十年代，随着李泽厚哲学与美学思想的不断充实与完善，李泽厚逐渐建构起了实践论美学的中国形态，即主体性实践哲学，并成为1980年代中国美学热潮中的关注焦点和主流美学思潮。特别是1979年李泽厚《批判哲学的批判——康德述评》的出版，标志着李泽厚正式拉开了后期"实践美学"思想的序幕，初步建立起主体性实践哲学的架构。随后，他又出版了一系列美学与哲学专著，从《美学四讲》《美学漫步》《华夏美学》"美学三书"中可见其主体性实践美学思想的总况。由于李泽厚本体论实践美学的主旨内核主要关涉美的本质、美感与艺术等，为避免与上文内容重合，因而在这一部分主要以"实践""主体性"和"情本体"三个核心关键词来阐述主体性实践美学的主干思想。这三个关键词，也能够代表主体性实践美学的核心思想区别于其他实践美学或美学流派的思想。

谈主体性实践美学离不开"实践"二字。李泽厚曾经专门解读过"实

---

[1] "学习译丛"编辑部编译：《美学与文艺问题论文集》，学习杂志社，1957年版，第51页。

践"，他称自己对"实践"的理解源自马克思《1844年经济学哲学手稿》以及《关于费尔巴哈的提纲》，马克思谈道："从前的一切唯物主义（包括费尔巴哈的唯物主义）的主要缺点是：对对象、现实、感性，只是从客体的或者直观的形式去理解，而不是把它们当做感性的人的活动，当做实践去理解，不是从主体方面去理解。"① 其意是说，费尔巴哈的错误在于不能从实践这个角度理解事物和人的感性，而在马克思的概念里，现实、事物、感性等都是人的实践的结果。后来，李泽厚又根据马克思的"社会生活在本质上是实践的"这一表述延伸出"人们的一切思想、情感都是围绕着、反映着和服务于这样一种革命的实践斗争而活动着，而形成起来或消亡下去"②，这样的延伸与误读就造成了李泽厚这一时期对"实践"概念理解的混乱，一方面，实践的内容变得极其宽泛，因为凡是与人的一切思想感情有关的都是实践；另一方面，李泽厚为了与南斯拉夫学派"无所不是实践"的观念相区别，始终坚持"实践"只是指制造——使用工具的物质生产实践，其他活动包括艺术和审美活动都不能算作实践。也正因为这一点，李泽厚常被批评窄化了"实践"概念。如朱立元便认为这一狭隘的说法"既不符合西方思想传统对实践的理解，也不符合马克思……的实践观。……李泽厚由于对实践的理解过于狭隘，所以始终无法真正解决物质功利性的实践如何过渡到非功利性的审美的问题"③。更多的批评者认为"实践"不仅仅指物质生产实践，而应当包含广泛的人生实践、精神实践和道德实践。

谈到这里，我们需要再次回溯马克思关于"实践"概念的核心内涵。马克思的"实践"概念内涵极其丰富，在其著作中，他曾从不同视角、用不同的语言来阐述"实践"，如把"实践"定义为"有意识的生命活动""创造对象世界、改造无机界的活动""作为生命外化的生命表现""人的感性活动，是人的现实生活过程"等，以及耳熟能详的"人的本质力量的对象化""自然的

---

① 中共中央马克思恩格斯列宁斯大林著作编译局编译：《马克思恩格斯文集》（第1卷），人民出版社，2009年版，第499页。

② 李泽厚：《美学论集》，上海文艺出版社，1980年版，第30页。

③ 朱立元：《略说实践存在论美学》，百花洲文艺出版社，2021年版，第6—7页。

人化"。正如上文所谈到的，马克思是在批判以黑格尔为代表的唯心主义只肯定人的精神活动的能动而忽视人的物质性活动，同时又针对费尔巴哈等人否定人的感性活动的基础上，将"实践"作为主客观统一的活动提出来的。马克思所指的"自然的人化"既包括外部世界的人化，又包括主体自身的自然人化，因而才有了著名的论断"劳动创造了美"，意为人类的生产劳动才是美的终极根源。李厚泽对于马克思主义实践论的继承是有选择性的，在某种程度上甚至存在一定的误读，如有学者认为李泽厚把实践仅仅归结于"使用工具和制造工具"，这样的实践并未超出生物学、人类学的范围，这也是李泽厚称自身的哲学为"人类学本体论的实践哲学"的原因所在。然而如此归纳实践的特性，在某种程度上抹杀了实践的社会性，将社会实践概念抽象化，同时也存在将实践作为"工具"而陷入"工具论"的风险。

　　"主体性"是李泽厚提出的又一重要理论范畴，这一问题在马克思主义哲学中也是一个源远流长的问题，在中国的思想界也是常被热议的概念。徐碧辉曾经指出："这个概念曾经凝聚和表达了中国学术界对现代化的渴求，对'文革'时期泯灭人性、压制个性的控诉，以及对一种更为理性、人性化的思想文化的追求。然而，很快地，随着当代解构主义思潮的引进，这一曾经是最为先锋性的概念遭到质疑。在一片对所谓'主客二元对立'的思想的声讨中，主体和客体本身成为过时、落后、传统、保守的代名词，主体性成为人类自我扩张、吞并自然、造成诸多环境问题的罪魁祸首，成为批判与讨伐的对象。"① 徐碧辉的这一表述在某种程度上也代表了李泽厚"实践论"或实践美学的命运。李泽厚可称为"文革"之后国内最早倡导主体性的哲学家，他关于"主体性"的思考也在不断发生变化，徐碧辉称李泽厚的"主体性"经历了从"人类主体性"到"个体主体性"的演变历程，并在这一探寻过程中逐渐形成了"情本体"的观点。主体性概念的最初提出，是在1979年出版的《批判哲学的批判——康德述评》中，李泽厚指出："本书所讲的'人类的''人类学''人

---

① 徐碧辉：《从人类主体性到个体主体性——论李泽厚实践美学的主体性观念》，《汕头大学学报》（人文社会科学版），2007年第4期。

类学本体论'，就完全不是西方的哲学人类学之类的那种离开具体的历史社会的或生物学的含义，恰恰相反，这里强调的正是作为社会实践的历史总体的人类发展的具体行程。它是超生物族类的社会存在。所谓'主体性'，也是这个意思。人类主体性既展现为物质现实的社会实践活动（物质生产活动是核心），这是主体性的客观方面即工艺—社会结构亦即社会存在方面，基础的方面。同时主体性也包括社会意识亦即文化—心理结构的主观方面。"①这里一方面指明了"主体性"指向人类在历史性的社会实践中生成的一种超越生物族类的社会性存在，另一方面表明了主体性具有双重特性。后来在1981年发表的《康德哲学与建立主体性论纲》以及1985年发表的《关于主体性的补充说明》中，李泽厚对"主体性"的双重特性做了进一步的阐释。他指出，第一个"双重"是：它具有外在的工艺—社会的结构面和内在的文化心理结构面。第二个"双重"是：它具有人类群体（又可区分为不同社会、时代、民族、阶级、阶层、集团等）的性质和个体身心的性质。这四者相互交错渗透、不可分割。而且每一方又都是某种复杂的组合体。②这就表明，李泽厚清楚地意识到主体性概念的复杂性，但他更为重视每一重含义的第二个方面，也就是个体的、内在的一面。这一认知使得主体性概念具有了个体与感性的生存维度，"回到感性的人"，这是李泽厚作为中国的知识分子为张扬主体与个性发出的勇敢呼喊。在个体主体性问题上，李泽厚又将其分为外在主体性和内在主体性两个方面，前者凸显个体、偶然在创造历史中的作用，"从人类看，所谓'必然'也只是从千百年的历史长河看的某种趋势和走向，如工具的改进、经济的成长，生活的改善。但对一个人、一代人甚或几代人来说，却没有这种必然。相反，无不充满着偶然。……高扬个体主体性便意味着由偶然去组建必然，人类的命运由人自己去决定，去选择，去造成。每个人都在参与创造总体的历史；影响总体的历史"③后者即内在主体性凸显的是个体对文化心理结构的突破和丰富，如李泽厚所论述的："时刻关注这个偶然性生的每个片刻，使他变成是真正自

---

① 李泽厚：《批判哲学的批判——康德述评》，人民出版社，1984年版，第94页。
② 李泽厚：《实用理性与乐感文化》，生活·读书·新知三联书店，2008年版，第217页。
③ 李泽厚：《李泽厚十年集》（第2卷），安徽文艺出版社，1994年版，第519页。

己的。在自由直观的认识创造、自由意志的选择决定和自由享受的审美愉悦中，来参与构建这个本体。……在这一建设中，个体属于生物性的种，从各种本能冲动到无意识层，通过个体的自由创造而进入本体，心理本体由之而生长得非常强壮。"①通过以上解读，我们不难看出，李泽厚实际上在从人类主体性到个体主体性、外在主体性到内在主体性的发展历程中完成了其主体性实践哲学的构建。但必须指出的是，这四个主体性概念亦是相互渗透共同搭建起了主体性实践哲学的理论构架，也因此可见，主体性的概念在其哲学以及美学体系中具有至为关键的作用。

今时今日，我们回顾李泽厚关于主体性概念的内涵以及主体性实践哲学体系的构建，尽管认为由于时代与个人的局限，这一概念或体系仍有不尽如人意之处，但我们无法否认其理论价值以及其对中国哲学、美学发展的贡献，更无法否认李泽厚在前人理论中挖掘出主体性这一概念对当时中国的价值。尽管在西方哲学的当代发展中，主体哲学已然步入黄昏之境，但主体性问题却一直是多年来国内哲学界的理论热点，从主体性的追求、张扬到对主体性的批判与声讨，反映出李泽厚等学者不断结合中国政治、经济、文化、社会等各方面的发展而做出的形而上的思考。江飞指出："李泽厚的独到之处首先在于，他认为康德哲学的功绩不在于提出了具有唯物主义色彩的'物自体'，而是在唯心主义的先验论体系中第一次全面地提出了'主体性'问题。正是紧紧扣住'主体性'这一现代哲学的核心命题，但又从实践而非认识论（如笛卡尔）的角度来讲人的主体性，他提出了主体性实践哲学的美学观念。"②如果说，在20世纪五六十年代美学大讨论中，李泽厚囿于时代的局限未能揭示出"主体性"的内涵，但到了1970年代末至1980年代，时代的需要使李泽厚在康德哲学中挖掘"主体性"的理论价值并不断进行探索创新，趁着时代之势不断张扬"人"的独立性和自由，并将这一概念与美的根源和本质、美感的产生、人性问题等紧密联系起来，从理论探索的层面执着地寻求解决中国当下问题的答案。

---

① 李泽厚：《李泽厚十年集》（第2卷），安徽文艺出版社，1994年版，第496页。
② 江飞：《李泽厚主体性实践美学思想的五个关键词》，《美学与艺术评论》，2021年第2期。

情感本体，又称"情本体"，在李泽厚的表述中，与新感性、审美心理结构、自然的人化等概念的内涵有密切的相关性与通用性。我们可以从《美学四讲》的一段文字中来体会："回到人本身吧，回到人的个体、感性和偶然吧。从而，也就回到现实的日常生活（everyday life）中来吧！不要再受任何形而上观念的控制支配，主动来迎接、组合和打破这积淀吧。艺术是你的感性存在的心理对映物，它就存在于你的日常经验（living experience）中，这即是心理—情感本体。"①李泽厚在《美学四讲》中多处谈到了情感本体的概念，但并未对其做出精准的定义。在这部著作中，"情感本体"的概念与新感性、审美心理结构等概念是可以互用的。但也有学者指出，"情感本体"与"情本体"的概念是有区别的：如使用时间的前后，包含内容的不同，以及概念内涵的大小等。牟方磊指出，在李泽厚的思想体系中，"心理本体""情感本体""新感性"与"情本体"是密切相关的一组概念：时间顺序上有先后承继关系，内涵上也相互关联。李泽厚最早提出"心理本体"，继而提出"情感本体"，前者包含后者，后者即是"人性心理"（也即心理本体）中的"审美情感结构"。"情感本体"之后是"新感性"，《美学四讲》中这样阐释，"所谓'建立新感性'也就是建立起人类心理本体，又特别是其中的情感本体"，可见，"新感性"就是"心理本体"。而1990年提出的"情本体"的外延结构要大于"情感本体"，既包含"情感本体"（情感结构），也包含"经验情感"。②牟方磊的这一分析是在综合了众多学者的观点基础上得出的结论，综合李泽厚的作品，特别是《美学四讲》中的阐释，这一结论也是目前为止分析较为科学的结论。因而在这里，我们仍然使用较为广泛的"情本体"概念。

那么，李泽厚"情本体论"究竟是如何生成的？李泽厚一直都重视"情感"，有学者指出，在李泽厚的思想中始终都贯穿着明显的"情感论"线索。如在其早期的美学和文艺学研究中，在论及作家的主体作用、形象思维和美感心理等问题时，他特别强调"情感"在文艺创作中的重要意义，同时认为情感

① 李泽厚：《美学四讲》，长江文艺出版社，2019年版，第215页。
② 牟方磊：《李泽厚情本体论研究》，知识产权出版社，2019年版，第12页。

能力（主要指审美感）并非人天生具有的，而是长期社会生活的历史产物。而在1979年出版的《批判哲学的批判——康德述评》以及1981年《康德哲学与建立主体性论纲》中，李泽厚更多地关注文化心理结构中的审美情感倾向，这里的"情感"主要指向人类的"心理情感形式"，而非个体的经验性情感。及至1985年的《关于主体性的第三个提纲》中，李泽厚明确提出"心理本体"和"情感本体"概念，前者是指在人类历史实践基础上形成的人性心理结构，后者是指个体心理结构与实际生存的互动，即个人对自身实际生存过程的心理感受、体验、领悟等。至《美学四讲》中，李泽厚谈精神文明建设，谈美感问题，主要就是谈建立情感本体的哲学问题。在此之后的著作中，李泽厚对情本体的阐释更为清晰，如在1994年出版的《哲学探寻录》中，他指出："在海德格尔和德里达之后，去重建某种以'理'、'性'或'心'为本体的形而上学，已相当困难。另方面，自然人性论导致的则是现代生活的物欲横流。因之唯一可走的，似乎是既执著感性又超越感性的'情感本体论'的'后现代'之路。……在这里，本体才真正不脱离现象而高于现象，以情为'体'，才真正的解构任何定于一尊和将本体抽象化的形而上学。"①意即只有倡导情本体，才能使个体人生寻找到归宿。2005年出版的《实用理性与乐感文化》也是一部重点论述"情本体"问题的著作，在这一著作中，李泽厚在"情本体论"的框架内，指出了情本体的两种走向：伦理—宗教走向和伦理—政治走向。这一研究变化表明李泽厚的情本体研究从一开始的整个人类层面，转为更为关注个体存在的意义，进而又将注意力拓展至社会群体的存在状态，但在其中始终不变的是李泽厚对于情感的关注。

"情本体"在李泽厚实践美学中拥有怎样的地位？徐碧辉指出，情本体是实践美学最终的落脚之点。诚然，笔者认为，情本体是李泽厚实践美学的完善与升华。如果说，李泽厚在其早期实践美学中更多强调的是工具本体和群体主体性的决定性作用，那么，情本体则转向了以个体主体性为中心，更多注重人的命运中的偶然性。牟方磊认为情本体论是李泽厚与时代互动的结果，笔者

① 李泽厚：《人类学历史本体论》，天津社会科学院出版社，2008年版，第17页。

认为这一表述十分精当。以《美学四讲》为例，李泽厚谈道："特别是在物质文明高度发达后，人们的物质生活比较好了，那什么是生活目的和人生意义呢？人们感到空虚、寂寞、孤独和无聊。再过一两百年，也许能在世界范围内基本和逐渐解决物质匮乏、吃饱穿暖的问题，于是人类往何处去？即人类命运问题，个体寻觅其存在意义问题，等等，不也就变得更为突出了吗？人被一个自己制造出来并生存于其中的庞大的机器包围着、控制着，什么是真正的自己呢？凡此种种，均足见随着现代科技的高度发展，文化心理问题愈来愈显得重要，将日益成为未来世界要求思考的课题。哲学应该看得远一点，除了继续研究物质文明中的许多课题外，应该抓紧探究文化心理问题。"①在这里，李泽厚指出了物质文明高度发达之后，应当用"情本体论"教会人们如何面对"现代化弊端"的问题以及黑格尔所说的"散文时代"的生活弊端，也即在现代哲学层面对人生的归宿与意义问题做出回答。《美学四讲》所做出的这一思考，使得情本体论以及这一著作具有了重要的理论探索以及回应现实的意义，抑或说，《美学四讲》在李泽厚情本体论的发展过程中具有十分重要的地位。首先，《美学四讲》在多处对情本体做出了解读。如著作中常将"情感本体"与"审美心理结构""新感性"互用，并指出情本体即指自然的人化。其次，《美学四讲》采用情本体概念对美感和艺术进行深度解读，使美感以及艺术的生成与变化更具"历史感"。再次，《美学四讲》中论及情本体的基本范畴是"珍惜"，这是对现代人生存意义匮乏问题的一种积极回应，"珍惜"不仅是一种情感体验，还是一种积极行动，是一种寻找人生归宿的实际行动。最后，《美学四讲》对情本体的阐释隐含着李泽厚本人对于中西文化融合的路径探索，情本体论即是李泽厚承继了康德的"先验心理学"，并以马克思主义的历史实践观和皮亚杰的发生认识论对其进行改造，同时融合了儒家的"重情主义"思想传统等而生发出来的。从以上四点而言，《美学四讲》中所提出的情本体内涵在百年中国美学史上有着不可替代的重要作用。

---

① 李泽厚：《美学四讲》，长江文艺出版社，2019年版，第35页。

（三）实践美学的困局与后实践美学

谈实践美学的困局，首先应当参鉴的是潘知常于2019年、2021年先后发表在《文艺争鸣》的两篇学术文章。在《实践美学的美学困局——就教于李泽厚先生》一文中，潘知常简洁勾勒了实践美学的衰退轨迹。他指出，改革开放40年中，李泽厚开创的实践美学曾经一度是主流美学，但自1980年代开始，高尔泰发表《美的追求与人的解放》一文，最早发起对实践美学的"积淀说"的批评，潘知常自1985年起先后发表或出版《美学何处去》《生命活动——美学的现代视界》《生命美学》等文章或著作，与实践美学分道而行；至1994年，杨春时挑起第三次美学大讨论，这标志着实践美学权威地位的结束。此后数年中，一方面，实践美学分化出了"实践创造论美学"与"新实践美学"，分别为蒋孔阳与张玉能所倡导；另一方面，李泽厚对实践美学做出了自我调整，学界普遍认为其晚期的实践美学异于其之前的思想。同时，美学家朱立元还于2004年提出了"实践存在论美学"，作为实践美学的创新与拓展，在学术界也产生了广泛的影响。大浪淘沙，时代的洪流已然使中国美学呈现出多样性局面，"美学多元化"成为常态，而实践美学中的重要思想仍被当代美学家不断讨论与完善，从而切实推动了当代美学的发展。

潘知常从美学研究的出发点视角、审美活动的根源问题、美学范式的创造性转换问题等三个方面阐释了李泽厚实践美学的困局。美学研究是从实践活动开始还是从生命活动开始？李泽厚认为是从实践活动开始，因为"劳动创造了人"，而劳动是一种实践活动，因而反对从实践活动出发来研究美学就是反对真理。这一观点的错误在于：李泽厚希望通过"劳动"把动物和人截然分开，从而将审美活动的出现完全归功于人本身。然而，自然界中的基本粒子、生物大分子、细胞乃至整个生物体，无一不出于生命的律动中，这一律动是自然的产物，而非实践"积淀"的结果；同时，实践并不外在于生命，它所揭示的正是人类生存与自我生成的根本关联，正是个体如何向自由人联合体转化的内在奥秘。[①]关于实践与生命之间的关系，潘知常如是阐释：实践只是手段，

---

① 潘知常：《实践美学的美学困局——就教于李泽厚先生》，《文艺争鸣》，2019年第3期。

不是目的，无视生命存在的实践只能是也必然是无根的实践，生命存在本身才是目的。同时，潘知常还指出，从当代社会来看，从生命活动而不是实践活动出发，也显然可以更好地面对当代社会的大量新老问题，一些老问题如自由问题、主客体的分裂问题、自由与必然等都已经有了新内容，而痛苦、孤独、焦虑、绝望、虚无和因核武器、环境污染、生态危机所导致的全球性人类生存问题，以及相对论、控制论、信息论以及语言哲学、科学哲学等涉及的哲学问题等新问题，则难以用实践活动来概括。

关于审美活动的根源问题，潘知常认为："社会实践基础固然很重要的，但毕竟不是唯一，因为所谓'实践活动'是以改造世界为中介，体现了人的合目的性……折射的是人的一种实用态度。就实践活动与工具的关系而言，是运用工具改造世界；就实践活动与客体的关系而言，是主体对客体的占有；就实践活动与世界的关系而言，是改造与被改造的可意向关系。[①]因而，尽管实践活动对人类至关重要，但规定着审美活动本质的仍然是生命，而非实践。在此，潘知常将人类的活动分为实践活动、理论活动和审美活动三种或三个层面。实践活动是文明与自然的矛盾的实际解决，理论活动是文明与自然的矛盾的理论解决手段，是对实践活动的一种超越，而最高层次的审美活动，则以理想的象征性的实现为中介，体现了人对合目的性与合规律性两者超越的需要，是情感自由的实现，也是人类最高目的的一种理想的实现，它可以弥补实践活动与科学活动的有限性。[②]潘知常认为李泽厚误读了审美活动，或并未充分认知到审美活动作为人类最高的生命方式的重要性。李泽厚在《美学四讲》中从如何塑造个体审美心理结构的角度出发，将审美活动划分为"悦耳悦目""悦心悦意""悦志悦神"三个层次，其中"悦耳悦目"指向在生理基础上但又超出生理的感官愉悦，培育人的感知，"悦心悦意"指向在理解、想象诸功能配置下培育人的情感心意，"悦志悦神"是在道德基础上达到某种超道德的人生感性境界。但恰恰是这一划分引起了潘知常的批判，他认为"悦耳悦目""悦

---

① 潘知常：《实践美学的美学困局——就教于李泽厚先生》，《文艺争鸣》，2019年第3期。

② 潘知常：《实践美学的美学困局——就教于李泽厚先生》，《文艺争鸣》，2019年第3期。

心悦意""悦志悦神"等"愉悦"隶属于实践活动和道德活动范畴，而非审美活动，如果在这一基础上坚持"美在实践"无疑也就是将审美活动等同于"物"的活动，必然会导致"见物不见人"的误区。

潘知常指出实践美学的第三个方面的困局是李泽厚实践美学中蕴含的美学范式的失误，潘知常认为美学范式的"转换性创造"已经把审美活动从维系于客体的人类现实生活转向维系于主体的人类精神生活，也就是不再从现实维度、现实关怀，转而从超越维度、终极关怀去对之加以阐释；而李泽厚实践美学却仍然囿于人类现实生活和现实维度，在某种程度上就意味着人的自我分裂与有限性，如果审美活动只置身于现实层面的，那必然会使自由缺失，那么，人的终极价值和意义也便缺失了。

张玉能曾经指出，1993—2005年中国当代美学界的实践美学与后实践美学展开的争论，不仅推动了中国当代美学主导流派实践美学的发展，使得实践美学发展到了新阶段，从而产生了新实践美学流派；而且彰显了马克思主义美学的开放性和生命力，为马克思主义美学中国化创造了良好的氛围，造就了中国当代美学发展的多元共存的局面，给中国当代美学进一步发展奠定了良好的基础。[1]那么，究竟何谓后实践美学？杨春时认为后实践美学是中国美学超越实践美学、走向世界、走向现代的阶段。他经过分析，指出了实践美学存在的十个方面的问题以及三个基本特点，由于实践美学存在的问题前文已有阐述，因而在此不再赘述。三个基本要素特点主要包括：第一，"后实践美学"更多地汲取当代美学的最新成果，与世界美学对话从而恢复了五四以来向西方美学开放的传统，同时还大量地借鉴了现象学、解释学、语言哲学、接受美学以及后结构主义等美学思想，因而具有很强的开放性、现代性。第二，"后实践美学"改变了实践美学一统天下的局面，各种观点、学说并出，呈现多元化格局，有的已经初步形成自己的体系，如体验美学、生命美学、审美活动论等。第三，"后实践美学"是在实践美学基础上的新发展，是对实践美学的继承、

---

① 张玉能、张弓：《实践美学与后实践美学争论的重大意义》，《青岛科技大学学报》（社会科学版），2019年第4期。

批判、扬弃与超越。①具体说来，在后实践美学时期，较为典型的有杨春时的超越美学、蒋孔阳提出的实践创造性美学、朱立元提出的实践存在论美学、张玉能提出的新实践美学等理论形态。

杨春时是在与以李泽厚为代表的实践美学的论争中，经过不断的美学思考提出了"超越实践美学"的学术主张。回顾其学术道路，杨春时在1982年的硕士学位论文《艺术的审美本质》中即已发现了审美的超越性，并将其与实践美学强调的审美的社会性区别开来。之后他延续审美超越性的思路出版多部美学专著，但并未突破实践美学的框架，据其自述，在1980年代末至1990年代，他开始确立"生存—超越美学"体系。如前文所提到的，1993年，杨春时在《超越实践美学》一文中首次提出实践美学的十大历史局限与理论不足；1994年发表《走向"后实践美学"》，1996年发表《再论超越实践美学——答朱立元同志》。在这些文章中，杨春时指出生存具有现实性，还具有超越性，而超越性是生存的本质，生存是指向自由的。在生存本体论的基础上，杨春时还进一步论证了审美是超越现实生存的自由的生存方式和体验方式，是对存在意义的领悟。生存—超越美学对实践美学的批判引发了实践美学的反批判。且不论实践美学批评杨春时所谓的生存的"超越"是从人的理性、社会性、物质性、必然性超越到人的非理性、个体性、精神性、自由性，造成了主客二分，最为根本的是生存—超越美学的本体论建构没有界定生存与存在的关系，也即立足于生存而忽略了最根本的存在。当然，后期杨春时已然意识到这一问题，他区分了存在与生存的关系，指出"存在是我与世界的共在，……这个共在是主体间性的，包括人与人、人与自然之间的共在，他人和自然都不再是客体和征服对象，而成为与我交往的主体，……生存是存在的依据，存在是生存的异化。现实生存……在一定程度上体现了存在的本质……生存具有两重性：一为现实性，……二为超越性，生存指向存在，不满足于现实，最终会回归存在"②。在这一认知的基础上，杨春时超越了原先持有的生存论，建构了主体间性的存

---

① 杨春时：《走向"后实践美学"》，《学术月刊》，1994年第5期。

② 杨春时：《关于后实践美学的解说》，《河北师范大学学报》（哲学社会科学版），2014年第1期。

在论。当然，杨春时主体间性的存在论并非本文论述的重点，上述内容旨在深度挖掘李泽厚思想特别是《美学四讲》对杨春时美学观点的影响。应该说，杨春时的学术起点是从实践美学开始的。1980年代，在其读研究生期间，他理所当然成为一名实践派，其毕业论文《艺术的审美本质》带有实践美学的倾向，他认为艺术的真正哲学基础是实践论，并且从实践的主体性出发论证艺术的本质是审美，审美的本质是自由。杨春时曾做过自我分析，指出"80年代，是我与实践哲学、实践美学结盟的时代，虽然已经有所突破，但并未丢弃其理论框架"，但1980年代末到1990年代，杨春时与实践派分道扬镳，二者展开并参与了美学论争。[①]也正是在这一美学论争中，尤其是因为杨春时对李泽厚思想的批判，李泽厚开始意识到实践美学的不足，开始不断修正、完善自身的观点。因而，在《美学四讲》中，李泽厚具体论述了作为根本性存在方式的物质实践如何与人的审美活动建立一种联系。这一论证，也间接性地启发了杨春时深度探究生存与存在的关系，从而建构起主体间性的存在论。

朱立元在《略说实践存在论美学》一书中通过对马克思"实践"概念的核心内涵以及存在论维度的深刻剖析，指出马克思哲学的根基是与实践观一体的存在论，而不是抽象的"物质本体论"。他坦诚地指出，随着1990年代与杨春时、李泽厚等人对实践美学的讨论的深入，他发现李泽厚的实践美学并非十全十美、无懈可击；而后实践美学起步时暂时还无法与实践美学抗衡，更无法取代实践美学，因而促使他重新学习有关马克思主义经典著作，研读西方现当代哲学、美学尤其是现象学的论著，思考当代中国美学应当如何突破与推进。经过反复思考，朱立元认为李泽厚实践美学的局限性主要表现在三个方面：一是其哲学基础从一元论退到历史二元论的"两个本体论"，二是李泽厚实践美学没有完全超越西方近代以来主客二分的认识论思维框架，而这恰恰是中国美学真正取得重大突破和发展的主要障碍之一；三是李泽厚对实践的看法失之狭隘，而这种对实践的看法无法真正成为实践美学的理论根基。[②]这些局限性构

---

① 杨春时：《生存与超越》，广西师范大学出版社，1998年版，自序第6页。

② 朱立元：《略说实践存在论美学》，百花洲文艺出版社，2021年版，第4—6页。

成了朱立元等对实践美学进行反思的起点，他发现，实践观与存在论结为一体的思路不仅贯穿于《巴黎手稿》全文，而且也贯穿于马克思中后期的一系列著作，包括《资本论》。其内涵主要在于：实践是人的现实的、具体的、历史的生存在世方式；实践包含人类各种各样的活动形态，由物质生产实践、社会改革、伦理道德实践、精神实践、审美和艺术实践等多层面、多维度的活动方式组成，可以视作广义上的人生实践；实践是人与自然、人与社会、人与自我交往的基本方式。①除了这一哲学基础，朱立元还从海德格尔"此在在世界中存在"的存在论意义中得到了"有可能超越主客二分认识论思维模式"的重要启示，同时还得益于其师蒋孔阳以人生实践为本原，以审美关系为出发点，以人和人生为中心，以艺术为典范对象，以创造—生成观为指导思想和基本思路的理论整体所奠定的基础，从而形成了实践存在论这一新的理论思路。②朱立元实践存在论美学的基本主张包括：从存在论角度把实践理解为人最基本的存在方式，理解为广义的人生实践，从而实现实践论与存在论的有机结合；审美活动不仅是人生实践的一个不可缺少的组成部分，而且是一种人的基本存在方式和基本人生实践；以"关系—生成论"来突破单纯的认识论框架；人类发展到一定阶段，社会文化、审美活动、各民族的历史积累等进展到一定阶段，人与自然开始形成某种超越实用功利关系的审美关系，自然界中一些事物才逐渐成为审美对象或准审美对象；审美是一种高级的人生境界；实践存在论美学的逻辑架构是审美活动论—审美形态论—审美经验论—艺术审美论—审美教育论。③基于以上理论主张，朱立元认为实践存在论美学能够帮助我们在美学研究中超越近代以来主客二分的认识论思维方式，打破"现成论"的旧框架，建立"关系—生成论"的新格局，并且能够有助于美学走出书斋，走向生活实践和人民大众。

蒋孔阳与李泽厚曾经共同主张过实践美学，但正如有学者指出，实践美学就如同多声部组成的合唱一般，蒋孔阳和李泽厚虽然都坚持以马克思主义实

---

① 朱立元、任华东：《马克思实践观的存在论内涵》，《河北学刊》，2008年第2期。

② 朱立元：《我为何走向实践存在论美学》，《文艺争鸣》，2008年第11期。

③ 朱立元：《略说实践存在论美学》，百花洲文艺出版社，2021年版，第15—19页。

践观为指导来研究美学问题，但具体的美学观点却并不完全一致。1980年代，蒋孔阳的美学思想迅速发展并成熟，并与李泽厚的实践美学观产生了明显区别。如在对实践内涵的理解上，与李泽厚所理解的狭义的实践观不同的是，蒋孔阳主张物质与精神的劳动同样可以创造美，人类自由的物质生产劳动和精神生产劳动是美的根源。"美在创造中"以及"多层累的突创"是蒋孔阳的独到理解与阐释，他"把美看成是一个开放性的系统，不仅由多方面的原因与契机所形成，而且在主体与客体交相作用的过程中，处于永恒的变化和创造的过程"[1]。蒋孔阳突出强调了人在审美活动中的主动创造性，把实践论与创造论结合了起来，构建了实践创造论美学。这一美学的突出特点是，蒋孔阳把人与现实的审美关系作为美学研究的出发点，这不同于以往的美学学派或以美（美的本质）或以美感（审美经验）作为研究的出发点，而是尝试着突破主客二分和形而上学的思维方式，力求贯彻马克思主义的唯物辩证法，从实践的角度深刻地揭示出美学的基本规律。[2]罗曼认为："从总体来看，蒋孔阳的美学观是对李泽厚美学观的一种补充和弥补，是对实践美学的一种完善，是在做着对实践美学细化和突破的工作，……他用一种开放式的思维引导实践美学向着更合理、更完善的方向发展。……更重要的是，蒋孔阳作为当代美学的参与者，已经朦胧地意识到二元对立思维方式的不合理并开始对主客二分的思维方式进行回避和克服，他以生成性的思维方式作为美学理论的方法论基石，同时以对话性的思维方式作为美学研究的创新和变革，从而为新世纪美学的发展走向起到了良好的借鉴作用，也为当代美学走出困境带来了重要启示。蒋孔阳的美学思想的重要价值就体现在他的思维方式的与众不同，他的潜在的超越意识以及开放性的美学思维模式，这使得蒋孔阳美学思想具有重要的学术价值和研究价值。"[3]

1990年代至今，张玉能先后发表了一系列论文并出版了《新实践美学

---

① 蒋孔阳：《蒋孔阳全集》（第3卷），安徽教育出版社，1999年版，第147页。

② 朱志荣：《蒋孔阳的实践创造论美学》，《郑州大学学报》（哲学社会科学版），2009年第2期。

③ 罗曼：《蒋孔阳美学思想新释》，山东人民出版社，2014年版，第2页。

论》，推进实践美学的前进。在这些论文与著作中，他逐渐构建起"新实践美学"的思想体系。概括而言，新实践美学较之实践美学"新"在四个方面：一是重新界定了实践这个核心范畴，把"实践"界定为以物质生产为中心的，包含精神生产和话语生产的双向对象化的社会活动；二是重新分析了实践的结构与美的特征，实践的类型与审美活动，实践的过程与审美活动，实践的功能与审美，实践的双向对象化与审美，实践创造的自由与美和审美；三是以实践的自由为核心，建构了一个新实践美学的范畴体系，把自由分为自由、准自由、反自由、不自由四个维度，分别对应柔美、刚美、丑、幽默和滑稽四个美的范畴，加上表现刚美的悲剧性和表现幽默和滑稽的喜剧性，组成一个相互依存、相互转化的范畴体系；四是提出了建设审美人类学和人生论美学相统一的新实践美学。[①] 张玉能在接受采访时将当前美学界的"新实践美学"概括为朱立元实践存在论美学、邓晓芒和易中天"新实践论美学"、徐碧辉"实践生存论美学"和自己提出的"新实践美学"的综合，还有学者将蒋孔阳、刘纲纪、周来祥也都归为新实践美学的代表人物。但无论如何归类，中国当代美学已然进入了多元共存、百家争鸣的新格局，不仅中西方美学思想和流派发生了一系列的碰撞与交流，中国美学界也是风起云涌、百花齐放，目前较有影响力的除了以上提到的流派，还有张世英新哲学美学、阎国忠爱的美学、叶朗意向美学、曾繁仁生态美学、胡经之文艺美学、刘士林苦难美学、高建平艺术美学、王杰审美幻象美学、尤西林人文美学、王旭晓劳动美学、王德胜审美教育美学、张法中西比较美学、刘悦笛生活美学、潘立勇休闲美学等。这些美学流派都从不同视角再次去探寻美的本质，都试图从普遍意义上去构建一种新的美学范式，以适应当下千变万化的美学现象。如在面对日常生活审美化这一现象时，刘悦笛受到胡塞尔晚期"生活世界"理论的启发，以及海德格尔、杜威、维特根斯坦等人的影响，聚焦于美学与日常生活之间的现象学关联，提出"日常生活审美化就是当代生活艺术化，审美日常生活化则是当代艺术生活化"，促使我们回

---

① 张玉能、黄健云：《新实践美学的发展建构——张玉能教授访谈录》，《河北民族师范学院学报》，2019年第4期。

到生活世界来重思美学基本问题。刘悦笛承认自身受到过李泽厚实践论的影响，但认为李泽厚的实践美学"其实是接续了西方从亚里士多德到马克思的劳作传统，这种人类的做并不是美学的真正来源"。①而刘悦笛生活美学则是指向一种生成行为，他认为这是实践美学与生活美学的根源性区分。总之，无论是实践美学，还是新实践美学，抑或后实践美学，都是美学研究领域的不断自省与反省，具有毋庸置疑的理论价值与现实意义，因而当我们在吸纳这些理论时，更重要的是，尊重客观现实，坚持马克思主义唯物论与辩证法，探寻适合中国发展的美学研究之路。

本文完成之际，李泽厚在他乡与世长辞已近一年。回顾他的一生，无论是作为哲学家、美学家抑或思想家，他都有巨大贡献，被赞誉为"当代中国成就最高、贡献最大的哲学家、美学家"，"他为实践美学创立了整个哲学框架，建构了基本的理论思路，提出了一整套学术新范畴，并做了系统、深入、严密的逻辑论证和阐述；实践美学是中国当代美学史上最重要、最有影响的学派，特别是20世纪80年代以来逐步成为占据中国美学主导地位的学派，是具有中国当代特色和原创精神的美学理论"。②李泽厚对中国传统文化的关注，对伦理学、心理学的关注与探索，以及对中国哲学走向世界的努力，都堪称学者之典范。赵士林曾在为《李泽厚研究》作序时谈道："李泽厚的思想学术贡献已成为跨世纪中国思想学术文化史的丰碑，在当代中国，还找不到一位学者，在哲学、思想史、美学领域均作出创立范式的贡献。……无论赞成他还是反对他，讨论20—21世纪中国的思想学术文化问题，都绕不开他，都不能不从他那里获取支援意识。"③本文将这段话作为结尾，以此纪念李泽厚为中国当代美学发展做出的杰出贡献。

---

① 刘悦笛、赵强：《从"生活美学"到"情本哲学"——中国社会科学院哲学所刘悦笛研究员访谈》，《社会科学家》，2018年第2期。

② 朱立元：《略说实践存在论美学》，百花洲文艺出版社，2021年版，第4页。

③ 赵士林、高明主编：《李泽厚研究》（第1辑），中国财富出版社，2014年版，序言第1页。

生命美学："光明在勾拨我爱的心弦"

——潘知常《走向生命美学——后美学时代的美学建构》导读

刘　燕[①]

前　言

潘知常，当代著名美学家，"生命美学"学说的创立者、传播者和践行者。1980年代"美学热"中，他是新一代美学思想的代表人物之一，也是李泽厚实践美学的最早挑战者和反对者之一。他的代表思想是"万物一体仁爱"生命哲学、"情本境界论"生命美学和"知行合一"的美学实践传统。

自1985年开始发表论文《美学何处去》，在与实践美学的论战中，潘知常凭着与实践美学截然不同的新锐的思想，在当时诸多挑战实践美学的学说中崭露头角，出版了多部在美学界和社会都颇具影响力的生命美学论著。潘知常生命美学早期代表作有：《美学何处去》（1985）、《众妙之门——中国美感心态的深层结构》（1989）、《生命美学》（1991）、《中国美学精神》（1993）。中期的代表作有《诗与思的对话——审美活动的本体论内涵及其

现代阐释》（1997）、《中西比较美学论稿：在阐释中理解当代生命美学》（2000）。《生命美学论稿》（2002）、《我爱故我在——生命美学的视界》（2009）、《没有美万万不能——美学导论》（2012）。而且，生命美学的学术探索早在20世纪末就已经得到了美学界的认可。著名美学家阎国忠在1996年就肯定了生命美学的贡献。①著名美学家周来祥在《新中国美学50年》的总结中，将生命美学学说与"自由说""和谐说"共同列入中国美坛的新三派。②著名美学家陈望衡在《20世纪中国美学本体论问题》中将生命本体论列入了中国20世纪的五大美学本体论之中，并说："生命美学是一种普遍能认同的美学，……八十年代末，在批判实践美学的各种言论中，潘知常先生提出生命美学。"③国内著名的学术报刊就生命美学的思想，曾经开展过专栏讨论。《光明日报》曾经在1998年与2000年两次开设过生命美学的研究专栏。《学术月刊》在2002、2004、2014年也三次集中发表了三组有关生命美学的讨论文章。

自21世纪以来，潘知常的生命美学思想日趋成熟，在与实践美学的互相质疑和交锋中，生命美学也日益站稳脚跟，甚至开始逆风飞扬。

2005年至2019年期间，实践美学创始人李泽厚在6次提及中国国内的美学新流派时批判生命美学缺少原创，是"无人的美学"。潘知常则先后在《文艺争鸣》《东南学术》《当代文坛》发表《实践美学的美学困局——就教于李泽厚先生》《生命美学是"无人美学"吗？——回应李泽厚先生的质疑》《生命美学的原创性格——再回应李泽厚先生的质疑》《因生命，而审美——再求教于李泽厚先生》等学术论文，对生命美学的思考做了深入阐释。无可否认，生命美学学说日益成型，这就正如潘知常在《生命美学引论》中引用的卡尔·巴特的《〈罗马书〉注释》的心名言："当我回顾自己走过的历程时，我觉得自己就像一个沿着教堂钟楼黑暗的楼道往上爬的人，他力图稳住身子，伸手摸索楼梯的扶手，可是抓住的却不是扶手而是钟绳。令他非常害怕的是，随后他

---

① 阎国忠：《走出古典——中国当代美学论争评》，安徽教育出版社，1996年版，第410页。

② 周来祥：《新中国美学50年》，《文史哲》，2000年第4期。

③ 陈望衡：《20世纪中国美学本体论问题》，湖南教育出版社，2001年版，第12—14页。

便不得不听着那巨大的钟声在他的头上震响，而且不只在他一个人的头上震响。"①

人生六十一甲子，在潘知常花甲之年后，他与生命美学一同迎来了学术和人生的巅峰。生命美学学说的代表学术专著——"生命美学三书"：《信仰建构中的审美救赎》（2019）、《走向生命美学——后美学时代的美学建构》（2021）以及《我审美故我在——生命美学论纲》（2023），共200万字左右，也陆续隆重推出。在近40年生命美学学术工程的建设中，潘知常完成了17卷著作："潘知常生命美学系列"13卷，"生命美学"三书3卷，"生命美学引论"1卷，共860多万字。

"尔曹身与名俱灭，不废江河万古流"，在30多年不懈努力地建构、传播和实践生命美学的理论中，生命美学摇醒了生命，摇醒了美，摇醒了一批又一批爱美的学人。潘知常曾在书中讲到，老一代京剧表演艺术家杜近芳在拜师王瑶卿先生时听到的第一句话是："你是想当好角儿，还是想成好角儿？"王瑶卿先生解释说："当好角儿很容易，什么都帮你准备好了。成好角儿不是，要自己真正付出一定的辛苦，经历一番风雨，你才能成为一个好角儿。"正如潘知常自己所言："我喜欢美学，与某种意识形态的'效忠'与'告白'无关，而只有一个理由：生命的困惑。"②也因此，他才从尊重自己的内心感受起步，走上了一条自己的历经沧桑的学术道路、立志要摇醒美学的道路。1823年，贝多芬将《D大调庄严弥撒曲》手稿献给鲁道夫大公，并题词："出自心灵，但愿它能抵达心灵。"潘知常在谈到学术初心之时，也常常告诫年轻人，世间所有的学术都像贝多芬的钢琴曲一样"出自心灵、抵达心灵"。无疑，"出自心灵，抵达心灵"这句话深深地打动了潘知常。因为，只有生命才能感动生命，只有心灵才能摇醒心灵。而且，尽管"历经风雨"，潘知常却"咬定青山不放松"，从不忽而美学、忽而文艺学、忽而文化、忽而艺术学……而只是孜孜以求于美学基本理论的研究，孜孜以求于生命美学的建构，最终从当年

---

① 转引自潘知常：《生命美学引论》，百花洲文艺出版社，2021年版，第28页。

② 潘知常：《生命美学引论》，百花洲文艺出版社，2021年版，第8、10页。

的百口莫辩，直到在美学史上站稳了脚跟。

同时，潘知常一边继续着美学研究，另一边借着媒体传播，开始了他摇醒大众社会的人生旅程，他要让美学抵达更多人的心灵，摇醒一个漠视美的社会。为此，他推动着生命美学走上了"知行合一"的美学实践传统，并且身体力行地开展了大量的美学实践活动。与生命美学研究相关的重大论文《让一部分人在中国先信仰起来——关于中国文化的"信仰困局"》一文分为上、中、下三篇，约4.5万字，在《上海文化》2015年第4、5、6期刊出，引起了较大的反响。《上海文化》两次专门召开学术研讨会，邀请各界的学者参与讨论。今日头条频道根据6.5亿电脑用户调查"全国关注度最高的红学家"，潘知常排名第四，在喜马拉雅免费讲授《红楼梦》，播放量逾一百万，在南京电视台主讲的十集系列节目《青春红楼》被"学习强国"的全国平台隆重推荐并播出。2007年提出"塔西佗陷阱"，2014年被最高领导在正式讲话中引用，目前网上搜索相关结果有约142万条，成为广泛流行的政治学、传播学定律。作为战略咨询与策划专家，他更是力行"知行合一"美学实践传统，多年来业绩突出，成功完成了包括《世界青年奥运会申请书》（定稿），《澳门文化产业发展战略》，南京市民精神、民生新闻节目策划等数以百计的策划与咨询项目。2022年，中国唯一以人物为重点的大型综合性新闻半月刊《中华英才》第3期也刊登关于潘知常的长篇专访：《美学亟待从"实践"走向"生命"》，对于他的学术努力予以褒奖。

《走向生命美学——后美学时代的美学建构》，是生命美学的成熟之作、代表之作。首先，它是围绕中国美学"实践"与"生命"争鸣这百年第一美学问题展开的学术专著，是与李泽厚所代表的实践美学长达40年旷日持久的美学对话的总结；其次，它推动了美学在基本理论上的重大突破，并且因此而在百年中国美学的历史进程中留下了鲜明的足迹；最后，它从"小美学"走向"大美学"，画龙点睛，为从王国维开始，中经宗白华、方东美、唐君毅等人发展的生命美学百年历程写下了最为浓墨重彩的一笔。更令人叹为观止的是，这是两代美学家的论辩实录，也是一段美学传奇。潘知常曾经在"首届美学高峰战略峰会"的开幕致辞中说过：当年程颢与张载在兴国寺讲论终日之后，曾经感叹："不知旧日曾有甚人于此讲此事。"当年朱子与陆九渊划船论道之后，也曾经自问："自有宇宙以来有此溪山，还有此嘉客否？"①相信多年以后，《走向生命美学——后美学时代的美学建构》中记载的两位美学家的论辩也会成为一段学术佳话，也会有人感叹与自问："不知旧日曾有甚人于此讲此事。""自有宇宙以来有此溪山，还有此嘉客否？"

《走向生命美学——后美学时代的美学建构》共分为一个"开篇"与三个篇目。"开篇"首先将生命美学与实践美学放进百年中国的美学历史，然后开创性地提出"应以审美现代性与启蒙现代性来划分两者之间的根本分歧"。上篇侧重与实践美学尤其是与实践美学的领军人物李泽厚的对话。一共讨论了五个方面的基本分歧，并希冀在基本分歧的界定中能够把生命美学的特殊价值与理论贡献剥离出来。中篇侧重生命美学的自我思考。一共涉及了五个核心问题，都是37年来生命美学关于美学基本理论的基本思考，例如理论起点、研究对象、人学背景、当代取向、提问方式、理论谱系、何谓与何为等等。下篇则是关于生命美学与生活美学、身体美学、生态美学、环境美学等目前较为流行的部门美学之间同与不同的辨析。

《走向生命美学——后美学时代的美学建构》是对作为多年来一直居于当代美学学术前沿并且自新时期以来在美学方面一直有新学说的生命美学37年以来的艰难探索的系统总结，对当代中国美学学科的完善也起到了一定程度的推进作用。潘知常1985年首倡"生命美学"，37年中生命美学从无到有，影响显著，这门学说已经被作为专章专节写入了十几部当代美学史研究专著。目前百度点击"生命美学"2360万条，知网涉及"生命美学"的主题论文有1500篇左右。该书部分内容是1985—2020年间曾在《文艺研究》《学术月刊》《光明日报》等报刊上发表过的内容。该书出版后被学界视为生命美学新学说的代表性著作，迄今计有新华通讯社、人民日报网、央广网、中国新闻社、腾讯网、知乎网、今日头条7家知名媒体，江苏台荔枝新闻网、江苏经济新闻网、江南时报网、扬子晚报紫牛新闻网、南京日报紫金山新闻网、龙虎网6家省市级媒

---

① 潘知常：《潘知常美学随笔》，江苏凤凰文艺出版社，2022年版，第531页。

体共13家媒体陆续予以报道推荐。还有，《河北师范大学学报》《美与时代》《文艺论坛》《中国政法大学学报》《四川文理学院学报》《新华日报》《中国图书评论》等报刊媒体曾发表了几位美学专家对该书的评论；《中华英才》以及《文艺论坛》《四川文理学院学报》等刊物也曾发表关于该书的作者介绍与访谈。东南大学图书馆还曾在2022年新年跨年活动中拍摄专题访谈视频，予以热情推荐。

"选择了生命，选择了美学，就是选择了未来。"这是潘知常在生命美学讲座论坛上经常提到的一句话。相较于跟他一起驰骋美学疆场的美学同道，他的年龄要小10到20岁，但是他提出自己的生命美学学说却要比他们早10到20年。例如，他提出生命美学是1985年，杨春时提出超越美学是1994年，张玉能提出新实践美学是2001年，朱立元提出实践存在论美学是2004年。再看美学专著出版的时间：潘知常的《生命美学》出版于1991年，杨春时的《走向后实践美学》出版于2008年，张玉能《新实践美学论》出版于2007年，朱立元的《走向实践存在论美学》出版于2008年。也因此，他的孤勇与摇醒中国美学界的决心，令美学界一震，他那"摸着石头过河""大胆试，大胆闯"的改革开放的勇气和精神更是令人敬佩。也因此，他当之无愧地成为在美学基本理论方面卓有建树的美学家之一，也当之无愧地成了百年中国美学历程中"从0到1"独家"首创"美学学说——生命美学的领军人物。

一、光明苏醒我

真正的美学应该是光明正大的人的美学、生命的美学。美学应该爆发一场真正的"哥白尼式的革命"，应该进行一场彻底的"人本学还原"，应该向人的生命活动还原，向感性还原，从而赋予美学以人类学的意义。[1]

——潘知常写于28岁生日

---

[1] 潘知常：《生命美学引论》，百花洲文艺出版社，2021年版，第11—12页。

（一）生命之惑

潘知常为什么要不惜一切努力摇醒中国美学界，或许他28岁生日时的美学梦醒，就是最好的回答。这是他走出生命困惑的开始，也是他想要发起一场美学界的"哥白尼式的革命"的开始。

生命美学是改革开放时代的产物。回到1985年，生命美学诞生之时，中国的改革开放刚刚拉开序幕。中国的美学界正在经历中华人民共和国成立以来的第二次"美学热"。彼时彼刻，青年人热切崇拜的"精神导师"李泽厚的实践美学思想正在广泛流行。青年人热衷于谈论美、劳动、异化、实践的唯物主义、市场经济等话题。然而，28岁的潘知常却发现，实践美学主张的马克思主义的"劳动创造了人""实践创造了美"的学说，其实根本无法解释人们日益蓬勃的追求自由、解放的生命审美活动。

潘知常心中始终有些困惑是实践美学无法解开的："爱美之心，为什么只有人才有之（动物却没有）"，"爱美之心，为什么却是人皆有之"？诸如此类，在实践美学那里都难以找到答案。而且，既然流行的实践美学无法解开这些困惑，那么就一定存在一个更为新颖的、能够解释这些现象的理论。然而，新的理论又存在于何方？新的思想又如何成为可能？

在纪念德勒兹的时候，福柯曾经慨叹："新思想是可能的。"[1]于人文社科学术研究者们而言，最大的赞誉，最富创造性的工作，就在于能否提出一个世世代代的人们必须回答的问题。世世代代的必答题，必然有世世代代的回答，世世代代的每一个回答都使得他的提问增值，他的学术价值就得以显现，他的工作就得以进入人类的历史。实践美学虽然是一个成功的美学理论，但是在潘知常看来，很显然是一个存有缺陷的理论，亟待以全新的理论来取而代之。

摇醒李泽厚，摇醒实践美学，这个想法因此而在他的心里一天天萌发。幸运的是，潘知常遇上了改革开放的黄金年代。邓小平同志"摸着石头过

---

[1]　转引自王治河：《后现代哲学思潮研究》（增补本），北京大学出版社，2006年版，增补本序言第4页。

河""大胆试、大胆闯"的呼唤激励着他要"让思想冲破牢笼",矢志不渝地去坚持真理。何况,抢占学术创新的先机、抢抓美学发展的机遇,在美学中拥有主动权、话语权,都与美学家是否能够率先解放思想有关。哲学和美学的发展,就是思想解放的发展。美学在20世纪五六十年代,经历的第一轮"美学热",史称"美学大讨论",其目的就是要解放思想,真正地将美学作为一门学科去进行研究。而且,在进行了大量的阅读和思考之后,潘知常发现,解决美学的困惑并没有想象中的那么困难。人类为什么要审美,答案其实与人类的生命活动密切相关:审美活动就是人类生命活动的根本需要,也是人类生命活动的根本需要的满足。

然而,这么明显的事实,为什么众多美学家却竟然都视而不见?答案只能是,思维被束缚了起来,以至故意视而不见。这就好像你根本无法"摇醒"一个装睡的人。在安徒生童话《皇帝的新装》里,人们明明知道皇帝没有穿衣服,但却没有一个人愿意指出这个事实,只有一个诚实的孩子道破了真相。学术研究,与做人处事一样,以诚为贵,诚实才能发现真实,真实才能让真理显现。孟子在《孟子·离娄上》中说:"诚者,天之道也;思诚者,人之道也。"于是,潘知常"个体的觉醒"开始了。他立志要做那个诚实的孩子,"虽千万人,吾往矣",不再屈服于任何权威,去实事求是地追问美学与生命的奥秘,做一个披荆斩棘的思想探索者和美学探索者。

初生牛犊不怕虎, 1984年12月12日,潘知常28岁的生日那天,他写下了人生中最重要的一篇论文《美学何处去》。他大声疾呼:美学界要开始一场真正的"哥白尼式的革命",要把生命还给美学,把感性还给美学,把人还给美学。这篇文发表在1985年1月创刊的《美与时代》(当时名为"美与当代人")上,至今它已经成为生命美学开宗立派的经典文献,百年中国美学历史上的经典文献。

1985年,是宗白华和朱光潜老先生去世的前一年,美学研究正处于空白阶段。这一年,孤独的先知、青年们的精神领袖、实践美学的创立者李泽厚先生55岁,潘知常则是28岁。在百年中国的美学界,不到30岁就能够提出新理论的美学学者,屈指可数。

还值得注意的是1991年，就在这一年，潘知常出版了生命美学的奠基之作——《生命美学》，该书是他经过海内外公开招聘被引进到南京大学以后出版的第一本书。在中国，人们都知道北京大学的美学传统，其实，在北京大学之外，还应关注的，是南京大学的美学传统。南京大学，众所周知，是百年中国的生命美学的大本营。潘知常经常回忆：当年胡适就评价说，北京《新青年》和南京的《学衡》是"两个反对的朋友"，"皆兄弟也"①。当年宗白华、方东美、唐君毅，都是在南京大学揭起的生命美学大旗，但是1949年以后生命美学却悄然远去。潘知常在1990年被引进到南京大学，生命美学的学统得以血脉相传，这正是一种美学的传承。

当然，年轻的潘知常也并没有辜负历史的重托，而是一步到位，一出手就和盘托出一个业已成熟了的美学构想。多年以后，他在自己的"潘知常生命美学系列"丛书的总序中，曾经谈到了自己的这一美学构想。

生命美学，区别于文学艺术的美学，可以称之为超越文学艺术的美学；区别于艺术哲学，可以称之为审美哲学；也区别于传统的"小美学"，可以称之为"大美学"。它不是学院美学，而是世界美学（康德）；它也不是"作为学科的美学"，而是"作为问题的美学"。也因此，其实生命美学并不难理解。只要注意到西方的生命美学是出现在近代，而中国传统美学则始终就是生命美学，就不难发现：它是中国古代儒道禅诸家的美学探索的继承，也是中国近现代王国维、宗白华、方东美的美学探索的继承，还是西方从"康德以后"到"尼采以后"的叔本华、尼采、海德格尔、马尔库塞、阿多诺……等的美学探索的继承。生命美学，在西方是"上帝退场"之后的产物，在中国则是"无神的信仰"背景下的产物，也是审美与艺术被置身于"以审美促信仰"以及阻击作为元问题的虚无主义这样一个舞台中心之后的产物。外在于生命的第一推动力（神性、理性作为救世主）既然并不可信，而且既然"从来就没有救世主"，既然神性已经退回教堂、理性已经退回殿堂，生命自身的"块然自生"也

---

① 孙江：《学衡：一个现代中国学术的符号》，《中华读书报》，2022年7月6日第13版。

就合乎逻辑地成为了亟待直面的问题。随之而来的，必然是生命美学的出场。因为，借助揭示审美活动的奥秘去揭示生命的奥秘，不论在西方的从康德、尼采起步的生命美学，还是在中国的传统美学，都早已是一个公开的秘密。

换言之，美学的追问方式有三：神性的、理性的和生命（感性）的，所谓以"神性"为视界、以"理性"为视界以及以"生命"为视界。在生命美学看来，以"神性"为视界的美学已经终结了，以"理性"为视界的美学也已经终结了，以"生命"为视界的美学则刚刚开始。过去是在"神性"和"理性"之外来追问审美与艺术，"至善目的"与神学目的是理所当然的终点，道德神学与神学道德，以及理性主义的目的论与宗教神学的目的论则是其中的思想轨迹。美学家的工作，就是先以此为基础去解释生存的合理性，然后，再把审美与艺术作为这种解释的附庸，并且规范在神性世界、理性世界内，并赋予以不无屈辱的合法地位。理所当然的，是神学本质或者伦理本质牢牢地规范着审美与艺术的本质。现在不然。审美和艺术的理由再也不能在审美和艺术之外去寻找，这也就是说，在审美与艺术之外没有任何其它的外在的理由。生命美学开始从审美与艺术本身去解释审美与艺术的合理性，并且把审美与艺术本身作为生命本身，或者，把生命本身看作审美与艺术本身，结论是：真正的审美与艺术就是生命本身。人之为人，以审美与艺术作为生存方式。"生命即审美"，"审美即生命"。也因此，审美和艺术不需要外在的理由——说得犀利一点，也不需要实践的理由。审美就是审美的理由，艺术就是艺术的理由，犹如生命就是生命的理由。

这样一来，审美活动与生命自身的自组织、自协同的深层关系就被第一次地发现了。审美与艺术因此溢出了传统的藩篱，成为人类的生存本身。并且，审美、艺术与生命成为了一个可以互换的概念。生命因此而重建，美学也因此而重建。也因此，对于审美与艺术之谜的解答同时就是对于人的生命之谜的解答；对于美学的关注，不再是仅仅出于对于审美奥秘的兴趣，而应该是出于对于人类解放的兴趣，对于人文关怀的兴趣。借助于审美的思考去进而启蒙人性，是美学的责无旁贷的使命，也是美学的理所应当的价值承诺。美学，要以"人的尊严"去解构"上帝的尊严""理性的尊严"。过去是以"神性"的名义为人性启蒙开路，或者是以"理性"的名义为人性启蒙开路，现在却是要以"美"的名义为人性启蒙开路。是从"我思故我在"到"我在故我思"再到"我审美故我在"。这样，关于审美、关于艺术的思考就一定要转型为关于人的思考。美学只能是借美思人，借船出海，借题发挥。美学，只能是一个通向人的世界、洞悉人性奥秘、澄清生命困惑、寻觅生命意义的最佳通道。

进而，生命美学把生命看作一个自组织、自鼓励、自协调的自控系统。它向美而生，也为美而在，关涉宇宙大生命，但主要是其中的人类小生命。其中的区别在宇宙大生命的"不自觉"（"创演""生生之美"）与人类小生命的"自觉"（"创生""生命之美"）。至于审美活动，则是人类小生命的"自觉"的意象呈现，亦即人类小生命的隐喻与倒影，或者，是人类生命力的"自觉"的意象呈现，亦即人类生命力的隐喻与倒影。这意味着：否定了人是上帝的创造物，但是也并不意味着人就是自然界物种进化的结果，而是借助自己的生命活动而自己把自己"生成为人"的。因此，立足于我提出的 "万物一体仁爱"的生命哲学（简称"一体仁爱"哲学观。是从儒家第二期的王阳明"万物一体之仁"接着讲的，因此区别于张世英先生提出的"万物一体"的哲学观），生命美学意在建构一种更加人性，也更具未来的新美学。它强调：美学的奥秘在人，人的奥秘在生命，生命的奥秘在"生成为人"，"生成为人"的奥秘在"生成为审美的人"。或者，自然界的奇迹是"生成为人"，人的奇迹是"生成为生命"，生命的奇迹是"生成为精神生命"，精神生命的奇迹是"生成为审美生命"。再或者，"人是人" ——"作为人" ——"成为人" ——"审美人"。由此，生命美学以"自然界生成为人"区别于实践美学的"自然的人化"；以"爱者优存"区别于实践美学的"适者生存"；以"我审美故我在"区别于实践美学的"我实践故我在"；以审美活动是生命活动的必然与必需区别于实践美学的以审美活动作为实践活动的附属品、奢侈品。其中包含了两个方面：审美活动是生命的享受（因生命而审美，生命活动必然走向审美活动，生命活动为什么需要审美活动）；审美活动也是生命的提升（因审美而生命，审美活动必然走向生命活动，审美活动为什么能够满足生命活动的需要）。而且，生命美学从纵向层面依次拓展为"生命视界""情感为本""境界取向"（因此生命美学可以被称为情本境界论生命美学或者情本境界生命论美学），从横向层面则依次拓展为后美学时代的审美哲学、后形而上学时代的审美形而上学、后宗教时代的审美救赎诗学；在纵向的情本境界论生命美学或者情本境界生命论美学的美学与横向的审美哲学、审美形而上学、审美救赎诗学之间，则是生命美学的核心：成人之美。[1]

然而，潘知常尽管初生牛犊不怕虎，向着积重难返的实践美学发起了一次又一次的理论冲击，但是，要摇醒这头昏睡的美学狮子，潘知常毕竟还是力有不及。这毕竟不是一件容易的事，不但必须要有非凡的勇气，而且也必须要有坚韧的努力。在将近40年后的今天，这两点我们不能不说，在潘知常的身上，我们竟然全都看到了。斯世而有斯人，这实在是适逢其时。

（二）天生的探秘者

思想家们都是天生的探秘者。尼采如此，王国维如此，李泽厚如此，潘知常也是如此。要摇醒中国的美学，就必须进行思想的创新和突破。

要挑战李泽厚的实践美学，潘知常就要熟读李泽厚的理论，了解李泽厚思想的源头。在我国第一次美学大讨论中，李泽厚的实践美学之所以能够胜出，一是因为年轻的他思想相对开放，又较早地接触到了马克思《1844年经济学哲学手稿》。他在马克思主义劳动实践论基础上，提出了"美是客观性和社会性的统一"的看法。相比同时期以蔡仪为代表的"客观说"、以朱光潜为代表的"主客观统一说"，与高尔泰"主观说"三派，李泽厚的看法更适合中国的时代发展，也更具有哲学理论优势。二是因为李泽厚提出的实践美学的两大

---

[1] 潘知常：《潘知常美学随笔》，江苏凤凰文艺出版社，2022年版，总序第2—5页。

范畴——实践与主体性，以及在"实践"与"主体性"之间的两个重要学说："自然的人化"说与"积淀"说。正是它们，奠定了实践美学在中国美学界的重要理论地位。

而且，追根溯源，李泽厚的实践美学，也与当时苏联的实践美学存在一定的理论继承关联。1955年2月，万斯洛夫在《哲学问题》上发表了《客观上存在着美吗？》，其中首次提出了美的客观性在于社会性，继而万斯洛夫提出了自己的实践观点的美学理论。万斯洛夫在《美学问题》一书中也率先提出人化的自然才是审美对象的思路。后来，这一思路被卢卡奇以及南斯拉夫实践派继承和发展，显然，李泽厚早期的实践美学，较为明显的带有苏联实践派美学的中国化特点，并且完全是基于这一特点的创新。

但是，潘知常的想法却明显不同。在他看来，这一切都是因为不论是苏联还是中国的实践美学都仅仅是从马克思主义的"实践的唯物主义"（人的解放的历史求解）出发的必然结果。潘知常坚定地认为：美学的出发点，应该是马克思主义的"实践的人道主义"（人的解放的价值省察）。从最初的《生命美学》到近期的《走向生命美学——后美学时代的美学建构》，整整30年的时间，"实践的人道主义"都是潘知常的生命美学的立足之本。为此，潘知常在《走向生命美学——后美学时代的美学建构》中专门强调说："生命美学与马克思主义美学直接有关。具体来说，生命美学是从马克思的《1844年经济学哲学手稿》'接着讲'的。一般认为，马克思的《1844年经济学哲学手稿》尽管是以'人的解放'为核心，但是隐含着人文视界与科学视界、人文逻辑与科学逻辑亦即人道主义的马克思主义与唯物主义的马克思主义、人本主义的马克思主义与科学主义的马克思主义的不同指向。其中的后者，经过《德意志意识形态》乃至《资本论》，已经形成了马克思所谓的'唯一的科学，即历史科学'。可是，其中的前者却被暂时剥离了出来，也至今还亟待拓展。它意味着与'历史科学'彼此匹配的'价值科学'的建构。而且，犹如作为'历史科学'之最高成果的《资本论》的出现，而今无疑也期待着作为'价值科学'的最高成果的出现。换言之，生命美学并不直接与马克思的实践唯物主义历史观、政治经济学和科学社会主义相关，而是直接与前三者所无法取代的马克思的人学理论相关。人不仅仅是实践活动的结果，还是实践活动的前提。离开实践活动来研究人固然是不妥的，但是，离开人来研究实践活动也是不妥的。人是实践活动的主体，也是实践活动的目的，实践活动毕竟要通过人、中介于人。人的自觉如何，必然会影响实践活动本身。没有人就没有实践活动的进步，因此马克思指出："个人的充分发展又作为最大的生产力反作用于劳动生产力"。何况，实践活动的进步又必然是对人的肯定。这就是所谓的"以人为本""人是目的"。因此，从实践活动对于人的满足程度来评价实践活动的进步与否，也是十分必要的。人，完全可以成为一个独立的研究对象。它所涉及的是：人性、人权、个性、异化、尊严、自由、幸福、自由、解放，"我们现在假定人就是人""通过人而且为了人""作为人的人""人作为人的需要""人如何生产人""人的一切感觉和特性的彻底解放""人不仅通过思维，而且以全部感觉在对象世界中肯定自己"以及区别于"人的全面发展"的"个人的全面发展"……毫无疑问，在这条道路的延长线上，恰恰就是生命美学的应运而生。通过追问审美活动来维护人的生命、守望人的生命，弘扬人的生命的绝对尊严、绝对价值、绝对权利、绝对责任，这正是生命美学的天命。令人遗憾的是，所谓实践美学却恰恰不在这条道路的延长线上。"[①]换言之，实践美学（也包括新实践美学、实践存在论美学等）是在作为"历史科学"的"实践的唯物主义"的延长线上，但是生命美学却是在作为价值科学的"实践的人道主义"的延长线上。

"劳动创造了美"，这在实践美学看来是一个铁律。但这却是出自"误译"，因为后来已经被正式修改为"劳动生产了美"[②]，"创造"与"生产"之别，实践美学因此也失去了自己的根本立足点。在潘知常看来，审美活动是来自作为源头活水的生命活动的需要，而不是来自后来的物质劳动。潘知常指出："实事求是而言，人类从原始社会开始，遇到的困境就是两个：饥饿与恐

① 潘知常：《走向生命美学——后美学时代的美学建构》，中国社会科学出版社，2021年版，第65页注①。

② 中共中央马克思恩格斯列宁斯大林著作编译局编译：《马克思恩格斯文集》（第1卷），人民出版社，2009版，第158—159页。

惧。尤其是'恐惧'。其中'饥饿'是与动物一样的，而且不难解决。难以解决的是'恐惧'。因此也只有'恐惧'的解决才更加与人类的诞生密切相关。人不仅仅是工具制造者与使用者，而且尤其是意义制造者与使用者、符号制造者和使用者。在这当中，符号是高于工具的。例如，只要去过博物馆就会发现：最早的文物大多是为了安抚'恐惧'的心灵的，而不是为了劳动。首饰、项链、耳环、手镯……都是装饰品。墓葬里最多的也是首饰、项链、耳环、手镯……而不是工具。甚至，原始社会的杀人也不是为了抢东西，而是为了祭祀。在今天所可以看到的原始部族里，也是烦琐的祭祀仪式与歌舞活动要远远多于谋食活动。哈贝马斯指出：'我的出发点是劳动和相互作用之间的根本区别。'这里的与'劳动'并列的'相互作用'，就是指的意义交流与符号交流。在生命美学看来，审美活动也正是与作为'相互作用'的意义、符号的制造与使用直接相关，而与工具的制造与使用间接相关。进而，制作与使用工具之前一定是因为预先把相应的心理需要创造出来了，一定预先存在着一种内在的心理解释，必须要预先'意识'到工具的意义。这无疑是动物所不能，但是却是人类所独能。因为人类能够预先意识到工具的意义，而且能够预先'意识'到工具也是一种一种特殊的符号。动物只能随机地制造和使用工具，而人类却能自觉地制造和使用工具，道理在此。"[1]

不难看出，正是因为根本的立足点从一开始就不同于其他的美学家，因此28岁的潘知常才能够敏锐地觉察到"美学热"亟需的是"热美学"，但是，实践美学等提供的却偏偏是"冷美学"："西方美学与西方文化一起潮水般涌入中国后，竟然给一向服膺中国古典美学的中国人带来如许的迷惑和烦恼；难怪熊十力失望地声称：西方哲学能使人思，却不能使人爱；难怪王国维在深入研究了西方美学后，竟然哀叹其'可信而不可爱，可爱者不可信'……这一切都呼唤着既能使人思、使人可信而又能使人爱的美学，呼唤着真正意义上的、面

---

[1] 潘知常：《走向生命美学——后美学时代的美学建构》，中国社会科学出版社，2021年版，第32页。

向整个人生的、同人的自由、生命密切联系的美学。"①

毫无疑问，这样的实践美学难免令人失望。面对冷冰冰的答案，潘知常不无伤怀，不无唏嘘，美学竟然成为"冷美学"。这冷冰冰的学问，对人类又有什么价值？中国美学绝不能变成冷冰冰的美学！因此，要把美学摇醒，也就成了潘知常所明确意识到的历史使命与美学天命。

值得庆幸的是，在西方美学的历史轨迹中，潘知常也寻觅到了自己的美学之路。他从一开始就发现：

> 长期以来，最容易出现的就是把美学研究与文艺学研究、艺术学研究混同起来。其实，如果说后者是"学科"，那么，前者则是"学问"。其实真正有生命力的美学都是来自哲学教研室的哲学家，而从来就不是来自美学教研室的美学家。例如康德、叔本华、尼采、海德格尔、阿多诺、马尔库塞……伊格尔顿就关注到了这一奇特现象。在《美学意识形态》里，他一再提醒我们："任何仔细研究自启蒙运动以来的欧洲哲学史的人，都必定会对欧洲哲学非常重视美学问题这一点（尽管会问个为什么）留下深刻印象。""德国这份比重很大的文化遗产的影响已经远远地超出了国界；在整个现代欧洲，美学问题具有异乎寻常的顽固性，由此也引人坚持不断思索：情况为什么会是这样？""不是由于男人和女人突然领悟到画或诗的终极价值，美学才能在当代的知识的承继中起着如此突出的作用。"至于其中的原因，他也曾经指出："美学对占统治地位的意识形态形式提出了异常强有力的挑战，并提供了新的选择。""试图在美学范畴内找到一条通向现代欧洲思想某些中心问题的道路，以便从那个特定的角度出发，弄清更大范围内的社会、政治、伦理问题。"

当然，伊格尔顿的历史总结有其美学意识形态化的狭隘偏颇，但是瑕不掩瑜，在其中，又给了我们以深刻启迪：

> 对于美学的关注，不应该是出之于对于审美奥秘的兴趣，而应该是

---

① 潘知常：《生命美学论稿：在阐释中理解当代生命美学》，郑州大学出版社，2002年版，第400页。

出之于对于人的解放的兴趣，对于人文关怀的兴趣。借助于审美的思考去进而启蒙人性，是美学的责无旁贷的使命，也是美学的理所应当的价值承诺。美学要以"人的尊严"去解构"上帝的尊严"、"理性的尊严"。过去是以"神性"的名义为人性启蒙开路，或者是以"理性"的名义为人性启蒙开路，现在，却是要以"美"的名义为人性启蒙开路。这样，关于审美、关于艺术的思考就一定要转型为关于人的思考。美学只能是借美思人，借船出海，借题发挥。美学其实是一个通向人的世界、洞悉人性奥秘、澄清生命困惑、寻觅生命意义的最佳通道。[1]

由此不难看出，潘知常每每如此去概括他所提出的生命美学实在是很有道理：作为出现于1985年的新时期以来第一个破土而出并逐渐走向成熟的美学新学说，生命美学意在建构一种更加人性、也更具未来的新美学。在它看来，美学对于审美活动的关注不同于文艺学对于文学问题以及艺术学对于艺术问题的关注。它立足于"万物一体仁爱"的生命哲学，把生命看做一个由宇宙大生命的"不自觉"（"创演""生生之美"）与人类小生命的"自觉"（"创生""生命之美"）组成的向美而生也为美而在的自组织、自鼓励、自协调的自控系统，坚持美学的奥秘在人，人的奥秘在生命，生命的奥秘在"生成为人"，"生成为人"的奥秘在"生成为审美的人"。或者，自然界的奇迹是"生成为人"，人的奇迹是"生成为生命"，生命的奇迹是"生成为精神生命"，精神生命的奇迹是"生成为审美生命"。再或者，"人是人"——"作为人"——"成为人"——"审美人"。[2]并且，相对于实践美学，生命美学有五大不同之处：1.以"实践的人道主义"区别于实践美学的"实践的唯物主义"；2.以"爱者优存"区别于实践美学的"适者生存"；3.以"自然界生成为人"区别于实践美学的"自然的人化"；4.以"我审美故我在"区别于实践美学的"我实践故我在"；5.以审美活动是生命活动的必然与必需区别于实践

---

[1] 潘知常：《走向生命美学——后美学时代的美学建构》，中国社会科学出版社，2021年版，第10页。

[2] 潘知常：《走向生命美学——后美学时代的美学建构》，中国社会科学出版社，2021年版，第675页。

美学的以审美活动作为实践活动的附属品、奢侈品，其中包含两个方面，首先审美活动是生命的享受（"因生命而审美"、生命活动必然走向审美活动）；其次审美活动也是生命的提升（"因审美而生命"、审美活动必然走向生命活动）。因此，生命美学又称"情本境界论生命美学"或者"情本境界生命论美学"（其中的三大核心范畴：生命、情感、境界，都是从中国古典美学中提取的）。可以看出，生命美学对于审美生命的阐释其实也就是对于人的阐释。生命美学因此而成为未来哲学、成为第一哲学。

（三）使命引我行

遗憾的是，在潘知常看来，从1980年代至今，美学界始终昏昏欲睡，美学的研究始终没有真正解决问题，始终没有解决真正的问题。因此，美学，把你摇醒，也实在是当务之急。

例如，潘知常经常提醒，百年中国美学的四大贡献是：提出了"以美育代宗教"的第一美学命题，发现了生命/实践的第一美学问题，揭示了"美学作为第一哲学"的未来方向，推进了中华美学精神的再发现。其实，这也就是潘知常认为亟待将美学摇醒的四个方面。而且，在这四个方面，潘知常都做出了自己的贡献。

首先是关于中华美学精神的再发现。在这个方面，潘知常从1985年开始，完成了《美的冲突》（上海学林出版社，1989）、《众妙之门》（黄河文艺出版社，1989）、《中国美学精神》（江苏人民出版社，1993）、《生命的诗境》（杭州大学出版社，1993）、《中西比较美学论稿》（百花洲文艺出版社，2000）、《独上高楼——中西美学对话中的王国维》（文津出版社，2004）、《谁劫持了我们的美感——潘知常揭秘四大奇书》（学林出版社，2007）、《〈红楼梦〉为什么这样红——潘知常导读〈红楼梦〉》（学林出版社，2008）、《说〈红楼〉人物》（上海文化出版社，2008）、《说〈水浒〉人物》（上海文化出版社，2008）、《说聊斋》（上海文化出版社，2010）等多部专著。从1985年开始，他始终都在强调：美学的生命传统，是中国美学的

宝贵财富。一种有机论的而不是机械论的生命观、非决定论的而不是决定论的
生命观，无疑是中国美学的共同选择。不论是儒家美学的生命建构、道家美学
的生命反省、禅宗美学的生命觉醒，还是明清美学的生命转向，也不论是王国
维、方东美、宗白华的美学探索，都如此。在中国美学的观点中，世界是以生
命为本原。因此，区别于西方的人由上帝所造的假设，中国的假设是"块然自
生"。第一推动力来自内在的生命自身，而不是来自外在世界。生命，作为一
个自组织、自鼓励、自协调的自控系统，向美而生，也为美而在。这样，不同
于古希腊的从有亦即"存在"进入宇宙论，中国是从生亦即"生成"进入宇宙
论。这就使得中国的宇宙论不是宇宙结构论，而是宇宙生成论，也使得中国不
侧重存在意义的本体论，而只侧重价值意义的本体论。显然，在"绝地天通"
之后，中国人所提出的全新价值选择就始终都是一种特有的有机论的生命观，
是出之于朴素的"自然界生成为人"这一基本立场。由此，"生命视界"也就
得以大大突出。这是因为，在中国，本体只有对人来说才成为一个哲学问题，
世界统一于存在，而不是世界统一于物质。既然如此，那也就必须只能以生命
的感觉为限，必须去感受而不是去知道。一切的一切都不能被化约为概念的存
在，都必须从"本质在世"回到"生命在世"，也都必须在生命的"濠上"去
直接地感受与分享，所谓"请循其本"（庄子）。生命的"鱼之乐"已经"知
之濠上"了，这才是最为重要的。至于理论的"然不然""可不可"，应该都
是排在"物故有所然，物固有所可"之后的事情了。①

　　陈寅恪先生诗云："后世相知或有缘。"关于中华美学精神的再发现无
疑十分重要。因为我们从中不难发现：在中国的美学历程中，几乎所有的美学
研究者都或多或少觉察到了审美活动隶属于生命活动，而且又最能够代表生命
活动，是生命活动的最高表现这一公开的秘密。众多的美学家都逐渐意识到这
一点，也都在不断探索着美、审美、艺术与维系于主体的人类精神生活的联
系，也都不约而同地把美、审美、艺术看作人类的精神之花朵、生命之花朵。

---

　　① 参见潘知常：《走向生命美学——后美学时代的美学建构》，中国社会科学出版社，
2021年版，第380—381页。

无疑，相较于把美、审美、艺术与维系于客体的人类现实生活联系起来，相较于把美、审美、艺术看作实践活动的物质花朵，中国美学的思考也许更加接近美、审美、艺术的真相，因此，无疑也就值得大力弘扬。

其次是关于"以美育代宗教"的第一美学命题。"第一美学命题"，这也是潘知常第一个提出的美学新说，它可以被称为百年中国美学的第一个"哥德巴赫猜想"。为此，潘知常专门写就了50多万字的美学专著：《信仰建构中的审美救赎》（人民出版社，2019）。该书有导言与五章内容。导言中指出蔡元培先生提出的"以美育代宗教"是一个针对世界性虚无主义的"中国方案"，与尼采、海德格尔以及法兰克福学派提出的"西方方案"遥相呼应。第一章进而考察西方现代化历程，认为信仰是终极关怀，也是立身之本，而宗教文化促进了信仰的建构，体现为"宗教强化"时的"因宗教而信仰"。第二章指出西方随着基督教的退场，审美与艺术的重要性得以大大弘扬，转而"因审美而信仰"。第三章论述了审美与宗教在信仰建构中都有着不可替代的重要作用，而在当代社会，"以审美促信仰"，则是必然选择。第四章指出中国的特色正是"宗教弱化"时的"无宗教而信仰"，恰恰在"因审美而信仰"的道路上做出了独到的探索。第五章在作者提出的"万物一体仁爱"的生命哲学以及情本境界论生命美学的基础上，正面回应蔡元培先生提出的"以美育代宗教"美学命题，认为不应该是"以美育代宗教"，而应该是"以信仰代宗教"和"以审美促信仰"，并且提出：在"宗教弱化"的背景下，应该以审美与艺术去直面世界性的虚无主义，去促进信仰的建构。[①]

令人欣慰的是，潘知常的《信仰建构中的审美救赎》已经荣获了江苏省第十六届哲学社会科学优秀成果奖的一等奖。而且，该著美学研究与宗教学研究协同，框架预设与观念史解读结合，义理阐释与文本辨析兼顾，理论探索与个案视阈一体，令人耳目一新。不过，与国内学界过去对美育的看法往往集中在艺术教育、情感教育或者人格教育之上不同，潘知常的研究别具深意。在他看

①　参见潘知常：《走向生命美学——后美学时代的美学建构》，中国社会科学出版社，2021年版，第2—3页。

来，过去的理解始终存在对宗教（基督教）、信仰、审美、美育问题的误读，因此有必要从维护人类神圣不可侵犯的审美权利以及捍卫生命的尊严、弘扬生命的自由、激发生命的潜能、提升生命的品质等角度去重新定位。其实，这也就是要从美学基本理论的建构的角度，推动着美学从"小美学"向"大美学"转型。百年来，因为意识到灵魂必须与宗教保持独立，国内学界提出过"以科学代宗教"（陈独秀）、"以伦理代宗教"（梁漱溟）、"以哲学代宗教"（冯友兰）、"以主义代宗教"（孙中山）、"以文学代宗教"（朱光潜）、"以艺术代宗教"（林风眠）等理论，这无疑不是偶然。因此，在潘知常看来，对于"以美育代宗教"的讨论，已经不仅是在谈论一个纯粹的美学问题，还是在孜孜以求现代文化的救赎方案，是要对人类生命本身的发展路向进行重新的谋划，因而也就从生命美学进而拓展为生命哲学乃至生命政治学与文化政治学。或者说，这已经是一种从"大历史""大文化"到"大美学"的历史建构。就美学而言，这意味着，它昔日的关于审美、关于艺术的思考一定要转型为关于人的解放的思考。因为美学只能是借美思人，借船出海，借题发挥。美学其实是一个通向人的世界、洞悉人性奥秘、澄清生命困惑、寻觅生命意义的最佳通道。我们看到，这也正是潘知常在这本书中所要完成的工作。

再次是"美学作为第一哲学"的未来方向。这个问题，是潘知常从1991年出版《生命美学》的时候就开始坚持的。我们看到，在封面他专门提示了一句："本书从美学的角度，主要辨析什么是审美活动所建构的本体的生命世界。"而在1997年出版的《诗与思的对话》一书中，潘知常也专门加了一个副标题——"审美活动的本体论内涵及其现代阐释"。关于这个问题具体的构想，更是在《走向生命美学——后美学时代的美学建构》一书的第十章做出了详细的阐释。当然，这还仅仅是起步。我们注意到不论是李泽厚，还是杨春时，或者是潘知常，在当代美学史上，他们无疑应该是最具智慧的名家，而且也是始终激烈争鸣的对家，但是，在提倡"美学作为第一哲学"这个问题上，他们却又异乎寻常地有着完全一致的态度。这中间显然蕴含着极大的理论财富，也一定体现着美学发展的未来方向。令人欣慰的是，我们看到，潘知常为此也已经完成了74万字的大书：《我审美故我在——生命美学论纲》（中国社会科学出版社2023年出版）。这本书是潘知常彻底走出传统的"小美学"并且转而走向未来的"大美学"的完美亮相。在这部最终完成了潘知常本人呕心沥血40年的生命美学理论思考的厚重之作中，美学也已经完全脱胎换骨、焕然一新，以全新的面貌引领着中国当代美学的未来与方向。

最后是关于生命/实践的第一美学问题的发现，潘知常称之为百年中国美学的第二个"哥德巴赫猜想"。这意味着生命/实践的论争作为主旋律贯穿了百年中国美学的始终。而且，在潘知常看来，显然，这个问题在百年中国现代美学的后半段是不存在异议的。实践美学（1957，李泽厚）与生命美学（1985，潘知常）、超越美学（1994，杨春时）等的长期学术争鸣是一个无可争辩的事实。而透过令人眼花缭乱的复杂争论，双方在背后各执一端的，正是"生命还是实践"这一问题。在实践美学一方，李泽厚之外，刘纲纪、蒋孔阳等人的美学理论都是以"实践"为立身之本，即便是高尔泰，也仍旧没有完全离开"实践"的根基。在生命美学、超越美学等美学理论中则坚持以"生命"为根基。生命美学姑且不论，超越美学当然应该是"生命"的"超越"，存在美学也当然应该是"生命"的"存在"，体验美学也当然只能是"生命"的"体验"……还有生态美学、生活美学、身体美学，其实也没有离开"生命"的基本规定（尽管各派对于生命的解释可能会有所不同）。生态美学展开的是"生命"的"生生"维度（甚至，它一开始就自称为"生命美学的生态美学"的）、生活美学展开的是"生命"的"生活"维度，身体美学展开的则是"生命"的"身体"维度。显然，"生命还是实践"在百年中国现代美学的后半段是贯穿始终的，因此也不存在异议。

问题的复杂性在百年中国现代美学的前半段。当然，在"生命"一方，其实仍旧一点也不复杂。从王国维到宗白华、方东美甚至是朱光潜（早期），毫无疑问都是"生命"的提倡者。不过从梁启超、蔡元培直到蔡仪、周扬，他们的"实践"内涵并不统一。不过，问题也并不是很大。我们所谓的"实践"其实并非狭义的，而是广义的，指的是一种美学立场。这就是人类中心论的、理性的、主体性的立场。显然，倘若由此出发，即便是各家之言"实践"，在百年中国现代美学的前半段也仍旧是一线贯穿的。例如，区别于王国维的审美—生命—本体论，梁启超的启蒙—社会—工具论就是李泽厚的"吃饭哲学"和"实践美学"的早期萌芽。从表面看，梁启超主张文学要为当下现实服务，而不赞同王国维的美学应追求"天下万世之真理"，梁启超主张"诗界革命""文界革命""小说界革命"，"欲新一国之民""欲新道德""欲新宗教""欲新政治""欲新风俗""欲新学艺"，因此而要借助审美活动的四种力：一曰"熏"，二曰"浸"，三曰"刺"，四曰"提"。而李泽厚围绕着"自然的人化"这一基本美学命题，推崇的是"实践"与"主体性"，两者的话语系统似乎并不相同。但是，倘若究其本质，我们则会发现：其中的人类中心论的、理性的、主体性的立场并没有改变，只是完成了从认识论到本体论、从客体性美学到主体性美学的美学转进。所谓"人的自然化"，也无非就是人类中心论的、理性的、主体性的立场的集中体现。因此，李泽厚的美学只能被看作梁启超美学的升级版。就犹如潘知常所提倡的生命美学，围绕着"自然界生成为人"这一基本美学命题，推崇的是"生命"与"超主体性"，其实也只能被看作王国维美学的升级版。①

"庾信平生最萧瑟，暮年诗赋动江关。"显而易见，《走向生命美学——后美学时代的美学建构》一书，就正是关于生命/实践这第一美学问题的深刻思考的集大成之作。因此，它其实并不只是一本"书"，而是作者37年来关于生命美学思考的总结，是37年中生命美学新学说自身深度思考与开拓创新的集中展示。潘知常"37年磨一剑"，矢志不渝，以71万余字的篇幅，集中展示了生命美学从实践美学的立足于"启蒙现代性""实践""积淀""认识—真理""实践的唯物主义""自然人化""物的逻辑"的主体性立场转向立足于"审美现代性""生命""生成""情感—价值""实践的人道主义""自然界生成为人""人的逻辑"的主体间性立场的基本思考。并指出：生命美学从马克思《1844年经济学哲学手稿》的美学构想出发，较之席勒、尼采、马尔库塞等为代表的西方生命美学的侧重批判维度，它更注重建构维度；较之中国古

---

① 参见潘知常：《走向生命美学——后美学时代的美学建构》，中国社会科学出版社，2021年版，第4—6页。

代生命美学、中国现代生命美学，它完成了本体论转换。作为美学基本原理，生命美学则从只关注人类文学艺术的"小美学"，进而自我提升为关注人的解放的"大美学"。

更何况，我们还看到，《走向生命美学——后美学时代的美学建构》秉持"从0到1"的创新态度，创新观点在37年中逐渐丰富、完善，学术问题链严谨并自成体系。例如："'生命'／'实践'"是百年中国美学的第一美学问题"；"百年中国美学是审美现代性与启蒙现代性的双重变奏"；"美学的超越主客关系的当代取向"；"美学的超越知识框架的提问方式"；"人是动物与文化的相乘、生命是基因＋文化的协同进化"；"审美活动是人类生命系统中的动力环节"；"审美活动是生命的享受也是生命的生成"；"美是生命的竞争力，美感是生命的创造力，审美力是生命的软实力"；"生命美学作为未来哲学"……总之，《走向生命美学——后美学时代的美学建构》以马克思主义历史唯物论为指导，贯彻理论和实践统一、逻辑和历史统一的方法论原则，以哲学思辨方法为主，从思维抽象上升到思维具体，同时综合运用心理学方法、社会学方法、历史学方法、系统论方法等多种方法，把宏观和微观、自上而下和自下而上、一元和多元有机地结合起来，多角度多方面多层次地揭示出审美活动的奥秘。

二、四大突破

美学的奥秘在人——人的奥秘在生命——生命的奥秘在"生成为人"——"生成为人"的奥秘在"生成为审美的人"。或者，自然界的奇迹是"生成为人"，人的奇迹是"生成为生命"，生命的奇迹是"生成为精神生命"，精神生命的奇迹是"生成为审美生命"。再或者，"人是人"——"作为人"——"成为人"——"审美人"。

——潘知常

（一）爱者优存

出自心灵，抵达心灵，必能摇动心灵。自1985年写下第一篇美学论文《美学何处去》开始，潘知常就十分看重做学问的初心，他要求自己从实际存在着的生命困惑出发，而不是从本本"出发"——"倘若我们想到宗教业已黯然退场，灵魂旅程必须在宗教之外进行，美学的思考已经不仅是在谈论纯粹的美学问题，而且还是在孜孜以求现代文化的救赎方案、人类灵魂的救赎方案，是要对人类生命本身的发展路向进行重新谋划；……倘若我们想到既然外在于生命的第一推动力（上帝作为救世主）并不可信，而且既然'从来就没有救世主'，那么生命自身的'块然自生'也就合乎逻辑地成为亟待直面的问题，并且更合乎逻辑地成为美学亟待直面的问题；就不难意识到'生命/实践'的哥德巴赫猜想的重大意义。"[①]

这是潘知常撰写《走向生命美学》的缘起。或许，在后人看来，这都是浪费时间，是青年剑客挑战东方不败，自不量力。但是，思想的一小步，往往却是人类的一大步。柏格森说："我相信，哲学上的辩驳通常都是浪费时间，众多思想家们所展开的相互攻击，又有多少至今尚未被人遗忘？没有，或者很少很少。有价值而长存的只是每个人贡献给绝对真理的微小部分。真理本身能够取代错误的思想，它无需任何辩驳，便能牢不可破。"[②]令人欣慰的是，潘知常"贡献给绝对真理的微小部分"，也已经被历史证明"它无需任何辩驳，便能牢不可破"。这就是"爱者优存"。

实践美学的理论基础是"适者生存"，它来自达尔文的进化论。"物竞天择，适者生存"，这是一个公认的达尔文的进化论学说，自从严复翻译了赫胥黎的《天演论》，"弱肉强食，适者生存"的思想在中国就被广泛接受，深深植入人们的脑海。

生命美学对此又该如何解释呢？潘知常认真阅读了有关达尔文的所有书

---

① 潘知常：《走向生命美学——后美学时代的美学建构》，中国社会科学出版社，2021年版，第12—13页。

② 威尔·杜兰特：《哲学的故事》，蒋剑锋、张程程译，新星出版社，2013年版，第366页。

籍，他发现除了"适者生存的达尔文"，还有另一个达尔文的思想，一个爱的达尔文。

美国学者大卫·洛耶，一个达尔文的研究者，在《达尔文：爱的理论——着眼于对新世纪的治疗》中发现，其实达尔文还有一个被世人隐藏的进化论观点，那就是——爱的进化论。在达尔文晚年的著作《人类的由来》中，达尔文相信，推动人类文明的是"爱"，而不是"自私基因"。人类强烈的性本能、亲子本能和社会本能，使他们愿意为了族群的发展而牺牲自我，这就是爱的力量。大卫·洛耶还发现，在达尔文的《人类的由来》中，"爱"出现了95次之多，"竞争"却只有9条。达尔文还有几条令人印象深刻的结论："联合起来的动物彼此肯定相爱"，"我假定，任何具有社会本能、性本能以及激情的动物都一定有良心"。大卫·洛耶在《达尔文：爱的理论——着眼于对新世纪的治疗》中陈述了他认为，达尔文证明了"通向人类文明最后的一跃需要道德规则的指导，而不是今天如此流行的'自私基因'"。他还证明，"达尔文相信进化的主要推动力是爱而不是'自私基因'"，"至少对人类进化而言，爱和团结不是特例，而是贯穿于整个进化过程"。[①]

潘知常认为，爱的达尔文证明了，在人类文明的发展上，最终胜出的不是"适者生存"的动物种群，而是"爱者优存"的动物种群，是以"爱"作为自己的立身之本的动物种群的最终胜出！[②]一切为了竞争，竞争的一切为了生存，这种"弱肉强食、适者生存"的观点，看起来符合社会法则的，但实际上是非生命的，是反生命的，并不是人类生命的意义。以此为基础的美学，必然会成为一种漠视人的内在生命情感价值的美学理论。这也难怪实践美学取得了重大的美学理论研究成果，但在对人类生命活动的一些非竞争性的不合理的现象的解释上却鞭长莫及。对在人类生存中的爱与牺牲等活动，就难以用"实践创造了美"来解释。

---

① 大卫·洛耶：《达尔文：爱的理论——着眼于对新世纪的治疗》，单继刚译，社会科学文献出版社，2014年版，第104、89、56、5、1、2、4、100页。

② 潘知常：《走向生命美学——后美学时代的美学建构》，中国社会科学出版社，2021年版，第566页。

潘知常认为"适者生存"固然没有错误，但"爱者优存"才是人类文明进化的动力，生命本身就是爱的本身，生命本身宣告着爱的胜利。爱，是隐藏在人类生命里的核心，是人生的原体验。人类不能没有爱，爱，是人之为人的根本体验。只是人类现阶段对爱的认识不够多罢了。但无论是谁，不论是哲学家心理学家，还是普通人，不用靠理性，只要靠体验都能够理解生命与爱的关系。柏拉图说："谁若不从爱开始，也将无法理解哲学。"费尔巴哈说："只有爱给你解开不死之谜。"尼采在《查拉图斯特拉如是说》中说："我们热爱生命，并非因为我们习惯于生活，而是因为我们习惯于爱。"①著名心理学家哈洛的恒河猴实验，用剥夺小猴与母亲之间亲密关系的实验，证明了爱之于灵长类动物的重要意义。中西优秀的文艺作品中，不管主人公遭遇多少苦难，他们无一例外地最终都选择了臣服于爱。

潘知常认为"爱者优存"，相对于"适者生存"，是一种非零和博弈。"适者生存"是强者胜弱者淘汰，是零和博弈，只是强者意志的体现。但人类共同的命运，才是人类生命的逻辑。生命的逻辑应该是，"我活着，首先就要让你活着；我不想做的，也首先不让你做。"②"爱者优存"，并不是任何人的主动选择，而是"大自然的隐秘计划"，镌刻在我们基因和血脉中的宇宙的生命计划，罗伯特·赖特在《非零和博弈——人类命运的逻辑》中写道："做出这种'设计'的并不是人类设计师，而是自然选择。""地球上迄今为止的生命演变就是由这种驱动力塑造的。"③

"爱者优存"的发现，令潘知常感到生命美学的大门豁然顿开。众所周知，李泽厚提出的是"人类学历史本体论"的哲学观，而"爱者优存"的发现，则推动着潘知常在1991年提出了"万物一体仁爱"的生命哲学（简称"一体仁爱"的生命哲学）。早在1991年，他就提出："生命因为禀赋了象征着终极关怀的绝对之爱才有价值，这就是这个世界的真实场景。""学会爱，参

---

① 尼采：《查拉图斯特拉如是说》，黄敬甫、李柳明译，中华书局，2018年版，第43页。

② 潘知常：《生命美学引论》，百花洲文艺出版社，2021年版，第90页。

③ 罗伯特·赖特：《非零和博弈——人类命运的逻辑》，赖博译，新华出版社，2019年版，前言第8、4页。

与爱，带着爱上路，是审美活动的最后抉择，也是这个世界的最后抉择！"①
后来，他进而意识到："'带着爱上路'的思路要大大拓展。"②因此，他又
出版了专著《我爱故我在——生命美学的视界》（江西人民出版社，2009）、
《没有美万万不能——美学导论》（人民出版社，2012）、《头顶的星空——
美学与终极关怀》（广西师范大学出版社，2016）。同时，《上海文化》在
2015年分上、中、下篇，连载了他的约5万字的论文《让一部分人在中国先信
仰起来——关于中国文化的"信仰困局"》，其中，信仰的维度、爱的维度以
及"让一部分人在中国先爱起来"，是一个重要的讨论内容。随之，《上海文
化》从2015年第5期开始，开辟了专门的关于信仰问题的讨论专栏。2016年，
发表了著名学者陈伯海的《"小康社会"与"信仰困局"——"让一部分人在
中国先信仰起来"之读后感》、著名学者阎国忠的《关于信仰问题的提纲》、
著名学者毛佩琦的《构建信仰，重建中华文化的主体性》等九篇讨论文章。
2016年3月6日，由北京大学文化研究发展中心、《上海文化》编辑部举办的
"中国文化发展中的信仰建构"讨论会，2016年4月16日，由上海社科院文学
所、《学术月刊》编辑部、《上海文化》编辑部主办的"中国当代文化发展中
的信仰问题"学术研讨会也相继在北京、上海召开。而在《信仰建构中的审美
救赎》（人民出版社，2019）中，潘知常对于"'带着爱上路'的思路"更是
做了集中的讨论。

　　不难看出，潘知常的"万物一体仁爱"的生命哲学与马克思在《1844年哲
学经济学》中的设想如出一辙："我们现在假定人就是人，而人同世界的关系
是一种人的关系，那么你就只能用爱来交换爱，只能用信任来交换信任。"③
至于儒家的仁爱，墨家的兼爱，佛家的慈悲、基督教的博爱，就更是如此了。
因此，潘知常提出了"万物一体仁爱"的生命哲学。它是中国哲学中"万物
一体之仁"的生命哲学的现代转换，以现代意义上的"爱"去重新释仁，将

---

　　①　潘知常：《生命美学》，河南人民出版社，1991年版，第298页。

　　②　潘知常：《我爱故我在——生命美学的视界》，江西人民出版社，2009年版，第34页。

　　③　中共中央马克思恩格斯列宁斯大林著作编译局编译：《马克思恩格斯全集》（第42
卷），人民出版社，1979年版，第155页。

"仁"扩充为"仁爱",实现"仁"的凤凰涅槃与脱胎换骨。从而为古老的"仁""下一转语",从王阳明的"万物一体之仁"进而走向"万物一体之仁爱",所谓"天下归于仁爱"。它意味着从自在走向自由,从无自由的意志(儒)或无意志的自由(道)走向自由意志;而且从以人为本进而明确地转向"以人人为本""以所有人为本"。于是,"万物一体"不再是一般意义上的万物一体(例如张世英所提倡的"万物一体"),不再上承于天,以"天德""天意""天命"作为主宰,而必须是以仁爱为基础的万物一体,从而在"己所不欲,勿施于人""我不欲人之加诸我也,吾亦欲无加诸人"以及"己欲立而立人,己欲达而达人"的基础上"视天下犹一家""中国犹一人(仁)",视人犹己,视国为家,从"麻木不仁"走向"一视同仁",把一切物都当作同样的自己,把一切人也都当作同一个人。例如,改"孝悌也者,其为仁之本欤"《论语·学而篇》)为"仁爱者,其为孝悌之本欤"。以尊重所有人的生命权益作为终极关怀,也以尊重所有物的生命权益作为终极关怀。并且,以尊重为善,以不尊重为恶,因此,超出工具性价值去关注作为人的目的性价值、作为物的目的性价值,就是其中的关键之关键。同时,把世界看作自我,把自我看作世界,世界之为世界,成为一个充满生机、生化不已的泛生命体,人人各得自由、物物各得自由。人,则是其中的"万物灵长""万物之心",既通万物生生之理,又与万物生命相通,既与天地万物的生命协同共进,更以天地之道的实现作为自己的生命之道。从而,如陀思妥耶夫斯基《卡拉马佐夫兄弟》中的佐西马长老所说:"用爱去获得世界。"由此,"爱",成为潘知常生命美学的最强音,也成为他借助"个人觉醒"和"信仰觉醒"走向生命美学建构的最有力量的武器。而且,"我爱故我在",是其中的主旋律(为此,2009年,他甚至曾经以"我爱故我在"作为一部专著的书名)。爱即生命、生命即爱与"因生而爱""因爱而生"则是它的主题。而且,它并非西方的所谓"爱智慧"与智之爱,而是"爱的智慧"与爱之智。[①]因为"爱是人

---

① 参见潘知常:《走向生命美学——后美学时代的美学建构》,中国社会科学出版社,2021年版,第456页。

类在意识到自身有限性之后才会拥有的能力"。只要爱还在，那么，人也就在，生命也就在。①

弗洛姆说过："爱，真的是对人类存在问题的唯一合理、唯一令人满意的回答，那么，任何相对的排斥爱之发展的社会，从长远的观点看，都必将腐烂、枯萎，最后毁灭于对人类本性的基本要求的否定。"②而且，"即使完全满足了人的所有本能需要，还是不能解决人的问题；人身上最强烈的情欲和需要并不是那些来源于肉体的东西，而是那些起源于人类生存特殊性的东西"。③"爱"就是这个"特殊性的东西"。在西方，由于信仰维度与爱的维度是始终存在的，因此，这一切对于他们来说，其实已经化为血肉、融入身心。可是，对于中国这样一个自古以来就缺乏信仰维度、爱的维度基础的国家而言，这一切却还都是一个问题。但是，"学问若不转向爱，有何价值？"（13世纪的神学大师安多尼每次讲学都以此话作开场）也因此，在"'带着爱上路'的思路要大大拓展"的基础上建构"万物一体仁爱"的生命哲学（简称"一体仁爱"的生命哲学）也就成为必需与必然。这，就是潘知常生命美学的第一个突破。

（二）自然界生成为人

潘知常生命美学的第二个突破是"自然界生成为人"。

"自然的人化"，这是一个美学研究者人所皆知的理论，是李泽厚实践美学的经典学说，也是实践美学从马克思《1844年经济学哲学手稿》中阐发出来的一个美学思想。但是潘知常认为，这样一来，在实践美学中生命就从来都是被拦腰截断的，在实践之前，只有动物的生命，没有人的生命，只是因为实践的横空出世，生命才得以成为生命。在生命美学中无疑并不难于去阐释"人类为什么需要审美"的问题、"人类究竟是怎样创造了美"的问题、"审美活动

① 参见潘知常：《走向生命美学——后美学时代的美学建构》，中国社会科学出版社，2021年版，第456页。

② 弗洛姆：《为自己的人》，孙依依译，生活·读书·新知三联书店，1988年版，第335页。

③ 弗洛姆：《健全的社会》，欧阳谦译，中国文联出版公司，1988年版，第26页。

从何处来"的问题，答案就是"因生命，而审美"，但是实践美学对于这些问题却难免捉襟见肘，难以自圆其说。进而，对于实践美学，更难阐释的是"审美活动向何处去"的问题。人类究竟是怎样创造了美？这已经非常难以回答了，可是现在却还要回答"审美活动向何处去"的问题、"审美为什么能够满足人类"的问题、"美如何创造了人类自己"的问题，这就更加难乎其难了。

"自然的人化"是李泽厚重要的理论基点，在这一基点上进而发展出"实践创造了美"等观点，而且风行一时。但是潘知常认为：生命活动无疑比实践活动更为本真、更为本源，没有生命活动，一切劳动实践就是一句空话。而且，人类生存遭遇到的是两大困惑："饥饿"与"恐惧"。实践活动面对的也只是"饥饿"，而不是"恐惧"。因此，它提出，美学的立足点应该是"自然界生成为人"，而不是"自然的人化"。正如马克思所说："整个所谓世界历史不外是人通过人的劳动而诞生的过程，是自然界对人来说的生成过程"①，"历史本身是自然史的一个现实部分，即自然界生成为人这一过程的一个现实部分"②。

在潘知常看来，"自然界生成为人"要先于"自然的人化"。"自然界生成为人"也显然要比"自然的人化"以及"人的本质力量对象化"更符合人类进化的规律、"美的规律"。在《走向生命美学——后美学时代的美学建构》中，他这样写道："实践美学仅简单地立足狭义的人，就指望'包打天下'，却没有注意到'自然的人化'是立足于'自然界生成为人'的。人是实践活动的产物，但更是自然进化的产物，人作为自然的产物，当然也就要有自然属性。人是自然属性与文化属性的统一。因此，也就不能时时刻刻与人的自然属性为敌，既要'人化''外在自然'，又要'人化''内在自然'。毕竟，人不是神。而且，马克思从来就没有把人的'有意识的生命活动'局限于生

---

① 马克思著，中共中央马克思恩格斯列宁斯大林著作编译局编译：《1844年经济学哲学手稿》，人民出版社，2018年版，第89页。

② 马克思著，中共中央马克思恩格斯列宁斯大林著作编译局编译：《1844年经济学哲学手稿》，人民出版社，2018年版，第86—87页。

产实践一隅，也从来没有把人的本质归结为'使用工具'"。①

而且，这种看法其实是潘知常一贯的主张。早在1991年，在《生命美学》中，潘知常就已经提出了这一看法。在他看来，可以把宇宙世界称为宇宙大生命（涵盖了人类的生命，宇宙即一切，一切即宇宙）的"创演"，而把人类世界称为人类小生命的"创生"。创演，是"生生之美"，创生，则是"生命之美"。它们之间既有区别又有一致。"生生之美"要通过"生命之美"才能够呈现出来，"生命之美"也必须依赖于"生生之美"而存在，但是，其中也有一致之处，这就是超生命。或者叫作自鼓励、自反馈、自组织、自协同的内在机制，所谓"天道"逻辑——"损有余而补不足"，奉行的"两害相权取其轻，两利相权取其重"的基本原则，生物学家弗朗索瓦·雅各布（Francois Jacob）则称之为"生命的逻辑"。它类似一只神奇的看不见的手。只是"生生之美"对于"生命的逻辑"是不自觉的，"生命之美"对于"生命的逻辑"则是自觉的。

在《走向生命美学——后美学时代的美学建构》中，潘知常指出：借助马克思的思考。我们则可以把这样一种生命的创演与创生，生命的自鼓励、自反馈、自组织、自协同称为"自然界生成为人"。马克思早已说过："历史本身是自然史的一个现实部分，即自然界生成为人这一过程的一个现实部分。"②可是我们却一直未能深究，未能意识到美学亟待以"自然界生成为人"去提升"自然的人化"。因此，我们忽视了，"自然界生成为人"，才是马克思主义哲学的核心，也是美学研究的理论基础。"自然的人化"只是马克思的劳动哲学、实践哲学。我们不能只注意到其中的横向的联系（而且还不是全部——只是其中之一），却忽视了其中的纵向的联系。因此，"亟待关注的不是'劳动创造了美'，而是'劳动与自然一起才是一切财富的源泉'，也不是'人的本质力量的对象化'，而是'自我确证''自由地实现自由''生命的自由表

---

① 潘知常：《走向生命美学——后美学时代的美学建构》，中国社会科学出版社，2021年版，第22页。

② 马克思著，中共中央马克思恩格斯列宁斯大林著作编译局编译：《1844年经济学哲学手稿》，人民出版社，2018年版，第86—87页。

现'。例如，'我''在活动时享受了个人的生命表现'，'生命的表现和证实'，'人的一种自我享受'，等等"。①

这样，我们也就不难看到，实践美学的"自然的人化"只能涉及"自然界生成为人"的"现实部分"，也就是"人通过劳动生成"这一阶段，但是"自然界生成为人"的"非现实部分"却没有涉及。例如，美来自"自然的人化"，于是，人类社会之前自然也就无美可言了。哪怕是自然美，也是"自然的人化"的结果。于是，实践美学一旦撞上了自然的"天然"之美，例如月亮的美，也就要绕一大圈子解释了。而且，只看到"自然界生成为人"的"现实部分"，看不见"自然界生成为人"的"非现实部分"，所谓"实践"也就被抽象化了，正如马克思所说的，陷入了"对人的自我产生的行动或自我对象化的行动的形式的和抽象的理解"②。结果，实践活动成为世界的本体，成为人类存在的根源，也成为审美和美的根源。至于人类实践之前、人类实践之外的一切，则完全被忽略不计。其实，实践美学唯一看重的所谓"人类历史"应该只是自然史的一个特殊阶段。因此，马克思所说的"自然界的自我意识"和"自然界的人的本质"，我们都不能忽视。而且它们自身也本来就是互相依存的，后者还是前者得以存在的前提。这样，离开自然去理解人，离开自然史去理解人类历史，就无疑是荒谬的。换言之，人类历史其实是"自然界生成为人这一过程的一个现实部分"，它必须被放进整个自然史，作为自然史的"现实部分"。当然，人类是在"历史"中才真正出现了的，但是，这并不排斥在"历史"之前的"非现实部分"。彼时，人当然尚未出现，"自然界生成为人"的过程也没有成为现实，但是，无可否认的是，自然界也已经处在"生成为人"的过程中了。冒昧地将自然界最初的运动、将自然演化和生物进化的漫长过程完全与人剥离开来，并且对自然不屑一顾，是人类中心主义的傲慢，是没有根据的。而"自然界生成为人"则把历史辩证法同自然辩证法统一了起

---

① 潘知常：《走向生命美学——后美学时代的美学建构》，中国社会科学出版社，2021年版，第64页。

② 马克思著，中共中央马克思恩格斯列宁斯大林著作编译局编译：《1844年经济学哲学手稿》，人民出版社，2018年版，第111页。

来，也是对包括人类历史在内的整个自然史的发展规律的准确概括，更符合人类迄今所认识到的自然史运动过程的实际情况。

而且，从马克思所告诫的"自然界的人的本质"出发，从"自然界的人的本质"的客观存在出发，我们不难理解，那个被抽象地孤立地理解的、被固定为与人分离的自然界其实是不存在的，如此这般的自然界，对人来说只能是"无"。自然界往往被实践原则加以抽象理解，却忽视了它始终都与人彼此相互关联，无从分离。在人生成之前和生成之后，都如此。在由无生命到有生命再到最高生命的"自然界生成为人"的过程里，实践活动主要是在"由无生命到有生命"的阶段起到了重大作用（但也并非唯一），在此前的"无生命"和之后的"最高的生命"阶段，却并非如此。由此，实践美学言必称"实践"，似乎是领到了尚方宝剑，谁都奈何它不得，一切的一切都是缘起于实践也终结于实践，实践无所不能，然而一旦如此，也就把"劳动""实践"抽象化了、神秘化了。其实，实践原则并不是万能的。倘若从实践原则发展到"唯实践""实践乌托邦"，也是不妥的。例如，认为只有在实践与人发生关系中的自然才是自然，这就难免落入实践唯心主义、实践拜物教。而且，在现实生活中，我们也已经领教了实践唯心主义、实践拜物教的危害。它将人与自然肆意分离，结果当然认为对待自然可以为所欲为，而且无论怎样去对待自然，都不会反过来伤害自身。"人有多大胆，地有多大产"，就是这样出笼的。自然界是人的无机的身体，破坏自然界，当然也就是破坏"自然界的人的本质"、破坏人的本质。也就是把人变成"非人"。如此一来，美学也就无从立足了。[①]

因此，从"自然的人化"到"自然界生成为人"，这正是潘知常生命美学的第二大突破。

（三）我审美故我在

关于审美活动，实践美学的理解也令人困惑。实践美学认为"我实践故我在"，于是，实践之外的其他一切活动也就全都无关紧要了。可是，这样

---

① 参见潘知常：《生命美学引论》，百花洲文艺出版社，2021年版，第84—88页。

一来，潘知常发现：审美活动究竟对我们做了什么？美是如何帮助我们生存下去的？美是如何拯救我们的？诸如此类的困惑，实践美学都始终未能予以解决——甚至始终未能敢于直面。至于它的"悦心悦意"之类的阐释，实在是很肤浅、很苍白，"以美启真、以美储善"之类，更是毫无道理。审美不是工具，美也不是奴仆，只要讲到它对人类的作用和意义，就抬出可以"赏心悦目"，可以"怡情悦性"，可以服务于理性、道德之类的说法来搪塞，却根本看不到它在推动、调控人类自身行为方面的独立作用，是根本说不过去的。毕竟，审美活动并非无关宏旨，这样一来，实践美学的"我实践故我在"也就必然与生命美学的"我审美故我在"截然对立了起来。

2020年，潘知常在《东南学术》发表论文《生命美学是"无人美学"吗？——回应李泽厚先生的质疑》，具体阐释了他的"我审美故我在"的思考。在生命美学看来，人是有生命的，审美活动即生命活动，生命活动即审美活动。生命活动之所以成为审美活动，并不是因为它成功地把人类的本质力量对象化在对象身上，而是因为它"理想"地实现了人类的自由本性。"理想本性"，可以看作是人之为人不断否定自己超越自己所必不可少的自我鼓励。面对不完美而顽强地追求完美，这种"知其不可为而为之"的需要只有人类才有，也只有在借助一定的符号媒介的审美活动产生的意象中人才能得到完全的满足。因为审美活动所涉及的不再是现实形象，而是审美意象，"它不仅可以满足一种渴望而不可得的追求，而且还可以成为通往创造力的出发点"[1]，从而使得人超越了必然的法则，获得了超越的自由，唤醒了自由的自我。正是通过对"理想本性"的追求，使得人顽强地追求一种理想的自由的境界，这理想进驻生命，成为生命活动中最为重要的组成部分，以至一旦丧失，生存和生命都失去了意义。这生命的"非这样不可"的需求就是"我审美故我在"。由此可以得出结论，审美活动，是理想社会的现实活动和现实社会的"理想"活动，是人类"最高"的生命方式，是人类的理想本性的理想实现、人类最高需要的理想实现，也是人类自由个性的理想实现。故而，"我审美故我在"。

---

① S.阿瑞提：《创造的秘密》，钱岗南译，辽宁人民出版社，1987年版，第64页。

其实，"我审美故我在"，也可以说是"我爱故我在"，因为审美是爱的全面实现。"我审美故我在"，关注的是审美过程中人的自由意志和自由权利的成长，通过生命的审美活动，最终要实现的是人的终极价值——"爱者优存"，为了爱而存在。审美活动是自由的觉醒的"理想"实现，也是爱的"理想"的实现。来自生命的审美活动在某种意义上是信仰的活动。它的核心不是神，而是人以审美的方式，与他人建立的崭新的爱的关系。审美的人完成了向理想的人的转身，从此人不再走向神，而是走向了神性背后的爱，走向了以爱为中心的人的存在。人与彼岸，人与世界，人与虚空的关系，就变成了人与爱的关系。人与人的关系，也就走向了爱与爱的神圣关系。世界就不再成为制约人的现实，而成了一种爱的精神现象，美与自由就能在伟大的作品中直接出场了。

因此，潘知常指出：如果只强调人是实践的，只强调"我实践故我在"，其他的包括审美与艺术都是派生的，那么，无疑会产生很多问题。因为实践活动无论如何也解决不了一个问题，就是自由的觉醒的理想呈现。这本来是只有在彼岸世界才能呈现的，这就是马克思所憧憬的"把人的世界和人的关系还给人自己"①，也是马克思所憧憬的"人的自我意识和自我感觉"②。犹如我们说的，只有当人充分是人的时候，他才游戏；只有当人游戏的时候，他才完全是人。同样，只有当人充分是人的时候，他才审美；只有当人审美的时候，他才完全是人。在这个意义上，因爱而美与因美而爱也就完全等值；生命即爱、爱即生命与生命即审美、审美即生命同样完全等值；进而，"我爱故我在"与"我审美故我在"也完全等值。审美与艺术是自由的觉醒的"理想"实现，也是爱的"理想"实现。因此，如果我们今天在此岸世界就要看到美的实现，那就只能借助于审美与艺术。除此之外，别无他法。我们无法从实践活动中逻辑地推论出审美活动，实践活动也不可能作为审美活动的根源。但是，在现实的层面无法实现的，出于人类的超越本性，人类却可以去理想地想象它，而且理

---

① 马克思、恩格斯：《马克思恩格斯全集》（第1卷），人民出版社，1956年版，第443页。

② 中共中央马克思恩格斯列宁斯大林著作编译局编译：《马克思恩格斯选集》（第1卷），人民出版社，2012年版，第1页。

想地去加以实现。因为，区别于实践活动、认识活动，审美活动是以理想的象征性的实现为中介，体现了人对合目的性与合规律性这两者的超越的需要。它既不服从内在"必需"也不服从"外在目的"，不实际地改造现实世界，也不冷静地理解现实世界，而是从理想性出发，构筑一个虚拟的世界。这就是马克思说的"真正物质生产的彼岸"。而且，这也正是只有审美与艺术才能在"理想"的层面"把人的世界和人的关系还给人自己"，才能呈现"人的自我意识和自我感觉"的原因所在。

"审美"，同样也是人之为人的标志。甚至，在生命美学看来，只有"我审美故我在"，才是人之为人的标志，"我实践故我在"则不是。当然，为了不引起争论，我们也可以说：人是直立的人、人是宗教的人、人是理性的人、人是实践的人，人——也是审美的人。

犹如我们在理解物质世界、动物世界的时候，往往是存在决定现象，可是我们在解释人的精神世界的时候，却是精神创造存在。例如，在求真向善的现实活动中，人类的生命、自由、情感往往要服从于本质、必然、理性，但在审美活动之中，这一切却颠倒了过来，不再是从本质阐释并选择生命，而是从生命阐释并选择本质，不再是从必然阐释并选择自由，而是从自由阐释并选择必然，也不再是从理性阐释并选择情感，而是从情感阐释并选择理性……这当然是因为，在现实生活中，是内容决定形式，但是，在审美与艺术中，却是形式决定内容。因此，在形式中存在、存在于形式中，无疑也是一种人之为人的生存方式。审美的情感愉悦就是来自形式的愉悦。线条、色彩、明暗；节奏、旋律、和声；跳跃、律动、旋转；抑扬顿挫、起承转合……那喀索斯看见了自己的水中倒影，从此就爱上了自己的倒影，这"水中倒影"不就是"我审美故我在"？

马克思曾经追问：怎样才能"把人的世界和人的关系还给人自己"？怎样才能"获得""人的自我意识和自我感觉"？那么，马克思所谓的"获得"又是什么？在潘知常看来，这"获得"可以是通过自我设计而完成的自我认识，也可以是通过自我调节而完成的自我完善，但是，更可以是自我欣赏而完成的自我表现。"我审美故我在"，就是自我欣赏，也是自我表现。它的前提是：

自己的生命本身转而成为对象（动物的机体反应——自我感觉与对象感觉——无法被当作自我、当作对象）。不是借助神性，也不是借助理性，而是借助情感来建构世界、理解世界，让自我被对象化，让世界成为生命的象征。于是，世界，"一方面作为自然科学的对象，一方面作为艺术的对象"，成为"人的意识的一部分"，成为"人的精神的无机界"。①而且，世界一旦成为人类的精神现象时，也就不再以现实的必然性制约人。在这个意义上，我们可以说：美是以"对象的方式现身的人"。我们也可以说：美是"自我"在作品中的直接出场。②

（四）审美活动是生命活动的必然与必需

"我审美故我在"这一观点自然就会推论出审美活动是生命活动的必然与必需。然而，李泽厚从实践美学出发得出的观点却大相径庭。李泽厚认为"劳动创造了人"，"实践创造了美"，审美活动是实践活动的附属品、奢侈品。

显然，这是潘知常万万不能接受的，就像他最早在《没有美万万不能——美学导论》（2012）一书中写的那样"美不是万能的，没有美是万万不能的"。实践美学的这种贬低审美活动的观点，潘知常万万不能接受，并且不能视而不见，也不能不去"摇醒"装睡的实践美学。

关于为什么"没有美是万万不能的"，他在《没有美万万不能》一书中把审美活动的奥秘破解分为两个问题。第一个问题是："人类为什么非审美不可？"第二个问题是："审美为什么能够满足人类？" 在《走向生命美学——后美学时代的美学建构》中，他进而提出"因生命而审美"与"因审美而生命"。"因生命而审美"，是指的人类的生命活动必然走向审美活动，审美活动是生命的理想本质的享受。可以简称为：生命的享受。它是从生命活动的角度看审美活动，涉及的是人类的特定需要，如"人类为什么需要审美"；直面"人类为什么需要审美活动""人类究竟是怎样创造了审美活动""审美

---

① 中共中央马克思恩格斯列宁斯大林著作编译局编译：《马克思恩格斯全集》（第42卷），人民出版社，1979年版，第95页。

② 参见潘知常：《生命美学引论》，百花洲文艺出版社，2021年版，第94—99页。

活动从何处来"等困惑。"因审美而生命",指的则是审美活动必然走向生命活动,审美活动是生命的理想本质的生成。可以简称为:生命的生成。它是从审美活动的角度看生命活动,涉及的是人类的特定功能,所谓"审美活动为什么满足人类生命活动的需要",直面"审美活动向何处去""审美活动为什么能够满足人类""审美活动如何创造了人类自己"等困惑。他认为,审美活动既是必然性的,也是必需性的,"因生命而审美"体现了审美活动的必然性,"因审美而生命"体现了审美活动的必需性,二者相互渗透。

在潘知常看来,陀思妥耶夫斯基在小说《白痴》中借梅诗金公爵传达的"美拯救世界"的理念[1],其实是很有道理的。实践美学喜欢说"劳动最光荣",可是如果人被通知说可以一辈子都不用劳动了,那么,人还会去劳动吗?当然,这样说也不是去贬低"劳动"的,因为它也十分重要,这样说的目的只是要指出:生命活动的最终完成,是在劳动之外完成的。而在未能到达"理想王国"之前,这个"完成"又只能是在象征的意义上。因此,人类也就必然是为美而生,向美而在的。审美活动并不在生命活动之外,生命即审美、审美即生命。它们彼此之间一而二、二而一,是一体的两面。

关于第一个问题:人类为什么非审美不可?美既不能吃又不能穿,也不能拿去赚钱,但人类为何偏偏要为自己进化出了爱美之心,难道不是自寻烦恼,不是生命的奢侈吗?潘知常认为,审美活动是生命的享受,从生命出发,生命活动必然走向审美活动。生命活动就是"自然界生成为人"的美的奇迹。在"自然界生成为人"的进程中,审美活动是人从"动物的不自觉"向"人的自觉"转变的中间动力环节。美,就是对人的"自然界生成为人"内在努力的肯定。因此与其说人创造了美,不如说美创造了人。在人类的进化中,正是人的审美活动把动物和人区别开来了,审美活动是人类生命系统中的动力环节。

人,从一开始就是不完善、不完美的动物。人如果单靠他的先天的本能,是不可能打败自然界的其他动物的。例如一只蜘蛛,尽管它从未见过织网,

---

① 汤权扬:《论陀思妥耶夫斯基的斯拉夫主义社会理想——以〈白痴〉为中心》,《名作欣赏》,2022年第3期。

甚至根本没有见过蛛网是什么样子，却能在第一次就织造出令人惊讶的复杂蛛网。人类的婴儿不可能一出生就织造出完美的东西。相对于一些动物而言，人是不"完善"的、有"缺陷"的和"匮乏"的存在，人类必须要经历创造性的阶段，必须要不断地去"完善"自己，才能让自己在世界中存在。

为此，人必须要学习，尽管人的创造充其量只能达到不完美的程度，但人却可以得到一个最宝贵的自由权利——人可以达到多种多样的、可由人自己选择的不完美。这种创造性的获得，弥补了人在一出生时的缺陷和匮乏。"人类在方便和可靠方面所失去的东西，却从几乎是无限的灵活性中得到"。[①]最重要的是，人从无限灵活的创造性中，创造了人的超生命，人的精神生命，使人能够抵达无限彼岸的审美生命。

"人类的生命不再仅是一种有限的存在，而且更是唯一一种不甘于有限的存在。未完成性、无限可能性、自我超越性、不确定性、开放性和创造性，因此也就成为人之为人的全新的规定。而未完成性、无限可能性、自我超越性、不确定性、开放性和创造性的出现，也就必然使得人类最终走向作为动物生命与文化生命的协同进化的集中代表的审美活动。"[②]

最终，人的创造变成了人的生命需要，以创造为需要，这使人从根本上与动物区别开来。人的人生就不再是动物化的、被限定的人生，而成了自由的、开放的审美的人生，也就是"因生命而审美"的人生。

关于第二个问题：审美为什么能够满足人类？潘知常认为，只有审美活动能够最大限度地满足生命的无限性、创造性的需要。这就是"因审美而生命"的必需性。

在这方面，生命美学的阐释比实践美学的"悦心悦意"之类的阐释更有说服力。审美为什么能够满足人类？潘知常指出，从人类的进化"美进劣退""美者优存"中可以看出，审美活动是"自然界向人生成"的产物。审美活动实质上是对人类这个自生成、自组织、自鼓励、自协调的有机生命体的自

[①] 阿西摩夫：《人体和思维》，阮芳赋等译，科学出版社，1978年版，155页。

[②] 潘知常：《走向生命美学——后美学时代的美学建构》，中国社会科学出版社，2021年版，第112页。

我鼓励。它在肯定和否定着人类的某些东西，从而激励人类在进化过程中去冒险、创新、牺牲、奉献，去追求在人类生活里有益于进化的东西。

潘知常认为，审美的存在就是"为生命导航"，它回答的是"审美活动向何处去""美如何创造了人类自己"等审美与人性拯救的必然性问题，审美活动必然走向一切与生命相关的活动。审美活动能够大大满足人类的超生命的需要，极大地愉悦人的双重生命，它是人的创造性、独立性活动，是生命的无功利的愉悦的体验、人的本质性自由的体验。因此，要看到它在推动、调控人类自身行为方面的独立作用。人类"因审美，而生命"，在审美活动中自己把握自己、自己成为自己、自己生成自己。生命的进化，首先当然是自然选择，但是同时还不可或缺的，则是审美选择。审美活动从生命活动中进化而来，代表着人类生命的优化，倘若没有被进化出来，则意味着人类生命的"劣化"。因而，犹如自然选择的"用进废退"，在人类生命的审美选择中，同样也是"美进劣退"，美者的生命优存，不美者的生命也就相应丧失了存在的机遇，并且会逐渐自我泯灭。因此，审美的人不但代表着"进化"的人，而且还更代表着"优化"的人。它意味着生命之为生命必然会是一种目的行为，也必然存在着目的取向。然而，这"目的"是如此难以把握，尤其是有诸多的选择都于个体而言有害无益，但是于全体而言却是有益无害；或者，有诸多的选择都于个体而言有利无害，但是于全体而言却是有害无益；置身其中，即便是借助理性甚至是高度发展的理性也仍旧是难以取舍。于是，作为某种自鼓励、自反馈、自组织、自协同的生命机制，审美的必然导向目的的反馈调节就尤为重要。因为，具有意识能力的人类可以把目的主观化，更善于驱动目的转向为随后的行为，并且使之不致溢出必然导向的目的。

当然，审美活动也就因此而不可能只是我们过去所肤浅理解的"无功利性"的活动，而应该是生命进化中的某种自鼓励、自反馈、自组织、自协同的生命机制。而所谓的脱离动物界，也无非是指这一生命反馈调节机制从完全不自觉到较为自觉再到基本自觉。而且，这一点在人类的身上又体现得最为突出。这就正如普列汉诺夫所指出的："需要是母亲。"客观的需要，迅即就会变为人类的主观努力。这是因为，就人类的生命机制而言，倘若没有内在的调节机制推动着他趋向于目的，那么在行为上也就很难出现相应的坚定追求，然而世界本身却不会主动趋近于人、服务于人，长此以往，生命难免就会颓废、衰竭乃至一蹶不振，甚至退出历史舞台。因此，随着意识能力的觉醒，在把客观目的变成主观意识、把生命发展的客观目的变成人类自我的主观追求的变客观需要为主观反应的过程中，人类无疑是最善于敏捷地将生命进化中的必然性掌控于自己的手中的。

因此，马克思说："人也按照美的规律来塑造物体。"其实也就是在提示我们：人类禀赋着把客观目的主观化的自鼓励、自反馈、自组织、自协同的生命机制，因此而可以去主动地确证着生命，也完满着生命，享受着生命，更丰富着生命……倘若不存在潜在地指向某一目的的自鼓励、自反馈、自组织、自协同的生命机制，难道生命的进化是可能的吗？在进化过程中大自然对于所有的动物的要求是何等苛刻——稍有不慎便会被大自然排斥、被大自然进化掉。在这方面，不要说人类这样一种高级的生命系统了，即便是最简单的有机生命，也一定会进化出一种生命机制，一定存在自鼓励、自反馈、自组织、自协同，而且也一定是指向一定的目的的。不过，这"目的"不是一个主观范畴，也未必一定要被意识到。它是一个客观范畴，是生命进化在置身残酷无情的自然选择之时借助反馈调节而必然导向的目的。而且，这种自鼓励、自反馈、自组织、自协同的生命机制其实也并不神秘，借助今天的思想，也已经不难予以解释。"物竞天择，适者生存"，但是，却并没有"上帝"预先为我们谋划，也并非自身在冥冥中自我谋划，人类只是在盲目、随机中借助自我鼓励、自我协调的生命机制为生命导航。至于这是一个有意识能力的自鼓励、自反馈、自组织、自协同的生命机制还是一个无意识能力的自鼓励、自反馈、自组织、自协同的生命机制都并不重要，因为，它仍旧已经是生命。[①]

这也许正是"爱美之心，人皆有之"的深意所在。审美活动对于生命的无限性、创造性的需要的满足，因此也就造就了可能性。

---

① 参见潘知常：《走向生命美学——后美学时代的美学建构》，中国社会科学出版社，2021年版，第117—125页。

三、三个核心范畴

生命之光是怎样的荡人心魄。当你流连在它辽阔的视野里，便开始从蛰伏的岁月中苏醒，并尝试着用另一种和煦的心情去抚平记忆中淡淡的刻痕和造访那温馨的你曾经久久踯躅其间的生命原野。

——潘知常

（一）生命视界

胡塞尔在1906年的日记中写道："只有一个需要使我念念不忘：我必须赢得清晰性，否则我就不能生活；除非我相信我会达到清晰性，否则我是不能活下去的。"[1]

在潘知常的生命美学研究中，我们看到的，也正是"除非我相信我会达到清晰性，否则我是不能活下去的"。

为此，我们可以将潘知常"生命美学"与李泽厚"实践美学"的具体区别列为下表：

表1 潘知常"生命美学"与李泽厚"实践美学"的区别

具体区别	生命美学代表：潘知常	实践美学代表：李泽厚
美学学说	生命美学	实践美学
代表人物	潘知常	李泽厚
首创年代	1985	1957
历史渊源	南京《学衡》	北京《新青年》
渊源人物	王国维	梁启超、蔡元培
现代性	审美现代性	启蒙现代性
理论视界	生命	实践
生物基础	"爱者优存"	"适者生存"

---

[1] 转引自施皮格伯格：《现象学运动》，王炳文、张金言等译，商务印书馆，1995年版，第129页。

续表

人的来源	"自然界生成为人"	"自然的人化"
存在观	"我审美故我在"	"我实践故我在"
哲学观	马克思的价值科学	马克思的历史科学
核心理念	马克思的"实践的人道主义"	马克思的"实践的唯物主义"
审美活动	审美活动是生命活动的必然与必需	审美活动是实践活动的附属品、奢侈品
美学观点	情本境界论	实践论
阐释框架	"情感—价值"的价值论框架	"理智—真理"的知识论框架
学说传统	知行合一	知识论传统

茨威格在《人类群星闪耀时》说，"一个人最大的幸福莫过于在人生的中途，富有创造力的壮年，发现自己此生的命命。"①。显然，这也是潘知常的"生命中最大的幸运"。

然而，这一切却尚未结束。这是因为，潘知常所提倡的生命美学毕竟是"情本境界论生命美学"，或者，是"情本境界生命论美学"

这意味着：生命美学的首创与独创不仅包括前面的四大突破，还应该包括三个美学范畴的提出。它们是："生命视界""情感本体""境界取向"。

先来看"生命视界"。"生命视界"的提出，是在1985年。在《美学何处去》（《美与当代人》1985年第1期）一文中，潘知常已经开始"呼唤着既能使人思、使人可信而又能使人爱的美学，呼唤着真正意义上的、面向整个人生的、同人的自由、生命密切联系的美学"。并且指出："真正的美学应该是光明正大的人的美学、生命的美学。""美学应该爆发一场真正的'哥白尼式的革命'，应该进行一场彻底的'人本学还原'，应该向人的生命活动还原，向感性还原，从而赋予美学以人类学的意义。""美学有其自身深刻的思路和广阔的视野。它远远不是一个艺术文化的问题，而是一个审美文化的问题，一个'生命的自由表现'的问题。"②

---

① 斯蒂芬·茨威格：《人类群星闪耀时》，时代文艺出版社，2018年版，第10页。

② 潘知常：《生命美学论稿》，郑州大学出版社，2002年版，第400页。

潘知常认为：学术研究的价值体现在能够提出问题。学者之为学者，最具创造性的工作就在于提出了什么。这也就是说，最具创造性的工作在于：提出一个世世代代都必须回答的问题，而且，世世代代的每一次的回答都会使得他所提出的问题增值。因此，他的工作也就得以进入人类的历史。显然，生命美学所提出的"生命"，就是这样一个势必会被写入美学历史的问题。

在中国，这也是"生命美学"的诞生。因此，将生命视界引入中国当代美学，潘知常是当之无愧的第一人。这么多年，他一直与实践美学论辩的焦点就在"生命"，也正是因为"生命"，让他萌发了"美学，让我把你摇醒"的愿望。然而，却也因此与实践美学产生了根本的对立。李泽厚先生曾经六次公开批评，说这是唯心主义，也是回到动物性，这样的观点是出于对"生命"的茫然无知。潘知常指出：

"其实，生命美学要关注的就是'生命'——人的生命（严格而言，生命美学要关注的是人类的小生命，而不是宇宙的大生命）。""生命美学当然也会涉及宇宙大生命，但是，却又与生态美学的直接将宇宙大生命奉为至宝截然不同。在生命美学，直面宇宙大生命是为了以'仁爱'之心融入宇宙万物，并且与之'一体'，也就是，宇宙大生命的'生生之美'是离不开人类小生命的'生命之美'的，所谓'万物一体仁爱''生之谓仁爱'。"[1]

显然，这根本就不是动物生命，而是中国古代美学的"生""生生"美学范畴的提升，"自然界向人生成"的宇宙大生命与人类小生命的融汇。潘知常认为人类的生命与宇宙息息相关。宇宙世界可以称为宇宙大生命的创演，它涵盖了人类的生命，人类世界是人类小生命的创生。创演，是"生生之美"，创生，则是"生命之美"。

而且，这"自然界向人生成"的宇宙大生命与人类小生命的融汇还远远先于实践活动。因为，首先，实践并不是审美得以产生的最远源头，也就是说，从"本源"的角度，"实践"不是最远的。人类是先有生命，还是先有实

---

[1] 潘知常：《走向生命美学——后美学时代的美学建构》，中国社会科学出版社，2021年版，第68页。

践？进而，是实践创造了人么？那么，又是谁创造了实践？显然，我们的祖先从两足行走到制造石器工具，几乎有500万年的间隔，这500万年的间隔，其实生命都与实践无关。因为，人已经是人，也已经有生命！因此，生命才是实践的根本原因。生命的延续与发展才是第一需要，至于实践，那只是第二需要。其次，实践也不是距离审美活动最近的，也就是说，从"本性"的角度，"实践"也不是最近的。这意味着，审美活动当然也与人类其他活动有关，然而，审美活动却是生命活动本身——生命的最高存在方式。它是人类因为自己的生命需要而产生的意在满足自己的生命需要的特殊活动。它服膺于人类自身的某种必欲表达而后快的生命动机。因此，我们可以说审美是生命的最高境界，可是却不能说审美是实践的最高境界。这也就是说，审美与生命有着直接的对应关系，但是与实践却只有着间接的对应关系。因此，只有生命，才距离审美的"本性"最近。也许，这就是潘知常所指出的：我们可以说因生命而审美，也可以说因审美而生命，但是，我们却不能说因实践而审美，也不能说因审美而实践。

如此一来，美学研究就不能以"实践"为视界，而只能以"生命"为视界。潘知常发现，李泽厚晚期的实践美学思想无疑意识到了实践美学的这个致命缺憾！因此，他才毅然转向。而且，这个转向的力度远比"新实践美学"和"实践存在论美学"要更大，因此逻辑断裂也就最明显。"新实践美学"和"实践存在论美学"实际均未涉生命本体，审美在他们那里也均不是生命本体，但是，李泽厚的晚期美学却直指生命本体，可惜为时已晚。因为这个"本体"是无论如何都无法来自实践活动的"积淀"的！为了走出困局，李泽厚拼尽了全力：从"人类学本体论"到"人类学历史本体论"，从"工具本体"到"心理本体"，从"社会实践本体论"到"情感本体论"……并且不惜以"主体性"作为中介、以"积淀说"作为中介。可是，他孜孜以求的"心理本体""情感本体"，其实就是生命美学从起步之初就提出的"生命"！

再进一步，潘知常又指出，严格来说，生命美学要关注的毕竟是人类的小生命，而不是宇宙的大生命。遗憾的是，当代美学的诸多学说都把生命抽象化了，也都是从生物的角度去看待生命，或者转而从物的反面——"神"的角度去看待生命，这样都会造成一种"见物不见人""见神不见人"的美学。但是生命美学不同。它关注是人的生命——"非物、非神"的生命。也因此，生命美学的"生命"，与李泽厚点名批评"站在自然生命立论"，"仍然是动物性的本能冲动、抽象的生命力之类"，[①]"原始的情欲"[②]，等等，都没有关系。

而且，李先生实在是低估了"生命"，也低估了生命美学。生命之为生命其实并非如李先生所猜想，人是生命，就犹如人是动物。因此实践美学不能只说人是动物（生命），而必须强调人是高级动物（生命），因此，就必须时时强调：人是使用工具的动物（生命）、物质实践的动物（生命）等等，遗憾的是，这类看法已经远远落后于时代了。在生命美学看来，一切却无疑都并非如此。无论如何，只要认为人是动物，哪怕认为是高级动物（不要说是制作工具的动物、物质实践的动物，即便是使用符号的动物），也仍旧没有走出传统的死胡同。因为，要道破生命之为生命的本质，必须从人不是动物开始。人之为人，就其根本而言，已经根本不是什么什么的动物，而是从动物生命走向了全新的生命。这就正如兰德曼所发现的："人不是附加在动物基础上，有着特殊的人的特征的一种动物；相反，人一开始就是从文化基础上产生的，并且是完整的。"[③]也正如利基所发现的：人的生命，是"由于文化的进化，而不是被生物学的变化驱动的"。[④]因此，"人们不是生存在肉体上，而是在观念上有其生命的"[⑤]。

潘知常指出：人的生命应该是基因和文化的协同进化，也应该是动物生命与文化生命的协同进化，或者，人的生命还应该是原生命与超生命的协同进化！这就类似于物理学中的"波粒二象性"："现在有两种相互矛盾的实在的图景，两者中的任何一个都不能圆满地解释所有的光的现象，但是联合起来就

① 李泽厚：《走我自己的路：对谈集》，中国盲文出版社，2002年版，第426页。
② 李泽厚：《走我自己的路：对谈集》，中国盲文出版社，2002年版，第443页。
③ 转引自欧阳光伟：《现代哲学人类学》，辽宁人民出版社，1986年版，第224—225页。
④ 利基：《人类的起源》，吴汝康、吴新智、林圣龙译，上海科学技术出版社，2007年版，第71页。
⑤ 西田几多郎：《善的研究》，何倩译，商务印书馆，2017年版，第131页。

能够了。"①因此我们知道：光，既是粒子，也是波。人的生命也是一样，势必既是基因的，也是文化；既是动物生命的，也是文化生命的；总之，既是原生命的，也是超生命的。但是，人的生命又必然是以文化、文化生命和超生命为主。

显然，生命美学的"生命"概念，深受齐美尔"生命比生命更多""生命超越生命"的生命思想影响。生命，在潘知常看来，全然是在物质实践的视境之外的，也全然是在物质实践的视境之上的。要把这一切等同于物质实践，则无异于要美学自杀。也因此，审美与艺术的秘密并不隐身于实践关系之中，也不隐身于认识关系之中，而是隐身于生命关系。这是一种在实践关系、认识关系之外的存在性的关系。也因此，对于生命美学而言，"实践"必须被"加括号"、必须被"悬置"。唯有如此，才能够将被实践美学遮蔽与遗忘的领域，被实践美学窒息的领域，以及实践美学未能穷尽、未及运思的领域展现出来，而且，其实后来的"新实践美学"的"新"，"实践存在论美学"的"存在"，也都是在给"实践""加括号"与"悬置"，是"打左转灯却向右转"，是在向生命美学无底线地靠近。因此，如果说实践美学的功绩是从认识论到本体论，转而以"实践"为本体，那么，生命美学就是从一般本体论——实践本体论转向"基础本体论"——生命本体论。

一旦转入生命本体论，以这个"生成着""比生命更多"和"活出"的"生命"为美学的理念，美学之为美学也就焕然一新。如前所述的从知识论到生命论的转向，就是在此基础上才得以发生的。长期以来，潘知常一直都在提示：生命美学是从实践美学的"纯粹理性批判"转向"纯粹非理性批判"，从"逻辑的东西"转向"先于逻辑的东西"，或者，转向"逻辑背后的东西"。在实践美学，关注的只是概念的、逻辑的和反思的，而生命美学却要求趋近使得概念的、逻辑的和反思得以成立的领域，因而也就是前概念的、前逻辑的和前反思的。它当然不是海德格尔在《真理的本质》一文中所说的"符合论"，但是却是他所关注的"敞开状态"或"活动着的参与"。或者，借助

---

① 爱因斯坦、英费尔德：《物理学的进化》，上海科学技术出版社，1962年版，第192页。

"生命"，生命美学意识到：实践美学所要"积淀"到感性的所谓"理性"恰恰就是思想的最为顽固的敌人，由此，也就有可能真正开始思想。当然，这并不是放弃思想，而只是学会思想，并且比实践美学更为深刻地去思想。

毋庸置疑，几十年来，潘知常的美学研究恰恰就是以"生命"为核心的，而且也是从生命本身来美学地理解生命的。"生命视界"，是其中必不可少的前提。而且，潘知常生命美学的全部体系、全部问题也都是建立在"生命视界"之上的。例如，潘知常就曾经论证过：美学不但是"源于生命""同于生命"，而且更是"为了生命"的最为恰切的证明。因此，给出美学的理由的，不是"实践"，而是"生命"。生命，才是美学之为美学的先天条件，而不是实践。因此，相对于实践美学的"知识的觉醒"，生命美学则是"生命的觉醒"。过去的那种置身生命之外去观察和抽象的研究，无疑是荒谬的。正确的方式，只能是在生命之中去体验、去直觉。由此不难发现，以实践美学为代表的传统美学，关注的其实都只是假问题、假句法、假词汇。事实上，在现实世界根本没有"真理"，只有"真在"，只有"生命"。因此"真理"必须变成鲜活的"生命"才是真实的。换言之，实事求是而言，根本没有"物自体"，也没有"现象界"，甚至也不可能"相对于实践"，而只能是"相对于生命"。对知识之谜、理性之谜的解答的前提都是对人的生命之谜的解答。要把握本体的生命世界，理性，只是辅助型的工具，而且，它还是一柄双刃剑，还存在着把人类带入歧途的可能。唯一的方式，就是回到生命，而回到生命也就是回到审美。也因此，审美与生命也就成为彼此的对应物，两者互为表里。当然，这就是审美之所以与生命始终相依为命的根本原因。①

（二）情感为本

"情感为本"的提出，是在1989年。在《众妙之门——中国美感心态的深层结构》一书中，潘知常对当时流行的实践美学的"理智—真理"的知识论

---

① 参见潘知常：《走向生命美学——后美学时代的美学建构》，中国社会科学出版社，2021年版，第431—436页。

框架，提出了严肃的批评。他指出，这种把情感当作理性的副产品、理性的消极产品的看法无助于美学基本理论的深入思考：

"过去大多存在一种误解，认为它只是思想认识过程中的一种副现象，这是失之偏颇的"，"（情感）不但提供一种'体验——动机'状态，而且暗示着对事物的'认识——理解'等内隐的行为反应"，"不论从人类集体发生学和个体发生学的角度看，'情感→理智'的纵式框架都是'理智→情感'模式框架的母结构"。①

实践美学还认为，情感之为情感，只有在被"积淀"进理性之后才能够被予以首肯，否则，就难逃"动物性的本能冲动、抽象的生命力"以及"原始的情欲"等的贬斥。然而，实践美学的以"理性—真理"作为母结构却难以令人信服。这是因为，实践美学遵循的是知识论框架，而审美活动却是无法纳入知识论框架去考察的，其结果就必然会是对于审美活动本身的扭曲。例如，知识论框架的最大缺憾是缺失了生命活动的动力系统这最为根本的一大块内容。从知识论框架出发，我们无论如何也无法回答人类生命活动的动力何在这样一个关键问题。它在描述着实践与认识，但是，人类为什么要实践？又为什么要认识？却统统不涉及。类似电脑，我们固然研究了它的软件系统，但是却从来就没有意识到其中的电源系统的重要性。这样一来，实践美学在解释作为动力系统的审美活动的时候，就难免会捉襟见肘，也难免会处处碰壁。

潘知常的美学思考的深刻也恰恰就体现在这里。生命美学自诞生之日起，就没有陷入过实践美学的困境。1989年《众妙之门——中国美感心态的深层结构》已经如前所述，1995年，在《反美学——在阐释中理解当代审美文化》一书里，潘知常又进而指出："人类对于情感需要的渴望，来源于人类的生命机制本身。当代心理学家已经证实：就人类生理层面而言，作为动力机制的因此也就最为重要的是情感机制，而不是理性机制。过去，为了论证人类理性的伟大，美学家曾经过分重视新皮质而忽视皮下情感机制。把大脑新皮质的功能看

---

① 潘知常：《众妙之门——中国美感心态的深层结构》，黄河文艺出版社，1989年版，第72、73页。

作是审美活动的复杂过程的唯一中心，现在看来，是一个方向性的错误。就探讨审美活动的根源而言，真正的重点不是理性的机制而是情感的机制。其中，神经系统和内分泌系统是两大关键。"为此，他的结论简单而明确："情感机制是人类最为根本的价值器官。"①

显然，要回到生命，无疑就不可能回到实践美学所谓的理性，而是回到情感。因为人是情感优先的动物（扎乔克），也最终是生存于情感之中的。情感的存在，是人之为人的终极性的存在也是人的最为本真、最为原始的存在。所谓理性和思想，也"都是从那些更为原始的生命活动（尤其是情感活动）中产生出来的"②。

而且，审美活动构成的还是一个"情感—价值"的动力系统。在1995年出版的《反美学——在阐释中理解当代审美文化》中，潘知常还指出：快感是以肌体系统为主的生命鼓励机制，美感是以精神系统为主的生命鼓励机制。而且，"情感机制是人类最为根本的价值器官"。生命系统置身一个概率的世界，存在即选择，选择也即存在。但是"选择"又一定是导源自"目的"的。没有"目的"，也就没有"选择"。"选择"，代表着自我鼓励、自我协调的生命机制，它的实现与否，则预示着生命本身的满足或者匮乏乃至目的的实现与缺失。由此，与知识论框架的"是如何"不同，情感所建构的是一个"应如何"的价值论框架。我们置身的世界，不仅是一个物理的世界，而且还是一个价值的世界。与此相应，人与世界的关系也不仅是认识关系，而且还是价值关系。试想，人类的认识活动如果没有价值活动的协同，又有什么存在意义？难道它不是着眼于人类向前向上的价值活动的吗？因此，即便是就哲学而言，如果只有认识论但是没有价值论，那恐怕也只是一个先天不足的跛子。认识的动因何在？目的何在？归宿何在？总不能是为认识而认识吧？但是，一旦加上价值活动，情况就截然不同了。它让我们意识到：原来"理性—真理"的功能类似于电脑的软件系统，而价值活动的功能却类似于电脑的电源系统。两者不

① 潘知常：《反美学》，学林出版社，1995年版，第314页。

② 苏珊·朗格：《艺术问题》，腾守尧译，南京出版社，2006年版，第141页。

能混同，尤其是不能把价值活动混同于认识活动——但这实在是太常见了。众所周知，"认识世界是为了改造世界"。改造世界，那又如何可以离开生命的向前向上？这当然就要穷尽全力去创造更多的理想价值，同时也要被更多的价值理想所吸引，离开了这一环节，任何的改造世界也就统统都不会发生，而只会出现类似于动物般的消极适应。

由此再回到生命美学与实践美学的论争，我们不得不说，未能关注到"情感—价值"动力系统，无论如何都是实践美学的一大遗憾。它最终未能站住脚，并且被不断地改来改去，都与此有关。审美活动不属于"理性—真理"系统，而是"情感—价值"系统。不从动力机制、导航机制的角度去考察，就无法趋近正确的答案。然而，实践美学对"情感—价值"系统的研究始终视而不见，审美活动也被逼迫得从"情感—价值"系统中退了出去，委身于"理性—真理"系统，被当成一种"以美启真、以美储善"的工具。所以，潘知常在1985年发表的文章《美学何处去》中，才痛心地指出，实践美学把生机勃勃的世界变成了"冷冰冰"的世界，也把生机勃勃的美学变成了"冷冰冰"的美学。确实，离开了"情感—价值"系统，世界与审美活动都像一台没有电源的电脑，中看，但是却根本就用不起来。

至于生命美学就不同了。自1985年开始，它断然将美学的立足点从实践美学的"理性—真理"转向生命美学的"情感—价值"。这实在是一个极为重要的乾坤大挪移，堪称关键的关键。如果打个比方的话，那大概相当于从托勒密的"地球中心论""乾坤大挪移"为哥白尼的"太阳中心论"。而且，这一"转向"也必然会给美学研究本身带来生机。美学本身也因此而禀赋了一种理论的彻底性。从价值论的角度观察审美活动，无疑要比从认识论的角度观察审美活动深刻得多，也准确得多。把审美活动移入人类的"情感—价值"框架，并且如实地作为生命系统中的动力环节来考察，就犹如过去是从地球中心考察问题，而现在转向了太阳中心来考察问题一样，一切的一切都变得清楚明白了。例如，我们误以为物质、生产力就是推动社会进步的动力，可是，遗憾的是，却漏掉了一个人类自身的环节。如此一来，动力系统实际上是断裂的，也并没有贯彻到底。动力源都是与人无关的，而且都是在人之外的，这如何可能？物质、生产力的运动都不可能脱离人而存在，但是，人参与其中，却离不开情感的参与。没有了情感，也就谈不上参与了。既然物质、生产力的运动都要通过人来实现。那么，就人自身而言，动力何在？这样，情感所建构的"应如何"的价值论框架的重要作用也就凸显出来了。这应该说，就是恩格斯十分强调的所谓"杠杆"但又有所不同。外在的"杠杆"，当然是物质、生产力，内在的"杠杆"，则是情感所建构的"应如何"的价值论框架。长期以来，实践美学最无视的，显然就是这个内在的"杠杆"。本来，物质、生产力都是不能离开人的，尤其是不能离开人的主观世界的，但是实践美学却一直旁若无人地跨越了这个问题，从来不闻不问。在实践美学看来，所谓历史唯物主义就应该是"冷冰冰"的，就应该是完全排除情感、意志的干扰的。但是，生命美学就完全不同了。它所要全力抓住的，恰恰就是这个环节。这是因为，借助于"选择"与"目的"之间的协同，价值论框架必然产生出正负价值。不难看到，审美活动正是在这一动力系统的层面上起着至关重要的作用。而且，相对于弃伪求真、向善背恶、趋益避害，由于情感的完全介入，爱美厌丑更体现了生命的内在选择。因此尽管情感这一动力系统在每一个具体的个体身上启动，但是其作用和意义却遥遥指向着人类群体。就是这样，人类生命系统之中的一部分客观目的被转换为主观的奋斗目标。结果，"情感—价值"动力系统也就理所当然地成为类生命活动的直接动力。生命的追求，成为对于特定价值的追求。而这追求当然又会进而转换为意志行为，由此，一方面，服膺于理想价值以重塑世界，排斥、消灭那些阻碍、损害人类生命向前向上进化的负价值，创造更多的推动、驱使人类向前向上的正价值；另一方面，又遵从于价值理想以激发情感，这情感反馈着生命系统的目的，又不断萌发着全新的价值渴望。如此循环往复、生生不已，最终形成了一个自我鼓励、自我协调的生命动力环链。它功能耦合，首尾相应，是闭合的自组织，也是开放的生命体。生命系统的有序化发展得以成功形成。应该说，这是生命美学的一个重大发现！[①]

① 潘知常：《走向生命美学——后美学时代的美学建构》，中国社会科学出版社，2021年版，第126—137页。

还值得一提的是，"情感为本"与"生命视界"一样，仍然是来自中国古代美学的启迪。潘知常指出："情感为本"一直是中国美学的精髓。中国儒释道三家的学说都是"情感为本"的，都可以统一于情。从儒家的"发乎情、止乎礼"、道家的"发乎情，止乎游"，禅宗的"发乎情，止乎觉"，到明清中国哲学走向了"发乎情，止乎情"，中国美学一直都在强调"情感为本"。同时，中国古代美学也十分强调"感兴"。也就是"情感的感发""生命的感发"。潘知常发现，在中国古代美学，"兴"是一种情感飞升的表达，也是生命立体层面的超拔、飞升中随之而来的一种人生感悟。

"审美活动的使命就是要使这电光石火的瞬间完整地呈现出来。这样中国美学所瞩目的就不是反映现实对象，而是瞩目于在草长莺飞、杨花柳絮、平野远树、大漠孤烟之类平凡的事物中去颖悟其内在的与自由生命相通的超越品格、诗性价值。"[①]

生命美学的"情感为本"无疑就是在中国古代美学的启发下的现代阐发。我们注意到，叶嘉莹也十分肯定"兴"，她在古典诗歌研究的论著中将西方美学传统的"比"的方式与中国美学传统的"兴"的方式加以比较，并且认为西方的明喻、隐喻、转喻、象征、拟人、举隅、寓托、外应向物全都是有心为之的，这与中国的"比"相一致，[②]但是中国的"兴"却是出于生命的"感发"[③]。她说："诗歌是诉之于人的感情的，而不是诉之于人之知性的。"[④]因此，我们完全有理由说，潘知常提出的"情感为本"，是与中国美学传统一脉相承的。理应给予更多的肯定。

---

① 潘知常：《走向生命美学——后美学时代的美学建构》，中国社会科学出版社，2021年版，第262页。

② 徐志啸：《中西诗论之比较——叶嘉莹中西诗学研究之阐释》，《联大学报》，2007年第3期。

③ 龙珍华：《生命的"感发"——论叶嘉莹古典诗歌研究斗艳》，《华中学术》，2016年第4期。

④ 叶嘉莹：《迦陵论诗丛稿》，中华书局，2005年版，第321页。

（三）"境界取向"

情感的满足意味着价值与意义的实现，这当然也就是境界的呈现，也就是潘知常所谓的"境界取向"。因此，从1988年开始，他就提出：美在境界，[①]1989年则正式提出：美是自由的境界——"因此，美便似乎不是自由的形式，不是自由的和谐，不是自由的创造，也不是自由的象征，而是自由的境界。"[②]1991年，他又提出了"境界美学"："中国美学学科的境界形态。所谓境界形态，是相对于西方美学的实体形态而言的。"[③]并且指出：美学并不是"以认识论为依归，斤斤计较于思维与存在的同一性，而是以价值论为准则，孜孜追求着有限与无限的同一性"。[④]美学"以意义为本体而不是以实存为本体"，"旨在感性个体如何进入诗意的栖居"[⑤]，"为宇宙人生确立生命意义，寻找永恒价值，挖掘无限诗情"[⑥]。人是以境界的方式生活在世界之中的，是境界性的存在。境界，是人的形而上追求的表达，是形而上"觉"（形而上学有"知识"与"觉悟"两重含义）。正如卡西尔所提示的："人的本质不依赖于外部的环境，而只依赖于人给予他自身的价值。"[⑦]就世界作为"自在之物"而言，是物质实在在先，精神存在在后；就世界作为"为我之物"而言，则是精神世界在先，物质世界在后。境界是意义之在，而非物质之在。借助境界，精神世界的无限之维才被敞开，人之为人的终极根据也才被敞开。

而且我们看到，"美在境界""美是自由的境界"，是潘知常一直都在

---

① 参见潘知常：《游心太玄——关于中国传统美感心态的札记》，《文艺研究》，1988年第1期。

② 潘知常：《众妙之门——中国美感心态的深层结构》，黄河文艺出版社，1989年版，第3页。

③ 潘知常：《中国美学的学科形态》，《宝鸡文理学院学报》，1991年第4期。

④ 潘知常：《众妙之门——中国美感心态的深层结构》，黄河文艺出版社，1989年版，第96—97页。

⑤ 潘知常：《众妙之门——中国美感心态的深层结构》，黄河文艺出版社，1989年版，第97页。

⑥ 潘知常：《众妙之门——中国美感心态的深层结构》，黄河文艺出版社，1989年版，第94页。

⑦ 卡西尔：《人论》，甘阳译，上海译文出版社，2013年版，第13页。

坚持着的一个生命美学的基本看法。其中最早的集中讨论，是1991年河南出版社出版的《生命美学》中第四章第三节关于"美是自由境界"的阐释，和1997年上海三联书店出版的《诗与思的对话——审美活动的本体论内涵及其现代阐释》中的第六章第一节中关于"美是自由境界"的阐释，在此之后，赞成从"境界"的角度阐释审美活动的论文与论著日益增多，还有美学家甚至开始提出建立"境界美学"的学派。遗憾的是，这个"境界美学"学派从未提及潘知常在这个领域的"首创"与"独创"工作，尽管在这个"境界美学"学派出现之前的10年里，潘知常早就已经详细讨论了"美在境界""美是自由的境界"的方方面面。不过，这已经表明：潘知常从1988开始进行的"美在境界""美是自由的境界"的探索已经产生了重大的影响。

而且，与前面两个美学范畴一样，"境界"美学范畴，也同样是从中国古代美学中提炼出来的。早在1985年，潘知常就在《文艺研究》发表了《从意境到趣味》一文，而且，也恰恰就是从那个时候开始，他就对中国古代美学的"境界"范畴情有独钟。影响了他一生的是王国维，王国维在《人间词话附录尚论》中指出的"夫境界之呈于吾心而见诸外物者，皆须臾之物"[①]，应该就是潘知常"境界取向"的出发点了。当然，也有根本的不同。

潘知常指出，审美活动不仅能够享受生命还能够生成生命，不但是被审美活动的"情感为本"特征决定的，而且是被审美活动的"境界取向"特征决定的。这是因为，情感除了先于理性外，它还是一个空洞，因此也就必须借助外在的对象去表现出来。因此，犹如树的年龄要通过它的年轮来表现，鱼的年龄要通过它的鳞纹来表现，马的年龄要通过它的牙齿来表现，出土文物的年龄要通过它的氧化程度来表现；审美活动一定存在一个审美对象，这是一个所有的美学家、所有的审美者都一致承认的事实。有一首流行歌曲这样唱道："爱要叫你听见，爱要叫你看见。"其实，审美活动也是一样，也要"叫你听见""叫你看见"。这就类似于我们日常生活里常说的"找对象"。对象，其实就是自己关于生命的美好想象的确证。

---

① 王国维：《美学三境》，古吴轩出版社，2022年版，第228页。

不过，这个"对象"又已经与"对方"不同。潘知常指出，中国美学中津津乐道的"澄怀味象"，为什么一定要"味象"？或者，"味象"何以会如此重要？首先当然是因为"象"可以反复玩"味"，也就是可以栖居于此。何以如此？当然是因为在审美活动中要"先睹为快"，"先睹为快"又是因为在现实生活中"不睹不快"。这样，人类就只能借助于创造一个非我的世界的办法来证明自己，也就是去主动地构造一个非我的世界来展示人的自我。不过，这又与实践活动的通过非我的世界来见证自己不同，审美活动是创造一个非我的世界。目的不是把非我的世界当作自己，而是把自己当作非我的世界。换言之，不是通过非我的世界见证自己，而是为了见证自我而创造非我的世界。这或许就是出于人类通过创造一个世界来确证人类自身、来提升人、让人成为人这样一个共同特征。显然，通过创造一个世界来确证人类自身，就正是审美对象的本质。

潘知常认为，审美对象的诞生意味着它事实上已经是一个特殊的价值物。这个价值物是在审美活动中人类感情的客观根源之所在。而且，极为重要的是，因为审美对象的出现，才在"情感"与"价值"之间架起了桥梁，从而为揭开审美活动不仅能够享受生命而且还能够生成生命的秘密提供了强有力的美学武器。实践美学之所以在这个问题上踟蹰不前，就是因为它滞留于传统的二元对立世界，或者立足内在的心理世界，或者立足外在的物理世界，但是却从来没有意识到其实可以把这两个方面融合起来。而在生命美学看来，一方面是人有情感结构，另一个方面是情感结构还存在着价值对应物。情感结构究竟诱发于何种价值对应物？情感结构指向何种价值对应物？如此两个方面的融合，才构成一个完全的生命动力系统。在其中缺少了任何一个方面，都是无法想象的。也可以从这里解释，审美活动为什么不仅能够享受生命而且还能够生成生命。

因此，首先值得注意的是，审美对象不是实体范畴，而是关系范畴。审美对象不是客体的属性，也不是主体的属性，而是关系的属性。审美对象是在审美活动中建立起来的关系属性，是在关系中产生的，也是在关系中才具备的属性。这样看来，审美对象所蕴含的无非是在审美活动中建立起来的关系性、对象性属性，也是在审美活动中才存在的关系性、对象性属性。它不能脱离审美对象而单独存在，是在审美活动中才有的审美属性，是体现在审美对象身上的对象性属性。犹如花是美的，但并不是说美的是花这个实体，而是说花有被人欣赏的价值、意义。因此，简单而言，审美对象涉及的不是外在世界本身，而是它的价值属性。而倘若需要用规范的美学术语来说的话，那应该是：审美对象涉及的不是世界，而是境界。也就是"呈于吾心而见诸外物者"的"须臾之物"："一切境界，无不为诗人设。世无诗人，即无此境界。夫境界之呈于吾心而见于外物者，皆须臾之物。唯诗人能以此须臾这物，镌诸不朽之文字，使读者自得之。遂觉诗人之言，字字为我心中所欲言，而又非我之所能自言，此大诗人之秘妙也。"①因此，客观世界本身并没有美，美并非客观世界固有的属性，而是人与客观世界之间的关系属性。也因此，客体对象当然不会以人的意志为转移，但是，客体对象的"审美属性"却是一定要以人的意志为转移的，因为它是客体对象在与人的关系中的价值与意义。在审美活动之前，在审美活动之后，都只存在"对方"，但是，却不存在"对象"。当客体对象作为一种为人的存在，向我们显示出那些能够满足我们的需要的价值特性，当它不再仅仅是"为我们"而存在，而且也"通过我们"而存在的时候，才有了能够满足人类的不特定性和无限性的"价值属性"，这就是所谓的境界。

在这一方面，生命美学无疑明显地胜过了实践美学。审美对象隶属于"关系"，一旦"关系"消失，它也会随之消失。但是，世界作为"对方"时本来禀赋着的性质则可以照样存在。实践美学固执传统的实物中心论的思维方式，只是在表面上看到审美活动一定会存在审美客体与审美主体，而且审美主体的审美愉悦显然是被审美客体的某种属性引发的，但是却忽视了"关系"这样一个重要方面，其结果，无疑就是根本无法研究价值问题，因为这关系性属性是在实践美学的视野之外的。因此，实践美学的思维方式既是单向的、直线的，又是孤立的、片面，不是把价值归在主体一方（主观唯心论），就是把价值归在客体一方（机械唯物主义），不能完全地把握事物的局部，更不能正确地

---

① 王国维：《美学三境》，古吴轩出版社，2022年版，第228页。

把握事物的整体结构和功能，而且总是幻想可以将各成分拆开进行分析，然后再简单相加为整体。于是，本来就是隐秘存在着的因果关系链条四散断裂，关系性属性自然更不复可见。

其次，值得注意的是，作为关系的属性，审美对象还是世界作为"对方"与人的"情感—价值"动力系统发生关系之后在相互依赖、相互关联中所获得的新质、新属性。早在古希腊时期，亚里士多德就发现：事物的整体大于其各个部分之和，即整体不等于各个部分的简单相加，它的公式是1+1＞2。现代科学的发展更告诉了我们，审美活动并不是实践活动的消极结果，因为在审美活动中出现的"关系性、对象性属性"和系统质都已经是全新的东西，都是一种创造。尼采曾经猜测：世界上存在着两个外观世界——逻辑化外观世界与审美化外观世界。在他看来，逻辑化外观世界是一个工具价值世界，而审美化外观世界则是一个目的价值世界。当然，在尼采看来，这两类外观世界不是等值的。即使在肯定第一类外观世界对于生命的积极作用的时候，也必须把它看作从第二类外观世界派生出来的东西。这无疑正是对在审美活动中出现的"关系性、对象性属性"和系统质都是新质、新属性的肯定。因此，人类生命系统倘若没有特定的自我鼓励、自我协调机制使自己从感情上趋向于价值物，在行动上去追求特定价值就是不可想象的。可是，价值之为价值又不会自动地对主体的需要予以满足，长此以往，生命系统的发展就会失落、枯萎，逐渐丧失掉生存的可能。显然，在生命系统的发展中不能缺失价值的滋润、营养，也不能缺失对于价值的追求和创造。但是，对于审美活动而言，对价值的追求的更为深刻的含义却在于：它是某种理想价值，也是某种价值理想。这是一种在审美活动中出现的"关系性、对象性属性"和系统质，是新质、新属性。由此，人类的生命系统或者为某种理想价值理想所引发，或者因追求某种价值理想而产生。在其中，"上帝"已经不复成为需要了，人在审美活动中自己把握自己、自己成为自己、自己生成自己。理想价值与价值理想推动着人类去筹划未来，去把现实中还不存在而人类又亟待获得的价值物首先在审美活动中加以实现。并且，人类也以此来驱动自己、塑造自己、完善自己、提升自己。就是这样，植物向阳而生，人类则向美而生。在审美活动中人类依靠理想价值与价值理想满足了在自然界中所无法被满足的那部分需要，并且最终得以超越动物。因此，是"因审美，而生命"，而不可能是什么"以美启真、以美储善"，也不需要所谓的"以美启真、以美储善"。[①]

综上所述，所谓生命美学，也无非就是以"生命视界""情感为本""境界取向"去撬动美学这个神秘星球的。

而且，"生命视界""情感为本""境界取向"还是既独立又统一的。潘知常指出，它们当然并不是生命美学的全部，然而却是生命美学中鼎立的三足。要之，无论生命还是情感、境界，都是指向人的，而且也都是三而一、一而三的关系：生命是情感的生命、境界的生命；情感是生命的情感、境界的情感；境界是生命的境界、情感的境界。而且，生命的核心是超越，"从经验的、肉体的个人出发，不是为了……陷在里面，而是为了从这里上升到'人'"[②]，而"思考着未来，生活在未来，这乃是人的本性的一个必要部分"[③]。情感的核心是体验，是隐喻的表达，境界的核心是自由。因此才人心不同，各如其面。简单来说，如果生命即超越，那么情感就是生命超越的体验，而所谓境界，就是对生命超越的情感体验的自由呈现。由此，形上之爱，以及生命—超越、情感—体验、境界—自由，在生命美学中也就完美地融合在一起，[④]无疑，这就是潘知常从1985年发表《美学何处去》一文以后的全部论著的所思所想。"吾道一以贯之"，何其简洁明快！

四、美学的哲学自觉

所谓未来哲学，也不仅仅是自由的哲学，而且还应该是爱的哲学。它

① 参见潘知常：《走向生命美学——后美学时代的美学建构》，中国社会科学出版社，2021年版，第132—139页。

② 中共中央马克思恩格斯列宁斯大林著作编译局编译：《马克思恩格斯全集》（第27卷），人民出版社，1972年版，第13页。

③ 卡西尔：《人论》，甘阳译，上海译文出版社，1985年版，第68页。

④ 参见潘知常：《生命美学引论》，百花洲文艺出版社，2021年版，第196—197页。

从"生命"出发，是生命的形而上学而不再是知识的形而上学，这样，也就必然走向"自由"，并且回归于"爱"。爱，就是对于"自由"的全面假定。

————潘知常

（一）生命美学的下一站

在潘知常的《走向生命美学——后美学时代的美学建构》一书中，最为值得关注的，是第十章：生命美学作为未来哲学。因为这一章所展示的，其实是在未来时代中的美学蓝图。潘知常称之为"生命美学的下一站"或者"生命美学的下半场"。21世纪已经走完前20年，在结束了与李泽厚的实践美学的长期论战之后，也从实践美学走向生命美学之后，生命美学的下半场又该走向哪里？或者说，"不破不立"，在选择了与实践美学逆向而行之后，生命美学又该如何完成自身的建构？前面我曾经介绍过，潘知常认为美学亟待从"小美学"走向"大美学"。而在这一章，潘知常则进而指出：美学要走向哲学。因此，时下流行的美学走向艺术学，在他看来，其实已经是"改换门庭"，而美学走向哲学亦即美学的哲学自觉，才是美学的深入拓展。

这显然是潘知常的又一次的"虽千万人吾往矣"，也是潘知常又一次摇醒美学的尝试。且不要说美学地走向艺术学，即便是在美学内部，当下众多的美学学者也大多都是顺流而下地向下走，走向生态美学、环境美学、生活美学、身体美学……当然，这一切都很重要，因为毕竟都是美学的一个维度，也都值得认真研究，但是，这些维度却都并非美学发展自身逻辑的根本与关键。因此，潘知常选择的并不是这些，也就是说，他认为绝对不应该向下走，而只能是向上走，这意味着：美学应当走向的，只能是哲学。回归哲学，才是美学之为美学的必然的归宿。

值得注意的是，厦门大学中文系副教授仲霞在2022年7月《学术月刊》发表了《"美学是第一哲学"的中国论说》，她发现：以李泽厚、杨春时、潘知常等为代表的几位著名美学家，都在走向"美学是第一哲学"的理论思考方向。考虑到这几位美学家都是数十年来中国美学界风云际会的核心人物、标志性人物，也都是美学界最为智慧的大脑，他们不约而同地走向了美学的哲学自觉，显然是值得美学界关注的一件大事，起码要比当下美学界的一部分学者的转向艺术学要更为值得关注。

当然，潘知常这样去选择，其实是"吾道一以贯之"的。因为他始终认为："美学热"与"热美学"都是一个哲学事件，而且在全世界都如此。"美学热"与"热美学"的开山之祖都不是美学教研室的教授，也不是艺术学教研室的教授，而是哲学教研室的教授。是因为哲学的觉醒促成了美学的觉醒，也是因为人的解放的需要促成了美学的需要。而且，具体来说，这其实也是人类社会从宗教时代、科学时代向美学时代的转换所促成的，或者说，是人类从昔日的轴心文明——哲学向新轴心文明的转换所促成的。美学就是对美学时代、对新轴心文明的挑战的回应。也因此，美学也就必须是哲学的，美学的哲学自觉也就是必须的。

美学与哲学在历史上曾经水火不容。柏拉图在《理想国》中说："哲学与诗歌的争端是自古有之的。"[1]库恩说诗与哲学"两派争论将在以后各个世纪中，以各种不同的形式持续下去"。[2]毋庸多言，这是众所周知的哲学对于诗歌的"放逐"。但是，近代以来，抛开维柯的从历史的角度推崇诗歌的线索不表，仅仅从逻辑角度，我们就能看到，美学与哲学已经在逐步走向统一。谢林就说："超凡脱俗现实只有两条出路：诗和哲学。"[3]"没有审美感，人根本无法成为一个富有精神的人，也根本无权充满人的精神去谈论历史。"鲍桑葵发现，西方近代哲学的崛起有两个原因，其中第一个，就是德国古典哲学对于美学问题的高度重视。[4]显然，他们无意建立美学学科，而是意在借助美学重建哲学，由此创造的美学繁荣其实只是无心插柳柳成荫而已，但是我们却从此单纯搞起了美学，无疑，这与当初的意愿完全背道而驰了。其实，德国古典哲

---

① 柏拉图：《理想国》，张莎、刘雪斐、苏焕译，中国纺织出版社，2020年版，第327页。

② 吉尔伯特、库恩：《美学史》，夏乾丰译，上海译文出版社，1989年版，第10页。

③ 谢林：《先验唯心论体系》，梁志学、石泉译，商务印书馆，1976年版，第17页。

④ 鲍桑葵：《美学史》，张今译，广西师范大学出版社，2001年版，第150—153页。

学为我们树立的，应该是哲学如何关注美学的典范。总之，"20世纪的重要哲学家们纷纷追随浪漫主义诗人，试图跟柏拉图决裂，……认为人类的英雄是强健诗人、创制者，而不是传统上被刻画为发现者的科学家。"①

具体来说，对于美学的哲学自觉，可以从两个方面来看，这就是哲学走向美学与美学走向哲学。

罗蒂发现："尼采之后的哲学家，诸如维特根斯坦和海德格尔，……都卷入了柏拉图所发动的哲学与诗之争辩中，而两者最后都试图拟就光荣而体面的条件，让哲学向诗投降。"②从此，"认为艺术仅只是'装饰的'和可有可无的，文学从某方面讲是在'现实生活'的边缘上的一类观念也就不起作用了。人类将代之以承认，道德和政治的进步有待于艺术家、诗人和小说家，一如其有待于科学家和哲学家"。③

而在未来哲学的背后，则意味深长地隐含着从"知识形而上学"到"生存形而上学"与从"终极知识"到"终极关怀"的深刻转换。这就是尼采所谓的"艺术的形而上慰藉"！而哲学一旦转而追求终极关怀，也就与审美、艺术接近起来，因为不论审美还是艺术，都遥遥指向着终极关怀。而且，已经不再是彼岸的终极关怀，而是此岸的终极关怀。因此，不论审美还是艺术，都不是与理性活动对立的感性活动，而就是生命活动。因此，审美与艺术不再与现实对立，否则无异于生命与生命本身的对立。可是，一旦这种"虚假的对立"不复存在，传统的审美自主性原则乃至艺术自主性原则也就一朝瓦解。审美、艺术与生活之间，成为一而二、二而一的事情，进而，审美、艺术与宗教、道德、政治……也成为一而二、二而一的事情。一切的一切，无非都是生命的存在方式，亦即审美与艺术的存在方式。因而，美学也就成了尼采全部思想的导论或曰未来哲学（形而上学），存在论、认识论、道德论、宗教论……却反而屈尊隶属于美学了。而且，这美学已经并不隶属于与理性主义彼此对立的感性主义，也就是所谓的启蒙现代性，而是隶属于更为深层的紧张，所谓人性与神性

---

① 罗蒂：《偶然、反讽与团结》，徐文瑞译，商务印书馆，2003年版，第41页。

② 罗蒂：《偶然、反讽与团结》，徐文瑞译，商务印书馆，2003年版，第41页。

③ 罗蒂：《哲学和自然之镜》，李幼蒸译，商务印书馆，2003年版，中译本作者序第11页。

的紧张，也就是所谓的审美现代性。于是，美学也不再是哲学的派生物，恰恰相反，是哲学成了美学的派生物。所以，尼采才会不去区分哲学与审美、艺术的异同然后有所取舍，而是直接对哲学予以归零，转而独尊审美与艺术，在他看来："时至今日，全部哲学中都缺失艺术家。"[①] "哲学没有通用的名字：它有时是科学，有时是艺术。"其实，"哲学是艺术创造的一种形式。哲学没有专门的类别"[②]。他的看法无疑得到了海德格尔的支持："只有诗享有与哲学和哲学运思同等的地位。"[③]

再从美学转向哲学来看，哲学，是"纯粹的思"；宗教是"超验表象的思"，审美与艺术是"感性直观的思"。它们都体现了"时代精神的精华""文明的活的灵魂"的"自觉"与"觉醒"。这也就是说，审美与艺术是"感性直观的思"，也是"思"。因此保罗·德曼干脆说："一切的哲学，以其依赖于比喻作用的程度上说，都被宣告为文学的，而且，就这一问题的内涵来说，一切的文学，在某种程度上说，又都是哲学的。"[④]这当然就是美学家们所注意到的通过审美活动以解决哲学问题的思维路径。昆德拉就注意到："事实上，海德格尔在《存在与时间》中分析的所有关于存在的重大主题（他认为在此之前的欧洲哲学都将它们忽视了），在四个世纪的欧洲小说中都已被揭示、显明、澄清。……从现代的初期开始，小说就一直忠诚地陪伴着人类。它也受到'认知激情'（被胡塞尔看作是欧洲精神之精髓）的驱使，去探索人的具体生活，保护这一具体生活逃出'对存在的遗忘'；让小说永恒地照亮'生活世界'。"[⑤]西方学者甚至要说："我太害怕那些认为艺术只是哲学和理论思潮衍生物的教授了。小说在弗洛伊德之前就知道了无意识，在马克思之前就知道了阶级斗争，它在现象学家之前就实践了现象学（对人类处境本身的

---

① 海德格尔：《尼采》，孙周兴译，商务印书馆，2005年版，第75页。

② 尼采：《哲学与真理　尼采1872—1876年笔记选》，田立年译，上海社会科学院出版社，1993年版，第90、29页。

③ 海德格尔：《形而上学导论》，熊伟、王庆节译，商务印书馆，1996年版，第26页。

④ 保罗·德曼：《解构之图》，李自修等译，中国社会科学出版社，1998年版，第92页。

⑤ 昆德拉：《小说的艺术》，董强译，上海译文出版社，2004年版，第5—6页。

探寻）。在不认识任何现象学家的普鲁斯特那里，有着多么美妙的'现象学描写'！"[①]施皮格伯格说："伟大诗篇和富于想象力的小说，特别是意识流小说，具有无比的丰富性和觉察力，它们是一般现象学洞察的基础。"[②]

美学的哲学化，亦即美学中的哲学问题，因此而成为一个重要的研究领域。它为哲学研究提供了一个特殊的视角，使我们得以更加深刻地理解哲学，也更加深刻地理解人。甚至，我们还可以通过"诗"与"哲学"的对话，从审美维度出发去重建哲学。"只有诗享有与哲学和哲学运思同等的地位。"[③]海德格尔的告诫，并不是率意之举，而是意在把美学转换为哲学。

（二）以美学促信仰

美学的哲学自觉，还是一个时代性的课题。

只有在无神时代，美学才能够被等同于哲学。这当然是因为虚无主义的出现。早在1991年，潘知常就在《生命美学》一书中提示：虚无主义是生命美学诞生的根本原因。在他看来，虚无主义堪称人类在对"人的自我异化的神圣形象"的批判中出现的"非神圣形象中的自我异化"。[④]以莎士比亚的哈姆雷特和加缪的西西弗斯为例。按照昆德拉的说法，前者可以称为"重"，后者则只能称为"轻"。丹尼尔·贝尔曾经剖析说："现代人的傲慢就表现在拒不承认有限性，坚持不断的扩张；现代世界也就为自己规定了一种永远超越的命运——超越道德、超越悲剧、超越文化。"[⑤]例如，哈姆雷特无疑就是"拒不承认有限性"，总是要在人生中追求一种可能的意义，总是要面对"非如此不可"的沉重。西西弗斯则恰恰相反，总是面对不能承受的轻松。世界丧失了意义，人类丧失了家园，反抗丧失了理想，行动丧失了未来，评价丧失了历史。

① 昆德拉：《小说的艺术》，董强译，上海译文出版社，2004年版，第41页。

② 施皮格伯格：《现象学运动》，王炳文、张金言译，商务印书馆，2011年版，第593—594页。

③ 海德格尔：《形而上学导论》，熊伟、王庆节译，商务印书馆，1996年版，第26页。

④ 马克思、恩格斯：《马克思恩格斯全集》（第1卷），人民出版社，1956年版，第453页。

⑤ 丹尼尔·贝尔：《资本主义文化矛盾》，赵一凡、蒲隆、任晓晋译，生活·读书·新知三联书店，1989年版，第96页。

"如果我们生命的每一秒钟都有无数次的重复,我们就会象耶稣钉于十字架,被钉死在永恒上。这个前景是可怕的。在那永劫回归的世界里,无法承受的责任重荷,沉沉压着我们的每一个行动,这就是尼采说永劫回归观是最沉重的负担的原因吧。……相反,完全没有负担,人变得比大气还轻,会高高地飞起,离别大地亦即离别真实的生活。他将变得似真非真,运动自由而毫无意义。那么我们将选择什么呢? 沉重还是轻松? "[①]人类在荒诞中意识到的,正是这"非如此不可"的"轻松"!

显然,每个时代都有困扰着这个时代的根本问题。无数的事实表明,困扰着整个20世纪的根本问题,就是虚无主义的肆虐,或者说,就是"非如此不可"的"轻松"的肆虐。也因此,如何应对,也就成了一个重大的时代课题。还回到宗教时代吗? 可是,在西方"基督重临"毕竟十分可疑,而在中国,"基督降临"更是十分可疑。世界已经成年,也已经进入无神时代。然而,倘若没有宗教,那个现代社会崛起所必需的充分保证每个人都能够自由自在生活与发展的生命共同体又如何可能?

幸而,就现代社会的建构而言,在宗教之外,也并非无路可行。当然,这其实就是潘知常曾经面对的"以美育代宗教"的百年第一美学命题这个美学的哥德巴赫猜想,可以参看他的《信仰建构中的审美救赎》(人民出版社2019年版)。而且,他在曾经引起广泛讨论的《让一部分人在中国先信仰起来——中国文化的"信仰困局"》[②]一文中就已经剖析过:其中所面临的,其实不是宗教问题,而是信仰问题。而且,可以持"无神论",但是,却不可以"无信仰"。因为时代的转换亟待"让一部分人先信仰起来",信仰,正是时代进步的真正的推动力。

不过,信仰的建设也不容易。幸而,在"无神的信仰"的时代,哲学、审美、艺术与信仰的关系,已经从"弱相关"转为了"强相关"。尤其是审美与艺术,在克服虚无主义中,作用尤为重要。因此,审美活动在人类进入信仰

[①] 昆德拉:《生命中不能承受之轻》,韩少功译,作家出版社,1989年版,第3页。

[②] 参见《上海文化》2015年第4、5、6期。

的方式中，意义也就特别重大。潘知常指出：作为人的自我的对象化的感性显现，作为一种以可感的形式使心灵成为对象的生命活动，审美活动指引着生命又发现着生命，确证着生命也提升着生命，享受着生命更丰富着生命……并且，因此而得以塑造着人类的"以人为终极价值"的灵魂，也塑造人类的"人是目的"的最高生命。而这也就是信仰之为信仰的实现。联想到终其一生，陀思妥耶夫斯基都念念不忘要"培养起自己的花园"："地上有许多东西我们还是茫然无知的，但幸而上帝还赐予我们一种宝贵而神秘的感觉，就是我们和另一世界、上天的崇高世界有着血肉的联系，我们的思想和情感的根子就本不是在这里，而是在另外的世界里。"[1]我们也就恍然大悟：这实在是一生都在思考上帝之后人类将何去何从的陀思妥耶夫斯基作为先知先觉者的睿智。其实，这"培养起自己的花园"也就是培养自己的信仰，陀思妥耶夫斯基所发现的，正是在无神时代进入无神信仰中审美活动所肩负的重大使命。

过去，我们在基督教中看到人的无限本质和内在神性被揭示，精神的人具有了绝对的意义，并且借助对上帝的信仰而升华了人的存在，使人获得了新的精神生命；现在，这些在审美中也都完全可以看到。也因此，在无神的时代，要实现无神的信仰，借助于审美，就是完全可能的，也是完全必要的。要"让一部分人先信仰起来"，就必须"让一部分人先美起来"，也就同样是完全可能的，也是完全必要的。

（三）为爱转身

将审美活动与爱联系起来，往往会引发误解。为此，潘知常也曾经被学者公开质疑过，起码，在有些学者的眼中，会认为这是在提倡一种美学之外的东西。情况当然不是这样。在潘知常看来，爱与美，或者美与爱，都是一而二、二而一的东西，缺一不可。而且，美学之所以必须走向哲学，哲学之所以必须走向美学，最为根本的源头，恰恰也就在这里。

---

① 陀思妥耶夫斯基：《卡拉马佐夫兄弟》，耿济之译，人民文学出版社，1981年版，第318—319页。

对此，只要能够清楚，爱，不仅仅是一种"将自由进行到底"的"让自由"，而且还可以表述为生存论意义上的情感判断，一切也就自然而然了。

潘知常认为，超越性价值、绝对价值、根本价值作为原初真理并不是在思考中才存在，而是早已经存在，一直就存在。我们只要存在着，就已经在（原初）真理之中了。艺术之为艺术，恰恰就是（原初）真理显现的方式。当然，如果追溯一下，（原初）真理的现身场合，最早当属巫术。巫术，是人类最早的精神生产，巫术之为巫术，意在与超越性价值、绝对价值、根本价值遭遇和邂逅，以便获得某种超人的力量。而当艺术从巫术中独立而出，生存论意义上的情感判断，则成为艺术的根本内涵。遗憾的是，美学界习以为常的所谓"再现说""表现说"，都未能从生存论层面去理解情感的根本性质，因此也未能深刻区别审美情感与日常情感之间的根本区别，相比之下，倒是亚里士多德的"卡塔西斯说"更加接近艺术的根本内涵。当然，"卡塔西斯"的"净化"其实也就是爱的"净化"。情感的最高境界，是爱。因此，艺术是真理的显现，其实也就是情感的显现，爱的显现。

因此，犹如已经谈及的爱之于人生的根本意义，情感与人生之间无疑也禀赋根本意义。作为情感判断，美丑之辩之所以能够与真假之辩、善恶之辩三峰并立（当然，这是康德的功劳），道理也在这里。情感是人类与世界之间联系的根本通道，人类弃伪求真、向善背恶、趋益避害，无不以情感为内在动力。然而，情感判断的方式毕竟不同于认知的方式。在情感判断中时间空间、相互关系、各种事物间的界限都被打破了，统统依照情感重新分类。这样，对于对象的审美经验，显然不是物的直接经验，而是物的情感属性经验。而且，情感判断作为内在的综合体验，在一定程度上只是一种"黑暗的感觉"，要使它得以表现，就始终无法外在于感知。这就是所谓"澄怀味象"的全部真谛。情感判断，只有借助于被创造的形象才是可能的，超越性价值、绝对价值、根本价值也只有在被创造的形象中，才可以成为被直观到的东西。

正如泰戈尔在《吉檀迦利》中的咏唱："呵，我的宝贝，光明在我生命的一角跳舞；我的宝贝，光明在勾拨我爱的心弦；天开了，大风狂奔，笑声响彻大地。"由此，所谓审美活动的为爱转身，也就不难得到更加合乎逻辑的阐释。因为，审美活动的为爱转身，其实也就是为情感判断转身。由此，我们才会理解，达尔文为什么会发现"音乐成为爱的食粮"[①]，达尔文为什么会发现"音乐会唤起我们的各种情感，但不会是恐惧、害怕和暴怒等。它唤起的是像'温柔'和'爱'这样的情感"[②]。弗洛姆为什么会说："爱是我们所说的人的能动性的一个方面：人与他人，与自己，与大自然的那种主动的、富于创造性的关系。在思维王国，这种能动性表现为用理性恰当的把握住世界。在行动王国，这种能动性表现为创造性工作，最具典型的便是艺术和工艺。在情感王国，这种能动性表现为爱——在保持自身的完整与独立的条件下，与另一个人、与所有人、与大自然相结合。"[③]显然，恰恰是爱激发了美，也恰恰是美呈现了爱。美，是爱的光辉。

因此，一方面是"因美而爱"的哲学。

爱的发现，是自由被贯彻到底的必然归宿。因为爱正是守于自由而让他人自由。所以，"让一部分人先信仰起来"，也就必然应该是"让一部分人先爱起来"。"我自由故我在"也必然是"我爱故我在"。潘知常发现：生命的存在是一个黑箱，人类曾经把自己对生命的觉察诉诸宗教，乃至诉诸科学，然而，在"上帝退回教堂""科学退回课堂"之后，我们又不难直接在生命的自然变异、随机变异背后注意到生命之中最为内在的自组织、自反馈机制，于是，所谓"生命力"——爱的能力、爱的选择得以脱颖而出。"生命"不可见，可见的是"生命力"或者叫作"生命体"，这是一个自组织、自反馈的有机体。天人合一，没有一个更为根本的基础，"天"与"人"如何"合一"？"生生不已"，没有一个更为根本的基础，又如何能够"不已"？只有以生命力为基础，才能"合一"，也才能"不已"。这就是"自然界生成为人"，也就是"一阴一阳之谓道"，这"生命力"，无疑就是爱的能力，爱

① 大卫·洛耶：《达尔文：爱的理论——着眼于对新世纪的治疗》，单继刚译，社会科学文献出版社，2014年版，第179页。

② 大卫·洛耶：《达尔文：爱的理论——着眼于对新世纪的治疗》，单继刚译，社会科学文献出版社，2014年版，第180页。

③ 弗洛姆：《健全的社会》，孙恺祥译，上海译文出版社，2018年版，第24页。

的选择。潘知常提出的"万物一体仁爱"的生命哲学正是针对这个问题的一个起步。其中，"广生"——"仁爱"——"大美"一线贯穿。"我爱故我在"是它的主旋律，爱即生命、生命即爱与"因生而爱""因爱而生"则是它的变奏。因此，未来的哲学也显然不再是传统哲学的所谓"爱智慧"与智之爱了，而已经是焕然一现的"爱的智慧"与爱之智。

另一方面，是"因爱而美"的美学。

潘知常一再强调，审美活动对于人的生存而言，具有本体论的意义，是生命活动的最高境界，这样一来，美学也就与哲学等同了起来，从美学出发的研究，必定会跨越美学的边界而进入哲学思考的高维境地，走上通往哲学的康庄大道。

其中的相通之处，就正是——爱。

在哲学，是因美而爱；在美学，是因爱而美。这意味着：就内在而言，生命美学的"我审美故我在"与未来哲学的"我爱故我在"是彼此一致的。尽管它们分别是美学与哲学的主题。但是，"我爱故我在"是"我审美故我在"的前提，"我审美故我在"则是"我爱故我在"的呈现。贯穿其中的，是一种共同的把精神从肉体中剥离出来的与人之为人的绝对尊严、绝对权利、绝对责任建立起一种直接关系的全新的阐释世界与人生的生命模式，是"让一部分人先美起来"，也是"让一部分人先爱起来"。

在这里，至关重要的还是前面已经提及的爱作为生存论意义上的情感判断。它一头连接爱，是一条重要的哲学道路；一头连接审美与艺术，也是一条重要的美学道路。

而且，只要我们想到：美无非是爱的呈现。"自然界生成为人"，不但是爱的"生成"，而且也还是美的"生成"，我们就不难意识到：在美的情感中，人不再借助任何外在因素而仅仅通过自身来确立自身，而且在情感启蒙中获得自由。因此，信仰因爱而可能，信仰也因审美而可能。

由此，美学的宏伟蓝图也就不难展现。生命美学作为未来哲学，可以使我们更为深刻地去思考美学本身。未来美学要研究两大问题：

一方面，它是哲学中的美学问题，是哲学研究的美学深化。因为，未来哲学就是生命美学。因为它无异于生命美学的前提，体现的是哲学的美学自觉。哲学即生命，生命即审美。哲学反思与审美活动在存在论上的完全一致，使得未来哲学与生命美学融会贯通，这一方面是逻辑的必然，另一方面也是历史的必然。这应该就是卡西尔所强调的"把哲学诗化"，其实，也就是把哲学问题还原为美学问题，把美学引入哲学，从而将美学与哲学互换位置，从审美活动去看生命活动，借助思与诗的对话去反思人类生命活动的价值与意义，并且对"人类生命活动如何可能"这一根本问题给出深刻的回答。

另一方面，它是美学中的哲学问题，还是美学研究的深化。因为，生命美学也就是未来哲学。它意味着把未来哲学作为理解生命美学的根本维度。审美即生命，生命即哲学。在这个意义上，美学就是哲学。生命美学因此而成为未来哲学，这就是卡西尔所强调的"把诗哲学化"，是把美学提升为哲学，把美学问题升维为哲学问题，也是从生命活动看审美活动，总之，是借助诗与思的对话去关注审美活动的本体论维度，是借助破解审美活动的亘古奥秘去破解生命活动的亘古奥秘。

而且，这应当就是美学家们所注意到的通过审美活动解决哲学问题的思维路径。美学之所以关注哲学问题，是因为在审美活动中隐藏着解决哲学问题的钥匙。美学对于人类审美活动的关注其实也就是对于人的本真存在方式的关注，因此审美问题不再是哲学里的一般的问题，而是核心问题、不能绕过的问题，是美学的哲学自觉，是理论的深化——理论向人的生存的深化，而不是理论的偏移。能够深化美学的哲学才是真正的哲学，而"哲学……现在已变得无家可归，四处漂泊，它们寻求着一片蔽身的瓦顶，终至在艺术的话语中找到了安身立命之所。倘若艺术的话语现在要来扮演那种原先为哲学所扮演的权威性角色——如果它必须回过头来对存在的意义以及艺术的意义等问题加以回答，那么它就必须拓展自己的视野，提高自身的地位，把哲学从其传统的王座上罢黜下去。"[1]正如阿瑟·丹托所说："这场复杂的侵犯是哲学从未有过、

---

① 特里·伊格尔顿：《美学意识形态》，王杰、傅德根、麦永雄译，广西师范大学出版社，1997年版，第311页。

以后也未曾见到的意义深远的胜利，自此以后，哲学史便在两种选择中跳来跳去：一是试图作分析，使艺术认识论化，继而诋毁艺术；一是允许艺术有一定程度的合法性，即承认艺术做着哲学自身所做的事情，不过做得笨手笨脚而已。"①

由此，生命美学的下一站也就得以真实地呈现并敞开。②我们也可以在潘知常的新著、潘知常的"生命美学三书"的第三部——70多万字的《我审美故我在——生命美学论纲》（中国社会科学出版社2023年版）一书中具体看到。

结　语

2021年11月2日，李泽厚先生溘然离世，美学界的星空突然黯淡，重回美学界不久的潘知常自然也陷入了内心的悲痛。36年来，他一刻也没有放松对李泽厚的关注。他是潘知常要对话、争鸣的对象，他同时也是潘知常的美学引路人。正是他，把一个懵懵懂懂的美学青年领上了美学大道。2021年11月3日，在去上海讲学的旅途中，潘知常写下了《1984年，我第一次见到李泽厚先生》的纪念文章。在文章中，除了追忆与这位美学大家的命运之会外，他还追忆起1980年代那个以梦为马的年代——连天空都是蔚蓝的。同时，他也谈到了自己的遗憾。他引用北岛在《波兰来客》的感叹说："那时我们有梦，关于文学，关于爱情，关于穿越世界的旅行。如今我们深夜饮酒，杯子碰到一起，都是梦破碎的声音。"③

李泽厚是那个时代的骄傲，也是潘知常心里最为崇敬的美学大师。正是从他身上，潘知常嗅到了美学的苏醒，找到了让生命美学思想发芽生长并壮大的力量。李泽厚身上求真无畏的勇气曾令他热血沸腾，"从浩劫中率先苏醒、从

---

① 转引自马克·爱德蒙森：《文学与对抗哲学——从柏拉图到德里达》，王柏华、马晓冬译，中央编译出版社，2000年版，第8页。

② 本章内容参见潘知常：《走向生命美学——后美学时代的美学建构》，中国社会科学出版社，2021年版，第486—583页。

③ 潘知常：《潘知常美学随笔》，江苏凤凰文艺出版社，2022年版，第353—356页。

异化中重返人性的李泽厚、思想自由奔放的李泽厚，新时代弄潮儿的李泽厚，始终呼啸着创新开拓的李泽厚……则正是我从1984年见到李泽厚先生之后就始终存在着的对于他的'偏爱'"①。

然而，李泽厚的逝世代表着潘知常与李泽厚对话的结束。这也许有些遗憾，但是，那也都只能永远地留给无言的历史。

但是，他们都无愧于那个时代，也都无愧于美学。遥想当年，不仅仅是李泽厚先生和潘知常先生，还有刘纲纪先生、蒋孔阳先生，还有杨春时先生、张玉能先生、朱立元先生……在他们之间，展开的是一场百年难遇的美学论战。闻一多先生在追忆李白杜甫的相聚时曾经描绘："我们该当品三通画角，发三通摇鼓，然后饱蘸了金墨大书而特书。"②而今我们也可以移用来赞美这场曾经的风云际会。"吾谁欺？欺天乎？"（孔子）他们彼此之间的真诚与执着，至今仍旧令我们心旌摇曳。

"生命/实践"之争这个百年美学的第一美学问题、这个美学的"哥德巴赫猜想"，也已经落下了美学帷幕。

在潘知常那里，我们欣慰地看见他持之以恒地探索、开拓，忠实地停留在生命美学的研究上。这就是我们所看到的潘知常。

在后李泽厚的时代，潘知常还在奋力前行！在他的微信公众号"知常美学堂"《"生命美学在中国丛书"总序："这个秋天将意味深长"》一文中，我们发现潘知常在37年前对生命美学的"儒家+无神论的人道主义""孔子+马克思"的美学探索，已经体现了马克思主义基本原理同中华优秀传统文化相结合（"第二个结合"）。

这让我们想起，在多年的美学研究中，潘知常常常会提及1933年陈寅恪先生在《冯友兰〈中国哲学史〉下册审查报告》中写到的"一大事因缘"："佛教经典言：'佛为一大事因缘出现于世。'中国自秦以后，迄于今日，其思想之演变历程，至繁至久。要之，只为一大事因缘，即新儒学之产生，及其传

---

① 潘知常：《潘知常美学随笔》，江苏凤凰文艺出版社，2022年版，第356页。

② 闻一多：《唐诗杂论》，广西师范大学出版社，2010年版，第125页。

衍而已。"①毫无疑问，生命美学的出现也是美学史上的"一大事因缘"，我们欣喜地看到：尽管已经从青年到中年又到老年，潘知常却仍旧正在为着这"一大事因缘"而全力以赴地工作与思考。

为此，我们有理由期待生命美学的新突破！

江山代有才人出，美学自有后来人，我们坚信：在李泽厚先生之后，在老一代的美学家之后，潘知常也将是这个时代夜空中的一颗最为闪亮的思想明星！

---

① 陈寅恪著，陈美延编：《金明馆丛稿二编》，生活·读书·新知三联书店，2001年版，第282页。

王国维的"美"与"真"

——王国维《人间词话》导读

吴申珅[①]

一、"人间"先生走过的人间

　　王国维先生的生平纪事,从民国至今的众多学问家或他身边的同事友人都有相关文字付梓,近年来关于王国维的纪录片也多有问世;若要在前人如山的考证和亲历记述中摸索整理出先生其人其事本非难事,难处在于此次编纂工作已是先生去世90多年之后,不论是笔者还是书前的读者都距王国维生活的年代隔了百年。且不巧的是这百年间中华大地堪称经历了千年未有之大变局,说是沧海桑田亦不为过,要以今人之视角引发读者对旧时人物的共情并非易事。再者,谈论王国维又不似谈论陶渊明、杜甫、苏轼这些古代文人,王国维既非古人,也非今人,如果非要划分,大约可说是新旧交替之时的文人。此重身份若描述不当,则会加重读者将其归于清末保守文人之刻板印象,又将弱化先生对现代哲学、美学、考古事业的奠基意义。

---

　　① 吴申珅,重庆大学副教授。

故笔者在此次导读中为王国维的生平写作做了细致构想，决定以几位日本学者在王国维去世之后的回忆文章作为依据，以王国维生前和他们交往的一些细节来复原他生前面貌的残片，借以作为先生生平介绍之切入点，而将正式的生平履历置于后文展开。画面之较于文字，则更鲜活具体，而王国维的日本友人对他的记述刚好颇有画面感，细读起来觉得甚是生动可爱，平易近人。况且日本作为中华文化的旁观者千年有余，中日两国文化界、学术界的交流始终维持着一定的活力，而这一旁观视角是非常宝贵的，西方人看东方就如东方人看西方，总是隔着一层不可跨越的文化鸿沟，而日本学界人士自始至终非常重视中华传统文化，又在早于中国几十年就经历了全盘西化的政治变革，因此他们对这位近代国学宗师的观察，既有距离，亦含同情，可谓不可多得之视角。也希望能借此让读者观察王国维先生的视线由远及近，继而可以对百年之前的先生其人、其学、其事产生"了解之同情"（陈寅恪语）。

（一）日本学人初见之王国维

日本对于王国维而言绝不只是一个地理概念，可以说"日本"多次在王国维人生关节点处对他起了难以估量的作用。1894年，即王国维18岁那年，中日甲午战争爆发，清军惨败，宇内震惊。4年后，22岁的王国维入职上海《时务报》，也在此结识罗振玉，后因其支持于1900年底留学日本，并于次年回国任日文翻译工作。王国维在后来的《静庵文集自序》中写："自是（指归国，笔者注）以后，遂为独学之时代矣。"[1]此独学之途从1901年开始，及至1927年与世长辞，先生所学跨越哲学、文学、戏曲史，且皆取得了领域内甚为可观之成就，这些成就比起国内同时代的学者也到了出类拔萃的程度。1911年武昌起义爆发，当年12月王国维与罗振玉各自携家眷搬去日本。此为先生第二次造访日本。此时他已经发表了一系列哲学翻译著作，此前已有《红楼梦评论》《人间词话》问世，并校《录鬼簿》，其名在日本学界也已得到传播。加之罗振玉早已是日本学术界公认的中国国学大家，所以罗、王二人登陆日本神户

---

[1] 姚淦铭、王燕编：《王国维文集》（第3卷），中国文史出版社，1997年版，第471页。

港当日，京都帝国大学狩野直喜、藤田剑峰等五位教授共同从京都赶来出面迎接，场面也与王国维初次踏足日本时大有不同。而此次驻留日本则持续了4年有余，王国维在日记中写下"此四年中生活，在一生中最为简单，惟学问则变化滋甚"①。

王国维在日本"学问变化滋甚"这一事实，在此不展开讨论。作为"性复忧郁"②之人的王国维发出"生活在一生中最为简单"的感慨，试图了解其人的读者则应该对此给予足够的关注和思考。作为今人的我们生活在一个传统儒家礼教崩塌已经近百年的时代中，对于旧时人伦礼义对人性的束缚堪称无感。甚至如今离开故土进入他国，可能还会觉得他国之平等开放还不如我国。究其根本，乃是近代马克思主义阐明的"生产力决定生产关系"这一至理在起作用，近代生产力的高速发展已逐渐瓦解了农耕时代低下的生产力所决定的高度黏稠性社会关系，个人价值普遍得到了社会肯定，随之个性发展也得到了尊重。简单说来就是一个人在追求个人价值实现时需要考虑的人际关系压力被大大削弱。而王国维出生在江浙沿海一个"一岁所入，略足以给衣食"③的家庭，可想这种黏稠社会关系既给了王国维先生的立身之本，同时必然也是束缚他天性发展的现实之网。封建礼教压抑人性绝不只是革命口号，而是旧时人每天生活必须面对的现实境况。如若说王国维第一次踏足日本是对个人学术道路的探寻，第二次踏足日本时他已过而立之年，学术发展也进入相对稳定的阶段。而当时处于此阶段的国人则少有机会得以脱离原有的社会网络，进入一个相对隔绝的文化环境。这种境遇在起初必然会因不了解而发生误解，而这种误解所产生的文化碰撞却正好可以为我们撕开一条裂缝，借以探知当中亲历者最真实的一面。

青木正儿是日本近代的知名汉学家，在1908年进入京都帝国大学后便师从

---

① 谢维扬、房鑫亮主编：《王国维全集》（第15卷），浙江教育出版社，2009年版，第911页。

② 谢维扬、房鑫亮主编：《王国维全集》（第15卷），浙江教育出版社，2009年版，第471页。

③ 姚淦铭、王燕编：《王国维文集》（第3卷），中国文史出版社，1997年版，第470页。

狩野直喜，早年便于老师口中得知王国维是戏曲研究家兼戏曲珍本收集者。及至1912年，青木正儿终于鼓足勇气拜访了这位他仰慕已久的中国学问家。他在《追忆王静庵先生的初次会面》写道：

"于是在明治四十五年二月上旬的一天，我拜访了王先生。……我叩门问讯，一个女佣人从里面走出来，她好像正在厨房做事。……她并不搭理我，而是向二楼大喊一声。这着实让我大吃一惊，她像是盛气凌人的旅店老板娘对二楼的文弱书生一样喊叫。不久有了下楼梯声，一个人出现在门口。这个垂着辫子、貌不惊人的乡下人就是王先生。他让我从门口走进屋内，……当我问起他是否看戏时，他的意思似乎是他从不喜欢。……因为王先生只顾学问，没有艺术美感，我颇感失望，也就这样告别了。过了几天，王先生突然来到我的宿舍。……他仔细看了院子，赞美道：'日本的庭院里有很多树木，这真不错。'我让他看了看《净琉璃》本子，如果他流露出兴趣的话，我还打算请他一起去听听义太夫（一种日本传统木偶戏，笔者注）什么的。不过他显得毫无兴趣。生性沉默寡言的王先生和平时不爱说话的我在一起，往往无话可说。……我们的谈话始终处于冷场的局面。我和王先生的初次见面以扫兴而告终。"[1]

这段文字的写法在对王国维的回忆性文章当中应属异类。青木正儿算是王国维的日本同行，他在京都拜访王国维时只有26岁，而王国维已经36岁。此君的文章相较于其他王国维的国内外友人的记述文字而言很少概括性的语汇，而是将自己与王国维有限的接触当中最直观的感受——记录下来，甚至包括一些细微处并不正面的内心独白，读起来有声有色，像是在看纪录片一般。可能这也正是他最终成为日本"旧本研究中国曲学之泰斗"的某种与生俱来的直感力吧。从他的记述中我们可以采用一个如闯入者般的视角看到一个几乎丝毫没有光环、没有粉饰的王国维形象。

借此描述我们可以瞥见一个日常生活中的王国维，有人来访时他被佣人

---

[1]　谢维扬、房鑫亮主编：《王国维全集》（第20卷），浙江教育出版社、广东教育出版社，2009年版，第400—402页。

从楼下呼叫、亲自应门，话很少，谈话中也是几乎不问不答。在家时穿衣在外宾看来近乎乡下人打扮，丝毫不符合陌生人对一位大学问家形象的预期，倒是很符合鲁迅先生那句半戏谑的评语"老实到如火腿一般"。[①]而若细细品味王国维这段他乡异客的经历，其中最让人感慨的一幕只能是离家千里的王国维站在一个日本庭院中仔细看过，感慨的一句"日本的庭院里有很多树木，真不错"。不难从中读出，王国维在那一刻心中所想起的物象其实是故国的庭院草木，进而想到，面对京都这一审美风格直溯盛唐之城市里的居家庭院，王国维的感触和无数目睹相似风物的唐宋文人的感触似乎发生了跨时空的连接。青木先生在第一次面见王国维的时候曾问他是否看过莎士比亚戏剧，第二次见面时给他看了日本本土戏剧的文稿，结果王国维都是兴致索然反应冷淡，而唯独对青木先生庭院内的草木难掩喜爱之情。从这堪称微不足道的细节中我们却可以感受到王国维人格中作为古典文人的那一部分，是骨子里的。王国维在青木家的日式小院的时候，无法用日语向他传达：同是面对类似景致，谢灵运"池塘生春草"和薛道衡"空梁落燕泥"不隔之妙意何在，周邦彦的"叶上初阳干宿雨，水面清圆，一一风荷举"为何能得荷之神理。这类观察视角独特、用语细微处变化之精妙是无法用别种语言去完整传达的。而王国维不拘形迹，近乎木讷的"乡下人"外观，却切实给青木正儿这一外国青年学者留下了"只顾学问，没有艺术美感"的第一印象。

王国维是注定要被误解的。他在东文学社学习日文时就对叔本华的思想产生共鸣，后来更是醉心于翻译他的著作，从而写下"而概念之愈普遍者，其离直观愈远，其生谬妄者愈易"[②]；作为晚清一介书生，王国维也可以"直观"南唐后主李煜词中超越一个亡国之君哀思之外的部分，在《人间词话》感慨"后主则俨有释迦、基督担荷人类罪恶之意"[③]，打破长久以来前人对后主之词格局上的狭隘理解。王国维写下这些文字时的心绪恐怕无法再凭文字传达给

① 鲁迅：《鲁迅全集》（第3卷），人民文学出版社，2005年版，第585页。

② 姚淦铭、王燕编：《王国维文集》（第3卷），中国文史出版社，1997年版，第324页。

③ 王国维撰，黄霖等导读：《人间词话》，上海古籍出版社，1998年版，《〈人间词话〉重订》第5页。

大众，而他在天才之道路上的境遇却是可以拿来供读者细细咀嚼的。

（二）昨夜西风凋碧树

1877年12月3日，王国维出生在浙江海宁的盐官镇，是家中长子。初名国桢，后改为国维，字静庵（安），又字伯隅；初号礼堂，晚号观堂，又号永观、人间。当时他的父亲王乃誉正是而立之年，身份是江苏省溧阳县县令的一位幕僚。王氏族谱记载王家祖先王禀在著名的"靖康之难"中在太原拼死抵抗金兵，为南宋高宗南渡争取十分宝贵的时间，但最终还是寡不敌众，城破自尽。这段历史的详细记载见于《补家谱忠壮公传》，王国维拿出史学家的态度仔细考证了这段家族史。而文末则表示他并不是想给自己族史添光，只是想给正史补缺，若不是王禀拼死固守太原则"势已无宋矣"，但"乃宋史不为公立传"①。此处也可以瞥见王国维的治学态度，而他后来从事《宋元戏曲考》的编写工作也是出于类似的情怀，这种史学立场应该很早就根植于王国维心中。他在《自序》中写道"乃以幼时所储蓄之岁朝钱万，购《前四史》于杭州"②。幼年王国维的启蒙读物就有堪称史家之绝唱的《史记》，其作者司马迁即本着谨守事实的治史态度，为刘邦写下《汉高祖本纪》的同时也为项羽立本纪。这样实事求是的价值取向，和后来王国维阐述自己写《宋元戏曲考》之缘由时感慨"后世儒硕，皆鄙弃不复道"③也是一脉相承的，而目的则是希望将前人并不看重的人、事、物之价值重新置于到中华文明的历史脉络之中。

少年王国维对史学之兴趣盎然，对比之下则是他对经学尤其是《十三经注疏》的冷淡无感。其中的逻辑倒不是很难理解，由司马迁开启《前四史》堪称后代史书之范本，而《十三经注疏》则是封建伦理道德先行的经史混编，作为一个少年不喜此类书籍并不奇怪。但是由此不难发现王国维从小便展现出好恶分明的个性，这种个性背后其实是一种来自潜意识中的非常强烈的价值判

---

① 谢维扬、房鑫亮主编，《王国维全集》（第8卷），浙江教育出版社，2009年版，第602页。

② 姚淦铭、王燕编：《王国维文集》（第3卷），中国文史出版社，1997年版，第470页。

③ 姚淦铭、王燕编：《王国维文集》（第1卷），中国文史出版社，1997年版，第307页。

断。这种价值取向在王国维日后的治学之路上也展露无遗，甚至可以说给予了他终生孜孜不倦追求真情、探究真理的源动力。而究其根源还有一条不可忽略的客观原因是：王国维的父亲王乃誉就是一个"一生劬学不倦，留心时政，对书画篆刻、金石收藏均有真知笃好"①的知识分子，所以王国维才有"家有书五六箧"②作为他学术生涯的垫脚石。其父虽然任职于晚清的县衙充当幕僚，后来却辞职专门在家辅导王国维的学业。作为一个受传统儒学熏陶的父亲望子成龙的希望固然是有的，但是父亲的爱好对儿子的影响有时候更大。王国维后来"再应乡举不中程，乃益肆力于诗古文"③的行为从此处分析也就顺理成章了。如若问王国维后来为何从事学问研究，其实这些在他的少年时代就已经融入他的生活当中了，其中唯一在他成年之后才进入他兴趣视野的，就只有哲学。

如果说18岁之前的少年时光是王国维的"昨夜"，那么18岁那年发生的中日甲午战争，就是突如而来"西风"凋落了他心中的那颗"碧树"。王国维在三十自序中写到"未几而有甲午之役，始知世尚有所谓学者"④，这句话初读起来好像并没有特别的情感蕴藏其中，细细品味可以从中体会到甲午战争对王国维内心的扭转性作用，从此，王国维开始向往新学、新文化。首先，甲午战争是当年亚洲甚至全世界最震撼性的国际事件，这一事件的意义对于醉心于中国古代历史文化学习的王国维来说更是当头棒喝。如果说学诗词写作是对一个人审美层面的精神的熏陶，那么学习《前四史》则是赋予一个中国文人以身份认同。已经在同乡中因为才华而小有名气的王国维，在此时势必因为此役产生了信仰层面的激烈冲击。其次，少年王国维虽然已经展现出对历史、诗词、金石、考古巨大的热情，但是却因为无法适应科举八股文的考试模式，在17岁时经历了第一次乡试不中的挫败，之后在1897年赴杭州乡试再次落榜而归，抑郁

① 张镇西主编：《王乃誉日记》（第1册），中华书局，2014年版，第3页。
② 姚淦铭、王燕编：《王国维文集》（第3卷），中国文史出版社，1997年版，第470页。
③ 谢维扬、房鑫亮主编：《王国维全集》（第20卷），浙江教育出版社，2009年版，第227页。
④ 姚淦铭、王燕编：《王国维文集》（第3卷），中国文史出版社，1997年版，第470页。

之余，逼着他思考自己未来的出路在何方。终于在1898年，处于人生十字路口的王国维走上了背井离乡的求职求学之路。甲午战败虽然多少让王国维心中产生过负面的想法，但是也让他有了放眼探究更大世界的动力。而这种探索的结果是发现了他给自己的终身的身份定位，即作为一个独立学者而立身学界。

（三）独上高楼，望尽天涯路

1897年，已是秀才之身的王国维第二次参加乡试失败，次年离乡赴上海加入最初由梁启超创办的《时务报》并结识罗振玉，后经罗的介绍加入东文学社。在工作之余王国维在东文学社学习日文，并因为日籍教师接触了康德、叔本华的哲学理论，从那时起直到1904年他28岁这段时间可以称为他哲学上的探索期。而王国维之所以有这样的兴趣，客观原因是他的生活环境从闭塞的故乡海宁换到了当时中国最为进步的大城市上海，且就职于当时思想上最进步的报纸产业，当中遇到的人和事势必会对他有所影响。但是如果深入思考的话，其中更本源性的动因其实还是内在的。

单单从社会发展的角度来看，在王国维出生、成长的年代，近代中国经历了从洋务运动到甲午战败再到维新派上台这一系列的剧烈变化。而从文化的角度来看，可以认为传统儒家伦理下形成的思维系统正在将西方"客观理性思考"这一外来意识形态纳入到自身体系当中。而在此次文化融合进程中，首当其冲的是深深扎根于儒家思想、伦理、文化体系中的传统知识分子，正是因为他们足够熟稔这一套传统的意识形态，所以感受到外来文化的冲击感也是最大的。他们那时候的心态，大概就像照惯了铜镜的人突然遇到了玻璃镜，那一代知识分子得以用前人从未获取的工具去观照自身和所处的环境。而如果拿镜子作比，王国维在后来整个的学术生涯当中拿着这面哲学之镜反复照见过不同的领域，都产生了相当有意义的效果，甚至可以说早期研究哲学的效用伴随了他的一生。

前文提过王国维的"独学之时代"开始于他首次从日本留学归来之后，其实他最初赴日是试图学习物理和数学，后来因为身体原因，不到一年就于1901

年回到中国。同年他开始协助罗振玉编写《教育世界》杂志，并开始在杂志上发表关于教育学以及哲学的文章。自1901年至1906年，王国维翻译了《教育学》《法学通论》《伦理学》《哲学概论》等著作。撰写了《哲学辨惑》《论教育之宗旨》《叔本华像赞》《汗德像赞》《老子之学说》等文论和书籍。其间他还在辞官归乡的状元张謇创办的通州师范学堂、江苏师范学堂担任教员，借以实践他的教育理念。王国维翻译和发表的这些论著是他作为一个勤奋治学之学者的成果，也是那个时代大背景之下的文化产物。

晚清政府在遭遇了一系列的战败和赔款之后，迫于形势压力开始建立自己的现代化工业，而现代工业的建立需要的是现代化的人才，于是具有现代意义的教育学在此大背景之下得到社会面的广泛重视。尤其是甲午战败之后，晚清知识分子发现清廷在"硬件"基础并不弱于日本的情况下却遭遇了惨败，很自然地将视野内收，反思自身的"软件"配置，于是开始了对现代教育更加深度的探索。王国维就职的《教育世界》就是其中一个典型，但是王国维的可贵之处在于他对此问题的观察是领先于那个时代的，甚至时至今日再看仍然非常超前。他在《论教育之宗旨》一文中言简意赅地指出："教育之宗旨何在？在使人为完全之人物而已。"①这样的定义在哪个时代看来都是中肯的。而其中的超前之处则在于王国维所讨论的教育学都是站在哲学高度之上的，教育是王国维第一个加以哲学思考的领域。若仔细归纳其观点，不难发现王国维很重要的一个看法是认为当时中国教育的一个缺陷在于回避了哲学教育。他提出普及化的教育在当时的国情下是不切实际的，对此的应对策略则是培养"知力贵族"②，借以自上而下复兴民族，而哲学教育则是培养此类精英的必由之路。此外王国维的理论创见还在于，关注哲学、文学、艺术学科的独立性，重视提倡美育的作用，是中国历史上明确提出"美育"概念之第一人。王国维关注民众和自我的精神出路，提倡美育以培养"完全之人物"，改变了中国传统教育的思路，构建起从哲学视角出发，以人文精神为底蕴，提升国人身心发展水平

---

① 姚淦铭、王燕编：《王国维文集》（第3卷），中国文史出版社，1997年版，第57页。

② 参见姚淦铭、王燕编：《王国维文集》（第3卷），中国文史出版社，1997年版，第78页。

为目的具有现代意义的美学思想内核。也为之后的蔡元培、朱光潜等人开辟出一条美育启蒙民智的思想路径。

如果将王国维这段时间的著述按出版时间排序，不难发现他20岁到30岁之间的学术兴趣转向，明显地是由纯粹地介绍西方理论转向借由西方哲学美学重新审视东方文化。王国维在《文学小言》中提出了"文学游戏说"[1]。从他自己的这一理论来看，若是将翻译、研究看成是他的工作的话，那么在工作之余的一些个人诗词创作则是他的"游戏"了。游戏本身即是目的，而以工作之心态对待的事物必会对其产生效果上的期待。晚清时局给予王国维的反馈应该是不尽如人意的，他也深知自身的影响力之有限，所以他那时的心态和无数古代文人墨客的某个阶段的心态应该是很贴近的，不论是杜甫、苏轼还是欧阳修等人都有类似的人生阶段。王国维嗜好填词的缘由和这些曾经活跃于文坛的古人是类似的，都是为了抒发虽然相隔近千年却境遇相似的感怀。纵观王国维在30岁之前的所作所为，不难共情到他进行深入的哲学思考本质上是一种独上高楼式的问题探索。而当他借由哲学的理性望尽了天涯之内所有道路的走向之后，他做出了自己的选择，即是在30岁之后转变了自己学术道路的方向。

（四）衣带渐宽终不悔，为伊消得人憔悴

1905年王国维辞去江苏师范学堂教职之后，在1906年初随罗振玉到了北京。1906年王国维整理发表了《人间词甲稿》。同年8月，父亲王乃誉去世，享年60岁。王国维回老家守制。次年发表《人间词乙稿》。两部词稿总共选录了王国维从1904年至1907年所填之词104阕。1907年初春王国维从老家海宁回到北京之后不久，因为官居四品的罗振玉之大力推举和王国维自己在学术界的声名逐渐显现，清政府委任王国维为学部编译局编译。自此王国维算是在清廷有了一个具体的职务。同年七月，王国维结发妻子莫氏病危。王国维沿水路辗转半个月回家探望，莫氏于王国维归乡10余天之后去世。刚刚经历丧父之痛的王国维又遭遇中年丧妻。而因为这时的王国维已在朝廷有了具体的工作，他在

---

[1] 姚淦铭、王燕编：《王国维文集》（第1卷），中国文史出版社，1997年版，第25页。

办完妻子丧事之后即刻起身返京。那两年，王国维的人生变故不断，生活环境也从南方换到了北方，身份也从杂志主编、学堂教员变成了官方编译局的编译。由于这些外部因素的剧烈变化和影响，王国维在快到30岁生日之时写下了著名的《自序·一》和《自序·二》。他在文中写道：

> 志学以来，十有余年，体素羸弱，不能锐进于学。进无师友之助，退有生事之累，故十年所造，遂如今日而已。……体素羸弱，性复忧郁，人生之问题，日往复于吾前。自是始决从事于哲学。①

> 余疲于哲学有日矣。哲学上之说，大都可爱者不可信，可信者不可爱。……而近日之嗜好所以渐由哲学而移于文学，而欲于其中求直接之慰藉者也。……近年嗜好之移于文学，亦有由焉，则填词之成功是也。余之于词，虽所作尚不及百阕，然自南宋以后，除一二人外，尚未有能及余者。……因词之成功，而有志于戏曲，此亦近日之奢愿也。②

这两篇文章是王国维生平少见的自序性质的文章，文中他对自己30年来走过的道路进行了回顾和自我评价。这样自白式的笔触在他的教育类的时评以及哲学相关的文章中我们都是无法看到的。从第一篇自序中我们可以看到王国维对自己学术道路上的诸多选择之缘由进行了系统阐述，进而在第二篇自序中透露出自己因为疲于哲学而想进行学术转向的打算。同时从第二篇自序当中，我们可以瞥见文学于王国维而言意义不亚于一种救赎。西方哲学式的思辨原本就是一种劳心劳力的工作，而王国维又拥有一种试图寻求"可信"和"可爱"之间平衡的特性，所以在二者之间纠缠得十分痛苦。这种千年来中国传统知识分子都未深入涉及的哲学思辨虽然很有启发性，但真正让王国维煎熬的，是如何从叔本华等人的哲学当中获得美学上的个体解脱之道。叔本华原本是"可信"的，但叔氏的生活、欲与痛苦的学说也只是强化了王国维自身的悲观主义，最终他追求的"可爱"在叔本华的"不可信"里铩羽而归了。在这种情况下，王国维选择了在诗词创作中消解一些思绪上的疲惫，他的审美理想也从寻求解脱

---

① 姚淦铭、王燕编：《王国维文集》（第3卷），中国文史出版社，1997年版，第470—471页。

② 姚淦铭、王燕编：《王国维文集》（第3卷），中国文史出版社，1997年版，第473—474页。

降为寻求慰藉。如果说填词的过程带给王国维的是身心的愉悦和放松，那么填词的结果则是"因词之成功，而有志于戏曲"。而他当时没有预料到的影响就更巨大，他在自己爱好的领域看似无心插柳的思考却给后世留下了开创性的作品。

1904年发表的《〈红楼梦〉评论》开启了王国维的美学探索，并且起点极高，可以说是前无古人。如果说《〈红楼梦〉评论》是王国维率先使用叔本华、康德哲学美学进行中国古典文学批评尝试的话，《人间词话》已经是王国维将西方美学作为文学批评工具运用得炉火纯青的产物了。从1904年《〈红楼梦〉评论》的起点，到1908年《人间词话》的学理再创，王国维一步步实现了中国近代美学的现代转型。其中的"境界说"更是为后来的文学批评家提供了一条崭新的思路。王国维发表这一理论本身就可以说是很高级的个人境界的展现，"境界说"不仅仅是王国维十余年里从东西方哲学体系中的思考所得，更是他将学哲、学文、学史之后的体悟和对个体精神发展的层次和路径的思索完美地结合于词话这一载体之上的产物。若问王国维一生的学术成果当中最有价值者是什么，面对这样一个学问广博的国学大师，恐怕不能妄下定论；但《人间词话》是王氏作品中最具影响力的这一点却大概率是无法反驳的。《人间词话》和王国维其他作品的区别在于，不同于他之前研究哲学，诗词写作是他自己身体力行的主观艺术创造，而非客观严肃的逻辑演化推理。他对自己研究哲学能力的认知是十分明晰的："以余之力，加之以学问，以研究哲学史，或可操成功之券。然为哲学家，则不能；为哲学史，则又不喜，此亦疲于哲学之一原因也。"[1]而他对自己的诗词创作能力则是毫不掩饰地表示满意。王国维是个一辈子都在追求表达真情实感的学问家，不难读出他的这三句话并非自谦之词，而是他对自己才能高低，以及触及领域的难易程度的客观评估。他清楚地知道哲学并不是他能完全发挥自身能力的学科，而究其原因，则是他深知自己骨子里继承的是中国传统文人的衣钵，而哲学（尤其西方哲学）只能说是观察自己人生以及社会文化的理论工具。这种客观认知自己的能力堪称可贵，而承

---

[1] 姚淦铭、王燕编：《王国维文集》（第3卷），中国文史出版社，1997年版，第473页。

认客观现实的态度也可说勇敢。所以当王国维认清了自己和哲学的缘分深浅，转身再度拥抱传统文学的时候，那种类似异客还乡般的浓烈情感造就了这本中华美学传世经典——《人间词话》。

王国维自述因填词成功打算研究戏曲，但是如果深究，他想做的其实是借由研究中国传统戏曲的发展和演变历史，从而以中西方戏剧之比较作为切入点，进而在文化层面对宋元以来中华文化所持有的价值取向进行重估。这样的做法初看起来像是在绕远路，实则倒可能是更有意义的学术选择，甚至可以说是深谋远虑。自此开始，王国维在戏曲研究领域建立了不可磨灭的功绩。他在1908年手录了明抄本《录鬼簿》，1909年辑集《优语录》一卷、修订《曲录》六卷、《戏曲考源》一卷。1910年完成了《录鬼簿校注》。在1913年撰写的著名的《宋元戏曲考》序言中开篇即提出"凡一代有一代之文学"的新颖观点，可以说他凭借一人之力将元曲这一艺术形式的价值提升到和楚辞、汉赋、骈文、唐诗、宋词这些经典传统文体并驾齐驱的高度。

哲学可以说是30岁之前的王国维对"往复于吾前"的"人生之问题"的主要解决方案，而在哲学的高楼上眺望10余年之后，王国维已然感觉到疲惫。但是他对"人生之问题"的美学思考，以及对人生问题必然涉及的社会问题、民族问题的探索决心并没有改变。这是一种"为伊消得人憔悴"却"衣带渐宽终不悔"的学者精神，也是求真为美的王国维"为人"的一种精神。

（五）众里寻他千百度，蓦然回首，那人却在灯火阑珊处

谈及王国维30岁之后的人生，若说客观环境，依旧处于并不安顺的境遇之中。1908年，王国维先父王乃誉的继室叶太夫人去世，同年王国维娶了岳母莫氏为其介绍的潘氏为继室，并携新婚妻子和三个儿子，以及岳母前往北京租住于宣武门内的一所小四合院内，此时的王国维虽然依旧远离故乡海宁，身边却开始有了家人的陪伴。然而，北京城此时并不安宁，当年11月，年仅37岁的光绪皇帝驾崩，2岁的小皇帝溥仪正式继位。随之而来的就是中国2000年封建王朝最后的动荡时期，全国各地的起义军和革命军大举讨伐运动，清廷已经毫

无招架之力。此后的三年时局不断变化，整个国家处于人心散乱之中。而对于王国维这样在编译局工作的小官员来说，有影响却不至于威胁生存。于是王国维除了定期去朝廷学部编译局上班之外，都在潜心研究戏曲，所以才会有上文提到的那些戏曲领域的著作。

1911年4月，黄花岗起义爆发。6个月之后辛亥革命成功，随之十余省份宣布独立，清政府统治彻底瓦解。中国历史进入了没有皇帝的岁月，而当时民众却还没有足够的心理准备接受这一点。于是全国各地陷入巨大的慌乱之中，民众都希望离开自己所在之处往别处逃难，可谓混乱至极。而此时王国维熟识的人当中已有几位或直接或间接因为时局之故去世，比如他在《时务报》工作时的老板汪康年，再比如提携他在清廷工作的尚书端方。那时候的王国维也有离开北京回到老家海宁避难的想法，但是那时候的交通运输业也已经沦落至漫天要价混乱不堪的地步，所以他也是一筹莫展。老友罗振玉此时也是十分担心自己的处境，他本身就是清廷的四品大员，完全可能在革命党执政之后遭到清算；外加他是海内外都享有盛名的大收藏家，家中保存有大量的金石文物和古籍珍本，这些东西在战乱中是非常难以保护的。此时王国维和罗振玉在日本的友人都劝说他们出国避难，于是二人于1911年11月携家眷暂时前往日本躲避乱局。

王国维第二次东渡日本的境遇在开头中已经进行了描述，他在日本暂住的四年时间发生了第二次学术转向，即从文学转向史学，其中的原因分析起来大致有二。其一是辛亥革命带给王国维的极大震撼，中国封建王朝统治在他眼前彻底结束，不是同时代之人恐难感同身受。如果说王国维研究哲学是为了探寻改善旧秩序的新路径，后来他因为爱好填词再到研究宋元戏曲则是在填补传统文体研究的空缺；那么等到他开始在日本研究史学和经学的时候，之前他做的所有研究的语境都已经彻底不复存在了。其二则是罗振玉对他的影响，罗振玉本身即是学问广博的史学家，经学也是罗振玉作为清朝遗老最重要的价值观支柱，加之他带去日本的器物古籍也成了王国维远在异国对母国文化的唯一寄托。罗振玉本人必定在日常交流之中对王国维产生了相当的影响，两个深爱传统文化的同好在清政府覆灭之时一起孤悬海外，其中必然会有共同的感伤与哀思。中国近代甲骨文发现及研究的开端即是在1900年前后，而罗振玉本人即是中国当时最大的甲骨文收藏家之一，这些甲骨那时候也就被带到了日本供罗、王二人一起做研究。凭借这些一手的研究资源，王国维为中国甲骨文研究亦做出了不可低估的贡献，他撰写了《简牍检署考》《释币》等著作，和罗振玉合著《流沙坠简》。他的工作也为后来撰写《殷卜辞中所见先公先王考》《殷周制度论》等研究中华文明源头的重要文献做了铺垫。

因为经济情况等种种原因，王国维于1916年2月离开日本回到上海。同年主编创办了杂志《学术丛编》，这本学刊由王国维主编，出资方为上海的地产大鳄犹太人哈同。哈同还在上海创办了仓圣明智大学，也邀请了王国维任教。但是从王国维给罗振玉的私人信件当中可以看出王国维并不十分认同犹太财团的办学理念。但是因为待遇各方面尚可，而王国维又必须负担一个大家庭的生活开销，所以只能勉强委身。王国维1916至1921年间几乎是凭借一己之力撰写文章支撑着《学术丛编》的发行，同时还在大学兼任教授。王国维虽然对一个外国商人在中国办的杂志和大学都没有太大热情，但是上海当时就已经是一个国际化大都市，王国维的名气更是因为这两份工作而变得海内外皆知。这为后来北京大学多次聘请希望他去任职，甚至逊帝溥仪诏其进京埋下了伏笔。

1922年3月，在北京大学第五次邀请之后，王国维终于决定接受邀约担任北京大学研究生国学门通讯导师，并于1923年5月底从上海再次奔赴北京。在此之前的4月16日，逊帝溥仪突然颁发诏书，诏杨钟羲、景方昶、温肃、王国维四人为南书房行走。南书房行走这一职位即是皇帝的文学侍从，帮助皇帝处理一些文字工作。虽然听起来不是什么了不起的官职，但是这四人中除去王国维之外的三人均是进士、翰林出身，这让王国维十分感动。而王国维的老友罗振玉更是十分重视此事，三番五次催促他赶紧进京入职，于是王国维于6月初进京面见逊帝溥仪，并正式开始担任"南书房行走"职务。王国维当时官居五品，俸禄也远高于之前担任编译局编译时的工资。次年一月，溥仪又降谕旨，准许王国维等人拥有在紫禁城内骑马的特权。王国维的父亲也只是当过县衙幕僚，王国维之前在编译局的工作也就是类似于普通办事员的地位。而这时的王国维却是作为"皇帝"身边的正五品官员。这对于多少信奉旧时价值观的王国维来说，可能已经实现了"朝为田舍郎，暮登天子堂"那样的旧文人之最高理想。因此也就不难理解仅仅不到一年半之后，也就是1924年11月，冯玉祥部冲进紫禁城将逊帝溥仪驱逐出城，王国维所承受之打击。

溥仪离开紫禁城之后，王国维自然也就无法再侍奉清廷。而在1924年8月，北京大学考古学会在其学校刊物上刊载《保存大宫山古迹宣言》一文公开指责清廷毁坏古迹公产，王国维因为觉得古迹当时还是皇室私产，所以不存在毁坏公产一说，他也因此事和北京大学决裂。于是王国维在1925年2月接受清华大学邀约，并在获得逊帝溥仪的批准之后入职清华大学国学研究所担任导师。他在清华的教学工作得到了全体教授和学生的一致赞扬，学术上依旧保持旺盛的创造力，期间撰写了《蒙文〈元朝秘史〉跋》《黑鞑事略跋》等史学著作。

1927年6月2日，王国维先生自沉于昆明湖。

王国维自杀一事在当时的学术界、政治界引起了轩然大波。关于先生的"沉湖之谜"，也传出了各方揣测推演的声音。其中流传较广有"殉清说""经济压力说""老友出卖说"等等，现在看来这些理由好似都解释得通，因为不同的人总是从这类事情中看到自己愿意看到的那一面，也都可以找到看似合理的解释，但是也会有人找到反驳的证据。因为种种原因，我们无法对一个自杀之人真正感同身受。他的自杀，很容易让人联想起他曾经在《〈红楼梦〉评论》中说到过自己对于解脱的理解："解脱之道，存于出世，而不存于自杀。"[1]对于王国维而言自杀不是解脱，那自杀究竟意味着什么呢？古往今来不少思想者，仿佛都在用自杀引导着后人对其死亡进行解读，他们就像柏拉图洞穴寓言中的先知，殉道于求解人类普遍的存在主义困境。

王国维本人的遗书也极为简短，其中可以解读的字句无外乎一句"经此世变，义无再辱"[2]，要从旁人的推测中去拼凑真相大概率也是不太可能的。其中王国维身边的人或许有接触核心缘由的当事人存在，但是他们多半也出于自

---

① 姚淦铭、王燕编：《王国维文集》（第1卷），中国文史出版社，1997年版，第8页。
② 姚淦铭、王燕编：《王国维文集》（第3卷），中国文史出版社，1997年版，第475页。

己的利益或是为了"活着的人"着想而决定不发声。所以若要论最有价值的公开资料，应属陈寅恪先生在王国维死后发表的悼文。这位小王国维十几岁的晚辈虽然只是王国维在清华的同事，相处时间也不算长，但是却可以说是王国维身边的人中学问、个性都和他最相近的一位。英文中有一句俚语"It takes one to know one"，虽然这句英文原意有贬低的语气，但是撇开语气之后的逻辑则完全可以套用在这两位惺惺相惜的国学大师身上。只有一位伟大学者的人格才能去试图连接另外一位伟大的学者，而绝大部分与他们同时代的庸众是连了解的门槛都无法触及的，只能肆意猜测。王国维一生都是一名学者，抛开对他学术的了解去探究他的个性是非常无力的。而符合这一条件的则非陈寅恪先生莫属，王国维在遗书中除了对家人的叮嘱之外，提到自己的遗产时仅仅说了一句"书籍可托陈、吴二先生处理"。王国维将他一辈子最珍视的藏书全然托付给陈寅恪和吴宓处理，从中可以看出他对陈寅恪的信任。陈寅恪先生在给王国维先生写的挽词当中写道：

> 　　或问观堂先生所以死之故。应之曰："……其义曰：凡一种文化值衰落之时，为此文化所化之人，必感苦痛，其表现此文化之程量愈宏，则其受之苦痛亦愈甚；迨既达极深之度，殆非出于自杀无以求一己之心安而义尽也。……若以君臣之纲言之，君为李煜亦期之以刘秀；以朋友之纪言之，友为郦寄亦待之以鲍叔。其所殉之道，所成之仁，均为抽象理想之通性，而非具体之一人一事。……此观堂先生所以不得不死，遂为天下后世所极哀而深惜者也。至于流俗恩怨荣辱、委琐龌龊之说，皆不足置辨，故亦不之及云。①

陈寅恪先生从第一句开始便毫不避讳王国维先生的自杀原因，认为王国维之死是因为他对文化衰落所感受到的痛苦远超过普通人。然后他又捎带提及了王国维对身边之人的错误认识导致了他内心的挣扎，两句话影射了罗振玉和溥仪这一友、一君对王国维一生不可估量的影响。但是陈寅恪还是强调王国维

---

① 谢维扬、房鑫亮主编：《王国维全集》（第20卷），浙江教育出版社，2009年版，第202—203页。

之所以发生这样的误解是他自己的选择，他选择要遵从自己内心的"抽象理想"，因而选择用古典的伦理看待和对待身边的人，尽管那个人不一定值得他那样对待。正是这样的一种坚守造成了他的痛苦，甚至导致了他最后选择离开。从陈寅恪的观点看来，王国维先生是"不得不死"，而他所殉之道则"不止局于一时间、一地域而已"①。"众里寻他"是徒劳的，真正可能了解王国维先生去世真相之人，恐怕也得是和先生一样，身在"灯火阑珊"之处的人。所以理解他之所以弃世的深层次原因终究存在相当的门槛，而这个门槛其实放在哪个时代也是极高的。

1929年6月3日，王国维去世两周年忌日。②

由陈寅恪撰文、梁思成设计的王国维先生纪念碑在清华园第一教室北端的山边落成。现今纪念碑依旧矗立于原地，但距立碑那天已经过去快100年了。

二、百年《人间词话》研究述评

我们把王国维从1908年开始在《国粹学报》上刊登《人间词话》六十四则视为一个开端，距离它的发表已经过去了115年。在对《人间词话》内容展开具体的导读之前，笔者想先为读者描述一下这100多年来学界对王国维及其《人间词话》层出不穷的研究盛况。本文是站在巨人的肩膀之上的，珠玉在前，不敢造次。但求为未来的读者尽可能全面地展现《人间词话》原本的魅力。

（一）《人间词话》"境界说"之研究概貌

《人间词话》自问世以来深得海内外各界读者的推崇和喜爱，也始终吸引着学界的目光。它对中国文学和文学批评的影响巨大而深远，也被认为是中

---

① 谢维扬、房鑫亮主编：《王国维全集》（第20卷），浙江教育出版社，2009年版，第213页。

② 碑铭原文："中华民国十八年六月三日二周年忌日，国立清华大学研究院师生敬立。"

国现代美学、诗学的开端。《人间词话》"境界说"成了20世纪甚至中国美学史和文艺理论史上最为重要的理论之一，并且影响到了中国传统哲学的深度阐释与当代发展。对《人间词话》的研究诚可谓是多元争鸣、名家辈出、成绩斐然。虽然《人间词话》的研究群体庞大、研究方向众多，难以尽数，但学者们的关注点主要集中在"境界说"、与西方哲学/美学的关系、手稿的编排与刊发、具体作家的笺注与评论等方面。其中，以"境界说"为统帅，几乎所有的研究著述都会涉及"境界说"，称其为《人间词话》的灵魂也不为过。

解放前有影响力的研究论述，包括朱光潜先生的《诗的隐与显——关于王静安的〈人间词话〉的几点意见》（1934）、钱锺书先生的《论不隔》（1934）、唐圭璋先生的《评人间词话》（1941）等。1982年，出现了一部研究王国维及其文学批评的力作，即海外学者叶嘉莹的《王国维及其文学批评》。值得一提的是，叶先生对王国维的研究数十载如一日，孜孜以求，几无间断，足见先生对王国维词学世界与人格境界的情感倾注，冥冥之中仿佛一场穿越时空的同道间的对话，精神交契作响，余音不绝。2008年叶嘉莹在南开大学名家论坛第一讲，做了有关《王国维〈人间词话〉问世百年的词学反思》近七个小时的演讲，先生以"有情风万里卷潮来"的气势和令人敬服的学识，引领青年学人们走入王国维《人间词话》文艺美学的殿堂，推动了新一轮的王国维热潮。2021年10月，由万卷出版有限责任公司出版的《人间词话：叶嘉莹讲评本》恐怕是迄今为止最新的《人间词话》讲评本了。

1980年代以来还产生了几本有影响力的代表性著作：佛雏的《王国维诗学研究》（1985）、夏中义的《王国维：世纪苦魂》（2006）、彭玉平的《人间词话疏证》（2014）和罗钢的《传统的幻象：跨文化语境中的王国维诗学》（2015）。以及陈鸿翔、马正平、周一平等一批有影响力的知名学者，为《人间词话》研究带来许多新的气象和活力。过往学界对王国维《人间词话》，尤其是"境界说"为主导的研究倾向，是在跨文化的大视野下进行思想文本间的影响研究。这个思索轨道的产生，一方面是因为在20世纪一段相当长的时间里，中西思想文化交汇几乎成为学术界各个领域的文化大背景；另一方面，从王国维本人遗留下来的诸多思想著作中，清晰可见其跨文化跨历史的学术自觉。但是，学者们在西学对王国维产生影响的具体看法上则莫衷一是：以叶嘉莹、缪钺、彭玉平等学者为代表，认为境界说是中国传统诗学的延续。其中，叶嘉莹先生在《王国维及其文学批评》中对王国维提出的"境界说"做了一系列的阐述，她明确表示：《人间词话》自有其内在体系，并且详细梳理了《人间词话》在文学批评由古典向现代形态过渡中所表现的新旧交替的状况，指出《人间词话》是在文化碰撞过程中形成的中西批评会通交融的新型批评。

佛雏在王国维诗学的综合研究与资料的整理、校订与辑佚方面有突出的贡献。代表作《王国维诗学研究》，以丰富的资料与其敏锐的洞见，对王国维诗学展开全面的研究创新，对后起研究有着深入的影响。他将王国维的诗学分为悲剧说、喜剧说、古雅说和境界理论几个部分，并认为王国维在前几个理论上主要以吸收西方文艺理论较多，只有境界说才是"自成一家的艺术论"。肖鹰、罗钢等学者主要以西方殖民主义、文化霸权、现代阐释学等理论为背景，论证"境界说"是在西方哲学家如康德、席勒、叔本华、谷鲁斯等人影响下的产物，是诸种西方美学理论的一次横向移植。黄霖、周兴陆则认为："《人间词话》的词学理论的深层哲学根基是叔本华哲学美学，但它的理论内涵和表述方式又是渊源于中国传统文学理论的，达到了兼融中西后的学理再创。这正是《人间词话》不同于当时文艺理论著作的最根本一点。"①

夏中义先生及其《王国维：世纪苦魂》（2006）实为一部比较美学专著，主张对王国维学习叔本华哲学进行心理动因研究。该书论述精彩，颇具学术分量。实际上，有不少学者在论述王国维所受西学之影响时，都考虑过他本人的性格，比如缪钺的《王静安与叔本华》中认为"王静安对于西洋哲学，并无深刻而有系统之研究，其喜叔本华之说而受其影响，乃自然之巧合。申言之，王静安之才性与叔本华盖多相近之点，在未读叔本华之前，其所思所感，或已有冥符者，惟未能如叔氏所言之精邃详密，及读叔氏书，必喜其先获我心，其了解而欣赏之，远较读他家哲学书为易"。② 而在探讨王国维命运悲剧的时候，

---

① 王国维撰，黄霖等导读：《人间词话》，上海古籍出版社，1998年版，第13页。

② 缪钺：《诗词散论》，陕西师范大学出版社，2008年版，第82页。

较多学者认为一方面是他受了叔本华的影响，另一方面是他天生忧郁悲观的心性和富于悲悯的情怀，受到时代变故的刺激，一发不可收。但聂振斌在他的《王国维美学思想述评》当中表达了不一样的看法：王国维有显赫的家史，到祖、父辈家道中落，不得已而去经商，到他青年时代已有些穷困潦倒，很容易造成他伤感的心境。所以"是特定的历史时代和王国维所属的那个阶级的悲剧命运和他个人的具体生活道路，塑造了他的'忧郁悲观'的性格和'悲悯的情怀'，而不是与生俱来的"[①]。窃以为，这些为后世产生具体的王氏美学学说埋下了感性的伏笔。

周一平和沈茶英的《中西文化交汇与王国维学术成就》由学林出版社于1999年出版，这本专著的体例结构也有一定的代表性：全书把王国维的学术成就分为六章，分别为哲学、美学、心理学、教育学、文学和史学。"境界说"和"天才论""游戏说""美的社会功用观"等内容被安排在第二章的美学部分。在对"境界说"的具体展开上，又表现为对"真"的研究最为深入。而《人间词话》又与《红楼梦评论》《文学小言》一起，被视作王国维三种文学批评著作而放置在了第五章文学部分。形式上将王国维的文学研究与美学研究各自独立开来。

马正平是另一位重要的研究学者，他的《生命的空间》结合对整个《人间词话》手稿的深层结构、写作思路的分析，详尽分析了"境界"概念的内涵与"境界说"理论的内在逻辑，探讨了王国维自编《词话》的主旨与意图；从整体角度研究王国维"境界"概念从萌芽到理论形成、演变，辨析了一系列与"境界"相关的概念范畴；并认定《词话》的写作出于王国维"生命的自由"的人本美学追求，呈现了一种颇具新意的解读思路。此外，马正平在纪念王国维先生《人间词话》发表100周年之际，还写过一篇《行知递变，可信可爱：

---

① 聂振斌：《王国维美学思想述评》，辽宁大学出版社，1997年版，第30页。

对"境界"说的主体论身体美学解读》，依据"主体论身体美学"①方法论对
王国维的境界说进行重新阐释。他认为王国维的"境界说"之所以伟大，正是
因为"境界说"美学是一种主体论身体的美学，而且是中国传统美学的现代转
化的先驱。马教授还提倡将其转化为一种新现代主义的"时空美学"，观点深
具启发性。

（二）王国维词之研究概貌

另一方面，人们意识到王国维本人的词作和《人间词话》之间关系紧密，
或许正是词的创作铺垫了《人间词话》的诞生。要研究王国维的词学思想必
须经过他本人的词作。在王国维逝世之后的1930年代，出现了第一个整理笺校
王国维词作的高峰期，代表作有：陈乃乾所辑《观堂长短句》，收入《清名家
词》；朱祖谋将《观堂长短句》收入《彊村丛书》；沈启无编订了《人间词及
人间词话》；陈乃文辑《静安词》由世界书局出版。进入1980年代后，王国维
词作整理进入第二个高峰期: 萧艾出版了《王国维诗词笺校》一书，辑录了王
国维诗192首、词115首，对每一首诗词的写作时间、地点、刊于何种报刊、写
作背景、作者其时的思想立意等等方面一一做了笺说。21世纪随着王国维研究
的升温，王国维词作的整理研究又进入一个高潮。由中山大学出版社出版的陈
永正校注《王国维诗词全编校注》（2000），全书诗部分以1940年商务印书馆
版的《海宁王静安先生遗书》为底本，词部分则以王国维手稿为底本，这本校
注的长处在于诗史考证、引据翔实，上海古籍出版社于2011年再次出版了陈永
正主编的《王国维诗词笺注》，是目前所收最全的笺注本。

另外，叶嘉莹先生与安易女士合著《王国维词新释辑评》，全书将王国
维词按照发表时间顺序排列，共收115首，开列了王国维词各种版本附录于书

---

① 1997年，美国美学家舒斯特曼（RichardShusterman）在《哲学实践：实用主义和哲学生
活》一书中首次提出了构建"身体美学"这门学科的想法。"哲学需要给身体实践的多样性以
更重要的关注，通过这种实践我们可以从事对自我知识和自我创造的追求，从事对美貌、力量
和欢乐的追求，从事将直接经验重构为改善生命的追求。处理这种具体追求的哲学学科可以称
作身体美学。"转引自马正平：《行知递变，可信可爱：对"境界"说的主体论身体美学解
读——纪念王国维先生〈人间词话〉发表100周年》，《美与时代（下）》，2019年第2期。

后，还附有66家作者83种有关王国维词的文章或专著列表。俞俊等译注的《人间词话·人间词》增录了《人间词话》未刊稿和静安先生的所有诗词作品。王振铎《人间词话与人间词》由任访秋撰序，书分为"王国维词话新编"与"人间词选注"两个部分，由河南人民出版社出版。该书所谓"新编"主要体现在除了《人间词话》之外，包含更多论词文献，并且将境界拆解细分，按照"境界之元质""境界之接受"等十个类别进行重新编排。

在对王国维词作进行整理笺注的基础上，相关研究论述更是层出不穷。总体上覆盖了王国维词创作主体、对象、技法、作品等方面的研究，具体又体现在几个方面：一、《人间词》之"人间"的含义，以及王国维其他词集的名称考证。二、王国维词的艺术特征与艺术水平的探析。三、具体词作透视出的王国维创作观，其词作与传统词学之间的关系；比如顾随曾指出："静安先生论词可包括一切文学创作。余谓'境界'二字高于'兴趣'、'神韵'二名。"[①]四、王国维词作前后的影响关联。五、《人间词》与《人间词话》的影响关联。早期的研究者萧艾就认为王国维的词作和词话在理念上是一致的。五、具体学者对王国维词作的点评、赏析等等。如周策纵所撰《论王国维〈人间词〉》，全书以传统词话形式表达了对王国维词和文学思想的看法。王国维研究名家陈鸿祥于2002年发表的《〈人间词话〉·〈人间词〉注评》将《人间词》与《人间词话》放在一起，参考1937年许文雨的《人间词话讲疏》（2018年台海出版社出版了彩插典藏本）和1930年代以来各家评注，对《人间词话》进行了逐则的考证、点评和补充。

在一些论述王国维及其诗文、学术思想的论著以及王国维的传记中，也设置了专门的篇章论及王国维的词。如佛雏著《王国维诗学研究》，在第二章论述了王国维的"悲剧说"、"喜剧说"、美的形式以及《人间词》等。再比如陈鸿祥著《王国维与文学》和《王国维全传》，以及窦忠如撰写的《王国维传》。赵利栋辑校《王国维学术随笔》由社会科学文献出版社出版，该书包括了"东山杂记""二牖轩随录"和"阅古漫录"三种学术札记，大多由《盛京

---

① 顾随、顾之京整理：《论王静安》，《词学》，1992年第2期。

时报》刊出，也是修订版《人间词话》31则的首次整理问世。

中山大学彭玉平教授在研究王国维词方面可谓建树颇丰。他着重从文本入手，对《静安藏书目》《词录》以及《人间词》和《人间词话》的各种版本，都细加辨析、细作勘定。更以10年之功撰写《王国维词学与学缘研究》，对王国维其人其学，以及一百年来对王氏所做探寻追根究底、做总清算①。同时，彭玉平教授曾在2015年第2期至第6期的《古典文学知识》刊物上连续发表了《〈人间词〉〈人间词话〉研究论著编年叙录》（一）至（五）篇，就王国维词相关论著予以编年并简要叙录，将若干较早研究新文献的重要论文也收录其中，从1906年的《人间词甲稿》并序一直记录到2015年的《王国维词与学缘研究》，为关注王国维词与词学的研究者们提供了一份翔实的资料。

这里需要补充的是，王国维生前自订出版的著述并不多，逝世之后他所有的著作是了解他、走近他无可替代的材料来源，这也是各大出版社马不停蹄地从第一套王国维全集《海宁王忠悫公遗书》开始，对其著述的汇辑、增补、重印的原力之一。由上海三联书店出版，周锡山注释和评校的《王国维文学美学论著集》是本导读的重要参考文献之一，该书收录了《红楼梦评论》《人间词话》等著作在内的论文、专著、诗词等20余万字，收录王国维的挚友陈寅恪先生所写《〈王静安先生遗书〉序》。2010年，浙江教育出版社和广东教育出版社联合出版了由谢维扬、房鑫亮主编的《王国维全集》，全书一共20册，是至今为止资料最齐全的全集版本，是这位天才的思考者留给人世间的一份沉甸甸的精神馈赠。

还有各种《人间词话》的手稿本、注评本，以及各种王国维的"评传""年谱"也应运而生。手稿方面，浙江古籍出版社的"国家图书馆善本特藏部特藏名家手稿"之《〈人间词〉〈人间词话〉手稿》系仿真复制；清华丛刊甚至还出了《古史新政——王国维最后的讲义》手稿，以这种方式纪念王国维在清华园度过的生命中的最后两年。港台也有王国维相关书籍出版，

---

① 施议对：《中国今词学的开辟与创造——彭玉平〈王国维词学与学缘研究〉书后》，《暨南学报》（哲学社会科学版），2016年第4期。

第一套是台北文华出版公司于1968年出版的《王观堂先生全集》，另一套是台湾大通书局于1976年出版的沈继贤作序的《王国维先生全集》。刘逸生主编的《王国维词注》1985年在三联书店香港出版，1990年由广东人民出版社重新排印等，亦可见出港台对王国维学术地位的肯定与珍视。年谱方面，比较有代表性的是天津人民出版社的由袁英光、刘寅生编纂的《王国维年谱长编（1877—1927）》。

迈入21世纪，《王国维〈人间词〉、〈人间词话〉手稿》的正式出版，与陈永正的《王国维诗词笺注》、彭玉平的《人间词话疏证》一起，可作为这一时期的三部标志性出版物。距离《人间词话》发表已过去100多年，原本围绕着《人间词》《人间词话》手稿原件的许多谜团与争议，随着浙江古籍出版社将《人间词》《人间词话》手稿的影印出版，自自然然迎刃而解了。

（三）《人间词话》之美学研究概貌

对王国维研究的概述无论如何都会挂一漏万，有一个研究方向却是不容忽视的，即美学的角度。作为一个弥足珍贵的起点，王国维有太多个第一（见生平部分论述），通过《人间词话》的写作实践，他成为中国近代美学的奠基人。有必要指出，在很长一段时间里，对《人间词话》的讨论主要集中在词学研究或文学批评层面，即便是从美学层面的探讨，也是立足于词学。究其原因，比起中国古典文学（理论）的悠久深厚，美学本身就是一个太年轻的学科。20世纪之前，"美学"为何物，中国人不得而知。正是经由王国维、蔡元培等大师的引介，才为文艺抵达心灵铺设出一条绚烂的桥梁来。另一方面，我们又无法忽略《人间词话》在中国现代美学史上的开创性地位，《人间词话》交织出的学术网络，让人看见一幅王国维用审美视角演绎诗词批评的美学实践的图景，就连《人间词话》本身的文字语言，也是美的语言。

学界普遍注意到了王国维的美学思想散见于他的哲学、历史、文学、文论、教育等著作之中的现象，21世纪之前，在研究王国维美学思想时，基本上又分为以下几个主要方向：1.王国维的学术兴趣从哲学走向美学、兼容中西的思想溯源。2."人间"考，通过梳理王国维的美学思想与其现实人生经历，探视王国维的审美观与人生观。比如日本学者宫内保所作学术研究。3.系统考订作为美学范畴的"境界"说、"悲剧论"等思想的具体内容。4.《人间词话》"境界"说子范畴研究，如对"意境""气象""不隔""自然""真"等理论的考察。5.王国维美学思想资料的发现、挖掘、丰富、整理。比如佛雏校辑的《王国维哲学美学论文辑佚》。6.王国维美学思想的比较研究与影响研究。如将他与20世纪初另外两位近代美学奠基人蔡元培、梁启超做比较，指出三种不同的美学路向以及百年美学历程中各自的影响力。主要观点有王国维的美学是超越的美学，以美净化人的心灵；蔡元培的美学是育人的美学，以美育培养新人；梁启超的美学是功利的美学，以美学促社会。

王氏美学有无体系是有分歧的，冯友兰先生在他1988年完成的《中国哲学史新编》第六册用第六十九章《中国近代美学的奠基人——王国维》专论王国维，对其哲学、美学成就给予了高度的评价，其中又以三分之二的篇幅专论《人间词话》，将之看作是王国维的基本美学著作，并认为《人间词话》是一部完整的、包含了理论系统的——言外之意是有着完整理论体系的美学专著。更耐人寻味的是，作为20世纪中国最杰出的哲学史家、哲学家之一的冯友兰，在奠定其大师地位的《中国哲学简史》《中国哲学史》《中国哲学史新编》中，直接用"境界"作为核心概念来思考中国哲学。可见，冯友兰对王国维，不仅仅是深切地理解和高度地评价，还从他那里接过来了一把解读中国古典哲学精髓的钥匙。所以纵观学界对王国维美学思想的研究，还是以"境界说"为主，具体做王国维美学思想专题研究的较少。上文介绍过的聂振斌《王国维美学思想研究》梳理了王国维的生平以及一些重要的美学思想，并且分析了他的美学思想渊源。

人间词话问世百年，《文学遗产》刊物登载了复旦大学王水照的《况周颐与王国维：不同的审美范式》，文章指出：况周颐与王国维是清末民初两位最重要的词论家，《蕙风词话》与《人间词话》分别被界定为终结过去与导示未来的词论著作。王氏"境界"说颇参新学，况氏诗词背后存在着一个若隐若现的词学流派，它与"境界说"是两种不同的对宋词的审美观照，代表不同的词学宗旨。①这一段话也引出了叶嘉莹关于百年《人间词话》的词学反思的审美篇章，在对《人间词话》逐章逐句的讲评之中，她高度评价了王国维"境界说"的意义，她认为所有诗歌的美，都在它的语言文字之中，而《人间词话》的语言美与王氏对诗词美的追求是高度统一的。②王国维正是在以北宋诗词为代表的经典作品之中充分寄予了他的文艺美学观：词里面的世界可以引起读者语言以外的，超乎读者的显意识的一种深微美妙的联想。所以王国维的"境界"两个字，虽然用得很模糊，带给我们很多困惑，可是，王国维是对于词里面幽微美妙的境界能够有所体会的一个人。而且，他还可以把他这些独到的感受表述出来，这正是他的敏锐之处与过人之处，也是《人间词话》值得注意的美学成就。

在更多围绕着《人间词话》所作的美学研究之中，有的探讨其中的一些美学思想来源，提及最多的是康德的审美超利害学说和叔本华的唯意志论；有的从宏观上分析王国维的美学思想，或某些美学范畴，这之中被论及最多的是"古雅""优美与宏壮""眩惑"；有的分析王国维著作中体现出的美育的思想；有的从王国维的现实人生与艺术世界的悲情碰撞出发，研究其悲剧美学思想，于是频繁出现"忧生忧世""天才""真性情"等与审美心理相关的字眼……王国维美学研究领域还出现了从生命维度观照的"生命美学"视角，除了前文提到的《生命的空间》之外，一本代表性的著述来自潘知常的《王国维：独上高楼》。他以一种特殊的方式为王国维作传，认为王的文艺批评和美学姿态与传统不同，他是为审美而审美，为文学而文学。潘知常指出只有王国维为代表的生命美学才开创了真正的美学方向。研究过叙事伦理的刘小枫，果然也意识到了王国维"诗意的栖居"与"沉重的肉身"间不可调和的矛盾，生存论成为他思辨王国维的起点，"王国维是最早从现代哲学的语义上论证艺术有人生解救功能的汉语思想家。对他来说，艺术并非仅是一种艺术现象，而是

---

① 王水照：《况周颐与王国维：不同的审美范式》，《文学遗产》，2008年第2期。

② 自2008年11月5日起，叶嘉莹在南开大学主楼小礼堂，登临"南开名家讲坛"，以"王国维《人间词话》问世百年的词学反思"为总题目，经历数次，完成其长篇演讲。笔者完整观看叶先生长篇演讲的视频，此段文字的出处来自叶嘉莹先生讲演中的口述。

一种生存现象"①。

由上可以注意到，21世纪以来的王国维包括《人间词话》的美学研究更加倾向于探讨王国维美学思想表现出的现代美学特征，它与中国古典美学的区别主要体现在承认、尊重人类审美活动的独立价值，遵循主体性原则和现代艺术精神。同时，从王国维本人的人格魅力延伸出具体的美学学说和方法论，比如"身体美学""人本主义美学"，比如"生命美学""生存论美学"，更具有美学学科的属性，显示了王国维把西方的研究感性科学（鲍姆加登）的美学引进中国，不仅使中国人慢慢学着从理性上认识什么是美，而且促进了中国人感性生命的释放。也正是通过这些角度，王国维美学研究越来越摆脱了过去依附于词学研究的境地，显示出独立的品格。

所有的研究无外乎是在"解谜"的过程中企图无限接近王国维先生的精神世界。而导读中的这个部分，是想给未来的读者一个时间的坐标——它代表着迄今为止多少学人在这条道路上长途跋涉，也鲜明地呈现了王国维留给后世的学术思想是一个动态的体系，随着时间的演进愈加焕发出鲜活的生命力。

三、超功利的审美文艺观

全世界都有"美"这个词，词汇的形式变化万千，意义却不约而同。文字诞生以前，人们已经有了关于美的感受与审美的活动。西班牙阿尔塔米拉洞穴的岩画，流露出旧石器时代原始人在交感巫术的活动中对自然、生命的敬畏，也隐隐约约透露出一种美的理念。中国宋代，无论诗词歌赋、字画瓷器，神韵形态都达到了审美的历史巅峰，论及生活的雅致和审美的品位，甚至千年之后也难望其项背。

什么是"美"？古往今来众说纷纭莫衷一是。古希腊毕达哥拉斯学派说："美是和谐"，亚里士多德认为"美即是善"，孔子"里仁为美"；黑格尔说"美是理念的感性显现"，高尔泰"美是自由的象征"，博克则认为"美是物

---

① 刘小枫：《现代性社会理论绪论》，上海三联书店出版社，1998年版，第310页。

体中能引起爱或类似情感的某一性质或某些性质"……无论东方、西方，思想家们都意识到美是一种形式，与感性深刻关联，美的形式赋予人一种感受。什么样的感受呢？歌德在看了莎士比亚的作品后说，它仅仅是被看了一眼，就让人终生折服，仿佛一个盲人，由于神手一指而突然得见天光，他甚至觉得自己"有了手和脚"。①——美富于生命力。歌德笔下的浮士德，在带领自由的人民在自由的土地上开创生活后，情不自禁地喊了一声："逗留一下吧，你是那样美！"②——美令人满足。美是波提切利画的《维纳斯的诞生》中一出生即在生命巅峰的爱与美的化身，她无与伦比、不生不灭——美令人向往。美是经历了灵魂黑夜的但丁，在无限诗情之中寄托的爱与感伤，是贝阿特丽采送来黎明前的曙光，他感知到的生命的救赎。美是《诗经》"蒹葭苍苍、白露为霜"穿越千年魅力不减的奥义所在。在无数关于美的定义之中，车尔尼雪夫斯基的说法最为美妙："美的事物在人心中所唤起的那种感觉，是类似我们当着亲爱的人的面前时，洋溢于我们心中的那种愉悦"。③

（一）从美丽的"误译"说起

受到美的感召，人们想要到美的内部去探寻，于是有了美学。古希腊神话里的伊卡洛斯，飞出迷楼，飞高而死。他是最早的"美学家"。艺术家、美学家对美的追求一如科学家对真理的追问，宗教信徒对神性的追寻。一如王国维，梁启超说他"不能屈服社会，又不能屈服于社会"④，于是为了保持理想的纯洁性，他如伊卡洛斯般飞了出去，他知道要去哪里，但羽毛散落了，从云间跌下来。

美学作为一个独立的学科，从词源学上来看，它最初并不叫"美学"。

① 歌德：《歌德文集》（第10卷），绿原等译，人民文学出版社，1999年版，第2页。

② 歌德：《浮士德》，绿原译，人民文学出版社，2002年版，第434页。

③ 车尔尼雪夫斯基：《艺术与现实的审美关系（1855）》，周扬译，人民文学出版社，2009年版，第5页。

④ 谢维扬、房鑫亮主编：《王国维全集》（第20卷），浙江教育出版社，2009年版，第199页。

1750年，德国人鲍姆加登根据希腊词汇"Aesthetic"来命名这门研究感情、感性认识的学科，它更为准确的中文翻译是"感性学"。日本学人中江肇民用汉语"美学"一词创译了Aesthetic，1902年，王国维翻译出版桑木严翼的《哲学概论》，已使用了"美学"这个词，同年在一篇题为《哲学小辞典》的译文中，论述了作为哲学学科的"美学"："美学者，论事物之美之原理也。"并明确把Aesthetics译为"美学""审美学"。是王国维使Aesthetics译为"美学"成为定译并被中国学人普遍接受，继而成为这一学科的正式名称进入中国的学术体系。

据人民大学清史研究所黄兴涛的考证，"佳美之理""审美之理""审辩美恶之法"等等，都曾作为中国人最早翻译Aesthetics的译名[①]，但这些版本似乎都比不上"美学"之传神。甚至人们在旅中德国传教士花之安的《教化议》（1875）一书也发现了"美学"的痕迹，但是他们与中国学者主动接受和翻译西方文化的动机完全不同，性质也就相去甚远。无论花之安等人与王国维在真实的历史时空里有无交集，静安先生都是开中国现代美学风气之先的人，他深刻地理解到了脱胎于哲学的美学，并非堆砌纯粹感性的经验，而是具有逻辑思辨的特征，美学可以解放思想、开启民智。另一方面，中国汉字原本就是中国文化的活性宝库，"羊大为美"唤起的是中国人特有的集体情结与文化意识。作为范畴的"美学"又似乎比"研究感性的学科"几个字包含更为丰富的意绪（一定程度上也造成当代对这个概念的滥用与争议），在气势上它接续了老庄哲学的言简意赅、游目骋怀，暗合了中国人向来喜欢的"言有尽而意无穷"，而王国维本人的许多美学思考，又与西方柏拉图以降，康德、叔本华等哲人的美学观不谋而合了。这说明中西文化在美学领域确实存在相通、互动和相互拓展延伸的因素，误译行为的背后有着看似不明实则清晰的逻辑，它代表着慧眼与智识。

---

① 黄兴涛：《"美学"一词及西方美学在中国的最早传播——近代中国新名词源流漫考之三》，《文史知识》，2000年第1期。称较早列有Aesthetics（美学）一词的，有英国来华传教士罗德1866年所编的《英华词典》（第一册），该辞典将此词译为"佳美之理"和"审美之理"。1875年，在中国人谭达轩编辑出版、1884年再版的《英汉辞典》里，Aesthetics则被译为"审辨美恶之法"。

但归根结底，与其说王国维对西方哲学、美学理论的引介与再创是出于一种中西方文化交流的需求，不如说是人类对艺术与美有着共同的追求，"美的叩问"或许是20世纪在人类面对普遍存在的价值困境之时，照进精神家园的一束光。

（二）"天才游戏说"——文学艺术的超功利性

《人间词话》本质上是从审美鉴赏的角度进行文学批评的文本，而审美超功利的文艺观是《人间词话》的理论基础。这里决定了王国维将会如何看待文学艺术的本质，以及以何种态度、何种标准来对待文学艺术的创作。王国维本人撰写了大量论述文学、美学、哲学的著述，此前散见于《海宁王静安先生》等文集之中，后有合辑出版，为我们深入王国维文艺美学思想提供了一条更为直接合适的道路。"天才游戏说"拆解开来看并非王国维始创，但他在旧有理论上有新的建树，其中相当部分放到今天依然鲜活有力。

1. 何为"无用"？

在《论哲学家与美术家之天职》中王国维称："天下有最神圣、最尊贵而无与于当世之用者，哲学与美术是已。"[①]但是天下人都认为这些东西"无用"。这里的"无用"是理解王国维超功利思想的关键，超功利也就是"无用"。如果我们从王国维对文学艺术的功能评价——"而其作用，皆在使人心活动，以疗其空虚之苦痛"[②]——来看，"疗其空虚之苦痛"也是一种"目的"，念及心灵精神之缥缈，还是一种"大目的""大有用"，又怎么是超功利的呢？所以另一重理解的关键是这里的无用是相对于"当世之用"而言，即无关乎政治、经济、伦理、道德的目的。而政治、经济、伦理、道德这些东西恰恰是统治中国几千年、经世致用的儒家思想的集中反映，也是"诗言志""文以载道"等中国传统文艺理论的主导取向。王国维就是要反对这种将

---

① 王国维著，周锡山评校：《王国维文学美学论著集》，上海三联书店，2018年版，第89页。

② 王国维著，周锡山评校：《王国维文学美学论著集》，上海三联书店，2018年版，第140页。

文学艺术与实用功利价值捆绑的主流观念，代之以超功利的纯美文艺观。

一言以蔽之，王国维推崇"以为大樽而浮于江湖"（庄子）的无用之用。

王国维认为哲学、文学不能以利益和金钱为转移，一切哲学、文学活动，不能为从事这种活动的人换取物质好处、政治地位、金钱名利，"馈馐（食与饮，笔者注）的文学，绝非真正之文学也"①。哲学方面，认为我国最完备的是道德哲学和政治哲学，缺少纯粹的哲学。王国维又进一步指出，哲学、艺术从本质上看，有区别于其他学科之"用"，即"夫哲学与美术之所志者，真理也。真理者，天下万世之真理，而非一时之真理也"②。受康德、叔本华哲学观点的启发，王国维表达了对哲学家、艺术家社会价值的看法，即哲学家、艺术家所追求的是不受一时一地限制，豁然了悟的宇宙人生至理。哲学、艺术能够超越现实苦痛、利禄庸扰，正是其"无用之用"的神圣价值所在。王国维敏锐地觉察到了20世纪初以前中国哲学、艺术的审美价值是文以载道、政教价值的附庸，指出中国的哲学和艺术要有大的发展，必须要从狭隘的实用功利主义中解脱出来，具有独立的品格。

2. 何为"游戏"？

王国维《文学小言》凡十七则，第一则批判了实用主义功利观，第二则直承其上，讲"文学者，游戏的事业也"③。文艺理论当中的"游戏说"（席勒—斯宾塞理论）通常被用来解释艺术的诞生，即艺术起源于人的游戏本能或冲动，前提是生命力的盈余，本质是一种审美活动。人类比动物高级之处在于通过这种审美活动，不但发泄了剩余精力，还能够享受到身心的自由。同时我们也能品味出艺术诞生的另一个前提，即建立在物质文明发展到一定程度的基础之上。这与王国维的"文学游戏说"内涵完全相通。而"游戏"的特性其一是无实用的目的，其二是符合快乐原则。拘囿于现实牢笼，又倍感超我压力的

---

① 王国维著，周锡山评校：《王国维文学美学论著集》，上海三联书店，2018年版，第60页。

② 王国维著，周锡山评校：《王国维文学美学论著集》，上海三联书店，2018年版，第89页。

③ 王国维著，周锡山评校：《王国维文学美学论著集》，上海三联书店，2018年版，第61页。

成年人常常会羡慕孩童的世界，虽然成年人也有成年人的游戏，却很难如孩童般无忧无虑，更不敢将"游戏"二字放在太多需要严肃对待的事物上。

究其深层原因，王国维借用了叔本华的比喻：人生就是欲望、就是钟摆，人在欲望的满足与不满之间摇摆。在《人间嗜好之研究》这篇文论当中他又把人的欲望分为"生活之欲"和"势力之欲"，"生活之欲"的出发点是满足生存需求，通常借由"工作"来实现；关于"势力之欲"的含义后人多有争议，依笔者浅见，人类在实现了生存竞争之后，还有剩余的精力想要去做一些与维持生存无关的事，"生活之欲"遂演变为"势力之欲"。"势力之欲"本质上并不为人获取生存的给养，但却是心灵精神的慰藉品，它增加生命的厚度，让人活得更像一个人。"势力之欲"借由"嗜好"来实现。嗜好有高低之分，"若夫最高尚之嗜好，如文学、美术，亦不外势力之欲之发表。……文学美术亦不过成人之精神的游戏"①。

可见，游戏（文学艺术等审美活动）的深层实质在于超越：人类深陷"利害"之网无法自拔，唯有借助超功利的审美活动，才能够超越现实之网的束缚与戕害，去呵护生命的本真，实现生命的意义。由此联想到提出"游戏说"的席勒，虽有挚友歌德提携接济，但生前不免困窘，于盛年之时一边呕血一边写作，最后死于肺结核。而王国维虽有罗振玉相扶，但青年潦倒，体质羸弱，疾病缠身。势力之欲被生活之欲拖累，最后被死神追上脚步，又何尝不是一种历史的暗合。无怪乎两人都推崇游戏说，呼吁为诗人、艺术家松绑，因着"彼之著作，实为人类全体之喉舌，……创作与鉴赏之二方面，亦皆以此势力之欲为之根柢也"②。王国维实则从文学、美术的角度谈论了审美与文艺的价值，以悲观主义哲学本体论为底色，勾画了审美独立与审美慰藉的精神图景，由此出发，构筑其审美主义理想的大厦。

---

① 王国维著，周锡山评校：《王国维文学美学论著集》，上海三联书店，2018年版，第140页。

② 王国维著，周锡山评校：《王国维文学美学论著集》，上海三联书店，2018年版，第140页。

3. 何为"天才"？

文学、艺术活动是游戏，但不是普通人的游戏，是天才的游戏。

王国维在《叔本华与尼采》中回想叔氏天才论曰："天才者，不失其赤子之心者也。"[①]赤子之心，是天才的条件之一，所谓天才，天生成就，所以赤子之心大概也是自然具备，贯穿人生始终。关于赤子的解释，王国维道："彼之知力盛于意志而已。即彼之知力之作用，远过于意志之所需要而已。故自某方面观之，凡赤子皆天才也。又凡天才，自某点观之，皆赤子也。"[②]这里的"知力"，主要是指审美直观能力（叔本华），"意志"即人类的创造能力（尼采），王国维在这里融合了叔本华的"天才说"与尼采的"超人说"，暗示天才往往通过直观就能抵达某一领域的真理，或极致的境地。王国维更赞赏叔本华的天才论，认为尼采的超人说是"彻头彻尾发展其美学上之见解"，而艺术是天才的任务。

在《文学小言》第三则，王国维反对模仿，主张独创的文艺观，即真正的文学家须具备独创的能力；在第四则，王国维指出文学的两个基本元素是"景"与"情"，遂"苟无锐敏之知识与深邃之感情者，不足与于文学之事。此其所以但为天才游戏之事业，而不能以他道劝者也"[③]。这里明确指出文学是天才的游戏，而锐敏的知识和深邃的感情，是天才的条件之二。《文学小言》的第八则借《诗经》里的名句解释了只有感情真挚的人对事物的观察才能够真切，这样的人对天地万物的体认可以达到同造化自身一般奥妙精微。第十则又补充了文学大师从独特的情感当中生发独属于自己的语言，且才、情皆必不可少，与第三则呼应。

最后，有文学上之天才者还"需莫大之修养也"（《文学小言》五），这里又能看到老子"含德之厚，比于赤子"对王国维的影响——修养高深的人

---

① 王国维著，周锡山评校：《王国维文学美学论著集》，上海三联书店，2018年版，第195页。

② 王国维著，周锡山评校：《王国维文学美学论著集》，上海三联书店，2018年版，第195页。

③ 王国维著，周锡山评校：《王国维文学美学论著集》，上海三联书店，2018年版，第63页。

常常如婴儿般柔和、纯真。"天才者，或数十年而一出，或数百年而一出，而又须济之以学问，帅之以德性，始能产真正之大文学。"①知行合一、文如其人，这样的天才百年难遇。在王国维心目中，中国古代只有屈原、陶渊明、杜甫、苏轼四人才能称得上是符合这种标准的天才诗人。

静安先生自视天才，与叔本华惺惺相惜，他认为天才是那些只关心世俗生活的"蚩蚩之民"所不能理解的。还有一重标准，可以在王国维的著述中寻见蛛丝马迹，即他曾经多番言说"痛苦"。对情感敏锐的天才而言，痛苦丝毫无法减弱对这个世界的柔情之深沉。稍加思索，我们也会发现屈原、陶潜、杜甫、苏轼在人生命运上波折辗转、诗情境界却开阔博大的共性。自然，灵魂有无深切的痛苦，对痛苦有无深刻的体认也应该是他判断天才的标准之一。

综上，王国维游戏说的完整命题是：文艺，是天才游戏之事业。这为之后《人间词话》的品诗论词奠定一条基本的审美原则。

（三）静观作为审美态度的核心

王国维在1900年左右始读康德的《纯理批评》（后译作《纯粹理性批判》），读至艰深的部分感到困惑不解，遂搁置了康德，转而去读叔本华的《作为意志和表象的世界》，却在这个过程中发现叔本华是理解康德的关键，待1905年他重读康德，过去的阅读障碍已不复存在。王国维受康德、叔本华影响很深，而其中康德的《判断力批判》和叔本华的《作为意志和表象的世界》，又是我们理解王国维在《人间词话》中建立的审美鉴赏思想的两把钥匙。

在康德之前，一些美学家也持有审美无利害的美学观，但却是康德首先把它作为审美的第一个契机，并做了严密论证，将美学真正从伦理学、政治学中独立出来。也是康德在《判断力批判》中第一次清晰而令人信服地证明了艺术的自主性②。康德在《判断力批判》的导论中讲到心灵具有三种能力，分别

---

① 王国维著，周锡山评校：《王国维文学美学论著集》，上海三联书店，2018年版，第65页。

② 参见恩斯特·卡西尔：《人论》，甘阳译，上海译文出版社，2013年版，第234页。

为认识能力、愉快和不愉快的感觉以及欲求能力。他自述在纯粹（理论）理性的批判中发现了第一种能力的先天原则，在实践理性批判中发现了第三种能力的先天原则；因此，鉴赏判断的任务在这个时候就注定是发现愉快和不快的感觉的先天原则，而康德则把哲学的这部分与理论哲学和实践哲学并列，称之为"目的论"。

沿着目的论以降，康德认为审美判断力的重要特征之一是"无目的的合目的性"，无目的性与前文探讨的"超功利"的内涵一致，即美超越了功利原则。康德又重新界定了什么是"美"："当对象的形式（不是作为它的表象的素材，而是作为感觉），在单纯对它反省的行为里，被判定作为在这个客体的表象中一个愉快的根据（不企图从这对象获致概念）时，……这对象因而唤做美。"[1]同时，这些愉快所能表达的就是客体的主观形式的合目的性，而合目的性的概念在这里丝毫没有顾及欲求能力，只代表主体的某个与自然实践的合目的性动机无关的心绪或意图。凭借这种完全无利害观念的快感或不快感对某一对象下判断的能力就叫作鉴赏。鉴赏判断不是逻辑的，而是审美的，它不负责对任何理论、实践进行判断，只负责把审美对象的性质与快感或不快感结合起来。美的艺术需要想象力、悟性、精神和鉴赏力，真正的审美判断应是普遍有效的，而不局限于个人。由此，又形成了康德超功利、超概念、反对智性偏好的纯粹审美超越论。

在此基础之上康德认为审美判断就是静观。叔本华在《作为意志和表象的世界》中接过了康德的这个命题，认为"主体……栖息于，浸沉于眼前对象的亲切观审中，超然于该对象和任何其他对象的关系之外"[2]。只不过对于叔本华而言，静观的目的是暂时从痛苦、生命意志、欲望等等利害的纠缠中解脱，王国维则将它赋予了积极的意义，将静观看作是艺术审美态度的核心来加以升华。

罗曼·波兰斯基导演的影片《苔丝》里有一个著名的场面，奶牛场老板

---

① 康德：《判断力批判》（上卷），宗白华译，商务印书馆，1964年版，第28—29页。

② 叔本华：《作为意志和表象的世界》，石冲白译，商务印书馆，1982年版，第249页。

像往常一样同工人们在饭桌前用餐，他们忽然谈论到了关于灵魂的问题。苔丝在众人惊诧的眼光中述说只要在夜晚躺在草地上，仰望璀璨的星空，就会感觉自己的灵魂远离身体、升到空中……这个时候，一贯默然坐在一旁的克莱尔少爷，向前缓缓倾身中摘下他的眼镜，镜头推近，我们看到他的眼睛里闪动着欣悦的光芒——他或许就是在那个时刻真正注意到苔丝，对她萌生了爱意。这也是令屏幕外观众心动的时刻，而在这一个时刻里观众对人物的认同，不是出于同情苔丝在此之前的人生遭遇，而是对她这段话里的描绘心有戚戚，从而对苔丝的纯洁与灵性心领神会。笔者觉得，苔丝这个几乎没有受过教育的乡野姑娘，用最朴素的话语道出了"审美静观"的内涵。静观，是审美的基本态度，审美的非功利性，又是静观的基本前提。在康德等美学家看来，是否对对象采取无关功利的静观态度，从根本上区分了审美与非审美的人类活动。只有通过这种审美的心态，主体才能在鉴赏中做评判者。静观既是态度，又是进入艺术世界神秘的通道，它对艺术鉴赏者的直感力提出了不低的要求。只有通过静观，我们在面对伟大的雕塑《拉奥孔》时，才能"听到"那嘴巴的孔洞底下发出一声畏怯的沉吟；唯有静观，方能从弗朗西斯科·戈雅的《1808年5月3日夜枪杀起义者》中看见酒神精神与日神精神交相辉映。历史长河中无数的艺术品沉默地矗立在人类面前，是静观为鉴赏者打开平静的波涛底下汹涌的意绪。

"静观"的状态因而包含了这样几点特征：1.观审这一动作在时间中的延绵，哪怕只有短暂的一瞬；2.本质上是一种审美直觉活动，审美直觉是获得审美感受的条件，并贯穿美感始终；3.主体从现实的利害关系中抽离出来，客体从现实的各种关系中孤立出来；4.情感因素创造性地存在；5.静观发生的场域不在物体的表面，而是在本体之间，在内在层面的交融与渗透中。审美活动实际上在非合理的主观情感之中找寻美的本质的特点，当追求美的本质时，主体精神划过从现象的、现实的视界到超越性的、形而上领域的轨迹。美的事物在生命本体部分击中了你，让你忘记了自身，从中获得了片刻的宁静，又或者崇高、宏大的美让心灵得到了涤荡，情感获得了升华。

纵观中西方美学史，在西方"审美静观说"作为审美态度理论最核心的命题，得到了相对系统地概括与言说，而中国古代典籍文献虽并没有明确指出静观理论，相关思想却可追溯千年。老子曰"涤除玄鉴"，是说涤除尘垢后人心空明澄澈，像镜子一样可以照察事物。庄子在《人间世》篇借孔子与颜回的故事讲"心斋"，由陈鼓应注译为："只要你到达空明的心境，道理自然与你相合。'虚'（空明的心境），就是'心斋'。"[①]庄子在《大宗师》篇又借孔子与颜回的对话讲"坐忘"，陈鼓应注译颜回的解释："不着意自己的肢体，不摆弄自己的聪明，超脱形体的拘执、免于智巧的束缚，和大道融通为一，这就是坐忘。"[②]可见"心斋坐忘"与"涤除玄鉴"一脉相承，又与"审美静观"旨趣相通。这之后还有南朝画家宗炳"观物取象"的画论等等。静安先生则将审美静观的能力称为"能观"。《人间词话》中，他引领我们认识到：诗人"能观"，方能创造有境界的诗词；读者"能观"，方能在诗词之美中体察到自然之貌、人事之相，更能通过物象感知到内在的气象与精神。与其说"境界说"是从鉴赏批评的角度提出的词学新标准，毋宁说它创造性地言明了审美感动主体的层次，是王国维的"眼"（观）与"心"（审）在诗词这一具体审美对象上的和谐统一。

（四）美是无目的合目的的形式

早从鲍姆加登将美学界定为"下级认知能力"开始，美学已经蕴含了属于人类情感规范的广阔层面，近年来美学艺术学的发展随着艺术在日常生活品质上的价值提升而渐渐受到重视，随之相关专业、院校慢慢设置，已然成为新兴领域。美学的对象也不再局限于艺术，而是扩张到艺术创作与鉴赏之外的与审美相关的经济的、政治的、社会生活的以及其他人类文化形式的活动中，这样的变动日趋快速。因此，在当下这个跨文化对话的关键时期，美学要发展属于自己文化性的独特体系，当务之急应着手于自我文化深处的体系性建立。这正是为何我们回到美学原典，对每一条线索进行抽丝剥茧，厘清哪些是基于对西方美学思想的挪用化用，而哪些又是基于民族文化特性上的再造范畴。王国维

---

① 陈鼓应注译：《庄子今注今译》，商务印书馆，2007年版，第143—144页。

② 陈鼓应注译：《庄子今注今译》，商务印书馆，2007年版，第242页。

对西方哲学（美学）的工具性的使用，前提必然是出于尊重与理解，本身就蕴含一个的吸收消化的审美前视野。从《人间词话》的"境界说"反观王国维的美学思想，可以发现他在宏观与微观上的建构所达到的高度：细微到对审美对象形态的分类甄别，宏大到诗人之心应同宇宙一般辽阔。

王国维的阐释论证中已然包括一个审美主客体围绕着审美创造与审美鉴赏动态的构成系统。前文所述"天才游戏说"是将文学艺术、哲学的本质看成"无用之用"，几乎可以将之看成是康德"无目的的合目性"的东方表述。"静观说"是在统合中国古典文人心境常态与康德、叔本华审美判断理论之后对审美主体态度的想象。甚至王国维整个人生态度也显露出一种审美化、理想化的追求，在两个"人间"（现实人间、理想人间）的撕扯当中，沉湖一跃的姿态或许不能够称为"美的实现"——这样仿佛对生太不尊重，但至少是一种坚守自我、保持纯粹的"美的反抗"。

在阐述论证审美活动这个奔赴美的化学反应的过程中，还涉及必要的一环，即美的本质（本性）与形式（范畴）。1907年王国维完成了《古雅之在美学上之位置》这唯一的一篇美学专论，回答了上述问题，之后对美的形式的探讨与理论构建均是建立在美的本性是"可爱玩而不可利用"的认识论之上的。

"美之性质，一言以蔽之曰：可爱玩而不可利用者是已。虽物之美者，有时亦足供吾人之利用，但人之视为美时，决不计及其可利用之点。其性质如是，故其价值亦存于美之自身，而不存乎其外。"①

美，可以喜爱，可以欣赏，不可利用。王国维护美之心之昭昭。康德在《判断力批判》的开篇就把美与一般感官满足之"快适"、道德标准之"善"做了比较，得出只有美的欣赏愉快是唯一无利害关系和自由的愉快。由此衍生出的问题是人类到哪里去获取这种自由的愉快，王国维的回答是"美之自身"，且"存于形式"：

"一切之美，皆形式之美也。就美之自身言之，则一切优美皆存于形式之对称变化及调和。至宏壮之对象，汗德虽谓之无形式，然以此种无形式之形式

---

① 王国维：《静庵文集》，辽宁教育出版社，1997年版，第162页。

能唤起宏壮之情，故谓之形式之一种无不可也。就美术之种类言之，则建筑、雕刻、音乐之美之存于形式，固不俟论，即图画、诗歌之美之兼存于材质之意义者，亦以此等材质适于唤起美情故，故亦得视为一种之形式焉。……故除吾人之感情外，凡属于美之对象者，皆形式而非材质也。"[①]

前文讲到通达美途经静观，静观的特性之一乃情感创造性的参与，优美与宏壮既是美的类型，亦暗含了主体因审美对象不同而激发出相应的情感。"优美之形式，使人心平和；……宏壮之形式，常以不可抵抗之势力唤起人钦仰之情。"[②]优美往往来自一种形构上的和谐，崇高（宏壮）常常源于异质的冲突，一些抽象的母题（无形式的形式）更多关乎崇高，例如生死、自由、人性、命运、寻找……优美令人产生欣悦的情绪，崇高引起敬畏的情感；优美作用于主体的方式润物细无声，崇高则像是一把利剑，在猝不及防时穿透你。优美的形象体现着人对生活所有的热爱，崇高的对象寄寓了人对所有曾热爱的信念的反思。那喀索斯水中的倒影如若是魅惑的优美，奥德修斯返乡的归途便是崇高："人类经验"荣耀着人的心智——这个身处于不断爆发的混乱之中的沉着而静谧的中心，战争、蹂躏和饥馑不会永远把它打垮。这是美在到达人类心灵的方式上跨越中西方文化的共有的部分。

但是王国维发现，在译介西方哲学（美学）理论的过程中借用的概念，并不能在中国文化语境中贴切而完整地表达，无法言说所有的美学现象，例如西方"优美""宏壮"这两个范畴难以涵盖中国古典美学、古典艺术所追求的高古雅正的特性，于是增补了"古雅"说。而"古雅"这两个字本身就带有显而易见的中国传统文化的审美特色，所引发的文艺想象是"呦呦鹿鸣，食野之苹"，是雍正时期庄重瓷器的质感，是"羚羊挂角，无迹可求。故其妙处，透彻玲珑，不可凑泊"。王国维在《古雅之在美学上之位置》一文中将钟鼎、

---

① 王国维：《静庵文集》，辽宁教育出版社，1997年版，第163页。

② 王国维著，周锡山评校：《王国维文学美学论著集》，上海三联书店，2018年版，第99页。

摹印、碑帖、书籍之美①归为古雅这种形式也验证了这一点中国特色。但"古雅"作为范畴，王国维并不是生硬地在审美理论中填补一个有中国韵味的语言符号，更重要的是，它作为一个美的形式的评判标准与审美理想，王国维修正了康德、叔本华"天才论"的乖僻之处。

"古雅"与"优美""宏壮"之求同存异：古雅依然是从"审美无利害"的价值论出发获得"无目的的合目的性"的审美愉悦的形式。王国维明确规定，古雅只存在于艺术之中，并且进行了详细的论证与界定。古雅激起相应的审美情感是令人心休息，这种说法颇具禅意。但它并不需要"天才"的判断，打破了康德、叔本华等人认为只有"天才"才能够创造美体会美的看法，认为凭借后天的艺术修养以及从经验中获得的审美直觉也可以创造出古雅的艺术美，或者对古雅做出鉴赏判断。"苟其人格诚高，学问诚博，则虽无艺术上之天才者，其制作亦不失为古雅。而其观艺术也，虽不能喻其优美及宏壮之部分，犹能喻其古雅之部分。"②这样一来，王国维肯定了审美能力是可以被"中智以下"的人习得，为后世中国之美育初辟鸿蒙。"古雅说"中肯定文学艺术家的人格修养，也为《人间词话》"境界说"对审美主体提出要求进行了一部分铺垫。

总之，"古雅"是王国维审美文艺观中关于美的形式的重要一笔，同时，王国维有意识地将优美壮美理论运用到广阔的文学批评实践之中，从《红楼梦评论》③《人间词话》到《宋元戏曲考》尤可见得王国维作为一位开风气之先的学者从系统地提出理论到丰富实践成果那份难得的学术自觉与美学自律。

---

① 参见王国维著，周锡山评校：《王国维文学美学论著集》，上海三联书店，2018年版，第97页。原文是"三代之钟鼎，秦汉之摹印，汉、魏、六朝、唐、宋之碑帖，宋、元之书籍等"。

② 王国维著，周锡山评校：《王国维文学美学论著集》，上海三联书店，2018年版，第98页。

③ 在《红楼梦评论》中，王国维结合壮美理论深度阐释了《红楼梦》的悲剧性，如果我们从西方哲学和文学史的角度思考，能发现壮美很自然地会与悲剧发生联系。因为在王国维看来"宏壮唤起钦仰之情"类似崇高，而自亚里士多德始便认为悲剧引发崇高感。

四、《人间词话》具体文本导读

享誉海内外的《人间词话》原是为论词而作。在王国维身处的时代，自1892年起，每16年出现一部词话，先后是：陈廷焯的《白雨斋词话》（1894）、王国维的《人间词话》（1908）和况周颐的《蕙风词话》（1924），这三部词话被后世尊为"晚清三大词话"。其中，王国维的《人间词话》和况周颐的《蕙风词话》又有"双璧"之称，被誉为体现了清代词学理论的最高成就。而前者又被认为突破了清代词坛浙派、常州派的门户之见，独树一帜。

《人间词话》更是一部里程碑式的美学著作。在当代中国美学界，许多人把它奉为圭臬，其理论建树影响深远。王国维快人一步地将所受西方哲学美学之洗礼融会于对中国古典文化尤其是诗词创作的批评实践之中，立"境界说"为艺术鉴赏的批评标准，超越了中国古代文论的经验论传统。从本质上，王国维依然继承着中国古代文人丰沛的诗情传统，但他又尽其所能使用周密的理性思维方式，赋予"境界说"以一种可实操的方法论品质，建构了自成一体的艺术理论体系。"境界说"是王国维艺术美学的峰巅，凝聚着揭开文学之美的神秘面纱、从本体上一探究竟的渴望。表面看去，"境界说"是对历代诗艺的一种探索性概括，实际上，它已成为王氏评估整个中国诗史（含诗人、诗章和诗论）的文化品位的美学标准。这与其说是对诗史之总结，毋宁说更是对诗学理想之重铸。[1]

（一）上篇："境界说"总论

叶嘉莹曾经指出，《人间词话》手定稿的前9条词话是总括地提出境界说的理论内涵，后面各条是以境界说阐释具体的词家词作，至于散见于《人间词话》其他各卷的零星论见，都可看作是对这一套基本理论的补充和发挥。[2]这

---

① 夏中义：《"境界说"新论》，《文艺理论研究》，1993年第3期。

② 叶嘉莹著：《王国维及其言语学批评》，北京大学出版社，2008年版，第175页。

九条原则条条精辟、逐层递进又相互补充、自成体系，联系《人间词话》手稿共一百二十五条，然定稿这六十四则哪些取哪些舍，以及前后的编排顺序自然经过了王国维本人缜密的思考。甚至从接受美学的角度，能体会到王国维在提出、论证、演绎这一套理论的过程中，充分考虑到作为接受者的读者的存在，他尊重接受视野当中镜像文本的生成与反馈，可以想象，主客体之间的超时空对话在王国维那里已经提前演绎过了。

但凡受过一些国学教育的中国人对《人间词话》、对"境界说"都不会陌生。因为"境界说"并不仅仅对文学批评和艺术审美活动有深刻的指导价值，它对理解人生、对认识生命同样具有醍醐灌顶的指导意义。初见《人间词话》，尤其是"古今之成大事业、大学问者，必经过三种之境界"总给人一种开卷有益的清新感，甚至某种程度上它与西方阿德勒的精神分析学、马斯诺的人本主义心理学有相暗合的部分，这样音韵铿锵又包蕴无穷的汉语言之美比西方心理学著作更容易抵达心灵。《人间词话》赞赏"自成高格，自有名句"的文学作品，而它自身就是一部名句迭出的高格之作。可谓"明珠翠羽，俯拾即是"，全文虽仅有五千余字，但字字珠玑，"非胸罗万卷者不能道"（俞平伯语）。读者应从中细细体会，王国维是如何用自己的生命印证并践行他的美学观。

1. 词以境界为最上

词以境界为最上。

有境界，则自成高格，自有名句。五代、北宋之词所以独绝者在此。①

《人间词话》第一则开宗明义，王国维标举了自己的论词基准，即有无境界。一首词写得好与不好，是一种审美判断而非价值判断。王国维围绕"境界"二字生发出自己的评词理论体系，提出词的高下以有无境界为衡量标准，有境界则品味自然高，词句自然美。综观词史，五代与北宋词最为神妙，难以

① 所引《人间词话》内容据王国维著，叶嘉莹讲评：《人间词话：叶嘉莹讲评本》，万卷出版公司，2021年版。以下同。

超越。但是"境界"的含义是什么，王国维却没有明说，他这一讳莫如深的举动，引发了学界对"境界"一词绵绵不绝的争议，也为后世解读它大开遐想之门。

"境界"不是王国维首创的概念。从词源学上来讲，境界包含如下几层含义：①疆界。《诗·大雅·江汉》"于疆于理"郑玄笺："正其境界，修其分理。"《后汉书·仲长统传》："当更制其境界，使远者不过二百里。"②境地；景象。耶律楚材《和景贤》："吾爱北天真境界，乾坤一色雪花霏。"③佛教指六识所辨别的各自对象。如"眼识"能视"色"，"色"即成为"眼识"的境界。（六境：佛教指眼识、耳识、鼻识、舌识、身识、意识等六识所感觉的六种境界，即色、声、香、味、触、法。根据识体作用的不同而对认识对象所作的分类。如"眼识"能视"色"，色即成为"眼识"的境界；"法"作为意识的境界，范围最广，包括人的一切认识对象。此六境因被认为像尘埃一样能污染人的情识，故亦名"六尘"。）④犹造诣。《无量寿经》："斯义弘深，非我境界。"⑤指诗文、图文及思想、道德等的意境。①

在第六版彩图版《辞海》当中，这一庄重且具权威性的资料直接表明王国维的"境界"表达的就是上段中的最后一重含义（即⑤）。然从《人间词话》第一则这里，还看不出王国维的"境界"所言何物，而综观《人间词话》，该词出现的频率达十余次，究竟它是具有唯一意指，还是在不同语境下拥有不同的含义？这些是需要仔细分析考证的。再则，《辞海》虽然借助"意境"一词来解释"境界"的含义，但并不能说明二者的意义就是对等的。学界关于"境界"词义的争鸣，其中最为多见的就是它与"意境"一词的关系。在"境界说"产生与发展过程中，已经与"意境说"相互交融，且经常以后者的面貌出现在世人面前，以致很多学者都将二者混同使用。随着《人间词话》的研究愈发成熟，更多研究者则认为，"境界"与"意境"无论是词本意还是在王国维笔下含义都不相同。依笔者见，"境界"的范畴大于"意境"，表现为"情景交融"的"意境"，只是艺术"境界"的一种。此外，境界之"界"包含了边

---

① 夏征农、陈至立主编：《辞海》，上海辞书出版社，2009年版，第1164、1429页。

界的含义，因而"境界"暗含了对作品艺术价值、对艺术家创造力层次的评定。马正平在《生命的空间》里认为，这个审美概念很可能就是我们在欣赏诗词作品时，在作品形象体系的作用下产生的一种真切、浓郁的艺术审美感受，"境界"作为一种审美的心理状态，我们直觉到的是某种浓郁的神气、精神、氛围，本质上它是诗人（艺术家）高举远慕的心灵空间、高远之美的体味、感受、认同、理解和评价。也就是说，境界是"感觉——理解（评价）"的审美感受系统。[①]可以肯定的是"境界"是一个与生命感悟息息相关的审美范畴，它具有西方现代文艺理论要求准确与实证的色彩，但也有着和许多中国传统人文理论范畴相类似的模糊性与经验色彩，非得身体力行，浸润其间，方能进入理解之门。因此，不如跟随《人间词话》的行文脉络，任凭感受与文本充分地触碰，进入由王国维苦心织就的召唤结构当中去。

2. 造境与写境

> 有造境，有写境，此理想与写实二派之所由分。然二者颇难分别。因大诗人所造之境，必合乎自然，所写之境，亦必邻于理想故也。

境界从取材方式、表现方法来看，有创造的境界和写实的境界两种，这也是区分理想主义与写实主义两种流派的主要依据。但二者很难分别，因为大诗人笔下创造的世界往往会合乎自然，而所写实的世界也必然靠近心中的理想。

窃以为，此句中的"造"与"理想"语义上相互呼应，更倾向主观、虚构、表现的含义；"写实"则更倾向客观、非虚构、再现的含义。王国维应该意不在表达如何进行文学上的理想主义/写实主义或浪漫主义/现实主义的区分，而是借助西方文学理论上的这一对概念，让他的"造境"与"写境"变得更加具体可感可思。西方艺术史上关于理想与写实的论辩恐怕可以上溯到《理想国》，柏拉图认为艺术模仿自然，只是"影子的影子"；史诗当中描绘的神祇无益于社会教化，他于是发出"宁愿做诗人歌颂的英雄也不愿意做歌颂英雄的诗人"的愤慨。亚里士多德则以他的机智为诗人正名——文学艺术不仅可以模仿世界本来的样子，还可以模仿世界可以有的样子，因而将老师"驱逐出

---

① 马正平：《生命的空间》，中国社会科学出版社，2000年版，第4—5页。

境"的文学艺术家重新接回"理想国"。

或许假借年轻而受众最广的电影艺术的某些理论，能让这个问题变得更易理解。综观世界电影史，有两种艺术思潮和美学流派如两条红线自始至终贯穿着全过程：以好莱坞为代表的表现美学，主张对原始素材从内容到形式都进行人为地加工，擅长让观众在导演罗织的梦幻中度过观影时光，这种创作方法类比"造境"；而以意大利新现实主义为代表的再现美学，则是以纪实为手段，以再现为目的，强调让观众到原始的生活中自己去发现美，此种创作方法近似"写境"。其实无论造境、写境，表现主义、再现主义都不过是艺术的手段，都是通往罗马的工具，最后总是殊途同归。杰出的作家、艺术家必然是写实家兼理想家，能将"合乎自然"的"造境"与"邻于理想"的"写境"高度结合起来。

3. 有我之境与无我之境

> 有有我之境，有无我之境。
>
> ……
>
> 有我之境，以我观物，故物皆著我之色彩。无我之境，以物观物，故不知何者为我，何者为物。古人为词，写有我之境者为多。然未始不能写无我之境，此在豪杰之士能自树立耳。

境界按其美学特征分为"有我之境"与"无我之境"。有我之境，是作者将自己的思想感情注入所寓之境中，典型如"泪眼问花花不语，乱红飞过秋千去"。"可堪孤馆闭春寒，杜鹃声里斜阳暮。"无我之境则但写客观环境之景物现象，自然高妙，而物我合一。典型如"采菊东篱下，悠然见南山"。"寒波澹澹起，白鸟悠悠下。"《人间词话》原稿在"何者为物"之后还有一句"此即主观诗与客观诗之所由分也"。

叶嘉莹先生认为，"境界"实在乃是专以感觉经验之特质为主的。换句话说，境界之产生全赖吾人感受之作用。审美经验是一种关涉的情感，它与审美对象，与对象的一切细节都关联着，客观景物本无任何情感色彩，日升日落、四季更迭、鸟鸣花放、行云流水不过是种自然规律，不以人的意志为转移。当诗人以强烈的喜怒哀乐、用"我"的内在意识去观察外界物境，原本客观的景物也都染上了"我"的主观色彩。"泪眼"的人看花，仿佛花也为我而哀伤，"孤馆春寒"是寒士落拓的心境写照，而"杜鹃声""斜阳暮"则将这种残败之意渲染到了极致。简言之，有我之境其实是"物"服务于"我"。不仅是诗人，普通人也难免境与心随，心中的杂念一多，眼前的一切也都变得斑驳芜杂起来。但诗人之所以为诗人，就在于比普通人更擅长用语言符号表达丰富细腻的情感经验，于疏落空间中描绘难以测知的声光色味和生命细节，若读者能够产生共鸣，恰证明诗人将这种情感与风物描绘得十分到位。

表面上看，王国维并没有对"有我之境""无我之境"厚此薄彼，认为二者都是有境界的表现。但观审其所举之例，"无我之境"中的主体意识没有先入为主地凌驾于外界物境之上，而是隐匿消融其中，"物"并没有因为"我"的存在而改变其天然自得的属性，整体氛围呈现出一种无利害关系的物我两忘、天人合一的浑然感，其骨子里是一种"任自然"的生命气度，这需要主体达到一定的精神境界才能够做到。另一句中"寒波澹澹""白鸟悠悠"何其闲暇，反衬着我（元好问）怀归人太急，画面中完全没有出现"我"，但"我"的情已完全融入此境之中，并被其疗愈。（可见这两个"无我之境"的例子依然不是纯客观的描绘，依然是主观的。由此猜测王国维删掉了原作中"主观诗与客观诗之所由分"也是因为意识到了这一点）而这种任自然的生命态度应该是"久在樊笼里"、被不纯粹世俗价值所累的王国维更为欣赏推崇的，否则他也不会说出"古代人写词，写'有我之境'比较多，但是这并不意味着不能写'无我之境'，对于这个问题，有才华的作家是能够自己有所建树的"这样的话了。

4. 优美与宏壮

> 无我之境，人惟于静中得之。有我之境，于由动之静时得之。故一优美，一宏壮也。

这一则是对上一则的补充，但讨论的对象移步到了创作的主体。创作的主体在进入创作阶段之前首先是审美的主体，即审美主体在什么情况下能够感悟"无我""有我"之境。审美态度是一种我们在想象上用以静观一个对象的态度，这样我们就能够生活在这个体现我们情感的对象里。主体态度如果是平静、超然的，与审美对象间没有利害关系，则能够进入平和优美的"无我之境"中，主体如果陷于一种不能自拔的意绪，用叔本华的话说，因"若其物直接不利于吾人之意志，而意志为之破裂，唯由知识冥想其理念者"①就会进入相对激烈宏壮的"有我之境"中。无论抵达的是优美，还是宏壮的境界，都需要通过静观，不同之处在于前者主体的状态一直静，后者主体的状态从动到静。这里的"动"并非一般物理运动、变幻之意，而倾向指思想、心灵的活动一开始是无法直观客观的外界物境，在主客体之间产生了一种对抗的张力，直至这种心灵之力获得了平静。

第四则在整部《人间词话》中似乎平淡无奇，却令人在只言片语里再次回望静安先生的审美理想：目之所观、心之所思，无往而不与吾人之利害相关。人生在此桎梏之世界中，没有什么可以救赎吗？曰："有。唯美之为物，不与吾人之利害相关系，而吾人观美时，亦不知有一己之利害。何则？美之对象，非特别之物，而此物之种类之形式，又观之我，非特别之我，而纯粹无欲之我也。"②只有在"无我之境"中，万物静默，方是它本来的样子。而只有用一双不打扰的眼睛和一颗纯粹无欲的心才能看见万物吐纳的美。

5. 理想与写实

> 自然中之物，互相关系，互相限制。然其写之于文学及美术中也，必遗其关系、限制之处。故虽写实家，亦理想家也。

> 又虽如何虚构之境，其材料必求之于自然，而其构造，亦必从自然之法则。故虽理想家，亦写实家也。

这一则是对第二则的呼应补充，讨论的对象类似第四则，从分析境界本体移步到创作主体。细加体会，这一段有它特殊的辩证法：生成境界的方法有造境有写境，造境者为理想家，写境者为写实家，但写实与虚构是密不可分的，

---

① 王国维著，周锡山评校：《王国维文学美学论著集》，上海三联书店，2018年版，第159页。该文中使用的是"壮美"一词，故有一种说法是《人间词话》第四则中的"宏壮"应为"壮美"之误。

② 王国维著，周锡山评校：《王国维文学美学论著集》，上海三联书店，2018年版，第158页。

因而写实家与理想家也不是泾渭分明。究其原因，万事万物多是相互关联，相互牵制，你中有我我中有你。但是要将它们反映到文学与美术中来，就要摈弃其相互关联、限制之处，否则就没有把握住事物的本质。

陈鸿祥等前辈认为王国维的这种思想认知来源于叔本华。[①]叔本华在《作为意志和表象的世界》当中表达过，（不加创作）的现成之物是不完美的，科学家不能割裂整体与局部，历史学家更得在事件的勾连里寻找线索，但作为艺术家的"天才"应凭借其不凡的洞见，把事物从各自的关系中解放出来，提取出来，上升为"理念"，才能够使事物获得本体论上的完美。[②]所以即使是写实家，也需要创造力，才能够书写（描绘）出事物的典型之处与独特之美。

另一方面，从辩证的角度来看，即使是虚构的境界，文章（绘画）取材和构造的方式其实都来源于现实。有趣的是，这与鲁迅先生在文章《叶紫作〈丰收〉序》中说"天才们无论怎么说大话，归根结蒂，还是不能凭空创造"[③]的唯物主义世界观也非常吻合，大抵文学艺术的创造再怎么天马行空，都是现存世界的变形。即使是现代艺术当中的后期印象主义、表现主义、超现实主义等等以颠覆传统为宗旨的艺术思潮与流派，本质上依然符合这一点，只是客观与主观的天平向"造境"倾斜了。

6. "真"的标准

> 境非独谓景物也，喜怒哀乐，亦人心中之一境界。故能写真景物、真感情者，谓之有境界，否则谓之无境界。

这一则对何为"境界"在"景"的基础上提出了"情"的条目，又指出景与情的标准统一于"真"，是境界说总论部分有力的理论推进。王国维在《文学小言》里提出了文学的二原质，即"景"与"情"，"景"重在对自然人生的事实刻画，"情"则是对事实的精神态度。又云："诗人体悟之妙，侔於造

---

① 陈鸿祥编著：《〈人间词〉〈人间词话〉注评》，江苏古籍出版社，2002年版，第41页。

② 叔本华：《作为意志和表象的世界》，石冲白译，商务印书馆，1982年版，第270—271页。

③ 鲁迅：《鲁迅全集》（第6卷），人民文学出版社，2005年版，第227页。

化，然皆出于离人孽子征夫之口，故知感情真者，其观物亦真。"①从这一点也能看出王国维的"境界说"是超越传统"意境说"的。

"真"的标准在王国维的文艺审美体系当中，乃至整个中华民族的美学观念进程当中都是一个四两拨千斤的存在。也为《人间词话》后文从更深层次提出诗人艺术家们要有"真性情""追求宇宙的一个真理"打下理论的基石。西方古典文艺美学注重模仿、再现，基本思路是向外求真、以真为美，这种文化观念孕育了与人同形同性的希腊诸神、延宕忧郁的哈姆雷特等等不胜枚举的艺术典型，这些审美形象往往在道德上并非完人，但富有真实的"人的样子"。中国传统文艺美学注重传神、表现，受儒家文化熏染至深，基本思路是向内求善，以善为美。儒家原典关于艺术审美的部分，分别体现在"礼乐"制度以及对士大夫要求的"六艺"上，但是无论他们从"乐"的层面，还是从"艺"的层面强调艺术修养，实际上都跟审美没有什么关系，而是强调一种实用性，这种实用性又带有强烈的等级威慑色彩。而王国维像是东方的里尔克，在此之前一系列的文论中已清晰表明自己的文艺超功利立场没有一事一物不能入诗，只要它是真实的存在者。

道家文化对传统艺术审美观念的影响最重要的一点在于"天人合一"，即将宇宙的生命之美与吾人内心的美感体验融合为一。以国画为例，从宗炳的"含道映物"到郭熙的"林泉之志"，在我国历代画家的创作实践和画论当中一再显示出这种天地精神与人的审美感觉化合为一的审美观念。庄子还提出过"真者，精诚之至也。不精不诚，不能动人。故强者哭，虽悲不哀；强怒者，虽严不威；强亲者，虽笑不和。真悲无声而哀，真怒未发而威，真亲未笑而和"（《庄子·渔父篇》）。强调了作家要本着一颗"赤子之心"来表达真情实感，反对故作姿态和虚情假意。可见，王国维在此又将西方美学思想与道家思想融合再造，明确提出了度越前人的审美批评标准，并兼论对创作主体的要求：第一，在以物观物、以我观物的基础之上增加了"观我"，即我的喜

---

① 王国维著，周锡山评校：《王国维文学美学论著集》，上海三联书店，2018年版，第66页。

怒哀乐，我对人世间的真情实感亦可以是构成境界的材料。第二，审美主体首先需要剔除精神世界中的非真，以纯粹直观内在情思，是获得境界的必要条件。如果说《人间词话》的理论核心是"境界说"，那么"境界说"的底色是"真"。失去这个真，则境界不存。这正是静安词话理解超卓、洞明原本之处。

7. 艺术语言写活境界

"红杏枝头春意闹"，着一"闹"字，而境界全出。"云破月来花弄影"，着一"弄"字，而境界全出矣。

境界从诗人之心到读者之心的传递依靠艺术语言的表达。从创作的角度来看，《人间词话》第六则提出了作者必须对所写之对象具有真切的感受与体认，此一则提出诗人还需要有能将这些真情实感鲜明地加以表达的能力。从接受与鉴赏的角度来看，如何从艺术语言的运用中体会表达的高妙和由此引发的境界，王国维给出了"自有名句"的具体范例。

众多前辈学者从修辞的角度，通过分析这两个字在诗歌中的具体情境，解释王国维何以认为"着"一"闹"字、一"弄"字则"境界全出"。其中颇有影响力的有：钱锺书先生提出的"通感"说，认为宋祁等诗人用听觉感受描绘了视觉画面；冯友兰提出的"意境"说，认为"闹""弄"二字为原诗当中的客观之"境"增添了主观情感之"意"；吴调公提出的"移情"说，认为此二字将原本没有情感和生命的景物赋予了拟人化的情趣；[①]王攸欣提出的"欲望表现"说，认为"它们极富表现力地把大自然的欲望和意志活生生地写了出来，揭示了各自的本质"[②]。每种言说各具启发性，亦各含局限。

由此联想到鲁迅先生在《花边文学·"大雪纷飞"》中说，"那雪正下得紧"比"大雪纷飞"多两个字，但"神韵"却好得远。也是因为一个"紧"字境界全出。笔者以为，鲁迅的例子和此则所表达的意思非常相近，境界在

---

① 参见罗钢：《著一"闹"字，而境界全出——王国维"境界说"探源之三》，《文艺研究》，2006年第3期。

② 王攸欣：《选择、接受与疏离：王国维接受叔本华、朱光潜接受克罗齐美学比较研究》，生活·读书·新知三联书店，1999年版，第105页。

其中的意义更倾向于被营造出来的一种可供感受的（美学）氛围、气氛。从符号学的角度来看，美学氛围往往是语言符号构成的故事情境的深层所指，"闹""弄""紧"是自身带有情态的动词和副词，使用之后，使所描绘的主体拥有了一种"叙事动态"，因而充满故事感，大大丰富了原有的表现空间与表达意涵。其实，像这样的例子在方言中大量存在，因为表达太过自然和生动，以至于它们无法被其他词更好地取代。有学者就曾指出，"闹"字乃宋人俗语，民间讲"闹妆""闹蛾儿"[①]，或是一种可靠的解读思路。

无论如何，一个"闹"字将充满生机的春天的境界显示出来，一个"弄"字则将花前月下的境界描绘得活灵活现。王国维一向崇拜天才，而文学上的天才，能凭借才华、灵气，突破文字语言的工具性限制，不拾人牙慧，但利用的又是从生活中俯拾即是的言语素材，具有极为自然地塑造意象的能力。

8. 境界不以大小定优劣

境界有大小，不以是而分优劣。

"细雨鱼儿出，微风燕子斜"，何遽不若"落日照大旗，马鸣风萧萧"。"宝帘闲挂小银钩"，何遽不若"雾失楼台，月迷津渡"也。

王国维在此则中表达了两层意思：1.境界有大小之分。2.境界不以大小区分高低优劣。"细雨鱼儿出，微风燕子斜"与"落日照大旗，马鸣风萧萧"都是杜甫的作品，前者取材于一个小的自然场景，后者描绘一个更为宏大的历史场景。"宝帘闲挂小银钩"与"雾失楼台，月迷津渡"皆为秦观的作品，前者像是一处自然景观的"特写"，后者更似一处人文景观的"全景"。可见，王氏所言境界之大小乃是就作品中取景之巨细及视野之广狭而言的。

大的境界予人以宏大、壮阔、雄浑的感觉，可以对应前文所叙"壮美"的范畴；小的境界予人以细致、隽永、柔和的感觉，对应"优美"的范畴。无论大的境界，抑或小的境界，都可以产生艺术性较高的审美效果，这种审美效果没有高低等级之分。叶嘉莹先生评价道："作品中所表现的境界之大小与作品之优劣，则实在并无必然之关系。因为修养学力高的诗人，往往有时也写'小

---

① 陈维崧《望江南·岁暮杂忆》词之一："人斗南唐金叶子，街飞北宋闹蛾儿。"

境'的诗，反之，修养学力低的诗人，却往往也会写'大境'的诗。"①故境界的大小也不能反映出诗人的学养修为，这一观点实乃针对"大诗人能写大景，也能写小景，而小名家只能写小景"的观点而言的。文学的原质，于景于情，唯真可贵，而在文学的取材和表现风格上，王国维推崇多元而独创。

9. 探其本

严沧浪《诗话》谓："盛唐诸公唯在兴趣，羚羊挂角，无迹可求。故其妙处，透澈玲珑，不可凑拍，如空中之音、相中之色、水中之影、镜中之象，言有尽而意无穷。"余谓北宋以前之词亦复如是。

然沧浪所谓"兴趣"，阮亭所谓"神韵"，犹不过道其面目，不若鄙人拈出"境界"二字谓探其本也。

探，乃探寻、把握之意，探其本即把握文学艺术之所以为美的本质属性。"境界说"在王国维看来谈的是文学艺术之美的根本，"兴趣""神韵"等传统概念没有涉及这样一个根本，所以都只是谈及次要的、表面的东西。

《人间词话》未刊稿第十三则道："言气质、言神韵，不如言境界。有境界，本也。气质、神韵，末也。有境界二者随之矣。"与定稿第九则表述的是同一个意思。性情温和不代表懦弱，人格中总有另一面与之形成一种张力的平衡，王国维在这里表现出来睥睨前辈的勇气，在胆量和野心上试了身手：不追求美的本质而去追求气质、神韵是舍本逐末，有境界的作品自然会具备气质、神韵。可见，虽然王国维始终没有确切指出"境界"的意义，但是它绝对不同于传统之中已有的一些抽象审美范畴，甚至亦不同于传统意义的"境界"本身，而是涵盖更广、意蕴更为丰富：是"意"与"境"合，是"真景物""真感情"，且"此境界唯观美时有之"②。而且王国维的独创之处还在于：其一，将境界作为文艺审美的最高标准和唯一标准。其二，如果将"气质""神韵"统统看作是诗歌所描画出来的可供感知而难以言尽的形态，它们几乎只停留在了现象层，无论空中之音、相中之色、水中之影，还是镜中之象都是五感

①　叶嘉莹：《王国维及其文学评论》，河北教育出版社，1997年版，第181页。
②　王国维著，周锡山评校：《王国维文学美学论著集》，上海三联书店，2018年版，第77页。

尤其是目之所及的景象，而非心之所能观照的根本。"境界"与这些传统审美范畴的很大不同在于它既是先验的存在，又具有繁衍多义、形象外化的功能，既承载美的形态，又包蕴美的本质，是美的种子在时间里起始绵延成长出的成熟空间样态。这里似乎可以引申出"现象"与"本质"这样的基本的西方哲学思路，再加上前文所述王国维受叔本华"理念"观之深刻影响，再一次于逻辑上印证了静安先生提出之"境界"具有鲜明的形而上色彩，且不是一个单维度、单层面，仅仅停留在现象层的概念。

（二）中篇：诗词论演绎"境界说"

实践出真知，继一至九则提出"境界"总论之后，《人间词话》的第十至五十二则，王国维运用"境界说"去评价历代名家词人作品的长短得失，为第三部分总结文学艺术的创作规律做准备。从写作方式上看，前九则以提出理论为主，目的在于初步构建诗词的审美评价体系，是整个境界说的根基部分；自第十则起，王国维开始了具体的词论（审美鉴赏），以进一步验证、阐发、丰富他的美学思想。这一部分可视为境界说的枝干部分，虽有交错，亦脉络分明。同时这里又呈现出另一条线索，王国维评词以其审美文艺观为基本前提，且认为"一切境界，无不为诗人设"。在王国维这里，评词的实质是品评人以及人"写真景物，真感情"的创造力、生命力。因此《人间词话》第十则作为关节，既是"境界说"往纵深处探究的新起点，亦是境界专论转向作家论的枢纽。

除"境界"之外，《人间词话》还提出了其他的理论范畴，并用这些理论范畴进一步印证"境界"的存在。第十至三十五则论述到了"气象""情致"等概念，且无论诗词当中的气象或情致均与诗人的"精神"相互勾连，如果说在前九则的总括部分王国维主要表达了"境界"乃诗词中被艺术地呈现出来的生命感悟，那么在这一部分王国维继续以实例来推演"境界"在诗词中的具体表现，并且更凸显这种生命感悟与创作者的联系，认为它们源自诗人（艺术家）的价值襟怀或精神高度。

第三十六则至五十二则提出了词境中的"不隔"论，以及作家"真性情"说，这些理论可作为鉴赏诗词写作境界的具体标准。承继上一部分的议题，王国维进一步明确地指出了作品境界的产生，首先是作者思想境界、心灵境界、人生境界共同造就的。同时，《人间词话》的写作还有一个特征，即围绕着这些概念范畴，王国维在鉴赏具体作家作品的时候，还会总结出一些规律，生发出一些理论；同一条词评，有时包含了对几个理论范畴的讨论。比如第十七则他称"客观之诗人，不可不多阅世"。只因"阅世愈深，则材料愈丰富，愈变化"，而"主观之诗人，不必多阅世。阅世愈浅，则性情愈真"。在议论到"情致"的时候，又派生出"风人深致""沉着之致""深远之致""雅量高致"等具体表现。创作规律方面又如《词话》第三十四、三十五则王国维提出"词忌用替字"的观点。

下文仅就《人间词话》批评部分反复出现的重点概念加以分析。

1. 论"气象"

如《人间词话》前文所叙，境界是艺术创作、倚声填词的造诣所能达到的境地，也是艺术创作鉴赏评论的标准。境界的含义王国维说得比较模糊，造诣所能达到的境地也令人感觉抽象，为了不让这个总标准落入玄虚的窠臼，王国维将之用一系列的子标准进行了量化与规定，并沿诗词史的线索将这些量化标准投放进具体的作品评论当中去。第十则开篇即言："太白纯以气象胜。"抛出了"气象"的美学范畴，另外三处分别出现在第十五则、第三十则和第三十一则。李铎先生在《论王国维的"气象"》一文中指出："'气象'是境界的量化概念，是指境界深厚之程度，同时又是与创作主体的修养相关的概念。"[①]对"气象"在《人间词话》中的功能做出了清晰的说明。

"气象"一词亦非王国维首创。"气象"由"气"和"象"两个并列名词构成，兼具此二者之内涵与特点。从中国传统文化心理来看，古人笃信万事万物由"气"凝聚而成，不同的"气"形成各异之"象"，故"象"是"气"的载体。然作为宇宙生命本源的"道"就蕴含于天地一气当中，由之繁衍生息出

---

① 李铎：《论王国维的"气象"》，《济南大学学报》（社会科学版），2005年第1期。

天地间所发生的一切生命故事。宋人张载："太虚不能无气，气不能不聚而为万物，万物不能不散而为太虚。"① 由此我们可以得出"气象"作为一种传统文化观念，其所指具有本体无形而客体有形的特点；以及，它映射出中国古人依靠直觉、感悟去认识、把握世界的思维习惯。这两点与"气象说"自然而然地进入诗学评价体系关系重大。

刘勰《文心雕龙》把一切自然的本质的显现理解为"文"的体现，并用气的范畴来阐释文学创作，自此"气象"作为品评诗歌、文辞的标准，开始向着文艺美学的领域迈进，并且开启了诗词创作的"盛唐气象"②。唐人皎然评诗，将"气象"列为"四深"之首："气象氤氲，由深于体势；意度盘礴，由深于作用；用律不滞，由深于声对；用事不直，由深于义类。"（《诗式》）皎然的观点对后世影响较深。宋人姜夔将"气象"作为评诗的首要标准："大凡诗，自有气象、体面、血脉、韵度。气象欲其浑厚，其失也俗。"（《白石诗说》），有别于姜夔，严羽肯定了气象浑厚的美学价值："坡、谷诸公之诗，如米元章之字，虽笔力劲健，终有子路未事夫子时气象。盛唐诸公之诗，如颜鲁公书，既笔力雄壮，又气象浑厚，其不同如此。"（《附答吴景仙书》）可以看出在严羽之前的这些气象理论主要是就作品本身的文法而言的，而严羽则提及了气象的另一个维度——"终有子路未事夫子时气象"，显然是拿人的精神风貌去暗喻诗词文法了。

严羽之后，朱熹发展了这一维度。朱子理学提出"圣人气象"，认为古代圣贤身上体现出来的精神品质、风度风范可以习得，以作为完善个人内在修为的一条途径。朱熹在《近思录》中专辟一章"圣贤气象"，摘录北宋四子（周敦颐、程颢、程颐、张载）论"气象"之语。圣人气象最根本的是求道、明理、遵循规律。朱熹还认为理不过是阴阳五行的作用，人的"气象"能与"自然"合拍，根本上在于人的感知、经验和智慧能够认识"自然"的生生不穷

① 张载著，章锡琛点校：《张载集》，中华书局，1978年版，第7页。

② 严羽以气象论诗，《沧浪诗话·考证十九》："'迎旦东风骑蹇驴'绝句，决非盛唐人气象，只似白乐天言语。"是"盛唐气象"概念的来源。

与人的德性之间的统一①。把气象作为直观的机缘，不仅"观天地生物气象"（周敦颐），亦观圣人"气象"，转向自己的内心含融体会，领略与自然一体的绝妙境界。故朱熹谈气象在修养论意义上超出审美的意义，而王国维在《人间词话》里谈气象是既讲作品的气象，又讲作者的气象，且作品所呈现的气象受限于作者所拥有的气象。叶嘉莹在《王国维及其文学批评》中认为"气"原是中国文学中最为习用的一个批评术语，大抵可说是一种"精神作用"，而作者之精神实则是受其禀赋和修养限制的；叶先生把"象"定义为一种可感知到的形象，从《人间词话》所举的例证来看，王国维所言"气象"是指作者的精神透过作品的意象所传达出来的一个整体的精神风貌。而每一位作者之精神，既可以因其禀赋修养之异而有种种不同，因之其表现于作品中的意象与规模，便也可以有种种不同之"气象"。②

复观第十则，王国维称李白的诗以"气象"取胜，"西风残照，汉家陵阙"寥寥八个字，千古以来无一阕登临词可与之匹敌；后世只有范文正的《渔家傲》和夏英公的《喜迁莺》勉强可以接承，但气象上还是无法企及。这八个字是李白的千古绝唱《忆秦娥》的末句，其中描绘的景象如在眼前：黄昏夕照之下，衰飒的西风吹过一座座汉代皇帝的陵墓，一股改朝换代的历史悲怆感喷薄而出。其意象辽阔高远，气象浑然雄厚，且其表达精简凝练，用任何现代汉语解释都显得多余。重要的是，李白诗的气象几乎是不可学习的，盛唐高度的文化自信是其底色，更因其洒落的个人魅力而独到。少年时起太白即以侠自任、学纵横之术，在他鄙夷权贵、追求自由的精神中又不乏道家的影响。他曾说："天地为橐籥，周流行太易。造化合元符，交构腾精魄。"③对李白而言，"气"可通天与人、身与心。巴什拉在《物质的想象》中提出，任何一种诗学都应容纳物质本质的要素，借由一种物质，想象得以将诗人与世界连接起

① 金香花：《道学"气象"论》，《江海学刊》，2019年第2期。

② 参见叶嘉莹：《王国维及其文学批评》，河北教育出版社，1997年版，第210—211页。

③ 詹锳主编：《李白全集校注汇释集评》（第3册），百花文艺出版社，1996年版，第1532页。

来，将身心与大自然连接起来，从而进入宇宙的动态生命。[①]李白似乎天然通晓身心与宇宙相连之道，作为天才诗人的他直感力远超常人，文字意象不过是手到擒来之物，笔下生气充盈，游骋于凡间与仙界之间，构筑出一个独属于被缪斯青睐的艺术家的审美世界，足令他人艳羡，却望尘莫及。

"气象"一词在《人间词话》中第二次出现是第十五则："词至李后主而眼界始大，感慨遂深，遂变伶工之词而为士大夫之词。周介存置诸温、韦之下，可为颠倒黑白矣。'自是人生长恨水长东''流水落花春去也，天上人间'！《金荃》《浣花》能有此气象耶？"此则中，王国维评价词到了李煜才视野开阔，内容深厚，与其在《文学小言》中所提"苟无锐敏之知识与深邃之感情者，不足与于文学之事"的文学观相印合。从李煜的作品开始，词就从专写闺阁儿女之情的伶工之词变为言情述志的知识分子之词。王国维从来不假掩饰对李煜的欣赏，他在《人间词话》里称 "后主则俨然有释迦、基督担荷人类罪恶之意"，是他心目中"一旦豁然悟宇宙人生之真理"[②]之人。国破家亡的经历将一个天性率真的君王推向了人生的极致境地，从而催生此种"气象"，绝非一般人妙手能够偶得。叶嘉莹先生因而如此解读："其所表现之人生……全出于深情之直觉的体认。即如此词中所叙写的由林花红落而引发的一切有生之物的苦难无常之哀感，李煜之所以体认及此，即全由于其自身经历过的一段破国亡家之惨痛的遭遇，而并非由于理性之思索与观察……三位词人（温庭筠、韦庄、冯延巳），其风格成就虽各有不同，然而自外表观之，则其所写似仍局限于闺阁园亭之景、相思怨别之情。独李煜之词，能以沉雄奔放之笔，写故国哀感之情，为词之发展中一大突破。"[③]不可谓不透彻。之后在《人间词话》第十八则中，王国维又将宋徽宗和李煜进行对比，认为二人虽然经历相似，宋徽宗只不过是道出了自己的身世之苦，而李煜的一句"问君能有

①　萧驰：《诗与它的山河：中古山水美感的生长》，生活·读书·新知三联书店，2019年版，第319页。

②　王国维著，周锡山评校：《王国维文学美学论著集》，上海三联书店，2018年版，第91页。

③　王国维著，叶嘉莹讲评：《人间词话：叶嘉莹讲评本》，万卷出版公司，2021年版，第70页。

几多愁？恰似一江春水向东流"感发力量之强大，却可引发天下人共鸣，可以说是写到了"惟其为天下万世之真理，故不能尽与一时一国之利益合"①的境界。

《人间词话》第三十则，对"气象"又补充了一点："气象"不只存于词中，还可以存在于其他文体；不同文体间可有相似之气象。"风雨如晦，鸡鸣不已"是《诗经·郑风·风雨》当中的名句，以哀景写乐，讲苦苦怀人的思妇意外见到久别的情郎，凄风苦雨之中的群鸡乱鸣，竟似一种欢唱了。"山峻高以蔽日兮，下幽晦以多雨。霰雪纷其无垠兮，云霏霏而承宇"是屈原《楚辞·九章·涉江》里的句子，写诗人到达溆浦后所见到的景象，山高蔽日、气候恶劣、云深雾重，其孤独彷徨的苦闷心境由此可见。"树树皆秋色，山山唯落晖"来自唐代诗人王绩的《野望》，层层树林都染上秋天的色彩，重重山岭披着落日的余光，美则美矣，却难掩几分萧瑟彷徨的情调。秦观的"可堪孤馆闭春寒，杜鹃声里斜阳暮"在《人间词话》里已经不是第一次出现，春寒、孤馆、杜鹃、日暮，这些意象组合到一起，其美学指向再明白不过。如此说来，可以明白王国维为何说上述所列四种"气象皆相似"。我们的先人用文字吐露心声，汉字作为表意文字的标记符号，其一点一划都有隐喻表象。文体的演变，多发自人的情感愈发丰沛后，表达上跌宕起伏的需要。虽然这四句所描绘的具体景象并不相同，但在自然生活中，人们已然明了这些景象所具有的符号学意味，它们的精神指向相似，都带有压抑、下沉的气息。且放至此处，用"气象"一词会比用"境界"更为准确，更具备可观、可感、质实的特点，作为一条文艺批评鉴赏标准也就更易于为人所接受。下一则借昭明太子和王绩之口，称赞陶渊明的诗"跌宕昭彰，独超众类，抑扬爽朗"，薛收的赋"韵趣高奇，词义晦远，嵯峨萧瑟"。与上一则讲的气象的相似性（共性）不同，这一则主要讲独特性，以及诗赋中具备出类超拔之气象的代表人物。王国维在其文论中多次盛赞陶渊明是超一流的诗人、文学之天才，其文学气象简淡冲远、淡

---

① 王国维著，周锡山评校：《王国维文学美学论著集》，上海三联书店，2018年版，第89页。

泊宁静，王氏认为只有苏轼可与之比肩，两者都具有旷达不羁、高蹈出世的人格境界。王国维继续说道，姜夔之词虽然比不上薛收的寄兴深微、气象嵯峨，但是"古今词人格调之高，无如白石。惜不于意境上用力，故觉无言外之味、弦外之响"（《人间词话》第四十二则）。姜夔为人桀骜，为白石词赋予了一种不同流俗的格调，但可惜不在意境上用力，因而与薛收赋之气象相比，也就只能"略得一二耳"。综观王国维有关气象的论述，可见王氏对气象之推崇，认为它是中国文学难能可贵的传统，也为"境界"说落实了一项重要的审美前提。值得注意的是，王国维在《人间词话》之后评论绘画、书法时，还是常用"气象"之类的概念。作为一条审美鉴赏标准，这一概念在艺术领域具有普遍意义。

2. 论"不隔"

《人间词话》第三十五则至五十二则，讨论的是词的具体鉴赏的尺度问题。相对于"气象""意境""情致"这些文学批评概念，"隔"与"不隔"是王国维独创的理论。什么是"不隔"？王国维在《词话》里说："语语都在目前，便是不隔"（第四十则）。"如雾里看花，终隔一层"（第三十九则）。在下这个定义的时候，王国维采用了描述的方法，虽形象，但未免也是令人困惑的。"语语"指的是语言，"在目前"指的是由语言形成的形象如在眼前，没有被遮挡（障碍）就是"不隔"；反之，"如雾里看花"就是"隔"。我们知道文学是想象的艺术，艺术形象并不会真正出现在眼前，所以"隔"与"不隔"全在于一种心理感受。依笔者之见，这是王国维继续讲"境界"的标准，只是角度有所不同。"气象"是就诗词的视野、基调而言的，它关联到审美心理，而"隔与不隔"直接就在讲审美心理，两者的深层所指都是"境界"，并对创作者提出了不同维度上的要求。从字面上理解，"隔与不隔"形象地说明了创作者使用艺术的表达手段创作作品，作品经由鉴赏者的审美心理作用之后，鉴赏者所得到的直观感受的性质与效果。那么接下来至少有三个问题有待解决：1. "隔"与"不隔"的深层内涵是什么？2.王国维推崇的是"隔"还是"不隔"？3.造成"隔"与"不隔"的具体因素是什么？要找到这些问题的答案，仍需要深入到《人间词话》的文本内部去看。

　　先简要了解学术界就这个问题的争鸣。最早就《人间词话》中的"不隔"论进行专门研究的学术文章来自朱光潜先生在1934年发表的《诗的隐与显（关于王静安的〈人间词话〉的几点意见）》，他认为"隔"与"不隔"的批评对象是情趣和意象之间的关系，写景的诗要"显"，言情的诗则要"隐"。①这之后，钱锺书、叶朗、叶嘉莹、李泽厚等名家均表示了不同意见。叶朗先生认为"不隔"的批评对象是语言与意象之间的关系。②钱锺书、叶嘉莹等则认为诗词境界的"隔与不隔"的问题无关内容的"显与隐"的问题，③④后世大多数学者比较认同这个观点。李泽厚在《意境浅谈》中指出，"有形象，生活的真实才能以即目可见具体可感的形态直接展示在人们前面"，"这样，才能'不隔'，而所以'隔'，主要就是用概念、用逻辑替代了形象的原故。……所以，钟嵘、王国维都一致反对用代字（'桂华流瓦，境界极妙，惜以桂华代月耳'），反对用典故等等，就是这个道理"。⑤不但指出了"不隔"的内涵，而且连带出王国维为了追求"不隔"之境所作进一步的主张：反对代用字，反对用典。

　　我们不妨深入探究一下，为何"用概念、用逻辑替代形象"就会造成"隔"的感觉呢？逻辑思维是理性的，需要借助对关系的分析，而形象思维是感性的，借助的是直感力。回到王国维受西方哲学影响的因素来看，前文曾经探讨过，在叔本华"直观"哲学影响下，王国维肯定了"唯诗歌（并戏剧小说言之）一道，虽藉概念之助，以唤起吾人之直观，然其价值全存于其能直观与

　　① 朱光潜：《诗的隐与显关于王静安的〈人间词话〉的几点意见》，《人间世》，1934年第1期。

　　② 叶朗：《中国美术史大纲》，上海人民出版社，1985年版，第619页。

　　③ 钱锺书：《写在人生边上·人生边上的边上·石语》，生活·读书·新知三联书店，2002年版，第110—115页。

　　④ 叶嘉莹著：《王国维及其文学批评》，河北教育出版社，1997年版，第182—189页。

　　⑤ 姚柯夫：《〈人间词话〉及评论汇编》，书目文献出版社，1983年版，第162页。

否"。① "而概念之愈普遍者，其离直观愈远，其生谬妄愈易。"②基本上可以解释"不隔"之说的理论来源。依笔者见，直感力区分了有才华之人与普通人，前者强于直觉，在艺术领域尤其如此，东方民族自古以来又比西方更侧重直觉，华夏美学当中许多范畴都与直觉有关，"东方智慧"往往关涉直觉感受和依凭直觉获取的知识。

王国维对"隔"与"不隔"的批评集中出现在《人间词话》的第三十六则、三十九则、四十则，以及第四十一则。第三十六则：

美成《青玉案》词："叶上初阳干宿雨，水面清圆，一一风荷举。"此真能得荷之神理者。觉白石《念奴娇》《惜红衣》二词，犹有隔雾看花之恨。

"叶上初阳干宿雨，水面清圆，一一风荷举。"北宋词人周邦彦《苏幕遮》里的句子。周邦彦个性疏淡，精通音律，语言曲丽精雅。在此借用电影艺术领域的话语来说，这一句话不但画面感十足，仿佛跟随目光视点的移动经过了从远景至近景至特写的镜头切换，在时间变幻中流畅地完成了一个蒙太奇叙事。再加上周邦彦对词调、音韵的艺术追求已入化境，在有画面感之余，节奏感也是结合得自然舒适。美感心理产生的前提之一在于审美的主客体之间具有异质同构的特点，周邦彦的这几句词写出了雨后风荷的超凡脱俗，不但写得真切，而且轻盈，叫人读了感到灵动，如清风拂面般愉悦。反观姜白石的《念奴娇》《惜红衣》两首均是写荷之词，却只写出了荷之貌，形象刻板呆滞，而无荷之神采。这与王国维在《词话》里强调"神"——"词之雅郑，在神不在貌。""东坡之旷在神，白石之旷在貌"的观点也是相符的。至于姜夔之词为何在王国维的审美评判中是如此这般，《人间词话》第三十九则言道："白石写景之作，如'二十四桥仍在，波心荡、冷月无声''数峰清苦，商略黄昏雨''高树晚蝉，说西风消息'，虽格韵高绝，然如雾里看花，终隔一层。"

① 王国维著，周锡山评校：《王国维文学美学论著集》，上海三联书店，2018年版，第167页。

② 王国维著，周锡山评校：《王国维文学美学论著集》，上海三联书店，2018年版，第161页。

笔者的理解是，姜白石写词喜好用典，因太讲求格律、韵脚反而显得刻意不够自然。直到第四十三则王国维道出一句"白石有格而无情"，点明了姜夔词作之所以"隔"，是因为注重语言的打磨，而缺乏真情实感。《词话》的手稿和删稿还多次提到姜夔，实在是可以用颇多微词来形容（导致后世许多学者为白石"翻案"、正名）。从王国维的态度上，明显能看出他还是推崇"不隔"之美的，以至于称"梅溪、梦窗诸家写景之病，皆在一'隔'字"（第三十九则）。分析至此，"不隔"的真意也便呼之欲出：自然、真切、寓情于景。

说完了"隔"的例子，王国维在《词话》第四十则标举了"隔"与"不隔"的分野，在第四十一则演示了"不隔"的范本，这两则可谓实例云集，结合文学史上各朝各代文体之风格，可以更深入地探究王国维"不隔"说的内涵。"池塘生春草""空梁落燕泥"是《古诗十九首》里的句子，与北朝名歌《敕勒川》中的"天似穹庐，笼盖四野。天苍苍，野茫茫，风吹草低见牛羊"似有异曲同工之妙，它们在表达上皆质朴不着雕饰，字里行间蕴藏一股喜悦的生机，是王国维认为的写景不隔的例子。这里值得注意的是，《词话》第四十则还提出"不隔"也有深浅之分的观点，所谓"不隔"的深浅应是就"不隔"的心理感受程度而言的，依照王国维的思路，大致可以推论它是由作者的情感真切程度，以及写作"富丽精工"的情况来决定的。但既然是艺术批评，难免包含批评者的主观喜好，一如静安先生对李后主的喜爱有加，当讨论到"不隔"的时候王国维又用盛赞苏轼、陶渊明来"厚此薄彼"了。"采菊东篱下，悠然见南山。山气日夕佳，飞鸟相与还"：王国维在《词话》"境界"说总论部分，已借由此诗说明了何为"无我之境"。陶渊明可以说在王国维的心目当中无论是在"内美"还是"修能"上都是最接近道家主张之人，他能够书写出天人合一、物我两忘的境界，是因为其在人生态度上首先做到了内心同宇宙一般辽阔，这也意味着：①"无我之境"即是一种"不隔"之境；②表达之真切，往往有赖于诗人性情之真。在性情真、写至情上，还有一人也深得王国维赞许，就是纳兰容若。以"情致"著称的清初词人纳兰容若曾在《通志堂集》

写下如此评论："诗乃心声，性情中事也。发乎情，止乎礼义。"①"人各有情，不能相强。"②"诗取自适，何以随人。"③坚定地表明其主情的艺术宗旨，无怪乎静安先生称其"北宋以来，一人而已"（第五十二则）。

"不隔"说的真正内涵，如叶嘉莹先生所言：一篇作品只要其能够有真切之感受并能予以真切之表达，便都可以达到"不隔"的境界。沿着"真"的艺术境界之路，王国维在《人间词话》第五十六则总结道："大家之作，其言情也必沁人心脾，其写景也必豁人耳目。其辞脱口而出，无矫揉妆束之态。以其所见者真，所知者深也。诗词皆然。"真景物、真感情、真性情、真切的创作态度乃至人生态度，这一切的"真"是王氏"不隔"之境的出发点亦是落脚点，也是诗歌的美感和生命感的来源。通观王国维之《人间词话》，一个"真"字可谓是审美鉴赏之核心的核心，标准的标准。

（三）下篇：理论的升华

《人间词话》手定稿自第五十三则起，至第六十四则可视为第三部分，这一部分王国维不再像前一部分那样，针对具体作家作品提出批评观点，而是从文学史的角度总结升华自己的"境界说"。可以看到王国维编写《人间词话》依照了一条围绕着"境界说"提出理论——演绎理论——升华理论的思路。虽然三个部分都涉及了"理论"，与第一部分相比，第三部分已经不再是讲"境界"的本体与分类（本体论），而是有显而易见的延伸出的理论总结；与第二部分相比，第三部分也不再是沿着文学史的线性线索（在文学史内部）提出创见，而是来到了文学史的外部，高屋建瓴地对文学演变规律总的演变规律、诗词审美总的标准以及对诗人的总的要求等进行了概括和总结。同时《人间词话》的三个部分又有相互印证交集之处，与其说它们之间是一种环环相扣的并列关系，更不如说像是由中心向外扩展层层完善之套层结构，以"境界"说总

---

① 纳兰性德：《通志堂集》（上册），华东师范大学出版社，2008年版，第336页。
② 纳兰性德：《通志堂集》（上册），华东师范大学出版社，2008年版，第265页。
③ 纳兰性德：《通志堂集》（上册），华东师范大学出版社，2008年版，第336页。

论为核心，以境界说的批评实践为重点，并在此基础上进行理论的补充与升华。现就王国维在最后这一部分的理论观点梳理如下：

1. 文体总是"始盛终衰"，但"一代有一代之文学"

第五十三、五十四、五十九则，主要体现的是静安先生的文学史观。在王国维之前，对于文体演进规律的旧观念主要是认为后不如前，今人总是不如古人，且鲜有人提出反对意见。王国维则对这一观点进行了反思、驳斥及立新。具体分析词话的内容，他认为：1.一切文体总是"始盛终衰"，原因在于"盖文体通行既久，染指遂多，自成习套（第五十四则）"。就一种文体而言，始盛终衰的规律很难动摇，这也是王国维重北宋词而轻南宋词的原因之一。2.王国维反驳《四库全书总目提要》的"文之体格有高卑"的尊诗卑词之论，认为文体各有所长，写词并不比写诗容易。《人间词话》未刊手稿原第四十三则："词之为体，要眇宜修，能言诗之所不能言，而不能尽言诗之所能言。诗之境阔，词之言长。"指出词与诗各有特点，相互不能替代。他赞成陈子龙的说法，认为宋人不懂诗却要强行作诗，导致宋代最终没有好诗，但他们内心有欢愉愁苦之情涌动于中不能抑制，就在词里面抒发出来了，因而宋词的风格精巧。[①]一个时代有代表这个时代精神的文学，唐代是诗的时代，而宋代是词的盛世。3.一种文体于衰落之中必然包孕着新的变革，这是文学发展的另一条规律，也是王国维重要的补充。一种文体通行既久，从文学的内因来看，这一领域已经发展到极致很难再有突破；从外因看，则是人们承袭旧习再难有建树。"诗有题而诗亡，词有题而词亡"（第五十五则），其实讲的也是这个意思，"有题"之后就有了限制，为"命意"而作、难以跳出陈规。有才华的人"故遁而作他体，以自解脱"（第五十四则），于是"四言敝而有《楚辞》，《楚辞》敝而有五言，五言敝而有七言，古诗敝而有律绝，律绝敝而有词。"（第五十四则）。可以见出，王国维有着清晰明白的文学发展历史观，他在《宋元戏曲考·序》中一言以蔽之："凡一代有一代之文学：楚之骚，汉之赋，六代之骈语，唐之诗，宋之词，元之曲，皆所谓一代之文学，而后世莫能继焉者

---

① 王国维撰，黄霖等导读：《人间词话》，上海古籍出版社，1998年版，卷上第13页。

也。"①且文中所列文体均为现代意义上的文体概念，就王国维生活的时代而言，他实在是极具变革之精神。

《人间词话》手定稿第五十九则称，近体诗里以五言七言绝句为最上等，律诗其次，排律最低下。王国维以是否便于"寄兴言情"为标准划分了诗词体制的等次。他认为五言与七言绝句是诗歌体裁中最为适合寄托抒情的，诗歌史上佳作频出。王国维还将词与诗做了比较，结论是无论诗词，往往形式短小的体裁受限更少，更具有创作自由度，更易出境界。这是王国维的文学史观在形式体裁上的体现。值得注意的是词话定稿的最后两则，即第六十三与六十四则，表面上看起来是在论元曲，似乎并没有统摄在词话论词的整体风格之中。王国维称元人马致远《天净沙·秋思》："寥寥数语，深得唐人绝句妙境，有元一代词家，皆不能办此也。"潜台词即是，词已在宋代衰微，故有新的文体崛起，元代迎来了能代表它时代精神的元曲。第六十四则比较了元代白仁甫所作词、曲之差别，又观欧阳修、秦观写诗、词之水平高下的落差，同样是呼应了第五十四、五十五则提出的文学史观，又烘托了元曲这种新兴文体的价值，这种结尾有一种继往开来的气势，不可谓不高妙。

2. 诗词审美最高标尺：真与自然

《人间词话》第五十五则有一部分的含义是承接第五十四则的规律而言，其余部分意义在理解第五十六则之后即不言自明。前文论述"隔与不隔"时已经涉及第五十六则，原文内容在此不再赘述，但第五十六则在整部《人间词话》中的作用却不容忽视。笔者认为这一则既照应了第一部分的"境界"说总论，又呼应了第二部分，尤其是"不隔"论之批评实践，还为引出下文的"出""入"观做了铺垫。是理论部分的核心，也是整部词话的点睛之笔。它道出了王国维文艺审美（创作、鉴赏）总的标准，也是最高标准：

1.从字面上看一个是"真"的标准，是继前文王国维提出"写真景物，真感情者谓之有境界"，以及"赤子之心""真性情"等观点后对"真"之标准的强调与总结。结合《人间词话》的各个部分，不难发现"真"作为基本范

①　姚淦铭、王燕编：《王国维文集》（第1卷），中国文史出版社，1997年版，第307页。

畴的"境界"说之核心并非孤立地存在，而是系统地贯穿于境界说理论体系之中，甚至贯穿于王国维审美体系之中。自然界与人类社会中的事物之真，构成了境界的材料和客观前提，具备"可感之""可写之"的必要条件。诗人之心的真诚，性情之真又是达到境界的主观前提。这两者又借助"观物"的审美过程之真（不含杂念，不被命题限制，不因袭陈习等等），搭载着语言之美，塑造出艺术意境，这个过程的纯粹程度愈高，则传递效果愈"不隔"，则美的境界愈高。诗词的境界多维，创作者因"真"而呈现出的具体气质不同，有高蹈尘世者如陶渊明，有开阔豁达者如苏东坡，有细腻情深者如纳兰容若，有至情至性者如李煜，因而构成了境界之具体"气象""情致""神韵"的不同。

2.仔细品味，第五十六则中"其辞脱口而出，无矫揉装束之态"讲的是"自然"的标准。"自然"也是王国维文艺审美观的核心标准，它与"真"的标准紧密相关。王国维认为，艺术创作上要得益于"自然"，人工的痕迹过多就会有矫揉造作之感，失去了真切淳朴的美好感受。把自然看作是一种时空环境中的存在物，把真看作是一种品质，则真是自然的属性，自然是真的载体；把真看成是创作主体的精神拥有物，把自然看作是一种表现形式，则真是自然的出发点，自然是真的流露与显现。在诗词创作不加雕饰、不用代字、不过多追求人工的要求上王国维更倾向于一种"自然"的追求，而在"写真景物、真感情"、不美刺、不隶事的要求上更倾向于对"真"的要求，但更多时候这两者是融于一体相辅相成的，出于真，就要求自然；不自然，就容易失真。

3. 诗词创作之"三不"：不"美刺""隶事""粉饰"

第五十七、五十八则中，王国维从篇、句、字三个层次反对诗词为称美讽恶或赠予而作的篇章，反对堆砌典故的句子，反对过分雕饰的字眼。这一主张完全承接上一点的内容，即从自然、真切的角度出发，这些手法如果不是出于情感真挚的需要，就是为文而造情，只会妨碍境界的形成。但王国维并不是绝对地反对用典隶事，而依然是出于真情实感的需求，若"梅村歌行，则非隶事不办"。不为用典而用典，而是遵循自然之规律，为情而联想之、调动之，也可化腐朽为神奇。

从另一个角度来看，作品风格往往与时代批评的风气紧密相关。我国诗歌批评，历来注重教化、美刺。《诗三百》自汉代始即被奉为经典，而传统诗教的批评标准是"比兴"。除了是一种修辞手法，"比兴"还是一种批评角度，强调别有寄托，突出诗的讽喻或赞美功能。用"比兴"论诗，则既强调诗歌的艺术特质，又强调诗歌的社会功能。一旦这种品诗论词的方式占据了主导地位，其流弊就会显现出来，就会出现诗词批评上牵强附会、深文罗织的现象。例如王国维所处的时代，常州派代表人物张惠言推崇词体，强调"意内言外"，以寄托论词。词在最初兴起之时相当于流行歌曲，内容多唱公子佳人，并没有什么深意。后来，诗人们开始写词，出现了"诗客曲子词"，著名如温庭筠、晏几道、欧阳修等人，他们的词虽然格调雅致些，也有意无意地渗入了几分士大夫的情感，但依然没有刻意表达更高的志趣。因此张惠言以寄托论之，不免牵强。《人间词话》未刊手稿七十一则："固哉，皋文（张惠言字，笔者注）之为词也！飞卿《菩萨蛮》、永叔《蝶恋花》、子瞻《卜算子》，皆兴到之作，有何命意？皆被皋文深文罗织。"温庭筠《菩萨蛮》写一个女子起床的画面，"小山重叠金明灭，鬓云欲度香腮雪"，原本就是一幅温软的小美好的图景，而张惠言偏要说它有屈原《离骚》里以衣服的美好来代表贤人志士的才德美好的用意。同样还有张惠言对欧阳修的《蝶恋花》、苏东坡的《卜算子》的过度阐释，这在当时形成了一股"兴于微言以相感动"的论词风气，文人如法炮制，对古代诗词大多强作解人，也会遮蔽诗词原本自然呈现出的境界，这些都是王国维所反对的。因此无论从创作还是批评的角度，王国维都做出了叛逆自己时代的姿态。

4. 对诗人的要求：能"入"能"出"

这点的论述主要集中在第六十、六十一则。第六十则词话首先指出："诗人对宇宙人生，须入乎其内，又须出乎其外，入乎其内，故能写之。出乎其外，故能观之。"诗人对宇宙人生的态度决定了其写作的态度。"入乎其内，故有生气；出乎其外，故有高致"。入乎其内是一种儒家的态度，是每一位浸淫于传统文化氛围中的中国知识分子基本的世界观，对于接受过西方哲学思想洗礼的王国维而言，"能入"又是一种自觉投入于所观照之事物的审美态度。出乎其外包含了"不识庐山真面目，只缘身在此山中"朴素的哲学观点，只入不出不易从整体上把握全局，很难看清事件的真相。但"能出"更是一种道家的审美态度，是不过分粘滞其中，不受限于事物的属性与关系，精神超然物外，方能自由。在今人看来，这无异于一种生存智慧，每一个人生存于世既要安身立命创造价值，又需要精神上的轻松自在，两者很难兼得。事业成功要经历勤苦，更遑论人世间各式各样的痛苦，所谓苦海无边，都是渺小人类肩膀上所承受之重负；然精神世界之旷阔，可创造奇迹，亦可诗意栖居，又是人类之所以伟大的缘故。知如此人生智慧的王国维，他最终的选择是纵身一跃。或许他理想中的诗意世界已然远去，也就带走了他的"生气"。

复观王国维写作层面的"出""入"论的批评实践，他认为周邦彦能入不能出。因为在王国维看来周邦彦写词过于注重修辞声律，多了人工斧凿的痕迹，损害了自然超脱的情趣，也就是未能做到"能出"，等到南宋词人便不知道"出""入"为何物了。第六十一则承接第六十则讲诗人与外物的关系，轻视外物，故能"以奴仆命风月"，但又要重视外物，才能与"花鸟共忧乐"，依然说的是能入能出的命题。

以上几条理论，除了第一点文体演进规律之外，每一点都与第二条相关。即对诗词创作的"三不"要求以及对诗人能入能出的要求都建立在诗词境界必须自然、真切这个总标准的基础之上。是从有境界、自成高格的作品必然是写景、言情自然、真切这一条件出发，再一次具体落实到创作手法和对诗人内在修为的要求上。且对创作手法的"三不"要求并非一般意义上的写作手法方面的扬弃主张，而是包含了对创作者主观审美意识形态的希冀，"三不"要求的深层内核是与王国维的审美超功利的文艺观相辅相成的，本质上还是对诗人个体美学观建构的诉求。王国维将"境界"的领域从词学拓宽到美学，乃至人文学，从探讨诗歌与自然的关系到思考诗人与社会人生的关系，充满自我完善的人文精神。

（四）庶几水中之盐味，而非眼里之金屑

在所有名人对王国维的评价之中，钱锺书先生的说法既有深度，又富意

趣。他称："老辈惟王静安，少作时时流露西学义谛，庶几水中之盐味，而非眼里之金屑。"[1]"水中之盐味"，见《傅大士心王铭》曰："水中盐味，色里胶青。决定是有，不见其形。"[2]"眼里之金屑"，见《传灯录》中惟宽语："如人眼睛上，一物不可住。金屑虽珍宝，在眼亦为病。"[3]钱锺书又在《谈艺录·六十九随园论诗中理语》里说道："理之在诗，如水中盐、蜜中花，体匿性存，无痕有味，现相无相，立说无说。所谓冥合圆显者也。"[4]两相对应，原本说的是诗歌中如要蕴含道理，应该像盐溶于水，有味道却不着痕迹。钱锺书用来形容王国维将中学传统与西学义谛融合无碍、冥合圆显，这是高明到了一定境界的称赞了。

钱锺书的这句话十分非常接近王国维在《人间词话》中寄予的文学理想与美的愿景，也即"境界"：将真景物融于真感情，将真感情融于真文字，品之韵味无穷，找寻过去，却幻化无形。若要真幻化无形，还需要天才的直觉力、想象力与表达力在适时的契机轮番表演，从纯粹的天真出发，获得游戏的快乐。

李长之在评价《人间词话》的文史观时曾说：王氏"提出史的文学时代的观念，是后来文学革命的导火线"。[5]那位日本学人眼中的"乡下人"，一身静穆长衫下那个不善言辞的知识分子似乎与"革命"二字很难沾边，以至于他的自沉也常常被理解为"殉清"。但请细想，一个倡导美、创建美、诠释美，一个一生都把"真"字视为文学准则、美之至高标准的人，在现世的洪流里一定有斗士的一面。而王国维为学术独立而写作，为超越痛苦而写作，为摆脱功利价值的纯粹目的而写作，在"文以载道"的观念仍然占据主流的封建时代末期，他的的确确是叛逆的，而他的诸多将文化传统推向现代的开创之举则更是具有革命性的。

---

① 周振甫、冀勤编著：《钱锺书〈谈艺录〉读本》，上海教育出版社，1992年版，第299页。

② 普济：《五灯会元》（上），中华书局，1984年版，第118页。

③ 普济：《五灯会元》（上），中华书局，1984年版，第166页。

④ 钱锺书著：《谈艺录》，生活·读书·新知三联书店，2001年版，第660页。

⑤ 引自叶嘉莹：《王国维及其文学批评》，北京大学出版社，2008年版，第219页。

于我而言，王国维既是论美者，亦是造美者。最有价值的文学艺术，就是创造者使用各门类的语言，把流光溢彩、熠熠生辉的美捕捉下来，永久保存并且流传下去，供无穷世代的人们在天涯海角去欣赏。而王国维所深耕之领域，涉及哲学、美学、文学、教育、史学、戏曲、书法、文学批评、出土文物、书画鉴赏……其建树难以估量。王国维去世之后，由他所开创的超越之美在他自身的故事里得到了印证：他的创造超越了他的死亡，令他的精神生命继续绵延。

王国维在《论教育之宗旨》中说对应精神中知力、感情、意志，应有真、善、美之理想。叫人欣慰的是，王国维的思想武库一直都有人开掘；但令人扼腕的是，静安先生所倡导的超利害美学，在新时代里似乎鲜有人奉行。这是一个功利主义依然压倒一切的时代，时代病已久矣。当你需要力量时，希望你可以翻开《人间词话》这本短短数千言的小册子，感受美的召唤、聆听生命的启示。

自我的超越和超越的美学

——杨春时《作为第一哲学的美学——存在、现象与审美》导读

肖建华 ①、吴上清 ②

前 言

　　杨春时教授，1948年出生，哈尔滨市人，1978年入黑龙江大学中文系，次年即考入吉林大学文艺学专业就读，导师为著名学者栾昌大教授，1982年获得文学硕士学位，先后任职于黑龙江省社会科学院、海南师范大学、华侨大学、四川美术学院、集美大学等科研院所和学校，现为厦门大学人文学院中文系和哲学系双聘教授，博士生导师，享受国务院颁发的政府特殊津贴，获劳动人事部"国家级有突出贡献的中青年专家"称号，曾任第九、十、十一届全国政协委员，学术兼职为中华美学学会副会长、福建省美学学会会长、福建省文学学会副会长，在国内外刊物上发表论文300余篇，独著有《审美意识系统》（花城出版社，1987年版）、《系统美学》（中国文联出版公司，1987年版）、

---

① 肖建华，广州大学人文学院教授。
② 吴上清，广州大学人文学院2021级文艺学专业硕士研究生。

《系统论、信息论、控制论浅说》（中国广播电视出版社，1987年版）、《艺术符号与解释》（人民文学出版社，1989年版）、《艺术文化学》（长春出版社，1990年版）、《人文综论》（黑龙江教育出版社，1991年版）、《中国文化转型》（黑龙江教育出版社，1994年版）、《生存与超越》（广西师范大学出版社，1998年版）、《百年文心——20世纪中国文学思想史》（黑龙江教育出版社，2000年版）、《现代性视野中的文学与美学》（黑龙江教育出版社，2002年版）、《现代性与中国文化》（国际文化出版公司，2002年版）、《美学》（高等教育出版社，2004年版；2020年修订再版）、《文学理论新编》（北京大学出版社，2007年版）、《走向后实践美学》（安徽教育出版社，2008年版）、《现代性与中国文学思潮》（三联书店，2009年版）、《作为第一哲学的美学——存在、现象与审美》（人民出版社，2015年版）、《中华美学概论》（人民出版社，2018年版）、《审美是自由的生存方式——杨春时美学文选》（山东文艺出版社，2020年版）、《主体间性超越论美学》（百花洲文艺出版社，2021年版）、《文学理论的现代重建》（人民出版社，2022年版）等十余种，编著有《探寻语碎》（上海文艺出版社，2000年版）、《书园思绪》（香港天地图书公司，2002年版）、《文学概论》（人民文学出版社，2003年版）、《现代性与20世纪中国文学思潮》（广西师范大学出版社，2005年版）、《中国现代文学思潮史（上下）》（南京大学出版社，2011年版）、《中国现代美学思潮史（上下）》（百花洲文艺出版社，2020年版）等多种。

如果把李泽厚那一批20世纪30年代出生，50、60年代开始成长的学者算作新中国培养的第一代美学家的话，那么以杨春时等为代表的40年代中后期出生，但却直到改革开放后才成长和在学界崭露头角的学者就是新中国培养的第二代美学家了。在他们之前，本来还应该有一代，或者说，杨春时等学者本来应该更早地站在中国当代美学的舞台上，但是由于"文革"发动的原因，他们曾经被耽搁了一段青春的岁月。

众所周知，在50年代，新中国曾经发生了一次有关"美的本质"问题的美学大讨论，经此美学大讨论，在我国当代美学界，形成了美学四大派，也即蔡仪的"美是客观"派、吕荧、高尔泰的"美是主观"派、朱光潜的"美是主客观统一"派、李泽厚的"美是客观性与社会性统一"派。当时的李泽厚刚刚大学毕业，年纪轻轻就写出多篇美学宏文，登上美学舞台，一举成名。对于40年代中后期出生的那批学者，比如刘再复、朱立元、杨春时等，他们那时年纪尚小，自然不可能有机会参与这个美学盛会。

综览杨春时先生的美学思想及其成长，我们可以说，他就是新时期中国当代美学的同路人，是新时期中国当代美学的见证者，是新时期中国当代美学的重要参与者和推动者。杨春时虽然没有参与新中国第一次美学大讨论，但他参与和见证了80年代的"美学热"，在经历了90年代社会大众对美学热情的消退之后，亲自发动和参与了对以李泽厚为代表的"实践美学"的论争，从而开始了90年代以来中国美学界轰轰烈烈的"后实践美学与实践美学的论争"，而这次论争，可以被看成是新中国自50年代以来的第三次美学大讨论，是一次可以载入历史史册的美学活动，由于此贡献，杨春时也顺理成章地成为当代中国"后实践美学"的代表。

杨春时先生的美学研究有两个很鲜明的特点：其一是他的美学研究始终立足于中国的现实和文化土壤，80年代他提倡文学的主体性和审美的超越性，21世纪以来，他又提倡主体间性；80年代时他强调文学和审美的启蒙色彩，21世纪以来又提倡一种贵族精神；甚至90年代发起与实践美学的论争，提倡建立有中国文化立场的"后实践美学"派别，这些其实都是有所指的，即指向其所处时期的中国当代社会和文化现况，都是为了中国美学话语的形成在贡献自己的一份心力。而他的美学研究又并不是那种一般的文化保守派，而始终具有一种世界性的眼光和胸怀，他始终立足中国，放眼世界，对外来的西方的、苏俄的各种美学思潮采取一种兼收并蓄的态度，既批判其不足，又吸纳其合理的内涵，这在其对待海德格尔存在论的态度上可见一斑。其二是他的美学研究既是在与时俱进中不断发展和变化的，从80年代作为主体论哲学、美学和文艺学的同路人，到90年代与主体论文艺学和主体论实践美学分道扬镳；从80年代充满强烈启蒙色彩的美学，到21世纪提倡主体间性美学以反思启蒙主义美学所具有的人类中心主义和进步主义的不足；从主体论美学、现代性文论和美学再到主体间性美学、中华审美现象学的建构再到最近的中华美学的诗学化特点探索、礼物现象学美学、恩德文化批判，等等，可以说，杨春时的美学研究总是一直在求新求变，正是这种不断求新求变的举动，充分彰显了杨春时的锐利的学术个性和勇于创新的学术精神，也显示他不断地在力求超越自己。在追求美学研究主题的新变的同时，杨老师的美学研究又还有另外一个侧面，那就是他的思想的一贯性和对自己某种思想的彻底坚持，这显示了他的美学思想的彻底性。自从1982年以《论艺术的审美本质》一文获得硕士学位以来，在其中他倡导审美意识超越现实意识，审美个性超越现实个性，似乎这个观点就一直为他所坚持，从《文学评论》1986年第4期发表的《论文艺的充分主体性和超越性——兼评〈文艺学方法论问题〉》一文，再到后来与实践美学的论争，生存-超越美学说的提出，以及更后来的主体间性美学、中华审美现象学建构，他就似乎再也没有更改过这个观点，至多再加上了"审美的自由性"这一说法。其实，即使在80年代他作为主体论美学的同路人那个时期，所谓的充分的主体性和超越性的说法也已经在暗示他与其他主体论美学代表人物观点的内在分歧。杨春时先生对自己深为认同的某个观点的长期贯彻和坚持，也充分彰显了杨春时美学内在思想体系的完整性、成熟性以及其对自己美学思想建构的充分的自觉性，与当下某些学人朝秦暮楚，东一榔头西一棒子的学术研究做法截然不同。杨春时先生美学思想的一贯性还特别体现在其对现代性立场的坚持上，虽然其后来也有对现代启蒙主义的反思，但是他并没有像国内一些研究后现代和大众文化的学者那样，盲目地走到反本质主义的立场上去。80年代的主体论立场就不用说了，到了90年代以后的生存-超越美学、主体间性美学、中华审美现象学等，都还是坚持一种适度的现代性文化立场，他既有对西方启蒙主义及其所带来的人类中心主义的反思，同时对那种反本质主义、解构主义、后现代主义所带来的虚无主义倾向保持警惕。

杨春时先生见证了新时期以来中国当代美学各个阶段的发展和所出现的各种事件，并以其亲身的学术研究实践推动了中国当代美学的发展。杨春时先生的美学总体言之可以说就是一种"后实践美学"，他的美学，当然首先得益于与以李泽厚、刘纲纪、朱立元、邓晓芒等为代表的实践美学派的争论。由于这种争论一直持续，故其思想也处于动态的发展和调整中。这造成了他的后实践美学，在不同的历史阶段，是有其不同的具体内涵的，从最开始受到前期海德格尔影响而提出的"生存—超越"美学，到后来则更倾向于后期海德格尔，少谈"生存"，而更多谈"存在"了，而他现在，则由于其中华审美现象学的建构，对海德格尔又更多采取了批判性的态度。在21世纪初，杨春时提出"主体间性美学"，实际上是对实践美学进行反思的进一步深化，当然也是其后实践美学论述更进一步拥有独创性和更具体系化的一种表现。及至后来的对他者性美学和反本质主义美学的反思，对意识美学和身体美学的超越，对中华审美现象学的建构，对礼物现象学的申说，对中华传统美学诗学化特点的论述，对中国传统恩德文化的批判，可以说都是对其"后实践美学"理论体系建构的更进一步的丰富和完善。当然，他的一些核心观点，如超越性、自由性、生存、意义、体验、同一等关键词也是和其各个时期的美学研究相交织或者说贯穿在他不同时期的美学论述中的。

杨春时先生现在事实上已经从工作岗位上退休，但他老而弥坚、老骥伏枥，仍然在美学园地上默默耕耘，每年仍然抽出时间参与中国美学界的一些会议，每年都还有美学研究的新作拿出来发表，他还在继续为中国当代美学的研究添砖加瓦、发光发热。

在杨春时众多的美学著作中，2015年由人民出版社出版的作为"后实践美学文丛"之一种的《作为第一哲学的美学——存在、现象与审美》算是其晚年之作，无疑是他的美学研究中最具有代表性或最代表他的最新最前沿的美学思考的力作之一。这本书是一本"史论结合"的专著，其中既有现代西方各种重要美学流派和观点的梳理和批判，更有在此基础上的美学体系的创构。这本书的核心内容除了导论和结语之外，共有七章。由于杨春时先生十分强调美学的哲学属性，所以他非常看重美学研究中的哲学方法论的指导和哲学本体论的建构，这或许也是他和当代中国其他的一些文艺美学家很不同的地方。这本书的前两章就是论述哲学方法论、哲学本体论的批判与重建问题的，在做完这个奠基性的工作之后，杨春时先后对审美意义的发现和证明，生存和审美的超越性、审美的主体间性、审美现象学的建构进行了如层层剥笋、抽丝剥茧的论述，最后再把其观点总结和升华为"美学是第一哲学"的论述。杨春时的这一论述，理论立论基础扎实，逻辑层次清晰，观点新颖独到，充分显示了其后实践美学体系的成熟。"美学是第一哲学"的论述在国外也有学者如格拉厄姆.哈姆曾提出过，国内也有几位学者如李泽厚先生、潘知常先生主张，杨春时先生在这点上和他们同调，但是杨春时先生的立论基础和他们是不同的，比如李泽厚是依据中国传统儒家的"情本体"美学，潘知常是依据其所谓的生命美学，而杨春时则是既受到西方的现象学和存在论的启发，又在批判西方的"推定存在论"和"缺席现象学"的基础上，提出了自己的"确定存在论"和"充实现象学"，是在这个基础上推出其"中华审美现象学"之基础上才作出"美学是第一哲学"的论述的，这一点与李泽厚、潘知常不同，是有鲜明的杨氏美学特色的，也充分地彰显了杨春时美学的巨大的创造性和理论逻辑体系的严密性。"美学是第一哲学"论述无论在西方还是中国，其实都还算是一个新课题，在传统哲学中，形而上学才是第一哲学，在当代，美学如何能够成为哲学的奠基，如何能够成为一种新形而上学或后形而上学，凸显审美的超越性和独特位置，确实是一个值得探讨的重大问题。自然不能说杨春时的观点就无懈可击或无法再做进一步争辩，但他从自己对哲学和美学的理解出发，所进行的"美学是第一哲学"的论述，无疑成为我们美学研究的一个重要路标，可以为我们后来者或未来的中国美学研究有所指示。

下面我们就来踏上对杨春时先生《作为第一哲学的美学——存在、现象与审美》所蕴藏的美学秘密的探寻之旅。

一、重建现代性美学的努力

杨春时先生在建构其自己美学体系的过程中，其所对话的一个重要对象就是现代西方美学，他一方面吸收主体性意识美学、后现代身体美学、先验现象学美学、实存美学、解释学美学、新实用主义美学、分析美学等各种美学的优点，另外又总是对其不足予以批判，在这个基础上，他确立了审美的超越性和体验性，建立了其自己所意谓的主体间性美学、存在论美学和审美现象学。他对那种要终结现代美学的反本质主义、解构主义、后现代主义始终不满足，而是汲取哈贝马斯的观点，坚持重建一种合理的现代性美学立场。这些都足以彰显杨春时美学的尖锐的批判锋芒、个性十足的理论体系建构以及海纳百川、包容有度的美学研究立场。

（一）未完成的现代美学

杨春时先生认为，当代世界美学已进入后现代主义时期，这一阶段的审美，对现代主义审美进行了全面反拨，但是，它又存在遁入虚无主义的危险。在杨春时老师看来，现代美学尚未结束，必须要超越现代主义和后现代主义审美的弊端，吸收其中的合理性，并在此基础上重建现代美学，才是当代中国美学的发展之路。这是重建现代美学中的第一个重要问题。

杨春时认为，现代美学具有"未完成性"[①]的特征。以现代主义哲学为根基的现代主义美学等，视审美为对人的自由之实现，为主体性之觉醒，为一种本真的存在。而以后现代主义哲学为根基的后现代主义美学，则走的是反本体论、反形而上学，反主体论、反本质主义，反意识哲学等五重否定路径。这两种美学都分别走到了极端，很显然，这两种美学均非现代哲学的终点。应当说现代主义的哲学与美学还未结束，现代主义美学中既存在有合理性的因子，也存在有其弊端，后现代主义美学在一定程度上看到了现代主义的弊端，但又矫枉过正，走向了全盘否定的态度。对此，我们既需要汲取现代主义的合理成果，比如其强调理性、主体性、进步的一面，又需要汲取后现代主义的合理资源，比如"建设性后现代主义"中强调"整体"、"有机"、"返魅"的思想，并在纠正其各自缺陷的基础上对未竟的现代主义加以转化与接续。

中国当代美学走过了由80年代的启蒙主义美学（即实践美学），至90年代的现代主义美学（即后实践美学），到21世纪的后现代主义美学（即身体美学、日常生活审美化）等这样一个历程，从这个历程中，我们可以从中获得如

---

① 杨春时：《作为第一哲学的美学——存在、现象与审美》，人民出版社，2015年版，第1页。

下重要的启示：相比全盘抛弃现代主义的虚无主义态度，我们更应该把现代主义美学看作是"一项未完成的事业"，对其合理性应取其精华，对其不合理性应进行抛弃；后现代主义美学中包括"后形而上学、解释学、他者性理论、解构主义、身体性理论"等诸多理论，它们虽然对现代主义美学也有全盘否定之嫌，但其中也有不少合理因素，我们也应对之加以吸取。①在此基础上，我们可期望实现对现代主义与后现代主义的双重超越，并在此基础上重建现代美学，完成现代主义和后现代主义美学未完成的使命。根据杨春时先生的美学叙事思路，这个重建和改造的过程，就是"由实存论美学转向存在论美学，由先验现象美学转向审美（超越）现象学，由本质主义哲学转向审美主义哲学，由主体性美学转向主体间性美学，由意识美学转向体验美学"②。

重建现代美学中的又一个重要问题就是"如何看待形而上学的遗产"③的问题。形而上学是西方传统哲学中的第一哲学，现代西方哲学对形而上学实体本体论进行了批判，并企图以实存本体论与现象学代替之，但并不成功。后现代主义哲学却完全抛弃形而上学而走向了"否定一切的虚无主义"④，自然也是走向了歧途。形而上学有其合理之处，比如其对存在意义的寻求，其对超越性境界的探求等，重建现代美学要继承并保留形而上学的合理之处，抛弃其不合理之处。哲学的前途在于构建一种全新的存在论与现象学，并在此基础之上建立一种全新的现代形而上学，并由它去解决传统形而上学所要达到的目的即"存在的意义问题"⑤。这是一个当下的任务，也是建构一种未来哲学和美学的目标。

---

① 杨春时：《作为第一哲学的美学——存在、现象与审美》，人民出版社，2015年版，第3页。

② 杨春时：《作为第一哲学的美学——存在、现象与审美》，人民出版社，2015年版，第3页。

③ 杨春时：《作为第一哲学的美学——存在、现象与审美》，人民出版社，2015年版，第3页。

④ 杨春时：《作为第一哲学的美学——存在、现象与审美》，人民出版社，2015年版，第3页。

⑤ 杨春时：《作为第一哲学的美学——存在、现象与审美》，人民出版社，2015年版，第4页。

（二）超越实存哲学和后形而上学，走向存在论美学

杨春时先生认为，古往今来，哲学的一大宗旨就是理解和把握存在问题。古希腊哲学是一种实体本体论哲学，他们把"存在"理解为一种实体性的存在者，这样一种思路在现代西方现象学和存在主义那里发生了改变，他们走向了一种实存本体论，相应地，形而上学也由其古希腊意义上的古典形态转变成了现代形态。实存哲学"以生存的本质即实存作为本体"，"肯定实存的自由性、超越性，批判现实生存的异化性质"。①实存哲学有各种流派，如克尔凯郭尔、雅斯贝尔斯、海德格尔、萨特等，但其中心都是"从自我的存在出发，坚信生存的本质即实存是自由的选择"②。这样一种旨趣为探寻存在的意义问题找到了一条新路。但实存哲学存在致命缺陷，即"离开了存在谈论生存的本质"，企图"以实存取代了存在"③，但"存在"和"实存"是两个有关联的问题而又并不是一个问题，用海德格尔的话来说就是，用存在者的存在取代了对存在的理解。在这样一种情形下，存在本身在实存论哲学那儿实际上变得缺席了，与此紧密相关，实存的超越性以及人的自由选择也都将变得虚无和不可能。

当代西方哲学的主流是后形而上学，"它包括语言哲学、分析哲学、新实用主义等哲学流派，它们都取消了形而上学本体论"④。语言哲学认为语言先于一切，这既否定了传统的实体本体论，又否定了实存论和存在论；分析哲学认为一切都是语言问题，把形而上学本体论和存在问题送上了末路，对一些虚假的形而上学命题的批判是其价值，但是"用日常语言来否定哲学命题"则是其根本缺陷；新实用主义也否定一切形而上学的概念，从实用主义的原则出发

---

① 杨春时：《作为第一哲学的美学——存在、现象与审美》，人民出版社，2015年版，第4页。

② 杨春时：《作为第一哲学的美学——存在、现象与审美》，人民出版社，2015年版，第4页。

③ 杨春时：《作为第一哲学的美学——存在、现象与审美》，人民出版社，2015年版，第4页。

④ 杨春时：《作为第一哲学的美学——存在、现象与审美》，人民出版社，2015年版，第5页。

主张一切的概念和命题都是为了我们去有用地处理经验世界的问题，这是一种"经验主义和相对主义"的表现。相对于语言哲学、分析哲学和新实用主义哲学，实存哲学至少还有其对存在意义的追求，这是我们应该从实存哲学那里继续继承的。

我们必须克服实存本体论离开存在来谈实存的缺陷，克服后形而上学哲学彻底"否定本体论的缺陷，建设真正的存在本体论哲学"。在真正的存在本体论哲学那里，"实存的超越性来自存在，实存通向存在"，而实存的自由性又"指向存在，即我与世界之间的共在"。①同时，我们还要"以存在本体论超越分析哲学"，"建立存在论的语言观"，在此基础上去寻获一种"本源性的语言"②。在建立存在本体论哲学的过程中，审美能发挥巨大作用，因为审美是"自由的生存方式和超越的体验方式，从而使存在的本质显现"③；审美是"超越日常语言的诗性语言，是自由的体验，它突破了现实语言的局限，使存在的意义得以显现"④。

（三）超越各种流派的现象学和解释学，建立审美现象学

杨春时先生认为，胡塞尔的先验现象学由意识的意向性出发朝向事情本身，但其结果只是通过现象学还原回到了一种所谓的先验意识。然而本源的现象学的目的应该是要去"揭示存在的本质或世界的本真意义"，胡塞尔的现象学显然离这个目标很远，它根本没有真正的朝向"存在"这个事情本身，也就不可能"解决存在意义的问题"，也就"不能揭示存在的本质"。⑤

---

① 杨春时：《作为第一哲学的美学——存在、现象与审美》，人民出版社，2015年版，第6页。

② 杨春时：《作为第一哲学的美学——存在、现象与审美》，人民出版社，2015年版，第6页。

③ 杨春时：《作为第一哲学的美学——存在、现象与审美》，人民出版社，2015年版，第6页。

④ 杨春时：《作为第一哲学的美学——存在、现象与审美》，人民出版社，2015年版，第6页。

⑤ 杨春时：《作为第一哲学的美学——存在、现象与审美》，人民出版社，2015年版，第7页。

胡塞尔先验现象学之后是经验现象学的崛起。它包括舍勒的情感现象学、梅洛–庞蒂的知觉现象学以及保罗·利科的意志现象学。经验现象学认为"现象学还原的结果不是先验意识而是经验意识"①。经验现象学的缺陷是明显的，因为它走向的不是"存在"而是经验，而经验无法把握存在意义。

经验现象学的极致是解释学。解释学在"否定了现象学的先验性"的同时，"把意义归结为历史性的解释的产物"。②比如其代表人物伽达默尔认为理解只是理解者受到其历史处境影响而形成的前理解参与而和文本对象之间进行的一种视域交融的结果，是一种不同的理解，这一方面强调了理解的历史性，一方面却又走向了相对主义。解释学的理解所把握到的实际上只是由于历史性视域而形成的"经验性的意义"而不是"存在的意义"③。故此我们可以说，"解释学终结了现象学，消解了绝对意义"，而为"通向后现代主义"④而大开了方便之门。

超验现象学是对经验现象学的反叛形式。其中，海德格尔的此在现象学和萨特的实存哲学是走向超验现象学的前奏。超验现象学的真正代表是马里翁、列维纳斯、德里达等。超验现象学"把现象建基于超越性的存在，存在不在场，只有通过超验性的体验，才能使存在（虚无）显现或者作为缺席者被给予"⑤。也即是说，超验现象学实际上是一种缺席现象学，缺席现象学"确立了存在的不在场性质，并且通过缺席体验领会存在"，其做法具有一定的合理性；但其认为"可以通过非审美的超验体验直接使存在显现"，这是一种缘木

---

① 杨春时：《作为第一哲学的美学——存在、现象与审美》，人民出版社，2015年版，第7页。

② 杨春时：《作为第一哲学的美学——存在、现象与审美》，人民出版社，2015年版，第7页。

③ 杨春时：《作为第一哲学的美学——存在、现象与审美》，人民出版社，2015年版，第8页。

④ 杨春时：《作为第一哲学的美学——存在、现象与审美》，人民出版社，2015年版，第7页。

⑤ 杨春时：《作为第一哲学的美学——存在、现象与审美》，人民出版社，2015年版，第8页。

求鱼的空想。①

　　杨春时先生认为，我们最应该做的，就是"超越先验现象学和解释学，改造超验现象学，在存在论的基础上建立审美现象学"②。因为"审美作为自由的生存方式和向本真存在的回归"，"既具有超验性"，又"真正地具有了现象性"。③也就是说，审美现象本身就通向存在，是把握存在的最好方式。杨春时先生认为："审美就是现象的生成，审美意象就是现象，就是存在意义的显现。"④如此一来，在美学中，我们也就"确立了审美的现象性，也建立了审美现象学"⑤。审美现象学是一种"不同于现象学美学"的"超越性的现象学"，它"认为现象不是还原的产物，而是审美超越的创造"；它"把审美当作真正的现象，审美能够使存在的意义显现，审美意义就是存在的意义，从而确定美学就是现象学"。⑥故而美学在此"成为第一哲学，成为发现存在意义的方法论和本体论"⑦。

（四）超越本质主义和各种消解性哲学，确立审美的超越性

　　杨春时先生认为，在西方哲学中，"从古代的实体本体论到近代的认识

---

　　① 杨春时：《作为第一哲学的美学——存在、现象与审美》，人民出版社，2015年版，第8页。

　　② 杨春时：《作为第一哲学的美学——存在、现象与审美》，人民出版社，2015年版，第9页。

　　③ 杨春时：《作为第一哲学的美学——存在、现象与审美》，人民出版社，2015年版，第9页。

　　④ 杨春时：《作为第一哲学的美学——存在、现象与审美》，人民出版社，2015年版，第9页。

　　⑤ 杨春时：《作为第一哲学的美学——存在、现象与审美》，人民出版社，2015年版，第9页。

　　⑥ 杨春时：《作为第一哲学的美学——存在、现象与审美》，人民出版社，2015年版，第9页。

　　⑦ 杨春时：《作为第一哲学的美学——存在、现象与审美》，人民出版社，2015年版，第9页。

论，再到现代的生存本体论"，始终贯穿着一条"本质主义的线索"①。本质主义建立在主客二分的思维之上，认为通过主体的努力，可以从对象身上发现一种"实体性"的"本质"，这自然是做不到的。到了现代西方，胡塞尔的本质直观、海德格尔的实存性现象学，已经在一定程度上消解这种本质主义，但他们又并未完全放弃本质主义的思维。

70年代以后，西方哲学走向了各种消解性哲学，如解构主义、新历史主义、新实用主义、分析哲学等等，它们"取消了一切关于本质的言说，瓦解了西方形而上学的本质主义"②。

"本质主义的哲学基础是实体本体论"，其认为实体"永恒不变的具有绝对性"③。但现代各种消解性哲学认为"世界不是实体，也没有绝对本质"，这种观点有其一定的合理性，但只适用于"现实生存领域"，不适用在"本真的存在领域"。④因为在"本真的存在领域"中，"存在是生存的根据，因此生存具有超越性的本质"⑤。对于审美而言，审美也"没有实体性的本质"，但不能否定审美"具有超越性的本质"⑥。所以，生存和艺术不是没有本质，而是它们两者具有的是超越性的存在本质。

传统的僵化的本质主义固不可取，然而各种消解性哲学在反对本质主义的同时，也把一切本质都给消解掉了，这就容易导向相对主义和虚无主义，把这种观点运用到美学上，实际上是否定了审美的本质，"取消了审美与艺术的自

① 杨春时：《作为第一哲学的美学——存在、现象与审美》，人民出版社，2015年版，第9页。

② 杨春时：《作为第一哲学的美学——存在、现象与审美》，人民出版社，2015年版，第10页。

③ 杨春时：《作为第一哲学的美学——存在、现象与审美》，人民出版社，2015年版，第10-11页。

④ 杨春时：《作为第一哲学的美学——存在、现象与审美》，人民出版社，2015年版，第11页。

⑤ 杨春时：《作为第一哲学的美学——存在、现象与审美》，人民出版社，2015年版，第11页。

⑥ 杨春时：《作为第一哲学的美学——存在、现象与审美》，人民出版社，2015年版，第11页。

身规定性，否定了它的超越性、自由性的本质，从而否定了美学"①。

为此，我们既要反对僵化的本质主义，又要防止各种消解性哲学"以反本质主义为由，否定审美的超越性、自由性"②的做法。我们一方面要"否定审美的实体性本质"，然而一方面又要"确立存在论的本质主义"，从美和审美"是一种超越性的意义"，是"存在意义的显现"的角度肯定"审美的超越、自由性"的本质。③

（五）超越主体性哲学和他者性哲学，建立主体间性哲学和美学

杨春时先生认为，近现代美学是"建立在启蒙理性的基础上"④的以主体性为核心的主体性美学。在后期现代社会，产生了他者性哲学，他者性哲学和美学是以对于主体性哲学的反拨形式的面貌出现的。他者性哲学的贡献在于"破除了主体性迷误"，但是彻底放逐了主体，导致哲学和美学成为一种无主体的话语"能指的游戏"⑤，这是其局限。

主体性美学和他者性美学各有局限，"新的美学建设应该克服主体性美学与他者性美学各自的片面性，建立主体间性美学"⑥。杨春时先生认为，主体间性有三种形式，一种是以胡塞尔为代表的认识论的主体间性，一种是以哈贝马斯为代表的社会学的主体间性，一种是以晚期海德格尔为代表的本体论的主体间性。杨春时先生从其美学建构的角度，更倾心于一种本体论的主体间性，

---

① 杨春时：《作为第一哲学的美学——存在、现象与审美》，人民出版社，2015年版，第11页。

② 杨春时：《作为第一哲学的美学——存在、现象与审美》，人民出版社，2015年版，第11页。

③ 杨春时：《作为第一哲学的美学——存在、现象与审美》，人民出版社，2015年版，第11页。

④ 杨春时：《作为第一哲学的美学——存在、现象与审美》，人民出版社，2015年版，第12页。

⑤ 杨春时：《作为第一哲学的美学——存在、现象与审美》，人民出版社，2015年版，第12页。

⑥ 杨春时：《作为第一哲学的美学——存在、现象与审美》，人民出版社，2015年版，第13页。

认为只有本体论的主体间性才能够克服主客二分，克服主体性美学和他者性美学的局限。所谓本体论的主体间性，是因为它"根源于存在的同一性，存在是本真的生存，是我与世界的共在"①，其表现形式就是所谓的审美理解和审美同情。

当前的主体间性美学的建构必须实现三重超越，一是"必须超越片面的主体性哲学"和美学，二是必需超越片面的他者性哲学和美学，三是必需超越认识论和社会学意义上的主体间性哲学和美学，"继承和改造已有的本体论的主体间性哲学"和美学，而其最终的目标是："在存在论的基础上建设主体间性美学。"②杨春时先生认为，要"实现自由和审美"，必须解决"人与世界的对立"这一哲学和美学上的基本难题，其方法就是如何"消除主客对立，实现同一性"的问题，这个途径"只能是主体间性"③。但这个主体间性不是一般的认识论的和社会学意义上的主体间性，而只能是一种存在论或本体论意义上的主体间性，也就是一种本真的主体间性。在杨春时先生看来，"主体间性源于存在的同一性"，"这个同一性就是我与世界的共在"，也就是说，存在的同一性是"主体间性的根据"，而主体间性又是"存在的同一性的实现方式"④。这种本真的主体间性和存在的同一性的寻获只能在审美当中才能真正得以实现，因为在审美中，作为审美主体的人和世界之间没有了任何的距离隔阂，实现了真正的同一，人和对象都成为自由的主体，他们在审美的理解和相互倾听中尽情地对话和交谈，实现了充分的自由，也实现了充分的超越（超越物我对立）。

---

① 杨春时：《作为第一哲学的美学——存在、现象与审美》，人民出版社，2015年版，第13页。

② 杨春时：《作为第一哲学的美学——存在、现象与审美》，人民出版社，2015年版，第14页。

③ 杨春时：《作为第一哲学的美学——存在、现象与审美》，人民出版社，2015年版，第14页。

④ 杨春时：《作为第一哲学的美学——存在、现象与审美》，人民出版社，2015年版，第14页。

（六）超越意识美学和身体美学的对立，建立身心一体的体验美学

杨春时先生认为，西方传统哲学是一种"意识哲学"，它"把主体规定为意识"，"排除身体性，高扬理性"①，其代表如笛卡尔的"我思"以及康德、黑格尔的理性。主体性意识美学正是在意识哲学的基础上确立的。"主体性意识美学认为，意识是审美主体，审美是纯粹的意识活动。"②意识美学认为美感与身体无关，所以"排除了身体性"③。意识美学"肯定了审美的精神性、超越性"，这是其价值，但其"摒弃身体性"，则是其偏颇之处，也"不符合审美实际"④。

早期现代美学家如叔本华、尼采、柏格森等于审美中"发现了身体性"，但是仍"纠结于意识与身体的对立之中"⑤，而且其所谓的身体也更多是一种非理性、反理性的身体欲望，对身体的论述同样不充分，不符合审美实际。

到了后现代美学，他们更多地强调了身体性，甚至认为"精神从属于身体"，于此形成了所谓的"身体美学"，但他们实际上是"以身体性吞没精神性"⑥，同样是一种张扬身体欲望的非理性、反理性的美学论述，并不符合审美的实际。

真正地身心一体的克服确实只有依靠美学，因为审美是一种真正的"身心一体的审美体验"⑦，但是这种美学既不是如叔本华、尼采的美学，也不是后

---

① 杨春时：《作为第一哲学的美学——存在、现象与审美》，人民出版社，2015年版，第14—15页。

② 杨春时：《作为第一哲学的美学——存在、现象与审美》，人民出版社，2015年版，第15页。

③ 杨春时：《作为第一哲学的美学——存在、现象与审美》，人民出版社，2015年版，第15页。

④ 杨春时：《作为第一哲学的美学——存在、现象与审美》，人民出版社，2015年版，第15页。

⑤ 杨春时：《作为第一哲学的美学——存在、现象与审美》，人民出版社，2015年版，第15页。

⑥ 杨春时：《作为第一哲学的美学——存在、现象与审美》，人民出版社，2015年版，第15页。

⑦ 杨春时：《作为第一哲学的美学——存在、现象与审美》，人民出版社，2015年版，第16页。

现代的身体美学。

我们的美学的目标是：一方面要"吸收身体美学的合理思想"，即"承认审美的身体性因素"，一方面要继承意识美学的"精神性和超越性"维度，一方面要"克服现代意识美学与后现代身体美学各自的片面性"，并在此基础上"建立身心一体的体验美学"①。这种体验美学"把审美看作一种自由的生存体验"，而"体验包括意识和身体"，审美体验由此既是"精神活动"，又是"身体经验的升华"②。在审美体验中，意识与精神融合为一，自由的精神即是自由的快感，自由的快感即是自由的精神，从而克服了"身体性与精神性的对立"③，而在对这种对立的消除中，审美的超越性与自由性也就得到了真正的实现。

二、美学本体论和方法论的重置

为了建构其后实践美学体系，杨春时所做的第一步最重要的工作就是在汲取古今中外美学研究成果的基础上，打破旧的美学研究的思维框架，为其美学的建构进行一种新的本体论和方法论方面的奠基。在美学本体论方面，他突破过去的"缺席现象学"和"推定存在论"，以一种"充实的现象学"和"确定的存在论"为基础，把现象学和存在论进行了切实的关联或进行了完整的统一，从而让"存在"得以显现成为可能，实现了对"存在"本体的真正把握，凸显了存在本身的本真性与同一性内涵。在美学研究方法方面，他主要以他自己重置的"充实现象学"以及伽达默尔的解释学方法为基础，凸显现象学方法中所蕴含的审美体验方法、符号学和语言学的方法，当然他也没忘记来自西方

---

① 杨春时：《作为第一哲学的美学——存在、现象与审美》，人民出版社，2015年版，第16页。

② 杨春时：《作为第一哲学的美学——存在、现象与审美》，人民出版社，2015年版，第16页。

③ 杨春时：《作为第一哲学的美学——存在、现象与审美》，人民出版社，2015年版，第16页。

古典美学中的逻辑–演绎、归纳–实证、逻辑与历史相统一等的方法。通过对一种新的美学本体论和方法论的重新置入，杨春时为我们打开了一种新的美学视界，同时也为通向其"作为第一哲学的美学"的"后实践美学"打开了大门、铺平了道路。

（一）存在作为审美本体的范畴

1.哲学本体论的历史与重建

其一，哲学本体论的发展历史。

杨春时先生认为，哲学本体论的历史大致可以分为三个部分，先是古代西方的实体本体论哲学（注重客体性），再是近代西方的认识论哲学（强调主体性），最后是现代西方的存在论哲学（关注主体间性）。

"古代的西方哲学有两大特点，一是实体论，二是客体性。"①柏拉图的理式、亚里士多德的第一实体都是此类哲学的代表。对于西方古代哲学，杨春时先生认为有两大缺陷，一个是"主体与客体的分立"，一个是"把存在归结为实体或本体，认为实体或本体支配着万事万物，包括人类自身"②。总之，"西方古代哲学是客体性哲学，人并没有被看作主体，存在是实体性的"③。

与西方古代哲学相适应，西方古代美学也有两大特点，一是"从实体观念出发"，把美当成"独立于人之外的实体"的客观属性，二是"从本体论出发，把美的本质问题归属于本体论领域，美与本体相关，是本体的属性或表现（现象）"。④前一个特点决定了古代美学的客体性，后一个特点决定了古代美学的形而上学性。对于西方古代美学，杨春时先生认为一方面要肯定其"对

---

① 杨春时：《作为第一哲学的美学——存在、现象与审美》，人民出版社，2015年版，第65页。

② 杨春时：《作为第一哲学的美学——存在、现象与审美》，人民出版社，2015年版，第67页。

③ 杨春时：《作为第一哲学的美学——存在、现象与审美》，人民出版社，2015年版，第67页。

④ 杨春时：《作为第一哲学的美学——存在、现象与审美》，人民出版社，2015年版，第67—68页。

审美现象进行了最初的探讨，建立了一个初步的美学思想体系，体现了古代人类对审美的理性认识，成为美学的宝贵思想资源"①。另一方面要批判性地看待其两大缺陷：一是其总体倾向还是"在主客二元对立的前提下，把美当作实体或实体的属性"，进而"孤立地研究美"，二是"从实体本体论出发，企图通过对本体范畴的推演，得出美的本质，建立一种形而上学的美学体系"，最后则难免"陷入独断论"。②总之，西方"古代美学从实体本体论出发，企图通过对本体的推演找出普遍的美的本质"，这些都是"徒劳的"③。而也正是由于这些缺陷，"西方近代美学转向对审美主体的研究"④，走向了对主体性美学的建立。

在西方近代哲学的基础上产生了近代西方美学。"西方近代哲学有两大特点，一是认识论，二是主体性。"⑤相比于古代哲学，近代西方哲学建立在理性的基础上，同时也把主体本身实体化，从这一点来说，它与古代哲学的思维有相通之处。所谓主体性，"是指在主体与客体的关系中主体对客体的优越性，客体被主体所构造和征服，主体成为存在的根据"⑥。近代哲学认为存在是"理性的产物"，"具有主体性"，而"不是独立自主的客体"⑦。近代哲学也有两大缺陷：一是"仍然是在主客对立的前提下谈论主体性"，没有"摆脱实体论"；二是其所确立的主体性原则"在现代性实现以后"，"主体性的

---

① 杨春时：《作为第一哲学的美学——存在、现象与审美》，人民出版社，2015年版，第68页。

② 杨春时：《作为第一哲学的美学——存在、现象与审美》，人民出版社，2015年版，第69页。

③ 杨春时：《作为第一哲学的美学——存在、现象与审美》，人民出版社，2015年版，第69页。

④ 杨春时：《作为第一哲学的美学——存在、现象与审美》，人民出版社，2015年版，第69页。

⑤ 杨春时：《作为第一哲学的美学——存在、现象与审美》，人民出版社，2015年版，第69页。

⑥ 杨春时：《作为第一哲学的美学——存在、现象与审美》，人民出版社，2015年版，第69页。

⑦ 杨春时：《作为第一哲学的美学——存在、现象与审美》，人民出版社，2015年版，第69页。

阴暗面"暴露较多，比如"人的孤独以及人与自然、社会的对立"等缺陷明显。①

近代哲学是一种认识论哲学，相应地，近代美学"也被归于认识论，并具有了主体性"②。其表现有二，一个是"把审美当作对世界的一种特殊的认识（包括情感体验）"，一个是把美"当作主体创造的产物"③。也就是说，审美成为一项主体性的活动，美也就"具有了主体性"④。对于"近代西方美学超越了古代的本体论美学和客体性美学"，"从认识论角度""确立了审美的主体性原则"这一历史性的成果⑤，杨春时先生表示十分认可。但杨先生也对近代西方美学所存在着的"历史的局限和理论的缺陷"进行了批判，其缺陷也表现有二：一方面其囿于认识论领域，"把审美当作一种感性认识或感性领域的情感"，这种观点具有片面性，另一方面其所确立的主体性原则"建立在主客二元对立的前提下"，在此二元对立中不可能实现真正的自由，也不可能"达到对世界的真正把握"。⑥

随着主体性理论局限的暴露，现代西方走向了主体间性的哲学和美学，西方的实存论哲学、现象学哲学、存在论哲学、他者性哲学中都蕴含有主体间性的因子，都可以看作是主体间性哲学的理论架构，它们为我们理解存在的主体间性提供了基本的视域。"主体间性哲学不再把世界看作实体、客体，而是

① 杨春时：《作为第一哲学的美学——存在、现象与审美》，人民出版社，2015年版，第71页。

② 杨春时：《作为第一哲学的美学——存在、现象与审美》，人民出版社，2015年版，第71页。

③ 杨春时：《作为第一哲学的美学——存在、现象与审美》，人民出版社，2015年版，第71页。

④ 杨春时：《作为第一哲学的美学——存在、现象与审美》，人民出版社，2015年版，第71页。

⑤ 杨春时：《作为第一哲学的美学——存在、现象与审美》，人民出版社，2015年版，第72页。

⑥ 杨春时：《作为第一哲学的美学——存在、现象与审美》，人民出版社，2015年版，第73页。

看作另一个主体，并从主体与主体间的关系来考察存在。"①而所谓的"主体间性"，指的是在主体之间的关系中，"存在成为主体之间的交往、对话、体验，从而达到互相之间的理解与和谐。"②总之，"现代西方哲学的总体趋势是走向存在论和解释学，并确立了主体间性"③，其中自然包括审美的主体间性。主体间性哲学的提出有重要意义：一方面，有助于"克服现代性（主体性）带来的消极影响，解决人们的生存困境"，以适应现代人的精神需要；另一方面，"体现了哲学自身发展的规律"，"一定程度上解决了近代哲学"中拥有的"实体论的残余以及主体性哲学的缺陷"等问题。④

其二，对哲学本体论的重建。

杨先生认为，哲学的本体论的重建，要先从本体论和存在的范畴说起。而存在只能由现象学进行把握，现象学有在场的和不在场的现象学，不在场现象学中的缺席现象学是把握存在的关键。通过缺席现象学对存在进行把握，进而建立推定存在论，推知存在本身的基本性质。这就是哲学本体论重建的基本逻辑。

本体论作为"哲学的基础"始终处于"不断地被摧毁和重建"的过程中⑤。到了现代，西方哲学"开始重建本体论"，就是用"实存"替换"实体性的存在"，"从而建立了现代形而上学"⑥。但是，"由于没有对存在作出规定"，实存哲学"缺失了存在论的根基，使实存的本质无从规定"，而且，

---

① 杨春时：《作为第一哲学的美学——存在、现象与审美》，人民出版社，2015年版，第75页。

② 杨春时：《作为第一哲学的美学——存在、现象与审美》，人民出版社，2015年版，第75页。

③ 杨春时：《作为第一哲学的美学——存在、现象与审美》，人民出版社，2015年版，第77页。

④ 杨春时：《作为第一哲学的美学——存在、现象与审美》，人民出版社，2015年版，第77—78页。

⑤ 杨春时：《作为第一哲学的美学——存在、现象与审美》，人民出版社，2015年版，第80页。

⑥ 杨春时：《作为第一哲学的美学——存在、现象与审美》，人民出版社，2015年版，第81页。

实存哲学是"直接从生存体验中"而非存在中"确定实存的本质和意义，从而使实存失去了实有性，而陷于虚无主义"[①]。"哲学是追本溯源的学问，它必须追问本体论的问题，从而解决哲学的根本问题即存在的意义问题"，因此，"当代哲学的任务，不是抛弃本体论和存在问题，而是在新的基础上重建本体论和重新定义存在概念，从而建设一个新的现代形而上学"。[②]

不同的哲学体系由"对'存在'的不同认识"所决定。存在的概念在"现代意义上"可以作出如下这些最"一般性的规定"：首先，存在是"哲学的逻辑起点"，它必须"包括整个世界"和"哲学思考的主体"，是"最一般、最抽象的概念、范畴"。[③]其次，是"作为第一哲学的本体论所规定的存在概念，应该是无可争辩的绝对'实事'"，"它必须超越现实生存领域，进入本真的领域"[④]。最后，存在既是"逻辑的必然性"，又是一种实际的可能性"，"存在必须成为生存的根据，必须能够揭示生存的本质"[⑤]。

杨先生认为，"存在作为哲学思考的对象，只能进行现象学的把握"，因此，我们要"运用现象学方法来确定存在"问题。[⑥]所谓现象学，是"关于存在意义显现的哲学方法论"，其"必然与存在论结合"[⑦]。然而，"现象学应用于存在论"十分困难，因为"世界作为存在者整体不能作为对象显现"，存

---

① 杨春时：《作为第一哲学的美学——存在、现象与审美》，人民出版社，2015年版，第81页。

② 杨春时：《作为第一哲学的美学——存在、现象与审美》，人民出版社，2015年版，第82页。

③ 杨春时：《作为第一哲学的美学——存在、现象与审美》，人民出版社，2015年版，第82—83页。

④ 杨春时：《作为第一哲学的美学——存在、现象与审美》，人民出版社，2015年版，第83页。

⑤ 杨春时：《作为第一哲学的美学——存在、现象与审美》，人民出版社，2015年版，第83页。

⑥ 杨春时：《作为第一哲学的美学——存在、现象与审美》，人民出版社，2015年版，第83页。

⑦ 杨春时：《作为第一哲学的美学——存在、现象与审美》，人民出版社，2015年版，第83页。

在具有不在场的性质，"不能被直观地把握"①。根据存在的对象之在场和不在场的不同，现象学"经历了由在场的现象学到不在场的现象学以及审美现象学的演变"②。

在场的现象学包括先验现象学和经验现象学。胡塞尔的先验现象学是在场的现象学，因为他所谓的"现象"是"纯粹直观的对象，是在场者"③，他以为通过现象学还原就可以直观到这个作为本质的对象，但其实他把握到的只是意识的对象而不是存在。以舍勒、梅洛-庞蒂、伽达默尔等为代表的经验现象学则企图通过还原到经验的情感、知觉和历史来把握存在，但其实"经验意识的对象只是表象而非现象，因此经验现象学不能把握存在"④。

"区别于在场的现象学"，不在场的现象学"以存在（或他者）不在场为前提"，"通过存在（或他者）缺席的体验来使存在（或他者）拥有被给予性，从而使存在（或他者）具有某种现象性，作为现象显现"⑤。不在场的现象学包括"实存论的虚无现象学、他者现象学以及缺席现象学"⑥，代表人物分别是前期海德格尔、列维纳斯、德里达等。但是，"虚无和存在不能作为现象呈现"，所以"虚无现象学并不合理"；他者现象学企图在"存在的缺失体验"的基础上，"通达超越性的他者"，其中仍然有"形而上学的实体论的影响"，且他者"也不能作为现象显现"，也即是说，他者现象学也有其不合理

① 杨春时：《作为第一哲学的美学——存在、现象与审美》，人民出版社，2015年版，第83—84页。

② 杨春时：《作为第一哲学的美学——存在、现象与审美》，人民出版社，2015年版，第84页。

③ 杨春时：《作为第一哲学的美学——存在、现象与审美》，人民出版社，2015年版，第84页。

④ 杨春时：《作为第一哲学的美学——存在、现象与审美》，人民出版社，2015年版，第84页。

⑤ 杨春时：《作为第一哲学的美学——存在、现象与审美》，人民出版社，2015年版，第84页。

⑥ 杨春时：《作为第一哲学的美学——存在、现象与审美》，人民出版社，2015年版，第84页。

性。①

　　"缺席现象学是确立原初的存在的最可靠的方法。"②后期海德格尔所建立的本有现象学属于缺席现象学。"后期海德格尔的缺席现象学让存在始终保持不在场状态，存在作为缺席者向空缺之处即生存发出召唤，生存也感受到存在缺失的焦虑，从而使存在成为缺失体验的对象，这样存在就拥有了某种被给予性，也构成了一种现象。"③也即说，在后期海德格尔那里，通过缺席体验，存在（现象）现身了，或者说，缺席现象学是让存在现身的一种比较好的方式。

　　缺席现象学"所依据的生存焦虑"让存在能"拥有被给予性而作为现象呈现"变成为可能。④所谓的生存焦虑，是一种"缺失体验"，这种缺失体验的产生是"由于存在的缺席"、"生存的不完善"所致。⑤生存焦虑的出现会让我们"发现生存的有限性，感受到存在的召唤"，从而"产生一种生存固有的期待，即对完满的存在的期待"⑥。作为"一种意向性"，"由缺失体验而趋向存在即对于存在的期待"，它"填补了生存的空缺"，也即是说，"不在场的存在"由于缺失性而"获得了一种给予性，从而成为一种现象"而现身。⑦"在缺失体验中"，"被暗示着"和"呼唤着"的"存在虽然没有

---

　　① 杨春时：《作为第一哲学的美学——存在、现象与审美》，人民出版社，2015年版，第85、86—87页。

　　② 杨春时：《作为第一哲学的美学——存在、现象与审美》，人民出版社，2015年版，第87页。

　　③ 杨春时：《作为第一哲学的美学——存在、现象与审美》，人民出版社，2015年版，第89页。

　　④ 杨春时：《作为第一哲学的美学——存在、现象与审美》，人民出版社，2015年版，第93—94页。

　　⑤ 杨春时：《作为第一哲学的美学——存在、现象与审美》，人民出版社，2015年版，第94页。

　　⑥ 杨春时：《作为第一哲学的美学——存在、现象与审美》，人民出版社，2015年版，第94页。

　　⑦ 杨春时：《作为第一哲学的美学——存在、现象与审美》，人民出版社，2015年版，第95页。

到场"，但"我们也能感受到它的呼声和召唤"①。反思缺失体验，我们可以"推知其在场的可能"，"推定存在本身"②。这就是所谓的推定存在论。"这种被推定的存在有其合理性"，即存在是"实有性"的、是"具有生存体验根据的概念"，基于此我们可"推定存在的基本性质"③。这些基本性质包括："存在作为生存的根据，存在是我与世界的共在，存在具有同一性和超越性等。"④

"通过缺席现象学的领会以及对它的反思而获致的推定存在论，我们可以对存在初步地进行一种描述，作出初步的规定，从而找到绝对的逻辑起点。"⑤作为"生存（Existense）的根据"，存在是"我与世界的共在"。一方面它并非实体，也不仅是"存在者的根据"，"不是生存，而是生存的根据"，这就产生了存在的"本真性"及"超越性"概念⑥。另一方面，存在应该被"界定为我与世界的共在"，即既要"确立我是存在中的主体"，是我"与世界共在"，又要"确立我是哲学思考的主体，哲学是我对存在意义的发现和论证"⑦。这一规定一方面"确定了存在的个体性"，一方面"也使存在论沟通现象学成为可能"，使得存在意义可以通过"生存体验而被把握"⑧。

但缺席现象学"只是一种猜度和推知"，而非"对存在的充分把握"，

①　杨春时：《作为第一哲学的美学——存在、现象与审美》，人民出版社，2015年版，第95页。

②　杨春时：《作为第一哲学的美学——存在、现象与审美》，人民出版社，2015年版，第95页。

③　杨春时：《作为第一哲学的美学——存在、现象与审美》，人民出版社，2015年版，第95—96页。

④　杨春时：《作为第一哲学的美学——存在、现象与审美》，人民出版社，2015年版，第96页。

⑤　杨春时：《作为第一哲学的美学——存在、现象与审美》，人民出版社，2015年版，第96页。

⑥　杨春时：《作为第一哲学的美学——存在、现象与审美》，人民出版社，2015年版，第97页。

⑦　杨春时：《作为第一哲学的美学——存在、现象与审美》，人民出版社，2015年版，第97页。

⑧　杨春时：《作为第一哲学的美学——存在、现象与审美》，人民出版社，2015年版，第97页。

也即是说在此"存在没有直接作为充实的意向显现",这说明即使缺席现象学和推定存在论"可以为哲学本体论确定逻辑的起点",存在概念也"还需要一种更充分的把握"①。也即是说,缺席现象学和推定存在论是一种不充分的现象学和猜度的存在论,"这就要求有一种区别于缺席现象学的在场的、充实的现象学以及本源的、确定的存在论",这就是审美现象学。审美意识是"拥有了充分的被给予性"的、"独立的、纯粹的非自觉意识",可以实现"物我同一";审美意象"直接呈现",可以使"存在在场化"。②在此,本源的、确定的存在论被在场的、充实的现象学建立起来,因为作为"自由的生存方式和体验方式"的审美,让"存在意义得以领会","使存在概念得到确定"。③

2.存在的本真性及其范畴

杨春时先生认为,在理解了哲学本体论重建的基本逻辑之后,接下来就是"如何规定存在"④的问题了。"存在的第一个规定是本真性,即它作为现实生存的根据。"⑤存在的本真性的内涵有四:其一是存在是"逻辑的设定",它"不在场","具有超验性","只能被超越性的意识把握";其二是"存在的本真性"或说"本源性","即存在是生存的本源、根据";其三是"存在的本真性是自由",自由是"在超现实的领域","是存在的本真性的实现",是"存在的本真性使自由成为可能";其四是不在场的存在"具有在场的可能性",这个在场的可能性也即是"通过生存而现身"。⑥

---

①　杨春时:《作为第一哲学的美学——存在、现象与审美》,人民出版社,2015年版,第96页。

②　杨春时:《作为第一哲学的美学——存在、现象与审美》,人民出版社,2015年版,第96页。

③　杨春时:《作为第一哲学的美学——存在、现象与审美》,人民出版社,2015年版,第96页。

④　杨春时:《作为第一哲学的美学——存在、现象与审美》,人民出版社,2015年版,第100页。

⑤　杨春时:《作为第一哲学的美学——存在、现象与审美》,人民出版社,2015年版,第100—101页。

⑥　杨春时:《作为第一哲学的美学——存在、现象与审美》,人民出版社,2015年版,第102页。

　　"由此可见，在生存之上设定的存在，使生存有了根据，有了本质的规定，也就是进入了本体论的领域。"[1]作为"逻辑的设定"，存在的本真性并不是"现实地存在"，而"只有通过生存的超越性"才能实现[2]。在此，审美可发挥巨大作用。审美是超越性最终"得以实现"的方式，"是从现实生存到自由生存、从现实体验到自由的体验的超越"，它"超越现实，回归存在"[3]。

　　"实有和虚无是哲学本体论"的两个"范畴"，它们都是"对存在的规定"，"揭示了存在的本真性"[4]。"作为实有"，存在是"生存的根据，为生存奠基，使存在具有在场的可能性，由此就肯定了生存的实在性而否定了虚无主义"[5]。"存在的虚无性""从反面肯定了存在的意义"，"揭示了现实生存的异在性质，否定了现实生存"[6]。实有和虚无是"存在的正反两面"[7]，本身就是同一性的。在对存在进行"全面的规定"的时候，这一对看似矛盾的范畴"也使现实世界成为""有"和"无"的"对立统一物"，即"现实性"和"超越性"的对立统一物[8]。

　　实有和虚无"在现实生存领域""异化为有和无，同一性破裂，成为对立

① 杨春时：《作为第一哲学的美学——存在、现象与审美》，人民出版社，2015年版，第102页。

② 杨春时：《作为第一哲学的美学——存在、现象与审美》，人民出版社，2015年版，第102页。

③ 杨春时：《作为第一哲学的美学——存在、现象与审美》，人民出版社，2015年版，第103页。

④ 杨春时：《作为第一哲学的美学——存在、现象与审美》，人民出版社，2015年版，第103页。

⑤ 杨春时：《作为第一哲学的美学——存在、现象与审美》，人民出版社，2015年版，第103页。

⑥ 杨春时：《作为第一哲学的美学——存在、现象与审美》，人民出版社，2015年版，第104页。

⑦ 杨春时：《作为第一哲学的美学——存在、现象与审美》，人民出版社，2015年版，第104页。

⑧ 杨春时：《作为第一哲学的美学——存在、现象与审美》，人民出版社，2015年版，第104页。

物，并且被实体化了"①。"现实世界的有与无""具有双重性"：一方面，"它以本体论的实有和虚无为根据"，"在一定历史水平上体现了本真性"；另一方面，由于它们"并不符合本体论的实有和虚无"，所以它们是一种"异化形式"，而"不是对存在的本真规定"②。

作为"存在的逻辑规定"，虚无和实有有其"积极意义"，那就是使得"生存虚无化和实有化"③。虚无化和实有化是存在本身的虚无和实有的"现身方式"，也是"生存回归存在的方式"④。"实有化就是否定生存的现实性而肯定生存的超越性，从而使生存归属存在"⑤。而"虚无化就是存在对现实生存的否定，对有的消解"，也即是"使生存显示出非本真性，从而加以否定和超越"的方式⑥。

3.存在的同一性及其范畴

杨先生认为，除了本真性，存在还有"同一性"的规定，同一性"即我与世界的共在性质"⑦。我与世界共在、同一，这个同一"只发生于本体论的领域"，所以是"一种绝对的同一"⑧。"只有在同一性的前提下"，哲学力图

---

① 杨春时：《作为第一哲学的美学——存在、现象与审美》，人民出版社，2015年版，第104页。

② 杨春时：《作为第一哲学的美学——存在、现象与审美》，人民出版社，2015年版，第104页。

③ 杨春时：《作为第一哲学的美学——存在、现象与审美》，人民出版社，2015年版，第104页。

④ 杨春时：《作为第一哲学的美学——存在、现象与审美》，人民出版社，2015年版，第104—105页。

⑤ 杨春时：《作为第一哲学的美学——存在、现象与审美》，人民出版社，2015年版，第105页。

⑥ 杨春时：《作为第一哲学的美学——存在、现象与审美》，人民出版社，2015年版，第105页。

⑦ 杨春时：《作为第一哲学的美学——存在、现象与审美》，人民出版社，2015年版，第110页。

⑧ 杨春时：《作为第一哲学的美学——存在、现象与审美》，人民出版社，2015年版，第110页。

去"揭示存在的同一性",如此哲学的建构和"展开才是可能的"①。杨春时先生认为"同一性既是逻辑的规定,又是对本真的存在的规定"②。

杨春时先生认为,客体性哲学和主体性哲学"都是非同一性哲学","都不能实现存在的同一性"③。西方哲学、美学"从古代的客体性到近代的主体性到现代的主体间性的行程","经历了由非同一性到同一性的历史过程"④。"现代哲学打破了客体性和主体性哲学的同一性,并不意味着取消了存在的同一性,而意味着在新的存在论框架内重建同一性。"⑤杨春时认为,只有"从生存的缺欠处来反证,从生存的指向性来确证",才能"发现存在的同一性"⑥。现实生存本是"指向存在的同一性"的,而"同一性的破裂造成了现实生存的缺陷"⑦。所以,"同一性的存在"是"更理想的存在",是"本真的存在",也即是说,"同一性成为存在的本质规定"⑧。

"存在的同一性引申出真理问题",真理是"根源于存在论"的认识论问题,从存在论来说,真理揭露了"存在的同一性即我与世界的本源性关系"⑨。"存在的同一性也体现在价值领域",即"我与世界之间的同一性"

---

① 杨春时:《作为第一哲学的美学——存在、现象与审美》,人民出版社,2015年版,第110—111页。

② 杨春时:《作为第一哲学的美学——存在、现象与审美》,人民出版社,2015年版,第111页。

③ 杨春时:《作为第一哲学的美学——存在、现象与审美》,人民出版社,2015年版,第112页。

④ 杨春时:《作为第一哲学的美学——存在、现象与审美》,人民出版社,2015年版,第112页。

⑤ 杨春时:《作为第一哲学的美学——存在、现象与审美》,人民出版社,2015年版,第112页。

⑥ 杨春时:《作为第一哲学的美学——存在、现象与审美》,人民出版社,2015年版,第113页。

⑦ 杨春时:《作为第一哲学的美学——存在、现象与审美》,人民出版社,2015年版,第113页。

⑧ 杨春时:《作为第一哲学的美学——存在、现象与审美》,人民出版社,2015年版,第113页。

⑨ 杨春时:《作为第一哲学的美学——存在、现象与审美》,人民出版社,2015年版,第114页。

让人与人之间可以分享"有共同的价值，可以进行情感的交流，能够作出价值判断"[1]。现实关系中人和人之间的交往是一种异化的关系，"并不具有充分的同一性"，然而即使在这种关系中，同一性依然在发挥作用，其具体表现则是一种"相对的伦理关系中的绝对性"[2]。

"存在的同一性通过生存的主体间性实现。"[3]因为"生存指向存在"，所以即使"现实生存是主体性的"，也会有"超越主体性指向主体间性的可能"[4]。"我与世界之间的主体间性"只有在"自由的生存方式中"才能真正实现，"从而回归了同一性的共在"[5]。而这也就是审美的主体间性的充分展开，只有通过审美，我们才能实现和存在的完全同一。

"存在的同一性体现在本源的时空结构上"，本源的时空与现实的时空有着本质的区别，"本源的时空体现着存在的同一性"，"现实的时空体现着存在同一性的破裂"[6]。

历史上有客体性哲学和主体性哲学，也就有客体性的时间观和主体性的时间观，但"无论是客体性的时间观还是主体性的时间观"，都"没有把握本源的时间"，也就无能去"揭示时间的本质"[7]。本源的时间"植根于存在，是存在的结构之一（还有空间的维度）。只有从存在出发才能从根本上把握时

---

[1] 杨春时：《作为第一哲学的美学——存在、现象与审美》，人民出版社，2015年版，第114页。

[2] 杨春时：《作为第一哲学的美学——存在、现象与审美》，人民出版社，2015年版，第114页。

[3] 杨春时：《作为第一哲学的美学——存在、现象与审美》，人民出版社，2015年版，第115页。

[4] 杨春时：《作为第一哲学的美学——存在、现象与审美》，人民出版社，2015年版，第115页。

[5] 杨春时：《作为第一哲学的美学——存在、现象与审美》，人民出版社，2015年版，第115页。

[6] 杨春时：《作为第一哲学的美学——存在、现象与审美》，人民出版社，2015年版，第115—116页。

[7] 杨春时：《作为第一哲学的美学——存在、现象与审美》，人民出版社，2015年版，第117页。

间。"①

存在是我与世界之间的共在、同一，而时间和空间则是"我与世界的共在方式"，本源的时空结构就是"存在的同一性"的体现②。"作为存在的结构，时间与空间一体化，或者说还没有分化"，"这种混沌的时空是同一性的"、"自由的"，"表明我与世界之间没有间隔"③。本源的时间"是同一性即主体间性的"，"是永恒的当即"④。本源的时间体现的那种同时性来自存在的同一性，"即永恒的当即使我与世界直接相遇，达到同一"⑤。即永恒而又当下的那种同时性的发现是"人类对本源时间的追求"⑥的体现。

本源的时空进入现实，发生异化、就变成现实的时间和空间。人的生存总在现实的时空中进行，所以现实生存往往是一种异化的生存，它体现为本源的时间和空间的失落，体现为存在的同一性的分解、破裂，体现为我与世界的对立。在此，现实的时空成为人的生存和领会存在意义的限制，它遮蔽了存在的同一性。

本源的时间的实现就是一种所谓的"自由的时间"，因为"本真的存在的实现即自由的生存方式只可能是审美体验"，所以"自由的时间只可能是审美时间"⑦。在审美体验中，"现实时间停止流逝，而进入永恒的当即"，此时自由的时间就呈现出来了。这样，存在之"现象显现的根本途径之一"就

① 杨春时：《作为第一哲学的美学——存在、现象与审美》，人民出版社，2015年版，第117页。

② 杨春时：《作为第一哲学的美学——存在、现象与审美》，人民出版社，2015年版，第118页。

③ 杨春时：《作为第一哲学的美学——存在、现象与审美》，人民出版社，2015年版，第118页。

④ 杨春时：《作为第一哲学的美学——存在、现象与审美》，人民出版社，2015年版，第118页。

⑤ 杨春时：《作为第一哲学的美学——存在、现象与审美》，人民出版社，2015年版，第119页。

⑥ 杨春时：《作为第一哲学的美学——存在、现象与审美》，人民出版社，2015年版，第119页。

⑦ 杨春时：《作为第一哲学的美学——存在、现象与审美》，人民出版社，2015年版，第123页。

是"克服现实时间的屏蔽，从现实时间升华为审美时间"①。本源的空间的实现就是一种所谓的"自由的空间"，在此空间中，人超越了现实空间而实现了"人与世界的同一性共在"，

这种自由的空间其实也就是一种"审美的空间"，"审美的空间是自由的生存的展开"，"体现为自我与世界的同一，主客对立的消除以及身体与意识的同一"②。

（二）现象学和解释学的方法

1.西方现代哲学方法论：解释学和现象学

杨春时先生十分注重对现代哲学方法论的吸收和学习。其中解释学和现象学是西方现代哲学方法论中的重要一支，而解释学主要就是体验—理解的方法，现象学主要就是还原—直观的方法。

"西方现代哲学扬弃了传统的归纳或演绎的方法论，转向了体验—理解的方法论原则"③。这种方法论"与现代哲学的存在论和解释学相关"，"因为存在是体验性的，而体验既是生存的形式，也是理解的基础。"④解释学学科源远流长，但古典解释学还"没有摆脱实体论哲学"而一直"追求绝对客观的意义"⑤，只有到了现代解释学才更加充分地发展了体验—理解的方法。

伽达默尔所"开创的现代解释学推翻了自然科学方法论对人文科学的统

---

① 杨春时：《作为第一哲学的美学——存在、现象与审美》，人民出版社，2015年版，第123页。

② 杨春时：《作为第一哲学的美学——存在、现象与审美》，人民出版社，2015年版，第128页。

③ 杨春时：《作为第一哲学的美学——存在、现象与审美》，人民出版社，2015年版，第24—25页。

④ 杨春时：《作为第一哲学的美学——存在、现象与审美》，人民出版社，2015年版，第25页。

⑤ 杨春时：《作为第一哲学的美学——存在、现象与审美》，人民出版社，2015年版，第26页。

治"①，他十分强调理解者的体验，彰显体验的直接性、亲历性、鲜活性、和对象的同一性，他认为我们对任何文本对象的理解都是要建立在我们基于自身的历史处境而形成的体验的基础上。

但伽达默尔的解释学有其局限，即"放弃了对事物的绝对本质"和对"存在意义的追问"②，最后导向了理解的相对主义。所以对于西方的解释学的体验—理解的方法我们不能全盘接受，而需要对之进行特殊的改造和变造，才能实现在哲学和美学上的适用。"作为精神科学方法论的解释学局限于历史性，只能在一定历史水平上把握具体事物的意义，不能超越现实把握存在的意义。"③但哲学思考一定是需要把握具有超越性的存在的意义，这种存在的意义是"超越性的绝对意义"，而"不是历史性的现实意义"，故而"必须超越解释学，而把体验—理解方法改造为现象学"。④

胡塞尔创建了现象学以解决如何把握本体（本质）的问题，力图在传统"形而上学失去合理性的历史条件下"去"重新把握实在"⑤。"现象学确立了还原—直观的方法"⑥，胡塞尔认为我们必须先把一些先在的东西进行悬搁，还原到最纯粹的意识，然后在此基础上去对事物的本质进行直观。胡塞尔的贡献是找到了一条认识事物本质的新的方法，这个新的方法不是归纳和演绎，而是还原—直观；其直观不是感性的直观，而是本质直观和范畴直观。

"现象学方法论克服了传统方法论的弊端，提供了直接把握事物本质的

① 杨春时：《作为第一哲学的美学——存在、现象与审美》，人民出版社，2015年版，第26页。

② 杨春时：《作为第一哲学的美学——存在、现象与审美》，人民出版社，2015年版，第27页。

③ 杨春时：《作为第一哲学的美学——存在、现象与审美》，人民出版社，2015年版，第27页。

④ 杨春时：《作为第一哲学的美学——存在、现象与审美》，人民出版社，2015年版，第27页。

⑤ 杨春时：《作为第一哲学的美学——存在、现象与审美》，人民出版社，2015年版，第28页。

⑥ 杨春时：《作为第一哲学的美学——存在、现象与审美》，人民出版社，2015年版，第28页。

思路。"①但胡塞尔的现象学有明显局限：其一，其直观来自"潜在的意识结构"的"纯粹意识、先验意识"，而这种意识既"不能还原而成，也不能构成现象并把握对象的本质"②。其二，其"还原把握的只是对象的知性意义，而不是存在本身的意义"③。其三，其"只是发现的方法，而不是证明的方法"，直接的明见性之后还有一个"如何证明的问题"④。胡塞尔现象学的这些缺陷后来被海德格尔所发现而力图纠正之。

杨春时认为，真正的现象学的还原和本质直观只有在审美领域才能进行。所谓的现象学之现象就是审美意象，在非审美体验中我们得到的只能是表象而不是现象。审美悬搁了一切非审美的东西，变成了一个纯粹的世界，通过审美才可"直观存在，领会存在的意义"⑤。因此，现象学的方法"最终在美学领域结出了果实"⑥。

2.现象学方法论的重建

杨先生认为，现象学虽然提供了直接把握事物本质的方法论思路，但依然有需要"克服的缺陷"⑦。"完善现象学，必须在审美主义的基础上"进行重建，即让"审美成为真正的现象学'还原'，使审美意象成为存在的显现——现象，并且最终使美学成为现象学"⑧。杨春时先生认为，现象学虽然"经过

---

① 杨春时：《作为第一哲学的美学——存在、现象与审美》，人民出版社，2015年版，第30页。

② 杨春时：《作为第一哲学的美学——存在、现象与审美》，人民出版社，2015年版，第30页。

③ 杨春时：《作为第一哲学的美学——存在、现象与审美》，人民出版社，2015年版，第30页。

④ 杨春时：《作为第一哲学的美学——存在、现象与审美》，人民出版社，2015年版，第31页。

⑤ 杨春时：《作为第一哲学的美学——存在、现象与审美》，人民出版社，2015年版，第30页。

⑥ 杨春时：《作为第一哲学的美学——存在、现象与审美》，人民出版社，2015年版，第30页。

⑦ 杨春时：《作为第一哲学的美学——存在、现象与审美》，人民出版社，2015年版，第31页。

⑧ 杨春时：《作为第一哲学的美学——存在、现象与审美》，人民出版社，2015年版，第31页。

近一个世纪的发展"，但"至今仍然没有完成"，所以十分有"进行更完善的建设"的必要①。

传统现象学有三点"合理之处和学术贡献"：一是"揭示了意识与对象的同一性"；二是"确认了本质的现象性"，即"本质可以通过现象的直观而显现"；三是"为现代哲学提供了方法论"②，"成为获取存在意义的途径"③。但胡塞尔现象学同时存在着巨大的缺陷，这些缺陷在前文有所提及，简单来说就是因为其先验意识性、纯粹意识性、认识性、主体性等的特征，"遗忘了存在本身"④，不能真正地把握存在。对胡塞尔先验现象学的反拨主要有两条道路，"一种是向经验自我还原的道路，由此把握存在，形成了经验现象学"；另一种是"向超验自我还原的道路，由此把握超验的存在，形成了超验现象学"⑤。

经验现象学"把现象学还原建立在经验意识的基础上"，以此"反拨胡塞尔的先验论"⑥，如舍勒的情感现象学、梅洛-庞蒂的知觉现象学、保罗·利科的意志现象学、赫尔曼·施密茨的基于身体性的情感现象学，等等。但"经验意识无法把握存在"，所以经验现象学还是"使现象学走上绝路"⑦。

而"超验现象学把现象学还原建立在超验性体验的基础上，还原到超验

①　杨春时：《作为第一哲学的美学——存在、现象与审美》，人民出版社，2015年版，第32页。

②　杨春时：《作为第一哲学的美学——存在、现象与审美》，人民出版社，2015年版，第32页。

③　杨春时：《作为第一哲学的美学——存在、现象与审美》，人民出版社，2015年版，第33页。

④　杨春时：《作为第一哲学的美学——存在、现象与审美》，人民出版社，2015年版，第33页。

⑤　杨春时：《作为第一哲学的美学——存在、现象与审美》，人民出版社，2015年版，第37页。

⑥　杨春时：《作为第一哲学的美学——存在、现象与审美》，人民出版社，2015年版，第37页。

⑦　杨春时：《作为第一哲学的美学——存在、现象与审美》，人民出版社，2015年版，第40页。

性的自我，以获取超验的存在意义"①。所谓"超验"，即"超越现实的终极体验"，超验现象学企图"通过超验性的生存体验领会存在的意义"②。超验现象学"包括实存论的虚无现象学、缺席现象学"③等。虚无现象学的代表有前期的海德格尔的实存论和萨特的实存论。缺席现象学的代表如后期的海德格尔的本有现象学。虚无现象学主要强调此在的虚无化体验，如烦、畏、死，虚无现象学是一种不在场的现象学，并不能让存在显现。相对而言，缺席现象学起着让存在现身的功能，但其对存在的领会主要靠猜度，故而不是一种充实的现象学。我们需要对缺席现象学加以改造和补充，使其成为一种充实的现象学，这种充实的现象学就是审美现象学。"作为一种超越性意识"，审美意识在"广义上也可以归属于超验意识"，"因此审美现象学也可以归属于超验现象学"④，审美现象学是超验现象学的最新发展，超验现象学必然转向审美现象学。

　　杨春时先生认为，现象学是一个未完成的和有待重建的学科。"哲学的出发点是存在"，"现象的根据"是"本真的存在"而非"先验意识"，因此"必须确定现象学的存在论根据"⑤，以为现象学的重建奠定基础。"哲学的宗旨是把握存在"，"现象学开辟了新的把握存在的途径"⑥，我们重建现象学的目的也正是为了把握存在。杨春时先生还认为，"存在是生存的根据，是我与世界的共在，具有本真性和同一性。存在的本真性意味着我和世界回归了

---

①　杨春时：《作为第一哲学的美学——存在、现象与审美》，人民出版社，2015年版，第40页。

②　杨春时：《作为第一哲学的美学——存在、现象与审美》，人民出版社，2015年版，第40页。

③　杨春时：《作为第一哲学的美学——存在、现象与审美》，人民出版社，2015年版，第40页。

④　杨春时：《作为第一哲学的美学——存在、现象与审美》，人民出版社，2015年版，第42页。

⑤　杨春时：《作为第一哲学的美学——存在、现象与审美》，人民出版社，2015年版，第45页。

⑥　杨春时：《作为第一哲学的美学——存在、现象与审美》，人民出版社，2015年版，第45页。

自己的本源，各自实现了自己的本质。存在的同一性意味着我与世界消除了对立，融为一体、互相构成，彼此把握。"①所谓现象学还原，是"回归存在本身"，而"不是回到先验意识"；现象学之"现象就是存在本身"，即"我与世界的共在"，"世界的意义""在这种共在之中"呈现，这就是所谓的"朝向实事本身"②。在此，现象学基于存在论，存在论"通向了现象学"，"现象根源于存在"，存在显示为现象，所以"现象学是方法论，存在论即本体论，二者彼此依存，互为前提"③。

"存在的超验性"决定了其不能直接显现，只有"超越的生存体验"才能使"存在显现为现象"，此时，世界是"在现象中呈现的'实事本身'"，而"不再是外在的表象"④。"所以现象学与存在论是一致的、同一的"，不过前者是"从存在体验与生存体验的关系上看"，后者是"从存在与生存的关系上看"⑤。而"所谓现象学的还原，实际上是由生存向存在的回归，是由经验到超验的升华，从而使存在的意义显现"⑥。

"现象作为存在的显现"有两大"根本特性"："一是本真性即超越性，二是同一性即主体间性"⑦。超越性是由存在的"本真性决定的"，主体间性"源于存在的同一性"⑧。"存在论现象学认为，现象中没有主客对立，而是

---

① 杨春时：《作为第一哲学的美学——存在、现象与审美》，人民出版社，2015年版，第46页。

② 杨春时：《作为第一哲学的美学——存在、现象与审美》，人民出版社，2015年版，第46页。

③ 杨春时：《作为第一哲学的美学——存在、现象与审美》，人民出版社，2015年版，第46页。

④ 杨春时：《作为第一哲学的美学——存在、现象与审美》，人民出版社，2015年版，第46页。

⑤ 杨春时：《作为第一哲学的美学——存在、现象与审美》，人民出版社，2015年版，第46页。

⑥ 杨春时：《作为第一哲学的美学——存在、现象与审美》，人民出版社，2015年版，第47页。

⑦ 杨春时：《作为第一哲学的美学——存在、现象与审美》，人民出版社，2015年版，第48页。

⑧ 杨春时：《作为第一哲学的美学——存在、现象与审美》，人民出版社，2015年版，第48页。

物我合一"，其意向性是"双向的、主体间性的"，"彼此相互构成，于是现象显现"①。存在论现象学实现了人们"期望世界能够与我和谐共在，消除对立，从而充分地把握世界"的理想，在此，我与世界相互开放敞开，"彼此进入同一之境"，这也就是"存在的显现——现象"②。"主体间性使我与对象融合无间，所以现象是直接体验（非自觉意识）的对象，是存在的自我显现"③。

杨春时先生认为，重建现象学，必须对现象学的基本概念进行批判性的改造。现象学的未完成性决定着其必然要被重建，而重建是建立在现象学的存在论根据和对现象学基本观念的批判和改造之上的。这样，我们才能超越具体经验，才有可能把具体对象变成世界整体。这是杨春时先生的一个基本逻辑。

首先是先验主体性，这是"胡塞尔现象学的根本理念"④。杨春时先生认为，"人类的理性能力不是来自先验，……而是来自存在。存在是生存的根据，由于存在的同一性和本真性，人才能认识世界，才有普遍价值，而且使后天的实践具有了可能性。"⑤也即是说，世界上根本就没有所谓的先验自我，"而是在存在中才有本真的我和本真的世界"，因此，"要把握世界的本质，不是回归先验自我，而是要回归存在"⑥。而"回归存在的途径，不是现象学的悬搁（还原），而是向自由的生存方式和体验方式的升华"⑦。

---

①　杨春时：《作为第一哲学的美学——存在、现象与审美》，人民出版社，2015年版，第49页。

②　杨春时：《作为第一哲学的美学——存在、现象与审美》，人民出版社，2015年版，第49—50页。

③　杨春时：《作为第一哲学的美学——存在、现象与审美》，人民出版社，2015年版，第50页。

④　杨春时：《作为第一哲学的美学——存在、现象与审美》，人民出版社，2015年版，第50页。

⑤　杨春时：《作为第一哲学的美学——存在、现象与审美》，人民出版社，2015年版，第51页。

⑥　杨春时：《作为第一哲学的美学——存在、现象与审美》，人民出版社，2015年版，第51页。

⑦　杨春时：《作为第一哲学的美学——存在、现象与审美》，人民出版社，2015年版，第51页。

其次是被给予性。在胡塞尔那里，"被给予性来源于意识的意向性"①，然而这在杨春时先生看来是不对的。"被给予性是存在同一性的体现，即对象与我一体化，彼此互相给予"，此时，"对象不是作为外在的客体，而是作为现象呈现"②。故而，我们"必须摒弃主体性的或者他者性的被给予概念，而确立同一性的被给予概念"③。

然后是意向性。胡塞尔的意向性概念有着根本性的缺陷，主要是把意向性看作是精神主体的单向性意识构造。但在杨先生看来，基于存在的同一性，存在的"意向性是双向的，主体与对象互相指向、互相构成，从而互为对象、主体"④。意向性其实"既是主体的功能，也是对象的功能，是主体间性的意向性"，在这种意向性中，意识和对象互相指向、构成、呈现，其双向性表现为"意识的对象性"以及"对象与我的亲和性，它引导我与对象相遇、交往"。⑤人的现实活动中的意向性是隔阂的、破裂的，不是本源的，因此我们要回归一种"本源的意向性，也就是彻底的意向性"⑥。"意向性的根据在于存在的同一性，是我与世界的共在的构成方式"，只有回归这种存在的同一性及建立在此基础上的本源的同一性，我们才能真正地重建现象学，而"现象学直观就建立在本源的意向性之上，是本源的意向性的实现，是充分的、完全的意向性"。⑦

---

① 杨春时：《作为第一哲学的美学——存在、现象与审美》，人民出版社，2015年版，第51页。

② 杨春时：《作为第一哲学的美学——存在、现象与审美》，人民出版社，2015年版，第52页。

③ 杨春时：《作为第一哲学的美学——存在、现象与审美》，人民出版社，2015年版，第52页。

④ 杨春时：《作为第一哲学的美学——存在、现象与审美》，人民出版社，2015年版，第52页。

⑤ 杨春时：《作为第一哲学的美学——存在、现象与审美》，人民出版社，2015年版，第52、53页。

⑥ 杨春时：《作为第一哲学的美学——存在、现象与审美》，人民出版社，2015年版，第53页。

⑦ 杨春时：《作为第一哲学的美学——存在、现象与审美》，人民出版社，2015年版，第53页。

接着是意向性对象问题。关于意向性对象，胡塞尔认为是意识的相关项，这样一种观点有其局限，即"没有把存在作为现象学的对象"①。杨春时先生认为，"既然意向性源于存在的同一性，是我与世界之间的相关性，那么本源的意向性对象就是整个世界，而非具体的事物"②，更不是某种观念性的东西。杨先生认为，我们所生活于其中的那个世界就是"本源的意向性对象"，"主体不能脱离这个世界去还原对象，而必须进入这个整体世界去把握它"，也就是去把握存在的意义，"而对整体世界的把握就是现象学的还原"③。

最后是现象概念的重新规定问题。胡塞尔认为现象是"纯粹意识构成的对象"，也即是"对象、被知觉之物在意识中构造自身的显现物"④。杨春时先生认为，胡塞尔的这样一种基于人的意识的现象概念是不合适的。"真正的现象学必须在存在论的基础上才是可能的，也就是说现象是本真的存在、本源的世界的显现"，而所谓本源的世界是"进入存在领域中的世界的本来面目"⑤。"把握本真的世界必须超越现实生存，超越经验世界，回归存在。在这里，本真的世界与本真的我同一，世界的本质直接呈现出来。"⑥也就是说，存在可以现身而成为现象，但必须我们在超越性的生存经验中才能领会。而所谓的那个现身的存在之现象，其实也就是通过现象而展现了存在的同一性的本质。现象不是表象，而是本源的存在在此在生存经验中的展现。故而我们要做的就是"超越现实领域，摒除经验意识，进入超验领域，达到超越性意

① 杨春时：《作为第一哲学的美学——存在、现象与审美》，人民出版社，2015年版，第53页。

② 杨春时：《作为第一哲学的美学——存在、现象与审美》，人民出版社，2015年版，第53页。

③ 杨春时：《作为第一哲学的美学——存在、现象与审美》，人民出版社，2015年版，第54页。

④ 杨春时：《作为第一哲学的美学——存在、现象与审美》，人民出版社，2015年版，第54页。

⑤ 杨春时：《作为第一哲学的美学——存在、现象与审美》，人民出版社，2015年版，第55页。

⑥ 杨春时：《作为第一哲学的美学——存在、现象与审美》，人民出版社，2015年版，第55页。

识，使世界摆脱表象，使存在现身为现象"①。

现象学方法论的重建不仅体现在对过往现象学观念的批判上，还体现在对过往现象学方法的具体改造上。

现象学方法"包括现象学还原和本质直观两个方面，它们是反向的运作：还原指向意识的结构，直观指向对象的本质"②。对于现象学还原，胡塞尔认为其"是一种反省行为，它使我与对象的意识关系（意向性）得以显现"③，它以悬搁的方法产生了纯粹意识或先验意识。但杨春时先生认为，这样一种有关现象学还原的认识也是不正确的。杨先生认为，根本就没有所谓的先验意识，人的先验意识的最终来源还是存在，故而所谓的现象学还原，"实际上是对现实生存、现实意识的超越，是向存在的回归"，这种超越是"深化生存体验"，它是对经验观念和经验世界的悬搁，然后在此基础上"把现实生存体验变成自由的生存体验，也就是把经验意识和经验世界升华为自由的意识和自由的对象"④。杨先生对现象学还原的这个看法实际上蕴含着对现象学还原方法的改造，这个改造就是"把还原论的现象学改造成超越论的现象学"⑤。

胡塞尔把现象学直观当成"现象学的基本原则"，认为"本质直观或范畴直观是纯粹意识、先验意识的功能，它使本质呈现"⑥。胡塞尔认为，本质直观是对感性直观而言，指其"超越感性直观而获得本质的知识"；范畴直观

---

① 杨春时：《作为第一哲学的美学——存在、现象与审美》，人民出版社，2015年版，第55页。

② 杨春时：《作为第一哲学的美学——存在、现象与审美》，人民出版社，2015年版，第56页。

③ 杨春时：《作为第一哲学的美学——存在、现象与审美》，人民出版社，2015年版，第57页。

④ 杨春时：《作为第一哲学的美学——存在、现象与审美》，人民出版社，2015年版，第57页。

⑤ 杨春时：《作为第一哲学的美学——存在、现象与审美》，人民出版社，2015年版，第58页。

⑥ 杨春时：《作为第一哲学的美学——存在、现象与审美》，人民出版社，2015年版，第58页。

是指"直观可以有观念化的对象"①。杨春时先生认为，胡塞尔这些有关现象学直观的观点都还"局限于现实意识"中，而局限于现实意识也就不可能有所谓的"纯粹直观"②。要获得现象学的直观，必须"超越现实意识"，"达成本源的意向性行为"③。现象学的直观源于"本源的意向性"④，"本源的意向性是自由的生存体验"，"是非自觉意识的解放"，"它包括理解和同情，也包括身体体验"⑤。因此，我们要"把认知现象学改造成体验现象学"⑥。现象是一种"超越性的自由生存体验"，它"融合了意识与身体、认知与情感"，此时"身体被提升到意识的高度"，意识和身体完全融合为一而成为一完整的体验⑦。也就是说，我们只有通过我们对存在的体验性直观和理解，我们才能把握这个现象学之"现象"，而在此时，现象学也就超越了胡塞尔的认知现象学、意识现象学而成为体验现象学、存在论现象学。对审美而言，审美活动的过程也就是审美体验的过程，在审美体验中，我们还原掉了一切非审美的东西，回到最纯粹的审美世界，对这个纯粹的审美世界，我们只能借助现象学的体验和理解去直观之，直观的过程，是和审美对象同一的过程，也就是和世界同一的过程，在这种同一性的过程中，存在显现出来，或者我们领会了存在的本来面目。

我们知道，存在自身是不在场的，我们在对现象的还原和直观的基础上，

---

① 杨春时：《作为第一哲学的美学——存在、现象与审美》，人民出版社，2015年版，第58页。

② 杨春时：《作为第一哲学的美学——存在、现象与审美》，人民出版社，2015年版，第58页。

③ 杨春时：《作为第一哲学的美学——存在、现象与审美》，人民出版社，2015年版，第58页。

④ 杨春时：《作为第一哲学的美学——存在、现象与审美》，人民出版社，2015年版，第59页。

⑤ 杨春时：《作为第一哲学的美学——存在、现象与审美》，人民出版社，2015年版，第59页。

⑥ 杨春时：《作为第一哲学的美学——存在、现象与审美》，人民出版社，2015年版，第59页。

⑦ 杨春时：《作为第一哲学的美学——存在、现象与审美》，人民出版社，2015年版，第60页。

还有一个问题有待解决，这个问题就是"存在如何由不在场变成在场"的问题。杨春时先生认为，根本途径有二，一是缺席现象学，一是审美现象学。

杨春时先生认为，"从哲学方法论上看，缺席者不仅仅是知觉对象的某一部分"，而"应该是存在本身，或者说是存在领域内的世界整体"①。杨春时先生的基本思路是："吸收并改造胡塞尔关于现象的缺席性的思想，建立一种缺席现象学，考察缺席者如何被给予而构成现象。"②缺席现象学是杨春时先生的独特命名，这是他在汲取海德格尔等人的思想的基础上而创构的一种理论。缺席现象学在对存在的把握中有其价值，但杨春时先生又并不是十分认可它，因为它还"没有实现充分的直观或体验"，"不能充分地把握存在"，因此"不是充实的现象学"③。

杨春时先生最瞩目的当然是建立一种充实的现象学，这种充实的现象学在他那里也即一种审美现象学。杨春时先生认为，"审美体验是真正的现象学直观，它使世界整体作为审美对象出现，也就是使审美意象成为存在的显现形式，于是存在作为现象显现，存在的意义作为审美意义被领会"④。审美活动是对存在的直观，审美学也就是一种现象学，"审美现象学同一了被给予性与直观性，使现象直接呈现，从而建立了充实的现象学"⑤。

（三）体验和反思的方法

杨春时先生认为，审美本质是"运用现象学的方法发现的"，其"具体途径是：超越现实意识，进入审美体验；继之通过对审美体验的一度反思获取审

---

① 杨春时：《作为第一哲学的美学——存在、现象与审美》，人民出版社，2015年版，第63页。

② 杨春时：《作为第一哲学的美学——存在、现象与审美》，人民出版社，2015年版，第63页。

③ 杨春时：《作为第一哲学的美学——存在、现象与审美》，人民出版社，2015年版，第63页。

④ 杨春时：《作为第一哲学的美学——存在、现象与审美》，人民出版社，2015年版，第64页。

⑤ 杨春时：《作为第一哲学的美学——存在、现象与审美》，人民出版社，2015年版，第64页。

美范畴；再通过二度反思把握审美意义"①。

1.审美体验

审美对象作为"审美的产物"，只存在于审美之中，它的产生"与审美主体密不可分"，也即是说，"只有在审美中才有审美对象，才有所谓美"，"只要主体与对象处于审美关系中"，"任何现实事物都可能成为审美对象"②。而审美的过程当然也就是体验的过程，"必须在审美体验中发现美的本质，也就是领会美的意义"③。从现象学的角度来说，审美体验是一种现象学还原的方法。在审美的体验中，我们还原掉了一切非审美的东西，我们直接体验的过程，也就是面对和直观审美对象，领会审美的意义的过程，这个审美的意义，其实也即是存在的意义。正如伽达默尔所说："凡是以某种体验的表现为其存在的规定性的东西，它的意义只能通过某种体验才能把握。"④

胡塞尔的现象学直观不能完全等同于审美体验的直观。胡塞尔的直观只是一种一般性意识的直观，而"审美意识不是一般的意识，而是个体性的意识；不是先验的意识，而是超越生成的意识；不是纯粹的意识，而是充满情感和想象力的自由意识"⑤。也就是说，在审美中，我们要超越胡塞尔的意识现象学的直观，而进入一种审美体验的直观，为此，我们必须对胡塞尔的现象学进行改造，才能将其运用于美学。真正的现象学的直观是一种体验的直观，它"以意象会通我与世界，从而使'实事'直接呈现"，而这种现象学的直观同时也是一种现象学的还原的活动，即在审美体验中，审美主体"既发现了审

---

① 杨春时：《作为第一哲学的美学——存在、现象与审美》，人民出版社，2015年版，第137页。

② 杨春时：《作为第一哲学的美学——存在、现象与审美》，人民出版社，2015年版，第138页。

③ 杨春时：《作为第一哲学的美学——存在、现象与审美》，人民出版社，2015年版，第138页。

④ 杨春时：《作为第一哲学的美学——存在、现象与审美》，人民出版社，2015年版，第138页。

⑤ 杨春时：《作为第一哲学的美学——存在、现象与审美》，人民出版社，2015年版，第139页。

美的本质，也把握了存在的意义"。①总之，"审美意义必须从审美体验中获取"②，而体验的方法也就是现象学的方法，进入审美体验的过程，也就是我们在审美体验中直观和还原审美意义也即存在意义的过程。。

综上，"发现审美意义的根本途径"是"基于存在论的现象学的方法"，"审美体验获致审美现象，审美的本质即审美的意义就是在这种审美体验中获得"的③。进入审美体验必须要"对现实意识进行'悬搁'，并进行'现象还原'"④。"这种理解事物的本质必须把现实观念'悬搁'或放在'括号'内"而"直接面对事物本身"的方法，尤其"适用于审美体验，甚至可以说审美体验是典型的现象学的本质直观的形式"⑤。总之，"审美体验才是真正的纯粹意识"⑥，"进入审美体验相当于现象学的'现象还原'和'本质还原'阶段"，"审美体验的结果是审美意象"⑦，而审美意象就是存在本质的现身或现象。

2.审美体验的反思

"反思是以概念或范畴来把非自觉意识转化为自觉意识，从而获取意义的过程。"⑧对审美体验的反思"要经过两个阶段，第一次反思产生了具体的审美意义"，它是对"具体意象的反思"，获得的是"具体的审美意义"而还不

① 杨春时：《作为第一哲学的美学——存在、现象与审美》，人民出版社，2015年版，第139页。

② 杨春时：《作为第一哲学的美学——存在、现象与审美》，人民出版社，2015年版，第140页。

③ 杨春时：《作为第一哲学的美学——存在、现象与审美》，人民出版社，2015年版，第141页。

④ 杨春时：《作为第一哲学的美学——存在、现象与审美》，人民出版社，2015年版，第141页。

⑤ 杨春时：《作为第一哲学的美学——存在、现象与审美》，人民出版社，2015年版，第141页。

⑥ 杨春时：《作为第一哲学的美学——存在、现象与审美》，人民出版社，2015年版，第141页。

⑦ 杨春时：《作为第一哲学的美学——存在、现象与审美》，人民出版社，2015年版，第143页。

⑧ 杨春时：《作为第一哲学的美学——存在、现象与审美》，人民出版社，2015年版，第143页。

是审美的本质①。第一次审美反思使用一定的审美范畴，而获得的"具体的审美意义也呈现为审美范畴"②。对于审美体验来说，审美范畴是"抽象的"，而对于审美的本质来说，审美范畴则还是"具体的"③。艺术批评就是"第一次反思的范围"，它针对的是文本具体的审美意义而不是美的本质性的意义④。

"对审美体验的一度反思获致了某种审美范畴"，且"审美范畴具有先验结构"，正因如此，所以它"才可以成为审美体验的先天根据"⑤。审美体验有两种类型，一是"对超越性生存的肯定性表达"，"一是对现实性生存的否定性表达"，与此相对应，审美范畴也有两种类型，与前者对应的是"肯定性审美范畴"，与后者对应的是"否定性审美范畴"⑥。肯定性审美范畴"从正面揭示存在意义，具有理想性"，否定性审美范畴"从反面揭示存在的意义，具有批判性"，两者"都体现了存在的意义"⑦。

肯定性审美范畴"包括优美、崇高和喜剧"⑧。优美的现实基础是"日常生活中对于和谐的追求"，优美的本质"是对和谐的审美体验的反思，体现了我与世界之间的和谐理想，而人与世界之间的和谐是自由的表现"，其基本特

---

① 杨春时：《作为第一哲学的美学——存在、现象与审美》，人民出版社，2015年版，第143页。

② 杨春时：《作为第一哲学的美学——存在、现象与审美》，人民出版社，2015年版，第143页。

③ 杨春时：《作为第一哲学的美学——存在、现象与审美》，人民出版社，2015年版，第143页。

④ 杨春时：《作为第一哲学的美学——存在、现象与审美》，人民出版社，2015年版，第143—144页。

⑤ 杨春时：《作为第一哲学的美学——存在、现象与审美》，人民出版社，2015年版，第144页。

⑥ 杨春时：《作为第一哲学的美学——存在、现象与审美》，人民出版社，2015年版，第144页。

⑦ 杨春时：《作为第一哲学的美学——存在、现象与审美》，人民出版社，2015年版，第144—145页。

⑧ 杨春时：《作为第一哲学的美学——存在、现象与审美》，人民出版社，2015年版，第145页。

征是"形式纤巧、柔和、可亲"①。崇高的现实基础是"古代追求尊贵的贵族精神",崇高的本质是"超越平庸的日常生活,是对庄严的生存价值的充分肯定",其"体现了尊贵的审美理想,而这种尊贵性是自由的内涵之一"②,其基本特征是"巨大形式和力量"③。喜剧的现实基础是"对生活的乐观精神,是善战胜恶的理想以及对理性压抑的解除",喜剧的本质是"以欢乐肯定存在的意义,消解日常生活的压抑,体现了乐观的审美理想,而乐观是自由的内涵之一",其基本特征是"笑"④。总之,肯定性审美范畴"以理想化的方式揭示了存在的意义",其是"立足于自由的理想"来"构造审美意象"并以之来实现对某种理想的生存体验的反思⑤。

否定性审美范畴包括丑陋、荒诞和悲剧等。丑陋的现实基础是"人对恶势力的厌恶",丑陋的本质是"以厌恶的情绪控诉了现实的不和谐、反人性的性质,从反面肯定了存在的美好意义,体现了自由的精神",其基本特征是"不和谐、恶性刺激、引起反感"等⑥。荒诞的现实基础是"社会生活的无意义,特别是理性的虚假和人生的虚无",荒诞的本质是"以恐怖的生存体验揭露和批判了生存的无意义,从而从反面肯定了存在意义的实有,体现了自由的精神",其基本特征是"神秘、怪诞"等⑦。悲剧的现实基础是"人的不幸命运",悲剧的本质是"以悲痛揭露和批判了人为生存作出的牺牲,从反面肯定

① 杨春时:《作为第一哲学的美学——存在、现象与审美》,人民出版社,2015年版,第145页。

② 杨春时:《作为第一哲学的美学——存在、现象与审美》,人民出版社,2015年版,第145页。

③ 杨春时:《作为第一哲学的美学——存在、现象与审美》,人民出版社,2015年版,第146页。

④ 杨春时:《作为第一哲学的美学——存在、现象与审美》,人民出版社,2015年版,第146页。

⑤ 杨春时:《作为第一哲学的美学——存在、现象与审美》,人民出版社,2015年版,第145页。

⑥ 杨春时:《作为第一哲学的美学——存在、现象与审美》,人民出版社,2015年版,第147页。

⑦ 杨春时:《作为第一哲学的美学——存在、现象与审美》,人民出版社,2015年版,第147—148页。

了存在的意义，体现了自由的精神"，其基本特征是"悲痛"①。总之，否定性审美范畴"以批判性的方式揭示了存在的意义"，它"通过对现实的不合理的揭露和批判表达审美理想"来"构造审美意象"并以之来实现对某种异化的现实生存体验的反思。

在一度反思中获得的审美范畴还不是最一般性、最普遍的美的本质，这时就需要进行更深入一层的审美反思，"以获取最一般的审美意义即所谓美的本质"②。"对审美体验的二度反思"也就是"对审美范畴的反思"，这种反思"超越了具体的审美意义，获得了更根本的审美意义"，这种更根本的审美意义也即是美的本质③。总之，第一次的反思的结果是获得各种审美范畴；第二次反思的结果就是美的本质，一种最抽象的审美意义。

不管是一度反思，还是二度反思，它都是让我们从审美体验中获得自由，一度反思获得的是审美意识的自由，二度反思获得的结果是认识到美的本质即在于自由。对于审美的自由性这一点，杨春时先生认为可以从如下五个方面来理解：第一，"审美是身心合一的体验"；第二，"审美体验具有非现实性"，即"超越性"，也就是它"不是实际的经验"，这是由审美的"超验性"及"非功利性"决定的；第三，审美具有"主体间性"，是"一种主客不分、时空一体的体验"；第四，审美体验"具有深刻的思想性"，"是一种豁然开朗的领悟"；第五，"审美体验是一种幸福的高峰体验"④。自由对于审美来说是非常重要的，是审美最重要的本质，审美是人的一种自由的体验方式，是人"进入本体世界的自由的生存方式"⑤，杨春时先生相当看重这一

---

① 杨春时：《作为第一哲学的美学——存在、现象与审美》，人民出版社，2015年版，第148页。

② 杨春时：《作为第一哲学的美学——存在、现象与审美》，人民出版社，2015年版，第148页。

③ 杨春时：《作为第一哲学的美学——存在、现象与审美》，人民出版社，2015年版，第148页。

④ 杨春时：《作为第一哲学的美学——存在、现象与审美》，人民出版社，2015年版，第149—150页。

⑤ 杨春时：《作为第一哲学的美学——存在、现象与审美》，人民出版社，2015年版，第151页。

点。在杨春时先生看来，自由的本质即在于存在自身的超越性，在于"存在的本真性和同一性"①，表现在审美中，则是审美以其自由的超越性而超越现实生存的局限，审美以其人和世界的共在的主体间性契合了存在的同一性。

（四）符号学和语言学的方法

1.存在与本源性语言符号的本真性、同一性

存在是"我与世界"之间的"共在"和"对话"，而对话是"语言的本体，在对话中我与世界互相理解，存在的意义得以显现。因此，语言符号就是存在的构成，是存在意义的表达方式"②。也就是说，存在本身就与语言息息相关，存在是语言性的，我们要通达存在，要领会存在的意义，必须通过语言，实现与世界之间的相互对话。

语言符号可在"语言（符号）形式"和"语言（符号）行为"两个层面上被理解和阐释③，存在的语言性也就是自我主体与世界主体之间的语言交流。相比形式层面而言，行为层面是"语言符号的基本存在形式"，它"更为根本"，而"语言符号的概念体系"只是行为层面的"一种抽象"④。

"语言符号的本质必须从本体论上得到说明。"⑤前面关于共在对话的论述说明了语言符号应该被"看作存在的基本方式和我与世界之间的对话"⑥。"语言符号的根本"是"本源的语言符号"，即"人与世界整体之间的对

---

① 杨春时：《作为第一哲学的美学——存在、现象与审美》，人民出版社，2015年版，第154页。

② 杨春时：《作为第一哲学的美学——存在、现象与审美》，人民出版社，2015年版，第129页。

③ 杨春时：《作为第一哲学的美学——存在、现象与审美》，人民出版社，2015年版，第129页。

④ 杨春时：《作为第一哲学的美学——存在、现象与审美》，人民出版社，2015年版，第129页。

⑤ 杨春时：《作为第一哲学的美学——存在、现象与审美》，人民出版社，2015年版，第130页。

⑥ 杨春时：《作为第一哲学的美学——存在、现象与审美》，人民出版社，2015年版，第130页。

话"，这种对话是"包括人与人、人与自然的对话"的活的对话①。在现实领域，人与人之间的对话是"不充分"的对话，人与自然之间的对话也是"不可能"存在的②。但在本体论或存在论的领域，"人与自然之间具有主体间性"，人与自然之间的对话"通过本源的语言符号进行"，"或者说就是语言符号本身"③。这种对话"具有形而上的性质"，体现为"我与世界之间的内在的联系，是一种心灵的渴求和沟通"④。通过对话，存在变成人与世界的"同一"，"这种同一是互相理解，彼此向对方呈现自身"，通过此"存在的意义才得以显现"⑤。同人与自然之间的对话一样，人和人之间的对话同样只有超越现实的领域，在审美这种本源性的语言符号领域中，才能真正地实现，并在彼此的对话中实现人和存在的同一。

以上是从本体论的角度对存在的语言符号性的说明，关于语言符号的本质，我们还可以从现实和超现实两个角度区分为现实的语言符号和本源的语言符号两种类型。现实的语言符号是"日常语言符号"，是"本源性语言符号的异在形式"；本源的语言符号不是"实际的语言符号"，但它是"现实语言符号的根据，它根源于存在"⑥。本真的存在是"我与世界的共在"，而"共在"就是"我与世界之间的体验和对话"，由此也就可以说，"共在的意义结构"是一种本源性的语言符号，由此本源性的共在和对话，方能显示存在的意

①　杨春时：《作为第一哲学的美学——存在、现象与审美》，人民出版社，2015年版，第130页。

②　杨春时：《作为第一哲学的美学——存在、现象与审美》，人民出版社，2015年版，第130页。

③　杨春时：《作为第一哲学的美学——存在、现象与审美》，人民出版社，2015年版，第130页。

④　杨春时：《作为第一哲学的美学——存在、现象与审美》，人民出版社，2015年版，第130页。

⑤　杨春时：《作为第一哲学的美学——存在、现象与审美》，人民出版社，2015年版，第130页。

⑥　杨春时：《作为第一哲学的美学——存在、现象与审美》，人民出版社，2015年版，第131页。

义①。

"本源性语言符号作为存在的意义结构，具有本真性（超越性）和同一性（主体间性）。"②本源性语言符号的本真性是指其"超越于现实语言符号，是一种超验的、可能的语言符号"③。其本真性表现为三个方面：一是其"对象是存在本体"，"是一种超验的对象"；二是其表达的是"形而上的意义"也即"存在的意义"；三是其是"与本源的存在体验完全合一的语言符号体系，是前反思性的语言符号"，也就是说，它是一种"意象性的语言符号"，从存在论和现象学的角度来说，则是一种"现象性的语言符号体系"，它"能够使存在的意义显现"④。

艺术和审美符号是一种"能够表达存在的意义"语言符号，是本源性的语言符号的"现象"，而"哲学语言本质上是本源的语言的反思形式"，"它通过对本源语言符号的反思，形成哲学的范畴体系，把握存在的意义"⑤。

"本源语言符号的同一性"是由"存在的同一性"规定的，表现为我与世界之间进行对话的一种"主体间性"⑥。杨春时先生认为，本源性语言符号的同一性可以从如下四个方面来进行理解：第一，"从发生学上看，语言是交谈这一"主体间性的活动"的产物；第二，"语言本身就是谈话，谈话是语言的本体，而谈话是主体间性的行为"；第三，"语言作为交谈本质上是一种游戏"，而"语言游戏是主体间性的充分形式"；第四，"从存在论上看，语言

---

① 杨春时：《作为第一哲学的美学——存在、现象与审美》，人民出版社，2015年版，第131页。

② 杨春时：《作为第一哲学的美学——存在、现象与审美》，人民出版社，2015年版，第131页。

③ 杨春时：《作为第一哲学的美学——存在、现象与审美》，人民出版社，2015年版，第131页。

④ 杨春时：《作为第一哲学的美学——存在、现象与审美》，人民出版社，2015年版，第132页。

⑤ 杨春时：《作为第一哲学的美学——存在、现象与审美》，人民出版社，2015年版，第132页。

⑥ 杨春时：《作为第一哲学的美学——存在、现象与审美》，人民出版社，2015年版，第133页。

符号的同一性就是我与世界之间的对话，通过对话达到互相理解、同情，最后实现我与世界的沟通与融合，从而成为一体"[1]。

2.审美语言符号的性质

前面说过，本源性的语言符号是"我与世界的对话"，它是"存在的意义结构"，是人的"自由的生存方式和超越的体验方式"的展现[2]。"本源性的语言符号的实现形式"就是自由的语言符号，自由的语言符号"包括审美语言符号和哲学语言符号"。[3]审美的语言符号是最基本的自由语言符号，而"自由的语言符号的自觉性形式是哲学范畴，它是对自由存在的反思"，也就是说，"审美语言符号经过反思"就可以"转化为哲学范畴体系"[4]。

审美是一种与现实语言符号不同的语言符号活动，审美本身就是"我与世界的对话，这种对话就是审美语言符号的本体"[5]。审美会"使用语言符号"，"这些语言符号是以表象形式存在的感性符号"而非"知性语言符号"，这些感性符号"包括日常语言和各种自然符号，如色、线、形、乐音等"[6]。审美一方面"使用现实语言符号"，一方面又"超越、消解现实语言符号，从而构成特殊的审美语言符号"，所以，我们"要区分审美使用的现实语言符号和审美语言符号"这两个概念[7]。现实语言符号和审美语言符号的最本质的区别在于，"现实语言符号是现实生存的意义结构，而审美是自由生存

---

① 杨春时：《作为第一哲学的美学——存在、现象与审美》，人民出版社，2015年版，第133、135页。

② 杨春时：《作为第一哲学的美学——存在、现象与审美》，人民出版社，2015年版，第192页。

③ 杨春时：《作为第一哲学的美学——存在、现象与审美》，人民出版社，2015年版，第192页。

④ 杨春时：《作为第一哲学的美学——存在、现象与审美》，人民出版社，2015年版，第193页。

⑤ 杨春时：《作为第一哲学的美学——存在、现象与审美》，人民出版社，2015年版，第193页。

⑥ 杨春时：《作为第一哲学的美学——存在、现象与审美》，人民出版社，2015年版，第193页。

⑦ 杨春时：《作为第一哲学的美学——存在、现象与审美》，人民出版社，2015年版，第194页。

的意义结构"①。对"现实语言符号的特殊使用即审美，它消解了其现实意义的规则，而使其转化为审美语言符号"②，比如我们常说的语言的陌生化就是这个道理。从现实语言符号转化为审美语言符号，这是"由审美语言符号的特殊要求造成的，它使作为材料的现实语言符号发生了变异"③，这个变化或转化既是一种美的形式上的变化，更造成一种特殊的审美体验。这里就涉及到了语境问题。"审美语言符号只是在审美交谈中才生成、存在"，所以"不存在一个客观化的审美语言符号"，也就是说，"是审美的语境导致了日常语言符号变成了审美语言符号"④。

"审美语言符号是本源性语言符号的实现"，所以"它具有了本源性语言符号的本质和特性"⑤。本源性语言符号的本质是自由，审美语言符号当然也就是一种自由的语言符号，审美语言符号的自由性"在于它的特殊语法"，审美语言符号的语法"不是逻辑的语法，而是意象的生成和转化的规则"，是"非逻辑的意象运动法则"，也就是一种"自由的法则"，它"遵从直觉想象—情感意志的逻辑"，表现在具体的修辞中，则是对"隐喻法则"和"转喻法则"的偏爱⑥。

现实的语言符号容易造成"本真的存在被遗忘，存在的意义被遮蔽"，审美活动"通过审美法则的运用"，可以"把现实语言符号的意义消解，使现实生存的意义归于虚无，并且构成审美语言符号"，而审美语言符号的意义则

① 杨春时：《作为第一哲学的美学——存在、现象与审美》，人民出版社，2015年版，第194页。

② 杨春时：《作为第一哲学的美学——存在、现象与审美》，人民出版社，2015年版，第194—195页。

③ 杨春时：《作为第一哲学的美学——存在、现象与审美》，人民出版社，2015年版，第195页。

④ 杨春时：《作为第一哲学的美学——存在、现象与审美》，人民出版社，2015年版，第195页。

⑤ 杨春时：《作为第一哲学的美学——存在、现象与审美》，人民出版社，2015年版，第195页。

⑥ 杨春时：《作为第一哲学的美学——存在、现象与审美》，人民出版社，2015年版，第196页。

正在于其"作为本源的语言符号的呈现","成为存在的意义结构,并且揭示了存在的意义"①。在这个角度我们可以说,审美的语言符号是本真的、自由的、超越的。

三、生存—超越美学

其实,杨春时最早的学术名片就是"生存—超越美学",他自己刚开始是这么归纳的,学术界也是这么称呼的,也就是说,"生存"和"超越"是杨春时早年美学研究中的两个关键词,"生存"这个关键词后来虽然谈的比较少了,但也并没有完全抛弃,而"超越"这个关键词,则是始终贯穿在他的写作中的,是他的美学研究中最为核心的关键词之一。生存—超越说,从早期一直贯穿到后期,凸显了杨春时美学的彻底性和一以贯之,当然,这个学说后来又汇流到其主体间性美学、审美现象学的建构之中去了,当然,其对生存—超越的论述也就有了更为深化的理解和更为丰富的内涵。

(一)生存和生存体验的超越性

杨春时先生认为,生存有两重特性:"一是现实性,二是超越性"②。现实性,来源于存在自身的"沦落";超越性,指的是"生存超越自身,指向存在",也就是说"生存并非它现在的样子",因为其"不满足于自身,而是自己否定自己",于是"被存在召唤,有自由的向往,有回归存在的可能"。③生存的这两重性,既体现着"存在的本质","又失落了存在的本质"④。生

---

① 杨春时:《作为第一哲学的美学——存在、现象与审美》,人民出版社,2015年版,第197页。

② 杨春时:《作为第一哲学的美学——存在、现象与审美》,人民出版社,2015年版,第199页。

③ 杨春时:《作为第一哲学的美学——存在、现象与审美》,人民出版社,2015年版,第199—200页。

④ 杨春时:《作为第一哲学的美学——存在、现象与审美》,人民出版社,2015年版,第200页。

存的根本趋势是"回归存在而出离现实"，也就是对现实的超越，生存的超越是一个"回归存在的过程"，生存的超越对现实生存的否定是一种"根本性的"否定，是"在存在的感召下产生的生存的自我否定"①。生存的超越性"体现着存在的本质"，是生存的两重性中"更本质的属性"②。生存的两重性会"导致两种可能"，一是"超越性被现实性压制，从而遮蔽、遗忘了存在的意义"；二是"生存的超越性冲破现实性的压制"而"得以凸显，从而走向存在本身"③。后一种可能也就是"存在的意义显现的可能"④。"生存的两重性体现为主体的两重性和世界的两重性"⑤。所谓主体的两重性和世界的两重性，即作为主体的我和世界"都具有现实性和超越性"，也即是我既是有限性和世俗性的"现实自我"，又是"追求无限之我"和"自我完善"的"超越自我"；而世界既是现实的"经验的、世俗的、形而下的有限世界"，又是"超验的、自由的、形而上的无限世界"⑥。或者说，现实之我、现实之世界是异化的（异化的自我、异化的世界），超越之我、超越之世界才是本真的（本真的我、本真的世界）。

人的生存分为现实的生存和超越的生存两种，超越的生存是对现实生存的否定，这里就产生了一个问题，现实性（此岸）和超越性追求（彼岸）之间有了对立，有了裂痕，那么，我们如何弥合、沟通二者呢？西方的近现代哲学都"建立在现实生存与本真的存在二元对立的基础上"，这也就意味着如何实现

---

① 杨春时：《作为第一哲学的美学——存在、现象与审美》，人民出版社，2015年版，第200页。

② 杨春时：《作为第一哲学的美学——存在、现象与审美》，人民出版社，2015年版，第202页。

③ 杨春时：《作为第一哲学的美学——存在、现象与审美》，人民出版社，2015年版，第203页。

④ 杨春时：《作为第一哲学的美学——存在、现象与审美》，人民出版社，2015年版，第203页。

⑤ 杨春时：《作为第一哲学的美学——存在、现象与审美》，人民出版社，2015年版，第203页。

⑥ 杨春时：《作为第一哲学的美学——存在、现象与审美》，人民出版社，2015年版，第203页。

从现实的生存向本真存在的超越，如何"达到自由境界"，将会是对于我们的一个很大的挑战，也是我们要去努力实现的目标。[1]我们"必须找到由现实到自由的途径"，而这个途径就是在现实生存的基础上超越现实以获得自由，也就是说，"自由即超越，超越即自由"[2]。

"生存是体验性的"，"体验是生存本身具有的功能"[3]。动物没有体验，只有人才能体验，人的"生存和体验具有直接的同一性"[4]，可以说，生存即体验，体验即生存。生存体验具有这样几个特点：一是生存体验的创造性，"体验是创造意义的原初性的活动，意义是对"体验的反思的产物"[5]。二是体验的身心一体性，"体验既是一种身体感受，又是一种心理领悟，是身体性和意识性的融合"[6]。三是"体验具有非理智、非逻辑的直觉性、情绪性"[7]。四是体验"具有超越性"，"超越的体验是本真的生存体验方式"[8]。五是体验是一种本真的体验、自由的体验。"生存是指向自由的，而生存体验也应当是自由的体验"，"超越的体验是本真的生存体验方式"，"只有在超越的体验方式中，才能成为自由的体验，成为最本真的生存体验方

---

① 杨春时：《作为第一哲学的美学——存在、现象与审美》，人民出版社，2015年版，第203、204页。

② 杨春时：《作为第一哲学的美学——存在、现象与审美》，人民出版社，2015年版，第204页。

③ 杨春时：《作为第一哲学的美学——存在、现象与审美》，人民出版社，2015年版，第204页。

④ 杨春时：《作为第一哲学的美学——存在、现象与审美》，人民出版社，2015年版，第204页。

⑤ 杨春时：《作为第一哲学的美学——存在、现象与审美》，人民出版社，2015年版，第204页。

⑥ 杨春时：《作为第一哲学的美学——存在、现象与审美》，人民出版社，2015年版，第204页。

⑦ 杨春时：《作为第一哲学的美学——存在、现象与审美》，人民出版社，2015年版，第204页。

⑧ 杨春时：《作为第一哲学的美学——存在、现象与审美》，人民出版社，2015年版，第204页。

式"①。总之，"生存体验的本质是超越性的"②。

以上所讲之体验的超越性是从体验的本质的角度来论述的。其实，人类的现实生存及其现实的体验方式，是"片面的""异化的"，"它把对片面化的世界的有限把握当作对完整的生存的全面把握"，这"遮蔽了存在意义"，所以我们"必须超越现实的体验，进入超越的体验，才能把握生存的意义"③。超越现实的生存方式和现实的体验方式就进入了自由的生存方式和超越的体验方式。超越的体验方式是"全面的"，是"对自由的领有"，是"对自由本身的体悟"，它通过对现实性的否定而"肯定了生存的意义"也就是自由④。而"自由就是超越"，是"对现实性的否定、超越"，并在这种超越中实现自由。总之，"超越的体验就是对现实生存体验的超越"⑤。

杨先生认为，"审美体验是生存体验的最高形式，生存体验的本质在审美中得到了实现"⑥。首先，"审美是不同于现实体验方式的独立体验方式"⑦，它具有非真实性、非逻辑性、非理智性、非实证性、非功利性等特点。其次，"审美超越了现实体验，是超越的体验方式"⑧。"现实体验方式是不充分的、有限的体验方式"，针对于此，审美体验一方面是"充分的体验方式"，它"以审美意象（艺术形象）创造的方式把握了世界，使世界恢复了

① 杨春时：《作为第一哲学的美学——存在、现象与审美》，人民出版社，2015年版，第204页。

② 杨春时：《作为第一哲学的美学——存在、现象与审美》，人民出版社，2015年版，第204页。

③ 杨春时：《作为第一哲学的美学——存在、现象与审美》，人民出版社，2015年版，第205页。

④ 杨春时：《作为第一哲学的美学——存在、现象与审美》，人民出版社，2015年版，第206页。

⑤ 杨春时：《作为第一哲学的美学——存在、现象与审美》，人民出版社，2015年版，第206页。

⑥ 杨春时：《作为第一哲学的美学——存在、现象与审美》，人民出版社，2015年版，第206页。

⑦ 杨春时：《作为第一哲学的美学——存在、现象与审美》，人民出版社，2015年版，第206页。

⑧ 杨春时：《作为第一哲学的美学——存在、现象与审美》，人民出版社，2015年版，第207页。

它的生动性、具体性、丰富性"；另一方面，审美体验是即感性而又"超感性"的体验方式，它在保留"感性的丰富性"的同时"比感性更深刻"，也就是能够抓住事物的本质并做出"普遍的价值判断"，即审美体验是有其深刻性的、普遍性的思想意义的，这就超越了一般现实体验的只能停留在"对世界的感性和知性水平"上的对意义的有限的领会。①只有超越现实中的那种有限的感性把握和知性认知，我们才能达到一种"至真"、"最高的真实"，才能领悟"至善"和"人生的最高价值"，才能"超越意识形态的局限，获得自由的意识"②。

（二）审美体验的超越性

杨春时先生认为，审美体验是"自由的生存方式"，审美的自由性和超越性源自"存在的本真性"③。关于美学中对超越性的论述，杨先生认为，古代西方就已经有审美超越性思想的"萌芽"，而对超越性的论述在现代西方美学中得到了重视和强调，"审美超越理论是现代美学的核心，最终形成了审美主义思潮"，这一审美主义的思潮"确立了审美的超越性"，"破除了理性主义的藩篱"，成为现代美学中的"主导潮流"。④杨春时认为，审美就是要"超越现实生存"，是一种"超越的生存体验方式"，"当我们进入审美的境界时，也就超越了现实，摆脱了现实的束缚，获得了自由"，"因此，审美不是别的，就是超越性的活动，就是超越的过程，而超越本身就是自由"⑤。关于审美超越，杨先生认为至少包含如下四个方面的规定：第一是"超验性"。审

---

① 杨春时：《作为第一哲学的美学——存在、现象与审美》，人民出版社，2015年版，第207页。

② 杨春时：《作为第一哲学的美学——存在、现象与审美》，人民出版社，2015年版，第208页。

③ 杨春时：《作为第一哲学的美学——存在、现象与审美》，人民出版社，2015年版，第208页。

④ 杨春时：《作为第一哲学的美学——存在、现象与审美》，人民出版社，2015年版，第208、210页。

⑤ 杨春时：《作为第一哲学的美学——存在、现象与审美》，人民出版社，2015年版，第210页。

美是"超经验的把握"，是"超越现实经验的自由体验"，它"通过审美体验领悟了存在的意义"，故而"美是超验的对象，审美具有超验性"。①第二，审美的超越性"包括理想性、终极性、超功利性"。审美超越是"一种理想化的行为，它指向存在本身，是一种终极的价值"，审美在追求终极价值的过程中，使得人的生存从现实的生存"转化为自由的生存"，由此获得了此在生存的最高的价值，也即审美的自由②。第三是"最高的真实性"。"审美具有真理性"，是"一种最高的认识"，这种最高的认识和最高的真理就是"揭示存在的意义"③。第四是"彻底的否定性和批判性"④。审美超越性的否定性和批判性具有彻底性，它是对理性主义的彻底破除，是对现实生存的彻底超越，是对意识形态的彻底批判，是对异化现实的彻底否定，在此基础上，它通向了自由。

审美超越"作为自由的生存方式和向存在的回归"，"实现了存在的本真性，达到了实有和虚无的同一"⑤。审美的虚无性具有"超功利性、超验性"，它来自审美对"现实生存的否定性"⑥。审美的虚无性"意味着审美脱离了现实领域，不属于现实生存"，它超越了包括"科学和意识形态"在内的一切现实活动所具有的功利性、经验性、实证性，于此，审美成为一种"自由的生存体验"，成为一种超越的生存方式⑦。审美的实有性"源于存在的实有

---

① 杨春时：《作为第一哲学的美学——存在、现象与审美》，人民出版社，2015年版，第210、211页。

② 杨春时：《作为第一哲学的美学——存在、现象与审美》，人民出版社，2015年版，第211页。

③ 杨春时：《作为第一哲学的美学——存在、现象与审美》，人民出版社，2015年版，第211页。

④ 杨春时：《作为第一哲学的美学——存在、现象与审美》，人民出版社，2015年版，第212页。

⑤ 杨春时：《作为第一哲学的美学——存在、现象与审美》，人民出版社，2015年版，第212页。

⑥ 杨春时：《作为第一哲学的美学——存在、现象与审美》，人民出版社，2015年版，第212页。

⑦ 杨春时：《作为第一哲学的美学——存在、现象与审美》，人民出版社，2015年版，第213页。

性即存在的肯定性方面"，审美的实有性指"审美的肯定性"，审美虽不具有经验性，但是是"存在的现身和对存在意义的把握"，"是本真的"，"具有绝对性"[1]。审美的实有的真理性是"至真和至善的同一"，"作为至真，审美揭示了存在的真谛"；"作为至善"，"审美告诉我们"生活的最高价值在于自由这一人生的要义。

杨先生认为，审美以"超越性的体验把握了存在的意义"，这种把握是一种"比感性享受更深刻的"、"全身心的"生存体验，它是"对存在意义的体悟"[2]。存在意义既"包括自我的本质和世界的本质"两个方面，也包括了"认识论与价值论"两个方面。从对自我的本质和世界的本质的揭示方面来看，"审美完整地揭示了存在的意义"，而存在就是"我与世界的共在"[3]，在我与世界共在的状态中，我寻获到了生存的自由，而存在也就向人们显示了其本真性和同一性的真相，这既是自我的本质，也就是世界的本质。从认识论和价值论的层面来看，在审美活动中，人和世界达到同一，我们认识到了存在的真理，而本真性和同一性的真理又确保人们在审美中获得一种审美体验的超越性和自由性，审美的过程就是真与善相统一的过程。总而言之，审美就是我与世界的共在，是我与存在的相互契合，是超越现实生存而向本真存在的回归，在审美中，一方面充分地彰显了审美主体的个体性，一方面在其向存在回归的过程中又导向了一种普遍的同一性。

杨先生认为，审美体验具有两重性，一是"超感性"，这是"本质的属性"；二是"即感性"，这是"非本质的属性"[4]。审美具有超感性，它是"自由的生存方式和超越的体验方式"，它体现了人的"不满足于感性体

---

[1] 杨春时：《作为第一哲学的美学——存在、现象与审美》，人民出版社，2015年版，第213页。

[2] 杨春时：《作为第一哲学的美学——存在、现象与审美》，人民出版社，2015年版，第214页。

[3] 杨春时：《作为第一哲学的美学——存在、现象与审美》，人民出版社，2015年版，第214页。

[4] 杨春时：《作为第一哲学的美学——存在、现象与审美》，人民出版社，2015年版，第218页。

验"的"自由追求"①。审美也具有"即感性"，所谓"即感性"是指审美"接近、类似感性，可以与感性融合"，审美一方面"继承、完善了感性的形式"②，一方面"与感性同源"③。"感性与审美的混合"，虽然"使感性有所升华"，但也使"审美的超越品格有所降低"④。杨春时先生认为"应该倡导超越性美学"，牢记作为审美的本质的超感性，明确美学"促进人的精神自由"的职责，始终"保持美学的批判性"的品格⑤。

（三）审美超越的途径：实有化和虚无化

关于审美的实有和虚无问题在前面多处有所论述。杨春时先生认为，虚无化指"虚无的体验"，即"把现实生存消解，由经验世界升华到超验世界，从而得以进入自由的世界"⑥。这意味着把现实世界给"虚无化了"，"从而超越现实生存，进入了对存在意义的领会"，"把握了实有"⑦。体验和把握虚无，必须超越经验意识，超越这个"有限的、变化的世界"⑧。

而"体验虚无，把生存虚无化，从而领会存在的意义，关键在于找到一

---

① 杨春时：《作为第一哲学的美学——存在、现象与审美》，人民出版社，2015年版，第219页。

② 杨春时：《作为第一哲学的美学——存在、现象与审美》，人民出版社，2015年版，第219页。

③ 杨春时：《作为第一哲学的美学——存在、现象与审美》，人民出版社，2015年版，第220页。

④ 杨春时：《作为第一哲学的美学——存在、现象与审美》，人民出版社，2015年版，第220页。

⑤ 杨春时：《作为第一哲学的美学——存在、现象与审美》，人民出版社，2015年版，第220—221页。

⑥ 杨春时：《作为第一哲学的美学——存在、现象与审美》，人民出版社，2015年版，第221页。

⑦ 杨春时：《作为第一哲学的美学——存在、现象与审美》，人民出版社，2015年版，第221页。

⑧ 杨春时：《作为第一哲学的美学——存在、现象与审美》，人民出版社，2015年版，第222页。

种超越的途径"①，也就是审美。首先，审美的虚无化"在时间上发生，通过想象和理解实现"，即一方面"审美想象把自然时间虚化"，一方面审美理解"打破社会时间的限制，把历史虚无化"②。

其次，审美的虚无化"也在空间的维度上进行"③。一方面，审美通过对想象和同情的解放而让自我的情感和意识超越世俗，也就是说"自我、意识的虚无化"，一方面，审美通过"把现实情感提升到自由的同情"，"跨越空间距离，把现实空间虚无化"。在此，自我的虚无化和空间的虚无化双向同时进行，我与世界之间彼此变得"不再是对立的了"④，也就是审美让我们"超越自然空间和社会空间，进入想象的自由空间"⑤。

时空的虚无化让"审美情感凝聚为两类审美范畴"，一是"肯定性范畴"，如"优美、崇高、喜剧等"，这是"审美的实有化方面"；二是"否定性范畴"，如"丑陋、荒诞、悲剧等"，这是"审美的虚无化方面"⑥。丑陋、荒诞、悲剧等范畴都"揭示了现实的反面性质，否定了生存的意义，从而把生存虚无化，也从正面显现了存在的意义"⑦。在艺术创作和欣赏中，艺术想象也是"一种对现实世界的虚无化，它使本真的存在显现"⑧。

---

① 杨春时：《作为第一哲学的美学——存在、现象与审美》，人民出版社，2015年版，第222页。

② 杨春时：《作为第一哲学的美学——存在、现象与审美》，人民出版社，2015年版，第222页。

③ 杨春时：《作为第一哲学的美学——存在、现象与审美》，人民出版社，2015年版，第223页。

④ 杨春时：《作为第一哲学的美学——存在、现象与审美》，人民出版社，2015年版，第223页。

⑤ 杨春时：《作为第一哲学的美学——存在、现象与审美》，人民出版社，2015年版，第224页。

⑥ 杨春时：《作为第一哲学的美学——存在、现象与审美》，人民出版社，2015年版，第224页。

⑦ 杨春时：《作为第一哲学的美学——存在、现象与审美》，人民出版社，2015年版，第224页。

⑧ 杨春时：《作为第一哲学的美学——存在、现象与审美》，人民出版社，2015年版，第224页。

所谓的实有化，"即对生存的本真之维的肯定"①。与虚无化相反，审美的实有化"把存在由逻辑的设定变成对象即自由的生存，使其由不在场变为在场，也使生存升华为存在"，也就是"使审美意象显现、审美意义发生"②。审美的实有化也在时间和空间两个维度进行：首先，"通过审美理解—想象"③来实现时间维度上的审美实有化。审美消解了自然时间和社会时间，创造出一种实有化的自由时间。一方面，自由的审美时间以其"当即永恒化"而突破了自然时间；一方面，自由的审美时间以其对"历史距离"的克服而突破了社会历史时间④。其次，审美的实有化在空间维度上"通过审美同情—想象"⑤来对自然空间和社会空间的超越以实现。一方面，审美打破了自然空间的限制而"使审美空间得到了现身"⑥；一方面，审美同情"使我与世界的距离消失，创造了物我融合的自由空间"⑦，这突破了现实的社会空间。

审美的实有化也"通过审美范畴实现"⑧。否定性审美范畴"使世界虚无化"，肯定性审美范畴"使生存实有化"，肯定性审美范畴包括优美、崇高和喜剧等⑨。总之，审美"使现实生存实有化而提升为自由的存在，从而肯定了

---

① 杨春时：《作为第一哲学的美学——存在、现象与审美》，人民出版社，2015年版，第224页。

② 杨春时：《作为第一哲学的美学——存在、现象与审美》，人民出版社，2015年版，第224页。

③ 杨春时：《作为第一哲学的美学——存在、现象与审美》，人民出版社，2015年版，第224页。

④ 杨春时：《作为第一哲学的美学——存在、现象与审美》，人民出版社，2015年版，第225页。

⑤ 杨春时：《作为第一哲学的美学——存在、现象与审美》，人民出版社，2015年版，第226页。

⑥ 杨春时：《作为第一哲学的美学——存在、现象与审美》，人民出版社，2015年版，第226页。

⑦ 杨春时：《作为第一哲学的美学——存在、现象与审美》，人民出版社，2015年版，第226页。

⑧ 杨春时：《作为第一哲学的美学——存在、现象与审美》，人民出版社，2015年版，第227页。

⑨ 杨春时：《作为第一哲学的美学——存在、现象与审美》，人民出版社，2015年版，第227页。

存在的意义"①。

概而言之，审美的实有和虚无是同一的，或者说是一体两面的，"虚无的否定与实有的肯定是同时发生的"②，对虚无的否定即是对实有的肯定，而对实有的肯定即是对虚无的否定，二者是一个一而二、二而一的过程，也正是因为这个原因，所以我们看到在讲审美的虚无化的时候会呈现出否定性和肯定性两类审美范畴，在讲审美的实有化的时候同样也会呈现出否定性和肯定性两类审美范畴。

（四）审美语言符号的超越性

杨春时先生认为，审美语言符号是本源性语言符号的"实现形式"③。本源性语言符号我们在前面也讲过，它是存在自身的语言，体现的是"存在的意义结构"④。存在是本真的、超越的，本源的语言符号是本真的、超越的，既然如此，那么作为其实现形式的审美语言符号也就具有超越性，它"显现了存在的意义"⑤。审美和艺术是"超越性语言符号的创造，它把生存从现实领域提升到自由领域"，摆脱了现实语言符号的限制，"进入了自由的领域"⑥。人类的生存无非是通向一种自由的存在，而要找到"通向自由生存方式的途径"，"只有通过审美语言符号"才能实现⑦。

---

① 杨春时：《作为第一哲学的美学——存在、现象与审美》，人民出版社，2015年版，第227页。

② 杨春时：《作为第一哲学的美学——存在、现象与审美》，人民出版社，2015年版，第227页。

③ 杨春时：《作为第一哲学的美学——存在、现象与审美》，人民出版社，2015年版，第227页。

④ 杨春时：《作为第一哲学的美学——存在、现象与审美》，人民出版社，2015年版，第227页。

⑤ 杨春时：《作为第一哲学的美学——存在、现象与审美》，人民出版社，2015年版，第227页。

⑥ 杨春时：《作为第一哲学的美学——存在、现象与审美》，人民出版社，2015年版，第228页。

⑦ 杨春时：《作为第一哲学的美学——存在、现象与审美》，人民出版社，2015年版，第228页。

　　"审美符号是超越性语言符号"，它区别并超越于"感性、知性水平的现实语言符号"①。感性语言符号是一种表象语言符号，它"只能帮助人们掌握日常现象"，无法"揭示事物的本质和价值意义"，更无法"掌握存在的意义"②。审美语言符号"使用感性语言符号"，但是却又"超越感性语言符号，具有超感性的意义，并揭示了存在的意义"③。知性语言符号就是概念语言符号，它"构成的意义世界"是"抽象的本质世界"，它无法"揭示存在的意义"④。审美语言符号"超越知性语言符号，属于超越性语言符号"，它表达的是"一种自由的生存体验"，达到的是对存在意义的把握⑤。审美的语言符号是一种超越性的语言符号，也就是一种自由的语言符号，"审美是自由的超越性语言符号体系"⑥，因为对超越性存在意义的探求同时也就是对自由体验和自由生存方式的肯定和认可。人们对超越性的追求与自由性的体认的目标经由审美的语言符号而实现了，或者说，统一起来了，又或者说，这本身就是同一个过程的不同表达式。

　　"审美对象特别是艺术作为超越性意象语言符号的表达，具有感性意象的形式，蕴含着超越性的内容。"⑦审美作为在修辞和文本上的"象征性语言符号"，其意义"不在于构成它的现实语言符号所指"，"审美语言符号的象

①　杨春时：《作为第一哲学的美学——存在、现象与审美》，人民出版社，2015年版，第228页。

②　杨春时：《作为第一哲学的美学——存在、现象与审美》，人民出版社，2015年版，第228页。

③　杨春时：《作为第一哲学的美学——存在、现象与审美》，人民出版社，2015年版，第228页。

④　杨春时：《作为第一哲学的美学——存在、现象与审美》，人民出版社，2015年版，第229页。

⑤　杨春时：《作为第一哲学的美学——存在、现象与审美》，人民出版社，2015年版，第229页。

⑥　杨春时：《作为第一哲学的美学——存在、现象与审美》，人民出版社，2015年版，第229页。

⑦　杨春时：《作为第一哲学的美学——存在、现象与审美》，人民出版社，2015年版，第229页。

征超越现实的水平，是一种超越，是对现实意义的超越"①。在我们对审美对象也即审美语言符号的观照和欣赏中，我们既获得一种"自由的生存体验"，同时我们也"通过对这种体验的反思"，"掌握了存在的意义"，自由性和超越性在这里得到了统一性的实现②。而体现在这种象征性语言符号中的自由性和超越性，既保证了审美的"充分个性化"，又保证了审美的普遍性；既给审美带来"最大限度的开放性"，又让审美具有一种"永恒性"③。而艺术的魅力，正来源于此。

四、主体间性美学

进入新世纪以来，为了对近代西方的主体性美学以及我国当代建立在近代西方主体性哲学基础之上的实践美学进行更进一步的反思，杨春时在吸纳胡塞尔、海德格尔、梅洛-庞蒂、哈贝马斯等人思想的基础上，进行了主体间性美学的论述和建构，发表了一系列重磅文章，引起极大学术反响。杨春时对"主体间性"主要有两种分类标准：一是从其所属领域进行区分，把主体间性区分为社会学领域的主体间性、认识论领域的主体间性、本体论领域的主体间性，二是从其性质来把本体论的主体间性又区分为自然主义的主体间性、信仰主义的主体间性、审美主义的主体间性三种取向。杨春时从其美学体系的建构出发，最欣赏的是本体论领域的主体间性，由于他认为本体论领域的主体间性最充分的实现也就是在文艺和审美活动中，所以它也就等于审美主义的主体间性。在杨春时看来，主体间性充分体现了我与世界的共属一体性，尤其在审美活动中，我和对象成为可以交谈对话的主体，物我两忘，情景交融，超越了

---

① 杨春时：《作为第一哲学的美学——存在、现象与审美》，人民出版社，2015年版，第230页。

② 杨春时：《作为第一哲学的美学——存在、现象与审美》，人民出版社，2015年版，第230页。

③ 杨春时：《作为第一哲学的美学——存在、现象与审美》，人民出版社，2015年版，第231页。

现实的对立，实现了对存在的最为充分的把握，也充分展现了存在自身的同一性，解答了审美何为、审美如何可能这一美学上的根本难题。在主体间性美学的建构中，西方人比较强调审美理解，但中国古代美学比较强调审美同情，二者实际上可以互补，实现审美理解和审美同情的统一。

（一）主体间性理论的提出

21世纪初以来，杨春时先生进行了主体间性美学的建构。杨先生的主体间性论述，首先建立在对中西方有关思想的溯源和基础之上。杨春时先生认为，历史上的主体间性论述，主要"形成了三种含义不同的主体间性概念"，它们分别是"社会学的主体间性、认识论的主体间性和本体论（存在论、解释学）的主体间性"①。其中，社会学的主体间性以哈贝马斯的交往行动理论为代表，认识论的主体间性以胡塞尔的意识现象学为代表，本体论的主体间性以海德格尔的存在论、舍勒的情感现象学、雅斯贝尔斯的生存哲学、后期梅洛-庞蒂的肉身化学说、马丁·布伯的"我与你"论说、伽达默尔的解释学等为代表。在这三个不同的主体间性概念中，杨先生认为，"只有本体论的主体间性才是最根本的"，而其他两种主体间性的论域则只不过是本体论主体间性的"派生形态"②。本体论的主体间性"源于存在的同一性"，即"我与世界的共在"也即同一性的实现，它超越了主体与客体的对立关系，而形成的是"主体与主体之间的交往、理解关系"③。很显然，本体论的主体间性是从一种存在哲学的角度的论说，其他的认识论的和社会学意义上的主体间性都不如其本源。

为什么在我国当代要去花大力气建构这样一种本体论的主体间性理论呢？这是因为杨先生认识到我国当代美学的主流还是一种主体性的美学，具体则以

---

① 杨春时：《作为第一哲学的美学——存在、现象与审美》，人民出版社，2015年版，第233页。

② 杨春时：《作为第一哲学的美学——存在、现象与审美》，人民出版社，2015年版，第233页。

③ 杨春时：《作为第一哲学的美学——存在、现象与审美》，人民出版社，2015年版，第233页。

实践美学为代表，主体性美学及其对主体性的强调自然也有其历史的地位和价值，对我国当代美学的发展起到了重要的作用，但是其局限就是在过度强调主体性的时候，导致了主客二元分立，这无助于解决和认识文学何为、审美何以可能等的问题。正是因为看到了中国当代美学中的这个问题，杨先生才认为在当代中国有建构一种本体论的主体间性美学的必要性和迫切性。

杨春时先生认为，"主体间性的根据在于存在的同一性，主体间性是存在同一性的在场化，也是同一性的实现途径。"①生存的超越性是指向存在的，其实也就是指向主体间性的。主体间性的要害在于打破主客的对立，在此在追求存在意义的过程中，其最大的目标就是如何实现我和世界同一的问题，但这个问题的解决"既不能通过客体性（实体本体论），也不能通过主体性，而只能通过主体间性来实现"②，因为主体间性是存在的同一性的表现，它以主体与主体之间交往对话的形式体现的是我和世界的共在、同一，只有通过主体间性，我们才能克服现实世界的各种分裂，追求和把握存在，实现人和存在的同一。

本体论的主体间性基于存在的同一性。在本体论的主体间性关系中，我和世界之间以一种平等对话和有机交往的关系去实现和证明存在的同一性。本体论的主体间性至少包含如下三层含义：第一，"我与世界之间的关系不是主客关系，而是主体与主体的关系"③。第二，"我与世界之间的关系是一种互相交往、互相理解和同情的关系"④。第三，"我与世界的共在是真正的同一性"之体现⑤。

① 杨春时：《作为第一哲学的美学——存在、现象与审美》，人民出版社，2015年版，第239页。

② 杨春时：《作为第一哲学的美学——存在、现象与审美》，人民出版社，2015年版，第239页。

③ 杨春时：《作为第一哲学的美学——存在、现象与审美》，人民出版社，2015年版，第244页。

④ 杨春时：《作为第一哲学的美学——存在、现象与审美》，人民出版社，2015年版，第245页。

⑤ 杨春时：《作为第一哲学的美学——存在、现象与审美》，人民出版社，2015年版，第245页。

本体论的主体间性不仅仅是一种本源性的规定，而且还有其"方法论的意义"①。这里涉及到本体论主体间性理论中所蕴含的解释学方法和现象学方法问题。首先，我们和世界打交道，无外乎涉及一个如何认识对象的问题，但传统的科学方法对事物的认知只是一种"外在的认知"②，它不能真正地实现对事物的把握，这一点已被伽达默尔所清醒地认识到。但在本体论的主体间性中，我们可以运用解释学的方法，把对象不是当作一个与我隔离的对象，而是一个与我能够沟通的主体，此时，理解者和理解对象之间"通过对话、交流而达到充分的沟通、彼此理解"③，这个时候，我们就可以说实现了对对象的真正的理解和认识了。其次，胡塞尔的意识现象学认为所谓的现象的构造只是一种"意识的功能"，是"我与对象之间形成一种单向的关系"④，这样一种观点自然离真正的"现象"还很遥远，也不能真正地认识对象。杨春时先生认为，我们应该在主体间性理论的建构中，一方面吸纳现象学的方法，一方面改造现象学的方法，把现象学的方法建立在主体间性的基础上，此时，我们把现象学之"现象""当作主体间性的对象"，"真正的现象应该是一种主体间性的结构，即我与对象是主体与主体的关系，他们之间平等交往，达到理解与同情，最终成为一体"⑤。主体间性在改造现象学方法的基础上，也就最终能够实现对事物的真正把握和认识了。

本体论的主体间性有"三种取向"⑥，它们分别是自然主义的主体间性、

① 杨春时：《作为第一哲学的美学——存在、现象与审美》，人民出版社，2015年版，第245页。

② 杨春时：《作为第一哲学的美学——存在、现象与审美》，人民出版社，2015年版，第246页。

③ 杨春时：《作为第一哲学的美学——存在、现象与审美》，人民出版社，2015年版，第245页。

④ 杨春时：《作为第一哲学的美学——存在、现象与审美》，人民出版社，2015年版，第246页。

⑤ 杨春时：《作为第一哲学的美学——存在、现象与审美》，人民出版社，2015年版，第246页。

⑥ 杨春时：《作为第一哲学的美学——存在、现象与审美》，人民出版社，2015年版，第247页。

信仰主义的主体间性和审美主义的主体间性。自然主义的主体间性和信仰主
义的主体间性都存在"致命的缺陷"①。自然主义的主体间性的代表是前期梅
洛-庞蒂、大卫·雷·格里芬等。自然主义的主体间性的做法是企图在现实中
把自然世界"拟人化",此时自然仿佛"具有了生命",自然主义的主体间性
的实质其实是一种"泛神论"②。正是因为如此,所以我们看到,其代表人物
最后往往"求助于某种有神论","赋予自然以超自然的品格"③。当然,这
是一种虚妄的做法。信仰主义的主体间性的代表是克尔凯郭尔、马丁·布伯
等。信仰主义的主体间性的缺陷是企图赋予上帝以主体性的品格以实现上帝和
人之间的对话,但是上帝作为一种"超越性存在"是不可能真正实现和人之间
的平等对话的,所以我们发现信仰主义的主体间性理论的最后趋向往往是走向
一种彻底的"反主体性",走向"他者性哲学"④,此时,人不是和作为他者
的上帝之间的对话者而只是其召唤和声音的倾听者,显然这之间的关系是不平
等的,也不是真正的主体间性对话。

　　杨春时先生认可审美主义的主体间性走向。审美主义的主体间性是20世纪
出现的一种哲学和美学思潮。杨春时先生认为,充分的、真正的主体间性不可
能在自然主义的、信仰主义的主体间性领域实现,而只能在审美的领域实现。
在审美活动中,我和世界互为自由的主体,在它们之间发生一种真正的对话和
沟通。

　　在20世纪的西方,审美主义的主体间性蔚为潮流,如后期海德格尔对"诗
意的栖居"的高扬、伽达默尔对解释学谈话的论述、杜夫海纳对审美对象准主
体特性的强调、巴赫金复调理论的提出、接受美学召唤结构理论的出现,等等

---

① 杨春时:《作为第一哲学的美学——存在、现象与审美》,人民出版社,2015年版,第
258页。

② 杨春时:《作为第一哲学的美学——存在、现象与审美》,人民出版社,2015年版,第
243页。

③ 杨春时:《作为第一哲学的美学——存在、现象与审美》,人民出版社,2015年版,第
258页。

④ 杨春时:《作为第一哲学的美学——存在、现象与审美》,人民出版社,2015年版,第
263页。

都可以视作是这股审美主义的主体间性理论潮流之体现。

杨春时先生认为，从近代哲学的主体性走向现代哲学的主体间性，从信仰主义的主体间性和自然主义的主体间性哲学走向审美主义的主体间性，"有其历史的与逻辑的必然"①。从哲学的角度来说，作为"自由的生存方式和超越的体验方式"的审美"回归了存在"，"实现了存在的同一性"，"真正地实现了主体间性"，而这在"现实生存和现实体验"领域却是不能的②。从美学的角度来说，主体间性理论"解决了认识何以可能、自由何以可能以及审美何以可能的问题"，"克服了近代主体性美学的理论缺陷，使现代美学成为主体间性美学"。一句话，审美主义融合主体间性，走向审美主义的主体间性，认同审美主义的主体间性，这是现实的要求，也是美学理论自身建构的要求。只有应合这一要求，我们才能真正地认识审美，才能追求存在的意义，才能建构符合时代要求的美学理论体系。

（二）审美的主体间性

杨春时先生认为，现实生存是"存在的异化"，此时，"人与世界发生分化、对立"，主要确立的是一种主客关系，即使人努力想要去和世界保持一个和谐的主体间性关系，那这种主体间性关系也是不充分的，因为它"只能有限地体现出来"，它不能从根本上改变现实生存中的主客对立关系③。审美是一种"自由的生存方式"④，我和世界之间要构成一种真正的主体间性关系，只有在这种自由的生存方式也即审美中才得以可能。

现代美学如存在论、接受美学等都已经认识到了审美的主体间性的存在及

---

① 杨春时：《作为第一哲学的美学——存在、现象与审美》，人民出版社，2015年版，第271页。

② 杨春时：《作为第一哲学的美学——存在、现象与审美》，人民出版社，2015年版，第271页。

③ 杨春时：《作为第一哲学的美学——存在、现象与审美》，人民出版社，2015年版，第273页。

④ 杨春时：《作为第一哲学的美学——存在、现象与审美》，人民出版社，2015年版，第274页。

其意义和价值。主体间性的旨趣在于，通过对存在的回归，自我与世界的关系达到了"主体与主体的和谐一体的关系，实现了自我主体与世界主体的交往、对话、沟通、理解和充分同一"①。现实关系本是主客对立关系，审美将主体与客体之间的"对立关系转化为主体间的和谐关系"②。异化的现实生活中即使有"某种主体间性"，那也是不充分的主体间性，而审美活动却"具有充分的主体间性"，因为它完全克服了我和世界的对立，通过审美的对话实现了我和对象的同一③。在审美中，我与对象充分交流，"彼此互属"，体现为一种审美的理解和同情，"审美理解使我完全把握了审美对象"④，"审美同情导致主客不分、物我两忘，人与世界互相感应，最终融为一体"⑤。在审美的理解和同情二者之间，它们也并不是对立的，而是理解与同情互通，是"同情中的理解，理解中的同情"，二者"互为前提"⑥。无论在艺术美、社会美和自然美中，都可以体现这样一种充分的审美的主体间性。我们以自然美为例，在自然美的欣赏中，人不是如自然主义的主体间性理论那样赋予现实的自然世界以神灵的色彩，而是在存在论的角度让我和自然世界之间形成一种充分交往对话的主体间性关系，也即是一种充分的审美关系，此时，"审美突破了现实生存的局限"⑦，重新恢复了人和自然世界之间的一种始源性的同一关系。

杨先生认为，审美的主体间性有三层含义：第一，它"把审美看作我与世

---

① 杨春时：《作为第一哲学的美学——存在、现象与审美》，人民出版社，2015年版，第274页。

② 杨春时：《作为第一哲学的美学——存在、现象与审美》，人民出版社，2015年版，第274页。

③ 杨春时：《作为第一哲学的美学——存在、现象与审美》，人民出版社，2015年版，第274页。

④ 杨春时：《作为第一哲学的美学——存在、现象与审美》，人民出版社，2015年版，第274页。

⑤ 杨春时：《作为第一哲学的美学——存在、现象与审美》，人民出版社，2015年版，第275页。

⑥ 杨春时：《作为第一哲学的美学——存在、现象与审美》，人民出版社，2015年版，第275页。

⑦ 杨春时：《作为第一哲学的美学——存在、现象与审美》，人民出版社，2015年版，第276页。

界的共在，从而回归了存在"①。第二，审美体验是"主体与主体之间的充分沟通"②。第三，审美是"不同审美主体之间共同的活动"，它不仅"具有个性化意义"，还具有"主体间性的普遍意义"，也即审美"不仅包含着个体性和社会性，而且还消解了二者的对立，达到了二者的同一"。③

杨先生认为，审美的本质是自由，而作为自由的审美"只有通过主体间性的方式"④才能实现。主体间性和审美之间其实是互为动力的，或者说它们之间本就是同源一体的。审美需要在主体间性的基础上方能实现，而"主体间性的动力来自审美理想"⑤。审美理想体现为"审美同情"和"审美理解"。审美同情是一种"价值上的互相认同"，"审美同情使两个主体之间互相尊重、彼此欣赏，以至于最后融为一体，达到主客合一、物我两忘的境"⑥。审美同时还是对存在意义的一种领悟，这就是审美理解。"审美理解超越现实认识，是自我与世界的互相认同，是对世界的真正把握"，正是在审美理解中，"世界的意义、存在的意义得以显现"⑦。总而言之，审美引导着主体间性的实现，而主体间性又促发着审美的生成。

历史上关于美的本质的认识有所谓美在客体或美在主体的争论，也即是美的客观性与主观性的争论，但最终发现这些争论都是无谓的，也没法最终认识和解决美的本质到底是什么的问题。从本体论的角度来说，其实美既不是主

① 杨春时：《作为第一哲学的美学——存在、现象与审美》，人民出版社，2015年版，第277页。

② 杨春时：《作为第一哲学的美学——存在、现象与审美》，人民出版社，2015年版，第278页。

③ 杨春时：《作为第一哲学的美学——存在、现象与审美》，人民出版社，2015年版，第281页。

④ 杨春时：《作为第一哲学的美学——存在、现象与审美》，人民出版社，2015年版，第283页。

⑤ 杨春时：《作为第一哲学的美学——存在、现象与审美》，人民出版社，2015年版，第283页。

⑥ 杨春时：《作为第一哲学的美学——存在、现象与审美》，人民出版社，2015年版，第283页。

⑦ 杨春时：《作为第一哲学的美学——存在、现象与审美》，人民出版社，2015年版，第284页。

体，也不是客体，而是"克服主体与客体的对立"①。审美是一种自由的生存方式，它的目标是要达成主客体之间的同一，或者说在主体与对象之间进行一种主体间性的对话，审美的主体间性或者主客体同一性根本上源于存在的同一性，在审美中，主客体对话、交融，最终形成了"审美意象"，而审美意象"既是一种审美意识，也是审美对象，二者彼此不分"，已经没法去说谁是主体或者是客体了，所谓的"美"，成为"与自我主体同一的对象主体"②。从认识论的角度来说，"审美既不是对事物客观属性的认知，也不是对事物价值属性的意向"，或者说，"审美体验克服了认知与意向的对立"，达成了"认知与情感的合一"，正是在这个意义上我们说，审美"既非客观的，也非主观的，而是主客观的同一"③。以上我们从认识论和本体论两个角度认识到，审美必须要超越主观与客观、主体与客体的对立，审美是主观与客观的同一、主体与客体的融合，而要实现这一点，就必须"确定审美的主体间性"④，"在审美之中，我消除了片面的主体性，不再与世界对立，而是向世界敞开，容纳世界，把世界当作主体即另一个我，与之交流；世界消除了片面的客体性，成为对象主体，与我交往，于是双方共同作为主体，在充分的理解与同情之中达成一体。这就是说审美消除了主体与客体的对立，具有了主体间性。"⑤

杨先生认为，关于审美的个性和普遍性问题也只能从主体间性的角度来加以认识。审美当然是充满个性化的，但这种个性化不是指每个人审美认识的主观性，而是指审美在超越同质化的现实生存方面的个性化、自由化；审美当然是要追求普遍性的，但这种普遍性不是指从客观现实的角度去谈论所谓的审

---

① 杨春时：《作为第一哲学的美学——存在、现象与审美》，人民出版社，2015年版，第286页。

② 杨春时：《作为第一哲学的美学——存在、现象与审美》，人民出版社，2015年版，第287页。

③ 杨春时：《作为第一哲学的美学——存在、现象与审美》，人民出版社，2015年版，第287页。

④ 杨春时：《作为第一哲学的美学——存在、现象与审美》，人民出版社，2015年版，第288页。

⑤ 杨春时：《作为第一哲学的美学——存在、现象与审美》，人民出版社，2015年版，第286页。

美的客观性。杨春时先生认为，审美的真正的个性化在于其"超越性和主体间性"①，审美的真正的普遍性也在于其超越性和普遍性，我们只有在审美的超越性和主体间性这一前提下才能去正确地看待审美的充分的个性化和普遍性。在充分舒展个性的我和世界之间的主体间性对话中，尽情和自由地打开这个世界的空间，回到一种本源的同一性，这就是审美的个性化和普遍性的真正秘密。

（三）审美语言符号的主体间性

语言是审美的重要载体和对象，杨春时先生认为，从语言学的角度来看，"审美的主体间性就是审美语言符号的主体间性"②，而审美的语言符号之所以能够具有主体间性，就在于它是根源于存在的本源性语言的具体实现，存在的同一性必然表现为本源性语言和审美语言符号的主体间性。审美语言符号的主体间性有三重内涵：第一，"谈话是审美语言符号的存在方式"，审美语言符号就是"特殊的谈话"，而"谈话是主体间的行为"③。第二，审美语言符号是"主体与世界的充分对话"，在此对话中，"人与人、人与自然充分沟通，达到了互相理解"④。第三，审美语言符号是"存在意义的显示，从而具有了形而上的性质"⑤。

杨先生认为，现实语言符号与审美语言符号之间存在着本质的区别。现实语言符号是"具有主体性"的"独白的语言"，是"障蔽了存在的意义"的"存在的牢房"；而审美语言符号是"具有主体间性"的"交谈的语言"，

---

① 杨春时：《作为第一哲学的美学——存在、现象与审美》，人民出版社，2015年版，第289页。

② 杨春时：《作为第一哲学的美学——存在、现象与审美》，人民出版社，2015年版，第290页。

③ 杨春时：《作为第一哲学的美学——存在、现象与审美》，人民出版社，2015年版，第290页。

④ 杨春时：《作为第一哲学的美学——存在、现象与审美》，人民出版社，2015年版，第290页。

⑤ 杨春时：《作为第一哲学的美学——存在、现象与审美》，人民出版社，2015年版，第290页。

是"使存在的意义显现"的"存在的家园"。①审美符号语言一方面体现为我和世界之间的充分对话；一方面又指示出这种对话的超越性。审美语言符号"作为充分交谈的对话，体现为审美游戏活动"，这种审美的语言游戏恢复了语言的最基本的性质和特征：也即是在其中"主体与世界的对立的消失，它们都被语言的魔力所吸附"，审美的语言游戏"使主体丧失理智，使世界失去客体性，成为审美游戏的参加者"。②审美的语言游戏超越了现实语言的局限，"恢复了语言符号的主体间性"③。正是在主体间性的对话中，"我把自己的自由要求告诉世界，世界把自己的自由呼声告诉我，双方互相沟通，而成为一体"，这既是审美境界的生成，也是"存在的同一性"的实现，"存在的意义"的彰显。④

审美语言符号超越现实语言符号，但其实审美语言符号又是由现实语言符号组成的，在此，如何实现由主体性的现实语言符号向主体间性的审美语言符号的转化，就是一个关键性的问题。这就必然涉及对现实语言符号的改造问题。

改造的第一步是"克服语言符号形式的工具性，恢复语言符号的魅力，从而进入语言符号的游戏"⑤。"现实语言符号的工具性源于能指与所指的对立"，在现实语言符号中，能指与所指是分离的，"能指没有意义"，而所指"指称外在世界"⑥。但在审美的语言符号中，能指本身就是有审美意义的，

---

① 杨春时：《作为第一哲学的美学——存在、现象与审美》，人民出版社，2015年版，第291页。

② 杨春时：《作为第一哲学的美学——存在、现象与审美》，人民出版社，2015年版，第291、292页。

③ 杨春时：《作为第一哲学的美学——存在、现象与审美》，人民出版社，2015年版，第292页。

④ 杨春时：《作为第一哲学的美学——存在、现象与审美》，人民出版社，2015年版，第291、293页。

⑤ 杨春时：《作为第一哲学的美学——存在、现象与审美》，人民出版社，2015年版，第293页。

⑥ 杨春时：《作为第一哲学的美学——存在、现象与审美》，人民出版社，2015年版，第293页。

或者说所指是能指本身所具有的，此时，"能指不再是所指的工具"，而是实现了能指与所指的"充分的同一"，艺术形象或审美意象就是这样产生的①。审美的语言符号及其对艺术审美形象的构造消解了现实语言的"逻辑语法"，"恢复了语言的魔力"，实现了充分的主体间性②。

改造的第二步是克服"表象或概念的抽象"，恢复"语言符号的意象性"③。现实的日常语言是一种"表象语言符号"，理论语言则是一种"概念语言符号"④。这两种语言符号都是抽象的语言符号，在这种语言中，"个性化的思想被磨灭，主体间的交流受到限制"⑤。审美语言符号则是一种"意象语言符号"，这是一种充满个性化的、生动具体的语言符号。意象语言符号的创造有两种方式：一是"语言符号的选择"，即有目的地选择日常语言中"保留着较多的具象性，容易转化为意象"的那种语言；二是"意义剥离"，即"剥离语言符号的意义外壳，显露语言符号的意象内涵"。⑥现实语言的意义是抽象的意义，只有剥离其抽象的意义，才能在此基础上使用其去创造个性化的具体的艺术形象。

经过如上的改造，我们就能获得具体鲜活的审美语言符号，并用之去创造审美意象。审美语言符号和审美意象具有主体间性的特点，审美主体和审美对象通过其进行一种主体间的交往、沟通、对话，实现充分的理解。

---

① 杨春时：《作为第一哲学的美学——存在、现象与审美》，人民出版社，2015年版，第294页。

② 杨春时：《作为第一哲学的美学——存在、现象与审美》，人民出版社，2015年版，第294页。

③ 杨春时：《作为第一哲学的美学——存在、现象与审美》，人民出版社，2015年版，第295页。

④ 杨春时：《作为第一哲学的美学——存在、现象与审美》，人民出版社，2015年版，第295页。

⑤ 杨春时：《作为第一哲学的美学——存在、现象与审美》，人民出版社，2015年版，第296页。

⑥ 杨春时：《作为第一哲学的美学——存在、现象与审美》，人民出版社，2015年版，第295页。

（四）审美主体间性的时空结构

杨春时先生认为，时空一体是存在的同一性结构之表现，审美的主体间性"作为存在的同一性的实现"，"克服了现实时空的间隔，进入了本源的时空"[①]，而本源的时空即同源一体性的时空。

审美有其自己的时间和空间结构，这是一种不同于现实时间和现实空间的时间结构和空间结构。审美可以消除现实的"时间距离"，"达成我与世界的主体间性"[②]；审美同样也可以消除现实的"空间距离"，形成我与世界的主体间性对话。

审美对时间距离和空间距离的克服，主要体现为审美理解和审美同情，而其最终的目的，则是在对时间距离和空间距离的克服中，通向审美主体和审美对象之间的一种真正的、充分的主体间性的实现。或者也可以说，审美理解和审美同情本身就体现为一种主体间性，在其中，审美拥有着自己的充分自由的和超越性的时间和空间结构。

在审美主体间性的时间结构中，我们可以运用"理解"来克服历史距离所造成的分裂。对此，伽达默尔用所谓的"视域融合"概念来说明。在理解一个和自己有着巨大的时间距离的文本时，实际上相当于一个跨越时间距离限制的历史性对话，我带着前理解去理解文本，而文本带着其历史性参与进当代性的对话，这是一个"现在与过去的双向回返的过程"[③]，也就是一个主体间性的交谈过程。

杨春时先生认为，审美理解是不能与审美想象力分开的，二者本就是一体的，在我们跨越历史时间距离的理解性对话中，其实始终是带着想象力进行

---

① 杨春时：《作为第一哲学的美学——存在、现象与审美》，人民出版社，2015年版，第296页。

② 杨春时：《作为第一哲学的美学——存在、现象与审美》，人民出版社，2015年版，第296页。

③ 杨春时：《作为第一哲学的美学——存在、现象与审美》，人民出版社，2015年版，第297页。

的，或者说，理解是想象的理解，想象是"理解的想象"①。只有想象的理解或者理解的想象才能让我们真正的超越时间距离的限制，实现与对象的充分的主体间性对话。"而想象力打破了线性时间的分割，恢复了时间的本源性即当即性，从而使自我与对象的对立消失，融合于一体化的自由时间之中，使理解成为可能。"②这里所谓的想象不是"现实想象"③，现实想象仍然受理性的制约，是一种不充分、不自由的想象。所以我们必须"把现实想象提升到审美想象"④，克服理性和主体性的制约，让审美的想象力充分释放，想象力和理解力充分的完全的融合。此时，我们再去理解过去文本的时候，就能充分地和完全地超越时间距离，在过去和现在、现在和未来之间进行一种充分的连接，过去和现在之间实现了一种所谓的审美的同时性，而这种审美的同时性也就是一种面向未来的审美的永恒。这也是一种审美的主体间性充分实现的时刻，过去和现在、现在和未来、过去和未来、主体和对象、理解者和文本等之间实现了一种充分的主体间性的对话。现实时间所导致的时间距离被克服了，审美拥有了自身的时间，这个时间就是在主体间性对话中形成的一种永恒性的时间，一种"自由的时间"⑤，这种时间，伽达默尔称之为"同时性""节庆""充实的时间"，海德格尔称之为一种"逗留"。

审美"对时间距离的突破"发生在两个层面：一是审美想象突破了"自然时间"；二是审美想象突破了"作品展现的历史时间"，进入"审美时间"和

---

① 杨春时：《作为第一哲学的美学——存在、现象与审美》，人民出版社，2015年版，第297页。

② 杨春时：《作为第一哲学的美学——存在、现象与审美》，人民出版社，2015年版，第297页。

③ 杨春时：《作为第一哲学的美学——存在、现象与审美》，人民出版社，2015年版，第297页。

④ 杨春时：《作为第一哲学的美学——存在、现象与审美》，人民出版社，2015年版，第297页。

⑤ 杨春时：《作为第一哲学的美学——存在、现象与审美》，人民出版社，2015年版，第298页。

"自由时间"。①无论是对自然时间的突破还是对历史时间的超越，其最终都体现为自我对对象的充分理解，自我与对象融为一体，进入一种"主体间性的审美境界"②。

在审美主体间性的空间结构中，"审美也可以消除空间距离，使我与世界的主体间性实现。"③对空间距离的克服，主要借助审美同情。现实的世界是一个冷冰冰的世界，即使有所谓同情，也是一种不充分的同情，这也是尼采反对"同情"的原因，而也正是因为如此，社会上才会出现所谓电话的出现让我们变得越来越疏离冷漠的论调。真正的同情只能在审美中才能出现。在审美中，我和对象进行一种情感上的联通，所以即使在不同空间的两个人，也可以产生共鸣。杨春时先生认为，在审美中，想象和同情也是一体的，同情不能缺少想象，想象也不能脱离同情，或者说是一种想象性同情或"同情性想象"④。我们这里所谓的"同情"不是心理学上的情感共鸣，而是一种存在论意义上的共在一体。杨春时先生认为，同情"发源于存在的同一性"，来源于"作为我与世界的共在"的"本真的生存"所散发出来的"源始的亲和力"⑤，正是这种亲和力，使得我和世界之间可以同气连枝、同声相应、同气相求。我同情他人，不是我对他人的心理上的怜悯，而是因为我和他人、我和世界"本来就是亲和一体的，具有本体论的同一性"⑥，所以所谓同情，其实就是回归那个存在的本源，用我们中国古人的话说就是"一体之仁"、"万有

① 杨春时：《作为第一哲学的美学——存在、现象与审美》，人民出版社，2015年版，第299页。

② 杨春时：《作为第一哲学的美学——存在、现象与审美》，人民出版社，2015年版，第300页。

③ 杨春时：《作为第一哲学的美学——存在、现象与审美》，人民出版社，2015年版，第300页。

④ 杨春时：《作为第一哲学的美学——存在、现象与审美》，人民出版社，2015年版，第301页。

⑤ 杨春时：《作为第一哲学的美学——存在、现象与审美》，人民出版社，2015年版，第303页。

⑥ 杨春时：《作为第一哲学的美学——存在、现象与审美》，人民出版社，2015年版，第303页。

一体"。由于同情之中渗透着想象，所以同情就是"同情—想象"，同情—想象可以让我们打破自然空间的限制，也可以突破社会空间的限制。在同情性想象或想象性同情中，我和世界一体，我和对象之间跨越了空间的距离，实现了一种充分的主体间性对话，其实也就是在此基础上构造了一种自身的审美的空间："同情性想象构成了空间——人与世界的共在之所，世界成为我同情和想象的对象。"①

同情性想象所构造的那个审美的空间也就是一个"自由的空间"，它是"本源的空间的实现"，"体现了本源的空间的同一性"②。现实的空间是一种主体性的空间，也是一种有限的空间，残缺的空间，障蔽存在意义的空间，主体和对象在其中不能充分交往的空间，与之相对，审美的、自由的空间是对现实空间的超越，它是一个充分的空间，一个揭示和凸显存在意义的空间，一个主体和对象能在其中充分交往的主体间性的空间，一个人的想象力和同情充分释放的空间。同情—想象对空间障碍或空间距离的克服表现在两个层面：一是审美想象"克服了自然空间的距离"，包括克服"自我的身体性和世界的物质性"的限制，"进入自由的空间"③。二是"审美想象与同情结合"，克服"社会空间的障碍"，特别是"人与人之间的社会文化障碍"，"恢复了自由的交往，从而建立了审美空间"④。无论是对自然空间障碍的克服，还是对社会空间障碍的克服，最后都是实现主体与对象、我与世界之间的主体间性对话，这是同情—想象的最终目的，它消除空间障碍，在主体间性的交往中让人进入一个自由的空间，或者说，其实自我与世界之间的充分的主体间性交往本身就是一个自由的空间，一个理想的空间。

---

① 杨春时：《作为第一哲学的美学——存在、现象与审美》，人民出版社，2015年版，第303页。

② 杨春时：《作为第一哲学的美学——存在、现象与审美》，人民出版社，2015年版，第303页。

③ 杨春时：《作为第一哲学的美学——存在、现象与审美》，人民出版社，2015年版，第304页。

④ 杨春时：《作为第一哲学的美学——存在、现象与审美》，人民出版社，2015年版，第304页。

审美—想象—同情三者是三位一体的，真正的、充分的想象和同情只能在审美中才能实现，而审美必然体现为一种想象和同情，它有助于克服各种空间距离的阻隔，创造一个自由的空间，实现充分的主体间性。

杨春时先生最后总结到，不仅理解和想象是一体的，同情和想象是一体的，而实际上理解、同情和想象三者都是一体的，"在自由的想象中，理解与同情是不可分割的"①。其实，不仅理解、同情和想象是一体的，理解、同情、想象、生存、存在、时间、空间、审美等都是一体的，这不仅是三位一体，这是八位一体，最后在主体间性的统领下，九九归一，最终实现一种自由的生存和对存在意义的揭示和领会。

审美想象—同情对空间的突破，也就是对时间的突破；而审美想象—理解对时间的突破也就是对空间的突破，它们本身就是相向而行的。无论是自由的空间（审美的空间）还是自由的时间（审美的时间），二者的目标点是一致的，即在面对现实中"人类生存的困境"（其具体表现为时间距离和空间距离）的时候，为人类寻找和建构一个理想的"审美乌托邦"②。审美的空间是一种异托邦，审美的时间是一种异托时，二者相结合，就成为一理想化的想象的空间，这是一个本源性的、时空一体化的所在，它为人类的生存的自由、生命的尊严、精神的超越保留了最后一块可以栖居的地方。

（五）审美主体间性的构成

在前面的论述中，已经多次从不同角度论述到审美理解和审美同情问题，比如审美理解是我们突破现实空间限制的方式，审美同情是我们克服现实时间限制的方式；审美理解是我们在时间维度上进行审美的虚无化的方式，审美同情是我们在空间维度上进行审美的虚无化的方式；审美理解是我们在时间维度上进行审美的实有化的方式，而审美同情则是我们在空间维度上进行审美的实

---

① 杨春时：《作为第一哲学的美学——存在、现象与审美》，人民出版社，2015年版，第306页。

② 杨春时：《作为第一哲学的美学——存在、现象与审美》，人民出版社，2015年版，第306页。

有化的方式，等等。审美理解和审美同情是本体论主体间性的基本构成，也就是审美主体间性的基本范畴和构成。

杨春时先生认为，如果从中西美学的角度来说，我们可以说，西方美学偏重于审美理解，而中国美学偏重于审美同情。

西方哲学和美学中当然也有审美同情的论说，但相对而言，西方人还是更重视理解理论。西方人重视理解，与其认识论的哲学传统有关。理解理论从古希腊开始西方人就开始建构了，可以说源远流长，但在古近代西方，他们所谓的理解，主要是为了实现对事物的一种客观认识。而且那个时候的理解，还主要是一种主体性的理解。认识论、主体性，这就是古近代西方理解理论的主要特点。西方哲学和美学发展到现代，出现了一种新的理论形态：哲学解释学。哲学解释学强调在理解中理解者和文本对象之间的问答对话和视域交融，所以这就让理解超出了主体性的范围而具有了主体间性的特征："审美理解也被确定为审美主体间性的基本构成"①。而且，现代西方哲学解释学也在一定程度上突破古近代西方的认识论传统，他们把理解当作此在生存的本体而不仅仅是一种理解事物的方法，这使得理解具有了存在论的特征。主体间性、存在论，这就是现代西方哲学解释学的两大主要特点。虽然不能说西方现代的理解理论完全地突破了西方的认识论传统，但客观地说，他们有这样的趋向和意图，而在对西方认识论传统的突破中，哲学解释学的理解理论也就具有了一定的审美的主体间性的内涵："在自我与他我的关系中，审美理解展开为自我（审美者）与他我（审美对象）之间的对话、问答，自我仿佛深入到了审美对象的内在世界，倾听他的声音……同时自我也把自己的思想感情倾诉给对方"②。正是基于这一点，所以杨春时先生正确地判断出："审美理解拉近并最终消除了自我与对象的距离，实现了主客同一、物我两忘"，"审美理解成为审美主体

①　杨春时：《作为第一哲学的美学——存在、现象与审美》，人民出版社，2015年版，第308页。

②　杨春时：《作为第一哲学的美学——存在、现象与审美》，人民出版社，2015年版，第309页。

间性的基本构成要素"。[①]

西方哲学和美学偏重理解，但并不是说其就完全不讲同情，比如同情和爱就是舍勒情感现象学的基本主题，保罗·利科"也认同同情现象学"，在他们的同情论述中，也蕴含有一定的主体间性的倾向。但总体来说，我国古代美学是有更丰富的审美同情论述的，比如儒家讲仁爱，讲不忍人之心，讲民胞物与，讲良知，等等，这些都可以看作是我国古代美学中的同情论述。而且相对西方来说，西方人的同情论述还是更多有一种认识论的传统，而我们则更多是一种价值论的思路。但不管怎么说，中西方的同情论述中都具有一定的主体间性的倾向，体现为一种审美的同情和基于审美同情的审美主体间性的倾向。从这个角度来说，中西方哲学和美学是有会通之可能的，或者说，它们本身就是"相通"的。

杨春时先生认为，不但中西方的审美同情论述是相通的，而且，在朝向于审美的主体间性建构的道路上，审美理解和审美同情也是要互补的，要让它们一起构成审美主体间性理论的两大基础性范畴。

杨春时先生还更进一步认为，同情和理解不但是可以互补的，而且它们本身就应该是相互包含的："同情是理解的前提"，"理解也是同情的前提"；"理解包含着同情，同情包含着理解"[②]，也即是说，同情是理解之同情，理解是同情之理解。从理解的角度来说，不但"理解的意愿就是一种同情"，而且"理解的过程"和"理解的结果"都包含着同情[③]。从同情的角度来说，同情的进行首先需要"对对方有某种了解"，而且同情的过程是对对方的感受的一种理解，同情的结果则是对"对方的价值"的一种理解式认同[④]。

---

① 杨春时：《作为第一哲学的美学——存在、现象与审美》，人民出版社，2015年版，第309、310页。

② 杨春时：《作为第一哲学的美学——存在、现象与审美》，人民出版社，2015年版，第315页。

③ 杨春时：《作为第一哲学的美学——存在、现象与审美》，人民出版社，2015年版，第315页。

④ 杨春时：《作为第一哲学的美学——存在、现象与审美》，人民出版社，2015年版，第315页。

理解和同情的这样一种互为前提、相互包含的关系不仅是一种审美中的事实呈现，而且更是一种哲学本体论上的规定，存在是同一的，人和世界是共在的、一体的，理解和同情的最终目标无外乎是实现我们和存在的同一，所以可以说，在审美活动中，我们既是对审美对象的理解，其实更是指的对存在本身的理解；既是对审美对象的同情，其实更是指的对存在本身的同情。而且很显然，对存在本身的理解和同情是更本源的，它决定了我们在具体的活动中对具体对象的理解和同情。存在是本源的、同一的，我们和世界之间是共在的、同一的，这就决定了理解和同情的不可分离，因为它们都是我们实现生存超越，实现与存在合一的重要方式，看似殊途，其实同归。当然，在现实领域，由于存在的异化，"理解和同情发生了分裂，二者并不完全同一"①，这个时候审美就起到了决定性的作用，审美是一个超越性的领域，它包容了理解和同情，审美既是"对审美对象的理解"，"也是对审美对象的同情"②，在审美活动中，理解和同情重新归一，而在对审美对象的理解和同情中，一方面彰显了审美主体和审美对象之间的主体间性关系，同时更加重要的是体现了人和存在之间的主体间性同一关系。也即是说，理解和同情成为彰显本体论主体间性也即审美的主体间性的基本概念和范畴。

杨春时先生又认为，如果从中西方美学两大传统来看，由于西方美学更偏于审美理解，中国美学更偏于审美同情，所以在建构现代中国美学时，我们也应当让其互补。杨先生认为，当代中国的主体间性美学建设一方面要摆脱中国古代审美同情理论的"古典形态"，要"脱离"其蒙昧主义的束缚，获得"现代意识"，另一方面要与西方的审美理解理论"对话"，"互相补充"，"从而建构更为完备的主体间性美学"③。杨春时先生对当代中国美学建构的这些宝贵意见和殷殷期盼值得我们再三思之和认真领会。

---

① 杨春时：《作为第一哲学的美学——存在、现象与审美》，人民出版社，2015年版，第315页。

② 杨春时：《作为第一哲学的美学——存在、现象与审美》，人民出版社，2015年版，第315页。

③ 杨春时：《作为第一哲学的美学——存在、现象与审美》，人民出版社，2015年版，第315页。

五、中华审美现象学的建构

在杨春时近年来的美学思考中，最有价值的当属其审美现象学理论的建构。我们都知道，西方有所谓的现象学美学，但在现象学美学中，美学只是现象学的一个分支和附属，而这在杨春时看来，这是还没有足够突出审美的地位的表现。所以他别出心裁地提出了所谓的中华审美现象学的思想，此中华审美现象学的建构，依托于中西方有关现象学资源，在此基础上建构一种能够让存在得以充分显现，充分凸显审美之崇高地位的新的美学。其实，在他那里，正是由于审美现象学的建构，其所谓的"美学作为第一哲学"的命题才更加迫切地提出来了。当然，除了审美现象学的建构，更晚近的礼物现象学美学和恩德文化批判也是很有新意的，但是后面两个内容并不包含在本书中，所以我们就不作介绍了。杨春时的审美现象学建构，当然首先基于他对西方"缺席现象学"和"推定存在论"的批判的基础上，但其实，"缺席现象学"一词也是杨老师的独创，他是在总结西方虚无现象学、他者现象学特点的基础上提出这一概念的。在做读书笔记的时候我曾经写下如下一段文字，兹转载如下："我不能说'缺席现象学'是杨春时老师最重要的学术贡献，但他在发掘前人之所谓'缺席'思想之基础上，在学界第一次明确标举之'缺席现象学'的确是他对现象学的一个很重大的原创性贡献，尽管他并不完全认可'缺席现象学'，而只是把它作为哲学本体论确定逻辑的起点，而认为一种真正的现象学仍然要朝向一种充实的现象学。'缺席'和'充实'问题尽管是现象学中的常见性问题，但前人的确没有上升到作为一门'现象学'学科或方法的高度来进行认识。对'缺席现象学'之研究，尽管有杨老师之首发之功，但学界后继之响应研究仍然寥寥，而事实上，对'缺席'何以作为一种现象学哲学之研究方法或它何以构成一门真正的现象学之具体理路，除了在梳理前人之有关'缺席'之论述之基础上，还有待于深入的挖掘。"正是在对缺席现象学以及以此为基础的推定存在论进行批判性反思之基础上，杨老师提出了其所谓的"充实现象学"和"确定的存在论"，并以此为基础去建构一门真正有中国特色的，也是充满杨氏理论风格的审美现象学。现在国内到处在讲原创和中国话语、中国学派，但真正有识见和真正有创新之实践者寥寥，可以说，杨春时老师的这个理论尝试却正恰恰代表当代中国美学追求属于自己的作风、流派、风格的一个方向。

（一）审美的现象性

杨春时先生认为，美学中存在有一种现象学美学，"它以现象学方法研究美或艺术的本质"[①]，其代表是英伽登。而在现象学中也存在有一种审美现象学，"这是把审美当作一种现象学还原来考察，用以获取存在的意义"，其代表是杜夫海纳和后期海德格尔，杨先生认为，"现象学美学必然通向审美现象学"，因为现象学美学的存在"要以承认审美的现象性为前提，而审美的现象性就意味着审美现象学"。[②]

众所周知，存在本身是不在场的，于是如何使存在显现就成为人类的"一个古老梦想"，也是一个"哲学的难题"[③]。但哲学就是要去解决这个难题，它所做的工作就是要去解决存在如何显现的问题，因为只有存在显现出来了，"存在的意义才可能被领会"[④]。到20世纪，现象学找到了一条让存在显现的道路，这条道路就是所谓的现象学还原和还原之后的"朝向事情本身"。但是胡塞尔的现象学有严重缺陷，其还原后的结果是一种"纯粹意识或先验意识"[⑤]，这其实并不是真正的"存在"。但现象学毕竟给我们提供了一种启示，这个启示就是我们如何从非本真的生存还原到存在，从而让存在成为现象而现身。胡塞尔的这个遗产后来被其学生海德格尔所继承，他从存在论的角度

[①] 杨春时：《作为第一哲学的美学——存在、现象与审美》，人民出版社，2015年版，第317页。

[②] 杨春时：《作为第一哲学的美学——存在、现象与审美》，人民出版社，2015年版，第317页。

[③] 杨春时：《作为第一哲学的美学——存在、现象与审美》，人民出版社，2015年版，第318页。

[④] 杨春时：《作为第一哲学的美学——存在、现象与审美》，人民出版社，2015年版，第318页。

[⑤] 杨春时：《作为第一哲学的美学——存在、现象与审美》，人民出版社，2015年版，第318页。

接触到了这一点，我们这里的所谓存在的现身或显现显然也是对海德格尔思想的一种继承。杨春时先生认为，"生存是非本真的存在"，在现实的生存领域，我们经验到的只是存在者而不是存在，于是，我们"只有超越现实生存领域，进入存在本体，存在的意义才得以显现，世界的本质也才被把握。"①存在的现身或者显现就是现象学之所谓"现象"，"存在的本质（意义）是通过现象呈现的，这意味着找到了现象呈现的途径，就找到了获得存在意义的方法"②。在这里，我们其实是进行了现象学和存在论的双重融合，既用现象学改造了存在论，又用"存在论改造了现象学"③，在此基础上，我们从生存论跃升到存在论，在对存在概念的重新理解中使存在得以真正的现身和显现，成为一种"现象"。

杨春时先生认为，这个能够让存在现身的"现象"其实就是审美的"现象"。"审美现象学的一个发现就是，审美具有现象性，也就是说，审美具有现象学还原的性质。"④审美之所以具有"现象性"，那是因为"审美与现象都是存在的显现。审美是存在的实现方式，使存在现身为现象——审美意象"⑤。审美是"超越现实的自由的生存方式和生存体验方式"，在审美活动中，审美的这种自由超越性"转化为审美理想"，"升华为自由的生存"，"从而回归存在本体"⑥。在此回归存在本体的过程中，"世界作为整体呈

① 杨春时：《作为第一哲学的美学——存在、现象与审美》，人民出版社，2015年版，第318页。

② 杨春时：《作为第一哲学的美学——存在、现象与审美》，人民出版社，2015年版，第318页。

③ 杨春时：《作为第一哲学的美学——存在、现象与审美》，人民出版社，2015年版，第319页。

④ 杨春时：《作为第一哲学的美学——存在、现象与审美》，人民出版社，2015年版，第320页。

⑤ 杨春时：《作为第一哲学的美学——存在、现象与审美》，人民出版社，2015年版，第320页。

⑥ 杨春时：《作为第一哲学的美学——存在、现象与审美》，人民出版社，2015年版，第320页。

现"①，也即显现为作为审美意象的"现象"，而"存在意义"也就被我们领会了。

上面是从生存通向存在的角度来谈存在如何显现为"现象"，下面我们再从存在本身的角度来谈存在为什么以及如何显现为"现象"。存在具有"同一性"，而同一性就意味着我与世界的共在，也即作为存在的世界要向我"显现"为"现象"，而我在对显现的存在的直观中领会存在的意义，即是说存在的同一性"蕴含着现象性"②。存在具有"本真性"，本真的存在不是与人无关的存在，本真的存在要在和人的交往共在中让人领会到存在的真正面目，而本真的存在在和人的交往共在中其实也就向人显现为此在生存的自由，由此我们说，存在的本真性"也蕴含着现象性"③。

无论是从生存通向存在，还是存在实现化为此在的自由生存，审美都在其中发挥着巨大的作用，审美是连接着存在自身的同一性、本真性，和此在的生存性和超越性的中介，也就是说，它成为存在显示自身的一种"现象"，成为我们通过此"现象"去领会存在意义的途径。正是因为审美成为联结存在和此在生存中间的那个"现象"，所以审美才成为一种"自由的生存方式和超越的体验方式"④，存在的本真性、同一性通过审美显现为自由性和超越性，此在通过审美意象领会存在而赋予审美以自由性和超越性。在此，审美成为人和存在之间主体间性交往的方式，成为存在向人显示自身和此在通达存在的那个"现象"。

传统现象学没有能够让存在显现为"现象"，没有能够让我们去领会存在的意义，也就没有能够成为真正的审美现象学，比如胡塞尔的意识现象学还

---

① 杨春时：《作为第一哲学的美学——存在、现象与审美》，人民出版社，2015年版，第320页。

② 杨春时：《作为第一哲学的美学——存在、现象与审美》，人民出版社，2015年版，第320页。

③ 杨春时：《作为第一哲学的美学——存在、现象与审美》，人民出版社，2015年版，第320页。

④ 杨春时：《作为第一哲学的美学——存在、现象与审美》，人民出版社，2015年版，第321页。

原到了纯粹意识或先验意识，但纯粹意识或先验意识不是存在，它也没办法成为"现象"；又如杜夫海纳的审美经验现象学把"审美感性化，把存在还原为感性"①，这也远离了存在本身，也没有让存在显现为真正的"现象"，也就是说，传统现象学的任务并没有完成，我们有必要在此基础上深入一步，建构真正的审美现象学。存在要显现为"现象"，必须超越"现实生存领域，进入存在本体的领域"，同时，由于存在自身是"隐蔽的、不在场的"②，所以我们必须诉诸审美来让之显现，因为审美是一种自由的生存方式和体验方式，它能够通达存在，也即是它能够让存在以其为媒介或"现象"来进行显现。一句话，"意象就是现象学的现象；现象作为存在的显现，只有审美意象才符合，而审美之外现象无从显现"，"审美意象是存在的显现"，对于审美来说，必然是现象学的，而对于现象学来说，也必然是审美的，正是在审美现象学的建构中，存在才真正作为"现象"而现身，"现象学最终在美学领域结出了果实"。③

现象学还原是胡塞尔率先提出的现象学研究方法，但他的现象学还原其实并不是一种真正的还原，因为它没有完成让存在真正显现的任务。所以我们需要对胡塞尔的现象学还原方法进行改造，使之成为一种真正的对"存在"的还原，让存在得以真正的现身。作为真正的现象学还原，只有在审美现象学中才得以可能，因为只有审美才能成为真正的"现象"，才能使得存在真正的现身得以可能。对于审美现象学来说，审美之所以能够让存在得以现身，是因为审美满足了如下三个方面的条件：

首先，审美克服了"经验自我"和"经验意识"的限制，"从而有可能

① 杨春时：《作为第一哲学的美学——存在、现象与审美》，人民出版社，2015年版，第321页。

② 杨春时：《作为第一哲学的美学——存在、现象与审美》，人民出版社，2015年版，第322页。

③ 杨春时：《作为第一哲学的美学——存在、现象与审美》，人民出版社，2015年版，第322、323页。

把握超验的存在意义"①。审美"超越了现实生存，回归了存在本体"，也即"超越了现实主体"，经验自我和现实意识变成了"自由的主体、自由的意识"，也就是"审美个性和审美意识"得以生成②。审美在对经验自我和经验意识的超越中，达成了几个方面的统一：一个是个体性与普遍性的统一，审美现象既有充分的个体性，同时又由于审美体现的是我和对象之间的共在，具有主体间性，所以又具有普遍性；二是审美是意识性与身体性的统一，在审美体验中，既有意识的参与，又有身体性的参与，"既是自由的精神，又具有充分的身体性"，是一种"身心一体的体验"，"正是意识与身体同一的审美体验，才使我与世界完全接触、融合、化成现象——审美意象"。③

其次，审美超越了"经验对象的局限性，从而有可能面对存在者整体，使存在本身现身"④。"现象是存在的显现"，所以"现象"就不可能是一"有限的经验对象"，而必然是"世界整体"的呈现，但"世界整体不能成为对象"，这里就碰到了一个难题，这个难题只有在审美那里才能得到解决。⑤因为审美"固然是对具体对象的体验，但它不是把握有限的对象的意义，而是把握存在的意义"⑥，也即是说，审美现象既作为让存在现身之具体对象而让人能够去把握存在，同时审美现象又超越了个体性、具体性而具有一种基于存在本身而来的普遍性、整体性，也即对作为"世界整体"之存在的领会。这个时候，审美对象仿佛代表着"整个世界"，我们通过审美对象接触存在，把握存

---

① 杨春时：《作为第一哲学的美学——存在、现象与审美》，人民出版社，2015年版，第323页。

② 杨春时：《作为第一哲学的美学——存在、现象与审美》，人民出版社，2015年版，第324页。

③ 杨春时：《作为第一哲学的美学——存在、现象与审美》，人民出版社，2015年版，第325、326页。

④ 杨春时：《作为第一哲学的美学——存在、现象与审美》，人民出版社，2015年版，第323页。

⑤ 杨春时：《作为第一哲学的美学——存在、现象与审美》，人民出版社，2015年版，第326、327页。

⑥ 杨春时：《作为第一哲学的美学——存在、现象与审美》，人民出版社，2015年版，第327页。

在，"存在的意义得到领会"，而我们也就通过审美而超越了自身，进入了自由的存在之境。①

最后，审美克服了"表象和概念的有限性，使存在作为现象呈现"②。审美作为一种使存在现身的"现象"，也就是成为一种审美意象。审美意象超越了表象和概念。"现象"不是表象，表象是经验性领域的东西；"现象"也不是概念，概念是属于"科学的、意识形态的"③东西。表象和概念都是现实领域中的一种有限的意识，它们自然不能代表"存在"，或让存在得以现身。审美意象作为一种最纯粹的审美意识，"它摆脱了现实意识的局限"，"克服了主体与客体的对立"，同时又"克服了现实意识的抽象性，而回归了最具体的意识"④。也就是说，审美意象就是一种能够让人超越现实，回到存在的具象性的东西，这种具象性的东西也就让它足以成为一种代表存在、让存在现身的"现象"。

审美是一种能够使存在现身的"现象"，审美意象使存在现身的过程，其实也就是一种向存在的本源性回归的过程，"回到存在论的领域中，使对象恢复自身"，如果要说什么是现象学还原，这才是真正的现象学还原，这才是"现象学还原的本意"⑤。所以真正的现象学还原根本不是胡塞尔意义上的现象学还原，而是一种经过存在论改造过的现象学还原。从某种程度上也可以说，胡塞尔的现象学还原是一种中止判断、不断悬搁、不断剥离的现象学还原，而其还原的结果并不能真正令人满意，而真正的现象学还原则是一种不断地从生存走向存在自身的超越论的还原，这才是现象学还原所应该走的道路。

---

① 杨春时：《作为第一哲学的美学——存在、现象与审美》，人民出版社，2015年版，第327页。

② 杨春时：《作为第一哲学的美学——存在、现象与审美》，人民出版社，2015年版，第324页。

③ 杨春时：《作为第一哲学的美学——存在、现象与审美》，人民出版社，2015年版，第328页。

④ 杨春时：《作为第一哲学的美学——存在、现象与审美》，人民出版社，2015年版，第328页。

⑤ 杨春时：《作为第一哲学的美学——存在、现象与审美》，人民出版社，2015年版，第328页。

　　杨春时先生指出，"现象作为存在的显现，使我与世界同一，于是现实的时间和空间距离被消除。"[1]作为存在现身之"现象"在消除现实的时间距离和空间距离的时候，同时也就拥有了自身的时空结构，由于这种使存在现身的"现象"其实也就是审美意象，所以体现在审美活动中，也就是说审美拥有了自身的审美的时空结构。

　　对现象学中时间意识和空间意识的论述在西方现象学中其实是有很多的，如胡塞尔、海德格尔、伽达默尔、巴什拉等都有不少这方面的具体论述。这些论述对我们在这里来认识作为存在之现身的审美现象中的时空结构当然是有重要启示的，但是他们对现象学中时空结构的论述仍有很大缺陷，即他们没有从时空的角度抓住存在如何现身的问题来进行论述，他们所谓的时间、空间还是一种主观意义上的认识论的时间、空间，而没有进入一种本源性的时空观，没有从这种本源性的时空角度去认识存在和存在如何现身显现为"现象"的问题。

　　杨春时先生认为，"存在的结构"是一种本源性的时间和空间，本源性的时空是"我与世界共在的方式"，体现了存在的同一性[2]。"只有回归本真的存在即回归本源的时空，消除了现实时空的障碍，我与世界之间才具有了现象性。"[3]要让存在现身，我们就要回归存在，趋向一种本源的时空，本源的时空也就是一种"自由的时空"，"只有在自由的时空中，我与世界之间的共在才有可能，从而使现象得以显现。"[4]就自由的时间和自由的空间分别而言，"自由的时间是本源的时间的实现"，它是对现实时间距离的消除，而进入一种"永恒的当即"，在此存在作为"现象"而直接呈现；"自由的空间是本源

　　① 杨春时：《作为第一哲学的美学——存在、现象与审美》，人民出版社，2015年版，第329页。

　　② 杨春时：《作为第一哲学的美学——存在、现象与审美》，人民出版社，2015年版，第331页。

　　③ 杨春时：《作为第一哲学的美学——存在、现象与审美》，人民出版社，2015年版，第331页。

　　④ 杨春时：《作为第一哲学的美学——存在、现象与审美》，人民出版社，2015年版，第331-332页。

的空间"，它是现实空间距离的消除，它是"无限的这里"，在此存在也作为"现象"而直接呈现。①自由的、本源的时间和空间都意味着和要求着一种纯粹的现象学直观，意味着"存在"作为"现象"而直接呈现，只有依赖于这种直接的"现象"呈现，作为此在的我们才能实现和本真存在的直接同一，才能把握存在的真面目，才能领会存在的意义。

　　作为使存在现身的"审美现象"拥有一种自由的、本源的时空，这种自由的、本源的时空成为审美现象的基本结构，这其实也就意味着一门"审美现象学"的建立。在审美现象学中，审美现象的时空构造一种审美的想象力。这里的想象力不是一种心理学意义上的心理活动，而是从存在论的角度来说的，"从哲学上说，想象力根植于生存，是生存的根本能力，而生存本于存在。因此，想象力是回归存在的创造力，是存在赋予生存的超越性能力。"②审美意识是人的想象力的产物，审美想象力与本源的时间、空间具有一种根本上的一致性，想象力让人超越现实的时间距离，超越现实的空间距离，超越现实中时间和空间的分裂，而进入一种自由的、审美的时间和空间，进入一种一体本源的时空，也就是进入一种"自由的生存"③。审美想象力对自由的、审美的时空的构造最终凝结为具体的审美意象，审美意象是存在现身之"现象"，通过此"现象"，我们能够直观存在，领会存在的意义，进入自由的境界。

　　以上是杨春时先生从存在本身的时空一体的角度论述了审美现象的时空结构以及在此基础上建构一门时空一体的审美现象学之必要性。杨春时先生又认为，从中西方现象学思想资源的角度来说，西方现象学比较注重时间性，中华古典现象学比较强调空间性，它们各有优长局限，在当代我们进行审美现象学建构的过程中，我们应该吸收中西方有关思想资源，建构一种时空一体的中华审美现象学。

---

　　①　杨春时：《作为第一哲学的美学——存在、现象与审美》，人民出版社，2015年版，第332页。

　　②　杨春时：《作为第一哲学的美学——存在、现象与审美》，人民出版社，2015年版，第333页。

　　③　杨春时：《作为第一哲学的美学——存在、现象与审美》，人民出版社，2015年版，第333页。

审美现象是能够使存在得以现身的"现象",正是在此基础上,我们才能够谈论建立一门审美现象学的可能性。而之所以说审美现象是存在现身之"现象",除了我们以上所说之它作为人类的超越性生存方式之结晶而使得我们能够突破现实的异化生存而直达存在等理由之外,还意味着审美现象之构造吻合和经得起现象学理论之检验,具备了一般现象学所谓之"现象"的基本构造要素和环节,大体而言,可以从如下三个方面来论证:第一,审美现象的形成需要经历"现象还原",也就是在审美领域"通过对现实意识的超越而实现",即"使现实意识升华为审美意识,使对象由表象回归到现象",而且,这种现象学还原"只有在审美领域才有可能"①。第二,审美现象中有一种真正的"意向性",在此,意向性不是"意识的功能",而成为一种主体间性的"共在的构成",成为"我与世界的双向的互动","达到意识与对象同一"②,成为对存在意义的"完整显现"③。第三,审美现象是一种真正的"本质直观",是对存在本身的真正彻底的还原,这种本质还原或纯粹直观或本质直观是通过审美意象"对存在意义的领会"④。

(二)现象与审美意识

审美活动中当然存在有审美意识,杨春时先生认为,"审美体验即审美意识",作为审美体验的审美意识在审美现象的构成中起着重要的作用,既然如此,我们要研究作为存在现身之"审美现象",当然就"必须考察审美意识",看其在"现象"的构成中居于何种地位,起到何种作用。⑤

---

① 杨春时:《作为第一哲学的美学——存在、现象与审美》,人民出版社,2015年版,第336页。

② 杨春时:《作为第一哲学的美学——存在、现象与审美》,人民出版社,2015年版,第337页。

③ 杨春时:《作为第一哲学的美学——存在、现象与审美》,人民出版社,2015年版,第340页。

④ 杨春时:《作为第一哲学的美学——存在、现象与审美》,人民出版社,2015年版,第340页。

⑤ 杨春时:《作为第一哲学的美学——存在、现象与审美》,人民出版社,2015年版,第341页。

　　首先要明确，我们这里所谓的审美意识"属于超越性意识"①，不能仅仅从经验的、心理学的角度来理解，而应该上升到一种本体论哲学的高度来认识。其次，我们所谓的审美意识不是一种和身体脱离的意识，而是一种身体性的意识，一种体验性的意识。

　　从存在论的角度来说，人的意识有三种类型，它们分别是原始意识、现实意识和自由意识，其中原始意识对应着自然的生存方式，现实意识对应着现实的生存方式，自由意识对应着自由的生存方式。其中，尤其是自由的（超越的）意识与审美活动息息相关，因为审美就是一种自由的、超越性的活动。"自由的意识包括审美意识及其反思形式哲学思维"，作为自由意识的审美意识是一种能够"构成审美现象的'纯粹意识'"②。审美意识必然要凝结为审美意象，它是对存在的显示。

　　从"纵向的意识层次"来说，人类的意识包括三个层次，它们分别是作为"深层结构"的无意识，作为"中层结构"的非自觉意识，作为"表层结构"的自觉意识③。其中，无意识主要指本能欲望，它是"人类意识的深层动力和依据"；自觉意识主要指理性意识，它是"面向现实的不自由的意识"，它是"人类现实生存和发展的内在根据和能力"；非自觉意识是一种"自由的意识、创造的意识"，"非自觉意识的非自觉性不是自觉性的不及，而是其超越，是超自觉意识"，非自觉意识是一种能够对对象进行"真实的、直接的把握"的意识。④非自觉意识跟我们的审美意识的形成密切相关。但非自觉意识不能总是停留在感性和知性的水平上，而要上升到"超越性阶段"⑤，此时，

---

① 杨春时：《作为第一哲学的美学——存在、现象与审美》，人民出版社，2015年版，第341页。

② 杨春时：《作为第一哲学的美学——存在、现象与审美》，人民出版社，2015年版，第342页。

③ 杨春时：《作为第一哲学的美学——存在、现象与审美》，人民出版社，2015年版，第342页。

④ 杨春时：《作为第一哲学的美学——存在、现象与审美》，人民出版社，2015年版，第342、346、347页。

⑤ 杨春时：《作为第一哲学的美学——存在、现象与审美》，人民出版社，2015年版，第347页。

非自觉意识才真正成为审美意识，拥有了充分的自由性和创造性。

从"横向的意识水平"来说，它可区分为"感性意识、知性意识、超越性意识"三种。[①]每一种意识水平都可以分别从自觉意识和非自觉意识两个层面来观照。一是感性意识水平阶段。在非自觉意识层面，感性意识表现为来源于现实的"感性意象"；在自觉意识层面，感性意识表现为"感性表象"[②]。二是知性意识水平阶段。在非自觉意识层面，知性意识表现为"知性意象"；在自觉意识层面，知性意识表现为"知性概念"，而"概念的运动即思维"[③]。三是超越性意识水平阶段。在非自觉意识层面，生成"审美意象"；在自觉意识层面，生成"哲学范畴"或"哲学意识"[④]。

"现象学认为，现象只呈现于纯粹意识，是纯粹直觉的对象。"[⑤]它是一种超越经验意识的意识，它"就是超越性的非自觉意识"，"具有纯粹直观、本质直观的功能"，它能"使表象世界回归现象世界"。[⑥]这种超越性的非自觉意识也就是审美意识，只有它"才具有真正的意向性，才能达到现象性"，它是"现象学所说的纯粹意识、纯粹直观"，它能使存在现身为"现象"而成为可能[⑦]。

从审美意识成为存在之"现象"的角度，作为"具有充分的非自觉性"和"超越性"的审美意识，具有五个方面的特征：一、"审美意识具有主体间

---

① 杨春时：《作为第一哲学的美学——存在、现象与审美》，人民出版社，2015年版，第342、347页。

② 杨春时：《作为第一哲学的美学——存在、现象与审美》，人民出版社，2015年版，第351页。

③ 杨春时：《作为第一哲学的美学——存在、现象与审美》，人民出版社，2015年版，第351页。

④ 杨春时：《作为第一哲学的美学——存在、现象与审美》，人民出版社，2015年版，第351页。

⑤ 杨春时：《作为第一哲学的美学——存在、现象与审美》，人民出版社，2015年版，第352页。

⑥ 杨春时：《作为第一哲学的美学——存在、现象与审美》，人民出版社，2015年版，第352页。

⑦ 杨春时：《作为第一哲学的美学——存在、现象与审美》，人民出版社，2015年版，第352页。

性，是自我意识与对象意识的同一"。^①二、"审美意识是无意识与有意识对立的消失，是本源性的意识"^②。三、"审美意识是认知与意向的完全同一，是完整的意识"^③。四、"审美意识是纯粹的意象意识"^④。五、"审美意识是身体性与精神性的同一"^⑤。

（三）现象与审美语言符号

杨春时先生认为，"现象学的目标是使对象的本质直接显现"^⑥，但在审美中，审美对象和人的审美意识总是不能脱离符号，所以在论述存在之现身为"现象"的时候，考察一下"现象"的语言符号构成是很有必要的。

一般我们所谓的语言符号就是指现实中的语言符号体系，但这种语言符号是一种抽象的、概念化的符号，它不能显现存在，所以被现象学所排斥。从现象学的角度来说，我们要回到一种本真的存在，而本真的存在也有其自身的语言，这种语言就是存在自身的本源性的语言。所谓本源性的语言符号，在我们前面论述重建现象学哲学的方法论的时候也已经谈到过了，它是指一种超越现实语言符号的，"归属于存在"的，能够"使存在的意义显现"的本真的语言^⑦。现实的语言符号是"本真语言符号的沦落"，它"隔离了我与世界"，

---

① 杨春时：《作为第一哲学的美学——存在、现象与审美》，人民出版社，2015年版，第352、353页。

② 杨春时：《作为第一哲学的美学——存在、现象与审美》，人民出版社，2015年版，第354页。

③ 杨春时：《作为第一哲学的美学——存在、现象与审美》，人民出版社，2015年版，第354页。

④ 杨春时：《作为第一哲学的美学——存在、现象与审美》，人民出版社，2015年版，第355页。

⑤ 杨春时：《作为第一哲学的美学——存在、现象与审美》，人民出版社，2015年版，第356页。

⑥ 杨春时：《作为第一哲学的美学——存在、现象与审美》，人民出版社，2015年版，第357页。

⑦ 杨春时：《作为第一哲学的美学——存在、现象与审美》，人民出版社，2015年版，第357页。

使得"世界不能作为现象呈现"①。而本源性的语言符号是一种能够沟通主客，在我与世界之间形成主体间性对话的语言，是一种能够使此在超越现实生存而通达存在的语言，是一种"具有现象性"②的语言。

本源性的语言符号要实现为我们能把握的语言，也就是它要通过一些特殊的手段，比如隐喻和转喻，把"表象语言符号转化为特殊的意象语言符号"，把现实语言符号"转化为自由的语言符号"③。这其实也就是一种审美的语言符号，这种审美的语言使得世界作为"现象"而呈现出来。

审美的语言符号能够使存在现身而成为"现象"，也就是说，它具有"现象性"。审美语言符号的现象性体现为如下三个方面的特点：

其一是意象性。"审美是一种意象性活动"④，它要借助意象来进行表达，而意象正是能够使存在现身之"现象"。审美的意象不能凭空地生成，它必须使用特定的语言符号来进行构造，从而生成为具有超越性的"意象语言符号"⑤，意象就是具象，它既具有充分的具象性，又具有充分的超越性，或者我们也可以说，意象就是审美的特殊的"语言"，通过意象语言符号，存在得以现身生成为"现象"。这种意象性语言符号体现在艺术中，就是艺术形象。创造意象语言符号的手段主要有两种：一是"对现实语言符号作有目的的选择"，主要使用来自日常生活中的那种感性特征突出的语言，二是"意义剥离"，即"剥离语言符号的意义外壳，显露语言符号的意象内涵"，使得语

---

① 杨春时：《作为第一哲学的美学——存在、现象与审美》，人民出版社，2015年版，第358页。

② 杨春时：《作为第一哲学的美学——存在、现象与审美》，人民出版社，2015年版，第357页。

③ 杨春时：《作为第一哲学的美学——存在、现象与审美》，人民出版社，2015年版，第358页。

④ 杨春时：《作为第一哲学的美学——存在、现象与审美》，人民出版社，2015年版，第359页。

⑤ 杨春时：《作为第一哲学的美学——存在、现象与审美》，人民出版社，2015年版，第359页。

言符号"具有具象性"。①总之，审美语言符号充分"克服了表象或概念的抽象，恢复了语言符号的意象性"②。

其二是主体间性。审美语言符号"可以沟通我与世界，实现我与世界的主体间性，使世界作为现象呈现"③。审美语言符号既具有"认知性"，又具有"情感性"④，认知性体现为审美理解，情感性体现为审美同情，审美理解使得我与世界之间在一种相互的共在中实现对对象的充分把握，审美同情使得我与世界之间在一种相互的共在中实现对对象的充分的感应和共鸣。然无论是审美理解还是审美同情，都是在我与世界的共在中使得存在在审美中充分地现身而成为能够被我感知的"现象"。

其三是超越性。审美语言符号"独立于现实世界，构造了审美世界"，审美语言符号的目的不在"表达现实"，而是"指向存在的意义""表达存在的意义"，它在"能指与所指的同一"中超越现实，使得本真的存在作为"现象"而现身，并在对这种现象的观照中去领会存在的意义⑤。

审美语言符号的意象性、主体间性和超越性三者是统一的，它是我们进行现象学还原的目标，即还原到一种纯粹的审美的语言；也是一种现象学还原的手段，即其最终目的是要通过审美的语言还原到存在本身，让我们去领会存在的意义。审美的语言符号连通了我和世界，在我和世界进行主体间性对话的过程中让存在现身为一种通过语言而呈现出来的"现象"，也即是说，审美的语言符号具有充分的现象性，它能够让我们对其实现一种充分的现象学直观。不管是现象学还原也好，是现象学直观也罢，我们都能够在对存在的领悟中体验

---

① 杨春时：《作为第一哲学的美学——存在、现象与审美》，人民出版社，2015年版，第359—360页。

② 杨春时：《作为第一哲学的美学——存在、现象与审美》，人民出版社，2015年版，第361页。

③ 杨春时：《作为第一哲学的美学——存在、现象与审美》，人民出版社，2015年版，第358页。

④ 杨春时：《作为第一哲学的美学——存在、现象与审美》，人民出版社，2015年版，第362页。

⑤ 杨春时：《作为第一哲学的美学——存在、现象与审美》，人民出版社，2015年版，第363—364页。

到一种生存的自由，体验到一种审美的愉悦和诗意的境界，这是最重要的。

结语：美学是第一哲学

杨春时先生认为，现象学和存在论是现代西方哲学和美学中的两个主要谱系，考察其理论特性和思想旨趣，我们有一个令人惊奇的发现，它们都转向了审美主义，这就意味着，审美成为这两种西方现代主流哲学流派的共同指归。基于这样一种哲学和美学的发展现状和基础，"我们就可能在建立审美现象学和审美存在论的基础上，确立美学为第一哲学。"①

现象学和存在哲学"都走向了审美主义"，这样一种现状和趋势其实也就"意味着美学是充实的现象学和本源的存在论"②。

首先，美学是本源的存在论。与重理性而轻感性审美的传统哲学不同，"现代哲学的趋势之一是走向审美主义"，审美主义是对现代性中的理性主义的反思，是"对理性主义哲学的反拨"，现代美学就是"审美主义哲学的结晶"。③早期的"实存哲学排斥审美"，如克尔凯郭尔认为审美是应该被扬弃的阶段，后来审美主义被后期海德格尔、萨特、加缪等实存哲学家们所确立。"审美主义哲学的确立，表明了美学是本源存在论"，就是说，审美就是一种"向存在的回归"的"自由的生存方式"④。故而，美学是"研究审美的本质，也就是如何实现存在的学说。"⑤真正的存在即我与世界的共在和同一，本真的存在的这样一种特性决定了它不可能通过一种现实的异化的生存方式去

① 杨春时：《作为第一哲学的美学——存在、现象与审美》，人民出版社，2015年版，第365页。

② 杨春时：《作为第一哲学的美学——存在、现象与审美》，人民出版社，2015年版，第365页。

③ 杨春时：《作为第一哲学的美学——存在、现象与审美》，人民出版社，2015年版，第365、367页。

④ 杨春时：《作为第一哲学的美学——存在、现象与审美》，人民出版社，2015年版，第368页。

⑤ 杨春时：《作为第一哲学的美学——存在、现象与审美》，人民出版社，2015年版，第368页。

实现，而只能依靠审美去实现，因为审美是一种"超越现实生存的自由生存方式"①，只有在这一自由的生存方式中，我们才能真正地达到存在的同一性，也即达到自我生存的自由性和超越性。因此，作为美学的展开的存在论是美学的本源，而作为存在之实现的美学又成为存在论的本源，二者实则是一而二，二而一的一体两面，我们只有从存在的显现的角度才能认识审美，我们也只有从审美的自由的实现的角度才能追获存在。因此，从美学的角度来说，我们则可说"美学既是本源的存在论，也为确定的存在论奠基"②。

其次，美学是充实的现象学。"如何确立、把握存在，领会存在的意义，这是哲学的基本问题。"③存在具有"不在场""非对象性"和"超越性"等特点，因此"如何确定存在"就成为"千古难题"④。胡塞尔提出现象学来解决存在难以确立的难题，他"企图还原到纯粹意识"而"直观对象的本质"，然而他的做法是"离开存在谈论意识以及事物的本质"，这在杨春时先生看来是行不通的，为此必须"要改造现象学"而"为现象学建立起本体论的基础"，也就是让现象学成为一种"领会存在意义"的方法论。⑤在胡塞尔以后，"现象学发生了转折，形成了三种走向"：一是"从先验现象学变成了经验现象学"，代表人物如马克斯·舍勒、梅洛-庞蒂。二是走向超验现象学，"包括实存论的虚无现象学和存在论的缺席现象学"，前者如前期海德格尔、后者如后期海德格尔。⑥前两种走向在本文第一部分做了批判性介绍，此不赘

---

① 杨春时：《作为第一哲学的美学——存在、现象与审美》，人民出版社，2015年版，第368页。

② 杨春时：《作为第一哲学的美学——存在、现象与审美》，人民出版社，2015年版，第369页。

③ 杨春时：《作为第一哲学的美学——存在、现象与审美》，人民出版社，2015年版，第369页。

④ 杨春时：《作为第一哲学的美学——存在、现象与审美》，人民出版社，2015年版，第370页。

⑤ 杨春时：《作为第一哲学的美学——存在、现象与审美》，人民出版社，2015年版，第370页。

⑥ 杨春时：《作为第一哲学的美学——存在、现象与审美》，人民出版社，2015年版，第370页。

述。三是"建立了基于存在论的审美现象学，从而实现了审美与现象学的同一"①。这个第三种走向正是杨春时先生自己的观点，也是他在本著作中所要着力强调和重点论述的。

在杨春时先生瞩目的第三种走向也即审美现象学的走向中，"审美体验直接成为一种现象学的发现和还原"：在审美中，"存在通过审美意象（现象）而在场化，直接呈现"，这是现象学的发现；在审美体验的反思中，我们获得了"审美意义即存在的意义"，此即现象学的本质还原。②西方有现象学美学，杨春时先生想要建立的是一种审美现象学，杨先生认为，"现象学美学必然通向审美现象学"，因为现象学美学要以"承认审美的现象性为前提，而审美的现象性就意味着审美现象学"③。换句话说，本源的现象学是对存在的显示，而审美作为一种现象是"存在的显现"，因此美学和现象学是相通的"，它们都是"存在的显现之学"，因此可以说，"美学就是现象学"，或者说现象学就是美学④。简而言之，审美现象学就是一种"在场的现象学、充实的现象学"，它是"使存在（世界）直接呈现"的现象学⑤。

最后，美学是现象学与存在论的同一。杨先生认为，胡塞尔所寄望的所谓的作为严格科学的意识现象学无法解决超验世界如何显现的问题。"为了领会存在的意义"，现象学走向了与存在论的合一，"形成了实存现象学"⑥，如盖格尔、海德格尔、萨特等。"哲学史表明，现象学与存在论可以互相沟

---

① 杨春时：《作为第一哲学的美学——存在、现象与审美》，人民出版社，2015年版，第370页。

② 杨春时：《作为第一哲学的美学——存在、现象与审美》，人民出版社，2015年版，第372页。

③ 杨春时：《作为第一哲学的美学——存在、现象与审美》，人民出版社，2015年版，第372页。

④ 杨春时：《作为第一哲学的美学——存在、现象与审美》，人民出版社，2015年版，第372页。

⑤ 杨春时：《作为第一哲学的美学——存在、现象与审美》，人民出版社，2015年版，第373页。

⑥ 杨春时：《作为第一哲学的美学——存在、现象与审美》，人民出版社，2015年版，第374页。

通"，它们"本来就是相通一体的，现象学是对存在意义的发现"，是"发现的逻辑，为哲学提供发现存在意义的方法论"；存在论是"对存在意义的证明"，是"证明的逻辑"，"为哲学提供发现存在意义的证明过程"①。这种对存在意义的发现与证明的统一正是现象学和存在论本身可以同一的体现，或者说，可以让它们二者之间实现沟通。

但是，我们不是把历史上的现象学理论和存在论思想拿来就用，而是必须对其进行改造。只有通过对其的改造，才能"建立更加合理的现象学和存在论"②，才能让二者实现真正的连接和沟通。

一方面，"现象学要基于存在论"，"存在的同一性和本真性"才是"现象学的根据"之所在③。另一方面，"存在论要基于现象学的发现，从而避免独断论和主观论"④。"现象学就是使存在显现出来的哲学方法论"⑤，现象学之"现象"不是意识现象和经验现象，而是向"存在的回归，是对存在意义的领会"⑥。存在的意义要获得确证和发现，除了通过现象学途径外别无他途。反过来，现象学又要立基在存在论的基础上，存在是我与世界的共在，是人和世界的本源的同一性，所谓的现象学之现象之显现，其要显现的不是经验性的存在，不是意识性的存在，不是超验性的神秘的存在，而就是人和世界共在同一的存在，如果丧失了那个本源的、同一性的存在基础，则现象学也就失去了发现之目标，或者只会沦丧为一种主客对立的哲学思辨方法。体现在

---

① 杨春时：《作为第一哲学的美学——存在、现象与审美》，人民出版社，2015年版，第376页。

② 杨春时：《作为第一哲学的美学——存在、现象与审美》，人民出版社，2015年版，第376页。

③ 杨春时：《作为第一哲学的美学——存在、现象与审美》，人民出版社，2015年版，第376页。

④ 杨春时：《作为第一哲学的美学——存在、现象与审美》，人民出版社，2015年版，第377页。

⑤ 杨春时：《作为第一哲学的美学——存在、现象与审美》，人民出版社，2015年版，第376页。

⑥ 杨春时：《作为第一哲学的美学——存在、现象与审美》，人民出版社，2015年版，第377页。

美学中，即我们只有通过审美的现象之显示，才可以"领会存在的意义"①，在此，存在正是通过审美现象而得以现身的。正是由此我们说，美学成为一种"充实的现象学"②。同样，"存在"正是审美的目标，是审美现象之所以成为审美现象的根据，它体现了人和世界之间的本源的同一性，所以我们又说，美学成为一种"本源的存在论"③。对于美学来说，审美体验是最基本的，但美学又不仅仅是一种当下的审美体验，它还是对审美体验的反思，故而，美学既成为一种审美体验的直观，又需要借助一系列范畴、概念、命题来对审美体验进行自觉的反思，只有通过这种逻辑的反思和证明，我们才能在美学中获得一种确定的真理性，由此，"美学作为充实的现象学和本源的存在论为确定的存在论奠基"④，三者本是一体的，美学的存在论就是一种确定的存在论，是一种本源的存在论，也就是一种充实的现象学，正是基于此，美学和审美才成为存在真理现身和我们把握存在真理的真正方式，这是最确定无疑的基点。

对古希腊亚里士多德来说，形而上学是第一哲学；而对胡塞尔来说，先验意识现象学是第一哲学；来到海德格尔那里，"存在论"是第一哲学。尽管我们不能完全同意亚里士多德、胡塞尔、海德格尔的观点，但他们的论述无疑给了我们以启发。特别是胡塞尔、海德格尔的现象学和存在论论述，启发了我们从一个新的角度探讨何谓第一哲学这一问题。按照杨春时先生的理解，美学是一种充实的现象学和本源的存在论，只有在审美现象中，存在才得以充分地显现，而审美作为一种自由的生存方式和超越的体验方式，正是回归存在的最直接的途径。在杨春时的审美现象学建构中，存在、现象、审美三者实际上是三位一体的，同理，作为充实的现象学和本源的存在论与美学同样也是三位一体

---

① 杨春时：《作为第一哲学的美学——存在、现象与审美》，人民出版社，2015年版，第379页。

② 杨春时：《作为第一哲学的美学——存在、现象与审美》，人民出版社，2015年版，第379页。

③ 杨春时：《作为第一哲学的美学——存在、现象与审美》，人民出版社，2015年版，第379页。

④ 杨春时：《作为第一哲学的美学——存在、现象与审美》，人民出版社，2015年版，第379页。

的。或许我们可以这么说，美学在此沟通了现象学和存在论，美学在此本身就成了现象学和存在论，现象学和存在论是对源初存在意义的发现和证明，而美学就是存在（现象）现身的最佳途径。那其实也就是说美学在这个时候已经承担起了发现和证明存在的这个功能，因为单独的现象学和存在论无法行使这个职能，它们要发挥作用，必须与美学相沟通，表现为审美现象学和存在论美学才有可能。在这里，美学不是像在康德那里仅仅承担一个在纯粹知性和实践理性之间的桥梁的中介过渡功能，而是承担了一个基底性的功能，此时，美学不是仅仅作为哲学的一个分支，一个受哲学指导的下属，而是作为哲学的一个奠基和底层逻辑，它可以为整个哲学大厦的建构奠定新的基础，成为后来一系列哲学论证的出发点。也即是说，美学此时成为一种新时代的形而上学，一种第一哲学。美学是第一哲学的理论建构，既为美学，也为哲学的发展提供了别一种思路和叙述方式。

中国现代美学"体"与"用"的确立

——朱光潜《文艺心理学》导读

周　丰[①]

朱光潜先生的《文艺心理学》首次出版距今已近百年，至今仍在被不断地阐释和建构，焕发着强劲的生命力。然而，在百年中国美学史上，它又何以经久不衰？在鲍姆加登提出"美学"之前，关于美或艺术的讨论一直是哲学研究的重要内容，哲学的思辨使得美的理论研究采用的也是"自上而下"的路径，"美学是从哲学分支出来的，以往的美学家大半心中先存有一种哲学系统，以它为根据，演绎出一些美学原理来"，这也是朱光潜写作《文艺心理学》的目的与意义：区别于以往。因此，《文艺心理学》是我国百年美学史上第一部"自下而上"的美学著作。朱自清在序言中指出："我们现有的几部关于艺术或美学的书，……往往薄得可怜，用语行文又太将就原作，像是西洋人说中国话，总不能够让我们十二分听进去。再则这类书里，只有哲学的话头，很少心理的解释，不用说生理的。像'高头讲章'一般，美学差不多变成丑学了。……如今才有这部头头是道，醰醰有味的谈美的书。"[②]

该书与以往美学著作的区别首先是研究路径的差异。朱光潜在《文艺心

---

① 周丰，艺术学博士，上海社会科学院哲学研究所助理研究员。

② 朱光潜：《文艺心理学》，复旦大学出版社，2009年版，第1、308页。

理学》的作者自白中指出："本书所采的是另一种方法。它丢开一切哲学的成见，把文艺的创造和欣赏当作心理的事实去研究，从事实中归纳出一些可适用于文艺批评的原理。它的对象是文艺的创造和欣赏，它的观点大致是心理学的，所以我不用《美学》的名目，把它叫做《文艺心理学》。……我们可以说，'文艺心理学'是从心理学观点研究出来的美学。"[1]这一研究路径体现出朱光潜科学的态度，美学的情怀。以科学的态度和路径去探求美学的问题，探究原本具有神性因素的"美感"，这个过程中我们能时刻感受到朱光潜的美的情怀，美实在是他的一种信仰——"人生的艺术化"，科学之路径并不是要破解他的信仰，相反，朱光潜是在以科学的路径去实践人生的艺术化，去坚实他的信仰。

《文艺心理学》所呈现的是一种"自下而上"美学路径。朱光潜以当时最为前沿的心理学理论去观照美与艺术，将艺术活动作为一种心理事实去讨论，从中剖析出适用于文艺的规律。当然，也并不是说，"自下而上"就与传统的美学路径完全相别。马克思曾在《新亚美利加百科全书条目·美学》中写道："有两种不同的途径可以把美学当作一门科学去处理和发展。一种是先验法。它设法整理为人心所特有的美学概念，用他们来建立起一种抽象的体系，然后敦请艺术家们依照这种体系去创造他们的艺术。另一种方法是后验法。它把公认的艺术作品作为出发点，从中寻找出那些产生愉快效果的因素，然后把得到的结果综合成符合现有艺术品的情况的实践规则。"[2]后验，即来自经验的，后天产生的，基于事实的，这也是心理学研究的基本出发点。"自下而上"最终是要实现"上"的层面的改变，这也正是朱光潜所要实现的"归纳出一些可适用于文艺批评的原理"。

《文艺心理学》首次确立了中国现代美学研究的"体"与"用"。《文艺心理学》中虽然引入了大量的西方美学范畴，如"美感经验""直觉""心理的距离""潜意识"等，但却是以中国的"美感经验"作为事实依据进行的理

---

①　朱光潜：《文艺心理学》，复旦大学出版社，2009年版，第1页。

②　中国社会科学院哲学研究所美学研究室、上海文艺出版社文艺理论编辑室合编：《美学》（第二期），上海文艺出版社，1980年版，第252页。

论建构。然而，西方之范畴并不代表是以西方美学为本体，以中国的"美感经验"作为事实依据也并不意味着就要"中学为体，西学为用"。朱光潜所实现的中西贯通是以"美感经验"为本体的贯通。以西方之范畴来阐释中国美感经验，这并不是套用，这一"用"的过程是去批判或丰富其内涵，实现基于中国美感经验的美学之"体"的建构。在此，"美感经验"就是美学之"体"。离开了审美本身的发生，便不存在美的其他问题。而美学之"用"在《文艺心理学》中则有三方面的体现：其一，美学之于人生和社会的意义；其二，美学作为人生艺术活动的方法；其三，美学得以建构的方法，即"文艺心理学"中的心理学路径。美学不再是纯粹的理论观照，审美怎样构成，我们如何审美，在《文艺心理学》中便呈现为一种灵活的转换。朱光潜以美学理论去解释我们日常的审美经验，赋予了理论以灵动和"美"的内涵，我们能够在阅读此书的过程中感受到这种"谈美"的"醺醺有味"。

因此，《文艺心理学》之所以能够成为百年美学之经典，正是因为其确立了美学的"体"和"用"，并从这两个方面呈现出了美学的生命力。首先，这种确立是作为一种"方法"，是美学得以建构和发展的方式，无论此后美学如何发展，都离不开美学的根基及其相应的路径。其次，《文艺心理学》指向了美学作为一种学科存在的两个方面。这意味着美学的生长性和时代性，它是有生命的。美学在时代中发展是不断地以其之"体"，"用"之于时代，与此同时，也是以其之"用"在修正其"体"，时代的发展促生出更为新颖的艺术或审美现象，"经典"不可能一成不变地完全适用于时代。经典作为跨越不同时代的理论文本，我们需要思考怎样去面对，我们今天如何认识经典，又该对经典持有怎样的态度。朱光潜的《文艺心理学》作为一部经典，它也是在面对经典的过程中建立起来的。朱光潜面对经典的态度，也是今天的我们在面对《文艺心理学》所要继承的一种态度。

再次，"体"与"用"是美学的一个整体，体在人生，用也在人生。以人生建构美学，以美学指引人生。这也就是朱光潜所信仰的"人生的艺术化"。《文艺心理学》是从审美现象（美感经验）出发，而不是从理论出发，这是本书的特色也是本书的出发点，最终，也是人生的归旨。理论并不是干巴巴的材料，而是从审美活动中来到审美活动中去的。在"用"的过程中实现美学理论的建构与完善的。《文艺心理学》一定程度上是一部指引我们"人生何以艺术化"的著作。"美感经验"只在一霎时，该书令我们思考如何在生命中把握这"一霎时"，去认识这"一霎时"，进而实现生命的自由。

朱光潜对《文艺心理学》的命名有所踌躇，正表明了它的特殊性：一方面它研究的是以"美感经验"为核心的美学基本问题。另一方面它是将文艺活动作为心理的事实。"文艺"作为"心理学"路径的研究对象。"心理学"作为"文艺"研究的方法。"心理学"彼时已属于自然科学范畴，"自然科学"并不仅是一种方法，方法本身就表现为一种路径。"自下而上"的路径同时意味着"由外而内"的视野。最外层的视野同时决定了问题的广度与深度。这也是朱光潜《文艺心理学》诞生的意义："文艺活动"是被作为一种心理上的事实，被呈现为若干的阶段与层次，心理与生理，情感与筋肉，审美与生活，个体与社会，等等。《文艺心理学》正是以心理学的观念和路径去区别与连接这些层次在审美与生活中的意义，与此同时，心理学的方法在对美学问题的阐释过程中也是一种问题与方法的相互适应，概念内涵在拓展的同时，方法也就美学化了。这也正是《文艺心理学》在方法和路径上对美学的深化与拓展。

一、"美感经验"作为美学研究的本体

"美感经验"是美学研究的本体。《文艺心理学》的核心范畴正是"美感经验"，朱光潜在前四章均是在直接讨论美感经验的特性，第五章也是围绕其特性阐明了人们对"美感经验"的误解。后面的章节所谈的如"文艺与道德""自然美与自然丑""艺术的起源""艺术的创造""悲剧与喜剧"等，也是以"美感经验"为基础展开的。"美感经验"的发生是一霎时的，在"美感经验"发生的"一霎时"或许我们可以说它需要在"孤立绝缘"中见"形象的直觉"，但形象何以来？"美感经验"的发生主体是个体的人，但其发生并不是孤立绝缘、一蹴而就的，它有其前提，也有其结果。这就是人的经验之构

成，无论是生活经验还是艺术经验，人是一种社会文化语境的存在。这就关乎着道德，"美"与"丑"也就自然不是纯粹的个人行为。艺术的创造也是一个顾及前提而考虑后果的过程。"美感经验"缘何关系着"经验"，这就是朱光潜讨论"人力与天才""联想与想象"等的原因，这些都是"美感经验"得以生成的语境。

语境即"社会"，即"人生"。朱光潜主张"人生的艺术化"，那么，人生何以艺术化？朱光潜首先是在明辨审美与日常生活之区别的基础上，实现由日常而审美的转化，进而实现人生的艺术化。"艺术的创造之中都必寓有欣赏，生活也是如此。"①"欣赏"是一种态度，因此，人生处处所需要的也是一种审美态度。在朱光潜看来，"美感经验"并不是"天才"般的存在，而是可以修行或"锻炼"而至的，这便是朱光潜所建构的人生的艺术化了。

因此，朱光潜是将文艺之心理解剖来给我们看，呈现形成文艺的方法和路径，展现生命何以艺术化。依此道路，我们便可走进美，走进艺术。"过一世就好比做一篇文章"，我们的"人生"就像一件艺术作品一样，但如何去创造呢？显然，文艺心理学虽然明确研究的是"文艺作品的创作与欣赏"，但其也旨在指导我们的现实生活。朱光潜借助易于理解的、取自生活的鲜活实例，运用一切方法打破理论与生活的界限，将西方从心理学角度研究文艺的先进文艺理论介绍给读者，将原本晦涩难懂的理论与实际生活相联系，帮助人们理解理论，同时也指导人们将理论运用到实际生活中。成就我们的"人生的艺术化"。

朱光潜在1981年7月读校样后指出："西文中的aesthetic，在我早期的论著中，都译作'美感'，后来改译为'审美'。后者较妥。丑，也属于审美范畴。"②"aesthetic experience"是西方美学的一个核心概念，最早出现于鲍桑葵（Bernard Bosanquet）的《美学三讲》，中文译作"美感经验""审美经验""审美体验"或"美学体验"等，而其中属"审美经验"使用得最为

---

① 朱光潜：《谈美》，中华书局，2012年版，第94页。
② 朱光潜：《文艺心理学》，复旦大学出版社，2009年版，第11页。

普遍。

英语中经验与体验都是 "experience"。而审美经验与审美体验的关系也就落在了 "experience" 之上。大多词典中都会将 "经验" 作为其名词形态，而将 "体验" 作为其动词形态。在德语中， "经验" 和 "体验" 的词形与词性均是分开的：erfahrung 或 erlebnis 为名词形式的 "经验"，而erfahren或erlebe 则为动词形式的 "体验"。汉语中 "经验" 和 "体验" 的词义也有相当的差异。童庆炳认为： "经验一般是一种前科学的认识，它指向的是真理世界（当然这还是常识、知识，即前科学的真理）；而体验则是一种价值性的认识和领悟，它要求'以身体之，以心验之'，它指向的是价值世界。"[①] 人们习惯将在社会生活中的所见所闻，以及对这些事情的感受、体会与思考统称为经验。 "体验是经验中的一种特殊形态。可以这样说，体验是经验中见出深义、诗意与个性色彩的那一种形态。"[②]《辞源》中的 "体验"，除了有 "体味" "设身处地" 的内部心理感受的含义之外，还有 "实行" "以身体之" 等外部含义。 "经验" 侧重于主体内在的心理结构，而 "体验" 则是在 "经验" 的基础上，更侧重于主客体统一的建构，具有动态性。

《文艺心理学》中的 "美感经验" 之特性是 "一霎时" 的，强调的是一种动态的发生。这也是美得以存在的基础，没有 "aesthetic experience" 的发生，美学便无所研究。朱光潜在第一章开篇便指出： "什么叫做美感经验呢？这就是我们在欣赏自然美或艺术美时的心理活动。……美学的最大任务就在分析这种美感经验。"[③]美学研究的对象无外乎审美主体、审美客体以及 "aesthetic experience"，主体与客体具有不可分割性，割裂来看并无益于问题的解决。 "aesthetic experience" 若是作为审美经验，显然并不能很好地统一主体与客体，但若将其作为 "审美体验"，那么审美主体与审美客体便会很自然地融合

---

① 童庆炳：《经验，体验与文学》，《北京师范大学学报》（人文社会科学版），2000年第1期。

② 童庆炳：《经验，体验与文学》，《北京师范大学学报》（人文社会科学版），2000年第1期。

③ 朱光潜：《文艺心理学》，复旦大学出版社，2009年版，第1—2页。

在审美体验的现时活动中。这也正是朱光潜所指出的"欣赏自然美或艺术美时的心理活动"。然而，自鲍姆加登创立美学开始，就确定了美学是一门研究感性认识的学科。"aesthetics"的古希腊语为"aisthetikos"，即感官的、知觉的。朱光潜的《文艺心理学》使得美学研究得以走出感官，以科学的方法和技术来对"感官与知觉"进行再认识。《文艺心理学》之路径正是一种以文艺活动感官认识的现时性特征为切入口，以"审美体验"（下文仍以"美感经验"进行表述）为核心对文艺的认识。

（一）作为方式的"形象的直觉"

"形象的直觉"是"美感经验"发生的方式。"直觉说"源自意大利现代美学家克罗齐，朱光潜首先肯定了克罗齐对知识的两种划分："一是直觉的（intuitive），一是名理的（logical）。"但朱光潜又与此认识不同，他承认此二者的区别及其重要性，但更多的是关注此二者的连续性。朱光潜区分了三种不同的"知"："最简单最原始的'知'是直觉（intuition），其次是知觉（perception），最后是概念（conception）。拿桌子为例来说。假如一个初出世的小孩子第一次睁眼去看世界，就看到这张桌子，他不能算是没有'知'它。不过他所知道的和成人所知道的绝不相同。……这种见形象而不见意义的'知'就是'直觉'。"①美感经验正类似于幼儿的"知"。

朱光潜认为，以直觉见形象是认识活动最初、最原始的阶段，同时，也是所有认识活动必经的阶段，知觉、概念都必以此为基础。"美感经验"也是人的一种认识活动，只是，这种认识始于直觉而成于直觉："我们直觉A时，就把全副心神注在A本身上面，不旁迁他涉，不管它为某某。A在心中只是一个无沾无碍的独立自足的意象（image）。"②这是"美感经验"作为一种认识活动的基础，也体现了其作为认识活动的特殊性："'美感的经验'就是直觉的经验，直觉的对象是上文所说的'形象'，所以'美感经验'可以说是'形象

---

① 朱光潜：《文艺心理学》，复旦大学出版社，2009年版，第2、3页。
② 朱光潜：《文艺心理学》，复旦大学出版社，2009年版，第4页。

的直觉'。"①

　　"形象的直觉"发生在一霎时之中。"形象是直觉的对象，属于物；直觉是心知物的活动，属于我。在美感经验中心所以接物者只是直觉，物所以呈现于心者只是形象。"因此，直觉是"物"与"我"的相互作用，正是美感经验的发生方式。"直觉"的形象是"在霎时中霸占住你的意识全部，使你聚精会神地观赏它、领略它，以至于把它以外一切事物都暂时忘去"。②只是在这一霎时，直觉之中除开形象别无其他，形象也只在直觉阶段别无其他的心理认识。"美感经验"作为一种认识的获得，它所能提供的知识是在美感经验之后的描述与反思。朱光潜在以梅花为例比较科学的和实用的态度之后指出，"你还可以看见梅花本来的形象"。或许，我们还可以说，你看见梅花，就看到了一种形象。以"物"见"象"，"它是观赏者的性格和情趣的返照"③，这便是"形象的直觉"了。

　　"直觉"要做到"孤立绝缘"才会是"美感经验"。即审美主体需要将面前的对象从日常复杂的实用世界中分离出来。就这一点来看，朱光潜所受之影响既有西方之理论，也有古代之传统。一方面，德国心理学家闵斯特伯格（Münsterberg）认为："就事物说，那是完全孤立；就自我说，那是完全安息在该事物上面，这就是对于该事物完全心满意足，总之，就是美的欣赏。"④另一方面，《庄子·达生》中也已指出"用志不分，乃凝于神"，显然是同一个意思。日常经验有碍美感经验的发生，日常经验对事物已经生成了一个固有的"象"，"形象的直觉"所要见出的是一种"知"，既然是"知"便是一种区别于以往的新异，因此，这种新异的"形象"也是从未见出过的，如你家门口的一棵树，日日见，经验便已形成一种固有的"象"，你不会对其有所新知。而"形象的直觉"那一刻，你见它如初见，你就看到了它"本来的形象"。然而，这种"孤立绝缘"如何保有，或许在某一瞬我们确实能够感受

　① 朱光潜：《文艺心理学》，复旦大学出版社，2009年版，第4页。

　② 朱光潜：《文艺心理学》，复旦大学出版社，2009年版，第5页。

　③ 朱光潜：《文艺心理学》，复旦大学出版社，2009年版，第10页

　④ 朱光潜：《文艺心理学》，复旦大学出版社，2009年版，第8页。

到某物的"孤立绝缘"的"本来的形象",但这种保有极为有限,也就是用志而"分"了,心神不宁,所见之象也就随之烟消云散了。这种"物"的孤立与"我"的绝缘便是叔本华所指的"无意志,无痛苦,无时间的纯粹的知识主宰"了。

"形象的直觉"的发生是一种态度。面对事物,总有一种态度,态度不同,则事物的价值意义不同。朱光潜强调在"凝神观照"中的"忘我",只有忘记自己的存在,才能放下一切与我相关的利害关系,才能凝神于"物"。"如果心中只有一个意象,我们便不觉得我是我,物是物,把整个的心灵寄托在那个孤立绝缘的意象上,于是我和物便打成一气了。"[①]然而,即便是朱光潜所说的"物我两忘的结果是物我两忘同一",其前提也是"忘我","我"是一切利害的"根基",无"我",则"物"本身便不存在利害,"物"就有可能显现其本来的形象。

"形象的直觉"之"形象"并不是一成不变的,而是会变化的,这种变化的关键则在于主体的"性格与情趣的返照"[②]。可见,形象的直觉的发生在于忘我的态度,但其所见仍然不可摆脱主体自身的性格与情趣。所以,在此,朱光潜对我们可以摆脱的与不可摆脱的做了一个区分。可摆脱者为利害,不可摆脱者为情感。见象则见情趣。但是否只有情趣在先才可见其"形象"呢?关于这个问题朱光潜也有所回答,主要在关于"移情"的部分讨论。

(二)作为前提的"心理的距离"

孤立绝缘的前提是摆脱实用,朱光潜认为,这种摆脱便是一种与现实世界的"距离"。英国心理学家布洛首次提出了"心理的距离"。"就我说,距离是'超脱';就物说,距离是'孤立'。"[③]与审美对象拉开距离的目的不是实际地去认识,而是要摆脱对对象功利或实用的态度。

---

① 朱光潜:《文艺心理学》,复旦大学出版社,2009年版,第9页。
② 朱光潜:《文艺心理学》,复旦大学出版社,2009年版,第10页。
③ 朱光潜:《文艺心理学》,复旦大学出版社,2009年版,第14页。

这种心理的距离往往发生于偶然，例如东方人陡然站在西方的环境中，或是西方人陡然站在东方的环境中，这种异域的文化处境自然而然地便造成了一种"距离"。但往往常人之生活并不会有这种差异甚大的"距离"。常人所见的也只是春天拂面的风，夜晚河畔的灯或是雨后之彩虹，当然，这些已然是一种期待、一种时空可控的"距离"。除此之外，还有一种更为寻常的"脱开"，寻常生活中本无跨度大的"距离"，只好在寻常中见出距离。陶渊明所见的"采菊东篱下，悠然见南山"只是门前寻常景；荣倪的"多谢喧喧雀，时来破寂寥"中的麻雀也是时常可见之物；韩愈的"白雪却嫌春色晚，故穿庭树作飞花"中也是寻常之树与寻常之雪；莫奈的一列干草堆亦是农村的常物；凡·高的农民鞋更是农民脚上都穿的鞋子；等等。在寻常之中见出不寻常，这种陡然的发现像是一种"灵感"或"天启"。然而，如果我们仅仅将其视为这样一种"神性"的观念，就和《文艺心理学》的路径相违背了。

朱光潜将这样一个"直觉"的时刻视为"物"与"我"的相互作用，在这一霎时之中，"我"停留于"物"，"我"只有"物"，而且，这个"物"中所呈现的也是"观赏者的性格和情趣的返照"。"'我'的所有的对象共同组成了'我'的内容，它们才是真正的'我'，而离开这些内容的空洞的'我'则什么也不是。"[1]换言之，"我"的构成就是"我"的全部经验和认识，而美感经验作为一种以"直觉"发生的认识活动，便是"我"的建构的开始，是"我"的一次拓展与生长。在这样一霎时之中，"物"以"形象的直觉"的方式构成了"我"的内容，实现了"我"的生长。因此，这种"灵感"和"天启"便是"我"的开疆扩土。

朱光潜强调距离产生的两个因素：时间与空间的"距离"和艺术家的剪裁或者说艺术的门类性质。例如东方人在西方与西方人在东方，远古的物件在今天都容易引发美感；而艺术家对不同内容的处理，也可以生出一种"距离"来。但总的来看，这种时空因素与内容因素仍是经验性的。在经验上不能对对象"无知"，要有所了解，因此不至于"远"。朱光潜以艺术与生活"距离"

---

[1] 邓晓芒：《论"自我"的自欺本质》，《世界哲学》，2009年第4期。

远近区分了写实派与理想派，认为写实派"把'距离'摆得太近，甚至完全失去'距离'"，他们往往以迎合和实用为目的，容易引起太多关于现实生活的联想，而失去美感；而理想派则是一个"普泛化"的公理或理想，"距离本来太过，在应用到各个人身上去时又嫌不及"。①

即便是艺术的门类，也往往是基于经验的"距离"。如朱光潜指出，造形艺术中雕刻的距离最近，它表现的是立体的，与实物几乎没有分别。所以埃及的雕刻艺术家会对人物加以抽象；图画只能表现平面所以距离较大，中国画相对于西方的写实距离更远。艺术的形式化正是为了与现实拉开"距离"。但是，这些是作为"距离"的表现，而并非产生距离的原因。显然，经验上的距离并不能构成或引发"心理的距离"。此距离也并不能等同于空间上的一种间隔，距离也不是敬而远之，时间或空间的距离一定程度上能够作为"心理的距离"产生的前提，但并不能完全对其作出解释。

朱光潜最后回到了我国传统的一种美的观念：不即不离。他认为，"创造和欣赏的成功与否，就看能否把'距离的矛盾'安排妥当，'距离'太远了，结果是不可了解；'距离'太近了，结果又不免让实用的动机压倒美感，'不即不离'是艺术的一个最好的理想"②。但事实上我们如何才能做到"不即不离"或者前文所说的"忘我"呢？

朱光潜以我们日常生活中的情景对此进行了详细说明，认为"心理的距离"是不以实用为目的。例如，大海上的雾，以实用看之，便是阻碍了船的前进，慢了人的行程；水手会因此而忙碌，船客们也会因此喧嚷，总之使人心焦气闷。但若跳出来，去感受它欣赏它，海雾也是一种绝美的景致。这种偶然的发现常像一种"灵感"或"天启"，其实不过是由于暂时脱开实用生活的约束，把事物摆在适当的'距离'之外去观赏罢了。然而，这种"脱开"与"摆"又有着怎样的意味？我们面对眼前事物的时候又如何去脱开自我与摆放对象？显然，美感经验是不由准备的，我们没有一个去脱开与摆放的前机。

① 朱光潜：《文艺心理学》，复旦大学出版社，2009年版，第21、23页。

② 朱光潜：《文艺心理学》，复旦大学出版社，2009年版，第17页。

"可远观而不可亵玩也"，"远观"与"亵玩"实在是两种态度，而非空间上的距离。

因此，"距离"实则是由态度决定的。正如朱光潜所举的例子如"海雾"等，无法欣赏并非经验上的不够"了解"，即便是一个人没见过海雾，没看过某种戏，他在海雾之中，可能也会表现出震惊和恐慌，而不是美感的愉悦。因此，美感态度之"距离"实则是一种"敬"意，是"我"与"物"的一种平等，甚至是"物"高于"我"的崇高。陶渊明之于"东篱"和"南山"，荣倪之于"喧喧雀"，韩愈之于"白雪"，莫奈之于"干草堆"，凡·高之于"农民鞋"，无不是首先起于敬意。这就是艺术家和诗人的长处所在，能够把事物"摆"在某种距离以外去看。"摆"实则是一种起"敬意"的态度，朱光潜所说的"经验须经过客观化"①正是这一点。

（三）作为效果的"移情"

"移情"是美感经验的核心，也是美感经验所形成的效果。"移情"最早出自于德国的费希尔，他主张在审美观照中"人把他自己外射到或感入到（fühlt uns hinein）自然界事物里去，艺术家或诗人则把我们外射到或感入到（fühlt uns hinein）自然界事物里去"。②其子罗伯特·费希尔（Robert Vischer）将其改称为"移情作用"。后来的德国美学家立普斯将其继承和发展，形成了"移情说"。朱光潜最早将其翻译为"移情"，并与中国古典美学的"物我同一"相结合。

作为"移情"理论的引入者，朱光潜深受立普斯影响。在《文艺心理学》中就极力推介"移情说"，而在《西方美学史》中更是将"审美的移情说"单列一章进行讨论，甚至是在晚年的《谈美书简》中，他又再次肯定美感经验中的移情作用。在朱光潜看来，移情作用就是"人在观察外界事物时，设身处在事物的境地，把原来没有生命的东西看成有生命的东西，仿佛它也有感觉、思

---

① 朱光潜：《文艺心理学》，复旦大学出版社，2009年版，第21页。
② 朱光潜：《朱光潜全集》（第7卷），安徽教育出版社，1991年版，第267页。

想、感情、意志和活动，人自己……和事物发生同情和共鸣"①，并将其类比于我国古典美学中的"物我同一"。只有"物我同一"才可以使人和物达到同一高度，才能实现物和人的平行双向交流。

移情是外射作用的一种，但朱光潜又将移情与一般的外射作出区分：外射虽然是把"我"的知觉外射为物的属性，但并未忘记我与物的区别，而移情在凝神观照之中，无暇顾及物与我的区别。"突然之间我觉得花在凝愁带恨，仇恨虽是我外射过去的，如果我真在凝神观照，我决无暇回想花和我是两回事。"②而外射却并未忘记我与花的分别。把"我"的情感移注到物里去，或者说把"我"的情感假借给它们，但问题在于"我"的情感又如何"移注"或"假借"呢？朱光潜给出的答案是："在凝神观照中物我由两忘而同一，于是我的情趣和物的姿态往复回流。"③物中有了我的情趣，而我中也有了物的姿态。显然，"凝神观照"才是关键所在，凝神观照为物与我的两忘提供了一个语境和前提，也就是"心理的距离"，"距离"搭建了一个凝神的条件。

然而，仅仅这样一个"距离"的条件似乎还不能解释移情的发生，美感经验是"观赏者的性格和情趣的返照"，移情必须有"情"在。朱光潜在分析王国维的"有我之境"和"无我之境"时，就表露了"情"与"物"的关系。当艺术家满怀情感的时候，是将情感移注于物，如"泪眼问花花不语，乱红飞过秋千去"，诗人是将自己的情感移注于对象"花"。但主体并不是在面对对象之际就已有"情"在心的，主体也可能并未蕴含情感，而是由对象所激发的。这种情感激发的对象可以是人，可以是物，也可以是言语文字等。根据刺激物与移情对象的关系，可以将移情作用分类如下两种情况：事物A——主体S（情绪产生）——事物B；事物A——主体S（情绪产生）——事物A。前者，主体经过事物A的刺激产生了情绪，这一情绪并没有经主体发泄给A，主体的这一情绪与事物B获得共鸣，即客体B的节奏与主体的情绪相合，移情通道打通，主体将情绪和B的节奏形象相结合使得B形成意象，这一意象得以寄托主

---

① 朱光潜：《朱光潜全集》（第7卷），安徽教育出版社，1991年版，第262—263页。

② 朱光潜：《文艺心理学》，复旦大学出版社，2009年版，第31页。

③ 朱光潜：《文艺心理学》，复旦大学出版社，2009年版，第38页。

体的情绪，这也正是主体以节奏进行情绪理式的编码，使得情绪能够在B这个形象上获得意义倾向，具体化为一种情感。正如《诗经·采薇》中的"昔我往矣，杨柳依依，今我来思，雨雪霏霏。"出门时是春天，杨树柳树依依飘扬，而回来时已经是雨雪交加的冬天。时空的跨越，依依之杨柳，霏霏之雨雪，两幅画面的组合，尽显主人公的情怀。主人公本身就带着浓浓的乡情出现的，并不是杨柳与雨雪，即事物B，给了主人公这股浓烈的思乡之情，而是远在他乡，即事物A，这一事实，使得主人公在面对雨雪时情绪得以宣泄，灌注于时空中，时空的跨越性即春之杨柳与冬之雨雪，即事物B承受着主体的情绪，在此，柳与雪，成就了意象，化作具体情感。关于后者，则如元好问的"寒波澹澹起，白鸟悠悠下。"我本来是平淡的，无情绪可言，而当我面对眼前的景色，澹澹的寒波涌起，正此时天空中的白鸟悠悠飞过，形成一幅静穆祥和而又微有寒意的画面，这一组形象画面与我此刻的"境遇"相合，而激起了我内心的情绪，继而我又将这一情绪还回给它们，使得物中有我，我中有物，这也正是场景中的"物"对主体的反照。然而，当寒波与白鸟接受到我的情绪时，它们就成了意象。事物A，即寒波与白鸟，与主体相谋和，激发了相应的情绪，情绪再回流于事物A，构成了第二类情况。

在此，参照王国维的有我之境与无我之境来看，正与此二类相合，前一类乃有我之境，此物激发了我的情绪，情绪必然有我的属性，然而，当我携带着这一情绪移注于他物时，由于时空的原因，物性的减弱，我性则得到了凸显，再将情绪移注于物，故呈现有我之境。当然，激发我的情绪的不一定是物，还可以是言语或者人情，即由情起情；而第二类，此物唤醒我的情绪，因而，我的情绪也自然具有了物的属性，当主体将情绪回流移注于此物时，自然，物性得以凸显，故是无我之境。

朱光潜借立普斯对"节奏"的讨论回答了移情的因由："'节奏'是各种艺术的一个普遍的要素，形体的长短大小相错杂，颜色的深浅浓淡相调和，都是节奏。……听一曲高而缓的调子，心力也随之作一种高而缓的活动；听一曲低而急的调子，心力也随之作一种低而急的活动。这种高而缓或低而急的心力活动常蔓延浸润，使全部心境和它同调共鸣。"①"物"与"我"的沟通也是如此，"物"本身也有节奏。朱光潜在《诗论》中指出："节奏是宇宙中自然现象的一个基本原则。自然现象彼此不能全同，亦不能全异。全同全异不能有节奏，节奏生于同异相承续，相错综，相呼应。"②因此，"物我同一"是一种节奏的相合。在此过程中，事物为何会引发我们的注意，"物"与"我"之间为何会发生一种新的关联？显然的是，注意或者关联的首要因素在主体"我"，是"我"选择了"物"。说到底，还是"我"为何会对"物"产生注意与选择的问题，如果没有注意，就不会有"物"与"我"的沟通，因此也就不会有美感经验的发生。

关于注意的发生机制美国心理学家塞迪克斯（Sedikides）提出过这样一个理论模型：心境一致性模型或自我关联模型。相对于与个体情绪效价不一致或不相干的信息，个体更倾向于注意和加工那些与自身情感效价相一致的信息，换言之，在积极情绪状态下，个体会倾向于以积极的情绪去注意、感知、解释以及回忆所发生的事件，而在消极情绪状态下，个体会则会以消极的情绪去注意、感知周围发生的事物。③这也正合于朱光潜所指的"节奏"："我"与"物"的节奏发生共振，达到"物我同一"，而"我"之所以会与"物"共振是因为"我"内在的情绪与外"物"的节奏相合，外"物"的活跃状态恰好与"我"内在的情绪状态发生了共鸣或曰共振。"共振"本是物理学概念，是指某物理系统在特定频率下，相比其他频率以更大的振幅做机械振动的情形，这些特定频率称为共振频率。共振的基础是两个或多个物体之间具有相同的频率，共振意味着二者的频率一致，达到"同如一物"，这也就是移情的效果。共振在声学中又被称作"共鸣"，主体"我"的某种情绪状态也意味着是一种"机体的能动状态"，或者说可以表现为一定的节奏频率，当"我"在这种状态下"注意"或"选择"某种场景或物体时，便意味着"我"与"物"可能在

---

① 朱光潜：《文艺心理学》，复旦大学出版社，2009年版，第38页。

② 朱光潜：《诗论》，生活·读书·新知三联书店，2014年版，第163—164页。

③ Sedikides C. "Changes in the Valence of the Self as a Function of Mood", Personality and Social Psychology Review, 1992, 14.

物理层面上达到了共振状态，"我"便会将情绪移注于"物"，此时"物"也就具有了"我"的属性，即成了我的一部分。当然，这只是我们基于共振原理与移情机制的一种认识，还没有实验上的数据对此进行支持，或许，来日这也可能成为可量化观察的。

（四）作为基础的生理

美感经验是主客体的相互作用，移情则是"物"与"我"的同一。那么，这个"物"是什么，这个"我"又是什么？显然的是，一般认为"物"是一种实体的物理存在，这也是无可置疑的，但就"我"来看，传统的认识往往停留于经验层面，即"心理"层面。《文艺心理学》虽然名为"心理学"，但却进了一步，将文艺活动的发生推进到了生理层面。在第四章的一开篇，朱光潜就借用尼采的话说"美学只是一种应用生理学"，指出美感经验切实地发生于"身心一体"的人。从此至今，可以说我国的"文艺心理学"都是沿着朱光潜所指出的路径和所提出的问题而发展的。人在自然中，本为自然物。审美作为人类的特殊活动是如何由物理而生理，再由生理而心理直至成为审美的呢？

朱光潜吸收了闵斯特伯格对"移情说"的发展，认为"知觉"和"运动"是相依为命的，运动都要伴有知觉，知觉也要伴有运动。朱光潜接着区分了知觉与运动的三种关系：运动冲动的遏止，运动冲动实现于动作和移情中运动的意象。一般来讲，我们会在外部刺激的情况下，引发运动的冲动，"心物二用，体也无二用"，例如外面恰好下起了雨，风吹打着树枝沙沙作响，你正在窗前读书，如果你的意志能够集中于当下的书本，就不会受外界的干扰而起身，那么运动冲动便是"遏止"，如若起身而去便是实现于动作。然而，若是此时你正觉声音优美如协奏曲，你的意识一下子"孤立"起来只集中在了这窗外的雨声，此时虽未有动作，但你的意识却也全为这形象所占了。你的身体的感觉就随着这声音的节奏而运动，能够感觉到它的流动和指向。这也成为一种模仿，朱光潜认同了谷鲁司的观点，称之为"内模仿"（inner imitation）："寻常知觉的模仿大半实现于筋肉动作，美感的模仿大半隐在内而不发出来。"①

朱光潜将这种内模仿视为一种"象征的模仿"，即"以局部活动象征全体活动"②。比如模仿石柱的腾起，而不必伸腰耸肩作出上腾的姿态，只要筋肉略一蠕动，便可以引发上腾的情感。在此，朱光潜已经将移情中的这种筋肉的模仿与情感相对应起来。筋肉动作的模仿就可以引发相应的情感。因此，移情作用或者说"美感经验"便被落实到了生理层面上的筋肉运动。

此外，浮龙·李的移情观也对朱光潜产生了重要影响。浮龙·李特别注重"线形运动"和"人物运动"的区别，人物运动是具体的人的行为，如吃饭、穿衣、走路，而线形运动是抽象的，如上举、下压、平衡等。她认为："我们在移情作用中所模仿的是线形运动而不是人物运动。"③但朱光潜认为这种分别也是很牵强的："在运动的意象复现于记忆时，以往运动经验至少也须有一部分复现出来。……筋肉及其他器官至少也须经过一种很微细的变化。这种身体变化不能不返照到意识，因此就不能不影响到全部美感经验。"④显然，朱光潜看到了移情说的发展，一种由心理而生理的深入。当然这个过程并不是显著、连贯的，其间也是矛盾的。正如浮龙·李对立普斯和谷鲁司的吸收，本就是两种自相矛盾的观点，但朱光潜看到了她的取舍。"纯粹的心理学的解释是不能成立的。要懂得美感的移情作用，就要懂得它所伴着的生理的变化。"⑤

朱光潜看到了浮龙·李对当时所流行的"兰格-詹姆斯情绪说"的吸收。他认为，这一情绪说过于强调知的活动，而忽略了情的方面。但事实上我们可以看到，朱光潜所看到的一定程度上是浮龙·李的一种理解，而非朱光潜对"兰格-詹姆斯情绪说"的直接理解。"我们对刺激的感知直接伴随着机体变化，与此同时我们的感受也在发生着变化，这就是情绪。"⑥换言之，情绪本

---

① 朱光潜：《文艺心理学》，复旦大学出版社，2009年版，第51页。

② 朱光潜：《文艺心理学》，复旦大学出版社，2009年版，第51页。

③ 朱光潜：《文艺心理学》，复旦大学出版社，2009年版，第57页。

④ 朱光潜：《文艺心理学》，复旦大学出版社，2009年版，第60页。

⑤ 朱光潜：《文艺心理学》，复旦大学出版社，2009年版，第60页。

⑥ James W. *What is an emotion?*, Mind, 1884（09）:p.188—205.

就包含两个方面，机体的运动和意识中的感受认识。但美感经验中的情感与筋肉的对应却是不同的，它是一种内隐的"象征的模仿"，或更确切地说是一种"形象运动的模仿"。这种机体的动作并不是通过身体的运动表情表现出来的，而是一种形象的运动。这一点是极为可贵的。

即便是生理的变化，也是基于"物我同一"的。朱光潜在第四章"美感与生理"中指出："适合身体组织时都可发生快感，不适合身体组织时都可以发生不快感。"[①]这种适合与不适合就在于，我对物的移情是与"物我同一"的基调相协的，也就是朱光潜借用兰格斐尔德的话说，是陪着事物而动，而非向着事物而动。这种"陪着"并不会打破"物我同一"的完整性，反之，"向着"的话便是"物"与"我"的分裂了。

《文艺心理学》附录一所介绍的"近代实验美学"虽然更多是基于经验（心理）层面的实验，但这种实验的方法和观念却是具有"物"的属性的。一方面，自然科学的研究对象一般具有物质实在性，如物理、化学、生物学等的研究对象都是物理实在。即便是心理学的"经验"，也仍是将其作为"物"来解剖的，因此在观念上具有物质实在性。

然而，朱光潜为何会有如此认识，或者说，是怎样的"先在之见"让他做出了这样的论断。在此不得不说到他的求学经历，由中而西，在西学中又以心理学为最盛，最后进入哲学问题，也就是最终凝结为他所关注的美学。首先，中国传统文化讲究天人合一，并无一种"精神与物质""心与身"的分裂和对立；其次，他所接触的心理学也是将"身心"视为一体的，只是不同的是，心理学将我们的"直接经验"或者说"意识"视为一种物质存在，就如医生解剖身体一般地去探究它的构成及由来。受这些思想理论的影响，因此朱光潜坚定地以"物我同一"来解释"美感经验"和"移情作用"，并坚定地认为经验源于生理，且给出了一个由生理而至心理"经验"的发生过程。显然，经验与生理的衔接其实也是"物我同一"的。因此，朱光潜总是能够把原本对立的矛盾化解开来。当然，这种化解并不像被学界一些人所认为的，是朱光潜思想的妥

---

① 朱光潜：《文艺心理学》，复旦大学出版社，2009年版，第61页。

协与折中，而是在学理层面基于事实依据的打通。

"美感经验"是西方美学的核心范畴，《文艺心理学》以"心理学"之方法将"美感经验"作为一种心理事实来讨论，呈现出了"美感经验"的四个基本特征：其一，"美感经验"的发生是"形象的直觉"，这是美感经验最为"形象"的描述。其二，"美感经验"的前提是"心理的距离"，只是这种距离并不是类似于空间上的间隔，而是一种"敬"的态度，敬之则距离生，敬之则保证了"物"与"我"原本的内涵，也是"物我同一"的基础。其三，"物我同一的移情作用"是美感经验的效果，"物我同一"则"我"的情趣与"物"的姿态往复回流，"物"便有了"我"的意志，"我"对"物"的感知便也是完全的了。因此，这种移情也成了认识活动得以深入的重要途径。其四，生理基础则是"美感经验"的来处，"生理基础"首先肯定了作为主体的"物"性。在"美感经验"发生之先，就已经具有了"物"与"我"的统一。

其实，"美感经验"本是一霎时的事情，朱光潜所讨论的"形象的直觉""心理的距离""移情作用"及其生理基础，都是在这样一个"霎时"的过程之中。霎时中如何见出次序？显然，彼时科学对于时间的掌控并不能对此作出区分，而全凭一种对"美感"的把握而见出逻辑的次序。但有些时候，这种"逻辑的次序"本身也是问题。毕竟，我们对逻辑所做的是语言的描述，语言是线性，语言描述出的"美感"的逻辑便也是线性的了。但在这样的一霎时，线性却是不足以描述的。这些在今天的神经美学之中已经凸显出来。美感的逻辑及其要素很大程度上是一种立体的关系，正如情感、动作与认识，它们是一种立体的同构关系，而非线性的次序。当然，我们对它们的反思和表述却是线性的，这也在一定程度上使得我们对其做出了线性的认定。

"美感经验"何以为美学研究之"体"呢？显然，对这一霎时的本体认识不清，便会生出诸多误解以及对相关问题的纠缠不清。《文艺心理学》所讨论的"美感经验"的四个理论特征正是美学研究之"体"。其实，朱光潜在第五章"关于美感经验的几种误解"基本上是在强调"美感经验"所在的一霎时，强调这一霎时与其之前或之后的一些因素的差异及关系。朱光潜可谓是以"美感经验"的特性确立了"美感"与"快感""情欲""美的判断""批评"与

"道德"的区别。首先，他认为"美感"是物我两忘的，而快感却仍专注于自己；其次，"情欲"作为"美感"的一个基础是不可否认的，但不是全部，在此他顺便批评了实验美学对美感经验的以偏概全，只拿单个要素当作全部的美感。再次，"美感经验"不关乎"美感的判断"，这完全是两码事，如果在美感经验中去判断便是扼杀了美感经验。判断只存在于反思之中，是一种对美感经验的反观。即便是判断或批评也必须有相应的"美感经验"，"批评则是创造和欣赏的回光返照"[①]，没有感会便不可批评，或者说，这样的批评只能流于表面和形式，是一种无效的批评。"道德"存在于艺术活动之中，但却不在"美感经验"之中。

朱光潜曾在《我的文艺思想的反动性》一文中对其美学思想的发展进行了反思："我在美学上思想发展过程可分三个阶段：首先是恭顺地跟着克罗齐走（《文艺心理学》初稿），继而对他的'艺术即直觉'这个定义所否定的东西开始怀疑，想法弥补他的漏洞，由于没有放弃'艺术即直觉'的基本定义，弄得矛盾百出（《文艺心理学》的修正稿）。后来，我由美学涉猎到克罗齐的全部哲学，对它作了一些逻辑的分析，就开始怀疑到唯心主义哲学本身（《克罗齐哲学述评》）。"[②]许多人认为朱光潜的这一"反思"虽有时代强压的成分，但也表明了朱光潜美学思想基本的事实：他后期意志的摇摆和思想的不彻底。然而，在认清了"美感经验"的基本特征之后，便能够确立艺术活动中其他因素与"美感经验"的区别及关系。朱光潜《文艺心理学》的修正稿也并非如他自己所言的"矛盾百出"，显然，我们能够看到它的逻辑自洽。

二、"美感经验"与日常生活之关系

在"美感经验"的本体地位确立之后，朱光潜所讨论的便是"美感经验"与作为有机体的人的关系。一定程度上，"美感经验"之本体与"人"之存在

---

① 朱光潜：《文艺心理学》，复旦大学出版社，2009年版，第71页。

② 朱光潜：《朱光潜全集》（第5卷），安徽教育出版社，1989年版，第20页。

的关系既是其"体"的进一步确立，也是其"用"的展开。朱光潜是将"美感经验"作为人的有机存在来讨论的。在此，"有机"包含了两个层面：首先，有机体的人是身心一体的人，包括在心理、生理甚至是物理的层面，因此，"美感经验"之发生也包含了这些层面。其次，有机体的人其生活也是一个整体，审美生活与日常生活是一个整体，审美不可能脱离日常的方方面面，或直言之，审美与生活中的道德、利害等都是一个整体。"美感经验"可以孤立绝缘，可以达到"无为而为"和"冲澹"的境界，但却脱不开现世生活。

既然"美感经验"不可脱离现世生活，那么接下来朱光潜所做的便是理清"美感经验"与现世生活的关系。美感经验处在生活的何种境地？在此，朱光潜首先也是从心理学的路径出发的，将"美感经验"作为一种心理事实，理清它与其他心理活动的关系。理清这种关系并不是要以美感经验的特征建立其独特性，而是要在这些特征的基础上建立其与日常心理活动的联系。或直言之，与日常人生之关系。与日常人生之联系便存在三个层面：个体、社会和自然。因此我们能够看到，朱光潜所讨论的可以大致划分为三个部分：首先，美感经验与个体的心理活动或经验的关系，诸如联想、想象、天才和灵感等；其次为社会的，如美感经验与道德；再次为自然的，自然的美与丑，悲与喜，悲剧与喜剧等。

（一）美感经验与联想

艺术有两个成分，"一个是'内容'，又称'表现的成分'（representative element）或'联想的成分'（associative element），一个是'形式'，又称'形式的成分'"[1]。在传统西方美学的语境中，"内容"与"形式"多是二分的，一般学者认为艺术重内容便是妨碍了形式，因此，便反对联想与美感的关联，朱光潜总结了西方学者反对的四种理由：其一，美感经验需要聚精会神、孤立绝缘于一个意象，而联想使人精神涣散；其二，联想全是偶然，没有艺术的必然性；其三，注重联想就是注重内容；其四，近代实验美学指出联想

---

[1] 朱光潜：《文艺心理学》，复旦大学出版社，2009年版，第79页。

丰富者大半欣赏力低。显然的是，一般认为联想是旁涉其他，指向于内容，妨碍美感经验。但在朱光潜看来："这些攻击联想的话都很言之成理，但是终有不惬人心处。换一个观点看，联想对于艺术的重要实在不能一概抹煞，因为知觉和想象都以联想为基础，无论是创造或是欣赏，知觉和想象都必须活动，尤其在诗的方面。"①

朱光潜讨论联想与美感经验的关系首先是基于一种心理学"自下而上"的路径，美感经验本就是一种心理学活动，因此他才会说"意识在活动时就是联想在进行"②。那么，如何在同质性的联想之中见出"美感经验"之特征呢？美感经验作为一种意识活动显然脱不开联想。联想所生的是一种意象所在的氛围或气象。

朱光潜以诗为例，指出诗便是以意象唤起联想。"欣赏不能不借助于联想，因为它不能不借助于了解，……了解是欣赏的必有的预备，但不就是欣赏。联想也是如此。所以联想有助美感，与美感为形象的直觉两说并不冲突。……一言以蔽之，联想虽不能与美感经验同时并存，但是可以来在美感经验之前，使美感经验愈加充实。"③显然，在此，朱光潜所说的联想首先是作为一种了解的预备，"预备"意味着了解的知识是在"美感经验"之先。那么，"美感经验"的"一霎时"便又凸显出来了。如此一来，朱光潜便是反驳了之前关于联想和美感的四种反对。显然的是，西方学者之所以反对是因为他们将联想放在了美感经验的"一霎时"之中，将联想与美感经验混同，才会有所妨碍。朱光潜正是在认识了美感经验在"一霎时"中的四个特征之后来谈它与前前后后的关系的。

联想之于美感经验"有些可以帮助美感，有些可以扰乱美感"，这就是先前朱光潜所讨论的"物我同一"中的美感经验的整体性。联想也是"我"对"物"的联想，如果这种联想脱开了"物"便是打破了这种"整体性"，便会扰乱美感。朱光潜以"疏影横斜水清浅，暗香浮动月黄昏"为例，"疏"字的

---

① 朱光潜：《文艺心理学》，复旦大学出版社，2009年版，第82页。

② 朱光潜：《文艺心理学》，复旦大学出版社，2009年版，第75页。

③ 朱光潜：《文艺心理学》，复旦大学出版社，2009年版，第86页。

联想本繁多，但由于"影"的限定，便有一个定向；"疏影"虽还可引起无数联想，但嵌在《咏梅花》的诗里，便是"梅花的疏影"了。这种联想便是基于一首诗意象的整体性。如果我们仅仅是见"疏"就想，深陷其中而不顾其整体，那么诗的意象便难以推进或形成，也只能是没有"整体性"的胡思乱想。针对"四种反对"朱光潜质疑道，观赏文艺复兴作品时，若观赏者基于对西方宗教艺术之内容的深刻了解，其想象"所得的美感不更浓厚吗"？或许，这正是他对联想的"整体性"的深深信念，同时也是基于他对"美感经验"的深刻认识。

"联想在为幻想时有碍美感，在为想象时有助美感"。想象也为联想之一种。朱光潜在第十三章"艺术的创造（一）：想象与灵感"中再次论及想象。虽然，朱光潜曾指出艺术的创造和欣赏都是创造性的。艺术欣赏与艺术创作之创造性在于，欣赏者和艺术家都是在作品中见出了自己原本没有见出的"形象"，都是对"自我"经验的一种突破，但艺术创作之创造性又有不同，他是以其所见创造了一个"物"来，艺术欣赏则是在此"物"中见出"形象"，突破自我的边界。

由"物"见"我"也是基于"我"，因此朱光潜说："凡是艺术创造都是平常材料的不平常综合，创造的想象就是这种综合作用所必须的心灵活动。"[①]在此，朱光潜所用为"心灵"而不是"心理"。"心灵"就赋予了这种创造以某种不可言说，将这种"综合"神秘化了。当然，这种"心灵的综合"也是来自克罗齐，只是，朱光潜在此将这种神秘名之为"灵感"，并思考灵感何来，灵感何以在艺术创作中发挥见出"不寻常"的作用。

在此，朱光潜借鉴了里博（Ribot）的观点，认为创造的想象含有三种成分：理智的，情感的和潜意识的。在理智的成分中，里博又拈出了"分想作用"和"联想作用"，并认为"分想作用"是消极的。但朱光潜却不以为然，他举中国的诗"长河落日圆""风吹草低见牛羊"等，认为"单是选择有时就已经是创造"，可见，所见即创造。分想与联想并不能解释艺术的创造。

---

① 朱光潜：《文艺心理学》，复旦大学出版社，2009年版，第179页。

分想作用与联想作用实则只是一种想象的划分，联想也有分想，分想也有联想。"'细雨鱼儿出，微风燕子斜'两句诗所写的意象，是在微风细雨的春天许多意象之中选择出来的，……诗人选择这两个意象出来时就把其他意象丢开"，"细雨、鱼儿、微风、燕子，这些虽是一种选择，但也是一种联想。我们一般所说对于物的孤立绝缘，完全地站在物中，也并不是说只有一个物，或者说只有一个死物，物是有生命的，是动态的"①。因此，"'分想作用'和'联想作用'只能解释意象的发生如何可能，却不能解释在许多可能的意象之中何以某种意象独被选择"②。

"文艺作品都必具完整性。它虽然可以同时连用许多意象，而这许多意象却不能散漫零乱，必须为完整的有机体。"③"艺术家之所以为艺术家不仅在有深厚的情感（因为只有深厚的情感不一定能表现于艺术），而尤在能把情感表现出来。他的创造要根据情感，而在创造的一顷刻中却不能同时在这种情感中过活，一定要把它加以客观化，使它成为一种意象。"④

"理智的和情感的两种成分都是意识所能察觉的，但是创造的想象还有意识所不能察觉的成分，这就是通常所谓'灵感'。"⑤因此，在朱光潜看来，灵感是属于想象的。西方和我国古代都有灵感神授的传统，朱光潜也在对艺术家创作经验认识的基础上指出灵感有两个重要特征：突如其来和不由自主。显然，朱光潜以心理学之方法在讨论灵感的时候正是要打破其神秘性：在科学界这种神秘的解释已经不能成立了。既然如此，灵感又是如何而来。他依近代心理学学说认为："灵感大半是由于在潜意识中所酝酿成的东西猛然涌现于意识。"⑥

然而，潜意识虽然能够解释"灵感"涌现的阶段与处境，但也只能是对

---

① 朱光潜：《文艺心理学》，复旦大学出版社，2009年版，第182页。
② 朱光潜：《文艺心理学》，复旦大学出版社，2009年版，第183页。
③ 朱光潜：《文艺心理学》，复旦大学出版社，2009年版，第183页。
④ 朱光潜：《文艺心理学》，复旦大学出版社，2009年版，第186页。
⑤ 朱光潜：《文艺心理学》，复旦大学出版社，2009年版，第186页。
⑥ 朱光潜：《文艺心理学》，复旦大学出版社，2009年版，第188页。

状态的描绘。潜意识并非无意识，更非潜意识中无理性的规训。潜意识可以视为专一，一种孤立绝缘的观照，但这种观照之中亦有遵循或理性，正所谓戴着脚镣跳舞，是把这种理性与规则纳入了潜意识，而非不受节制。问题在于，我们为什么会有这种灵感的涌现，是什么触发了艺术家的这种灵感的涌现。艺术家在创作的开始，这种由潜意识到意识是如何被触发的呢？灵感表面看来常有恍恍惚惚的境地，如酒后、如梦中，但灵感来临的更为重要的前提是心中有所积郁，有待破开的涌现之力。李白斗酒诗百篇，喝酒成了李白灵感的引子，但酒却并不是灵感。李白的性情与其作诗的心境或许才是灵感得以迸发的重要因素。"我"与"物"的节奏连结在一起，这样一个连结的契机便是灵感。

灵感并不是神性的，而是可培养的，即朱光潜所说的"灵感的培养"。正如其所举的例子，尼采习惯于散步时寻找灵感，李贺在"驴背寻诗"，米尔顿躺床作诗，等等，这些获得灵感的习惯，也营造了物我相接的一种氛围。"灵感的培养"而非"神启"便打破了传统美学中对"灵感"的认识，使得灵感成为可以被科学认识的对象。灵感之来，并不能简单地归为一时的培养，一时能够得来的灵感是经验"自我"结构与当下"物"的衔接。因此，灵感之来若要流畅自然、召之即来则需要"经验"的庞大，见到旁物均可有感，这便是"意象旁通"。"意象旁通"要求艺术家"不宜专在'本行'之内做功夫，应该处处玩索"，唯有如此，在艺术家身处某个随意的情境之中时，才能不自觉地在心中对眼前的物象有所感。

"灵感"的迸发是一种潜意识活动。潜意识活动仍属于想象，潜意识不受意识与理性的支配，换言之，在潜意识想象的过程中对想象的主导并不是主体"我"，而似是对象的"物"来主导我们的潜意识想象，即灵感。这一定程度上就对应了灵感的"神启"。潜意识中情感的支配力要比在意识中的更强，因此弗洛伊德说，文艺是情欲的升华。然而，朱光潜却指出："潜意识所酝酿成的须经过意识的润饰，才能成为完美的作品。"[1]这也就是他所反复强调的"客观化"问题。"客观化"在直觉的层面表现为以客体的欣赏来看待自身的

---

① 朱光潜：《文艺心理学》，复旦大学出版社，2009年版，第190页。

情感，在创造阶段则表现为"润饰"或者说"有意刻画"。

天才也是习得的。朱光潜就此列举了天才的遗传决定因，认为遗传是天才的首要因素，但朱光潜质疑"习得的性质"能否遗传。于是他转向达尔文派指出"社会的遗产"所强调的社会因。如法国学者泰纳以"种族、时代、环境"三因素来解释文艺作品，虽然社会因在一定程度上解释了社会环境对于天才塑造的重要性，但却并不能解释天才的差异。毕竟一个时代里具有诸多天才艺术家，但他们却有着迥异的风格。这就是朱光潜所强调的又一因素：个性。

与社会因不同，个性所强调的是艺术家自身。有近代天才心理学家将个性视为一种"精神病"特征，即个性表达为一种症候。但朱光潜并不认同，他认为："精神病大半起于心力的疲乏，而天才则见于心力的饱满，精神病人大半缺乏综合力和意志力，而综合力和意志力恰为天才的要素。"[1]结合艺术家与科学家关于天才的论述，朱光潜认为，天才是一种人力："天才只是长久的耐苦"；"读书破万卷，下笔如有神"。显然，在此我们能够看到，朱光潜将天才指向"个性"，再将"个性"解释为"人力"，即人的经历与耐性。这又回到了他所强调的人的"经验"的重要性。与他把灵感指向"意象旁通"实质是一样的。然而，细品之我们就能发现，"人力"之重要性不仅是"旁通"，而更要"深耕"，"破"字则意味着深入。

朱光潜将"人力"概括为三大端：其一，蓄积关于媒介的知识；其二，模仿传达的技巧；其三，作品的锻炼。

首先，蓄积关于媒介的知识。"各种艺术都有它的特殊的学问，其中最基本的是关于媒介的知识。媒介就是表现和传达的工具。"[2]艺术家获得灵感之际便是创造的想象之时，创造的想象便是艺术物化的准备。因此，某种媒介的丰富知识及实践，则是创造的想象物化为艺术的前提。朱光潜以文学的媒介语言文字为例，语言的音韵、音律、文法、修辞及美学都是专门的学问，中外关于这些的研究和实践已经有了几千年的历史积淀。"这些经验不是任何天才

---

① 朱光潜：《文艺心理学》，复旦大学出版社，2009年版，第198页。
② 朱光潜：《文艺心理学》，复旦大学出版社，2009年版，第200页。

可以赤手空拳，毫无凭借，在毕生之内所能积蓄起来的。"①朱光潜强调的是"以学而至"，实践是基于前人的经验的，通过实践将前人的实践经验转化为自己的。他不认为天才可以达到至境，再者，他认为"天才"实际就是"人力"，也就是以学而至："从历史看，文艺都是由不自觉转到自觉，由'自然流露'转到'有意刻画'"。②可见，朱光潜所认为的至境，就是基于"有意刻画"而达到"自然流露"的境界。因为媒介的知识作为"法"的构成，道法本自然，只有把握了自然的规律，才能真正地有自然的表现。

其次，模仿传达的技巧。媒介的知识本就包含传达的技巧。在此，朱光潜再次强调"传达"，实际上则是强调艺术创造实践，在实践中模仿技巧，即在实践中将前人的"传达"实践内化为自己的知识。知识不是只靠想象就能完成的。艺术家必须将这种技术的想象内化为自己的"筋肉"运动。让全身的筋肉都习惯于这样一种技巧。朱光潜举例"走路泅水"，这些人类的基本技能，也是将技巧不断的内化而达到的熟练。起初，幼儿学步，由爬行到双脚的蹒跚，由蹒跚而稳步，由稳步而飞跑；游泳也是如此，由肢体的愚笨而到肢体的灵活，这个过程实际上就是我们的筋肉在适用一套动作，让全身的筋肉都在动作中协调，那么，这一技巧便内化为我们的筋肉动作了。"各种艺术都有它的特殊的筋肉技巧。"③画家、书家、歌唱家何尝不是如此，反复地练习，终于下笔和开口如有神助。我们可以通过对艺术家的学习，观测、体会他的筋肉如何动作，就可以学来一些诀窍，免走一些暗中摸索的弯路。朱光潜认为，艺术家所谓的"思路"也并不玄妙，也只是筋肉活动所走的特殊方向而已，中国传统所说的"气"也只是一种筋肉的技巧。

再次，作品的锻炼。作品的锻炼所强调的也是一种"人力"。直觉只在一霎时，但作品的完成可能短则数天，长则数十年。朱光潜指出，文艺作者都有"矜才好誉的癖性"，明明是呕心沥血之作，却要告人是信手拈来的，这样一种"癖性"实在是文艺作者个人天才的自我凸显罢了。朱光潜将文艺的创造

---

① 朱光潜：《文艺心理学》，复旦大学出版社，2009年版，第201页。

② 朱光潜：《文艺心理学》，复旦大学出版社，2009年版，第201页。

③ 朱光潜：《文艺心理学》，复旦大学出版社，2009年版，第203页。

分为两种：一种是反省的，一种是直觉的。"凡是作品都必有一个中心观念，不过中心观念如何发生，则随人而异。"①反省类作者心中先有一观念，以此观念去打开思路，最终完善作品。而直觉类则并无观念在先，是一种灵感的爆发。锻炼之目的是要使文艺的创作和欣赏或者说美感经验达到一定的境界。那么，这又是怎样一种境界？说到底，这还是从效果或者说目的出发，去判断一种境界。

灵感作为创造的想象是"人力"，是可以学而至的。艺术的创作虽然有赖于"形象的直觉"，但并非到此为止，"直觉之后都须有反省"②，"反省"便是以"意志力"为之。"直觉"全凭一时的兴会，但这种"兴会"也并非单纯地依赖"天才"，它也需要长期的修养才能有收获。修养意味着"有意为之，苦心刻画"。"自然"并不是天生的，"自然"是一种境界，更是一种方法。"直觉"的表现并不是完全符合"自然之道"的，而反省、雕琢也是趋向自然的一种手段。"直觉"流露时，情感较为强烈，往往难以实现"客观化"和表达的精确，"锻炼有两个目的，一是避免不精确，二是避免平凡俗滥"③，可以说是创造极为重要的部分。

总而言之，"艺术的创造都不过让所欣赏的意象支配筋肉的活动，使筋肉所发动作，恰能把意象画在纸上、谱在乐调里或是刻在石上。这种筋肉活动像走路泅水一样，都从习惯得来，而不是天生的。……各种艺术都有它的特殊的筋肉技巧"④。天才没有奇迹，天才就是"人力"，就是不断地积累经验，通过积累前人的知识，模仿前人的技巧，将这些经验内化到自己的身体里面。知识经验就是筋肉动作的经验。表达、经验的积累和作品的锻炼都是一个整体，彼此相辅相成。文艺的创造虽只体现在创造之时，但创造之前和创造之后也极为重要，甚至可以说，前前后后都是属于创造的。直觉的"一霎时"的流畅有赖于对媒介和传达技巧的把握，更有赖于在"作品的锻炼"之中建立起"自

① 朱光潜：《文艺心理学》，复旦大学出版社，2009年版，第206页
② 朱光潜：《文艺心理学》，复旦大学出版社，2009年版，第208页。
③ 朱光潜：《文艺心理学》，复旦大学出版社，2009年版，第208页。
④ 朱光潜：《文艺心理学》，复旦大学出版社，2009年版，第203页。

然"的法度和境界。这便是"人力"的天才与灵感。

（二）美感经验与道德

关于"文艺与道德"问题，朱光潜的讨论主要集中在第七、八两章。在此，我们也可以看到，"文艺与道德"的"历史回溯"和"理论的建设"的两个方面都是围绕着美感经验与道德的关系来谈的。朱光潜认为，道德与文艺有关，但并非谁决定谁。文艺有的道德影响，但并非有道德的目的。这就要求，在创作和欣赏的过程中，作者及观者不应以道德的目的或态度去创作或评判艺术作品。这也就将"美感经验"的地位凸显来出来。

首先，朱光潜比较了中西方传统中道德与文艺的关系。"文以载道"是中国文学的骨："这是中国文学的短处所在，也是它的长处所在；短处所在，因为它箝制想象，阻碍纯文学的尽量发展；长处所在，因为它把文学和现实人生的关系结得非常紧密，所以中国文学比西方文学较浅近、平易、亲切。"[1]虽然中间有陆机的《文赋》、梁昭明的《文选》"不拿道德来装饰门面"，对纯文学的发展产生了重要推动作用，但到了韩愈，"文以载道"则成了文人的门面语了。中国之文学就是中国之现实的写照，近现代的现实主义作品尤是如此。

西方却与此不同，西方的传统中文艺与道德的问题"闹得更剧烈"。在柏拉图看来，文艺有碍道德，感官所接触的是虚幻的，理智所领悟的才是真实的；人必须以理智立身才能完善，因此他便将诗人驱逐出"理想国"。而在亚里士多德看来，诗就是真理。情感是人性固有的，人生来就有各种情绪，文艺能够给情感以宣泄的机会，比如悲剧能够"引起哀怜和恐怖的情节，来发散这些情绪"。他在《诗学》中批评欧里庇得斯（Euripides）也都是"着重艺术上的缺点，始终没有从伦理的观点骂他一句"[2]。亚里士多德与柏拉图虽都是以"诗"为对象来看文艺与道德，但得出的结论不同，亚里士多德认为艺术不应

---

① 朱光潜：《文艺心理学》，复旦大学出版社，2009年版，第92页。
② 朱光潜：《文艺心理学》，复旦大学出版社，2009年版，第93—94页。

含有道德教训而推崇艺术，柏拉图认为艺术的影响是不道德的而排斥艺术。

然而，除亚里士多德外，人们多认为文艺不可与道德分离。如古罗马的贺拉斯认为文艺首先是见出教训，其次才是发生快感。[①]而在文艺复兴时期，文艺所载之道，便落到了人的自由与解放之上，而并非"教训""教条"等宗教的含义。人的自由与解放便是最高的道德。但到了19世纪浪漫主义提出"为文艺而文艺"，其代表人物戈蒂埃指出："我们相信艺术的独立自主。……一个艺术家如果关心到美以外的事，就失其为艺术家了。"左拉甚至指出，"一个写得好的词句也就是一种德行"。在此，艺术必寓道德教训说便被动摇了，给这种观念更大冲击的是康德和克罗齐一脉相承的唯心主义美学，这一学派"从美感经验的分析证明艺术和道德是两种不同的活动"[②]。正如前文朱光潜就美感经验所拎出的四个特征。在克罗齐等人看来，艺术必须是以艺术的尺度来衡量，但朱光潜认为，这样争得气焰冲天，也并未将文艺寓道德的信条"完全打倒"，显然，这也表明了朱光潜对此二者的态度。

其次，朱光潜总结了"文艺与道德有关"和"为艺术而艺术"两种观点。在此，朱光潜至始至终都只是谈到文艺与道德有关，而并未用"文艺为道德"说，因此，道德对文艺并非决定性的。"为艺术而艺术"也有合理的成分。借用英国心理学派批评家理查兹（Richards）的观点来看，人生来就有无数的自然冲动，食欲、性欲、名欲、利欲、哀怜、恐惧、欢欣、愁苦等等，"道德的问题就在如何使相反的冲动调和融洽，并行不悖；就在对于它们加以适宜的组织"[③]。因此，道德与艺术并不矛盾，道德甚至是艺术得以表现的基础，在道德的框架里，我们便可以表达不同的自然冲动，表现我们丰富的情感经验，而不只是停留于压抑的层面。

再次，自由是文艺与道德共同的标尺。朱光潜指出："在一种文化兴旺的时候，健康的人生观和自由的艺术总是并行不悖，……一种文化到衰败的时候，才有狭隘的道德观和狭隘的'为艺术而艺术'主义出现，道德和文艺才互

① 朱光潜：《文艺心理学》，复旦大学出版社，2009年版，第94页。
② 朱光潜：《文艺心理学》，复旦大学出版社，2009年版，第96—98页。
③ 朱光潜：《文艺心理学》，复旦大学出版社，2009年版，第102页。

相冲突，结果不但道德只存空壳，文艺也走入颓废的路。"①"兴旺"是自由的结果。不自由的社会文化导致了不自由的道德与文艺的关系。道德束缚愈多，则文艺愈不自由，直至束缚到一定程度，文艺便会反抗道德，也就出现了"为艺术而艺术"的境地。在朱光潜看来，文艺和道德并不是两相冲突的，二者是两相和的，是可以达到"思无邪"的境界的。"从道德观点说，'思无邪'是胸有把握，不至为邪念所引诱。从艺术观点说，它是专心致志地无所为而为地欣赏一个孤立绝缘的意象，注意力不旁迁他涉。"②"思无邪"毕竟是最高境界，是两相和、彼此成就的一种境界。而问题在于，并不是所有的作家个体和文化处境都能达到这样一种境界。

这样一种境界对个体与时代的要求均是"自由"的，自由本质是"情感"的自由。"情感自由和思想自由一样，是不应受压迫而且也不能受压迫的。"文艺作为情感自由重要的方式，对人的影响是至深广大的，因此，道德家看到这种影响往往介入其中以驾驭。在此，朱光潜指出了一般的两种方法：一为利用；一为压迫。然而，在朱光潜看来，利用与压迫均是不自由的表现，利用者容易使得文艺沦为工具和宣传品；压迫者在阻碍文艺的同时不免走到"堤防决口时"，走到另一个极端，影响更坏。艺术之中的道德并不是一种道德目的的表现，而是一种道德的影响。这个无目的而有影响的方式最终还是要通过艺术中的"情感"加以寄托表现。

在艺术中，情感的表现就是"美感经验"。文艺、情感与道德的关系，便可以明确为美感经验与道德的关系。"我们应否把美感经验划为独立区域，不问它的前因后果呢？美感经验能否概括艺术活动全体呢？艺术与人生的关系能否在美感经验的小范围里面决定呢？"③如果我们将"美感经验"的一霎时拎出来看，显然，美感经验的孤立绝缘中，道德并不能作为内容关系到美感经验；然而，如果我们将一霎时的美感经验作为一个整体，那么道德与文艺之关系便明朗起来。一方面，道德能够作为文艺的内容和前提影响"美感经验"之

---

① 朱光潜：《文艺心理学》，复旦大学出版社，2009年版，第105—106页。

② 朱光潜：《文艺心理学》，复旦大学出版社，2009年版，第106页。

③ 朱光潜：《文艺心理学》，复旦大学出版社，2009年版，第108页。

生成，另一方面，作品中饱含道德的影响，这种影响并不是以先在的道德目的呈现的，而是以一种以情感为内核的"思无邪"所包含的道德的内容呈现的。道德的实在为情感，古人所说的"文以载道"，便是以"情"载"道"。

　　朱光潜将道德与美感经验的关系具体为三种：（a）在美感经验中，（b）在美感经验前，（c）在美感经验后。这种划分其实是明确了文艺与道德在何种程度上具有关系，以及文艺与道德是如何相关的。这种划分指出了"美感经验"在艺术活动中的构成，艺术活动包含了美感经验之前和之后的部分，美感经验可以孤立地来认识，但我们对艺术活动的认识必须具有整体性，这就是美感经验发生的前因后果。"说在美感经验以前，文艺与道德密切相关，实无异于说艺术与时代背景和作者个性有关。"①而在美感经验中，因美感经验一霎时的孤立绝缘，因此，艺术创作中不可有关于道德的念头；而在艺术欣赏中，道德的态度属于实用的态度，以道德态度应付艺术便是"人类的一种弱点"。对此，朱光潜认为，为了避免这种人类的弱点，艺术家就要在作品中下功夫，在创作之初将作品与现实生活保持适当的距离。这又回到了他所提倡的"距离说"。并且，他进一步将这种距离视为判定艺术成功与否的标准："艺术的作品是否成功，就要看它能否使人无暇取道德的态度，而专把它当作纯意象看，觉得它有趣和入情入理。"②然而，矛盾之处在于，欣赏者水平各异，衡量艺术作品的成功与否的标准——适当的"距离"完全交给了欣赏者，再以此去指导艺术的创作，那么这个"距离说"的效用也就变得难以估量了。

　　学界有很多对朱光潜"文艺与道德"关系说的批判，认为他在这一点上是"自相矛盾"的，"一方面反对文艺与道德有关联，另一方面又主张文艺与道德有关联，仍然不足以彻底解开朱光潜在文艺与道德关系上的那种扑朔迷离"③。这些批评很大程度上其实并没有搞清楚朱光潜所谈的文艺之基础——美感经验。美感经验的霎时性这个重要特征被忽略了。美感经验和道德内容都

---

①　朱光潜：《文艺心理学》，复旦大学出版社，2009年版，第114页。

②　朱光潜：《文艺心理学》，复旦大学出版社，2009年版，第114页。

③　薛雯：《朱光潜的文艺与道德关系论》，《安徽大学学报》（哲学社会科学版），2004年第5期。

在艺术活动之中，艺术活动包含了道德认识，但却不在美感经验之中。只有明了朱光潜对美感经验是一霎时的这种强调，才能认清文艺与美感经验之关系，文艺与道德之关系。

"人生为有机体"，那么，"美感的人"同时也是"科学的人"和"伦理的人"。"文艺与道德不能无关，因为'美感的人'和'伦理的人'共有一个生命。"①这是朱光潜的人生信条，也是其文艺心理学的基本理念。如果我们仅仅将其看作是一种观念的"调和"，看作他后期思想的一种折中，那么便是对朱光潜整个美学思想的误解。他创作《文艺心理学》便是秉着一种"人生为有机体"的观念："科学的、伦理的和美感的种种活动在理论上虽可分辨，在事实上却不可分割开来，使彼此互相绝缘。"②科学的方法与文艺的态度并不必然是两相矛盾的，"有机"不仅是人生经验的一体，也是一种面对艺术的态度。这也正是朱光潜反对旁人对文艺作科学活动的菲薄的原因，力图"根据创作和欣赏的事实，寻求文艺的原理"③。

"人生为有机体"的态度，也是朱光潜面对克罗齐等前辈的态度。他在"克罗齐派美学的批判"一章中指出："他所否定的比他所肯定的较多。不过明白他所否定的，可以对于他所肯定的了解得更清楚。"④其中，他总结了克罗齐的五个否定：艺术不是物理的事实；艺术不是"功利的活动"；艺术不是"道德的活动"；艺术不是"科学的活动"；艺术不可分类。然而，这也正是朱光潜对克罗齐的继承与批判所在，朱光潜分析了不是者如何不是，不是者又如何可是，并且指出了在艺术活动中，物理、功利、道德与科学在何种程度上与艺术相关，又是如何相关的。

显然，在《文艺心理学》以"美感经验"为核心的美学本体研究中，我们能够看到，艺术活动是被作为一种"事实"来看的，"事实"不仅包含了心理和生理层面，而且也是一种"物理"的事实。朱光潜继承了康德和克罗齐的

① 朱光潜：《文艺心理学》，复旦大学出版社，2009年版，第110页。
② 朱光潜：《文艺心理学》，复旦大学出版社，2009年版，第2页。
③ 朱光潜：《文艺心理学》，复旦大学出版社，2009年版，第3页。
④ 朱光潜：《文艺心理学》，复旦大学出版社，2009年版，第149页。

"无目的性"和"无功利性",但他认为就整个艺术活动来看,是有"无目的的道德影响"的。目的本身不是内嵌在作品中的认识,而是以审美的态度获得的一种价值影响。就"科学"来看,"科学"并不是混同在艺术活动之中的态度,而是将"艺术"视为一种整体的事实,去寻求关于艺术的原理。"我们把美感经验解释为'形象的直觉',否认美感只是快感,排斥狭义的'为道德而文艺'的主张,肯定美不在物亦不在心而在表现,都是跟着克罗齐走。同时,我们否认艺术的活动可以挤入美感经验的窄狭范围里去,承认艺术与知觉联想仍有相当的关系,反对把'美感的人'和'伦理的人'与'科学的人'分割开来,主张艺术的'独立自主'是有限制的,这都是与克罗齐背道而驰的。"[1]

(三)美丑之别

如果说前文是基于美感经验之特性指出了美感经验与生活的密切关联,那么,朱光潜在"自然美与自然丑""什么叫做美"两章则指出了日常生活相较于美感经验的区别,"美"在日常生活中的位置。艺术源于自然源于生活,然而,艺术如何源于自然和生活?"诗和艺术则更进一层把自然现象后面的原理,用具体的形式表现出来。"[2]

朱光潜所论之"美"与"丑"首先是自然的美与丑,或更确切地说是日常生活中的美与丑。自然为万物,万物有其形态。万物是均等的、自然的,那怎么会有美丑之分呢?其实,美丑究竟还是人的认识。朱光潜指出:"'美'是使人发生快感的,'丑'是使人发生不快感的。……这种分别完全起于生理作用,外物刺激感官时,如果适合生理构造,我们便愉快,便觉得它美,否则便不愉快,便觉得它丑。"[3]我们在生活中见到"适合"的便愉悦,见到"碍眼"的便觉得丑,这些全是生活中的态度。而在认识了罗丹关于美与丑的讨论之后,朱光潜认为:"艺术的美丑和自然的美丑是两回事。艺术的美丑不是模

---

① 朱光潜:《文艺心理学》,复旦大学出版社,2009年版,第152页。
② 朱光潜:《文艺心理学》,复旦大学出版社,2009年版,第125页。
③ 朱光潜:《文艺心理学》,复旦大学出版社,2009年版,第130页。

仿自然的美丑所得来的。"①因此，艺术虽是模仿自然，源于生活，但艺术自有塑造艺术之美与丑的方式，而不是直接地将自然中的美丑摆上去。

朱光潜认为在日常生活中，"美"是常态，而"丑"是变态。显然，这仍是自然美与自然丑，如果只是将"常态"理解为一般，那么，万事万物似乎都是美的，存在者即是一般。而将丑理解为变态或"稀奇古怪"，但我们一般所说的"奇峰怪石"，却是"美"的，而病弱的老人也可以成为"美"的，这些都是艺术上的美与丑。然而，我们可以看到，在朱光潜的论述中美丑在自然与艺术中的分别是时有模糊的，因此，乍看起来美丑的这种分别便略显矛盾。自然主义者认为"美"在全体，而在理想主义者看来，美在"类型"。创造的熔炉就是艺术家的心灵，在此，朱光潜又回到了克罗齐的"心灵综合说"。

然而，"艺术本身的'丑'究竟是怎么一回事"，克罗齐的观点，认为美是"成功的表现"。而丑是"不成功的表现"，朱光潜对此表现出了异议，他认为是艺术就必定是美的，艺术范围内不能有所谓"丑"。但在朱光潜随后的态度中也可以看出，他仍然是在接着克罗齐的说。他认为美是"恰到好处"的表现，"愈离'恰到好处'的标准点愈远就愈近于丑。……它们的不同只是程度的而不是绝对的。我们相信这个解释是美丑问题难关的唯一出路"②。如此一来，艺术美与艺术丑的差别便成了一种"表现的方式"的差别，表现得"恰到好处"就是美，否则便为丑。然而，什么又是"恰到好处"呢？怎样的表现才算是"恰到好处"？虽然朱光潜肯定了这是唯一的出路，是一种"程度"问题，但他并没有对此作出确切回答。

如果我们回到罗丹关于美丑的论述，便会发现一些艺术中美与丑的特质。

在自然中人一般人所谓"丑"，在艺术中能变成非常的美。所谓"丑"是毁形的，不健康的，令人想起疾病、衰弱和痛苦的，是与正常、健康和力量的象征和条件相反的——驼背是"丑"的，跛脚是"丑"的，衣裳褴褛的贫困是"丑"的。不道德的人，污秽的犯罪的人，危害社会的反常的人，他们的灵

---

① 朱光潜：《文艺心理学》，复旦大学出版社，2009年版，第130页。
② 朱光潜：《文艺心理学》，复旦大学出版社，2009年版，第145页。

魂与行动是"丑"的;弑亲的逆子、卖国贼、无耻的野心家,他们的灵魂是"丑"的。[①]

在艺术中,有"性格"的作品,才算是美的。

所谓"性格",就是不管是美的或是丑的,某种自然景象的高度真实,甚至也可以叫作"双重性的真实";因为性格就是外部真实所表现于内在的真实,就是人的面目、姿势和动作,天空的色调和地平线,所表现的灵魂、感情和思想。

对于伟大的艺术家来说,自然界中的一切都具有性格。……

在艺术中,只有那些没有性格的,就是说毫不显示外部的和内在的真实的作品才是丑的。

在艺术中所谓丑的,就是那些虚假的、做作的东西,不重表现,但求浮华、纤柔的矫饰,无故的笑脸,装模作样,傲慢自负——一切没有灵魂、没有道理,只是为了炫耀的说谎的东西。[②]

显然,在罗丹这里,自然中的丑可以成为艺术中的美,只是这个"丑"的表现一定是真实的,这种真实不仅是"外部的真实",更是"内在的真实",是外在的姿态、面目、动作与内在的心境、思想、灵魂的统一。艺术表现丑并不是为了欣赏丑,"丑"是作为自然的一部分,是人类不可回避的认识对象,表现"丑"是基于对"丑"的认识。正如车尔尼雪夫斯基所言:"了解丑之为丑,那是一件愉快的事。"因为,认识了"丑",便意味着拓展了"自我"的边界。然而,"丑可以是描写的对象,但却不是歌颂的对象。他们的目的,主要是通过了解丑来克服丑。……生活中的丑到了艺术中,不是变美了,而是暴露了它丑的真实面目,让人真实地认识它丑的本质"。[③]显然,蒋孔阳所谓的"丑"更多的是对象本身的行为或动作的"丑",是需要他人承载的,是一种

---

① 罗丹口述,葛塞尔记:《罗丹艺术论》,沈琪译,人民美术出版社,1987年版,第23—24页。

② 罗丹口述,葛塞尔记:《罗丹艺术论》,沈琪译,人民美术出版社,1987年版,第25—26页。

③ 蒋孔阳:《说丑——〈美学新论〉之一》,《文学评论》,1990年第6期。

"恶"，而并非"形的丑"。直言之，丑，是形的丑，而恶却是行的丑，因此，艺术中的丑实则为"恶"。

我们所说的"恶"，大多数并不是从外在形象直接可以体察出来的。《欧米哀尔》的身体状态是丑的，但并不能说她是恶的，我们可以从欧米哀尔的经历中得知那个造成她如此结果的"恶的社会"。恶的社会是人们的行动造就的或者行为构成的。这也正是我们总会说的"行恶"。而在叙事性作品中，形象可以是美，也可以是丑，但丑的形象会有善的行为，而美的形象也会有丑的行为，丑的形象也可以有恶的行为。当然，这些都在于作家的勾勒。

罗丹根据法国诗人维庸（Francois Villon）的《美丽的欧米哀尔》创作了这件作品：欧米哀尔本是一名妓女，年轻貌美，容光焕发，风月场里的交际花，而现实生活和岁月的无情，终于使得她衰老得不堪入目。如果，我们并不知道罗丹的《欧米哀尔》与维庸诗的互文性关系，我们对它的创作背景一无所知，那么我们就会纯粹地从作品形式本身来进行审美。我们所能感受到的她的精神状态、人生故事全都是从她的身体动作中生发的：我们可以看到欧米哀尔的身体瘦削、乳房干瘪、腹部的皮肤褶皱，脊背佝偻，即使是从正面我们也无法看清她的面部。她的身体肌肉已经坍塌，腹部也已充满褶皱，但我们依然可以看到她背后的五指张开，手臂与脊背的肌肉紧张，像是在使出最后一丝气力在挣扎、抗拒，又好似要去抓着什么；她佝偻的背，低垂的头，甚至是哽于喉而未发出的叹息——她无法正视自己的衰老，但这又无法抗拒。从罗丹对"丑"的认识来看，"'丑'，是毁形的，不健康的，令人想起疾病、衰弱和痛苦的，是与正常、健康和力量的象征与条件相反的——驼背是'丑'的，跛脚是'丑'的，褴褛的贫困是'丑'的。"这些在欧米哀尔身上都有鲜明的体现，但这"丑"却可以是美的。因为，这"丑形"并没有施加"丑的动作"，也就是说，她没有行恶；并且，这"丑"是有性格的，这性格"就是外部真实所表现于内在的真实，就是人的面目、姿势和动作……所表现的灵魂、感情和思想。"是自然"丑"，真实的"丑"，是对"丑"的解剖。我们是通过艺术家所表现的形象动作来体验和解读艺术的，形象动作意味着呈现真实的外在动作表情，即"面目、姿态和动作"，所有的动作表情都对应相应的情感信息和思想状态，这些已然成为一种自觉的感发。欧米哀尔的整个情感、思想，甚至是人生轨迹都已深深地烙印在了她当下的体态上，可以说，是欧米哀尔的一生所为造就了欧米哀尔自身。她在想些什么？她经历了什么才会有这样的身体？罗丹在塑造欧米哀尔的形象时，应是回到了欧米哀尔的生命状态，体味着她的情感与人生，最终以这样一个富有延展性的瞬间"动作"呈现出了《欧米哀尔》。

虽然，我们可以说生活中的病态或者说不健康的人是丑的，干瘪的乳房、腹部褶皱的皮肤，佝偻的背形，这些参照于一个女人的"美的标准"来看，都是不美的。然而，"不美"并不意味着就是丑的，试想如果欧米哀尔的乳房是挺拔的，在这样一个形象中显然是不和谐的，不符合老人的状态。并且，在罗丹的表现中，并没有形式的丑，也就是说虽然表现的对象——干瘪、瘦削的老人——在现实中是不美的，但艺术形式却是美的，在视觉形象的呈现上，在《欧米哀尔》这件作品上我们并没看到莱辛在《拉奥孔》中所谓的巨大的空洞，或者说维吉尔诗中所描写的扭曲的肌肉，我们更听不到哀嚎或嘶吼，欧米哀尔作为一个年老色衰的女人完全是自然的，她那干瘪的乳房、佝偻的脊背，甚至是哽于喉而未发的叹息都不会使观者产生嫌弃厌恶之感。总之，《欧米哀尔》在形式上并没有一点丑的痕迹。这也正是葛塞尔所谓的"丑得如此精美"。

如此看来，朱光潜所谓的"它们的不同只是程度的而不是绝对的"就可以解释得通了，这种相对性是美与丑的内容，是形象的形式；而"恰到好处的表现"也在于这形式，如果表现不好，则就不能成为艺术的美，会沦为一种被自然或生活之"丑"所评判的对象。美是"心借物的形象来表现情趣"，创造与欣赏虽都在"心"与"物"的作用，但又不同："创造是表现情趣于意象，可以说是情趣的意象化；欣赏是因意象而见情趣，可以说是意象的情趣化。美就是情趣意象化或意象情趣化时心中所觉到的'恰好'的快感。"[1]朱光潜将此"恰好"视为艺术中美与丑的分别，认为，表现得恰到好处便是"美"，否

---

① 朱光潜：《文艺心理学》，复旦大学出版社，2009年版，第141页。

则便是"丑"。因此，"丑"其实全然不能和"美"构成对立，"美"是艺术的，是恰到好处的表现，而"丑"只能是非艺术的，因为表现不当，便不会构成艺术。这也就是朱光潜所说的，不存在"艺术丑"。

朱光潜希望在确立"美"的内涵之后再去给"丑"做一个定论："如果'美'的性质不易明白，'丑'的定义更难下得精确。"[①]"艺术美不就是自然美，研究美不能像研究红色一样，专门在物本身着眼，同时还要着重观赏者在所观赏物中所见到的价值。我们只问'物本身如何才是美'还不够，另外还要问'物如何才能使人觉到美'。"[②]因此，朱光潜对"美"的追问并不是单就一方面的主体或客体的追问，而是在"物"与"我"的关系中进行追问。这在当时显然会被视为一种折中派。然而，美的问题不外"物"、"我"、"物与我"三种，美感经验只在一方面是不可能发生的，没有物，我无可感，没有我，物不可感。

艺术源于自然，艺术的观念也是源于自然。我们说一朵花是美的，一只蛤蟆是丑的，花和蛤蟆都是自然之物。从这个意义上讲，艺术表现的对象源于自然，是对自然之物的选择。但艺术不全是对自然的模仿和选择，它还有艺术的创造。艺术不仅是自然的法则，还有艺术自身特有的法则。自然作为艺术表现的对象，就不仅仅是以生活之喜恶来判定事物的美丑。因为，丑的事物也可化为美的艺术。那么，美与丑的这种相对性，又如何能确立美的内涵呢？

（四）美的客观属性

"美"这个词经常挂在人们口中，似乎不需要解释，但一经提出便成了一个难题。美的存在到底是怎样的？主、客观之争的症结是什么？朱光潜在《文艺心理学》的第十章中便讨论了"什么叫做美"这一问题：

> 我们说花红、胭脂红、人面红、血红、火红、衣服红、珊瑚红等等，红是这些东西所共有的性质。这个共同性可以用光学分析出来，说它是光

---

① 朱光潜：《文艺心理学》，复旦大学出版社，2009年版，第143页。

② 朱光潜：《文艺心理学》，复旦大学出版社，2009年版，第135—136页。

波的一定长度和速度刺激视官所生的色觉。同样地，我们说花美、人美、风景美、声音美、颜色美、图画美、文章美等等，美也应该是所形容的东西所共有的属性。这个共同性究竟是什么呢？美学却没有像光学分析红色那样，把它很清楚地分析出来。

美学何以没有做到光学所做到的呢？美和红与有一个重要的分别。红可以说是物的属性，而美很难说完全是物的属性。比如一朵花本来是红的，除开色盲，人人都觉得它是红的。至如说这朵花美，各人的意见就难得一致。尤其是比较新比较难的艺术作品不容易得一致的赞美。假如你说它美，我说它不美，你用什么精确的客观的标准可以说服我呢？美与红不同，红是一种客观的事实，或者说，一种自然的现象，美却不是自然的，多少是人凭着主观所定的价值。……美的审别完全是主观的，个别的，我们也就不把美的性质当作一个科学上的问题。因为科学目的在于杂多现象中寻求普遍原理，普遍原理都有几分客观性，美既然完全是主观的，没有普遍原理可以统辖它，它自然不能成为科学研究的对象了。但是事实又并不如此，关于美感，纷歧之中又有几分一致，一个东西如果是美的，虽然不能使一切人都觉得美，却能使多数人觉得美。所以美的审别究竟还有几分客观性。[①]

朱光潜是西方美学研究的集大成者，可以说这段关于美的论述是朱光潜对西方美学史的提炼性认识，因此，某种程度上这种关于美本质问题的认识基本上代表了2000多年来人们对美的认识。在西方美学中，美作为事物的属性，从苏格拉底开始，就已存在疑问，而这个问题也与美本质问题一样始终存在疑问。试看西方美学史上关于美本质问题的论断：

亚里士多德："同一事物同时既是美的又是丑的？"[②]

柏拉图："年轻小姐比起神仙，不也像汤罐比起年青小姐吗？比起神，最美的年轻小姐不也就显得丑吗？……黄金在用得恰当时就美，用得不恰当时就

---

① 朱光潜：《文艺心理学》，复旦大学出版社，2009年版，第133—134页。

② 北京大学哲学系美学教研室编著：《西方美学家论美和美感》，商务印书馆，1980年版，第19页。

丑，其它事物也是如此。"[1]

普洛丁："同一物体，时而美，时而不美，仿佛物体的实质并不同于美的实质。"[2]

笛卡尔："所谓美和愉快所指的都不过是我们的判断和对象之间的一种关系；人们的判断既然彼此悬殊很大，我们就不能说美和愉快能有一种确定的尺度。"[3]

布瓦洛："实际上只有后代的赞许才可以确定作品的真正价值。……有一些作家在许多世纪中都一直获得赞赏，只有少数趣味乖僻的人（这种人总是随时都有的）才瞧不起他们，在这种情形之下，我们如果要对这些作家的价值有所怀疑，那就不仅是冒昧，而且是愚蠢了。如果你见不出他作品的美，你不能因此就断定它们不美，应该说你瞎了眼睛，没有鉴赏力。"[4]

休谟："美并不是事物本身里的一种性质。它只存在于观赏者的心里，每一个人心见出一种不同的美。这个人觉得丑，另一个人可能觉得美。每个人应该默认他自己的感觉，也应该不要求支配旁人的感觉。"[5]

狄德罗："美是一个我们应用于无数存在物的名词。存在物之间纵有差异，若非我们错用了美的名词，便是这些存在物皆有一种性质而美这一名词即其标记，……哪一种？……那只能是它一出现，就使一切存在物美的性质。"[6]

可以看出，每个时代都默认了一点：一件事物可美可不美，美难以确立

---

① 柏拉图：《文艺对话集》，朱光潜译，人民文学出版社，1963年版，第183、191页。

② 北京大学哲学系美学教研室编著：《西方美学家论美和美感》，商务印书馆，1980年版，第53页。

③ 北京大学哲学系美学教研室编著：《西方美学家论美和美感》，商务印书馆，1980年版，第79页。

④ 北京大学哲学系美学教研室编著：《西方美学家论美和美感》，商务印书馆，1980年版，第83页。

⑤ 北京大学哲学系美学教研室编著：《西方美学家论美和美感》，商务印书馆，1980年版，第108页。

⑥ 北京大学哲学系美学教研室编著：《西方美学家论美和美感》，商务印书馆，1980年版，128—129页。

为事物的某种属性：不同的人在看同一件事物的时候会有美丑的不同感受；甚至同一个人看待同一件事物，在不同时间看可能有时是丑的，有时是美的。为什么会有这种差异呢？可能有人会说，审美体验活动是人的主观性活动，会随着人的审美心境和经验的改变而改变。这是美在主体论。但显然先贤们在讨论美时，都是从作为对象的事物开始讨论的，如亚里士多德"事物"，柏拉图的"小姐""神"与"黄金"，普洛丁的"物体"，等等，都是由物出发，最为典型的当属乔德之问：世界上如果没有了人，而拉斐尔的《西斯廷圣母》依然如故，那么，"难道会有任何变化会发生在这幅画上吗？难道对它的经验会有任何变化吗？……唯一发生的变化只不过是它不再被鉴赏罢了。但难道这会使它自动地变得不再是美的了吗？"[1]这便是美在客体论。然而今天我们所说的"美在主体""美在客体""美在主客体的关系"等论说存在的意义是什么？

显然，美的主客体之争并不能仅仅用"鉴赏力"和"感觉"的差异来解释。或许可以从休谟和狄德罗的思路来思考："美"能不能成为一种性质？这种性质又意味着什么？作为审美体验活动的核心或"产物"，它应该由谁主导？抑或主客体之间不存在谁主导谁，审美体验是在这个场域中自然生发的？对于美学史上由来已久的美的主客体论的问题，朱光潜的理解极为清晰透彻，下文即以朱光潜的论述为起点，对此问题继续展开探究。

朱光潜指出，若是存在美的本质，那么这个本质就应该是"所形容的东西所共有的属性"，然而，美并不像"红"那样作为一种属性而具有普遍性，即若花是红的，除色盲人人都觉得它红，并且"红"是可以进行科学的光学分析的。而若花是美的，却并非人人都觉得它美。"美的审别完全是主观的，个别的，我们也就不把美的性质当作一个科学上的问题。"[2]但一个事物若是美的，"虽然不能使一切人都觉得美，却能使多数人觉得美。所以美的审别究竟还有几分客观性"[3]。显然，这就是关于"美本质"问题一直以来争论不休的症结所在。朱光潜在论述中持有这样一种态度：美若要成为事物的属性，似乎

---

①　转引自朱狄：《当代西方美学》，武汉大学出版社，2007年版，第157页。

②　朱光潜：《文艺心理学》，复旦大学出版社，2009年版，第134页。

③　朱光潜：《文艺心理学》，复旦大学出版社，2009年版，第134页。

所有的人都要对某一物件持美的态度，才能说美是该物的属性。这个类比的逻辑推演可以总结为：美不像红一样，美不是所形容之物的共有属性。然而，其中存在一个逻辑转折：从"花红""胭脂红""人面红"和"花美""人美""风景美"转到了"花的红"和"花的美"，从美所形容的事物群体直接转到了单个事物，并意味着只有当这单个事物在人人（群体）看来都会产生这种效果时，才能被看作是美所形容的事物，才可以说具有美的属性。这里的逻辑问题在于，花红、人面红、血红、火红等是基于个体对一个群体共性——"红"的认识，而转向"花的红"和"花的美"时则意味着群体对个体的认识，但这个逻辑中仍提示群体对个体保有一致的认识，即"花"是"红"的，"花"是"美"的。

此外，日常生活中存在一种认识惯性："红"或是其他感知认识，如色彩、轻重、缓急等，几乎人人都可以有一致的认识。如此一来，人们便会形成一种认识惯性并将这种惯性类推到美的问题。笛卡尔、布瓦洛、休谟等在讨论美作为一种属性的时候，也更多关注它作为一个范畴的群体性特征，这也是一种认识惯性的体现。如果"红"是所有红色事物的共有属性，而美对其所形容的事物来说也必然是其共有属性。如果任何个体都将上述所列事物判断为"美的事物"，那么，"美"就是这些事物的共同属性。

如前所述，对于"红"的一致认识要除开色盲，这个"除开"，言外之意就是人们必须要以"红"的判断为前提，对于色盲群体而言，"红"肯定不是他们认知中的事物的属性。因此，对于"美盲"群体而言，美也不会成为他们认知中的事物的属性。但问题就在于，并不是人人都会对特定事物产生审美体验，作出美的判断。如果表述得更准确些，便可以说：除开"美盲"，人人都会觉得它是美的。因此，原本的逻辑表述应当是：

前提：

红，是所形容东西的共有属性；

花红，除开色盲人人都觉得花红；花美，除开"美盲"人人都觉得花美。

结论：

美，也是所形容东西的共有属性。

笔者认为，其中微妙的逻辑偏差正是使得"美本质"问题陷入瓶颈的重要原因之一。审美活动首先是一种个体活动，个体之间对某物的态度本就是有差异的。显然，朱光潜对"美本质"问题的讨论绝不是一种个人的认识，而是一种集体性认识。在此，我们需要回到问题的逻辑起点，重新认识"美本质"问题。美作为一种认识态度，绝不是人人都对某物表现出一种一致的欣赏愉悦态度才能继续言说"美本质"问题，只要有审美体验产生，只要我们获得一种审美判断的信号，那么这种体验的发生方式就一定是一致的。所有使人产生审美体验的事物，其中也必然存在着某种一致性。这就是美的本质，只是在此，它"已然不是形而上学实体论的意义上的'本质'，而是把'本质'视为复杂现象背后统一的属性、原因、特征、规律等"①。

在此还需指出属性与本质的关系。属性，即性质，"事物的性质是多方面的，可分为根本性质和一般性质两类。其中根本性质决定着一切事物之所以是该事物，其他性质则不具有这种决定作用。因此，根本性质也叫决定性的性质。本质就是事物根本性质或根本属性的简称"②。可见，事物的本质也是事物的某一性质，而这个性质决定了某物之为某物，美所具有的本质决定了美的存在。美本质是美之所以为美的性质，是美的根本性质；而美作为事物的一种属性，是事物的一种性质。这也是逻辑偏差的一部分。因此，"美作为事物的一种属性"与"美的本质"之间具有这样一种关系：只有美作为一种属性的确立，或者说这个命题是合法的，我们才可以在此基础上继续讨论"美本质"问题。而"美作为事物的一种属性"的体现必须从"美的发生"开始，也就是审美体验。

欲言说美的本质，必先言说审美体验。换言之，审美体验是"美本质"问题的前提。贝尔也曾指出："所有美学体系的起点一定是个人对某种独特情

① 刘俐俐：《〈中国现当代美学史〉的"论述"性质与意义》，《学习与探索》，2019年第3期。

② 徐景翀：《本质、性质、质是相同的概念吗？》，《教学与研究》，1987年第6期。

感的体验。"①。然而，如朱光潜所言，对"红"进行科学分析之前，必先是我们产生了"红"这种感知或曰体验，我们的分析是以"红"的体验为起点，"为什么花会看起是红色的"这种科学分析也正是如此。科学分析的对象是"红"这个色彩吗？显然不是，科学所分析的是"红"得以形成的物理与生理基础，即使是对色盲的研究，也是基于这样一种物理与生理的差异。我们在对任何事物进行探究之前都必先给予其一个明确的命名或界定，这个命名也正是由感知而来的。我们的探究也只不过是逆向地回到感知的起点，梳理这种感知得以形成的起因与过程罢了。因此可以说，对事物的感知体验也是我们反思事物本质的前提。体验，是进入事物的唯一通道。

可能有人会问：色盲是可以用科学手段分析出来的，是以一定的物理和生理数据为基础而认定的，那么，"美盲"又当如何界定呢？我们是否可以用一定的物理和生理数据来确定审美体验是否发生呢？答案是肯定的。在此，笔者将"美盲"视为无审美体验的发生状态，"美盲"并不是由先天的生理缺陷造成的，"美盲"是一种认知的缺失。正常人的大脑或多或少地都能产生审美体验，换言之，我们并不总是会有审美体验的发生。就像康定斯基的《哥萨克人》，在有的人看来，可能这就是涂抹乱画，而对于另外一些人而言，这就是艺术，这是基于他们的审美体验产生的判断。换言之，在面对《哥萨克人》时，有些人会有一种美的认知缺失，即表现出"美盲"状态。

"美盲"就是无审美体验发生的状态，而在我们的生活中显然这种"无"的状态是占大多数的。因此，判断"无"的状态关键在于确定"有"的状态。我们怎样才是真的发生了审美体验呢？这些曾经被视为主观的、个别的审美体验在今天能否进行科学的分析？显然，通过上述的逻辑演绎我们可以重新确认，美能够成为其所形容事物的一种属性。只是，这种属性的本质是什么？我们应当如何介入这种属性？为何朱光潜认为这种属性是不科学的，或者说是科学无法分析的。笔者认为，这种科学性的疑惑，也正是主观与客观之争的起因。科学，意味着客观性、统一性，主观的认知属性意味着不确定性。然而，

① 贝尔：《艺术》，薛华译，江苏教育出版社，2005年版，第3页。

这些在朱光潜时代所谓的"不科学性"今天又能获得怎样的诠释？主观到底意味着什么？按朱光潜的思路，审美体验作为一种主观认识活动，具有不确定性，并且几乎无法进行科学的分析。所以说，如果能够解决以上几个问题，就可以确立审美体验的科学性。

而这些问题在今天的语境中是可以得到回答的。进入21世纪的今天审美体验已然成为科学研究的对象。早在1999年，英国伦敦大学学院神经生物学教授萨米尔·泽基（Semir Zeki）就已指出："我们正要开始从神经生物学的角度探讨艺术的意义。除此之外，我还希望能在美学的神经学（neurology of aesthetics）或者说神经美学（neuro-esthetics）的基础理论的建设上略尽绵薄之力，让人们能够更为深入地认识审美体验的生物学基础。"[①]神经美学作为一门新兴交叉学科，融合了神经生物学、脑科学、认知心理学以及计算机科学等学科的方法和最新研究成果。在此，审美体验不再是一种不确定的、不可分析的谜团，神经美学对审美体验的实证研究为原先美学对美的讨论提供了切实可靠的证据。神经美学以审美的愉悦感作为效果，由此出发，通过近来发展出的脑成像技术来探究相应的审美体验所对应的大脑区域及其活跃表现。其中常用的技术有：核磁共振成像（MRI）、脑电波诱发电位技术（ERP）以及正电子发射断层显像描技术（PET）等。这些技术大多是通过多种示踪剂（一些带有放射性粒子同位素脑组织供给物，如带有碳、氢或氧的短时放射性同位素的葡萄糖）灌注脑组织，对葡萄糖和氧代谢以及多种神经受体进行跟踪成像。

"这些技术背后的逻辑在于，大脑特定区域的神经活跃需要大量血液的支持。因此，如果我们能追踪到血流明显增加的区域，就能确定大脑当下活跃的精准区域。而后将这些监测结果关联外部事件，如观看一幅画、听一段声音信号、思考、回忆等等，就能得到一个外部环境刺激与相关皮层活动之间关系的详细印象。换言之，一种外部事件对应的大脑地图就可以被绘制出来。"[②]总而言

---

① Zeki S.Inner Vison:*An Exploration of Art and the Brain*,New York:Oxford University Press,1999:p.2.

② 罗伯特·索尔索：《艺术心理与有意识大脑的进化》，周丰译，河南大学出版社，2018年版，第140页。

之，借用最新的科学手段，神经美学已经能够窥探到审美体验发生时大脑的内在活跃状态，审美体验的发生状态所对应的物理与生理数据已经可以一览无余地呈现在我们面前。

（五）悲剧与喜剧

悲剧与喜剧是文艺里两个极为悠久的传统。我们能够在悲剧中获得一种有别于现实灾难的情感，会给人以舒畅的愉悦。朱光潜在《文艺心理学》中将其总结为"悲剧的喜感"。悲剧在西方美学史上有过许多讨论，学者的态度或批判或肯定。朱光潜早年的处女作《悲剧心理学》也做过专门的讨论，只是当时朱光潜将其名为"各种悲剧快感理论的批判研究"，是对以往及当时悲剧相关理论的总结与批判，当然，这个立场也是心理学的。在他看来："一切正确的批判理论都必须以深刻了解创造的心灵与鉴赏的心灵为基础。过去许多文学批评之所以有缺陷，就在于缺少坚实的心理学基础。"①《文艺心理学》在时间上与之相比要更晚，自然其观念也有所不同。《文艺心理学》与之相同的也是"心理学"的方法，而不同处在于，《文艺心理学》的悲剧观是基于"美感经验"的讨论，美感经验也并非简单的承继克罗齐的观点，而是基于对克罗齐的观点的批判。因此，《文艺心理学》之悲剧观首先是将悲剧视为一种艺术去欣赏。当然，喜剧亦同。朱光潜是将二者作为"艺术"，在"美感经验"中来看其特性。

在朱光潜看来，悲剧也是一种"美感经验"，他是以"心理的距离"来看悲剧。"在悲剧中我们在目前情境和实际人生之中留出一种适当的'距离'来，这种'距离'不可太远，太远则不能取实际经验来印证，无从了解；也不可太近，太近则太关切身利害，结果不免使实用的动机压倒美感。"②如果我们以切身利害去考量悲剧的内容，那么不免当真，现时的情感就会盖过悲剧的美感，换言之，也就不会产生悲剧的美感，可能只有简单的恐惧与愤恨了。

---

① 朱光潜：《悲剧心理学》，中华书局，2012年版，第11页。
② 朱光潜：《文艺心理学》，复旦大学出版社，2009年版，第244页。

他认为悲剧具有喜感的特质，或者说，悲剧所引发的是一种愉悦感。"观赏者在聚精会神观赏剧中情节时，不知不觉地随流旋转；他在过一种极浓厚的生活，他在尽量活动，尽量发散情绪；但这种生活，这种活动，这种情绪都和他日常所经验的完全是两回事。它们带有活动和发散所常伴着的愉快，而却不带实际生活的忧虑和苦恼。这是悲剧的喜感的特质。"①

西方传统的悲剧观是在道德的框架下讨论的，其所注重的是悲剧的内容，而非悲剧"美感经验"的方式及其效果。从柏拉图开始，诗被逐出了理想国，人们认为"怜悯和悲愁都是人性中的卑劣癖"，是对人的理性有害的，是不道德的。因此悲剧的喜感被视为一种"幸灾乐祸的表示"。而英国18世纪的学者博克则认为，"悲剧的喜感就是同情心的表现"②。他人愈不幸，则同情心愈大；而且在他看来，实际人生的悲剧比舞台上的悲剧更令人同情。而后来的席勒认为："生命的牺牲本是一种矛盾，因为有生命然后有善；但是为着道德，生命的牺牲是正当的，因为生命的伟大不在它的本身，而在它是履行道德的必由之路。如果生命的牺牲成了履行道德的必由之路，我们就应该放弃生命。"③悲剧在道德中成了实现至善的手段。在此我们可以看到，如此的悲剧观均是在道德的框架中讨论的，即便是博克所说的同情心，也没有区分现实的悲惨与艺术的悲剧。

黑格尔则以悲剧的情节内容本身来看悲剧，正如他所看重的《安提戈涅》，是"以理想的冲突为中心"，在黑格尔看来，克瑞翁的理想是国法，安提戈涅的理想是友爱："这两个理想，就本身说，都很正当；但是就宇宙全体说，它们都失之太偏，不能调和。安提戈涅丧身，克瑞翁丧子，都可证明太偏的理想就是自己的致命伤，而'永恒公理'终归胜利。这种胜利的察觉就是喜感的来源。"④在朱光潜看来，这种悲剧观太重理性，一般人也很难凭宇宙的眼光去看悲剧，也不会拿永恒公理去衡量。

---

① 朱光潜：《文艺心理学》，复旦大学出版社，2009年版，第244页。
② 朱光潜：《文艺心理学》，复旦大学出版社，2009年版，第231页。
③ 朱光潜：《文艺心理学》，复旦大学出版社，2009年版，第235页。
④ 朱光潜：《文艺心理学》，复旦大学出版社，2009年版，第236—237页。

朱光潜的悲剧观侧重于悲剧的发生方式和效果。或者可以说，他是以效果来探寻悲剧发生的方式。朱光潜的悲剧观就在日常生活之中，他是以日常生活为参照来认识悲剧的。他对法国17世纪学者芳丹纳尔（Fontenelle）将实际的悲剧和想象的悲剧分开来说是颇为赞同的，评价为"是个创见"。朱光潜认为，悲剧和现实生活存在一种"心理的距离"，是这一距离使得人们保持了观赏和同情的态度，在这种悲剧中观赏者得以"净化"心灵，发生审美的愉悦感，而不是现实的恐惧或悲痛。如此一来，悲剧问题就由哲学的道德转变成了文艺心理学的问题。

朱光潜的悲剧观是在"日常"——寻常人对悲剧的态度中见出的，"态度"则意味着人的一种体验，因此朱光潜反思寻常人在面对悲剧时为什么会有这样的态度。朱光潜转向了主体在悲剧中的感知活动，而不再是曾经悬在悲剧外的道德或公理，也不再是悲剧的内容本身。试想，如果仅仅是内容，那么我们对真实可怖事件的描述不也和悲剧的内容一样吗？但却没有悲剧的效果。除了将悲剧拉回到与日常生活的讨论中，朱光潜还将悲剧作为一种艺术想象的内容，悲剧之不同在于，现实的悲剧与想象的悲剧是有实质性差异的。朱光潜的这种认识和他对美与丑的认识相同，都是基于日常生活之情感与审美之情感的差异的认识。朱光潜认为，悲剧何以发生喜感和自然丑何以成为艺术是一个道理。

在论及笑与喜剧时，朱光潜首先梳理了柏格森关于"笑"的学说，其中有三点：第一，笑的对象是人事，第二，笑是不关痛痒，没有强烈的情绪；第三，笑是社会性的。人事即人的行为，行为之所以可笑在于"生气的机械化"，行为的笨拙和丑陋。这样一来，也和"丑"的问题一致了。然而，朱光潜认为，柏格森的缺点在于"把笑完全看作理智的产品，对于它的情感一方面则完全忽略了"。[①]当然，从中也能看出，朱光潜关于笑与喜剧的立场。他接着又谈到了各家关于"笑"的学说，"乖讹说""精力过剩说""自由说""游戏说"等，也大抵和柏格森所说的相同，这些学说基本上是从理智的

---

① 朱光潜：《文艺心理学》，复旦大学出版社，2009年版，第250—252页。

层面对"笑"进行分析。因此朱光潜并不认同，当然，他也承认其中有片面的真理。

在《文艺心理学》中，朱光潜更多地肯定了伊斯特曼（Eastman）关于"笑"的学说。伊斯特曼认为："诙谐就是一种本能，……笑就是亲善的表示。……是把社会联络在一起的最重要的媒介。"①在他看来，伊斯特曼的"'笑为快乐的表现说'是和常识相符合的。……它可以补救霍布斯和柏格森两说的欠缺。……至于他和杜嘉、萨利诸人所共同主张的'游戏说'，也可以包涵'自由说'而却可以免去'自由说'的弱点，在近代各家学说之中可以说是最合理的"②。显然，朱光潜是认同这个观点的。于是，他借伊斯特曼之口指出：人们总是竭精殚虑地去追求世事的尽如人意，到世事不尽如人意的时候，人们则会本能地说"好，我就在失意事中寻乐趣罢！"③。在后来的《诗论》中，朱光潜干脆把"谐趣"理解为人类的一种"最原始的普遍的美感活动"④。这就和伊斯特曼所说的"本能"相近了。从人类的这种本能的诙谐出发，朱光潜对喜剧的"游戏"性质给予了高度的重视。朱光潜批评柏格森的喜剧学说，说它的错误之一就在于没有顾及笑的游戏性质。他甚至将这种游戏性当作区分喜剧性和非喜剧性讥刺的界碑，认为后者既然"没有开玩笑的意味"，因而也就算不上喜剧性的艺术⑤；他对"谐趣"的定义性解释是："以游戏态度，把人事和物态的丑拙鄙陋和乖讹当作一种有趣的意象去欣赏。"他甚至断言："凡是游戏都带有谐趣，凡是谐趣也都带有游戏。"⑥可见，"游戏"在朱光潜喜剧观中已经占据了中心的位置，被赋予了一种本体性的意义。

朱光潜之所以如此青睐"游戏"，同他的"形象直觉"理论有关。按照

①　朱光潜：《文艺心理学》，复旦大学出版社，2009年版，第260页。
②　朱光潜：《文艺心理学》，复旦大学出版社，2009年版，第261页。
③　朱光潜：《文艺心理学》，复旦大学出版社，2009年版，第260页。
④　朱光潜：《朱光潜全集》（第3卷），安徽教育出版社，1987年版，第27页。
⑤　朱光潜：《朱光潜全集》（第3卷），安徽教育出版社，1987年版，第29页。
⑥　朱光潜：《朱光潜全集》（第3卷），安徽教育出版社，1987年版，第27页。

他的理解，美感经验既然建立在形象直觉的基础上，就必然不沾染实用的目的，和现实保有一定的距离。喜剧既然以丑为对象，问题也就变得明了了。那么，"笑的情感是否为美感呢？喜剧是否属于纯粹艺术呢？这是一个极难的问题，如果肯定地回答，则我们分析美感经验所得的不带实用目的而观赏形象的一个原则不尽能适用。如果否定地回答，则莎士比亚和莫里哀的许多作品都须被摈于艺术之外。"[①]这样一个问题显得有些两难。

朱光潜最后还是认定了喜剧的情感算是一种美感。但他的前提是："笑虽非一种纯粹的美感，而它的存在却须先假定美感的存在。把生命当作艺术看，言动的丑陋也引起我们的嫌恶和讪笑了。"[②]可见，喜剧即便是被算作了艺术，也是有前提的，而且这个前提本身并不纯粹，是一种"假定"。"把生命当作艺术看"这一前提本就是很有限的，即便是喜剧的创作者可能也并没有多少人能够做到这一点，或许，这个前提正是给"莫里哀和莎士比亚"准备的，我们不能忽略他们的喜剧将生命作为艺术的事实。但于欣赏者而言，这样一个前提似乎就不那么坚实了。

朱光潜的悲剧与喜剧观首先都是基于对主体的审美的心理分析，而不是就对象本身的形式或内容进行讨论。因此可以说，这就是《文艺心理学》的悲剧与喜剧观。其次，他的这种观点是基于其"美感经验"的核心范畴的。悲剧与喜剧之所以为艺术是因为它们是符合美感经验的特性的。在一霎时的美感经验中，悲剧与喜剧都是"形象的直觉"。因为是形象的直觉，悲剧才不至于与现实世界之悲惨遭遇相同。我们在美感经验中，"身体反应（我们可能会视之为与情绪相关的本能反应，如大汗淋漓、瑟瑟发抖、面红耳赤等）却会随着形象的生动性而减弱，你愈是有生动的形象体验，那么你的情感反应就愈会倾向于精神化，而不是身体化"[③]。现实世界之悲痛是身体化的动作表情，悲痛之事本身也并非"形象化"的，而是一种实在的"身体化"的，因此，现实世界

---

①　朱光潜：《文艺心理学》，复旦大学出版社，2009年版，第266页。

②　朱光潜：《文艺心理学》，复旦大学出版社，2009年版，第267页。

③　加布里埃尔·斯塔尔：《审美：审美体验的神经科学》，周丰译，河南大学出版社，2021年版，第81页。

之悲痛是实实在在的身心的悲痛。而在悲剧中，我们是在以"形象"为直觉，当我们在美感经验的一霎时中，"孤立绝缘"地体会这"形象"，那么我们的情感反应就倾向于是精神化的，这种筋肉运动也是"隐性"的，而不会有"身体化"的悲痛之感，这就是"悲剧的喜感"。同理，在喜剧中也是如此。一霎时的"美感经验"也是这样一种情感的体会，但"笑"实在是身体化的，没有悲剧情节的"洗礼"而"沉着"，我们很难控制自己在面对喜剧时不笑"出来"。这也就是朱光潜设定大前提——"把生命当作艺术看"——的原因。

三、美学之用的三个维度

朱光潜就美感经验与日常生活之关系的讨论某种程度上已是围绕着美感经验与艺术活动在日常生活中的作用的讨论。美学作为"形而上"的理论，其生命力正在于人的生命意义的展开。审美必须是人的审美，而不是理论的审美，美学也必须落实到我们的现实生活中。"因审美，而生命"①便是美学之用的根基。朱光潜的美学信仰便是"人生的艺术化"，当然，这也是他人生的信仰。他的美学建构也是他人生的一部分。因此，"人生的艺术化"是《文艺心理学》所呈现的美学首要之"用"。《文艺心理学》虽是一部美学理论著作，但对于非美学理论工作者来说，或许更是一部人生之书。并且美学是一种批评的方法。美学所讨论的对象除了自然美，就是艺术美，艺术的创作与欣赏都需要理论的指引。与此同时，美学也是在对艺术活动的批评中建构的。艺术活动是美学生长的现象之基础。再者，《文艺心理学》是将心理学作为美学发展的推动力之一，"文艺心理学"是美学的一个核心构成，它的发展是心理学的发展推动的。当然，这样一种范式也给其他的美学理论提供了一种参考：美学的基本问题的革新与发展并不在美学学科自身，革新是一种视野和方法的推进；这种推进很大程度上来自美学之外，来自时代中的某种力量。这就是朱光潜

①　潘知常：《"因审美，而生命"——再向李泽厚先生请教》，《当代文坛》，2021年第2期。

《文艺心理学》就美学之"用"给我们提供的启示。

（一）人生的艺术化

朱光潜的《文艺心理学》是美学史上的经典之作，我们也将其视为中国文艺心理学研究的开山之作。然而，美学之大用是为人生。《文艺心理学》表面所谈为美或艺术，但实则为"人生"。其说理动情，其理也为人生。朱光潜在《谈美》的文末讲到，"过一世生活好比做一篇文章"[①]，如此简单的一个比喻，却道出了他对人生的态度，"人生的艺术化"便是做人生的文章。文艺之心理，实为人生之心理，人生中去以一种态度寻得"心理的距离"，去做"形象的直觉"，去移情万物，与这个世界达成"物我同一"。这岂不是人生吗？

文艺为人生，人生如艺术，《文艺心理学》便是"人生心理学"了。关于文艺之论述，便是对人生之论述。"心理"本是人的内心活动之机理，文艺之特殊在于"情"的机理。人生在世总关情，如何面对生活中的世事便是一种情感态度。《文艺心理学》所阐发的核心是"美感经验"，美感经验之特性决定了艺术在人生中的位置，以及人生与艺术的关系。

美感经验的发生是一霎时的，换言之，美感经验与漫漫的人生相比，实在是短促的。然而，如此漫漫之人生又如何实现短促的艺术化呢？其实，朱光潜并非要将"艺术化"赋予整个人生的长度，而关键在于那一霎时的深度。生命本在无数个一霎时间，或者说是由无数个"当下"构成的，美感经验便是在体验当下，在当下中见出自己。因此，人生的艺术化就在当下。然而，漫漫人生总有苦楚，寻常之人也很难时时刻刻都"艺术化"人生，即便是李白之豁达，也有因不如意而苦闷之时，正如他的"仰天大笑出门去，我辈岂是蓬蒿人"，虽有豁达，但实在有利害的牵绊。但就在某个一霎时，也会有"举头望明月，低头思故乡"的淡然。人生总有不如意者，但总有"一霎时"的饱满。

"形象的直觉"在孤立绝缘中见出饱满的意象。但意象在一霎时的饱满又何尝不是人生的饱满呢？人生之饱满也在这一霎时之中了。生命本是自然冲动

[①] 朱光潜：《谈美》，中华书局，2012年版，第103页。

的集合，食欲、情欲、利欲，欢喜，悲愁，这诸多情绪便是生命的姿态，为生活而喜，为生活而苦。我们的悲喜其实并不能算作生命的态度，人在自然中，悲喜本自然，悲喜如生命的素材，身在其中者不见其颜色、高低。而有态度者便各自知之。自知者便可认识生命，而"美感经验"正是这样一种自知，见"物"见"我"，见得生命的饱满。朱光潜认为，"孤立绝缘"是物我同一的前提，但如何才是"孤立绝缘"呢？

笔者以为，"人生的艺术化"首先是一种态度。朱光潜认为这种态度是"心理的距离"，但如何才能寻得这种距离呢？我们如何才能进入"美感经验"呢？正如《文艺心理学》中举的许多例子：朱光潜举了三个人对一棵梅花的态度，指商人与科学家之于梅花都是有利害的，而艺术家才对其抱有审美的态度。朱光潜在《谈美》的第二章"当局者迷，旁观者清"中讨论了艺术和实际人生的"距离"，认为一般人却"都把利害认得太真，不能站在适当的距离之外去看人生世相"[①]。在《文艺心理学》中，朱光潜则赋予了"心理的距离"内涵。然而，如何才是心理的距离呢？

"就'我'说，距离是'超脱'；就'物'说，距离是'孤立'"[②]。"超脱"是对"我"的超脱，并非"超脱"于现世世界，而是丢开"我"的成见去看眼前的事物；"孤立"者，眼前的事物便不再与其他事物沾有利害关系，此时此刻，事物全是其本身，如此一来，事物便显现了一种"我"所未见的样子，便是"超越"了"我"了。然而，这种"超脱"与"孤立"的前提又是什么呢？

在《文艺心理学》中，朱光潜举了许多美感经验的例子，有艺术家的艺术创作，有一般人的艺术欣赏，更有一般人在欣赏中的"利害"粘连，也就是没有"摆"好距离的"观看"。乘船于海上遇到大雾，往往使人不畅快。茫茫不见前路使人焦虑。但若是抛开这样的利害关系，便也可见得大雾美若仙境。莫奈在面对弗吉尼亚的干草堆时创造一系列的干草堆作品，干草堆还是那个干

---

① 朱光潜：《谈美》，中国青年出版社，2021年版，第15页。
② 朱光潜：《文艺心理学》，复旦大学出版社，2009年版，第14页。

草堆，莫奈却见出了殊相。乡里人在看戏时不免投入太深，将戏中情节视为现实，便会递上钱财使他去买炭，或是蹿上台去"杀"了曹操。这些都是"距离"的表现。

前文我们已经讨论过，美感态度之"距离"实则是起一种"敬意"，是"我"与"物"的一种平等，甚至是"物"高于"我"的崇高。对审美对象起"敬意"，才会生出一种"距离"感，"我"与"物"便会平等。陶渊明之于"南山"，莫奈之于"干草堆"和凡·高之于"农民鞋"，都是肃然起敬的表现，在陶渊明，"南山"与"我"是平等的，其中包含着一种纯粹的默契和天真。这就是艺术家和诗人的长处所在，能够把事物"摆"在某种距离以外去看。"摆"实则是一种起"敬意"的态度，也就是朱光潜所说的"经验须经过客观化"①。在艺术化的过程中实现万物平等，实现自由。

古人云："人生不满百，常怀千岁忧"。人生总是充满着不如意的地方，一个人无论到了什么阶段，到了怎样的高度，总会心有所"忧"，总会有不自由。然而，"人生的艺术化"却会给我们一种态度。何以解"忧"？不在酒，而在于心。人生艺术化的典范或许正如他在《诗论》最后一章所论的"陶渊明"，朱光潜认为陶渊明之所以能调和人生冲突，正是因为他广博的同情。

在朱光潜看来，"渊明并不是一个很简单的人。他和我们一般人一样，有许多矛盾和冲突；和一切伟大诗人一样，他终于达到调和静穆。我们读他的诗，都欣赏他的'冲澹'，不知道这'冲澹'是从几许辛酸苦闷得来的"②。然而，朱光潜并不是要我们在面对人生的苦难时去妥协，而是要达到一种"调和静穆"与"冲澹"。"冲淡并非淡而无味，而是冲而不薄，淡而有味③。""冲澹"是以"我"为中心的调和，"物"可变，"我"不变。经过"我"的调和，"苦"仍有苦味，但已"淡泊"很多。正如《沧浪歌》所言："沧浪之水清兮，可以濯我缨；沧浪之水浊兮，可以濯我足。"陶渊明的人生充满着不如意，所以才会有他的"归园田居"，那种"久在樊笼里，复得返自

---

① 朱光潜：《文艺心理学》，复旦大学出版社，2009年版，第21页。
② 朱光潜：《诗论》，生活·读书·新知三联书店，2014年版，第353页。
③ "冲澹"同"冲淡"。汉典网：https：//www.zdic.net/hans/冲淡。

然"的释然，生活可以是"草盛豆苗稀"，但总有"采菊东篱下，悠然见南山"的一霎时的平淡与自得。"冲澹"之味或许就是将"不自由"化为"自由"的，如此便是"人生的艺术化"。

从朱光潜对陶渊明的讨论可以看出，朱光潜并不认为渊明之诗是由理而得，而是"从生活中领悟出来，与感情打成一片，蕴藏在他的心灵的深处，到时机到来，忽然迸发"，渊明之诗虽无儒道，也非佛家，但却"含有冥忘物我，和气周流的妙谛"，朱光潜认为："渊明很可能没有受任何一家学说的影响，甚至不曾像一个思想家推证过这番道理，但是他的天资与涵养逐渐使这么一种'鱼跃鸢飞'的心境生长成熟，到后来触物即发，纯是一片天机。"[1]朱光潜将渊明之诗与生活的结合称为"天机"。然而，这种"天机"也是渊明的信仰，它不是儒、道、佛，却也自成信仰。若将渊明的这种"天机"转化为朱光潜的语言，便是"人生的艺术化"了。

人生的艺术化是一种"无所为而为"的精神。"无论是讲学问或是做事业的人都要抱有一副'无所为而为'的精神，把自己所做的学问事业当作一件艺术品看待，只求满足理想和情趣，不斤斤于利害得失，才可以有一番真正的成就。"[2]这种精神正合于朱光潜所指的"心理的距离"，"无所为而为"与所为之对象不计较利害的关系。然而，"利害"终究不可不计。正如渊明一生坎坷，"他的诗集满纸都是忧生之嗟"[3]。渊明之人生也为众生相，或者，众生皆有渊明之苦，却不一定有渊明之所得。众生能够触及渊明一二者，正在于"美感经验"的一霎时之中。

显然，人生的艺术化并不是要"超脱"人生。人过一世本就是凡人，从平常中见出美，在平常中体验"形象的直觉"，给予自我人生以意义，就是"人生的艺术化"。朱光潜所强调的也不是要我们在人生中妥协。"冲澹"或者"距离"都是对生命起"敬意"，正如陶渊明知"田家岂不苦"，却也道"衣沾不足惜，但使愿无违"，渊明以生命劳作，感受劳作，认识劳作，便是识得

---

① 朱光潜：《诗论》，生活·读书·新知三联书店，2014年版，第352—353页。

② 朱光潜：《谈美》，中华书局，2012年版，第2页。

③ 朱光潜：《诗论》，生活·读书·新知三联书店，2014年版，第354页。

苦味的。"审美与艺术并非生命活动的附属品、奢侈品，而禀赋着本体论的意义，是生命活动的最高境界。……重要的也不是是否从事狭隘的文学、艺术活动，而是是否'按照美的规律来建造'。人之为人，无论从事什么活动，只要能够"按照美的规律来建造"，亦即以审美的方式进行活动，就隶属于真正属人的活动。"①艺术在陶渊明的生命中是一种本体的或者说属性的存在，他的生活就是艺术。陶渊明便是真正的"审美的人"，这也正是朱光潜推崇他的原因。

（二）美学作为批评的方法

美学来自艺术活动，同时也需要回到艺术活动本身。美学是"自上而下"的，但如何"下"得来，就表现于美学如何作为方法去指导和批评艺术活动。批评是具体的，有批评的对象也有批评家。"一个批评家的批评方法和他的人生观、文学观是有很大的联系的。批评家所持的人生观和文学观决定了他所能采用的批评方法。"②朱光潜的心理学路径和"人生为有机体"的批评观在《文艺心理学》一书中有着充分的体现。

首先，美学作为方法是在以"美感经验"为基础的理论框架中展开的。朱光潜的批评方法与他在《文艺心理学》中所表现出的理论立场是一致的。在认识了"美感经验"的霎时性及其特性的基础上，朱光潜总结了美学批评的三个维度：第一，"美感经验"之前的批评，艺术的创作与作家的经验和所处的时代的关系，外部条件如何塑造艺术，等等。第二，美感经验之中的批评。有欣赏而可评论，艺术的欣赏是艺术批评的前提，艺术何以为美，就艺术的形式与主体体验之关系的批评。第三，美感经验之后的批评，如艺术所产生的道德影响，艺术之于社会的意义。当然，这三者并不是割裂的，而是相互影响彼此渗透的。在此，朱光潜更倾向于基于"美感经验"的批评，无论是在"美感经验"之前还是之后，只有对艺术作品有了深入的体验和认识，才能真正把握作

---

① 潘知常：《生命美学作为未来哲学》，《南方文坛》，2021年第5期。
② 钟名诚：《朱光潜文学批评方法论》，《东方丛刊》，1998年第4期。

品之所成的因由与其所产生的社会影响。

其次，他的批评观是一种科学的态度。科学并不意味着采用自然科学的方法，而是将艺术经验作为"事实"去分析它的生成机制，正如他在《诗论》中对诗的韵律的分析。与中国传统的"妙"品、"境界"品不同，传统对美的分析往往停留于"不可言说"的至境，朱光潜虽然也讲"意境""意象""妙"等概念，但他的目的是要揭示审美对象何以妙，何以有境界。

再次，他主张"艺术的完整性来自于人生的完整性"，可以说传统的"知人论世"对其有很大的影响。人生为有机体，可以见出其"有机"的批评。朱光潜的批评观是批评的态度和欣赏的态度的结合。批评并不是孤立于艺术欣赏，而是包含于艺术欣赏。欣赏是批评的前提。"创作和欣赏根本只是一回事，都是突然间心中直觉到一种形象或意象，批评则是创作和欣赏的回光返照，见到意象之后反省这种意象是否完美。……如果批评者不是著作者自己，他也必须先把所批评的作品变成自己的。做到这步，他才能从作品里层窥透它的脉搏气息，才能寻出它的内在的价值，不只是拿外来的标准和义法去测量它。……领略时美而不觉其美，批评则觉美之所以为美。"①因此，《文艺心理学》作为批评方法首先是要人领略美，再知何以为美。

最后，在批评中朱光潜所指的"人"实际上是艺术家的人生，这个人生同样是有机体的。他所关注的并不是艺术家的某些轶事。这一点在《文艺心理学》第五章中关于"历史派与美学派"的调和中可以见出，历史派如泰纳强调"时代、环境与种族"，唯独忽略了身在其中的个体的人，而美学派如贝尔则强调"纯粹的美学判断"。朱光潜认为，二者都失之偏颇，实则应该相互补充的。这样一个"补充"也是以"美感经验"为基础的，作为创作主体的美感经验缘何而来，是需要了解的，了解有助于欣赏，但在欣赏之中则必须回到孤立绝缘的美感经验之中。在朱光潜看来，我们所要了解的"历史"正是艺术家的"感情生活"，这个"感情生活"不是狭隘的男女之情，而是艺术家性情的养成，正如他在《诗论》中对陶渊明的批评。

---

① 朱光潜：《文艺心理学》，复旦大学出版社，2009年版，第71页。

朱光潜的这种理论思维是时代所赋予的，因此我们能够看到他以当时的
"心理学"的路径来分析中国古典诗歌。在此过程中，理论的生命力在于对时
代问题的回答。《诗论》以《文艺心理学》之原理分析了中国古典诗歌。同
时，这个分析的过程也是对《文艺心理学》的丰富与完善。

朱光潜后来的《诗论》正是他基于《文艺心理学》的批评观的一次批评
实践。"《诗论》是应用《文艺心理学》的'基本原理去讨论诗的问题，同时
对中国诗作一种学理的研究'，它既是原理的具体运用，又是用事实对学理加
以检验。"①他认为："理想的节奏须能适应生理、心理的自然需要，这就是
说，适合于筋肉张弛的限度，注意力松紧的起伏回环，以及预期所应有的满足
与惊讶，所谓'谐'和'拗'的分别就是从这个条件起来的。如果物态的起伏
节奏与身心内在的节奏相平行一致，则心理方面可以免去不自然的努力，感觉
得愉快，就是'谐'，否则便是'拗'。"②他以节奏论中国古典诗歌，诗的
形式化的节奏就在于声、顿和韵，节奏并不仅停留于"声"的层面，而且是
"浸润到筋肉系统里去，产生……应有的效果……实在是对于生理、心理所生
的影响"③。当然，这种影响是"有机"的，身心本位一体，身心所起的愉悦
便是对诗之意义的理解。

朱光潜在《文艺心理学》中所呈现出来的批评观念能给我们带来怎样的
启示？毕竟，美学之大并不在于"文艺心理学"一个方面。笔者以为，朱光潜
之批评观至少能够告诉我们美学之用是为人生，美学的建构与批评实践都必
然以"人"为核心。"人，才是美学的主语，美学其实就是在以美学的名义
推进人的解放，并且，最终把人失落的本质在美学中归还给人。"④潘知常的
当代"生命美学"要义正与朱光潜所信仰的"人生的艺术化"同指一处。《亚
美利加百科全书·美学》中指出了两种美学研究方法："自上而下"的先验
法与"自下而上"的经验法，自下而上需要"上"得去，"自上而下"也需要

---

① 朱光潜：《诗论》，上海古籍出版社，2005年版，前言第5—6页。

② 朱光潜：《诗论》，生活·读书·新知三联书店，2014年版，第167—168页。

③ 朱光潜：《诗论》，生活·读书·新知三联书店，2014年版，第169页。

④ 潘知常：《美学的奥秘在人——生命美学第一论纲》，《文艺论坛》，2022年第1期。

"下"得来。美学作为一种理论只有回到人，才会有持久的生命力和时代性。

（三）心理学作为美学建构的方法

《文艺心理学》正是朱光潜基于当时的心理学研究和实验美学对美学基本问题的讨论。这种讨论正是以"心理学"为用，以美学为"体"的建构。今天，我们仍然和朱光潜面对着同样的问题，但今日之时代与朱光潜之时代却大为不同，我们依然可以将"心理学"作为方法，依然沿着朱光潜所给出的路径，但我们所处的视野变了，心理学在发展，心理学的方法也在发展。因此，我们就能够以今天的视野去审视朱光潜所审视的那些老问题。或许正如朱光潜所指出的："理论上许多难题将来也许可以在实验方面寻得解决。"[①]美学研究本就是两种方法——经验法和后验法——的结合，实验的发展总会推动理论问题的解决。在此，我们不妨看一看文艺心理学方法的构成及其发展的路径。

文艺心理学作为一门社会科学和自然科学的交叉学科，谈及它的研究方法，必然涉及两方面的综合，即社会科学或曰美学的归纳与演绎法，和自然科学的心理学的科学性方法。程正民在《文艺心理学教程》导论中虽然指出："社会科学的学科和方法是研究文艺心理学的基础"[②]，但他也承认，"没有心理学科学的产生就不可能有文艺心理学的产生。19世纪至20世纪一切心理学流派对文艺心理学都有影响，只不过是影响大小和影响多少之分罢了"[③]。因此，从作为方法的心理学的科学性的发展，便可看出心理学各阶段的革新与演进，以及文艺心理学各阶段之间的发展脉络。

冯特的心理学实验室的建立标志着心理学作为一门独立学科的诞生，与此同时，冯特也赋予了心理学研究的两个基本内涵：作为研究对象的直接经验和作为研究方法的自然科学。然而，自科学心理学创立之后，在发展各阶段其研究对象的表述上也呈现出了一种转变：经验—意识—行为—心理—认知。然

---

① 朱光潜：《文艺心理学》，复旦大学出版社，2011年版，第268页。

② 童庆炳、程正民主编：《文艺心理学教程》，高等教育出版社，2001年版，第11页。

③ 童庆炳、程正民主编：《文艺心理学教程》，高等教育出版社，2001年版，第5页。

而，这种转变恰恰体现了心理学发展的内在动力特征。"心理学的发展从精神分析到行为主义，从行为主义到人本主义，再从人本主义走向认知心理学，恰恰体现了对'意识'研究的肯定—否定—否定之否定历程。"[1]作为研究对象的经验（意识）和作为研究方法的自然科学构成了一对矛盾体，显然的是，经验本身具有主观性和不确定性，而科学意味着公开性和确定性。以弗洛伊德为代表的精神分析心理学极力凸显"意识"，但弗洛伊德之方法主要为内省法，是依据个体的经验推断与逻辑演绎，而无实验的观察。因此，偏离了冯特所确立的"作为自然科学的心理学"的实验内省。后来的行为主义者华生对精神分析心理学的抨击也是因为这一点。行为主义以"行为"取代了"意识"，以实验和观察法取代了内省法。"行为"是可观察的，因此是公开的、确定的，能够进行精确的实验。因此，"心理学才能够'实现'其为自然科学意义上的'科学'，并跻身于自然科学的行列"[2]。一方面，以华生为首的行为主义者将心理学重新拉回到了自然科学的确定性与公开性，另一方面，对"行为"的明确，也极大地完善了实验法，为后来的心理学实验以及实验美学研究打下了坚实的基础。然而，行为主义的问题在于偏离了心理学的研究对象——"意识"，这也成为它被后来的人本主义心理学和认知心理学批评的弱点，当然，这也是其被后二者取代的直接原因。最终，认知心理学抓住了作为研究对象的意识和自然科学的方法，因此，成为后期心理学的主流。

由此可见，心理学的发展动力恰恰是由冯特所埋下的种子，是作为研究对象的"心理"和作为方法的自然科学之间的博弈推动了心理学的发展。然而，由于文艺心理学发展的动力来源于心理学自身方法的变革，因此，心理学自身发展的这种矛盾冲突，也正是文艺心理学发展的内在逻辑及动力。心理学的发展正是"意识"科学化的历程。而作为人类高级精神活动的"审美体验"，在这个过程中也不可避免地被各个时期的心理学家讨论。因此，文艺心理学各个阶段的发展也跟随着心理学发展的逻辑而前进。

---

① 周丰：《西方神经美学的源起、内涵及意义——基于马克思主义美学视角的考察》，《马克思主义美学研究》，2019年第2期。

② 高申春、王栋：《人本主义心理学：历史与启示》，《学习与探索》，2013年第5期。

再回到美学。一方面审美活动作为美学的研究对象，在美学本身就存在着一个发展着的逻辑，从柏拉图的"迷狂说"到今天最新阶段的神经美学，美感经验或者说美的对象一直都是人们思索着的问题，这个问题没有变。而且，从进化论的角度来看，审美活动的感发方式在这样一个千年的尺度上也几乎不可能发生改变。审美的生理基础与心理机制不会发生改变——这也是文艺心理学各个阶段讨论这个问题的基础。另一方面，心理学自身的发展的内在矛盾正是心理学向前迈进的历史逻辑。而人类的审美活动本身就是一种心理现象，在心理学家看来，这也是一个必然的话题。正如当初费希纳的心态：心理学能够处理最人们普遍关心的艺术与美的问题。在"神经美学"的提出者泽基看来："艺术是人类最为崇高、最为深邃的一项成就。"[1]因此，心理学发展史上每个阶段都会有心理学家去挑战艺术或审美问题，每个阶段的心理学家都在试图以自身的理论解释审美，这也就构成了各个阶段的文艺心理学。

费希纳的实验美学是建立在当初最为简明的实验方法之上的；朱光潜最为认同的"移情说"也是里普斯基于移情心理学的理论所提出的；弗洛伊德以其精神分析学说解释文艺活动，认为文艺是力比多的升华，创造是潜意识的活动，这些也是基于基本的精神分析理论。朱光潜的文艺心理学之后，离我们较近的则是格式塔美学，这是认知心理学家如阿恩海姆等人在格式塔心理学的基础上进一步转化的结果。而在今天的神经美学，虽然表面看来是神经生物学家萨米尔·泽基提出的，但事实上，它早已在文艺心理学中显露端倪，朱光潜在《文艺心理学》中已经强调了"筋肉说"以及美感经验的脑的基础，只是由于科学水平的有限，当时也只能在概念层面讨论。

然而，从表面来看，我们能够看到文艺心理学中存在着一个时间脉络，并包含一个逻辑脉络的延续，但这种延续并不是文艺心理学各阶段自身的承续发展，归结到底，是心理学发展的各阶段对"审美"讨论的产物。简单地说，"神经美学"并没有直接继承"格式塔美学"，"格式塔美学"并没有继承

---

[1] S.Zeki.Inner Vision:*An Exploration of Art and the Brain*,New York:Oxford University Press,1999,p.2.

"精神分析美学"，"精神分析美学"也没有继承"移情说"，"移情说"更没有继承"实验美学"，其中的共性就在于作为方法的心理学和作为研究对象的审美。虽然各个阶段存在着时间的先后关系，但这种批判与继承来自心理学而非文艺心理学自身：是"作为自然科学"的方法与作为对象的"意识"之间的博弈。从文艺心理学研究的框架内来看，对"美感经验"的讨论本身并不构成批判发展的关系，"美感经验"作为文艺心理学的研究对象，各阶段都没有发生改变，变化的是作为方法的心理学。因此，神经美学与实验美学之间的逻辑则在于美学与心理学各自的发展上，而不是直接对实验美学的承接或发展。

回到文艺心理学的发展史便可以看出，文艺心理学每个阶段的推动者或开创者，首先都是一位心理学家，其次才是美学家或哲学家。如最初的实验美学开创者费希纳，费希纳本人是著名的心理学家、实验心理学的开创者；"移情说"的集大成者里普斯，也是一位心理学家，是当时慕尼黑大学的心理系主任；精神分析美学的开创者弗洛伊德与后来的荣格，还有格式塔美学的提出者鲁道夫·阿恩海姆，以及衔接认知美学与神经美学的罗伯特·索尔索。这些对文艺心理学做出重大贡献的研究者们首先都是心理学家；即使是最近的神经美学的提出者萨米尔·泽基，他首先也是一位神经生物学家。当然，作为国内文艺心理学的开创者朱光潜，虽然不是心理学家，但他在早年求学阶段也研修了数年的心理学与生物学。是他们将最新获得的心理学研究成果运用到了对审美现象的研究上，继而促成了文艺心理学的发展。

虽然现代心理学的发展仅有150年左右，但从这150年左右的时间尺度上来看，心理学的发展可谓是"日新月异"的。心理学不同阶段的最新成果都可以直接转化为文艺心理学，并促进美学学科的发展。当然，这个"转化"任务的最有效承担者当属心理学家，甚至是某个心理学理论的开创者，诸如实验美学的费希纳、精神分析美学的弗洛伊德、原型理论的荣格等等。

在心理学发展的语境中来看待文艺心理学各阶段的关系，便一目了然，同时，也能解释文艺心理学内在发展的动力。作为一个交叉学科，文艺心理学本身并不能提供理论推进的动力，甚至是它的研究对象"美感经验"所在的美学领域也很难支撑文艺心理学的发展，问题的解决必然是时代发展下更为先进的方法和视野来推动的，问题本身并不会自发的呈现什么。此外我们还可以看到，今天的神经美学与其他各阶段的文艺心理学之间并无直接的承续关系，二者就像是发于同一树干同一方向上的树枝与树枝之间的关系：表面看来一层叠一层，层与层之间存在线性对应，实则都是源于树干的支撑，其中的逻辑也在树干的线性生长。而这树干就是心理学自身的发展逻辑，这也正是文艺心理学内部各阶段之构成，它们彼此之间本无直接的承续关系，每一阶段都是在心理学的方法更新之后出现的对应的对美与艺术的讨论。

今天的神经美学便是这样一次最新的讨论。神经美学主流的方法与理论正是来自认知神经科学家对神经科学理论的直接转换。神经美学虽然名为"美学"，但其中更多的是"神经科学"的内容。因此，作为文艺美学研究者的我们，如果想要进入神经美学甚至引领神经美学的发展必须主动了解认知神经科学的研究，就像曾经朱光潜、金开诚等对心理学的掌握，才可真正承担起一个转化者的功能，发展文艺心理学与美学。而这个"转化"最理想的途径首先就是将西方现有的神经美学研究进行"美学化"。当然，"转化"并不是机械的将其套用到美学里，而是基于对认知神经科学的研究方法和美学基本问题的认识去进行转化，正如传统的文艺心理学一直关注的都是"美感经验"的基本问题，那么这也是神经美学的落脚所在。

今天的神经美学正是朱光潜所期待的"将来"，但我们还需正视这一新的领域，我们能否秉持朱光潜所秉承的态度——作为"用"的心理学方法和作为"体"的美学？我们能否清醒地对待新事物而不沉迷于"用"？我们能否推进朱光潜所提出的问题？能否正视经典，以批判的态度去审视经典，去审视《文艺心理学》？我想，朱光潜一定是支持我们沿着他的路子走的，他的路子不仅仅是他给我们提出的问题，同时还有他对待经典的态度。我们也要以他的态度去对待《文艺心理学》以及他的其他著作，有批判也有继承，才能随着时代而发展，才会如《文艺心理学》一般成为经典。

结 语

一般来讲，我们会将《文艺心理学》视为中西美学的一次现代美学对话，或者将其视为"中学为体，西学为用"的实践。然而，若是讲中西的对话，那在此之前的王国维何尝不是在进行中西的对话呢？《文艺心理学》中也没有明确地表达出"中学为体，西学为用"的观念，朱光潜对现代美学之"体"与"用"的确立表现为三个方面：首先，是以"美感经验"为本体，以"心理学"之"用"作为方法和视野对美学之体的建构。其次，是以"美学"为"用"对艺术之本体的批评和建构，当然，这种批评也是对美学本身的建构和丰富。再次，他的"人生的艺术化"观念表明，他是在以"美学"为"用"实现对人生之"体"的建构。可以说，在朱光潜的理论中，艺术活动中最为核心的就是"美感经验"，朱光潜虽然强调"美感经验"的"一霎时"和"孤立绝缘"，但他也强调"美感经验"与社会和人生的关系，所以他才讲"文艺的道德影响"和"人生的艺术化"。

"中学为体，西学为用"最早由冯桂芬提出，再经张之洞系统阐释而流传至今。今天的我们在中西观念的交流与碰撞之中时常能够想起这样一个观点。毋庸置疑，我们身处中华大地，我们的文化发展是以传统文化为基础的，外来的技术与文化在"用"的过程中融入我们的本"体"。然而，"美感经验"之理论作为一种无功利性或"无所为而为"的理论，如何能够以"用"的方式来介入中国理论的建构呢？如果说，以西方之理论来建构和丰富中国的美学理论体系，此"用"是成立的；但我们在《文艺心理学》中所看到的更多的是"美感经验"之本体，中西理论的交互并没有形成一种互相阐释，而是围绕着"美感经验"进行共同建构。

或许我们可以说，美的内容有中西之分，但美感经验却没有。西方人看到中国山水画，和我们看到凡·高的《向日葵》，都会起美感经验，只是面对这画所起的联想内容可能会有不同罢了。但终究是起了联想，"起联想"便是朱光潜所讨论的美感经验的一种"方式"。同理，"形象的直觉""心理的距离"，无论中西，在美感经验中都是要发生的。因此，朱光潜是以"美感经验"为体，贯通中西的审美理论，而不是以中学或西学为体去阐释另一方。这也就是我们在《文艺心理学》中能够看到的，朱光潜用的是中国的"美感经验"在向我们阐释西方的"美感经验"的理论，中国的"美感经验"在书中是作为一种美的事实出现的，这不能被简单地看作是以西方之理论来解决中国之问题。"美感经验"是世界性的，"美感经验"的理论也应该是世界性的。《文艺心理学》所呈现给我们的正是人生何以艺术化，是对人的存在的回应。回到"美感经验"本身，才能更好地理解朱光潜，理解他的《文艺心理学》。

朱光潜美学思想的形成原因除了他的知识结构与文化背景，或许更为重要的是他对待人生的态度，正如他的"人生的艺术化"信念，他的"美感经验"观。在面对经典作品的过程中，他所持的也是一种"美感经验"的态度，也就是我们前文所谈到的起"敬意"。对事物起敬意，才会有审美的距离，才会有美感敬意的发生；对经典起敬意，则经典与"我"必有回响。

在《文艺心理学》中我们可以看到他对克罗齐的继承与批判；他首先承认了克罗齐是"集大成者"，但也有"和他意见不同的地方"："近代许多美学派别中有一个最主要的，就是十九世纪德国唯心哲学所酝酿成的一个派别。这派的开山始祖是康德，他的重要的门徒有席勒、黑格尔、叔本华、尼采诸人。这些人的意见固然仍是彼此纷歧，却现出一个共同的基本的倾向。我们通常把这个倾向叫做唯心主义或形式主义。意大利美学家克罗齐最后起，他可以说是唯心派或形式派美学的集大成者。……我们在本书里大致是采取他的看法，不过我们和他意见不同的地方也甚多。"[①]

还有他对中国"文以载道"观念的态度，他对老师德拉库瓦教授的认识，还有对朱光潜影响至深的文艺心理学学者，如里普斯、布洛、浮龙·李、谷鲁司、闵斯特伯格等等。朱光潜在书中对这些名家、经典的述评，无不包含了他对这些师长、经典所起的敬意，对其中理念的深深认识，才能领会这些经典作品的意味，才能在此基础上做出自己的判断。批判是进步的前提，而深入的认识才是批判的前提。欲有深入的认识，便是要对经典起敬意，以经典为师。

---

① 朱光潜：《文艺心理学》，复旦大学出版社，2009年版，第146页。

然而，我们又如何做出判断？判断是基于自己的经验，基于我们所处的时代，直言之，即时代中的问题。"文艺心理学"作为一门学科是发展的，前文我们已经谈到，文艺心理学的发展首先在于方法的发展。方法并不单单是一种手段，更是一种视野的开阔，正如弗洛伊德的精神分析心理学，是将"心理"打开来了，外在的事物不仅是认识经验的参照，甚至可以说，外物就是经验的构成；谷鲁司的移情观，相较于里普斯而言则又前进了一步，这种推进的关键表现就在于其视野的打开，他以"生理"的视野来看待移情。朱光潜的"文艺心理学"也是如此，他所做出的判断是当时心理学发展水平所提供的视野，与此同时也是其所处的文化语境撑起的一个视野。

"人生若只如初见"虽有遗憾的意味，但也道出了那份真诚与美好。"美感经验"之态度大抵如"初见"，我们的生活中多是日常的事物，日常者寻常见，寻常见便不能有"距离"与"形象的直觉"。但审美却不同，同是门前的那棵树，有一天你一出门，陡然间抬头，它似乎给你了震惊，你和它有了"初见"般的感觉。这棵树便不寻常了，便有了"距离"。因此，朱光潜所谓的心理距离，并不是说要主动地去和对象寻求一种距离。我们也不知何物、何时会成为我们的审美对象，这种状态也是无法保持的。可保持着便是一种态度，一种敬畏生命，敬畏生活的"诗性"，有敬畏，便会认真地对待，一花一草，一石一木，它便会呈现给"我"一种姿态。寻常的树影、寻常的鸟鸣，也会因我们起敬意，而变得不同以往；甚至是嘈杂的喧嚣声，我们若不再关注它对我们的妨碍与"吵"，这声音似乎也可作为一种白噪音，一种形象的直觉，一个故事的起点。一切因于起敬意，敬于他人，便是善待自己。

艺术家的创作亦更是如此了。虽然莫奈画了一系列的干草堆作品，但莫奈每一次看到干草堆都会产生《干草堆》的艺术创作吗？我们每一次面对《思想者》都会产生审美体验吗？显然不是。"发生"意味着从"未知"进入"已知"。当某种新的认识在艺术家内心产生时，他会选择艺术的手段将其物化，莫奈的《干草堆》就是鲜明的例证。1988年，莫奈与其女儿在法国吉维尼庄园散步，他突然注意到了阳光下的干草堆，此时，他便对干草堆形成了一种新的认识，他过去并没有见过这样的干草堆。他便创作了《晴天的吉维尼干草堆》

和《阴天的吉维尼干草堆》。然而，干草堆系列并没有到此结束。莫奈后来又发现，岂止是不同天气下的干草堆会有不一样的光线表现，每时每刻的干草堆都是他"从未见过的"或者说是"初见"的干草堆。这也就有了后来的雪地里的、冬季阴天的、冬季早晨的、夕阳下解冻地面的等等一系列的干草堆。当然，时时刻刻面对干草堆的莫奈并非时时刻刻都会遇见新的干草堆，他也有不曾"发生"的时刻，但"发生"对他来说，就是一次"初见"。每一次的"认识"都成了莫奈的一部分。因此，莫奈的每一次表现对象都是他心中的"我"，那种关于干草堆的新的形象，通过他手中的画笔传达出来。

总之，《文艺心理学》是将一霎时的"美感经验"解剖来给我们看，我们在美感经验中孤立绝缘、见出直觉的形象，当我们回过头来反观美感经验的时候会将其视为一种"心理的距离"，但事实上，"距离"的前提并非来自时空的新异或惊奇，而首先是一种"起敬意"的人生态度。我们的日常生活并不是充满新异的，新异是起敬意的最外层表现。当我们对日常中的事物"起敬意"，它便与"我"有了距离，也会表现出新异之感。起敬意也是朱光潜的人生态度，甚至可以说也是朱光潜在面对经典的美学文本时所秉持的态度，当然，这也是我们在面对《文艺心理学》所要继承的态度。因为"起敬意"，"物"与"我"便是平等的，甚至是高于"我"的崇高；因为"起敬意"，我们才能敬畏生活，在日常生活中进入"美感经验"的状态。因此，《文艺心理学》虽然是以美学的名义在讨论审美与艺术，但实质上是在讨论人生的，是将"文艺心理学"的方法用作人生的方法，实现人生的最高目的：人生的艺术化。

实践·生成·境界

——朱立元《走向实践存在论美学》导读

王　敏[①]

人生在世，是以有限之身处于无限的浩瀚时空之中。

我们无往不在实践中活动、生成、创造，造就一个个新的世界、一个个新的"我"。当我们和先哲一起慨叹"逝者如斯夫"的时候，那是生命的时间感在心中的觉醒；当我们登高望远，"念天地之悠悠，独怆然而涕下"时，那是宇宙意识、历史意识在胸中的激荡。作为熙熙攘攘的人群中忙忙碌碌的存在者，我们总会在某一些瞬间与"存在"迎面遭遇，感受到敞开的世界和丰富的人生意义，从而得以在"我"与"世界"的内在交融中安身立命。

理论来自实践，在对人类实践、人的存在的观照与领悟中，实践存在论美学向我们走来，以美学的智慧之光照亮现实生活，引导我们创造审美的人生境界。复旦大学中文系教授朱立元先生是实践存在论美学的开创人，其专著《走向实践存在论美学》是这一美学流派的代表作和本章导读对象。

朱立元先生是上海崇明人，1945年生于重庆市，1978年考取复旦大学蒋孔阳先生文艺学专业硕士研究生，成为新时期第一届美学硕士研究生。现为复旦

---

① 王敏，西安外国语大学教授。

大学文科资深教授、博士生导师。朱立元先生是国内德高望重的美学家、文艺理论家，其学术研究和主编教材在国内学界有重大影响。朱先生的学术论著、译著和编著，按照时间顺序来归类，大致分为如下方面：

一、黑格尔美学研究是朱立元学术研究的起点，主要成果有《黑格尔美学论稿》（复旦大学出版社，1986年）、《黑格尔戏剧美学思想初探》（学林出版社，1986年）、《宏伟辉煌的美学大厦》（江苏教育出版社，1998年）、《黑格尔美学引论》（天津教育出版社，2013年）等。

二、马克思主义美学研究，主要有论著《思考与探索——关于当代马克思主义文艺学体系的建构》（上海社会科学出版社，1991年）、《历史和美学之谜的求解——马克思〈1844年经济学哲学手稿〉与美学问题》（学林出版社，1992年）、《马克思与现代美学革命——兼论实践存在论美学的哲学基础》（上海交通大学出版社，2016年）等。

三、西方现代美学、文艺理论翻译与研究。朱立元翻译了尧斯《审美经验论》（作家出版社，1992年）、杜夫海纳《美学文艺学方法论》（中国文联出版公司，1991年）、《误读图示》（与陈克明合译，天津人民出版社，2008年）等当代西方美学著作，编译了《接受美学》（上海人民出版社，1989年）；出版专著《法兰克福学派美学思想论稿》（复旦大学出版社，1997年）、《接受美学导论》（安徽教育出版社，2004年）。

四、文艺理论、美学相关教材、词典编选。主要有：《现代西方美学流派述评》（与张德兴合著，上海人民出版社，1988年）、《20世纪西方美学名著选》（上下册，复旦大学出版社，1987—1988年）、《现代外国美学教程》（与凌继尧、周文彬合著，南京大学出版社，1991年）、《现代西方美学史》（与张德兴、马驰合著，上海文艺出版社，1996年）、Contemporary Chinese Aesthetics（与美国学者J.Block合编，Peter Lang Publishing，1995年；英文版《当代中国美学》，第一部向国外介绍中国当代美学的著作）、《当代西方文艺理论》（华东师大出版社，1997年）、《西方美学通史》（与蒋孔阳先生合编，上海文艺出版社，1999年）、《二十世纪西方美学经典文本》（4卷本，复旦大学出版社，2001年）、《西方美学范畴史》（山西教育出版社，2006

年）、《西方美学思想史》（上海人民出版社，2009年）、《艺术美学辞典》
（上海辞书出版社，2012年）、《西方审美教育经典论著选》（江苏凤凰教育
出版社，2015年）、《西方美学史》（第二版，高等教育出版社，2018年）。

五、文艺理论、美学的基本理论研究。主要有论著《真的感悟》（与王文
英合著，上海文艺出版社，1989年）、《魂系中华——天人合一的审美文化精
神》（与王振复合著，沈阳出版社，1997年）、《言意之间——先秦时代的言
意观》（沈阳出版社，1997年）、《美的感悟》（华东师范大学出版社，2001
年）、《善的感悟》（沈阳出版社，2003年）、《理论的历险》（河南大学
出版社，2013年）、《身体美学与当代中国审美文化研究》（中西书局，2015
年）、《走向现代性的新时期文论》（复旦大学出版社，2016年）。

六、实践存在论美学体系建构。主要有专著《走向实践存在论美学》（苏
州大学出版社，2008年）、《略说实践存在论美学》（百花洲文艺出版社，
2021年）；教材《美学》（修订版，高等教育出版社，2006年）；论文集《实
践存在论美学——朱立元美学文选》（山东文艺出版社，2020年）。

除此之外，朱立元先生多年来发表的论文数量众多、熠熠生辉，由于篇幅
原因此处不一一列举。实践存在论美学是朱先生数十年勤奋耕耘、开拓创新而
形成的理论体系，是我国当代美学发展走中国发展道路的积极有效探索。

一、发展历程：实践美学的"突破之途"

纵观20世纪中国美学，前半叶主要是对西方美学的引进，后半叶则在三次
美学热潮中逐渐走向中国当代美学体系建构之途。这三次美学热潮是：1950年
代中期至1960年代初期的"美学大讨论"、1970年代末至80年代中期的"美学
热"、世纪之交的"美学复兴"。每一次热潮都是在一次美学论争中兴起。朱
立元先生几乎参与了1980年代以来的全部重要美学讨论，而"实践存在论美学
正是在这些学术论争中逐渐发展起来的"①，实践存在论美学从酝酿到成形的

---

① 朱立元：《走向实践存在论美学》，苏州大学出版社，2008年版，第161页。

轨迹与"对中国当代美学特别是新时期以来美学发展成就及其不足的反思基本同步"[①]。因此，我们有必要在中国当代美学的发展历程中梳理实践存在论美学一路走来的足迹。

（一）1950年代至1960年代：实践美学的萌芽

1950年代中期至1960年代初期的美学大讨论，是马克思主义美学创建的重要起点，奠定了中国当代美学的基本格局。1956年6月始，在"双百方针"文艺政策的导向下，美学界批判朱光潜"唯心主义美学思想"，由此延展开来，掀起了一场影响深远的美学大讨论，有百余学者参与其中。这场大讨论的中心问题是"美的本质"问题，主要产生了如下四种美学思想：

第一种是以吕荧、高尔泰为代表的"主观派"美学。这一派是以主观感觉来判断美的，认为客观事物美不美全在于主体的主观感受，凡是能被人感觉到的美就存在，凡是不能被人感觉到的美就不存在。尤其是在讨论自然美时，主观派认为美是人的概念，与自然无关，全然来自主体心灵。就其优点来说，主观派强调了人在审美活动中的主体地位；就其缺点来说，由于过于强调个人感觉，审美缺乏统一标准，容易走向相对主义。在论争当时，这一派被认为是主观唯心主义，影响力较小。

第二种是以蔡仪为代表的"客观派"美学，认为美是不以人的主观意志为转移的客观存在：其一，美在于客观事物本身，应在事物本身固有的客观属性中去寻找美的根源，与人的主观愿望和情感无关。其二，客观事物的美在于其典型性。所谓典型性，是指能在个别性中反映出种类的普遍性。而美感就是人对客观美的反应。其三，美是永恒的，它既不被历史所改变，也不被人的主观情感所动摇。人的美感只能反映美，不能生成和改变美。这一派鲜明地坚持了唯物主义反映论，但将美看作与人无关的自在现象，这一点显然有失公允。美是与人相关的一种价值："在没有人之前，自然界不存在，自然是相对于人而

言的，自然都不存在，更无所谓美不美。"①再者，个性与共性统一的典型也并不一定就是美的，如典型的癞蛤蟆、跳蚤、毒蛇等就不怎么美。

以上两种理论观点各执唯心、唯物之一端。关于"美的本质"问题的唯物、唯心之分，实则体现了哲学领域的基本问题——存在与思维的关系问题。唯物主义主张美是客观存在范畴，唯心主义则认为美属于主观思维领域。恩格斯在《费尔巴哈和德国古典哲学的终结》中指出，世界的本质是由精神还是物质派生的，只是在这个角度区分唯心、唯物。②因而，唯物主义、唯心主义的判断是关于世界起源的讨论，以此标准来认识美的本质和规律，有些简单化。

第三种美学思想是以朱光潜为代表的"主客观统一派"美学，其美学思想是朱光潜在批判与自我批判中形成的。朱光潜吸收了马克思主义关于精神生产、艺术实践的理论以及辩证统一思维方式，肯定主观的精神实践在审美活动，尤其是美感经验形成过程中的作用，实现了心物二元的统一，从而形成了他的精神实践美学思想。朱光潜认为美既不单纯在主观，也不只是在客观，而是主观性与客观性、社会性与自然性的结合，是在心与物的关系上。这在一定程度上弥补了前两种学说的偏执。然而，在讨论"自然美""物甲物乙"等问题时，朱光潜强调审美主体的情感，这种非社会性的主客观统一观念被视作是换汤不换药的主观派。朱光潜美学重视的是艺术实践，他借鉴马克思主义哲学与美学理论，提出劳动生产之于"人对世界的艺术的掌握"的重要性，认为艺术创造是精神生产实践，这种艺术实践美学思想突出了主体性价值本体的地位，开创了实践美学重精神实践的传统。

第四种是以李泽厚为代表"客观社会派"美学，认为美来自人的社会生活实践，被称为"实践派"。1956年，李泽厚发表《论美感、美和艺术——兼论朱光潜的唯心主义美学思想》一文，提出美感两重性、形象思维特征等问题，主张在人类社会实践中考察美、美感的发生，重视美感的客观社会性内容。表面上看，他只是用"社会性"替换了朱光潜所谈到的"主观性"，实际上二者

---

① 朱立元：《走向实践存在论美学》，苏州大学出版社，2008年版，第10页。

② 中共中央马克思恩格斯列宁斯大林著作编译局编译：《马克思恩格斯选集》（第4卷），人民出版社，1995年版，第223—224页。

有质的区别，"社会性"是不依存于主观意志的客观现实存在，不是单纯主观的东西。

这一次的"美学大讨论"的内容还集中在美的主客观属性问题方面，各派未形成完整理论体系，四大美学派别尚未成为主流学派，然而，"这场论争为以后的美学发展建构了基本的格局：李泽厚一派已经具有了实践美学思想的萌芽，在新时期发展为完整的'实践美学'体系；蔡仪一派的'自然属性'说也在新时期发展为'反映论美学'体系"①。"美学大讨论"有助于在唯物主义哲学基础上建立中国美学体系。时至今日，这场美学大讨论依然被认为具有重大意义。高建平指出："50年代所形成的美学上的四大派，即主观派、客观派、主客观统一派，以及客观社会派的争论，除了主观派声音较弱，后来销声匿迹外，其他三派的争论一直在持续，由此形成了当代中国美学的传统。"②

四派中，朱立元认为李泽厚的客观社会派美学"既与客观派划清了界限，也与主客观统一派划清了界限。这实际上是后来实践美学的雏形"③。李泽厚美学将马克思主义实践哲学引入了"美的本质"的思考，认为对"美的本质"的探求不能完全依据个体心理意识层面的所谓"反映"，而应依据群体人类物质实践层面的创造，致力于建设"实践"概念基础上的开放美学体系。蒋孔阳在大讨论期间写了一篇论文《论美是一种社会现象》，和李泽厚的观点不谋而合。

然而，五六十年代的美学大讨论存在明显的时代局限性，依然秉承西方认识论美学思维方式，"这四派虽然观点不一，但在提问方式和思维方式上却大体一致，即都局限于二元对立的思维模式，局限于认识论的理论框架之内，提出的都是'美是什么'的问题，……这一提问方式本身却在回答问题前已预设了'美'是一个对象性的实体存在，无论其答案有多么的不同"④。四大派别都是用主客二分认识论思维来看待审美活动，并且，也将马克思主义哲学仅

① 杨春时：《走向"后实践美学"》，《学术月刊》，1994年第5期。
② 高建平：《美学在世纪之交的复兴》，《学术月刊》，2020年第6期。
③ 朱立元：《走向实践存在论美学》，苏州大学出版社，2008年版，第19页。
④ 朱立元：《走向实践存在论美学》，苏州大学出版社，2008年版，第36页。

仅看作是认识论，忽视了其存在论思想。另外，"美学大讨论"也带有时代烙印，意识形态痕迹明显，美学缺乏独立性，没有真正触及美的本质问题，没有切入诸如美与非美、美与丑等重要问题，仅是在美学外围讨论。

（二）1970年代至1980年代：实践美学的主流学派地位

1979年，马克思《1844年经济学哲学手稿》在国内首次出版，实践哲学兴起。1970年代末开始，学界出现围绕马克思《1844年经济学哲学手稿》和"人性、人道主义"问题的讨论，意图克服"文革"的影响，实现思想解放。中国美学界在1980年代大量翻译、引入西方美学原著，如克莱夫·贝尔、苏珊·朗格、鲁道夫·阿恩海姆等人的著作，西方美学新理论大量进入中国学术话语体系。原有的四大派除了客观派之外，各派观点在相互靠近，李泽厚提出的客观社会派美学发展为实践美学。1980年代中后期，实践美学逐渐成为主流，其他三派影响逐渐减弱。

李泽厚将自己的美学理论称为"人类学主体论美学"，这种以实践论为基础的主体性实践美学突破了机械唯物主义的认识论、反映论，以实践本体论为哲学基础。李泽厚强调主体实践对客体现实的能动关系，并由此出发探求美的本质，主要观点如下：

1.对于美的诞生，李泽厚强调实践在美学中的本体地位，认为人类的劳动实践才是美得以产生的根源。正是在劳动实践中，人类的本质力量得以对象化，而对象得以人化，从而产生了美的产品。李泽厚从《1844年经济学哲学手稿》中吸收了马克思"自然人化"思想，经过人的社会实践的改造，"自然"从与人无关的自在状态变成与人相关、为人的对象。自然界被人赋予了社会性，"人化"的客观性表现为人的社会属性。李泽厚认为，作为个体的人之所以能够从审美的角度欣赏自然，是因为作为"类"的人的"实践"改变了自然与人之间的关系，使本来是与人对立的自然变成了某种程度上是为人的自然，即所谓"人化的自然"。自然美既不在自然本身，又不是人的主观意志加上去的。美不是物的自然属性，而是物的社会属性。

2.在美的发展问题上，1979年李泽厚在《批判哲学的批判——康德述评》一书中提出"积淀说"："通过漫长历史的社会实践，自然人化了，人的目的对象化了。……自然与人、真与善、感性与理性、规律与目的、必然与自由，在这里才具有真正的矛盾统一。真与善、合规律性与合目的性在这里才有了真正的渗透、交溶与一致。理性才能积淀在感性中，内容才能积淀在形式中，自然的形式才能成为自由的形式，这也就是美。"①李泽厚引用《1844年经济学哲学手稿》中"自然人化"思想，开创了中国当代美学的实践论转向。其中物质生产是第一性的，在此基础上寻求物质与精神、生产与艺术的统一。"自然人化"的历史过程即"积淀"，美的形成是社会实践之积淀，美的发展是一个自然人化的历史积淀过程。"自然的人化"包括双重历史实践过程：（1）外在自然的人化，即客体自然的人化。自然成为人的自然，成为"社会存在"，自然的感性形式积淀着社会理性内容，成为合规律性与合目的性相统一的美的形式。（2）内在自然的人化，即主体自然的人化。外在审美形式和内在审美生理、心理机制之间有对应关系，通过五官感觉的人化和情感结构的人化而造就了"美感"形成的心理基础。美就是在"人化的自然"即人类实践中获得的客观的社会属性。李泽厚1989年出版的《美学四讲》则将"积淀说"在美学领域推演开来，提出三个层次的"积淀"：形式层与原始积淀；形象层与艺术积淀；意味层与生活积淀。

实践美学的出现是中国美学研究现代化转型的标志。李泽厚将实践作为美学的逻辑起点，统一了主体和客体，解决了美的主客观属性问题，摒弃了反映论美学的实体观念，认为审美的客体不再是物质或精神的认识实体，而是实践对象，是在人的历史实践中的具有主体性的对象。然而，实践美学总体来看过于强调审美实践活动的物质性、群体性和理性，混淆了审美活动与一般实践活动的区别，忽视个体心灵的感性生命感受，忽视审美活动对个体生命的超越性作用，他也因此遭到了后来许多人的批评。1983年高尔泰发表《美的追求与人的解放》一文，最早发起了对实践美学"积淀说"的批评；1985年

---

① 李泽厚：《批判哲学的批判——康德述评》，人民出版社，1984年版，第415页。

潘知常在《美学何处去》中呼唤"人的美学、生命的美学"和美学的"人本学还原"①；继而，1994年杨春时发起第三次美学大讨论，实践美学主流地位结束。

（三）1990年代至21世纪：多元格局中的实践存在论美学

1990年代开始，中国当代美学进入一个新的历史时期，杨春时称这一时期为"后实践美学时期"。1994年杨春时发表《走向"后实践美学"》一文，对李泽厚实践美学进行了十点批评，由此美学界发生了长达10多年的"实践美学与后实践美学之争"。"后实践美学"主要是指杨春时的"超越美学"、潘知常的"生命美学"和张弘的"生存美学"等新兴美学理论，主张以"超越""生命""生存"作为美学的逻辑起点，强调人的自由生命活动在审美活动中的实现。

后实践美学与实践美学之间是继承、批判、发展的关系，正如杨春时自述的那样："'后实践美学'虽然试图超越实践美学，但仍然不可避免地受到实践美学的影响，有意无意地接受了其许多合理成果。因此，在这个意义上，'后实践美学'只是在实践美学基础上的新发展，是对实践美学的继承、批判、扬弃和超越。"②后实践美学相对于实践美学的发展变化，大致表现在如下方面：

1.美学研究的逻辑起点从实践活动转向审美活动。潘知常明确指出："与实践美学以实践活动作为逻辑起点不同，我的生命美学研究以审美活动作为逻辑起点。在我看来，所谓美学，无非就是要把这个审美活动的奥秘讲清楚。"③杨春时认为审美是第一哲学，审美是对现实超越的方式。张弘也对实践美学历史积淀说进行了批判："存在论美学虽肯定历史语境对艺术审美的规定作用，但绝不会同意形形色色的历史决定论，相反它要说明审美活动是如何

① 潘知常：《美学何处去》，《美与当代人》，1985年第1期。
② 杨春时：《走向"后实践美学"》，《学术月刊》，1994年第5期。
③ 潘知常：《生命美学引论》，百花洲文艺出版社，2021年版，第186页。

超越历史并创造历史的。"①后实践美学主张将美学研究从关注外部一般实践回到审美本身，主张从审美活动内在诸要素及其价值出发去探讨美学问题。

2.以审美超越、审美自由来为物质生产实践基础上的实践美学审美观纠偏和形成有益补充。杨春时认为："审美是超越现实的自由生存方式和超越理性的解释方式。审美的本质就是超越，肯定了这一点，就在现代水平上肯定了审美的自由性。"②潘知常指出，当代美学应当关注现代工业社会中的异化现实，"生命美学"的三个基本命题"生命""自由""超越"是对人的本真存在的维护，"生命美学认为：真正的美学，必须以自由为经。以爱为纬，必须以守护'自由存在'并追问'自由存在'作为自身的美学使命"③。他们共同强调人的维度，尤其强调人的感性体验和精神超越在美学探讨中不容忽视的重要性。

3.从"美的本质"转向"审美意义"的追问。杨春时："我们应该首先研究审美的本质，而不是美的本质。美的本质问题从属于审美的本质问题，美不是实体，而是审美对象，是一种特殊的'意义'。美只存在于审美之中，而不存在于现实认识中。"④潘知常认为："从知识世界走向意义世界，从知识论美学范式走向人文学美学范式，也就成为必须与必然。"⑤后实践美学重视审美在个人及社会层面的价值，探求现代社会"审美救赎"之道。

实践美学与后实践美学之间的论争、其他观点与这两种理论的论争是朱立元实践存在论美学形成的重要学术背景。

同时，对朱立元实践存在论美学有着直接思想影响的是蒋孔阳的美学思想。蒋孔阳在1950—1960年代的美学大讨论中发表了《简论美》⑥《论美是一

---

① 张弘：《存在论美学：走向后实践美学的新视界》，《学术月刊》，1995年第8期。
② 杨春时：《走向"后实践美学"》，《学术月刊》，1994年第5期。
③ 潘知常：《生命美学引论》，百花洲文艺出版社，2021年版，第204页。
④ 杨春时：《实践美学与后实践美学的论争》，《华夏文化论坛》，2012年第2期。
⑤ 潘知常：《生命美学引论》，百花洲文艺出版社，2021年版，第209页。
⑥ 蒋孔阳：《简论美》，《学术月刊》，1957年第4期。

种社会现象》①两篇论文，认为美是主观和客观在审美实践活动中的统一，有了实践观的萌芽；至1980年代又有了深入拓展，建立了实践创造论美学，突出审美关系中主体的能动创造作用；1993年，蒋孔阳《美学新论》②出版，这本书有着朱光潜、宗白华式诗意的语言风格，以实践论为基础，以创造论为核心，以审美关系为基本主题，在学界产生了比较大的影响。蒋孔阳的两位弟子也分别在实践美学这条道路上进一步发展，朱立元开创"实践存在论美学"，张玉能提出"新实践美学"，都是中国当代美学理论在21世纪的创新与突破。张玉能新实践美学在马克思主义实践论和现代语言学理论基础上，提出"话语实践"，开拓了艺术实践美学研究；同时，他提出"实践的艺术化""生存的审美化"，重视美学对现实生活的意义和价值。

总的来看，1990年代的美学热反本质主义，体现出百花齐放、百家争鸣的繁盛局面。除了后实践美学、新实践美学等之外，还有徐碧辉实践生存论美学、曾繁仁生态存在论美学、叶朗意象美学、张世英审美超越论美学、王元骧人生论美学、王一川感兴修辞论美学等美学理论，形成多元发展格局。

朱立元先生在系统反思中国当代美学尤其是实践美学的成就与局限的基础上，提出了实践存在论美学，以期实现对实践美学和中国当代美学的突破性进展。1989年1月，朱立元《现实主义问题的哲学反思——兼与王若水、杨春时等同志商榷》一文在《文艺报》发表，明确提出"实践存在论"的提法，"走向"实践存在论正是在那个时候迈出了第一步。1996年3月，朱立元《实践美学哲学基础新论》在《人文杂志》发表；11月，《当代文学、美学研究中对"本体论"的误释》在《文学评论》发表，两文透露出实践存在论美学架构的端倪。朱立元在2001年左右正式提出"实践存在论美学"这一名称，在"面向21世纪教材"《美学》2001年第一版、2006年修订版中，全面贯彻和体现了"实践存在论美学"思想。2004年8月，朱立元《走向实践存在论美学——实践美学突破之途初探》在《湖南师范大学社会科学学报》发表，明确提出"实

---

① 蒋孔阳：《论美是一种社会现象》，《学术月刊》，1959年第9期。

② 蒋孔阳：《美学新论》，人民文学出版社，1993年版。

践存在论美学"理论构想，这一美学体系全面展开。

朱立元对实践本体论美学体系的建构，是在批判性地继承前辈学者的基础上完成的，继承与发展相结合。朱立元和李泽厚一样，将美的本质建立在"实践"概念基础上，然而他们的哲学根基、思维方式、美学观点各方面都有着明显差异，如下所示：

表1 朱立元"实践存在论美学"与李泽厚"实践美学"的区别

美学学说	实践美学	实践存在论美学
代表人物	李泽厚	朱立元
本体论	"工具本体""情感本体"	实践存在
逻辑起点	社会实践	审美活动
审美主客关系	"主体性的实践哲学""人类学本体论美学"	主客统一的审美关系论
哲学根基	认识论	存在论
审美现象形成基础	"积淀说"：朝向历史	"生成论"：面向未来

具体分析起来，可以从如下方面理解：

第一，对"实践"概念的理解不同。实践美学以马克思主义实践论为哲学基础，实践范畴是实践美学的哲学出发点。然而，李泽厚对"实践"的理解过于狭隘，认为实践就是以制造和使用工具为标志的物质生产劳动。朱立元认为："李泽厚的实践观不足有三：其一，把人类除物质生产活动以外的其它所有的实践形态、包括审美活动全部排除在外，把极为丰富驳杂的人类社会实践狭隘化；其二，仅仅从人与自然的关系着眼来界说实践，而悬置了人与世界其它层面的关系；其三也是更重要一点，他对实践的理解仍然没有完全突破认识论的框架，而忽略了实践的存在论维度。"①朱立元认为马克思从未将"实践"仅界定为物质生产实践，实践作为人的感性活动，包括物质实践和精神实践。朱立元对于"精神实践"划分得较为具体："实践除物质生产劳动之外，

---

① 朱立元：《简论实践存在论美学》，《人文杂志》，2006年第3期。

还应该包括变革现存制度的革命实践、政治实践、道德实践、审美实践和艺术实践以及广大的日常生活实践等等。"①李泽厚对"本体论"存在误解，未能从存在论角度来看待实践，未能将实践看作是人的存在方式，较少注意到实践作为人的生存方式的个性、感性方面。实践存在论美学则将哲学根基从认识论转向实践存在论，力图"从存在论（本体论）角度把实践的内涵理解为人最基本的存在方式，理解为广义的人生实践"②。

第二，对于人的中心地位的认识存在差异。实践美学没有完全摆脱认识论思维框架，李泽厚把自己的美学理论称为"主体性的实践哲学""人类学本体论美学"，确立主体性是他美学思想的基础和前提，这是承袭笛卡尔哲学、康德美学而来的，与西方认识论思维一脉相承。主体在李泽厚美学中是现成的存在。美是在社会实践中的人的本质力量的对象化。李泽厚在1980年代以后也开始着手改造自己的美学体系，提出"情本体"。这样就产生了两个本体——"工具本体""情感本体"："这可以理解为两个不同层次的问题。'实践'主要讲制造和使用工具，这是本源。正是由于制造和使用工具，人才成其为人。而情感、意志等等属于心理学范畴。人的情感最终是由人的实践所决定的。"③并且，"李先生是在当今世界人的文化心理、精神文明建设的重要性和迫切性上，而不是在'最后的实在'性上，解释'心理本体'或'情感本体'的"④。李泽厚出于当今社会精神文明建设需要的考虑而提出"情感本体"，"情感本体"由"工具本体"所决定，那就实际上还是以"工具本体"为本源的、根本的"最后的实在"。在李泽厚美学思想中，感性的个体只是作为支配力量的理性、群体的被动载体。

第三，关于审美现象生成性的理解不同。李泽厚实践美学持有人类学历史本体论，重视人类总体的历史生成，"积淀说"强调的是审美的文化心理结

---

① 朱立元：《走向实践存在论美学》，苏州大学出版社，2008年版，第324页。

② 朱立元：《走向实践存在论美学》，苏州大学出版社，2008年版，第324页。

③ 李泽厚：《实用理性与乐感文化》，生活·读书·新知三联书店，2005年版，第153页。

④ 朱立元：《试析李泽厚实践美学的"两个本体论"》，《哲学研究》，2010年第2期。

构，而从文化到心理的过程，侧重于历史文化内涵对当下审美活动的作用；然而他过于强调理性、群体性、人类性，忽略了个体性、感性因素，这就导致了他的文化心理结构隐含文化保守主义倾向。朱立元实践存在论美学则强调存在论意义上的"历史性"，把时间看作人的生存的本质构成，包括了感性个体的当下维度，同时具有面向未来的开放性，注重审美生成的过程性和未来感。

第四，在美学理论的逻辑建构方面，实践美学未能完全摆脱本质主义的局限，李泽厚努力想超越主客观二分的认识论框架，却并没有完全做到。《美学四讲》中在第三讲"美感"部分提出，两种本体是同一个活动中两个对应、对等的方面："由活动到观照，这既是外在自然人化的行程……，也是内在自然人化的行程，包括审美心理结构的历史产生过程……。它们本是同一人类史程的内外两个不同方面，它们同时进行，双向发展。"①李泽厚将人类心理本体"向外""向内"分化成两个并列的本体，但朱立元认为本体应当只有一个，否则还是二元论。

同时，实践存在论美学在理论体系建构的过程中，也出现了一些美学思想的论争，朱立元在论著、论文中积极回应，在争论中使实践存在论思想更为明晰和深入。主要有如下方面的论争：

1.有关"美的规律"的论争。朱立元先生在论著《走向实践存在论美学》第四章用了部分篇幅回应了陆梅林《〈巴黎手稿〉美学思想探微——美的规律篇》②、曾簇林《马克思关于"美的规律"的客观性再说》③两篇论文的观点，讨论核心是马克思《巴黎手稿》中"美的规律"的问题。陆梅林认为美是不以人的主观意志为转移的客观存在，在人类出现之前就已经有美的客观存在，强调"美"的客观属性；同样，他认为"美的规律"也是客观存在的，人们应当认识、掌握客观的美的规律。"美学研究的基本对象不是美或美的

---

① 李泽厚：《美学四讲》，生活·读书·新知三联书店，1989年版，第115页。

② 陆梅林：《〈巴黎手稿〉美学思想探微——美的规律篇》，《文艺研究》，1997年第1期。

③ 曾簇林：《马克思关于"美的规律"的客观性再说》，《文艺理论与批评》，2001年第3期。

规律，而是人与世界的审美关系，是审美关系的现实展开即审美活动。"①
实践存在论美学不再问"美是什么"，而是追问"美何以存在""美如何存
在"，答案是：美在人的实践中存在和生成。这场关于美学局部问题的论争，
朱立元认为是"老问题争论的新角度或新形式"，是五六十年代美学大讨论
的延伸，陆梅林与曾簇林的观点延续了蔡仪的客观论美学观，这让朱立元感
到"这也急迫呼唤着超越主客二分认识论思维方式的实践存在论美学构想的
出场"。②"美的规律"概念关系到事物何以成为审美对象、何以具有审美特
性，应和"美是什么"这一美学核心问题关联讨论，涉及一整套美学思想。

2.有关实践存在论美学之"实践"观的论争。董学文发系列论文指责实践
存在论美学放大了马克思实践观的内涵，指责实践存在论美学把马克思海德格
尔化。③朱立元则认为马克思"感性的人"概念超越了海德格尔的"此在"概
念，将存在问题追溯到具体、现实、感性的人，而不是停留在抽象哲学概念层
面。朱立元多次表示，海德格尔此在基础存在论给了他重要启示，海德格尔的
基础存在论要跳出笛卡尔以来的主客二分的认识论，返回到人与世界最本原的
存在，即人和世界是不可分割的一体，人就在世界中存在。这就为超越主客二
分的认识论思维模式提供了存在论基础。但是，朱立元认为海德格尔的存在论
是从生成论角度展开的，并没有涉及人的实践，不能令人满意。马克思远早于
海德格尔用实践范畴来揭示人的存在方式，认为人在世界中实践，实践是人的
基本存在方式，实践与存在都是对人生在世的本体论陈述。因此，朱立元表
示，真正为实践存在论美学提供直接理论依据的，是马克思主义实践与存在一
体的思想，并指出："承认不承认马克思新哲学有没有存在论根基，其哲学变
革有没有存在论意义，这是一个能否全面、准确地理解马克思唯物史观的原则

---

① 朱立元：《走向实践存在论美学》，苏州大学出版社，2008年版，第11页。

② 朱立元：《走向实践存在论美学》，苏州大学出版社，2008年版，第191页。

③ 董学文、陈诚：《"实践存在论"美学、文艺学本体观辨析——以"实践"与"存在论"关系为中心》，《上海大学学报》(社会科学版)，2009年第3期；董学文：《"实践存在论"美学何以可能》，《北京联合大学学报》(人文社会科学版)，2009年第2期。

问题。"①马克思以实践观为核心的存在论思想指出实践与存在一体共在，二者都是对人生在世的本体论表述，揭示了人存在于世的本体论意义，开辟了现代西方存在论思想的新思路，在马克思的实践论中已经含有后来海德格尔所言"此在在世"的思想。

除此之外，实践存在论美学发展史上重要的事件之一是2008年朱立元等主编的"实践存在论美学"丛书由苏州大学出版社出版。这套丛书共推出五本：

1.朱立元《走向实践存在论美学》，该书主要对实践存在论美学的思想来源、基本思路、框架、论题和主张从总体上进行论述，是"实践存在论美学"丛书的担纲之作。

2.朱志荣《从实践美学到实践存在论美学》，该书考察了实践美学的发展历程、实践存在论美学提出的学理背景，以及实践存在论美学提出的时代性、必然性。

3.寇鹏程《马克思主义存在根基与实践美学》，该书论述了实践存在论的美学理论依据，把马克思主义的实践观与存在论思想相统一和结合，为实践存在论美学寻找了哲学基础。

4.刘泽民《实践存在论的美学思考方式》，该书在中西融贯的背景下论述了实践存在论美学思考方式的特点和独特性，对于从思考方式角度理解实践存在论美学具有较大价值。

5.刘旭光《实践存在论的艺术哲学》，该书从艺术作品的本体谈起，讨论了实践存在论作为方法对艺术研究的意义，并运用这种方法去解决艺术哲学中的一些基本问题，突出了艺术的实践性质，提出了艺术作品以"实践—存在"的方式展现自身的观点，是实践存在论的艺术论。

这套丛书的出版是实践存在论美学在我国美学界首次以系统性、全面性、权威性的面貌出现，为我们全面了解实践存在论美学提供了参考。

---

① 朱立元：《试论马克思实践唯物主义的存在论根基——兼答董学文等先生》，《复旦学报》（社会科学版），2010年第1期。

二、思想来源：实践论与存在论在本体意义上的融汇

美学学科原本是西方舶来品，对西方美学思想的吸收是中国当代美学发展的重要途径，以西方美学作为参照可起到"他山之石"的作用。1980年代以来，中国美学家本着与西方美学平等对话、同步发展的学术愿望，博采众长的同时注重创新，以原创性的美学理论来立足现实大地、回应时代问题。

关于实践存在论美学的思想渊源，朱立元先生自述："我的实践存在论美学观点确实部分受到过海德格尔的启示，这是无须否定的，他的'基础存在论'思想对我是有过影响的。但是，我最根本的思想来源还是马克思《巴黎手稿》里的现代存在论思想。另外一个主要思想来源就是蒋先生的美学思想，他促使我重新思考了一系列美学理论的基本问题。"① 可见，朱立元是立足于马克思实践哲学的存在论思想，同时借鉴了现代西方存在论美学，吸收当代美学家蒋孔阳的实践创造美学思想，从而建设性地提出实践存在论思想。存在论是哲学研究的重要领域，哲学本体论的核心问题应是人的存在问题。马克思主义关注的是社会存在，西方存在主义哲学关注的是个体意义上的存在，朱立元把这两者关联起来，以海德格尔为启发，来重新认识马克思哲学中的存在论维度。

（一）马克思主义实践存在论哲学

马克思主义哲学是包括本体论、认识论、方法论、历史观、自然观等在内的完整思想体系，实践论是马克思主义唯物史观的核心。实践美学建立在马克思历史唯物主义实践哲学的基础之上，克服了唯心主义美学和旧唯物主义的片面性（这二者都是从直观经验出发，而忽视审美的社会实践基础）。然而，学界向来主要是从认识论角度来理解马克思主义哲学，从认识论角度来看，"生活决定意识"，实践是认识的源泉和基础。实践美学也同样是把马克思主义实践范畴限定在认识论框架下，实践被视作以感性事物为对象的现实的物质性活

---

① 朱立元、李世涛：《我的美学、文论研究之路》，《文艺争鸣》，2021年第3期。

动，在物质实践中主客关系被单向描述为主体对客体的改造。实践存在论美学同样是以马克思主义实践论为哲学基础，重视马克思主义哲学的实践本性，但对马克思实践范畴存在论意义上的原初内涵做了新的阐释和吸收。

1. 马克思主义"实践"范畴

朱立元认为，马克思的实践学说其实早已包含了存在论的维度和丰富内涵，因此，应从存在论角度对马克思实践范畴进行重新阐释："在马克思的学说中，实践概念与存在概念有一种本体论上的共属性和同一性，两者揭示和陈述着同一个本体领域。"[1]"从实践着眼审视存在，从现实存在着眼来审视实践乃是马克思唯物史观的精髓。"[2]马克思是从实践的角度来认识人，从现实存在出发来审视人类实践活动，而不是从先在本质观念角度来阐释实践活动，这样就从本体论上打通了实践论和存在论。

朱立元指出："马克思曾经在两个层面对形而上学的思维方式展开过批判，一是费尔巴哈的人本学唯物主义，一是以黑格尔为代表的思辨哲学。"[3]马克思在吸收黑格尔辩证法思想的同时，扬弃了黑格尔将世界本质归于"绝对精神"的客观唯心主义思想，以历史唯物主义突破了近代思辨形而上学。从费尔巴哈那里，马克思获得唯物主义思想启发，同时又批判了费尔巴哈的机械唯物主义，发展出历史的、辩证的唯物主义思想。写于1845年春的《关于费尔巴哈的提纲》是马克思主义实践观的重要文献，其中提出了11条提纲来批判费尔巴哈代表的旧唯物主义，论述的中心是实践问题，确定了实践唯物主义的基本观点。

首先，马克思将费尔巴哈人本主义哲学中"抽象的人"转变为"感性的人"。费尔巴哈只是把人的本质抽象为"类"，认为人是类的存在物，人的"类本质"主要是人的自然属性，人的自然本质是人的社会本质的源头，人与自然界的统一是人唯一真实的本质。马克思认为费尔巴哈关于人的本质的概念

---

① 朱立元：《走向实践存在论美学》，苏州大学出版社，2008年版，第269页。

② 朱立元：《走向实践存在论美学》，苏州大学出版社，2008年版，第270页。

③ 朱立元、王昌树：《遮蔽"存在"的存在论批判——评董学文等先生对海德格尔存在论思想的误读》，《马克思主义美学研究》，2010年第1期。

没有历史维度，不追问人的本质的来历，进而突破费尔巴哈的抽象人性论，从现实的人的角度，而不是抽象的人的角度来认识人。朱立元对此评价道：马克思"把费尔巴哈的抽象的人的（'类生活'、'类存在'、'类本质'等）拉回到人与人的社会联系与现实交往中来，变成在历史中行动的现实的人。《手稿》所迈出的这一步，是关键性的重大一步，是他开始摆脱费尔巴哈影响、超越人本主义障碍、创建历史唯物主义的伟大转折"[①]。

其次，马克思批评费尔巴哈没有从实践角度，只是从客体角度来理解事物。对现实事物，费尔巴哈持直观反映论思想："只是从客体的或者直观的形式去理解，而不是把它们当作人的感性活动，当作实践去理解，……他没有把人的活动本身理解为客观的〔gegenständliche〕活动。"[②]马克思则把实践观点引入认识论，把认识论建立在实践观点之上，确立了能动的反映论思想。马克思强调能动性与受动性、主观与客观的统一，人的实践具有自觉选择性和主动创造性。主体与客体相辅相成，人在观照、改造客观对象的同时也塑造了自己。

在批判费尔巴哈的基础上，马克思以"人的感性活动"来定义、解释实践概念，指出"实践"范畴并不局限于物质生产劳动，认为社会生活在本质上是实践的。马克思把感性意识、感性活动看作是领悟着存在的"生存"。人在自己所创造的世界中确证自身，以全部感觉在对象世界中肯定自己。马克思说的感性意识，不是以理性的先验性为本质，而是以生命活动本身为对象的意识，感性活动使存在者作为感性对象而凸显出来。

同时，马克思重视人的社会性和现实性，其哲学中包含着的本体论是"社会存在本体论"，认为社会实践是人的存在的基本方式。马克思："只有在社会中，人的自然的存在对他说来才是他的人的存在，而自然界对他说来才成为人，因此，社会是人同自然界的完成了的本质的统一，是自然界的真正复

---

① 朱立元：《历史与美学之谜的求解：论马克思〈1844年经济学哲学手稿〉与美学问题》，上海人民出版社，2014年版，第31页。

② 中共中央马克思恩格斯列宁斯大林著作编译局编：《马克思恩格斯选集》（第1卷），人民出版社，1972年版，第16页。

活。"①社会是人的存在空间，在社会中建立起来的人与人之间的关系是真正的人所赖以形成的条件。

2. 马克思审美主客体关系思想

学界长期将马克思主义哲学简分为作为自然观的辩证唯物主义和作为历史观的历史唯物主义两大部分，将自然和社会割裂开来加以认识："长期以来，唯物史观被简单化为生产力决定生产关系、经济基础决定上层建筑及意识形态（社会存在决定社会意识）的单纯'决定论'。在这里，作为生产力的首要因素和生产关系的主体——人——消失了。"②朱立元认为人本主义与唯物史观二者"可能不仅仅是互补、并重的关系，而且在一定意义上，是一体的关系：唯物史观必定包含人本主义或者人道主义维度，缺少人本主义的唯物史观是片面的、不完整的唯物史观，也不符合马克思构建唯物史观的本意"。③主体的人、客体的实践对象，在"人的存在"这个中心枢纽处得到了统一，马克思主义实践观把自然与社会视作"人的存在"活动统一体，融汇了认识论和存在论的双重维度。马克思《1844年经济学哲学手稿》"把辩证法创造性地应用于审美主客体关系研究，力图以人的劳动实践（人的对象化与自然的人化）为中介，把人与现实的审美关系看成一个不断生成、变化和发展的历史过程，并初步揭示了这一发展的必然规律。这就为把美学变为一门真正的历史科学开启了正确的方向"④。"人的劳动实践"是人的存在的外化，"自然的人化""人的本质力量对象化"存在论维度不容忽视，"人化的自然""人的对象化"体现着主客观统一。

马克思在其实践观的基础上，以人的感性生存作为其存在论的逻辑起点：

---

① 马克思、恩格斯：《马克思恩格斯全集》（第42卷），人民出版社，1979年版，第122页。

② 朱立元：《历史与美学之谜的求解：论马克思〈1844年经济学哲学手稿〉与美学问题》，上海人民出版社，2014年版，第259页。

③ 朱立元：《历史与美学之谜的求解：论马克思〈1844年经济学哲学手稿〉与美学问题》，上海人民出版社，2014年版，第259页。

④ 朱立元：《历史与美学之谜的求解：论马克思〈1844年经济学哲学手稿〉与美学问题》，上海人民出版社，2014年版，第51页。

　　"对象性的存在，是一本打开了的关于人的本质力量的书，是感性地摆在我们面前的人的心理学；对这种心理学人们至今还没有从它同人的本质的联系上，而总是仅仅从外表的效用方面来理解。"[①]若只从"外表的效用"即客观的、物的角度来理解，则是片面的、肤浅的。马克思认为物的外表下是"人的本质"的凝结，深刻体现出人的主体精神，是人之存在的明证和物的依托，人在对象中自我确证、自我肯定。并且，马克思认为："人作为对象性的、感性的存在物，……是一个有激情的存在物。激情、热情是人强烈追求自己的对象的本质力量。"[②]"激情、热情"是人内心的感性力量，是人的存在的最直接证明。人的各种实践活动中，最能体现人是"一个有激情的存在物"的，是审美活动。康德认为审美是"不涉利害关系而愉快"，愉悦的审美情感是审美活动不可或缺的方面。在审美情感的力量中，人克服了与外在世界的分离感，外在世界也因人的情感渗透而终于成为人的存在的一部分，而不再是分离的客体。

　　由此，人与世界的关系就从认识关系转变为一种存在关系。马克思说："人不是抽象的蛰居于世界之外的存在物。人就是人的世界。"[③]"人就是人的世界"这一存在论命题，与马克思主义实践范畴紧密相连。在实践活动中，人在实现自身本质力量对象化的同时，也获得了自己作为人的规定性；并且，这种质的规定性不能先于实践活动而存在，必须与实践相伴而生。实践活动中创生的人与自然、人与社会、人与人、人与自我等多重关系构成了"人的世界"。简言之，实践是人的存在方式，人在实践中生成"人的世界"，从而得以彰显自身的存在意义。

　　总之，马克思的与实践观结合为一体的存在论是完整、系统的存在论思想，也是马克思存在论思想最独特和高于其他存在论学说（包括海德格尔的存在论思想）之处，开辟了现代西方存在论思想的新思路。

---

　　① 马克思、恩格斯：《马克思恩格斯全集》（第42卷），人民出版社，1979年版，第127页。

　　② 马克思、恩格斯：《马克思恩格斯全集》（第42卷），人民出版社，1979年版，第169页。

　　③ 中共中央马克思恩格斯列宁斯大林著作编译局编：《马克思恩格斯选集》（第1卷），人民出版社，1995年版，第1页。

(二)海德格尔此在存在论哲学

除了马克思与实践观相结合的存在论，作为朱立元实践存在论美学哲学基础的还有海德格尔存在论思想："海德格尔主张打破柏拉图一直到尼采的西方形而上学所建构抽象的、思辨的逻辑体系以及资本主义文明遮蔽人的存在的历史本真性，除去笼罩在人类'存在之天命'之上的迷雾，彰显历史的本来面目。在这方面，马克思和海德格尔的思想具有某些共通之处，他们对西方传统形而上学的哲学变革在存在论上有所暗合。"①海德格尔从认识论转向现象学，朱立元从海德格尔那里汲取生成论、审美关系思想。朱立元概括出海德格尔存在论哲学的基本含义："海德格尔通过对'此在在世'的生存论分析，把感性个体人生看作人与世界相互依存、双向开显其存在意义的过程，认为语言是存在的家园，审美和艺术是对存在的揭示。"②

1. "此在在世"生存论

海德格尔哲学首先区别了"存在""存在者"这一对范畴，"存在"具有不可言说、不可定义的性质，"存在者"是可以具体阐明和定义的，客观存在着的万事万物和具体的个人都只是"存在者"而不是"存在"。海德格尔认为，古希腊以来的西方哲学都把"存在"固化为五花八门的"存在者"，然后把具有特定意义的"存在者"作为最高的意义范畴来指导现实活动，这种实体本体论传统只是抓住了"存在者"而不顾及"存在"本身，是以"存在者"遮蔽"存在"的做法。

以海德格尔为代表的现象学存在论，其前期理论是"此在的基础存在论"，海德格尔用"此在"（Dasein）来表示人与世界之间先于主客二分的先天亲近关系、始源性的关系。"此在"相对于"存在"而言，具有日常性、时间性和实际性，是对人的存在所展开的历史形态，由此，存在的意义才得以显露。"此在"处于优先的地位，不是预先定义的本质化存在，它消解了一切现

---

① 朱立元、王昌树：《遮蔽"存在"的存在论批判——评董学文等先生对海德格尔存在论思想的误读》，《马克思主义美学研究》，2010年第1期。

② 朱立元：《美学》（修订版），高等教育出版社，2006年版，第36页。

象的实体性，赋予了一切现象原发的空间。海德格尔从生存论立场来重新理解感性，人在生存中所达到的存在之思才是原初的、本源性的真理，真理在感性中发生，真理与感性是原始统一的，并没有比感性心灵更高级的心灵。

人的存在是"此在在世"，"此在"与"世界"并非两个并列的"存在者"，而是融为一体："此在在世界中存在。"人与世界互为存在依据：人的变化带动世界的变化，离开了人，这个世界也就无所谓意义；世界原初就包含了人在其中，世界的变化也带动人的变化，离开了世界，人也不能存在。海德格尔的基础存在论跳出了笛卡尔主客二分的认识论，认为人和世界是不可分割的一体，人在世界中存在。朱立元借鉴了海德格尔的命题——"此在""人在世界之中存在"[①]，赞许"此在"范畴相对于实体本体论哲学而言回到了变动不居的日常感性活动，"此在在世"是具体鲜活、不断生成的。朱立元选择性地吸收海德格尔存在论思想，以其生成论思想来否定现成论："存在问题的现代方向：以生成性取代实体性，以非现成性取代现成性，不是追寻实体，而是描述存在之显现及其过程。"[②]美是存在生存的常变常新。存在由于具有未定性，因而是浑然天成、生生不息的，在丰富多彩的现实生活面前不断产生鲜活的、具体的、多样的意涵。

同时，朱立元认为海德格尔并没有上升到实践的高度："海德格尔的存在论始终没有达到马克思的实践论的高度，而马克思则把实践论与存在论有机结合起来，使实践论立足于存在论根基上，使存在论具有实践的品格。"[③]"马克思高于和超越海德格尔之处是用实践范畴来揭示此在在世（人生在世）的基本在世方式。"[④]朱立元吸收了海德格尔"此在"观对西方认识论形而上学传统的突破之处，又进一步在马克思"实践"基础上来理解"此在"。

---

① 海德格尔：《存在与时间》，陈嘉映、王庆节译，生活·读书·新知三联书店，2006年版，第62页。

② 朱立元：见《实践存在论美学——朱立元美学文选》，山东文艺出版社，2020年版，第350页。

③ 朱立元：见《实践存在论美学——朱立元美学文选》，山东文艺出版社，2020年版，第159页。

④ 朱立元：《略说实践存在论美学》，百花洲文艺出版社，2021年版，第143页。

2. "天地人神四方游戏说"的整体观

1950年代后期，海德格尔提出"天地人神四方游戏说"。天、地、人、神四方相互保持，没有其他三方，任何一方都不是存在。任何一个存在物，都是天地人神的集合。在场与隐蔽着的不可穷尽性集合在一起，因此，要让存在者按照其本来面目敞开自身，需要超越个体存在者，在人与世界合一的整体中去把握。这类似于中国哲学里的"天人合一"境界。朱立元认为："海德格尔后期的存在论明显克服了前期这种人类中心主义倾向，而强调了人与自然的和谐统一。这就是Ereignis（可译为'大道'）。"[①]"时间的思维与天地神人的四方一体，构成了海德格尔后期的存在论——Ereignis。……这里一方面有一种对存在问题的'诗化'倾向，另一方面则完全克服了前期多少存在的此在中心主义倾向，达到了人与自然、与世界的充满诗意的和谐境界。"[②]"在世界之中存在"并不是事物之间物理的、拼凑的关系，而是意味着"照料着照面世界之周遭而在那里栖留"[③]。人依寓于世界，在世界中忙碌、操劳、生存，生生不息。

海德格尔"天地人神四方游戏说"是一种整体论，强调的是关系，人在"天地人神四方"中存在。朱立元吸收了海德格尔这一思想，并发展出"人生在世""审美关系"等范畴，并结合马克思实践哲学，认为"人生在世"的基本方式是实践，此在操劳着寓世而居。人生在世指的是人同世界浑然一体的情状。在世就是繁忙地同形形色色的存在者打交道。

3. 艺术的本质："诗意的栖居"

海德格尔曾引用荷尔德林诗句"人诗意地，/栖居在这片大地上"来表达人的存在，朱立元在阐释特拉克尔诗歌时这样分析海德格尔"大地""世界""语言"等概念："与柏拉图主义对感性领域的鄙弃不同，海德格尔认

---

① 朱立元：《实践存在论美学——朱立元美学文选》，山东文艺出版社，2020年版，第148页。

② 朱立元：《实践存在论美学——朱立元美学文选》，山东文艺出版社，2020年版，第150页。

③ 海德格尔著，孙周兴编译：《形式显示的现象学：海德格尔早期弗莱堡文选》，同济大学出版社，2004年版，第155页。

为，灵魂不能离弃大地，灵魂只有在大地中展开自己才能获得生机。大地是灵魂的栖居之所。"① "在艺术作品中，大地的神秘性、不可全盘解释性和言说性，使意义世界的生成显示出疆域和有限，同时也使艺术作品中的意义世界具有了动态的、不断拓展变化的可能性和无限的生成性。"② 人类要达到"诗意地栖居"，艺术是一种有效方式。艺术就是在作品中显现的存在者的存在，让真理由遮蔽走向解蔽，通抵澄明之境，让存在自动显现自身。

朱立元认为，海德格尔的存在论也可以表述为"语言存在论"："海德格尔在这里依然强调神性的语言（月亮的轻柔的鸣响与内心良知的呼声）乃是原语言，这原语言本身就是吟唱着进行道说的歌曲，作诗就是跟随着这道说。"③ 海德格尔说过："语言是存在的家。"④ 语言的本质是诗的语言，艺术的本质在于诗，诗是通抵澄明之境的最纯粹的语言，即"原语言"。只有诗的语言才能发掘此在"在场"中的"不在场"，诗的"道说"让人聆听到无底深渊的声音，回归人真正的家园。

人与世界的融合、人与存在的会合，都是借由语言来实现的。语言不是再现、表现客体的工具，"语言是存在的家"。语言是存在者之存在，无语言之处，存在者是无意义的。语言为"大地"上的存在者去蔽而成为人的"世界"。"人与存在的会合在语言，而语言的本质在海德格尔看来，是诗意的语言，其特征是'遮蔽'与'去蔽'、'在场'与'不在场'的斗争，诗意语言总是由'此'指向'彼'，总是超越'在场'而指向'不在场'。"⑤

总之，朱立元兼收并蓄，同时以马克思和海德格尔哲学思想为基础。"对

---

① 朱立元、李创：《略论海德格尔对特拉克尔诗歌中大地、太阳、月亮意象的解读》，《外国文学研究》，2014年第1期。

② 朱立元、李创：《略论海德格尔对特拉克尔诗歌中大地、太阳、月亮意象的解读》，《外国文学研究》，2014年第1期。

③ 朱立元、李创：《略论海德格尔对特拉克尔诗歌中大地、太阳、月亮意象的解读》，《外国文学研究》，2014年第1期。

④ 朱立元、李创：《略论海德格尔对特拉克尔诗歌中大地、太阳、月亮意象的解读》，《外国文学研究》，2014年第1期。

⑤ 张世英：《进入澄明之境：哲学的新方向》，商务印书馆，1999年版，第87页。

于马克思和海德格尔来说，哲学不再是形而上学体系的建构，不是纯粹抽象的理论演绎和推理，更不是什么概念的自我确证的思辨游戏。真正的哲学应该是面向人的现实存在样式，面向人的存在展开的历史本身。"①但同时二者存在着较大的差异，海德格尔存在主义哲学关注的是个体意义上的存在，马克思主义哲学关注的是社会存在；马克思的存在论是以实践为基础和依据的，海德格尔的存在论缺少实践的基础。朱立元则坚持了马克思主义唯物史观对美学的指导，把这两者关联起来，以马克思社会存在论为主，吸收存在主义哲学个人存在论，从具体社会关系来理解人的存在。人是社会关系的总和，社会关系是在实践中生成的，立足人生实践的基础，实现个人性与社会性的统一。

(三)蒋孔阳的实践创造论美学

蒋孔阳先生（1923—1999）是中国当代重要的美学家，其美学专著《美学新论》（1993）被誉为继往开来的经典之作，朱立元实践存在论美学受到了蒋孔阳的审美关系思想的直接影响和启示。

在蒋孔阳实践创造论美学思想中，"自由劳动"—"人的本质"—"美的规律"三个概念三位一体，其中"自由劳动"是实践活动，"人的本质"即人的创造活动，"美的规律"要在审美关系中显现。由此，"实践"—"创造"—"审美关系"三者也是融为一体、密不可分的关系。朱立元将蒋孔阳美学思想概括为"以实践论为哲学基础、以创造论为核心的审美关系理论"，认为蒋先生超越了主客二分思维方式，破除了认识论美学的理论框架，摆脱了本质主义研究思路，形成了五六十年代美学大讨论"四大派"之外的"当代中国美学的第五派"，②是通向未来的美学。

蒋孔阳实践创造论美学的主要观点和美学突破主要有以下几个方面：

---

① 朱立元、王昌树：《遮蔽"存在"的存在论批判——评董学文等先生对海德格尔存在论思想的误读》，《马克思主义美学研究》，2010年第1期。

② 朱立元：《实践存在论美学——朱立元美学文选》，山东文艺出版社，2020年版，第51页。

1. 逻辑起点："审美关系"说

蒋孔阳从第一次美学大讨论关于"美在主观""美在客观"的追问中走出来，其美学观的逻辑起点是"人对现实的审美关系"："审美主体与审美客体发生了美学上的关系，这就是审美关系。人间之所以有美，以及人们之所以能够欣赏美，就因为人与现实之间存在着审美关系。正因为这样，所以我们认为人对现实的审美关系，是美学研究的出发点。"①蒋孔阳认为并没有先在的"美"，只有在人与世界发生审美关系时，美才会发生，才会呈现出意义："审美主体与审美客体的关系，则像坐标中两条垂直相交的直线，它们在哪里相交，美就在哪里诞生。"②美学研究对象的重点应该是人和世界之间的审美关系，单纯从主体方面或者客体方面来研究美学都是片面的。

人对现实的关系多种多样，包括实用关系、认识关系、伦理关系、审美关系等。相比其他种种关系，蒋孔阳认为人对现实的审美关系具有如下特点：首先，人是通过审美感官、审美心理活动在自己和审美对象之间建立审美关系的，人的感觉器官在审美主体与客体之间建立起了审美的中介、桥梁。其次，"审美关系是自由的。所谓自由，包括两层意思：第一，不受限制，从他物的束缚中解放出来；第二，能够自己做主，从对他物的依赖中解放出来。……审美关系之所以为审美关系，它的特点则在于它虽然也要受到主体与客体各自条件的限制，但它却常常能够从这些限制中解放出来，取得自由。"③审美实践是一种自由的精神实践。

蒋孔阳认为主体与客体之间的关系，既有实用关系、伦理关系等外在的、强制性的、不自由的关系，又"有一种非强制的自由关系：主体对客体没有实际利害的要求，而只是一种形象的观赏，精神的满足。这就是审美关系，美就在这个关系中诞生。只有有了自由意识的人，才能和现实发生这种审美关系，

---

① 蒋孔阳：《美在创造中——蒋孔阳美学文选》，山东文艺出版社，2020年版，第28页。

② 蒋孔阳：《美在创造中——蒋孔阳美学文选》，山东文艺出版社，2020年版，第105页。

③ 蒋孔阳：《美在创造中——蒋孔阳美学文选》，山东文艺出版社，2020年版，第37页。

因此，只有自由的人才能有美"①。他的"审美关系"说，突破了形而上学主客二分的思维方式，将审美客体与审美主体还原、放置到人与现实的具体的、生成的、变化的审美关系中去考察。审美活动虽然具有形象性、情感性特征，也依然被视作一种认识活动。蒋孔阳主张在感性基础上，建立感性与理性的统一。这与把审美视为理性活动的观点是有本质差异的。

2. "美"的内质："美的创造"论

蒋孔阳在"审美关系"思想的基础上提出"美的创造"理论："我们应当把美看成是一个开放性的系统，不仅由多方面的原因与契机所形成，而且在主体与客体交相作用的过程中，处于永恒的变化和创造的过程中。美的特点，就是恒新恒异的创造。"②美是"恒新恒异的创造"，审美现象本身是多样的、丰富多彩的、意义流动的。蒋孔阳提出"美在创造中"的思想，此举是突破本质主义思路的酝酿。本质主义的思路会造成限制，不符合事物的真实存在状态。美、审美、艺术是在人对现实的审美关系中生成的，有着具体语境的审美关系带来了主客体之间变幻多端、不可穷尽的交互性，这就赋予了审美活动以创造性。

蒋孔阳提出"美是多层累的突创"的重要命题。由于美的内容的丰富性，"美的创造，是一种多层累的突创。所谓多层累的突创，包括两方面的意思：一是从美的形成来说，它是空间上的积累与时间上的绵延，相互交错，所造成的时空复合结构。二是从美的产生和出现来说，它具有量变到质变的突然变化，我们还来不及分析和推理，它就突然出现在我们的面前，一下子整个抓住我们。正因为这样，所以美的内容是极其丰富和复杂的，它不仅具有多层次、多侧面的特点，而且囊括了人类文化的成果和人类心理的各种功能、各种因素。但它的表现，却是单纯的、完整的，有如一座晶莹的玲珑宝塔，虽然极尽曲折与雕琢的能事，但却一目了然，浑然一体"③。蒋孔阳提出"自然物质

---

① 蒋孔阳：《美在创造中——蒋孔阳美学文选》，山东文艺出版社，2020年版，第116页。

② 蒋孔阳：《美在创造中——蒋孔阳美学文选》，山东文艺出版社，2020年版，第96页。

③ 蒋孔阳：《美在创造中——蒋孔阳美学文选》，山东文艺出版社，2020年版，第97页。

层""知觉表象层""社会历史层""心理意识层"作为"美的创造"的四个层次，从外在的物质层到外在形象层，从内在个人心理和社会共通心理，我们感受到了审美创造是一个多重意义交相辉映的差异结构，需要充分考虑到多方面因素的综合参与，从而使每一次"突创"都会生成新的、独特的美与审美。

3. 审美对象："人是世界的美"思想

在《论人是"世界的美"》一文中，蒋孔阳首先引用了莎士比亚在《哈姆雷特》第二幕第二场中赞美人的经典台词："人类是一件多么了不得的杰作！多么高贵的理性！多么伟大的力量！多么优美的仪表！多么文雅的举动！在行为上多么象一个天使！在智慧上多么象一个天神！宇宙的精华！万物的灵长！"蒋孔阳指出，此处"宇宙的精华"的原文"the beauty of the world"直译应为"世界的美"。在莎士比亚看来，人是"世界的美"。或者说，有了人，世界才有美。世界的美是人创造的，离开了人，世界再没有美。[①]关于人为什么会成为"世界的美"这一问题，蒋孔阳认为这涉及人的本质问题。人与动物的区别，在于人有自由意识。蒋孔阳美学注重对人的美的本质追求，富有人文性。

蒋孔阳《论美是一种社会现象》中提出，美是一种社会现象而不是自然现象。"能够引起人们审美感情的美的形象，只能存在于人类社会之中，因为只有人类社会才能产生美的感情。"[②]"离开人，离开人的具体的审美实践活动，根本无所谓美。"[③]以人为主体来谈美，美只适用于人类，在人类社会之外无所谓美丑。蒋孔阳认为，美"是作为社会的人才具有的社会现象"：

首先，"美是一种社会的机能"[④]。蒋孔阳将"美"看作是人区别于动物的一种特性："人类能够欣赏的美，不仅是社会所规定的某种类型的美，而且是适应不同的对象所发现和创造出来的、千差万别的、具有独特个性的美。这

---

① 蒋孔阳：《论人是"世界的美"》，《学术月刊》，1986年第12期。

② 蒋孔阳：《美在创造中——蒋孔阳美学文选》，山东文艺出版社，2020年版，第77页。

③ 朱立元：《关于实践美学发展的构想》，《河北学刊》，2007年第1期。

④ 蒋孔阳：《美在创造中——蒋孔阳美学文选》，山东文艺出版社，2020年版，第117页。

样的美，在动植物的世界中，永远不存在。我们所说的动植物当中的美，往往都是千篇一律的、单调的。……动植物如果有什么美或美感的话，那也只是一种'种族的特性'，和我们人所创造和欣赏的那种具有高度的精神个性的美，根本是两回事。"[1]动植物的"种族特性"只具有生物学意义，不具有美学意义；审美活动是人专属的一种高级实践活动，不仅可以在社会群体中达到"类型的美"，更可以体现出独一无二的个性的美。

审美活动具有个性、共性两重属性，同时发挥着对个人和社会两方面的社会机能：一方面，美满足人的精神需求，它是个人的、个性的，是心有所得、口不能言尽的，由此，"美是人类提高自己和超过自己的一种社会机能。有了这种机能，人就能够从野蛮走向文明；从单纯的自然的存在，走向自觉的有意识的精神存在。美是人类精神文明的结晶，它提高人的精神修养和精神境界"[2]。另一方面，美又具有更为宏观的功能。审美活动的一个个主体，正因为发生了"言有尽而意无穷"的内心体验，他们会感到彼此心意相通，会产生更深入的情感和灵魂交流。比如中国四大名著、中国戏曲，中华儿女耳濡目染，自然是悦耳悦目、悦心悦志，民族凝聚力从心灵深处发生。所以，美可以把人们统一起来，成为社会团结的一个重要机能。

其次，美的社会性还表现为，"美要求有社会的共鸣"[3]。美和艺术是传达人与人间的感情的，因而可以引起情感共鸣。

最后，美也要有理性探讨，"美要有社会的解释和评价。……作品的美不是固定的，而是随着不同时代的读者的解释，而不断取得新的意义"[4]。艺术的美是在作者、作品和读者交互的作用中被共同创造出来的。

总的来看，蒋孔阳关于"人是世界的美"的论断，体现了对审美的存在

---

① 蒋孔阳：《论人是"世界的美"》，《学术月刊》，1986年第12期。

② 蒋孔阳：《美在创造中——蒋孔阳美学文选》，山东文艺出版社，2020年版，第119页。

③ 蒋孔阳：《美在创造中——蒋孔阳美学文选》，山东文艺出版社，2020年版，第119页。

④ 蒋孔阳：《美在创造中——蒋孔阳美学文选》，山东文艺出版社，2020年版，第121页。

论根基的探寻和审美的人文性，审美活动是人在实践活动中建立起来的人的社会存在的观照与显现，因而审美具有独属于人的社会属性。同时，朱立元指出，蒋孔阳的美学提问，从传统本质主义的"美是什么"，转向了发问"什么是美"，这"意味着思维方法的重大变革"①，从认识论思维转向了存在论思维，关注审美活动在"人的存在"层面的意义，强调人对现实的审美关系和人的主体创造性。

4. 审美主体：美感论思想

蒋孔阳对于单纯认识论思路的超越，更集中地体现在他的美感论思想方面。他把"美感"放在审美主客体关系中去考察。蒋孔阳的美感论思想主要有三个方面：审美发生学、审美心理学、审美生理学。关于"审美发生学"，蒋孔阳认为人类美感形成的最根本原因在于物质生产实践，由于人类实践的持续性和变化性，美感与美处于永恒的创造和变化之中。

蒋孔阳美感论思想最核心的是审美心理学。他认为，在美感的各种心理功能中，"无疑感情占据着主要的地位，发挥着主要的作用。……理智和意志，到了美感中，都化成了感情"②。"美感"首先是感受，有感受也就有感情。艺术中的感受和感情，最重要的品质是真挚。

蒋孔阳在对审美直觉、知觉进行阐释的时候，也强调审美活动与一般实践活动的差别，即审美活动中人将感受、感情也倾注进了理性直觉、知觉之中。艺术直觉的特点，表现为感受的直接性、突然性、专注性、透明性。审美中的知觉，其作用是把直觉所形成的印象，通过区分和概括，加工成完形的整体；将概念赋予事物的感性形象，从而理性认识感性形象。"知觉是感性与理性的统一，是概念在感性形象中的活动。"③

通过审美活动中情感的主导作用，造就了不同于自然世界的"人化的世

---

① 朱立元：《走向实践存在论美学》，苏州大学出版社，2008年版，第97—98页。

② 蒋孔阳：《美在创造中——蒋孔阳美学文选》，山东文艺出版社，2020年版，第193页。

③ 蒋孔阳：《美在创造中——蒋孔阳美学文选》，山东文艺出版社，2020年版，第198页。

界"："正当知觉和表象从客观转向主观，从无情无义的物质世界转向充满了人的感情的心灵世界的时候，我们的美感活动转过来把人的主观感情赋予客观世界，使客观世界从沉睡中惊醒起来，充满了生命，变成了人化的世界。"①

知觉和表象对于客观世界的转化，对营造审美的"人化的世界"所起的作用表现在三个方面：（1）完形作用："知觉在整理和建构的过程中，不仅保留客观对象的形，也就是景；而且渗透进主观的各种心理感受，也就是情。这样，在构成风景的完形中，既有景，又有情，它是情景的交融。"②（2）选择作用："人的知觉是随着对客观世界不同方面的选择，而构成不同的表象的。人生活在大千世界中，处处都在根据自己的处境，自己的需要，以及自己感情的爱好，对客观世界进行各种各样的选择，从而感受到千姿百态的美，产生出无穷无尽的美感。"③（3）意向作用："文学艺术当中，更是有多少这样的以虚为实、幻假成真的作品！它们都是根据作者的意向，把我们的感情引向他们的所爱所憎，从而让我们为古人担忧，为不相干的人伤心！"④在这三个作用中，无一不是要和"感受""感情"结合在一起，无一不是要通过感性心理活动的参与才能完成。可见，蒋孔阳的文艺美学观高度重视人的感性生活，而不是把直觉、知觉活动看作是黑格尔所说的"理念的感性显现"，不是以"理念"为审美活动的方向和诉求，而是强调"感性"本身的独立价值和意义，当然，这一价值和意义是建立在对人的感性存在本身的重视基础上的。朱立元对此评论道："蒋先生的'美感论'超越认识论的另一重要表现在于：基本上不谈论美感与美（审美对象）的反映、符合等认识性关系；也很少孤立地谈论美感所包含、揭示对象的规律、真理的理性认识内容。这是与传统美学理

---

① 蒋孔阳：《美在创造中——蒋孔阳美学文选》，山东文艺出版社，2020年版，第198页。

② 蒋孔阳：《美在创造中——蒋孔阳美学文选》，山东文艺出版社，2020年版，第200页。

③ 蒋孔阳：《美在创造中——蒋孔阳美学文选》，山东文艺出版社，2020年版，第201页。

④ 蒋孔阳：《美在创造中——蒋孔阳美学文选》，山东文艺出版社，2020年版，第201页。

论的重要区别。"①蒋孔阳不在认识论框架之下推导客观的美学规律，而是把对"美的规律"的探讨挪到审美活动内部去，在感性的审美心理活动中洞见相关规律。

总的来看，"蒋先生的美学思想展示出一个以人生实践为本原，以审美关系为出发点，以人和人生为中心，以艺术为典范对象，以创造—生成观为指导思想和基本思路的理论整体。这个理论整体为我们建设和发展实践存在论美学初步奠定了基础"②。"在人生实践中存在，在人生实践中相生，通过人生实践活动，人的本质力量对象化活动，人、世界、艺术、美被统一到一个不断生成流变的过程之中。这是蒋孔阳美学思想的精华所在，也是其在新世纪依然具有真正的活力和生命力的原因所在。……在蒋先生的美学思想中确确实实体现了一种活泼泼的东西，包含着一种对以形而上学思维方式构建起来的美学的初步突破。"③朱立元在这里用"活泼泼的""真正的活力和生命力"来总结蒋孔阳美学思想的最大启示，美、美感、美学都应当是建立在人活泼泼的生存实践上的，应当回到存在本身，以"人"为出发点和旨归，重视人的感性生活本身的无穷创生力量，这样才能彻底摆脱千百年来的形而上学认识论思维，真正开创面向当下、走向未来的美学理论。

三、实践存在论美学的基本思想

有论者总结了实践存在论美学的四个"转向"："实现了由静态主客体关系论向动态整体性活动关系论的转向；完成了从认识论向实践生存论的转向；实现了由美的现成论向美的生成论的转向；实现了由单一审美论向广义人生境界论的转向。"④若以关键词的方式来表达这四个"转向"，可以描画出这样一条动态过程："人生在世"—"实践"—"生成"—"境界"。可见，实践

①　朱立元：《走向实践存在论美学》，苏州大学出版社，2008年版，第83页。
②　朱立元：《略说实践存在论美学》，百花洲文艺出版社，2021年版，第13页。
③　朱立元：《走向实践存在论美学》，苏州大学出版社，2008年版，第77页。
④　朱立元：《走向实践存在论美学》，苏州大学出版社，2008年版，第332—333页。

存在论美学思想的出发点和归宿都是现实生活中感性的人，人在与审美对象的审美关系中建构审美活动，在审美实践中生成审美意义，从而获得与世界的整体性存在，达到万有一体、圆融宁静的人生境界。

（一）本体论：实践是人存在的基本方式

实践存在论美学把"实践"看作是人的本体性存在方式。何为"本体"？这个概念在西方哲学史不同历史时期有不同内涵，1980年代以来我国美学研究由认识论转向本体论方向，"本体论"概念被运用的频率相当高，却不乏误解与误用，因而需要加以辨析。针对国内学界对"本体""本体论"范畴的误释，朱立元认为需要注意的是：（1）"本体"不是"文艺作品本身"；（2）"本体"不等于世界万物的本原，本体论不等于本质论、本源论；（3）"本体论"不等于"宇宙论"；（4）本体论不等于过程性、体验性、自足性、根本性。

从词源角度来看，"本体论"一词（英文Ontology，德文Ontologie）是德国哲学家郭克兰纽（Rudolphus Goclenius）在1636年最早使用，他把希腊词on的复数onta（即beings，"存在者"）与logos（"学问""论证"）结合在一起，创造出的德文新词"Ontologie"，该词的希腊词源可直截了当译为"存在学"或"存在论"。因而从原初意义上看，所谓"本体论"就是关于"存在者"的学问。实际上，在这一专门术语出现之前，本体论研究古希腊时期就早已有之。柏拉图《巴曼尼德斯篇》为本体论奠定了基础，在该文中柏拉图把"存在"和"存在者"看作理念，"把理念论进一步上升到存在与存在者关系及相关范畴的抽象推理和逻辑演绎的本体论高度"。[①]虽然柏拉图"理式"世界理论是本末倒置的唯心主义，但他的确开始了对人及世界万物存在问题的理论思考。亚里士多德则进一步把本体论建设成形而上学中最重要的一门学科，他在《形而上学：第4卷》提出，作为形而上学的"本体之学"，研究"实是之所以为实是"（英文being as being，可译为"存在之所以为存在"），将

---

① 朱立元：《走向实践存在论美学》，苏州大学出版社，2008年版，第129—133页。

"存在"看作最基础和最终的原因，其他任何因素只能由它派生，这就明确地把存在问题作为本体问题来看待了。针对人的存在，亚里士多德认为需要从人的伦理生活层面来思考，他在《尼各马可伦理学》中指出，只有在人的实践尤其是伦理政治生活中才能体现出"善"，才能使灵魂获得平衡状态，因此"亚里士多德的实践哲学实际上是伦理政治哲学"①。人的存在是在有目的的实践活动中显现的，而"实践的内在根据和基本法则都在人自身的德性和理性，……实践既展示着人的道德的政治的行为，表现着人作为一个整体的性质或品质，又培养着德性，建构着德性，实现着德性，并决定着人的存在状态"②。人的实践活动和人内在的道德、理性紧密相连，因而也建构着、决定着人的存在。

亚里士多德的存在本体论思想影响深远："中世纪经院哲学的神学本体论（关于上帝存在的证明）至笛卡尔的二元本体论、再到黑格尔《逻辑学》关于理念的本体论推演，都是对亚里士多德本体论思想的发展与完善。"③黑格尔纯粹用逻辑构造方法来建构包括人在内的整个世界的本体，他引述过德国理性主义哲学家沃尔弗关于"本体论"一词的最早定义，即"论述各种关于'有'（ov）的抽象的、完全普遍的哲学范畴"④，认为"本体论"的研究对象是"有"即"存在"。黑格尔建构的"有"不仅是人的存在，也包括宇宙万物，"有"成为其哲学体系最基础、最普遍的范畴。在黑格尔主观唯心主义世界观中，万物之"有"来自绝对精神，人的存在是绝对精神往下推衍的结果，人应当用理性提升存在状态来靠近绝对精神，人的存在被视作是绝对精神、理念的感性显现。随着近代认识论哲学的发展，"本体"观念开始离开存在本身。笛卡尔"我思故我在"的唯理主义哲学明确地把人和万物分隔开来，也就把人的存在抽离了人所生存的世界，将人的理性认识活动看作是比人的感性实践更高

---

① 朱立元：《走向实践存在论美学》，苏州大学出版社，2008年版，第106页。

② 朱立元：《走向实践存在论美学》，苏州大学出版社，2008年版，第107页。

③ 朱立元：《走向实践存在论美学》，苏州大学出版社，2008年版，第135页。

④ 黑格尔：《哲学史讲演录》（第4卷），贺麟、王太庆译，商务印书馆，1978年版，第189页。

的、自足的本体。康德哲学中的本体是"先验自我",它同样高于现实中的经验实在,这样一来,人在实践中的丰富性、动态发展性被"先验存在"的整一性、确定性、静止性所取代。

马克思主义突破了理性形而上学的藩篱,恢复了哲学本体论的存在论含义,把存在理解为社会存在,在人的历史实践中探寻存在,因而是"社会实践本体论"或简称"实践本体论"。同时,马克思不是亚里士多德式的把实践主要归于伦理、政治生活等社会理性维度,而是把"感性活动"作为"实践"的重要维度,感性的人的存在登上哲学前台,人的生生不息的感性实践活动被看作人类生存的本质性活动。在此,实践论与存在论不是简单对接,而是二者的一体融合,作为本体论的"人的存在"在实践中得到自我确证和自我实现。马克思本体论意义上的实践存在观是实践存在论美学的哲学基础。

为了厘清"实践存在论美学"之"实践"的含义,我们首先来辨析哲学、美学意义上的"实践"与日常生活实践在内涵上的差异。"实践"在日常生活中一般是指"从事某一件事",指人有目的地活动,通过"做事"而达到某一预期结果。比如农民的劳作,作为物质生产实践,一般而言是通过付出劳动时间、按照一定科学规律来做出行动,最终在客体上达到预期效果。然而这些实践活动的主体与客体只是在实体层面发生关联,彼此作为"存在物"的性质没有发生内在的改变,没有存在本体层面的交融。按照外在规律来从事活动是"实践"概念的题中应有之义,但并不是最核心的含义。

"实践"除了作为动词的"从事某件事"这一层含义外,还有更为内在的三方面意义:

第一,人只有在实践中才能获得不断增进的全面发展,才能确定自己的本质。人在实践中不只制造外物,也在实践中发现、确证自我的存在,这就需要把"实践"概念延展到精神实践活动:"实践是人的现实的、具体的、历史的生存在世方式;实践包含人类各种各样的活动形态,由物质生产实践,社会改革、伦理道德实践,精神实践、审美和艺术实践等多层面、多维度的活动方式组成,可以视作广义上的人生实践;实践是人与自然、人与社会、人与自我交往的基本方式。"①"实践"范畴不仅包括人与自然的关系，也包括人与人的社会关系，全部社会生活本质上是实践的。作为人存在的基本方式的"实践"是广义的人生实践，除了物质生产劳动这一最基础活动以外，还包括道德活动、政治活动、经济活动、审美艺术活动等。实践存在论美学从人与现实的实践性关系出发来理解主体与客体，人在与周遭世界不同层面打交道的实践过程中，不断地创生包括审美关系在内的各类社会关系。作为人的高级精神实践，审美活动是体现人超越动物的本体存在的最基本方式之一，是人与世界在精神层次的深度关系。

第二，"实践"概念的核心品质是创造、创生和改变，并且，创生和改变不以任何理论认识为前提，不是人的观念引动的，而是发源于生活世界。人的存在即"人生在世"状态："所谓人生在世，简言之，即人在世界中存在；展开说，即人与世界在相互依存、融为一体的关系中双向建构、生成发展。"②世界、人、人与世界的关系是"人生在世"的三重要素，实践就是人生在世的基本方式，"实践乃是否定现存事物、改造世界的活动，是创造的、开放的、未完成的和具有无限可能性的人类存在方式和发展方式。在实践活动中不但世界不断生成、开显和变动，而且人不断改造自身而向人生成，同时，人与世界双向建构"③。人与世界统一的"人的世界"生成于实践、奠基于实践、统一于实践：一方面，"世界"以其广博丰茂、多姿多彩让身处其中的人的五官感知、七情六欲、心智意志都得到寄托和冶炼，人在世界之中的实践活动证明了"人"区别于动物的独特性和丰富性，呈现了人自身的存在；另一方面，世界因"人"而得以从无意义的自在状态中显现出意义，也因人生生不息的实践活动而绽放出新的"世界"面貌和新的意义。人与世界之间这种"双向建构、生成发展"的关系，让人与世界一体圆融，互相应和，又彼此呵护。

第三，人的生命本身是一个时间性存在，实践作为人的存在方式，同样具有过去、现在、将来三个时间维度。人在历史实践中形成文化积淀，历史是人

---

① 朱立元：《略说实践存在论美学》，百花洲文艺出版社，2021年版，第12页。

② 朱立元：《美学》（修订版），高等教育出版社，2006年版，第55页。

③ 朱立元：《走向实践存在论美学》，苏州大学出版社，2008年版，第121页。

的存在的凝聚；同时，人向着未来所做的筹划在当下实践活动中产生意义，决定了当下实践活动的方向和性质。虽然个体实践是有限的、短暂的，但人类整体的实践生生不息、永无止境，造就了世界的日新月异。

（二）逻辑起点：作为基本人生实践的审美活动

"美""审美"在美学史中一般被看作是超越日常生活的精神追求，比如在古希腊"美"是一种理想，是神圣、不可企及的典范，美的标准是普遍的、绝对的，理性观念在希腊人关于美的观念中起到了至关重要的作用。实践存在论美学让美、审美回归生活本身，认为审美是人与世界之间的一种精神性的对话与交流，人对现实的审美关系离不开实践，人生实践是审美活动、审美创造不可或缺的根基。审美活动是审美关系的现实展开，这是实践存在论美学研究的主要对象和逻辑起点。美是人的感性活动的产物，美的创造、生成与人所处的世界、人的生存活动息息相关。审美活动是人的一种基本人生实践，体现在学习、工作、经济、政治、道德、艺术、审美、交往、休闲、体育等诸种实践活动、人的感性生活的各个层面中。大致来看，可以从审美活动的三个重要领域来观照审美活动的实践性质：

1. 自然美的实践品格

自然美的性质是怎样的？这一问题是美学史上一个引发长期关注的问题，是我国20世纪五六十年代美学大讨论中的焦点问题。机械唯物主义主张美的客观性，认为一朵花的美在于它的色彩、形状、大小及组合规律等自身属性，自然美可以脱离人而存在。与之相对立的观点是主观论美学，比如王阳明《传习录》提出"心外无物，心外无理"："一友指岩中花树问曰：'天下无心外之物，如此花树，在深山中自开自落，于我心亦何相关？'先生曰：'你未看此花时，此花与你心同归于寂。你来看此花时，则此花颜色一时明白起来。便知此花，不在你的心外。'""与尔心同归于寂"的不是自然本身，而是自然美，"美"只和人有关，审美主体的先在性或是决定性是"美"的关键，主体是"美"的来源。实践存在论美学认为，自然美从根本上说是来自人的生活实践："人的存在和世界的存在都不是自明的，劳动实践才是人和世界存在的前提。不仅人所创造的生活世界的存在是这样，自然界的存在也只有作为属人的存在才具有现实性。"①自然美是在审美活动中生成的，依赖审美主体的审美意识，受社会文化环境影响。比如，同样是"不可居无竹"，苏东坡是"无竹令人俗"的舒朗潇洒，林黛玉则是"潇湘妃子"的清幽缠绵，可见"竹"之美是因人的不同存在状态而异的，是来自人的生活实践的。

审美经验虽然表现为主体意识、主体精神，它实则是伴随着审美主体、客体二者而生的，反映出主客体之间的动态关系："审美关系的生成和发展，无论从历史还是从现实来说，其理论前提应是在人与自然界的实践关系中，实现人与自然界双向的历史生成。"②双向生成即"自然的人化"和"人的自然化"。"自然的人化"是指在实践活动中，由于人的情感和主体意志的渗透，自然成为"人化的自然"。人在"人化的自然"中看到自己的本质力量，从而产生美感。"人的自然化"则指人在自然万物中感受到了生命存在的本真内涵，自然给人的现实人生带来积极影响。比如，辛弃疾词句"我见青山多妩媚，料青山见我应如是。情与貌，略相似"。"妩媚"不是外在的、视觉的、物质呈现层面的，而是"我"与"青山"共同的"情与貌"，即内在生命状态的相似。在诗人和青山的审美关系中，同时生成了人化的"妩媚的青山"和自然化的"妩媚的我"，一个新的艺术世界、人生境界由此创生。

王夫之在《姜斋诗话》中说："情景虽有在心在物之分，而景生情，情生景，哀乐之触，荣悴之迎，互藏其宅。"③这里的"生"字道出了自然美形成的一般规律：情、景虽有主客之分，却并不彼此分离，而是"景生情，情生景"的互生关系，最终呈现了一个情景交融、万物一体的生命世界。可见，自然美不是现成的、固定不变的存在物，它是在人类社会中通过实践历史地生成

---

① 朱立元：《实践存在论美学——朱立元美学文选》，山东文艺出版社，2020年版，第352—353页。

② 朱立元：《实践存在论美学——朱立元美学文选》，山东文艺出版社，2020年版，第183页。

③ 王夫之著，戴鸿森笺注：《姜斋诗话笺注》，人民文学出版社，1981年版，第33页。

的，是在审美情境中通过人的心灵活动的整合而呈现出来的美感。

2. 艺术美的实践性

第一，从艺术美的发生来说，它产生于主体与客体直接相遇时的相互感发，这是一种动态的、感性的、整体的实践活动。刘勰《文心雕龙·明诗》中说："人禀七情，应物斯感，感物吟志，莫非自然。"中国古代诗学中的"感物"说，认为主观的"感"与客观的"物"在艺术发生的时刻是互相生成的关系，共同建立起审美关系，使创作动机萌发的"感物"活动本身也就具有了实践性质。

第二，从艺术美的价值来说，艺术并不提供有使用价值的器具，而是向人们呈现一个完整的感性世界，照亮了存在。玲珑剔透的"艺术""艺术美""艺术精神"不是海市蜃楼，它存在于艺术品的感性形式中，离不开从"胸中之竹"到"手中之竹"的创作实践过程，也离不开人对具体的艺术品创造、鉴赏、批评的动态实践。这里需要加以说明的是，不能把艺术实践直接等同于艺术家的日常生活，比如红学研究出现了"索隐派"，但在艺术家真实生活中寻来的"本来其事"，只可能为《红楼梦》文本本身的接受提供辅助作用，而不能将之看作艺术实践本身。美学意义上的艺术家区别于日常生活中的他本人，侧重于前者的艺术活动的审美属性。艺术家在艺术实践中产生审美情感、艺术想象、艺术领悟，在内在审美体验中确证、发展自我，从而获得他在艺术领域的存在。

第三，从艺术接受来看，艺术形式是意向性客体，不是直接指向实际存在的事物，需要在受众的接受活动中得到实现。对于个体的艺术接受者来说，审美体验最终会上升为人生态度，艺术浸染最终能熏陶、颐养性情，而不仅仅是被动地接受艺术作品。所以，艺术接受的实践活动是人的存在的发现和发展。从群体接受者角度看，一代代接受者因其所处的现实语境的差异而对艺术作品做出不同的阐释，作品也就在读者具体的、多样的、随着时代不断更迭的阐释实践中生发出新的意义，焕发出永不枯竭的艺术生命力，从而达到不同时代人们之间对于彼此存在状况的内在感受和体验。

3. 日常生活审美的实践性

审美对象并不是日常生活事物之外的另一种特殊事物，它可以是真实生活中的任何事物。实践存在论美学把审美和生活联系起来，突破了审美与现实之间的界限，认为审美活动是人生实践不可缺少的一部分。审美作为生活方式，主要有以下三个特性：

（1）超越性。人首先要求生存，然后求发展。人不能离开现实实用关系，然而要让人成为人、区别于一般动物，却要靠更高的、超越性的审美关系。动物的感觉出自本能，而人的感觉则可以自由选择，人与对象的关系可以是功利的、伦理的、道德的、诗意情感的关系等多种关系。审美活动具有超越日常现实活动的理想性，超越了人对现实的实用关系、认识关系、伦理关系等其他关系。然而，审美活动的超越性不是说审美是纯精神性活动，审美活动依然是产生于实践之中的，对人生实践具有依附性，是生活活动造就了人与对象之间的诗意情感关系。

（2）自由性。"审美活动是人走向全面、自由发展之非常重要的一个环节和因素。"①审美活动可以实现人的意志的自我肯定，审美主体在对象中发现了自身，机械的自然与合目的的自由从而统一了起来。自由是合规律性与合目的性的统一、功利性与超功利性的统一、个体与群体的统一。在人的各类实践活动中，艺术是实现人的自由全面发展的重要方式。自由表现为三种基本形态：在人与自然关系中，从物质生产劳动中取得的自由；在人与社会关系中，从变革社会的革命实践中取得的自由；在人与他人、与自我的关系中，从日常人生实践中取得的自由。人的全面自由发展是马克思所认为的"人的一般本性"，对自由的追求是人类在各个历史时期共同的心灵力量。现实意识面向全面自由发展的理想人性境界而不断改进和提升，在丰富多彩的人生实践中，审美活动是人克服异化现实、走向自由之境的重要途径，具有创造性基础上的自由性、面向未来的开放性。

（3）应然性。审美活动中，人的个性、本质力量充分实现，人以自由人

---

① 朱立元：《走向实践存在论美学》，苏州大学出版社，2008年版，第290页。

身份如其所应是地本真地生活；如《庄子·逍遥游》中描绘的那样，以应然的态度全面占有对象又超越对象；主体扬弃了利己性，对象也超越了功利用处。这样起到的效果，正如黑格尔所说："审美带有令人解放的性质，它让对象保持它的自由和无限，不把它作为有利于有限需要和意图的工具而起占有欲和加以利用。"①审美活动能帮助人们走出主客二分后的孤独无依之感，回归与世界一体圆融的存在关系。

（三）核心理念：美是生成的，不是现成的

在实践存在论美学范畴中，美，是一个动词。这是因为美是来自人的生存实践，而"存在"本身就应当是动词性的而不仅仅只是名词："汉语的'存在'一词是多功能的，可以充当动词、名词乃至形容词，因而能够传达'是'所不能传达的'being'这种动名词（on）意义。"②同样，"生成性"的英文词becoming也是现在进行时，是"正在发生、正在成为"之义，表示事物处于连续不断的动态过程。因此，"存在"天然具有生成性。

"实践存在论美学对美和审美的一个基本主张，是用生成论取代现成论。"③现成论是认识论思维方式的基本特征，认为审美对象预先有一个本质，审美活动则是按照美的规律实现本质的过程，"现成论的要害是把人与世界从生生不息的生成之流中抽离出来，使之双双变成现成的实体存在者，人被看作具有理性能力的现成主体，世界被看作等待人去感知、认识和理解的现成客体，人与世界的关系被看作一种现成存在物与另一种现成存在物之间的关系"④。"生成之流"正是生命之流，它向着未来奔涌，没有办法进行简单切割和静态界定。唯有生命之流被冻住时，人、世界才会双双变为"实体存在者"，活生生的人成了一成不变的理性载体，世界万物成为一个又一个先在本

① 黑格尔：《美学》（第1卷），朱光潜译，商务印书馆，1979年版，第147页。
② 朱立元：《实践存在论美学——朱立元美学文选》，山东文艺出版社，2020年版，第342页。
③ 朱立元：《走向实践存在论美学》，苏州大学出版社，2008年版，第10页。
④ 朱立元：《略说实践存在论美学》，百花洲文艺出版社，2021年版，第137页。

质的容器，人与世界的关系也就成为先有观念的现实演练。这属于彼岸式的思维方式，永恒不变的现成认知在让人误以为获得"真理"的同时，必将使思维疏离于变动不居的现实。"无论是人、世界，还是生存，都处在一种永远的生成状态，一种永远向着可能生存的、未完成的、不定型的状态。"① "未完成的、不定型的"生成状态正符合无限发展变化的人生在世面貌，这也恰是世界和人的永恒活力的源泉。人和世界都不是一成不变的，人的生命存在不断变化生成，因此需要弃绝刻舟求剑式的现成论思维。

实践存在论美学则恢复人、世界的此岸性和现实力量："'世界'之为'世界'的根据不在于世界之外的超感性实体，而在于它与人的生存实践活动的内在关联。"②不存在实体化的"美"，只有当"超感性实体"不再横亘在人与世界之间，人的实践活动才恢复其本原的感性面貌，而"感性活动是人在与自在之物的直接遭遇中改变自在之物、实现人自身的感性存在的活动。所谓'直接遭遇自在之物'，意指未经理性之纯粹概念的中介而直接面对自在之物并领会到这自在之物的存在。……'面对'和'领会'都是在概念思维前的，也就是说，是在直接面对中领会到他物的'在'，而不是在理性中将他物把握为认识的'对象'"③。这段话里反复出现的"直接"二字道出了实践存在论与理性形而上学的核心差异，形而上学本质主义思维方式总是用一个脱离个体感性生活的人的"本质"拦截在"人的存在"与"人的实践"之间。这样的"本质"无论是柏拉图、黑格尔思想中的神学意志，还是对既有实践生活经验的理性总结，都和现实生活实践存在距离，原因如下：一是实践活动本身难以用一种理性尺度来丈量得清清楚楚、明明白白，它本身是多样的，"横看成岭侧成峰"，应尊重其多样性和差异性；二是人的生活本身除了理性认识之外，还有感性的、非理性的因素，仅用理性标准难以穷尽其奥秘；三是实践活动无时无刻不处于发展变化之中，建立在历史经验之上的结论不一定适用于未来实

---

① 朱立元：《美学》（修订版），高等教育出版社，2006年版，第57页。

② 朱立元：《实践存在论美学——朱立元美学文选》，山东文艺出版社，2020年版，第353页。

③ 王德峰：《艺术哲学》，复旦大学出版社，2015年版，第15页。

践中的新现象、新问题，新的认识需要"直接面对"新的对象，以做到实事求是。因此，美只能在具体现实的审美活动和审美关系中动态生成。

"美"发生于人与世界之间，一方面没有实体性的、外在于人的"美"，另一方面也不存在实体性的、纯粹主观的"美"，"美"是关系性存在，人总是在与对象世界的审美关系中体验到美。具体而言，人与世界的审美关系表现出如下特征：

（1）审美关系不是认识关系，而是体验关系。要回答"美是怎样生成并呈现出来的？"这一问题，首先需要跳出传统主客二分认识论美学的惯性思维。柏拉图提出"美本身"问题，从此西方美学一直延续着对"美的本质"的追问，然而，"没有一个客观固定的美先在地存在于世界的某个地方，美只能在具体现实的审美关系和活动中动态地生成"[①]。"美"并不是一个先在的客观实体，没有作为本质的、固定不变的"美"的先验存在。审美主体也不是现成的存在者，只有通过活生生的感性活动即审美实践活动，现实的美和审美主体才生成。因此，人们无法对"美是什么"下定义，追问美的本质应当转变为追问"美存在吗""美是怎样存在的"等问题，就是将美学研究从本质论转向存在论，才能真正领悟"美"本身。深入生存实践中，在生成境域中反思人类审美现象。

（2）审美关系在逻辑上先于审美主、客体。"美是怎样存在的？""'美'与'美的主体'哪个先有？"这样的问题就好比"鸡与蛋哪个先有？"的问题，必将周而复始地自循环。朱立元认为审美主体与审美对象都不是孤立的，而是关系性的存在，它们是二元统一的，因而也就是同时实现的：不存在抽象的审美主体，只有随主客关系而生成及消失的审美主体；同样，事物客体本身所具有的中性性质，也会随着主客关系的变化而变化，成为诸如"科研客体""功利客体""审美客体"等不同客体形式。"必须从人的审美活动入手"，从审美实践角度来看，审美对象区别于一般的"物"，在于审美关系的建立。审美关系并不是先验性的存在，而是"在人生在世的意义关系中、在人的具体生存

---

① 朱立元：《走向实践存在论美学》，苏州大学出版社，2008年版，第11页。

实践中、在人的生活实践的时机性境遇中当下生成的"①，它具有生成性，先建立了审美关系，才产生审美主体与客体。在时间、空间两个维度中的存在，是特定的、具体的存在。从时间角度来谈，必须跳出"先有""先在""先验"思维，将美看作是处于一个"现在进行时"的状态。不是静止的，是动态的。美的对象是动态生成的，同样，美的主体也是动态生成的。同一个人，在进行科学探讨时，与他所面对的客体是认知关系；在衣食住行等物质生活状态中，与客体是欲求关系。只有当他在超越欲望、超越功利目的时，才能成为审美主体。

（3）审美关系具有多层次性和流变性。审美主体是"一切现实的社会关系的总和"。审美客体也同样是"包含着自然的、社会的、人文的多种因缘的汇合"。因而，"审美关系呈现为多层次的动态结构"②，人与自然之间产生的"自然美"，人在社会中生成的"社会美"以及"艺术美"等，审美关系不同会生成不同类型的美。根据关系生成论，实践存在论美学认为，美学研究的对象，不是"美"或"美的本质"，而是审美活动，它是人与世界的审美关系及其现实展开。

（4）审美关系是人与世界之间的自由关系。朱立元美学观中的"自由"的内涵主要来自康德，强调主客体之间的超功利性，人不受外物和内心欲望的双重束缚。审美主体"始终关注对象的意义形象"，"而非专注对象的物质实存和物理属性"。③审美主客体之间是"心物交融、物我两忘"的精神情感交流状态。如果人与世界之间是主客分裂的关系，"自我"就将人局限在有限的世界中。只有超越主客二分，超越"我"的有限性和"物"的实体性，才能达到物我两忘、物我一体的自由境界。

总之，审美关系首先是静观关系，静观意味着超功利、保持一定审美距离，无所为而为。其次，审美关系是对话关系，"随物婉转，与心徘徊"，主体和客体之间是深层次的精神交流。最后，审美关系是存在关系，审美主客体

---

① 朱立元：《走向实践存在论美学》，苏州大学出版社，2008年版，第312页。
② 朱立元：《走向实践存在论美学》，苏州大学出版社，2008年版，第312页。
③ 朱立元：《走向实践存在论美学》，苏州大学出版社，2008年版，第312页。

之间一体圆融，形成万物相通的现实整体。从静观到对话，再到存在，以上三种关系"是相互包融的，前一种关系是后一种关系的基础，后一种关系是前一种关系的发展和提升"①。

（四）审美诉求：物我一体圆融的审美人生境界

审美活动从本质上看是一种人生实践，广义的"美"就是在审美实践活动中建构起来的一种人生境界。人的生存是讲境界的，人的生存是一种境界性的生存。审美活动将人从现实世俗境界中提升，经由审美形式的必由之路，进入更高的、更自由的人生境界，即审美境界。"高层次的人生境界就是在基本的生物性存在之上，不断远离单纯的生物性而无限趋近于更加丰富的人性活动。"②审美活动是人超越动物的实践活动，但不意味着人比动物、比自然更优越，而是主客一体的和谐关系，即人与世界之间相互依存、双向建构、一体圆融的关系。

人是境界性的生存，境界是心灵的一种存在状态。中西方思想家对于理想的人生境界有不同的认识。柏拉图认为哲学家的生存是最高境界的；康德认为最高的境界是道德境界；鲍姆加登比较了理性认识和感性认识，把审美看成一种低级的感性认识，把理性认识的生活看作最高境界的生活；黑格尔认为审美的哲学境界是最高境界；席勒认为审美是介于"理性冲动"和"感性冲动"之间的"游戏冲动"，而这正是通向"理性人"境界的过渡环节；克尔恺郭尔认为人有审美境界、伦理境界、宗教境界这三种境界，其中，审美境界因其情感性而被认为是达到信仰境界前的低级阶段；尼采认为人可以分为"动物、人、超人"三种境界，其中具有强力意志的超人才是最高的生存境界。

实践存在论美学创造性地吸收了中国古代人生论美学、传统境界论等中国传统理论资源，积极汲取中国古代哲学和美学的智慧，与中国古代哲学有着内在对话。朱志荣在谈到中国古代美学中的实践存在论元素时，总结道："审

---

① 朱立元：《走向实践存在论美学》，苏州大学出版社，2008年版，第313页。

② 朱立元：《走向实践存在论美学》，苏州大学出版社，2008年版，第316页。

美活动从根本上说是人的一种存在方式，道家和禅宗的境界，在某种程度上是在提倡一种审美的存在情境。中国传统所强调的诗意境界，就是一种存在的理想。中国传统天人合一的思维方式，就是审美存在论的思维方式。这就是通过审美活动使自我与世界诗意地融为一体，物我为一，情景交融，从而超越了主客二分对立的思维方式。"①中国哲学是人生哲学，儒家强调"知行合一"，重视人生实践，"从心所欲，不逾矩"，"修身"以达到"内圣外王"。道家的"相忘于江湖"、不"物于物"、"独与天地精神相往来"的"逍遥游"境界，通过"优游"以达到"至人"，更接近于诗意的审美存在境界。佛家大量使用"境界"一词，指的是成佛所达到的程度，即人的内心觉悟所达到的水平。无论是儒家兼济天下的社会实践活动，还是道家、禅宗的向内自我完善、自我超越，都是为了实现人的自由全面发展。近代以来，王国维提出"境界说"，在充分吸收西方现代主体性哲学的基础上总结中国传统美学的境界论，独创出"有我之境""无我之境"，充实了中国美学境界理论。哲学家冯友兰依据主体觉悟程度和境界内涵差异，提出自然境界、功利境界、道德境界、天地境界四重境界说，从认识论角度对人的境界的丰富内涵做了细致阐发。

实践存在论美学认为美是一种高级的人生境界，审美活动是人的生命要求，体现了人的本真存在，拓展了人的生存世界，因而"审美活动就是一种境界化了的人的实践活动和存在方式。实践、存在、自由只有通过呈现于境界才能真正转换为审美质素。实践存在论的思考方式只有通过境界才能真正落实为美学的思考方式"②。实践存在论人生境界具有三层内涵：

首先，人生境界是"人与世界通过实践而达到的高度统一、一体圆融的关系"。境界不是纯粹的自然静观，也不是心造的幻影，人生在世的生存实践中建构生成的境界是生机勃勃的人生境界，是浑然整体的精神状态。

其次，人生境界"是存在论层面上的统一，即在人与世界相互依存、双向建构的实践活动中所达到的统一，在人向人生成、世界向人生成的实践过程

---

① 朱志荣：《中国古代美学思想中的实践存在论元素》，《广西师范大学学报》（哲学社会科学版），2013年第1期。

② 刘泽民：《实践存在论的美学思考方式》，苏州大学出版社，2008年版，第445页。

中所实现的统一"①。重要的是"人"与"万物"的关系，是万物皆为"我"的表象，还是"我"与"万物"平等共在？人唯有放下"宇宙之精华、万物之灵长"的人类中心主义观念，才能做到物我统一、不分彼此，才能走出与万物相隔的孤独状态。在这一点上，王国维提出的"无我之境"恰到好处地揭示了"不知何者为我，何者为物"的物我交融状态，"我"就是万物之一种，不必凌驾于万物之上，一己之"我"融入日升月落、生生不息的大宇宙、大世界，"我"在生命本真状态中安然自得。

最后，"人生境界的特点在于它的个体内在性和生成性"②。人生境界是"一种个人独特的内在体验"，体验必须是在个体的人的内心实实在在发生和活跃的，不能以外在的"常人"来代替。相对于具体的人而言，"常人"视角是对本我体验的限定和束缚，因而需要冲破，从而形成独一无二的个人体验。如同颜回的"一箪食，一瓢饮，在陋巷，人不堪其忧，回也不改其乐"，高远超拔的人生境界是在个人内心形成的澄明之境，只有通过自我向内观省才能获得。并且，人生境界具有"生成性"，在人生不同生存境况下人生境界会有不同内涵和表现，中国古人所说的"达则兼济天下，穷则独善其身"，就充分体现出境界的多样性和变化性。

审美境界是指在生活和艺术中出现的审美情境，具有情景交融、虚实相生的特征，主体感性的内心世界与客体对象有机融合："它既是主体的内在精神生命不断被塑造、充实和提升的过程，也是属人的对象世界不断被建构、拓展和揭示的生成过程。"③审美主体在有限的特殊的审美对象世界里，实现了精神状态的无拘无束、自由自在。通过移情作用，达到物我两忘、物我同一。

---

① 朱立元：《走向实践存在论美学》，苏州大学出版社，2008年版，第320页。
② 朱立元：《走向实践存在论美学》，苏州大学出版社，2008年版，第320页。
③ 朱立元：《走向实践存在论美学》，苏州大学出版社，2008年版，第323页。

四、实践存在论美学的理论生命力与现实适用性

正如20世纪以来的中国历史是迈入现代化、日新月异的历史，20世纪以来的中国美学发展也是现代建设进程的体现。朱立元作为亲历中国当代美学建设的美学家、文艺理论家，对建设有中国特色、适应中国语境的美学体系这一学科目标一直怀有深沉的使命感、责任感。他在《走自己的路——对于迈向21世纪的中国文艺学建设问题的思考》一文中，针对"中国文论向何处去？"这一问题，总结出学界存在的五种意见："西论中用说"，"古代文论母体说"，"话语重建"和"异质利用"说，"综合创造"论，立足现实的"融合"论。他表示"比较倾向于后两种观点"。①实际上在美学领域，朱立元实践存在论美学也正是"综合创造"、立足现实的"融合"论的体现。实践存在论美学以马克思实践观为哲学基础，融合了西方现代美学、中国古代美学理论，体现出博采众长、力图创新的理论品质，也在理论思维方式、美学观点、现实运用等各方面实现了创新与突破。

（一）回到存在：超越主客二分认识论思维

传统美学采用认识论研究路向，理性主体是现成的、先验的，客体是感性的但又同样是现成的。主客体分立，导致"美是主观的还是客观的"这一问题的长期存在，美学界对这个问题的回答也长期存在分歧。朱立元认为："中国美学要真正取得重大发展，有必要首先突破主客二元对立的单纯认识论的思维方式和框架。"②需要先改变中国当代美学的基本思路和提问方式，才能克服传统认识论的束缚。

从西方美学的历史发展看，传统美学一直以一种主客对立的认识论为主要的哲学基础，理性主义的认识论美学影响深远："传统认识论美学的主导思维方式是近代以来认识论的思维方式。这种认识论思维方式的显著特征有二：

① 朱立元：《走向现代性的新时期文论》，复旦大学出版社，2016年版，第195—197页。
② 朱立元：《走向实践存在论美学》，苏州大学出版社，2008年版，第3页。

一是主客二分，一是现成论。"①"主客二分的要害是把人与世界截然分为两块，认为人是主体，世界是客体，人与世界的关系是主体与客体的认识关系；现成论的要害是把人与世界从生生不息的生成之流中抽离出来，使之双双变成现成的实体存在者，人被看做具有理性能力的现成主体，世界被看做等待人去感知、认识和理解的现成客体，人与世界的关系被看做一种现成存在物与另一种现成存在物之间的关系。"②这种主客二分的传统认识论美学，把美作为科学分析认识的对象，预设美的本质，鲜活的审美活动仅被视作本质实体化的认识过程，以独断性观念代替多样的审美现实，因而它的美学思路是本质主义的，目的是获得关于世界的可靠知识。

从哲学角度来看，"'主客二分'如还原为本体论问题，则是思维与存在的二分"③。西方传统美学源远流长的是思维与存在二元对立的哲学思考方式。黑格尔代表了"思"的客观性立场，以"绝对精神"作为人的存在的最终依据。康德理论代表了"思"的主体性和人本主义立场，但其"先验感性论""先验分析论""先验辨证论"都属于先验认识论，探求审美活动何以可能的主体根据，并未跳出主客二元对立的认识传统。"美学之父"鲍姆加登明确认为"美学"是"感性认识的科学"："美学作为自由艺术的理论、低级认识论、美的思维的艺术和与理性类似的思维的艺术是感性认识的科学。"④鲍姆加登将美学与科学思维加以区分，然而他认为美学思维与理性思维只有高低之分，没有本质差别，依然属于认识论思维。持认识论美学观的理论家，对"人"本身做了静态的、本质主义的固化判断，似乎可以一劳永逸地把人的审美能力和审美活动论断清楚，"这种主客二分的认识论在存在论上是错误的，缺乏存在论的根基"⑤。忽视"存在""实践"层面的考察，意味着将现实生活中灵动、多样貌的人视作"类"的样本，将滚滚向前的历史潮流只看作静水

①　朱立元：《略说实践存在论美学》，百花洲文艺出版社，2021年版，第136页。

②　朱立元：《走向实践存在论美学》，苏州大学出版社，2008年版，第38页。

③　朱立元：《走向实践存在论美学》，苏州大学出版社，2008年版，第22页。

④　鲍姆加登：《美学》，简明、王旭晓等译，文化艺术出版社，1987年版，第169页。

⑤　朱立元：《略说实践存在论美学》，百花洲文艺出版社，2021年版，第137—138页。

一潭，是对真实语境中的人及人的历史的简化和固化。

西方现代人文主义美学家寻求对二元对立思维方式的超越。叔本华"万物是我的表象"命题将世界看成主体精神的表征，"自失"的"直接观审"状态即审美状态。克罗齐"直觉"理论强调艺术直觉是区别于科学思维的另一种思维，带来区别于科学认知的另一种知识。尼采激烈批判普遍性的"真理"，强调感性肉体的基础地位，用"酒神精神"来揭示人的本真存在。弗洛伊德"无意识"理论及精神分析方法发掘意识冰山隐藏在水下的部分对于客观世界建构的决定性意义。胡塞尔认为科学的客观主义范式造成危机，"生活世界"则构成了科学的历史性和系统性的基础。伽达默尔认为历史不是一个客观的过去，而是在"现在视域"与"传统视域"不断融合中被实现的"效果历史"。德里达解构主义哲学集中批判"逻各斯中心主义"这一传统形而上学二元对立思维方式。①这些思想从存在角度来理解人的实践活动及人本身，为实践存在论美学提供了理论启发。

值得注意的是，实践存在论美学反对认识论的简单化，主张将美学纳入存在论考量，与此同时，也不排斥认识论作为方法论的积极作用："审美当然有认识因素，必然与实践认识论相关；但人对现实的审美关系的形成不只是认识论问题，更是一个本体论问题。哲学本体论的核心问题应是人的存在问题，人是通过实践活动而获得现实的、社会的存在的，实践就是人最基本的存在方式。人与现实的一切关系，包括审美关系都是建立在实践的存在方式基础上，由实践派生和最终决定的。因此，实践美学以体现本体论与认识论相统一的实践论为哲学基础，无疑是马克思主义美学的新发展，有着强大的生命力。"②实践存在论美学从本体论上打通实践论和存在论，世界是万物相互区别而又圆融一体的，不能分裂为主体与客体，应超越对人和世界形而上学的讨论和阐发，通过与实践结合，从现实生活出发，让美学回归宇宙整体物我两忘的境界，这样才更能发挥理论价值，获得自身发展，彰显理论生命力。

---

① 朱立元：《走向实践存在论美学》，苏州大学出版社，2008年版，第25—34页。

② 朱立元：《走向实践存在论美学》，苏州大学出版社，2008年版，第185页。

实践存在论美学突破当代中国美学已有的主客二元认识论思维，重新理解马克思主义哲学的存在论维度，其根本出发点是对"人"的主体性的重视。朱立元在一次访谈中表示认同"文学是人学"这一判断："把文学作为人学的一个重要方面看，就可以发现文学（艺术）在一定意义上是人的本质力量的自由的、想象性和情感性的对象化和确证，这显然揭示出文学比较深层次的一种本质特征"，"在人的各种实践活动中，文学（艺术）是实现人的自由全面发展的最有效、最直接的途径和方式，因为在最内在的精神方面，文学（艺术）与人、与人性具有最紧密的联系"。①传统的艺术反映论把文学看作是认识外在世界的媒介，甚或只是服务于外在某种功利目的的工具，这是一种狭隘的文学本质论。与之对比，以人为出发点来探讨文学，则显示了文学艺术作为人类精神实践活动这一层面的内涵和价值，这是文学更为原初、更为质朴的意义。从宏观角度来说，文学是人类在不同历史时期面貌各异的精神性存在的明证，同时，文学也具有超历史性，因其具有想象和情感的力量而更契合"人的本质力量对象化"这一命题的内涵。朱立元继而提出："某种意义上，我认为美学也是人学。美学本身虽然是一门理论学科，比较抽象，但它的研究对象却是具体的人的审美活动，与人的心灵、情感、价值、理想等都是分不开的。"②这里从人的角度出发，提出美学的研究对象是"具体的人的审美活动"，而不是单纯的客观审美对象。

关于文艺本质理论，朱立元认为建立在"模仿说"基础上的反映论，属于认识论。"审美反映论恢复了长期被压抑的反映论文艺观的生命力，在理论上有较大的合理性和对文艺现象较普遍的可阐释性。"然而另一方面，"审美反映论仍局限于从认识论角度和范围来阐述文艺的本质，而文艺的本质实际上远超出和大于认识论范围"。若从认识论角度来界定文学，审美反映论即使囊括了对审美特质的考量，也依然是把文学简单化为一种认识。并且，"审美反

---

① 朱立元：《对于当前文艺学建设的几点想法》，《西北大学学报》（哲学社会科学版），2011年第5期。

② 乔东义：《美学：在学问与人生之间——朱立元教授访谈录》，《美与时代》（下半月），2009年第4期。

映论"中的"审美论"和"反映论"两个侧面本身存在内在矛盾：反映论"强调主观意识对客观外在世界的正确反映"，审美本质论则"强调艺术家主体的审美创造"，二者在对待主体情感因素方面一排斥、一依靠的态度是完全相反的，因而反映论与审美论"势不两立，难以调和，用主客观统一说加以调和至多是表面上、文字上的解决，在实践上难以统一"。①

存在论思想本身和中国传统文化思想的内在是相契合的，因而，从存在论角度来理解人类实践活动，也有助于中国传统文化的重新阐释和现代转换。实践存在论美学基于中国美学发展现状，把中西美学资源有效整合，通过西方美学中国化和传统美学现代化，建立中国美学新范式。"实践存在论美学的提出，实际上就是实践美学思维方式转变过程的缩影，它使实践美学乃至当代中国美学获得了与西方现代美学同步发展的可能性与现实性，为中国美学与世界美学的接轨提供了思维范式和理论基础。"②美学实现了从认识论到存在论范式的转换。

（二）面向未来：建立"关系—生成论"美学新思路

实践存在论美学重视"实践"本身的创生性，在内在精神上保有开放的、面向未来的探索精神。在反主客观二元对立及本质主义思维的基础上，实践存在论美学体现出理论的活力，生成论是实践存在美学富有理论生命力的最佳体现。

"生成论"所要反对的是本质主义思维方式下产生的"现成论"。"所谓本质主义，应该主要指那种认为一切事物、现象都具有单一、绝对、固定不变的本质、因而学术研究以寻求对象这唯一本质为根本目的的思维方式。在反本质主义者看来，这是一种僵化、封闭、独断的思维方式与知识生产模式。……反本质主义则质疑文学是否存在单一、固定的普遍本质，主张将本质问题语境化、历史化、相对化、多元化，进而质疑文学本质研究的可能性和必

---

① 朱立元：《对反映论艺术观的历史反思》，《马克思主义美学研究》，1999年第4期。

② 沈海牧、王怀义：《中国当代美学理论建设的突破性成果——评"实践存在论美学"丛书》，《苏州大学学报》（哲学社会科学版），2009年第1期。

要性。"①各类本质主义美学思想的共同信念，是相信在具体、特殊的美的事物背后，有一个"美"本身，即美的本质。本质主义与现成论的最大弊端在于其单一性、绝对性所带来的独断，它隔绝了新思维、新理论、新体验，在对先于人、外在于人的"本质"的依赖中将美学理论静态化。然而，人与世界恒变恒新，现成论的本质主义必然因故步自封而不能适应现实的发展。

不依赖现成的先在本质，是否意味着"本质"的探讨没有意义？由此，是否会落入虚无主义的深渊？朱立元表示："我在这个问题上的基本态度是，肯定在后现代语境下反本质主义思维方式的合理内核，反对把追寻美的单一、固定的普遍本质作为美学的根本任务那种比较僵化、狭隘的思维方式；但是，并不同意根本悬置、取消对美的本质的研究和探讨，因为这容易导向极端的、过度的反本质主义，即走向相对主义和虚无主义。……我们既不要把美学研究的对象和重点局限于美的本质的探讨，而应当拓宽视野，展开对审美关系、审美活动方方面面的系统的、深入的研究；同时，也应当鼓励、支持对美和审美的本质进行多维度、多层次、全方位的动态研究。这两方面的综合、融汇和统一，对于美学学科的发展、建设具有极为重要的意义。"②这段话表明了朱立元对于"本质"问题的辩证态度：一方面反对本质主义，对"美的本质"的追问不能一劳永逸地抵达一个静态结论，更不能以唯一的理论思想来限制新观点；另一方面，肯定对本质问题积极追问的理论意义，重要的是对美和审美的本质进行"多维度、多层次、全方位的动态研究"，即根据不同的语境来做出差异性的判断，这样美学本身才能在"百花齐放，百家争鸣"中保持理论活力，也才能适应日新月异的现实生活和不断产生的美学现象。

朱立元对待后现代主义的态度可以见出其对理论价值的一贯要求，他将后现代主义划分成"解构性的""建构性的"两种："解构性的后现代主义旨在消解一切'二元对立'，充满着强烈的反权威、反传统的解构与批判精神，它

---

① 朱立元：《后现代主义文论是如何进入中国和发生影响的？》，《文艺理论研究》，2014年第4期。

② 朱立元：《"当代美学研究：问题·理路·方法"笔谈》，《人文杂志》，2016年第12期。

强调颠覆和摧毁，反对理性，反对中心，反对终极和绝对，主张无规则和无模式；建构性的后现代主义则突出表现为某种积极的、肯定的、建设性的特性，它更多地关注人与自然、他人、社会的关系，认为这种关系是内在的、本质的，力图构建一个和谐的有机整体。"①无论时代文化呈现出怎样的面貌，美学理论都应当秉持建构主义思维，应当致力于建构一个具有内在生成力量的有机整体。

人与世界相互依存、双向建构的关系，离不开对"语境"的重视："切断主体之为审美主体、客体之为审美客体的'先在语境'，即它们所处的人与现实世界的具体审美关系，也就切断了审美活动的存在论维度，即人生在世的生活活动或人生实践。"②实践存在论美学主张让审美主客体回归具体审美关系，这样才能真正回到存在的生生不息的生成之流。

三、"改变世界"：走向日常生活实践

马克思在《关于费尔巴哈的提纲》中说："哲学家们只是用不同的方式解释世界，而问题在于改变世界。"③"改变世界"四个字反映出马克思主义理论的革命性意义和创造性价值。朱立元一贯强调美学学科应关注当代社会和艺术发展的现实需要："美学理论要跟上并且回应现实提出的新问题，只有这样，美学才能接地气，才能获得源源不断的生机，从而具有强大的生命力。"④实践存在论美学的建构意义，不仅表现在理论建构维度，还表现在以审美实践来促进现实世界的完善。实践存在论美学由于关注"实践"本身而与日常现实生活有着天然关联，让"生活世界"这个本原的世界走出主客二分形而上学的遮蔽，因而深具现实精神。审美活动和现实的、具体的人的感性体验相关

---

① 朱立元：《后现代主义文论是如何进入中国和发生影响的？》，《文艺理论研究》，2014年第4期。

② 朱立元：《走向实践存在论美学》，苏州大学出版社，2008年版，第40页。

③ 中共中央马克思恩格斯列宁斯大林著作编译局编：《马克思恩格斯选集》（第1卷），人民出版社，1972年版，第19页。

④ 陈瑜：《美学在走向大众时，也要保持哲学品格——访著名美学家、复旦大学文科资深教授朱立元》，《文汇报》，2019年6月4日第12版。

联，所以美学不应当只是为了获取"死"的知识，也有责任让以美学的方式去获得现实存在领域的活的智慧成为可能。

审美对日常生活的作用，可以从如下方面来审视：

第一，审美态度让自然物、人工制品等现成物具有超越性意味，在一个特定的欣赏环境中自然物、现成物等普通物品具有了艺术内涵，可以称之为艺术品。现成物能否成为艺术品，取决于人采取审美态度还是实用态度。并且，艺术家在选择一个现成物时，趣味标准的优劣高下决定了一件艺术品的审美价值。艺术必须包含人的实践，艺术品的意义与人的实践有关。审美活动具有精神超越性，美和艺术发展的一个重要前提是人的个性的全面发展。审美活动是审美的人生实践，有助于人领悟到人生价值和意义。审美经验有助于主体净化情感、陶冶情操、提高道德水平，对现实人生实践大有裨益，促进人生健康发展。

第二，表现为对人的审美解放。日常生活中的人在进行审美活动时，暂时地切断了世俗生活中的利害关系，进入到与世界的审美关系，由此带来多方面的超越性。审美让人超越日常生活方式。日常生活方式受到传统的巨大影响，"是向着传统、习惯和血缘亲情回归"①，人的思维和情感不自觉地遵循着传统文化中的既有模式；审美活动则离不开个人主体精神的全面参与和独立审美判断，在审美中得到的体验会因人而异，对于同一个人而言也会因心境而异，因而它是活跃多姿的，这种状态让审美活动始终"面向未来、富于创造性"。"日常的生活世界在给人以稳定感的同时，也消磨着人的创新意识和忧患情怀，它使人最终融合到一种平均化的生活状态。相比之下，审美生活则使人从平凡、琐屑的世界中超脱出来，因为审美活动具有开放性、可能性、超越性，……它不会安于日常生活的习惯性状态，它天然地具有对平庸现实的一种批判力量，通过颠覆日常生活世界中的惰性生存，批判地审视日常生活，促使人不断地去超越自身的本质。"②日常生活中的"平均化的生活状态"让人变

---

① 朱立元：《走向实践存在论美学》，苏州大学出版社，2008年版，第287页。

② 朱立元：《走向实践存在论美学》，苏州大学出版社，2008年版，第287页。

成缺乏精神弹性的、机械化的人，甚至可能是"单向度的人"。日常生活中的
"惰性生存"，让人感觉麻木，理性思维能力钝化，自我反思精神不足，最终
导致主体精神的涣散和迷失。审美活动之所以能够"促使人不断地去超越自身
的本质"，是因为审美是发自内心的情感力量，审美活动本身具有独一无二
性，就像人不能两次进入同一条河流，人的审美心理体验也如同河流一样流
淌，审美主体与审美客体每一次审美关系的建立同时也是一次新的主体自我创
生过程，必然丰富人的自我意识，拓展自我界限，促进自我完善。

从社会整体发展角度而言，现代性存在正负两面，实践存在论美学从审
美角度对人的存在和实践活动的理解和渗入，有助于为社会提供一种均衡性力
量。随着大工业社会发展，在全球化语境下的现代社会，工具理性成为通行价
值标尺，消费文化、物质文化席卷社会生活方方面面，这对于"人"本身的存
在造成激烈冲击，人的完整性遭到破坏。审美实践活动具有塑造人的内在自我
的功能，帮助人们超越日常生活的习惯和偏见，打破日常经验的遮蔽性，还原
儿童一般的新奇眼光，审美地对待自然、社会和人自身，在审美实践中、在具
体的审美关系中去体验美的存在，从而让压抑呆板、重复单调的现代社会日常
生活重获活力。实践存在论美学返回到人与世界的本原存在，即人与世界一体
化的存在方式，回到具体历史境遇、回归生存语境，克服生活同质化，实现价
值多元，呵护生活的意义；关怀人的生活现实，用一种人文的眼光观照生活，
在变动不居的现代社会里坚持人文立场，致力于提高人文素养、创造诗化的人
生境界；坚持美学批判功能，对抗现代生活中意义的贫乏，重新形塑生活意
义，营造精神家园。"审美活动成为在异化状况下把人从社会、自然强加给他
的种种束缚中解放出来的重要手段。"[1]黑格尔认为："审美带有令人解放的
性质"[2]，"在现实生活中，审美活动之所以能成为人所珍重所向往的一种基
本的活动方式，是因为它是人在异化的条件下所能获得的一种最自由的存在方
式"[3]。审美使人本身从现实生活中的分裂状态转变为感性与理性相统一的和

① 朱立元：《美学》，高等教育出版社，2006年版，第426页。
② 黑格尔：《美学》（第1卷），朱光潜译，商务印书馆，1979年版，第147页。
③ 朱立元：《走向实践存在论美学》，苏州大学出版社，2008年版，第288页。

谐状态，使人避免"空心病"，获得人的价值、尊严，获得崇高、优美等审美体验。

第三，现代科技的发展、多媒体的融合以及消费社会的娱乐文化氛围等诸多因素，让艺术和审美面对着多元并存的文化背景，这也就要求美学不能以单一理论来应对多样现实，需要保持动态的、与时俱进的理论态度，才能适应新的时代语境。对此，朱立元敏锐地指出："传统的艺术观所倡导的载道或畅情的功能都无法单一地去完成它的使命，……艺术真正进入了集教化、娱乐、审美为一身的多元化发展时代。……艺术的根本意义在于它是一种多元文化视野中的交流和对话。"[①]实践存在论美学对"现成论"的否定态度及其"生成性"特质，决定了这一美学理论在面对新时代、新问题时的开放态度和责任感。在科学认识、技术理性占据统治地位的时代，实践存在论美学重视生活的审美维度，具有审美普泛化的特征。这体现在日常生活审美化，文学与生活、与文化的界限消失等方面。文艺学产生"文化研究转向"，朱立元不同意这个主张，但同意他们对本质主义文艺观的批判，赞同他们动态建构的生成论思路。在回归日常生活的同时，实践存在论美学也强调理论本身的思想深度："一方面，美学要通向实践，通向人民大众，走出美学家的课堂；但另一方面，也不能把它降低到一种完全实践性的东西，美学还是要保持哲学的、理论的品格。我们既要高扬感性生命，不能将其扼杀在僵化的理性中；但也要注重提升它的层次，如果只是停留在较低的层面，那就不是审美，不是美学了。"[②]理论需保有思辨精神和批判价值，不能成为僵死的教条，同时也不能缺乏普遍意义和思想引导价值。美学学科天然具备理论、实践两重性质：一方面，美学与哲学高度相通，都是对人、世界的抽象理论思考，具有高屋建瓴的视角和普遍性；另一方面，美学是建立在艺术、审美、生活等领域的实践活动基础之上的，和多姿多彩的人类生活本身同存在、共发展。因而，美学家不应是静观、旁观生活的人，应当是热爱生活、参与生活、用理论来改变世界的

① 朱立元：《走向现代性的新时期文论》，复旦大学出版社，2016年版，第254页。

② 陈瑜：《美学在走向大众时，也要保持哲学品格——访著名美学家、复旦大学文科资深教授朱立元》，《文汇报》，2019年6月4日第12版。

人。美学应当扎根于大地，走入现实生活，走向具体的人，同时保持理论的敏锐洞察力，以思想的深度引导生活走向更有审美性的理想境界。

朱立元借用拉曼·塞尔登《当代文学理论导读》中提出的"新审美主义"（New Aestheticism）概念，指称"理论之后"西方文论界出现的一种回归文学、回归审美的一种新趋势："新审美主义之重提文学性，是试图在文化研究者们铲除学科藩篱的基础上，找到一种开放、多元、不断自我更新的'文学性'理念，尝试将文学性提升到有巨大包容性且占据了跨学科理论研究的中心位置。"[①]海登·怀特对历史书写诗学本质的强调、保罗·德·曼对语言"修辞性"的强调……都体现出"文学对非文学的扩张"[②]。"新审美主义对文学本质的求索更注重历时性、实践性，注重从发展的、动态的历史眼光来重新思考'文学性'问题。"[③]

实践存在论美学对"人与世界"关系的理解，强调人与天地万物融为一体、和谐共存的理念，与当今世界的生态关切、与生态美学有天然的亲近性。生态和谐是21世纪所致力建设的和谐社会之重要维度，实践存在论美学的哲学基础、美学思想为生态和谐理想提供了哲学的、美学的理论支持，充分显现出这一美学体系面向现实生活、改变世界的现实意义。

（四）提升境界：实践存在论美学的美育价值

实践存在论美学思想在朱立元主编的"面向21世纪课程教材"《美学》[④]中得到了多层面的贯彻。该教材的逻辑框架是："审美活动论—审美形态论—审美经验论—艺术审美论—审美教育论"，以作为一种人生实践的审美活动为起点，在审美活动中建构的审美对象的历史积淀生成了各种审美形态，与此同

---

①朱立元、张蕴贤：《新审美主义初探——透视后理论时代西方文论的一个面相》，《学术月刊》，2018年第1期。

② 姚文放：《"文学性"问题与文学本质的再认识——以两种"文学性"为例》，《中国社会科学》，2006年第5期。

③ 朱立元、张蕴贤：《新审美主义初探——透视后理论时代西方文论的一个面相》，《学术月刊》，2018年第1期。

④ 朱立元：《美学》（修订版），高等教育出版社，2006年版。

时，审美活动中的主体感受、生命体验聚合成审美经验；审美活动的高级形态是艺术审美，审美教育是将人的现实生存提升至审美境界的生存。实践存在论美学基本思想在整个逻辑框架中都得到了体现，尤其是以"审美活动论"替代了传统教材中的"审美的本质"讨论，建构了一个审美活动中当下生成的美学，实现了对认识论美学框架体系的突破。比如，该教材把"生产性"带入了对"艺术"概念的界定："无论艺术的定义也好，艺术品的初步定位也好，其实都是外在描述性的，而不是生产性的，也就是说，几乎无人可以依照哪种艺术的定义，真正制造出一件艺术品来。"[1]这打破了艺术理论研究上的本质主义思维，注重"艺术"的生成性。

美育是中国当代人文素质教育的必备部分，朱立元认为应注意把"人的存在"有关的美学思想贯彻到美育实践中去。从学科属性上看，审美教育具有美学、教育学的双重属性；同时，美学与哲学、艺术学有密切关联，教育学与伦理学等紧密联系，这就决定了审美教育具有天然的跨学科、综合性特征。审美教育能够把各种学科、知识体系有机关联起来的，这是实践本身的需求，也是对存在的关切。朱立元本着对"人的存在"本身的关切，提出如下美育思想：

首先，朱立元认为审美教育是在艺术知识和技能的传授之外，对人内在素养的培养，应提到人生境界的高度，培养具有综合素质的、立德立言的人才。将美育从理论美学过渡到生活美学。"美感是最富有想象力的，也是天然地具有创造性的。创新思维的核心就是想象力。"[2]艺术作为一种精神实践活动，在无限多样的艺术表现形式中表达对人的生存状态的关注和关怀，人本身是目的而不是手段。美育培养人的审美态度，以此对抗功利主义。美育具有德智体美劳"五育"中其他"四育"所不可替代的独特性："它通过感性的、审美的方式，融情操教育、心灵教育、人格教育等于一体，潜移默化地影响人、陶冶人，促进人……的心灵的诸多方面及其多元功能的和谐统一和健康发展，以提高他们的审美和人文素养。"[3]美感教育以美动人，塑造人完整的内在自我。

---

① 朱立元：《美学》（修订版），高等教育出版社，2006年版，第320页。
② 朱立元：《美育：全面育人的重要环节》，《文艺争鸣》，2022年第3期。
③ 朱立元：《美育：全面育人的重要环节》，《文艺争鸣》，2022年第3期。

其次，美育与德育相辅相成。"美育是一种爱美的教育，它鼓舞人们去爱美、欣赏美、追求美，提高生活情趣，培养崇高生活目标，都是德育无法替代的。"①美育锻炼审美能力，提高人文素养，高扬人的主体性。在润物细无声的美育中，提升人的道德感。"立德树人"的总目标决定了德育的核心地位。审美中的伦理价值让美育成为教育中不可或缺的一部分。按照康德美学，美可分为纯粹美和依存美。一花一叶、一个花边、一个音符等纯粹美以其悦耳悦目的形式，唤起人们对世界的热爱之情；英雄事迹作为一种依存美，以其直接的道德品质让我们发出"最美""最可爱的人"这样的价值判断。纯粹美和依存美最后都可以抵达更为完满理想的人生境界，都可以在潜移默化中提升人的道德修养和人格情操。

最后，"美育是情感教育"失之狭隘，"美育所激发的审美情感不同于日常生活中的一般情感，它是认识、评价等理性因素与情感、想象力等感性因素和谐展开的整体心理过程中形成的一种审美愉快。因此，正确把握美育的内涵，需要整体性地把握它的功能，不能局限在一个单一方面"。②审美情感是本真的情感体验，美育是一种有情的觉悟。比如朱自清散文《匆匆》："洗手的时候，日子从水盆里过去；吃饭的时候，日子从饭碗里过去；默默时，便从凝然的双眼前过去。我觉察他去的匆匆了，伸出手遮挽时，他又从遮挽着的手边过去。"这明白晓畅的语言让读者在审美性的形象和画面中，同时获得时光易逝的理性觉悟和热爱生命的情感体验。审美和美感最终指向的是人的存在本身，而人的存在是整体性的，因而，美育可以起到情感、认知等多方面的全面教育作用。

总的来看，实践存在论美学关心"人生在世"的实践活动本身，它从认识论、知识论的美学范式转换到了存在论、生成论范式，认为人类动态的实践活动是包括审美关系在内的人对现实的各种关系不断生成的源泉，美学理论应当

---

① 陈瑜：《美学在走向大众时，也要保持哲学品格——访著名美学家、复旦大学文科资深教授朱立元》，《文汇报》，2019年6月4日第12版。

② 陈瑜：《美学在走向大众时，也要保持哲学品格——访著名美学家、复旦大学文科资深教授朱立元》，《文汇报》，2019年6月4日第12版。

保持对现实人生的关怀，用审美来开拓、引导人生的新境界。

实践存在论美学以开放性的姿态，在人类自我创生的历史进程中，从审美角度提出理想存在状态，指引现实人生。同时，实践存在论美学本身也是自我超越的开放体系，朱立元说："实践存在论美学本身就是一种探索，不能成为一成不变的理论体系，我也不希望如此。"①实践存在论美学是不断发展、面向未来的美学体系，具有强劲的发展潜能。实践存在论美学体系及其实践运用应当得到更多的关注和开掘，使之在当代美学的现代化、中国化发展道路中发挥出更大的理论贡献。

① 朱立元：《谈谈当代中国学术语境中的实践存在论美学》，《美与时代（下）》，2021年第4期。

BAINIAN ZHONGGUO
MEIXUE MINGZHU DAODU

下

百年中国
美学名著导读

潘知常 ◎ 主编

百花洲文艺出版社
BAIHUAZHOU LITERATURE AND ART PRESS

独具慧眼、探本溯源、中西融合

——佛雏《王国维诗学研究》导读

黄石明[①]

王国维是中国近代史上一位比较特殊的学者，他的诗学开中西融会之先河，就国内出版的王国维诗学研究专著而言，叶嘉莹[②]之后，佛雏的《王国维诗学研究》是 20 世纪以来国内外王国维研究带有突破性的成果，其新鲜独到的创见，所在多有；而每一种令人耳目一新的见解，都有翔实丰富的材料作为支撑，探本溯源、守正创新，突破了空疏泛论的 80 年代美学学风，在百年中国美学研究中具有引领和示范意义。夏中义认为"佛著比当时大陆同行的同类成果显得有分量。其出色处，我以为，恰在他率先从文献学比较角度提出了王氏《人间词》及其《人间词话》的人本忧思源自叔氏。若就公开披露《人间词》与《人间词话》的精神血缘在于'忧生'而言，或许陈鸿祥未必比佛氏晚，陈氏《〈人间词话〉三考》发表于 70 年代，但就方法之自觉，视野之展开，论述之细密，则佛氏又非陈氏可比"。[③]

---

① 黄石明：男，扬州大学文学院副教授，文学博士，文艺学专业硕士生导师，主要从事美学、文艺学研究。

② 叶嘉莹：《王国维及其文学批评》，广东人民出版社，1982年版。

③ 夏中义：《〈王国维诗学研究〉之研究》，《文艺理论研究》，1995年第5期。

首先，该书独具慧眼、自成体系。

佛雏先生以新鲜独到的见解和翔实的资料，对王国维诗学的境界说、喜剧说、悲剧说、悦学说、美育说等诗学、美学思想进行了研究，并且系统地探讨了这些思想形成的中国传统诗学渊源，以及与西方康德、叔本华、席勒、尼采等著名美学家的思想联系，在20世纪的中国学术界具有很高的突破性学术价值和启发意义。佛雏先生早在1944年初读王国维的《红楼梦评论》时，就"若受电然"，深为那种"大气包举、议论新锐、文采流丽的高格调惊服不已，觉得这才是我国近代第一篇真正的文学批评"①。从此王国维诗学一直成为他极感兴趣的研究课题，《王国维诗学研究》是佛雏先生在扬州师范学院中文系讲授"王静安研究"专题课的总结。佛雏先生对王国维诗学评价极高，认为其建树举其大者论之，"有如下三项：一曰新的比较先进的方法论；二曰新的诗的本质说；三曰新的诗的发展观。"②与1927年以来的王国维诗学研究相比较，这是对王国维诗学体系独具慧眼的概括与总结。

其次，该书探本溯源、守正创新。

该书共分五章，第一章主要论述了王国维带有反封建色彩的伦理观，他的中西"化合"的"悦学"说，以及比较先进的方法论。第二章集中评析了王国维的悲剧说、喜剧说、第二形式说、"美育"说等。第三章全面、深入地探讨了王国维前期的诗学核心——"境界"说，以及与"境界"说有关的各种美学问题，如"境界"说的传统渊源及四种对待关系；"境界"说与叔本华美学思想的关系；"境界"说的审美标准，"境界"说与"有我之境""无我之境"等。第四章评述了王国维前期与"境界"说相关的重要诗论，如"自然"说，"赤子之心"说；对王国维与尼采美学、席勒美学、海甫定"感情心理学"的关系进行了比较细致的论析。第五章探究了王国维哲学美学思想和诗学理论形成的社会、历史、自然条件，以及家学渊源，总结了王国维诗学的主要成就、内在矛盾与局限。

---

① 佛雏：《王国维诗学研究》，北京大学出版社，1999年版，第462页。

② 佛雏：《王国维诗学研究》，北京大学出版社，1999年版，第425页。

佛雏先生探本溯源、守正创新，努力厘清王国维诗学的两种理论依据，这正是《王国维诗学研究》的突出特色，彰显了作者与20世纪王国维诗学研究者不同的独到功力。佛雏先生在第三章引言部分说：我们将着重探本溯源，努力弄清王氏"境界"说的两种依据：传统诗学的与西方诗学的，从而确定这一学说的历史位置，显出此说之中西"化合"的崭新性质。其实佛雏先生这个研究方法不仅在本章娴熟运用，而且贯穿了全书各章节的研究过程，值得我们学习。

以"境界"说为例，佛雏先生首先系统地考察了从《易传》起，至康有为、梁启超的两千多年我国传统诗学有关"境界"的理论，然后与王国维的"境界"说进行比较，得出自己的判断：前人有关诗境的论述，往往"明而未融"。从王国维开始才有意识地拿"境界"或"意境"当作诗的一根枢轴，就境界的主客体及其相互关系，境界的辩证结构及其内在的矛盾运动，境界美的分类与各自特点，以至境界作为艺术鉴赏的标准等，作出比较严密的分析，构成一个相当完整的诗论体系。而王国维之所以能够构造如此完整的诗学体系，又与他吸收、融合西方美学思想是密不可分的。因此佛雏先生花了较大的篇幅，对"境界"说与叔本华美学思想的关系作了横向的比较，从而对王国维"合乎自然"与"邻于理想"的诗学理论作了科学的论析，认为王国维关于"境界"既"合乎自然"又"邻于理想"这一命题，对叔本华的艺术"理念"说，有继承，有阐发，也有新辟。通过这样的论析，读者对王国维"境界"说对于中西美学的继承和发展，以及它那丰富的内容，也就一清二楚了。

再次，该书中西融合，方法创新。

夏中义认为，在20世纪90年代前的大陆学界，能潜心于王国维—叔本华关系而作文献学比较者，当推佛雏的《王国维诗学研究》。佛著虽问世于1986年，但其中涉及文献学比较的文字却大体撰于70—80年代初，不能不佩服作者的"先知先觉"。他是心平气和地将王国维诗学看成是20世纪初中西美学"化合"之结晶，并默默地将王国维生前读过的那本英译叔本华名著找来作重点研读且翻译，对王氏—叔氏关系作了文献学比较之尝试。①

在20世纪中国美学百年的历史发展进程中，1981年，中国的美学文艺学界的方法论意识开始萌动，至1985年达到高潮，以至于1985年被学界称为美学文艺学研究的方法论年。当时的美学文艺学界几乎人人都热衷于谈论新方法，新名词、新概念纷至沓来，但是佛雏先生并没有随之翩跹起舞，随意套用。而是坚持运用辩证唯物主义和历史唯物主义方法，驾轻就熟地运用比较方法，探本溯源、守正创新，这是《王国维诗学研究》与众不同的地方。

佛雏先生对于王国维比较先进的方法论相当重视，《王国维诗学研究》也是相当重视先进的方法论，从而取得了突破性成就。佛雏先生认为"王国维一向持'中学西学''互相推助'之说"，一再指出，王国维"他力主'能动'而不是'受动'地对待西学，以达到中西二学的'化合'。""他处在我国新旧社会交替之际，在能动地'化合'中西二学中，在为我国开辟诗学特别是古史学的新途径中，树立了卓越的功绩。"佛雏先生基于这样的认识和评估，在《王国维诗学研究》中，他集中笔墨对王国维的中西二学的能动"化合"论作了精辟的阐述。佛雏先生这种论说，主要是在辩证唯物主义和历史唯物主义指导下，通过文献比较的方法展开。该书贯穿着康德、叔本华、尼采哲学美学与中国传统哲学美学的比较，康德、叔本华、尼采哲学美学与王国维哲学美学的比较；中国传统哲学美学与王国维哲学美学的比较。该书中所有发前人之所未发的创见，可以说皆来自这种科学的比较，均用比较方法作了充分的剖析；即使你有不同的看法，也能从中受到启迪和教益。② 这也是佛雏先生在20世纪中国美学研究方法中看似平凡却能独树一帜的奥妙之所在。

---

① 　夏中义：《〈王国维诗学研究〉之研究》，《文艺理论研究》，1995年第5期。

② 　王永健：《王国维研究带有突破性的成果——评佛雏〈王国维诗学研究〉》，《江苏社联通讯》，1988年第8期。

一、关注王国维前期的思想倾向与方法论

（一）了解王国维前期思想倾向的矛盾

王国维生活的前期（1898—1911），始于戊戌变法，终于辛亥革命，正处在中国社会历史大变革的时期，他怀有一颗忧国、救亡的真诚的心。佛雏先生认为，王国维前期思想倾向一直处于矛盾状态：既有新的资产阶级自由民主观念与旧的封建伦理之间的矛盾，又有资产阶级发轫期的启蒙思想与后一时期的悲观主义之间的矛盾。他前期的伦理、政治思想等具有两面性，而积极的进步的一面仍是它的主导的方面。这一矛盾也不能不在他的审美观中有所反映。正是他的思想中的这些积极成分，加上他的相当先进的方法论，促使他的诗学研究揭开了我国诗学发展史上的新的一页。[①] 受其影响，佛雏先生《王国维诗学研究》也运用了比较先进的研究方法，在 20 世纪 80 年代以来的中国美学研究中起到了示范与引领的作用。

在辛亥革命前，王国维运用康德、叔本华理论，写了《论性》《释理》《原命》《国朝汉学派戴阮二家之哲学说》《论哲学家与美术家之天职》等系列论文。这些论文对孔孟以至程朱的儒家道德哲学、纲常观念具有相当的冲击、破坏作用。而一般的研究者未给予足够的注意，佛雏先生慧眼独具，认为王国维自幼深受封建伦理的教养，他前期的政治态度是偏于保守的，既贬抑维新，更反对革命。他从哲学基础上考察并批驳了儒家纲常的理论依据，这在当时反封建意识形态的斗争中，可算一支别出的"奇兵"。他的伦理思想中的某些先进成分，理应得到肯定。王国维前期的伦理观，中西杂糅，充满了内在矛盾，实未完全定型，其中颓废的悲观主义的因素也占一个较大的比重，故又须细加清理[②]。佛雏认为，王国维从四个方面对儒家伦理思想进行了重新评价。

其一，诘"仁义"，王国维在《书辜氏汤生英译〈中庸〉后》（1906）认

---

① 佛雏：《王国维诗学研究》，北京大学出版社，1999年版，第13页。

② 佛雏：《王国维诗学研究》，北京大学出版社，1999年版，第14页。

为，孔子"仁义"之说缺乏"哲学之根柢"，在这点上，与老、墨两家相比，实为不及。王国维对儒家的"仁义"之说并未全然舍弃，只是将它们纳入"人是目的"这一新的资产阶级道德范畴之内，予以新的阐释而已。

其二，驳"性善"，王国维在《论性》（1904）中，依据康德的认识论，把"性"视为一种"知识之材质"，而非"知识之形式"，故不能从先天中知之；又"吾人经验上所知之性，其受遗传与外部之影响者不少"，亦非"性之本来面目"，即又不能从后天中知之。然而善恶对立却是普遍存在的经验上之事实，故凡从经验上论"性"者总"不得不盘旋于善恶二元论之胯下"。佛雏认为，"性"的善恶问题，离开历史唯物主义及其阶级论，自无从获得真正科学的解决，我们不能以此苛责王国维。

其三，纠"天理"。王国维在《释理》（1904）中，依据叔本华有关理论学说，对宋儒程朱的"天理"说作了详细的批驳。就宋儒假定的那个"天理"——"客观的大理"——而言，王国维从"理"的语源开始，对"理"的广狭二义作了详尽的辨析；认为"理"无论作为认识事物存在的充足理由，或作为人们构造概念及推理之能力，在王国维看来，均只有主观的意义，而无客观的意义；均属心理学的范围，绝无形而上学的意义。

其四，贬"道统"。王国维在《论近年之学术界》（1905）中回顾两千年来的我国学术史，明白揭露了那个"一尊""道统"对学术思想发展所造成的深刻危害性。在《论哲学家与美学家之天职》（1905）中，王国维对此"道统"之普遍侵凌文学艺术领域，亦曾予以愤慨的谴责，认为两千年来的封建统治一直贵"道"贱"艺"，以"道"统"文"，文艺一直沦为"道统"的附庸与仆役。因此，王国维极力争取"纯粹美术"（包括文学艺术）的独立地位与价值，他把文艺特别是诗歌提到了与哲学同样的高度："其所欲解释者皆宇宙人生上之根本问题"。

佛雏认为，王国维伦理思想的主要观点就建立在叔本华"必然是自然的王国，自由是仁慈（天惠）的王国"这个"必然"与"自由"的关系之上。而他的相当深固的封建伦理教养与当时现实政治的压力，以及他的一贯求实的治学态度，决定了他在接受和运用康德叔本华学说时，不能不产生某些犹疑、动摇，甚至理论上的自相刺谬，其中充满了悲观主义的灰暗的色调。佛雏对王国维的伦理观点进行了辩证分析，我们要正确理解。

其一，"恶"由己出，而非"外铄"。王国维对康德后期的"根恶"说有不同意见，但是对"恶"的根源、"恶"的普遍必然性是深信不疑的。他说"道德之本原由内界出，而非外铄我者"，不仅善如此，恶也如此，这是王国维伦理思想的一个根本观点。认为"恶"缘于人的"意志"（生活之欲）及其所引起的动机，它是从"内界"出的，即与生俱来的，"恶"属于必然的王国，其战场就在每个人的心中。他得出这样的结论"我身即我敌，外物非所虞""如何万物长，自作牺与牲"，"恶"由己出，而非"外铄"。①

其二，怀疑"意志自由"，体认"解脱"为人类美德。王国维说"吾人之精神中亦唯动机与动机之战斗而已，所谓'意志'之'自由'者果安在欤？"他在《原命》（1906）中对康德与叔本华的"意志自由"持明显的怀疑态度，在1907年的《三十自序》中说康德与叔本华的学说"可爱而不可信"。

佛雏认为，王国维始终是一个很重视德行的人，他从来不肯背离我国传统的为人之道；他始终又是一个追求心灵自由的人，他毕竟对康德叔本华的伦理学说有较多的吸取，他对伦理学上的"自由"毕竟不能采取决绝态度。

其三，坚持"人是目的"，而又悬"无生"为最高理想。王国维引康德的著名论点"当视人人为一目的，不可视为手段。"叔本华也说过"人的真正本性是他自己的意志，因而在最严格的意义上，他是他自己的作品，只有在这种条件下他的行为真实地完全地是他的，而且是由他自己引起的。"王国维认为，既然"他是他自己的作品"，就不应该成为任何他人或者任何神祇的工具或手段。王国维对"人格"赋予了新的特质，它内含着资产阶级的"人权"与个性"自由"的观念。其云"人有生命，有财产，有名誉，有自由，此数者皆神圣不可侵犯之权利也"，"一人神圣之权利也"②。

王国维还从"人是目的"推论出，一切学术研究、艺术创作都不应成为某

---

① 佛雏：《王国维诗学研究》，北京大学出版社，1999年版，第27页。

② 佛雏：《王国维诗学研究》，北京大学出版社，1999年版，第33页。

种政治、道德之手段，而只能为了实现"人是目的"这一根本原则，即为了满足"人"的知识与感情之最高的需要。就王国维前期整个伦理思想看，"人是目的"毕竟还不是他的终极目的，他另有其伦理学上的最高理想。

综上所述，佛雏认为，王国维前期的伦理观充满了一系列矛盾。来自康德叔本华而又质疑于康德叔本华，非难孔孟程朱而仍不免恋恋于孔孟程朱。佛雏先生这种论说，主要又是在辩证唯物主义和历史唯物主义指导下，通过文献比较的方法展开。这种学术视野，在 20 世纪 80 年代中国美学研究领域尤其难能可贵。

（二）学习王国维诗学研究的方法论

王国维认为，"外界之势力之影响于学术"之大，乃是一种进步的历史现象。他拿"西洋之思想"的输入对我国学术的生发、启迪作用，同历史上六朝以至唐宋时期"佛教之东适"之巨大影响相比。他力主"能动"而不是"受动"地对待西学，以达到中西二学的"化合"。王国维推尊西学，但不主张"全盘西化"，而只强调"化合"中外之"学"。学术既兴，则国家自无可亡之理。王国维的"化合"论其实就是强调对西学的"消化"，使之变为我自己的"血肉"；而不能"奴隶"般地一味"注入"，以致"压倒自己之思想"，弄得"不能自思一物"。在他看来，没有这样的"化合"，任何真正的艺术形象也是不可能创造出来的。

佛雏认为，王国维主张中西二学之能动的"化合"，可以看做是王国维"悦学"救亡思想的一项基本原则。而中西二学如何"化合"？王国维认为，纯粹理论特别是学科高深理论的学习与深入研究对我国国民性的改造具有极端重要性。主要体现在三个方面：其一，从纯理论的学习与深入研究，将我国学术推向"自觉"的地位。其二，用"直观为第一观念"，以改变某种旧的学习传统。其三，借倡导"坚忍"的学风，来普遍地强化国人的意志。

佛雏认为，王国维"悦学"救亡思想的一大特点就是少谈或不谈现实的政治，而聚焦于中国知识界的那个"薄弱意志"。在他看来，"意志"转弱为强，决不以"学"的内容、方法为限，更重要的是"学"的态度，换言之，关键在于某种学风。如果国人意志强、学术兴，这个国家也就从根本上摆脱了衰亡的境地，此之谓"无用之用"。这就是王国维"悦学"说的真实含义之所在，以上思想主张对于振兴中华传统学术的今天，也仍然有其不可抹杀的借鉴意义。

佛雏认为，王国维在方法论上的先进性、自觉性，这是他的前辈学者所无法比拟的。如"天下之事物非由全不足以知曲，非致曲不足以知全。"王国维很懂得这个"全"与"曲"的辩证关系。他从不孤立地看待任何一门学术包括任何一种文艺现象或文艺观点。王国维深知文学本身的特殊性能，他上窥哲学，旁通史学科学，就整个学术之"全"中来确定文学的独立位置。他强调"为一学无不有待于一切他学，亦无不有造于一切他学。"王国维这种全面、博大、明通的治学眼光，在中国传统诗论中也是罕见的。

综上，佛雏先生在《王国维诗学研究》中从始至终自觉学习、运用中西比较的方法，深入研究王国维的诗学体系，这在 20 世纪 80 年代的中国美学研究论著中比较罕见。佛雏运用中西比较方法的先进性、自觉性、熟练性与 20 世纪 80 年代以来中国美学研究的同类成果相比较也是独领风骚的。[①]

二、理解王国维前期的重要诗学理论

佛雏认为，王国维前期的非功利思想，在维护学术与文学艺术的自由独立方面，有其积极的启蒙的意义。它对封建文化专制主义来说，乃是一种坚决的激烈的否定。王国维的文学"神圣"说即非功利文学观来源于康德、叔本华，王国维认为哲学家所"发明"、艺术家所"再现"者，乃"天下万世之真理，而非一时之真理"。"唯其为天下万世之真理，故不能尽与一时一国之利益合，且有时不能相容，此即其神圣之所存也。"反之，如其一心"求以合当世之用"，

---

① 20世纪80年代以来，研究王国维美学思想的专著有：叶嘉莹的《王国维及文学批评》（1982年）、卢善庆的《王国维文艺美学观》（1988年）、聂振斌的《王国维美学思想述评》（1986年）；陈鸿祥的《王国维与文学》（1988年），祖保泉、张晓云的《王国维与人间词话》（1990年）等。

则"二者之价值失"（《论哲学家与美术家之天职》）。又云"一切学问皆能以利禄劝，独哲学与文学不然"（《文学小言》）。

佛雏认为，王国维自不懂得，从历史上出现阶级的分野，出现物质劳动与精神劳动分离的时候起，意识才能摆脱世界而去构造"纯粹的"理论、神学、哲学、道德等等。随着社会的向前发展，当现存的社会关系同现存的生产力发生矛盾时，这些"纯粹的"学术（包括哲学、诗学等等）也就势必或迟或早地起着相应的变化。因之，所谓永恒不变的"万世之真理"也只是个虚幻的概念而已。佛雏这个结论，主要是在辩证唯物主义和历史唯物主义方法指导下独具慧眼的分析与概括。

（一）关于悲剧的理论

佛雏认为，王国维的《红楼梦评论》（1904）是运用西方文论评论我国文学遗产的一次最早的尝试，是"新红学"的开山之作。王国维以叔本华的"原罪—解脱"说、"第三种悲剧"说等哲学、美学观点论述了《红楼梦》的根本精神、美学价值与伦理价值，并且对前人的《红楼梦》研究进行了颇为有力的批评。佛雏先生主要运用中西比较的方法，对王国维《红楼梦评论》的价值定位进行了全新的总结与高度的肯定。

王国维接受了叔本华的伦理学与美学的核心思想，"意志"是人生以至整个宇宙的最高主宰。"意志"作为先天的"自在之物"，人的生命、生活无往而不受制于"意志"这一团非理性的盲目的力量。人不是理性的动物，而是"意志"的奴隶。正是这种非理性的悲观哲学构成了王国维《红楼梦评论》的核心观点。

王国维运用叔本华的"原罪—解脱"说来评论《红楼梦》。王国维借老庄的论述来旁证叔本华所宣扬的那个"原罪"，所谓"原罪"就是生存本身的罪孽，原属基督教的一个宗教术语。叔本华认为，一个人最大的罪，就在他被生了出来。为什么生下来就是不幸的呢？因为生命是伴随着意志一道落地的。而意志无非是一个求生意志，追求最高度生活的意志，它的本质也就是"欲"。

这就是王国维所说的"生活之本质何'欲'而已矣"。

王国维认为，"解脱"的途径有两种：一存于观他人之苦痛，一存于觉自己之苦痛。他把《红楼梦》中的惜春、紫鹃属之前者，宝玉属之后者。王国维这种说法也来源于叔本华，叔本华说"命运横加在我们身上的痛苦是达到拒绝意志的第二条道路"，绝大多数人都只能通过这条路来求得解脱。但是这种解脱却并不容易，必须通过个人自身的种种极大的痛苦磨炼，这就是王国维所谓"以生活为炉，苦痛为炭，而铸其解脱之鼎"。叔本华把否定爱情与生命，当作伦理的最高理想与艺术的最高境界。王国维正是从这一角度确定了《红楼梦》的伦理学价值与美学价值，王国维称《红楼梦》为"彻头彻尾之悲剧"。他把《红楼梦》归之于叔本华式的第三种悲剧，认为宝黛之间悲剧的形成，当时的封建社会、宗法家庭及其种种摧残人性的法制、道德是不能负什么责任的。

佛雏认为，王国维根据叔本华的"悲剧—解脱"说，而给《红楼梦》的"精神"与"美学价值""伦理学价值"所下的结论，在今天看来，大多属于具有宗教色彩的形而上学的玄谈。叔本华"第三种悲剧"说的实质就在于把悲剧的原因从旧时代的统治阶级及其代表人物轻轻移开，而归之于悲剧中的受难者本人。而宝黛悲剧的实质，就在于他们反对封建的种种桎梏、追求"天然"（第十七回）人性的斗争，正处在这个"蛇蝎"的制度本身还相信而且也应当相信自己的合理性的时候；在于他们的以"知己"（第三十二回）为基础的爱情，"以两方的爱情高于其他一切考虑作为结婚依据"，这"在统治阶级的实践上是从所未闻的事情"，因为对于封建社会的王公大人及其子女，"结婚是一种政治的行为，乃是一种借新的联姻来扩大自己势力的机会，起决定作用的是家世的利益，而决不是个人的意愿。在这种条件下，关于婚姻问题的最后决定权怎能属于爱情呢？"① 在于他们在客观上所代表的个性解放的理想，与这种理想在当时实际不可能实现之间的矛盾。

佛雏认为，《红楼梦评论》是一篇开拓了某种新局面的重要著作，其内容"瑕"

---

① 中共中央马克思恩格斯列宁斯大林著作编译局编译：《马克思恩格斯选集》（第4卷），人民出版社，1995年版，第74页。

多于"瑜"，这在一部古典名著的研究过程中，是很难避免的。如博克所说"一个人只要肯深入到事物表面以下去探索，哪怕他自己也许看得不对，却为旁人扫清了道路，甚至能使他的错误也终于为真理的事业服务。"[①]我们对王国维的《红楼梦评论》也须作如是观，但他的积极方面主要体现在：(1)王国维将《红楼梦》作为一部世界性的伟大悲剧而全力予以表彰。(2)王国维在《红楼梦评论》的末章对旧红学的研究方法最早提出了启蒙式的批评。(3)王国维对叔本华"原罪—解脱"说表示深刻的怀疑与否定。

（二）关于喜剧的观点

佛雏认为，王国维的喜剧观，总的看来，仍以悲观主义为基础，其中掺杂不少封建伦理的因素。王国维抑喜剧而崇悲剧，薄讽刺而重幽默，恶"儇薄"而主严肃。他对喜剧的认识，往往跟悲剧交错在一起。

王国维主要的喜剧观点有：

其一，"笑者实吾人一种势力之发表"。王国维在《人间嗜好之研究》(1907)中云"常人对戏剧之嗜好，亦由势力之欲出。先以喜剧（即滑稽剧）言之。夫能笑人者，必其势力强于被笑者也。故笑者实吾人一种势力之发表。然人于实际之生活中，虽遇可笑之事，然非其人为我所素狎者，或其位置远在吾人之下者，则不敢笑。独于滑稽剧中，以其非事实故，不独使人能笑，而且使人敢笑，此即对喜剧之快乐之所存也。"

佛雏认为，王国维的"势力发表"说，与霍布士的"突然荣耀"说、席勒的"剩余势力"说有些类似。王氏的"势力发表"说，就包括喜剧在内的整个文学艺术而言，有其合理因素；单就笑与喜剧言，"势力优胜"就显得片面、狭仄。严格说来，它只涉及笑的一种，即鄙笑。

其二，"等闲讽刺，轻视滑稽"。任半塘先生说"在我国戏剧史中，首先介绍唐宋优谏者，乃王史（《宋元戏曲史》）；而首先等闲讽刺、轻视滑稽者，

---

① 佛雏：《王国维诗学研究》，北京大学出版社，1999年版，第83页。

亦王史。"① 佛雏认为，任半塘这评价是有充分根据的，王国维对我国古代滑稽戏在戏剧史上的地位，作出了明显"轻视"的估计。王国维的喜剧观的确是他美学思想中薄弱的一环。

其三，"欧穆亚之人生观"。王国维颇欣赏霍布士的一句名言"人生者，自观之者言之，则为一喜剧；自感之者言之，则又为一悲剧也。"（《人间嗜好之研究》）这与叔本华所谓从整体看人生，实为悲剧；从细节看，则又为喜剧之说，颇有相通处。王国维在《屈子文学之精神》（1906）中，将屈子的思想、精神概括为一种"欧穆亚（Humour）之人生观"。佛雏认为，王国维此种人生观，从生活戏剧的角度而言，处于悲剧与喜剧的交叉点上，其基础则为主观与客观的现实矛盾。

（三）关于"第二形式"说

佛雏认为，王国维在《古雅之在美学上之位置》（1907）提出"一切之美皆形式之美也"的理论命题，并首次作出美的"第一形式"与"第二形式"的区分。并且把立足于"第二形式"的"古雅"作为一个独立的美学范畴，以此概括那些不全属于"优美""宏壮"（壮美）的艺术现象。他认定传统文学艺术中所谓"笔"情"墨"趣、"神、韵、气、味"之类，属于或大多属于"第二形式之美"，因而具有一种独立的审美价值。这实际上是王国维的一种理论创新，他对艺术美特别是形式美的特征，试图作出某种崭新的解释。

佛雏认为，王国维所谓"第一形式"，其一指"自然中固有之某形式"，即美的原型；其二指艺术家头脑中"所自创造之新形式"而尚未"表出"者；其三指此种"自创造之新形式"业已"表出"，而供人们作为再"表出"之蓝本者。比如供演奏的曲调，被演出的剧本，以及被模拟的艺术品（如绘画、雕刻、文学作品等）的"原本"，对演奏者、演出者、模拟者来说，都可看成（转化成）"第一形式"。

王国维所谓"第二形式"有四项内涵，其一，美的"第一形式"转化为"美

---

① 任半塘：《唐戏弄》，作家出版社，1958年版，第332页。

的艺术"之表达方式，即所谓"斯美者愈增其美"。其二，本来不美的"第一形式"亦能进入艺术，而构成审美对象者。其三，将前代某种成功的艺术品当作"第一形式"，而予以再"表出"者。其四，艺术表现媒介之运用上所显出的仿佛离"第一形式"而独立的美的形式。这一观点实际上是王国维在传统诗学基础上，对艺术形式美的一种深入的开掘，使之达到理论的高度。

佛雏认为，王国维"第二形式"说吸取了康德"美在形式""自由美"以及叔本华音乐美的理论，结合中国传统诗文书画理论中关于"笔墨""气韵"的论点，是一种具有理论创新的观点。它在探索艺术美特别是形式美的特质及其相对独立的艺术价值方面，具有相当重要的积极意义。

（四）关于"美育"说

佛雏认为，晚清之际，谈智育德育成为一种风气。而王国维揭举美育，配德、智二育，辅以体育，以此来培养"完全之人物"，王国维算是最早的一位。王国维的美育观，唯心成分颇多，总的看来，却也瑕不掩瑜。

其一，"以美术代宗教"。1917年8月，蔡元培在北京神州学会发表了著名的《以美育代宗教说》的讲演，人们一直遂把蔡氏当作此说的首创者。其实早在1906年，王国维就已提出"美术者，上流社会之宗教也"这样的命题（《去毒篇》），并且论证了美育的重要性。"盖人心之动，无不束缚于一己之利害；独美之为物，使人忘一己之利害而入高尚纯洁之域，此最纯粹之快乐也。"又谓美育"使人之感情发达，以达完美之域"，故称"美育即情育"。（《论教育之宗旨》）

大抵一切大宗教无不以对人生痛苦的彻悟与解脱为依归，基督教讲"原罪"的救赎，佛教讲摆脱生老病死的"涅槃"。王国维认为，艺术的"解脱"跟宗教的"解脱"本质上并无不同，艺术的特殊功能也正在于"描写人生之苦痛与其解脱之道，而使吾侪冯生之徒，于此桎梏之世界中离此生活之欲之争斗，而得其暂时之平和，此一切美术之目的也。"（《红楼梦评论》）"暂时之平和"中包含了某种"永恒"的东西。他对艺术之"永恒"的力量与价值，作了反复的充分的肯定。

其二，美育的"目的"。王国维在《论小学校唱歌科之材料》一文中论述了美育的"目的"。他把"调和感情"与"练习聪明官及发声器"，作为美育的"第一目的"；而将"陶冶意志"作为"修身科与唱歌科公共之事业"，即美育的"第二目的"。两者相较，"自以前者为重"。他力主"唱歌科之补助修身科，亦在形式而不在内容（歌词）。虽有声无词之音乐，自有陶冶品性使之高尚和平之力"；"若徒以干燥拙劣之辞，述道德上之教训，恐第二目的未达而已失其第一之目的矣"。

佛雏认为，王国维谈美育的目的，区分"第一""第二"，肯定了美育之相对的独立价值。王国维深深懂得，如果美育以"奴隶"的身份去"补助"德育，势必导致"善"未得而"美"已失；反之，尊重"第一目的"，倒容易促成"美"与"善"的真正合一。这个论点在当时有其突破旧传统、建立新美育的不可低估的历史意义。王国维以上美育观点对于新时代中国式现代化的美育，也仍然具有一定的启迪意义。

三、掌握王国维诗学的核心观点——"境界"说

（一）了解"境界"说与中国传统诗学的渊源关系

有学者认为，在西学东渐百余年后的中国诗学与美学领域，真正具有深度、创造性和理论意义并且值得批判反思的学说，依然首推王国维的"境界说"，其次要数李泽厚的"积淀说"[1]。佛雏认为，王国维的"境界"说在1904年《孔子之美育主义》中已开其端绪，至发表于1908—1909年的《人间词话》开始正式构成体系。此说在中国整个诗学发展史上具有十分重要的地位。它跟西方的某些诗学遗产，特别是康德的"美的理想"、"审美意象"说，叔本华的"审美静观方式"及艺术"理念"说，关系也很密切。从20世纪初期直到现在，

---

[1] 王柯平：《王国维诗学的创化之道》，《文艺争鸣》，2008年第1期。

这一理论在我国文艺界产生了广泛而深远的影响。

佛雏对王国维"境界"说的中国传统诗学依据进行了条分理析、探本溯源，这在20世纪80年代的中国学术界尚不多见，具有创新价值与导向价值。佛雏认为，诗的"境界"理论，从《易传》算起，已有两千多年的历史。"境界"和"意境"这两个词，自宋以来，特别是清代诗家，使用亦颇多。但前人有关诗境的论述，往往"明而未融"。或者谈到"意—象"关系，而旨在谈哲，不在谈诗或艺术。或者以"情—物""形—神""神—象"等谈诗（画）的内在构造，俨具体系，而缺乏有关这根枢轴的高级概念。或者一般运用，未成体系。或者仅仅涉及"境界"的外围或某一侧面。而王国维有意识地拿"境界"或"意境"当作诗的一根枢轴，就境界的主客体及其对待关系，境界的辩证结构及其内在的矛盾运动，境界的特性与发展规律，以至境界作为艺术鉴赏的标准等，即涉及诗的本体、创作、鉴赏、发展四个方面，作出比较严密的分析，构成一个相当完整的诗论体系，这在王国维以前的诗学研究中是不曾有过的，颇具创新性。

（二）正确理解"境界"说的四种矛盾关系

佛雏认为，诗的"境界"是诗人对生活、自然之美的一种独具只眼的发现与改造。诗人驻足于某种动人的生活、自然的形相之前，沉浸其中，按照客观存在的与对象本身相适应的"美的规律"，与诗人本身的生活经验、感情、气质、想象等，去"芜"存"菁"，由"一"窥"多"，摄取其风神而改造其形貌，这才铸成所谓境界。"境界"是"灵物"①，即一种为生气所灌注的"生命"体。在境界的创造过程中，主客体之间产生了一种微妙的若即若离、相生相克的关系。王国维认为，诗境美的最后圆满实现，与"虚实""出入""顿渐""隐显"这四种矛盾关系恰到好处的艺术处理是分不开的。

其一，"虚""实"（"理想"与"自然"）关系；王国维论境界，意在将诗词还之诗词本身。虽讲"理想"，此"理想"亦从客观的自然人生中来，

---

① 佛雏：《王国维诗学研究》，北京大学出版社，1999年版，第171页。

跟现实社会取较远的距离，故不主"美刺"以至感事、怀古、投赠等等。这跟传统的"比兴—讽谕"观念，也显出重大差异。

其二，"出""入"关系；王国维这是讲诗境的创造者如何深入自然人生，却又并不粘滞，在"入"与"出"的交错中来观察和再现自然人生，构成诗境。其中包含一个摆脱俗"我"、回到"自我"（王国维所谓"真我"）的问题。王国维说"诗人对宇宙人生，须入乎其内，又须出乎其外。入乎其内，故能写之，出乎其外，故能观之。入乎其内，故有生气；出乎其外，故有高致。"

其三，"顿""渐"关系；诗境是个有"生命"的运动体，在其从自然美生活美到艺术美的运动过程中，有量变，也有质变。前者曰"渐"，后者曰"顿"。诗境的美往往就在这种"渐"与"顿"的对待关系中得到显现。

其四，"隐""显"（"隔"与"不隔"）关系。佛雏认为，王国维"隔"与"不隔"的论点，基于艺术的"直观"本性，境界作为"第二自然"必须具备的"自然性"。"隔"则违乎"自然"，蒙于"理想"，于景物、感情之"真"，盖两失之，故境界不复可出，清晰生动的"人类的镜子"不复可见，而作为艺术本质的"自由"亦不复可得。"不隔"则"境界全出"，主体及其理想"与自然为一"，客体的内在本性得到充分的展示，其情其景均构成生动的以至深微的直观，读者得以由此窥见物的"神理"与人的"真我"。

（三）梳理"境界"说与叔本华美学的关系

佛雏对王国维"境界"说的西方诗学依据进行了追根溯源、探赜索隐，这在 20 世纪 80 年代的王国维诗学研究领域实不多见，在百年中国美学研究领域属于创新之举，对中国美学研究具有学术示范意义。佛雏认为，王国维是从康德特别是叔本华的美学角度，来看待诗词境界"合乎自然"与"邻于理想"二者的结合，这个观点具有纲领性意味。他在《人间词话》中说"有造境，有写境，此理想与写实二派之所由分。然二者颇难分别，因大诗人所造之境必合乎自然，所写之境亦必邻于理想故也。"他论述了诗词境界内部矛盾统一的两个基本侧面，及其构造方式。而王国维所谓"合乎自然"与"邻于理想"，均各有其特定的含义，跟我们今天所理解的，并不完全一致。

首先，"合乎自然"，就境界的客体而言，实际指的是，合乎充分显示其内在本质力量即理念的那种自然。王国维所谓"合乎自然"来源于康德、叔本华的诗学观点，康德认为"自然性"是艺术天才的特性之一，天才艺术家"作为自然赋予它（艺术作品）以法规"①。叔本华也认为，天才诗人本身"乃自然之自身之一部"，并引申为"唯自然能知自然，唯自然能言自然"②。意即艺术家只有当他本身自然化了时，才有可能真正领悟和再现"自然"（广义的）的美，构成艺术的境界，否即一切无从谈起。

王国维说"原夫文学之所以有意境者，以其能观也。""能观"意即能够进入审美静观，乃是诗人的根本能事，创造意境的先决条件。"能观"首先要求诗人本身"合乎自然"，即摆脱"意志"的束缚，忘掉自己的个人存在，而"自由"地进入审美静观之中，以此"观物""观我"，构成审美静观的纯粹主体（自然化）。王国维叫作"自然之眼""自然之舌"。

按照王国维和叔本华的观点，艺术（包括诗词）境界的创造者本身，即境界的主体必须"合乎自然"，即具有尽可能多的客观性，而后"能观"，也必"能观"，而后产生艺术的意境，这是"合乎自然"的一项至关重要的内容。

其次，王国维认为，为了适应与"唤起"诗人的这种"能观"，境界的客体必须既"合乎自然"又"邻于理想"，而这两者的结合跟叔本华的"理念—艺术的对象"说，关系极为密切。叔本华与王国维都把艺术作品中"自然"与"理想"的统一，放在"理念"的基础上。

第一，审美静观以及再现于艺术中的境界的美，存在于"特别（个别）之物"中被认出的代表其"全体"的"理念"。"理念"是叔本华从柏拉图那里取来而用他自己的"唯意志论"改造过的一个形而上学的概念，乃是"意志之恰当的客观化"。王国维在《叔本华之哲学及其教育学说》中说"美术上之所表者，则非概念，又非个象，而以个象代表其物之一种之全体，即上所谓实念

---

① 康德：《判断力批判》，宗白华译，商务印书馆，1964年版，第46页。

② 叔本华：《作业为意志和表象的世界》（第1卷），哈德恩英译，辽宁人民出版社，2016年版，第287—288页。

（按即理念）者是也。"王国维所说的诗人眼中的"形式""图画"或"个象"（个体形象），就是该自然物的理念，亦即在一定等级上的"意志之恰当的客观化"。这种"形式""图画"或"个象"，能使诗人在刹那间超出生活意志——痛苦的羁勒，而得到"自由""平和"与"审美的愉悦"。

第二，对自然物（包括人）的美的认识，境界的认识，部分地来自观照者的"美之预想"。这种"美之预想"是理想，"就其先天地（至少一半是如此）被认识到而言，它是理念"。叔本华美的"理想"跟对象的"理念"是完全一致的。叔本华认为"诗歌的目的也是（人的）理念的显现"；"在真正诗人的抒情诗中，整个人类的内在本性（即人的理念）是被反映出来了"。王国维美的"理想"并没有超出叔本华"人的理念"的领域，这从他对自己词作的自我评价中也可得到印证。

第三，艺术作品、艺术境界的创造，都是"后天中所与之自然物"，经过某种"补助"，使之同先天的"美之预想"（即该自然物的理念）"相合"的结果。叔本华认为，艺术家、诗人头脑里朦胧地存在着"美之预想"，即某种对象的理念，仿佛该对象的"美"的理想的样本；在后天的"自然物"（包括人）中发现似乎与之相像的东西，于是"唤起"了自己原先模糊认识的那个样本，并据以对此"自然物"给予"补助"，使那个朦胧的、游动于诗人眼前的样本，通过对该"自然物"的"补助"，而终于"入于明晰之意识"。这样先天（理想）后天（自然）"相合"的结果，就是该"自然物"的理念的显现。

综上所述，王国维的"合乎自然"与"邻于理想"二者结合的"境界"说，跟叔本华所谓后天的"自然物"与先天的"美之预想"（理想）二者"相合"的审美"理念"说，渊源甚深，与此同时，王国维又有所"生发"。

王国维关于既"合乎自然"又"邻于理想"的"意境"说，就其"理想"而言，与叔本华"人的理念"关系密切。但王国维毕竟深受中华传统伦理与诗学的熏染，故在具体作家、作品的分析中，往往不自觉地突破了叔本华"理想"的藩篱。就诗人本身的"合乎自然"而言，无论"自然之眼""赤子之心"或"无我""以物观物"等等，均属对这一命题的肯定与引申发挥。就境界客体之"合乎自然"而又"邻于理想"而言，王国维实际上以创作对象（自然与人）

的"理念"化为依归，但在具体赏析作品时，却又对叔本华的观点有相当程度的"生发"：

其一，"美"与"真"合，而"真"重于"美"。王国维在诗词意境中所追求的"物"之"神理"与"魂"，"人"之"伊人""那人"，都具有叔本华式的"理念"的意味与实质。他所标举的"真景物""真感情"，都非自然历史原本的"真"，而实为"理念"的"真"。

其二，"美"与"善"相合。康德、叔本华眼中的"美"，跟社会一般功利，几乎了不相涉。正基于此，王国维贬抑用"政治家之眼"写诗，甚至反对"诗外尚有事在"这样的传统诗学的律条。但王国维自己实际上也没有能够一以贯之地坚持康德、叔本华观点，在不少场合，时时透露出"美""善"相合之意。

其三，从"生动的直观"到"深微的直观"。就形式而言，王国维认为"合乎自然"必合乎"生动的直观"，尽量扫去诗人在"补助""生发"中的某种人工印迹，以便"让自然在这里自由地活动"。

其四，使自然之"不美"者得到某种艺术美的表现。王国维在《古雅之在美学上之位置》中，谈及"茅茨土阶与夫自然中寻常琐屑之景物，以吾人之肉眼观之，举无足与于优美若宏壮之数。然一经艺术家（绘画若诗歌）之手，遂觉有不可言之趣味"。在王国维看来，此种审美趣味，在于诗人运用"古雅"之形式使本来不美者获得某种艺术美的表现。

总而言之，佛雏认为，王国维的"境界"（意境），可以理解为：天才诗人在对某种创作对象（自然，人生）之自由的静观中领悟并再现出来的，在内容上结合着"自然"与"理想"、"一己之感情"与"人类之感情"、"真"与"善"，在表现形式上结合着"个象"与"全体"、"生动的直观"与"深微的直观"的，一种独创的有机的艺术画面。王国维以"境界"（意境）统摄诗词曲辞乃至一切抒情文学的艺术特质，这是王国维诗学的一个核心范畴。我们要认识到，佛雏先生得出的这个结论，在王国维诗学研究中具有重大的学术价值。

（四）"境界"说：中学西学之"合璧"

佛雏认为，王国维一向持"中学西学""互相推助"之说。他的诗说体系既跟叔本华的诗学有较深的渊源关系，又对传统诗论重作估价，加以取舍。王国维标举中国传统诗学的"境界"（意境）一词，摄取叔本华关于艺术"理念"的某些重要内容，又证以前代诗论词论中的有关论述，以此中西融会贯通，在百年中国美学研究中自树新帜。他的"境界"说是中学西学的一种"合璧"。但总的来看，"境界"说跟"诗言志"的中国诗学传统之间存在着一种带根本性的差异。它有自己的创新的两个原则，或者说是创新的两个审美标准。概而言之，其一，诗人在审美观照中客观重于主观；其二，在艺术创作中再现重于表现，两者密不可分。尽管这仍是一个唯心的诗论体系，其中却不乏现实的与合理的积极内容。佛雏认为，如果"境界"说在中国诗学发展史上有其承先启后的客观地位，跟王国维所强调的这两项创新的审美标准，是密切关联的。

首先，诗人在审美观照中客观重于主观。这个"客观"包含两层意思：

其一，指诗人本身的"客观性"或者"客观的精神"。王国维"原夫文学之所以有意境者，以其能观也。"这个"观"并非孔子"诗可以观"的"观"，而是叔本华美学中的"直观"与"静观"。叔本华认为，诗人的"天才的本性就存在于这种静观的卓越的本领中"。"能观"者，诗人在对某种客体的直接观照中，能够形成一种特殊的"领悟"，叔本华称之为"审美的领悟"。它凭借的，不是一般用于逻辑思维的"充足理由律"，而是一种"更高的智慧"即"直觉的智力"；不是一般的感情，而是一种几乎"净化"了的"深邃之感情"。无此"静观"与"审美的领悟"，任何艺术（包括诗词）境界都无法形成。

其二，这个"客观"又指审美客体本身之客观的"内在本性"。王国维认为"美术上之所表者，则非概念，又非个象，而以个象代表其物之一种之全体"，即所谓"实念"（按，一般译为"理念"），又说"美之知识，实念之知识也。""诗人之眼"所观照和领悟的，不是自然人生中现成的某一个别事物，而是这一"事物之族类的理念"。跟抽象的僵固的"概念"不同，理念，如同一个"活的生命体"，乃是代表某一事物整个族类之一种引起美感的"个象"，或者体现该事物"内在本性"或"本质力量"（这一侧面或那一侧面）之一幅"单一的感性的图画"，而这便是"美"之所在。

"理念"（当其未充分显现时）就客观地内在于事物本身，而一般事物的形式，总是无力充分显示它自己的理念。故"理念"只能通过诗人的观照而被领悟，即只显现于"诗人之眼"中。这就需要诗人的"理想"与以"深邃之感情"为基础的"想象"为之（客观事物）"补助""生发"。而诗人的"理想"非他，正就是诗人先天地模糊地认识到的某种事物之理念——该事物之理想的美的样本。叔本华认为诗人"需要想象，不是为了在事物中去看大自然所已实际造出的东西，而是去看她曾努力去造却未能造出的东西"。后者既为该事物本身的理念（某一侧面）之充分显现，符合该事物发展的"自然之法则"，又恰为诗人的理想之所在。所以"境界"在理念的基础上，显出了诗人的"理想"与审美客体的"自然"二者的一致性、统一性。

王国维认为，随着诗人对审美客体之领悟的程度不同，所取的侧面不一，在同一客体上，可以出现多种多样的美的形式，以及内容方面种种深浅、高下、厚薄的差异。正是在这个意义上，王国维认为诗人"所观者即其所畜者"。诗人在自然人生中所能"观"出的东西，达到何种深度，他在艺术中所再现出的东西，也就只能达到这样的深度。

其次，诗人在艺术创作中再现重于表现。佛雏认为，王国维说"天才者出，以其所观于自然人生中者，复现（按，再现）之于美术（按，文学艺术）中。"这是就整个文学艺术而言。又云"诗歌者，描写（自然及）人生者也"；"诗歌之所写者，人生之实念（按，理念），故吾人于诗歌中可得人生完全之知识"[1]。这是就诗歌之特质而言。王国维以上三个定义，其中一、三本于叔本华，二本于席勒而加以扩大。如果以此与《词话》中"能写真景物真感情者，谓之有境界"相比较，其基本精神原属一致，即均重在对自然人生及其理念之观照与再现。

王国维的诗词"境界"跟叔本华的艺术"理念"，是平行的美学范畴。离开了作为理念之显现的那种"个象"或者"图画"，也就不成其为"境界"了。

---

① 佛雏：《王国维诗学研究》，北京大学出版社，1999年版，第218页。

境界源于诗人之"能观"（包括直观与"审美的领悟"）。"能观"出自然界的"真景物"（体现某种景物的内在本性—"神理"者，始谓之"真景物"，即理念的"真"）而"描写"之、"再现"之；"能观"出人生的某种"真感情"（体现某种"人生之理念"的感情，始谓之"真感情"，即"人"的内在本性的"真"）而"描写"之、"再现"之；如是谓之"有境界"，"否则谓之无境界"。显然，决定境界之"有""无"，主要在于对审美客体（王国维把"激烈之感情"亦当作"直观之对象"即客体，谓之"观我"）及其内在本性的观照与再现。

王国维谈境界，合"写实""理想"二派而言之，合"写境""造境"而言之，他的意思重点在于，写出于"个象"（包括景与情）中见"神理"、于"直观"中寓"深微"的那种独创的有机的艺术画面，而诗人"忧生""忧世"之理想与感情自然渗透其中。

王国维认为，真正的艺术生命力绝不能离开诗人对审美客体的"客观的观照"与领悟，而这又恰是客体本身的某种美或崇高的魅力"激发"而成的。从这里萌发的"活生生的幼芽"，乃是艺术的尚未完全成形的一个"惝恍不可捉摸"的"个象"，或如叔本华所说，在诗人眼前游动着的"理念"。而诗人的想象、感情以及种种艺术匠心，只是依据这一"幼芽"自身所可能到达的理想的高度，给以独特的"补助""生发"，使此飘忽不定的"个象"或"图画"，终于清晰地完满地凝定下来。它是活生生的，又是富有意蕴的"一个"，同时又打上诗人本身的"灵魂"（王国维谓之"真我"）的印记。无论"俯拾即是"地忽然得之，或者"险觅天应闷，狂搜海亦枯"式地历尽艰辛而后得之，结果都是这株"幼芽"之某种自然的、"合目的性"的实现；而这种"合目的性"并非任何一个现实的具体目的所能概括，故具有丰富的以至无限的暗示性。这就是艺术美的创造性的完成，"境界"的诞生。

综上所述，王国维"境界"说的审美标准的侧重点在于：诗人在对自然人生之"客观的静观"与领悟中，独创地再现某种审美客体（景物、感情）之一幅生动的具有普遍性的"图画"；这种"图画"所暗示的自然人生的真理表面上似乎是可以捉摸而实际上是无可穷尽的，而所见出的诗人的"深邃之感情"

则已处于一种"净化"的状态。这种"图画"之有无与深浅决定诗词的艺术质量的高低。所以正是在这个意义上，王国维把"以物观物"的"无我之境"，置于"以我观物"的"有我之境"之上。因为在前者，诗人的意志、激情几乎处于"完全的沉默"状态，从客体的美的"图画"中，仿佛可以深窥自然人生之某种永恒的、普遍性的真理。故客观性为最高，再现多于表现。在后者，诗人主观的激情与客观的静观两者"交错"，最后达到"合一"；客体的美的"图画"中主观性成分颇占优势，故客观性相对减弱，表现多于再现。

佛雏认为，王国维"境界"说的两项审美标准：在审美观照中客观重于主观，在艺术创作中再现重于表现，属于一种"代言之"的诗学体系。它被蒙上厚厚一层唯心的、远离现实与历史发展的形而上学的外壳，又染上某种消极的悲观主义的浓重色彩。这跟王国维处于封建末代王朝清朝的末期，而把自己同当时的进步社会潮流隔绝开来，惟愿在"纯粹"的文学艺术中求"慰藉"、求"解脱"，这种思想上的局限，自不能分开而论。但它要求诗人本身具有尽可能多的"客观性"，在对审美客体的直接观照与深入领悟中，努力创造出某种寓"多"于"一"的"个象""图画"；通过此种诗中之"画"，而"言"自然本身之所欲言，传"人类之感情"之所难传，同时诗人本身的"真我"亦遂"隐然"在此"画"中；诗人刻意作"画"，无心说"理"，而某种自然人生之"理"，又确含寓其中，似乎可喻而又不可尽喻，故有"言外之味，弦外之响"。如果就这方面而言，王国维"境界"说的审美标准比之一般的"诗言志"，在寻绎诗词的艺术特质的历史途程中，不能不说是前进了一大步，不能不算是一种真正的"探本溯源"之论。

（五）理解"境界"与"有我之境""无我之境"的关系

佛雏认为，王国维在《人间词话》中把诗词境界区分为"有我之境"与"无我之境"。这种区分，关系到诗词意境中主客体内在联系的不同方式、创作过程的不同特征、不同的审美属性，以及艺术评价的高低，等等，故一直受到文艺界的重视。但是王国维关于这两种境界的论述，语虽精审而毕竟简约，"明而未融"，以致解者纷纭，20世纪80年代以来一直处于争论之中。

佛雏认为，王国维区分"有我之境"与"无我之境"的理论基础，与叔本华关于审美静观的观点、关于抒情诗的观点，有极其密切的关系。叔本华说"在审美的静观方式中，我们已经发现两个不可分割的组成部分：客体的知识，不是作为个别事物，而是作为柏拉图式的理念，即作为该事物全体族类的永恒的形式；和观照者的自我意识，不是作为个人，而是作为纯粹的无意志的认识主体。""产生于美的静观之愉悦，来自这两个组成部分，有时这一部分占得多些，有时另一部分占得多些，根据审美静观的对象是什么而定。"①王国维把这种"纯粹的无意志的认识主体"称之为"知之我"或"纯粹无欲之我"；而现实的有意志的"个人"，则称之为"欲之我"或"特别（即个别）之我"。王国维所谓"意余于境"，"境多于意"，也本于此。叔本华认定，这样的审美静观可以到达一种无意志也即"无痛苦的境界"，或如伊壁鸠鲁所说的"仙境"。把这种审美静观中的境界，通过各种艺术媒介（如语言）再现出来，就构成了艺术作品的境界或意境。

佛雏认为，掌握叔本华这一美学体系中的审美静观方式及其两种不同的"我"，对于理解王国维"有我""无我"之境的实际含义，极为重要。

首先，来看"有我之境"。王国维说"有我之境，以我观物，故物皆著我之色彩。"这与叔本华所说的在抒情诗及抒情的心境中，"主观的倾向，意志的喜爱，把它自己的色彩赋予被观照的环境，反过来，各种环境又传播它们色彩的反射给意志"是完全一致的。王国维所说"有我之境，于由动之静时得之"，故"宏壮"。佛雏认为，这个"由动之静"，正本于叔本华所谓抒情诗中"欲望的压迫"（指情绪激动）与"和平的静观"二者的"对立"与"相互交替"这一论点。叔本华认为抒情诗人的意志、欲望，常常构成"一种情绪，一种激情，一种激动的心境"；但"因看到周围自然的景色，诗人又意识到自己已成为纯粹的、无意志的认识主体，他的不可动摇的怡悦的宁静现在呈现了，并且

---

① 叔本华：《作为意志和表象的世界》（第1卷），哈德恩译，辽宁人民出版社，2016年版，第253页。

同那个……欲望的压迫恰相对立"。在这当中，欲望往往又把诗人"从和平的静观中撕裂出去"，而"接续而来的美的环境"又"再度吸诱"他"同欲望分离"。在抒情诗中，"欲望（以个人利害为目的）和眼前环境的纯粹观照是奇妙地交织在一起的"。这就是王国维"由动之静时得之"的理论依据。

佛雏认为，依照叔本华理论，"有我之境"可以界定为：诗人在观物（审美和创作对象）中所形成的、某种激动的情绪与宁静的观照二者的对立与交错，作为一个完整的可观照的审美客体，被静观中的诗人领悟和表现出来的一种属于壮美范畴的艺术意境。

其次，再看"无我之境"。王国维认为，"无我之境"有两个主要特征：其一，"无我之境，以物观物，故不知何者为我，何者为物。"其中后一个"物"，审美静观的客体，是个超时间超因果的"单一的感性的图画"。过去朱光潜先生提出的"孤立绝缘"的"形相"，也就是指此而言。而前一个"物"，指的是审美静观中的主体，他在这个客体中丧失了自己，就是说，甚至忘掉了他的个人存在，"他的意志，而仅仅作为纯粹的主体、作为客体的清晰的镜子而继续存在，因此就像那个客体单独存在那儿，而没有任何人去觉察它，于是他不再能从观照中分出观照者来，而两者已经合而为一，因为全部意识是被一种单一的感性的图画所充满所占据了"[①]。由此可见，诗人在审美静观中，由于"丧失了自己"而成为"物"的一面"清晰的镜子"，也就是说，诗人本身完全客观化了或者"物"（自然）化了，这才叫"以物观物"。这时诗人"不再能从观照中分出观照者来，而两者已经合而为一"，这才叫"故不知何者为我，何者为物"。

其二，"无我之境，人惟于静中得之"，故"优美"。依照叔本华的观点："在优美的场合，纯粹的认识未经斗争就已经占了优势，因为客体的美，就是说，容易形成它（按，客体）的理念之认识的那种特性，已经从意识那里毫无阻力地，因而也是不知不觉地移走了意志，……于是剩下来的是认识的纯粹主

---

① 叔本华：《意志和表象的世界》（第1卷），哈德恩译，辽宁人民出版社，2016年版，第231页。

体，甚至不带有关意志的一丝记忆"。所谓"未经斗争"、"不知不觉地移走了意志"，即是说，"于静中"移走了意志。所谓"甚至不带有关意志的一丝记忆"，即是说，"无我"的"无"几乎达到了真正的"无"的程度。

陶渊明的"采菊东篱下，悠然见南山"，按照上述观点，大抵"采菊东篱"的诗人就在那个"悠然"之中（或者说"于静中"），他的为意志所羁勒的"我"，即"车马喧"中的"我"消失了。这时候的诗人仿佛完全客观化了，仿佛成了一只"自然之眼"，或者世界的一面"清晰的镜子"，它照"见"了"南山"，一个超时间超因果的"单一的感性的图画"。俨然整个宇宙人生的"真意"，一种绝对的"美"，此刻都萃聚都显现在这个"南山"之中。这个"见"仿佛不是主观地观察，而是纯客观地映照。这样，一个纯粹的主体与一个同样纯粹的客体"相看两不厌"地静静地互相映照，取得了一种深深的默契。这才叫"于静中得之"，这才叫"优美"。

佛雏认为，按照叔本华理论，"无我之境"可以界定为：诗人以一种纯客观的高度和谐的审美心境，观照出外物（审美和创作对象）的一种最纯粹的美的形式；在这一过程中，仿佛是两个"自然体"（"物"）自始至终静静地互相映照，冥相契合，这样凝结而成的一种属于优美范畴的艺术意境。

综上所述，佛雏认为，掌握叔本华式的"认识的纯粹主体"，乃是理解"有我""无我"之境的关键所在。这个纯粹的主体是"无意志"的，也即"无我"的。它不仅是审美静观所必备的主观条件，而且是达成审美静观的标志及其最后归宿。因为照这个体系，艺术的社会功能就在使得创作者与鉴赏者得到一刹间的"意志"的解脱，换言之，艺术的价值就在使得人们"无我"，也即"无痛苦"，即使是暂时的。所以就纯粹主体而言，这两种意境的最后形成，都是"无我"的，区别只在于二者形成的过程有个顿渐之分。而就审美静观过程中客体所曾包含的现实的"我"的成分多少而言，这才有所谓"有我之境"与"无我之境"。"有我"者，有意志，客体中染上我的意志。"无我"者，无意志，客体中仿佛不见我的意志。"观我"者以无意志的纯粹主体"观"有意志的现实的"我"，或以"知之我"观"欲之我"。所谓"有我之境"与"无我之境"，在王国维看来，终不过是通过"观物""观我"而获致的诗人"意志"不同程度的解脱状态而已。

佛雏认为，任何艺术境界，作为对某种生活美、自然美提炼、升华的产物，都或隐或显地浸透了诗人本身的意志。所谓纯"客观之诗人"与纯粹"无我"的境界，实际上是不存在的。而"境界"作为一种运动的有机体，一如生活本身一样，总是一种动与静的辩证的构成，而以动为主体。因为必先"物动情"而后有诗的创作；而在艺术构造的惨淡经营中，"妙悟"的顿然形成，乃至"一个字"的苦心吟定，其中都有创造性的突破，也就必然都有"动"。因而纯粹的"于静中"的艺术境界，也是片面性的。至于"有我之境"，风格千差万别，因作者的人品胸襟、作品内容素质的不同，可以宏壮，也可以优美，而绝不可一概归之于"宏壮"，这是自明的事。譬如"帘卷西风，人比黄花瘦"，属"有我之境"，怎能把一位与"黄花"比"瘦"的抒情主人公的"美"，归之于"宏壮"呢？

佛雏认为，王国维两境说特别是"无我之境"说中含有较浓郁的唯心主义的形而上学成分，问题是我们应该如何适当吸取其"合理的内核"。就"无我之境"而言，即使在今天，似也仍然有其无可抹杀的合理因素。第一，它要求诗人破除一切"我执"，包括"庆赏爵禄""非誉巧拙"以及一切个人之私，所谓"胸中洞然无物"，必如此，而后始有可能达到"观物之微"。第二，它要求诗人努力反映"物"的"神理"，反对"意竭于摹拟"或搞表面的形似。也必如此，始能写出"代表其物之一种之全体"的"真景物"。就感情而言，王国维认定，"自道身世之戚"是"有我"，而能表现"人类之感情"则属"无我"。如果不把"人类之感情"绝对化、空寂化，这里面就含有提高诗境的社会普遍性、深微性的内容。所谓"托兴之深"就是符合诗境艺术特征的合理要求。第三，它对自然美的发现与艺术塑造，具有明显的优胜之处。王国维所举"无我之境"诸例，大抵幽深精微，其中有"兴"，耐人寻味，它绝不同于一般的静物写生。第四，所谓"无我"，其中含有对"人"的内在本性的恢复这一潜在的要求。王国维处于封建末世，严酷的封建现实处处戕贼"人"的本性。他曾援引康德的伦理学名言"当视人人为一目的，不可视为手段。""无我之境"使人从封建现实的"必然"王国挣脱出来，进入"自由"王国的领域，回到"自我"本身，这就王国维所处的那个社会环境而言，也终究有其自己时代的某些回响，这是值得关注的。

（六）理解"境界"与"情境""借境"的关系

佛雏认为，王国维以"意境之有无与其深浅"作为评论诗词作品的基本准则，而对于具有生动直观与理想深度的富于独创性的艺术意境，无论其为优美，为宏壮，他都一律肯定，无所轩轾。王国维"境界说"在标举"有我""无我"两境说的同时，王国维还提出了"情境""借境"等。认为其间有"创"有"因"，即使在"因"中，亦未尝没有"新的东西"可寻。

首先，我们来看"情境"与"境界"的联系。王国维所谓"情境"是指"专作情语而绝妙者"，其《人间词话》卷下云：

> 词家多以景寓情。其专作情语而绝妙者，如牛峤之"甘（须）作一生拼，尽君今日欢"；顾夐之"换我心为你心，始知相忆深"；欧阳修之"衣带渐宽终不悔，为伊消得人憔悴"，美成之"许多烦恼，只为当时，一饷留情"。此等词古今曾不多见。余《乙稿》中颇于此方面有开拓之功。

佛雏认为，王国维曾说"喜怒哀乐亦人心中之一境界"。以上所举"专作情语"诸例，有点像王国维自己为自己作注脚。情语而曰"专"，其不掺杂外在物象可知，即不再"以景寓情"，而成了离一切景而以情抒情，于是作为"文学二原质"的"景""情"，在这里只剩下"一原质"了。王国维的本意并非如此。"专作情语"，非专也，似"专"耳。亦犹"无我之境"，非无也，似"无"耳。

康德曾谈及审美与情感的关系"一般有两种方式来组织所陈述的思想，一种方式唤作样式（审美的方式），另一种唤作方法（逻辑的方式）。它们中间相互的区别是在于第一种除了注重表现里统一的情感外没有别的准则；第二种却在这里面遵循着特定的诸原则。对于美的艺术只有第一种妥当。"[①] 诗既站

---

① 康德：《判断力批判》，宗白华译，商务印书馆，1964年版，第46页。

在"美的艺术"的顶端,它在铸造自己的"样式"(审美意象—境界)中,自然更加"注重"那个"统一的情感"。叔本华讲,抒情诗人只是处于一定环境中,在情绪激动的一刹那,"生动地观照他自己的心境",并把它描画出来。此"心境"中自亦充满着某种"统一的情感"。

王国维认为"诗歌者,感情的产物也。"他将诗的审美"样式"的构成分为两种:一为"以景寓情",另一为"专作情语"。前者以"观物"为主,后者以"观我"为主。"观我"者,观照和领悟"我"的某种审美"样式",其中情感因素获得特别突出的表现。

佛雏认为,"专作情语"属于王国维所谓"意余于境",但并不意味着离开一切物象而纯以情抒情,后者是不可想象的。诗人特别是抒情诗人总是生活在、沉浸在周围的"物色"之中;他跟这种"物色"的关系也总是"情往似赠,兴来如答"的关系;他的情绪、情致正因"物色"而起("物色相召,人谁获安"),由此而形成的那种审美"样式"自不可能完全不带"物色"的成分。既然"物一无文",情"一"也就不会有"文"。

但是"专作情语"又确实属于诗词中的无可否认的艺术现象。"我"既成为"观"的对象,即已具有与一般物象相类的客观性。"我"及其情感的摅发、倾吐,必有个自己的"样式",譬如声口、姿势、意态等等;正是这些客观化的可观照的(或在想象中可观照的)声口、姿势、意态等等,具有与"景"类似的性能,使"情"能够有所依傍,这才有可能构成诗的境界,即王国维所说的"情境"。前人曾谓"言情于色飞魂动时,乃能于无景中着景",大约也属于这一种情况。

其次,我们来看"借境"与"境界"的联系。王国维所谓"借境"是指"借古人之境界为我之境界"。《人间词话》卷下云:"西(当作'秋')风吹渭水,落日(当作'叶')满长安。"美成以之入词,白仁甫以之入曲,此借古人之境界为我之境界者也。然非自有境界,古人亦不为我用。

佛雏认为,王国维的"借境"说也可以从康德美学得到解释。康德说:"人们把鉴赏的某一些产物看作范例,但并不是人们模仿着别人就似乎可能获得鉴赏力。因为鉴赏必须是自己固有的能力。一个人模仿了一个范本而成功,这表示了他的技巧，但是只有在他能够评判这范本的限度内他才表示了他的鉴赏力。"① 意思是说，一个人模仿前人范作，即使模仿得毫发毕肖，也并不表明自己就有了艺术鉴赏力，"技巧"不等于美的创造。只有自己已经具有美的理想与鉴赏力，前人的艺术范作，对我来说，才可起到一种触发作用。在这种情况下，我自有境界，前人的妙境，偶尔"借"来，使之融入我的境界中，有助于抒发我的鉴赏趣味，表达我的审美理想。这就是王国维所谓"借古人之境界为我之境界"。

前人以境界大小评优劣，大抵出于伦理方面的考虑者多，如刘熙载说"齐梁小赋，唐末小诗，五代小词，虽小却好，虽好却小，盖所谓'儿女情多，风云气少'也。""虽小却好，虽好却小"前者是审美判断，后者是伦理判断。"齐梁小赋"之类不过艺术"众妙"中之"一妙"，英雄诗篇尽多，何必向"齐梁小赋"等索取"风云气"。刘熙载认为"不异之'是'，则庸而已。"不能"心异"，立"异"，即不足以言"境界"。大抵"借境"中见出某种新的"造境"者，方能真正成为"我之境界"。

综上所述，在王国维看来，诗的本质，诗的美，存在于既"合乎自然"又"邻于理想"的境界。而理想的境界必须是"自由"的，是来自诗人对自然、人生的直观、领悟并以一种有机的具有普遍性的"个象"再现出来，而供生动的以至深微的直观的；又是弥漫着某种与"真"与"善"相融合的、净化了的情感的。"自由（无我）""直观（再现）""情感（情育）"这三个观念贯通于王国维"境界"说的始终。

佛雏认为，王国维以"境界"（意境）来确定诗的艺术特质以至艺术美的本质，围绕这根中轴，他继承和新创了一系列美学范畴，相当全面地阐发了有关诗学的一些基本原理。这是一个中西"化合"的具有崭新面貌的诗学体系，它在传统诗论与现代诗论之间，起到了不可缺少的中介作用。比王国维稍前的严复、夏尊佑、梁启超诸人，努力传播西学，但他们大都着眼于政治、经济、伦理、社会学、史学等方面，关注诗学比较少。以黄遵宪为代表的"诗界革命"，

---

① 康德：《判断力批判》，宗白华译，商务印书馆，1964年版，第17页。

他们倡导"以旧风格含新意境"，确属近世诗坛一次创举。但就诗论本身而言，他们却似无暇深究。他们谈"诗人"境界与"非诗人"境界的区别，亦主要局限于政治内容方面。而王国维引进西方美学观念，整理中国传统文学遗产，并使之与中国传统诗论互相"化合"，以"境界"阐明诗的本质，从而形成了独具中国特色的自成体系的诗学审美观。

四、如何理解王国维前期与"境界"说相关的重要诗学观点

佛雏认为，王国维前期除标举"境界"诗论，独力阐明诗与文学之美的本体关系之外，还围绕"境界"这一本体，提出了与之相辅相成的若干诗学观点。就诗的主体而言，有"赤子之心"说、"以血书"说等。就诗与人生（客体）的关系而言，则有"欢愉之辞难工，愁苦之言易巧"说，"诙谐"与"严重"不可缺一说等。就诗美的鉴赏尺度而言，则有"自然"说，这是王国维反复强调的诗学观点，它跟中国传统诗学中有关"自然"的观点并不尽同，而与"境界"说紧相呼应。就诗的起源与发展而言，则有戏剧源于"蜡祭"—"戏礼"说，"凡一代有一代之文学"说。王国维关于诗的发展观，在古代"通变"论的基础上，颇有新的突破，其给予之后国内文坛的影响，亦极为深远。在王国维诗学体系中，"自然"说的重要性仅次于"境界"说。

（一）关于"自然"说

佛雏认为，诗人本身的"自然"以及与此相应的诗境的"自然"，乃是王国维评量诗词美的一项带根本性的尺度。王国维这个标准，除了中国传统诗学依据外，还有来自康德、叔本华的文论依据，我们要结合康德、叔本华的论述来理解王国维"自然"说的内涵。康德认为"在一个美的艺术的成品上，人们必须意识到它是艺术而不是自然。但它在形式上的合目的性，仍然必须显得它是不受一切人为造作的强制所束缚，因而它好像只是一自然的产物。"[①] 康德

_____

① 佛雏：《王国维诗学研究》，北京大学出版社，1999年版，第289页。

这句话有两层意思：

其一，美的艺术品必须像美的自然那样，具有"形式上的合目的性"，或者"无目的的合目的性"。好比"一朵郁金香，将被视为美，因为觉察它具有一定的合目的性，而当我们判定这合目的性时，却不能联系到任何目的"。"无目的"即这样的艺术品摆脱了一般"功利"观念的束缚，不受任一确定"概念"的限制；"尽管它也是有意图的，却须像似无意图的"；在这里，种种客观"规则"已经转化为"自由"，因而见不出一点"人工"的痕迹。"合目的性"即这样的艺术品却以它的直观的富于暗示性的形式和它的内在的"完满性"（即艺术意象），给予人们美感的愉快；导致人们心理诸功能（想象力与理解力）之间的自由协调，"推入跃动之中"；它创造这种艺术意象，"只是为着游戏，但是理解力却可以利用这种游戏来达到它的目的"。

其二，美的艺术品毕竟"不是自然"，而是艺术家运用想象力"从真的自然所提供给它的素材里创造一个像似另一自然来"，而这"在自然里是找不到范例的"。它当然不能没有思想（包括伦理内容），但"这些思想是永不能被全面地把握在一个特定的概念里的"。也正因此，"既不是荷马，也不是魏兰，能够指示出他们的幻想丰满而同时思想富饶的观念（意象）是怎样从他们的头脑里生出来并且集合到一起的，因为他们自己也不知道，因而也不能教给别人"。

而叔本华则更多地着眼于艺术家心灵的"自然"，他说"每一个具有美的和丰富的心灵的人，总是用一种最自然的、直接的和单纯的方式来表现他自己。"相反，"心灵的贫乏、混乱，思想的邪谬，则要用种种极其矫揉造作的表现方式和词语的极其晦涩的形式来装饰它自己，以便在艰深而夸诞的措词中，遮裹住那些纤小的、琐屑的、味同嚼蜡的或者平庸的思想"。他对"以艰深文浅陋"的那种"美"的表现方式，即斫丧"自然"（诗人本身的，作品的）以为"美"的方式，也几乎达到了"痛诋"的程度。

王国维认为，文学为"天才游戏之事业"；又谓"元曲为中国最自然之文学"，元曲作者惟知"以意兴之所至为之，以自娱娱人"，别无其他任何目的，如"藏之名山，传之其人"等①。王国维的"自然"是指具有心灵高度自由之诗人本身的"自然"而言。他的《蝶恋花》中"一树亭亭花乍吐，除却'天然'，欲赠浑无语。当面吴娘夸善舞，可怜总被腰肢误"，其中的"天然"，就属于康德所说"郁金香"式的"无目的的合目的性"的形式，而"腰肢误"则意味着这种"形式"的对立物，这是由"吴娘"们的各种现实目的（如"夸善舞"）所造成的。在王国维看来，正是这种"游戏"般的"无目的的合目的性"的"天然"，构成了艺术（包括诗词）美的一种重要标志。

（二）关于"赤子之心"说

《人间词话》卷上云：

> 词人者，不失其赤子之心者也，故生于深宫之中，长于妇人之手，是后主为人君所短处，亦即为词人所长处。

> 客观之诗人不可不多阅世，阅世愈深则材料愈丰富、愈变化，《水浒传》《红楼梦》之作者是也。主观之诗人不必多阅世，阅世愈浅则性情愈真，李后主是也。

昔刘勰称"文果载心，余心有寄。""文"既如此，"诗"亦宜然。王国维论诗，最重"赤子之心"。老子称"专气致柔，能婴儿乎"，"含德之厚，比于赤子"（《老子》），取"赤子"的"柔"的"厚"。孟子以"赤子之心"赋予他的"大人"（《孟子·离娄下》），取"赤子"的本然的"善"，以便扩而充之。道、儒而外，禅家亦有以"新生孩子掷金盆"喻"佛"者，大约取"新生孩子"的金玉其质，不着尘埃。佛雏认为，王国维的"赤子之心"说，与此三家不无关联，而其直接渊源，则来自叔本华所谓天才的"童心"（childlike character），他所取于"赤子"的，是一个处于自由状态的"自我"。所谓"赤子之心"，就是指儿童般的"天真与崇高的单纯"；所谓"为词人所长处"，就是类似儿童寻找游戏的、超乎个人利害关系之上的那种"单纯"的自由的心境。

叔本华认为，人类在儿童期，我们的整个生活诉诸"认识"远过于诉诸"意

---

① 王国维：《宋元戏曲史》，商务印书馆，1929年版，第86页。

志"。在他看来，天才与儿童的共同点，主要表现在"天真与崇高的单纯"上。每一位天才都是一个"大孩子"，"他探索这个世界，就像探索某种奇异的事物，当作一种游戏，因此他具有纯客观的兴趣"。

这里需要指出的是，王国维所谓"主观之诗人"，并不意味着在挥毫时一味凭恃其主观；相反，就审美与创作的态度而言，就抒情内容所具有的普遍性而言，"主观之诗人"及其感情倒应该具备充分的客观性。这样的"主观之诗人"，最能摆脱个人意志、欲望、利害关系等等的羁勒与奴役，而"自由"地进入审美静观，因而能够客观地深窥人类和事物的内在本性；他把自己强烈的"主观的感情"同这种客观的"静观"交织在一起。他所抒发的感情就往往具有"人类之感情"的性质，虽然是高度"个性"化了的。

在王国维看来，李后主正是这类诗人的最合适的代表。后主的生活面，诚然是非常之狭窄，但他的确有其过人的哀乐，他把自己的生命和词的创作融在一起，笔墨间自具一种清新之致、灵慧之气。无论写宫廷沉湎之欢，状囚虏幽居之苦，他一概不计利害，不傍古人，"不事寄托"（吴梅语），而惟任本色，发"天真"，故纵笔所至，颇有"万顷波中得自由"之概。其"无言"之"言"、"别是一般滋味"之"味"，业已超越个人身世的局限，而进入普遍的社会领域。王国维称其"担荷人类罪恶"，正是夸大地指出了这种抒情的客观性。李后主的晚期词作，远接《风》《骚》遗韵，近破《花间》积习。"慷慨吐'哀'音，明转出天然"，其风致往往如此。这固然与环境（阶级地位）发生的根本变异有关，但跟他的"大孩子"气质自也不能分开。

为什么"主观之诗人不必多阅世"？"不可多阅世"，颇有点像杜诗所云"在山泉水清，出山泉水浊。"佛雏认为，王国维之意盖在阅世多，则天真离，性灵窒，矫伪生，换言之，"赤子之心"塞，"自然之眼"蔽。庄子说过"中国之君子明乎礼义，而陋于知人心。"阅世愈多，"礼义""明"得愈多，而于"人心"之"知"，反而愈加暗昧了。"为学日益，为道日损"，这里就存在这样一个反比例。为什么王国维特意指出纳兰容若"初入中原，未染汉人风气"，无非是说，纳兰对"礼义""明"得还很少，故其"天才的童心"尚能相当完满地保持下来。

至于"客观之诗人",指的是史诗、戏曲、小说作者。叔本华说过:一个儿童或者一个青年人,他的"主观的感情"同他的"客观的认识"是密不可分的,他和他周围的环境是浑融一起的。因此青年拜伦"只适合于抒情诗",而"只有成年人,才能从事于戏剧",至于"叙述故事乃是老年人的特性",这就非荷马之流不足当此任了。《红楼梦》第五回里,写宝玉走近一间华贵的内室,一看到"世事洞明皆学问,人情练达即文章"这样的联语,就立刻抽身逃出。这表明这位倡言"明明德外无书"的怡红公子,没有也不愿失去他的一颗"赤子之心"。而这两句联语倒的确可以成为"客观之诗人"的最恰当不过的注脚。

佛雏认为,一般地讲,把"天才"诗人比作"赤子",这当然只是一种抽象的形而上学的比拟。当年马克思恩格斯曾嘲笑过德国的施蒂纳之流企图把"儿童立即变成力求洞察'事物底蕴'的形而上学者",仿佛"儿童心爱'事物的本性'更甚于他的玩具"。马克思恩格斯这种批评,无论对叔本华或者王国维,也当然都适用。

(三)王国维与尼采美学的联系

佛雏认为,王国维前期的哲学诗学研究,除了与康德、叔本华有较深的渊源关系外,也多少涉及尼采(1844—1900)的某些理论。从王国维《叔本华与尼采》(1904)这一长篇专论来看,王国维视叔本华、尼采二人为"旷世之天才",同属所谓"破坏旧文化而创造新文化"的某种代表人物;并对尼采晚期"背师"的一般说法,不惜详为辩护。可见他对尼采也是比较赏识的。总的看来,在伦理学上,王国维舍尼采而多取康德、叔本华;而在诗学上,则有兼采尼采学说之意,但亦给予改造,其间得失相参。

其一,"一切文学,余爱以血书"。《人间词话》卷上云"尼采谓'一切文学,余爱以血书者。'后主之词真所谓'以血书者'也。宋道君皇帝《燕山亭》词亦略似之。然道君不过自道身世之戚,后主则俨有释迦、基督担荷人类罪恶之意,其大小固不同矣。"尼采此语,见其晚期所著《查拉斯图拉如是说》

第一部第七篇《读书与著作》："在一切著作中我只爱作者以他的心血写成的著作。以心血著作，并且你可以觉到心血就是一种精神。那以血和箴言著作的人不愿被诵读，只愿被以心思维。"佛雏认为，王国维所引尼采此语，似有断章取义之嫌。"后主之词真所谓'以血书者'也。宋道君皇帝《燕山亭》词亦略似之。"其实此等词中所表现的意志、精神，正是尼采所卑视所否定者，并不属于尼采式的"以血书者"的范围。如尼采所说"你们告诉我：'生命难于负荷！'怎么你们早晨这样高傲，晚间却这么屈服呢？""我们与滴一滴露珠就惊颤了的玫瑰花苞有什么共同的呢？"由此看来，李、赵晚期的词大都属于尼采所鄙夷的"生命难于负荷"的哀诉，此种"惊颤"的悲吟同尼采式的"以血书者"无异南辕北辙。尼采所要求的"以血书者"，指的是写出"勇敢""刚强""总有着疯狂"的"战士"或者"硕大而崇高"的人之心声或"大笑"，指的是"权力意志"的艺术地外现。所以王国维引用尼采此语，只属一般借用性质，此血非彼"血"，跟尼采的原义是颇有出入的。佛雏先生的分析鞭辟入里，这种质疑精神值得我们学习。

其二，"蜡祭"与"酒神祭"。王国维在《宋元戏曲史》中论及我国戏剧源于上古之"巫"与周代之"蜡"。他认为，古之巫风至周代而稍杀，"然其余习犹有存者：方相氏之驱疫也，大蜡之索万物也，皆是物也。故子贡观于蜡，而曰'一国之人皆若狂'，孔子告以'张而弗弛，文武弗能'。后人以八蜡为三代之戏礼（《东坡志林》），非过言也"。而尼采曾以古希腊酒神节歌队及其萨提儿（半人半羊之神，酒神祭歌舞者）作为悲剧的源头。佛雏认为，两相比照一下，尼采观点对王国维的立论，至少有一定的启迪作用。

后世惟宋代的苏轼，第一个视"蜡"为我国戏剧的起源："八蜡，三代之戏礼也。岁终聚戏，此人情之所不免也；因附以礼义，亦曰不徒戏而已矣。"其中八"尸"以象神、鬼、人以至昆虫草木的精灵，善恶总杂，光怪陆离，凡此皆蜡祭的各种胚芽的戏剧性场面。

王国维肯定苏轼的"戏礼"之说，说是"其言以蜡为戏礼甚当，唯不必倡优为之耳"。认为苏轼所谓"非倡优而谁"的"倡优"，当指带有戏剧表演性质的蜡祭中各种化装的人物。任半塘高度赞扬"戏礼"说"对我国戏剧，不仅有起源方面之关系，且有发展方面之关系，确系戏剧史上一条重要理论"。

佛雏认为，"若狂"乃是诗与戏剧孕育产生的心理根源之所在。一个民族的诗与戏剧之最早诞生，也正有赖于某种"若狂"的现实生活基础，而这与人们长期辛勤紧张劳动后的一刹纵乐，不能分开。蜡祭或酒神祭就正是促成原始戏剧产生之最佳的温床。

（四）王国维与席勒美学的渊源

王国维前期引进西方美学，以康德、叔本华为主，而以叔本华"集其大成"。但他于1904年初首次提出"审美境界"，却是本于席勒；王国维倡导"美育"说所受席勒的启迪也比较多。佛雏认为，席勒美学思想影响王国维主要有以下三方面：一曰"形式—假象"说，二曰"游戏—自由"说，三曰"美育"说。

其一，"形式—假象"说。佛雏认为，就诗的本体论而言，王国维从"美在形式"说到诗词"境界"（意境）说，他都从康德、叔本华美学那里获得了不少启示。此外，从席勒的"形式—假象"说中也可找到若干印证。王国维在其《古雅之在美学上之位置》（1907）中云：

> 一切之美，皆形式之美也。就美之自身言之：则一切优美皆存于形式之对称变化及调和；至宏壮之对象，汗德（康德）虽谓之"无形式"，然以此种"无形式"之形式能唤起宏壮之情故，谓之形式之一种无不可也。就美之种类言之：则建筑雕刻音乐之美之存于形式固不俟论，乐之美之存于形式固不俟论，即图画诗歌之美之兼存于材质之意义者，亦以此等材质适于唤起美情得视为一种之形式焉。释迦与马利亚庄严圆满之相，吾人亦得离其材质之意义而感无限之快乐、生无限之意义而感无限之快乐、生无限之钦仰。戏曲小说之主人翁及其境遇；对戏曲小说之主人翁及其境遇；对文章之方面言之，则为材质；然对吾人之感情言之，则此等材质又为唤起美情之最适之形式。故除吾人之感情外，凡属于美之对象者皆形式而非材质也。

王国维"美在形式"的观点原本康德，然康德不讲"美之自身"，只讲审美的"判断力"。他的"美在形式"是指那种主观"无目的的合目的性"形式，不过他又尽力论证此种形式的"普遍、必然性"，实即客观性。叔本华一面批评康德不从直观的直接的"美本身"出发，而从人们对美的"判断力"出发；一面又强调天才（诗人、艺术家）"只是完完全全的客观性"。此处引文中王国维则明白揭举"美之自身"，并宣称：优美存在于某种"对称变化及调和"之形式，宏壮存于某种"无形式"之形式。总而言之，王国维认为，凡"适于唤起美情"（包括"宏壮之情"）者，均属"离其材质之意义"，即离其"实在"而观之的形式——"美之对象"。"美之对象"即美之客体。故"美之自身"必为"一个客体"。这就从片面执着美的主观性转变为重视美的客观性。佛雏认为，在美学史上，这是一项重大的转变。它与康德叔本华美学有其一定的继承发展关系。

而席勒在《论美书简》中列举出美学史上"解释美"的三种形式：（1）理性—客观的（如鲍姆嘉通等）；（2）感性—主观的（如博克等）；（3）理性—主观的（如康德）。他认定，以上三种"都是把与美相一致的某一部分当作美本身"，而他把自己的美论归属于"第四种形式"，即（4）感性—客观的。他作出如下解释："美只是一种形式的形式。我们称作它的素材的东西，只能是赋予了形式的素材。完善性是一种素材的形式（按，未构成形象显现）。美与此相反，是这一完善性的形式（按，已构成形象显现）。因此完善性与美的关系如同素材与形式的关系。"

席勒认为，在一件艺术品中，"材料必须消融在形式里"，"如果美克服了它的对象的逻辑本性，在其中就可以闪现出美的最大光辉"。所谓"赋予了形式的素材"是指摆脱该素材的"逻辑本性"，而使之成为一种自由观照的形式。王国维讲"离其材质之意义"而观之，也指此而言。做到这种"消融"或"克服"或"离"，"逻辑的完善"与"美"始有可能真正区分开来。这样，所谓美是"形式的形式"，其中第一个"形式"实指"离其材质之意义"而观之的"素材"，这个素材也就形式化了，此即王国维所谓"适于唤起美情"之"材质"，但"亦得视为一种之形式"。第二个"形式"即指此种克服了素材的"逻辑本性"的第一个形式之对象化、客观化或形象显现，亦即"适于唤起美情"的"美的客体"或"美之自身"。它对我们的"反思"（鉴赏）"起观照"；它的形象显现对我们"起情感"，故属于"感性—客观的"。

如上所述，王国维所谓"适于唤起美情"的形式，乃是一种将"起观照"与"起情感"融合一气的独创的有生命的形式，它相当于席勒所讲的"活的形象"，亦即"审美假象"。席勒认为"对假象的喜爱"乃人类从野蛮进入文明，或从物质境界进入审美境界的重大标志。"事物的实在性是（事物）自己的作品，事物的假象是人的作品。一个欣赏假象的人已经不再以他所接受的东西为快乐，而是以他所创造的东西为快乐。"在这当中，"离其材质之意义"即离其"实在"而自由地观照其"形式"，具有决定性作用。康德认为"人们必须对于对象的存在持冷淡的态度，才能在审美趣味中做裁判人。"席勒则将"真"与"善"都概括在这个"假象"之中。叔本华把这种"假象"视为"人生理念"的真切的再现。王国维云："若夫象在而遗其形，心生而无所住，则岂有对曹霸韩干之马，而计驰骋之乐，见毕宏韦偃之松而思栋梁之用？""象"即审美假象，"适于唤起美情"的独创的有生命的形式；"形"指实物的存在。王国维又认定，美术（文学艺术）为表出某种宇宙人生之真理的"记号"，它诉诸直观与妙悟，故不假概念，"不落言筌"。"记号"亦即假象，在这里，美与真也是完全统一的。在这点上，席勒说得最直截，"鄙视审美假象就等于鄙视一切美的艺术，因为美的艺术的本质就是假象。"席勒所说的审美假象即"须臾"中见永恒的"无限"的形式。王国维认为，审美境界皆"须臾之物"，"惟诗人能以此须臾之物，镌诸不朽之文字"。此语实际隐含了境界之所以为境界的一大特征。

佛雏认为，康德"审美意象"—席勒"审美假象"—叔本华"理念"（个象）—王国维"境界"（意境）这一线相接的继承发展关系是相当明晰的。

其二，"游戏—自由"说。王国维在其《人间嗜好之研究》（1907）中云："希尔列尔（今译席勒）既谓儿童之游戏存于用剩余之势力矣，文学美术亦不过成人之精神的游戏，故其渊源之存于剩余之势力，无可疑也。"又说文学"为天才游戏之事业"；"诗人视一切外物皆游戏之材料也"。佛雏认为，王国维这些观点都与席勒"游戏冲动"说有密切关系，但是席勒的观点仍然本诸康德。康德云"诗用它自己随意创造的形象来游戏，却不是为着欺骗，因为它说明自己只是为着游戏，但是理解力却可以利用这种游戏来达到它的目的。"席勒谓"审美假象"只是游戏，"逻辑假象"才是欺骗。其后叔本华亟赞天才艺术家"大孩子"般的基于"纯客观兴趣"的游戏，其间也有个一脉相承处。①

王国维认为，美的本质属性是"游戏—自由"。其云："美之性质，一言以蔽之，曰可爱玩而不可利用者是已。虽物之美者有时亦足供吾人之利用，但人之视为美时，决不计及其可利用之点。其性质如是，故其价值亦存于美之自身，而不存乎其外。""可爱玩而不可利用"，即指美的"游戏—自由"的特性。佛雏认为，此与美的"无利害关系"直接相关，王国维引述席勒语"审美之境界乃不关利害之境界。"

与此同时，王国维又强调诗人的"游戏"与"严肃"二者的统一，其云"然其游戏则以热心为之，故诙谐与严肃二性质亦不可缺一也。"席勒云"最猥琐的对象经过处理也必须使我们仍然有兴致从这个对象直接转向最严格的严肃；最严肃的材料经过处理也必须使我们仍保持把它直接调换成最轻松游戏的能力。"前者如讽刺诗，"应该显示出情感的高度的严肃，这种严肃是一切要求具有诗的性质的游戏的基础。甚至在琉坎和阿里斯托芬用以讥刺苏格拉底的那种恶意的笑谈下面，也可以看出有一种严肃的理性……对于伏尔泰的讽刺就不能作这样的判断……他的讥笑没有严肃的基础，因而使我们对他的作为诗人的职业感到怀疑"。后者如悲剧，"当如同狂飙一样的激情达到高潮时，给心绪自由留有的余地越大，它们就越完美"。盖无比"心绪自由"，那种狂飙式激情就不可能转化为"直观之对象"，也就不复有悲剧出现。

总之，王国维认为，美的本质是"无利害关系"的自由游戏，它以人性的完满实现为依归，故以严肃为其不可或缺的成分。王国维坚持诗中"诙谐"与"严肃"的结合，反复抨击"儇薄"与"游词"，除受到传统诗论影响外，还明显受到康德、叔本华以至席勒学说的启迪。

其三，"美育"说。佛雏认为，在我国近代教育史、美学史上，王国维是第一个倡导美育，也是第一个介绍席勒的"美育"说。佛雏先生这个观点在

① 佛雏：《王国维诗学研究》，北京大学出版社，1999年版，第338页。

20 世纪 80 年代以来的中国美学研究界也是振聋发聩、独树一帜的。王国维说：

> 泰西自雅里大德勒（亚里士多德）以后，皆以美育为德育之助，至近世谑夫志培利（夏夫兹博里）、赫启孙（哈奇生）等皆从之。及德意志之大诗人希尔列尔（席勒）出，而大成其说，谓人日与美相接，则其感情日益高，而暴慢鄙倍之心自益远。故美术者，科学与道德之生产地也。又谓审美之境界乃不关利害之境界，故气质之欲灭，而道德之欲得由之以生。故审美之境界乃物质之境界与道德之境界之津梁也。于物质之境界中，人受制于天然之势力；于审美之境界则远离之；于道德之境界则统御之。
>
> （王国维《孔子之美育主义》）

席勒说："审美状态在认识与道德方面可以结出最丰硕的果实。""从感觉的被动状态到思维和意愿的主动状态的转移，只能通过审美自由的中间状态来完成。"按照席勒的看法，科学来自知性，道德来自意志，并不直接由美产生，"美只是赋予这两者以功能"，故两者均须借"远离"自然支配的审美自由这个"中间状态"—"津梁"，而后始能发挥各自的功能，到达各自的领域。席勒认为，如果以道德之欲克制气质之欲，以伦理性格压杀自然性格。这就决达不到统一"人性之两部"的那颗"美丽之心"。盖"道德本身只有通过美才变得可爱"，否则"严肃""义务"之类只会引起"单纯的敬畏"。因为它不是"通过自然（情感）"，而是"通过违背自然兴趣的'命令'的兴趣来完成的"。

什么是"美丽之心"呢？席勒说是"一个美的假象国家"，"存在于任何一个心绪高尚的灵魂（王国维译为"美丽之心"）之中"。这种"灵魂"或"美丽之心""大概只能在个别少数卓越出众的人当中找到"。在那里"人就只须以形象显现给别人，只作为自由游戏的对象而与人相处。通过自由去给与自由：这就是审美王国的基本法律"。故"美丽之心"，"其为性质也，高尚纯洁，不知有内界之争斗，而惟乐于守道德法则"。故善在美中，美高于善，此即人生"最高之理想"所在。

王国维拿席勒的"美丽之心"与孔子的审美境界相比。他认为孔子教人"始于美育，终于美育"（"兴于诗"，"成于乐"），并且"于诗乐外，尤使人玩天然之美"。他引了《论语》中曾点"言志"一节"'莫春者，春服既成，冠者五六人，童子六七人，浴乎沂，风乎舞雩，咏而归'。夫子喟然叹曰'吾与点也！'"王国维对此抒发了一种高度赞赏与仰慕的情怀："由此观之，则平日所以涵养其审美之情者可知矣。之人也，之境也，固将磅礴万物以为一，我即宇宙，宇宙即我也！光风雾月不足以喻其明，泰山华岳不足以语其高，南溟渤澥不足以比其大！"他认定，孔子的这种审美境界就是席勒所企求的那个"美丽之心"的展示。这个审美境界"无希望，无恐怖，无内界之争斗，无利无害，无人无我，不随绳墨而自合于道德之法则"。并且"一人如此则优入圣域，社会如此则成华胥之国"。

其后王国维在《教育家之希尔列尔（席勒）》中云："希尔列尔以为真之与善实赅于美之中。美术文学非徒慰藉人生之具，而宣布人生最深之意义之艺术也。一切学问，一切思想皆以此为极点，人之感情惟由是而满足而超脱，人之行为惟由是而纯洁而高尚。""美"成了人生一切思想、学问、感情、行为的"极点"，"极点"就是理想的最高人生境界也。

席勒云"说到底，只有当人是完全意义上的人，他才游戏；只有当人游戏时，他才完全是人……这个道理将承担起审美艺术以及更为艰难的生活艺术的整个大厦。"他在古希腊艺术大师的感情与作品中仿佛窥见了这一"大厦"。在他看来，"不管是自然法则的物质压迫，还是伦理法则的精神压迫，都由于希腊人对必然有更高的概念而消失了……而希腊人的真正自由就是来自这两个世界的必然性之间的统一"。

王国维认为"希尔列尔之美育论，盖鉴于当时之弊而发。十八世纪宗教之抑情的教育犹跋扈于时，彼等不谋性情之圆满发达，而徒造成偏颇不自然之人物，其弊一也。一般学者惟知力之是尚，欲批评一切事实而破坏之，其弊二也。当时德国人民偏于实用的、利己的，趣味甚卑，目光甚短，其弊三也。"由此可见，席勒的"美育"论含有救世的深刻的"人道"内容。与此相应，就王国维当年所言，自宋代以迄清末，"以理杀人"的理学之"抑情的教育"，其"跋扈"不下于欧洲中世纪之神学。在封建文化专制下，考据之学几乎独占清代学术领域，此实系另一形式的"抑情"之学。至于当时我国之芸芸众生，除"趣味"问题外，又染上一种"亡国的疾病"（鸦片），"无希望，无慰藉"，而此等

"感情上之疾病，非以感情治之不可"。可见王国维当年倡导美育（情育），也同样有个医治"当时之弊"的现实背景存在。

总而言之，佛雏认为，王国维前期所受席勒美学思想的启迪是实际存在的，他的境界说特别是美育观的形成，就西方而言，除康德、叔本华美学思想外，也不应低估席勒的影响，但也不宜过于夸大。

五、怎样评价王国维诗学研究的成就及局限

（一）王国维诗学研究的成就

王国维在诗学研究上的建树究竟如何？佛雏先生认为，如果与他的前辈以至同辈相比较，在解决诗和艺术的内在矛盾与外在矛盾两大方面，他所提供的"新的东西"，对当时及往后业已产生的实际影响而言，他有三个方面的建树：一是新的比较先进的方法论；二是新的诗的本质说；三是新的诗的发展观。而就王国维前期所反复论证、热情宣扬的启蒙思想而言，佛雏认为，主要也有如下三种：自由意识、直观意识与悲剧意识。王国维在中国诗学发展史上能够赢得属于自己的无可取代的地位，至少跟这三项新说与三种启蒙意识是分不开的。

佛雏认为，在探索诗的历史发展的规律性方面，王国维也有值得我们重视的见解，而且实际发生过重大影响，这主要体现在王国维有关词和曲历史发展的一些论点上。

王国维依据中西一般的美学原理，对照中国历代文学（包括诗词、戏曲、小说等）作品实际，以及自己亲身创作的实际，融会通变，创立了具有中国特色的崭新原理；又持此新原理，加上他一贯坚持的"历史上之见地"以衡鉴中国古代文学的历史演变及其盛衰得失，从而发现某些具有共同规律性的现象。

其一，"凡一代有一代之文学"。王国维认为"凡一代有一代之文学：楚之骚，汉之赋，六代之骈语，唐之诗，宋之词，元之曲，皆所谓一代之文学，而后世莫能继焉者也。"这是王国维有关文学发展的一个根本观点。它虽与胡

应麟、顾炎武、焦循诸人的论点有相承处，但不尽同。胡应麟着眼于诗的"体"与"格"，诗既"格备""体穷"，于是"宋人不得不变而之词，元人不得不变而之曲。词胜而诗亡矣，曲胜而词亦亡矣"。顾炎武主不得不变之"势"，焦循意在提取每一代之"胜"。而在理论阐释上三者均嫌不足。王国维则致力于探究此种"一代之文学"之所以"盛衰"或"升降"的共同"关键"，以及"后世莫能继焉"的根本原因。

王国维认为，凡一种"大文学"或"大诗歌"之兴起，大抵最先萌蘖于民间，渐次酝酿于文坛，如果恰逢先前的流行文体衰微之际，社会既有此革新需要，又适有"一二天才"者出，"充其才力"以推动之，遂臻于"全盛时代"；它扩大了审美的范围与艺术表现的领域，它拥有大量的涉及生活各个方面的崭新而又深于意蕴的艺术意境，因而它成了再现这一时代的自然人生之最真实最新鲜也最生动清晰的"镜子"。王国维以"楚辞"为例，认为其时南方富于想象的神话传说流行于民间，渐渍于文士（如庄周、接舆等）之作，而深于感情的北方文学又"止于小篇"，两者汇合之势已成一种客观的社会要求；而屈原适于此际出现，于是挟"更为自由"之想象，以发表"更为宛转"之感情，"变三百篇之体而为长句，变短什而为长篇"，终于形成一代之"大诗歌"—楚辞。

其二，文学乃是"人类的镜子"。王国维不相信文学"后不如前""代降"等传统文学观念。他坚持文学"描写"和"复现"（再现）客观的自然人生，乃是"人类的镜子"这一根本原理。他把眼光投放在发轫于民间的某些"不重于世之文体上"，从这里觅取一代"大文学"的起点。他深深地懂得，这种"一代之文学"以自己时代所特有的审美与艺术处理方式，来再现自然及人生的美，它的一个根本特点正是高度的"自由"（"无我"）。比如元曲早期的作者虽具艺术天才，却无"名位学问"，"非有藏之名山、传之其人之意"；"彼以意兴之所至为之，以自娱娱人。……彼但摹写其胸中之感想与时代之情状，而真挚之理，与秀杰之气，时流露于其间"，有如叔本华所说，仿佛出自"本能"。从这里产生的种种意境才取得最"自然"最"真"最富生命力的艺术效果。而所谓"一代之文学"之勃兴，殆无不经历这一过程。正是基于这一观点，王国维第一个全力表彰遭到"郁埋沉晦"达数百年之久的元曲的美，与元剧的现实主义精神。他高度赞赏元曲口语、摹声语等作为新兴文学语言的审美价值。他第一个系统地搜集、整理我国的戏剧资料，写出一部《宋元戏曲史》，成为我国戏曲史的开山之作。他第一个全力表彰"托于不重于世之文体"的《红楼梦》，将它置于世界性的伟大悲剧之林。王国维这些思想观点都具有其新的美学思想的坚实依据，绝不是偶然的产物。

其三，"创者易工，因者难巧"。王国维认为，凡"一代之文学"本身的"升降关键"在于：当它对自然人生的审美与再现方式（包括文体形式与语言形式），获得一种方兴未艾的最大的发掘面与最深的含蕴量时，它是处于上升运动中；而随着时代的进展、生活内容的不断新变，此种文学的表现力终有其一定的限度，或者说时代的限度。一旦高潮过去，它就逐渐失去原有的自由与活力，而日趋于"矜重典丽""雕琢敷衍"。总之，愈来愈多的"雅"化，终于沦为"习套"或"虚车"。而这时候某种新的文学可能已在民间酝酿，又将"与晋代兴"了。文学在这个发展过程中，一般总有一个"自然"—"雅"化—"习套"或"虚车"化的演变过程。王国维称之为"创者易工，因者难巧"。

（二）王国维诗学研究的局限

关于王国维诗学研究的内在矛盾与局限问题，佛雏认为，主要在于他的唯心的（超验的）近于颓废的世界观与循环论的历史观，往往限制着、阻碍着他在诗学研究中蕴含着的先进的富于启蒙意义的因素之有力发挥。这是佛雏先生运用辩证唯物主义和历史唯物主义的方法，宏观考察得出的结论，这种入乎其内、出乎其外的高屋建瓴的研究视角，在20世纪80年代以来的王国维诗学研究领域尚不多见。

叔本华在他的《康德哲学批评》一文的前面，引用了伏尔泰的一句话："造成大错而免于责难，这是真正的天才特别是创辟一条新路的天才之特权。"佛雏认为，对王国维的诗学遗产来说，在某种程度上，这句话也是适用的。

王国维本是"一介书生"，出身濒于破落的地主家庭，为人诚朴廉正。他毕生治学，精勤坚忍，而又眼光锐颖，天才骏发。他以发扬祖国文化学术（包括哲学、文学、新史学等）为终生志趣，为自己最大的人生慰藉。他并无功名富贵之念，声色货利之好，直到生命垂尽之日，自己仍然清风两袖，并无一钱留给子孙。他处在我国新旧社会交替之际，在能动地"化合"中西二学中，在为中国开辟诗学研究特别是古史学研究的新途径中，建立了卓越的功绩。他的多方面的丰厚的遗著已成了中国学术总库中的瑰宝之一。就诗学研究而言，从中国新文学运动直到今天的美学界、文学界、词学界、戏剧界，不同程度地都已经或正在承受他的影响。他的诗学遗产中的积极方面实际也并未消退它的光彩。

佛雏认为，像晚清时期许多向西方寻求真理的人们一样，王国维也有其自身的旧的与新的负累，这就是深固的封建传统的教养，加上西方叔本华式的悲观哲学（其中颓废部分）。这双重压力他都无力完全摆脱，于是不能不形成他的政治上以至诗学研究中消极的一面。持此一面以与他辛勤缔构的启蒙的业绩相比，前者毕竟是次要的。对此一面，用今天的观点加以分析、鉴别，弄清它致误的根源所在，也是必要的，但也不应施以过多的"责难"。叔本华说过："天才都是大孩子"。王国维则是一位融极智与极愚、悲剧与喜剧于一身的"大孩子"，一位永远令人钦慕（主要就学术方面而言）又永远令人悯惜的"大孩子"！

美、诗学与艺术的迷思

——胡经之《文艺美学》导读

段绪懿①

按照教育部颁布的学科分类，文艺学和美学分属不同的学科门类。文艺学是文学学科下的分支学科，以文学为研究对象，研究文学基本规律，它有三个分支，即文学理论、文学批评和文学史。美学是哲学学科下的分支学科，以审美活动为研究对象，美学研究的基本问题是：什么是美。那么，文艺学与美学交叉后形成一个什么学科呢？那就是文艺美学。

胡经之是国内最早从事文艺美学研究的学者之一。胡经之的《文艺美学》（1989年版，北京大学出版社）也是国内最早的对文艺美学进行总体阐释的著作之一。

一、《文艺美学》内容结构

作为最早对文艺美学进行系统论述的专著之一，《文艺美学》一书对文艺美学的研究对象进行了明确的界定："文艺美学就应着重研究艺术活动这一特

---

① 段绪懿，四川师范大学教授。

殊审美活动的特殊规律以及审美活动规律在艺术领域中的特殊表现。"①书中认为"黑格尔的美学研究中心已转移到艺术领域"②，正是基于此，胡经之认为，中国的美学研究也应该不仅仅停留在哲学美学原理研究，而应该开拓和发展文艺美学。

1981年，胡经之着手撰写《文艺美学》第一稿。1983年，《文艺美学》第二稿写出后，胡经之陷入了沉思。最初，他以艺术形象为分析的出发点，从静态分析进入动态考察，"由艺术形象的特性引出艺术的内容、形式、构成、形态等等，然后再转入创作活动和欣赏活动"③，经过思考后，他放弃了这种由静态分析进入动态考察的写作路径，选择了一条由动态分析进入静态考察的路径，把审美活动、艺术本体、审美体验等放到前半部分，以此为基础，再进入艺术美、艺术意境的论述。

最后出版的《文艺美学》全书目录如下：

绪论　文艺美学：美学与诗学的融合

一　文艺美学研究的多元取向和研究方法的嬗变

二　文艺美学对艺术活动系统奥秘的揭示

三　文艺美学对多层审美规律的把握

四　文艺美学对艺术生命底蕴的深拓

第一章　审美活动：审美主客体的交流与统一

第一节　审美活动中的主体与客体

第二节　作为人类特殊维度的审美活动

第三节　人类审美活动的特点

第四节　审美主客体的交流契合

第五节　审美主体心灵奥秘的洞悉

第二章　审美体验：艺术本质的核心

第一节　审美体验与非审美体验

---

① 胡经之：《文艺美学》，北京大学出版社，1989年版，序言第2页。

② 胡经之：《文艺美学》，北京大学出版社，1989年版，序言第2页。

③ 胡经之：《文艺美学》，北京大学出版社，1989年版，序言第3页。

第二节　审美体验的发生与层次

一　对审美主体与审美客体的静态考察

二　对主客体合一——审美体验的动态过程考察

第三节　审美体验的特性

一　审美体验的模糊性和直觉超越性

二　审美体验的激情性和随机性

三　审美体验的流动深化性

四　审美体验的双向建构性

五　审美体验的二象性特征

第四节　审美体验的层次性和拓展性序列

一　"兴"与移情

二　神思与想象

三　兴会与灵感

第三章　审美超越：艺术审美价值的本质

第一节　艺术与审美

第二节　艺术与非艺术

第三节　艺术与审美的辩证关系

第四节　艺术审美价值的本质和特征

第四章　艺术掌握：人与世界的多维关系

第一节　人对世界的审美掌握

第二节　艺术掌握与意象思维

第三节　艺术思维与科学思维

第五章　艺术本体之真：生命之敞亮和体验之升华

第一节　艺术真实即艺术生命的敞亮

第二节　真的世界的二极：艺术与科学

第三节　艺术真实在于作家主体体验评价的真实

第四节　艺术真实是作品反映主客体的审美关系的真实

第六章　艺术的审美构成：作为深层创构的艺术美

第一节　艺术创造是美的创造

第二节　艺术美构成的三个层次

第三节　艺术内容与美丑对照

第四节　否定性艺术形象的审美价值

第五节　艺术美构成的层次

第七章　艺术形象：审美意象及其符号化

第一节　艺术形象与非艺术形象

第二节　艺术形象与审美意象

第三节　审美意象的特性

第四节　审美意象的结构方式

第五节　审美意象的符号化

第六节　艺术形象是有机整体

第八章　艺术意境：艺术本体的深层结构

第一节　艺术意境的审美生成

第二节　审美意境构成的三个层面

第三节　艺术意境的审美特征

一　虚实相生的取境美

二　意与境浑的情性美

三　深邃悠远的韵味美

第四节　艺术意境的品类

第五节　艺术意境与人生感悟

第九章　艺术形态：艺术形态学脉动及其审美特性

第一节　对艺术形态分类的自觉

第二节　艺术分类的美学原则

第三节　作为整体序列的艺术种类

第四节　艺术诸形态的审美特性

一　书法艺术的审美特征

二　建筑艺术的审美特征

三 绘画艺术的审美特征

四 文学的审美特征

五 戏剧艺术的审美特征

六 音乐艺术的审美特征

七 舞蹈艺术的审美特征

八 电影艺术的审美特征

第十章 艺术阐释接受：文艺审美价值的实现

第一节 艺术阐释学和接受美学的意义

第二节 艺术欣赏（二度体验）的心理特点

第三节 艺术接受与艺术主体性特征

第十一章 艺术审美教育：人的感性的审美生成

第一节 从文化哲学的高度看艺术审美教育

第二节 艺术审美教育与精神文明的关系

第三节 艺术审美教育的过程与特性

第四节 艺术审美的铸灵性和人的审美生成

全书十一章，分为两大部分，体现了作者胡经之对文艺美学研究对象的界定，即研究艺术活动这一特殊审美活动的特殊规律，以及审美活动规律在艺术领域中的特殊表现。研究对象以两大部分内容体现在本书中：

第一部分集中于对审美活动进行论述，分为审美活动、审美体验、审美超越。书中在对以上三部分进行论述时，并未进行宏观的审美活动、审美体验、审美超越论述，而是将审美活动、审美体验、审美超越中与艺术相关的部分提炼出来，论述艺术审美活动、艺术审美体验、艺术审美超越，展现艺术活动过程中审美的特殊规律，体现出艺术活动审美的特殊性。

第二部分集中于对艺术审美进行论述，分为艺术掌握、艺术真实、艺术美、艺术形象、艺术意境、艺术形态、艺术接受和艺术审美教育。此部分也未进行宏观的艺术掌握、艺术真实、艺术美、艺术形象、艺术意境、艺术形态、艺术接受和艺术审美教育论述，而是着重提炼出艺术中的审美部分，论述艺术掌握、艺术真实、艺术美、艺术形象、艺术意境、艺术形态、艺术接受、艺术审美教育中与审美密切相关的内容，将审美与艺术结合起来，论述艺术活动中的审美。

总的来看，《文艺美学》一书从艺术审美活动、艺术审美体验、艺术审美超越、艺术掌握、艺术真实、艺术美、艺术形象、艺术意境、艺术形态、艺术接受和艺术审美教育等方面对文艺美学进行了全方位的论述，是国内最早对文艺美学进行系统性论述的专著之一。本书出版于1980年代，具有特殊的时代意义，对今天文艺美学的发展也具有一定的借鉴作用。

本文接下来的几个部分论述将对该书的内容、价值、意义等进行解读。

二、文艺美学研究内容和研究方法

《文艺美学》绪论部分对文艺美学研究内容、方法、价值进行认定，分为四个内容：文艺美学研究的多元取向和研究方法的嬗变，文艺美学对艺术活动系统奥秘的揭示，文艺美学对多层审美规律的把握，文艺美学对艺术生命底蕴的深拓。

在绪论里，胡经之将美学和诗学研究作为文艺美学的研究基础和参照系，以此作为文艺美学研究内容、方法、学科价值的基础。其内容分为三个部分：

（一）文艺美学研究内容

胡经之认为："文艺美学不象美学原理那样，侧重基本原理、范畴的探讨；但文艺美学也不象诗学那样，仅仅着眼于文艺的一般规律和内部特性的研究。文艺美学是将美学与诗学统一到人的诗思根基和人的感性审美生成上，透过艺术的创造、作品、阐释这一活动系，去看人自身审美体验的深拓和心灵境界的超越。"[1]胡经之认为，文艺美学是美学与诗学的结合，需要在美学与诗学基础上，形成文艺美学自身的独特研究内容与方法，从而体现文艺美学独特的学科价值。那么，文艺美学的研究内容是什么呢？

---

[1] 胡经之：《文艺美学》，北京大学出版社，1989年版，第2页。

总结全书可知，书中的观点是：文艺美学研究内容包括艺术审美活动、艺术审美体验、艺术审美超越、艺术掌握、艺术真实、艺术美、艺术形象、艺术意境、艺术形态、艺术接受和艺术审美教育。

艺术审美活动、艺术审美体验、艺术审美超越、艺术掌握等研究内容，都是围绕着艺术创作主体审美活动而进行的理论阐释，重点在艺术创作主体，从艺术创作主体接触外在意象产生审美感觉开始，到进入想象，形成审美形象，最后，超越于外在意象，形成艺术思维，呈现整个过程的审美规律。

而艺术真实、艺术形象、艺术意境、艺术形态等内容，是从美学角度对艺术创作作品本体（作品）的分析，聚焦于艺术作品本身，对艺术作品自身的各种审美概念进行界定与论述。

艺术接受和艺术审美教育的关注重心在艺术欣赏者的身上，以文艺美学视角对艺术欣赏者的审美接受及如何进行审美教育进行界定与论述。

可见，本书的文艺美学研究内容贯穿于艺术创作整个过程，也观照到艺术欣赏者接受美的层面。

（二）文艺美学研究方法

书中并未明确提出文艺美学研究方法，仅列举了20世纪西方美学和诗学发展的现状，以说明文艺美学研究重心的变化。书中所列举的现状实际就对应本书所用的文艺美学研究三类方法，这三类方法也进一步体现了本书对文艺美学研究内容的认识，即文艺美学研究内容包括艺术创作主体、艺术创作本体、艺术品欣赏者等三个方面，此部分对文艺美学研究方法的阐释依然是基于文学美学研究方法进行的，研究方法的研究对象仍然是文学创作。

第一类研究方法是研究创作主体精神、心理的方法，包括直觉主义和精神分析法。书中将意大利美学家克罗齐的"直觉即表现"的表现主义方法作为直觉主义的代表，以此作为创作主体精神研究方法的代表。认为弗洛伊德的精神分析方法、荣格的心理分析法是精神分析研究方法的代表，同时提及美国阿恩海姆的完形心理学、瑞士皮亚杰的建构心理学等。书中认为以上的心理学研究方法都能为文艺心理学所吸收，成为文艺心理学的研究方法，并认为文艺心理学研究方法为文艺美学研究拓宽了视野与路子，把文艺心理学研究方法作为文艺美学研究文艺创作主体精神、心理的研究方法具有一定的可操作性，能增强文艺美学研究的理论分量，利于文艺美学研究理论系统性的形成。书中也承认，文艺美学不是文艺学分支，它还涉及美学，文艺美学的创作主体精神、心理研究，还应该运用哲学美学研究方法，提升到哲学美学层面进行研究。

第二类研究方法是研究作品本体的方法，包括俄国形式主义、新批评和结构主义。书中对俄国形式主义、新批评和结构主义三种方法进行概括性介绍，认为"二十世纪的形式主义诗学借助于语言学，不过俄国形式主义重在语音学，英美批评派重在语义学，而结构主义则重语法学"[1]。书中又进一步介绍道，俄国形式主义"基本上是语言工艺学，注意的是语音的声音层次"[2]，新批评派"基本方法一致，都是在文学的语言本身探索文学的特异性"，新批评派的观点是"文学是语言的一种特殊形式，'独立于外部世界的有机体'，由上下文的互相渗透而产生出自己的意义"，从而认为"新批评派的文学本体论，又称作有机形式主义"。[3]"结构主义诗学借助于结构主义语法分析来解剖叙事作品，创造了一门新的文学科学：叙述学"[4]，书中论述到符号学，认为结构主义文学理论正与符号学结合，并指出："随着对艺术研究的日益深入，文艺符号学方法也日益受到重视。"[5]俄国形式主义、新批评和结构主义都是文艺学的作品本体研究方法，且都是对文学进行语法、修辞技术层面的解剖，其研究方法是纯客观的、机械的，而文艺美学学科具有一定的主观性因素，运用文艺学客观的技术性研究方法去研究文艺作品本体，将难以解读作品本体美的真正内涵，失去研究美感。

第三类研究方法是研究读者本体的方法，包括接受美学和读者反映批评。

---

① 胡经之：《文艺美学》，北京大学出版社，1989年版，第6页。
② 胡经之：《文艺美学》，北京大学出版社，1989年版，第4页。
③ 胡经之：《文艺美学》，北京大学出版社，1989年版，第5页。
④ 胡经之：《文艺美学》，北京大学出版社，1989年版，第6页。
⑤ 胡经之：《文艺美学》，北京大学出版社，1989年版，第7页。

书中介绍了接受美学产生基础及其发展历史，特别提到康斯坦斯学派开创者伊塞尔的观点，即"文学作品存在两极：一极是作者写出来的本文；另一极是审美反应，即读者对本文的具体化或实现。'作品本身显然既不能等同于本文，也不能等同于具体化，而必定处于两者之间的某个地方'"，书中强调了康斯坦斯学派的重要观点："读者的反应是由本文激发出来的，本文的结构中已经暗含着读者可能作出多种解释的潜在因素。"[①]由此，引出了西德学者尧斯的"七点论纲"，总结出接受美学的基本原则：文学价值只有通过阅读才能体现出来。

在对读者反映批评理论进行论述时，书中提到了美国的费希和民主德国的瑙曼，突出了苏联学者重视的"对话关系"，即"通过作品，作者不仅和同辈人对话，而且和前辈人和晚辈人对话。文学作品的意义和价值，不仅为同时代所决定，而且也为时代的未来所决定"[②]。

书中还提到现象学美学、阐释学美学、分析哲学美学等，认为这些研究新方法也能为文艺美学提供新的观点和方法，同时，认为新历史主义、新马克思主义也是不能忽略的研究方法。

由以上的分析总结可知，本书提倡的文艺美学研究方法囊括文艺学在创作主体、作品主体、接受主体三个层面的研究方法。可见，书中的文艺美学研究方法依然以文艺学研究方法为主，以哲学美学研究方法为辅。

（三）对文艺美学学科价值的肯定

作为一门1980年代新兴的学科，文艺美学的学科价值仍需要得到肯定。本书专用三个小节对文艺美学学科价值进行了详细论述并给予肯定，从三个方面阐述文艺美学的学科价值。具体内容如下：

1.文艺美学是对文学艺术活动系统奥秘的揭示；

2.文艺美学是对文学艺术活动多层审美规律的把握；

---

① 胡经之：《文艺美学》，北京大学出版社，1989年版，第7页。

② 胡经之：《文艺美学》，北京大学出版社，1989年版，第9页。

3.文艺美学是对艺术生命底蕴的深层拓展。

书中对以上每一项价值都进行了充分肯定,并给予详细论述。

针对第一项价值进行了三个层面的论述:(1)什么是艺术活动;(2)艺术活动与社会之间的关系;(3)文艺美学应该研究什么。在第一层面论述中定义了"艺术活动",书中认为"艺术活动是人的本真生命活动,是一种寻觅生命之根和生活世界意义的活动,一种人类寻求心灵对话、寻求灵魂敞亮的活动"①。从形而上的哲学层面,将艺术活动与人类生命体验结合起来,把艺术活动上升到人类寻求生命本真的高度,把艺术活动上升为人类内在心灵的活动,艺术创作与艺术欣赏之间的对话就是心灵的对话,人类艺术活动就是寻求人类心灵自由的活动,因此,艺术活动是相对独立的人类内在心灵活动。第二层面的论述关注艺术活动与社会之间的关系,书中认为艺术活动是一个从创作到作品到欣赏的系统活动,它是相对独立的一个系统,但是,它又离不开人类社会这个大系统,它是相对独立的,又是人类社会的一部分,艺术活动从艺术创作到艺术享受都沟通着社会。书中用绘图的方式展现艺术活动与社会之间的关系:"作家、艺术家参预社会生活;社会激发作家、艺术家进行创作活动,产生艺术作品,供给读者、听众、观众去欣赏;艺术接受者受艺术享受的激发而付诸实践活动,对社会发生影响。反过来,社会培养了读者、听众、观众的审美需要和审美能力,对艺术作品提出新的要求,影响作家、艺术家的创作,推动作家、艺术家在想象中去改造社会生活。"②第三层面的论述由第一层面和第二层面的论述结论而来,正因为艺术活动是形而上的心灵的活动,艺术活动又沟通着社会,所以,文艺美学对艺术活动的研究就应该是全面的,应包括艺术生产、艺术欣赏中不同层次的"美的规律"以及这些规律之间的相互联结。在研究中,要进行比较,把文学艺术与非艺术进行比较,把不同形态艺术进行相互比较,在比较中研究共性与个性。

在对第二项价值进行论述时,着重以文学艺术为例。

---

① 胡经之:《文艺美学》,北京大学出版社,1989年版,第9页

② 胡经之:《文艺美学》,北京大学出版社,1989年版,第10—11页。

首先，提出了文学艺术的三个不同层次审美规律：

（1）一切审美活动（包括文学审美活动）共有的普遍审美规律；

（2）文学艺术与其他审美活动相区别的独特的审美规律；

（3）不同文学艺术样式、种类、体裁的相互区别的独特的审美规律。

从普遍规律到独特规律，层层递进，论述文学艺术的审美规律。

书中认为，一切审美活动共有的普遍审美规律就是"美的规律"。"就审美客体说，美、丑、悲、喜、崇高、滑稽等等，都有各自的共同本质和普遍规律；就审美主体说，审美趣味或审美理想的形成，也都有各自的普遍规律；审美客体和审美主体如何交互作用，也都有一些普遍的规律。"①在一切审美活动共有的审美规律之上，文学艺术作为一种艺术形态，它又有其独特的审美规律，文学艺术的审美价值体现为独特的艺术价值，文学艺术的美与生活美有共同性，但是又不同于生活美，文学艺术的美具有一定的审美教育作用，又不是普通的审美教育作用，而具有特殊的审美教育作用，文学艺术不仅传达人类既有的审美经验，还要创造出新的审美经验，它的目的是推动人类从"必然王国"走向"自由王国"。不仅文学艺术具有独特的审美价值，文学艺术不同样式、种类、体裁又都有其各自的审美特性和审美规律。由此可见，文学艺术的审美规律具有普遍、特殊、个别三个不同层次，这三个不同层次相互区别又相互联系，文艺美学就是在这三个层次的联结中去研究自己的对象。

其次，提出文艺美学要对艺术的完整过程进行研究，因此，文艺美学包括三个方面的美学：

（1）文艺创造（体验）美学；

（2）文艺作品（本体）美学；

（3）文艺享受（阐释）美学。

以上三方面美学是基于艺术活动全过程而提出的，艺术活动全过程包括艺术创作、艺术作品、艺术享受。文艺创造（体验）美学既研究文艺创造过程的美，也研究文艺创造过程中艺术家体验模仿对象时对美的发现与感知；文艺

---

① 胡经之：《文艺美学》，北京大学出版社，1989年版，第12页。

作品（本体）美学研究文艺作品自身的美感，区别艺术美与生活美；文艺享受（阐释）美学研究文艺作品欣赏者的审美享受，其研究内容类似于"接受美学"。书中再次强调文艺美学研究的对象就是艺术作品的创造、作品、享受三方面的审美规律。

针对第三项价值，书中着重论述了艺术的价值，并未深入论述文艺美学里的艺术生命底蕴深层拓展价值。分几个方面论述艺术价值：第一，艺术是创造性活动，"创造是冲突、痛苦，但唯有在人的生命全部投入的创造活动中，才能使真理敞亮，与存在对话。唯有创造，才带来一个全新的世界，人才真正的而非表面地进入历史之中，从而担当苦难也担当欢乐"①。第二，艺术的根本目的就是走向"诗意的人生"，对艺术的根本目的，书中做了如下描述："艺术的根本目的是通过审美之途，通过赋诗运思，感悟人生生命意蕴所在，并在唤醒他人之时也唤醒自己，走向'诗意的人生'。"②第三，艺术是人的一种生存方式。"艺术的要旨在于：揭示历史与生命何以才能达到一定程度的透明性，并在艺术体验之中，开启自己的本质和处境的新维度。这样，艺术活动就不是人的一件外部操作活动，而是成为人的生命意义赋予活动。艺术直接成为人的一种生存方式。"③第四，艺术通过语言来言说，艺术活动通过语言而达到心灵交流活动。第五，艺术活动本质不是模仿，是揭示；不是宣泄，是去蔽；不是麻痹，是唤醒；不是功利的追逐，是精神价值的寻觅，不是纯然的感官享受，是人类生命意蕴的拓展。总之，艺术是一种人的超越性存在，是人成为自己的一种创造性活动，艺术是人创造性活动中最自由的形式。书中第一章进一步总结了艺术的价值："艺术是由美而求真的生命感悟过程，是将真理置入艺术作品的同时赋予世界和人生全新意义的创造活动。"④将艺术提升到生命感悟的高度，对艺术作品的价值由美提升到真，要求艺术从求美走向求真，艺术的内在是真理，艺术作品要蕴含真理，同时，优秀的艺术作品要能赋予世

---

① 胡经之：《文艺美学》，北京大学出版社，1989年版，第17页。
② 胡经之：《文艺美学》，北京大学出版社，1989年版，第17页。
③ 胡经之：《文艺美学》，北京大学出版社，1989年版，第18页。
④ 胡经之：《文艺美学》，北京大学出版社，1989年版，第20页。

界和人生全新意义。

三、对审美活动的阐释

《文艺美学》第一章着重论述审美活动，认为审美活动是审美主体和审美客体相互作用的产物，审美活动包括审美客体和审美主体两个方面，审美主体与审美客体相互作用时，审美主体必然产生一种特殊的体验：审美体验。审美体验形成，审美活动才形成。讨论审美活动，必先论述审美活动中的审美主体与客体。

（一）审美活动中的审美主体、审美客体

书中秉持唯物主义的观点，认为审美主体、审美客体、审美活动都是客观存在的。

对审美客体进行论述时，认为客观现象之所以成为审美客体，是因为客观现象进入了人的审美活动，对人类具有一定的社会意义，而这个意义就是，审美客体对审美主体具有这样或那样、肯定或否定的意义。

对审美主体进行论述时，认为社会的人就是审美主体，这个审美主体是体力与智力的结合，是物质力量与精神力量的综合。

对审美活动进行论述时，认为审美活动是客观存在的活动，当审美主体作用于审美客体时，是具有精神能力的物质力量对其他物质力量的作用，主体在客观活动中对客体产生作用，客体对主体的作用，也是一种客观活动。审美活动也是一个过程。

审美活动中产生的审美体验是潜藏在内心的，它的存在有两种可能，一种是在内心一闪而过，是稍纵即逝的，另一种会成为新的信息储存在脑海中，作为回忆，不断被回味。审美体验是眼前审美感知和既往审美经验相互作用的结果，它可以外化为审美创造。

（二）审美活动是人类特殊维度的活动

这部分主要论述审美活动的产生过程，分成两个层次逐层论述。

第一，人类维持其基本生存的实践活动有生产活动、经济活动、政治活动、审美活动，审美活动中形成审美关系。

人类最基本的活动是生命活动，要使生命活动正常进行，就必须能够生活，而要生活，就要生产，通过生产创造能满足基本生活需要的生活资料，生产过程就是劳动过程，通过劳动改造自然，获得生活资料。生产活动是人类维持其基本生存的实践活动。在生产活动基础上人类形成四种最主要的社会关系：生产关系、交换关系、分配关系和政治关系，前三种关系是经济关系，政治关系是在前面三种关系之上的社会关系。各种活动（包括生产活动、经济活动、政治活动等）都是实践活动，在这些实践活动中形成的关系有：生产关系、交换关系、分配关系和政治关系。

书中认为，审美活动产生在人类所有的实践活动中，审美活动也是一种实践活动，它与其他实践活动相结合。审美活动中，人与人之间形成的关系就是审美关系，审美关系在审美实践活动中形成，又反过来制约着审美实践活动，激发起人们的审美需求。

第二，审美活动、审美需要、审美关系的形成过程。

在审美活动的来源上，书中认为，人并不是一开始就有审美活动，到了人类能够制造工具、能自由自觉地劳动时，在人类能让自然按照人类社会需要进行改变后，人类的实践活动才能上升为审美活动。

人类审美水平的提升则需要一定条件。具体而言，当人的活动转化为自由的实践活动，人在活动中获得了实践的自由，人把脑力和体力的付出当作乐趣来享受，人能够必然地把握实践、使实践服从于人类需要时，人类的实践活动才能提升为审美活动。

自由的实践活动是能永恒、绝对地运行下去的，其运行过程是：自由的实践活动让实践活动中的主体和客体获得和谐平衡、人和环境之间协调一致，改造主体和客体，使客观世界的物与物、人与人、人与物之间和谐平衡，让主体获得新的本质力量，产生出新需要，新需要产生新的自由实践活动，新的自由的实践活动使主体和客体之间的关系在新的基础上达到新的平衡，在新的平衡基础上，新的需要又产生，新的自由实践活动又产生，改变主体与客体。自由实践活动的平衡是运功中的平衡，一切平衡都不是绝对的、永恒的，而是相对的、暂时的，但是，运动是永恒的、绝对的。

总之，"人在自由的实践活动中，产生了审美需要，审美需要又要由审美活动来满足，审美活动调节着人与环境（自然、社会）的关系，使环境与人和谐平衡，确立审美关系"①。

（三）审美活动特点

从审美活动的内部特征看，它是一种内心世界的自我调节活动；从审美活动的外部特征看，它是一种使主体与客体、人与环境获得和谐的活动。在内部特征和外部特征之外，审美活动又有肯定和否定之分，它有独立和非独立两种基本形式。

1.审美活动是一种内心世界的自我调节活动

书中从心理学角度向内求，从内在心理论述审美活动的特征。特别强调，审美活动是一种人为的活动，一种人的自我调节活动，它的自我调节主要是认识和理想的统一、理智和情感的统一、内心世界本身的和谐、身心的和谐。

2.审美活动是使主体与客体、人与环境获得和谐的活动

人和环境之间是相互作用的关系，人和环境是辩证统一的。

这里的环境包括自然环境和社会环境两种。人和环境的关系也是主体和客体的关系，为了达到人与环境的平衡，人必须进行各种活动。人与环境在活动中达到平衡，这个平衡就是动态的平衡，平衡是相对的，不平衡是绝对的，任何环境的平衡是在不平衡中寻求平衡，在改造中寻求主体和客体的一致。人和环境之间的动态关系是：人受到环境的制约，受环境影响；人又能改造环境，使环境服从自我需要。

---

① 胡经之：《文艺美学》，北京大学出版社，1989年版，第30页。

3.审美活动有肯定、否定之判断

审美活动会对客观世界中对人具有肯定意义的客体做出肯定的评价，审美主体也会对具有肯定意义的客体表现肯定的态度。反之，面对否定意义的客体时，审美活动会做出否定的评价，审美主体也会表现否定的态度。什么是肯定意义的客体、否定意义的客体呢？具有崇高、优美等特征的客体就是肯定意义的客体，具有丑恶、卑下等特征的客体就是否定意义的客体。当生活中美好的东西出现时，客体与主体就会处于和谐状态，主体内心就会产生美感；当生活中丑恶的东西出现时，客体与主体就会处于冲突状态，主体内心就会出现反感，内心就会有否定的态度。

4.审美活动有两种基本形式

审美活动的两种基本形式是：非独立的形式、独立的形式。

非独立的形式是指渗透在人类实践活动中的审美活动形式。人类在进行实践活动的同时，也进行着审美活动，实践活动停止，审美活动就消失，审美活动附着在实践活动之上。

独立的形式是指脱离于人类实践活动的审美活动形式，比如闲暇时间的审美活动，想象中的审美活动。独立的审美活动有两种：艺术的审美活动、非艺术的审美活动。

（四）审美活动中主体和客体的交流与契合

审美活动中主体与客体是必须同时存在的，且主体与客体之间必然要进行交流，这种交流至少有两个特殊的过程，即主体客体化和客体主体化，交流对艺术创作具有重大意义，通过交流，审美主体的审美体验才会出现高度共鸣、情不能已的情境，从而使审美主体的情感完全超越审美客体沉溺到对自我情感的感受与评价中。

艺术的审美活动的基本条件就是主体和客体存在，在讨论审美活动时，不能片面地强调审美主体，也不能片面地强调审美客体。审美活动中主体和客体的特殊关系不仅表现在主客体统一中，更表现在主客体交流中。书中提到的交流是指主客体的交互运动，并认为，对美学文艺学来说，作为理论的交流至少有两点意义：交流作为理论并非没有根据，它有一种本世界前沿学科的理论作为基础；交流是一种社会存在、一种人的普遍心理和行为方式，交流对美学文艺学研究有启发性。

书中进一步认为，文艺交流至少有两个特殊过程，简单地说就是主体客体化和客体主体化，具体描述如下：

"首先，从艺术思维看，艺术家在头脑中总是把艺术素材与主观创造融汇起来，或者说，在艺术思维中，客观与主观是相互交流的，客观材料为主观创作提供基础，主观创作赋予客观材料以审美特性；主观的情感与理性总是与客观材料'揉合'在一起，艺术家的主观的审美精神总是通过与客观材料交流而表现出来，艺术家的联想与想象不仅伴随着自己的情感、意志和理智，而且自始至终伴随着客观材料的运动而运动，飞跃而飞跃，即便艺术家对客观材料的取舍、精选，进行审美的升华与创造，也总是伴随着客观材料的。另一方面，艺术素材作为客观材料，在艺术大脑中已经是社会化了的客观材料，不是原原本本的'潜客观'或'准客观'的材料，这种社会化了的客观材料既为了表现艺术家的创造精神而与主观相交流，又为了使自己获得审美定性与主观交流。由于客观材料有自己的质的规定性，有自己的发展变化的规律，有自己的运动秩序，所以它又制约了主观与它的交流活动，使主观按照它的特点、规律、秩序来与之交流。因此，这种交流是互相创造而同时又互相制约的。"①

以上两个交流特殊过程对艺术创作具有重大意义。没有主体客体化和客体主体化，就不可能产生艺术，在艺术交流过程中，主体客体化和客体主体化也是明显存在的。艺术交流过程也包含三种意义：

"一是作为创造主体的艺术家与艺术素材的交流，二是作为对象化了的主体的作品与作家的交流，三是作为作品的接受者与作品的交流。"②

在审美主体与审美客体的交流中，由我及物的情感和由物及我的情感相互

---

① 胡经之：《文艺美学》，北京大学出版社，1989年版，第39—40页。
② 胡经之：《文艺美学》，北京大学出版社，1989年版，第40页。

回流，审美主体从审美客体中找到与自己情感一致的要素，产生审美体验。在审美主体的审美体验中，会出现高度共鸣、情不能已的情境，审美主体热情迸发，其情感完全超越审美客体沉溺到对自我情感的感受与评价中。

因此，在审美主体与审美客体的交流中，审美主体因审美客体的存在而存在，没有审美客体就没有什么主体。审美客体一旦拨动了审美主体的情感之弦，让审美主体回到自我的经验中，联想起自己的悲欢、希望、忧患等情感，审美主体就会凝视与观照审美客体本身，使审美客体成为自己的独特的审美对象，艺术灵感也就随之而产生，艺术创作过程就启动。

四、对审美体验的阐释

胡经之《文艺美学》第二章着重论述审美活动中的审美体验。

审美体验是文艺美学学科的重要研究内容，对审美体验的探讨是解决艺术之为艺术内在结构的带根本性的问题，也是研究艺术审美特征的关键所在。

（一）对审美主体审美心理的考察

书中可以运用文艺心理学方法对审美主体审美心理进行考察，从文艺心理学角度入手，认为审美心理研究可以追溯到古代。古代，很多哲学家、艺术家对审美心理进行了探究，并形成了一系列理论。

古代西方的审美心理有：柏拉图的"回忆说"、亚里士多德的"净化说"、斐罗斯屈拉特的"想象"论、普罗提诺的"分享说"、马佐尼的"惊奇说"、哈奇生的"内在感受"论、休谟的"趣味说"等。

古代中国的审美理论有："味""悟""兴会""意象""神思""虚静""气"等。

到了近代和现代，西方弗洛伊德创立的精神分析学、荣格的"集体无意识"理论、以阿恩海姆为代表的格式塔心理学派、以伯克霍夫为代表的"实验美学"派等，都为文艺美学进入审美心理研究奠定了基础。

总结前辈哲学家、艺术家的研究成果，思考文艺美学里的审美心理研究，可将审美主体的审美心理研究划分成三方面工作：

①以艺术家心理为研究对象，研究艺术家在艺术创作过程中的心理现象。

②以艺术品为研究对象，研究艺术内在的诗意内核和审美价值。

③以社会普通人心理为研究对象，研究文艺作品造成社会效果过程中社会普遍心理现象。

从以上三方面工作出发，书中认为文艺心理学由文艺创作心理学、作品构成心理学和文艺欣赏心理学三部分构成。

1.文艺创作心理学

以艺术创作主体的心理为研究对象，分为三个层次：（1）社会、民族、阶级心理；（2）艺术家个人心理；（3）艺术家与生活直接接触后的个别遭际、生活事件、矛盾冲突。以上三个层次中，以上三个层次都具有一定的随机性，尤以第三个层次的随机性最强。在这部分心理考察时，着重在主客体关系中考察艺术家的艺术观察方式、艺术感受方式、形象记忆、情绪记忆、创作契机、灵感等特征。

2.作品结构心理学

作品结构心理学可以从两个方面进行研究：（1）从艺术媒介方面进行研究，研究语言、音、色、线、质料、姿态等艺术作品存在的外在物质媒介里的复杂的心理内容；（2）从艺术品结构方面进行研究，将艺术品结构分为内在结构和外部结构，研究电影的蒙太奇、诗歌的分行排列、小说的情节、音乐的曲式等所造成的心理体验和美感效应。

3.欣赏心理学

主要包括审美感受、审美态度、欣赏者心理特性、社会民族审美趣味、社会民族美学性格等多个方面的分析。

文艺心理学研究为文艺美学审美主题的审美心理考察提供了理论和方法论基础。

（二）审美体验与非审美体验的关系

人类的体验形式很多，包括审美体验和非审美体验。非审美体验可以转化成审美体验，审美体验也可转化为非审美体验。非审美体验和审美体验难以区分。书中对审美体验与审美经验的区别、审美体验与非审美体验的转化等进行了论述。

1.审美体验与审美经验的区别

从心理学角度看，审美体验与审美经验是相联系又相区别的。

审美体验与审美经验是相区别的。

审美经验范围太宽泛，包括具有一定审美价值事物的经验。它包括审美感知、审美情感、审美想象、审美理想、审美感受等，是审美主体从无数个审美活动中获得的审美感受、内心印象的总汇。审美体验是审美主体对审美对象的体验。

审美经验具有积淀性、被动性、接受性等特点，它是相对的、静止的。审美体验是主动的、创造性的，有一定导向性，具有能动性、个性化特点。

审美体验与审美经验又是相联系的。

审美经验是审美体验的基础，审美体验是审美经验动态发展的结果。审美经验具有一定的普遍性，审美体验却个性化浓郁。

审美体验是一种特殊的审美经验，是审美经验的动态形式。

2.审美体验与非审美体验相互转化，难以区分

审美体验是在审美活动中产生的审美主体对审美客体审美价值的体验。非审美体验包括日常经验、实践经验、道德体验、人生体验等。丰富的非审美体验有助于审美体验的发生，更有助于审美体验的深化。审美体验也会转化为非审美体验。

具有敏感的审美艺术感受力的艺术创作者常常可获得日常经验到审美体验的超越。"日常经验"是显明的也具有一定蒙蔽性，艺术创作者突破日常经验的蒙蔽性就能达到审美体验，从而获得日常经验到深度审美体验的超越。"审美体验，是超出常规的直觉、心灵的味觉、内在的眼睛。它必须超出日常经验

（非审美体验）的常轨，心驰神往，即在生活表层上那连绵不断的因果链条的中断处深入进去，作超越时间空间的探索。它也许暂时失落了常态，失落了日常的平衡心理，找不到安置激情玄想的秩序和归宿，但正在这表面的失落中获得本质的升华，诞生了审美意象，建构了美的世界和美的人生。"①

（三）审美体验的静态与动态考察

审美体验包括艺术创作主体审美体验和艺术欣赏者审美体验，书中着重考察了审美创作主体的审美体验。考察审美创作主体审美体验可以从静态和动态两个方面入手。

1.静态考察

从静态入手，考察审美创作主体审美体验，可将其分为审美能力、审美经验、审美心理结构三个方面。审美能力、审美经验是审美创作主体发生审美体验的基础。审美能力包括审美创作主体的审美感受力、审美想象力、审美理解力、审美情感、审美需要和审美心境等。审美经验是审美创作主体对审美对象特征具有的相应的丰富经验。审美心理结构是审美创作主体发生审美体验的重要条件，由审美创作主体的审美能力和审美经验构成，是人类漫长历史的沉淀积累成果，也是人类集体某种深层结构，它的获得有一个意味深长的过程。

从静态入手，考察审美客体可知，审美对象是审美主体的审美对象，审美对象的审美特征、审美信息刺激审美创作主体，引起审美创作主体的审美体验。多数情况下，审美对象是分散的、粗糙的，需要审美创作主体去发现。

2.动态考察

从动态入手，考察审美创作主体审美体验发现，审美体验是多种心理功能（感知、想象、情感、理解）的共同活动，用中国古代文论概念来描述，审美体验会经历"起兴"（初级直觉）、"神思"（想象）、"兴会"（灵感）等三个不同的层次。

---

① 胡经之：《文艺美学》，北京大学出版社，1989年版，第56页。

3.审美体验的特性

由审美体验的过程出发，可考察出审美体验的五种特性：（1）模糊性和直觉性；（2）激情性和随意性；（3）流动深化性；（4）双向建构性；（5）二象性。

（四）审美体验的中西方范畴比较

在审美"心物"方面，西方比较两极化，或者偏向物的一边，或是偏向心的一边，前者以摹仿说为代表，后者以移情说、想象说、灵感说、表现说、直觉说、孤立说、心理距离说等为代表。中国以中和为基本，以辩证统一的思维来看待审美"心物"，对文艺审美特性的认识围绕着"心物"轴上下波动。

1.中国的"兴"与西方的移情

中国的"兴"具有兴发感动的作用。在汉代，汉代经学家认为"兴"有两种意思：（1）"兴"是《诗经》里的一种表现手法；（2）"兴"是一种譬喻。齐梁时期，刘勰认为"比显而兴隐"。钟嵘认为"文已尽而意有余"。宋代，朱熹认为"兴者，先言他物以引起所咏之物"。在中国，总结"兴"的看法为四种：（1）"兴"是感兴起情，"兴"具有发端之意；（2）"兴"是感悟兴情，由景而至情；（3）"兴"是一种诗教的方法；（4）"兴"是隐喻。也有人认为"兴"是中国的移情说。书中认为，"兴"具有如下几个特点：

（1）"兴"是感兴起情。

（2）"兴"是审美体验的初级阶段，有感兴的深拓性。

（3）"兴"具有审美体验第二层"神思"过渡和交叉的趋向。

西方的移情说与中国的"兴"有类似之处，以立普斯的移情说观点为例。立普斯从三个方面界定了审美移情的特征：（1）审美必须有审美对象，审美对象是对审美主体的体现；（2）审美必须有审美主体，审美主体是在审美对象里生活、观照的自我；（3）审美主体与审美对象之间是相互关联的，审美主体生活在审美对象里，审美对象与审美主体统一。

中国的"兴"与西方的移情同中有异：（1）移情说是能动的主体，主动将自身情感外射；"兴"却强调体验，重物我的交流。（2）移情说过分强调主观性和对象的人格化，"兴"却重在"起兴"，由此可知，"兴"的跨度比移情说大。（3）移情说强调分析，"兴"重在直观感悟。（4）立普斯用一种"错觉"的"飞腾感"来说明移情说，"兴"则是面面观，"兴"的视点是不固定的，随情所至。

2.神思与想象

中国的"神思"一词最早见于汉代，最初的"神思"是用来状人物的精神面貌的。到了南北朝时期，刘勰将"神思"作为一个审美范畴。

中国古代，提倡"神思"的主要有两个人：刘勰和陆机，综合刘勰、陆机的"神思"观点，可这样说：

"第一，神思是充满生命活力，具有秉道之心的主体（人）与有生命灵性、有人格形态的元气氤氲的自然（物）之间的一种神妙的共同感应交合作用。

"第二，神思可以分为三个阶段，从虚心澄怀以纳万物始，进而到激情难遏、意象纷呈，最后语言物化以成篇止。

"第三，神与物游包括虚心接纳以体认自然之气（人）与主动投射以获得精神自由（出）的先后两个过程，最后达到主客交融，物我合一，即金圣叹描述的'人看花，花看人。人看花人到花里去；花看人花到人里来'的'物化'境界。

"第四，从神思的获得来看，与人的'志''气'密切相关，因此，养气为神思获得必要之条件。

"第五，重视'积学'，'玄览'和感物并重，才气和学习缺一不可。"①

西方"想象"一词由亚里士多德提出，直到18世纪，"想象"一词才得到广泛运用。

柯勒律治将想象分为两种：第一位想象、第二位想象。第一位想象在不自

① 胡经之：《文艺美学》，北京大学出版社，1989年版，第93页。

觉情况下形成，第二位想象在有意识情况下形成，更具有理性、更高级。

在科林伍德的观点里，"想象"是审美体验的基础，他认为，想象是一种有意识的活动，而艺术就是一种想象活动。杜威认为，审美的经验就是想象的，想象是审美主体和审美客体之间的一种调和方式。卡西勒的观点与柯勒律治相似。

西方"想象说"的要点是：

（1）想象是审美主体与审美客体进行重新组合和创造，使主客体成为整体的过程；

（2）想象是作用于主客体之间的神奇的力量，艺术创造就是主体想象运行的过程，是主体赋予客体生命和人格的过程；

（3）想象全过程都有理性和情感的参与；

（4）想象具有使审美主体心灵超越时空的力量；

（5）想象是先天的，后天学习无济于事。

中西美学家、艺术家对"想象""神思"有着一些相同和相异的认识。将中西方"神思"与"想象"做比较，可知，二者的相似点是：（1）都看到审美主体和审美客体是审美体验的必不可少的条件；（2）都包含超越时空、设身处地的体验特征；（3）都既有情感的激发特点也有理性制约特点；（4）都认可自身是艺术创作成败的关键，是创作的深化动力；（5）都由物到心，体现出不同的个人精神风貌。

二者的不同点是：（1）"神思"与"想象"的主体和客体具有显著差别。"神思"中的"物"与"神"是相互交融的，是双向交流，"物"中有"神"，"神"化为物，"物"与我、自然与人没有界限，相互交游，"天人合一"。"想象"里客体是僵固的，客体与有生命的主体相对立。（2）"神思"重视审美体验中的"激情"；西方学者对"想象"持两种不同看法，柯勒律治认为"想象"偏重于理性，现代法国心理学家比奈认为想象完全是非理性的。（3）"神思"说将天赋与学习并重，"想象"说更注重天赋。（4）"神思"综合了思维、想象、感情等各种审美体验的复杂形式。"神思"包括想象，但不等同于想象，"神思"也不等同于艺术构思，且具有随机性。（5）

中国对"神思"的探讨更多地从直觉、感受入手，缺少思辨性；西方对"想象"的探讨根据思辨性。

3.兴会与灵感

书中认为，中国古典美学里没有"灵感"一词，但是，中国古典美学中对"灵感"审美心理的深层体验研究早已有之，最早的关于"灵感"的学说是战国时代荀况的"精合感应"，把"精合感应"运用到文艺创作中的是晋代的陆机，"兴会"一词是从中国古典美学中拈出来的，作为中国各种灵感范畴的概括。兴会与灵感可看作同一个问题，它们都属于深层体验的范畴，由起兴感发到神思飞跃，最后，达到身心高度兴奋，精神、人格震动的境界。

西方"灵感"一词出现在古希腊，其原义指神的灵气，"灵感"一词运用到文学创作后，指诗人创作时灵魂吸入神的灵气，诗人失去理性，成了神的意志的传达者，诗人的创作也是神间接通过诗人进行的创作，其作品具有超自然的力量。到了公元12世纪，"灵感"一词才逐渐减弱了神的成分，主要指艺术灵感。

中国的"兴会"与西方的"灵感"具有相同和不同之处。

"兴会"与"灵感"的共同特征是：都具有突发性和不自主性，都具有激情性和想象性，都具有物我一体、瞬间感悟（直觉）性。

书中总结"兴会"与"灵感"不同之处是：

"（一）中国审美体验强调兴会说，注重和谐与物我交流，并在审美活动中，注意一种特有的'虚静'状态，通过有限去获得无限，从而体认生生不息的宇宙之'道'，显示出感物兴怀、寄托情操的特点。而西方（尤其是古代）则强调'灵感说'，认为诗失去理智后，成为神的代言人（如柏拉图、德谟克利特），情感上往往表现出一种'迷狂'，具有浓厚的上帝或神的宗教色彩（柏拉图、马利旦）。（二）中国人注重'物化'，讲求物我相亲相授，把人看作是自然的一部分，并表征出一种亲和关系，即万物亲近我、扶持我，而人与山水的关系也是'万象为宾客'的'天人合一'关系，而西方相对地说人与自然是一种对立的关系，物主要成主体情感，意志的容受对象，强调人的主动性和自我性（如柯尔立治、R.葛利叶）。（三）中国在审美体验中往往以理节情，注重向内体味和向无限的超越，情感上要求达到'乐而不淫'、'和而不违'，讲求'中和之美'，尤其重视质朴、内在的美——玉的内在光辉美；而西方更讲激情和狂热，注重向外探索，强调美的多样性和新异性。（四）中国审美体验的最高范畴是'听之以气'、'畅神'、'悦志悦神'，更重视内在美的人格修养和谐之美；西方最高的美是上帝——神（如柏拉图和马利旦）。因此，中国更重视正常审美趣味和对道体、人格力量的美的追求，西方则在某些方向偏向于非理性、下意识等变态的美（如黑色幽默、意识流、新小说、荒诞派、达达主义等等）。在灵感来源问题上，中国讲究感物起兴，由物引起情思的喷发，并通过物将象征（兴）引出来；而西方的灵感，是对神的'回忆'（柏拉图），是对理念的认识（黑格尔）。对灵感的培养问题，西方一般重视天才、天赋和先天能力，而中国天赋与学习并重，讲求'读书破万卷'，方能'下笔如有神'，十分重视'积学'。西方讲创作'一团热火袭击脑门'，激情不可遏止；中国讲'养气'，重虚静，协调内心，不致过度激烈，不过也有例外，如张旭、郭沫若。"[①]

书中对比"兴会"与"灵感"之不同后，认为"差异是相对的，有的甚至是双方都在相互渗透的。因此，这种差异只是不同民族历史文化传统和美学艺术渊源造成的，没有必要去争一个孰高孰低"[②]。

五、艺术本体概念美学阐释

《文艺美学》第三章至第九章对艺术本体的各种概念进行了美学阐释，这些概念包括：艺术审美价值、艺术掌握、艺术真实、艺术美、艺术形象、艺术意境、艺术形态等。其中，比较具有代表性的是对艺术审美价值、艺术掌握、艺术真实、艺术美等概念的论述。

---

① 胡经之：《文艺美学》，北京大学出版社，1989年版，第113—114页。
② 胡经之：《文艺美学》，北京大学出版社，1989年版，第114页。

（一）艺术审美价值

"艺术审美价值"是《文艺美学》中一个独特的艺术美学概念，一般情况下，称为"艺术的审美价值"，而书中将"的"字去掉，直接称为"艺术审美价值"。书中认为艺术是人类审美体验的物化形态，具有不可忽视的精神价值（或者说是审美定向价值），因此，艺术审美价值是文艺美学中重要的概念，可见，书中"艺术审美价值"就是通常所说的"艺术的审美价值"。

书中对艺术审美价值进行了定义："指人在艺术创作活动中，以作品的形式客观地反映了世界的审美价值财富，并且概括了主体对世界审美关系所形成的精神价值。另一方面，还包括人在通过艺术审美（欣赏）所获得的审美体验（二度体验）中，不断形成的新的审美趣味和审美心理结构，也就是对人的审美塑造——最高的审美价值。"[①]

这个定义把艺术审美价值进行了实化，把艺术审美价值看成是审美主体、审美客体共同作用的结果，认为艺术审美价值的完成不仅在于作品的完成，更在于完成人的灵魂的塑造。书中特别强调艺术审美价值体现在对人的改造上，包括对人的个性心灵、感觉、情感、理智和想象的影响。由此认为，艺术审美价值要关注"人与自我"的关系、"人与他人"的关系、"人与人类"的关系、"人与世界"的关系，这四种关系的深度和广度体现出艺术发掘人性的深度和广度，这四种关系也是艺术审美价值的根本所在。

将艺术审美价值的根本归结为"人与自我"的关系、"人与他人"的关系、"人与人类"的关系、"人与世界"的关系四种关系层面，是一种独特的创新。

（二）艺术掌握

"艺术掌握"是书中提及的又一独特艺术美学概念，书中特别强调艺术掌握体现出人与世界的多维关系，由此，艺术掌握与艺术审美价值形成一种衔接，艺术审美价值的根本是四种关系，艺术掌握体现的是人与世界的多维关

[①] 胡经之：《文艺美学》，北京大学出版社，1989年版，第129页。

系，艺术审美价值的根本就体现在艺术掌握之上。

胡经之将人与世界的关系分为被动和主动两种，认为人既被动适应世界也主动掌握世界。特别提出人掌握世界的方式是实践的方式，人在实践中掌握世界。这一观念与马克思的实践论观念是一致的。书中又认为，人类还同时发展了从精神上掌握世界的不同方式。所以，人对世界的掌握方式分为艺术、科学、宗教和实践—精神四种。

在艺术掌握的概念上，书中认为人对世界的艺术掌握主要从精神上进行，是对世界的审美掌握方式，也是人对世界精神掌握的特殊方式。

人对世界的艺术掌握就是一种审美掌握方式，是物质与精神的统一。

深入研究艺术实践可以更清晰地认识艺术掌握方式。艺术实践对审美对象进行物质改造的同时也会对审美对象进行精神改造。艺术实践首先有一个"内心意象"，进而把"内心意象"物化为艺术形象。而这个"内心意象"必须是审美意象，是想象中的审美意象，艺术作品通过审美意象的创造给予观赏者审美享受，在想象中，满足审美需要。

艺术掌握世界的方式通过艺术思维来实现。

（三）艺术真实

艺术真实不仅仅是艺术认识论问题，更是艺术本体论问题，艺术真实贯穿于整个艺术过程，是人在自身存在中对审美理想的情感而达到超越性的真空状态，包括审美主体的真实、审美主客体所形成的艺术作品的真实和艺术欣赏者二度体验的再创造的真实。

审美真实是艺术生命的敞亮，生命的真实（体验、感知、理解、感情、灵魂觉醒等）是艺术真实性的关键所在。艺术真实需要人的知情意全面介入，人的意识和无意识的全面融合，当以上两点都做到后，才能使艺术创作主体的体验之真贯穿于作品之真从而使欣赏者达到体验之真。

艺术真实也是作家主体体验的真实。艺术创造的起点是艺术家的审美体验和物化，在艺术创造过程中，艺术真实体现在创作主体的审美体验情感和意象的真实上，也就是创作主体的求真。作家审美体验的求真直接影响着整个艺术创作过程的真实性，作家的情感体验必须发自肺腑，作家的体验越深越真，其作品才越情真意切。

艺术真实是作品反映主客体的审美关系的真实。作家将自己的审美体验化为审美意象，以物化的形式固定下来，就形成了艺术作品。所以，艺术作品是艺术家审美体验的物化状态。

（四）艺术美

《文艺美学》对黑格尔的"美是理念的感性显现"、托尔斯泰的宗教的审美情感进行批评，在综合形式美和内容美观念基础上，形成了关于艺术美的认识：

> 艺术美的构成可分三个层次：
>
> 1.艺术美是形式和内容的完美统一；
>
> 2.内容本身各要素的统一（包括描写什么和表现什么，涉及情感、认识，作者的审美评价与审美理想的统一）；
>
> 3.形式本身各要素的统一。[1]

将艺术美看成是一种整体、统一的美，将艺术的形式与内容统一在一起，也是中国传统美学思想的体现，其观点的实质就是主客合一。

此外，书中还对艺术形象、艺术意境和艺术形态进行了深入的论述，关注到了艺术接受的审美观照。书中试图将各种艺术美观念进行综合，形成一个面面俱到的对艺术美内涵的认识。

六、《文艺美学》的价值与意义

《文艺美学》写作于1984年到1989年之间，其内容、体系、观点等是1980年代的产物，到了21世纪的今天，随着学科门类的丰富，艺术学从文学中单列

---

[1] 胡经之：《文艺美学》，北京大学出版社，1989年版，第181页。

出来，各种艺术门类如戏剧、电影、电视、美术、音乐、舞蹈、绘画、书法、雕塑等都完善并发展起来，文艺美学学科研究对象与研究内容有着巨大变化，书中部分理论观点可供当下借鉴与学习，但是，某些内容仍值得当今学者关注并深入研究。阅读此书，需要持辩证观念，既看到书中可供当下学术借鉴、启发学术观点与方法的内容、价值、意义，也应该看到书中呈现出的时代造成的学科问题、观点问题、内容问题。

（一）《文艺美学》的价值

胡经之《文艺美学》具有一定的时代价值、学科价值，对文艺学、美学两门学科的交叉点模糊概念进行了阐释，形成了系统的学科理论框架，能系统运用文艺美学研究方法研究文艺美学各问题。

1.将文艺与美学两门学科进行交叉，找到了两门学科的交叉点，对交叉点里的模糊概念进行了阐释

胡经之的《文艺美学》作为最早的文艺美学专著之一，具有很大的勇气。在书里对文艺学、美学之间交叉点中的概念进行了阐释，详细阐释了艺术审美活动、艺术审美体验、艺术审美超越、艺术掌握、艺术真实、艺术美、艺术形象、艺术意境、艺术形态、艺术接受和艺术审美教育等，每种概念都进行详细论述，并显示出自己独特的思考。

以艺术审美活动为例，书中将艺术审美活动视为艺术审美主体与艺术审美客体相互作用的结果，论述艺术审美活动之前，先论述什么是艺术审美客体，什么是艺术审美主体。

中国美学发展史上，对艺术审美活动的认识经历了从主客二分观念到主客融合观念的变化，20世纪初，西方美学传入中国时，朱光潜先生试图用西方美学方法阐释中国美学思想，力求从主客二分观念进入主客融合，朱光潜先生也积极翻译了西方心理学著作，用西方心理学思想解释中国美学思想中的主客融合观念。宗白华先生的美学思想的立足点是中国美学，提出了意境理论。

胡经之在《文艺美学》中总结前人经验，将艺术审美活动中艺术审美主体、艺术审美客体、艺术审美活动都定义为客观的存在，在客观性基础上，进而认为艺术审美活动是客观存在的艺术审美主体与客观存在的艺术审美客体之间的相互作用，这种相互作用也是客观存在的，也具有客观性。

虽然胡经之对艺术审美活动的客观性认识有一定局限性，但是，他将艺术审美活动视为一个艺术审美主体、客体的相互作用过程，有一定的开拓性，没有机械地、僵化地认识艺术审美活动，也没有给艺术审美活动一个固定的标准。

在对其他概念的论述中，胡经之的观点也展现出一种客观性，并未主观臆断，如在对艺术审美体验的认识上，胡经之认为艺术审美体验是潜藏在内心的，其状态，或者是一闪而过的，或者是存在记忆里的，但是，审美体验总是眼前的审美感知与既往审美经验的结合。这些认识都是基于中国美学意象观念基础上的思考，具有一定的启发意义。

2.对文艺、艺术与美学相结合的各种概念进行系统整理，形成了系统的理论框架

胡经之《文艺美学》考察艺术创作、艺术欣赏等实践过程，将实践上升到理论，对文艺、艺术与美学相结合的各种概念进行归纳，形成系统的文艺美学理论框架，为文艺美学研究提供了系统深入的理论思路和理论基础。

20世纪初创立的中国美学学科，以东西方美学思想融合为基本目标。试图通过西方美学思想与中国美学思想的融合，使美学体系兼顾东方与西方美学思想的精髓，成为一个综合东西方美学思想的较为完整的思想体系。但是，经过了近一个世纪的探索，美学依然很难形成系统的理论体系。文艺美学想要成为一个美学研究方向，必然也需要形成自己系统的理论体系。胡经之的《文艺美学》构造了系统的文艺美学理论体系，将文艺美学理论分为四大部分理论体系，在这四大部分理论体系中，又划分出更小的理论体系，以小的理论体系来支撑大的理论体系。胡经之的《文艺美学》先将文艺美学整体分为四个部分，分别是：艺术审美、艺术活动、艺术美、艺术接受。

在艺术审美部分，提炼出艺术审美活动、艺术审美体验和艺术审美超越三个核心概念；

在艺术活动部分，提炼出艺术掌握、艺术真实两个核心概念；

在艺术美部分，提炼出艺术美、艺术意境、艺术形象、艺术意境、艺术形态五个核心概念；

在艺术接受部分，提炼出艺术接受、艺术审美教育两个核心概念。

四个部分概括了艺术从酝酿到产生到被欣赏全过程中的主要美学概念。四部分以及每一部分中每一基层概念的提炼都是围绕着动态的艺术过程进行的。

3.系统运用文艺美学研究方法

胡经之《文艺美学》从美学和诗学研究方法里获得启发，提炼出三类文艺美学研究方法，分别是：（1）从心理学、精神分析学出发，研究艺术审美心理；（2）从艺术作品本体出发，研究艺术作品自身的美学特征；（3）从艺术作品欣赏出发，研究艺术作品的接受。书中各部分内容综合运用三种研究方法进行论述。以书中对艺术掌握的论述为例，艺术掌握是该书着重论述的一个概念，书中用了一章内容进行论述，艺术掌握涉及艺术审美心理，也涉及对艺术品的美学特征的确定，包括艺术作品接受问题。书中，从人与世界的关系分为主动和被动，来论述审美掌握的四种不同方式，特别提到艺术掌握主要从精神层面进行，体现出物质与精神的统一，在对艺术品进行审美掌握的同时，审美主体还会对艺术品进行精神的改造。

《文艺美学》将美学和诗学方法综合起来，形成文艺美学研究方法，对文艺美学各概念进行综合论证，提升了文艺美学研究的理论性与科学性，具有一定的启发意义。

（二）《文艺美学》的意义

胡经之《文艺美学》开拓出新的学科研究领域：文艺美学，也将文艺美学领域拓宽到研究人与人、人与社会关系的层面。

1.开拓出新的学科研究领域：文艺美学，为文艺学、美学提供了新的研究内容

中国美学思想存在两千多年，先秦诸子百家思想中就有中国美学思想，发展到明代，中国美学思想里积累了非常优秀的美学概念，比如：意象、意境、赋、比、兴等等。中国古代文艺学里，也包含了部分中国美学思想。自古以来，中国美学思想与中国文艺思想交叉领域很多，不少概念既属于中国美学又属于中国文艺学。西方文艺学与西方美学发展也同样如此，西方文艺学概念、观点与西方美学概念、观点也经常是同一的。

胡经之《文艺美学》将西方美学、西方文艺学、中国美学、中国文艺学进行融合、贯通，把其中交叉的概念、观点进行归纳，形成集中西方文艺学、美学为一体的新的《文艺美学》，为文艺学、美学开拓新的研究内容。

2.深入到人与人、人与社会等关系层面，拓宽了文艺美学研究领域

胡经之《文艺美学》里特别关注人与人、人与社会的关系，并将这种关系作为书中审美活动、艺术美、艺术接受等的重要观点。在对文艺美学学科价值进行论述时，书中认为文艺美学是对文学艺术活动奥秘的揭示，而文学艺术活动奥秘里一个重要内容就是艺术活动与社会之间的关系，书中认为，艺术活动是相对独立的，它是人类社会活动的一部分，社会活动激发艺术家、作家的创作灵感，艺术家、作家从社会活动中获得艺术创作的题材，进而投入到创作活动中，当艺术作品产生后，艺术欣赏者又受到艺术欣赏的启发付诸实践活动，艺术欣赏者的实践活动又对艺术家、作家产生影响，从而激发艺术家、作家进行新的创作。在对文学艺术审美规律进行论述时，书中认为，"美的规律"更体现在审美主客体相互作用中，文艺创造（体验）美学、文艺作品（本体）美学、文艺享受（阐释）美学里都有审美主客体的相互作用。在对审美活动进行论述时，也将审美活动定义为审美活动主体与审美活动客体的相互作用，并认为审美体验也是审美主体与审美客体进行相互作用时产生的一种特殊体验。

雷礼锡也对艺术美学的研究对象进行了界定，认为"艺术美学的研究对象可以用一句话来概括，就是研究和解释人与艺术对象之间的审美关系所形成的诸多理论与实践问题"[①]。雷礼锡对文艺美学的界定里也着重突出了"审美关系"，也可以说是对胡经之《文艺美学》的一种继承与呼应。

---

① 雷礼锡编著：《艺术美学》，武汉大学出版社，2011年版，第1页。

（三）《文艺美学》呈现的问题

《文艺美学》开拓了文艺学、美学研究领域，也对文艺学、美学交叉领域的一些概念进行了详细定义，对当代文艺学、美学研究具有一定的启发意义。但是，该书中呈现出的一些问题，也是值得思考的，甚至有些问题值得当代文艺学界、美学界深入研究。

1.研究对象的不确定

胡经之认为："文艺美学就应着重研究艺术活动这一特殊审美活动的特殊规律以及审美活动规律在艺术领域中的特殊表现。"[1]很显然，胡经之将文艺美学放在一个交叉学科的位置上，其研究对象是艺术的审美规律和审美活动。

按照习惯性的学科思维，美学研究美是什么，文艺学则研究文学基本规律，将文艺学与美学进行交叉而形成的文艺美学应是研究文学的审美规律和审美活动。

"艺术"的外延远远大于"文学"。从广义上看，"艺术"包含"文学"。狭隘的"艺术"也包括音乐、舞蹈、美术、戏剧、戏曲、影视、设计艺术等。正因为《文艺美学》一开始将研究对象外延扩大为艺术，实际上，美学、文艺学学科交叉后外延只能停留于文学，造成《文艺美学》书中所明示的研究对象大于书中实际的部分论述，书中一部分内容以艺术为论述对象，而另一部分内容又以文学为研究对象。在研究对象上，《文艺美学》就出现了对象的不确定性，在论述中呈现出艺术与文学同时成为研究对象、论述对象的局面。

以绪论中的文艺美学学科价值论述为例，绪论中有三个小节论述了文艺美学的学科价值，此三小节的论述在"文学艺术"与"艺术"之间徘徊。书中呈现的学科价值论述内容如下：

（1）文艺美学是对文学艺术活动系统奥秘的揭示；

（2）文艺美学是对文学艺术活动多层审美规律的把握；

（3）文艺美学是对艺术生命底蕴的深层拓展。

---

[1] 胡经之：《文艺美学》，北京大学出版社，1989年版，序言第2页。

前两个小节明确提到文艺美学的"文学艺术"研究价值，第三小节则为文艺美学的"艺术"研究价值。

论述"文艺美学是对文学艺术活动系统奥秘的揭示"时，书中进行了三个层面的论述，分别是：什么是艺术活动，艺术活动与社会之间的关系，文艺美学应该研究什么。可见，这三个层面不是论述"文学艺术"，而是论述"艺术"，三个层面内容支撑的论点却是"文艺美学是对文学艺术活动系统奥秘的揭示"，论述内容与论点不一致，在"艺术"与"文学"之间徘徊。

论述"文艺美学是对文学艺术活动多层审美规律的把握"时，书中又回到了论述"文学"，着重论述一切审美活动的普遍审美规律，文学艺术与其他审美活动相区别的独特的审美规律，以及不同文学艺术样式、种类、体裁的相互区别的独特的审美规律。同样，在此部分论述中，书中还特别提到了文艺美学要对艺术的完整过程进行研究，至此，又回到了文艺美学要研究艺术完整过程的论述里。

在文艺美学学科内容上，书中既没有提"文学"也没有提"艺术"，而是用了"文艺"一词，认为文艺美学包括三个方面的美学：文艺创造（体验）美学、文艺作品（本体）美学、文艺享受（阐释）美学。书中又明确提到，以上三方面美学是基于艺术创作、艺术作品、艺术享受的艺术活动全过程提出的。

文艺美学的内容到底是"文艺"还是"文学"抑或"艺术"呢？第二小节的论述显得游移不定。

论述"文艺美学是对艺术生命底蕴的深层拓展"时，书中非常坚定地把文艺美学研究对象聚焦于"艺术"，对艺术价值进行全方位论述。

2.没有给予文艺美学学科准确的定位

绪论中的文艺美学内容和研究方法中，非常明确地把文艺美学研究内容确定为美学与诗学的结合："文艺美学不象美学原理那样，侧重基本原理、范畴的探讨；但文艺美学也不象诗学那样，仅仅着眼于文艺的一般规律和内部特性的研究。文艺美学是将美学与诗学统一到人的诗思根基和人的感性审美生成上，透过艺术的创造、作品、阐释这一活动系，去看人自身审美体验的深拓和心灵境界的超越。"①诗学研究属于文学研究范畴。绪论中这一论述进一步缩小了文艺美学的研究内容，将文艺美学局限于美学和诗学的结合。

正因为绪论中对文艺美学进行了美学与诗学结合的确定，为了配合绪论中对文艺美学研究内容的诗学论述，绪论对文艺美学研究方法进行系统性论述时，直接借用20世纪西方美学和诗学研究方法，将文艺美学研究方法定为三类：（1）研究创作主体精神、心理的方法，包括直觉主义和精神分析法；（2）研究作品本体的方法，包括俄国形式主义、新批评和结构主义；（3）研究读者本体的方法，包括接受美学和读者反映批评。

全书内容安排上，又并未仅仅只论述美学与诗学，而是将文艺美学学科研究内容归结于以下十一个方面：审美活动、审美体验、审美超越、艺术掌握、艺术真实、艺术美、艺术形象、艺术意境、艺术形态、艺术接受和艺术审美教育。

从十一方面所用概念看，全是以"艺术"为其概念的出发点，都是针对艺术的美进行论述。

可见，《文艺美学》全书对文艺美学研究对象未进行一致论述。书中论述文艺美学研究方法、文艺美学研究内容等时，运用文学研究方法和文学研究视角进入，运用的思维方式也是文学研究的思维方式。为了将对象不限于文学，书中又时时提到艺术，将艺术纳入文艺美学研究对象里，对艺术美学概念进行详细论述。

这就使得全书呈现如下困惑：文艺美学里的"文艺"到底是指文学还是文学和艺术呢？文艺美学的研究对象是文学还是包括文学的所有艺术门类呢？

文学的主要表现形式是文本，而艺术的表现形式则包罗万象，比如：戏剧是综合性的舞台艺术，舞蹈是肢体性的舞台艺术。文学属于艺术，但是文学与艺术并不等同。若仅以文学为文艺美学研究对象，研究对象显然过窄，文艺美学也成为附属于文学研究的一个学科，若将文艺美学的研究对象扩大到艺术（包括文学），则文艺美学研究的对象又太庞大，每一门艺术都有自己独特的

---

① 胡经之：《文艺美学》，北京大学出版社，1989年版，第2页。

美学特征，文艺美学这一学科很难对所有艺术门类的美学进行研究。

20世纪末，艺术美学进入研究者视野，艺术美学很好地解决了文艺美学的学科局限问题，将视野扩展到艺术全域，研究艺术的审美规律和审美活动。

2006年5月，万书元著的《艺术美学》分为八章，论述了艺术美学的基本属性、艺术的基本结构、艺术风格及其审美形态、艺术的基本类型及其特征、艺术审美体验、艺术的价值结构等等，已经没有在文艺学和美学之间进行交叉研究，而是将艺术与美学结合起来，专门论述艺术的美学特征和艺术的审美特性。

雷礼锡在其编著的《艺术美学》里，也对艺术美学这门学科进行了论说，他认为"作为一门学科，艺术美学就不是'艺术'与'美学'的简单相加。艺术美学是研究艺术美的欣赏与创造问题的学科。它既有很强的理论性，也有很强的实践性，是理论与实践密切相连的学科"[1]，将艺术美学定义为"研究艺术美的欣赏与创造问题的学科"，把艺术学科的实践性加入到艺术美学的学科里，不在艺术与文学之间纠缠，将艺术独立出来。

由于艺术美学学科的发展，文艺美学研究对象的不确定性得到了解决。

3.观点的矛盾

美学研究美是什么。关于"美"的问题，美学界进行了长达一个世纪的争论，叶朗《美学原理》里，将1950年代中国美学界对"美的本质"的讨论进行了阐述，总结出1950年代中国美学界"美的本质"四类观点，分别是：

美是客观的，自然物本身就有美。蔡仪先生是此观点的代表。

美是主观的，美在心不在物。吕荧和高尔泰是此观点的代表。

美是客观性和社会性的统一。李泽厚是此观点的代表。

美是主客观的统一，美不全在物，也不全在心，而在心和物的关系上。朱光潜是此观点的代表。[2]

《文艺美学》第一章，明确地表明了本书的唯物主义立场，认为审美客

---

① 雷礼锡编著：《艺术美学》，武汉大学出版社，2011年版，第1页。

② 参见叶朗：《美学原理》，北京大学出版社，2009年版，第34—42页。

体、审美主体、审美活动都是客观存在的。在第一章第一节《审美活动中的主体与客体》里，书中明确写道："审美客体是客观存在的"[①]，"审美主体也是客观存在，是世界上确实存在着的实体"[②]，"审美活动也是客观存在着的活动。主体作用于客体，并非只是精神的外化，而是人作用于物或作用于其他人的客观活动，是具有精神能力的物质力量对于其他物质力量的作用"。[③]也就是说，《文艺美学》秉持的观点是：美是客观的。

为了进一步说明审美活动是客观的。在第一章第二节《作为人类特殊维度的审美活动》里，书中将审美活动认定为人类维持其基本生存的实践活动，并认为审美活动与生产活动、经济活动、政治活动相结合，人与人之间形成的关系就是审美关系，当人能制造工具、能自由自觉地劳动时，人类的实践活动才能上升为审美活动。至此，书中已经将审美活动的归属、审美活动的产生、审美活动的方式都进行了论述，书中总结为："人在自由实践的活动中，产生了审美需要，审美需要又要由审美活动来满足，审美活动调节着人与环境（自然，社会）的关系，使环境与人和谐平衡，确立审美关系。"[④]审美活动是在自由的实践活动中产生的、由审美需要引发的、调节着人和环境关系的活动，审美活动确立审美关系，审美活动是客观存在的审美过程中的一个环节。

在论述审美主体、审美客体、审美活动是客观的同时，书中又认为审美主体、审美客体、审美活动存在着主观因素，认为作为审美活动核心的审美体验是纯主观的，将审美体验形容为审美主体与审美客体之间的交流一致性，甚至认为审美体验的产生与审美主体的自我经验有着密切关系，审美主体在审美体验中凝视与观照审美客体本身。

在对审美体验进行阐释时，本书更是启动了心理学视角，考察了审美主体的审美心理，对审美体验与审美经验的区别进行解释，在审美体验之外又增设了一个非审美体验。对审美体验进行论述时，引入了中国传统美学里的

---

① 胡经之：《文艺美学》，北京大学出版社，1989年版，第21页。
② 胡经之：《文艺美学》，北京大学出版社，1989年版，第22页。
③ 胡经之：《文艺美学》，北京大学出版社，1989年版，第22页。
④ 胡经之：《文艺美学》，北京大学出版社，1989年版，第30页。

"兴""神思""兴会"等概念。

也就是说，书中明确表明了唯物主义的立场，甚至认为审美主体、审美客体、审美活动都是客观的，但是，在论述作为审美活动核心的审美体验时，书中又回到了唯心主义立场，认为审美体验的过程是心理的过程，既有经验的存在也有感受的存在，是一个综合的心灵感悟过程。

全书唯物主义观点和唯心主义观点交杂，无法明确主观存在和客观存在，在一些重要概念上，观念与论述相矛盾，比如：明确以唯物主义立场认为审美活动、审美主体、审美客体都是客观存在的，又时时表现出唯心主义观点，认为审美主体、审美客体、审美活动存在着主观因素，认为作为审美活动核心的审美体验是纯主观的，客观存在的审美活动、审美主体、审美客体中又有主观存在的因素，到了无法自圆其说时，又将审美活动归结为审美关系，以关系之说来模糊论说的不严密性。

4.二元对立思维方式带来的绝对化

在一些观念上过于绝对，缺少相对性思考。比如：第一章第一节认为审美活动中审美客体、审美主体是必然存在的，且认为审美客体"充盈于人类生活的各个领域"，审美主体一定是社会的人，审美主体产生审美体验后，才会有审美活动，这里，对审美客体、审美主体范围的确定太过于绝对化。在这一节中，还将审美价值绝对化地分为肯定的审美价值和否定的审美价值，认为崇高、优美是肯定的审美价值，卑下、丑恶是否定的审美价值，大好河山是肯定的审美价值，劣山恶水是否定的审美价值。将审美价值进行肯定和否定的划分也是一种二元对立的思维模式。既然是审美价值，"价值"二字就肯定了其意义，以肯定、否定来对审美价值进行划分，缺乏说服力。

感性的实践生成与对象化历史

——李泽厚《美的历程》导读

吴寒柳[1]

北京时间2021年11月3日，[2]李泽厚先生在美国科罗拉多州的家中溘然长逝，享年91周岁。尽管先生晚年甚少与中国思想界、知识界来往，但先生的逝世依然引起了广泛的哀悼，特别是那一批成长于1980年代的人文学者，谁不曾受过先生思想的影响，谁不曾看过先生的《美的历程》？比这些学者稍微年轻一点的学者，接触美学、哲学，入门的书籍也是《美的历程》《美学四讲》《中国近代思想史论》《批判哲学的批判》等。

李泽厚的成名，可以追溯至1955年发表的《关于中国古代抒情诗中的人民性问题》，而他受到广泛的关注与认识，则要归功于1981年正式出版的《美的历程》。这本16万字的著作，一经出版，就轰动了整个思想界。在其出版之后的10年内就出现了多个版本，印了8次之多。迄今，这本书的印制发行更逾百万册，是新中国成立后所发行的学术书籍中当之无愧的畅销书。对待这本书，许多思想家、学者给出了很高的赞誉，比如冯友兰写信称赞："《美的历程》是一部大书（应该说是几部大书），是一部中国美学和美术史，一部中国

---

① 吴寒柳，东莞理工学院特聘副教授。

② 美国科罗拉多时间2021年11月2日7时。

文学史，一部中国哲学史，一部中国文化史。这些不同的部门，你讲通了。死的历史，你讲活了。"[1]骆玉明评价这本书"兼具历史意识、哲理深度、艺术敏感，还颇有美文气质"[2]，而李泽厚本人对这本书的评价却不如对自己的其他著作的评价，比如在《华夏美学》出版之时，李泽厚就曾表示《华夏美学》比《美的历程》更重要；[3]在与马群林的对谈中，李泽厚更是直接点明："我最满意的三本著作里，《美的历程》排不上。"[4]当然，学界、大众对《美的历程》的喜爱与李泽厚本人对《美的历程》在自身学术历程与成果中的重要程度的评价，并不矛盾。无论作者本人如何评价，《美的历程》在整个中国当代美学理论建构史上都产生了深远的影响，使后来者无法忽视它的思想光芒。如今，离这本书正式出版已有40余年，其间中国美学思想界可谓热点频出，却已不复当年盛景。随着时代发展，美学理论面临着新的发展境遇，美学史该如何续写下去？本文希望通过回顾中国当代美学思想史与学术研究史，对《美的历程》进行再解读，以期显明其在中国当代美学学术史中的价值与地位，揭示中国美学思想与学术的未来发展之路。

一、感性问题论争：两次"美学热"

美的现象是鲜活的，而美的理论是抽象的，甚至在某种程度上是艰涩的。对理论探讨的醉心与热忱，本是小部分人的事情。但从新中国成立到20世纪末，中国当代学界却涌现了两次"美学热"[5]。这两次"美学热"，无论是在

---

① 李中华编：《冯友兰学术文化随笔》，中国青年出版社，1996年版，第220页。

② 骆玉明编著：《近二十年文化热点人物述评》，复旦大学出版社，2000年版，第5页。

③ 易中天：《书生意气》，云南人民出版社，2001年版，第150页。

④ 马群林编著：《人生小纪：与李泽厚的虚拟对话》，南京大学出版社，2022年版，第511页。

⑤ 笔者拙见：尽管姚文放先生将"日常生活审美化"视作新中国以来的第三次"美学热"，但这一表现在生活日用中对生活审美化的追求，与前两次作为思想争鸣的美学热，性质不同，引起的效果不同，并不能看作一回事。姚文放先生的论述具体可见姚文放：《新中国的三次"美学热"》，《学习与探索》，2009年第6期。

参与人数的广度上，还是在话题探索的深度上，以及引起大众关注的热度上，都可以说是中国当代学术界中较为罕见的。正如赵士林先生所指出的那样："当代中国美学，大概是当代中国学术最热闹也最诱人的园地。五六十年代的大讨论，是一次真正的百家争鸣。中经十年断层，又迅速形成一种更广泛、更深入的'热门'局面，旧账未了，又启新端，派系之多，观点之繁，争论之烈，深浅之差，影响之大，都是极突出的。"①这五六十年间发生的两次围绕美学根本问题的交锋，既是马克思主义在美学理论领域中国化的过程，也是李泽厚声名鹊起、凸显自身思想价值、确立自身学术地位的过程。在这一历史发展进程中，《美的历程》承前启后，以其鲜活而又深刻的论述，彰显了被誉为"实践美学派"②的中国马克思主义美学道路的理论魅力与李泽厚本人的思想魅力。

第一次"美学热"始于朱光潜先生在《文艺报》1956年第12号发表的《我的文艺思想的反动性》。朱光潜在新中国成立前的文艺思想领域就有相当的影响，其《文艺心理学》《谈美》《论诗》等论著在1930年代就为知识青年们所熟悉。但朱光潜的思想深受克罗齐等人影响，在彼时的思想背景下显然是不合时宜的。朱光潜对此心知肚明，这篇自我反思的文章就是其主动与政治话语以及主流学术话语靠拢的尝试。据2012年2月1日《中华读书报》第5版的文章《记上个世纪五十年代的美学大讨论》考证，当时胡乔木、周扬、邓拓、邵荃麟等人分别给朱光潜打过招呼，不是要整人，而是要澄清思想，特别是要澄清资产阶级唯心思想。故而于1956年由《文艺报》牵头组织了这场对朱光潜文艺思想和美学思想的批判，编者还加了这样的按语："为了展开学术思想的自由讨论，我们将在本刊继续发表关于美学的文章。我们认为，只有充分的、自由的、认真的互相探讨和批判，真正科学的，根据马克思列宁主义原则的美

---

① 赵士林：《当代中国美学研究概述》，天津教育出版社，1988年版，前言第1页。

② 尽管李泽厚本人认为自己是"讲'实践'讲得很多，当然也讲'美学'，但从来没有把这两者合在一起叫'实践美学'。这是别人加在我的头上的"。但在2004年"实践美学的反思与展望"研讨会上，李泽厚也表明："在这个会议上，我愿第一次表示接受这个词。"见李泽厚著，马群林编：《从美感两重性到情本体—李泽厚美学文录》，山东文艺出版社，2020年版，第58页。

学才能逐步地建设起来。"①由此可见，当时的文艺批评领域、美学理论领域是急需一场马克思主义革命的。在这样的背景之下，贺麟、黄药眠、蔡仪、李泽厚等人展开了对朱光潜文艺思想的批评，以及思想之间的交锋，开启了著名的"五六十年代美学大讨论"。讨论的核心主要围绕"美是什么""美感是什么"这样的问题展开。

"美是什么""美感是什么"是美学学科的核心理论问题，美学史上对这个问题的思考分为三条路径：一是给美下定义。下定义的实质就是对美的本质进行追问，这是西方美学从古希腊开始就在探索的一条道路，即形而上学本体论的道路。纵观这条道路会发现，与其说这条道路是在追问"美是什么"，还不如说这条道路是在追问宇宙、世界的本体是什么。恰如我们经常说柏拉图认为"美在理念"或者说中世纪的美学观念主要是"美在太一"，我们实际上会发现美的本质问题对于宇宙、世界本体问题的依附。美无非是宇宙、世界本体的一种体现、表现、状态而已。二是问美的判断，美是存在于物质之上、精神之内还是物质与精神的关系之上，这是符合美学学科诞生的时代对认识论予以高度关注的时代思想主题的。"主观"与"客观"以及"唯心"与"唯物"都是此种路径上被广泛使用的语词。三是追问美的来源，美到底是如何发生的。这条道路与第一条道路相区别的是，追问美的来源，并不是试图用一个本体论的概念去定义美，而是试图描述美如何在世界之中生成、发生。这三条思考路径尽管都在回答"美是什么"这个基础的、核心的问题，且在某种程度上交互交织、互相影响，但这三条路径在思考的道路上却大相径庭。

第一次"美学热"的论争，实际上走的是第二条道路，即对美感（感性认识/感性判断）的追问，主要表现为"美到底是主观的，还是客观的"这样的讨论主题。这个论题的出现有十分强烈的政治需求。1942年5月，毛泽东同志在延安文艺座谈会上发表讲话，指出"任何阶级社会中的任何阶级，总是以政治标准放在第一位，以艺术标准放在第二位的"。这里的政治标准就是辩证唯

---

① 张荣生：《记上个世纪五十年代的美学大讨论》，《中华读书报》，2012年2月1日第5版。

物主义。而彼时中国的知识青年深受朱光潜文艺思想影响，所持文艺评判标准与政治标准相去甚远，无法合一。就如同1949年10月25日的《文艺报》第1卷第3期刊发的一份署名为丁进的读者来信自述的那样，文艺批评的两个标准让人困惑，从文艺心理的视角而言，辩证唯物主义似乎无法发挥作用。这封读者来信暴露出了马克思主义理论在当时的中国还未在文艺批评领域发挥解释力的问题。故而，新中国成立后的第一次"美学热"是马克思主义理论在文艺领域的解释力问题的论证过程。

任何一个理论的解释力的发挥，都需要透过破与立的方式来实现。贺麟等人的批评，主要在于破除陈旧思想，为马克思主义理论在美学领域中的解释清除思想认识障碍。比如贺麟在《人民日报》发表的《朱光潜文艺思想的哲学根源》，就主要针对的是"朱光潜用欣赏赞许的态度所介绍的那些论点，亦即朱光潜自己承认他'跟着克罗齐走'的那些部分"①。在文章中，贺麟批驳了朱光潜在文章中介绍的克罗齐的直觉论观点，指出克罗齐的直觉说剔除掉了审美与认知、道德的联系，仅仅将审美看作是直觉，艺术则不得已变为表现，是典型的主观唯心主义。比起对克罗齐和朱光潜思想的批判，更为重要的是，贺麟在文章中指出了任何一个美学理论都必须面对的共同美感问题。正如文章中指出的那样："当然康德在主观性里面去寻找普遍性还是走的主观唯心论路向——不过他究竟还想找一个共同的审美的基础，想求得普遍与个别的结合。……克罗齐、朱光潜异于康德，特别强调审美的主体之主观性、相对性，没有共同普遍的基础。"②紧接着黄药眠在《文艺报》1956年第14、15号发表了《论食利者的美学》，指出"作者脑子里的形象的涌现，骤看起来好像是一刹那间的直觉，但实际上它乃是在长期的生活中积累起来的结果"③，以此来批驳朱光潜所持的直觉说。其后，《人民日报》在同年12月1日发表了蔡仪的题为《评〈论食利者的美学〉》的文章，批评黄药眠犯了与朱光潜一样的错

---

① 贺麟：《哲学与哲学史论文集》，商务印书馆，1990年版，第483页。

② 贺麟：《哲学与哲学史论文集》，商务印书馆，1990年版，第498页。

③ 黄药眠：《论食利者的美学—朱光潜美学思想批判》，《北京师范大学学报》（社会科学版），1956年第1期。

误，并提出了"美是客观的"这一代表性论断。在回应吕荧的批评时，蔡仪指出："美的事物是个别性显著地表现着一般性、必然性，具体现象显著地表现着它的本质、规律的典型事物；美的本质就是事物的典型性，就是事物个别性显著地表现着它的本质、规律或一般性。"①针对朱光潜与蔡仪的观点，李泽厚在《哲学研究》（1956年第5期）上发表了《论美感、美和艺术》（研究提纲），副题是《兼论朱光潜的唯心主义美学思想》，第一次用马克思《1844年经济学哲学手稿》（以下简称为《手稿》）的观点来阐释美学核心问题。李泽厚的这篇文章在对美学核心问题的诠释方面有诸多创新：

其一，指出了美感的矛盾二重性，即"美感的个人心理的主观直觉性质和社会生活的客观功利性质，即主观直觉性和客观功利性"②。就美与美感这两个不同的问题来说，李泽厚是更为关注美感问题的。与其他文章对朱光潜的直觉说的全盘否定不同，李泽厚肯定了直觉在事实上的存在："美感的确经常是在这样一种直觉的形式中呈现出来，在这美感直觉中的确也常常并没有什么实用的、功利的、道德的种种个人的自觉的逻辑思考在内"③，但这种来自康德学说的直觉观念，本身也是带有人们对外在事物的认识，而不是像克罗齐、朱光潜认为的那样是有限的个别的形象。同时，李泽厚也指出，如同黄药眠曾谈到的，"人类独有的审美感是长期社会生活的历史产物"④，且美感直观与一般的直觉也存在差异，美感直观"具有着更高级的社会生活和文化教养的内容和性质"⑤。与大多数批评文章不同的是，李泽厚强调了美感的直觉性质是"不同于科学和逻辑的独具的特征"，"没有这一性质，就不成其为美感，就

① 文艺报编辑部编：《美学问题讨论集》（第3集），作家出版社，1959年版，第108页。

② 李泽厚：《论美感、美和艺术（研究提纲）——兼论朱光潜的唯心主义美学思想》，《哲学研究》，1956年第5期。

③ 李泽厚：《论美感、美和艺术（研究提纲）——兼论朱光潜的唯心主义美学思想》，《哲学研究》，1956年第5期。

④ 李泽厚：《论美感、美和艺术（研究提纲）——兼论朱光潜的唯心主义美学思想》，《哲学研究》，1956年第5期。

⑤ 李泽厚：《论美感、美和艺术（研究提纲）——兼论朱光潜的唯心主义美学思想》，《哲学研究》，1956年第5期。

会与其他的认识方式完全等同起来"①，不能因为直觉论容易被诟病为主观唯心主义，就否认美感的直觉性。值得注意的是，李泽厚也强调了美感的普遍性的基础在于"美的存在本身具有必然性和普遍性"②，这实际上是尝试去回答共同美感的存在，并且进一步厘清了美与美感的关系问题。

其二，确定了美的客观性，这种客观性不表现为蔡仪所坚持的机械唯物主义，不能将美的客观性等同于外在客观自然物的自然属性或自然规律等。李泽厚从马克思《手稿》中"人的本质力量对象化"的观念出发，指出美的客观性是客观存在着的美的社会性。人类社会的客观存在是美的社会性的基础，也是美感的社会性的来源。"美不是物的自然属性，而是物的社会属性。美是社会生活中不依有于人的主观意识的客观现实的存在。自然美只是这种存在的特殊形式。"③这里面的逻辑线条是较为清晰的：与其从对物的自然属性的感知方面去争论美是主观还是客观抑或主客观的统一，不如重新厘清物的存在的本质内涵。从"自然的人化"的视角来说，物的社会属性才是人类社会中的物的根本特性。这就超越了简单的唯物与唯心的二分，且与朱光潜所持移情所致的自然的人化的观念区分开来。在当时已有相当突出的创新性。

其三，明确了艺术与美学理论的关系。李泽厚指出艺术是美学理论的研究对象和主要目的。艺术美反映现实美，且"现实美在艺术中就这样达到了它的最大的生活的真实"④。美学理论的建构不能忽视对艺术现象的解释，特别是艺术批评本身就是以美学理论为准则。如同美是社会性和客观性的统一体一样，艺术也是如此。故而对艺术的批评当然也应是政治标准（社会性的表现）

---

① 李泽厚：《论美感、美和艺术（研究提纲）——兼论朱光潜的唯心主义美学思想》，《哲学研究》，1956年第5期。

② 李泽厚：《论美感、美和艺术（研究提纲）——兼论朱光潜的唯心主义美学思想》，《哲学研究》，1956年第5期。

③ 李泽厚：《论美感、美和艺术（研究提纲）——兼论朱光潜的唯心主义美学思想》，《哲学研究》，1956年第5期。

④ 李泽厚：《论美感、美和艺术（研究提纲）——兼论朱光潜的唯心主义美学思想》，《哲学研究》，1956年第5期。

与艺术标准（客观性的表现）的统一①。这无疑也回应了前文提到的读者对两种标准孰优孰劣、如何取舍的困惑，同时也是对美的理论思考的进一步深化与具体化。

李泽厚的这篇文章发表后，很快引起了很大的反响，当然也遭到了许多人的批评。②但李泽厚对《手稿》的解释与在美学领域的运用，却给思想界留下了很深的印象，并成为独树一帜的一派。当第一次大讨论结束时，甘霖在《美学问题讨论概述》中对1956年开始的美学大讨论进行了概括与总结，将参与论争的理论家们分为四派③，即高尔泰、吕荧的主观派（"美是社会意识"），蔡仪的客观派（"美是客观存在"）、朱光潜的主客观统一派和李泽厚的客观性与社会性统一派，该分类受到了大多数人的认可。这四派都自称是马克思主义的美学学说，且观点都出自对马克思的经典文本的阐释。但李泽厚对马克思的阐释，是在试图实现对简单的对立（主观/客观）与粗糙的融合的（主客观统一）的超越，同时试图从主体性以及认识论的视角去阐释美与美感。正如其在《美的客观性和社会性——评朱光潜、蔡仪的美学观》中指出的："应该看到，美，与善一样，都只是人类社会的产物，它们都只对于人、对于人类社会才有意义。在人类以前，宇宙太空无所谓美丑，就正如当时无所谓善恶一样。

---

① 这一观点具有较强的时代性，在当时的语境之下，是完全可以理解的。

② 童庆炳说："他的理论不但遭到朱、蔡的批驳，而且也遭到如何其芳等的质疑。"见童庆炳：《中国20世纪50年代美学大讨论的第一学派——为纪念黄药眠先生诞辰110周年而作》，《北京师范大学学报》（社会科学版），2013年第6期。

③ 在此说法之前，李泽厚在《关于当前美学问题的争论——试再论美的客观性和社会性》一文中盘点大讨论中的各人各派，其中将高尔泰、蔡仪、朱光潜的观点看作大讨论中的三种代表性观点。同时也指出"黄药眠文只是对美感作了一些极零碎的日常经验式的叙述，而并没有什么真正科学或理论上的系统论证"。（具体可见李泽厚：《关于当前美学问题的争论——试再论美的客观性和社会性》，《学术月刊》，1957年第10期）但后来李泽厚回忆，第一次美学大讨论是"一来就有四篇文章（朱、黄、蔡、李），但因为黄药眠的文章没有提出什么理论，于是就变成朱光潜、蔡仪和我三家之争"（见马群林编著：《人生小纪：与李泽厚的虚拟对话》，南京大学出版社，2022年版，第76页）。"因为所谓'四派'，就是把吕荧、高尔泰也算作一派，但实际上，他们的理论从系统和思辨的广度与深度上，都难以构成一派，而且引述他们理论观念的人也不多，朱光潜、蔡仪倒各是一派。蔡仪有自己的体系，尽管你可以不相信他，但他有自己的一套，而且有他的学生坚决追随他。所以还是朱光潜的'三派'说比较准确。"（见马群林编著：《人生小纪：与李泽厚的虚拟对话》，南京大学出版社，2022年版，第88页）

美是人类的社会生活，美是现实生活中那些包含社会发展本质、规律和理想而用感官可以直接感知的具体的社会形象和自然形象。"①

总体而言，第一次"美学热"还是在批判唯心主义的政治需求之下展开的，同时囿于理论视野的界限，论争也基本上都是在认识论的视角下展开，但这一次美学大讨论也有不可忽略的重要价值，即创造了一种新的理论话语，按照李泽厚本人的说法就是"真正从旧的话语体系里走脱出来的一种新的话语"②。这一理论话语在第二次"美学热"中以《美的历程》的创作为先声，径直开创了一个属于实践美学体系的时代。

回溯历史，从理论观念的延展性看来，第二次"美学热"可以说是第一次"美学热"的星火燎原。之所以如此，一方面，"文革"之后整个社会洋溢着一种渴求自由言说，去言明人的价值与生存意义的氛围；另一方面，当回顾新中国成立以来在思想理论方面取得的成就，第一次美学大讨论可以说是在当时的氛围中唯一一个没有完全被政治话语取代的思想讨论，甚至在某种程度上还促进了思想界对马克思文本的理解，马克思的观点在大众层面的传播是当时硕果仅存的人文思想结晶。与此同时，美学提出以及孜孜以求去探讨的"美""自由"等语词对当时具有理想主义追求与信仰的知识分子而言，可以说是动魄惊心，具有天然的魅惑力。这一方面来自"文革"唤起人们的理想主义倾向以及对崇高向往的激情，同时也来自这一批知识分子的个人经历。就像尤西林在回顾文章中指出的："20世纪五六十年代的革命氛围使理想主义深入骨髓。六六届高中毕业时即志愿放弃高考，申请赴陕南黎坪务农，1968年赴秦岭山区插队，三次放弃招工与上学，以俄国民粹主义与青年毛泽东为榜样，沉浸于劳苦磨炼与社会底层贫苦农民交往。插队时开始组织理论小组研读马克思主义与社会科学。上述经历是'老三届'一代人普遍性的。我们大多是恢复高考后的七七、七八届学生，带着对国情民意的了解及体验感情，大多选择了人文社会科学。我们希望以学术更深刻地把握包括自己经历在内的国家与民族的

① 文艺报编辑部编：《美学问题讨论集》（第2集），作家出版社，1957年版，第40页。

② 马群林编著：《人生小纪：与李泽厚的虚拟对话》，南京大学出版社，2022年版，第85页。

道路，因此，学术对我们既不是无奈的生存工具，也不是概念游戏。……我们同时以超越世俗（庸俗）价值的高尚意义境界为生活目标。这一境界在我进入学术后指认为'美'。"①美学核心问题中隐含着的对现实的超越性与对自由等现代性价值的引导性，对"文革"之后成长起来的知识分子无疑具有一种强烈的吸引力，从而使得整个思想界爆发出一种学美学求自由的集体性的理想狂热。第二次"美学热"就在这样的背景下，以深度阐释马克思文本、译介外国经典美学著作，以及编写本土美学教材等多重形态全面展开了。

如果说第一次"美学热"是李泽厚的思想被看到、被承认的阶段，那么在第二次"美学热"发生时，李泽厚已然成为知识青年的思想导师。其中有两部起着关键作用的作品。其一是《批判哲学的批判》。这本书是李泽厚在"文革"下放期间写就，主要介绍康德的主体性哲学思想。对彼时的美学思想界来说，康德的思想还是以一种被扭曲了的唯心主义思想的形象出现，且其美学思想在其整个哲学体系中的地位并不突出，被排斥在建构中国美学理论的思想资源之外。以对康德思想的推介为契机，李泽厚可以说是更为完善地、更为清晰地将自己的实践美学理论放置在了美学的学术传统之下。同时，李泽厚在这本书中，也以一种激情擘画出了自由的理想蓝图，并做出美的世界的允诺："人类由必然王国迈进到自由王国，即美的世界。……美本来就是在人类漫长的历史实践中才产生的。整个人类史告诉我们，尽管将经过艰辛、痛苦而长远的奋斗历程，美的世界毕竟是可能争取得到的。"②结合当时的政治语境，这无疑是用美的叙事替代革命的叙事，并为无处安放的崇高理想和躁动不安的自由心灵寻找到了一处安身之所。

其二就是《美的历程》。据李泽厚本人回忆，《美的历程》出版的起因是要与刘纲纪先生一起主编《中国美学史》，因此是通过整理过去的札记形

① 转引自尤西林：《"美学热"与后"文革"意识形态重建——中国当代思想史的一页》，《陕西师范大学学报》（哲学社会科学版），2006年第1期。

② 李泽厚：《批判哲学的批判：康德述评》，生活·读书·新知三联书店，2007年版，第443页。

成的。①其中许多文章都经过了较长时间的思考，不同文章写就的时间也有一定的跨度。在谈及为什么要写《美的历程》这本书的动机时，李泽厚回答道："我主要的兴趣在哲学，我认为哲学离不开'人'，离不开'人'的命运，也离不开'历史'。经过'文革'，我更不满足于当时大陆'僵化'及'割裂'的美学和文学史、美术史，《美的历程》就是在这样的心情下动笔了。"②这个自述可以说非常贴合李泽厚本人一贯的美学思想。从五六十年代到七八十年代，对人的主体性地位的关注与强调，在李泽厚的思想中有一个由隐到显、由单一到系统的发展过程。比如，在第一次美学讨论中出现的"人化自然"概念，凸显了人的实践对世界的改造，而到七八十年代，则重点突出了与外在自然的人化一同发生的内在自然的人化。也就是说，不再仅仅从说明物的社会性的视角出发去谈美学问题，而尝试去突出人的存在及其历史，特别是突出外在自然的亲人化与人的生理性感官与情感的社会化都是长久的社会实践生活的历史产物。

如果说《批判哲学的批判》还在尝试从理性、感性、人的目的之间的关系做一番哲学美学的探讨，那么《美的历程》则彻底践行了李泽厚在后来的《华夏美学》中总结的"回到人本身""回到人的个体、感性和偶然"的价值取向，因为只有这样才能回到现实生活，不再受任何形上观念的控制支配。③同时，通过对这种个体感性的历史性回溯，揭示出感性之所以能够发生的缘起，并呈现出了这种感性发生的历史过程。由此，《美的历程》才呈现出那样一种自由、灵动同时又深邃的特质，为无数读者所追捧，进而掀起了第二次"美学热"的高潮。

回顾历史，《美的历程》的出版及受到热捧是第二次"美学热"的标志性事件。当人们开始重新认识感性，接受感性的价值，就不再满足于把美学问题

①　马群林编著：《人生小纪：与李泽厚的虚拟对话》，南京大学出版社，2022年版，第200页。

②　马群林编著：《人生小纪：与李泽厚的虚拟对话》，南京大学出版社，2022年版，第206页。

③　李泽厚：《华夏美学·美学四讲》，生活·读书·新知三联书店，2008年版，第407页。

的论争作为自己发声的管道，而在更为宽松的社会环境之下，转向了现代艺术的创作或者是文化研究，"美学热"被"文化热"所取代。在出版了《华夏美学》（1988年）、《美学四讲》（1989年）后，李泽厚也感觉到在美学方面已再无专门去说的必要，进而转向了思想史的研究与写作。如今再看，《美的历程》前承"美感二重性"的提出，后启"以度立美"[①]的主体性思想，成为李泽厚美学思想发展历程中的重要站点，以非凡的气度谱写了感性生成的历史，向读者展开了形式与趣味不断生成的历史画卷。

二、感性生成线索：积淀、形式与趣味

（一）感性的类属化："文化—心理积淀"

感性的缘起问题，是美学理论问题中的重中之重。一直以来，西方美学学科确立的传统，是对感性进行认识论式的探究。从鲍姆嘉通创立美学到美学学科的范式在康德那里的完全确立，遵循的就是这一研究路径。最初，鲍姆嘉通提出了这样一个学科设想：美学研究的目的是实现"感性认识本身的完善"，这种感性认识的完善本身也是一种美，因此，"感性认识的不完善就是丑"[②]。这种对感性认识完善性的追求的背后，是其对认识的认识："每一种认识的完善都产生于认识的丰富、伟大、真实、清晰和确定，产生于认识的生动和灵活。只要这些特征在表象中，以及在自身中达到和谐一致，例如，丰富与伟大同清晰相一致，真实与清晰同确定相一致，其余的部分与生动相一致，上面的论断就适用。"[③]这里的"和谐一致"的提法实在是一种创举。因为鲍姆嘉通的前人沃尔夫还在将美看作对完善之本体的感知：世界之所以完善，是

---

① "以度立美"的思想出自《历史本体论》："掌握分寸、恰到好处，出现了'度'，即是'立美'。美立在人的行动中，物质活动、生活行为中，所以这主体性不是主观性。"（李泽厚：《历史本体论》，生活·读书·新知三联书店，2002年版，第4页）

② 鲍姆嘉通：《美学》，简明、王旭晓译，文化艺术出版社，1987年版，第18页。

③ 鲍姆嘉通：《美学》，简明、王旭晓译，文化艺术出版社，1987年版，第20页。

因为上帝为其设置了目的。尽管人能感觉到愉快，但这种愉快的根源不是来自人自身，而是来自对象征着完善的上帝意志的感知。无论是外物还是心灵，无一不是上帝意志的表征。在这种观念之下，感性的价值无疑是低下的，是第二位的。而鲍姆嘉通却在此关键处转换视角，将完善性赋予人的感性状态。感性认识不再是一种纯然的对客观属性的机械反应，而是一种主观的心理状态。这无疑使人的进一步启蒙、自身为自身设定目的、凸显出人的主体性成为可能。尽管鲍姆嘉通没有机会就此观点进行更为透彻的阐释与体系建构，但这种观点启发了康德的判断力思想。这种具有突破性的观点，受到伽达默尔如此评价："正如我们所看到的，这里已经涉及到了康德以后称之为'反思判断力'并理解为按照真实的和形式的合目的性的判断的东西。这里并不存在任何概念，而是单个事物被'内在的'（immanent）判断。"[1]当然，康德并不完全赞同鲍姆嘉通的感性观念，比如，他认为审美不应该是经验性的，所以在《纯粹理性批判》中如此评价："唯有德国人目前在用'Ästhetik'这个词来标志别人叫作鉴赏力批判的东西。这种情况在这里是基于优秀的分析家鲍姆加通所抱有的一种不恰当的愿望，即把美的批评性评判纳入到理性原则之下来，并把这种评判的规则上升为科学。然而这种努力是白费力气。因为所想到的规则或标准按其最高贵的来源都只是经验性的，因此它们永远也不能用作我们的鉴赏判断所必须遵循的确定的先天法则。"[2]在这里我们可以看到康德与鲍姆嘉通所走的两条不同的道路。鲍姆嘉通是从经验出发，天才性地注意到了感性认识的完善与表象的完善的对应关系。而康德则要寻找能使审美判断得以可能发生的先天形式因素。这些先天形式因素，是审美共通感得以可能的关键因素。"人同此心，心同此理"，先验人类学的理论根基才得以夯实。

　　之所以要回溯从鲍姆嘉通到康德的这条感性概念生成之路，是因为李泽厚的实践美学思想的起点也是感性的生成。同时，这一思想起点与康德、马克思的关系密切。与马克思的关系，是从第一次"美学热"以来一以贯之的。与

---

[1]　伽达默尔：《诠释学I：真理与方法——哲学诠释学的基本特征》，洪汉鼎译，商务印书馆，2007年版，第50页。

[2]　康德：《纯粹理性批判》，邓晓芒译，人民出版社，2017年版，第22页。

康德的关系，则受人瞩目。有人借此批判李泽厚为主观唯心主义。数十年后，高建平先生中肯地指出："李泽厚的美学，以用马克思的思想修正康德的姿态出现，实际上却完成着一个用康德修正当时流行的马克思主义的任务。"[①]这里有两个值得注意的地方：一是"用马克思思想修正康德"，点明了李泽厚以《手稿》中特有的"人类如何可能"的问题视域实现了对康德"人的认识如何可能"的视域的超越。这使得不能将李泽厚的美学观念简单地看作受康德美学思想影响的美学。一是"用康德修正当时流行的马克思主义"，所谓"当时流行的马克思主义"即苏联化了的马克思主义，一种机械的唯物主义和僵化的反映论。而用"康德修正"则是按照哲学思想发展的脉络，重新阐发马克思的哲学观念，按照美学学科发展的历史脉络，去阐释马克思主义美学思想。正如李泽厚说得那样，"当看到马克思主义已被糟蹋得真可说是不像样子的时候，我希望把康德哲学的研究与马克思主义的研究联系起来。一方面，马克思主义哲学本来就是从康德、黑格尔那里变革来的；而康德哲学对当代科学和文化领域又始终有重要影响"[②]。故而，与其说李泽厚的美学思想是马克思的康德化，毋宁说是马克思主义思想的哲学化、美学化，即马克思主义思想对哲学传统、美学传统的回归。这种传统，在李泽厚看来，并不是从康德到黑格尔再到马克思的那一在当时看起来顺理成章的学术传统，而是从康德到席勒再到马克思的传统。这种传统并不纯然是按照时间发展的顺序，而是感性生成的线索："贯串这条线索的是对感性的重视，不脱离感性的性能特征的塑形、陶铸和改造来谈感性与理性的统一。不脱离感性，也就是不脱离现实生活和历史具体的个体。当然，在康德那里，这个感性只是抽象的心理；在席勒，也只是抽象的人，但他提出了人与自然、感性与理性在感性基础上相统一的问题，把审美教育看作由自然的人上升到自由的人的途径。这仍然是唯心主义的乌托邦，因为席勒缺乏真正历史的观点。马克思从劳动、实践、社会生产出发，来谈人的解

---

① 高建平：《中国美学三十年》，《四川师范大学学报》（社会科学版），2007年第5期。

② 李泽厚：《批判哲学的批判：康德述评》，生活·读书·新知三联书店，2007年版，第448页。

放和自由的人，把教育学建筑在这样一个历史唯物主义的基础之上。这才在根本上指出了解决问题的方向。所以马克思主义的美学不把意识或艺术作为出发点，而从社会实践和'自然的人化'这个哲学问题出发。"①李泽厚在《批判哲学的批判》中的这段话，将《手稿》中的两个重要问题揭示了出来。

尽管在我们现在看来，《手稿》是马克思重要的美学文本，但在很长一段时间内，《手稿》仅仅被看作探讨"国民经济学""异化劳动""共产主义"以及"对黑格尔的辩证法和整个哲学的批判"的文本。这种观念的转变，离不开李泽厚对《手稿》的阐释。这种阐释从《论美感、美和艺术》（研究提纲）开始，经由《批判哲学的批判》，再通过《美的历程》，最终达到深入人心的效果。李泽厚阐释的核心，集中在对"人类如何可能"这一问题进行解答，主要可以分为两个层次：

第一个层次，是从人与动物的区别出发。这是由费尔巴哈—马克思的类本质观念而来。《手稿》指出："通过实践创造对象世界，改造无机界，人证明自己是有意识的类存在物，就是说是这样一种存在物，它把类看做自己的本质，或者说把自身看做类存在物。"②类的思想，是《手稿》论述人的本质的前提。马克思将实践看作人与动物的区别。这种实践首先是一种感性的功利的实践，源起于制造与使用工具。人为了活下去，而不得不去改造外在于自己的自然。这种通过制造与使用工具而发生的对自然的改造，其结果就是"自然的人化"。

"自然的人化"被李泽厚带入美学成为一个重要的美学问题。而在彼时中国美学的视域中，很容易将"自然的人化"误解为对自然的艺术性创造或在审美中对自然欣赏的拟人化处理。对此，李泽厚指出："我曾多次强调，马克思讲'自然的人化'并不是如许多美学文章所误认为的那样是讲意识或艺术创造或欣赏，而是讲劳动、物质生产即人类的基本社会实践。……人类通过工业

---

① 李泽厚：《批判哲学的批判：康德述评》，生活·读书·新知三联书店，2007年版，第435页。

② 马克思、恩格斯：《马克思恩格斯文集》（第1卷），人民出版社，2009年版，第162页。

和科学，认识了和改造了自然，自然与人历史具体地通过社会的能动实践活动，由对立而统一起来。不是由自然到人的机械的进化论，不是由自然到道德的神秘的目的论，而是唯物主义的思维与存在同一性即人能动地改造自然的实践论，才是问题的正确回答。"[①] 即不能将"自然的人化"看作人改造自然的结果，而是在人的生成视角下，自然与人的同时生成。自然与人在实践的语境中，一方面是人的实践结果，另一方面则是人的生成的对象化表现。"自然的人化"是人特有的对象化产物，人的实践不仅使自然变得可亲，同时也使人原本具有的自然的肉体也人化了，即肉体的身体化。这无疑为感性的生成提供了生理的保障，同时也隐含了一个共同美感之所以可能的理论前提与基础。故而，在此意义上，人与动物相区分，不仅具有人类学意义，而且具有美学理论上的意义。

第二个层次，是从（文化的、社会的）人与（生物的、个体的）人的区别出发。这一个层次是蕴含在第一个层次中的。如果说实践使人与动物相区分，那么实践的对象化成果，则使以实践为类属根基的人与理论概念上的人区分开来。人类整体的实践对象使人类成其为人类。这一观点，并不是先天目的论的，而是历史目的论的。如果没有人的社会实践的历史积淀，人类文明就不可能产生。就此，李泽厚指出："人在为自然生存的目的而奋斗的世代的社会实践中，创造了比这有限目的远为重要的人类文明。人使用工具创造工具本是为了维持其服从于自然规律的族类生存，却由于'目的通过手段与客观性相结合'，便留存下了超越这种有限生存和目的的永远不会磨灭的历史成果。这种成果的外在物质方面，就是由不同社会生产方式所展现出来的从原始人类的石头工具到现代的大工业的科技文明。这即是工艺—社会的结构方面。这种成果的内在心理方面，就是内化、凝聚和积淀为智力、意志和审美的形式结构。这即是文化—心理的结构方面。在不同时代社会中所展现出来的科学和艺术便是它们的物态化形态。个人的生命和人维持其生存的目的是有限的，服

---

① 李泽厚：《批判哲学的批判：康德述评》，生活·读书·新知三联书店，2007年版，第435—436页。

从于自然界的，人类历史和社会实践及其成果却超越自然，万古长存。"①自此，在这第二个层次的意义上，李泽厚才回答了"人类何以可能"的问题。在此基础上，美的本质就呼之欲出了——"美的本质标志着人类实践对世界的生产"②，同时共同美感之可能的理论基础也得以夯实。

从这两个层次思想内涵的递进与深化，我们可以看到李泽厚对感性缘起问题的回答，即"理性的积淀为感性的"。这一论断，乍看容易理解为还是回到了西方近代认识论的老路，或者被误解为是用理性主宰感性，用社会压制个性。但这实际上是对李泽厚实践美学思想中理性与感性之间关系的误解。这里的感性明显也被区分成了两种，一种是生物性的、个体性的感性实践活动，一种是融聚了人类发展的目的（理性）的感性。显然这里的"理性的积淀为感性的"应作后一维度的理解：

"不是神，不是上帝和宗教，而是实践的人，集体的社会的亿万群众的实践历史，使自然成为人的自然。不仅外在的自然界服务于人的世界，而且作为肉体存在的人本身的自然（从五官感觉到各种需要），也超出动物性的本能而具有了人（即社会）的性质。这意味着，人在自然存在的基础上，产生了一系列的超生物性的素质。审美就是这种超生物的需要和享受（康德称之为'判断力'），这正如在认识领域内产生了超生物的肢体（不断发展的工具）和语言、思维即认识能力（康德称之为'知性'），伦理领域内产生了超生物的道德（康德称之为'理性'）一样。这都是人所独有，区别于动物的社会产物和社会特征。人性也就正是这种生物性与超生物性的统一。不同的只是，认识领域和伦理领域的超生物性质经常表现为感性中的理性，而在审美领域，则表现为积淀的感性。在认识领域和智力结构中，超生物性表现为感性活动和社会制约内化为理性；在伦理和意志领域，超生物性表现为理性的凝聚和对感性的强制，实际都表现超生物性对感性的优势。在审美中则不然，这里超生物性已完

---

① 李泽厚：《批判哲学的批判：康德述评》，生活·读书·新知三联书店，2007年版，第433页。

② 李泽厚：《批判哲学的批判：康德述评》，生活·读书·新知三联书店，2007年版，第439页。

全溶解在感性中。它的范围极为广大，在日常生活的感性经验中都可以存在，它的实质是一种愉快的自由感。所以，吃饭不只是充饥，而成为美食；两性不只是交配，而成为爱情；从旅行游历的需要到各种艺术的需要；感性之中渗透了理性，个性之中具有了历史，自然之中充满了社会；在感性而不只是感性，在形式（自然）而不只是形式（自然），这就是自然的人化作为美的基础的深刻含义，即总体、社会、理性最终落实在个体、自然和感性之上。"①

这一思想中最为精彩的是"积淀"一词，这个词可以说是李泽厚的独创，曾在《美的历程》的插页中出现："时代精神的火花在这里凝冻、积淀下来，传留和感染着人们的思想、情感、观念、意绪，经常使人一唱三叹，流连不已。"②这无疑是在向读者昭示这一本美的巡礼的理论前提。"积淀"一词的创造，可追溯至1960年代。据李泽厚与马群林的对谈所言，李泽厚曾与好友赵宋光就使用"淀积"还是"积淀"一词展开了讨论，并未达成一致意见。李泽厚认为"积淀"是"先积累然后沉淀下来"，突出的是"历史的积累性，这是一个动态的过程，主要讲的是活动，不是实体，是function，即功能性的东西"，而"淀积"是在讲述"'积淀'心理的成长"。③

就此，我们可以进行总结：李泽厚是在历史人类学本体论的视域下，从发生论的视角对感性进行探究，而非从认识论的视角切入。审美感性的发生根源在于人类的实践活动，而非单一个体的生物性的行为。这个发生的过程是一个历史积淀的过程，这一历史积淀的成果于内是文化—心理的结构（先有人类文化，后有个体心理），于外是工艺—社会的结构（先有实践经验，后有人类文明）。故而，在认知领域，感性内化为理性；在意志领域，理性规训着感性；在审美领域，理性积淀为感性。从而，个人的审美感性实则内蕴着实践、社会、历史的表达。

① 李泽厚：《批判哲学的批判：康德述评》，生活·读书·新知三联书店，2007年版，第434—435页。

② 李泽厚：《美的历程》，生活·读书·新知三联书店，2009年版，插页。

③ 马群林编著：《人生小纪：与李泽厚的虚拟对话》，南京大学出版社，2022年版，第110页。

（二）感性的对象化："有意味的形式"

如果说感性是人类历史理性的积淀，那么艺术就是这种积淀的对象化成果。在此意义上，艺术的形式就是这种积淀的对象化成果的外在表现。这就是李泽厚在《美的历程》中所指的"有意味的形式"的重要内涵。《美的历程》以《龙飞凤舞》开篇，从远古图腾对人类文化心理的塑造，再到原始歌舞这一最原初的艺术表达形式，最后引出"有意味的形式"这一问题，其中的线索非常清晰，也与一般的对艺术形式的考察思路不同。

形式是美学中的重要概念，形式也经常因与不同的语词搭配使用，而指向不同的意思。比如"形式与内容"这对关系中的形式，往往指的是事物的外观；"形式与质料"这对关系中的形式，往往指的是事物的轮廓。塔塔尔凯维奇在《西方六大美学观念史》中对"形式"一词进行美学史考察，对形式进行了分类。形式（forma）综合了两个最古老的概念——"可见的形式""用于概念的形式"——后发展出了五种重大的含义：一是各个部分的安排，与元素相对；二是呈现在感官之前的事物，与内容相对；三是对象的界限与轮廓，与质料相对；四是某一对象之概念性的本质，与对象的偶然性特征相对；五是来自康德的知觉形式，与杂多的感觉相对。[①]塔塔尔凯维奇归纳的这五种形式概念，每一个都有其指向的审美内涵与价值。

就第一种而言，各部分的安排所形成的形式，这种观念从古希腊就有相应的表达，这更多地来自一种对数理关系、比例关系的认知。有条理的、有比例的呈现出来的事物被看作美的，不仅具体的事物如此，宏大的宇宙也是如此。这种看法的背后，有一个用理性去抽象把握世界的愿望。比例关系的背后是数理关系，数理关系实则意味着对抽象规律的把握。这种形式观源远流长，一直发展到中世纪、近代都依然有其拥趸。人的理性直观把握到事物在外观上的和谐表现，是事物发展的完善的象征，于是这种形式被称为美。

第二种形式观，将事物的外观看作形式，且这种形式更多的是一种"事物

---

① 瓦迪斯瓦夫·塔塔尔凯维奇：《西方六大美学观念史》，刘文潭译，上海译文出版社，2006年版，第226—228页。

外在的表象或美"①，这种形式观往往出现在音乐、文学等艺术领域。特别是文学往往将表达分为两种：一种是语言符号等外在的形式的表达，一种是思想内容或意识形态等的表达。这一种形式观念在现代艺术出现后受到热捧，特别是形式主义剥离了原本黏合得非常紧密的内容与形式的整体，认为形式而不是内容被认为是决定了一门艺术之所以能够存在的根本因素，使形式成为艺术最为重要的标准。

第三种形式观，将形式视作事物的轮廓。这种观点明显脱胎于素描、雕塑、绘画等艺术门类。对于这些门类的艺术来说，艺术作品之所以能够成立的基础，在于运用一种空间塑形法将这个事物与其他事物区分，使被塑造的对象从虚空之中呈现出来。这种形式观主要在文艺复兴时期出现，在很长一段时间里都被限定在具体的艺术门类的范围之内。但是这一形式观在现代，与完形心理学、视知觉等理论产生了关联，其含义变得更为丰富。

第四种形式观，将形式视作事物的本质。这种观点可以追溯至亚里士多德的四因说。形式是一个事物发展的行动、能力与目的。这个形式的观念，与柏拉图的"理念"的概念在提出的逻辑起点上较为类似，都是一种形而上的对事物进行把握的方式。

第五种形式观，将形式视作人的心灵属性。这是康德的首创，也是在诸多形式观念中最为特殊的一个。康德主要列举了一些能使人获得知识的形式概念，比如时间与空间等。而这些形式与审美判断以及审美愉悦之间的关系并没有那样密切。因为在康德看来，美是不涉及概念的，故而只是心意诸功能的和谐运转状态。

除以上形式观之外，还有一些其他形式观念，比如形式是产生形式的工具、形式是创作的常规等。包括视觉艺术产生之后，对视觉形式的研究，使得形式与风格等元素联系起来。这些形式的观念都使谈论形式变得异常复杂。特别是并不从形式发生的源头出发，而把形式当作艺术或者美的源头的时候，往

---

① 瓦迪斯瓦夫·塔塔尔凯维奇：《西方六大美学观念》，刘文潭译，上海译文出版社，2006年版，第234页。

往会陷入循环论证的境地。而一旦要为形式找一个源头，往往又无法说明这一源头是如何产生形式，从而陷入神秘主义的境地。这些对形式的思考路径，都为谈论形式设置了诸多障碍。

李泽厚在《美的历程》中所说的"有意味的形式"则是从追问源头入手，去呈现形式是如何不断发展的。"有意味的形式"这个表述并不是李泽厚的原创，这个观点的提出者是克莱夫·贝尔和罗杰·弗莱。贝尔认为有意味的形式是使艺术与非艺术区分开来的标准："在每件作品中，以某种独特的方式组合起来的线条和色彩、特定的形式和形式关系激发了我们的审美情感。我把线条和颜色的这些组合和关系，以及这些在审美上打动人的形式称作'有意味的形式'，它就是所有视觉艺术作品所具有的那种共性。"①我们可以看到贝尔对特定的线条、颜色等形式及形式的组合的青睐。贝尔的这种对形式的看法被塔塔尔凯维奇归入到美学史上的第一类形式观中。尽管贝尔的这一观念，看起来似乎与古希腊对于形式关系的热情并没有什么差别，但萨米尔·泽基指出贝尔的形式观中隐含着对共同美感的追求，贝尔声称只要一个艺术品具有有意味的形式，那么这个艺术品是由什么人创造的、是什么历史时期的根本无关紧要，因为对艺术的感知是超越智力与学习，与全人类某种"原始"的东西联系在一起的。②而这个原始的共通的东西是什么呢？贝尔认为是线条、色彩和形式组合关系。这种循环论证的论点无疑是无法使人信服的。李泽厚也看到了这一点，指出："他这个理论由于陷在循环论证中而不能自拔，即认为'有意味的形式'决定于能否引起不同于一般感受的'审美感情'（Aesthetic emotion），而'审美感情'又来源于'有意味的形式'。我以为，这一不失为有卓见的形式理论如果加以上述审美积淀论的界说和解释，就可脱出这个论证的恶性循环。"③所以，相较贝尔的"有意味的形式"来说，李泽厚的"有意味的形式"实际上是用积淀说解释了形式之所以有意味的原因，同时也说明了为什么

① 克莱夫·贝尔：《艺术》，薛华译，江苏教育出版社，2005年版，第4页。
② 王杰主编：《马克思主义美学研究》（第24卷第2辑），东方出版中心，2022年版，第31页。
③ 李泽厚：《美的历程》，生活·读书·新知三联书店，2009年版，第27页。

会对这有意味的形式产生特定的审美情感。

在《美的历程》来说，李泽厚梳理了一条艺术形式的发生之路，或者也可以说是"意味"积淀之路。这在某种程度上也涉及艺术起源的问题。对于这个问题，一般的研究思路基本上都是从创作者、创作活动本身出发来探讨，比如艺术起源于模仿、游戏、巫术等等。李泽厚则是从人类原始活动出发来探究，区分了使用工具的实践活动与生产原始"装饰品"的实践活动。对工具的制作与使用，以及在使用工具的劳动过程中对工具的合规律性的形式感受，这是更为根源性的实践活动，是使美产生"现实性"基础的"真正的物化活动"。之所以使用工具的实践活动能使"美"能成为真正的、现实的，还是因为这是自然和人的双重人化。李泽厚在其后创作的《历史本体论》中讲到这种使用—制造工具才是使人类得以可能的根本因素。使用—制造工具中的关键因素在于掌握"度"，在于"掌握分寸，恰到好处"①。这种来自生产实践的"度"被李泽厚看作维系人类存在的本体，因为没有这种技术/技艺的度，人类的族群就没有办法延续。这里的"度"作为物质实践，其具体呈现"表征为各种结构和形式的建立"，且"这种'恰到好处'的结构和形式，从人类的知觉完形到思维规则，都既不是客观对象的复制，也不是主观欲望、意志的表达，而是在实践—实用中的秩序构成"。②即结构与形式实际上是"度"这一本体的秩序的表达。与这种本源性的、本体性的物化活动相比，制作装饰品等类似的造物活动，就不能与之相提并论，而只能是从属于这种物化活动的"物态化活动"，是"对象化"，而不是"人化"。故而，当我们要考察这种对象化的活动时，当然也需要回溯到人化活动。

对于李泽厚来说，原始巫术礼仪就是这种"人化"活动的成熟形态。这也是为什么《美的历程》一开篇就要谈"远古图腾"的原因。在原始巫术活动中，人们的所有活动都不是艺术创作，而是社会生活实质的缩影。巫术活动往往呈现为一种混沌的统一体，里面的歌、舞、剧、神话、咒语等，都指向了生

---

① 李泽厚：《历史本体论》，生活·读书·新知三联书店，2002年版，第1页。

② 李泽厚：《历史本体论》，生活·读书·新知三联书店，2002年版，第4页。

产实践中的某些动作、某些事件，甚至是某些愿望。原始人类足之蹈之手之舞之，在各种敲打声中，呼号念词声中，在身体的有节奏性的跳动中进行着一种群体性的图腾活动。这之中既有对那一尚未完全人化的自然的敬畏，也有一种情感和思想的表达。这种情感和思想的表达并非像人类后来追求的那样，具有分门别类、条分缕析的特点，而是以一种混沌的想象和强烈的感受表达了出来。

李泽厚用山顶洞人洒红粉的活动来举例说明这一观点。原始人之所以会在尸体旁边洒红粉，将穿戴染红，绝非是因为单纯以形式要素的眼光看待红色这种色彩，而是红色被巫术仪式赋予了象征意味，成为某种文化符号。而这种文化符号能够通行，发挥其作为文化符号的效力，也离不开与这种红色的积淀同时发生的原始人的心理内容的积淀，即看到红色，能产生与红色有关的感觉与联想，而不再是无动于衷。洒红粉的这类仪式活动，正是人性得以生成的重要根源："在长时期相当成熟的新石器农业文明基础上，巫的仪式活动在中国被理性化，变成为一套神圣的礼仪体制，是根本原因。中国上古由巫到礼是根本关键，这是一个极为复杂也极为重要的久远历史过程。从上古'圣王'（尧舜）开始，到周公'制礼作乐'最后完成。孔子再将巫术礼仪的内在心理加以理性化，使之成为既有理智又与情感紧相联系的'仁'，作为人性根本。这样，巫的内外方面都理性化了。（巫未被理性化的部分则流为小传统，成为道教主干）"[1]

巫在不同民族文化中都存在，但是巫的理性化却是中国文化所特有的。李泽厚在《孔子再评价》中指出，周礼是在周初确定的一整套的典章、制度、规矩、仪节，它的基本特征是"原始巫术礼仪基础上的晚期氏族统治体系的规范化和系统化"[2]。尽管在如今看来，中国古代礼仪似为一种形式化的繁文缛节，但在古代，礼仪却发挥着指导氏族生产、维系氏族生活方式、团结氏族成员的作用。孔子要光复"周礼"，看似只是要恢复一套原始礼仪，但实际上是要恢复

---

① 李泽厚：《实用理性与乐感文化》，生活·读书·新知三联书店，2005年版，第365页。

② 李泽厚：《中国古代思想史论》，生活·读书·新知三联书店，2008年版，第2页。

周礼指向的那一以血缘家长制为基础的等级制度，以及在此基础上延伸出的分封、世袭、井田、宗法等政治经济体制①，即恢复氏族统治体系与公社共同体。所以，如今看起来只是形式的礼仪，其背后是一整套的社会制度与规则。而另一方面，礼仪向心理感受及伦理规训发展，要求人们在社会性交往和责任使命上践行"仁"，并将"仁"作为区分人与禽兽的重要标准。这一切的发生并非毫无来由，也并非毫无道理，而是与政治经济体制紧密关联。正如李泽厚指出的那样："孔子把'孝''悌'作为'仁'的基础，把'亲亲尊尊'作为'仁'的标准，维护氏族父家长传统的等级制度，反对'政''刑'从'礼''德'中分化出来，都是在思想上缩影式地反映了这一古老的历史事实。"②

在人类动态发展的实践活动中，巫术礼仪和原始歌舞分别演化成为礼与乐。其中巫术礼仪分化为礼与仪，原始歌舞发展为各门类的艺术。③在巫术礼仪部分，《美的历程》以巫史文化为例。巫史文化的出现，源自社会制度形态的改变。与氏族共同体的社会结构不同，早期宗法制已经有了阶级上的区分，所以，原本是全民性的巫术礼仪变成了统治者统治的等级法规。专职巫师看似消失了，但实际上又以政治宰辅的面貌重新出现。决定行动吉凶的占卜，由"巫""尹""史"所把控，这实际上是赋予了他们一种操纵政权的权力。他们不仅垄断了文字，还垄断了意识形态的生产权以及解释权。他们不仅把控了对意识形态的生产，也把控了这种生产的对象化成果。即以饕餮为代表的青铜器纹饰及相关想象。与陶器的生产不同，青铜器的纹饰，并不出自青铜器的制作者的生活经验，而是由"巫""尹""史"这类政治性宗教性的大人物来规定。对于凶怪恐怖的饕餮形象，人们未曾在现实的生活中找到它的对应物，但正是这种与实际生活相脱离的想象，反而能以其动物形象产生威吓的效力，以

---

① 李泽厚：《中国古代思想史论》，生活·读书·新知三联书店，2008年版，第4页。

② 李泽厚：《中国古代思想史论》，生活·读书·新知三联书店，2008年版，第12—13页。

③ 从此意义上来说，美（感性）与艺术不同，感性先于艺术存在。艺术起源于巫术，但感性的原始形态—原始歌舞与巫术礼仪是同源同宗，是一体两面的，如同李泽厚指出的那样，"翩跹起舞只是巫术礼仪的活动状态，原始歌舞正乃龙凤图腾的演习形式"。（李泽厚：《美的历程》，生活·读书·新知三联书店，2009年版，第15页）

及崇高的伟力。李泽厚将这类青铜器纹饰称之为"狞厉的美"，这种恐怖的形象之所以美，主要在于"这些怪异形象的雄健线条，深沉凸出的铸造刻饰，恰到好处地体现了一种无限的、原始的、还不能用概念语言来表达的原始宗教的情感、观念和理想，配上那沉着、坚实、稳定的器物造型，极为成功地反映了'有虔秉钺，如火烈烈'（《诗·商颂》）那进入文明时代所必经的血与火的野蛮年代"①。

在原始歌舞部分，《美的历程》勾勒出了一条线的艺术的流变之路，我们就可以看到原本带有人类社会生活的内容是如何与原初的形式相脱离，使得形式独立出来，成为有意味的形式。最先开始是陶罐上对物的象形勾勒，凝聚着的是氏族的图腾崇拜，以及对生活的想象与愿望；然后是具象内容的剥离，几何化的线条出现；此后是甲骨文对事物极具概括性的模拟（"象形"与"指事"），紧接着的是"净化了的线条美——比彩陶纹饰的抽象几何纹还要更为自由和更为多样的线的曲直运动和空间构造，表现出和表达出种种形体姿态、情感意兴和气势力量"②，也就是书法艺术；进而还有对这一线的艺术中的骨法用笔等的自觉追求与潜心钻研。线的艺术如此，舞蹈、戏剧、文学更同样如此。这就是一条形式向有意味的形式的流变之路。

就此我们可以总结，当感性生成的谜底被揭开之时，形式的源头也就逐渐清晰了。形式是感性对象化的结果，是社会内容在抽象形式上的积淀。分门别类化的艺术活动是原始歌舞发展的结果，其起源仍是制造—使用工具的人类实践活动。

（三）感性的历史化："审美趣味史"

如果说对感性的对象化梳理揭示了人类的感性实践是如何创造出独特的、有意味的形式，那么审美趣味的历史巡礼，则揭示了作为历史的、社会的、民族的人中的一员之所以能与他人产生共通感受的缘由，同时也说明了个人具有

---

① 李泽厚：《美的历程》，生活·读书·新知三联书店，2009年版，第38页。
② 李泽厚：《美的历程》，生活·读书·新知三联书店，2009年版，第42页。

的情感与趣味被历史地塑造出来的过程。

在此意义上，《美的历程》不能被看作一般的艺术史，更不能被看作专门的艺术史，而是审美趣味史。李泽厚也明确表示："《历程》不是艺术概括，不是一般意义上的所谓艺术史论著，而是美学欣赏，是'审美趣味史'，是从外部对艺术史作些描述，但又不是对艺术史作什么研究。"[1]这里的"外部描述"，指的是不从某一门类的艺术入手，而是粗略地将文学、美术、考古等笼统地放在一起，从历史、社会、思潮等讲起，去探寻与艺术一起发生的"审美感情"。所以任何试图从《美的历程》中寻找到对艺术具体问题的解释的做法都是徒劳的。"有人把《历程》当作艺术史专著，那就完全搞错了。它只是一本欣赏书，而且是'鸟瞰式的观花'的笼统粗略之作，因此不可能做任何细部分析。"[2]当然，这并不是在否认其中可能存在的对某些艺术作品细部的忽略与误读，而是说，《美的历程》的立意本就不在对某些具体艺术品的史实进行辩证说明。因为在具体艺术作品理解上存在分歧而对《美的历程》加以批判，并进而全盘否定其思想的价值，实在是一种对《美的历程》的写作意图的最大误解。

"趣味"（Geschmack）一词，是美学研究中的重点。首先，趣味指向的是感性。这种感性最早并不运用在美学领域，而是一种道德性的概念，是对人性理想的表达。如伽达默尔在对趣味进行概念史梳理中所指出的那样，趣味"并不是单纯的本能，而是介乎感性本能和精神自由之间的东西"[3]，这种精神自由在于与自己本身和个人的偏爱保持距离。这就将趣味与单一的生物反应区分开来，强调其中所具有的社会性、共同性的部分，也暗含着传统教化、社会理想对人性的塑造，才可能出现趣味与个人偏爱之间的距离。其次，趣味指

---

① 马群林编著：《人生小纪：与李泽厚的虚拟对话》，南京大学出版社，2022年版，第208页。

② 马群林编著：《人生小纪：与李泽厚的虚拟对话》，南京大学出版社，2022年版，第208页。

③ 伽达默尔：《诠释学I：真理与方法——哲学诠释学的基本特征》，洪汉鼎译，商务印书馆，2007年版，第54页。

向的是分辨与判断。趣味意味着"精神的一种分辨能力"①，这种分辨能力表现为一种对尺度的把握。所以趣味与时尚不同：时尚是社会普遍性的实在化，外化为一种普遍规则，它为社会中的所有成员制定行动指南；趣味里面所包含的"精神自由"表明了其中还是存在着一种判断力，而非盲目地跟从。但是与其他的判断不同，趣味的这种分辨、判断里并不包含任何具体的知识，而是一种对有趣味或无趣味进行的分辨，"以反思判断力的方式从个体去把握该个体可以归于其下的一般性"②。最后，趣味要求具体化。具体化就是运用这一分辨、判断，其范围"决不限制在其装饰性质上被确定的自然美和艺术美，而是包括了道德和礼仪的整个领域"③。这并不在于趣味是对分辨规则的一种运用，而是运用本身就是对趣味的一种补充。对个别情况的处理，正是这种趣味分辨与判断的创造力的表现。

这种趣味观主要来自康德的思想，当然也含有伽达默尔自己的解释。但我们从中可以很明显地看出这种趣味观所具有的主体性特点，同时也注意到趣味与超验之间不可分解的关联。伽达默尔精辟地指出了这一点："康德把美学建立在趣味判断上顺应了审美现象的两个方面，即它的经验的非普遍性和它对普遍性的先天要求。"④在康德的努力之下，趣味与审美感知完全区分开来。如果说审美更多地是在讲审美现象中的审美感知，那么趣味就直接越过这一审美现象中的较低层次，而尝试直接呈现审美现象中审美反思这一更高层次的内容。所以波梅指出，传统美学本质上就是这种趣味美学，从康德开始，催生美学意识诞生的那种"一个人从情感上共鸣某物"（艺术或自然）的冲动消失了，取而代之的是"关于评断（Beurteilung）的学问"，即"关于同情或反感

---

① 伽达默尔：《诠释学I：真理与方法——哲学诠释学的基本特征》，洪汉鼎译，商务印书馆，2007年版，第57页。

② 伽达默尔：《诠释学I：真理与方法——哲学诠释学的基本特征》，洪汉鼎译，商务印书馆，2007年版，第58页。

③ 伽达默尔：《诠释学I：真理与方法——哲学诠释学的基本特征》，洪汉鼎译，商务印书馆，2007年版，第59页。

④ 伽达默尔：《诠释学I：真理与方法——哲学诠释学的基本特征》，洪汉鼎译，商务印书馆，2007年版，第65页。

某物时的合法性问题的学问。从那以后，美学理论的社会功能就在于促成有关艺术作品的对话"[①]。美学从感物体悟的学问，变为了与物对话的学问。在某种意义上，这也是审美与趣味的区别。

就李泽厚而言，当然不可能全盘接受康德的先验理论。特别是时空等形式，虽然从知识论维度来看，对个体来说好像是先验的，但对整个人类而言却是社会实践的结果。但也应同时注意到，"经验的非普遍性"与"对普遍性的先天要求"这两个矛盾的特征在审美现象中的共存却也是不争的事实。于是，如前所述，李泽厚从实践概念中生成了人化自然与文化—心理结构这一对同源共生的概念，用人类总体经验替换康德的先天形式，使其成为个体经验的普遍性来源。趣味方面，通过揭示中国思想文化总体框架，呈现各时代艺术发生的缘由，从同源共生的视角，来呈现人的感知结构的生成。在此意义上，《美的历程》就与一般的艺术史区分开来。如果说一般的艺术史，是以艺术作品为中心，从整体的视角探讨艺术的观念史、风格史、批评史、史学史等多种维度的存在形态，那么《美的历程》就是通过勾勒中国艺术的发展脉络，揭示中华民族之所以会呈现如此趣味的感知生成历史。

在《美的历程》中，我们可以看到李泽厚首先是从儒道互补的视角切入到这一趣味生成的文化—心理背景。尽管从逻辑上说，作为个体的人，在文化—心理的教化之下获得了具体的人性，即作为人类类属的人获得具体的情感结构，是可以说得通的，但这种教化是如何实现的，还是需要解释。在《美的历程》中，我们可以看到李泽厚的这一解释过程。儒道互补是李泽厚对持续了两千多年的中国思想的基本线索进行的归纳总结，即以儒家作为主流，道家作为其对立与补充。如同在上一小节提到的那样，礼仪是可以向心理层面转化的。李泽厚指出，孔子的学说之所以能在中国思想中以主流思想的形象出现，与其所坚持的"实践理性"分不开，即"把理论引导和贯彻在日常现实世间生活、伦常感情和政治观念中，而不作抽象的玄思"，"这条路线的基本特征是：怀

---

① 甘诺特·波梅：《气氛—作为一种新美学的核心概念》，杨震译，《艺术设计研究》，2014年第1期。

疑论或无神论的世界观和对现实生活积极进取的人生观。它以心理学和伦理学的结合统一为核心和基础。"①所以，孔子的学说建立在以"孝悌"为基础的人伦纲常及现实生活之上，中国古代的情感结构就必然与西方不同。这种情感结构在李泽厚后期的著作中得到了较大的发挥并形成"情本体"学说。情本体中的"情"字并不是一种理论框架，也不是动物性的情欲，而是"一种普泛的对人生、生死、离别等存在状态的哀伤感喟"，其特征是"充满了非概念语言所能表达的思辨和智慧。它总与宇宙的流变、自然的道、人的本体存在的深刻感受和探询连在一起"。所以古代中国并不过多地谈论超出现实经验的神秘存在，也并不像西方那样认为情欲有害心灵，而要求压抑官能。

这种情感结构的形成，也有其发展历程。按照《美的历程》的说法，儒家重新解释"礼""乐"，是这种以实践理性为导向的巫术礼仪与原始歌舞的心理化、伦理化的开端。早在青铜时代就形成的那一脱离了现实生活却又表达着统治秩序的礼，在先秦被心理化和伦理化了。比如将三年丧制的制定归结为亲子之爱的自发需求，礼是由内而出的情感表达，而非由外约束的规章制度。"乐"也同样如此。原本只是外在形式性的表达，但其以音乐为代表，寻求着"艺术—审美不同于理知制度等外在规范的内在情感特性"，"但这种情感感染和陶冶又是与现实社会生活和政治状态紧相关联的，'其善民心，其移风易俗易'"。②

正是因为巫术礼仪和原始歌舞经过心理化、伦理化的处理，中国美学的着眼点就变成了"功能、关系、韵律"，这与西方对于对象、实体的关注不同。所以从西方的趣味的视角，特别是从康德意义上的趣味的视角来看待艺术，很容易得出审美独立、"艺术自律"的结论。虽然其中也暗含着对资产阶级生活方式的批判，但主要表现出一种知识论的兴趣，一种理性对对象完全把握之优美以及理性超越对象的崇高。而中国的情感结构与审美趣味，还是在于调节外物与心灵之间的对立，从内在生命意兴的表达来呈现情理融合的优美与壮美。

---

① 李泽厚：《美的历程》，生活·读书·新知三联书店，2009年版，第52页。
② 李泽厚：《美的历程》，生活·读书·新知三联书店，2009年版，第54—55页。

当然，这并不是说中国就没有一种追求审美独立的倾向，而是这种倾向并不能在儒家那里寻找到，而要从道家对自然之道的关注上去寻求。老子对语言、实体的厌弃，以及庄子为其赋予的那个浪漫不羁、御风飞行的逍遥游的审美意象，都使得道家呈现出了对内在的、精神的、实质的美的追求，只是这种追求也不是知识论式的，而同样是体悟式的。只有如此，道家思想才能成为儒家思想对立式的补充，才能交融形成一个既关切现世伦理，也追求审美超越的圆融的情感结构的文化—心理框架。

在这一框架下，李泽厚用《赋比兴原则》一节，呈现了古代中国的情感抒发模式。赋、比、兴原来只是中国古代根据《诗经》的创作经验归纳出的诗歌创作手法。但这种在后世看来仅仅是艺术创作中的技巧与手段的方法归纳，其背后却是对民族情感表达方式的规训。"中国文学（包括诗与散文）以抒情胜。然而并非情感的任何抒发表现都能成为艺术。主观情感必须客观化，必须与特定的想像、理解相结合统一，才能构成具有一定普遍必然性的艺术作品，产生相应的感染效果。所谓'比''兴'正是这种使情感与想像、理解相结合而得到客观化的具体途径。"①即艺术要想实现诉诸感官愉快且又具有普遍性、与社会情感相联系，那么就应该使情感表达与对外物（特别是自然物）的想象、理解对应起来。只有如此，外物景象才不是难以亲近的物自体，而是有情感色彩的"鸟兽禽鱼自来亲人"；表达出的情感也不再是个人的情绪宣泄与午夜梦呓，而是带有客观指向物的艺术形象，如此，情感才是可以理解、可以交流、可以共鸣的，审美共通感与审美趣味才可能得以实现。

在这样的视域下，《美的历程》将不同时代的艺术都纳入到了这个文化—心理的框架之下，使得不同时代的艺术发展都以一种儒道互补、情理交融的线索向读者呈现出来。比如，楚汉对世界的浪漫想象以及带有古拙气势的对世界的描摹，魏晋对人生命运的发现、思索（人之道）与对山水诗（自然之道）、气韵生动（艺术之道）的自觉追求，盛唐对世功的壮志满怀与李白奏出的时代强音，等等。正是通过这一历史巡礼，读者们才得以看到，艺术作品是如何与

---

① 李泽厚：《美的历程》，生活·读书·新知三联书店，2009年版，第59页。

历史进程、社会变异联系起来，也得以看到一种与评判式对话不同的物我感应、情理交融式的审美趣味。

通过对审美趣味的溯源、梳理、呈现，《美的历程》也向读者呈现出感性生成线索中的历史理性。虽然《美的历程》并不是一部艺术史，但也呈现了艺术的历史发展。一般而言，对艺术进行历史书写的目的，是使艺术作品经典化。选择什么样的艺术作品进入艺术史，以什么样的标准来确定艺术作品的好与坏，以什么样的视角来诠释艺术作品的价值，这些都是艺术史书写中要着重解决的问题。特别是这一按照时间顺序展开的艺术发展历程，其在时间之外的核心的线索是什么？这一问题的答案，是在历史性的追求之外，对艺术性的内涵的揭示。《美的历程》对艺术发展的历史处理，当然也与一般艺术史的处理有类似之处，比如从艺术与社会的关联处揭示艺术的价值与内涵。但与一般艺术史不同，《美的历程》在揭示艺术作为感性的对象化结果之外，还重点突出了历史的本体论视角，也就是李泽厚经常说的"历史建理性，经验变先验，心理成本体"。尽管这个说法经常被误解，但是《美的历程》的确是对这一观念的绝佳阐释。

对于李泽厚的哲学思想体系来说，实践是基石，积淀是动力，"人化自然"与"文化—心理"是两翼。其美学思想以论述感性为起点，隶属于文化—心理方面，需要打通的理论进路有二：一是类属的感性与个体的感性之间的关系，即个体的人如何展现个体性，同时又能获得共通感的问题；二是个体感性与审美感性（理性的积淀）之间的关系，即情感结构于个体性的人而言意味着什么、如何能够获得的问题。

就第一个问题而言，这是一对先验与经验的关系，而不能仅仅看作一对群体与个体的关系。我们在李泽厚的著作中可以清晰地看到大写的人（大我）的存在。李泽厚的哲学被称为"主体性"的哲学，是从"人（类）如何可能"来谈实践生产的问题，在解决了人作为类属的存在根基之后，进而又从实践生产谈"人如何活"，去解决作为个体的人的存在问题。在个体的人如何获得大写的人所具有的"文化—心理"结构的问题上，历史就发挥了作用。李泽厚在《感伤中的神意》中谈儒家之"爱"时以"师"来阐述历史的作用："而是天地神明就行走在'国、亲、师'之中，它构成了神圣的历史和历史的神圣。'天地'之下是'国'。'国'是什么？乡土。……'亲'是什么？是以血缘亲属为核心的人际关系。……'师'是什么？是人赖以生存的经验、记忆、知识，即历史。经验构成历史（暂时性、偶然性），历史（沉积性）保存经验。历史不仅是有限经验的时空，而且更是积累和沉淀的心理。历史的记忆使我成为我，使人类成为人类。正是历史性的'国、亲、师'，使不可知解的'宇宙—自然物质性协同共在'具有了坚实丰满的承续。……这便是'巫史传统'的人性感情的历史内在性之所在。"①故而，不能将历史仅仅看作时间的延续，而是一种伽达默尔解释学意义上的"世界经验"，这个"世界"就是对于人而存在的世界，而不是对其他生物而存在的世界；也不是对象与主体、理性与感性、此岸与彼岸二分的世界，而是李泽厚在情本体思想中强调的那"一个世界"（人生）。对于个体来说，他以实践的方式承继这个"世界经验"，于外是"人化的自然"（自然形式）与"有意味的形式"（艺术形式），于内是智力结构、意志结构与情感结构。但这也并不是说这些"世界经验"如同先天认知形式一样已然先于经验存在，而是作为人类世界之整体给予个体性的存在，作为其实践之背景。在这一背景下，个体性的存在具有偶然性，民族、国家与个体的命运如此，艺术创造也如此。所以我们可以看到李泽厚在《关于主体性的补充说明》中强调："不是必然、总体来主宰、控制或排斥偶然个体，而是偶然个体去主动寻找、建立、确定必然、总体。"②由此，个体性与类属性之间的关系也就一目了然，个体存在与共通感问题也顺理成章地得到了解决。

第二个问题是第一个问题在审美感性领域的深化。对这个问题的回答，当然也需要在第一个问题的回答视域中进行思索。李泽厚曾经在《历史本体论》中指出，文化—心理结构也具有三个层次，分别是人类的、文化的和个体的。《美的历程》所列举的大部分艺术史料都属于第二个层次。我们可以看到其中的许多章节，比如《琳琅满目的世界》《走向世俗》《中唐文艺》《市民文

---

① 李泽厚著，马群林编：《从美感两重性到情本体——李泽厚美学文录》，山东文艺出版社，2020年版，第219页。

② 李泽厚：《李泽厚哲学美学文选》，湖南人民出版社，1985年版，第177—178页。

艺》等等，都是从文化层次对文化—心理结构进行的描述。同时我们也能够看到，《美的历程》中对屈原、阮籍、李白、苏轼等这些隶属于文化—心理结构第三个层次的文学巨匠的描绘。对于李泽厚来说，这是个人创造性的，甚至天才性的表达。当然这种表达中既有对历史行径、社会变异、哲学思潮的反映，也有对崭新的艺术形式层的感知世界的发现与创造。当然，不是所有的个体都能同样地创新与创造，甚至不是所有的个体都能有一样的感受与体悟。因为不同的个体在生理和教养上存在较大不同，所以"即使同一社会文化所形成的个体心理的'积淀'和'情理结构'仍大有差异，它表现在认识和道德上，更表现在审美感情和宗教体验上，即不仅表现为'人性能力'的不同，也表现为'人性情感'的差异。普遍性的文化心理形式，只能实现在各个不同的个体的选择性的过程、通道、结构中"①。正是因为个体具有这种差异，才有个体的创造力、生命力和自由性，才不是理性对感性的压制，才有个体感性向文化—心理结构生成的空间与可能，即人向美/文化/人类生成的空间及可能。

这两个理论进路得以厘清，以感性为中心的美学思想在李泽厚哲学思想中的核心地位才得以确立。与同时代的哲学家、思想家不同，李泽厚是以美学思想来开启其哲学体系的建构的。所谓主体性哲学，其核心就是主体的人。而主体的人，就绝不是抽象的人，而是以"情"为"体"②来了悟人生、进行创造的个体性的人。这种个体性的创造，既是文化的，也是人类的，但最终还是个体的，是个体的现实性的感性存在。故而，对于李泽厚来说，对感性的探究对其哲学体系来说是至关重要的，甚至是首要的："人的感性存在、感性生命成为哲学的聚焦。……历史本体论承续着这一潮流，将美学作为第一哲学，正是将人的感性生命推到顶峰。""这也就是历史本体论所讲的'人自然化'的本体境地：既执着

---

① 李泽厚著，马群林编：《从美感两重性到情本体——李泽厚美学文录》，山东文艺出版社，2020年版，第195页。

② "情"为体，以及"情本体"中的"体"，不能被理解为是西方本体的那个体，而是一种开放多元的现实性："'情'无体而称之为'体'，乃最后实在之谓（与'道''气''心''性''理'相比——引者注），并非另一在此多元之外或之上的悬绝的存在或存在者。'情是多元、开放、异质、不定、复杂，它有万花齐放的独特与差异，却又仍然是现实的。"（马群林编著：《人生小纪：与李泽厚的虚拟对话》，南京大学出版社，2022年版，第112页）

人间，又回归天地，由'以美启真''以美储善'到'以美立命'。""'人是什么'和'人是目的'终将……落实在此审美形而上学的探索追寻中。"①

三、感性解释向度：艺术解释的艺术

《美的历程》洋洋洒洒十几万字，高屋建瓴，在看似随意的巡礼中，将古代中国的社会、思想、艺术、心灵向读者——呈现。读者在惊叹之余，也不由得思索，该如何来看这本书？这本书似乎讲了很多，但又找不出一个明确的主题。如果说有一个松散的线索，那就是美的发展历程。美，是一个哲学的问题，但是这本书又不似严肃的哲学著作，充满佶屈聱牙的专业术语和缜密的逻辑推理；美同时也是一个艺术的问题，但是这本书似乎又不像通常的艺术史作品，有着对史料的扎实考据以及对形式的技术分析。

书中涉及多项主题，文学、雕塑、绘画、原始歌舞、青铜饕餮、浪漫主义、文的自觉……这些主题，对现在具有一定文史哲常识的读者来说是熟悉和亲切的观念，但在当年却引起了不小的震动。翻开如今的文学史教材，对魏晋时期文学思潮的评价，哪一本不是以"人的自觉"和"文的自觉"来描述？但在上世纪80年代，这简直不敢想象，一个被认为是消极避世的时代，如何能孕育出人和文的自觉？这种观念该引起怎样的反响？对此，作者如此自述："现在看来，这本书好像都只是常识，但在当时，每章每节都不是常识，都是跟当时的'常识'即主流意见相反的，这可以拿当时的那些书、文章对照。我记得书出版的同时，一个很有名的文学评论杂志上一篇文章说汉赋诗是我国文学的耻辱，这在当时是'常识'。"②用一种观点去取代常识，并成为新的常识，迄今仍未被替代，足以可见这本书的魅力，也可以理解为什么对于成长于上世纪80年代的人文学者来说，这本书具有不可磨灭的地位。

---

① 李泽厚著，马群林编：《从美感两重性到情本体——李泽厚美学文录》，山东文艺出版社，2020年版，第257、121、122页。

② 马群林编著：《人生小纪：与李泽厚的虚拟对话》，南京大学出版社，2022年版，第209页。

但年轻一代的读者对这本书的态度是暧昧不明的，在美学、艺术专业已达到一定阅读量的读者会觉得这本书太过笼统，似乎讲了那么多，只落脚在"积淀"与"有意味的形式"之上，而普通的读者，又无法很快捉住其神思的线索。但这并不意味着这本书是难读的，无论什么样的读者，似乎都可以被它吸引，不断地读下去。读完也可以说上两句，也会觉得回味无穷。这种感受不独为现在的读者所有，对于上世纪80年代的读者来说也是如此，甚至更甚。此书曾引得纺织女工涌入美学的专业课堂，又因无法理解而悻悻而归；也引得知识青年为之痴迷："在看似漫不经心的巡礼中触摸到文明古国的心灵历史，诚非大手笔而不能为。但最初打动我们的却不是这些，而是它的气势和情调。这就像是欣赏艺术品。当我们刚刚接触到一件雕塑、一幅绘画、一个青铜器或一首乐曲时，我们是来不及仔细琢磨它的。我们很难一下子体会到它的深刻含义，也不可能马上把它的形式结构看清楚。所有这些，都是以后的事，而且也许需要反复欣赏、反复体验、反复品尝、反复咀嚼，才能'品出味来'。而在当初，在与艺术品猝然相遇又怦然心动的那一刻，我们总是'一下子'就被感动和震撼了。我们分明感到有某种'说不清'的东西在吸引和呼唤着我们。《美的历程》便正是这样。甚至我们还可以说，它的魅力，正在于它的'说不清'。"①

在如今看来，这"说不清"更多地是一种被启蒙时的激动与喜悦，如果说朦胧诗是对当时读者的情感启蒙，那么这本书则是对当时读者的思想启蒙②。这思想启蒙里既有对情感的反思，也有对古代中国文化的反思和对西方美学传统的反思，这些反思都以一种圆融的状态在对艺术的书写中呈现了出来。当然这本书在当年问世后并不是受到了一致的好评，甚至还受到了许多人的批评。这些批评主要集中在两个方面：一是对艺术的解释的批评，认为史料不清，论述过于随意不严谨，甚至还有错误；一是对意识形态的批评，或认为前卫，或认为倒退。随着这本书中大多数观点的常识化，对意识形态批评的声音已经远去，但依然会有学者写文章对其中的历史材料进行批评，试图从细微处解构其经典性。

① 易中天：《书生意气》，云南人民出版社，2001年版，第143页。
② 前者培养了敏感的心灵，后者培养了崇高的精神。

　　如同前文指出的那样，将《美的历程》看成一部艺术史，特别是用艺术知识史论的目光来看待这本书，是对此文本的重大误读。不可否认的是，在写作中，李泽厚运用了相当多的艺术材料，但不是为了提供艺术的知识，也不是为了形成一部缜密的艺术资料史。不仅对艺术如此，对美学也是如此，李泽厚曾不断重申这一立场："我已多次重复表明，不同意把艺术看做只是认识，不同意将美学看成只是认识论。在这一点上，我与不少同志有分歧，包括蔡仪同志、朱光潜同志都把艺术看做认识论，还有马奇同志把美学看成是艺术哲学，我都不同意。艺术给人的，远远不止于认识。它是对整个人的心灵、心理结构起作用。"①正是因为不是从知识论的视角来对艺术进行解释，《美的历程》开启了一种对艺术的新的解释模式。这种新的解释模式，支撑了《美的历程》中感性问题的凸显与呈现。

　　美学关注艺术，这是从鲍姆嘉通开始的传统。鲍姆嘉通认为感性学是关于自由艺术的理论。在此之前，鲍姆嘉通区分了三种艺术：生活的艺术、知性的艺术以及自由的艺术②。其中生活的艺术就是农业、工业、手工业等实用技术，知性的艺术就是几何、天文、哲学等认识科学，自由的艺术就是绘画、诗、建筑等我们现在所熟知的艺术。自由的艺术与前两种艺术不同，主要作用于人的感性，不仅能带给人愉快的体验，而且因为其美的、完善的形象而能促进感性认识的完善。在鲍姆嘉通那里，自由艺术之所以能够成为感性学研究的对象，就在于自由艺术是感性学与感性之间的认识桥梁。因为除了低级认识论、自由艺术的理论外，鲍姆嘉通认为美学（感性学）应该关注美的思维的艺术、类理性之艺术。这里作为"美的思维""类理性"等语词的后缀的"艺术"，指的是一种规则与秩序。鲍姆嘉通曾经指出，"人们习惯于把某个秩序中建立起来的规则整体称为一种艺术"③，即把握感性思维和类理性思维（如

---

　　① 李泽厚著，马群林编：《从美感两重性到情本体——李泽厚美学文录》，山东文艺出版社，2020年版，第46页。

　　② 鲍姆嘉通：《美学》，简明、王旭晓译，文化艺术出版社，1987年版，第5—6页。

　　③ 转引自郭涛：《鲍姆嘉通"Aesthetica"概念中美与艺术的关系》，《文化学刊》，2022年第2期。

直觉）等思维时应形成的秩序及对应的方法，如此，这种在鲍姆嘉通看来是比理性低级的认识才能上升到一种科学的程度。所以对自由艺术的理解与解释成为美学的主要任务，同时对这种理解与解释的认识成为感性学的科学保障。

鲍姆嘉通没有机会对此作进一步的解释，但是这种对感性学研究对象的理性认知追求却在美学的发展中得以延续。我们可以看到黑格尔将自己的美学著作命名为"艺术哲学"，探索一种美学研究方法，用思辨的方法构筑出一种完全与感性体悟无关的艺术发展历程，将"理念的感性显现"这一认知概念作为逻辑起点，将艺术分为象征型艺术、古典型艺术以及浪漫型艺术，顺带还宣告了艺术之终结。尽管这种学说看起来不过是一种逻辑的游戏，但是黑格尔在艺术研究与解释中那种宏伟的历史感却是前人未曾提及的，也是这种历史感影响了后来的马克思。

与西方的这种感性学的追求不同，中国古代没有这种从逻辑、科学视角去探讨人对艺术作品的感性认识的理论动力。盖因鲍姆嘉通以来所指的这种"自由艺术"以及"审美"的概念基本上都是现代性的，隐含在其中的是一种对工业生产逻辑进行批判的价值取向。正是因为审美是无功利的，是精神理念的显现，故而才能与那一套工业生产逻辑区分开来。黑格尔的美学不过是依照这一逻辑对艺术发展历史的重构，赋予了时间一种可贵的历史理性。而古代中国还没有这种现代性的隐忧，也无需对此进行批判，故而古代中国对艺术的论说，以文学为例，基本上是两条路径：一条是立足于文学对政治教化的功用的功能观，一条是立足于形式发展的讲究体式分类的文体观。之所以如此，主要在于文学在古代中国是一个外延极其宽泛的概念，一切用文字写就的都可称为文学，基本上可以涵盖所有文字性材料。而我们以审美标准塑造的纯文学观念，在古代中国基本没有出现。"按照姚永朴的分类，古今著作可分为子、史两种，体现为说理、述情与叙事这三种表达方式。具体到集部，则又可细分为论辩、序跋、词赋、歌诗、传状、碑志等不同文类。而经，既是各层体类之源头，亦为写作之宗旨，与更为广阔的政教实用相关联。""中国古人论及文章的历史演变，主要着眼于文体正变，其中既包括体制的演变，也包括体貌的变迁。但这些都与'征圣''宗经'的复古观念密不可分。"①

自美学传入中国，西方的那一套自由/美的艺术（fine art）在较长一段时间内影响了中国艺术的创作论，并成为重构中国艺术史料的方法论，但总体而言没有什么突出的著作。甚至在1950年代，这种艺术解释的方法全盘失效，失去了它对中国艺术进行解释的合法性，取而代之的是一种艺术社会学的解释方法。一方面，这里有传统中国政教实用功能观的文脉传承，另一方面，这种方法则来自当时一些马克思主义社会学者对于艺术的庸俗化的解释。尽管看起来回归了中国传统，实际上无视了艺术解释的特殊性。这种情况直到《美的历程》的出现才得以改变。可以说，《美的历程》中对艺术的解释方法的革新，是典范性的。其突出的价值表现在以下两个方面：

一方面，以历史积淀为视域，以史释艺。在具体阐述之前，我们需要对解释进行说明。在日常语义中，我们所说的解释就是一种剖析、了解、认识，以及在此基础之上的思考、分析和说明。但艺术解释不同于对其他事物的解释，并不是一种单纯的信息交流。艺术语言也不是日常语言、技术语言，而是诗意语言，或者用李泽厚的话来说，是一种"有意味的形式"。若仅对其做社会学的分析，或者是知识论的解读，那么艺术就不能成为艺术。甚至，感性学也没有存在的必要。所以，这里所说的"解释"就更多地是一种存在论的解释学意义上的解释。解释者不是一个站在解释对象对立面的抽象的"我"，这个"我"借助于解释的技艺去认识对象的客观含义。而是，解释者被抛入生活世界，自始至终都置身于特定的历史传统，都带着该传统赋予的前见去解释，且解释活动服从于效果历史原则。这个历史传统或前见，在这里就是李泽厚说的文化—心理结构，也即历史积淀。值得注意的是，文化—心理结构被李泽厚认为是比语言更根本的东西。"语言小于生活实践，生活和实践大于语言。"②这种观点表明李泽厚自觉地与伽达默尔意义上的哲学解释学保持了距离，并不能将其完全混为一谈。所以我们也就能够理解为何在《美的历程》开篇要讲

① 左东岭：《中国古代文学研究的原发性问题》，《文艺研究》，2021年第8期。

② 马群林编著：《人生小纪：与李泽厚的虚拟对话》，南京大学出版社，2022年版，第129页。

"远古图腾""原始歌舞"和"有意味的形式"了。之所以要关注历史积淀在艺术作品上的表现，是因为："这'意味'不脱离'感知'、'形象'或'形式'，但又超越了它们。其超越处在于它既不只是感知的人化，也不只是情欲的人化，不只是情欲在艺术幻相中的实现和满足。而是第一，它所人化的是整个心理状态；从而第二，它有一种长久的持续的可品味性。"[①]当以历史去解释艺术，我们就会发现，那些原本看起来陌生的形式，也具有了人的特点，甚至还提供了一种解释的多样性，似乎有源源不断的存在真理从其形式与情感结构的对应之中涌现出来。这一点也是第二点得以可能的前提。

另一方面，以情感共鸣为方法，以情释艺。如果说"以史释艺"是从历史积淀的视角揭示出有意味的形式的历史性生成脉络，那么"以情释艺"则是以解释者自身的情感经验与艺术所呈现出来的历史经验进行对话。这个对话不是分析式的、评判式的评价，而是情感的共鸣。情感的共鸣主要表现为一种审美感觉："评论首先要有审美感觉。没有感觉，拉上一些概念和理论套将下去，那是不行的。别林斯基比别人厉害，就因为有感觉，他能敏锐而准确地感受到作品的风格形状、作家的才能特征，加以说明论证，使作家和读者双双获益。批评就是靠这个东西。研究文学史、艺术史，也以有感觉为好。有人毫无感觉，老是从概念到概念，说来似乎头头是道，却点不出作品打动人的要害。"[②]审美感觉之所以能够出现，在李泽厚这里并不用推到神秘的鲜艳的审美判断，而是积淀而成的心理本体、个性化的审美经验的联合，与艺术展开的对话。这样的艺术解释，不是以还原艺术创作的原意为旨归，也不是以获得具体的部门艺术知识为目的，更不是以认识社会为原则。故而不用知人论世、考据功夫以及政教批判等方法，而是经验与经验的联结，情感与情感的碰撞。《美的历程》中对"苏轼的意义"的阐发就是如此，其中讲到苏轼文中所表现出来的退避，不是对政治的退避，而是对社会的退避，"是对整个人生、世上

---

① 李泽厚：《华夏美学·美学四讲》，生活·读书·新知三联书店，2008年版，第397页。

② 马群林编著：《人生小纪：与李泽厚的虚拟对话》，南京大学出版社，2022年版，第167页。

的纷纷扰扰究竟有何目的和意义这个根本问题的怀疑、厌倦和企求解脱与舍弃"①，再联想到李泽厚在1990年代后出走美国，将自我隔绝于学界，是不是也有相同的情感体验？

以上，我们可以看到只有从历史积淀、从情感共鸣的维度来进行对艺术的解释，才能实现对艺术的更好的理解，同时也能从这一理解中反过来促进自己的情感经验的完善，即实现感性的完善。

李泽厚的《美的历程》向读者们呈现了一条中国古代艺术的发展脉络，以其高论宏裁激动了读者的心灵，影响了整整一代人的情感结构。从其精妙绝伦的概览当中，我们可以看到以草蛇灰线般存在的感性生成线索，也能看到那个隐藏着的还未能完全展开、言明的哲思体系。这些都使得这本在如今看来似乎已变成常识集锦的史论，还有一读再读的价值。

李泽厚是新中国成立以来当之无愧的美学家、哲学家。但是当我们谈论李泽厚时，往往有数种面孔的李泽厚出现：有的是以马克思主义美学家面孔出现的李泽厚，有的是以文化精神导师面孔出现的李泽厚，有的是以新儒家面孔出现的李泽厚……但总览李泽厚的哲学体系，我们会发现其中不变的是对人的关注，从"人如何可能"到"人如何活着"再到"人为何活着"和"人活得怎样"，贯穿始终的是对人的存在境遇的关注的理论视野。

这种关切有重大的现实意义，当然也有重要的美学意义。在如今这个时代，当我们面对无法摆脱的"被抛"命运下的"烦""畏"等情态，面对过度的感性与过剩的形式美，似乎再也难以寻找到那一有意味的形式。而当我们把视野从"感性认识的完善"，转移到"感性生活的完善"，去思考人的现实存在的实践，那么"历史的积淀""心理本体""情本体"这些语词，依然还有重要的理论意义与价值。也正如李泽厚指出的那样，"实践美学"不是已经过时，而是还没开始。

斯人已逝，美的历程始终指向着未来。

---

① 李泽厚：《美的历程》，生活·读书·新知三联书店，2009年版，第165页。

中国美学之何为与可为

——刘纲纪《中国美学史》导读

王世海[①]

一、《中国美学史》的出版

1984 年和 1987 年，刘纲纪和李泽厚主编且由刘纲纪独立撰写的《中国美学史》第一卷和第二卷由中国社会科学出版社先后出版，著名美籍华人学者傅伟勋誉其为"中国美学的开山之作"。这两本书学术地位之高，对中国学术界影响之大，已有较多说明，而其在学术史上的价值，刘纲纪先生自己也做了比较全面且公允的总结。其言：

> 我认为它的意义主要在于不仅填补了"五四"以来还没有一部系统的《中国美学史》的空白，并且注意尽可能作一种较深入的哲学解剖和贯彻马克思、恩格斯提出的历史与逻辑相统一的原则。

> 在体例上，我参考了冯友兰先生的《中国哲学史》，即先大量引用原始的文献资料，然后再加评说。在这过程中，我发掘出了不少过去被忽视

---

① 王世海，文学博士，厦门大学嘉庚学院副教授。

了的资料，而且凡是我觉得与美学有关的人物的思想，我都写进去了。[①]

作为主编的李泽厚先生在《中国美学史》第一卷的"后记"中大致交代了此书的编写和创作过程。他说："在1978年哲学所成立美学研究室讨论规划时，是由我提议集体编写一部三卷本的《中国美学史》。因为古今中外似乎还没有这种书。"随后，他整理了过去的札记，出了本《美的历程》，粗略勾画了一个整体轮廓作《中国美学史》的导引，哲学所其他同志分头撰写了部分章节。可后来发现要统合所有事情很难办到，幸好1980年他把刘纲纪先生拉来帮忙，最后就"干脆由他一人执笔，重新写出全书各章"。李先生明确指出，"虽然本书中好些基本观点如天人合一、味觉美感、四大主干（儒、道、骚、禅）、孔子仁学、庄子反异化和对人生的审美式态度、原始社会传统是儒道两家思想的历史根源等等，确乎由我提出"，但"没有他执笔作文，特别有时是在物质条件非常恶劣的条件下坚持写作，这本书是根本不能同大家见面的。如果这书对读者真有点什么用处的话，功劳主要应属刘纲纪同志"。[②]从现有的资料看，李先生这样的说法是合乎实际的。

二、《中国美学史》的叙述体例

对于美学史的叙述，第一个问题自是叙述对象的问题。刘纲纪认为，西方美学史较早获得独立发展，研究的对象和范围比较好确定，但中国美学史的情况较为复杂，近代以前长期同哲学、伦理学特别是各门文艺理论融合在一起，所以要解决这个问题，我们必须分清楚审美意识和美学理论的差异。在他看来，审美意识可以称为广义的美学史叙述范围，美学理论则可以称为狭义的范围，

---

①　聂运伟：《"路漫漫其修远兮，吾将上下而求索"——刘纲纪先生访谈录》，《文艺研究》，2004年第6期。引自刘纲纪：《刘纲纪文集》，第1221页。本文援引的《刘纲纪文集》皆是武汉大学出版社2009年版，下文不再重复。

②　李泽厚、刘纲纪主编：《中国美学史》（第1卷），中国社会科学出版社，1984年版，第604—606页。另外，杨斌编《李泽厚刘纲纪美学通信》（浙江古籍出版社，2021）辑录了李泽厚、刘纲纪两位先生1979年至1999年21年间彼此往来书信共245通，为我们了解二人主编这本书的来龙去脉以及引出的各种问题的讨论，提供了更为丰实的资料，可参看。

广义的美学史叙述，虽然全面、具体，但过于宽泛和庞杂，更重要的是，"美学是把艺术作为审美意识的物态化形态的集中表现来加以考察的，主要是从哲学——心理学——社会学的角度着重分析人类审美意识活动的特征及其历史发展在艺术中的表现，分析有关美的各种规律性的东西在艺术中的表现"，[①] 所以他最终推崇狭义的美学史范围叙述，即"一部狭义的中国美学史，要对我们民族的审美意识在理论形态上的表现，作出历史具体的、科学的分析解剖"，[②] 一方面要从理论上说明美学思想产生、形成、发展、演变的历史过程，另一方面要从理论上分析我国美学基本的范畴、规律和特征，探讨中国美学体系的基本构成，最后还要从理论上说明中国美学对世界美学的贡献。从其后具体的美学史叙述来看，他是基本做到了这三点。

从章节目录来看，第一编先秦美学思想，他主要叙述了孔子以前美学、孔子墨子、孟子、老子、庄子、《周易》、荀子、《乐记》、屈原、韩非、《吕氏春秋》的美学思想，第二编两汉美学思想主要叙述了《淮南鸿烈》、董仲舒、司马迁、扬雄、王充、《毛诗序》以及辞赋和书法中的美学思想。第三编魏晋南北朝美学思想主要叙述了曹丕、阮籍、嵇康、陆机、《列子》、葛洪、陶渊明、宗炳、王微、刘勰、钟嵘、谢赫姚最和齐梁文艺、书论、画论中的美学思想。同时，他在每一编的第一章都先提纲挈领地概述了这一编的整体美学内容。在第三编中，他还特别安排了"人物品藻与美学""魏晋玄学与美学"和"东晋佛学与美学"三章内容，主要叙述当时社会思潮、风尚和哲学思想与美学之间的关系。从狭义的美学理论来说，这三章内容不是美学理论，但刘纲纪认为，它们与当时以及后世的美学理论、思想有着极为密切的关系，所以也给出了极为详细的叙述。他分析指出，魏晋时期的人物品藻风尚，包含着内在与外在两个方面，共同促成了"人物之美"鉴赏和批评的诸多美学概念，如"风骨""气韵"等，也使得魏晋时期明确了内在不可见的精神方面和外在的可见的感性方

---

① 刘纲纪：《中国美学史》（上卷），东方出版中心，2021年版，第29页。因单独署名刘纲纪的《中国美学史》（上、下卷）已由东方出版中心2021年正式出版，故本文所引《中国美学史》内容，皆以此本为据。

② 刘纲纪：《中国美学史》（上卷），第30页。

面的思想认识，促成了美学中由外以知内、由形以征神的美学原则。而玄学对美学的影响更为直接、重要，他分出有与无、言象意、无情与有情、形与神、名教与自然五个方面详细论述了玄学与美学之间的互动互渗关系，着实展现了哲学渗入美学的整个过程以及产生的重大影响。东晋佛学与美学的关系则比较特别，因为当时还看不出其与美学明显的互动关系，所以他先论述了当时佛学与玄学的合流，然后集中论述和分析了三位高僧（慧远、僧肇、道生）关于形神、象外之谈、言意和顿悟问题的思想，最后总结道，"佛学是通过对整个社会的思想的影响而影响美学的。这种影响，有的较为直接，有的则是间接的、无形的"，[①] 三位高僧的思想对东晋时期的绘画、雕塑有着直接的联系，慧远提出的形神问题成为后世激烈争论的核心问题，而佛学那些较为间接、无形的思想理论深刻影响到人们观察解决文艺、美学问题的思想方式，又或为问题的解决提供了某种可以借鉴的思想资料。

另外，在内容的安排上，刘著还有两个特点需要注意，一是与其他通行的中国美学史，如同时期的叶朗《中国美学史大纲》、后期的陈望衡《中国古代美学史》相比，刘著的《吕氏春秋》、董仲舒、阮籍、葛洪内容是比较独特的。而且从他的论述看，这些人或论著提出的美学思想对中国美学史的发展演变起到了重要作用，应占有一定地位，尤其是《吕氏春秋》提出的音乐美的"适"思想，阮籍提出的乐的自然本体思想，或发人所未发，或对其他美学思想产生直接影响。而他关于汉代及魏晋南北朝时期的绘画尤其书法理论的详细论析，即使与后期出现的主要美学史著作相比也可谓独到。二是屈原和陶渊明美学思想的掺入。他在书中也承认，屈原的作品不是理论文章，陶渊明不是一个思想家，也不曾直接对美学问题发表见解，但还是认为屈原的作品包含了深刻的哲理，代表了和《诗经》联系又区别的新的美学倾向，和儒道两家美学不完全相同，而陶渊明在美学上表现了一种独特的思想倾向，既和当时的玄学、佛学相连，又有和玄学、佛学不尽相同的地方。从他的注释大略可知，这样的内容安排深受李泽厚《美的历程》的影响，前文也说《美的历程》大体为中国美学发

---

① 刘纲纪：《中国美学史》（下卷），第939页。

展勾勒了一个轮廓，刘纲纪以此为基础和框架来叙述，自在情理之中。不过，这样的安排就与他自称的叙述范围有了思想和原则上的冲突。屈原和陶渊明的确在各自作品中展现了独特的美学创造，也体现出较为特别的美学及哲学思想，但是这些思想显然是后人理解和阐释而出，严格来讲应属于后人时期的美学史资料。而且，汉人班固、王逸和南朝刘勰等对屈骚等辞赋的美学思想、价值已有相应的阐发和讨论，宋代平淡诗风及"韵"美学的形成，与陶渊明存在着直接的关联，我们大可将屈原和陶渊明内容放在这些时期出现的美学讨论中进行背景性的阐述，这样不仅可以使自我标举的叙述原则和思想得以充分贯彻，而且可以让叙述线索和整体结构更为通畅，更为合理。①

最后，如他所言，中国美学史的叙述，必须具备一个时代视野和方向，要

---

① 在诸多中国美学史著作中，叶朗《中国美学史大纲》（上海人民出版社，1985）对自己标举的写作原则和叙述对象贯彻地最为彻底，陈望衡《中国古典美学史》（武汉大学出版社，2007）在先秦美学中"混"入"《诗经》美学"（2019年增订版删除）和"屈骚美学"，张法《中国美学史（修订本）》（四川人民出版社，2020年）在先秦美学中存有"屈原的美学思想"，在唐代美学中则标举出"李诗—吴画—张书的审美模式""杜诗、韩文、颜书审美模式"，将美学理论与审美意识基本混杂在了一起。这种混杂方式，从理论和事实上应该说都不太可取。以美学理论为中心的美学史，叙述的主要对象是美学史中前人已经表述出来的美学理论、观念以及思想，以审美意识为中心的美学史，叙述的主要对象是历史中出现的所有审美意识，而审美意识又主要体现或蕴含在所有的文艺美学活动中，最为重要的是，审美意识的有无，具体是什么又如何发展变化，则主要是由当下阐释者即美学史的叙述者阐述、总结而出。如张著所示，中国美学中"中"的美学观念来自于远古村落中空地所立桅杆测影，《考工记》具有美学思想，中国美学形成了四类相间的美学结构等，都主要来自张法的"一家之言"，古人没有这些说法。或有人说，我们认可的刘纲纪在美学史中叙述到魏晋时期的人物品藻风尚和东晋佛学与美学之间关系的内容，不也不是古人的说法吗？的确，这二者在表层事实的确一样，但内在理路和它们的地位、作用自有不同。基于以上所举张法、陈望衡包括刘纲纪在美学史叙述过程中出现的"特例"内容阐述而出的美学理论、思想，均是来自叙述者自身，却被当作中国美学史的一部分而存在，与各个历史时期出现的美学理论、思想同等看待。而刘纲纪叙述的人物品藻、东晋佛学内容，则明确标明是当时美学理论及思想的背景性材料，且与当时及后世出现美学理论、思想密切相关。至于像李泽厚的《美的历程》《华夏美学》、朱良志《中国美学十五讲》等美学著作，或以历史为线索，或以历史内在理路和结构为主旨，阐释和建构而出的美学（史）本就是叙述者自我的"中国美学"，如陈炎主编的《中国审美文化史》又明确标明，叙述的主要对象就是中国审美意识，这些著作自不可与以上著作同等讨论。总体来说，这两种美学史的叙述对象和原则可谓泾渭分明，各有千秋，混合在一起不仅在理论和逻辑上站不住脚，在实际的叙述中也会顾此失彼，前后矛盾。有关中国美学史著作的叙述体例和思想原则等方面的讨论，可参看张法：《中国美学史：学科性质、提问方式、演进状况》，《学术月刊》，2011年第8期；张法：《中国美学史应当怎样写：历程、类型、争论》，《文艺争鸣》，2013年第1期。

将中国美学与西方美学进行对比性阐释，从而展现出中国美学对于世界美学的贡献。刘纲纪除在全书深度贯彻了他的马克思主义实践本体论的观点外，还重点在叙述孔子、庄子、魏晋人物品藻、书画理论的美学思想中讨论到了中西美学的差异问题。例如他对孔子美学思想进行了极为丰富的讨论后，最后专列了一节内容"孔子美学与古希腊柏拉图、亚里士多德美学的比较及其在世界美学史上的地位"，集中论述到孔子美学与古希腊著名美学家的区别。他首先指出，古希腊社会发展、文化取向与中国先秦时期不同，更加强调抽象的哲学思维，大力发展了取向外部世界的自然科学，所以他们一方面更为强调个体的独立和尊严，另一方面又非常信奉"偶然性的权力"，使得他们发展出来的美学强调审美过程中的理知认识，更具有理论思辨的精神，发展出"理式""模仿"等理论观念，而孔子美学基于中国古代特有的文化和社会背景，发展出更加注重个体感性心理欲求与社会理性道德规范的统一，积极发挥美、艺术对个体情感的陶冶和群体情感的感染，同时更为强调人与自然的和谐共生关系，不崇尚对外在现实的模仿、再现，以及对纯粹的理念和宗教信仰的迷狂，建立起一种情感与理性、个体与社会、人与自然的和谐统一的美学思想体系。最后他呼吁道："难道不能设想，在一种摆脱了古代社会的局限的状态下，在现代科学文明高度发展的条件下，使孔子美学中有价值的东西发挥它的作用吗？"由此他作出了一个预判，"孔子美学这种古代的思想或将引起现代人类的注意和思考，而在如何使人得到真正健康全面的发展的探索中，成为一种能给人以重要启示的思想遗产"。①

对于庄子美学，他在最后部分的"庄子美学的历史地位"节次中，集中讨论了道家美学与儒家美学的矛盾统一关系，更集中讨论到"庄子美学与西方美学的比较"问题。他认为，欧洲希腊古代找不到与庄学类似的美学，但到了近代二者有了比较多的相似性。庄子美学的根本出发点是对于个体人格自由的追求，力主要消除物对人的支配，与古希腊追求艺术是对自然的模仿，强调美是物所具有的属性思想截然不同，而且庄学虽从老子自然之道来立论，但此道非

---

① 刘纲纪：《中国美学史》（上卷），第171页。

柏拉图的理念，也非宗教层面的唯一信仰，而是通过感性直观和体悟本体，从而增添了更多由美而生的乐。中世纪后的西方美学在康德、黑格尔、席勒等的阐发和推演下，个体的自由逐渐成为美的本质说明，而马克思提出"存在和本质、对象化和自我确立、自由和必然、个体和类之间的抗争"，[①] 实现了一个巨大的跃进。同他们一样，庄学也意识到异化的存在，也开始素朴地从人消除异化的自由上去探求美的本质，而且更加强调"指与物化而不以心稽""以神遇而不以目视，官知止而神欲行"等，突出了审美的超功利性、超概念语言性，以及实现了无规律而合规律的统一。

至于魏晋人物品藻与书画理论中所传达出来的美学思想与西方的差异问题，刘纲纪则主要谈到了两个问题，一是美的感性形式与人的生命之间的关系问题，二是人的自由的不同认知和理解问题。对于第一个问题，刘纲纪认为中国美学把握住了美的形式是人的生命存在发展的自由形式及其构成这一根本点，比西方从自然科学、自然身体层面来理解和阐释这一问题更深入，更具体。对于第二个问题，刘纲纪更多从他认可的马克思实践本体论观念出发，认为庄学美学提倡的自由概念，与西方提出的理念、自由精神有内在相通处，同时也有相异处。

总体而言，刘纲纪基于自我对中国美学史详细的考察和论析，已能比较清晰且条理地列举出中西美学重要的核心思想、观念及命题之间的区别与会通，为他人及后世讨论这些问题提供了较好的参考和指导。

三、刘纲纪的实践本体论美学思想

不难看出，刘纲纪在《中国美学史》中主要贯彻了马克思主义美学思想。对此，他也毫不讳言，在"绪论"中明确指出，"本书认为，根据马克思主义哲学，社会实践是美的根源，美是具有实践能动性的人类改造了客观世界的产物"，"自然属性或规律只有当它通过人类的社会实践，为人类所认识、控制和利用，

① 刘纲纪：《中国美学史》（上卷），第286页。

并且成为人的自由的肯定和对象化的时候，才对人产生了美的意义，具有了美的价值"。同时他也表明，社会实践是认识某一历史时代的审美意识和美学理论的最终根据，但"必须充分地看到一定历史时代的物质生产状况同它的审美意识、美学理论之间的关系是极为曲折复杂的，如果把两者直接地简单地联系在一起，就将犯庸俗社会学的重大错误"。① 当然，对于这些问题的详细论述，他不可能在这里展开。我们要想深入理解这些思想和观点，则需要对他的实践本体论美学思想作一番详细考察和辨析。

实践本体论的思想，首先被刘纲纪和李泽厚认为是关于美的本质问题的回答。李泽厚在《美学四讲》中指出，在美学范围内，"美"这个词有好几种或几层含义。第一层含义是审美对象，第二层含义是审美性质，第三层含义则是美的本质、美的根源。所以，"美的本质并不就是审美性质，不能把它归结为对称、比例、节奏、韵律等等；美的本质也不是审美对象，不能把它归结为直觉、表现、移情、距离等等"，"只有从美的根源，而不是从审美对象或审美性质来规定或探究美的本质，才是'美是什么'作为哲学问题的真正提出"。② 刘纲纪接受了这种观点，也认为本体论的本原问题就是研究"什么是存在的最一般的根据、实质"，③ 并认定实践就是美的根源。其在《德国美学在中国的传播与影响》明确说道：

本体即"本原"，而非传统哲学所说产生出世界万物的某种实体性或观念性的存在物。这"本原"亦即本体是什么？从包括自然界和人类社会两者在内的世界来说，就是运动着的自然物质。……可是，如果仅就人类社会而论，就不能说它的"本原"亦即本体也是自然物质。人类社会产生于人在物质生产实践中对自然的改造，这是人类历史的发源地。因此，在人类社会的范围内，"本原"亦即本体就是人类改造自然的物质生产实践。……依据这样一种看法，真

① 刘纲纪：《中国美学史》（上卷），第32、32—33、34页。

② 李泽厚：《华夏美学·美学四讲》，生活·读书·新知三联书店，2008年版，第274—275页。

③ 刘纲纪：《实践本体论》，《武汉大学学报》（社会科学版），1988年第1期。引自刘纲纪：《刘纲纪文集》，第3页。

的认识、善的追求与达到、美的出现与产生，都基于实践。①

当然，李泽厚认可的实践概念，更直接来自"自然的人化"思想。"在我看来，自然的人化说是马克思主义实践哲学在美学上（实际也不只是在美学上）的一种具体的表达或落实。就是说，美的本质、根源来于实践，因此才使得一些客观事物的性能、形式具有审美性质，而最终成为审美对象。这就是主体论实践哲学（人类学本体论）的美学观"。②他指出，过去多半是外在地去描述、探讨和研究艺术作为社会现实的反映等等，外在地把艺术归结为为生活服务，但这个"服务"究竟是如何具体地实现的，其实谈得很少，现在应该围绕如何塑造人的心灵着眼，来分析、考察审美经验和艺术现象，把艺术与生活与政治的外在一般论断，转变为、了解为内在的过程，并提出"寻找、发现由历史所形成的人类文化－心理结构，如何从工具本体到心理本体，自觉地塑造能与异常发达了的外在物质文化相对应的人类内在的心理－精神文明"，将是未来哲学和美学的任务。③由此他提出，"自然的人化"应具有两方面的内涵，一是外在自然的人化，即山河大地、日月星空的人化，二是内在自然的人化，即人的感官、感知和情感、欲望的人化。外在自然的人化，主要靠社会的劳动生产实践，内在的自然人化，总体上仍靠社会的劳动生产实践，但就个体成长来说

① 刘纲纪：《德国美学在中国的传播与影响》，此文德译本1996年7月由德国特里尔大学出版，中文打印本第一次被收入《传统文化、哲学与美学》一书，武汉大学出版社，2006年版。引自刘纲纪：《刘纲纪文集》，第323页。

② 李泽厚：《华夏美学·美学四讲》，生活·读书·新知三联书店，2008年版，第277页。

③ 李泽厚：《华夏美学·美学四讲》，生活·读书·新知三联书店，2008年版，第257、263—264页。

则主要靠教育、文化、修养和艺术。[1]

刘纲纪对此的认识略有不同。他说，"我所理解的实践本体论只确认'人化的自然界'或自然界的人化是人类实践的产物和结果，从而实践对'人化的自然界'具有本体论的地位"。[2]根据《实践本体论》《马克思主义哲学的本体论》等的相关论述，他的实践本体论具体内涵可表述如下：

第一，人类能够改造自然界，不仅因为人类有自我意识，而且因为人本是自然界的一部分；

第二，人对自然的改造是通过实践活动，即按照自然的规律去改造自然物质的形态，使之符合人的需要、目的；

第三，人类实践活动是有意识、有目的的活动，是客观物质的活动，不是观念的活动；

第四，物质实践活动即劳动是人满足生存需要的活动，同时又是人有意识、有目的地改造自然的活动，因而是创造性的，能够支配自然，从自然取得自由的活动；

第五，人的物质生产活动不是单个人的活动，而是结成一定社会关系的人们协同的活动，只有通过社会，人才能改造自然，从自然取得自由；

第六，人类的劳动必然要超越肉体生存的需要满足，成为人的才能的全面自由发展的基础，推动人类从"必然王国"（满足肉体生存需要、维

---

[1] 李泽厚：《华夏美学·美学四讲》，生活·读书·新知三联书店，2008年版，第258—259页。统观李泽厚的论述，自然的人化思想不仅仅包含这两层含义。刘再复在《李泽厚美学概论》（生活·读书·新知三联书店，2009）整理出两张"李泽厚美学图式"，其中"美的哲学"部分十分清晰且完整地展现了李泽厚的"自然的人化"思想的两层含义，一是"外自然的人化"，一是"内自然的人化"（《李泽厚美学概论》，第16页），而《华夏美学》图示又明确列举出"儒：自然的人化""道：人的自然化"两种类型（《李泽厚美学概论》，第17页）。因为李泽厚在《华夏美学》"第三章 儒道互补"多次提到庄子哲学、美学最主要的思想就是"人的自然化"。他还引用自己发表在《中国书法》1986年第1期的《略论书法》中对"人的自然化"的说明，表示"人的自然化"并"不是要退回到动物性，去被动地适应环境；刚好相反，它指的是超出自身生物族类的局限，主动地与整个自然的功能、结构、规律相呼应、相建构"（《华夏美学·美学四讲》，第119页）。这即说明，李泽厚全面的"自然的人化"思想应包括三个方面，一是外在自然的人化，二是内在自然的人化，三是人的自然化。此不多论。

[2] 刘纲纪：《马克思主义哲学的本体论》，《求是学刊》，1991年第2、4期。引自刘纲纪：《刘纲纪文集》，第41页。

持和再生产人的生命的领域）进向"自由王国"（以人的才能的全面发展为目的本身的领域）。①

基于以上所述，他遂认为，"美是人的自由的表现（也就是人与自然、个体与社会的统一的表现），而人的自由不是精神活动的产物，不是主观幻想的产物，而是人在实践中掌握了必然，实际改造和支配了世界的产物"，②并进一步指出美本来就是主体和客体、人和自然、个体和社会的相互渗透和统一。③这些说法可能引出的最大争议点主要有两个，一是合规律性和合目的性的统一，即关于自由的认识，二是有关自然美的认识。对于第一点，刘纲纪解释说，由于人的劳动既是满足生存需要的活动，又是能够支配自然的必然性取得自由的活动，因此在满足人的生存需要之外，可以引起一种和生存需要的满足不同的精神上的愉快，这种愉快就产生于人对他在劳动过程及其产品上所表现出来的自由的直观。因此，美是自由的表现，而美感便是对这种表现出来的自由的直观。对于第二点，刘纲纪认为，人是自然界的一部分，人的生活一刻也离不开自然，人所认识和感受到的自然，与人的实践及实践基础上的认识活动密不可分。因此人对自然的改造，不仅包含对个别自然物形态的改变，也包含不改变自然物形态的情况下，对自然物的属性和规律的广泛认识和利用。一方面人类对自然的支配和占有，在生存需要的满足外产生了一种社会的精神的意义，自然与人之间也产生了一种精神上、情感上的关系，另一方面整个自然界在人的眼里也逐渐变为一个合规律而又合目的的对象，一个似乎由某种神奇力量所创造的"作品"，也使自然规律的作用和人的目的实现相一致，从而让人对"天工"发出赞美。由此他认为美学意义上的自由，应具有三方面的内涵：

第一，美学意义上的自由已经超出了物质生活需要满足的范围；

① 刘纲纪：《实践本体论》，《武汉大学》（社会科学版），1988年第1期。引自刘纲纪：《刘纲纪文集》，第3—17页；《马克思主义哲学的本体论》引自刘纲纪：《刘纲纪文集》，第30—52页。

② 刘纲纪《关于美的本质问题》，原载《美学与艺术讲演录》（上海人民出版社，1983），引自刘纲纪：《刘纲纪文集》，第110页。

③ 刘纲纪《关于美的本质问题》，引自刘纲纪：《刘纲纪文集》，第116—117页。

第二，美学意义上的自由是对客观必然性的一种创造性的掌握和支配；

第三，美学意义上的自由是个人与社会的高度统一的实现。①

最后，关于美的本质的看法，他总结为一句话就是"美是人在他的生活实践创造中取得的自由的感性具体的表现。"②

由此来看，李泽厚主要突显出了人与自然之间的互动关系，并最终将美的本质落实在了人类实践改造后的文化－心理结构的改变，刘纲纪则更为强调人对自然的实践行为和所得，而将美的本质落实在了人类实践所得的"自由"。这两种观点孰是孰非，我们还需从马克思关于实践和美的关系论述中找到答案。

四、马克思对实践和美的讨论

有学者指出，马克思对实践概念的说明可以总结为一句话，就是"作为实践主体的人将自己的意图、目的等主体意识因素借助物质手段外化或对象化的感性活动"③。这个定义提示出几个关键点，一是主体人，二是自己的意图、

①　这部分内容，主要来自刘纲纪《关于美的本质问题》《美——从必然到自由的飞跃》两篇文章的相关论述，可参看。刘纲纪《美——从必然到自由的飞跃》，原载《美学与哲学》（湖北人民出版社，1986），引自刘纲纪：《刘纲纪文集》，第125—154页。有关实践美学与后实践美学之间的论争，刘纲纪在两次访谈中做过简要回应。总结来说，他认为那些文章多没有细读和正确理解他的著作、观点及马克思的经典文本，只滔滔不绝讲自己的主张，又缺乏理论上逻辑上比较周密的论证，所以缺乏真正的理论学术价值。具体可参看李亚彬：《走向新世纪的马克思主义美学——访刘纲纪》，原载《光明日报》1997年1月4日，引自刘纲纪：《刘纲纪文集》，第1193页；聂运伟：《"路漫漫其修远兮，吾将上下而求索"——刘纲纪先生访谈录》，引自刘纲纪：《刘纲纪文集》，第1219—1220页。

②　刘纲纪《美——从必然到自由的飞跃》，引自刘纲纪：《刘纲纪文集》，第125页。

③　石长平：《实践是生命存在的方式——实践与生命美学、存在论美学之关系散论》，《上海文化》，2018年第12期。当然，关于实践概念的具体内涵仍旧莫衷一是，可参看张汝伦：《作为第一哲学的实践哲学及其实践概念》，《复旦学报》(社会科学版)，2005年第5期；黄文前：《现代视域中的实践概念——实践概念发展综述》，《马克思主义与现实》，2004年第5期；杨河：《马克思认识论基本思想的形成及其历史意义——从〈1844年经济学哲学手稿〉到〈德意志意识形态〉》，《北京大学学报》（哲学社会科学版），2002年第1期；欧阳康、张明仓：《实践唯物主义的萌芽：黑格尔实践观及其意义》，《江海学刊》，2008年第5期；艾福成：《马克思关于人的类本质理论及其意义》，《吉林大学社会科学学报》，2000年第4期。

目的，三是外化或对象化的感性活动。而这些关键点在《1844年经济学哲学手稿》都有具体说明，如：

> 动物和自己的生命活动是直接同一的。……人则使自己的生命活动本身变成自己意志的和自己意识的对象。他具有有意识的生命活动。

> 通过实践创造对象世界，改造无机界，人证明自己是有意识的类存在物。

> 理论的对立本身的解决，只有通过实践方式，只有借助于人的实践力量，才是可能的；因此，这种对立的解决绝对不只是认识的任务，而是现实生活的任务。

> 说人是肉体的、有自然力的、有生命的、现实的、感性的、对象性的存在物，这就等于说，人有现实的、感性的对象作为自己本质的即自己生命表现的对象；或者说，人只有凭借现实的、感性的对象才能表现自己的生命。①

同时，《1844年经济学哲学手稿》还有几句话尤需要注意：

> 生产生活就是类生活。这是产生生命的生活。一个种的整体特性、种的类特性就在于生命活动的性质，而自由的有意识的活动恰恰就是人的类特性。……有意识的生命活动把人同动物的生命活动直接区别开来。

> 人是特殊的个体，并且正是人的特殊性使人成为个体，成为现实的、单个的社会存在物，同样，人也是总体，是观念的总体，是被思考和被感知的社会的自为的主体存在，正如人在现实中既作为对社会存在的直观和现实享受而存在，又作为人的生命表现的总体而存在一样。

> 通过自己的对象性关系，即通过自己同对象的关系而对对象的占有，对人的现实的占有；这些器官同对象的关系，是人的现实的实现（因此，正像人的本质规定和活动是多种多样的一样，人的现实也是多种多样的），是人的能动和人的受动，因为按人的方式来理解的受动，是人的一

---

① 马克思著，中共中央马克思恩格斯列宁斯大林著作编译局编译：《1844年经济学哲学手稿》，人民出版社，2014年版，第53、85、103页。因为篇幅有限，具体详细的论证，此处从略。

种自我享受。

人直接地是自然存在物。人作为自然存在物，而且作为有生命的自然存在物，一方面具有自然力、生命力，是能动的自然存在物；这些力量作为天赋和才能、作为欲望存在于人身上；另一方面，人作为自然的、肉体的、感性的、对象性的存在物，同动植物一样，是受动的、受制约的和受限制的存在物。[①]

从这些论述，我们可以基本明确：

第一，实践是现实的对象化活动，也就是个体的生命活动；

第二，实践是个体的有意图有目的的活动，因此在活动的过程中人不仅将自我的意识对象化到外在事物，而且对象化为一个外在的对象事物，由此

第三，一方面人将外在事物作为对象来对待和认识，并因此掌握、了解到外在事物的性质、功能，并且这些性质、功能等正成为"我"真实对象的那个"物"，由此使得这个"物"得以显现；

第四，另一方面由于对象化的过程使得"我"的受动（自然的、肉体的、感性的等）、"我"的主动（自然力、生命力、思想、意图等）作用于外在事物，对象化了外在事物，从而使得对象化了的事物成为自我本质力量的确认和显现；

第五，个体越是在实践活动中显现和确认出自我的本性，越是展现出个体作为种的类特性，即人类的普遍属性。

第六，实践性活动，既是人的现实的实现，又是人的一种自我享受。

此外，马克思在《1844年经济学哲学手稿》还有两处与美学最为接近的表述，一是"动物只是按照它所属的那个种的尺度和需要来构造，而人却懂得按照任何一个种的尺度来进行生产，并且懂得处处都把固有的尺度运用于对象；因此，人也按照美的规律来构造"，二是"从主体方面来看：只有音乐才激起

---

① 马克思著，中共中央马克思恩格斯列宁斯大林著作编译局编译：《1844年经济学哲学手稿》，人民出版社，2014年版，第52—53、81、81—82、103页。

人的音乐感；对于没有音乐感的耳朵来说，最美的音乐也毫无意义"。① 对于第一处表述中"美的规律"具体指什么，整个手稿没有给出具体的论述。我们从上下文的整体文意来看，这里"美的规律"说法主要是为了强调人在对象化过程中的"自由的意识性"，充分体现了人的"类特性"。第二处表述虽被多人关注到，但对其的认识和理解还不够充分和深入。因为在理解这句话前，我们必须明白马克思在此处说的另一句话，即"每一种本质力量的独特性，恰好就是这种本质力量的独特的本质，因而也是它的对象化的独特方式，是它的对象性的、现实的、活生生的存在的独特方式"。② 这句话用通俗一点的表述就是，"眼睛对对象的感觉不同于耳朵，眼睛的对象是不同于耳朵的对象的"，进一步说，"对象如何对他来说成为他的对象，这取决于对象的性质以及与之相适应的本质力量的性质"。③ 这即表明，对象化的过程即实践的过程是一个对象与人个体的相互作用的过程，而这种相互作用，是两个对象（对象与我）各自性质的一种相互选择和适应，而且也只有这样，才可能发生真正的作用并产生实际的效果，即如他说的"对于没有音乐感的耳朵来说，最美的音乐也毫无意义"，反过来说，"只有音乐才激起人的音乐感"。最后，马克思还写下了这段话：

> 由于人的本质客观地展开的丰富性，主体的、人的感性的丰富性，如有音乐感的耳朵、能感受形式美的眼睛，总之，那些能成为人的享受的感觉，即确证自己是人的本质力量的感觉，才一部分发展起来，一部分产生出来。因为，不仅五官感觉，而且连所谓精神感觉、实践感觉（意志、爱等等），一句话，人的感觉、感觉的人性，都是由于它的对象的存在，由

---

① 马克思著，中共中央马克思恩格斯列宁斯大林著作编译局编译：《1844年经济学哲学手稿》，人民出版社，2014年版，第53、83页。

② 马克思著，中共中央马克思恩格斯列宁斯大林著作编译局编译：《1844年经济学哲学手稿》，人民出版社，2014年版，第83页。

③ 马克思著，中共中央马克思恩格斯列宁斯大林著作编译局编译：《1844年经济学哲学手稿》，人民出版社，2014年版，第83页。

于人化的自然界，才产生出来的。[①]

基于这些论述和说明，我们再来看李泽厚和刘纲纪有关实践及其美学的观点就比较清楚了。李泽厚的主体思想主要来自马克思，但"内在自然的人化"观点以及"人的自然化"观点，显然超出了马克思的思想，更多具有了中国美学思想的特质，同时将马克思实践观念局限在工具理性范畴，突显社会与个体、理性与感性的冲突，又是错会了马克思的思想。刘纲纪关于实践和美的论述，最符合马克思的整体思想，但对对象化过程中"性质的相互选择和适应"思想重视不够，理解不够，便忽略了客体对主体的作用，也忽略掉了美对客体本身的"显现"。更为关键的是，他们在讨论"美是什么"即美的本质问题时，都有意无意地将"美是什么"的问题转换成了"美来源于什么"的问题，即将"本体"或"本质"概念替换成了"本原""起源"概念。从哲学和逻辑学来说，本源和本体概念都应该是两个概念，美的本源是自然的人化和实践，并没有真正回答美的本质问题。而李泽厚提出美是"自由的形式"，刘纲纪将"美"的表述归结为"人的自由的表现"，或许这才是他们关于美的本质问题的真正回答，虽然说这种"自由"的创造来源于实践。

五、美学在中国历史中的展开

正是基于这一点，刘纲纪在叙述中国美学史时，没有单纯从社会实践角度来阐述中国美学的发展变化，也没有单纯将中国美学历史中展现出来的美的本质思考，就局限在实践及自由概念上，而是更多基于中国哲学、历代各阶级的审美要求理想以及不同历史时代侧重解决的美学问题进行详细考辨和分析，进而揭示出中国美学的自有特点和主要思想观点。另外，他还提出，历史叙述最为重要的逻辑原则，应该就是"以马克思主义的美学为指导，把历史的分析和

---

① 马克思著，中共中央马克思恩格斯列宁斯大林著作编译局编译：《1844年经济学哲学手稿》，人民出版社，2014年版，第84页。

逻辑的分析统一起来"①。所以，他的整个中国美学史叙述，自有其独特的逻辑和思想在。

依照他的叙述，先秦时期是我国美学思想产生和形成的时期，对后世影响最大的是儒家和道家。儒家美学的中心是反复论述的美与善的统一问题，强调社会伦理道德与文艺创作和审美之间的和谐、一致。道家则对物质文明精神文明持否定态度，大胆揭露了阶级社会中美与善、真、丑之间的对立矛盾，并提出真正的美不是世俗社会与名利、欲望相连的美，而是一种自然无为，摆脱外物奴役，在精神上绝对自由的美。所以后世有关美学的认识大部分源于道家，特别是庄子学派。同时代的墨家、法家从各自角度反对美和艺术，更加强调功利主义、实用主义以及世俗权势，对美学的发展产生了不良影响。战国后期的屈原《离骚》及其他作品对美学也具有重要意义，它们将北方儒家的理性主义同南方充满奇幻想象、激越情感、原始巫术相结合，塑造出了既融汇儒道二家又超越儒道二家的一种新的美学思想和精神。对于两汉美学，他认为其观点的系统性、概括性都不能同前秦时期相比，但也表现出了承前启后的重要价值。如《淮南鸿烈》指出了美的现实性、客观性、相对性，讨论了形、气、神的关系；司马迁突破儒家怨而不怒传统，提出"舒愤懑"思想，表现出了强烈的反抗性和批判性；董仲舒一方面提倡天人感应和天地之美，另一方面又强化了政治权威对美和艺术的压制、教化；王充突显了美与真的对立，扬雄提出汉赋"丽以则""丽以淫"之分，《毛诗序》提倡志与情的统一，又突显礼义对志情的规范引导作用。最后汉代的书法理论也发展起来，出现了一些专论书法艺术的著作，如崔瑗《草书势》提出"观其法象""临事从宜"思想，蔡邕《笔论》《九势》提出取象自然、形势与气力相合相生等思想，体现出《周易》思想对中国书法的深刻影响。

---

① 刘纲纪：《中国美学史》（上卷），第37-38页。

　　到了魏晋时期，按他的说法，中国社会进入到封建社会，[①] 出现了以家族制度为纽带的自给自足的庄园经济形态，从而使封建主们的生活有了相对独立的天地，文艺不再仅仅是朝廷用以行政宣教的工具，而日益成为封建贵族们的精神生活和文化娱乐的一个重要组成部分。从社会主流思想来说，魏晋南北朝大致经历了儒家思想信仰瓦解、人物品藻和玄学的兴盛、佛学兴起和佛玄合流等不同阶段，社会审美风尚则出现了逐渐重视个人才情、个性自由的重情思想，后发展出追求玄远空幻、感性欲望等的趋向。它们之间彼此联系相互促进，同时又相互畸变，错位发展，呈现出较为丰富的样态。但无论怎么说，魏晋南北朝都被认为是一个"人的觉醒"和"文的自觉"的时代，文艺美学发展极其灿烂和辉煌的时代。

　　具体来说，建安时期曹丕《典论·论文》提出"文以气为主"将个体的才性、才情突显出来，并且提出了文的体裁和社会功用问题，显出文的独立性。正始时期人物品藻风气正式将个人的才情、仪容放在了突出位置，《世说新语》写出了当时社会重才情、崇思理、标放达、赏容貌的美学风尚，人的内外、形神观念已然清晰；玄学发展出的有无观念、言象意关系、有情无情争论、形神大讨论、名教与自然对立，使得社会审美风尚一方面高扬精神之美，另一方面高扬自然之美；阮籍《乐论》等建立起自然——无欲——平淡的美学追求，嵇康《声无哀乐论》等提出声音有自然之和而感物无常观点，确立起艺术的本体地位。西晋时期陆机《文赋》首提"意不称物，文不逮意"的作文利害，又言"诗缘情而绮靡"等各文体的要旨，还专言了文学创作的多种问题，将文艺的独立性提高到了一个新高度；列子倡导享受主义，葛洪提出德文一体、文贵丰赡主张，进一步强化了人们对文艺独立性的深刻认识。

---

　　① 　对于这种历史分期方式，刘纲纪在《中国美学史》（上卷）第42页的注释[1]说："本书在历史分期问题上，采取魏晋封建说。"在《中国美学史》（下卷）"《中国美学史》第一、二卷修订本后记"中对这个问题又稍微做了一些说明。从这篇文章的说明来看，他是受着当时郭沫若、李泽厚等学者的影响，才采用了这种分期方式，而他自己从本心来说并不怎么认同，但他具体认同什么，因这篇后记未写完，刘先生就不幸逝世，终成缺憾。关于封建社会从何开始的问题，学术界尚存争论，具体可参看牛润珍：《尚钺先生与"魏晋封建说"——为纪念尚钺先生诞辰100周年而作》，《淮北煤炭师范学院学报》(哲学社会科学版)，2003年第1期。

东晋佛学与玄学合流，又促使我们对美学的认识更深一层。其中慧远集中论述了形尽神不灭又神以形传、物以情化而神灵为根等思想，大大推进了人们对文艺及美学的认识和理解，对顾恺之、宗炳等的美学理论产生直接影响；僧肇倡导象外之谈、虽象非象，直言"玄道在于妙悟，妙悟在于即真"，首度揭示出中国哲学、美学的特殊思维方式；道生更加追求超象之意，提出"万法虽异，一如是同"，同时又特言顿悟，提出见解闻解之分、悟发信谢思想，基本完成了后世禅悟思想及其美学的理论建构。诗文中陶渊明最为独特，在平凡田园中获得自由、安乐，创造出融合佛玄又内化儒道的自然质朴、平淡和融的艺术境界，实现了一种审美的超越。书论画论更多异彩，钟繇论用笔，王羲之论书意，强化出意与象、骨与筋的对立统一，顾恺之论以形写神、骨法结构、迁想妙得，宗炳论澄怀观道、玄对山水、以形媚道，王微则论用笔、形者融灵，将整个书画美学思想推向一个高峰。

齐梁年间"三萧"倡导"吟咏情性"，崇尚清丽、艳丽至感官愉悦；刘勰《文心雕龙》"征圣""宗经"又特提风骨文采，追求为情而造文又不排斥声律丽辞，似为折中而又言正奇、通变，《原道》《神思》《风骨》《情采》诸篇，纯论文学体大而思精；钟嵘《诗品》提出感物咏情，托诗陈怨，文已尽而意有余，真美而有滋味，更为突显文艺创作和欣赏的独特性；谢赫《画品》首提"六法"，明言要气韵生动、骨法用笔等，王僧虔《笔意赞》论述书法当神彩为上形质次之，两者兼之方绍古人，作时又需心手两忘，随意达情，庾肩吾《书品》又提天然工夫相次展开，各尽其美，画、书理论再上一台阶。[①]

至于隋唐及以后的美学，刘纲纪只在《中国美学史》（第一卷）"绪论"

---

① 以上所论，具体见刘纲纪《中国美学史》（上、下卷）各章节内容。

中简略述及，我们也依此作出一些说明。① 随着统一的封建帝国建立，隋唐美学从批判纵欲享乐和以形式为美的观念入手，重申先秦儒家要求美善统一的思想。陈子昂重倡"汉魏风骨"，强调以"势壮为美"，中唐以后韩愈、白居易倡导道统、讽谏，以及不平则鸣和奇怪之美，多少忽略了艺术特性。中晚唐禅宗兴起深入人心，通过宣扬个体直觉、顿悟达到一种绝对自由的人生境界，实现了自由想象、情感、理性融合，出现了象外之象、味外之旨的境界追求，同时杜牧的"文以意为主"说法，突显出了意在艺术创作中的重大作用，出现了重意不重道的美学倾向。宋代世俗地主、文人官僚等逐渐发展出以平淡天然为美的审美倾向，同时反对理学，反对江西诗派等文风，至严羽提出以禅喻诗，突出直觉、顿悟。

明中叶后社会出现了资本主义萌芽，市民阶层壮大，与前期复古思潮、理学思想形成激烈冲突，逐渐产生出以李贽、汤显祖、徐渭、袁宏道为代表的新观念、新思想。他们反对封建束缚，要求个性解放，强调"味欲其鲜，趣欲其真"，同时因缺乏深刻的社会内容，使美常沦为低级庸俗快感享受。清代则出现了拥护封建正统者与坚持新思想者的相互争论，只有王士禛的"神韵"说、叶燮《原诗》、沈德潜大搞诗选重倡诗教等刺激和推动了美学发展。②

基于以上所述，刘纲纪认为，中国的美学思想及理论主要体现出如下几个基本特征：一是高度强调美与善的统一，二是强调情与理的统一，三是强调认

---

① 刘纲纪《中国美学史》的这种"未完成"，让人倍感遗憾。至于原因，刘先生在一次采访中提到了两个困难，一是中国美学进入唐代以后纷繁复杂，厘清脉络十分困难，二是《中国美学史》是一个合作项目，唐以后的内容想统一大家的思想观点比较困难。而据他的学生所述，刘先生晚年最牵挂的事就是重写《中国美学史》。为此他每天工作到深夜，已经做了30多本笔记，也制定好了整体架构，计划将《中国美学史》重写为七卷本。但令人痛心的是，书未整理出版刘先生已仙逝。具体可看周劼：《为中国美学在世界上争一席之地——重读〈中国美学史〉兼话刘纲纪先生》，《长江日报》，2019年12月10日；柯称、国情、吴江龙、贺念：《追忆美学泰斗刘纲纪：晚年每天伏案到深夜，出门散步都觉浪费时间》，《楚天都市报》，2019年12月2日。

② 此绪论中还叙述到了"戊戌变法到二十世纪八十年代"的美学发展概况，包括近代、五四后、新中国建国后，直至改革开放时。由此可见，刘纲纪是把中国美学史的时间跨度规范在了整个中华历史，而非中国古代史。其他大多数美学史著作都将时间跨度规范在了古代历史，最多扩展至近代。此不多论。

知与直觉的统一，四是强调人与自然的统一，五是富于古代人道主义精神，六是以审美境界为人生的最高境界。应该说，这些美学特征及其反映出来的主旨思想在他所关注和叙述到的中国美学历史中得到了较好贯彻和体现，同时我们也应该看到，他对这些特征的具体阐述，无论从美学历史还是从逻辑思维来看，都还存在一定的差误，需要做进一步的讨论和研究以便明晰。

六、中国美学中的美、善统一

首先是中国美学中美与善的统一问题。通篇看来，刘纲纪并不十分认同美与善统一的思想。这在论述儒家美学的相关历史时表现得较为明显。如论述到孔子美学思想中"仁""兴观群怨""中庸"等概念时，他一方面较多肯定了孔子美学中强调"尽善""尽美"等将美与善统一起来的思想，认为其避免了如墨家那样否定美的狭隘功利主义，也避免了如道家那样脱离社会伦理道德制约而去追求绝对自由和美，另一方面又尖锐地批评到，孔子美学的这种"统一"是狭隘的、内向的、封闭的，"它忽视了人与自然间能动改造关系的意义"，"把个体超出血缘宗法等级关系的发展看作大逆不道，禁止一切同'礼'相违背的激烈情感的流露和表现，从而也就把审美和艺术限制在宗法伦理道德所划定的狭隘范围之内，服从于'迩之事父，远之事君'这样一个极为有限的政治目的"，并认为"这是孔子美学内在地具有一个为它自身所不能解除的矛盾"。[①]论述到荀子美学时，他认为荀子美学的优点在于不像孔孟老庄那样讳言人的功利欲望的满足，给审美一个万千现实感性的自然生命的基础，弱点则在于忽视了美同个体人格的自由的关系，忽视了美的超功利的特征，也同孔孟一样，强调审美和艺术必须为社会政治伦理目的服务。而无论荀子还是《乐记》，都"不可能看到人性是历史的、具体的，实际是把后期奴隶主所理解的人性看作永恒

---

① 刘纲纪：《中国美学史》（上卷），第165页。批驳孔子思想局限性的论述，根据他在《中国美学史》（下卷）"《中国美学史》第一、二卷修订本后记"中所述，似乎都主要来自李泽厚，但整体说明还不够清晰，故无法作过多辩证，从略。

的普遍共同的人性"，① 强调个体欲望情感同社会伦理道德两者相统一。《毛诗序》也是一样，虽肯定了情感表现的合理性和正当性，但仍要求情感必须具有社会理性的、合乎于善的要求，堵塞了把艺术引向反理性、反社会的道路。魏晋时期门阀世族中的有识之士对儒学的虚伪性产生了很大反感，都投向了对儒学进行猛烈批判的道家，"把个体人格的独立自由提到了首位"，"探求一种理想人格的本体"。② 曹丕的《典论·论文》表明"人的个性从'名教'束缚下得到了一定程度的解放"，阮籍从"自然之和"、嵇康以"声无哀乐"都"击破了儒家使音乐从属于伦理政治的狭隘观点"，陆机《文赋》中"缘情"的"情"是"一种属于审美、艺术之情，而不是儒家一般所说的那种纯道德的政治伦理感情"，而刘勰《文心雕龙》主张文学既要符合儒家正道，又要有美丽的文采，"不能从根本上冲破狭隘功利论的阴影，从而又大为限制了《文心雕龙》所达到的美学思想的高度"，钟嵘《诗品》中提倡的"怨"虽与儒家政治伦理相一致，但也不是政治教化上的意义，而是"个体由'离群'而产生的悲哀、痛苦的感受"。③ 从这些叙述可以清楚地看到，刘纲纪虽然在一定程度上肯定了儒家思想中对滥情、感官欲望以及形式主义文风的限制和反对，但总体上还是将儒家思想与美学、艺术对立起来，认为封建礼教、政治伦理道德束

---

① 刘纲纪：《中国美学史》（上卷），第350页。

② 刘纲纪：《中国美学史》（下卷），第590、591页。

③ 刘纲纪：《中国美学史》（下卷），第635、801、840、1160、1321页。

缚乃至阻碍了美学、艺术的发展，强化了狭隘的功利主义教化思想。[①] 而他所肯定的哲学和美学思想也很明显，便是对个性独立、自由的崇尚，强调个人情感的自由抒发。针对这样的阐释，我们可以思考三个问题，一是这样的冲突是中国美学内在具有的，还是刘纲纪等后世阐释者发现和阐释出来的，二是为什么会有这样的冲突，三是这样的冲突背后到底体现了怎样的思想意识。

对此，我们首先要明确，中国思想文化中的善、儒家思想、政治伦理道德这三个概念不能等同，而刘纲纪等在论述的过程中就犯了这样的错误，基本将这三者混同起来使用和理解。例如儒家思想的核心是仁、善以及义，但魏晋时期的"名教"以及多数政治意识形态所宣传的政治伦理和社会道德大多已不是仁、善和义，而如刘纲纪所说，是他们各自的政治利益、现实功利，所以才显

---

① 　关于中国美学中美与善的关系问题，只要认可和接受了"美是自由"或"美是个体感性的显现"等思想的学者，大都会表达出与刘纲纪同样的思想认识。例如提倡文化视野解读美学的张法在《中国美学史》（修订本）即说："从美学自身来说，儒家作为美学主干是服务于家-国秩序的，又是最不美学的，相反倒是道、屈、禅在突破儒家之时带来了最多的美学性"。（《中国美学史》（修订本），第538页）在他看来，中国美学就是士人美学，而从夏到汉，美学主要是参考朝廷和民间-地域关系来运思美学。孔子从"现实政治的视点，从家国天下的社会秩序角度，面对周代以来的以'礼'为核心的朝廷美学体系，提出了'文质彬彬，然后君子'这样一种仁心、政治、美学一体的思想"（《中国美学史》（修订本），第109页），荀子则按照地位等级即以礼为统帅决定享受色声味的多寡，又把礼的政治伦理意义塞进色声味的形式美感之中，成为朝廷美学的指导原则，但是"荀子的美学已经不能代表美学的主流"，"形式美脱离礼之后已经以自己的方式有了很大发展"。（《中国美学史（修订本）》，第136页）魏晋始，美学才主要考虑士人自身在文化中究竟应当如何定位来运思美学。由此来看，张法对儒家美学的认识比刘纲纪走得更远，不仅否定了儒家思想美学的正统性，而且否定了儒家思想美学的合法性。不过，他花了很大篇幅叙述的内容——"远古美学"，反映的主要就是"朝廷美学"，例如"礼""中和""美—文—玉""威仪"甚至"乐"，而且依照他在书中表达的看法，这些思想内容都主要由儒家思想美学继承下来并给予了发展。那么，依照他对儒家美学的看法来评价，这些最能体现他的文化美学观的内容都是非美学的，又何必编写在美学史的著作里呢？
另外一些著者则或"巧妙"地将儒家美与善的问题转化为其他问题，或直接回避了此类问题。如叶朗《中国美学史大纲》在谈到美与善时，便将其转为文与质的关系，变成艺术的内容和形式的关系，美善统一就是文质统一，就是内容和形式的统一（《中国美学史大纲》，第47页）；在论述到白居易的诗论时，又将此问题转为现实主义问题，指出"历代都有一些诗人以他的《新乐府》为范本，写作了一些反映人民疾苦、揭露封建社会黑暗统治的讽喻诗，形成了中国古典诗歌的现实主义传统"。（《中国美学史大纲》，第261页）朱良志《中国美学十五讲》（北京大学出版社，2006）则直接将这部分内容"省略"掉，对儒家美学只从"逝者如斯""气化宇宙""饮之太和"以及"颐养情性"来论述，只突显出他所能认可的儒家的"美学"因素。此不多论。

出了狭隘性，具有了虚伪性。当然，我们并不排除政治伦理与儒家思想相合的情况。而这种相合，大概也是刘纲纪肯定政治伦理的一面，即他多次强调的个体与社会相统一的思想。其次，儒家讲"克己复礼""尽心知性""存心养性"等，从个人来讲限制的是个体的邪欲贪欲，存的是个体的天性，发挥的是人的主体智慧和勇力。这一点也是刘纲纪肯定儒家思想的一面。不过，其中有一个最能引起争议的概念，那就是"礼"。礼，一方面存在着移风易俗的问题，另一方面主要表现为个体与群体、家与国之间的对立统一关系。刘纲纪也指出，个体绝对的自由是不可能存在的，也不是马克思所推崇的。他一味地以儒家思想压抑、束缚个体的自由和独立来否定儒家美学思想是站不住脚的，而在特定历史时期和特定语境下认为政治伦理、社会道德以及封建礼法对个体自由和独立的压制甚至迫害，自是不争的事实，但这又与儒家思想有了一定距离，存在着比较明显的差异。因此，我们不能简单笼统地将儒家思想与美学对立起来，将政治伦理和社会道德观念与美学对立起来，这样既不符合历史事实，也不符合逻辑发展。

那么，单纯从理论上讲，美和善能否统一，又如何统一？刘纲纪在《关于美的本质问题》一文中似乎给出了答案。其言："如果社会的伦理道德规范外在于个体欲望、要求的满足，从外部来束缚限制个体，成为个体不得不勉强地服从的东西，那么美的感受就消失了。……只有当我们从这种描写中感到人物崇高的道德行为是人物内在的个性的要求，是他作为个体存在的生命的意义和价值之所在的时候，我们才会感到美。"① 这即说明，只要外在的道德伦理不外在于个体的内在要求，个体的内在要求与外在的社会伦理要求有了内在贯通或同一，便可以实现美与善的统一以及共存。这样的思想不仅符合前文论述的马克思所说的个体真正的实践是实现了人的类特性思想，而且在刘纲纪对于孔子、孟子以及荀子的美学思想的论述中也已具体展现了出来。他指出，孔子一方面充分肯定了个体官能欲求的必要性和合理性，另一方面又努力把这种心理欲求的满足导向符合于社会伦理的道德规范，孔子还强调要使仁成为人们内心

---

① 刘纲纪《关于美的本质问题》，引自刘纲纪：《刘纲纪文集》，第107页。

情感上的自觉要求，而不是依靠外部强制，而且他所追求的"治国平天下"的
最高境界，恰好是"个体人格和人生自由的最高境界"，二者几乎是同一的，
这样就把"外在的'礼'转化为内在的'仁'"，"把社会的'礼治'和理性
的以往规范变为人们出自天性的自觉要求，最终成为一种自由的'游戏'（'成
于乐''游于艺'），以完成全面的人的发展"。孔子提出"兴观群怨"，就
是要"通过情感去感染、陶冶个体，使强制的社会伦理规范成为个体自觉的心
理欲求，从而达到个体与社会的和谐统一"；孔子提出"仁者乐山"等"实际
上是在美学史上第一次揭示了人与自然在广泛的样态上有某种内在的同形同构
从而可以互相感应交流的关系"。① 他甚至评价道，孔子的美学思想"使中国
美学和艺术经常能够在对立面的相互依存中达到情与理的和谐统一，形成具有
实践理性精神的中国古典主义传统，避免了那种割裂对立面的相互依存或片面
加以发展的各种形式主义、神秘主义等等"，而"使对立的因素和谐地统一起
来，达到恰到好处的理想状态，这是一切伟大的古典艺术普遍具有的特点"。②
论述到孟子时，他指出，孟子所说的仁义，继承了孔子的古代人道主义精神，
其实质就是要求人与人之间应该相爱，各自履行自己对于对方应尽的社会责任，
这样仁义之道的实现，就是人的生存意义和价值的实现，也才是"人所应有的
生活，也才是一种美的生活"，而孟子所谓"浩然之气"，就是"个体的情感
意志同个体所追求的伦理道德目标交融统一所产生出来的一种精神状态"，而
这种人的内在的道德精神能够表现在人的外在形体，如此就将"个体的人格美
精神美了解为内在的精神和外在的形体的统一"，完成了他所谓"充实之谓美"
的理论论述。③ 论述到荀子时，他指出，荀子认为包括美在内的所有欲望只有
符合"礼"即伦理道德的要求时才是合理的，即用礼来规范约束人的欲望，但
又不是取消欲望，而恰是这样才能使欲望得到真正的满足，用现在的话说，就
是"个体的感性的心理欲求同社会的伦理道德理性要求达到了完全和谐统一"，
而艺术最重要的作用就在于把人的感情欲望导向礼义，从而感动人的善心，以

① 刘纲纪：《中国美学史》（上卷），第135、136、148、157页。
② 刘纲纪：《中国美学史》（上卷），第161页。
③ 刘纲纪：《中国美学史》（上卷），第187、189、191页。

防流于邪恶下流放肆，即他所谓"以道制欲，则乐而不乱，以欲忘道，则惑而不乐"，实现"乐得其道"。刘纲纪因此评价道："荀子从'礼'（人的社会性的表现）与'欲'（人的自然性的表现）的统一这样的高度来观察艺术的社会功能，实际就是把艺术看作是一种使自然的人同社会的人、感性的人同理性的人相统一的手段，这是一个深刻的思想，是先秦其他各家的美学都没有像荀子这样明确地认识到的。从古至今，人们对艺术的社会功能有各种各样不同的说法，然而从根本上来看，这种功能不外就是要使人的感觉和情感成为理性的、使理性成为渗透在感觉和情感中的。一句话，就是要使人的感性与理性相统一，消除两者的外在对立。这是认识艺术的社会功能的核心问题。"①

综合来说，孔子以仁为核心，统一、贯通了礼法和伦理道德，使得个体的本性和自觉意识与社会礼法伦理相统一，人与自然相互感应而达至相互共通而统一；孟子强化了个体的精神意志和独立意识与仁义本身、外在形体相一致；荀子清晰地论证了个体的自我欲望与伦理礼法、艺术美学之间的贯通统一关系。应该说，孔孟荀的思想已经建立起了儒家特有的美学思想体系，而刘纲纪等所谓的儒家美学反对和压抑、束缚个体欲望、自由独立的说法，基本是抛开了儒家美学思想的整体逻辑和体系而单独就某一方面来论述其弊端，这种思维和逻辑方法本身就是不合理的，偏狭的，更何况他们的反对理由往往是将儒家美学思想的某一方面"自我意想地"推向极端。而或许，只要我们如刘纲纪一样，抛开了"思想意识"偏见，直面儒家主要思想家的美学思想时，便能见出儒家美学的"真面目"。

七、中国美学中的情、理相融

以上所论已透显出了刘纲纪所说中国美学的另外一个特征，即情感与理性的统一。刘纲纪在"绪论"中说，中国美学强调情必须与理相统一，这里的理不仅包含物理，更重要和根本的是伦理。而且中国美学讲文艺的真实性，主要

---

① 刘纲纪：《中国美学史》（上卷），第324、325—326页。

不是外界事物的模拟再现真实，而是情感表现的合理和真实，所以"中国美学所主张的'情'与'理'的统一，既是与'善'的统一，也是与'真'的统一"。[①]这样的说法，不仅应和了儒家美学思想的相关论述，也应和了文艺美学的真实区别于一般科学日常认识的真实的思想。那么，道佛美学思想中就不存在情、理统一的问题了吗？

依照刘纲纪的叙述，老子从自然生命的观察上获得"无为而无不为"思想，其实体现的就是"无目的而又合目的"的特征，"显得既是合乎必然的，同时又是自由的"。而且，"老子把真、善、美三者都包含在他那个囊括一切的'道'之中，符合于道就是真、善、美，违背了'道'就是假、恶、丑"。正因为如此，"老子对'美之为美'的特征的把握以哲学的高度超过了孔子"，"用'道'来说明美，较之于孔子用'仁'来说明美，是一个巨大的跃进"。[②]庄子则完全否定掉了仁义道德，因为进入阶级社会，仁义不仅仅是许多人谋取私利、祸国殃民的工具，而且成了阶级的道德，成了维护统治阶级利益的手段，成为异己、虚伪的东西，出现了"以仁义易其性""以物易其性"现象。所以庄学提出以道法自然、与物为春的思想态度来对待一切，"使人的生活和精神达到一种不为外物所束缚、所统治的绝对自由的独立境界"。[③]可见，在老庄的思想里，理指的是自然之理，即道，基本不包括人情伦理，而真，自然是自然之真，物理之真，以及人性之真，换句话说即为"自然（而然）"，非人情之真。即使从审美和创作的角度来说，老庄提倡自然而然，从本源上就反对人的主观行为和人的一切意识，反对任何现实利益的考量，所谓"不以心捐道，不以人助天，是之谓真人"（《庄子·大宗师》），而仁义再基于人性，伦理道德礼法再合乎仁义，它们从本源上说仍旧是一种现实利益，仍旧有一种自我意识。至于佛

---

① 刘纲纪：《中国美学史》（上卷），第47页。

② 刘纲纪：《中国美学史》（上卷），第211、224、224—225、232页。

③ 刘纲纪：《中国美学史》（上卷），第243页。同时，刘纲纪又指出，庄学所说的人的无限和自由，不过是一种精神上的虚幻。因为这种自由并不是人在实际生活和世界中支配事物必然性的结果，而是对物的必然性所产生的对人有利或有害作用采取的一种超越的态度，是消极地顺应自然，而不是积极地改造自然。这种说法显然受着他的实践本体论思想影响，此不多论。

学，"声称凡存在的一切都是假象、幻象，在实际上既否定了正始玄学所说无限超越的本体——'无'的存在，也否定了由'无'所生的'有'的存在"，并且认为"魏晋玄学或道教的'养生之谈'是毫无意义的，儒家所谓'天地之大德曰生'也是错误的"，即使像慧远这样论述到情，但一方面此情主要的意涵指向感应，如《易传》所论"咸卦"一样，另一方面此情在物——情——神的逻辑进程中必然要用神来统领和化去，以"使'神'不为'生'所累，不为'情'所扰，达到完全的解脱"。① 换句话说，佛禅思想中更不会有世俗及血缘情感和现实利益的存在。这样来看，情感和理性的统一特征，就只能存在于儒家美学之中。

可是，如果我们将"情"的意涵不仅仅局限在血缘之亲及一般情绪、情感以及欲情的范畴内，自会是另一番情景。这里仅依据刘纲纪论述的庄子美学和慧远等思想来说。庄学极言其美，所谓"天地有大美而不言"，又倡"乘物以游心"的逍遥，此中必然有情，也有理，但此情是人的天性之情，是万物宇宙的情，是不掺和人意和人欲的天情，所谓"与物为春"，此理是宇宙万物生成运动变化之理，即道，也是万物"齐观"之理。所以庄学里面本有情理融合，只不过说是为万物与我一体的随顺自然，是至人、真人的自在逍遥，我们大略可以用"自由"来称之。但此自由非彼自由，刘纲纪称其为"合规律的，同时又是合目的的"大体来说不错，② 但细究起来完全是两回事，因为道不能用规律涵盖，随顺自然也不能是人的目的。佛说之理，或称之为法，法之上是佛，慧远以"神"标之，为"精极而为灵者"，"以无生为反本""以不化乘化"；③ 僧肇以"涅槃"目之，为"既无生死，潜神玄默，与虚空合其德，是名涅槃"④；道生又以"般若"说之，为"真如法性，妙一无相"。⑤ 若如慧远、僧肇所言，佛法就是空无，当佛家提出"法性""佛性"概念，如道生所言"真如法性"，

---

① 刘纲纪：《中国美学史》（下卷），第898、902、918页。

② 刘纲纪：《中国美学史》（上卷），第279—280页。

③ 刘纲纪：《中国美学史》（下卷），第901页。

④ 刘纲纪：《中国美学史》（下卷），第923页。

⑤ 刘纲纪：《中国美学史》（下卷），第934页。

佛法就非纯粹的空无，而或如老庄所言为无情无识之天性，即为"如来"，禅道至此基本合流。佛家虽用佛性涤尽了人间之情，但仍有缘起缘灭或为感应、报应之情，故慧远有言，神之者，感物而动，化之于情，情之化物，神以为灵，而且"情为化之母，神为情之根。情有会物之道，神有冥移之功"，"火之传于薪，犹神之传于形；火之传异薪，犹神之传异形"，情灭物灭而神不灭，可以以神传神。[①]刘纲纪对此还画出一张图示作出总结，如下：

三者具体关系，即情事与物交感而生，同时又受着神的支配和制约。为进一步说明此理，他还引用《易传》的两段说明来印证。《周易·系辞上》言："《易》无思也，无为也，寂然不动，感而遂通。"《周易·咸卦·彖传》："咸，感也。柔上而刚下，二气感应以相应。……天地感而万物化生，圣人感人心而天下和平。观其所感，而天地万物之情可见矣。"情本身由感而来，而感本身皆由外起，受物而动，所以从根本上说"情"就是个人与外物交接的一个自然产物。只是人因为有了心识，有了自我欲望，便使得本自天然的情似乎成了人主动的一种情感表现和欲望所求。由此来说，从情、感的自然本性来讲，道、释、儒可以会通，甚至说是一致的，而道、释始终坚持这种自然本情和直感，所以要让后来的心识、欲望与天性、情感保持一致，遵循自然，也就去除了儒家后来所谈的人主动形成的志情和欲情。从这个意义来说，道释思想本就追求并践行着情与理的合一、融通。

再进一步讲，刘纲纪从情感的真实、合理与伦理的统一来讲儒家思想的情与理统一，也不完全正确。因为儒家所讲的理，不能局限在伦理、情的真实等意涵，而情的构成也需分出几种。若从孔孟来说，仁、义本身来自人的天性，

---

① 刘纲纪：《中国美学史》（下卷），第901、901—902页。

而这种天性又本就是一种情，即所谓仁义之情，如此来说，儒家所讲的情与理是一个东西，陆王心学在思想逻辑上的最大合理处便在于此。荀子所谈用教化和礼法来引导情，宋儒倡导的《中庸》"喜怒哀乐之未发，谓之中；发而皆中节，谓之和"，皆以欲情为立足点，此时所谈情与理的统一，主要是指用一种合理的社会规范来约束和限制人的欲情的兴起和发展，从而实现二者的和谐共生，即所谓"和""达道"。这便是如刘纲纪一样的学者批驳儒家思想压抑个性独立、自由的地方，而这种认识是有失准的。而像《毛诗序》等所谈的志情，其意涵在刘勰《文心雕龙·情采》所言"志思蓄愤"中多少已透露消息，情感的长久积淀即成为内心所有的一种理想、抱负或心识（意），志（理）和情本存在着这样的一致性。而我们一般所言心识之理、物理之理，纯粹是一种科学的认知过程和逻辑，本就不存在情的问题，也不在文艺美学讨论的范围，便无所谓情与理的统一问题了。

八、中国美学中的认知和直觉关系

那么，所谓认知与直觉的统一又该如何理解？刘纲纪说："由于中国美学很早就深刻地了解到艺术不同于科学认识的重要特征，因此中国美学在谈到艺术的创造和欣赏问题时很早就注意到了直觉的作用，但同时又始终不把直觉与认知绝对分割，认为两者是可以而且应当统一起来的。"[1] 具体来说，孟子、《易传》等都谈到了直觉的作用，而且"中国哲学对善的探求，既是认知的，同时又是直觉的。因为那合乎至善的人格理想和人生境界的达到，需要有个体内心的体验和直觉，不是只凭纯粹概念的思考就能达到的"。[2] 禅宗哲学吸收了道家哲学，对个体的"心"对外物的决定作用更为强调，倡导通过个体的直觉、顿悟而达到一种绝对自由的人生境界。严羽及宋代美学直接从禅宗哲学中寻找理论根据，提出"大抵禅道惟在妙悟，诗道亦在妙悟"之说，认为艺术的最高

---

① 刘纲纪：《中国美学史》（上卷），第48页。
② 刘纲纪：《中国美学史》（上卷），第49页。

境界就是"不涉理路，不落言筌"，但同时又要"多读书，多穷理"，充分肯定了直觉和认知的合一性。但由于刘纲纪的美学史止步于魏晋南北朝，我们无法看到他有关这个问题更为详尽的论析，不过他在"第十章 东晋佛学和美学"重点论述了僧肇和道生关于妙悟和顿悟的思想，多少让我们得以窥见他关于这个问题的具体阐述。

僧肇《涅槃无名论》言："玄道在于妙悟，妙悟在于即真。即真则有无齐观，齐观则彼已莫二。"这里首先要明确的就是"有无齐观"。如刘纲纪所言，这种思想主要来自庄子的齐物论，核心思想就是消除有无、物我及各种事物及概念的区别对立。有了这种思维，自然能让人意识到"天地与我同根，万物与我一体"。僧肇立足于佛学而借用庄子的这种思想，与庄子所论一样都具有审美性质。僧肇又言："至人虚心冥照，理无不统，怀六合于胸中，而灵鉴有余；……至能拔玄根于未始，即群动以静心，恬淡渊默，妙契自然。"刘纲纪指出，僧肇所言正描写了主体达于"妙悟"时的精神状态，即主体的心灵处于恬静渊默状态，便能像明镜一样映照出万物，与自然巧妙契合，而这种状态与审美的心境类似、相通，"恰好说出了审美所具有的那种超出于理智的分辨和抽象思考的直观性"。[①]不过，细究此处僧肇和刘纲纪所论，有无齐观与心灵映照之间还需有一些必要的环节尚待揭示。因为有无齐观思维只是将物我等双方之间"人为认知"构成的对立取消掉，只是做了一个思维方式的转变，换句话说，我们一般的认知思维是将各种事物分别开来，然后进行分析辩证，最后得出一些认识结论，而有无齐观思维，则是要消除这种分别的思维、分析的认知方式。当我们具有了这种"不无于无""不有于有"或如庄子所言"方生方死，方死方生"的思维和认知方式后，天地万物就只是一体，就只是万物个体自我存在的"真"。而我们的心灵如明镜一样映照万物，指的是物、我之间的一种相互作用，而不仅仅是一种思维和认知方式。当然，对于庄学、佛学来说，有无齐观的思维和认知方式是实现心灵如明镜的一个必要条件。至于具备了有无齐观思维后，为什么心灵就如明镜一样能映照万物，妙契自然，僧肇在

---

① 刘纲纪：《中国美学史》（下卷），第931页。

这里并没有说，我们还需探究到道生的相关论述才能揭示其中道理。

依照汤用彤所述，道生能深刻体会《般若》实相之义，认为言象纷纭，体性不二，真如法性，妙一无相，"性者，乃真极无变之义也"，而明性才能知佛性平等，湛然常照，此所谓真智既发，如果熟自零。这即是说，宇宙万物之相的核心是性，性是不变，而且能不区别即"平等"对待一切外物，而人的本性最主要功能便是"湛然常照"，此性的本质就是那个"真智"，就是因为有真智，所以能照彻宇宙万物而得其真。此"照"便是常言之"悟"，而所谓顿者，即指真智发用，映照万物，如汤用彤所言"以不二之悟，符彼不分之理，豁然贯通，涣然冰释"，[1]又恰如光照黑屋，瞬间皆亮。[2]可见，心灵如明镜映照万物，首先要明确一个"性"的问题，即任何事物包括人都有一个本性在，然后这个本性自有本有不变的功能，对于人来说，这个本性的功能就是"真智"，真智发用而能映照万物，从而得到人和事物之"真"，即僧肇所言——"玄道在于妙悟，妙悟在于即真"。因此，直觉或顿悟，先要有个必备条件，就是要转变一般的理性认知的逻辑思维和认知方式而成有无齐观的方式，然后明确一个"性"的概念，确认人和宇宙万物都有自我本有的不变不失的性能，而人的主要性能就是真智，最后明确人的真智发挥作用，便能映照万

---

① 刘纲纪：《中国美学史》（下卷），第936页。

② 此处借用《四十二章经》的这种说法来比拟此境，或更为恰当。《四十二章经》（第十七章）："佛言：夫见道者，譬如持炬入冥室中，其冥即灭而明独存。学道见谛，无明即灭而明常存矣。"

物而见其真。①

由此可见，笼统地说认知与直觉的统一，或者超越理智的分辨和抽象思考，是说明不清楚它们二者之间内在的关系的，我们必须深入到思想和思维的具体过程之中才能将其阐明透彻。所谓超越一般理智和抽象思维，是说直觉、顿悟等的思维过程是对它们的改变或翻转，即要有一个有无齐观思维的转变，其次是要有对固有不变性能的认知，最后是对性能发挥作用的认知、理解、体会。所谓认知与直觉的统一，是指直觉、顿悟的过程有理性逻辑思维和一般认知行为的参与，但逻辑和认知的基本内涵不同，逻辑是有无齐观的逻辑，认知是性能发挥作用的觉知。所以严格来说，认知和直觉是合一而不是统一。认知是直觉顿悟的认知，不是一般理性思维的认知；直觉顿悟是认知的直觉顿悟，不是

---

① 在这个过程，我们还必须明确一个概念，那就是——作用。《五灯会元》卷一载达摩弟子波罗提说："性在作用。""王若作用，无有不是；王若不用，体亦难见。"任何事物及人的本性不是一个物的存在，更不是一个概念的存在，而是功能的显现，只有显现出来才能看到，不显现就看不到，但性不变，始终存在在那里。当然，任何功能的具有，必须对应有相应的物质、器官，又或者说，我们所说的性或功能，指的就是这个对应的物质、器官所内在具有的性能。所以波罗提又说："若出现时，当有其八。在胎为身，处世为人。在眼曰见，在耳曰闻。在鼻辨香，在口谈论。在手执捉，在足运奔。"（《五灯会元》卷一）有关"作用"的具体论述，可参看王世海：《皎然"明作用"释解》，《殷都学刊》，2010年第3期。另外，我们在阐述马克思实践论时也提到了这个概念，言道："对象化的过程即实践的过程是一个对象与人个体的相互作用的过程，而这种相互作用，是两个对象（对象与我）各自性质的一种相互选择和适应，而且也只有这样，才可能发生真正的作用并产生实际的效果，即如他说的'对于没有音乐感的耳朵来说，最美的音乐也毫无意义'，反过来说，'只有音乐才激起人的音乐感'。"如果此段阐释不错的话，我们便可直观到中西哲学在思理和逻辑上的直接"会通"。再深究一步，这种"会通"，或者说马克思的这些思想，还主要来自黑格尔。黑格尔尤其在《精神哲学（哲学全书·第三部分）》（中译本，杨祖陶译，人民出版社，2017）主要运用他的否定之否定辩证法逻辑和思维，重点讨论了精神及其显现等诸问题，提出了那纯粹的知（性）就是绝对精神、自由理念等观点及理论，从中我们可以深入了解到黑格尔关于主客相互作用关系的精彩论述。此处无法展开，需另文详述了。

神秘超验、情感体验的认知。①

九、中国美学的境界和生命

中国美学还有一个特征，就是"以审美境界为人生的最高境界"。刘纲纪指出，中国美学要求美和善统一，儒道两家说法各有不同，但归结到最后，都是以"天人合一"为最高境界，而天人合一境界就是一种符合自然又超越自然的高度自由的境界，因而也是一种审美的境界。如老子强调美在道中，强调所谓"自然天成""大巧"的合目的与合规律的高度统一，就是一种审美和艺术的境界。庄学认为美在"无为"、自由，从道中获得一种精神上的启示，从大自然的生命上体验那种自由的精神境界，不是诉之于抽象的理智，而是诉之于直觉、想象和情感体验，消除物对人的支配达到物与我的统一，也就实现了审美的境界。阮籍的美学因通向道家，认为同自然的合一为美的最高境界。谈论到僧肇的妙悟时，刘纲纪直言："审美的境界确实是一种消除或克服了物我对立的境界，外在的感性事物不再是与人的自由相对立的东西，而成为人的自由的感性肯定，与人的自由合为一体。"② 而对于陶渊明的诗学创造，他直接以"艺术境界"来标举，认为陶诗把平凡的农村生活景象极为自然质朴地写了出来，同时把它与玄学、佛学所要解决的人生解脱问题联系起来，彻悟人生的苦难，又不否定离弃现世人生，强调从日常生活中去寻求心灵的满足和慰安，创造出

---

① 胡塞尔发展而出的现象学，强调要回到事物本身，采用的思维过程先是"悬隔"，然后是意向性直观或为范畴直观，然后是意向性构成，最后是获得思想和认知。他也提到了先验性、本质直观等概念，但终究未能将哲学思维推进到中国哲学的"性（性能）"概念，所以总还隔一层。海德格尔提出"存在"概念，指向存在的真理，但缺乏性能、作用等概念的理解和阐释，对存在的真理在理论和思维上仍旧阐释不清。也就是说，我们只有通过"有无齐观"到"性能"，再到"性能作用"而见其"真"这样的思维和认知过程，才能真正把事物存在的真理和本质的真理阐述清楚。另外，刘纲纪将将有无齐观等思维和认知的阐释引向不离感性而又超越感性，映照万物又超越万物，从而获得精神的绝对自由，从一般的审美理解来说，似乎是合适的，但直觉顿悟过程，本不存在感性问题，也不存在超越万物的认知，而所谓精神自由，又必须从"万物与我一体"的思想境界来理解，从物我相互作用而得其真的思维过程来阐释，而不能从西方超越的自由概念来理解，不能从合规律合目的的角度来阐释。此不多论。

② 刘纲纪：《中国美学史》（下卷），第931页。

了极具深刻哲理又自然平淡的艺术境界。最后他还明确指出："它相当典型地表现了本书第一卷绪论中已经指出的，中华民族以超越道德、宗教的审美境界为人生最高境界这一特征。"[①] 从这些论述，我们基本可以了解到他对境界的认识。总体而言，他所谓的审美境界，与道家思想密不可分，主要的思想是指消除物我二者之间的对立，从而实现与物为一，与自然合一；进一步说，审美境界是主体人从自然中体验到合目的（精神的自由）和合规律（自然之道）的高度统一。这种合目的和合规律的统一说法，可以说贯穿了刘纲纪的中国美学史的全部，也即说明境界思想是刘纲纪关于美的一个极为核心的思想。

不过，这种在境界的意涵中特别突显主体精神的自由、解脱及超越的思想，从思想和逻辑上来讲，是与"有无齐观"思维相违背的。有无齐观强调的是物、我之间的同一性、共通性，既然同一，又如何将境界的阐释归结到只有人这一主体的特殊性、优越性；而且，有无齐观就无物、我之分，无前后上下高低之分，又如何讲解脱、超越？其实，刘纲纪在论述庄学美学时已经谈到，"如果说以孔子为代表的儒家美学着重强调的是美与善的一致性，那么庄子美学所强调的则是美与真的一致性"，[②] 而庄子所说的真，就是"要求人们要顺应自然，完全让事物按照它的自然本性去活动和表现自己，不要以任何外力去强行干预和改变它。这显然包含有尊重事物自身规律的意思，也有真即是合规律的意思"，"只有顺应自然，不用外力去强行干预改变它，这样包含人在内的自然生命才能得到自由的发展"。[③] 这就是说，人之所以能获得自由，是人给外物了自由，人与外物有了彼此的自由，才能保证人和外物的"真"，有其"真"才可能是美的，真与美至此才真正实现了一致或统一。所以，庄学所谈之美，首先是有无齐观和物我一体，然后是各自自由和自然而然，再次是各自本性相互作用，最后是所得之真的显露、呈现，是为境界。由此来说，境界最核心的含义，应

---

① 刘纲纪：《中国美学史》（下卷），第959页。

② 刘纲纪：《中国美学史》（上卷），第253页。

③ 刘纲纪：《中国美学史》（上卷），第254页。

该是——"即真"。① 至此，前面所言情与理的统一、认知与直觉的统一以及美与善的统一，便可以得到一个通贯的理解。

而即真，不是单纯的哲思，也非一般的逻辑判断认知，而应是鲜活、生动、具体、真切的，这也才能说"即真"或境界是美的，或本身就是美，也才符合了刘纲纪及崇尚美学独立性的学者所强调的美要有个体性、感性和直观性等的要求。所以，我们需要用另外一个概念来指称它，才能做到贴切、自然，那就是中国思想文化里的"生命"。对于这个概念，刘纲纪在《中国美学史》中其实论述得很丰富。

在他看来，老子倡导人应该与自然道相合在一起，取消那些有害于生命的、过度的、不合理的欲望，反对文明社会的异化，便是要保持着人的生命自由，追求一种"自然天成"的美。庄学与老子一样，要人"不失其性命之情"，提出了自然无为、"法天贵真"的主张，并认为这种天然之美最为广泛地表现在大自然的生命之中，甚至是整个宇宙。《吕氏春秋》依循道家思想，提出乐主天地之和，也主社会人事之"和"观点，并吸收贵生养生之说，提出乐还应坚持以利生为本的"适"原则，适其性命之情，节其自私嗜欲，还认为万物的美是由阴阳二气即"精气"在阴阳协调、精气流畅的情况下产生，建立起了道家自然生命美学比较系统的理论。至《淮南鸿烈》将道产生的美，实实在在地诉之于人们眼、耳、鼻、舌等感官的物质对象的感受、体验，并且认为这样的美不仅具有客观性、普遍性，而且具有相对性、变化性，同时还提到了"形者，生之舍也；气者，生之充也；神者，生之制也"，辨黑白、视美丑关键在于"气为之充而神为之使"，② 把形、气、神作为一组相互依存的概念同艺术创造的问题直接或间接地联系起来，有力促进了后期形神美学观念的发展。而根据蔡邕论书法时提到的"势"，刘纲纪指出，书法作为一种高度自由的线的艺术，

---

① 这样的阐释，应该说已得到历史的确认。如中唐托名王昌龄所著的《诗格》，论述到"意境"时即说"得其真"，王国维在《人间词话》对境界的界定，言"能写真景物，真感情者，谓之有境界，否则谓之无境界"。至朱良志《中国美学十五讲》也着重指出，"中国美学纯粹体验中的世界不是物质存在的对象，不是所谓'感性'（sensibility），而是生命体验的真实（truth）"（《中国美学十五讲》，第2页）。此不多论。

② 刘纲纪：《中国美学史》（上卷），第465页。

它的美同力的表现有着最为密切而直接可见的关系，而"'力'的表现之所以能成为美，在于美作为人的自我创造或自我实现是同生命的运动及其力量的表现分不开的"，"《易传》所谓'天地之大德曰生'这一命题，深刻地蕴含着中国古代重视个体生命的人本主义思想，把自然看作是生命的源泉，同人的生命的保持和发展处于和谐统一之中，长远地影响了中国古代关于美的观念"。[①]魏晋时期，从人物品藻与美学之间的关系来看，任何美的事物都必须有感性形式，而美所具有的感性形式必然是和人的生命的存在和发展的感性形式相联系或异质同构，而那些表现了人的生命的自由感性形式正是通过人的自然形体的构成和运动而具体呈现出来的。例如魏末至晋初讲"骨""筋"，在本质上都是要探求线如何才能表现生命运动的力之美，与宗炳同时的王微对山水画着眼于山水之灵、山水之动，就是在强调美与生命的运动变化的关系。刘勰论述的风骨概念，也是指向人的情感之力和理性之力，并称"'力'作为'风骨'之美，亦而艺术美的表现，是这两种力的结合。没有'骨'的'力'，从'风'所表现出来的情感的'力'就会是虚浮不实的。相反，没有'风'的'力'，从'骨'所表现出来的理性的'力'就会缺乏感染的力量"，[②]归结为一点，风骨的意涵就是主体的人格情感和作为真善统一体的"事义"的交融合一。

最为集中反映美与生命关系的理论，就是"气韵生动"命题，刘纲纪对此阐释地尤为精详。他指出，谢赫多次谈到气和力结合，就是要求绘画的用笔、形象要有"气力"、有"生气"，要表现出生命的力量。同时，这种气也指人的精神、气质的表现。而韵概念首先来自对音乐韵律的说明，至魏晋逐渐被运用到人物品藻上，声音之美与人物的才情、智慧、风度等直接相连，使得韵也具有了人的一种情味的表达。气是人的精神、气质的显现，韵是人的内在精神的旋律美，二者相合便共同指向了人的才情、精神等内在特质表现出来的一种

---

① 刘纲纪：《中国美学史》（上卷），第580、580、581页。

② 刘纲纪：《中国美学史》（下卷），第1277页。

类似于音乐旋律的美。① 于是刘纲纪断言，气韵概念就是"中国古代的生命哲学应用于艺术的产物，同时又与中国古代以'乐'为'天地之和'的表现分不开"，它"既强调主体的生命、精神的表现，同时又充分地肯定着整个宇宙的自然生命与主体精神的美两者之间存在着内在的一致性、统一性"。② 气、韵不可分，韵离不开气，而气只有呈现出韵才具有充分的美的价值，但二者又不能等同，气指生命运动的力的表现，韵则更具有纯粹精神性、哲理性的意涵，要诉之于直感的体验。至于"生动"，指的是生命的运动（包含生长、变化、向上、发展等在内），由生命的气力引发，或者说就是生命气力的直接表现，有气即有生动。整体来说，气韵生动命题，就是要求气韵必须表现在一种生动的形式中，也就是要求艺术的美应具有和生命的运动相通、一致的形式，就是"中国古代的生命哲学在艺术、美学问题上的应用和表现"。③

此外，刘纲纪还将这些生命的气、力美学与西方生命美学诸多理论进行对比阐释。在他看来，古希腊时期的西方美学就已经注意到美同生命以及人的自然形体之间的关系，但常常从自然科学的角度和眼光来看待，到了近现代，美与生命的关系成了不少美学家关注的焦点。例如康德的美学同他关于自然生命目的论密切相关，黑格尔也多次谈到美同生命的关系，认为个体的身体就是人的原始本性的显示，理想的艺术美就是一切属于自然生命现象的理念、人的自

---

① "韵"表示生命律动之美的观点，应该已成为学界共识。宗白华在《中国美学史中重要问题的初步探索》中谈到"气韵"概念时说："气韵，就是宇宙中鼓动万物的'气'的节奏、和谐。绘画有气韵，就能给欣赏者一种音乐感。……中国建筑、园林、雕塑中都潜伏着音乐感——即所谓'韵'。"（宗白华：《美议》，北京大学出版社，2010年版，第49页）朱良志在《中国美学十五讲》则称，"中国艺术以气韵为尚，体现出对'生生而有节奏'的生命精神的追求"，"生生是'活'的，而且是有节奏的'活'，气化世界生机流荡，同时又是富有节奏的流荡，体现出一种独特的音乐精神"。（《中国美学十五讲》，第109页）宗白华进而认为，"中国哲学是就'生命本身'体悟'道'的节奏"，并解释说，"中国人抚爱万物，与万物同共节奏……我们宇宙既是一阴一阳、一虚一实的生命节奏，所以它根本上是虚灵的时空合一体，是流荡着的生动气韵"。（《美议》，第83、111页）西方学者关注到谢赫"六法"，对"气韵"的认定也是从"节奏"立论。这些都表明，气韵本身就内含着"生命节律""自然节律"等具有音乐性的含义。有关西方翻译及认知"气韵"概念情况，可参看彭锋：《气韵与节奏》，《文艺理论研究》，2017年第6期。

② 刘纲纪：《中国美学史》（下卷），第1363页。

③ 刘纲纪：《中国美学史》（下卷），第1366页。

由精神、灵魂的感性表现，但他们认识不到人的本性的历史性、社会性，所以只能发展出生命的客观唯心主义思想。现代美学家苏珊·朗格提出了艺术形式就是一种与"生命的形式"类似的观点，指出生命的形式特征包含四个方面，一是动力形式，二是有机的结构，三是整个结构都是由有节奏的活动结合在一起的，四是生命的形式具有特殊规律，即生长变化的内外统一及一致性，而且认为"你愈是深入地研究艺术品的结构，你就会愈加清楚地发现艺术结构与生命结构的相似之处。……正是由于这两种结构之间的相似性，才使得一幅画，一支歌或一首诗与一件普遍的事物区别开来——使它们看上去像是一种生命的形式，使它看上去像是创造出来的，而不是用机械的方法制造出来的；使它的表现意义看上去像是直接包含在艺术品之中"。① 刘纲纪对这种说法高度赞同，但也认为苏珊·朗格未能从根本上认识生命形式与艺术形式类似相通的真正根源，不理解和不会接受美是"自然的人化"这一根本观点。而中国美学恰好抓住了美与人的生命的存在发展之间不可分割的联系，从而把握住了美的形式是人的生命存在发展的自由形式及其构成这一根本点。②

由上可见，生命美学的思想可谓贯穿了刘纲纪整个的美学历史叙述，又或者说，刘纲纪用中国美学的这些历史充分验证了这个命题。根据他的这些叙述，我们大致可以勾画出中国生命美学的主要思想，具体如下：

一是以道气来论，人与宇宙万物都是一体的，相互之间可以互感，可以互通；

二是人的生命运动变化与宇宙万物自然的运动变化是一致的，是内在统一的；

三是人之内在的气，主要表现为力，其力可表现为情感之力，外显为风，可表现为理性之力，外显为骨；

---

① 苏珊·朗格：《艺术问题》，中国社会科学出版社，1983年版，第55页。转引自刘纲纪：《中国美学史》（下卷），第683页。

② 刘纲纪对美的总体认识，还是更多基于他的实践本体论美学，所以在批判西方生命美学诸观点时，还是多从实践本体论美学观点来阐述，其合理与否，在此不去多论。而我们依据他在中国美学史中关于生命美学的诸多讨论，与他所列举的西方生命美学诸观点比较，便也大略可以了解到中西在生命美学理论上的差异。

四是人之内在的气（力），来自人的自然物质的气（力），也来自人的精神、才情、智慧等形成的气（力），所以也是人的品性、精神的外显；

五是由此人之内在的气（力）的显现，还可表现为人的才情、精神所具有的情味、风度，从而具有了如音乐旋律般的韵（味）；

六是气是始终运动变化的，所以有气必然"生动"，生动应是气韵的一个内在特性；

七是外在宇宙万物的道气及其运动变化与人之内在气的运动、变化保持着异形同构的关系，而艺术和美就是表现和体现这种生命的形式（生命的运动、变化以及结构）、生命的内容（自然的道气、情感和理性之力），生命的意涵（自然之性、才情和品性）和生命的精神（道气生生自然、精神和智慧）；

八是所以美和艺术是人的生命、自然的生命的本真表达，是物我生命存在世界的显现，必然与人的生命特性相适应，与宇宙万物存在的自然本性相一致。

九是西方生命美学思想，或者基于纯粹的理性、自由概念，或者基于自然界的物质、科技性理解，虽认识到自然生命、生命形式和美及其形式相类似，相统一，但一则认识不到生命本身的鲜活、自然、生动，二则认识不到生命本身的历史性、实践性，终成缺憾。

为了更为清晰地展现生命美学的内在逻辑，我们用一张简图表示如下：

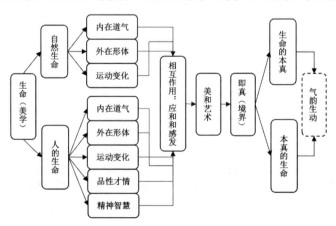

这样来看，生命本身就是我们前文所说的"真实"，生动则是这个生命概念最本质的属性，而气韵生动便成为这个生动的生命最"美"的表达。因为生命不是物质的，不是静止的，不是机械的，所以不能用纯粹生物、物质的技术和思维来认识它，不能用单纯静止、独立的方式来解释它，也不能用一般的知识和理性及逻辑来理解、表示它，所以我们必须用"即真""妙悟"的方式来认识和理解它，用彼此相互作用、相互感发流转的形式来表现它、解释它，以境界的思想和精神来体会它，观照它。真正能表现生命本性的，它本身就是美的，无论它是客观存在的外物及景象、境界，还是主观内在形成的一种心境，还是表现为艺术形式的一幅画，一首诗，一幅字，一曲音乐等，由此形成的一种种境界。①

结　语

至此，我们或许可以对刘纲纪的《中国美学史》两卷本的总体叙述特征做出一些必要的总结：

第一，正如他自己所言，他的美学史叙述极为详细，考证和评析也极为细致，尤其对《吕氏春秋》《淮南鸿烈》、阮籍以及书论画论等的美学思想论述精详，并提出了自己独到的见解；

第二，他的美学史叙述的中心思想应是他自己的实践本体论思想，即实践意义下的合目的和合规律性的统一，追求和实现的是个体的独立和精神自由，由此也透显出了西方近现代的人文主义思想对其的巨大影响；

第三，他在《中国美学史》（第一卷）"绪论"中对美学史的叙述范围和对象阐述得极为清楚，明确说是狭义下的美学理论而非审美意识，但在整个叙

---

① 托名王昌龄《诗格》提出"诗有三境"——物境、情境、意境；王国维《人间词话》及相关著作提出有"有我之境""无我之境""意与境浑"，同时提出境只能说有无、大小，不能说优劣、造写；朱良志《中国美学十五讲》则尊称"华严境界"。王国维更言人生大事业大学问有三境，冯友兰统言人生有四境。凡此种种，都说明境界因参入要素的不同、多寡而显出了不同。此不多论。

述中混入了"屈原的美学思想"和"陶渊明的美学倾向"两章内容。这样的叙述安排，稍欠妥当。

第四，由于他坚守和主要贯彻的是自己的美学思想观点，所以对儒家美学思想的美善合一传统虽做出了详细阐述和较为公允的评判，但整体上仍存在一些差误，也使得他在这些问题的阐述上出现了一些自相矛盾的现象。

第五，他整体比较推崇道家思想，尤其是庄子美学思想，对其的论述尤为丰富和精到，但他将其更多规范在了他所理解和倡导的美学思想中，最终未能对道家美学思想作出更为深透精确的解析，以致造成了某些误解。

第六，他对东晋佛学几位高僧与美学有关的思想阐述详尽，发他人之未发，但由于未能参透佛理更为深邃的思想、逻辑，又受自我美学思想的影响，所以终未能将最为核心的思想阐释明晰。

第七，由于以上诸多原因，他对自我提出的中国美学的几大特征论述得稍欠准确，稍欠透彻。

第八，他的中国美学史叙述还贯穿了一种美学思想——生命美学。他虽未能将其单独标举、详尽论析，但这种思想和意识还是明确的，清晰的，而且通过他对中国美学史不同时期出现的各种生命美学思想、理论的阐述，我们大体可以勾勒出中国生命美学的整体思想及其逻辑结构。

第九，他的中国美学史叙述，始终是处在中西对比的大环境下进行，所以在阐述中国美学的同时，又在多处主要讨论了西方相关美学的思想和理论，使得我们对中西美学思想的独特性及其不足，有了比较清晰的认识和理解。由此也可以确认，他真正践行了他在《中国美学史》（第一卷）"绪论"里提出的中国美学研究的三个基本原则和方法，一是要对马克思主义指导下的美学原理有相当的了解和研究，二是要对中国的哲学有相当的了解和研究，三是要对西方美学，特别是康德以来的美学有相当的了解和研究。

综上可见，刘纲纪的《中国美学史》两卷本在中国美学史的历史叙述中是独特的，也是不可替代的。从时间上来说，它是"头一个"，自有其历史的价值和意义；从主旨思想观点来说，它是深透地坚持和贯彻了马克思主义实践本体观，而实践美学思想对中国当代美学发展的深远影响不言而喻；从叙述的内容来说，它对比较常见的美学家、美学理论作出了深入详细且独立的阐述，对不常见的像《吕氏春秋》等也作出了详细深入且独到的阐述，对中国画论、书法的美学思想的阐述和考证更为详细、深透，而且具有较多首创之功。同时，基于自己对中国美学的自信、热爱，以及深厚的文献功底与理论阐释能力，他可以说建立起了独具中国思想文化特点的美学思想体系——生命美学，相较于潘知常提出和建立的"生命美学"思想流派，也可谓独树一帜，别具一格。[①]虽然今天在我们看来，他对儒家美学思想、道禅美学思想的阐释存在一定差误和误解，但是一则瑕不掩瑜，我们无法苛求他人能面面俱到，样样精通，二则我们的学术观点也需学界讨论和历史考验，不能因一时所见就妄下优劣高下判断。所以综合来说，刘著自可光耀千古，流芳百世了。

---

①　潘知常在1985年《美学何处去》（《美与当代人》即后来的《美与时代》，1985年第1期）首次提出了生命美学概念，后发表多篇文章、出版多本著作，系统阐述了他的生命美学观，并形成了较为完整的理论体系。近年出版的《走向生命美学——后美学时代的美学建构》（中国社会科学出版社，2021年）及其续篇《我审美故我在——生命美学论纲》（即将出版），可以视作他近40年关于生命美学思考的一个阶段性总结，可参看。另外范藻《爱与美的交响——潘知常生命美学研究》（即将出版）详细阐述了潘知常生命美学思想形成与成熟的学术发展历程以及潘知常生命美学思想的内容、特点，亦可参看。

书法的故事　灵魂的探险

——熊秉明《中国书法理论体系》导读

颜以虎[1]

吴冠中在一篇纪念文章中对熊秉明做过这样的评价，他说："在他众多作品和著作中，我认为最具独特建树性价值的是《中国书法理论体系》，此著作该得诺贝尔奖。"[2]此论虽不无知音之见，但也足以见得《中国书法理论体系》这一美学著作的文化含金量。《中国书法理论体系》作为第一部现代意义的书法理论著作，其主要价值便体现在其于中国书法美学研究筚路蓝缕之功，它开启了中国书法理论研究的一个全新的时代，具有历史里程碑的意义。

《中国书法理论体系》自1980年面世以来，便深受知识界的广泛关注。多年以来，随着书法美学研究的不断深入，以及书法理论研究视阈的不断开阔，围绕《中国书法理论体系》便时有争议和疑问，但争议也仅止于争议，疑问也仅止于疑问，缺少必要的深入讨论和研究，使许多问题得不到必要的回答或澄清。《中国书法理论体系》缘于其特殊的成书背景和初始受众，与生俱来，不可避免。

---

① 颜以虎，独立学者。

② 陆丙安编：《对人性和智慧的怀念：纪念熊秉明先生》，文汇出版社，2005年版，第18页。

在这篇导读里我不准备对这部近乎散文的著作做理论性的阐释，那无助于阅读；我也不准备结合中国古代书法理论对照着进行互证，那样只可能将本已简单的问题搞复杂；我还不准备结合新的研究成果做重新的梳理，因为许多问题一经展开，便会在不同层面上产生纠缠。这也是中国书法理论与生俱来的特点，不唯书法理论，另有一些影响较大的美学著作也是如此。

我认为，有些问题需要做适当的清理，并不揣冒昧做一些尝试，这尝试也许是不成熟的甚至是武断的、错误的，但我坚信，如果无视这些问题本身，去谈论《中国书法理论体系》的其他问题，一方面会越讲越乱，另一方面，也会发现如果不是确立一个毫无置疑的阅读态度，很多问题和你的理论储备会有些差距，这也正是《中国书法理论体系》（以下简称《体系》）引起争议的根本原因。

笔者仅围绕几个方面的问题试做简单的分析，算是抛砖引玉吧。

一、出版的故事

（一）出版的故事

熊秉明1962年起受聘于巴黎东方语言文化学院，在该院中文系先后担纲"先秦哲学""古代散文""中国现代文学作品选读""鲁迅作品选读"等课程的教学工作。1968年东方语言文化学院并入巴黎第三大学，其时全世界的青年运动高涨，巴黎也不例外，激情澎湃的青年学生在运动的热潮中集合，讨论改革教育制度，在"想象力当权"的鼓动下，中文系有学生提议开设书法课。从事艺术工作的熊秉明因此被指定为书法课老师，教学的内容包括书法理论、书法美学和书法实践，这项教学工作持续了二十年，直到1989年退休。因而《体系》成书之前是作为书法课讲义使用的，因而有学者称其为课堂教学的"副产品"，不无道理。

《体系》作为一个相对成熟的文本，于1980年面世，1980年至1981年，依章节顺序分七期在香港《书谱》杂志连载，因为是一个连载，所以完全可以视为"成书"。香港《书谱》杂志为双月刊，1980年6月号刊发了引言及第一章，1980年10月号及1981年8月号分别间断一次，至1981年10月号刊发完全书七章。期间中断刊登的两期《书谱》杂志，1980年10月号发表了熊秉明《智永千字文和冯摹兰亭》，1981年8月号在扉页登载了熊秉明题写的"书谱"，书法风格和后来的香港商务版题签一致。香港《书谱》杂志连载时，就有许多人关注、收藏，甚至还有手抄本流传，可见当时的影响之广，用熊秉明自己的话来讲，就是"反响颇好"，这句话最初在雄狮版《序》中表述，天津版《自序》中也有这样的文字，很多版本都是以天津版为蓝本的，并对天津版的《自序》予以保留。有些文章或出版物，将《张旭狂草》的出版时间置于《体系》之前，与事实不符。《张旭狂草》作为熊秉明的博士论文，是1981年通过并被编入"法国高等汉学研究院丛书"，因而从成书的时间上来讲，《张旭狂草》后于《体系》。

　　实际上，《体系》单行本的出版并非想象中的那么顺利，其一波三折的经历现在说来便是一个故事，但在那个时候却给熊秉明带来了不少困扰。在1984年10月18日给雄狮图书股份有限公司发行人李贤文的一封信中，熊秉明是这样说的："《中国书法理论体系》一书交给香港三联两年多，现在还未出版，若给你们，早已和读者见面了。此书曾由《书谱》杂志连载，北京书法家协会的朋友很多已经看过，曾表示称许，认为有许多新的看法。"在1985年2月4日给王玉池先生的一封信中熊秉明也提到出版事宜，他说："关于《中国书法理论体系》一书，我交给香港三联已三年，校样改过两次，仍迟迟不见出版，我现决定收回版权，兹将最后一次清样影印托我侄女熊有德带回，交存尊处。如您以为可以先在书法杂志刊登亦可，短期内能出书当然更好，请赐告，我即把插图说明寄上。文字内容与《书谱》杂志有相当出入。"在王玉池先生正准备接洽连载并联系出书时，熊秉明于当年2月6日再次给王玉池先生来信并告知书已经出版的新消息："《中国书法理论体系》一书，经我再三催促，终于一月出版。我刚接到航寄的两册……我通知商务寄给您五册。"①这便是商务印书馆香港分馆1984年12月初版，以下简称"商务版"。商务版书出之后，销售并不顺畅，熊秉明在天津版《自序》中说："书出之后，既不能入大陆，也不能入台湾，至第二版便积压滞销，而欲购者买不到书。"

1990年7月，四川美术出版社首次在大陆出版此书，以下简称"川美版"。就川美版熊秉明曾"对全书作了修改"，并收入他在国内发表的两篇书法论文作为附录，分别是《在美术研究所座谈会上的讲话》和《书法领域里的探索》，其中《讲话》一文中，熊秉明首次提出"书法是中国文化核心的核心"一论，他说："我想书法代表中国文化最核心的部分，可以说是核心的核心。"《探索》也是熊秉明的一篇比较重要的论文，甚至有学者视其为熊秉明书学理论的"导论"："《书法领域里的探索》一文中熊秉明概括说明了他的书法教学方法和他对书法的理解，此文也可以说是熊秉明书法理论的导论。"②川美版较商务版减少了很多图片及图片说明，封面由黄苗子题写书名，于扉页保留了熊秉明为商务版题写的书名，开本大小同商务版，封面覆了光膜，内页版式、纸张质量、印刷效果较商务版有相当差距，手感和观感都不尽如人意，初版印数为1200册。在此后雄狮版《序》中，熊秉明对川美版给以明确的"差评"："1990年大陆出了新版，不幸错误甚多，段落颠倒，若没有勘误表，大概难于读通。"且在2002年6月份天津版《自序》一文中，熊秉明对川美版也是只字未提，大陆此后以天津版为蓝本的版本都保留了这篇《自序》。因川美版刊行比较早，且客观上对当时国内知识界尤其是书法研究者产生了不容忽视的影响，为探明熊秉明在《自序》中不提及此版的真相，宗绪升先生曾通过电子邮件就此事请教过熊秉明夫人陆丙安女士，得到的回复是："《体系》一书是在四川美术出版社出过，当时还是吴冠中先生介绍的，质量极差，错误百出，有时是整段的移错页，最可恶的是黄苗子先生为此书写了一篇序，而且是用毛笔写的，出版社后来说'找不到了'，请黄再写一篇，苗子

---

① 陆丙安编：《对人性和智慧的怀念：纪念熊秉明先生》，文汇出版社，2005年版，第18页。

② 王南溟：《书法的障碍——新古典主义书法、流行书风及现代书法诸问题》，上海大学出版社，2014年版，第60页。

先生说他是一气呵成，未留任何草稿及手稿，在他那时的高龄，实在无法再写一遍，碍于吴先生面子，熊先生便不再追究，但也不再提及出版社。"①川美版在编印上确实犯了不少错误，比如熊秉明所说的"颠倒"，在其56页最末"韩愈不但肯定了张旭的创作方法，并且怀疑高闲从佛教出世"后面应接续的文字已经到了第60页开头，也就是说这中间硬生生乱进了三个页码。分析看来，这种错误缘于那个年代印刷工序中的硫酸纸晒版。费这个事去查证，实在是想说明川美版到底如何"颠倒"了，给读者一个直观的感受，并理解熊秉明对川美版有这样的态度，不仅仅是因为黄苗子一篇序言的丢失。"不再追究"也确实是碍于吴冠中的面子。或是作为弥补，四川美术出版社于1991年4月又出版发行了熊秉明的另一本著作《关于罗丹——日记择抄》，这本书有吴冠中作的一篇序，书的附录部分另附吴冠中一篇《读后感》，吴冠中在文章里说："当我读到秉明的《关于罗丹——日记择抄》时，已是该书……获奖之后了。秉明来京，手头只带了一本样书，给了我，我抢先读，我的老伴读，我的从事文学的儿子读。我介绍给《美术》杂志摘发了两篇，于是许多朋友来借，书到处轮转，回不了家门。我便索性寄到四川美术出版社建议翻印，立即得到回复，十分欢迎，只是要拆散我这本唯一的样书，我说可以。"通过这段文字，我们可以适当推想一下当初《体系》被推荐给四川美术出版社的情形，同时也可以了解熊秉明温和的性格。经比较，四川美术出版社在《罗丹》一书的印刷用纸上较《体系》有很大改观，图版效果也好了很多，但内页版式设计仍旧欠佳。《体系》一书从川美版的发行到后来文汇版的面世，这里面有将近十年的时间，也正是在这十年的时间里中国掀起了一股美学热，同时书法在中国的境遇发生了翻天覆地的变化，无论是理论研究还是艺术创作都空前活跃，所以很多美学、书学方面研究人员在研究或著述中都曾参阅过川美版《体系》，因此可以说川美版在阅读接受权重上还是比较大的，我们在许多理论著作的引述注解中会看到这样的情形。

　　大陆的第二个版本便是1999年6月文汇出版社出版的"文汇版"，在天津

---

①　陆丙安编：《对人性和智慧的怀念：纪念熊秉明先生》，文汇出版社，2005年版，第92页。

版《自序》中，熊秉明对此也有说明："一九九九年上海文汇出版社出版我的文集四卷。其中第三卷收入此书及讨论书法的文章十篇，惜因四卷本不能散售，销量颇受影响。"所以，文汇版并不是一个完全意义的单行本，而是一本文集，此版上辑收录了《体系》，下辑收录了熊秉明的几篇主要论文，其中包括《关于中国书法理论体系的分类》《书法领域里的探索》《中国文化核心的核心》《书法和中国文化》等。

据日本大东文化大学教授河内利治2003年9月的一篇回忆文章，1997年5月7日在台湾举办的一次书学讨论会期间，河内利治获得熊秉明亲笔签名赠送的商务版《体系》。"我迅速地把全书略读了一下，便觉得全书所构筑的书法理论体系中有许多是从来没有的，崭新的观点，我觉得不仅我需要学习，对于日本的书道研究者来说也是不可缺少的好书。因此，我向先生表达了想要把这本书翻译成日文的愿望，熊先生听了之后，当场就非常爽快地答应了我的要求。"

回到日本之后，河内利治立即着手安排翻译。"熊先生这本书的内容以'中国书法界消息63——熊秉明先生的《中国书法理论体系》'为题，发表在今井凌雪主编的《新书鉴》263号上面（1997年6月25日发行），把这本书的要点作了介绍。为了实现和先生之约，开始了全书翻译的准备工作。全书由七个章节组成。随着翻译的工作量不断地上升，文字的数量相当庞大，我认为要一口气翻译完是不可能的了，于是决定以每年完成翻译一章，并把这一章刊登在大东文化大学书道研究所发行的《大东书道研究》（ISSN–3661）上。在这本《大东书道研究》的第7号（1999年3月20日发行）上开辟了'熊秉明著《中国书法理论体系》1'的专栏，刊登了这本书的《引言》和《第一章：喻物派的书法理论》。这时我翻译的原书用的是熊先生送我的香港版，就在翻译稿完成脱稿之际，1998年10月1日收到了先生的来信，说他的这本《中国书法理论体系》的改定版由台湾出版了。因为有些重要的语句改过和订正过了，所以，今后的日文翻译本希望用台湾版作原本。接到熊先生的这个指示之后，就收到了台湾雄狮图书公司给我送来了1999年9月版的新书。由于翻译时需要在书上作一些记录，所以我又在香港购买了一册。（从去年开始，日本也能够直接买到

了。）新版书和香港版比较起来确实有许多专门语用词换了。图版也有了新的
交换。整本书的设计和安排简洁明了，易读。此后，大陆本土也出了中国简体
字的版本。然而，对我来说比较起来还是繁体字版比简体字版在使用上要方便
得多了。

"从第二章起，我就用台湾版作原稿来翻译。每当碰到非常难懂，或者
意思不太清楚的地方，就写信向熊先生求教。每次都能得到非常仔细明了的回
答，对有些疑问先生总是尽快的回答我，有时直接用传真立即给我答复。这种
一丝不苟的作风，反映了一个真正的学者的一个侧面，令我从心里感到敬服。

"至此，我翻译完成了《中国书法理论体系》的《第二章：纯造形的
美》，《第三章：缘情的书法理论》，《第四章：伦理派的书法理论》（原版
本全书214页中的136页已译完脱稿）。并且分别刊登在《大东书道研究》第8
号（2000年3月20日），第9号（2001年3月20日），第10号（2002年6月20日）
上。第11号，由于别的原因而未刊登，现在，《第5章：天然派的书法理论》
正在脱稿之中，准备刊登在第12号的'熊秉明著《中国书法理论体系》5'的
专栏上面。

"另外，在大东文化大学我的讲座中也用了熊先生《中国书法理论体系》
的这本书，作为课本来使用已经是第二年了，目前在日本可以用来作为课本
使用的、可以信赖的、对书法理论体系进行详细论述的书还没有出现，尽管对
学生中不少人来说，熊先生用现代中文写的文章理解起来比较有些难度，而我
却以为现代文中夹用文言文的文体格调非常高雅，犹如交响曲一般，读起来心
情非常舒服。我觉得用现代语夹文言文的文章使先生的文才也得到了充分的发
挥。讲座使用原书作为教科书的目的，不仅仅是为了提高学生们的中国语能
力，以及对书法审美语的理解和构筑书法理论体系的认识，也是为了确认一下
我翻译文章的文意正确与否之目的。"①

笔者不吝版面将河内利治的这篇回忆性文章大段摘录，一方面是想比较完

① 陆丙安编：《对人性和智慧的怀念：纪念熊秉明先生》，文汇出版社，2005年版，第
187—189页。

整地介绍《体系》日译版的初始情形，及其在日本传播之初的实际情况。另一方面，也因河内利治在中国原有一段不平凡的经历，河内利治1981年作为中国政府奖学金留学生，在浙江美术学院国画系书法篆刻班进修，师从沙孟海、刘江、章祖安、王伯敏诸先生，沙孟海先生赐字"君平"。

1999年9月，《体系》由台湾雄狮图书股份有限公司在台湾正式出版发行，以下简称"雄狮版"。李贤文先生在《出版的话》中不由地感慨："算算时间，已经晚了整整十五年……当时，苦等香港出版未果，熊先生与笔者商讨转移版权给雄狮之事宜，隔年初却传来该书已在香港出版的消息，因此此台湾出版之事只好暂时作罢！……本书的版权，香港的三联于1996年8月交还给作者。雄狮终于等到这份荣幸，出版这本深具时代意义的著作。虽然本书在台湾有盗版，在香港也出版多年，但基于推广书法的愿力，雄狮犹十分乐意出版。为了有别于旧版，我们除了扩大图片数量，增大开本，也请作者详写图片说明并做内容的若干更新。"在雄狮版的《序》中熊秉明补充了一些情况："1995年雄狮出版公司李贤文先生有意出一新版，我欣然同意，因为书已出了多年，自己对书法的若干问题又有新的看法，很想对此书做一次大的修改，种种原因竟未能如愿实现。现在这一版在文字方面的变动不多，在版面上、插图上，以及插图的说明上变动较大。"

2002年6月，《体系》由天津教育出版社出版发行，后来的诸多版本便主要以"天津版"为蓝本，并保留了熊秉明为天津版写的一篇《自序》。序中熊秉明简述了《体系》一著的缘起及以往的出版过程，其中只字未提川美版。天津版沿用了雄狮版的封面题签，在雄狮版精美的装帧设计和精致的印刷效果基础上，天津版在内页版式及开本上做了较大幅度的优化，版本呈现让人赏心悦目，捧之爱不释手，观感和手感都非常精彩，深受读者的喜爱。南开大学来新夏教授在2002年的一篇回忆文章中对天津版置以颇高的评价，他说："这本书的编排装帧之美，固无负于书的内容，异型十六开本，庄严凝重的美术设计，随文整页插图的书法精品，边注以白当黑的疏朗，都不能不归功于责编和设计，特别是责编以自己的编辑工作证明他确实读懂了这本有新意、有深厚内涵的著作。"①其时天津教育出版社负责《体系》一书的编辑李劲洋说："2002年11月底，两本书印制完成后，我们对自己付出的心血还算满意，怀着既忐忑又有些沾沾自喜的心情，以最快的速度将样书寄往巴黎，希望熊先先生能够睹书开颜。但谁能想到，身体一直很好的他，竟然会无缘看上一眼这两本（另一本为《关于罗丹》——引者注）他日夜期待的新书。"②

　　2012年1月，人民美术出版社推出了"人美版"。人民美术出版社于2017年2月又做了修订，推出新版，在新版《写在前面》一文中，编者对《体系》的相关情况做了这样的补充："2001年及2006年亦有韩文和日文版面世。此次出版，是在雄狮美术（台湾）1999版和天津教育出版社2002版的基础上，参照熊秉明先生当年亲笔批注、勘误，编校而成的最新修订版。正文后附以《关于中国书法理论体系的分类》一文，使文本更加完整，方便广大读者理解、学习。"需要说明的是，人美版2017年修订版中有一处修订是将"纯造形"改作"纯造型"，关于此概念，笔者后面将详细介绍并论述。

　　2018年12月，十卷本《熊秉明文集》出版发行，这套文集的第四卷便是《体系》，为单行本，由安徽教育出版社出版，以下简称"安徽版"。安徽版的编校工作做得比较细致，也是一个比较完美的版本，除了逐字逐句的校订外，对一些历来比较混乱的细节做了修正和统一，笔者翻阅后虽然仍发现个别问题，但相比而言这个版本已经很了不起了。

　　以上所述便是《体系》的一段身世，笔者将目力所及的细节罗列出来，实在是因为《体系》作为一部经典美学著作自有其不朽的生命。从中我们也不难感受到《体系》的学术分量及其在读者中的影响。同时也旨在描述《体系》从面世、成长到成熟一个相对完整的历程，从《书谱》连载到天津版，熊秉明对全书不断地做修改和完善，如果深入到每一个版本做细致的比照阅读，我们便看到熊秉明是如何让这本书完美起来的，这里面有一个不断思考、不断论证、

---

① 陆丙安编：《对人性和智慧的怀念：纪念熊秉明先生》，文汇出版社，2005年版，第283页。

② 陆丙安编：《对人性和智慧的怀念：纪念熊秉明先生》，文汇出版社，2005年版，第275页。

不断充实、不断修正的过程。我们后面对一些问题的论述也是从不同版本比较中得以明晰的。若将诸版本做进一步的对比，我们还可以发现一些有趣的问题，个别问题也很值得进行深入探讨，"纯造形"作为一个美学范畴便是如此有趣的一个问题。

（二）哲学的故事

熊秉明在《关于中国书法理论体系的分类》（此文有不同的表述，以下统称为《分类》）一文中以冯友兰《新原道》讲中国哲学思想不会有人把它当作中国哲学史，以进一步说明"逻辑发展与历史"可以"不相吻合"。这是熊秉明在《体系》一著中唯一提及冯友兰之处。《新原道》这本书中，冯友兰以"极高明而道中庸"的理想为线索，"先论旧学"九章，"后标新统"一章。《新原道》"自序"说"此书非哲学底书，而乃讲哲学底书"，以"旧学"九章来看，相邻两章有一定的承接关系，是为逻辑，但并无时间的先后之分。

1926年冯友兰《人生哲学》作为新学制高级中学教科书由商务印书馆出版。该书论述了冯友兰认为重要的人生论即"三道十派"，先后论述了"损道"的老庄道家之流的"浪漫派"、柏拉图"理想派"、佛教及叔本华为代表的"虚无派"，"益道"的杨朱之流的"快乐派"、墨子功利家之流的"功利派"、以培根与笛卡儿为代表的"进步派"，"中道"的儒家、亚里士多德、新儒家、黑格尔。《人生哲学》的"三道十派"和《新原道》有着本质的区别，即前者是中西比较，而后者只是中国的"旧学"和"新统"。"在《人生哲学》中，他将中西文化中具有代表性的派别列出，认为西方哲学中具有的思想，在中国哲学中也有相似的思想与之对应。"[1]

《人生哲学》既然是作为高级中学的教科书使用的，因而此书对熊秉明的哲学思想产生过影响应该是可能的。熊秉明的父亲熊庆来于1927年应聘清华大学，此后便举家迁往北京，其时冯友兰亦在清华任教，冯友兰和熊庆来在工作上有很多交集，在冯友兰的年谱中有这样的记录，1931年4月"月初熊庆来赠

---

[1]　吴依涵：《冯友兰〈人生哲学〉研究》，西南交通大学2021年硕士学位论文，第26页。

同游十三陵相片两张"。熊庆来自法国回国一事，也主要是由冯友兰直接促成的，1956年冯友兰前往日内瓦参加"国际会晤"，出访前受国家高教部委托，利用出访机会与在外华人学者接触，动员他们回国，着重提到两位，其中有一位便是熊庆来，当年9月份，冯友兰在苏黎世和熊庆来见面。熊庆来和冯友兰有这样的关系，熊秉明很早就可能了解到冯友兰的哲学思想并受其影响也是很自然的事。

1939年熊秉明还在读高二下学期时即以同等学力考进西南联大经济系，于二年级转入哲学系。1938年秋熊秉明以第一名的成绩考进云南大学附属中学读高中，读书期间即有老师说："高中已不能给你什么更多的学识了。"据殷双喜介绍，熊秉明"在中学的时候读丰子恺的《西方绘画史》、朱光潜的《谈美》《文艺心理学》、罗曼·罗兰的《艺术家传》，还有鲁迅翻译的《无产阶级文学的理论与实践》。他考入西南联大二年级就读到《里尔克与罗丹》等书，也就是说他的知识结构在早年已经确立了。"[1]

西南联大读书期间，熊秉明主要受业于冯友兰、金岳霖、贺麟等哲学名师。关于在联大讲哲学的冯友兰，联大1944级学生李广深对冯友兰有一段回忆："与往年一样，先生所授课程'中国哲学史'，每周三学时……讲课时，冯先生对中国历代哲学家的思想论述深刻、系统、明确、朴实。无论口头讲或者板书，一丝不苟。临上课前，还要坐在大图书馆里再做准备。这是我和一些同学经常看见的。学生提问题，无论在课堂内外，都耐心细致地给以解答，直到学生满意为止。"因此，冯友兰在联大讲哲学，时间上有保证，质量上也是有保证的。关于联大哲学系的熊秉明，罗达仁教授在回忆时说："我们三人不愿参加其他同学组织的学术会或报告会，我们自己组织了个报告会，每人轮流讲，其他两人听，然后大家讨论。记得一次。寿观主讲的题目是：《柏拉图的理念和黑格尔的理念》。他在听金岳霖先生《知识论》时，写了一篇读书报告《柏拉图的理念》，很得金先生的赞许，得了高分，说有新意。这回他又论黑格尔的'理念'，表现了他异于常人的理解。秉明主讲的主题是：《在艺术中

---

[1] 《远行与回归——〈熊秉明文集〉出版座谈会纪要》，《中国书法》，2020年第1期。

美与真善的关系》。真善美是西方哲学美学中，亘古至今谈论最多的既古老而又新鲜的问题，众说纷纭；而这次秉明把真善美放在艺术中审视，却放出了与众不同的异彩。"正如罗达仁教授所说："秉明的艺术修养和理论探索在大学时已奠定坚实的基础。"①这里面冯友兰哲学思想的影响应该是很大的。

熊秉明在一篇文章中有过这样一段表述："我举一个极端的例子，冯友兰先生是我的老师，家里挂着一副对联：'阐旧邦以辅新命，极高明而道中庸'，是眼睛几近失明写的。"在《冯友兰年谱长编》里，我们可以看到这样的记录："21日（1988年8月——引者注），下午侯仁之陪熊秉明来访。""3日（1988年12月——引者注）……下午侯仁之受熊秉明之托来摄影，拍摄为先生手书对联'阐旧邦以辅新命，极高明而道中庸'……"这些细节正可以说明熊秉明和冯友兰之间的师生情谊。所以，如果说熊秉明《体系》中国书法理论流派的分类和冯友兰《人生哲学》"三道十派"在"中西比较"及"中西融合"思路上有相似之处，一点也不奇怪。因而可以说《体系》的分类既受《人生哲学》的影响，也受《新原道》的影响，如果仔细体会，可以感受到《体系》的叙述风格也有冯友兰的影子。

二、分类和归派

（一）议论和疑问

对《体系》的分类有较多的争议，其中最为典型是李泽厚的质疑，李泽厚在其著作《华夏美学》中特别提到这个问题，他说："一些海外研究者用西方的理论框架来分析和区划中国文艺理论和观点。……熊秉明则认为'把古来的书法理论加以整理，可以分为六大系统'即'写实派'、'纯造型派'、'唯情派'、'伦理派'、'自然派'、'禅意派'。这些都可以作参考，但

① 陆丙安编：《对人性和智慧的怀念：纪念熊秉明先生》，文汇出版社，2005年版，第116、118页。

都不甚准确，并总感到有些削足适履，没道出本土的真正精神。"①李泽厚同时提到的还有另一位"海外研究者"刘若愚及其著作《中国文学理论》一书，该书以当代西方文学理论为视角，研究和阐释中国文学与文论，并以形上理论、决定理论、表现理论、技巧理论和实用理论等西方文论的范畴为框架，挖掘中国文学的价值，刘若愚意图通过各种异质文化中的文学理论的比较研究，以提出一个"最终的一般的文学理论"。邱振中先生曾在文章中将《中国文学理论》一书和《体系》进行对比，他认为《体系》"按论题进行系统研究"的思路"恰巧与中国古代文学理论研究的思路暗合。刘若愚《中国文学理论》一九七五年于美国出版，亦按论题对中国古代文学理论进行讨论。"②李泽厚的评论和邱振中的介绍，让笔者产生的第一感觉是，熊秉明的分类是否曾于《中国文学理论》一著中得到启发，以熊秉明中文系的研究便利，较早地接触到这样的前沿理论并受其启发也很有可能。经分析，《中国文学理论》和《体系》在论题选择及语言风格是完全不同的，《中国文学理论》是一部系统性较强的理论著作，以现代学术要求进行严密的逻辑阐述，是一部典型的学术型著作，接受屏幕也比较窄，《体系》一著即使从中有所启发，这种启发也是极其有限的，是难以通过对照体会得到的。

对于李泽厚的评论，熊秉明也做了正面的回应，据王玉池先生介绍，他看到李泽厚《华夏美学》中的看法后，即将情况告诉了熊秉明，并在1991年6月收到熊秉明的回信，信中说："李泽厚的《华夏美学》我在此间书店里见到。他所谓'有些削足适履'，也许可以这样说。我在《关于中国书法的体系分类》一文里自己说：'所以我们有必要把六个体系清楚地分别开来。这工作也许会引起削足的感觉。'但是我又说：'我希望中国书法家读这本书的时候，会感到一切熟悉，在陈述中没有率意的歪曲，又会感到一切新鲜，因为每一种思想都具有明朗的轮廓和色泽。'我在叙述各家时以为是十分谨慎的。不知道您在读此书时是否有过'削足适履'的感觉？我疑心李泽厚先生并未仔细读我

① 李泽厚：《华夏美学·美学四讲》，生活·读书·新知三联书店，2008年版，第224页。
② 邱振中：《熊秉明与中国书法》，《中国书法》，2003年第12期。

的书。

"至于他所谓'没有道出本土的真正精神'，我也觉得不甚中肯。长期住在海外的人，几乎时时刻刻，意识地并不自意识地在比较中西文化，其所看到的中国文化之精神是从比较文化的角度得出来的；正是您所谓'学术角度的不同看法'。在国内的学者，又有谁是'道出本土的真正精神'？李泽厚提出'儒道互补'的观点，大概他认为是独到的见地，其实我也是这样看的。"①

这段回应文字，有两个方面需要提示注意：一是熊秉明在著作里有一种意图，即让中国书法家读这本书时会"感到一切熟悉"，又会"感到一切新鲜"，这问题后面专题论及。二是虽说是"疑心"，但熊秉明在叙述各家时是"十分谨慎的"，因而有理由相信李泽厚并未仔细读这本书，在熊秉明看来李泽厚的看法也许只是想当然。

丁正、白鸿指出，"虽然法国学者熊秉明先生在其《关于中国书法的体系分类》一书中，演绎抽象出六大系统，分为：写实派、纯造形派、唯情派、伦理派、自然派、禅意派，但这只是一种人为的分类，仍缺少内在的逻辑的关联。"对于丁正、白鸿的看法，梅墨生在《文化生命的秋实》一文中说，"笔者以为这一观点有一定道理，以传统学术眼光看，这种归纳不免'是一种人为的分类'，理论总会如此。但是，该书并不是所有环节都缺少'内在的逻辑的关联'"。梅墨生认为丁正、白鸿的看法"有一定的道理"，并对一些环节的"内在逻辑的关联"举例作论证。需要说的是，梅墨生的这篇文章在发表之前请熊秉明审阅过，"拙陋的文字复印寄给了熊先生，他回函一再表示谢意，同时也长信介绍了一些他的情况，订正几处文稿。最后，以《文化生命的秋实——熊秉明及其书法艺术》为题刊出。"②无论是李泽厚的议论还是丁正、白鸿的看法，梅墨生的立场和他们是相类的，因为既然"内在的逻辑的关联"确有瑕疵，那么即使部分细节上有"内在的逻辑的关联"，也无法支撑六大

① 陆丙安编：《对人性和智慧的怀念：纪念熊秉明先生》，文汇出版社，2005年版，第187—189页。

② 陆丙安编：《对人性和智慧的怀念：纪念熊秉明先生》，文汇出版社，2005年版，第295、102页

系统整体层面上的"内的在逻辑的关联"。那么，是否熊秉明也默认了这看法呢？

就《体系》的分类问题，还有其他的一些不同看法，如章祖安认为"其看似严密实属机械的方法论并不完全适合中国艺术，特别是中国的书法艺术"[①]。学者周睿认为："他立足于中国书法如何走向世界的问题，试图通过这种中西杂糅的方式达成国际性的审美共识，但他对古代思想资源不无偏差的理解，显然影响了立论的准确度和分类的恰切性。这种杂糅的研究方法有待进一步圆融深入，以真正触及古代艺术的神经并传达古代书法的灵韵。"[②]虽然，有很多读者赞赏《体系》的分类，关注那些具有批判意义的观点或看法并给以真诚的回应，更利于我们看清问题的本质，更利于将思考引向新的高度。

关于书法理论体系的六派及分类，我们分析一下熊秉明本人的论述。

熊秉明在《分类》一文中提到，关于分类的一些问题"原书中可以读出来"，同时还说"书中也明白地谈到"，并引述了书中"明白地谈到"的文字，这段文字谈到两个问题：一是重复《引言》里说过的分类意图，即将古代书法理论里"不够明确的观念加以明确化"；二是把这些"明确化"了的类别进行"综合"即"把不同流派的思想联系起来"，联系的方法便是"在时间上把它们贯穿起来"。这里面有几方面的问题，我们一一阐述。

首先，关于"时间"的问题。《书谱》版是没有下面这段话的，"简单地回答这个问题，就是：在时间上把它们贯穿起来。也就是说，一个书法家在他的艺术发展的道路上，会在不同的阶段膺服于不同的体系；也就是说，抽象地看，静止地看，不同的体系互相分明对立，但是在实际生活中，在经验的时间里，则可以互相引发，互相转移，可以有辩证发展的关系。"商务版将这段话加了进去。分析之后，会发现熊秉明的这段话是用来诠释不同书法家的个人学书经历，他所谓的"时间"是个人的艺术发展道路上的"不同的阶段"，是书法家的"经验的时间"。既然是书法家个人的"不同的阶段"和"经验的时

① 章祖安：《无愧当代的书学成果——从五卷本"毛万宝书学论集"谈起》，《中国书法》，2012年第4期。

② 周睿：《儒学与书道——清代碑学的发生与建构》，荣宝斋出版社，2008年版，第4页。

间"，那么不同流派并不会以相同的顺序出现在不同书法家或临摹的或创作的
"灵魂的探险"里，换言之，熊秉明所提到的"时间"并不具备一般的意义或
普遍的意义，这"时间"只对书法家个人有效，是书法家个体的"经验的时
间"。当然在《分类》一文中，熊秉明明确地说："逻辑与时间相结合有两种
情形：一种是实现在群体的思想史上；另一种是实现在个人的思想历程上。"
在《体系》中，熊秉明明确提到的那个"时间"，便是后一种，即"实现在个
人的思想的历程上"的时间。

那么熊秉明所说的"实现在群体的思想史上"的时间是如何的呢？在《分
类》一文中熊秉明将"六个体系层层发展的逻辑次第"摆明后，即在"时间"
上做了说明，他说"在一定程度上符合书法理论的历史演进"。并把书法历史
的发展做了一个排列。在时间序列上，清代排在明代之后，但清代的"逻辑
次第"是倾向伦理的"尚朴"，排在倾向自然的明代之前。这一存在明显瑕疵
的时间序列，便是熊秉明"一定程度上符合书法理论的历史演进"。在熊秉明
他是这样解释的："思想体系之间的正反关系，在时间上可以有接承，也可以
并起，也可以有逆承。"当然，熊秉明在《分类》一文即交待清楚："把逻
辑和时间联系起来，是黑格尔的思辨方法。"并不是其写作《体系》时的一
种预设。也即从逻辑和时间两个层面也仅仅是对《体系》做一补充性的分析和
说明，即使有相合的地方，那也是书法理论本身的发展规律使然。因此，从以
上分析我们可以明确的是六个流派在时间上的"历史演进"只是一个笼统的倾
向，并无严格的"时间次第"。

既然没有严格的"时间次第"，那逻辑上的"次第"便不是一个很重要
的问题，就逻辑的"次第"，在《分类》一文中，熊秉明从书法理论发展的
逻辑"次第"出发，层层论述，并借康有为书论隐含的"流派观"和《评书
帖》，一方面肯定了存在流派之分的客观性，一方面肯定了流派演进的"逻辑
次第"。（《评书帖》里是这样说的："晋书神韵潇洒，而流弊则轻散。唐贤
矫之以法，整齐严谨，而流弊则拘苦。宋人思脱唐习，造意运笔，纵横有余，
而韵不及晋，法不逮唐。元明厌宋之放轶，尚慕晋轨，然世代既降，风骨少
弱。"）另外，熊秉明在《体系》论述中，部分章节或是在结尾为下一章做明

确的铺垫，如在《喻物派的书法理论》一章的结尾说："'方圆流峙之常'、'经纬昭回之度'，已超过写实的层次，而达到纯造形的层次。纯造形是我们下一章要讨论的主题。"在《纯造形的美》一章结尾虽然没有明确为下一章的叙述做铺垫，但在《缘情的书法理论》一章的开头，也有明确的逻辑承接。这便是熊秉明所说的"原书中可以读出来。"

关于《分类》这篇文章，王玉池有一个回忆。因熊秉明未将六个大系统的分类原则说清楚，引起一些议论或疑问，王玉池先生专门写信向熊秉明请教，1986年3月5日王玉池先生接到熊秉明的来信，信中说："最近完成《中国书法理论体系的分类》一文。我想这篇文章颇能回答您在信中所要求的'如何写《体系》一书的问题'。在这篇文章里我把六个体系之间的关系作了更清楚扼要的说明。不过比较有哲学性，不知道一般读者是否会感兴趣？另外这文章讨论思想体系之间的环扣，当然不谈到经济社会下层建筑的问题，不知道是否有一部分读者会感到不习惯？"王玉池随后安排将此文在《史论》发表，但是读者反映并不大，王玉池在回忆文章中说："也许正像先生所估计，它'较有哲学性'，一般读者不感兴趣，他们仍然按照自己的思路去议论。我却觉得此文虽然不长但却十分重要。可以当作中国古代社会、哲学思想关系史去看待。"①

王玉池先生的这段话，可以体会到一些信息。首先，熊秉明专门写作《分类》一文，说明在他看来《体系》分类问题确实是个问题。其次，王玉池先生所说的"读者反映并不大"，这是不是可以理解为此文"说服力不够"？"他们仍然按照自己的思路去议论"，也即原来的疑问仍在。最后，王玉池对此文的一个"价值结论"便是："可以当作中国古代社会、哲学思想关系史去看待。"

（二）分类的原型

在《分类》一文的开篇，熊秉明转述了其好朋友提出的一个问题，即"六

---

① 陆丙安编：《对人性和智慧的怀念：纪念熊秉明先生》，文汇出版社，2005年版，第92页。

个体系的分类不似从一个层次出发"。熊秉明虽然以较大篇幅做了说明，但他这篇文章其实并未将其好朋友的这个问题回答清楚，这个问题的关键是分类"不似从一个层次"，而不是各流派之间的逻辑和时间的递承问题，笔者在这里以"层次之辨"名之，《分类》一文貌似回答了"层次之辨"，其实没有。正如王玉池先生所说，虽然熊秉明以《分类》一文来作说明，但一般读者"仍然按照自己的思路去议论"，也即读者的疑问还在，争议还在。

学者黄映恺认为熊秉明"采用分析综合的逻辑方法，对古代书论的研究类型进行归纳"，并提出了熊秉明分类的"五大系统说"，认为这"五大系统"分别是书法美的本源、书法美的本质、书法美本体、书法美的功用和价值。这一逻辑层次和尼采《悲剧的诞生》有着不可分割的渊源关系，在《悲剧的诞生》一著中，尼采用日神阿波罗和酒神狄奥尼索斯的象征来说明艺术的起源、本质和功用乃至人生的意义。由此可见在分析解决艺术理论问题时，一些经典的传统方法被普遍接受和应用。在叙述各类别之间关系时，黄映恺认为："现在看来，这些分类不一定存在着很明显的线性递进的逻辑关系，而是采取并列的逻辑方式。"[1]这便是否定了《体系》一文各类别之间"递进的逻辑关系"，但仅以"并列的逻辑方式"去理解，又显得过于简单，依然解决不了"层次之辨"。宗绪升在论文[2]中以历史的视角，以书法史上有关书法理论的著述体例及同时期其他美学著作的体例为参照，充分肯定了《体系》在分类上超越性价值，但在分析过程中，宗绪升似乎没有注意到"层次之辨"问题的存在，也或许为肯定《体系》在分类上所取得的较大成就而将此问题暂且搁置不顾。总之《体系》的分类问题，也即"层次之辨"是一个悬而未决的问题，笔者试从《体系》本身出发进行分析，以考察《体系》分类可能的原型，为回答"层次之辨"在方法上做一尝试。

《书谱》版《体系》在"引言"中将中国古代书法理论分为"写实派""纯造形派""唯情派""伦理派""自然派"和"禅意派"。文汇版

---

① 黄映恺：《在阐释中超越——论熊秉明〈中国书法理论体系〉的理论特色及其意义》，《绥化学院学报》，2007年第5期。

② 宗绪升：《熊秉明书学思想研究》，中国美术学院2013年硕士位论文。

《体系》"引言"中个别流派的名称作了变动，分别是"喻物派""纯造型派""唯情派""伦理派""天然派""禅意派"。对于"写实派"名称的变动，熊秉明解释说："因为书法家写字的时候并不想以书法摹写自然之物，而评论家用自然事物描写书法之美，是一种比喻的说法，'喻物'一词较为妥善。"但是文中的一些细节依然以"写实"来说，如像埃及文字那样的将字写得像一个实物，这种很"写实"的象形方式是中国书法家所排斥的。文中在对第四类比拟做进一步诠释时说，前三类的比拟说字"像"什么，那是心理上的"联想作用"，而说字本身"是"什么，则是"移情作用"，熊秉明接着解释说："这种写字、看字的方法，也许有人要称做抽象的观点，其实是更广义的'写实'。"就本章来说，这一说明在论述上很关键，无疑通过范畴释义的外延以拓展"写实"的义涵，因此全文皆以"写实"一词来阐述四类比拟，这样看来，本章题目"喻物"也好"写实"也好，改不改动关系不大。另外，在本章末，熊秉明以李阳冰将主宰万物变化的规律运用到书法上，超过"写实"的层次，而达到纯造形的层次，进一步地说明从"写实"到"喻物"，仅仅是换了一下流派的名称，其论述过程中，并无改变。学者彭锋谈到这个问题时也说："发现熊先生是这样写实的，书法不能写事物的外形，而是写实际的感情，是感情写实，不是形状的写实。……经过了转换之后写实派是可以成立的，书法是可以写实的，如果它是写实感而写实情的话。我觉得熊先生这方面的论述还是很有意思的，尽管他后面认为写实派不太好，用了喻物派，但我觉得他的写实说法还是成立的。"①

虽然"写实（喻物）派"一章文末和"纯造形的美"一章的起始，熊秉明做了有机的铺垫和承接，但以克利绘画举譬时，将"好像游离了实物的抽象线"解释为"更深一层次的、更广泛的实物的摹拟"。进而将"写实"义涵进一步地"广义"化，这同时也在说明"写实"和"抽象"之间客观地存在着内在的联系。《抽象与移情》一著作者威廉·沃林格，在此书出版的50年后依然不无自信地评价他的书："这恰是一本我认为已经获得成功的书，这个

---

① 《远行与回归——〈熊秉明文集〉出版座谈会纪要》，《中国书法》，2020年第1期。

成功是，用一种全新的、更深层的基础系统分析（即一种基于精神史的形式之原初心理分析法），使古代事实焕发出崭新的证明力……"威廉·沃林格对古代事实还作了进一步的详细的说明，他说："这里的古代事实指的是：人类艺术创造的历史在其原初阶段丝毫不是对自然的直接模仿，而是无可抗拒地在做几何——抽象的表达，并由此创造出了一种甚至将直接模仿自然根本排除在外的符号语汇。"①威廉·沃林格的经典之处还不止这些，他继续说："进一步看，这个严格拒绝模仿自然的做法，后来由于新滋生的人对自然的亲近而渐渐转变成向自然移情和模仿自然，这是在经历了一个漫长并渐次出现的过程之后才发生的，而且以特定的精神发展状况为前提条件。这个由拒绝模仿自然转化过来的移情自然，是在对自然语言进行艺术性提升。"②威廉·沃林格的理论最初发表于1908年，而最早的抽象艺术则出现在1910年，并且抽象艺术也正是在《抽象与移情》那里找到了理论依据，蒙德里安似乎吸收了威廉·沃林格的理论，他认为："造型艺术表现为两种倾向：写实主义和抽象主义。前者是我们的审美情感的一种表现，这种审美情感是被自然和生活的外表形象唤起的；后者是一种色彩、形和空间的抽象表现，它是通过一种更抽象的手段表现出来的，而且常常是几何状的形和空间，其目的是创造一种新的真实。"③熊秉明在文章中说，"可以用立普斯等人的理论来解释"移情作用，威廉·沃林格的上述论述也正是建立在立普斯的理论基础之上的。由此，我们便完全能够理解熊秉明将书法从"写实的"引向"抽象的"有其深层的理论基础和背景。这样说来从"喻物派"到"纯造形派"其本质则来自"写实"到"抽象"的逻辑演进，从这个角度去理解其内在理路，其关系便可以一目了然。

来到抽象主义，在对"纯造形的美"进行分析前，我们先对抽象主义做一简略的梳理。作为艺术流派的抽象主义其发展趋势大致可分为几何抽象和抒情抽象：几何抽象的特色为带有几何学的倾向，又称为冷抽象；抒情抽象带有浪漫的倾向，又称为热抽象。几何抽象以蒙德里安为代表。抒情抽象以康定斯

---

① 威廉·沃林格：《抽象与移情》，王才勇译，金城出版社，2019年版，第9页。
② 威廉·沃林格：《抽象与移情》，王才勇译，金城出版社，2019年版，第9、10页。
③ 许德民：《中国抽象艺术学》，复旦大学出版社，2009年版，第256页。

基为代表，"由于他的早期作品是从野兽主义和表现主义演变而来，并且强调抽象形式的移情作用，也即表现画家的内在情感，所以，他的作品被称为抒情抽象派"①。由此，便会发现在抽象派里面抒情抽象是以表现"内在情感"为指归的。1945年即二战以后，抽象派绘画发生了较大的变化，一些抽象派热衷于抽象主义的表现性价值，其表现性在画作完成的瞬间产生，因而显得更为强烈，这种态度同时导致了书法抽象派或色点派等等，但抽象艺术在这些新倾向上的一致目的，都是把艺术家心底最深处的东西即时而全面地表现出来。到了这个层次，抽象与形象之间的壁垒进一步消除，画家经常觉得有必要超越传统手法乞援于被日常绘画技术排除在外的材料，这便是材料至上了。在这种新倾向上，最具代表的如波洛克在创作时不能容忍缓慢，其在类似"疯癫"的状态下创作，并于1947年进入了"点洒"阶段，这种手法不再需要画笔，用的是工业颜料，波洛克把它们直接浇到平放在地面的画布上。就这样，画家拿着颜料盒，围绕着画面挥洒，一条条色迹四面八方地交错叠落在画面上，一幅画就这样完成了。诸多欧美画家不同程度地排斥了其他的表现形式，只采用这种以身体动作为基础的表现形式，该形式被冠名为"行动绘画"。

在此基础上，我们再来考察熊秉明所说的"纯造形派"和"缘情派"。熊秉明将"纯造形派"划分为理性和感性两派，理性派在熊秉明看来是强调"平衡的美、秩序的美、理性的美"的古典主义，并对应于抽象主义的几何派，而感性派在这里则是剥离了"抒情"意味的创作，诸如上述抽象主义里的书法抽象派、色点派、行动派等。熊秉明还以包世臣的《艺舟双楫》和程瑶田的《书势》为依据，从中挖掘了"纯造形"从材料到技法上的"纯粹"性的例证，但如果将这些例证和上述抽象派"乞援于被日常绘画排除在外的材料"的创作倾向，我们不难发现，熊秉明也许是"由来有自"的。另外，我们容易发现，到"缘情派"一章，熊秉明将"抒情"意味又拿了回来，"缘情的书法"和抒情抽象以表现"内在情感"为指归似其相似。

有鉴于上述分析，笔者大胆地对《体系》"喻物派""纯造形派""缘

---

① 蓝充：《纯粹的精神——西方早期抽象主义发展历程研究》，《大众文艺》，2009年第9期。

情派"另作分类，即"写实派""几何抽象派"和"抒情抽象派"，或可更为简单一些，即"写实派"和"抽象派"，这或可解决"喻物派""纯造形派""缘情派"三派之间的"内在的逻辑的关联"问题，这样的分类命名，虽然有些大胆，但鉴于以上分析，我们或可猜度出熊秉明《体系》一书对书法理论流派命名的内在的理论背景。

熊秉明在《分类》一文中以冯友兰《新原道》讲中国哲学思想不会有人把它当作中国哲学史，以进一步论证"逻辑发展与历史"可以"不相吻合"。这样的补充说明，并未实质上解决《体系》一书的"层次之辨"，但为我们打开了思考问题的一个树洞。冯友兰另有一本书即1926年面世的《人生哲学》，当时是作为新学制高级中学教科书由商务印书馆出版的。该书叙述了冯友兰认为重要的人生论即"三道十派"，先后叙述了"损道"的老庄道家之流的"浪漫派"、柏拉图"理想派"、佛教及叔本华为代表的"虚无派"，"益道"的杨朱之流的"快乐派"、墨子功利家之流的"功利派"、以培根与笛卡儿为代表的"进步派"，"中道"的儒家、亚里士多德、新儒家、黑格尔。《人生哲学》的"三道十派"和《新原道》有着本质的区别，即前者是中西比较，而后者只是中国的"旧学"和"新统"。冯友兰"在《人生哲学》中，他将中西文化中具有代表性的派别列出，认为西方哲学中具有的思想，在中国哲学中也有相似的思想与之对应。"

有足够的证据表明，熊秉明无论是在中学，还是在西南联大与冯友兰都有着较为密切的关系，其作为冯友兰的学生在早年的求学历程中，哲学思想受冯友兰的影响也是情理之中的，冯友兰《人生哲学》中的"三道十派"的分派理念也必然地对熊秉明影响至深，甚至结构、积淀为他的哲学思考的基础。以此推论，熊秉明以冯友兰"三道十派"和西方抽象主义相关理论为渊源，建立了属于自己的体系，在笔者看来，这些也正可视为《体系》一著的分类原型。

在此基础上，《体系》一著可作以下分类：上篇为写实派、几何抽象派、抒情抽象派；下篇为伦理派（理想派）、天然派（浪漫派）、禅意派（虚无派）。当然，正如熊秉明所说，"希望中国书法家读这本书的时候，会感到一切都熟悉"，这便是目前我们看到的六派名称。但其内在的逻辑理路和美学本

质则完全地可以上述新分类去理解，以此为基础或可暂时回答《体系》一著的
"层次之辨"。

（三）书法家的归派

王羲之的归派

王羲之的归派是一个既重要也敏感的问题，《体系》发表以来围绕王羲之
归派的争议一直不断，甚至影响了对《体系》的客观评价。为此，本文围绕归
派问题对熊秉明有关王羲之的论述做一个综合的考察。

《体系》纯造形派一章里，《笔阵图》和《题卫夫人笔阵图》两篇文章，
虽然存疑，但熊秉明认为"可以代表某一时代某些书家对书法的见解"，并以
此和王字互证，肯定王字风格特征中的两个方面。一是"高度机智的技术的妙
用，也是一场紧张的战斗"，并以"晋人所谓杀字甚安"印证王字迅速沉着、
毫不含糊的意味。二是确认王书"为一字，数体俱入"和"字字意别，勿使相
同"的变化，所谓"羲之万字不同"，所谓"兵者，诡道也"。熊秉明虽然因
"王羲之真迹"而为难，但依然可以通过存世的王字法帖等观察王字的大体风
格和成就，并论述了王字三个方面的特点：一是变化统一。变化方面熊秉明认
为王字"不仅是行行之间有变化，字字之间有变化，就每一笔之内也含微妙的
变化"，统一方面表现为"点画背向""纵横牵掣"，表现在全篇上便是"疏
密有致""生意弥漫"。二是空间感觉。"大的书法家必能把白底唤醒为活的
空阔。"或以包世臣的意思即"王字能制造一个广阔生动的空间，仿佛若有第
三度的深远。"三是理性和感性的配合。熊秉明排除王字单纯的理性或感性，
而说"理性像一个机智的导演在幕后活动，然而不显出它的威临和专制，理性
和感性得到交融性的配合"。以上关于王字的五个方面，是熊秉明从形式层面
或说在纯造形层面对王字风格或形式的分析。

笔者以为虽然熊秉明对王字有形式层面的分析，但《体系》将王羲之归派
为"纯造形"其关键的依据是王羲之自己的话："然张精熟，池水尽墨，假令
寡人耽之若此，未必谢之。"在王羲之看来他所以不能比张芝，"只是技巧上

的问题，只是精熟的问题，只要再努力训练是可以达到的"，所以在归派上，把王羲之作为"技术派的代表人物"，认为"王字的内容就是技巧"，认为王字"在书法的造形意义之外不更立目的"。

在将王羲之归派为"纯造形"时，熊秉明认为王羲之追求"纯技巧"有着一定的时代风气，王羲之是"技巧主义时代的产儿和最杰出的代表"。但熊秉明还说明王羲之的技艺"超越了所谓形式主义"，原因是"这纯技巧的后面，有一个人格，这技巧渗透着精神性"。这精神性便是王羲之的"骨鲠、正直、识鉴、高远"，并说，"人与书、道与技不可分。"

以上分析，我们不难感觉到，熊秉明将王羲之归派为"纯造形"，有其特定的立场和依据，熊秉明自己对王羲之有着非常深刻而全面的认识，他当然意识到将王羲之归派为"纯造形"可能会引起争议。所以，在文中多次论述到王羲之归派问题的复杂性。

首先，将王羲之与西方音乐里的巴赫、近代绘画里的塞尚对照比较，认为王羲之和巴赫的共同之处有两点，一是难以归类，王羲之有"穷变化，集大成""总百家之功，极众体之妙"的特点，熊秉明认为："'穷变化'也就是'集大成'：有严肃，也有飘逸；有对比，也有谐和；有情感，也有明智；有法则，也有自由……于是各种倾向的书法家，古典的、浪漫的、唯美的、伦理的……都把他当做伟大的典范……宋黄山谷所谓'右军笔法如孟子道性善，庄周谈自然，纵说横说，无不如意'。"巴赫也是如此，"有的说他是纯音乐的巨匠，有的说他是音乐的诗人，或音乐的画家；有的认为他是属于法兰西型的，或者是意大利拉丁型的，有的认为他是典型的德国人……每一个人都只见到这海洋的一角，局限于自己偏好的一个崖涯。"二是重视技术，王羲之重技术问题前面提到，在巴赫看来也是这样的。"有人问他究竟怎么能做出如此完美的作品，他只回答说：'我很费了些心力。'又简单补充道：'无论谁，只要肯下功夫，都可以做到。'"这些和王羲之说的话如出一辙。

其次，熊秉明在其他流派的论述中，也提及王羲之被理论家论及的情形。

如缘情派一章，孙过庭从抒情的角度描写王羲之，"写《乐毅》则情多怫郁，书《画赞》则意涉瑰奇。"

在伦理派一章，项穆认为王羲之能代表"大统"："宰我称仲尼贤于尧、舜，余则谓逸少兼乎钟、张，大统斯垂，万世不易。"项穆在将"中和"推为书法最高理想的同时，认为王羲之是能够达到"中和"理想目标的最伟大的书法家。熊秉明还提到"项穆的儒家理想，在这里已和道家潇洒飘逸的理想不甚可分了"，但项穆依然认为这样的字就是王羲之。这里熊秉明便暗示着王羲之天然派的倾向。熊秉明认为"康有为是提倡儒教的正统人物"，说康有为"也赞成王羲之，但不说'中和'而说'奇变'"。需要补充说明的是，康有为作为儒教的正统人物，他的字风其实正是出自道教重要人物陈抟。

在天然派一章，熊秉明肯定飘逸是晋人追求的理想，崇尚"飘逸"的天然派的理论家姜夔正是从"飘逸"角度赞美钟、王的，这就将王羲之和天然派有了联系，但熊秉明又说"他的书法所表现的不只是一'飘逸'的趣味，所以如果把他归入逸品类，也一样是武断的。"熊秉明还提到"王羲之是道教徒"，但又说："王羲之、颜真卿的主要精神究竟不是道教的。"

再次，熊秉明在《分类》一文中对将王羲之归派"纯造形"又做了补充说明，认为王羲之和巴赫同是重技术，但"他们的经营达到我们难于测量分析的复杂而巧妙的程度。当然他们的成功不只在技巧，不过在主观上他们认为他们的成功只是技巧的事。"在这里熊秉明还特别做了如下阐述："他们之膺服规律，是创造性地追寻规律，掌握规律，而充分地发挥了规律的性能、魔力。被动地依赖'法'，按照别人制定的尺寸规格，像复制机那样去写字，那是工匠的手艺。黑格尔《精神现象学》中也讲到'工匠'式的艺术。他说：'这种作品缺乏自我本身存在于其中的形态和表现。''它所表现的是一种外在的自我，而不是内心的自我。'（《精神现象学》第七章——宗教）用平常的话说，这样的字容有技巧，甚至有一定功力，但是没有个性，缺乏主观精神的表露。"熊秉明在这里强调王羲之和巴赫技术问题上的两个特殊的要素：一是他们在技巧上是"创造性地追寻规律"，而不是被动地依赖"法"；二是他们在艺术上表现的是"我本身存在于其中的""内心的自我"而不是"缺乏主观精神的表露"。

纵观以上分析，可以清楚地看到，熊秉明在王羲之归派问题上的立场是非常坚定的。熊秉明非常清楚王羲之在中国古代书法理论中的复杂性，所以是在经过缜密的思考和权衡之后，确定王羲之的归派。在其他有关王羲之的文章中，熊秉明依然坚持这样的立场。笔者以为，许多人对熊秉明将王羲之归为"纯造形"派表示疑惑，主要原因在于没有全面理清熊秉明在此问题上的论述，而且熊秉明在具体论述时因顾及文法而一定程度上降低了行文的条理性，使许多很有力的论据淹没在精彩的文字里。笔者在全面考察熊秉明的论述后，对王羲之的归派深为认可，因为在笔者看来，在这样的著作背景中，在这样的理论体系中，王羲之也只能如此归派，要是将王羲之单独列出来进行讨论，那样一来这本《体系》就完全不是现在这样子的了，会逊色许多。

董其昌的归派

较之王羲之，董其昌的归派问题的争议性并不是很大，有其理论和创作上的客观因素，但并非毫无争议。这里仅以几个不同版本的理论史、批评史等著作为参照，以考察董其昌归派问题的争议之处。

中田勇次郎论及董其昌的美学思想，笔者概括为三个方面：一是董其昌虽然自言其书法得力于米芾的平淡天真论之处最多，但认为董更是由于"精通禅宗的妙悟而开拓了书法的境界"。二是董其昌以晋人为最高目标，并主张通过唐人悟出晋人书法的韵味。三是董其昌从晋人那里，主要抓住了"自然性"的特点，并称之为"似奇实正""以奇为正"的表现手法。[①]由此看来，中田勇次郎在董那里既谈到了"禅宗妙悟"也谈到了"自然性"。

在王镇远看来，董其昌很早就皈依禅宗思想，其思想与禅宗的关系颇深，故自名其室为"画禅室"。同时董氏以为老庄思想可通于禅学，他的《容台别集》卷一中有"禅悦"一类，其中就有不少发明老子《道德经》的话，他自己的案语说："偶书老子，以禅旨为疏解。"又说"悔翁谓禅典都从《庄子》书翻出。"故他以为禅宗思想与《庄》、《列》中的某些论说"同一关捩"。其艺术思想也大多得力于老庄和禅宗，正是老庄与禅学为他"淡"的美学观提供

---

① 中田勇次郎：《中国书法理论史》，卢永璘译，天津古籍出版社，1987年版，第121页。

了思想基础。①

陈振濂认为董其昌在书法批评中的贡献，主要在两个方面：一是倡导"淡意"的审美模式，二是以禅论书。并进一步地将董其昌以禅论书概括为两个方面，一是直接引禅语入书，形成禅宗语录式的批评语汇，这也是董其昌《画禅室随笔》的主要特点，更重要的是，董其昌寻求一种禅宗式的顿悟境界，也即其特征不是在直接引用禅语上，而是其思维是一种禅的思维，即取一种禅的思维立场，在这种禅的思维立场主导下，可以将董其昌在书中追求"淡意"亦看作一种禅的表现，即不追求技艺的展现，不追求形式的面面俱到，提倡"物我化一""主客交融"，把严肃的创作过程置换为一种适意潇洒的自娱过程。②

姜寿田认为董其昌以调和为目的，使理学与禅宗在晚明达到新的融合，从而倡导一种全新的审美模式。董其昌既不满于理学钳制书法，也不满于禅宗书论呵佛骂祖、意造无法，因此在调和之后董将晚明书法审美观念引入淡逸之境，侧重发展了禅宗书论疏淡萧散的意境论，而放弃了意造无法的禅宗致思。因而董的平淡天真的审美观虽然源自禅宗美学，但"淡"的境界论却是与禅宗的自性相分裂的。对晋唐一体化的帖学的强烈皈依，使董无法从心理深层结构中认同禅宗的主张，而只是表面化地吸取禅宗的美学观念。③

甘中流通过对梳理和分析，认为董的"淡"就是"质任自然"，即不事雕琢、天真流露，董在有关颜真卿、怀素书作的评论中也指出这个主旨："鲁公行书在唐贤中独脱去习气，盖欧、虞、褚、薛皆有门庭，平淡天真，颜行第一。""余谓张旭之有怀素，犹董源之有巨然，衣钵相承，无复余恨。皆以平淡天真为旨，人目为狂，乃不狂也。"在这里，董以"平淡天真"评价，足见董所说的"平淡"不是风格问题，而是指书法家在作品中体现出来的一任自然、天真磐露的艺术精神。④

在《体系》中，熊秉明不但明确地将董其昌归为天然派，甚至认为董其

① 王镇远：《中国书法理论史》，上海古籍出版社，2009年版，第258页。
② 陈振濂：《中国书法理论史》，上海书画出版社，2018年版，第141、142页。
③ 姜寿田：《姜寿田书画理论文集》，上海书画出版社，2010年版，第96、97页。
④ 甘中流：《中国书法批评史》，人民美术出版社，2016年版，第402—403页。

昌是中国书法史上"最能有意识"追求道家放逸精神。在论述过程中，熊秉明没有过多地进行形式层面的分析，但是从下面几个方面谈及，一是董其昌的用墨，认为董其昌喜用淡墨，是要表现一种清新洒散的意趣。这是从墨色方面进行描述的。二是董其昌在《画禅室随笔》中是从韵和飘逸的角度谈书法的，熊秉明认为，这"就是从道家的哲学观点谈书法"，熊秉明同时认为董其昌是在唯美主义的美中加了一个道家的放逸。熊秉明还将董其昌作为儒家的对立面提出来，虽然在康有为那里，董其昌"局束如辕下驹，蹇怯如三日新妇"，在包世臣那里，"由董宜避凋疏"，但在熊秉明看来，这些毁评是基于儒家的立场来进行品评，有其立场的倾向性，如此一来便以儒家为参照，肯定了董其昌的"放逸"。如此看来，虽然前述研究对董其昌的归派有不同意见，但在熊秉明那里，董其昌是禅宗的还是道家的，如此的矛盾根本就不存在。笔者以为，熊秉明对董其昌的归派基于三个方面：一是基于对董其昌书法风格也即形式层面的判断，上文提到的淡墨便是其形式因素之一。二是基于对董其昌的书论，诸如"逸品加于神品之上者，曰出于自然而后逸"等，熊秉明以董其昌较多的美学言论为依据做出这种独立的判断。三是书法理论史上，对董的"淡意"的较多阐述也可能对熊秉明对董的归派产生一些影响。

至于董其昌是归派为禅意派呢还是天然派，我认为沈语冰的引述可作为参考，美国著名汉学家列文森曾问过一个有趣的问题，即为什么董其昌在其绘画作品上有意识地取法于古代大师，却要提出一个基于禅宗自发性观念的美学理论？一个人怎么能既持有禅宗理论又进行儒学实践呢？高居翰对此进行了批驳，其中有一条便是，董其昌只是取譬于禅宗的"顿""渐"两派，并不意味着禅就是他南宗理想的内容。[①]对此沈语冰认为董其昌是缘于在超越赵孟頫问题上的不自信，"在帖学资源近于枯竭的情况下（无论如何都无法仅在形态方面超过赵孟頫），如何发掘新的支援意识。董其昌在禅宗中发现了它。"[②]意即在董其昌那里，禅是作为某种策略被提出来的。

---

① 范景中、高昕丹编选：《风格与观念：高居翰中国绘画史文集》，中国美术学院出版社，2011年版，第115页。

② 沈语冰：《历代名帖风格赏评》，中国美术学院出版社，1999年版，第67页。

　　《体系》的归派问题是其产生争议的一个重要的因素，本文仅以王羲之和董其昌的归派做一简略的考察。从王羲之和董其昌的归派来看，熊秉明论述中即借助了形式分析的工具，从书法家的作品入手去进行考察，这是分析书法风格问题的一种比较常用的工具，虽然有其局限性，但是至少可以避免一些不负责任的个人臆断，并最大限度地克服了主观主义的误区，从而使有关书法的话语可以进入讨论。在归派时，熊秉明同时借助了书法家本人及书法理论史中不同时代的阐述文本，并以此对照书法家的作品风格，使理论和作品之间形成有效的互证关系，以确保归派的合理性。所以，无论《体系》一著中对书法家的归派有何争议，在做出判断之前，我们都不妨就争议的问题进一步地考察，以此判断熊秉明归派的理论基础、立场及出发点，并进而加入到争议中来，而不是武断地以一己之见做出肯定或否定。

三、语词隐藏的意味

（一）从纯形到纯造形

　　在哲学的语境里，语词无论是命题的还是范畴的，其本身便蕴含着丰富的内容，细微的差别便有相去霄壤的义涵。"致知在格物，物格而后知至。"深究这细微的差别，既不是"吹毛求疵"，也不是"捡芝麻"，而是抵达其本质甚至或是到达真理彼岸的一个必不可少的途径。"艺术亦可是某民族'底'，而不止是某民族'的'。"[①]——冯友兰曾在《新事论》一书中，站在民族主义立场，阐述"底"和"的"的严格区别，强调其在使用时就文化民族性和超民族性或非民族性之间的泾渭之分。冯友兰还对"中国的哲学"与"中国底哲学"做明确的区分，在他看来，这也"不过是用一种比较细密底说法，以说一

---

① 冯友兰：《新事论：中国到自由之路》，生活·读书·新知三联书店，2007年版，第103页。

个分别，为普通人所未注意到者。"①

在我们看来可能是使用习惯上的差异，在冯友兰那里却有着如此大的深意，确实让人始料未及。在《体系》中，"纯造形"一词也是如此的容易被忽视的，也是一个在阅读甚至在研究过程中容易被轻易放过去的"细密"之处。然而，同时，越是如此"熟视无睹"如此"习见"的一个"细密"，越是说明其在使用过程中的被普遍接受和约定俗成后的顽固，同时对其厘清和分辨也必然是一个越来越困难的事，甚至最后看来，这种分辨竟然毫无意义，既不会影响人们约定俗成的理解，也不会改变原有的说法。但缘于近年《体系》出版中，究竟是"纯造型"还是"纯造形"仍然有些实际的争议，便有必要立足《体系》对其进行追本溯源，并透识语词最初的发明及变迁过程中的一些义涵。

回溯"纯造形"一词，在《体系》《书谱》刊发之初，，及在各单行版本以及熊秉明发表的其他文章中，对其具体的处置是比较混乱的，这里主要就《体系》各版本所述（含引言、目录及正文）做一简单介绍，具体如下：

1980年《书谱》连载——纯造型（引言为"纯造形"）；

1984年商务版——纯造型（引言为"纯造形"）；

1990年川美版——纯造形（引言为"纯造形"）；

1999年雄狮版——纯造形（引言为"纯造形"）；

1999年文汇版——纯造型（引言为"纯造型"）；

2002年天津版——纯造形（引言为"纯造形"）；

2012年人美版——纯造形（引言为"纯造形"）；

2017年人美版——纯造型（引言为"纯造型"）；

2017年时代版——纯造形（引言为"纯造形"）；

2019年人美版——纯造型（引言为"纯造型"）。

从中不难发现不同版本的表述有不同，同一版本里前述、后述亦有差异，

---

① 冯友兰：《新事论：中国到自由之路》，生活·读书·新知三联书店，2007年版，第112页。

同一出版社修订前后的版本之间也会出现差异，这里面未必就是混乱，也可能有作者的原因，或有编校方面的原因。在编校方面，缘于编者理解的偏差、缺乏足够的敏感度或是校对时对语词的教条化处理，都可能造成这种现象。但无论如何，这里面有两个版本的处置细节值得关注，一是人美2017年修订版，一是2017年十卷本的时代版，显然这两个同一年发行的版本对各自处置的结果有明确的依据，但又是完全不同的。如此，便造成了一定的混乱，并有必要对作者的本意进行一番考察，到底是"纯造型"还是"纯造形"？

另经查阅，《书谱》1982年第1期发表的《疑〈张旭古诗四帖〉是一临本》这篇文章里，有几个词——"造型"，在文汇版收录的同样的文章里，这几个词也是"造型"。有鉴于1984年商务版的"纯造型"，可以猜测熊秉明早期对这个词的使用并未明确。熊秉明在写作中对词语的使用是很讲究的或是说是极其严格的，同时因其诗人气质，其对词语的选择也是非常敏感的。"他反复拿捏'我'、'抽烟'、'戒烟'、'因为'、'太苦了'这几个词，仿佛一首诗的存在本身就在于对这简单几个词语的选择。""比如写作吧，他曾对我说，中国词语已经用瘫了，他要打散重组，不找到新词新句誓不休，要做到'一鞭一条痕'！另一地方他写的是'一掴一掌血'。为了要找到这么一个贴切凌厉的词语，他有时要打散重组一二十遍。"[①]所以，对最终确定了的词语熊秉明是执着和自信的，是笃定的。关于《弘一法师的写经书风》一文，熊秉明和郑进发曾有过几篇交流文章，在《书评戏论——读熊秉明撰〈弘一法师的写经书风〉》一文中，郑进发引用了熊秉明的这样的一段话："不飘逸，换个说法，即是'迟重'；不疏放（'疏'字是个错字，应是'舒'字），换个说法即是'拘束'。"熊秉明在后来的回应文章中，对郑进发的括号中的"纠错"未置任何说明或解释，考察《弘一法师的写经书风》一文，无论是雄狮版还是时代版，都有这样一句话："他的字可说是'疏'，有宽舒流动的空间，但是并不'放'。"这句话里有"疏"字，也有"舒"字，其意义指向有着截

---

① 陆丙安编：《对人性和智慧的怀念：纪念熊秉明先生》，文汇出版社，2005年版，第326、118页。

然的区分，熊秉明笃定地使用。在论辩或诘难的氛围里，郑进发挑出这个"错字"，其实是很冒风险的。在这里我们不对"疏"字的使用置评，有趣的是在那篇文章中，郑进发同样以"造形"一词对应相关表述而不是"造型"，说明"造形"一词即使在那种"硝烟弥漫"的境况下也未引起争议，充分表明其某种程度上的"合理性"并获得认可。可以肯定的是，"纯造形"一词最早是熊秉明在《书谱》首发《体系》"引言"中使用的，后期经修订后对此进行了明确，并且其他有关书法的论文或散论中，他都以"纯造形""造形"示人。

"造形"一词，词典里面有解释，放到文章里面也勉强可以理解，虽然和我们现在所讨论的不免有些差距。但倘若弄清了"纯造形"一词，"造形"的内涵便更好理解了，但一不留神它便不过是一个"别出新裁"而引人注目的臆造之词而已，其实不然，用牟宗三的话来讲，"要避免上圈套，就必须了解某些词语的来源，以及它们是依着什么问题而来的。""纯造形"那朴实得不起眼的外貌正是那个容易将我们引向迷宫的"圈套"，透析了这个词，也便可以弄清那个"问题"了。

先从邓以蛰的"纯形主义"说起。邓以蛰在《〈艺术家的难关〉的回顾》一文中给艺术"排队"，首次邀请"中国的书法"坐镇其"纯形世界的大本营"。在《艺术家的难关》一文中，邓以蛰说："文学是最狡猾，纯粹艺术的大本营，不能给它留守的，因为它与人事的关系太密切了。"并说，"纯形主义"的大本营只有"音乐建筑器皿"，邓以蛰给它们以高度的赞美，如"纯粹的构形，真正的绝对的境界""艺术的极峰""纯形主义犹之乎侠义的信仰"等等。[1]在此之前，闻一多就"纯形"也有精辟的阐述，在《戏剧的歧途》一文中他称："艺术最高的目的，是要达到'纯形'pureform的境地，可是文学离这种境地远着了……问题粘的愈多，纯形的艺术愈少。"因此，在追求"纯形"的绘画创作上，闻一多对画家提出了很高的要求，并称画家"若是没有真正的魄力来找出'纯形'"便是"摹仿照像""描漂亮脸子""讲故事""谈

---

① 刘纲纪编：《邓以蛰美术文集》，人民美术出版社，1993年版，第246、5页。

道理"等等。①宗白华在著述中，对音乐、建筑、舞蹈也给以"纯形式"的认
定，他说："音乐和建筑，这时间中纯形式与空间中纯形式的艺术，却以非
模仿自然的境相来表现人心中最深的不可名的意境，而舞蹈则又为综合时空的
纯形式艺术。"②在其他一些场合，宗白华也有"纯形式"或"单纯形式"的
表述。另外，在伍蠡甫、李泽厚等理论家的著述中，在介绍外国哲学理论或是
阐述个人艺术观念和思想时对形式问题也明确地有"纯形式"的表达。王国维
在《古雅之在美学上之位置》一文中，虽有"一切之美，皆形式之美也"③这
样的表述，但字面上并非我们在此所关注和需要的，但在阐述"哲学之问题"
时，王国维称"盖以论理学为纯粹之形式的科学"，④这表述和"纯形式"已
经很接近了。但统观诸理论家早期对"纯形"的理解、接受和融会及各种以形
式为核心的理论表述，其主要来源便是康德的"纯形"理论。在康德那里"美
是一对象的合目的性的形式"，石如江将其完整的规定概括为四个方面："按
照'质'的方面对审美判断进行考察，'鉴赏是凭借完全无利害观念的快感和
不快感对于对象或其表现方式的一种判断力'"，"按照'量'的方面来考察
审美判断，'美是那不凭借概念而普遍令人愉快的'"，"从对象与目的的关
系考察审美判断，'美是一对象的合目的的形式，在它不具有一个目的表象而
在对象上被感知时，就是美'"，"从对象所感到的是否愉快的'模态'来
看，'美是不依赖概念而被当作一种必然的愉快底对象'"。⑤对照康德的规
定，我们对熊秉明所说的"纯造形"的核心内涵，便有一个相对深刻的理解，
只不过在使用上，熊秉明既没有用"纯形"也没有用"纯形式"，而是自造一
个新词而已，熊秉明也正是以这种别具一格的词语遣用及独创，以准确阐述相

---

① 闻一多：《唐诗杂论　诗与批评》，生活·读书·新知三联书店，2021年版，第234—
236页。

② 宗白华：《美学散步》，上海人民出版社，1981年版，第70页。

③ 王国维：《王国维文学美学论著集》，上海三联书店，2018年版，第96页。

④ 谢维扬、房鑫亮主编：《王国维全集》（第17卷），浙江教育出版社，2009年版，第
206页。

⑤ 石如江：《从形式本体到生命本体——形式主义美学合法性追求》，河南大学2012年硕
士学位论文。

关问题，这也正是书法理论经由现代性范畴转换而获得了一个全新的理解视角，同时也使其构词本身实现了特殊的价值，并且其历史向度的高频使用、阅读接受及转述沿袭，使这些词语意外地获得了自身特殊的文献性"赋值"，即"合法性"。

（二）从媚到唯美主义

为便于论述自己的观点，面对有限的书法理论资料，熊秉明在叙述中偶尔会在一些事实基础上做一些合理的推论，或对一些美学范畴进行东西方合理的转换。比如，对《周礼》中的"书"，熊秉明通过对古典文献进行必要的阐释，将资料中隐藏的一些美学元素揭示出来，所以说，"据推想，写得整齐美观，也是课程的一部分"。在论述王羲之论书法的文章真伪问题时，对《四库提要》中的"不知其故"，熊秉明结合其他文献明确的论断做出自己的判断以进一步厘清一些模棱两可的问题，"推想大概因为怀疑为伪作，所以不录。"在对徐渭书法做了形式层面的美学分析后，熊秉明对徐渭"吾书第一，诗次之，文次之，画又次之"做了自己的推想："他定认为在书法中才最能淋漓尽致地舒泻内心的郁结与创痛。"并以此充分揭示"缘情派"中"疯狂"一路书法风格心理和情感层面的要素。结合形式层面的分析，有时不免对一些古典美学范畴进行现代转换，如在论述唐初书家欧阳询楷书时，将《唐书》中"初效王羲之书，后险劲过之"中的"险劲"一词转换为"紧张有力"，并进一步地将"紧张"诠释为"结构的严谨"，并在此基础上将"险"字转换为"结构的紧张"。

但有些美学范畴的转换并非表面上那么简单，如对唯美主义的论述。

"唯美"一词并非中国古代美学理论范畴，为便于现代语言对古典书法理论进行有效的阐述，熊秉明以自己的方式进行了必要的转换，在转换过程中，首先将"唯美"转译成传统书法批评里的"媚"，"唯美"的义涵便落实到古典书论里对"媚"的解释了，继而以窦蒙《字格》的解释为据，通过"意居形外"这样的转接，将"媚"解释为"用意于形式之美"。进而实现了从"媚"

到"唯美"的互相转换，熊秉明还进一步地以此为基础，将"媚"解释为"不偏事理性的严谨，也不偏事感情的吐诉，把两者交融起来，在井然的秩序中注入灵动，在生命的跳动中引入秩序"，借助这种古今、中西的互释，将"唯美"一词引向传统。

可以看到，从"媚"到"唯美主义"，熊秉明做了三个层次的转换：第一层次的转换，从"媚"到"美"的"转音"；第二层次的转换，转变"媚""意居形外"的释义为"用意于形式之美"；第三层次的转换，即对"美"外延拓展补充——有理性，但不唯理性，有感情，但不唯感情，"在井然的秩序中注入灵动"，"在生命的跳动中引入秩序"，熊秉明给"唯美主义"一个特定的义涵，并以"唯美主义"对赵孟頫展开解读。如果简单地梳理一下"媚美""唯美主义"等西方美学范畴的历史，会发现熊秉明在这里以"唯美主义"论述赵孟頫和赵佶，其实不唯"形式"的唯美。

叔本华在《作为意志和表象的世界》一著中首次使用了"媚美"这一美学术语。叔本华是把"媚美"作为壮美的对立面提出来的，他说："我所理解的媚美是直接对意志自荐，许以满足而激动意志的东西。"进一步地，叔本华还说："媚美却是将鉴赏者从任何时候领略美都必需的纯粹观赏中拖出来，因为这媚美的东西由于（它是）直接迎合意志的对象必然地要激动鉴赏者的意志，使这鉴赏者不再是'认识'的纯粹主体，而成为有所求的，非独立的欲求的主体了。"因此，叔本华极力主张将媚美驱逐出艺术王国之外。"我认为在艺术的领域里只有两种类型的媚美，并且两种都不配称为艺术。"[①]他所说的两种类型的媚美，一类是积极的媚美，可以唤起主体的意志追求，必然把任何审美的观赏都断送了；另一类则是消极的媚美，将意志深恶痛绝的对象展示于鉴赏者面前。

再来看"唯美主义"。熊秉明在将"媚"和"唯美"进行转换时以"形式之美"为中介，在熊秉明看来，这是在"唯美主义"较原始较古老的意义上转换的。但是现代意义导源于康德"纯粹美"的"唯美主义"则有其特定的内

---

① 叔本华：《作为意志和表象的世界》，石冲白译，商务印书馆，2017年版，第288页。

涵。现代意义的唯美主义最早由戈蒂埃倡导。1832年，法国浪漫主义诗人戈蒂埃在他的长诗《阿贝杜斯》的序言中宣称："一件东西一旦成了有用的东西，它立刻成为不美的东西。它进入了实际生活，它从诗变成了散文，从自由变成了奴隶。"1835年，戈蒂埃在小说《莫班小姐》序言中首先提出"为艺术而艺术"的理论，他说："只有毫无用途的东西才是真正美的；一切有用的东西都是丑的，因为那是某种实际需要的表现，而人的实际需要，正如人的可怜畸形的天性一样，是卑污的、可厌的。"此文在当时有较大的影响，甚至被称为是"为艺术而艺术"的宣言。

中国五四以后也有一股反"唯美主义"的热潮，1920年，茅盾明确提出："文学是为表现人生而作的。"1921年"文学研究会"成立，该会以《小说月报》为代用机关刊物，正式举起了"为人生而艺术"的旗帜。冰心、庐隐、王统照、叶圣陶等许多作家提倡文学上的"写实主义"与"自然主义"，反对感伤主义和唯美主义，强调文学要反映人生，关心人民疾苦。"为人生而艺术"这种最早由法国居约提出的文艺主张，强调艺术的最高目的在于生产具有社会性质的审美情感。"为人生而艺术"正是站在"为艺术而艺术"的对立面阐述自己的文艺主张的，想来这样的文艺主张也必然在熊秉明早期的阅读中，也必然对熊秉明的文艺观念产生过一定的影响。

《体系》在"唯美主义"述及赵孟頫时说："也有人认为他的字只有表面形态上的妩丽，更把这妩丽和他事元的失节连在一起，认为他的字反映一种无骨气的人格。"但在熊秉明自己看来，赵孟頫是"为了逃开现实生活给他的良心上的压力和困扰，于是在书画上他追求一种和现实生活远离的纯美。"从上述材料来看，赵孟頫追求的正是那种"逃离人生"的"为艺术而艺术"。但是熊秉明在对赵孟頫书法形式层面进行分析时，认为："赵孟頫内心深处的苦痛有时也不免要透露出来，这在他的捺笔中可看到。捺笔常转折得勉强，而显出拖沓、脱节，如明莫是龙所谓'捺欲折而愈戾'。这类败笔暴露出他的心理结障。"笔者以为，这样的创作心理的分析有一定的先入之见，并不一定符合实情。

在论及赵佶"瘦金体"书法时，熊秉明直接对其"唯美主义"进行批评，他说："他住在艺术的象牙之塔，而不知道这象牙之塔建筑在流沙上，浸在人民的血海里、国家奇耻大辱的泥淖里，他的唯美主义使他把艺术和人生分为两橛。"

同样的，赵宪章教授也道出"唯美主义"的本质，他说："唯美主义无非是利用康德的权威，而且是被歪曲了的权威，将艺术引向纯粹形式的追求罢了。在我们看来，唯美主义真正的思想根源并不是康德，而是从19世纪中叶就开始盛行的非理性主义，无非是试图通过艺术社会责任感的解脱，逃避当时西方社会已经尖锐化了的社会矛盾。"①赵宪章教授还说："'唯美主义'也就是'唯形式主义'；换言之，所谓'唯美主义'也就是唯'形式'为美，唯超功利的、不负载任何政治或道德或思想的'纯粹形式'为美。这种意义上的'形式'显然只是没有任何内容的空洞的外壳。"②

如此，我们便可理解熊秉明所谓的"唯美主义"正是那现代意义的唯美主义，虽然在论述中，熊秉明强调从"媚"到"唯美"来自"形式"的美，但"唯美主义"那黏着的现代意义，也被他一并用以解读赵孟頫和赵估了，虽然他没有在此著中对"唯美主义"进行过多的说明，但无可否认，在其书法理论课的课堂上，那些在法国理论氛围里谙熟"唯美主义"的听众是可以理解的。

四、其他几个问题

（一）佛教与书法——踟蹰不前的态度

熊秉明虽然提出了禅意书法的一派，但是在引言中关于"禅意派"的解释，首先抛出的一组逻辑是——禅宗否定文字，当然也否定书法。所以，熊秉明并没有自然地导引出"禅意派"，也没有对"禅意派"进行美学解读，却称禅僧的书法活动为"写字"，称禅意的"字"为"否定书法的书法"，在具体

---

① 赵宪章：《形式美学：中国与西方》，《文史哲》，1997年第4期。

② 赵宪章：《形式的诱惑》，山东友谊出版社，2007年版，第47页。

的字词使用中不难感觉到熊秉明的观点。本章先论述了佛教里的书法遗、僧智永、僧怀仁，由物及人并以时间顺序展开，着重介绍了在书法史及书法理论中影响较大的三个点，这三个点之间没有明确的联系，只是三个独立存在的点，是对书法发展产生过深刻影响的三个点，但这三个点只是和佛家有客观上的关系，和"禅意"并没有联系。

在"禅"的书法问题上，从三个角度进行论述：第一个角度是怀素，在创作方式上称其为排斥浓厚情感的"浪漫主义"，追求的是"悲喜双遣"的简淡枯索，因此在熊秉明看来，怀素的字应该以冷峭定格。为了继续说明"冷峭"义涵，从心理学角度利用形式工具对怀素的书法作品的"笔触"及"笔速"进行客观的分析，以为其"笔触"的细瘦，反映出怀素对外在世界"拒绝做密切的接触"，对生活现实"维持一个距离"；以为其运笔的"迅速"，似乎要"从才写成的点画中"逃开去，并以此来"表现书法的反书法特质"，在细致而微的分析和阐述中，熊秉明将怀素作品中实际的"禅意"意味和书法形式之间做了有效的对应联系，但同时也明确否定了怀素本人对这些意味的知觉和自觉，因此怀素的作品即使在某种程度上反映了"禅意"，那这"禅意"也只是因其在佛教禅宗氛围里的心性养成和佛理修为在书法创作上的"直觉表现"，是自发的，因而可以视之为一种"客观存在"，这既是熊秉明表露出来的想法，在客观上也是基于古代书法理论中有关怀素作品"禅意"评论材料的缺乏。第二个角度是"书法和禅"，全文论述中，熊秉明以"以禅喻诗"和"引禅入诗"即禅与诗的关系，对应"借禅喻书"和"引禅入书"两种情形，但认为"'借禅喻书'的理论并不能拿来看作佛家的艺术论"。在对"引禅入书"论述后，认为"佛法的悟"与"艺事的迷"之间如果有维系的话，那这种维系的表现只是"纠缠"和"杂糅"。第三个角度是"否定书法的书法"。这里，熊秉明以"禅的真谛"作为分析依据，推认"禅意"的书法必然是"貌似愚拙而实灵智"的，也是有一定技巧的，其技巧便是"故意用败笔、用枯笔、用淹墨、用儿童的拙笔，把字写散，散成图画，写挤，挤成乌团……总之是把文字的可读性、整齐性排出去，把艺术性、技巧性排出去。"对照这样的审美标准，中国实"颇难找到""禅意"的书法，即使《泰山经石峪金刚经》符合

"佛家语言观"的审美，是"否定书法的书法"，但那是"超人为的"而不是"故意而为"的。

对照《书谱》版，熊秉明在两个方面做了较大的修订或者说是补充了更多的材料，并完善了论述。

一是在智永的问题上增加了较多的材料和分析。首先增加了《二体千字文》的材料及论述，经过形式层面的分析和评论层面的论证，熊秉明认为从作品风格来看，实在应该将智永归到"纯造形"一派去。其次，从书法理论的角度提出了两个问题：一个问题是，"智永的书法和佛法究竟有什么关系？"通过对智永"八百本《千字文》"等问题的分析，其结论是"智永的影响在纯书法领域大于纯抄经领域。"另一个问题是"智永的书体能否代表'佛教精神'？"熊秉明以智永的书法风格表现为"鲜媚"而不是"寂静淡泊""冷峻苦修"的意味，进而判定智永只是一个"过着僧徒生活而献身纯艺术的书法家"。

二是《书谱》版第六章无第七节《否定书法的书法》，第六节《书法和禅》是这一章的最后一节，其内容也较天津版单薄很多。增加的部分主要有以下几个方面：首先增加了对"书法和佛义"关系的论述，大体结论是古代书法理论里并没有"清楚地说出书法和禅意的内在关系"。对所引《宣和书谱·贯休》语段，《书谱》版认为其虽然"把书法和佛意，禅境溶合起来"，但"总嫌空洞"。当然，熊秉明在天津版里做了修正，说"'奇崛'、'崛峻之状'、'不凡'并不足以充分说明禅僧书法的本质。"其次增加了佛家思想在艺术理论里两类不同表现，对"借禅喻书"和"引禅入书"展开了详细论述。再次便是对"天真"与"稚拙"风格从"禅的真谛"入手进行理论阐述，揭示其"貌似愚拙而实灵智"的精神祈尚，并从技巧角度进行形式层面的描述。最后增加了《泰山经石峪金刚经》相关内容，这些在《书谱》版里原本是没有的。

纵观以上论述，我们不难看出熊秉明增加这些文字一方面旨在更加充分地论述"否定书法的书法"的真实面貌，一方面对中国古代书法理论和创作中的"禅意派"或是符合"佛家语言观"的书法在认定方面其态度是"踟躇"的，是有保留的，至少在《体系》的文字里，给人的感觉是如此的。熊秉明为什么会出现这样的矛盾或是犹豫？是不是宗教信仰干扰了他在这个问题上的判断？在给王玉池的一封信中，熊秉明说："临到退休，第一桩想作的事，便是一段自省的沉思。如果有修道院能容俗世人去住半月，借那隔离的环境，把思想耙梳一下，把情感澄清一下，把自己分析一下，像龟兹僧佛国澄在河岸把五脏心肝掏出来用水洗涤。目前未找到这样的修道院，此间又没有佛寺，所以只好守在家里。"①通过这段文字我们可以排除宗教信仰对熊秉明在这类问题上干扰的可能。

这个问题也表现在弘一法师书法风格的判断方面。在《弘一法师的写经书风》一文，经过分析和论证，熊秉明得出结论，弘一法师有"某种内在的郁结，在皈依后并未有完全的解脱。"从文章的论述层面，我们并不容易明确熊秉明的观点，因其建立在形式分析基础上做出的判断看上去是"客观"的。在许多场合熊秉明对弘一法师以书法为宗教践履是有肯定的，他曾在文中说："弘一法师李叔同出家之后，放置诸艺，只作书法。在尘世的贪欲烦恼都已解脱之后，文章诗词、戏剧、音乐、绘画……也都成赘物，繁花谢尽，唯一伴此悲智心灵的是一项书法。"在《弘一法师的写经书风》一文中，熊秉明在文末写道："弘一法师写经的时候处于一种特殊的心理状态，此状态未必是他最自然、最安适、最真率的表现。我们不能说他虚假，或者造作，但是既然写经，必定是严肃而虔恪的。在心中悬着一个高远的理想，有着矜持和努力，而在这种心理状态下表现出来的缺陷也就是别种书体中所不发生的了。"熊秉明做出的判断是弘一法师在写经时未必是"最自然的、最安适的、最真率的"，并说"我们不能说他虚假或者造作"。字里行间，我们都能够感觉得到熊秉明的态度。熊秉明该文最初刊登在《雄狮美术》1995年8月号第294期上，之后郑进发撰文就熊秉明的分析细节与之商榷，经李贤文组织安排，熊秉明撰写了回应文章，双方为此经过两个回合的讨论和商榷。周延的博士论文对两人的笔论作了回顾，并基于一定的证据对熊秉明的结论进行批判。笔者在读到周延文章之前

---

① 陆丙安编：《对人性和智慧的怀念：纪念熊秉明先生》，文汇出版社，2005年版，第95页。

也对几篇文章做过分析。周延通过对双方商榷文章的分析，直截了当地指出熊秉明的《弘一法师的写经书风》及两篇回应文章"有自相矛盾的地方，既有有失偏颇之处，也有不尽意之处。"并指明熊秉明《弘一法师的写经书风》一文"对弘一的书法是批判的"。周文还通过进一步分析，明确"熊秉明的见解其实存在一些误区"，周文还分析了造成误区的三个原因，进一步确认自己对熊秉明所做的判断，并认为熊秉明得出弘一法师"暗示某种内在的郁结，在皈依后并未有完全的解脱"这个结论，只是"通过对弘一的生平事迹推理的"。[①]

在《体系》中，就"禅意"书法，熊秉明认为在中国"颇难找到"，并对日本良宽和尚的楷书很是肯定，认为其书法"最可玩味"，为此和熊秉明长期保持书信往来的王玉池先生曾举出中国弘一法师"比良宽还要典型"，熊秉明对此"非常同意，并非常重视。"但熊秉明虽然对《体系》做过多次修订，却自始至终都没有将弘一法师的书法写进这本经典性著作，虽然熊秉明在《书谱》版即强调该书"讨论古代书法理论"，但在行文中以弘一法师为例对"佛教与书法"相关问题做一补充性说明，并不会影响论述主旨。

（二）书法艺术和西方艺术

熊秉明在讲述中国古代书法理论故事时，根据论述需要不时注入西方美学元素进行对比。这些对应中国古代书法美学、书法家、艺术范畴以及创作情形的西方美学元素不仅贴切，而且使论述更显活泼，对外国学生、读者来说能够很形象很准确地理解领会，对中国读者来说则增加了很大的趣味性和启迪性。熊秉明对西方美学元素在《体系》中的使用，归纳起来主要有以下几类。

1.美学思想、美学理论的相似性或共通性

在《丑怪的歌赞》里，熊秉明认为苏轼的"貌妍容有矉，璧美何妨椭"、米芾的"要之皆一戏，不当问工拙"、黄庭坚的"虽其病处，乃自成妍"这些对书法的批评语句的共同观点便是取消了美与丑的对立，体现了"个性表现"的美学祈尚，这也正是法国雕刻家罗丹所说的"在艺术里，具个性的便是美

---

① 周延：《余字即是法》，文化艺术出版社，2012年版，第164—168页。

的。"在深入阐述"宁丑"观时，进一步将罗丹"个性论"和刘熙载"丑到极处便是美到极处"美学观进行比较，通过美学内涵的转换释义进一步深化对"丑"美的阐述。

在论述纯造形书法"理性派"时，熊秉明将古希腊毕达哥拉斯学派的"抽象艺术理论"对应中国艺术理论的特点，以此说明"中国艺术批评家"在欣赏客观造形时的主观倾向，并多次批判中国艺术批评家这样的评论风格，认为这样的批评优点是"看得周全"，缺点是"不够透彻"。在《欣赏书法即欣赏人格》里，熊秉明分析了项穆的"伦理论"认为其取消"美"和"善"的对立，将"美"融进"善"的观念之中，将人格渗透到书法创作，便必然给书法以"造形标准以上的精神内容"。这一美学意义和柏拉图的看法颇为接近，因为柏拉图认为"内容的善是惟一的标准"，并将"写漂亮的诗句而无积极内容的诗人""逐出理想国去"。在阐述"天然派"书法作品欣赏"同自然"特性时，将黑格尔"把艺术美放在自然美之上"同儒家观点作比，同时将"把自然美放在艺术美之上"的道家美学观点同康德"艺术要创造'第二自然'"美学理论作比，并将康德所谓"无目的的目的性"与陶渊明诗句"此中有真意，欲辩已忘言"作比，揭示了所谓"同自然"的书法作品的理想面貌。

2.艺术作品意义、艺术作品感受的相似性或共通性

如将道教脱胎于文字的"画符"同非洲黑人舞蹈时戴的"面具"、印地安人图腾柱上的"恶脸"作比，认为他们都具有神的功用，进一步说明道教"画符"的魅惑性和神秘性。将敦煌抄经同西方僧侣抄经作比："敦煌所发现南北朝隋唐抄本中，有极为精美的书法，反映一种宗教信仰的虔诚，很可以和西方中世纪僧侣的圣经抄本相比较。"这样比较意在说明敦煌抄经和僧侣抄经一样，是一种虔诚的宗教活动。熊秉明认为北魏碑《龙门二十品》是"初兴的、激越的宗教热忱和一种真率的艺术风格的结合"。为进一步说明这种"稚拙意味"的感受，将欧洲十二三世纪的罗马风雕刻拿来对照，以说明北魏碑同样含藏着"诚恪、热情、创造力"。熊秉明还将颜真卿列入伦理派儒家书法最高理想——"发强刚毅"的代表书家，认为颜真卿"以悲歌慷慨的意气写可歌可泣的历史"，并将颜真卿在书法上锤炼成的形象和米开朗琪罗的雕刻进行对比，

以说明颜真卿书法"强有力的笔触与结构"。

3.艺术概念、美学范畴的相似性或共通性

在对相关问题进行论述时直接用西方的美学范畴进行对照名之。如在说明书法不以自然物象的摹形为美时说，"这一种很写实的象形方式是中国书法家所排斥的。"用西方美学中的"写实"范畴表述中国书法并不主张的一种创作行为。如将唐人书评中"舞女登台，仙娥弄影"描摹成电影"动态镜头"，将"红莲映水，碧沼浮霞"比作"最鲜丽的印象派风景"。在论述"文字是有生命的形体"时，引进"联想作用"和"移情作用"两个美学范畴，并用画家克利的素描来说明，这种在"联想作用"或是"移情作用"下的"写字、看字"并不是"抽象的观点"，而应该称之为广义上的"写实"。并通过对克利《教学手稿》一书的评价，通过对克利很有典型意义的素描作品进行详细分析，认为克利的线条具有"奇妙的独立性""本身活着"，其给人的感觉貌似"游离了实物的抽象线"，虽然"暗示形体"，同时又"似乎摆脱形体，独立存在，而具有生命"，是"更广泛的实物的模拟"。以此进一步说明"说字'像'什么活动着的实物"的"写实"义涵。为便于说明书法纯造形的美，引进西方抽象派绘画"抽象的美"，用法国画家马休"富有速度感的抽象画"和哈同受墨竹感染"以单纯撇笔创作的抽象画"在"用笔意趣"上和克利线条的差别，来说明这种抽象美在"形"上的独立性，在这里为形象说明西方人欣赏中国书法的感受，用"中国人听西方的歌剧"打比方，以此说明抽离了"书写性"和"文学内容"而"无所依傍"的书法线条在欣赏上的"纯粹"价值，那就是"像看抽象画一样地看书法"。熊秉明通过对"抽象美"和书法"纯粹"美的详细比较，进一步地用西方现代抽象画派中的"理性派"和"感性派"来对应命名中国书法"纯造形派"，进一步分析在纯造形意义上的书法美的本质和价值，在这样的本质和价值上，称王羲之的字为"绝技、神技"。在说明纯造形派代表赵孟頫等书法家的美学倾向时，用"唯美主义"名之，关于"唯美主义"的问题笔者另做详细叙述。另外，认为张旭自由表现性质的狂草是书法的一个"极限"，更自由便是"抽象点泼"的绘画。在说明宋人的抒情主义时，用虞世南等书法家的古典主义和张旭等书法家的表现主义与之做对比，这里便

是引进了"抒情主义""古典主义""表现主义"等西方美学范畴。修订前，在天然派的书法理论上，熊秉明还有"自然主义"一说。

4.创作状态、创作行为上的相似性或共通性

为说明行动派的创作方法，熊秉明用欧洲近代马蒂斯、毕加索等画家"放弃打稿、构图、素描等"的创作方法作比，用毕加索"我作画，像从高处跌下来，头先着地，还是脚先着地，是预先料不定的"和戴叔伦"怀素自言初不知"作比，用毕加索和行动派在创作方法上的个似性、共通性，进一步说明纯造形感性派的"不可预知"的创作方法以区别"理性派"创作方法上的高度的"敏感"和"严密"。在分析张旭等书法家的"颠"时，认为"他们的颠狂是创造时的半疯狂状态"，并认为这种状态和"西方某些浪漫主义诗人、超现实主义艺术家""用鸦片、酒或其他方法来打乱理性的控制"在创造方式上有很大的类似性。他们在创作上的共同点便是"让潜意识中压抑的东西解放出来"，其效果便是《怀素上人草书歌》中所说的"却恐是神仙"。另外，在说明张旭的创作精神时，熊秉明用"酒神派"名之，以对照尼采在《悲剧的诞生》中提出的"酒神狄奥尼索斯的精神"，这既可说是美学范畴上的相似性，也可说是欣赏上、创作上的相拟性、共通性，因张旭把醉"当做生命的高潮、生命的提升"，把酩酊的状态认为是生命"最炽热、最酣欢、最具创造力"的状态，这和酒神那"源出于原始的奔放的生力，追求忘我的欢悦与酣醉"有很大的相似性、共通性。

5.在比较中突显中国书法艺术在理论和创作上的特别之处

在论述李斯秦石刻的书史价值时，特别地将这一代表秦帝国时代精神的巨制同希腊胜利女神雕刻和罗马凯旋门建筑进行比较，强调其在历史纪念性意义上的相似性，并将中国书法与建筑、雕刻、绘画置于同等重要的地位，充分彰显了中国书法在世界范围内的艺术价值、艺术地位。熊秉明将早期的书法理论和西方早期的美学即希腊及中世纪哲学家的美学理论做比较，确认"中国人对于自然美的价值提出得很早"，突出地提示了中国人"对大自然的美不但很早就认识到了"，而且很早就将自然美看作"创作的张本""批评的标准""美学的基础"。在比较中充分肯定了中国古代思想中的美学认识。在分析张旭

"当众表演"书法创作时，熊秉明以为以绘画雕刻为主的造形艺术"在世界任何地区都是一种'成品艺术'"，而同样作为造形艺术的书法，张旭在创作时和西方那种"远离观众"的制作完全不同，而且西方直到二次世界大战后，才出现"表演性"的绘画、雕刻即点泼派、行动派、机械电动派，在对比中提示了张旭"表演性"书法创作的现代性因素和现代性价值。

西方美学理论对中国的艺术多有介绍，但是在一些问题上他们认识和理解也有偏颇之处。如在分析北魏及东西魏造像及造像题记时，熊秉明指出，虽然西方研究中国艺术史的专家对此有着极高的评价，认为魏的雕刻"代表人类宗教艺术的一个高峰"，但是熊秉明同时强调，这些中国艺术史研究专家忽视了造像的"题记"，这不能不说是一件遗憾的事。对于西方人"常批评中国艺术家墨守传统而缺乏创造"，熊秉明以王羲之的叔夫王廙"画乃自我画，书乃自我书"的理论，以唐李邕"似我者俗，学我者死"的理论进行反驳，以肯定中国艺术家历来将追求"个人的风格"作为自己艺术上的理想。

另外，在谈到"书画同源"问题时为形象地说明中国书法与画的关系，拿西方绘画和雕刻的关系做比较，强调西方画家着眼于客观的实在，追求形体的立体感、雕刻感，以证实客体的空间性存在，而中国的绘画，着眼于主观的表现，以"骨法用笔"的笔触感、书法感，或是"没骨"用笔的线条感、笔触感，追求留下主体活动的迹象。并以此说明西方精神的客观倾向和中国精神的主观倾向在艺术上的不同表现，从哲学美学上强调了书法性在中国艺术中的特殊价值。

在中西美学比较问题上，熊秉明将王羲之与西方音乐家巴赫及雕塑家菲狄亚斯做比较。有关王羲之的问题本文其他专题也有论述，所以这里就不详细介绍了。

熊秉明明确拿西方美学、艺术来与中国书法做比较的情形，上面这五个方面的文字基本上都说到了。因为这些比较有机分散在各章节各部分，用以说明一些很重要的理论问题、创作问题或是欣赏问题，所以给读者的感觉便是在"用西方的理论来说中国书法问题"，很多人也正是基于这样的阅读感受，评价《体系》在论述过程中的独特性、新颖性和现代性。在笔者看来，作为课堂讲授的蓝本，熊秉明主要目的是把问题说清楚，是在非书法文化背景的氛围里将玄奥的书法理论讲通、讲透、讲得更形象。所以，将这些与西方美学、西方艺术作比较的文字剥离开来，并不过多影响《体系》在中国文化语境中的接受度和阐释上的深刻性。然而，也正是基于这些令人耳目一新的贴切的比较，熊秉明向西方读者打开了一扇书法之窗、文化之窗，在讲清楚中国书法理论问题的同时，肯定了中国书法应有的艺术价值，并进一步肯定其作为艺术门类在世界艺术领域应有的地位，所以从这个意义上来讲，熊秉明客观上在法国课堂上有效地为中国文化和中国艺术精神"代言"。

不唯如此，熊秉明在比较中所揭示出的中国书法和西方艺术的关系，同时也提示中国读者，用西方艺术理论深入研究中国书法的可能性。一方面中国书法有着足够的自信接受西方美学理论的审视、阐发，一方面不能将中国书法生硬地导入或是注入到西方艺术理论模型中去进行解读，书法艺术有其本体性内涵而不是一个"游离"的文化标本。这便是《体系》自其问世以来在中国书法研究领域所做贡献的一部分，它像一面镜子用西方的艺术理论替我们检验了书法艺术本体在世界艺术之林的面貌，也为我们展示了中国书法理论里那些未曾识透的美学意义和美学价值，它同时为现代书法理论研究提示了一个更加开阔的考察视野。所以，从这个角度上来讲，熊秉明拿西方美学理论和中国书法作比较，无论是"以西释中"还是"以中释西"还是"中西互释"都不重要了，重要的是《体系》作为一个活力勃发的美学文本，它实实在在地在西方美学课堂产生过影响，并对中国现代书法理论的研究产生了深刻和深远的影响。

（三）散文化

熊秉明以深沉的生命体悟、绵厚的哲学涵养、敏锐的艺术感受、丰富的创作经历，倾心着笔散文，亦必然是异彩纷呈光彩照人的。其散文力作《关于罗丹——日记择抄》曾获台湾《时报》散文推荐奖。在有关此著的一篇评论中，方瑜说："全书读来深密凝炼，毫无散漫零碎之感。加以作者文字简素有力，切中肯繁，亦如雕刻，无论知性或感性的表达，都决无冗辞赘语，真诚恳挚，

时见灵思新意。掩卷之后，如棣果回甘，蕴意备觉深长。"以此比照《体系》
的叙述风格，这些评语依然贴切、可靠。较之散文作品，《体系》作为一部理
论性著作亦有其别具特色之处。较之传统的书论著作，它更显条理清晰、组织
有序；较之严格的学术文章，它尤显朴实清新、从容流畅。其对中西艺术思想
尤其是古代书论深入浅出的分析，引人入胜，既可满足专业性的学习研究，也
适合普通读者的口味，其宽广的阅读屏幕，深受读者好评。在叙述上，其特色
之处主要体现以下几个方面：

一是清新的语言。《体系》是熊秉明在巴黎大学东方语言文化学院中文
系"书法"课的"副产品"，得前后历约十年的教学相长之助，用熊秉明的话
讲："自觉有些心得，写成《中国书法理论体系》一书"。长期的授课经验和
习惯，使他一方面熟稔于课堂互动，同时为满足不同层次学生的接受和理解，
熊秉明在叙述思路和语言表达上，都做了较为切合时宜的优化。因而，《体
系》的论述即使在纯理论层面，其初始状态也是要顾及"口语"化氛围的，其
蓝本即是一套授课笔记，是课堂的讲稿，因此在此基础上的"文语"著作保
留了一些说课特色当在情理之中。如"既然中国书法理论大半是综合了若干观
点讲的，那么分析出若干系统，岂非多余的事？又有什么好处呢？回答是：有
的。""他讲了些什么呢？《笔阵图》既是《笔妙》润色所成，那么内容大概
是很接近的……""可是徐渭精神崩溃后的作品只一个'奇'字就足以说明了
吗？当然是不够的。"这些一问一答的模式，既有启发性，也有互动性，很有
现场感。当然，授课笔记与严格的学术写作有着严格的区分，学术写作要求论
证和阐述的过程既严密且周全，其一论十证的行文常规在理论家读来稀松平
常，但对于一般读者来说，便需要一定的逻辑基础和知识储备，这便是"文
语"与"口语"在思维上的区别，这种对谈式授课式的"口语"叙述，看似轻
松自然，同样需要思路的清晰和逻辑的缜密。因而与其说《体系》是一部学术
著作，毋宁说是一部散文名著，是一部有关中国书法理论的"史诗"。

二是丰富的结构。《体系》各章节在行文组织上别具匠心，有些细节貌
似并列的排布，其实有着严格的逻辑递进，如喻物派一章六个小标题之间的序
列安排，从美学论、鉴赏论、创作论三个层面有序展开。在美学论简述了书法

理论的产生及其初生的特点——喻物。在鉴赏论方面，从"笔触的拟自然"到"书体的拟自然"，是依照从部分到整体的逻辑顺序展开，从"笔触""书体"到"书家个人风格的比拟"，其顺序则又是"具体"到"抽象"的演进，进而到"文字是有生命的形体"一节，则完成了由"无生命"到"有生命"的一个轮回。"大自然与书法创作"，熊秉明以张旭"观公孙大娘舞剑器得其神"、文同"见蛇斗而草书进"、雷简夫"闻江声而笔法进"等经典故事，从"拟象""感物"角度阐述了"喻物派"在创作上的"象物"本质。在论述《伦理派的书法理论》一章时，全文以《书法雅言》为线索，《书法雅言》合计十七章，除《品格》《附议》《常变》三章外，其余十四章在本章里都有引述，当然，在论述过程中，熊秉明并未依《书法雅言》各章顺序结合相关内容展开论述，而是分别从圣道论、人格论、鉴赏论、创作论四个方面展开，每个方面又另列两个或相对或并列的问题。圣道论围绕"书法的形而上学"和"末事"的对峙进行论述，人格论则从欣赏和创作两个角度进行论述，鉴赏论则将"伦理派"中和、发强刚毅的两个审美理想提示出来，创作论着重围绕个人风格和技术修养进行论述。这是列举两个章节的二级标题内在关系结构上的分析，从中我们不难看到丰富的结构模式和精巧的论述构思及缜密的逻辑思维。

三是精巧的论证。论述中熊秉明引用了大量的举譬，既简洁明了地将问题说清楚，同时也增强了文章的趣味性，使中西读者得以从世界不同艺术的角度互相参照对比，既可证明彼此艺术经验的共通性，也可使不同艺术之间得以互证，这是此著非常重要的一大特色，笔者在其他地方另有论述。文章论证过程，处处可见熊秉明的精巧布置，如"天然派"一章对逸品的论述，为充分说明逸品作为道家书法理想的艺术本质，以儒家最高理想"神品"为对比，如神品的天成得之"千锤百炼"和逸品的天成系"同自然之妙有"，神品的天成为"从心所欲不逾矩"和逸品的天成"似初月出天崖"、"犹众星列河汉"，另外分别从儒家、道家的哲学理想、艺术目标、书法创作方面一一进行对比论证，即使各自的积极面和流弊也是以对照的方式进行论述。在这种整饬的对比中，熊秉明以明确的立场性将道家书法的美学价值置于儒家书法之上，看似摆事实、讲道理，却也无法掩盖熊秉明个人的美学祈尚。在一篇谈及个人书法归派时，熊秉明认为以一个书法史家的态度不能对古来书法家置评甲乙，但也肯定书法史家"每个人可以有偏好"，他同时表达了自己的创作取向："也许我是伦理派的，但是真正儒家流派提倡'中和'或悲剧式的'发强刚毅'又不是我所愿意的。我不喜欢太平静的中和，又不为一个律令舍身。我还想突破，去获得更宽阔的自由，近于道家的自然，但是我也知道我达不到真正的放逸、潇洒。我没有足够的个人的自信、自足，独来独往于世界。"显然，以这种个人偏好去说立场性，去论述儒家、道家的书法理论，也必然是有甲乙的。另外，其精巧的论证在这一章还有体现，如列举道家倾向的书法时，熊秉明以一种逆推的方式，以今到古，从明代的董其昌逆时而上，到稍早的王宠、更早的倪瓒，到唐代的褚遂良、虞世南，并一直追溯到王羲之，终而止于钟繇。这种别具匠心的倒述方式，既自然有效地说明了问题，也令文章读来余味无穷。

除此之外，熊秉明在整部《体系》的论述细节上，处处时时都可体现出自己的叙述特色。熊秉明对自己的文字有着较为严格的要求，既缘于其深厚家学渊源，也有着其丰富的艺术修为和审美要求，他说："在文字的运用上，似乎大家都说到文字的简洁诚挚、自然平易、文质平衡。在这一点上，我想可能受着父亲的影响。他属于奠定中国现代科学基础的一代，他有中国古典的学养，又受了西方科学的洗礼，他爱朴质与真实。我们幼年作文的时候，他常说：用字要准确，造句要精炼，思想要清晰。他不喜欢人'做文章'，用夸大的字眼，叫喊的语调，漂亮的词藻，弄得纸上热闹，内容上却空虚。"

罗达仁在回忆文章中在评价熊秉明写作时的自我要求也说："他不仅构词辛苦，写文章也辛苦。他最近来传真说，每篇文章平均要写七遍。每改一次就是全盘改造，从构思到词句。他在文学艺术创作中，一丝不苟、精益求精，贯彻一生。"熊秉明曾于杨振宁七十寿辰时赠语"形骸已与流年老，诗句犹争造化工"，由此可见熊秉明在写作上的一番苦心。

有学者在肯定其对现代书法美学学术史的特定价值和意义的同时，评述《体系》"在叙述上追求散文化的叙述风格，也一定程度上阻碍理论剖析的深刻和学理的严谨性"。此论从特定的评述立场来看有一定道理，但书法艺术又有其自身特殊的生态世界，《体系》那平易而毫不玄奥的叙述风格，在理论研究者来看既不失其理论观点的内在逻辑关系，也不失其理论阐发在逻辑结构上的严谨。在书法创作者看来，《体系》因其对浩如烟海的古代书法理论深入浅出而又简明易懂的阐发，以及清晰明了的体系性而深受喜爱。即使书法圈外的普通爱好者，也可以在轻松阅读中，拨开驳杂、玄奥的语词了解中国古代的书法理论的大概面貌。并且恰恰正是这种广泛的"接受屏幕"，保证了《体系》旺盛的生命力，使其获得了较大的成功，这既是一个学术的奇迹，也是一个出版的奇迹。

有学者在文章中论及《美的历程》时也说："以今天的学术标准来说，它只能说是散文而不能说是学术著作，李泽厚自己回顾此书时也是这样认为的。"[①]王朝闻的一番话也颇能说明这样的问题，他在《关于艺术美学》一文中说，真正的艺术美学应该具有既提高也普及的双重意义。如果艺术研究不能形成相应的审美感受，就不能产生真正的美学；如果艺术研究能够引起人们的普遍重视，形成正确的审美判断，而不是纠缠于概念的争论，那就说明这种研究工作在精神文明建设与特质文明建设中具有不可替代的特殊作用。[②]熊秉明《体系》一著也正可作如是观。

---

① 王南溟：《书法的障碍——新古典主义书法、流行书风及现代书法诸问题》，上海大学出版社，2014年版，第29页。

② 王朝闻：《关于艺术美学》，《文史哲》，1986年第5期。

为人生而艺术

——徐复观《中国艺术精神》导读

秦兴华[1]

一、徐复观其人、其学、其说

（一）徐复观其人：问学、军旅与拜师

徐复观，原名徐秉常，字佛观，湖北浠水人，生于1903年，卒于1982年。1943年，徐复观于重庆北碚勉仁书院拜入熊十力门下，熊十力提出"观佛不若观复"[2]，将前者名字改为"复观"，取《老子》"万物并作，吾以观复"之义。由于时代特殊，徐复观又好笔战，所以除了署名"徐复观"之外，他还使用过不少其他笔名，包括浮鸥、司托噶、斯图噶、徐天行、徐天顺、髯翁、李

---

① 秦兴华，中国艺术研究院助理研究员。

② 牟宗三：《悼念徐复观先生》，《书目季刊》，1982年第1期。

实[①]、余天鹏[②]等。

徐复观天资聪颖，17岁便就读于湖北武昌第一师范（现为武汉大学）。1925年，他更是从三千多名考生中脱颖而出，以榜首身份进入武昌国学馆。1928年至1931年间，受湖北清乡会陶子钦资助，徐复观东渡日本，在明治大学经济学部与陆军士官学校学习。1949年5月赴台湾后，徐复观边撰写时政文章，边创办了《民主评论》半月刊（香港）。1955年，受台湾东海大学校长曾约农之邀，于同年11月起任教于该校中文系，直至1969年7月底退休。[③]随后，在1970年9月[④]赴香港，执教于新亚研究所（后并入香港中文大学），担任客座教授。徐复观涉猎广泛，在政治、史学、哲学、艺术、文化等诸多领域都有着精深的理解。与此同时，也恰恰是遍及海峡两岸暨香港的人生轨迹，使他能从多重视角出发，审视近现代中国的不同面向，为其治学奠定了丰富的经验基础。对于人文学者来说，这番经历无疑是可贵的。

事实上，徐复观并非一开始就从事学术工作。他于1926年投身国民革命军第七军，开启了20年的军旅生涯，直至1946年以陆军少将身份呈请退役。与其之后的学术立场一致，从军时期的徐复观始终心系中国命运。1931年"九一八事变"，彼时就读于日本士官学校的徐复观奋起抗议，遭日本宪兵队拘留三日，最终退学回国。1937年，徐复观任团长，驻防湖北老河口，并于年底参加了著名的娘子关战役。在国共联合抗日时期，国民党先后派出五批共十人前往延安，徐复观亦在其列。在延安，徐复观曾和毛泽东"在军事、民族的前途，以及如何发展国家的力量以救中国等方面深入交换意见"[⑤]。徐复观出生于贫

---

① 谢莺兴：《徐复观先生学行年表初编（一）》，《东海大学图书馆馆刊》，2016年第11期。

② 杨诚、徐武军：《徐复观教授的军政生涯事略一九三二——一九五一》，《鹅湖月刊》，2017年第505期。

③ 谢莺兴：《徐复观先生学行年表（四）》，《东海大学图书馆馆刊》，2017年第14期。

④ 谢莺兴：《徐复观先生学行年表（五）》，《东海大学图书馆馆刊》，2017年第15期。

⑤ 杨诚、徐武军：《徐复观教授的军政生涯事略一九三二——一九五一》，《鹅湖月刊》，2017年第505期。

苦农村，早年艰难求生的经历使其时刻"以百姓之心为心"①，所以相较其他国民党内部人士，徐复观更能深刻地意识到：

> 要以广大的农民农村为民主的基础，以免民主是成为知识份子争权夺利的工具。一切政治措施，应以解决农民问题、土地问题，为总方向、总归结。②

遗憾的是，徐复观的进步认识并不为国民党主流所接受。然而更令他心灰意冷的是，国民党内部物欲横流的享受风气、自私自利的整编政策、轻突盲进的作战指导方针以及疯狂无度的选举竞争③，让时任国民党军委会党政军联合会报秘书处副秘书长的徐复观萌生退意。

徐复观的另一个人生转折，是1943年拜见熊十力的经历。初次拜见之后，熊十力向徐复观推荐王船山的《读通鉴论》，后者阅毕后，熊十力追问其读书体会，徐复观便就着书中的诸多内容提出了自己的异议。熊十力还未听完便厉声斥责道：

> 你这个东西，怎么会读得进书！任何书的内容，都是有好的地方，也有坏的地方。你为什么不先看出它的好的地方，却专门去挑坏的；这样读书，就是读了百部千部，你会受到书的什么益处？读书是要先看出它的好处，再批评它的坏处，这才像吃东西一样，经过消化而摄取了营养。譬如《读通鉴论》，某一段该是多么有意义；又如某一段，理解是如何深刻。你记得吗？你懂得吗？你这样读书，真太没有出息！④

这段批评无疑是严厉的，尤其是对于徐复观这类天资过人、身负军衔的人来说。以日常情理观之，我们似乎会觉得熊十力的做法有些不合时宜。然而有意思的是，这段批评并没有引起徐复观的不满，反而成为他"起死回生的一骂"。尽管童蒙时期学习了不少中国古典文本，但是从军之后，徐复观便开

---

① 徐均琴：《大地的儿女：悼念我的父亲徐复观先生》，《鹅湖月刊》，1982年第82期。
② 徐复观：《无惭尺布裹头归·生平》，九州出版社，2014年版，第152—153页。
③ 徐复观：《无惭尺布裹头归·生平》，九州出版社，2014年版，第100—125页。
④ 徐复观：《无惭尺布裹头归·生平》，九州出版社，2014年版，第51页。

始信奉科学社会主义，"唾弃了线装书"①，并且读书态度愈发随性，不抱有明确目标。1943年前后，更是心生逃离世变的念头，决定由重庆回鄂东隐居种田。但恰恰是熊十力的激烈言辞，使徐复观"在学思上，乃至人生价值之追求上，产生了天翻地覆的一个大转变"②，自此以后，徐复观"埋下日后矢志以文化救国的志愿"③，一改之前对传统文化的厌弃心理，扭转了漫无目的的闲散态度，转而立足中国语境，通过用严谨考据和深刻运思，展开了自己的学术人生。

（二）徐复观其学：方法论考察

熊十力审慎的治学精神为徐复观日后的学术研究奠定了基调。其中，如下四种研究品格在徐复观的作品中尤为突出。

首先是居敬之心。徐复观指出，人文科学的研究对象与研究者生活休戚相关，因而研究者的"生活态度"将会直接干涉其"研究态度"。为了使研究更为严谨，研究者在探索前人思想的基础上，还有必要时刻对自身习性有所觉察，这一功夫便是"敬"。所谓"敬"，即是"一个人的精神的凝敛与集中"④。之所以这么做，是为了避免研究者在探索活动中把假设性的理论猜度当作确定无疑的既定事实。《中国思想史工作中的考据问题》一文中，徐复观义愤填膺地写道：

> 我不信任没有细读全书所作的抽样工作，更痛恨断章取义、信口雌黄的时代风气。⑤

在徐复观看来，研究者这种过度自我欣赏、陶醉，乃至放大自己学术分量

---

① 徐复观：《论文化》，九州出版社，2014年版，第716页。

② 黄兆强：《徐复观先生，真人也》，《鹅湖月刊》，2022年第562期。

③ 谢莺兴：《徐复观先生学行年表初编（一）》，《东海大学图书馆馆刊》，2016年第11期。

④ 徐复观：《中国思想史论集》，九州出版社，2014年版，代序第8页。

⑤ 徐复观：《两汉思想史》（三），九州出版社，2014年版，代序第4页。

的行为，是一种"精神的酩酊状态"①，而居敬之心正是医治此征候的一剂良药。徐复观至死不渝地恪守着这份研究的居敬之心，直至生命最后的病榻上，他依然坚定地写下了"做学问不怕慢，只怕不实"②的札记。

其次是中西视野。徐复观的中国思想史研究带有明显的比较研究视域。早年负笈日本的经历，使其能够熟练地阅读与翻译日语材料。在考证文献、梳理义理和阐发观点时，徐复观亦频繁地援引日语著述。尽管徐复观坦诚其英语能力不佳③，但是这并不妨碍他积极地参考西方哲学著述、密切地关注西方发展动态。

不过，徐复观的比较工作并不是为了比较而比较。从事比较研究，其目的仍然应当落脚于理论自身。徐复观以磨刀石为喻，指出西方哲学的功能更多地体现于方法论之上，也即用西方哲学磨快自己的思维，以更加行之有效地分解中国思想史材料，并顺着材料中的肌理来构建理论系统。在学理比较的过程中，如果中学西学出现相通之处，那便"证人心之所同"，倘若存在着相异，则不妨互补互生，我们万不可用西方哲学架构来生搬硬套中国古典观念，他强调：

> 我们中国哲学思想有无世界的意义，有无现代的价值，是要深入到现代世界实际所遭受到的各种问题中去加以衡量，而不是要在西方的哲学著作中去加以衡量。④

当然也应当注意到，徐复观的英语短板，使其西学研究不得不借助日语译本这重"滤镜"，因而势必会产生某些意义偏离。所以，徐复观对西学（特别是艺术领域）的理解，也并非完全切中肯綮，正如斯洛文尼亚汉学家沈德亚指

---

① 徐复观：《中国思想史论集》，九州出版社，2014年版，第7页。

② 谢莺兴：《徐复观教授年表（八）》，《东海大学图书馆馆刊》，2017年第18期。

③ 徐复观曾说："去年我到东京，住定后首先跑到神田一带的书店去看看，看到日人所翻译的五光十色的有关现代思想方面的书，这是一个不懂英文的我，在台湾所无法接触到的。"徐复观：《论艺术》，九州出版社，2014年版，第23页。

④ 徐复观：《中国思想史论集》，九州出版社，2014年版，三版代序第19—20页。

出，徐复观存在着保守倾向以及对西方现代艺术的成见。①不过，徐复观积极把中国传统置于西方思潮之中，以重新定位中国古典思想的做法，无疑具有重要意义，也是难得的理论尝试。

再次是史思互动。拥有居敬之心和中西视野，无疑能促进经典文献研究，但是若仅以"经学"来界定徐复观，则未免太过狭隘。除了严格而系统的考据功力之外，徐复观亦有着相当的理论追求，我们尤其能从《中国艺术精神》《中国人性论史》等大部头著作中感受到他考据与义理并举的风格，也即胡晓明所言的"有思想的训诂考据"②。

徐复观强调"由训诂校勘积成考据，由考据积成思想"，实现该过程离不开如下两个步骤：其一是由局部到整体的积累工作，也即从积字成句，到积句成章，再至积章成书，此为训诂、考据之学的核心。不过在徐复观看来，我们"更须反转来，由全体来确定局部的意义；即是由一句而确定一字之义，由一章而确定一句之义，由一书而确定一章之义，由一家的思想而确定一书之义。"③

徐复观认为，上述以整体视角审视文意的第二个步骤，是训诂和考据所无法胜任的。此环节要求思想史家拥有概念思维能力，并知晓如何基于概念的合理性、自律性和假设性，来理解古人的所思所想。

最后是"追体验"。居敬之心、中西视野和史思互动，往往是基于文本而展开的。研究者所获得的，也大多为纸上的抽象之物。然而，先贤先哲在进行思想活动时，更多是以有血有肉的具体存在形式出现的，难以被思维活动所完整表征。因此研究者除了"思"之外，还需要"感"，这即是徐复观提出"追体验"的核心动机。

"追体验"是徐复观反复论及的研究方法。"追"为紧跟、回溯之意，

———————————

① Téa Sernelj.2021.*The Confucian Reviva lin Taiwan:Xu Fuguan and His Theory of Chinese Aesthetics*,New castleup on Tyne:Cambridge Scholars Publishing, p.242.

② 胡晓明：《思想史家的文学研究——徐复观教授〈中国文学论集〉、〈中国文学论集续篇〉读后》，《贵州社会科学》，1988年第12期。

③ 徐复观：《中国思想史论集》，九州出版社，2014年版，第129页。

"体验"则是指古人、作者或相关研究对象的精神世界。从构词上不难看出，"追体验"强调研究者积极调动主观能动性，在不断揣测和阅读古人著述的过程中，积极还原他们的思想、感受与行为，以逐渐趋近古人。在反复研读中，围绕着古人的刻板印象将逐渐被文本里的气氛、情调所纠正，读者与作者之间的距离也会不断趋于相近。

但是，追体验不能只拘泥于"从今人到古人"的单向进程，徐复观还强调我们应当用古人之精神来提升当今世界读者、研究者的精神。换言之，形成一场跨文本、超时空的"古今对话"，才是追体验真正的意义所在。徐复观说：

> 治思想史的人，先由文字实物的具体以走向思想的抽象，再由思想的抽象以走向人生、时代的具体。经过此种层层研究，然后其人、其书，将重新活跃于我们的心目之上，活跃于我们时代之中。我们不仅是在读古人的书，而是在与古人对话。①

在这个意义上，"追体验"摒弃了乾嘉训诂考据学所追求"绝对"文本和"绝对"理解，而将理解意义体验化，活生生的生命体验（而非文本）才是思想解释的最后落脚点②。基于此，有学者提出，徐复观的"追体验"是一种中国解释学。

（三）徐复观其说：聚焦"中国艺术精神"

徐复观一生著述颇丰，若想在这篇导论中详细辨析其主要思想，显然不切合实际。因此，本节主要针对徐复观的艺术思想，尤其是将《中国艺术精神》一书置于港台新儒家的文化脉络之中予以考察。

20世纪是西方思潮冲击中国文化的世纪，置身时代洪流的学者们大多会自发地思考如何立足传统而应接世界。于是，学界出现了"中国性（Chinese-

---

① 徐复观：《中国思想史论集》，九州出版社，2014年版，第133页。

② 刘毅青：《突破解释学循环的中国解释学建构——以徐复观解释学思想为例》，《学术月刊》，2008年第5期。

ness）"①相关讨论，追问"中国之所以为中国"是学者们的总动机。

在该背景下，最具标志性的"事件"莫过于牟宗三、徐复观、张君劢和唐君毅四人于1958年元旦联名发表的《为中国文化敬告世界人士宣言——我们对中国学术研究及中国文化与世界文化前途之共同认识》。这篇雄文针对西方世界对中国文化的误解，强调："中国文化问题，有其世界的重要性……中国问题早已化为世界的问题。"②对于港台新儒家学者来说，首先需要表达的是："肯定承认中国文化之活的生命之存在。"③可见，如何激活传统文化是最具"中国性"的反思之一。

在相关讨论中，"中国性"又以"中国艺术精神"的相关讨论最为炙手可热。尽管徐复观在《中国艺术精神》一书中系统地梳理了"中国艺术精神"，可实际上，此话题在20世纪早期就已浮现。论述中国古代绘画与西方雕塑的"动静之殊"时，宗白华明确地使用了"中国艺术精神"这一概念，他说：

> 谢赫的六法以气韵生动为首目，确系说明中国画的特点，而中国哲学如《易经》以"动"说明宇宙人生（天行健、君子以自强不息），正与中国艺术精神相表里。④

宗白华认为，中国绘画的境界特征"根基于中国民族的基本哲学"⑤，换言之，在中国古典语境里，艺术与阴阳变化、生生不已的宇宙哲学观息息相关，古人对生命的理解体现于艺术创造、欣赏之中。方东美亦敏锐地洞悉到了这一点，进一步将"道德"与"艺术"这两大人生价值领域关联了起来。方东美指出，以中国哲学传统观之，"一切艺术文化都是从体贴生命之伟大处得来的"⑥，所以中国艺术的特征不在于模仿或表征自然，而是超然于自然之上，

---

① 李淑珍：《道德美学与"中国性"：新儒家美学试论》，《台湾东亚文明研究学刊》，2020年第1期。

② 徐复观：《论文化》，九州出版社，2014年版，第256页。

③ 徐复观：《论文化》，九州出版社，2014年版，第260页。

④ 宗白华：《宗白华全集》（第2卷），安徽教育出版社，1996年版，第105页。

⑤ 宗白华：《宗白华全集》（第2卷），安徽教育出版社，1996年版，第109页。

⑥ 方东美：《方东美全集：中国人生哲学》，黎明文化事业股份有限公司，2005年版，第156页。

用艺术家自身的体验和创造力，来实现精神成就。

　　受业于宗白华和方东美的唐君毅，在其著作《中国文化之精神价值》一书中专辟一章"中国艺术精神"，从自然观、建筑、书画、音乐和雕刻的角度出发，较为详细地阐述了中国艺术精神。在勾勒多个艺术门类的特征与价值的基础上，唐君毅创造性地提出，中国各种艺术精神之间存在着相互涵摄的"相通共契"[1]特点。也正是在这个意义上，我们才能以一种概括而又统一的姿态来谈论"中国艺术精神"的本性。唐君毅认为，一流的中国古典艺术家明白：最高的艺术是人格性情之流露，这也是中国艺术思潮中鲜有"为问学而问学""为艺术而艺术"的原因。相反，如果刻意追求艺术形式，反而会被讥讽为玩物丧志，因为：

　　　　中国文艺上尚言志者，主乎言性情之真，尚载道者，主乎言德性之善，与西方为艺术而艺术之纯重求美者不同。与西方正宗文学之表达神境与客观之宇宙人生真理亦不同。中国文学家，艺术家精神，多能自求超越于文艺之美本身之外，而尚性情之真与德性之美，正中国文学家、艺术家之可爱处与伟大处，而表现中国文学家、艺术家之人格者也。[2]

　　徐复观在《中国艺术精神》一书，继承了唐君毅"为人生而艺术"的总体基调，指出"为人生而艺术，才是中国艺术的正统"[3]。徐复观梳理了儒家和道家两种不同"为人生而艺术"的风格：前者落脚于"现实人生"，后者则以"虚静人生"为归旨。徐复观尤为推崇道家（特别是庄子）视域下的"为人生而艺术"，因为儒家"现实人生"需要置身于仁义道德之境，此时艺术与道德需要时刻进行"意味转换"，而以追求人生解放为目的的庄子艺术观，则更能凸显美的"纯素"意义，是"中国的纯艺术精神"[4]。在奠定了理论基调之后，徐复观进一步以绘画和画论为中心，风格为导向，勾勒了魏晋、隋唐、五代和两宋的发展，并花费大量笔墨探讨了画史的南北分宗问题。无疑，《中

---

① 唐君毅：《中国文化之精神价值》，广西师范大学出版社，2005年版，第231页。

② 唐君毅：《中国文化之精神价值》，广西师范大学出版社，2005年版，第288页。

③ 徐复观：《中国艺术精神·石涛之一研究》，九州出版社，2014年版，第141页。

④ 徐复观：《中国艺术精神·石涛之一研究》，九州出版社，2014年版，第57—58页。

国艺术精神》为我们细致地梳理了中国艺术精神的基本特征及其发展的内在逻辑。

与此同时，徐复观的治学方法论也完整地体现于该书。其间，我们除了能领略到徐复观过硬的文献考据功夫和融贯的理论构建能力之外，亦可深切地感受到"追体验"在理解中国传统艺术家（包括艺术理论家）情感思想、人生人格方面的方法论意义。可以说，《中国艺术精神》不仅"形成了一个近乎完整有序的中国艺术精神美学系统"①，也反映了徐复观治学方法（居敬之心、中西视野、史思互动和追体验）的独到之处，是一部系统周密而又别具匠心的佳作。

二、中国艺术精神的开端：儒家艺术观

（一）中国古代的礼乐传统

不少学者认为艺术起源于游戏，徐复观也支持此观点，他认为游戏与艺术本性最为贴合。②而从事游戏活动又往往与歌谣、舞蹈等相关，在这个意义上我们可以说，音乐在很早的时候就出现在人类生活中，并且成为一种艺术形式。这种艺术形式早在殷商甲骨文中就已有记载，进而衍生出我们后世所谓的礼乐文化。礼的观念的正式形成始于周初，春秋时代礼作为当时贵族的教养之资，可见礼具有教育的功能。徐复观认为，礼的最基本意义，是人类行为的艺术化、规范化的统一物。所谓的礼的规范性表现为敬与节制，乐的规范性表现为陶镕与陶冶。在孔子看来最能够彰显规范性与艺术性的和谐统一的境界为文质彬彬。他在《论语·雍也》中提到："质胜文则野；文胜质则史。文质彬彬；然后君子。"因此这类与人类行为紧密关联的、规范性与艺术性和谐统

---

① 王一川：《现代艺术理论中的"中国艺术精神"》，《东北师大学报》（哲学社会科学版），2016年第2期。

② 徐复观：《中国艺术精神·石涛之一研究》，九州出版社，2014年版，第16页。

一的理想境界，被徐复观称为"为人生而艺术"①。这也是中国艺术精神的基调。当然，在庄子那里"为人生而艺术"有另一重面向，笔者将在后文展开，这里仅论述孔子的"为人生而艺术"。

（二）孔子乐观之概览

孔子对音乐极其重视。《史记·孔子世家》载："孔子学鼓琴于师襄。"孔子对音乐的学习，主要从技术深入到精神，进而把握具体人格。孔子的诗教，亦即孔子的乐教。孔子对音乐的态度可分为三个层次：首先是对音乐的欣赏和评价。《论语·述而》载："子在齐闻韶，三月不知肉味。"《论语·八佾》载："《关雎》乐而不淫，哀而不伤。"其次是对音乐的整理，将诗与乐得到配合和统一。"三百五篇，孔子皆弦歌之，以求合韶、武、雅、颂之音，礼乐自此可得而述。"（《史记·孔子世家》）最后是注重音乐的政治教化，孔子的教育以乐为中心，强调乐在政治理想中的重要性。

孔子为什么如此重视音乐呢？因为音乐可以激发感官的快乐。这种感官的快乐，可以成为"支持道的具体力量"②，让人格世界更加安和与充实。《礼记·乐记》载："故曰，乐者乐也。君子乐其道，小人乐其欲。"可见音乐是助成快乐的手段。孔子还对音乐提出了基本规定和要求，即美与善的统一。其中，美属于艺术的范畴，善属于道德的范畴，孔子将二者统一于一个范畴之内。音乐的美通过音律、歌舞等形式实现，但这种美需要欣赏者在特定关系中去发现，因此，并不是所有的音乐都能实现美与善的统一。孔子在《论语·八佾》中评价《韶》"尽美矣，又尽善也"，《武》"尽美矣，未尽善也"。这里的"善"便是儒家所要求的仁的精神。美与善的统一，即美与仁的统一。孔子对音乐的好坏也进行了区分。他称郑、卫之声"淫"，即顺着快乐的情绪，发展得太过，使人流连以致走上淫乱之路。相反，《关雎》"乐而不淫，哀而不伤"（《论语·八佾》），即快乐但不过度，悲哀但不过分悲伤。

---

① 徐复观：《中国艺术精神·石涛之一研究》，九州出版社，2014年版，第20页。

② 徐复观：《中国艺术精神·石涛之一研究》，九州出版社，2014年版，第27页。

"故乐者，中和之纪也。"（《乐论》）可见儒家认为音乐美的标准是"中"与"和"。正如《关雎》这首诗，快乐与悲伤都是有节制的，不让情绪过度发展。

（三）孔子乐观如何落地

1.乐与仁的统一

乐与仁为何能够统一在一起呢？因为乐的本质与仁的本质有其相通之处。"乐以道和。"（《庄子·天下》）"乐言是其和也。"（《荀子·儒效》）"乐者天地之和也，礼者天地之序也。"（《礼记·乐记》）乐的本质，可以概括为一个"和"字。具体来说，"和"所包含的意味有消极和积极之分。消极意味指的是各种互相对立性质的东西的消解；积极意味指的是各种异质东西的谐和统一。《礼记·儒行》载："歌乐者仁之和也。"可见乐与仁的境界可以自然会通在一起，也就是艺术与道德可以自然而然地融合统一在一起，道德充实了艺术的内容，艺术助长了道德的力量。这种艺术境界让孔子也深致唱叹，感动其中。一个人的精神沉浸消解于这种艺术境界时，也就达到了物我合一、物我两忘。当然艺术与道德在最高境界上虽然相同，在本质上却也同中有异，在此暂不作深究。

2.乐的功能之一：政治教化

虽然乐与仁能够自然而然地融合统一在一起，但乐与仁并不等同。一方面，乐可以不与仁相干，不以仁为内容；另一方面，乐与仁的融合需要一定的功夫涵养，并非所有人都可以达到这个境界。孔子谈乐与仁的统一，更多是指二者的结合。在孔子看来，礼乐可以提升仁的精神，有助于政治上的教化。这种教化教养作用，首先表现在乐与礼结合，对性、情加以疏导和转化，从而减轻礼的强迫性；其次，儒家以"思无邪"和"中和"来框定音乐的内容和形式，使得乐给人以情绪满足的同时又不会朝向"淫""流"发展；最后，儒家主张的是先养后教，重视人们感情上的需求，在其将萌未萌的时候加以鼓舞，使其弃恶向善。由此可见，乐"可以作为人格的修养、向上，乃至也可以作为达到仁的人格完成的一种工夫"①，进而使得社会（风俗）谐和。

3.乐的功能之二：人格修养

在人格修养方面，音乐的功用也是非常重要的。儒家强调"乐由中出"，"凡音者，生于人心者也"（《礼记·乐记》），也就是音乐产生于人内心的情感冲动。《乐记》将诗、歌、舞作为构成音乐的三个基本要素，它们的共同之处在于都无需借助自身之外的客观事物便能实现自身形式。并且，在演奏的时候，"歌者在上，匏竹在下"，乐器对于音乐的本质而言并不是最重要的，其地位次于人声。正因为乐的三要素"本于心"，直接从心发出来，无需客观外物的介入，所以说音乐是"情深而文明"。"情深"指乐从人的生命根源处流出。"文明"指从生命根源流出后逐渐与客观接触，以明确的节奏形式表现出来。音乐将潜伏在生命深处的情感发扬出来，使生命得到充实，实现"气盛"。人生不仅因音乐而艺术化，而且因艺术而道德化。所谓道德化，是指由生命深处发扬出来的艺术之情，不知不觉中与良心融合在了一起。情欲是现实人生所必有的一种重要力量，不仅有艺术的面向，也有道德的面向。情欲顺着音乐的中和而外发，在其所发的根源地，情欲与道德融合在一起，情欲因此得到安顿，道德也因此得到支持。所以说，在音乐中情欲与道德是圆融不分的，道德便以情绪的形态流出。当道德成为一种情绪，它与生理的抗拒性便完全消失了，人顺着情绪的要求而活动进而感到快乐，最终实现生命的圆融，也就是孔子所说的"兴于诗，立于礼，成于乐"（《论语·泰伯》），儒家的"为人生而艺术"的真正意义也正在于此。

4.乐的实现及其境界

孔子倡导"为人生而艺术"，不是要否定作为艺术本性的美，而是要求美与善的统一，其艺术最高的境界需要人生修养的不断提升才得以达到。这种境界是由"下学而上达"（《论语·宪问》），将深处之情向上提，向上突破到"超艺术的真艺术"，"超快乐的大快乐"②。《乐记》说："人生而静，天之性也。

---

① 徐复观：《中国艺术精神·石涛之一研究》，九州出版社，2014年版，第35页。

② 徐复观：《中国艺术精神·石涛之一研究》，九州出版社，2014年版，第43页。

感于物而动，性之欲也。"乐由性的自然而感之处所流出，因此也是静的。静的极致状态，便是"无声之乐"。之所以无声，是因为人的精神是无限的存在，任何需要借助媒介或形式的乐，都有其限制，相反，无声之乐"突破了一般艺术性的有限性，而将生命沉浸于美与仁得到统一的无限艺术境界中"①。

（四）孔子的文学观

孔子的"为人生而艺术"，不仅体现在音乐方面，在文学方面也有着重要的意义。这里的"文学"主要是由"言语"发展而来的。在孔子的时代，人的思想和感情的表达主要靠言语而非文章，因而孔子十分重视文学，尤其是诗。孔子说："不学诗，无以言。"（《论语·季氏》）诗是美与善的统一，并具有知识上的意义。

> 诗，可以兴，可以观，可以群，可以怨。迩之事父，远之事君。多识于鸟兽草木之名。（《论语·阳货》）

诗"可以兴"，即"感发意志"，将作者纯净真挚的感情传递给读者，使读者从麻痹中苏醒。随着感情的苏醒，许多杂乱的东西也就得到"澄汰"，精神得以净化。这可以说是古今中外真正伟大的艺术所必备的效果。诗"可以观"，指"观风俗之盛衰"，通过艺术活动照见人生的本质，"考见得失"。类似的观点在西方学界也有阐述，如卡西尔在《论人》中所说的"照明"，即艺术可以展示生活的广度和深度，使人从沉默、睡眠中觉醒，精神得以强化和照明。徐复观对"群"和"怨"未作更为细致的解读，只是将它们指向道德层面，认为经过"兴"和"观"的澄汰、照明，诗人和读者的纯粹感情也就自然而然地道德化了，人与人之间的壁垒也自然而然地消解了，进而实现美与善的谐和统一。

（五）儒家艺术精神何以没落

如前所述，音乐得到了孔门的如此重视，为何又会没落呢？首先，乐是

---

① 徐复观：《中国艺术精神·石涛之一研究》，九州出版社，2014年版，第46页。

人格修养（工夫）的途径，但不是唯一的途径，也不是最优先的途径，毕竟一般人轻易用不上。所以孔子将"成于乐"放在最后阶段，可见其难度。其次，"为人生而艺术"的雅乐，对静的艺术性要求更高，不能满足一般人的官能快感，因此要普及起来有相当高的难度。相比之下，俗乐以感官快乐为主，更贴合大众的审美取向，也就逐渐取代雅乐。但是俗乐的内容和形式，又因为各种原因而没有得到应有的发展和提高。再次，诗的流行也从客观上造成了音乐的衰退。诗因为其韵律可以使人产生与乐同质的享受，这样一来人们对音乐的需求就随之减少了。最后，中国古代缺少大规模的组织去记录和传承音乐，如西欧的寺院僧侣所作的努力使得音乐长久地保持于不坠之地。

总的来说，儒家"为人生而艺术"的精神在唐以前通过《诗经》系统而发展，唐以后则通过古文运动的谱系而发展。但其艺术最高境界主要通过音乐呈现出来，将美与善（仁）和谐统一在一起，成为人类艺术苍穹中的一颗璀璨的明星。

三、中国艺术精神的奠基：道家艺术观

（一）"为人生而艺术"的另一个面向

与儒家的艺术观相对照，道家展示了"为人生而艺术"的另一个面相。徐复观认为，在中国传统思想中，以老庄为代表的道家较之儒家，更富于思辨的形上学性格，但其出发点和归宿点依然落在现实人生之上。老庄"在否定人生价值的另一面，同时又肯定了人生的价值"[1]。因此，老庄也要求人生是有所成的，和儒家所要求的人生道德价值的成就不同，老庄所成的人生价值指的是虚静的人生。在一般人看来，虚静的人生似乎有一点消极的意味，好像是一种虚无或一无所成，但徐复观认为，老庄思想所成就的虚静的人生，其实就是艺

---

① 徐复观：《中国艺术精神·石涛之一研究》，九州出版社，2014年版，第57页。

术的人生①。所谓中国艺术精神，也就由此思想系统推导而出。徐复观称之为
"纯艺术精神"②。中国古代画家、画论家常有类似的体会，但是缺乏理论上
的反省和自觉。因此，徐复观写作《中国艺术精神》，以弥补这一理论缺憾。

（二）作为艺术精神的"道"

"道"是老庄建立的最高概念。以老庄为代表的道家以"体道"为目的，
即追求精神上与道为一体，形成"道的人生观"③，以道的生活态度安顿现实
的人生。所谓"道"，从理论（形上学）维度看，指通过思辨的方式展开，建
立由宇宙向人生的形而上学系统；从实践（工夫）维度看，指在现实人生中对
道加以体认，也即一种最高的艺术精神。

这种艺术精神到庄子那里才开始显著呈现出来。与今天的"艺术"概念
不同，当时的"艺"主要是指生活中的某些实用技巧能力，后来发展为"六
艺"——礼、乐、射、御、书、数，西汉时以六经为六艺。近代以来的"艺
术"（art），则从技术、技能观念中净化了出来，以今天的眼光来看，老庄
的"道"正适应于近代以来的艺术精神。

儒道两家尽管都是为人生而艺术，但其各自的艺术观是有差别的。儒家是
有意识地以艺术（如音乐）为人生修养之资，并作为人格完成的境界。道家则
在思想起步的地方根本没有艺术的意欲，也不以某种具体艺术作为他们追求的
对象。因此老庄的道，指向的是现实的完整的人生，而不一定非得进行艺术创
造。具体来看，庄子对道的体认方式可以分为几个层面：首先是靠名言思辨。
道由于还有思辨的一面，在范围上比艺术更广，因此从名言上说道是面对人生
而言的，而不是面对具体的艺术作品而言。其次是对现实人生的体认。道的本
质是艺术精神，艺术精神可以成为现实人生中的享受，而不强调艺术创造。最
后是在有艺术意味的活动中实现精神的升华，有时也会就具体的艺术活动得到

---

① 徐复观：《中国艺术精神·石涛之一研究》，九州出版社，2014年版，第57页。
② 徐复观：《中国艺术精神·石涛之一研究》，九州出版社，2014年版，第58页。
③ 徐复观：《中国艺术精神·石涛之一研究》，九州出版社，2014年版，第58页。

更深的启发。

接下来庄子以"庖丁解牛"的故事探讨了在具体活动中道与技的关系。"技"指技能，带有纯技术的意味，如庖丁解牛的动作。"道"指比技术更进一层，在技中见道，即作为艺术的技术，如庖丁从解牛所得到的享受。二者的区别在于精神和效用。技只在乎实用效果，即用技术换来物质性享受，其关切并非出自技术自身；道则在乎的是从技术所得到的精神上的、艺术性的享受。庖丁解牛的过程，也就是由技进乎道的过程。这个过程既消解了心与物的对立关系，也消解了手与心的距离，技术对心不再制约，解牛成了"无所系缚的精神游戏"①，庖丁也就获得了由技术解放带来的自由感与充实感。徐复观称之为艺术精神在人生中呈现的情境。因此，庄子追求的道，在本质上与艺术家所呈现出的最高艺术精神是相同的。不同的是各自导向的结果，艺术家由此成就的是艺术的作品，庄子由此成就的是艺术的人生②。所谓圣人、至人、神人、真人，就是践行了人生的艺术化。除了"庖丁解牛"，庄子还引了"列御寇之射"等多个故事来表达他对道与技的看法：首先，他非常重视技巧，但这种技巧要达到手与心应、指与物化的程度，即心与物要相融、主客体要合一；其次，要达到这种心与物相融、主客体合一的境界，需要通过"心斋""坐忘"的工夫，进行人格修养；最后，经过这样修炼之后达到的技巧，便不再是一般的技巧，而是庄子所谓的道，体现了艺术精神的根源性和整全性。

明确了老庄的道即最高的艺术精神之后，我们有必要审视基于道的各类艺术概念，其中比较重要的是美、乐、巧。"天地有大美而不言。"（《知北游》）老庄所追求的美是"大美"，是超越了世俗感官快感的美，是不易破灭的美，是本质的、根源的、绝对的美。只有在这样的"大美"境界中，才能实现艺术与人生的彻底谐和统一。庄子称由大美产生的乐为"至乐"，或可称之为"天乐"，都是基于道而生成的。儒家和道家都十分重视乐。儒家的乐来源于仁，含有对人类不可解除的责任感，因此儒家之乐是对己而言的，对天下国

---

① 徐复观：《中国艺术精神·石涛之一研究》，九州出版社，2014年版，第63页。
② 徐复观：《中国艺术精神·石涛之一研究》，九州出版社，2014年版，第66页。

家而言则更多表现为忧，乐与忧是同时存在的；道家的乐来源于道，是艺术的主要内容和效果，是超越一般忧乐所得到的至乐和天乐，是最高艺术精神的体现。"大巧若拙。"（《老子》）艺术品的创造不能离开"巧"，但老庄追求的不是世俗工匠之巧，而是创造万物的、艺术性的"大巧"。这种巧同样也是艺术精神的体现，并且具有不炫耀、不显露的大智慧。

（三）通向道的境界：游

1. "游"的基本界定

如前所述，老庄的艺术精神是成就艺术的人生，使人生得到至乐、天乐，所谓至乐、天乐的内容是指人的精神得到自由解放。庄子用一个"游"字象征这种精神的自由解放。"游"的基本意义可以引申为游戏，《庄子·在宥》对游戏的面貌和性格进行了生动的描述，指出游戏除了当下所获得的快感和满足之外，没有其他目的。在这一点上，游戏与艺术的本性相契合，都是不以实际利益为目的的活动。因此，古今中外不少理论家将艺术的起源归结为游戏的本能。徐复观认为，在表现艺术的自觉上，一般的游戏与艺术精神有着高度和深度的不同，但在摆脱实用与求知的束缚以得到自由和快感上，二者发自同一精神状态。[①]庄子将能"游"的人成为至人、真人、神人，也就是将艺术精神呈现出来的人，即艺术化了的人。因此，在《庄子》中，"游"字贯穿始终，具有非常重要的意义。

2. "游"的基本条件

尽管"游"可以引申为游戏，但庄子的"游"并非具体的游戏，而是从具体游戏中呈现的自由活动，升华为精神状态的自由解放。那么作为自由活动的"游"又何以实现呢？我们可以借用康德《判断力批判》中的"趣味判断"来说明。"趣味判断"的特性是"纯粹无关心的满足"，所谓"无关心"指的是与实用、认识无益。实用与认识往往与某个特定主体的需求、偏好相关，为此徐复观援引《庄子》中的"肩吾问于连叔""大瓠之用""大樗之树"这三

---

① 徐复观：《中国艺术精神·石涛之一研究》，九州出版社，2014年版，第73页。

个故事，来说明由无用所得到的精神满足，也即艺术性的满足。三个故事所呈现的最高的艺术精神境界，是含融一切，肯定一切，但与人世间的事功却不相干。这就是庄子所说的"无用之用"，即在艺术精神的立场，不以用为用，而以无用为目的。①当一个人沉浸在艺术的精神境界中，便会忘记一切，自然也会忘记自己平治天下的事功。这是"无用"的极致表现。在庄子思想中，"无用"是非常重要的观念，如"人皆知有用之用，而莫知无用之用也"（《人间世》），"知无用而始可与言用矣"（《外物》），都是以"无用"为得到精神自由解放的条件。

作为得到精神自由的条件，"无用之用"也有积极和消极之分。在消极方面，人们要得到"用"便会受社会的束缚，"无用"则是对社会的逃避，易流于孤芳自赏，而不能及物，于是"游"也是被限制着的。在积极方面，庄子提出"和"的观念，作为"游"的根据。在庄子看来，"和"是谐和，是统一，是艺术最基本的性格。

> 夫明白于天地之德者，此之谓大本大宗，与天和者也。所以均调天下，与人和者也。与人和者谓之人乐，与天和者谓之天乐。（《天道》）

如上所述，庄子将"和"作为天（道）的本质，道又具体化为人的生命，因此人的本质也是"和"。"和"化异而同，化矛盾为统一，有了"和"，也便有了艺术的统一，因此构成了"游"的积极条件。在这样的状态中，精神得到圆满具足，实现大超脱、大自由，即庄子所说的"乘云气，御飞龙，而游乎四海之外"（《逍遥游》）。

（四）何以游：艺术精神主体的生成

1.条件一：心斋与坐忘的工夫论

"无用""和"等观念对于把握庄子所说的"道"（艺术精神）具有重要的作用，但这仍是不够的。在庄子看来，艺术精神主体的生成，是要把握作为人之本质的德、性、心，乃至艺术的德、性、心。顺心而流出的便是艺术精

---

① 徐复观：《中国艺术精神·石涛之一研究》，九州出版社，2014年版，第75页。

续表

神，由此可以成就最高的艺术，成就艺术的人生。其过程是通过"无己""丧我"，达成庄子所说的"心斋"和"坐忘"。这是艺术精神主体生成的两条道路。

"虚者，心斋也。"（《人间世》）"心斋"即内心保持虚静。如何保持虚静呢？那便是消解生理欲望，将心从欲望中解放出来，不受欲望的奴役。欲望消解了，精神也就自由了。"堕肢体，黜聪明，离形去知，同于大通，此谓坐忘。"（《大宗师》）"坐忘"指的是与物接触时，摆脱知识活动，让心从对无穷知识的追逐中解放出来，"忘掉分解性的、概念性的知识活动"①，使精神得到彻底的自由。要注意的是，庄子并不是从根本上否定欲望，而是不让欲望随着知识的增长而过分溢出。知识与欲望往往是互相推长的关系，知识以欲望为动机，欲望借知识伸长。庄子的"堕肢体""离形"，便是摆脱生理带来的欲望；"黜聪明""去知"则是摆脱普通的知识活动。二者的同时摆脱，便是"心斋""坐忘"，也即"无己""丧我"。知识与欲望都摆脱之后，也就可以达到徇耳目内通的纯知觉活动，即"美的观照"。

所谓"观照"，是指对物不作分析的了解，只有直观的活动。与实用的态度和求知的态度不同，这时的态度是感性的，仅凭知觉发生作用，是看和听的感官活动。但知觉并非停留在物的表面之上，而是洞察到物的内部，直观到物的本质，通向自然之心，使自己扩大到无限，精神得以解放。这种"孤立化、集中化"的知觉活动，正是美的观照得以成立的重要条件。②徐复观是在正面、积极的意义上使用"孤立化、集中化"这两个词。"孤立化"是指知觉对理论和实践的疏远，是不寻常的特殊状态。知觉越是"孤立化"，也就越集中化、强度化。庄子所谓"心斋"，便是知觉孤立化的表现，心只有知觉的作用，耳仅作听的知觉，顺着耳目的感性知觉而内通于心，不去做复杂的分析理论活动。在此意义上，孤立化也可作专一化来理解，专一化的知觉，正是美的

---

① 徐复观：《中国艺术精神·石涛之一研究》，九州出版社，2014年版，第81页。

② 徐复观：《中国艺术精神·石涛之一研究》，九州出版社，2014年版，第83页。

观照得以成立的重要条件。

徐复观此处借鉴了现象学的"纯粹意识"理论，因为现象学强调中止判断，使得Noesis（意识自身的作用）与Noema（被意识到的对象）同时呈现，或曰"主客合一"，这与虚静是相契合的。不过两者的差别在于，"现象学是暂时的，在庄子则成为一往而不返的要求。因为现象学只是为知识求根据而暂时忘知；庄子则是为人生求安顿而一往忘知"①。需要注意的是，庄子并非否定"己"和"知"的存在。正是因为有"己"，所以"忘己"才有意义；因为有"知"，所以"忘知"才有价值。尽管没有知识作根基的知觉活动也可以从事物中获得美的满足，但这种满足无法上升到美的自觉的程度。因此，忘知不等于陷入浑沌，否则我们依然无法把握"孤立化后的知觉特征"②。

总的来说，美的观照不仅让事物成为美的对象，被观照之物同时也与观照之人直接照面，主客体实现合一，忘知忘欲，呈现出虚静的心斋。换言之，心斋便是对物作美的观照，使物成为美的对象，心斋之心，就是艺术精神的主体。

2.条件二：由"虚""静"而至"明"

庄子沿着"心斋"提出了一系列引申性的概念，如"虚""静""明"等。庄子将心斋之后的心比作镜或水，由欲望与心知得到解放的虚静之心就是"明"。"明"是"一知之所知"的知，"静一而不变"，"一知"就是"静知"，即在没有任何欲望扰动的精神状态下所发生的孤立性的知觉。③这种情形就如同镜之照物，可以照见物但又不被物所扰动。这种知觉直观的情景或可用"不将不迎"来形容。一方面，不把物安放在时空关系中去加以处理，以避免知识成为追求因果的活动；另一方面，没有自己利害好恶的成见加之于物，以避免因成见对物产生歪曲。"不将不迎，主客自由而无限隔地相接。"④抛开知识和成见，心的虚静本性就能得以呈现。这样呈现出来的对象就是美的对

---

① 徐复观：《中国艺术精神·石涛之一研究》，九州出版社，2014年版，第87页。
② 徐复观：《中国艺术精神·石涛之一研究》，九州出版社，2014年版，第83页。
③ 徐复观：《中国艺术精神·石涛之一研究》，九州出版社，2014年版，第89页。
④ 徐复观：《中国艺术精神·石涛之一研究》，九州出版社，2014年版，第90页。

象，因虚静而得来的明，就是彻底的美的观照的明。虚静之心，就是明，是发自与宇宙万物相通的本质，因此明也可以洞透宇宙万物的本质。这种明和光具有同一意义，都是由宇宙万物之本质所发出的，可以照遍大千，直透天地万物的本质。在此意义上，庄子的"明"和老子的"玄览"具有相似的意味，都是以虚静为体，从实用和知识解放出来的美的观照，可以直观事物的本质。用一个字来形容明的状态，那就是"一"，即艺术精神的主客两忘的境界。庄子称："此之谓物化。"（《齐物论》）所谓物化，即自己随物而化，主客合一，不知有我，也不知有物，与物相忘。庄周梦蝶，便是主客合一的极致。"物化""物忘"的观念可以说是贯穿于《庄子》全书之中，对于理解自我与世界的关系具有重要的意义。

3.条件三：作为共感的情

前面以虚静为体说明了庄子的"明"是美的观照。但如果中间没有情感与想象的活动，依然不能构成美的观照的充足条件。在《庄子》的语境中，情分为两种：一种是由欲望心知而来的是非好恶之情，即"无人之情"（《德充符》）。庄子认为此种情会"内伤其身"，需要加以破除。另一种与"性"同义，是指由人之所以生的德、人之所以生的性的活动。庄子所追求的精神自由，是"由性、由心所流出的作用的全般呈现"[1]，是去掉束缚于生理欲望之内的感情，以超越上去，显现出与天地万物相通的"大情"。这就是艺术精神中的"共感"。庄子以"与物有宜""与物为春"来说明共感，是从整个人格发出的有仁心的活动。徐复观认为，这是"最高的艺术精神，与最高的道德精神，自然地互相涵摄"。关于艺术与道德的共感，儒道两家的观点有所不同，庄子延续的是老子无知无欲的道路，而孔门颜子走的是克己复礼、博文约礼的道路。西方美学中康德、柯亨、派克等人也论述过共感，他们是以共感为美的感情的特性，庄子的共感则是发自虚静之心，更能"得共感之真，保持共感的纯粹性"[2]。

---

[1] 徐复观：《中国艺术精神·石涛之一研究》，九州出版社，2014年版，第98页。

[2] 徐复观：《中国艺术精神·石涛之一研究》，九州出版社，2014年版，第100页。

4.条件四：伴随着共感的想象

共感离不开想象。共感的初步，是感情不属于自己，而成为属于对象的感情，也即感情的对象化，这其实就是通过想象力的活动，或推动想象力的活动，使得感情与想象力融合在一起。庄子在《逍遥游》中赋予鲲、鹏等以人格的形态，正是共感与想象力融合的表现。作为艺术创造能力，想象力可以在直观中表现现实中不存在之物，产生新的对象，具有自发性。这是创造的第一阶段。创造的第二阶段是借助观照中所获得的"所与"（given，分析哲学中经常出现的概念，也即外物刺激感官之后，认知者所收获到的、围绕着该物而形成的感觉或知觉），产生融入想象力的"第二的新的对象"①，即通过想象，把潜伏在第一对象里面的价值、意味"逗引"出来，形成关于该物的新的、本质的形相。后文所提出的"艺术的超越，不是委之于冥想、思辨的形而上学的超越，而必是在能见、能闻、能触的东西中，发现出新的存在"②，也印证了该观点。徐复观用《庄子》中阑跂支离无脤、瓮盎大瘿的形象表明：庄子具有很强的共感想象力，因为他把一般人所不能美化、艺术化的事物，都加以美化和艺术化了。这既是一种"臭腐复化为神奇"的艺术家本领③，也是洞悉事物本质，"将天地万物涵于自己生命之内，以与天地万物直接照面"的能力④。《庄子》一书随处都是这样的洞见、想象，将道、德等具体化、具象化，与天地万物直接照面。徐复观认为，这是一种"超共感的共感"，因为共感已化为物的物化；也是"超想象的想象"，因为想象到"物物者与物无际"，于是物具有了"象征"的性质。艺术即是象征。⑤

5.艺术精神主体的实现：美的观照

美的观照必须具备两个条件抑或步骤：一是唤起知觉的专一，即知觉的固有意义。所谓唤起，就是知觉的专一、集中，以及由此而来的透视。因知觉

---

① 徐复观：《中国艺术精神·石涛之一研究》，九州出版社，2014年版，第101页。
② 徐复观：《中国艺术精神·石涛之一研究》，九州出版社，2014年版，第114页。
③ 徐复观：《中国艺术精神·石涛之一研究》，九州出版社，2014年版，第102页。
④ 徐复观：《中国艺术精神·石涛之一研究》，九州出版社，2014年版，第103页。
⑤ 徐复观：《中国艺术精神·石涛之一研究》，九州出版社，2014年版，第103页。

的专一、集中，被知觉的对象也孤立化、集中化，于是观照者的全部精神都被吸入一个对象之中，继而感到这个对象就是存在的一切。二是主客合一，物我两忘。比前者更深一层的是庄子的物化，当一个人进入忘己状态随物而化时，此物便是存在的一切，物化后的知觉就是孤立化的知觉。徐复观认为，物化后的孤立的知觉，从时间与空间中将自己与对象切断，这样自己和对象就会冥合成主客合一的状态。"一"即是一切，是圆满自足，此外再无所有。主客冥合为一便会"自喻适志"，与环境、与世界得到大融合、大自由，也就是庄子所说的"和""游"。为说明美的观照问题，庄子举了两个经典的例子，即"庄周梦蝶"和"子非鱼，安知鱼之乐"。在《齐物论》中，庄子梦到自己变为蝴蝶而"不知周也"，以此说明因忘知而达到了物化的精神状态，借梦来展现生命因物化而美化、艺术化的过程。在《秋水》中，庄子和惠子针对濠梁之鱼进行辩论，展现了两种截然不同的态度。庄子"以恬适的感情与知觉，对鱼作美的观照"①，使鱼成为美的对象，体现的是忘我物化的艺术精神。惠子以理智解析对庄子进行追问，将趣味判断拉回到认识判断，体现的是以"善辩为名"的理智精神。在被不断追问之下，庄子回答道："我知之濠上。"这说明美的观照不是通过论理分析、理智思辨的活动，而是通过"即物"对对象进行当下的、全面而具象的观照。

至此，徐复观已经交代了中国艺术精神的奠基，也即道家的艺术观：（1）相较西方艺术理论，庄子的艺术理论很"全"，不仅包括对艺术对象、作品的体认，还包括人生的修养工夫②。（2）在人生的修养工夫上，道家与儒家也有很大的差异。两者的基本动机都是出于忧患意识，但面对忧患的态度有所不同。儒家面对忧患要求加以"救济"。儒家精神所指向的客观世界，很大程度上指的是人间世界，在道德和人格要求下，艺术往往以"文以载道"的方式作用于人，这种精神尤其对文学领域影响深远。道家面对忧患则要求得到"解脱"。道家精神指向的客观世界，实际上多是指自然世界，在自由解放的

---

① 徐复观：《中国艺术精神·石涛之一研究》，九州出版社，2014年版，第106页。

② 徐复观：《中国艺术精神·石涛之一研究》，九州出版社，2014年版，第137页。

精神要求下，艺术活动将人与自然融合，实现主客合一，这种精神在绘画方面表现得更为纯粹，尤其是中国的山水画，常常在不知不觉中与庄子精神相契合。当然文学方面也不乏受庄子影响者，如陶渊明、苏轼等人。针对儒道两家的不同态度，徐复观以"为人生而艺术"概括由孔子奠定的儒家艺术精神，以"为艺术而艺术"概括由庄子奠定的道家艺术精神[①]。需要注意的是，与西方所说的重视形式之美不同，庄子的"为艺术而艺术"是直接从人格出发对艺术精神主体的把握，也可以说是"为人生而艺术"的另一种形态，只不过重点不在儒家所关切的道德层面，相比之下，道家的艺术精神更为纯粹，是"纯艺术精神"[②]。

四、中国画论及其基础

（一）中国画论的诞生

在探讨中国画论的诞生之前，首先要区分一组概念——中国绘画与中国画论。从考古发现来看，中国绘画可以追溯到远古时期，如龙山文化、仰韶文化的彩陶花纹，殷商时期的青铜器纹路，这些具有装饰意味的图案皆可视为中国最古老的绘画。而对绘画作艺术性反思并且给予评价，像文学、书法一般为之赋予学理，则是东汉末年至魏晋时期的事情。

明确了中国绘画的基本样貌之后，我们有必要澄清两个流俗之见：一是书画同源，二是书画在因果上有必然关系。关于前者，徐复观认为，书画是不同源的。从各种古代实物来看，画的目的在于装饰，无所谓象形与否；而从早期文字来看，书的目的在于代替记忆，无论一开始追求象形还是慢慢从象形中解放出来，都是为了方便实用。由此可见，中国的书与画"完全是属于两个不同

---

① 徐复观：《中国艺术精神·石涛之一研究》，九州出版社，2014年版，第140页。
② 徐复观：《中国艺术精神·石涛之一研究》，九州出版社，2014年版，第141页。

的精神与目的的系统"①，画属于装饰意味的系统，书属于帮助代替记忆的实用系统。当然，书画不同源不代表书画不相关。徐复观认为书画的密切关联，始于东汉末年，盖因这一时期书法产生了美的自觉，成为美的对象，并于魏晋时期得到了确立。其中很重要的转变是草书的出现，它将文字"由实用带到含有游戏性质的艺术领域"②，艺术化了的书法便和绘画有了相似的性格，加上使用的都是笔墨纸帛等相同工具，二者的关联便更加密切。而到了唐代中期，水墨画将书与画的密切关系更加直观地展现了出来。

关于第二个流俗之见，徐复观认为，书与画是相得益彰的附益关系，而非因果上的必然关系。例如，书与画在处理线条时，采用的是两种不同的技巧，名画家不擅长书法是常有之事，因此绘画的成就与书法并无直接关系，绘画是可以独立发展的。徐复观澄清这两点的意义在于，为绘画自身赋予艺术价值，使其不再沦为书法的附庸。要知道，在宋代以后有不少人过度强调书法的地位，将书法的价值放在绘画之上，无形中忽视了绘画自身的一些因素，徐复观认为这个问题应该重新加以考虑。

（二）中国画论诞生的思想契机

既然中国绘画的诞生可以追溯到远古时期，为什么偏偏到魏晋时期才在文化上有一种普遍的自觉，为艺术作品赋予独立的价值，进而有意识地推动纯艺术活动呢？针对这一追问，徐复观总结了两个方面的原因。

第一个原因是，这一结果与东汉时期的政治实用主义的凋零和老庄思想的抬头有密切关系。当时以竹林名士为代表的知识分子，生存在曹刘之争、曹氏与司马氏之争以及八王之争的残酷现实夹缝中，想要逃离现实，希望得到精神上的安息之地，而又未能得到，于是对时代与人生有着痛切的感受，进而衍生出了"生活情调的玄学"③，在语言形态上求其合于"玄"的意味，玄学完全

---

① 徐复观：《中国艺术精神·石涛之一研究》，九州出版社，2014年版，第146页。
② 徐复观：《中国艺术精神·石涛之一研究》，九州出版社，2014年版，第146页。
③ 徐复观：《中国艺术精神·石涛之一研究》，九州出版社，2014年版，第150页。

成为生活艺术化的活动。

第二个原因是，东汉末年开始盛行人伦鉴识之风。从最初以郭林宗等人为代表，以儒学为鉴识根据，以政治上的实用为目标，"通过可见之形、可见之才，以发现内在而不可见之性"[1]，也就是发现人之所以为人的本质，后来以正始名士、竹林名士、中朝名士等为代表，完成由政治的实用性向艺术的欣赏性的转换。此后，玄学（尤其是庄学）成为鉴识的根底，以超实用的趣味欣赏为目标，由美的观照得出人伦判断。无论在人的容貌举止，还是人的存在本质上，都形成了此类倾向。《世说新语》中有大量的人物故事都是由美的观照作人伦鉴识，颇具玄学的情调。

（三）中国画论的追求：神

人伦鉴识向艺术性转换之后，"神"就凸显了出来。"神"的观念出自庄子，"神人无功"（《逍遥游》），"不离于精，谓之神人"（《天下》）。魏晋时期的"神"，指的是"由本体所发于起居语默之间的作用"[2]，体现在形相之中，也被称为"神姿""神貌"。"神"的体现需要艺术性的"发见"能力，也就是庄子所说的"修养"。"神"的全称是"精神"。庄子将人之心称为"精"，将心之妙用称为"神"，但魏晋时期主要落在"神"的一面，并加上了感情的意味，所以也称"神情"。由"神"还发散出了"风神"的概念，形容"神"像风一样看不见、摸不着，是寓居于具体形象背后的生命本体（性），只能用心感受到。当时的人们会用"风""清""虚""朗""达""简""远"来描述神，甚至用"风"代替"神"，于是有了"风情""风姿""风韵""风味"等名词。魏晋时期流行的这些名词实际上都是以庄学的生活情调为内容进行的艺术性的人伦鉴识，在庄学精神的启发下由人的形把握人的神，即"由人的第一自然的形相，以发现

---

① 徐复观：《中国艺术精神·石涛之一研究》，九州出版社，2014年版，第150页。
② 徐复观：《中国艺术精神·石涛之一研究》，九州出版社，2014年版，第153页。

出人的第二自然的形相，因而成就人的艺术形相之美"①。

"神"的观念由人伦鉴识转向绘画，进而开创了全新的艺术追求。魏晋时期的绘画以人物画为主，即以技巧表现人伦鉴识中所追求的形相之美。汉代也有人物画，如汉画像石、画像砖上的人物形象，多是以画的故事表现背后的意义、价值，这是绘画之外的精神属性；魏晋及其以后的人物画，则是通过形来表现人物之神，以此决定意味、价值，这是就绘画自身作出价值判断，体现了绘画的艺术自律性。

晋代画家、画论家顾恺之用"传神写照"四个字来凸显魏晋绘画的这一特征。《世说新语·巧艺》载："四体妍蚩，本无关于妙处，传神写照，正在阿堵中。"顾恺之认为绘画中人物的美丑不在形貌外表，而是通过眼睛来传神。"写照"是指描写画家所观照到的对象之形相，是可视的；"传神"是指通过形相将对象所蕴藏的神表现出来，是不可视的。因此，"神"必须由"照"而显现。于是，我们可以从上述分析中得出"照"和"神"的价值排序："写照"是为了"传神"，"写照"的价值由"传神"决定。

至此"传神"两个字在绘画中变得重要起来，可以说是形成了中国人物画的不可动摇的传统，如苏轼的《传神记》、陈造的《论写神》、蒋骥的《传神秘要》都对其进行了阐发。

（四）中国画论的基础：气韵生动

根据《世说新语》中关于顾恺之作画的记载（如在裴楷脸颊上画三根胡须，将谢鲲画在岩石中），徐复观认为这恰恰是技巧上无可奈何的表现手法，证明了顾恺之"所遇到的技巧对意境的抗拒性，还没有完全克服下来"②。因此徐复观也赞同南朝齐梁时期的画家、画论家谢赫在《古画品录》中对顾恺之的评价："深体精微，笔亡妄下，但迹不逮意，声过其实。"也就是说顾恺之既精微地体验到了"神"，也有意识地用技巧去追求"神"，但他的作品并没

---

① 徐复观：《中国艺术精神·石涛之一研究》，九州出版社，2014年版，第155页。
② 徐复观：《中国艺术精神·石涛之一研究》，九州出版社，2014年版，第160页。

有达到他所想要的意境，其名声大于实际的绘画成就。因此，徐复观在认可顾恺之的传神论的同时，尝试用"气韵生动"的理念，将"神"的观念具体化、精密化。一般人却忽视了这种由传神到气韵生动的演进意义。

1. "气韵"释义

（1）气韵的来源

谢赫在《古画品录》中提出了六法，分别是气韵生动、骨法用笔、应物象形、随类傅彩、经营位置、传移模写，其中气韵生动居首位。绘画六法尽管文字简洁，但构建了一个完整而又素朴的系统，为中国画论奠定了基础。郭若虚在《图画见闻志》中评价"六法精论，万古不移"。

（2）拆分"气韵"

在阐释"气韵"的含义之前，徐复观考察了刘义庆《世说新语》、沈约《宋书》、钟嵘《诗品》等文献资料，发现气和韵并无连用的情况；刘勰《文心雕龙》中虽然出现了"韵气一定"（《声律》篇），但根据上下文，韵和气应为不同的含义；郭若虚在《图画见闻志》中提及"气韵双高"，说明气和韵是两个概念。因此，我们在分析"气韵生动"时不能按照现代人的理解将"气韵"视为一体，而应当将其拆作两个概念，分别进行阐释。

（3）释"气"

从人身的角度谈"气"，始于孟子的养气说，指的是一个人的生理的综合作用，也即"生理的生命力"[1]，到了文学艺术领域，"气"便是指人的生理的综合作用在文学艺术作品上的影响。"气"由人的观念、感情、想象力等支配，创造性地表现在作品上。前面所说的"神"，也是通过"气"而得以显现，反过来"气"又升华至与"神"相融，便具有了艺术性。就内涵而言，"气"是作者把品格、气概注入作品中的体现，使其具有力的、刚性的感觉，因而常与"骨"字形成联系。如钟嵘在《诗品》中评价曹植的诗"骨气奇高"，"骨"就是"气"，都是指"气韵"之"气"。"骨"也是从魏晋时期的人伦鉴识中转化而来的概念，用来形容某人由一种清刚的性格形成"清刚有

---

[1] 徐复观：《中国艺术精神·石涛之一研究》，九州出版社，2014年版，第162页。

力的形相之美"①。"骨气"即是将"骨"的概念从人伦鉴识转用到了文学艺术之上。在谢赫的语境中,"观其风骨""颇得壮气""神韵气力"等说的皆是"气韵"之"气"。

谢赫在论及绘画六法时,除了"气韵生动"之外,还提到了"骨法用笔"。如果说"气"和"骨"有着内在的一致性,那么为何谢赫要将二者分为两种说法呢? 所以,此处有必要对二者之关系加以说明:作为"骨气"的骨和作为"骨法"的骨既有联系又有区别。作为绘画六法中紧随"气韵生动"其后的第二法,"骨法用笔"自然与"气韵"相关,也要受到"气"的作用影响,但它与"气"又属于不同的层次。"骨法"的"骨"是技巧性的、局部性的,体现在绘画的线条之中,而不是思想性的、全体性的统一的文体(style)之骨。这种技巧性的骨法,要形成气韵的气,需要经过精神的升华,并且与画面其他各部分相统一。

(4)释"韵"

"韵"字起源于汉魏时期。训诂学家将"韵"与"钧""均"相关联,后者为古代调音之器,与音乐有关系。根据《广雅》中"韵,和也"的说法,"韵"可以指音乐的律动。不过由于古代早已经有"律"字用以表示音乐的律动,因而"韵"虽然与"律"同义,但是在音乐中用得并不广泛,而是大多集中于文学领域,尤其是声韵、音韵之学。刘勰在《文心雕龙·声律》中将韵定义为:"异音相从谓之和,同声相应谓之韵。"无论是音乐的韵,还是文学的声韵,皆为触及听觉功能的音响,又如何能作用于调动视觉功能的绘画之上呢? 换言之,绘画通过线条、画面来表现图像的和谐,"韵"在其中是否也扮演一定角色,进而促进画面的和谐? 徐复观给出了肯定的答案。不过他强调,绘画之"韵"不能简单地理解为在绘画中融入听觉层面的律动(rhythm),而是要对"韵"做出别解。西方绘画之"韵"大多体现为线条的统一谐和,而谢赫绘画六法所说的"韵"乃是"超越线条而之上的精神意境"②。当然,这并

① 徐复观:《中国艺术精神·石涛之一研究》,九州出版社,2014年版,第165页。
② 徐复观:《中国艺术精神·石涛之一研究》,九州出版社,2014年版,第169页。

不是说中国不重视线条，而是说艺术创作必须从线条中解放出来，去表现画家的精神意境。从《晋书》《续画品》等文献来看，当时对文学称音韵或声韵，对人或绘画则称体韵，即从人体形相上谈韵，而非从音响上谈韵。纵观绘画六法提出以后1000多年的中国绘画范围中的气韵观念，从来没有哪位画家或画论家从音响的律动层面去体认气韵生动。

明确了这一点之后，再看"韵"字的含义就更加明晰了。除了音乐领域的韵律之外，韵在魏晋时期还有如下三重含义：其一，关乎人伦鉴识的观念，六法中的"韵"与"风神"一样，都是由玄学的修养表现在一个人的形相之上，在人物画中实现人伦鉴识的观念；其二，关乎一种生活的情调、个性，强调情调、个性之美，如《世说新语》中形容卫玠"天韵标令"；其三，关乎生活情调与个性背后的玄学意味，如《晋书》《宋书》《齐书》《梁书》等文献中提到的"雅韵""清韵""远韵""道韵""玄韵"等，都清晰地表现了这种玄学意味。概言之，"气韵"的"韵"即是指在绘画中表现一个人的形相之间所蕴藏的情调、个性之美。

综上所述，"气"和"韵"都是"神"的分解性说法，因此也被成为"神气""神韵"。如果说，一般形貌是人的第一自然，那么形神合一的"气韵"则为人的第二自然，这也是顾恺之"传神"所致力于去表现的艺术之美。

2.从"气韵"到"气韵生动"

（1）气韵兼举

澄清了气、韵的含义之后，有必要讨论一下气、韵之间的关系。人的性格有刚有柔，作品受性格影响也有刚柔。因此，清代散文家姚鼐认为文章有"得于阳与刚之美者"，"得于阴与柔之美者"（《惜抱轩文集》六《复鲁絜非书》）。徐复观受此启发，运用阴阳刚柔理念来解读气韵。一方面，谢赫的气是作品中的阳刚之美，韵则是作品中的阴柔之美。此处的阳刚之美，在前面关于"骨"的讨论中已有涉及，而阴柔之美，则体现为"超俗的纯洁性"[1]，以"清""远"等观念为其内容，这也是为什么韵总与雅韵、清韵、远韵相关。

---

① 徐复观：《中国艺术精神·石涛之一研究》，九州出版社，2014年版，第177页。

另一方面，从根源上说，气与韵是不可绝对分离的，只不过在表现的维度上，其中常有所偏至。如卫协"颇得壮气"，是偏于阳刚之美的表现；戴逵"情韵连绵，风趣巧拔"，是偏于阴柔之美的表现；陆探微"穷理尽兴，事绝言象"，是气韵兼得的表现。总体而言，好的作品应该是气韵兼举的，二者互相补益、不可偏废。气韵代表了绘画中的两种极致之美，此观念的提出更加有利于我们把握传神的神，这是中国画论的一大进步。

（2）气韵与生动的关系

理清了气、韵之间的关系后，再来分析"气韵生动"就容易多了。"气韵"与"生动"之间的关系，至少有两种解释：其一，生动是气韵的一种自然效果，没有独立的意味；其二，生动是作为某种独立的意义而与气韵相得益彰。谢赫的原始文本，更加接近第一种解释。关于生动，谢赫在《古画品录》中没有做过多解释，只有"非不精谨，乏于生气"这种相近的表述，没有直接使用生动的观念。生动可以作为生气的跃动来理解，但这是就画面的形相感觉而言，生气则是就画的形相通于内在的生命而言。根据姚最《续画品》点评谢赫的"气韵精灵，未穷生动之致"的表述，说明生动是气韵的自然效果，没有独立的意味。因此严格地说，气韵生动一词的主体在气韵。有气韵就一定会生动，但仅仅有生动，不一定有气韵。张彦远在《历代名画记》里谈绘画六法时也有类似看法："……有生动之可状，须神韵而后全。"

不过在清代画家、画论家方薰那儿则出现了不同的见解，他将生动的地位大大拔高，称"气韵生动，须将生动二字省悟。能会生动，则气韵自在"（《山静居画论》）。这一观点也得到了清代画家邹一桂的认可，都是以生动为主体，与张彦远等人的说法相颠倒。为什么会形成这一转变，徐复观认为存在着两个时代背景：其一，在谢赫之后，许多人过于将"气韵"和"形似"相对立，导致本该以精神发抒向自然，并且于自然中求得精神解脱与安顿的绘画，反而日渐离开了自然；其二，随着笔墨技巧的日渐成熟，画家过于重视笔墨上的气韵，仅停留于笔墨趣味自身的欣赏，而忘记笔墨之上还有自然深厚无穷的世界。清代文人画便是出现了这样的问题，将艺术与人生的意境仅仅落实于笔墨的浅薄趣味之上，而忘记了外师造化的基本功夫。在这个意义上，突出气韵生动的"生动"，可以将画家的精神带入自然生命之中，与自然相融合、鼓荡，以便解决绘画中的神形相离的问题。

（3）生动何以兼容气韵与形似

第一，由物入神。前面提到，在庄子精神的开启下，魏晋艺术精神觉醒，传神思想得以凸显。在这一思想中，形是人与物的第一自然，神是第二自然，是"艺术自身立脚之地"①。艺术若想做到传神，得由作者深入对象，通过视觉（目）去把握对象之形，并在此基础上，将视觉的知觉活动与想象力相融合，以感受到物背后的、规定着物的本质。庄子在《养生主》中所说的"以神遇而不以目视"和顾恺之在《论画》中所说的"迁想妙得"便与此同理，都是为了得到对象之本质即对象之神，所谓"天契""妙理"。

第二，避免以神代形。徐复观也提醒我们，注重"神"的重要性不应当以牺牲"形"为代价，否则就容易导致现代超现实主义、抽象主义那种过分强调神而无视形的做法。传神要求艺术家通过超越的心灵、精炼的技巧去把握对象内在之神，并非完全摒弃外在之形。形与神不是对立而是融合的关系。

第三，得神而不遗形。因此，徐复观将"气韵"与"形似"的理想关系，概括为"由形似的超越，又复归于能表现作为对象本质的形似的关系"②。正如张彦远所说："以气韵求其画，则形似在其间矣。"（《历代名画记》卷一《论画六法》）形似不是简单的像，而是经过一番洗炼、与神相融的形似。这一理念在美的观照上容易，但在绘画的表现上则有一定的难度。为此，画家需要将对象之中的"天契"与"妙理"内化进自己的主观精神之中，形成创造的冲动、意欲，即我们常说的"意在笔先""胸有丘壑"；进而将这种创作的精神状态落实到画作之上，就此维度而言，作品的气韵生动，乃是"来自作者自身的气韵生动"③，它体现于作者精神贯注的一笔一墨之间。

第四，艺术创作的修养功夫。为了更好地将对象之气韵转化到作者主观之气韵中，作者必须从个人私欲浊尘中超脱出来，显发出以虚静为体的艺术精神

---

① 徐复观：《中国艺术精神·石涛之一研究》，九州出版社，2014年版，第192页。

② 徐复观：《中国艺术精神·石涛之一研究》，九州出版社，2014年版，第196页。

③ 徐复观：《中国艺术精神·石涛之一研究》，九州出版社，2014年版，第207页。

主体。也就说，绘画之传神的实现，不在于技巧，而在于艺术家是否具有净化后的虚静之心。常言道，读万卷书，行万里路，这不仅仅要求技巧的学习，还要求对心灵的开扩和涵养，借知识的教养和自然的启发，获得超拔的力量。可见气韵的实现需要一番修养工夫，才能达到"共成一天"（郭象《庄子注·齐物论》）的大自由、大解放的境界。于是徐复观总结道："在中国，作为一个伟大的艺术家，必以人格的修养、精神的解放，为技巧的根本。有无这种根本，即是士画与匠画的大分水岭之所在。"①

五、中国画论的具体展开：魏晋隋唐五代山水画

（一）对象转变：从人物到山水

魏晋玄学以庄子的艺术精神为中心，在自然中寻求更好的安顿。表现在绘画上便是推崇人与自然的融合。庄子的许多篇目都表达了他对自然的追求，如在《逍遥游》《天下》里超越俗世、寄情自然，在《秋水》《齐物论》里以自然为象征、与自然相融合。受此影响，魏晋时期的人物画有了传神（气韵生动）的自觉，但庄子艺术精神的真正满足，还应当落实到山水画之中。庄子对世俗的超越精神不知不觉让人从人间世转向自然，去自然中寻求人生的安顿；而他的物化精神既可使得自然人格化，也可使得人格自然化，进一步让人想在自然中、在山水中安顿自己的生命。于是，魏晋时期的艺术创作开始以山水为美的对象，追寻山水即是在追求美的满足。这和魏晋以前的文学艺术通过比兴手法建立起人与自然联系有着本质的不同。

魏晋审美对象的变化，在《世说新语》中有着深刻的体现：其一，人与自然的亲和关系，不仅体现在人对自然的拟人化、人格化，还进一步体现在对人的"拟自然化"，如《容止》篇形容嵇康"岩岩若孤松之独立"，形容王恭"濯濯如春月柳"；其二，对自然的领悟，需要一番关于美的意识反省，从第

---

① 徐复观：《中国艺术精神·石涛之一研究》，九州出版社，2014年版，第212页。

一自然中把握到第二自然。这就意味着审美者要"以超越于世俗之上的虚静之心对山水"①，而山水也以纯净之姿进入虚静之心里，与人的生命融为一体，实现人与自然的物我两忘。

因此我们可以说，中国以山水画为中心的自然画，乃是玄学中的庄学的产物。

（二）山水画论的开端

谈到山水画论，顾恺之的《画云台山记》常被推为其开端。顾恺之在这篇文章中"设计"了一幅分为三段的云台山图，并穿插了山石涧流、孤松鸟兽等景物。但徐复观认为，这篇文章只是出于理想性的构想，其目的是烘托张道陵七度门人最后一次超度的故事，与任何真山无关，所以不算真正的山水画论。在庄学的影响下，真正的山水画不仅仅要求以山水为绘画主题，还要求画家本人也具有超越俗世的精神和实践上的隐逸生活。因此，徐复观认为宗炳《画山水序》和王微《叙画》才是真正的山水画论。

1.宗炳画论

宗炳，字少文，南朝宋著名画家、画论家，著有《画山水序》。在行事风格上，宗炳热衷于游山玩水，曾多次拒绝朝廷的征召，栖丘饮谷30余年，终老山林。在思想上，宗炳还是一名虔诚的佛教徒，著有《明佛论》，信奉精神不灭、轮回报应，同时也践行庄学的洗心养身之道。因此，他的《画山水序》里传达的也是庄学的思想，也即"以玄对山水"所达到的意境。

宗炳画论主要围绕三个方面来谈：一是隐逸之士的得道方法——"澄怀味象"。他在《画山水序》的开篇写道："圣人含道应物，贤者澄怀味象。至于山川，质有而趣灵。"很显然，"澄怀"这个概念继承自老庄美学，与老子的"涤除玄鉴"、庄子的"心斋坐忘"是一个意思，都是指实现审美观照要有审美心胸，即虚静空明的心境，以虚静之心观物，即可实现美的观照。"味"也是从老子美学中来的概念，不是味觉的味，而是审美的味，即审美所带来的

---

① 徐复观：《中国艺术精神·石涛之一研究》，九州出版社，2014年版，第223页。

精神上的享受和愉悦。至于"象",便是"道"的体现,"味象"就是观道,在这里就是指从山川之形观山川之趣灵,从有限看到无限,以满足精神上的自由解放。二是创作山水画的宗旨——表现"玄牝之灵"。由于观看者的目光限制,画家在画山水时不要求写实主义式的真实性,而是要透过山水之形表现出其背后的"玄牝之灵",从而将此灵与画家心中之灵融为一体。"神本无端,栖形感类,理入影迹。""神"的本质是虚、无的,从感官上无法把握得到,宗炳认为"神"可以栖息于山水之形中,因此山水也就成了"神"的具象化,便可以进入绘画之中,实现他所说的"澄怀味象"。三是创作山水画的"工夫"——将玄心寄托于自然。由于山水是"神"的具象化,宗炳的游山水,即是澄怀味象、以形媚道的过程。相较于阮籍等竹林名士寄情于竹林及琴、锻、诗、笛等艺术之中,寄情于自然中的大物——山水,则能更有效地摆脱俗世,实现玄心与玄境的冥合,艺术精神也就得到了真正的着落。并且,此番着落并不需要像庄子那样寄托于可望而不可即的"藐姑射之山",在现世的名胜山水中就能实现。

2.王微画论

王微,字景玄,南朝宋著名画家、诗人,著有《叙画》。他与宗炳性情相仿,同样有着隐士性格。据《报何偃书》记载,王微擅长作画,画人物能传神,画山水也能将山水盘纡纠纷的形状牢记于心目、落实于笔下。其《叙画》篇收录于《历代名画记》,与宗炳的《画山水序》大约为同一时间之作,因此产生背景也大约相似。

王微的画论也主要围绕山水画展开:一是论述山水画的独立地位。他从观念上将山水画从实用中解脱出来,山水画不再是人物画的背景,也不是以实用为目的的地理图经,而是独立的艺术作品,山水画的艺术性也就由此凸显。二是强调山水画中的精神解放。"望秋云,神飞扬;临春风,思浩荡。"他指出人们之所以爱好山水、绘画山水,是因为从山水中获得"神飞扬""思浩荡"的精神体验,这是山水画得以出现的基本条件。三是从山水之形中看出山水之灵,即"明神降之"。他和宗炳一样,都受庄学影响,从山水的有限中发现无限的美,作画就是追求道的具象化。这既需要艺术洞察力,也需要脱离俗世的性情，还需要超越生活实践的玄学境界。

于是，在宗炳与王微的论述下，中国山水画得以成立，他们二人的理论也成为山水画的根据所在，在艺术精神上直接奠定了山水画的基础。

（三）山水画与画论的萌动时期

虽然中国山水画论发端于宗炳、王微，但他们的创作仍然以人物画为主，尚未在作品上奠定山水画的基础。据《后画录》对隋代江志、展子虔等人的记载，山水画的创作直到隋代之后才有了进展。唐代朱景玄编撰的《唐代名画录》著录了不少山水画家的作品，但从其对山水、松石、树木的划分方式来看，此时尚未形成"山林""林泉之胜"等观念，在艺术上这些对象也未得到较好的融合。徐复观认为，山水林木在绘画中的统一融合，经历了中唐的发展直到五代才逐渐完成。宋代刘道醇在《五代名画补遗》中列有山水、屋木两门，《圣朝名画评》中仅列山水林木一门，可见这一变化。

尽管山水画在隋唐时期的演变较为缓慢，其依然是在生长之中，我们可以将其视为山水画的萌动时期。该时期的创作可以体现为如下特质：

1.吴道子的"山水之变"

中国山水画创作自魏晋以来长期处于停滞状态，到画圣吴道子时开始出现变化，即张彦远在《历代名画记》中所谓"山水之变，始于吴，成于二李"。吴道子在山水画上区别于前人之处，大致体现于如下四个方面：其一，加强精神性的表现。除了传统技巧上的精进，他对作为人物画背景的山水树石也尤为重视，打破"钿饰犀栉"的刻板创作手法，以守其神、专其一的功夫赋予其新的意境。《宣和画谱》称之为"技进乎道"。其二，完善落笔。魏晋以来善用的均匀、细如蚕丝的线条并不适合表现山石的质感，吴道子笔法圆润劲健，所用之线似莼菜条，不仅易于抒写，还增加了山石的量感、力感，这种转变对中国画线条的发展具有重要的意义。其三，赋予气势。他将豪放之气写入山水之形，使作者在山水之中取得主宰地位，而不是单纯地复现自然风景。当然这种气势也和他的性格有关，据《历代名画记》《图画见闻志》等记载，他常在饮酒或观舞剑时随兴作画，气盛于胸而驱遣于笔下。当然他的笔法也更适于这种随性挥毫，不受拘泥。其四，区别于地理形势图。据朱景玄《唐朝名画录》记载，同样是画蜀道嘉陵江水，吴道玄只用一日便完成，李思训则花了数月。可见吴道玄画山水不在于客观还原地理形势，而重在表现山水的气象精神。

2.水墨山水的出现

中国山水画以庄学思想为背景，山水的性格也就自然而然带有超脱世俗的隐士性格特征，若像李思训那样使用金碧青绿之色则显得富贵了一些，于是渐渐开始有了"以水墨代青绿"的变化，山水画不知不觉地朝着与自身性格相符的水墨画发展。"水墨"一词在9世纪时正式成立，并大为流行。如《历代名画记》中记载张璪、王维等人都用水墨代青绿进行渲染。不过此时的水墨并不完全排斥彩色，而是将青绿变为淡彩。纯水墨出现的时间，大约是在晚唐时期，此后水墨和水墨兼淡彩成为山水画的主流。如前文所述，中国绘画强调形神，要通过某种形相将自然物之形相得以成立的神、灵、玄表现出来，因而中国画最高的境界不是模仿对象，而是"以自己的精神创造对象"[①]。水墨之所以能够表现出山水之形相背后的神、灵、玄，是因为它是与"玄"最接近的素朴的颜色，是不加修饰而近于"玄化"的母色。"运墨而五色具"，水墨这种母色可以生出五色，从实际操作来说，可以通过调节墨的深浅形成焦、浓、重、淡、清五色，仅用墨便可将山水草木之各种形态描绘出来；从精神性来说，水墨也是最具自然之性的颜色，它以墨色深度的变化赋予山水以新鲜活泼的生命感，就如同从远处眺望山水，山水的颜色浑同成为玄色。水墨画的出现，是艺术家向自然的本质的追求。当然这并不意味着水墨与着色的对立，画家可自由运用色彩，只不过在水墨这种意味影响下，着色往往为淡彩，或者水墨与淡彩兼用。

3.题画诗的出现

徐复观认为，唐代画论的最大贡献是"以诗咏画，以诗意发挥画意，进

---

① 徐复观：《中国艺术精神·石涛之一研究》，九州出版社，2014年版，第243页。

而以诗境开扩画境"①。据王士祯《蚕尾集》记载，盛唐时期李白、王季友等人虽写过题画诗，但都很一般，到杜甫时才真正达到效果。杜甫几乎每一首诗都全力以赴，将绘画的效果以诗文的形式描述出来。根据《杜工部集》记载，杜甫的题画诗有十八首，其中画山水五首，画松二首，代表了当时绘画的新趋向。如《奉先刘少府新画山水障歌》这首诗不仅将画家作画的经过和画中情景生动地描绘了出来，还盛赞了画家的技巧工力和绘画精神，在画家的感染下，诗人甚至产生了归隐江湖的想法。题画诗的功能，主要是用文字深刻地描述绘画的效果，并且这份诗心与画意在艺术根源之地是相通的。到宋代题画诗得到更多诗人推崇，如苏轼、黄庭坚等人都留下了不少相关作品，在此不作详列。

4.张璪的"外师造化，中得心源"

张璪是唐代画风转变的关键人物。作为画家，他擅长画山水松石，尤其是画松，具有高超的技艺，画作有《寒林图》《松竹高僧图》等，今已失传；作为画论家，他著有《绘境》一篇，也已失传。尽管没有留下实物供今人观赏，但他作画的情景、绘画风格和艺术主张在《唐朝名画录》《历代名画记》《笔法记》等文献中都留可以查找到。尤其是《历代名画记》，记载了张璪"外师造化，中得心源"这两句话，直到今天仍然具有重要的意义。这两句话很好地阐明了绘画中主客体之间的关系。张璪认为作画必须要经历"外师造化"的阶段，"造化"即自然，要不断消化吸收自然中客观的山水松石，对自然有最高的趣味，才能把握住自然的精神，这就需要去除世俗利害的机巧，内心进入一种虚静明的状态；当自然中的山水松石进入灵府之后，还需要经过一番去粗存精，与灵府融为一体，也就是说他画的不单纯是眼睛看到的自然景象，而是精神性的、充满自由变化的对象，是以自己的手写自己的心，即"中得心源"。由此可见，张璪的绘画主张也受到了老庄美学的影响，正是由于内心的虚静，造化才能进入灵府，主体与客体、手与心才能够融为一体。这种心境状态与老子的"涤除玄鉴"、庄子的"心斋坐忘"是一脉相承的，其艺术精神境界，也即庄子所谓的道，正如唐代文学家符载在评价张璪的绘画时所说，"张公之

---

① 徐复观：《中国艺术精神·石涛之一研究》，九州出版社，2014年版，第245页。

艺，非画也，真道也"（《唐文粹》卷九十七）。

5. 张彦远的"成教化，助人伦"

张彦远是唐代著名的画家、画论家，其所著的《历代名画记》不仅对绘画历史和绘画理论进行了评述，还记录了370余位画家的人物小传以及收藏鉴识方面的情况，可谓绘画界的"百科全书"，也是中国第一部绘画通史著作。除了对王微、吴道玄、张璪等人的绘画理论精彩论述之外，张彦远在《历代名画记》中还论及了绘画的艺术功用问题。"夫画者，成教化，助人伦，穷神变，测幽微。"成教化，指的是艺术在教育上的功用；助人伦，指的是艺术在群体生活中的功用。这两大功用正好契合了为人生而艺术的中国文化特性，也是艺术的本性。同时，张彦远还指出了艺术的最后归极之地，即"发于天然，非由述作"[①]，要在自然之中发现神变、幽微，在创作之中经由第一自然而通达第二自然，去表现自然背后的神、玄、道。徐复观对此进行了进一步的阐释：一是张彦远否定了那种需要用笔周密而达到的形似，而推崇以寥寥数笔而传神的真形似，即形神相融；二是张彦远所说的绘画精神即是体道精神，艺术创造的境界就是道创造万物的境界；三是张彦远将艺术创作与欣赏的极致指向庄子之道，即达到离形去智、物我两忘的精神境界，这是绘画得以成立的最高境界。

6.荆浩的"六要""度物象而取其真"

荆浩是唐末五代时期的著名画家、画论家，擅长山水画，代表作有《匡庐图》《雪景山水图》等；画论方面著有《笔法记》，在谢赫绘画六法基础上提出了绘景"六要"，即创作的六个基本要素，具有较高的理论价值。徐复观在这本书中以《笔法记》为底本，概括了荆浩画论的重点：一是华实之辨。"华"即美，是艺术得以成立的条件。但华的前提是"实"，也即物的神与情性。物的情性表现为气，"气传于华"，方能获得物的"真"，实现华与实的统一。徐复观认为，荆浩提出华与实的观念是对传神论思想的深化。二是强调艺术家的基本修养，一是要澄汰嗜欲杂欲，得到精神的纯洁性与超越性；二是要专一专注，始终其事，从而得到技巧的娴熟。三是提出"六要"，即"一曰

---

① 徐复观：《中国艺术精神·石涛之一研究》，九州出版社，2014年版，第255页。

气，二曰韵，三曰思，四曰景，五曰笔，六曰墨"。徐复观在阐释的时候将荆浩的"六要"与谢赫的"六法"做了类比，认为第一要"气"和第二要"韵"约等于"气韵生动"，第三要"思"在"六法"中没有直接体现，此为想象和思考之意，第四要"景"类似于"六法"中的"应物象形"，第五要"笔"相当于"骨法用笔"，第六要"墨"相当于"随类赋彩"。这里可以留意到，荆浩并没有谈及"六法"中的"经营位置"和"传移模写"，徐复观认为这是因为荆浩更注重创造，以造化为师，所以省略了这两法。可以说，荆浩将创造的精神与技巧组成了一个紧密的系统，其中自然涵融了"经营位置"和"传移模写"，并且对六要分别进行了阐释说明，比谢赫画论更加清晰和详尽。四是强调"性"的观念，认为物的风姿由所得以生之性而来，要想画出物之真就需要把握物的特有风姿，这是气和韵的观念的落实化。只有画出了物象之原，才能得到形与神的统一。五是推崇水墨，荆浩以张璪等人为例指出水墨所体现的玄的意义，称水墨是"真思卓然""俱得其元""独得玄门"。徐复观认为，这是庄子精神的进一步迫近，以水墨代替五彩，完全顺应了中国艺术精神的自然演进趋势。总的来说，《笔法记》是荆浩依托于自己的创作经验，从人格修养、审美冲动到技巧修得以及创作历程等方面所进行的剖白和理论升华。徐复观对此评价颇高，认为他既是唐代以颜色为中心的绘画革命的完成者，也是北宋山水画的开山者。

六、中国画论的风格特色：宋人笔下的山水画

（一）中国画论转型的成因

水墨和淡彩山水画发展的高峰，出现于10世纪到11世纪百余年间的北宋时期。正如郭若虚在《图画见闻志》中所说，"若论佛道人物，士女牛马，则近不及古。若论山水林石，花竹禽鱼，则古不及近"（卷一《论古今优劣》）。之所以产生这一现象，有如下三点原因：第一，山水画的技巧经过长期酝酿，

到五代时期就已经完全成熟，所以到北宋时期，是绘画技巧所带来的收获期；第二，绘画受政治影响很大，皇家的兴趣在无形中制约着绘画朝山水画方向发展，但随着唐代中后期政治的动乱纷争，愈来愈多的高人逸士远离政治，寄情于山水，以山水画表现意境和情思；第三，北宋文人经过五代之变，彻底扫荡了门第意识，大多出自平民阶层，并且兴起一种新的清谈之风，在创作技巧上不愿受人物画的束缚，而是以山水竹木表现超越的心灵。尤其是宋代完成的古文运动，与山水画精神是一脉相通的，大大助益了山水画的发展。其中最具代表性的莫过于黄休复的《益州名画录》。

（二）"逸格"的出现

1.逸格的基本定位

黄休复是北宋时期的画家、画史家，其编撰的《益州名画录》记载了唐五代至北宋初年成都地区的画家和壁画创作。他之所以能在画论史上留名，盖因其确立了"逸格"在绘画中的崇高地位。根据宋代邓椿《画继》记载，唐代朱景玄在神、妙、能三品之外，增设逸品，而黄休复将逸居于神、妙、能三品之上，以突出绘画的更高境界。究竟什么是逸格呢？朱景玄虽然提出得更早，但未作详细解释。黄休复在《益州名画录》开篇即说：

> 画之逸格，最难其俦。拙规矩于方圆，鄙精研于彩绘，笔简形具，得之自然，莫可楷模，出于意表，故目之曰逸格尔。

也就是说，如果绘画拘泥于规矩方圆之类的常法，则是笨拙的；倘若在彩绘中钻营色彩，则是鄙陋的。而带有逸格属性的绘画，恰能寥寥几笔就能绘出生动形象。为了更好地说明这一观点，黄休复提及了孙位（这也是黄休复在《益州名画录》中提及的唯一一位列入逸格的画家），并用了如下修饰："鹰犬之类，皆三五笔而成。弓弦斧柄之属，并掇笔而描，如从绳而正矣。其有龙拏水涌，千状万态，势欲飞动。松石墨竹，笔精墨妙。"可见，达及逸格成就的画家，只须寥寥数笔，就能勾勒出事物之神，可谓"笔简形具，得之自然"。

2.逸格与其他三格

逸格不是无源之水，其背后有着相应的概念基础，也即能格、妙格和神格。三格由下而上，层层递进，最后方能达到逸格。具体而言：能格注重对对象的客观描写，先实现形似，即"形象生动者"，类似于西方绘画中的写实主义；能格往上更进一层便是妙格，因为能格还处于以技巧达到形似的目的，而妙格则已进入精妙纯熟的状态，仿佛技巧已经不存在了，就像庄子所说的庖丁解牛一般得心应手，"自心付手，曲尽玄微"①；妙格之上则是神格，即传神之格，是指画家的观照能力因人格超拔而达乎"迥高"，最终实现"思与神合"，也就是达到主客合一的精神境界。

能、妙、神三格虽然处于不同的层级，但它们彼此之间存在着紧密的联系。徐复观认为，能格是指形似，神格则是传神（气韵），妙格则介乎能格与神格之间，是忘技巧而尚未能忘物之形似，得气韵之一体，而尚未能得气韵之全。②但是若没有妙格作中间过渡，创作者势必专注于技巧，能达到形似却无法传神。三格所组成的每一层级都以上一层级为基础，是前者之于后者的升华和超越。

3.逸格的独特性

从能格到神格已经实现了对技巧的超越和形神的把握，为何黄休复又要在神格之上强调逸格的重要性呢？徐复观通过对比逸格与神格的关系，解答了这个问题。

首先，徐复观考察了"逸"的原始意义。从"逸民"这个词的含义来看，"逸"具有不受世俗所污染、超脱于世俗之上的"高逸""清逸""超逸"等语义取向，正如逸民在人生价值、人格尊严层面，对黑暗混乱的政治、社会所作的消极而彻底的反抗。这种取向恰好又与那些在山水自然中寄托情怀的隐逸之士相匹配，因此逸格自然而然是山水画所应有的性格得到完成的表现。

其次，在创作层面，神格虽然强调传物之神而忘技巧和规矩，但由于

---

① 徐复观：《中国艺术精神·石涛之一研究》，九州出版社，2014年版，第297页。
② 徐复观：《中国艺术精神·石涛之一研究》，九州出版社，2014年版，第298页。

创作者熟稔技法，因而神依然在规矩之中。逸格通过把握更高的神而离规矩更远，强调对规矩的超越。更进一步，在思想层面，逸格所表现出的由沉浊超升上去的精神境界，与魏晋玄学所流行的"清""远""旷""达"是相通的。"逸"精神状态体现于言论、神态、行为之中，最终落实于人伦品藻上，如《世说新语》里所提到的"才俊辩逸""风情高逸""高才逸度""俊逸"等。

最后，关于形、神与逸的关系，徐复观认为三者之间既有联系亦存在断裂。神虽然不离形，但神呈现得越真切，原来的形保留得就越少。此时，绘画愈发接触到神的玄微本性，神拔俗得最高、升华得最高时的形相，即是逸的形相。换句话说，逸是神的最高的表现。

于是，黄休复将逸格的特征概括为"笔简形具"。神已经不追求形似，那么着笔较能格、妙格更简，而逸为神的最高表现，必然也强调"简"。"简"意味着要做出选择，在简选之中把握事物真致，就像世俗推崇金玉满堂，但这并非人生本质，而寄情于事物真致的人，则能表现出一种带着放逸精神的"简贵"。需要强调的是，此处"简"的基础依然是神，是接近于神的真致状态，因而绘画中的逸格比神格更简。与此同时，"简"虽不拘泥于规矩，但能反映出形的根源，所以笔简仍然可以"形具"。

因此，徐复观将能、妙、神、逸四格的演进关系概括为由客观到主观、由物形向精神的升进，升到逸格，便是主观与客观、物形与精神的合一。

（三）郭熙画论：创造与"远"

1.郭熙创作的特色

郭熙，北宋著名画家、画论家，信奉道教，擅长画山水寒林，曾奉诏入画院，画作有《早春图》《窠石平远图》《关山春雪图》等，著有画论《林泉高致》。与荆浩等画论家一样，郭熙也是从自身的创作经验出发研究绘画理论，并且摆脱了人物画的传统，只继承山水画这一支。其最为独特之处在于，他避开了隐逸者的角度，转向从一般士大夫的立场来谈论绘画。在他看来，山水画可以弥补士大夫的仕宦生活与山林情调的矛盾，这一方面源于他的生活经历（既游于方外又致身仕途），另一方面与这一时期的风气有关，山水画在士大夫之间已十分普及。

（1）内外相养

首先是精神的陶养。郭熙借庄子说画史解衣盘礴的故事，说明一切艺术的表现，都是从自身的精神中涌现出来的，因此艺术家应当保持内心的"宽快"（虚静），"自然布列于心中，不觉见之于笔下"①。在郭熙看来，精神的陶养、净化，可以生发出纯洁的生机、生意，继而将进入精神的对象有情化，与自己的精神融为一体，再从内涌现出来。其次是对自然的深入，在美的观照中发现自然的新生命。通过"饱游饫看"，将人对世俗的解脱、超越集中于山水的奇崛神秀，发现山水的艺术性，使美的观照扩大与深化。徐复观将这种内外相养、主客合一的境象，称为"艺术的潜象、潜力"②。艺术家在创作时胸中的潜象、潜力喷涌而出，就如同庄子所说的得心应手，手中的笔墨与胸中的山水合二为一。这种内外相交养塑造了艺术家的艺术精神与表现能力。

（2）穷观极照

在对山水进行美的观照时，郭熙提出要将理智的反省加入其中，穷其观，极其照，使得山水的朦胧性格更加明确化。正如他在《山水训》中所说，一山"兼数十百山之形状"，一山"兼数十百山之意态"，从各种角度发现山水的不同形相，把握山水的特色，进而得出山水的精神。除了在变化中得到山水的生气，郭熙还强调要在统一中得到山水的和谐。山作为"大物"，其内容极其丰富，因此郭熙主张以"大象""大意"去把握山水之统一的意境；接着在其中找到可以照管全局的"主峰""宗老"。归根到底，要将山水的各个部分看作一个生命的有机体，如同人的形体与精神的结合一样，达到彻底的和谐统一。

（3）创造与选择

---

① 徐复观：《中国艺术精神·石涛之一研究》，九州出版社，2014年版，第313页。

② 徐复观：《中国艺术精神·石涛之一研究》，九州出版社，2014年版，第316页。

有别于普通人只寻求心灵一时的满足，艺术家视域下的美的观照，除了要收获当下观照的满足之外，还会进一步要求"创造"的满足，也就是郭熙所说的"欲夺其造化"。艺术家将观照来的山水，融入精神之中并加以酝酿、熔铸。在此过程中，山水的各个部分自然而然地成为生命整体，达到郭熙所说的"纯熟"的境界。

既然是创造，就不能停留于对自然的模仿或写实，而是以现实中的山水为材料，创作出艺术家精神中的新山水[①]，否则就与版图无异[②]。由此徐复观认为，艺术品是创造自然，版图是模仿自然，中国的山水画追求的不是西方那种写实主义，而是以客观现实为基础进行精神上的创造。这就意味着艺术家要多去游历山水、储备素材，并善于选择（"取之精粹"[③]），如是方能对客观事物进行熔铸和创造。至于如何进行选择，郭熙指出应选择"可居可游"之山水，即以"当下的安顿"为目标，强调人与自然的亲和关系。人的精神固然要凭山水而得到超越，但是此处的超越并非一往而不复返，在超越的同时，还须安顿于山水自然之中。怎样体现安顿？山水与人生成为两情相恰的境界。

（4）"势"与"远"

郭熙画论的独到之处，还在于他提出了一些重要的范畴，如"势"和"远"。郭熙指出："真山水之川谷，远望之以取其势，近看之以取其质。"为了取其质，需要细致入微地观察一石一木，但是这种质需要升进为势。从人物画发展到山水画，通过远望而取其势有着决定性的作用。山水画的观照取材，需要通过登山临水时的远望而达成，这也是为什么山水画可以画出平视时所不能见到的山水的深度与曲折。

在此基础上，郭熙提出了著名的"三远"说。三远分别为：自山下而仰山巅的高远、自山前而窥山后的深远、自近山而望远山的平远。在色调上，高远之色是清明的，深远之色则重晦，平远之色明晦兼有；在势意上，高远突兀，深远重叠，平远则缥缈。郭熙将精神上对于远的要求，明显而又具体地表

---

① 徐复观：《中国艺术精神·石涛之一研究》，九州出版社，2014年版，第321页。

② 徐复观：《中国艺术精神·石涛之一研究》，九州出版社，2014年版，第322页。

③ 徐复观：《中国艺术精神·石涛之一研究》，九州出版社，2014年版，第321页。

现于客观自然形相之中，使得形与灵得到了完全的统一，规定了山水画的发展方向。徐复观将"三远"的思想渊源追溯到庄子美学和魏晋玄学上，指出"远是玄学所达到的精神境界，也是当时玄学所追求的目标"①。为了达到这个目标，实现超世绝俗，艺术家便由人间转向山水，创造了山水画。在山水之中，人的精神可以得到暂时的解放，但山水毕竟是有形质之物，为了突破形质的局限，宗炳和王微等人在其中发现了"灵"。不过蕴藏于山水形质中的灵又不是普通人所能把握的，于是郭熙用"远"代替"灵"的观念。"远"能让人"顺着一个人的视觉，不期然而然地转移到想象上面"，这就使得山水的形质得到延伸，"直接通向虚无，由有限直接通向无限"②。于是，山水的形质和远处的无，在视觉与想象中得到了统一。一方面，山水的形质烘托了远处的无，这种无"作为宇宙根源的生机、生意，在漠漠中作若隐若现的跃动"③；另一方面，远处的无反过来也烘托了山水的形质，使其与宇宙相通相感化为一体。一言以蔽之，"由远以见灵，这便是把不可见与可见的洞悉，完成了统一"④。徐复观认为，艺术的"远"可以将人类心灵所追求的超脱和解放、所追求的人生的意境都体现出来，这是中国山水画的意义所在。

（四）宋代文人的山水画论：以苏轼为中心

1.文人画论出现的原因

山水画到了北宋，已经普及于一般文人，加上以欧阳修为中心的古文运动，与当时的山水画也有冥符默契之处，文人对绘画的爱好愈发凸显。并且，文人在无形中将他们的文学观点转用到绘画理论上面，这对之后绘画发展的方向有着重要影响。以欧阳修为代表的文人，他们所倡导的诗文有一共通之处，那便是重视内容与形式的谐和，认为诗文应该"状难写之景，如在目前；含不尽之意，见于言外"，这与山水画的精神是相通的。宋代文人通过他们对诗文

---

① 徐复观：《中国艺术精神·石涛之一研究》，九州出版社，2014年版，第327页。

② 徐复观：《中国艺术精神·石涛之一研究》，九州出版社，2014年版，第328页。

③ 徐复观：《中国艺术精神·石涛之一研究》，九州出版社，2014年版，第328页。

④ 徐复观：《中国艺术精神·石涛之一研究》，九州出版社，2014年版，第328页。

的修养，来鉴赏当时流行的山水画，常有着独得之处，并且影响到了之后的画论。其中一些诗人则以作诗作文之法，直接从事于绘画创作，开创了文人画派，在画史上也有着重要意义。接下来，徐复观以苏轼为中心，对宋代文人画论展开了具体的解读。

2.苏轼的"常理"与"象外"

理解苏轼画论，需要对其口中的"常理"有所觉知。在苏轼《净因院画记》中，如下论断较难理解：

> 余尝论画，以为人禽宫室器用皆有常形。至于山石竹木，水波烟云，虽无常形，而有常理。

通常情况下，山石竹木有着举行形相，此处为什么称其"无常形"而"有常理"呢？一方面，自然风景是由绘画者安排和布置的，观者不能以某一固定的自然风光来加以苛责，在这个意义上，可以说山石竹木没有常形；另一方面，也是更重要的是，苏轼所谓的"常理"，不是客观抽象的理，而是庄子所说的"依乎天理"的理，与顾恺之、宗炳、谢赫、郭熙他们所追求的神、灵、气韵、质、造化等是一个意思，也就是要在自然之中，画出此种自然背后的生命、性情，而不是画一块无情之物。只有依循"常理"作画，才能把自然画成活物，画成有情之物。而恰恰是因为有情，便能寄托文人们所寻求的精神解放和情感安息。

这种"常理"也被苏轼称为"象外"，也即通过绘画突破了事物的形象而获得了事物的常理。当然这并不是说一开始就抛开事物的形象，相反，绘画者应该是在深入山石竹木形象的基础上，自然地将其拟人化，并把自己的理想融入拟人化的形象中，从而得其情而尽其性。

3."成竹在胸"与"身与竹化"

关于绘画的审美创造过程，苏轼提出了两个重要命题："成竹在胸"与"身与竹化"。在《文与可画筼筜谷偃竹记》中，苏轼提出"画竹者必先得成竹于胸中"，即要对竹作精神上的统一性的观照，进而从整体上去把握竹的生命，通过认知之力及时将观照所得到的竹的形相表现出来。为了尽得竹的性情，苏轼认为应达到"身与竹化"的境界。他借用庄子的"物化"理论，说明想要实现主客一体，不仅需要竹子拟人化，同时也需要人也化为竹子。为了做到这一点，绘画者应先拥有一颗虚静之心，保持内心空无一物，才能让竹进入自己的精神层面，呈现出活生生的竹，最后将竹落实于笔墨之中。"成竹在胸"与"身与竹化"这两个命题十分生动地描述了艺术家的审美创造经验。清代画家郑板桥也曾提出过类似的命题，即"眼中之竹""胸中之竹"和"手中之竹"，将创造的过程细分为艺术体验、艺术构思、艺术传达三个阶段。通过对比可以看出，苏轼更加强调在传达时的"身与竹化"，实现人与物的主客一体化。当然，苏轼也在其他论述中补充了物化时所需要的技巧，应该是由技近乎道的。

七、中国画论画史的南北分宗

（一）南北分宗的历史考据

徐复观认为，中国画论的创造性自北宋以后就比较少了，一直到明代董其昌提出南北宗之说。此说法在之后的300年间的画论中居于主流地位，并且影响到了画史的书写。在《画旨》中，董其昌将其观点做了如下表述：

> 禅家有南北二宗，唐时始分。画之南北二宗，亦唐时分也；但其人非南北耳。北宗则李思训父子着色山水，流传而为宋之赵干、赵伯驹、伯骕，以至马（远）、夏（圭）辈。南宗则王摩诘（维）始用渲淡，一变钩斫之法。其传为张璪、荆（浩）、关（仝）、董（源）、巨（然）、郭忠恕、米家父子（米芾和米友仁），以至元之四大家（黄公望、王蒙、倪瓒、吴镇）。亦如六祖之后，有马驹（马祖道一）、云门、临济儿孙之盛，而北宗微矣。要之，摩诘所谓云峰石迹，迥出天机；笔意纵横，参乎造化者。东坡赞吴道子、王维壁画，亦云："吾于维也无间然！"知言哉。

不过，董其昌好友莫是龙在《画说》中也明确地提到"禅家有南北二宗，于唐时分，画家亦有南北二宗，亦于唐时分"的说法，所以有学者认为，莫是龙才是南北宗的提出者。但经过徐复观的对勘与推测，认为莫是龙的《画说》实际上钞自董其昌的《画旨》，而不是《画旨》袭取《画说》，是后人辑录时的个人偏好的体现。因此，徐复观认为南北分宗一说还是源于董其昌。

（二）澄清南北分宗理论

尽管徐复观认为董其昌的南北分宗学说"谬误甚多，遗害亦大"[①]，但是秉承着考据心态，他还是对南北分宗进行了较为系统的考察，澄清了其中的不少争议之处。

首先，南北分宗的南北不是地理概念。中国绘画在发展过程中，自然会受到地理环境因素的影响[②]，画史中也常记载南北不同地域不同风土人情，对画家或多或少有一些影响。但南北分宗是基于功夫意境所产生的区分，地理对绘画的影响更多是启发性的，还不足以决定绘画流派和创作品格。关于这一点，徐复观是持赞成态度的。

其次，提出南北分宗的历史根据。针对学者们指出的"分宗说没有历史依据，而是出于伪造"的观点，徐复观认为，所谓南北分宗，是指南北分派。南宗指文人画或士夫画，北宗则是围绕着画院的画史而来的，分宗代表着艺术演变到成熟阶段之后产生的形式差别，但并不意味着分宗之后二者就必然对立，并且这种分宗分派之后还会继续发展演变。[③]这种情形和《画继》中所提到的士人与画工之分别是类似的。

最后，澄清王维的地位问题。有学者质疑，唐宋元以及明代中叶，王维在画界中的地位都不甚高，不具有成宗做祖的资格。对此，徐复观部分同意，他指出关于王维的评价在画史上确有变动，但是说其地位不高，则有违史实。为此，徐复观援引了沈括"画中最妙言山水，摩诘峰峦两面起"（《图

---

① 徐复观：《中国艺术精神·石涛之一研究》，九州出版社，2014年版，第372页。
② 徐复观：《中国艺术精神·石涛之一研究》，九州出版社，2014年版，第373页。
③ 徐复观：《中国艺术精神·石涛之一研究》，九州出版社，2014年版，第375页。

画歌》）、黄庭坚"潇洒大似王摩诘，而工夫不减关同"（《题文湖州山水后》）、晁补之"右丞妙于诗，故画意有余"（《王维捕鱼图》序）、文与可"然而用笔使墨，穷精极巧，无一事可指以为不当于是处，亦奇工也"（《捕鱼图记》）等说法，以证明王维笔墨的精巧。尤其是苏轼对王维颇为推崇，将其置于吴道子之上："吴生虽妙绝，犹以画工论。摩诘得之以象外，有如仙翮谢笼樊。吾观二子皆神俊，又于维也敛衽无间言。"（《题王维、吴道子画》）以上种种，充分地证明了王维在宋代文人心目中的地位。

至于王维地位不高的误解有何而来，徐复观考证之后认为这是对米芾观点的错误领会，把"故意立异的欺人之谈"当成了米芾《画史》的总体观点。[1]所以徐复观总结道："在唐人心目中，王维在画坛的地位，没有北宋人看得这样高……到了北宋……王维却成为了山水画家的偶像。"[2]这一方面源于之前画界推崇的吴道子主要画人物，张璪的画作流传甚少；另一方面，也是更为主要的，是因为王维诗的意境让北宋的文人画家们不由得推想到其画的意境也是"得之于象外"，这恰恰符合了这一时期山水画所要求的意境特征。

另外，围绕着分宗论还有许多技法层面的批评，比如认为董其昌从"着色"和"分墨"的角度加以区分，或是钩斫法、渲淡的问题，有些过于细节，就不在此处赘述了。

（三）董其昌的艺术思想

1.以淡为宗

董其昌是明代后期的著名画家，曾中进士，历任翰林院编修、湖广提学副使、河南参政、太常少卿、礼部尚书等职务。在绘画方面，董其昌擅长山水画，风格恬静疏旷、清秀典雅，绘有《秋兴八景图》《岩居图》《烟江叠嶂图跋》等作品；在画论方面，他提出南北宗论，著有《画禅室随笔》《容台文集》等。徐复观认为，唐宋古文的艺术精神与山水画的主流精神有着相通之

处，所以北宋文人的画论、文论和诗论之间也存在着自觉的融合①，董其昌所推崇的也正是这样的文学艺术。为此，他强调"以平淡为君德""大雅平淡，关乎神明"（《诒美堂集》），可见他所追求的艺术性，便是这种淡的意境，这是一种出于性情的自然，而这种自然则来自平日之所养。

2.淡的辩证法

关于"淡"，董其昌有着看似矛盾的观点：一方面，他指出"淡之玄味，必由天骨"（《容台别集》卷一）、"淡乃天骨带来，非学可及"（《容台别集》卷三）；但是另一方面，他也强调"然亦有学得处，读万卷书，行万里路，胸中脱去尘浊，自然丘壑内营。成立郛郭，随手写去，皆为山水传神"（《画旨》），那该如何理解董其昌此处的张力呢？"淡"到底能否通过后天学习而得？为此，徐复观从"性情与技法"和"性情与教养"两个方面，对董其昌的观点做出了解释。在性情与技法方面，艺术家仅凭朴素的性情并不能创造出作品，需要不断地钻研技巧，达到极致熟练的地步，甚至忘其为技巧，这样一来，在创作时技巧已融入性情、呈现为性情的结果；在性情与教养方面，性情有向下堕落的，也有向上升华的，艺术是在性情不断升华中得以发现，因而素朴的性情有待于人文的教养，人文的教养越深，艺术心灵的表现也就越厚。总之，学问教养对于艺术来说是必不可少的力量，但学问又归于人格和性情，因而艺术家的学问往往不以知识面貌出现，而呈现为升华后的人格和性情。

此外，关于董其昌艺术思想（特别是"淡"）的来源，徐复观也做出了自己的评价。他认为：董其昌的想法当然与禅学相关，尤其是他类比禅的南北宗而划分出画的南北宗，但是徐复观强调，董其昌对禅的领域，更多是在庄学层面展开的，是"清谈式、玄谈式的禅，与真正的禅，尚有向上一关，未曾透入"②，而所谓"向上一关"，是"寂"，而非"淡"。

---

① 徐复观：《中国艺术精神·石涛之一研究》，九州出版社，2014年版，第388页。
② 徐复观：《中国艺术精神·石涛之一研究》，九州出版社，2014年版，第392页。

（四）南宗及其问题

1.南宗的困境

在董其昌看来，南宗以"淡""天真自然"为艺术宗旨[1]，所以重逸、重神，与之形成对照的北宗，则重色彩、重精工、重能品。董其昌的概括虽然具有一定的解释力，但是一方面在庄禅上存在问题（他受禅宗影响较大，而缺少庄学的自觉），另一方面，也是更为主要的，他错误地把自己的观点建立于米芾、米友仁的"墨戏"之上，这就导致推崇"暗的形象"，而忽视了"明的形象"在中国艺术中的重要意义。

2.米芾之于南宗

（1）米芾的偏见

二米对于董其昌南北分宗而言有着决定性影响。但事实上，米芾在画史上亦有装疯、作伪欺人、偷夺他人书画的行径[2]，之所以如此，根据徐复观的考证，"中国古今名士装疯的共同特点，是为了达到抬高自己的自私自利的目的，而不惜故作违心之论"[3]。于是，米芾的许多观点直接影响到了董其昌的南北分宗。

比如，李公麟在绘画技巧上学习吴道子，但为了压制李公麟，米芾给出了"余乃取顾（恺之）高古，不使一笔入吴生"的论断。然而事实上，在徐复观看来，李公麟虽然技法上取自吴道子，但是绘画的意境却直追王维，也即《宣和画谱》评价的"刻意处如吴生，潇洒处如王维"，于是李公麟便没有出现在南北宗之中。

再比如，李成的为人作画，在刘道醇、郭若虚、江少虞、元汤垕等人那里有口碑，因为"他能把云烟变化、气象清劲，这两种意境、形相，加以统一"[4]。但是米芾却说"余欲为无李论""无一笔李成、关同俗气"（《画

---

[1] 徐复观：《中国艺术精神·石涛之一研究》，九州出版社，2014年版，第394页。
[2] 徐复观：《中国艺术精神·石涛之一研究》，九州出版社，2014年版，第397页。
[3] 徐复观：《中国艺术精神·石涛之一研究》，九州出版社，2014年版，第397页。
[4] 徐复观：《中国艺术精神·石涛之一研究》，九州出版社，2014年版，第399页。

史》）。类似的情况亦发生在范宽、王诜的身上，不过限于篇幅，就不做论述了。

（2）米芾对董源、巨然的推崇

董源和巨然在北宋画家、画论家心中，没有煊赫的地位[1]，但是米芾却给与了很高的评价："董源平淡天真多……近世神品，格高无与比也"，"巨然明润郁葱，最有爽气"（《画史》）。之所以这么做，一方面米芾确实受到了他们的影响，比如董源的"烟景"，但另一方面，是因为米芾率先发现和提出了两位画家的价值。

因此，徐复观认为，董其昌所构想的南宗是在米芾的影响下形成的，它以二米为骨干，上推董、巨，下逮元末四大家，为了伸张门面，才将王维、张璪、荆浩、关同、郭忠恕等人的名字加进去，并没有多少实际的意义。[2]

（3）米芾在南宗里的地位

徐复观认为，米芾的成就主要在书法，而非绘画，虽然米芾在后世名气大，也有画迹流传，但是可能其中也掺杂着不少赝品。在绘画品质方面，徐复观指出，"他所追求的平淡天真，对他自己来说，恐怕不是经过对俗情的超越，对真我的发露，因而不是从人格深处所发出的平淡天真，而只是由名士习气的玩世不恭而来的平淡天真"[3]，所以米芾的绘画成就主要靠的是个人的天赋、天趣，这不是一般艺术家可以模仿的路子，因此不足以成为后人所学的范式。

3.贬低赵孟頫

董其昌的南宗体系提出了新的"元四大家"（黄公望、王蒙、倪瓒、吴镇），推翻了之前的"元四大家"（赵孟頫、吴镇、黄公望、王蒙）之说。徐复观认为，这一举动实则是为了存心打击赵孟頫的地位。根据徐复观的考证，这一行为可能始于董其昌及其友人陈继儒，因为他们的影响力太大，以至于最后成为定论，迷乱了后世对于画史的正确理解。

---

[1] 徐复观：《中国艺术精神·石涛之一研究》，九州出版社，2014年版，第402页。

[2] 徐复观：《中国艺术精神·石涛之一研究》，九州出版社，2014年版，第403页。

[3] 徐复观：《中国艺术精神·石涛之一研究》，九州出版社，2014年版，第405页。

徐复观认为，董其昌之所以这么做，主要的原因是来自"当时认为赵氏以王孙的资格而仕元，大节有亏的关系"①。在宋亡的时候，赵孟頫是20多岁的青年，唯一可走的路，是归隐山林，然而不幸的是，早年为才名所累，受到元室的注意。②徐复观平心而论，指出："一个过了气的王孙，在实际上与当时一般知识分子，有何分别？而必须严其贬责？并且在他的内心，实际上以这种富贵为精神上的压迫，因而这便更加深了他对自由的要求、对自然的皈依、对隐逸生活的怀念，因而加深了他艺术上的成就……矛盾的生活，常是一个伟大艺术家的宿命，也常更由此而凸显出艺术家的心灵。"③

于是在《中国艺术精神》一书中，徐复观对赵孟頫在画史中的地位进行了重新评估。赵孟頫身处的特殊时代，致使其作品深厚沉郁，相较米氏父子具有更大更深的时代关切④，但可贵的是，赵孟頫的作品中，深沉却不悲观，表现出了一种"在狂风暴雨之后，人们又渐渐浮上在客观世界中生存的希望，因而人的主观重新展向自然，使主客之间，恢复了比较均衡的状态"⑤。其中最具体的表现，便是"清"。

清是由心灵之清，而把握到自然世界的清，在清之中又呈现出了远的境界。在清远之中，作品实现了主观感受与客观世界的和谐呈现。需要说明的是，赵孟頫之所以心灵上清，来自他身在富贵而心在江湖的隐逸性格。我们可以从他的诗作文集中找到大量与"清"相关的字句以及其中传达出的体会。可以说，赵孟頫清的艺术，"正是艺术本性的复归"⑥。正是在这个意义上，徐复观指出，赵孟頫清远、清淡的风格影响了之后一系列画家和画论家，其在元四大家的地位是不可撼动的。⑦

---

① 徐复观：《中国艺术精神·石涛之一研究》，九州出版社，2014年版，第409页。
② 徐复观：《中国艺术精神·石涛之一研究》，九州出版社，2014年版，第410页。
③ 徐复观：《中国艺术精神·石涛之一研究》，九州出版社，2014年版，第411页。
④ 徐复观：《中国艺术精神·石涛之一研究》，九州出版社，2014年版，第415页。
⑤ 徐复观：《中国艺术精神·石涛之一研究》，九州出版社，2014年版，第416页。
⑥ 徐复观：《中国艺术精神·石涛之一研究》，九州出版社，2014年版，第417页。
⑦ 徐复观：《中国艺术精神·石涛之一研究》，九州出版社，2014年版，第417页。

（五）北宗及其问题

1.北宗的特征与困境

董其昌根据"着色"为标准而把李思训奉为北宗之祖。之后，遵循着李思训风格而在南宋画院中崭露头角的北宗代表人物，莫过于李唐、刘松年、马远、夏珪，也称"南宋画院四大家"①。

此处有必要提及南宋的院画系统。两宋交替之际，宋高宗南渡，为了粉饰太平而大兴画院，意欲恢复宋徽宗画院时的光辉②，于是北宋的文人画家及社会画家，至南宋而衰歇，转而以院画为南宋画之代表。根据邓椿《画继》记载，宋徽宗画风侧重"专以形似"，特重着色与精工，类似于西方写实主义风格。徐复观认为，从某种意义上看，李思训和宋徽宗的画里面都透露出一股贵族性格。③相反，对于不符合院画风格的画师，则被贬低成"苟有自得，不免放逸，则谓不合法度。或无师承，故所作止众工之事，不能高也"。

院画的"霸权"自然引起了文人画家、社会画家的不满，在他们看来，院画画师的"供奉"行为着实令人鄙夷。如果画家以供奉为目的而去作画，无疑将失去画家自由解放的精神与人格。也正是因此，院画总是难以在社会上招募到上驷之材。不过，徐复观公允地指出：技巧的进步常常由写实而来，不能一棍子打死院画的价值。事实上，院画"精能之至，亦通神妙，远非许多率易的文人画所能及"④。而院画作品中的积极向度，离不开李唐、刘松年、马远、夏珪的努力。

2.画院中的反抗精神

在徐复观看来，尽管画院地位不高，但是李唐、刘松年、马远、夏珪在顺应画院传统的同时，亦努力地反抗画院里的种种弊病，带有强烈的"反画院"精神。他们的作品中，孕育着精神自由解放的另一种形式，往往通过刚性的、

---

① 徐复观：《中国艺术精神·石涛之一研究》，九州出版社，2014年版，第419页。
② 徐复观：《中国艺术精神·石涛之一研究》，九州出版社，2014年版，第420页。
③ 徐复观：《中国艺术精神·石涛之一研究》，九州出版社，2014年版，第421页。
④ 徐复观：《中国艺术精神·石涛之一研究》，九州出版社，2014年版，第422页。

力量的方式①，或曰"清刚之气"②，来加以展现。特别是在马远、夏珪的作品中，奇峭的峰峦，盘根屈铁的树木枝干，象征了在屈辱的地位中，人格向上的挣扎，在卑微的国势中，人心向前的挣扎。这也恰恰是缺乏此类生活体验的董其昌所忽视的。

对此，徐复观有过一段精彩的对比："董、巨时把自己冲融淡雅的人生投向自然，而李、刘、马、夏们，则是把他们清劲郁勃的人生投向自然。"③在此意义上，以李、刘、马、夏为代表的画师们，不能简单地用"画院"来加以概括，他们作品里的精神，也与北宗师祖李思训之间存在着断裂。所以，院画里的反院画风格，是绘画历史中反映时代的重新开派，具有独特的历史价值，不能简单地加以否定。

3.重新评估院画

厘清了画院中的反抗精神后，徐复观认为有必要重新评估李唐、刘松年、马远、夏珪绘画中的艺术性。

为此，徐复观爬梳了大量历史材料，揭示出李唐只是在着色层面"初法"李思训，但是其之后的绘画创作则"愈觉清新"（曹昭）、"笔法高古"（唐寅）、"古雅雄伟"（张丑）和"画法荒秀"（吴其贞）；类似地，刘松年虽然也在着色上师法李思训，但画中的"冰清"（唐寅）和"清远"（李复）也是不同否认；对于批评马远、夏珪"残山剩水"的观点，徐复观认为，马远与夏珪是运用减笔的方式，以一角之"有"反衬全境之"无"，是"有限以通向无限的极高明的技巧，与平远同其关纽"④，这反映出马远、夏珪对凄凉时代的抗辩和叹息。马、夏的匠心能在朱德润"观其笔意清旷，烟波浩渺，使人有怀楚之思"⑤和陆深"平远清润，有不尽之趣"⑥的评价中得到印证。

① 徐复观：《中国艺术精神·石涛之一研究》，九州出版社，2014年版，第423页。
② 徐复观：《中国艺术精神·石涛之一研究》，九州出版社，2014年版，第424页。
③ 徐复观：《中国艺术精神·石涛之一研究》，九州出版社，2014年版，第424页。
④ 徐复观：《中国艺术精神·石涛之一研究》，九州出版社，2014年版，第427页。
⑤ 徐复观：《中国艺术精神·石涛之一研究》，九州出版社，2014年版，第428页。
⑥ 徐复观：《中国艺术精神·石涛之一研究》，九州出版社，2014年版，第429页。

给李唐、刘松年、马远、夏珪"正名"之后，徐复观重新评估了南宋画院四大家的历史地位。首先，四人的精神意境，早破除了画院的樊笼；从他们的作品中，我们可以接触到不能为画院所容的清刚劲健的人格；其次，在画法上，四人由严整趋向简率，由精工趋向放逸，完全走到与原有院画画风相反的方向；再次，四人传承来源多样，包括王洽、荆浩、关同、郭熙、李伯时等，并非只受北宗之祖李思训的影响。此外更加难能可贵的是，他们善于融贯众技进而自成一家。

于是在这个意义上，北宗展现出了南宗所没有的气质。北宋画发展到米氏父子时，有墨而无笔，有韵而无骨，有烟云变化之功，无山川宁静朗澈之美。徐复观提醒道："此趋势再往前一步，便是软熟甜俗、或暗晦不清"①的境地。因此从绘画史的角度来看，南宗发展到二米阶段，已经到了必须变革的境地。北宗四人的绘画，便是把握住了这一变化的契机，深刻地影响了后世。所以，我们有理由，并且也应当去承认北宗四人的价值。

基于上述分析，徐复观认为，董其昌粗暴地把李唐、刘松年、马远、夏珪安置于李思训的系统之下，在历史与艺术上都是无法成立的。②而之所以董其昌对四人带有意见，表面上看似乎源于董其昌认为北宗"非以画为寄，以画为乐者也""李昭道一派为赵伯驹、伯骕，精工之极，又有士气。后人仿之者，得其工，不能得其雅"③。于是作为北宗后学，李唐、刘松年、马远、夏珪四人的造诣自然无法被董其昌视为正宗。

不过根据徐复观推测，董其昌之所以排斥四人，真正的缘由是因为董其昌不满意于他们刚性的线条和皴法。董其昌只有通过批评四人并且区别于他们，才能标榜自身平淡、虚和萧瑟的风格，这也是董其昌的分宗立意所在。④

在批评董其昌的基础上，徐复观富有创见地以"笔"和"墨"之间的关系，重新划分了南北宗。作品中的气反映出阳刚之美，需要用笔来加以刻画；

①复观：《中国艺术精神·石涛之一研究》，九州出版社，2014年版，第430页。

②徐复观：《中国艺术精神·石涛之一研究》，九州出版社，2014年版，第430页。

③　徐复观：《中国艺术精神·石涛之一研究》，九州出版社，2014年版，第431页。

④　徐复观：《中国艺术精神·石涛之一研究》，九州出版社，2014年版，第435页。

而韵则为阴柔之美的体现，由墨渲染而成。[1]在徐复观看来，南北宗实际上是三大系：一是追求笔墨气韵均衡，也即强调"明"和"暗"的均衡；二是偏于用墨、偏于取韵的一系，也即偏于"暗"；三是偏于用笔、偏于炼骨的一系，也即偏于"明"。

以徐复观的思路来审视董其昌，便可发现董其昌实际上是在倡导第二系，并勉为其难地将第一系并入第二系，然后再斥责第三系。此做法在徐复观看来，并不与画史相符，也极为不公，因而其南北分宗也没有可取之处。[2]

---

① 徐复观：《中国艺术精神·石涛之一研究》，九州出版社，2014年版，第435页。

② 徐复观：《中国艺术精神·石涛之一研究》，九州出版社，2014年版，第436页。

中国美学图景的初次勾勒

——叶朗《中国美学史大纲》导读

崔淑兰 [①]

一、由"潜"到"显"的中国美学体系

萧兵 1984 年于《读书》期刊上曾撰文论述中国美学，他指出："中国古代的'美学'实际上主要是一种'潜美学'"[②]，主要表现在中国美学思想资源丰富，但具有片断性、粗糙性和模糊性等特征。萧兵以西方理论形态作为参考，更多地看到了中国美学"潜"的特性。叶朗 1985 年出版的《中国美学史大纲》站在中国美学宏博的资源上，以范畴和命题为抓手，从历史的视角来俯瞰整个中国美学发展并将其作为一个系统来研究，将老子至近代鲁迅、蔡元培、李大钊等诸多美学家的思想集合为一个体系，组织一个"显"的中国古典美学逻辑体系，呈现一个系统性特征：中国美学史作为一个整体的系统，包含着诸多的小系统，它们由美学史上的美学家和美学理论构成，通过研究诸多的小系统进

---

① 崔淑兰，吉首大学讲师。
② 萧兵：《中国的潜美学》，《读书》，1984年第6期。

而揭橥整体系统的内容和特征。从这个意义上可以说叶朗先生的《中国美学史大纲》是我国第一部独具特色的系统性的里程碑意义的中国美学通史。对于专著的第一部中国美学史的重要地位，叶朗也曾有自己的表述："《中国小说美学》出版后，我就转过来继续做中国美学史的研究，经过三年夜以继日的努力，写出《中国美学史大纲》一书并在 1985 年由上海人民出版社出版。这本书的出版也受到欢迎。此书出版的前一年，李泽厚、刘纲纪出版了《中国美学史》第一卷，是先秦美学，所以从中国美学史通史的意义上说，我那本书是第一本。"[①]

　　1980 年代，"文革"结束后，百废待兴，中国美学亦是一片亟需耕耘的园地。书写中国美学史成为时代必需的一件十分必要的事情，具有多方面多层面的意义，其中最重要的意义是分析研究中国古代美学宏阔庞博的资源，寻找其在建构中国现当代美学体系的重要价值。中国古典美学孕育于中国博大精深的文化，而西方美学则发端于西方文化，两者对于美学本质问题有相通性，同时也表现出独特特质。中国古典美学有不同于西方美学的独具特色的范畴和体系，如果用西方美学的研究方法来研究中国古典美学，这种做法是站不住脚的。因此研究中国美学史应该尊重中国美学的特殊性并进行独立的系统的研究，"如果不系统研究中国美学史，不把中国美学和西方美学融合起来，就不可能使美学成为真正国际性的学科，就不可能建立一个真正科学的现代美学体系。"[②]，对于庞博的中国古代美学资源而言，划定其研究范围和聚焦研究对象对展开中国美学史具有方向性的指导意义。叶朗指出美学思维方式是独特的，它属于理论思维和逻辑思维，与形象思维是不同的，中国古典美学要重点研究美学范畴、范畴之间的异同、关联以及相互的转化，这样才能把握中国古典美学的核心。叶朗指出中国古典美学包含一系列的范畴如"'道'、'气'、'象'、'意'、'味'、'妙'、'神'、'赋'、'比'、'兴'、'有'与'无'、'虚'与'实'、'形'与'神'、'情'与'景'、'意象'、'隐秀'、'风骨'、'气韵'、'意境'、'兴趣'、'妙悟'、'才'、'胆'、'识'、'力'、

---

①　叶朗：《学术自述》，《美学学人》，2013 年第 6 期。

②　叶朗：《中国美学史大纲》，上海人民出版社，1985 年版，第 2 页。

'趣'、'理'、'事'、'情'等和命题如'涤除玄鉴'、'观物取象'、'立象以尽意'、'得意忘象'、'声无哀乐'、'传神写照'、'澄怀味象'、'气韵生动'"，[①] 而这些"美学范畴和美学命题是一个时代的的审美意识的理论结晶"[②]，在这个意义上叶朗指出"一部美学史，主要就是美学范畴、美学命题的产生、发展、转化的历史"[③]，所以一部中国古典美学史的写作要从历史与逻辑的视角出发，梳理各个历史时期的美学范畴和美学命题，进而探索中国古典美学体系和其所蕴含的特征，进而理清中国古典美学史中的线索，最终把握发展规律。最后叶朗给出了明确的说明，"我认为中国美学史的研究对象是历史上各个时期的表现为理论形态的审美意识，也就是历史上各个时期出现的美学范畴、命题以及由这些范畴、命题构成的美学体系。"[④]

中国古典美学史研究对象和范围的确立为写作指明了方向。由于中国美学史资源浩繁，时间跨度大，采取何种写作方法成为叶朗一度思考的问题。叶朗认为宜采用点线面相结合的研究方法，对于各个时代的美学思想家和美学著作，应"略小而存大，举重以明轻"，这样"更能显示中国美学遗产的精华和价值，也更便于我们把握中国古典美学的体系和中国美学史的发展规律。"[⑤]叶朗先生在书写著作中关注各个时代有代表性的美学家和美学经典著作，从中发现具有重要价值的美学观念和发展逻辑，进而从根本上把握中国古典美学的发展规律和本质。

《中国美学史大纲》出版于1985年，实际上早在60年代初期叶朗就开始积累材料了。叶朗1960年大学毕业留在北京大学美学教研室工作，和于民一起选编过上下两卷的《中国美学史资料选编》以及《西方美学家论美和美感》，这两种材料当时印出来作为内部参考。叶朗因为"文化大革命"的影响而搁置了自己的学术研究近十年。"文革"结束后，中国的学术得到了发展，叶朗也

---

① 叶朗：《中国美学史大纲》，上海人民出版社，1985年版，第4页。

② 叶朗：《中国美学史大纲》，上海人民出版社，1985年版，第4页。

③ 叶朗：《中国美学史大纲》，上海人民出版社，1985年版，第4页。

④ 叶朗：《中国美学史大纲》，上海人民出版社，1985年版，第6页。

⑤ 叶朗：《中国美学史大纲》，上海人民出版社，1985年版，第661页。

重新开始自己的学术研究，继续在中国美学史领域深耕。于是"到了改革开放的 80 年代，我开始写我早就想写的《中国美学史大纲》。"①虽然《中国美学史大纲》的写作历时三年多，实际上在叶朗那里酝酿了二十余年，在这种意义上可以说该书是叶朗长时间思考的丰硕成果。

同时代出版的有李泽厚和刘纲纪主写的多卷本《中国美学史》，该套书主要从思想史的视角探索中国古代美学法则，对其进行思辨辨识，屡有创建，几乎系统而详尽地梳理了中国美学发展史上的美学资源，可以说气魄非凡。遗憾的是他们因注重范畴和命题而忽略了中国古典美学发展的潜在脉络和内在逻辑。叶朗先生不仅意识到了这个问题而且敏锐地沿着这个问题进行探索："我感到关键是把握美学范畴。如果我们能够把握住每个时代的主要美学范畴和美学命题，那就比较容易处理好点和面、点和线的关系。"②在写作过程中叶朗明确而自觉地以范畴和命题为线索，着重研究了我国每个历史时期出现的美学范畴和命题，对于中国古典美学提出了独到的见解，也使这部著作成为一部在现代美学思想烛照下的中国美学史的创新扛鼎之作。

叶朗认为中国美学史的分期问题极为重要，整本书写作的体例是建立在对于中国美学史的分期基础上的。根据中国古典美学自身发展逻辑，叶朗将近代以前的中国古典美学史划分了四个时期，即中国古典美学的发端—先秦、两汉、国古典美学的展开—魏晋南北朝至明代、中国古典美学的总结—清代前期、中国近代美学。中国古典美学史这样的分期方法让我们更容易发现其内在的发展逻辑和历史历程，更易把握其发展的逻辑和规律，最终从整体上俯瞰中国美学发展的框架和美学发展的总体过程。在中国古典美学发展史上，出现了三个黄金时代。先秦时期是一个社会大变动的时代，出现了思想解放、百家争鸣的局面，理论思维十分活跃，成为中国古典美学史上出现的第一个黄金时代，主要表现为涌现了众多的美学家、美学范畴和命题，例如"道""气""象""妙""味""美""厉与西施，道通为一""象罔可

---

① 叶朗：《意象照亮人生》，北京首都师范大学出版社，2011年版，第395页。

② 叶朗：《中国美学史大纲》，上海人民出版社，1985年版，第662页。

以得道""观物取象""立象以尽意""化性起伪而成美"等，可以说后代美学家所探讨的理论问题几乎都包孕于先秦美学资源中。魏晋南北朝经济上处于大变动，政治上属于大动乱，但是思想上却是极解放极自由的时代，百家争鸣，理论思维活跃，成为中国美学史上的第二个黄金时代。中国美学史上第三个黄金时代为清朝前期，该时期的主要特征是中国古典美学出现了总结形态，中国古典美学达到了其高峰。

在专著的写作中叶朗考察了中国古典美学时下流行的一些观念并进行了批评。叶朗认为种种说法初听起来有道理，然而经不住推敲。叶朗先生认为要细致深入且系统地对中国古典美学史进行研究，分析、甄选其呈现的范畴、命题，去伪存真，方能得到科学的结论，任何不经审慎考察的结论都是对于中国美学史体系和特点的妄论。

二、中国古典美学的发端

万物皆有开始。讲历史，总要有起点。中国美学史的起点在哪里呢？叶朗对老子哲学和美学进行宏观俯瞰和细致入微的分析，挖掘老子思想在整个美学史上影响的隐形脉络和意蕴，分析老子的哲学和美学相互渗透的关系，在此基础上，叶朗提出了一个不同凡响的见解：中国美学史应该从老子开始，而非孔子。这样叶朗为我们找到了一枚打开中国古典美学迷宫的钥匙，也探寻到了中国古典美学的开端。"道"属于老子哲学的最高范畴，由"道"而生发出几组范畴和命题，如"道""气""象"，"有""无""虚""实"，"美""妙""味"和"涤除玄鉴"。叶朗指出"中国古典美学体系的中心范畴并不是'美'"。[1]"老子美学中最重要的范畴也并不是'美'，而是'道'—'气'—'象'三个互相联结的范畴"。[2] 这三个范畴也构成了中国古代美学中审美客体、审美观照、艺术生命基本问题的哲学渊源。"道"在老子哲学中是中心范畴和最高范畴，

---

① 叶朗：《中国美学史大纲》，上海人民出版社，1985年版，第24页。

② 叶朗：《中国美学史大纲》，上海人民出版社，1985年版，第25页。

它是原始混沌的，能产生万物，没有意志没有目的，自己运动，是"无"与"有"的统一。"气"和"象"是与"道"联系紧密的两个范畴。"道"包含"气"，"气"和"道"是万物的本体和生命，"象"不能离开"气"和"道"，离开"道"和"气"的"象"则会失去根本沦为没有生命力的东西。老子的"道""气""象"观点对后世影响极为深远，后世出现的诸多命题"澄怀观道""气韵生动""澄怀味象"、"境生于象外"的哲学渊源都可以追溯到老子对于"道""气""象"的论述。

　　"虚实结合"是中国古典美学的重要原则，它是老子"无"和"有"、"虚"和"实"统一的观点。中国古典艺术中诸多对于留白、布白、虚空以及园林建筑对于空间的注重即是受到了"虚实结合"的影响，"以虚带实，以实带虚，虚中有实，实中有虚，虚实结合，这是中国美学思想中的一个重要问题。"①"涤除玄鉴"是老子提出关于审美主体的美学命题，它以观照"道"作为认识的最高目的，要求审美主体在审美中剔除杂念、排除欲念，保持内心的虚空，庄子将这一理论进一步发展，构建了"心斋"、"坐忘"的命题，即审美心胸相关理论形成，因此可以说"涤除玄鉴"是审美心胸理论的发端。

　　老子提出了"美""味""妙"的美学范畴，他第一次将"美""味""妙"作为一个独立的美学范畴论述。老子认为"美"与"善"是有区别的，是相对于"恶"而存在。老子否定"美"和艺术、否定形式美，这对后世产生了巨大的影响。老子对"味"提出了"淡乎其无味"的审美标准，尽管"味"的规定性还不丰富具体，但"味"的概念在历史上第一次作为美学范畴出现了。老子首次提出了"妙"的范畴。在中国古典美学体系中，"妙"甚至比"美"更重要。"妙"对各艺术门类如书、画、诗、乐均有渗透作用，影响深远，"中国古典美学范畴，往往不限于概括具体的审美对象或审美过程中的某种特点，而是同古代思想家对于整个宇宙的看法密切相关，因而往往包含有形而上学的含义。如果脱离古代思想家的宇宙观，这些美学范畴就会失去深刻的、丰富的内涵，

---

① 宗白华：《美学散步》，上海人民出版社，1981年版，第33页。

变成一个空壳"。^①叶朗对老子哲学美学的分析进而延伸到对于中国哲学和中国美学关系的探索，认为中国哲学和中国美学二者犹如血液和肌体的关系，血液流布全身，肌体才焕发活力，中国哲学犹如中国美学的灵魂，两者不可分离。

从思想史的角度来看，孔子创立的儒家美学是中国古典美学的重要组成部分，构成中国古典美学的重要资源，影响广泛。不同于老子，孔子重点关注了审美与艺术对于社会生活的影响以及影响的机制。围绕这个基点，孔子提出了"兴""观""群""怨""大"的范畴以及"智者乐水，仁者乐山"的命题。

孔子认为审美和艺术在社会生活中具有积极引导的作用。"仁"作为天赋的道德属性，具有潜在的可能性，由可能性到现实性，中间则需要主观的争取，"审美和艺术在人们为达到'仁'的精神境界而进行的主观修养中起到一种特殊的作用"。^②因而在教育中占有重要地位。在这个意义上可以说，孔子是首个重视并提倡美育的思想家，其思想具有深远的启发性，他看到了审美、艺术和社会的政治风俗有着重要的内在联系。

孔子的"兴""观""群""怨"范畴触及到了美感问题，是对诗歌欣赏的美感心理特点的一种分析，具有深刻性。该范畴关注到了影响艺术欣赏活动的多重因素和诗歌对于个体人的多维影响，特别强调对精神的感发作用，即"艺术作品对人的精神从总体上产生一种感发、激励、净化、升华的作用。"^③叶朗认为孔子的这一点对后世影响深远，"后世的美学家、文学家、艺术家在谈到艺术欣赏的时候，总是首先强调人的精神从总体上产生的感发、激励、净化和升华，而不是首先强调某一局部的心理因素和社会功能。这是中国美学史上一个优良传统。"^④孔子也谈到了对于自然美的欣赏，提出了"智者乐水，仁者乐山"的美学命题，后来战国和汉代学者对于孔子的这个命题进行解释和发挥，形成了"比德"的理论。叶朗认为，孔子的自然美理论在我国美学史、文学史、艺术史上的影响是深远的。"人们习惯于按照这种'比德'的审美观来

---

① 叶朗：《中国美学史大纲》，上海人民出版社，1985年版，第37页。

② 叶朗：《中国美学史大纲》，上海人民出版社，1985年版，第44页。

③ 叶朗：《中国美学史大纲》，上海人民出版社，1985年版，第53页。

④ 叶朗：《中国美学史大纲》，上海人民出版社，1985年版，第53页。

欣赏自然物，也习惯于按照这种'比德'的审美观来塑造自然物的艺术形象。"①

　　叶朗对于《易传》中的美学思想作了梳理，认为《易传》在美学史上的重要地位一直是被忽视的，其实"《易传》（主要是《系辞传》）在美学史上的地位极为重要，……这种重要性，不仅在于它以阴阳为核心的辩证法，对于美学思想的发展产生了深刻的影响，更主要的，还在于它突出了'象'这个范畴，并对'象'作了两个重要的规定，从而构成中国古代美学思想发展的重要环节。"②叶朗认为："《系辞传》里的'象'当然不等于是审美形象。但是，比起老子说的'象'来，《系辞传》所说的'象'要更接近于审美形象。"③"象"的范畴经过《易传》的阐释，从哲学范畴向美学范畴发生了同构性的转变。《易传》对"象"的规定，即"立象以尽意""观物取象"。"立象以尽意"强调"象"的丰富性，人们借助于形象，尽可能多地表达意念。语言概念无法清楚充分表达的地方，形象可以弥补这一缺陷。该命题进一步发展，到了魏晋南北朝，出现了"意象"美学范畴。刘勰《文心雕龙·神思》篇说："独照之匠，窥意象而运斤"，提出"意象"，至此"意象"作为美学范畴第一次出现，可以说它的出现是孕育于《易传》的"立象以尽意"这一命题。

　　《易传》给予"象"的另一个重要规定是"观物取象"。"观物取象"命题触及到了艺术的本源、艺术创造的认识论规律以及审美观照的特点等问题，在中国美学史上产生很大的影响。叶朗认为："《易传》的'观物取象'的命题，在美学史上形成了一个极其重要的传统思想。把握住这个思想，对于把握中国古典美学体系有重要的意义"④。"观物取象"命题内含着艺术对于事物的观察方式，即仰观俯察，这对以后的美学史和艺术史影响深远。宗白华对此有点评："俯仰往还，远近取与，是中国哲人的观照法，也是诗人的观照法。而这观照法表现在我们的诗中画中，构成我们诗画中空间意识的特质。"⑤仰

①　叶朗：《中国美学史大纲》，上海人民出版社，1985年版，第58页。

②　叶朗：《中国美学史大纲》，上海人民出版社，1985年版，第66页。

③　叶朗：《中国美学史大纲》，上海人民出版社，1985年版，第66页。

④　叶朗：《中国美学史大纲》，上海人民出版社，1985年版，第76页。

⑤　宗白华：《美学散步》，上海人民出版社，1981年版，第93页。

观俯察的观物方式是中国古代诗人的一种独特的审美观照方式。《易传》是中国古代美学史上辩证法的源头之一。《易传》的核心思想为宇宙万物是不断变化的。这种辩证法思想对于中国美学的观念如对于壮美和优美的关系、艺术发展观、审美标准和审美理想、诗品和人品的统一观等方面产生了深刻的影响。

西汉刘向编定的《管子》并没有直接谈到审美和艺术问题，但其提出的精气说是中国古典美学体系中"气"范畴发展的重要一环。叶朗指出："《管子》四篇的精气说，不但是哲学史发展的重要环节，而且是美学史发展的重要环节。抽掉《管子》四篇，中国古典美学体系中'气'这个重要范畴，以及和这个范畴相关联的一系列重要命题，就不可能得到历史的说明。"[①]《管子》四篇涉及"道""气""精"的范畴，并由精气说引出了"虚壹而静"的认识论命题。"虚壹而静"是对老子"涤除玄鉴"命题的继承和发展，需要指出的是，"虚壹而静"和精气说联系在一起，成为后人解释艺术创作灵感的一种重要理论依据，如唐代李德裕："文之为物，自然灵气，惚恍而来，不思而至。"

在先秦哲学家中，庄子是最富有美学意味的哲学家，庄子的诸多命题既是哲学的又是美学的。庄子以"自由"概念为讨论的基点，进而探讨"自由"与审美的关系。庄子认为，"道"是客观存在的、最高的、绝对的美。"游心于物之初"中的"物之初"即是"道"，在对"道"的体悟中达到一种"至美至乐"的境界。"心斋"（"坐忘"）强调人们保持内心的虚静，排除利害得失观念，而达到一种"无己"、"丧我"的境界，即"游"的境界。叶朗对于庄子"游"的精神境界给予了批评，认为这是错误的，最终会走向宿命论，但对于审美主体的一种要求却具有一定的合理性。叶朗例举了"梓庆削木为锯"的故事和《达生》篇的例子，主体排除一切利害得失的考虑，会进入一个空明的心境，出现"以天合天"，我们可以理解为以审美的心胸发现、观照审美的自然，并在自己胸中创造出审美意象。叶朗认为："庄子对于'心斋'、'坐忘'的论述，突出强调审美观照和审美创造的主体必须要超越利害观念，这可以看

---

① 叶朗：《中国美学史大纲》，上海人民出版社，1985年版，第97页。

作是审美心胸的真正发现（在某种意义上也可以看作是审美主体的发现）。"①
庄子审美心胸的发现在中国美学史上具有里程碑的意义，对后世影响深远，宗炳的"澄怀观道"、郭熙的"林泉之心"命题均是建立于庄子审美心胸理论基础之上的。需要注意的是，审美心胸不能等同于审美观照和审美创造，前者是后者进行的一个前提和精神状态，两者的靠拢则需要人发挥其能动性和创造性。"庖丁解牛"通过对"技"的超越达到自由的境界，实质上就是审美的境界，"佝偻者承蜩""津人操舟若神""吕梁丈夫蹈水""工倕旋而盖规矩"等故事讲述了通过长期的实践，这些工匠、手艺人、船夫、游泳能手等获得了自由，而这种自由，是合规律性和合目的性的统一，是真和善的统一，这是真正的自由。叶朗给予积极的肯定，故事"表明人民在劳动创造的实践中所达到的自由的境界也就是审美的精神，这具有极为深刻的意义。"②

　　庄子在老子美丑相对的思想上发展了"美"与"丑"，认为"美"与"丑"是现象界的表现，在本质上二者是没有区别的，他们都是"气"，是可以相互转化的。叶朗指出庄子的这个新命题在中国美学史上影响很大，"人们认为，无论是自然物，也无论是艺术作品，最重要的，并不在于'美'或'丑'，而在于要有'生意'，要表现宇宙的生命力。这种'生意'，这种宇宙的生命力，就是'一气运化'，所以，在中国古典美学体系中，'美'与'丑'并不是最高的范畴，而是属于较低层次的范畴。"③庄子对"丑"形象的重视让人们得到新的认识，即人的外在形象不是最重要的，重要的是人的内在的德性，即"德有所长而形有所忘"④庄子在《人间世》与《德充符》篇中描写了诸多外貌丑陋、残缺、畸形但内在高尚的人。叶朗认为"从这里又可以进一步发展一个思想，即人的外貌的奇丑，反而可以更有力地表现人的内在精神的崇高和力量。这就是美学的启示。在这种启示之下，在美学史上形成了一种和孔子'文质彬彬'

① 叶朗：《中国美学史大纲》，上海人民出版社，1985年版，第119页。
② 叶朗：《中国美学史大纲》，上海人民出版社，1985年版，第122页。
③ 叶朗：《中国美学史大纲》，上海人民出版社，1985年版，第127页。
④ 庄子：《庄子·德充符》，中华书局，2016年版，第108页。

的主张很不相同的审美观。"① 庄子对于"丑"的认知拓宽了人们的审美视野，使外表丑陋而内在力量强大的一类人开始进入人们关注的视野，从此为中国古典艺术新增了一个新的审美形象系列。

庄子基于老子的美学基础提出了一个很重要的范畴"象罔"。老子认为，"道"是"恍惚"是若有若无，是混沌和差别的统一，是无限和有限的统一，它产生"象"，如果孤立地把握有限的"象"是无法认识"道"的。叶朗认为庄子的"象罔得玄珠"的寓言实际上是用老子的"有""无""虚""实"的思想对《易·系辞传》的"言不尽意""立象以尽意"的命题的进一步发挥和修正，这里的"象"是有形和无形相结合的形象，并且只有这样的形象，才能表现宇宙的真理——道。该思想对后世提出的意境影响深远。叶朗认为"从理论上说，老子和庄子的这个思想，就成了意境说的最早的源头。唐代美学家提出的'境'，就是'象'和象外虚空的统一，也就是庄子说的'象罔'的对应物。"② 意境发展的思想理路可以说是从"道"（恍惚）、"象罔"、"意境"脉络而来。

荀子观点在美学史上占有重要地位，其贡献主要集中在对于天人关系的论述。荀子论天人关系也就是人与自然的关系问题，提出"明于天人之分"的命题。该命题阐述了两个方面的内容，自然界虽然没有意志和目的，但有不以人的意志为转移的规律，人可以利用大自然、改造大自然，并非不可作为。这在先秦时期是十分光辉的思想。荀子这一思想影响了后世美学家论述审美主客体的关系以及术和现实的关系。荀子的认识论思想十分卓越，人具有认识能力，可以认识客观事物规律。人的认识能力主要凭借于感觉器官和思维器官，"心"在认识中具有统领的作用，"心"保持"虚壹而静"的状态可获取正确的认识。荀子进一步发挥了"虚壹而静"，含义更加的丰富，包含了"虚"和"臧"、"壹"与"两"、"静"与"动"的辩证理解，这在美学史上的影响是很大的。荀子对于人的审美提出了自己的观点，认为人的审美重点在于内涵的品德学问

---

① 叶朗：《中国美学史大纲》，上海人民出版社，1985年版，第129页。
② 叶朗：《中国美学史大纲》，上海人民出版社，1985年版，第132页。

而不在于外表容貌，"无伪则性不能自美"强调后天修养道德学问的重要性，一个人只有具备了纯粹且完备的道德学问的修养后就可以成就君子之"美"了。叶朗指出，荀子思想有一点继承了孔子的传统，即审美是严格从属于政治的。荀子也阐述了他对于音乐美学的思想。荀子批判了墨子提出的"非乐"，认为礼乐文章是为了"度量分界"人的欲求进而促使社会形成统一而和谐的社会组织，其中"礼"和"乐"是相辅相济、相互作用的。叶朗对于此观点给予了认可，"荀子认为'乐'（以及一般的'美''饰'）通过影响人的精神，有助于形成一个统一的、和谐的社会组织，从而可以促进社会财富的生产，这是一个深刻的思想。"①荀子的音乐美学思想，在《乐记》中得到了继承和进一步的发扬。《乐记》作为我国古代一部比较系统的音乐美学著作，总结了孔子以来关于音乐美学的思想理论，它以"礼辩异，乐和同"命题作为基点，多维度地阐述音乐在社会生活中的地位和作用，从而得出一个重要的结论即"声音之道与政通"，即音乐表达之道与社会政治之道有密切关系，音乐表达的思想感情与人当时所处的社会总体情况密切相连。显然，这个思想与《左传》所记"季札观礼"以及孔子所说"诗可以观"的思想是一脉相承的，这对后代影响很大，成为历代统治者加强控制音乐的理论根据，当然，后世也提出了多种理论反对该理论，如嵇康的《声无哀乐论》。

汉代美学的显著特征和历史地位是其过渡性，是先秦美学向魏晋南北朝美学发展的过渡环节。其过渡性特征有两个主要表现内容，其一是基于孔子以及儒家学派的基本观点即文学艺术对于民众的政治教化作用、审美艺术和人的道德观念的联系，汉代美学将儒家美学发展成为一种神秘主义美学。魏晋南北朝则强调观赏自然本身的美，强调艺术要通向自然之道；其二是先秦哲学萌发的一系列哲学范畴，发展到魏晋南北朝时期成为一系列极其重要且影响力极大的美学范畴，汉代则是这种发展过程中不可或缺的中间环节。纵观整个美学发展史，汉代思想家最重要的两部著作是西汉的《淮南子》和东汉的《论衡》。王充在老子和《管子》有关"气"的学说的基础上发展了其元气自然论的哲学。

---

①　叶朗：《中国美学史大纲》，上海人民出版社，1985年版，第147页。

王充认为，"元气"是始基，它构成世间天地万物，"元气"分布有厚薄精粗的差异，而世间万物因受元气影响的不同呈现出丰富多彩的形态。人因所禀受的元气厚薄不同而呈现善恶贤愚的状态。这一美学思想在美学史上具有重要的地位和深远的影响，它直接影响了魏晋南北朝美学发展，同时对于整个中国古典美学也产生了极为深远的影响，如清初的两位大思想家王夫之、叶燮是在继承和发扬王充学说的基础上建立了他们自己的唯物主义美学体系。

汉代思想家在先秦哲学的基础上，对于"形""神"的关系作了进一步的探讨。司马谈论及了"形""神"的关系，神是生命的根本，两者不可分离。《淮南子》一书从元气自然论基点出发论述"形"和"神"的关系，指出两者的本质是相同的，都是"气"，人的形体是生命的容器，人的气是生命的实质，其中精神主宰着生命，它们相互依存相互影响，其中有一个受到伤害则其他均不能幸免。《淮南子》在强调"神"对于"形"的主宰作用观念上提出了"君形者"的概念，对后世影响深远，它成为顾恺之"传神写照"美学的一个直接的理论来源。《淮南子》一书另一个重要的美学贡献是继续发展美和美感的理论，明确肯定了美是客观的，美丑在于整体形象，美丑是相对的，没有绝对的丑，也没有绝对的美，尽管是相对的，但美丑仍有各自质的规定性，是可以区分的。《淮南子》探讨了美感的问题，孟子曾讲美感的共同性，《淮南子》则重点探讨了美感的差异性问题，认为美感是有差异的，产生的原因是多种多样的，同时该理论也隐含着一种思想，即审美客体必须在具有审美能力与审美心理的审美主体的观照下才能成为现实的审美。这一点对后人产生了很大的启发性。王充对艺术提出了"真""善""美"的统一要求。王充认为艺术作品有两个基本要求：真实、有用，"疾虚妄，求实诚"。先秦美学家对于艺术作品更多的是着眼于"善"，王充则强调"真美"，有"真"才有"美"，这是对先秦美学的一个发展。根据"真美"的要求，王充反对夸张，认为夸张也属于"虚妄之言"。叶朗对此评价道："这说明他不了解艺术的真实和历史实录的区别。他强调'真'，但是他并不真正了解艺术所应该有的'真'是什么'真'。"[1]

① 叶朗：《中国美学史大纲》，上海人民出版社，1985年版，第173页。

王充从先秦美学继承下来要求艺术作品要有用，即"善"，这样的艺术观点要开阔很多，其政治功利的意味也淡了很多。叶朗认为王充对于艺术作品"为世用"的认识不彻底，对于艺术作品的美感作用不如先秦一些思想家，"王充对于艺术的特殊性，对于形象思维和逻辑思维的区别，还缺乏认识……他比较先秦的某些思想家，在理论上有所后退。"①这恰恰是汉代美学过渡性特征的表现，"王充美学的这种过渡形态，不是一个直线上升过程中的中间环节，而是一个螺旋上升过程中的中间环节。在艺术特殊性的问题上，王充美学可以说是对于先秦美学的否定，而魏晋南北朝美学则是对于王充美学的否定，是否定之否定。"②因此可以说"从王充到王夫子、叶燮，这是中国美学史逻辑发展的一个重要的圆圈。"③

三、中国古典美学的展开

从时间的更迭上看，叶朗将魏晋南北朝至明清时期的美学归为中国古典美学的展开。叶朗用十章的篇幅论述这部分内容，既有美学宏观发展的概括，又有具体门类美学的分析。该篇是专著的重点部分，在该篇中，叶朗论述了魏晋南北朝美学（上、下）、唐五代书画美学、唐五代诗歌美学、宋元书画美学、宋元诗歌美学、明代美学、明清小说美学、明清戏剧美学、明清园林美学。在书写中国古典美学史中，叶朗第一次将美学的范畴扩大到园林美学，这体现了叶朗视野的开阔，同时也体现中国美学资源的庞博和体系的多线性。

（一）魏晋南北朝美学

魏晋南北朝被誉为中国美学史上第二个黄金时代。实际上魏晋南北朝是一个充满苦痛、忧患和悲伤的时代，在这个混乱的时代，"却是精神史上极自由、

---

① 叶朗：《中国美学史大纲》，上海人民出版社，1985年版，第175页。
② 叶朗：《中国美学史大纲》，上海人民出版社，1985年版，第175页。
③ 叶朗：《中国美学史大纲》，上海人民出版社，1985年版，第176页。

极解放、最富于智慧、最浓于热情的一个时代"，①它带来了精神上的极大解放，是一个在艺术与美学双自觉的时代，涌现了数量众多的美学著作，出现了一大批对后世影响深远的美学范畴与命题。魏晋南北朝时期出现了一个思想活跃、创作兴盛的局面，创作了一大批前无古人的杰出艺术品和美学理论著作，如曹丕的《典论·论文》、嵇康的《声无哀乐论》、陆机的《文赋》、顾恺之的《画论》《魏晋胜流画赞》、宗炳的《画山水序》、谢赫《古画品录》，刘勰的《文心雕龙》、钟嵘的《诗品》等，美学范畴如"气""妙""韵""神""意象""风骨""隐秀""神思"等，美学命题如："得意忘象""声无哀乐""气韵生动"等。魏晋南北朝时期美学受玄学影响深远。魏晋玄学崇尚三玄：《老子》《庄子》《周易》。宗白华曾指出："魏晋人则倾向简约玄澹，超然绝俗的哲学的美"②，其中有代表性的如玄学家王弼提出"得意忘言"、嵇康提出"越名教而任自然"，这两种观点渗透到魏晋南北朝的艺术与美学中且影响深远，叶朗因此指出："魏晋玄学是魏晋南北朝艺术的灵魂，也是魏晋南北朝美学的灵魂。"③其中《世说新语》可以说是魏晋玄学对其美学影响的一个最集中、最生动的例子，《世说新语》在诸多方面有了新突破，对于人物的品评不再局限于实用与道德而是转向了审美的视角，对于自然美不再局限于"比德"模式而是突出强调审美主体的审美心胸，在自然、人生和艺术上追求一种形而上学的美。因此可以说"离开了老庄美学和魏晋玄学，我们对于魏晋南北朝美学思潮，对于魏晋南北朝美学的一系列范畴和命题，就不可能得到正确的理解和认识。"④魏晋南北朝出现了系列美学命题，叶朗在诸多的美学命题中重点分析了"得意忘象""声无哀乐""传神写照""澄怀味象""气韵生动"等。

魏晋著名玄学家王弼基于庄子的"得意忘言"与"言不尽意"思想提出了"得意忘象"说，该学说对中国古典美学产生了深刻影响。王弼讲的"意""象""言"，原指《易传》中的"意"卦意、"象"卦象、"言"卦辞的范畴，从审美的角

---

① 宗白华：《美学散步》，上海人民出版社，1981年版，第177页。
② 宗白华：《美学散步》，上海人民出版社，1981年版，第177页。
③ 叶朗：《中国美学史大纲》，上海人民出版社，1985年版，第185页。
④ 叶朗：《中国美学史大纲》，上海人民出版社，1985年版，第190页。

度可以理解为无法言传的意思、情绪可以通过"象"来表现，而要真正把握"意"，则要通过"忘象"，这里的"忘"意味着"走过"和"超越"。"得意"从本质上来讲是"忘言"与"忘象"的过程，忘不是遗忘而是超越审美客体的内在之意进而领悟言外之意，最终与审美主体进行心灵的直接交流、融合，通过有限的"言"和"象"表达出某种无限的内在意蕴。

嵇康在其音乐美学著作《声无哀乐论》中提出"声无哀乐"论。嵇康在论著中首先以问答的方式辩驳和清算了儒家音乐美学，然后提出自己的观点：音乐是自然产生的声音并不包含哀乐的情感，音乐的实质是客观存在的音质并不能让听者产生哀乐的情感，并不含在任何道德价值观念和伦理认知之内。叶朗评判了嵇康的"声无哀乐"命题，认为它"否认了艺术美和欣赏者的美感之间的因果联系，否认音乐是一种社会意识形态，否认音乐与社会生活的联系，所以在理论上是错误的。"[①]

在绘画美学方面，顾恺之在自己丰富实践的基础上提出"传神写照"命题。顾恺之认为绘画艺术"四体妍蚩本无关于妙处，传神写照正在阿睹中"。顾恺之否定了"以形写神"的命题，认为人的"形"并不一切都和"神"有关，"传神"的"神"是指一个人的风神、风韵、风姿神貌即一个人的个性和生活情调，是"洗尽尘滓，独存孤迥"[②]，是黑格尔所说的"把每一个形象的看得见的外表的每一点都化成眼睛或灵魂的住所，使它把心灵显现出来"[③]，使外表形象成为"心灵的表现"[④]。叶朗指出了顾恺之"传神写照"命题与美学史上其他命题的关系，认为"传神写照"继承了先秦两汉有关"形""神"关系理论，尤其是老庄以及《淮南子》等思想，同时也受到与魏晋时代玄学和人们略形重神的风尚的影响。顾恺之在绘画中突出"传神"的目的是追求"妙"，由"妙"又引出了另一个美学命题"迁想妙得"。"迁想"即发挥艺术想象，"妙得"即得"妙"，如何得"妙"呢？把握了一个人的风神、神韵，就突破了有限的形体通向无限

① 叶朗：《中国美学史大纲》，上海人民出版社，1985年版，第198页。
② 叶朗：《中国美学史大纲》，上海人民出版社，1985年版，第202页。
③ 黑格尔：《美学》（第1卷），朱光潜译，商务印书馆，1979年版，第198页。
④ 黑格尔：《美学》（第1卷），朱光潜译，商务印书馆，1979年版，第201页。

的"道"，就是得"妙"即"妙得"。"传神写照"美学命题在美学史上影响很大，后世的美学家、艺术家不断地阐释、发挥该命题，其中苏轼的《传神记》就是一个很好的例子。

"澄怀味象"是南朝宋画家宗炳在被誉为中国画史上第一篇正式的山水画论《画山水序》中提出的美学命题，代表了魏晋南北朝在审美方式上的新境界，是对孔子"智者乐水，仁者乐山"命题的否定，是对老子美学的重大发展。叶朗指出："他把老子美学中'象'、'味'、'道'、'涤除玄鉴'等范畴和命题融化为一个新的美学命题，对审美关系作了高度的概括，这在美学史上是一个飞跃。"[①] 其中"味"的内涵在中国美学史上不断地发展尤其到了唐宋两代得到极大的丰富并发展成为一个重要的美学范畴，宗炳的"澄怀味象"是其最关键的一步。"澄怀味象"对于审美主体在欣赏自然本体中的精神状态做出了强调，即以一种空明心境对审美客体进行无目的的、细致入微的体验，体悟审美客体所蕴含的独特的精神意蕴。在整个中国古典美学史上，魏晋南北朝时代文人的人生态度与美学观念独具特色，与以往以及现今呈现出迥然不同的样态，这与他们的生存状态有着密切的联系。魏晋南北朝时期动荡不安，文人们在社会的夹缝中求生存，在逼仄的人生之路上求索，用自己的生命践行着自我的价值。虽然社会现实具有巨大的不确定性，魏晋南北朝的文人们仍然怀有崇高的理想和想要建功立业的宏大气魄，但是现实又一次又一次地迫使他们不断地内省与调整，他们在不断实践与调整内省中作出理性的思考，在思考中逐渐形成有别于任何时代的个性化的人生观和价值观。魏晋南北朝时期形成的别具一格的美学观对于中国古典文学和美学产生了不可估量的影响。

"气韵生动"由南朝齐画家谢赫在其《古画品录》中提出，是有关绘画的美学命题，在后世的发展中它不断地发展丰富，影响的领域愈加广泛，该命题思想深刻影响着中国古典美学的发展变化，在中国古典美学体系中占有重要的地位。谢赫在《古画品录》中提出"图绘六法"，将"气韵生动"列为六法之首，视为最高境界。叶朗指出理解"气韵生动"关键是把握"气"的范畴，"气"

---

① 叶朗：《中国美学史大纲》，上海人民出版社，1985年版，第198页。

在先秦哲学和汉代哲学中占有十分突出的地位,并形成了元气自然论哲学,"气韵生动"在这样的背景下应运而生,它既是中国古典美学发展的必然,又是时代的要求。魏晋南北朝文人在发展文艺批评与美学理论时发现,文艺审美的大发展需要对其进行形而上的最高的概括,需要为各种各样的美学问题找寻最后的依据,"气"则是他们找到的最后的依据,至此"气"从一个哲学范畴转化为美学范畴。作为美学范畴的"气",可以解释多个美学问题,它可以解释艺术的本源,可以解释艺术的生命力,亦可以解释艺术家生命力与创造力。在绘画领域"气韵生动"中的"气"更多地指画面之元气,这种画面元气来源于宇宙之元气与艺术家本身之元气,是这两者元气的合力也是两者元气化合而迸发出来的生命力与创造力,它是独一无二的个体性的一种表现。"韵"指自然与人之间生命运行的韵律、节奏,将美的节律和生命节律融入到艺术创造的形象中,使艺术形象体现自然与人之间的融合互通,体现艺术作品的"气韵"之美,能使欣赏者感觉到生命的美好。"生"指生命、生机、欣欣向荣;"动"可以指生命的节律性运动。"气韵生动"深刻体现出自然与人之间的生命交流与整合,体现了中国古典美学的特征,对于审美客体来说,"中国美学的元气论则着眼于整个宇宙、历史、人生,着眼于整个造化自然。中国美学要求艺术家不限于表现单个的对象,而要胸罗宇宙,思接千古,要仰观宇宙之大,俯察品类之盛,要窥见整个宇宙、历史、人生的奥秘。"① 对于艺术家而言,元气论要求主客观统一,"不仅是指反映外界物象时要加工、提炼、典型化,也不仅是指表现主观的情感,而是指艺术家要用全身心之气来和宇宙元气化合。"②

魏晋南北朝出现了以《文心雕龙》为代表的中国历史上最具完整体系的美学论著。叶朗指出"从美学史的角度看,《文心雕龙》一书最值得注意的是其中对于审美意象的分析,对于艺术想象的分析,以及对于审美鉴赏的分析"③刘勰提出了富有时代特色的美学范畴:意象、隐秀、风骨、神思、知音。

刘勰分析审美意象,进行了多维度的观照,他提出"隐秀"范畴:"情在

---

① 叶朗:《中国美学史大纲》,上海人民出版社,1985年版,第224页。

② 叶朗:《中国美学史大纲》,上海人民出版社,1985年版,第225页。

③ 叶朗:《中国美学史大纲》,上海人民出版社,1985年版,第226页。

词外曰隐，状溢目前曰秀"。"秀"多指审美意象的外在可感性，它是意象的鲜明生动的、直接可感的特质。"隐"有两方面的含义，一方面指审美意象所蕴含的思想情感内容不直接用文辞说出来，不表现为逻辑判断的形式，另一方面指审美意象的多义性。"秀"和"隐"这对范畴既是对立的又是统一的，两者可以相互转化，"隐处即秀处"，不直接用文辞表达的多重的情意可以通过具体生动的形象表达出来。作品的"隐"与"秀"正是多种范畴的对立与统一，如直接性与间接性、单纯性与丰富性、有限性与无限性、确定性与不确定性的统一，正是这样的特质它让读者在阅读欣赏中可以获得更加丰富的而持久的美感体验。叶朗分析了五种关于"风骨"的看法，并认可了第五种看法即"风骨"是对文"意"的进一步分析，"风"表现为有情的因素，"骨"表现为有"理"的因素。"风"是一种情感的力量，"骨"是一种逻辑的力量，"风骨"是讲情感和思想的关系。叶朗认为"'风骨'这对范畴的提出，从一个侧面反映了魏晋南北朝美学家对于审美意象的认识的深入。"[①]

"神思"范畴侧重于对审美意象创造过程的分析。刘勰《神思》篇指出所谓"神思"是指艺术想象活动。艺术想象是一种突破直接经验的心理活动，发挥艺术想象需要人在生理和心理方面的全部力量的支持，因此要"养气"要"虚静"，同时又要依赖于外物的感兴，人心对于外物感应，自然界的"气"和人体内的"气"相感应，产生审美意象。刘勰指出每个人的艺术想象力和对外物的感应力是不同的，作为作家要多培养自己的艺术想象力和感应力，其途径为"积学以储宝，酌理以富才，研阅以穷照，驯致以绎辞"。刘勰对于艺术想象活动的认识吸取了陆机的《文赋》思想，所以在一定意义上也可以说《神思》篇代表了一个时代共同的认识水平。叶朗对此评价道："从先秦的'观物取象'到魏晋南北朝的'迁想妙得'和'神思'，这是一个很大的跃进。这个跃进表明，中国古典美学已经开始对艺术创作的心理活动，对艺术思维的特点，进行探讨和研究，从而为美学研究开拓了一个新的领域。"[②]

---

① 叶朗：《中国美学史大纲》，上海人民出版社，1985年版，第235页。

② 叶朗：《中国美学史大纲》，上海人民出版社，1985年版，第238页。

　　《知音》篇主要涉及审美鉴赏的问题，这表明文学鉴赏在南北朝已成为一个相当普遍的研究课题了。刘勰《知音》开篇指出审美鉴赏很复杂："知音其难哉：音实难知，知实难逢，逢其知音，千载其一乎！"[①]知音难觅，具有内外层次的原因，就外层而言，人们常常为各种偏见蒙蔽了自己的审美感受，就内层而言，文学作品具有迷惑性，其审美价值并不是直观一眼就能辨别的，同时人们在审美趣味上具有差异性，这也会影响审美主体对文学作品的审美价值作出客观全面的判断。虽然知音难觅，但是正确的鉴赏是可能的，关键在于读者的鉴赏力，具有高鉴赏力的读者通过对作品的反复玩味，从而可以感受和把握作品的审美价值，得到审美愉悦。提高审美鉴赏力的有效路径为"博观"，即多读各种文学作品，不断地扩大自己的视野，学习有效的鉴赏方法即"六观"：一观位体，二观置辞，三观通变，四观奇正，五观事义，六观宫商。

（二）唐五代美学

　　叶朗在唐五代美学中论述了具体门类的美学范畴和美学命题，重点论述了书画美学和诗歌美学。唐五代美学在审美意象、审美创造和审美欣赏方面进一步发展，相关的美学思想散落在书法美学著作和绘画美学著作中。书法美学代表著作有孙过庭的《书谱》、张怀瓘的《书断》《书议》《文字论》。绘画美学代表著作有张彦远的《历代名画记》与荆浩的《笔法记》。

　　唐五代书画美学家进一步丰富审美意象，将"意象"和"气"两个范畴关联起来，提出了"同自然之妙有""度物象而取其真"等命题。魏晋南北朝提出"意象"范畴后，人们关注的重点在"意象"的创造。唐五代书画美学家认为"意象"的性质应该和造化自然一样，即"同自然之妙有"，那么书法领域的书法意象要表现自然物的本体和生命，而自然物的本体和生命是"道"和"气"，书法艺术的意象就应该表现"道"和"气"，表现了"道"和"气"的书法意象就通向了"无限"，即"妙"，也就是"同自然之妙有"，这样书法艺术就要重视"实"和"虚"，注重"无"和空白。在绘画领域中"同自然之妙有"

---

① 刘勰：《文心雕龙》，中华书局，2012年版，第549页。

的追求体现在水墨画的兴起，唐代水墨山水画兴起，以水墨代替青绿着色，这一变化在美学史上具有重要转折意义。水墨的颜色和"道"一样朴素，它是最接近"玄化无言"的"道"，也最接近造化自然的本性，因此是最"自然"的颜色，水墨和"道"一样，看似单色却蕴含着自然界的五色并产生着自然界的五色，即"运墨而五色具"。荆浩进一步发展"同自然之妙有"的命题，在其著作《笔法记》中提出"度物象而取其真"的命题。"度物象而取其真"将"气"和"意象"两个范畴联系统一起来，考察了"真"的具体规定性，并认为相对于"似"，"真"是更高级的审美范畴，"图真"可以看作是绘画的本质和目标，"图真"是为了创造一个表现自然山水本体和生命力的审美意象。叶朗对于荆浩提的"度物象而取其真"给予了高度的评价，认为其在中国古典美学史上具有重要的意义，他一方面将"气"和"意象"联系起来，另一方面也把"气韵生动""观物取象""应物象形"等命题统一起来，这标志着中国古典美学中意境说的诞生。

张璪凭借"外师造化，中得心源"八个字在中国绘画史上占有不朽的地位。"外师造化，中得心源"是对审美意象的进一步发展，也是对审美意象创造的一种高度概括。"外师造化"与"中得心源"在审美创造中是一个统一的过程，这一过程既表现在绘画领域也表现在书法领域的创造。荆浩提出了"删拨大要，凝想形物"的命题，艺术想象活动就是围绕着审美意象的创造（凝想形物）而集中、提炼、概括的过程（删拨大要）。叶朗对于荆浩提出的"删拨大要，凝想形物"的命题给予了评价，认为该命题是美学史上的一个贡献，将艺术想象活动的认识推进了一步。唐五代书画美学论述了绘画欣赏心理，张彦远在《历代名画记》中提出"凝神遐想，妙悟自然，物我两忘，离形去智"的命题。这一命题是在宗炳的"澄怀味象""澄怀观道"的基础上对审美观照心理特点的进一步分析，对于后来的严羽、王夫之、王国维产生了影响。

唐五代诗歌美学从三个维度推动了美学理论的进一步发展，其一是"诗言志"被孔颖达重新阐释，其二是白居易在"新乐府运动"中提出一系列命题，继承并发展儒家美学；其三是美学范畴"境"首次被提出并得到阐释，这标志着"意境"说在中国古典美学理论上诞生。"诗言志"美学命题最早出现于《左传》和《尚书》，孔颖达明确将情、志统一起来，"志"是"情动为志"，是具体的，由于外物的感动，人心中产生哀乐的情感，就叫"志"，将这种情感抒发出来即是"诗"。孔颖达对于"诗言志"的解释，既强调了诗歌的抒情特性又强调了外物对于人心的感动，同时孔颖达将魏晋南北朝美学家刘勰、钟嵘等人关于诗歌产生的理论凝结在"诗言志"的命题中，极大地丰富了"诗言志"命题的含义，这在中国古典美学史上产生了重大的影响，并形成了中国诗歌美学的一个重要的传统。孔颖达的美学观点也影响了白居易，白居易的文学观强调诗歌在社会生活中的积极作用，应该发挥其"补察时政""泄导人情"的作用。唐五代诗歌美学中的一个重要范畴是殷璠首次使用的概念"兴象"，将"兴象"作为选诗和评诗的重要标准。叶朗认为"兴象"的概念是在意象说的基础上提出来的，是意象的一种，它与"赋""比""兴"美学范畴中的"兴"有着直接的联系。"兴"起于"物"对"心"的感发，"物"的触引在先，"心"的情意之感发在后，这种感发是自然的、无意的，大多由于感兴的直觉的触引，不必有理性的思索，而"兴象"就是按照"兴"这种方式产生和结构的意象。后世诗论家、美学家也常用"兴象"概念，最值得注意的是清代的纪昀。"兴象"范畴的兴起，进一步反映了唐代诗歌在创造审美意象方面新的成就和新的发展。

唐代一个突出的贡献是提出了"意境"说。唐代诗歌取得了举世瞩目的成就，累积了丰富的艺术创作实践经验，这些进一步推动了当时诗歌美学家从理论上自觉地对审美形象进行分析和研究，并提出了新的美学范畴"境"，至此"意境说"诞生了。意境说在整个中国古代美学体系中占有极为重要的地位，是贯穿中国美学史的一条重要的线索。唐代关于意境说主要分布在王昌龄、皎然、司空图等人所著的《诗格》《诗式》《诗品》以及刘禹锡的著作中。王昌龄的《诗格》和皎然的《诗式》提出了"境"美学范畴，是意境说发展中不可或缺的环节。司空图崇尚老子哲学，《二十四诗品》贯穿着老子哲学的精神，他"在意境说发展史（美学史）上的地位，主要也不在于它区分了诗歌意境的不同类型，而在于它论述了诗歌意境共同的美学本质"①，二十四种意境有一个共同的美学本质即要体现宇宙的本体和生命，体现"道"。司空图吸收老庄关于主体审美状态的思想，认为诗人在创造意境时应超越世俗的欲念、成见和束缚，保持内心虚静的状态，这样才能感受和表现客观真实的"境"。

（三）宋元美学

叶朗对于宋元美学的论述，主要侧重于具体的门类即书画美学和诗歌美学。书画美学和诗歌美学关注的问题有所不同，书画美学聚焦于审美创造的规律性探索，而诗歌美学则更较多地关注审美意象的分析。

在宋元书画美学著作中，最重要的是郭熙的《林泉高致》以及苏轼有关的书画的诗文题跋。宋元书画美学是唐五代书画美学的延续和发展。郭熙在《林泉高致》中提出了"身即山川而取之"命题，与张璪的"外师造化，中得心源"的命题一脉相承，是对张璪命题的丰富和发展。"身即山川而取之"一方面强调了画家对自然山水要做直接的审美观照，另一方面又要有一个审美的心胸即"林泉之心"，审美的心胸是实现审美观照的主观条件。郭熙对于审美的心胸从否定和肯定的层面给予了阐述，无论是欣赏者还是创造者要"万虑消沉"，则可见"佳句好意"和"幽情美趣"，要养"胸中宽快，意思悦适"。"身即山川而取之"对画家观察自然山水也作出了阐释，既要有多角度的观照，又要有广度和深度。郭熙认为自然山水的审美形象不是单一的而是多侧面的且是变化多样的，只有采取与其审美形象相适应的多维度多角度的观照，才能发现自然美的无穷魅力，进而才能把握无限生动和丰富的审美的自然。在多种观照视角中，郭熙最看重远望，近看可以把握山水的细微之处及特点，远望则可以从整体上把握山水的气势，远望创造出了高远、深远、平远的山水画的意境。郭熙指出要提升画家观照山水的广度和深度，只有在对山水的审美观照达到一定的广度和深度，才有可能创造完美的意象，要"饱游饫看"才能"夺其造化"，创造出"磊磊落落、杳杳漠漠"的审美意象来。

---

① 叶朗：《中国美学史大纲》，上海人民出版社，1985年版，第273页。

苏轼对于创造过程提出了"成竹在胸"与"身与竹化"的命题，该命题重点分析了审美意象在胸中形成之后，画家如何通过笔墨将之表现出来，是从"胸中之竹"到"手中之竹"的创造过程。该命题强调审美意象是"意"与"象"相契合而出现的一种升华，是灵感的瞬间爆发，具有瞬时性、不稳定性，即转瞬即逝，画家须有高度纯熟的技巧才能用笔墨表现出来。叶朗指出，还需要一种审美创造的精神状态，要"身与竹化，见竹不见人"，要"用志不分，乃凝于神"。

在宋元美学中，有两个范畴是不容忽视的，一是"远"二是"逸品"。宋代画论家很重视意境的创造，荆浩在《笔法记》中用"景"来概括山水画的意境，而郭熙在《林泉高致》中用"远"来概括山水画的意境，山有三远，高远、深远和平远。意境是要超出有限的"象"，趋向于无限，其美学本质是表现"道"，而"远"就通向"道"。山水本是有形质的东西，但是"远"突破了山水的有限的形质，使人的目光伸展到了远处，并且引发人的想象，从有限到把握无限。山水形质的"有"烘托了极目远处的"无"，反过来，极目远处的"无"也烘托了山水形质的有。这种"有""无""虚""实"的统一，就表现了"道"，表现了宇宙的一片生机。宋元书画美学出现了"逸品"。"逸"本意指一种生活态度和精神境界，它与道家思想有密切的关联，"逸"的生活态度和精神境界对艺术具有很大的影响，它渗透到艺术创作中则出现了"逸品"或"逸格"，"逸品"的特点之一是"得之自然"，"自然"即指表现一种超脱世俗的生活态度和精神境界。"逸品"的特点之二是"笔简形具"，就是崇简，在生活形态上是简，在艺术形式上也是简。"逸品"到了元代逐渐成熟，出现了有代表性的画家。

宋元诗歌美学在两个方面推进了中国古典美学的发展，一是注重审美意象本身的分析，二是注重对于诗歌欣赏的研究。宋元诗歌美学在审美意象方面发展，有两方面突出的表现，一是对于"情"与"景"的关系的分析，强调只有两者的融合才能构成审美意象；二是诗论家探讨了不同艺术门类的审美意象的共同性和差异性的问题，尤其分析了"诗"与"画"的关系。宋代诗论家对于"情"和"景"两个范畴作了探索，通过对"情"和"景"两范畴的分析，进而探讨了诗歌审美意象的结构和类型问题。"情"与"景"作为美学的一个重要问题，自宋代提出之后，经过后世诗论家的发展丰富，清代诗论家不断总结，形成了系统的理论，成为美学体系的重要组成部分。南宋范晞文在《对床夜话》中强调，在诗歌意象中，"情"和"景"是不可分离的，"景无情不发，情无景不生"。同时词论家也探索了"情""景"结合的方式途径即"说情不可太露"，"以景结情最好"。唐代杜甫、贾岛、宋代的姜夔、释普闻等诗论家对于"情"与"景"的关系也作了分析，使人们对于诗歌意象的内在结构有了认识。唐代提出了"诗""画"不同论，"诗"与"画"的共同性和差异性问题实质上是不同门类艺术的审美意象的共同性和差异性的问题，该问题从侧面反映了人们对于审美意象的认识不断地深入。在"诗"和"画"的区别方面，邵雍认为"诗"善于状物之"情"（动态），而"画"则善于状物之"形"（静态）。苏轼提出了"诗中有画，画中有诗"的命题，主张"诗"与"画"的相互渗透，也就是"情"和"形"的相互渗透、动和静的相互渗透。"情"和"形"的区别也可以看作是动态和静态的区别，深层次上则可以看作是时间艺术和空间艺术的区别。

以朱熹为代表的宋代诗论家在诗歌欣赏方面进行探索，强调诗歌的整体性，认为诗歌的意象是一个活的整体，内部有血脉流通，读者需要反复涵泳玩味才能把握这个活泼泼的意象和内部的血脉流通。宋代美学提出了"韵"的范畴，甚至把"韵"作为对于艺术作品最高的审美要求，创作者应努力追求作品以"韵"胜，欣赏者也应该观"韵"。"韵"在范温的著作《潜溪诗眼》（现已遗失）论述中得到了详尽的分析，范温认为，"韵"的发展有一个过程，最早含义是指声韵，后来应用范围逐渐扩大到书画领域，到了宋代不仅应用领域扩大到一切艺术领域而且地位也在不断地提高成为艺术作品的最高审美标准。"韵"的范畴恰恰是把握梅尧臣、欧阳修、苏轼、黄庭坚等人美学思潮的关键。

《沧浪诗话》在中国美学史上影响深远具有重要的地位，是宋代诗话中理论性较强的一部著作。严羽在《沧浪诗话》中提出了几个较为重要的范畴，即"兴趣""妙悟"和"气象"。"兴趣"与"赋""比""兴"中的"兴"的概念有着明显的联系，"兴趣"指从"兴"的这种含义引申出来的概念，注重诗歌意象的审美情趣。严羽指出，"兴趣"是诗的生命，要尽力维护审美意象，严羽认为形象思维和逻辑思维是有区别的，应该区分开来，诗有别趣，非关理也"，"所谓不涉理路，不落言筌者，上也。"没有审美情趣，就不能产生审美意象。严羽在这里涉及到了一个很重要的问题，即"兴趣"和"理"如何统一的问题。严羽强调"不涉理路"，关注点在"兴趣"和"理"的区别上，对于两者如何统一则论述的较少。"兴趣说"在中国古典美学发展史具有重要的贡献，它从审美感兴出发，探索审美意象和审美感兴两者的紧密联系，对诗歌意象做出了重要的规定。严羽指出诗歌意象应该产生于审美感兴，这种审美感兴，被严羽称为"妙悟"，"妙悟"是构成诗人本质的特质，指诗人在外物直接感发下产生审美情趣的心理过程，是一种感性的、直觉的触兴，这与一个人的情趣有关与学力并无必然的联系。"妙悟说"延续"兴趣说"探索审美感兴与逻辑思维的区别，强调审美感兴是构成艺术家的本质的东西，对艺术家的审美创造力作了一个重要的规定，对后世美学家影响深远。在《沧浪诗话》中严羽还重点探索了"气象"这个重要的美学范畴，他站在前人的基础上不断地丰富"气象"范畴内涵和外延，在严羽这里"气象"一词用来概括诗的整体风貌，尤其是诗歌意象所呈现的时间感和空间感。

（四）明清美学

时间车轮不停歇，到了明清时代。明清时代可以说是中国古典美学的总结时期。如果将明代和清代细分的话，明代可以看作是总结时期的准备时期，一方面进一步探讨审美意象，在绘画领域和诗歌美学领域提出了命题，丰富和拓展了审美意象。另一方面批判教条主义美学和复古主义美学，明朝万历年间出现思想解放潮流，在这个潮流中涌现了一批美学理论和美学范畴，在批判的同时也对于清代构筑美学体系有启示作用。明代美学在具体艺术门类上日益兴盛，进一步发展，到了清代，小说美学、戏剧美学、园林美学结出了丰硕的成果。

明代美学在绘画领域和诗歌领域围绕着审美意象推进美学的发展。王履在《华山图序》中以明确的论点严密的逻辑分析了绘画意象的矛盾性，在"情"

和"景"的基础上谈论"意"和"形"，认为"意"（情意）和"形"（形象）是审美意象的矛盾的两个侧面，相互依赖，不可分割，是矛盾的统一，这在中国美学史上占有重要的地位。王履提出了美学公式："吾师心，心师目，目师华山"，坚定地走出了一条鲜明的唯物论的认识路线。祝允明和王履的观点很相似，他着重分析了审美意象中"象"与"韵"两者的关系，认为"象"与"韵"两者是统一的，离开具体形象而孤立地追求韵味是偏颇的做法，"象""韵"两者不能分离。祝允明强调艺术家须多实践多经历，如果一个艺术家缺乏生活经历，望不出檐外，行不越户限，如何可能川岳盈怀？他提出了"身与事接而境生，境与身接而情生"的命题，论证了艺术家行万里路的重要性。王延相和陆时雍对审美意象有理论的发展。王延相明确地把审美意象规定为诗的本体，"言征实则寡余味也，情直致而难动物也，故示以意象"。同时代的杨慎也提出了类似的观点，他认为诗史是有区别的，不能简单地认可诗史之说，"诗"不可以兼"史"，杜甫诗歌中的直陈时事之诗被杨慎认为是杜诗的下乘之作。这里两人触及到了一个有意思的问题，即"诗"和"史"的区别问题。陆时雍在《诗镜总论》中认为诗歌的意象是"情"和"景"的统一，而创造诗歌意象，应是随物感兴，即景自成。这两点意思，对于王夫之的情景说和现量说都产生了直接的影响。

　　明代李贽提出了"童心说"，所谓"童心"是指"真心"或"赤子之心"，只有保持"童心"的纯真，才能写出天地间的至文。李贽要求文学作品表现"童心"，作家要解放思想，挣脱世俗观念的约束，勇敢地写出自己对于大千世界、社会生活的真情实感和真实见解，即"一旦触景生情，触目兴叹，夺他人之酒杯，浇自己之块垒，诉心中之不平，感数奇于千载"[①]。李贽的"童心说"是明朝中期出现的思想解放和人文主义潮流在文学领域的集中体现，对于明清美学特别是明清小说美学的发展影响深远。明代戏剧家汤显祖的美学思想很有时代的特色，强调艺术的独创性，抬高小说、戏曲的地位，其唯情说和浪漫主义学说具有很大的影响。汤显祖唯情说美学思想体系中的两个核心范畴是"情"

---

① 叶朗：《中国美学史大纲》，上海人民出版社，1985年版，第338页。

和"趣","情"被认为是文学艺术的本质,由"情"产生了各种文学艺术。文学艺术之所以能感动人,也是因为有"情"。汤显祖的"情"包含着新的内容,是与"理"相对立的范畴,也是与"法"相对立的范畴,"情"是一个与封建专制制度和封建伦理规范相对立的范畴,包含某些超出封建社会的东西。汤显祖还强调"趣",一个人失去了"趣",也就等于没有了生命,小说的价值在于给人"真趣",使人"心开神释,骨飞眉舞"。汤显祖的浪漫主义思想有自己独特的特征,认为幻想可以改变现实,灵气可以突破常格,内容可以压倒形式。汤显祖的唯情说和浪漫主义对后世影响巨大,清代伟大文学家曹雪芹就是深受汤显祖美学影响的代表。公安派袁氏兄弟美学思想深受汤显祖的影响,认为文学应该表现"性灵",所谓"性灵"是指一个人真实的喜怒哀乐与欲望(喜怒哀乐嗜好情欲),它是每一个活生生的人生来而具有的,是每个人所特有,是每个人的本色。袁氏兄弟美学思想中对于"趣"也尤其关注,对于文学作品来说,"趣"是不可缺少的生命要素,袁氏兄弟理解的"趣"是一件东西是否给人以美感,所以"趣"是审美趣味,是美感。叶朗对于袁氏兄弟给予评价道:"袁氏兄弟对于'趣'的本质的看法,归结起来,就是说人要有'趣',艺术家的作品要有'趣',就必须自由地不受限制地抒发自己的喜怒哀乐,嗜好情欲,聪明才智。这样他们就把美的追求和个性解放的追求联系起来,统一起来。"但是他们也存在着不足,"没有讲清楚'童心'、'情'、'性灵'和社会生活、社会实践的关系"。①公安派大力提倡艺术的独创性和发展观,这在美学史、文学史上具有重要的影响,是公安派的一个重要的贡献,提出"世道既变,文亦因之"的命题,即时代的变化决定了艺术的变化,"事今日之事,则亦文今日之文而已矣"。根据艺术的发展观,袁氏兄弟提出了"胆"的范畴,即"随其意之所欲言,以求自适,而毁誉是非,一切不问,怒鬼嗔人,开天辟地",也就是作家进行自由创造的勇气、胆量。袁氏兄弟认为艺术要发展,就要有变革,要变革,就必须有"胆",所以"胆"很重要。"胆"对于后世叶燮的"才胆识力"的美学观点有重要影响。明代李贽的童心说,汤显祖的唯情说,公安

---

① 叶朗:《中国美学史大纲》,上海人民出版社,1985年版,第348页。

派的性灵说，他们的美学观点适应时代的潮流，流露出个性解放的倾向，严重冲击了儒家传统的"温柔敦厚"的美学思想。陈子龙在《诗论》中对"温柔敦厚"的教条表示了极大的愤怒，认为"温柔敦厚"的教条实际上已成为反动统治者镇压知识分子的理论根据。闻一多曾一针见血地指出：在"温柔敦厚，诗之教也"的古训里"嗅到了数千年的血腥"。[1]

明清小说美学是中国古典美学开拓的一个新的领域，美学家们积极探索并提出了一系列前所未有的美学范畴和美学命题，为中国古典美学宝库增加了新的内容。从时间上看，明清小说美学在明代有了长足的发展，创作实践丰富，加上李贽为代表的思想解放给人们带来了理论眼界和理论勇气，到了明末清初，中国古典小说美学达到了自己的鼎盛时期。从内容上看，明清小说美学具有民族特点和时代特点，"李贽哲学就是明清小说美学的真正的灵魂"[2]明清小说美学具有多种多样的形式，其主要形式包括三种，一为小说序跋，二是笔记，三是小说评点。小说评点作为一种文学批评和小说美学的独特形式，它比较灵活自由，容量比较大，代表著作是叶昼、金圣叹、毛宗岗、张竹坡、胭脂斋等人的著作。他们在一流的具有代表性的著作上做出的点评以及精彩论述共同成为中国古典小说美学的组成部分，进一步丰富了中国古典小说美学宝库。

叶昼作为明代的一位大评点家，被认为是小说评点的实际开创者之一。他评点过多本一流的代表性著作如《水浒传》《三国演义》《西游记》等小说及多种戏曲，在中国文学批评史上或在小说美学的发展史上作出了巨大的贡献。叶昼所写的小说评点，尤其是《水浒传》的评点，在中国美学史（或中国文艺思想史、中国文学批评史）上开辟了新的领域，提出新的问题，并作出了某些新的理论概括，丢掉叶昼，中国美学史（或中国文艺思想史、中国文学批评史）就将缺少一个重要的环节。金圣叹是中国美学史上的一位天才，他极有天赋又对小说艺术有极深的理解和独到的研究，他创建的美学思想极其丰富，包含了很多前所未有的、独到的、深刻的而又合理的见解。在小说美学中金圣叹有关

---

[1] 闻一多：《闻一多全集》（第3卷），生活·读书·新知三联书店出版社，1982年版，第398页。

[2] 叶朗：《中国美学史大纲》，上海人民出版社，1985年版，第359页。

塑造典型性格的见解，无论就其深度和广度来说，在中国美学史上都是空前的。叶朗对金圣叹有极高的评价："中国古典小说美学，只是到了金圣叹才算真正建立起来。这是金圣叹在中国美学史上划时代的贡献。"[1]清代小说评点家冯镇峦指出："金人瑞批《水浒》、《西厢》，灵心妙舌，开后人无限眼界，无限文心。"[2]毛宗岗是紧接金圣叹之后的一位小说评点家，他是金圣叹小说美学的发挥者、推广者和宣传者。张竹坡在美学史上的贡献是对于《金瓶梅》的评点，给当时的读者带来了一股新鲜的气息，《金瓶梅》是中国小说史上一个重大转折的标志，艺术上有很多新的特点，张竹坡通过对《金瓶梅》的点评，将中国小说美学的理论向前推进了一步。胭脂斋对《红楼梦》进行评点，可以说是历史上第一位红学家，他对《红楼梦》的生活基础、创作方法、主题思想、人物塑造、艺术意境、情节、结构、语言、细节描写等等进行了广泛的评论和探讨，是对这部伟大艺术品的艺术成就和艺术经验进行理论概括的第一次尝试，值得后人重视。

几位重要的明清小说评点家，在小说美学问题上进行了详尽的探讨，尤其在小说的真实性问题和塑造典型人物的问题上有丰硕的成果，推动了小说美学理论的进一步发展。

明清小说美学家讨论的一个中心问题是小说的真实性问题。明清小说家从多个方面来论述该问题：小说要不要具有真实性，小说应该具有什么样的真实性，创造性想象在小说创作中的地位。对于第一个问题，明清小说家给予了肯定的答案。叶昼认为小说艺术的生命力就在于真实性，真实性要求比传奇性的要求更重要，叶昼已经敏锐地把握到了中国古典小说从英雄传奇向人情小说转变的历史趋势。叶昼之后，谈论的问题转向对于小说真实性和传奇性的关系的探讨。在具有什么样的真实性问题上，明清小说美学家给出了不同的答案，叶昼强调小说的真实性，并不排斥艺术虚构。金圣叹对于小说和历史著作的区别从理论上做了更深一层的规定。毛宗岗认为历史小说的特点和优点是"据实指

---

[1] 叶朗：《中国美学史大纲》，上海人民出版社，1985年版，第362页。

[2] 叶朗：《中国美学史大纲》，上海人民出版社，1985年版，第362页。

陈，非属臆造"，就是"实叙帝王之实，真而可考"，即历史小说是历史事实的实录，不是臆造、虚构。创造性想象在小说创作中占有什么地位？这是一个同小说的真实性问题直接关联的美学问题。毛宗岗强调历史小说需要作家的匠心，强调小说是"因文生事"，小说创造需要创造性想象。到了现代，对于毛宗岗的看法已普遍抛弃了，而对于金圣叹的看法则普遍地被承认，在这一点上，也显示了金圣叹的天才。

明清小说美学家十分重视塑造典型人物，不断地丰富、发展和深化塑造典型人物的理论。叶昼对于《水浒传》中人物塑造方面的成就进行的分析可以说是中国美学史上最早的关于塑造典型人物的理论。叶昼指出《水浒传》中的人物是源于社会生活的，根据社会生活创造出来的，是对现实生活的反映，这具有唯物主义的倾向；《水浒传》中的人物具有某种典型性和代表性，并且具有鲜明的个性，这是中国美学史上对于人物描写的共性和个性的统一。金圣叹在叶昼的基础上，对于小说艺术中塑造典型人物的问题作了多方面的、深入的研究，提出了很多独创性的见解。金圣叹首次将塑造典型人物形象作为小说艺术创造的中心地位，并首次提出"性格"范畴来分析概括典型人物的个性特征，这是用美学范畴的形式来论述人物塑造的个性化要求；金圣叹探讨了塑造典型人物主要方法的多样性，强调人物肖像、动作和语言的性格化、个性化；金圣叹强调人物描写的逻辑合理性，必须合情合理、合乎人情，让读者感到亲切可信；金圣叹总结了一套塑造典型性格的方法，在描写中要有正反、顺逆、动静、隐显等方法并论证了他们的辩证关系；金圣叹认为塑造典型人物的问题是一个认识论的问题，他对作家提出了一系列的要求，作家要善于"格物"，善于观察生活、善于分析、研究产生各种现象的"因""缘"，做到"一朝格物"，"尽人之性"，充分把握各种人物的性格。金圣叹的这些理论，在中国古典小说美学的发展史上影响很大。毛宗岗站在金圣叹的基础上进一步推进典型人物的观点，强调塑造典型人物在历史小说依然具有重要性，典型人物要有个性，人物性格特点要通过典型情节来表现等具有合理的内容。相对于金圣叹来说，毛宗岗创新的内容较少。张竹坡点评《金瓶梅》，认为其在塑造人物的个性化方面达到了很高的水平并取得了很高的成就，即"善用犯笔而不犯"。张竹坡认为人物塑造要以现实生活为依据，要从现实生活中活生生的个体人出发，要从每一个个体人自身的情理出发，要从每一个个体人的内心世界的活动出发，这是一个新的美学主张。张竹坡进一步发展了人物个性化的内涵问题，认为人物描写的个性化核心是写出每一个个体人心里的情理，也就是人与人的关系，即人与人的亲疏远近厚薄、浅深恩怨。张竹坡强调作家要写出人情就必须有生活基础，要积极"入世"，在人生的经历中对人生进行探索，在人情世故的经历中对人情世故进行探索，在人与人关系的经历中对人与人的关系进行探索。作家生活经历的广度和深度对于塑造典型人物具有重大意义，相对于金圣叹讲的"格物"，张竹坡显然是进了一步。张竹坡在金圣叹的"白描"的基础上进一步将"白描"和人物塑造紧密地联系在一起，从而扩大和丰富了"白描"概念的内涵，成为中国古典小说美学的一个重要的范畴。胭脂斋对于《红楼梦》的人物的个性化，特别是人物语言的个性化，有很多很好的分析。胭脂斋强调典型人物是小说家的创造，典型人物的真实性是想象中的真实性、情感的真实性，不是逻辑思维的真实性，典型人物的创造倾注了作家很多的心血，从正面体现作家的审美理想，因而带有理想性，这是小说美学理论的一个重要发展，同时胭脂斋也强调，典型人物应具有多侧面的复杂的性格。综上，我们可以看出人物塑造的美学范畴的演变过程，从叶昼提出"逼真"到金圣叹提出"性格"再到张竹坡、胭脂斋提出"人情""情理"，这是一个范畴的历史的线索，它们从不同的层次揭示了和规定了小说中人物形象的性质。

中国古典美学在明清时期开拓了一个新的领域即明清戏剧美学的发展。明清戏剧美学家探讨了戏剧美学的诸多问题如戏剧真实性问题、戏剧的通俗化问题、剧本、演员和舞台演出的问题，基于这些问题的论述包含着许多深刻的思想，他们为丰富中国古典美学史的宝库做出了自己独特的贡献。清代李渔的《闲情偶寄》是具有系统性的戏剧美学著作，它首次系统地从"戏"的角度来研究戏剧，对于戏剧中的各种问题均有论述，研究了词采和音律，研究了人物、故事、结构以及舞台表演的各种问题，并根据实践经验作了理论的论述。李渔还注重研究舞台、导演的理论和技巧，从这个意义上说，《闲情偶寄》不仅是中国戏剧史上第一部真正的导演学著作，而且也是世界戏剧史上第一部真正的导演学著作。

明清小说美学家探索了戏剧的真实性问题并总结了理论。李渔在前人的基础上，认为戏剧要想获得观众的认可并感动观众，主要依靠真实性，也就是要真实地反映社会人生的情状。戏剧的传奇性是引起观众美感的一个重要因素，它不能脱离戏剧的真实性。在戏剧的通俗化问题上，李渔提出了"贵浅不贵深"的主张，这是李渔美学思想中最有光彩的部分，他从受众的角度提出了一个重要的论点，即艺术创造要符合欣赏者的特点和要求，就必须要通俗，要"显浅""明爽"，"话则本之街谈巷议，事则取其直说明言"。李渔根据通俗化的要求，在剧本创作与舞台演出方面提出了两个重要的主张，一是主张少用方言，二是演出尽量采用现代剧本。李渔的戏剧美学思想相对于西方来说是很超前的，在一百多年以后，黑格尔提出了相似的主张，"艺术作品以及对艺术作品的直接欣赏并不是为专家学者们，而是为广大的听众……美是显现给旁人看的，它所要显现给他们的那些人对于显现的外在方面也必须感到熟悉亲切才行"[1]。

明清戏剧美学对于剧本、演员和舞台演出也提出了有见地的美学思想。元代的胡祗遹大概是首个从舞台演出的角度进行研究的剧论家，他对演员提出了"九美"的要求，要求涵盖演员的资质、举止风度、唱白功夫、表演技巧以及舞台形象塑造等等各个方面。胡祗遹提出的九项要求，在戏剧史和戏剧美学发展史上是一个重大的贡献。汤显祖论述了戏剧演员必须在思想、艺术等各个方面进行严格的修养，要学会专心致志，要深入理解剧本，要注重观察和思考社会生活的变化，要注意"修容""修声"，要有献身艺术的精神，要经常体验角色的内心世界，要有很高的表演技巧。李渔在总结前人的基础上，结合自己在戏剧创造的经验，对于这个问题进行了具有开拓性的探索，指出了剧本创作和舞台演出的矛盾、演员和角色的矛盾、演员表演和其他舞台手段的矛盾，正确处理三对矛盾形成了戏剧艺术在三个方面的特殊规律，即剧本创作的规律，演员表演的规律和舞台调度的规律。李渔在三个规律方面的探索成果，是在戏

---

① 黑格尔：《美学》（第1卷），朱光潜译，商务印书馆，第351页。

剧史和美学史上的一个重大贡献。

中国古典园林是一门综合艺术。园林艺术在明清美学家的审美理想中占有十分重要的地位。中国古典园林的修建在美学上特别注重艺术意境的创造。中国园林美学既强调空间感受的丰富性又强调虚景的综合性，在空间感受的丰富性方面常常采取虚实相生、分景、隔景、借景等手法，有序组织空间给人以美的感受；在虚景的综合性方面重视声、影、光、香等虚景。在园林的整体规划中，建筑，楼、台、亭、阁等在意境创造中具有重要的审美价值，可以说是"纳千顷之汪洋，收四时之烂漫"[①]，游览者在园林中的建筑中既可以"仰观""俯察"，又可以"远望""近享"，感受空间变化的丰富美，从有限的空间望到无限的空间，在这个过程中游览者对整个宇宙、历史、人生会产生一种富有哲理性的感觉和领悟。亭台楼阁的审美价值，就在于把外界的景色引进来，与大自然构成无限广阔的意境进而让游览者领会人生无限广阔的意境，给予观赏者以深刻的哲理的感受。

四、中国古典美学的总结

中国古典美学在明末清初进入了总结时期。其标志是出现了以王夫之和叶燮为代表的美学体系，在艺术门类绘画领域出现了以石涛为代表的绘画理论的推进，以及刘熙载的《艺概》。

王夫之建立了一个以诗歌的审美意象为中心的美学体系。这是一个博大精深的唯物主义美学体系，是中国古典美学的一种总结形态。王夫之的美学和同时代叶燮的美学有很多相似的地方，这两位大思想家在理论上的成就，把中国古典美学的发展推向了一个灿烂的高峰。叶朗评价："王夫之和叶燮是中国美学史上的双子星座"[②]。

王夫之的美学体系是以诗歌审美意象为中心。王夫之延续王廷相的诗是"示

---

① 计成：《园冶注释》，中国建筑工业出版社，1981年版，第44页。

② 叶朗：《中国美学史大纲》，上海人民出版社，1985年版，第452页。

以意象"的观念，认为"意象"是诗的本体，并将这一观念充分地展开，王夫之明确地把"诗"和"志""意"加以区别，一首诗好不好核心在于审美意象如何，这在美学上是一个十分重要的区别。王夫之在总结宋元明美学家的成果的基础上，对诗歌"意象"的基本结构作了具体的分析，提出了情景说，认为诗歌意象就是"情"和"景"的内在统一，"情"和"景"的统一乃是诗歌意象的基本结构，"情不虚情，情皆可景，景非虚景，景总含情"，才能构成审美意象。"情"和"景"的内在统一，依靠直接审美感兴，而不是依靠直接审美感兴之外的东西，如果没有直接审美感兴，就没有"情""景"的契合，就不能构成审美意象，因此，王夫之提出了现量说。"现量"本是古印度因明学中的术语①，佛教引用过来说明"心"与"境"的关系，王夫之将之引进美学领域，用来说明审美意象的基本性质，即审美意象必须从直接审美观照中产生。"现量"包含"现在""现成""显现真实"三层含义，"现量"的三种含义是对于审美观照的一种分析。王夫之的这种分析，包含了十分深刻的思想，为后人进一步研究审美观照留下来宝贵的思想资料。王夫之的现量说并不否认客观景物本身具有美，恰恰是以承认自然美的存在作为自己的理论前提的，审美意象在本质上乃是对于自然美的真实反映，而这种真实的反映，是通过审美感兴即瞬间直觉实现的。审美观照的实现也离不开审美主体条件的具备，即审美心胸，王夫之继承庄子、宗炳、郭熙关于审美心胸的思想。王夫之对于诗歌审美意象的特点作了多方面的分析，认为诗歌意象具有整体性、真实性、多义性以及独创性的特点。同时王夫之对于诗的意境也进行了探索，提出意境的虚实结合，以及"取影"构思就是意境的构思。叶朗对王夫之给予了极高的评价："他把审美感兴、审美直觉和唯物主义反映论统一了起来，这是王夫之美学思想中最深刻的内容，也是王夫之在美学史上的重大贡献。"②

叶燮及著作《原诗》在中国美学史上具有极高的地位，做出了卓越的贡献。叶燮建立了一个以"理""事""情"——"才""胆""识""力"为中心

---

① 在因明学中，"量"指知识，"量"分"现量"和"比量"。人们通过感觉器官直接接触客观事物，把握事物的"自相"（个别），就是"现量"。"现量"是纯感性知识。

② 叶朗：《中国美学史大纲》，上海人民出版社，1985年版，第464页。

的相当严密的唯物主义美学体系，是中国古典美学的一种总结形态。《原诗》是一部光辉的美学理论专著，具有很强的理论性和系统性，也具有批判性和战斗性。

叶燮的美学思想在艺术本源论、美论和艺术创造三个方面提出了自己的主张。叶燮在南宋思想家叶适的基础上形成了以"理""事""情"的范畴，提出了著名的理事情说，世间万物都可以用"理""事""情"这一组范畴来加以分析，这是审美观照的客体，也是艺术的本源。"理""事""情"不仅是艺术本源论，而且包含了关于现实美的理论。现实美是客观的、自然的，美和丑依存于一定的条件，并在一定的条件下相互转化，具有无限多样性和丰富性，美的本质是气的运动，因此，现实美与"理""事""情"是统一的。叶燮在其艺术本源论和美论的基础上合乎逻辑地引出了艺术创造的主张：艺术创造的最高法则是真实地反映客观的"理""事""情"，应面向客观现实，应多样化。叶燮的"理""事""情"解决了审美意象与艺术真实性的矛盾。审美意象如何与"理"统一起来这个问题涉及到了形象思维与逻辑思维的区分。叶燮指出："惟不可名言之理，不可施见之事，不可径达之情，则幽渺以为理，想象以为事，惝恍以为情，方为理至、事至、情至之语。"[1] 可以说艺术反映的"理"是微妙精深的，艺术反映的"事"带有某种想象性，艺术反映的"情"带有某种模糊性，这正是艺术达到真实性的特殊道路，也是形象思维区别于逻辑思维的特殊之处。这样叶燮将审美意象和艺术的真实性统一了起来，从而在美学史作出了重大贡献。

叶燮在分析艺术家的创造活动时提出了"才""胆""识""力"的范畴，并且这四者是"以在我之四，衡在物三，合而为作者之文章"[2]，并以此构成他关于艺术家创造力的学说。叶燮认为世界上到处都存在着美，这是"造物之文章"，是"无心"的天地所产生的，是客观的，但是它们只对有一定的审美心胸和审美能力的人才有意义，才能成为现实的审美对象。叶燮认为："大

---

① 叶燮：《原诗》（内篇），上海古籍出版社，2014年版，第56页。

② 叶燮：《原诗》（内篇），上海古籍出版社，2014年版，第89页。

凡人无才则心思不出，无胆则笔墨畏缩，无识则不能取舍，无力则不能自成一家。"①，四者之中"识"是首要的，决定性的，"才"要依赖于"识""胆""力"。叶燮关于艺术家创造力的学说有明显的进步性，认为艺术家的创造力是多种因素的统一，反对将其神秘化。叶燮对于诗歌的内容和形式的关系、诗品和人品的关系也作了很好的论述。叶燮主张诗歌的内容和形式是不可分割的，是"文"与"质"的统一。作家的"志"在很大程度上决定了作品的审美价值。同时作家本人的道德品质、思想修养也同作品的审美价值有着极为密切的关系，因此作家必须积极入世"格物致知"丰富自己多维度的社会生活经历，以使作品显示自己独特的"面目"，这可以说是一个诗人是否成熟的重要的标志之一。叶燮十分强调诗人的"胸襟"，它在创作中具有极为重要的作用，是审美感兴的基础，决定着审美意象的深层意蕴，体现作品中的人生感和历史感，是审美意象的哲理性。

叶燮的美学体系中包含他的艺术发展观。叶燮引用文学史上的事实反复论述了诗（艺术）的"正""变""盛""衰"的关系，如果只肯定"正"而否定"变"，那么诗歌就难以保持"盛"的局面，最终必然衰落，想要由"衰"转"盛"，则必须"变"必须"创"，叶燮的这个思想体现了他的辩证法世界观，给予后世的我们很大的启发与教益。叶燮主张艺术的"创"和"变"并非是隔断历史抛弃传统，要正确地处理创新和传统的关系，将二者统一起来，"学诗者不可忽略古人，亦不可附会古人"，既要重视对于传统的继承又要有突破陈腐教条法规束缚的勇气，超越"前人"而迈向诗歌发展的千里"前途"。朱自清对于叶燮的主张评价极高："历来倡复古的都有现成的根据，主求新的却默而不言，或言而不备。叶氏论诗体正变，第一次给'新变'以系统的理论的基础，值得大书特书"②。叶燮在艺术发展观中进一步论证了关于艺术意象、艺术风格多样化的主张，批评封建诗学的维护者往往以有数之则而"欲以限天地景物无尽之藏，并限人耳目心思无穷之取"，造成"天下人之心思智慧，日

---

① 叶燮：《原诗》（内篇），上海古籍出版社，2014年版，第89页。

② 朱自清：《朱自清古典文学论文集》，上海古籍出版社，1981年版，第352页。

腐烂埋没于陈言中"，扼杀艺术的天才。

明末清初有关绘画的理论有了长足的发展，出现了一系列画家和画论家，最有代表性的是石涛、笪重光和郑板桥。

石涛的代表性著作《画语录》，将宇宙观渗透进绘画理论、绘画技法，建立了一个绘画美学体系，具有很强的理论性和系统性，它是继郭熙《林泉高致》之后出现的最有价值的一部绘画美学著作，在美学史上具有突出的贡献。石涛在《画语录》中提出一画论，认为一画是世界万物形象和绘画形象结构的最基本的因素和最根本的法则，画家一旦掌握了这个根本法则，就可以获得绘画创作的高度自由，一画作为万物形象最原始、最基本的因素，它包含了产生各种形象所蕴含的种种可能性。石涛在一画论的基础上继续探索，详尽论述了绘画创作总法则和自由的关系问题，石涛认为绘画和世界万事万物一样有其法则，人们在绘画中常常受到绘画的成法束缚而无法得到自由，即"法障"，只有把握了一画这个根本法则，画家才能获得艺术创造的自由。石涛从"古"与"我"的关系、"识"与"受"的关系两个层次论述了绘画领域的继承、创新的关系问题。绘画作为一种审美创造，既要学习古人又要有所创新，"借笔墨以写天地万物而陶泳乎我也"，对于学习古人我们要辩证地看待，为了创造我们要学习古人，但却不能"泥古不化"而应该"借古以开今"。古人庞博的作品是我们提高绘画修养的基础材料，学习古人的目的是创新。在"识"与"受"的关系上，"受"要放在第一位，画家应该将自身的创造力作为基础与核心。"识"是指对于古代绘画传统的学识、修养，要与发挥自己的创造力相结合起来。同时石涛强调，发挥画家本人的创造力，学习古代绘画传统知识都不能脱离"一画"这个根本法则。石涛以"一画"为基础，对于"笔""墨"作了新的美学规定。在《笔墨章》中，石涛将"笔"和"生活"联系在一起，将"墨"和"蒙养"联系在一起，提出了"墨非蒙养不灵，笔非生活不神"的命题。这里的"生活"是指世间万物的活生生的各不相同复杂多样的特殊形态，"蒙养"是指太古时代宇宙浑然一体的混沌状态。强调生活是着眼于复杂性是"万"，即绘画形象的多样性、生动性，强调"蒙养"，着眼于"一"，即绘画形象的统一性、整体性，操笔要追求画面形象的多样性，运墨要追求画面形象的统一性，这就是"笔""墨"的审美功能，也是"一"和"多"的统一，是绘画形象的整体性和多样性的统一。石涛的美学体系，使得绘画史上关于创造自由的探讨进到了一个更高的层次，更哲理化而又更具体化了。

笪重光在《画筌》中主要对山水意境创造中的虚实相生的关系作了比前人深入一步的分析，运用唯物主义美学来解释山水画意境创造中虚实相生的关系，提出"实景清而空景现""真境逼而神境生"的命题，从而丰富了意境说。郑板桥提出绘画意境的创造要经过三个阶段：眼中之竹—胸中之竹—手中之竹，在这个过程中包含了两次飞跃，从"眼中之竹"到"胸中之竹"是一次飞跃，是审美意象的产生，从"胸中竹子"到"手中之竹"是第二次飞跃，是审美意象的物化，在这个过程中，最重要的是"胸中之竹"的产生，它是艺术的本体和生命，从"胸中之竹"到"手中之竹"的物化，必须要有高度熟练的技巧，而高度熟练的技巧要通过长期艰苦的劳动才能获得。

刘熙载的《艺概》全书分为《文概》《诗概》《赋概》《词曲概》《书概》《经义概》六个部分，其主要内容是对各个艺术部门的传统美学思想做一种概述。刘熙载贯穿全书的中心思想是一切艺术都是按照矛盾的法则产生出来的，他以这个思想为指导，考察并分析了艺术创造中存在的各种矛盾关系，罗列了一个长长的美学范畴系列，同时深刻地分析了这些美学范畴的辩证的本性，如"咏物"与"咏怀"的统一，结实与空灵的统一，壮美与优美的统一，诗品与人品的统一，自然与人工的统一，用古与变古的统一，从这些矛盾关系中我们看到了极其丰富多彩的美学范畴如观物与观我，象与兴，写景与言情等等。这些范畴中的每一对范畴都是相互依赖、相互渗透的，为了表述美学范畴的辩证本性而提出的一系列精炼的命题，是我们把握中国古典美学的范畴和体系的特点，丰富了中国古典美学的宝库，是很有价值的理论财富，是对美学史上的一个重要贡献。

五、中国近代美学

中国近代美学既是古典美学的总结又是古典美学的延续，其中最有代表性的是五位重要人物：梁启超、王国维、鲁迅、蔡元培、李大钊。他们站在中国古典美学与近代美学的交接处，也站在中国古典美学与外国美学的交汇处探索，做出了创造性的开拓。

梁启超的美学论著，涉及的美学问题相当广泛，常有新思想的闪光，有精彩的议论，但在总体上却显得粗浅，缺乏深度，也缺乏一贯的系统，因此叶朗的评价是："尽管梁启超在近代美学史上是位影响很大的人，但是他在美学理论上的建树却并不很大。"①梁启超研究领域比较广泛，在美学领域又作了广泛的涉猎，提出了大量的研究课题，虽然这些研究课题并没有深入研究。梁启超提出了中国美学史上的一个新观点，即"美"在人类社会生活中占有很大的地位，"美"能够启迪人以审美趣味，而"趣味"则是生活的原动力。趣味有高等趣味与下等趣味之分，高等趣味即是审美趣味，它可以恢复人的审美本能维持并增进人的生活健康。梁启超在美学上的观点是竭力提倡审美教育，即趣味教育或情感教育，其目的是培养高尚的趣味，发挥善的、美的情趣，压伏、淘汰和铲除低级的、恶的、丑的情趣从而推动人类的进步。梁启超从情感或趣味在人类社会生活中的重要作用出发强调美育的重要性，带有近代的色彩，在历史上是有进步意义的。梁启超探讨了"美"与"真"的关系，即艺术与科学的关系。他提出了一个重要的命题，即"真""美"合一。其逻辑是艺术与科学有一个共同的因素即自然，两者在"观察自然"方面会有诸多的共同要求，要有"同中观异"、善于把握事物的整体与生命、精密的科学头脑等精神。叶朗对于梁启超在"真""美"方面的观点给予了评价，"'真美合一'命题本身不准确""忽视了艺术与科学有差异的一面"②。

梁启超美学思想中另一个重要的内容是鼓吹"诗界革命"与"小说界革命"，提倡文体改革。他特别推崇黄遵宪，认为黄遵宪是"诗界革命"的典范。叶朗

---

① 叶朗：《中国美学史大纲》，上海人民出版社，1985年版，第578页。

② 叶朗：《中国美学史大纲》，上海人民出版社，1985年版，第588页。

对于梁启超提倡的"诗界革命",给予了较高的评价,认为该命题涉及到了中国诗歌发展的一个重大理论问题即中国新诗发展的道路问题,同时也涉及到在新的时代中国诗歌应如何发展的问题,即中国新诗的道路问题。提倡诗界革命是梁启超的一个重大的贡献,在整个美学史上影响深远。"小说界革命"在大力提倡小说并大力倡导改良小说,认为改良小说是改良社会的第一步。"小说界革命"在当时影响很大,创作、翻译了大量的小说并创办了不少小说杂志,集中探讨了两个大的问题,其一是有关小说的艺术特性问题,其二是小说在社会生活中发挥着何种地位和作用的问题,两个问题的探讨为"今日欲改良群治,必自小说界革命始"的命题提供了理论论证。在中国美学史上梁启超探讨了一个鲜少有人涉及到的美学问题,即地理环境(天然景物)对审美情趣与艺术风格的影响问题。他认为不同的天然景物对人的想象力和理性的发展的影响不同,最终可以看到他是对人类文明的进步起阻碍还是推动作用,不同的天然景物影响一个朝代的气象也可以说整个朝代的审美风貌,不同的天然景物也影响人们对审美情趣意象与风格的选择,是雄浑悲壮还是秀逸纤丽。梁启超提出"'文学地理'常随'政治地理'为转移",具有创建性。

梁启超在当时提出的诸多课题,在当时影响极大对后世也产生了深远的影响,不断地帮助人们开拓理论视野,遗憾的是梁启超没有进一步发展最终建立自己的理论体系。

王国维的美学思想深受康德、叔本华的影响,所以评价王国维美学中的一系列范畴和命题,离不开康德、叔本华的视野。王国维甚至将康德、叔本华美学的一些结论照搬过来,作为自己讨论美学问题的出发点。叶朗认为:"这在一定意义上可以说,他把康德、叔本华的美学简单化了"[①]

王国维在中西视野的基础上提出生活的本质是"欲"。追求欲望必然带来痛苦,"欲与生活与痛苦,三者一而已矣",只有美和艺术能够摆脱这种生活之欲带来的痛苦。因为"美之对象,非特别之物,而此物之种类之形式;又观之之我,非特别之我,而纯粹无欲之我也。"王国维认为,美在形式,"一切

---

① 叶朗:《中国美学史大纲》,上海人民出版社,1985年版,第605页。

之美皆形式之美也"。所以美和美感都是超功利的，艺术的目的和任务就在于使人暂时超出利害的范围，脱离生活之欲带来的苦痛。王国维主张艺术的纯粹性和独立性，不能作为政治道德的手段，他提出一个范畴：眩惑，认为在艺术中，美的对立面不是丑而是眩惑。所谓眩惑，就是不但不能使人摆脱生活之欲，反而使人从纯粹之知识回到生活之欲。

王国维最重要的贡献是对于境界说的论述。经叶朗的考证，境界说作为美学范畴，并不是王国维第一次提出来的。境界说作为中国古典美学的一种理论，在唐代已开始形成，至明清时代，"意境"与"境界"作为美学范畴，已经相当普遍地被人们所使用。王国维意义上的境界主要有三层含义，一是境界或意境是情与景、意与象、隐与秀的交融和统一，二是意境或境界，要求再现的真实性，三是意境或境界，还要求文学语言能够直接引起鲜明生动的形象感。叶朗认为"王国维的境界说并不属于中国古典美学的意境说的范围，而是属于中国古典美学的意象说的范围。"① 这样王国维对于中国古典美学的意象说增添了新的内容。叶朗指出，像王国维这样明确地从美学范畴之间的关系来强调"意象"这个范畴的重要地位，过去是没有的，这对于人们从理论上准确把握中国古典美学的逻辑体系是有帮助的。王国维将境界做了各种区分，其中最有名的是"有我之境"与"无我之境"的区别。王国维认为，"有我之境"与"无我之境"的区别，也就是壮美和优美的区别。

鲁迅、蔡元培、李大钊提出了丰富的美学命题，在中国美学史上留下了丰富的资源。鲁迅的《摩罗诗力说》是一篇光辉的美学论文，在《摩罗诗力说》中，鲁迅讨论了两个相互联系的内容，一是对"摩罗诗派"的介绍以及对于中国儒家传统美学的批判，二是关于艺术的社会作用的阐述。鲁迅认为，诗人的任务就是要打破旧思想旧习惯，打破"污浊之平和"。"摩罗"诗人不是悲观厌世者，他们"有无量希望信仰，暨无穷之爱"，"求索而无止期，猛进而不退转"，他们是行动者，是爱国者，是改革者，是在战场上冒着敌人的炮火冲锋陷阵的热血战士。早期鲁迅的美学是中国近代史上最进步、最健康的美学。

---

① 叶朗：《中国美学史大纲》，上海人民出版社，1985年版，第621页。

《摩罗诗力说》是五四运动的先声。鲁迅将文艺的社会作用概括为两点，一是文艺可以涵养人的神思，实为"不用之用"。二是文学可以启示人生的真理。文学不像学术著作那样有明显周密的逻辑分析，但它却能启示微妙幽玄的人生真理，"为科学所不能言者"。文学启示人生真理，是采取"直笼""直语"的形式，使读者"直解无所疑沮"，"灵府朗然，与人生即会"。在文学中看到人生的优缺，便会自觉勇猛发扬精进，努力使人生更为圆满。文学的这种作用对于一个国家十分重要，一旦没有这种教育，这个国家就要零落颓唐了。叶朗对于鲁迅评价道："鲁迅对文学艺术的社会作用的这种分析是相当深刻的。它的深刻性就表现于'不用之用'、'其教复非常教'这两个命题"。①

蔡元培 1912 年就任临时政府教育总长发表《对于教育方针的意见》时一直强调美育的重要性，1917 年发表《以美育代宗教》讲稿，提出了"以美育代宗教"的命题并作为其一生中重大的课题。早年蔡元培提出美育，是以康德美学作为他的理论基础的，认为纯粹的美感可以破人我之见，去利害得失之心，可以陶养人的性灵，使之日进于高尚的境地，因此美感成为由现象世界进入实体世界的桥梁。后期蔡元培从德育、智育和美育三者的关系来说明美育的重要性。

李大钊美学被叶朗称为中国近代美学与现代美学的分界线。李大钊的几篇重要的杂感文章，虽然短小但在中国美学史上占有重要的地位。在《光明与黑暗》的杂感中，李大钊提出了"他们大概都是生产者，都能靠着工作发挥人生之美。"也就是说人之美、人生之美，就在于劳动和创造，只有劳动和创造，才是真正的人的活动，才是真正的人的生活。在《牺牲》中，讲述了"高尚的生活，常在壮烈的牺牲中"。在《艰难的国运与雄健的国民》中指出："在艰难的国运中建造国家，亦是人生最有趣味的事"。李大钊的美学给我们两点启示，一是它启示我们，生活中的审美对象往往不是一个孤立的物体，二是一个具体的生活境界启示我们产生美感，除了要有客观的审美对象之外，在审美主体方面，也要具备一定的主观条件如精神状态、文化修养、世界观、审美观等

---

① 叶朗：《中国美学史大纲》，上海人民出版社，1985年版，第649页。

等。叶朗认为李大钊的三篇短文是在历史唯物主义的观点指导下写成的，它们在中国美学史上具有划时代的意义。由于它们是我国历史上第一次用历史唯物主义观点写成的美学文章，因此它们在现代美学和近代美学（王国维、梁启超）之间划出了一条鲜明的分界线，可以说"它们是对于中国近代美学的否定，是我国现代美学的真正的起点。"叶朗认为"这三篇文章属于我国现代美学的最重要的文献之列，应该引起我们美学研究者的充分重视。"①

　　叶朗先生的《中国美学史大纲》是一部真正的美学通史。在当下这样一个中西方文化交流互鉴、多元文化并存的繁荣时代，再次审视该著作具有重要的意义。中华民族在复杂的文化背景下，要实现伟大复兴则必然会回到传统文化并对其进行重新审视、探索、发掘、寻找传统优秀文化在当下新的意义和新的生命力。叶朗先生的《中国美学史大纲》为我们提供了一个进入中国古典美学史迷宫的钥匙，循着这把钥匙，我们发现那些经过时间的洗礼而愈加光辉的美学范畴和命题在当下闪耀着光芒，焕发出生命力。

---

① 叶朗：《中国美学史大纲》，上海人民出版社，1985年版，第657页。

"有"与"无"的双重变奏

——张法《中西美学与文化精神》导读

向 杰

　　张法，重庆市人，祖籍巫山，1954 年生，哲学硕士。四川大学文学与新闻学院教授，博士生导师。教育部长江学者特聘教授（2005 年度），中华美学学会副会长（2008—　　），国务院第六届第七届哲学学科评议组成员（2008—2020）。曾获第四届霍英东研究基金奖，在美国哈佛大学作访问学者两年。在中国美学史、美学理论、中西比较美学、西方美学史等领域，均有深湛的研究和成果。目前正在从事基督教艺术和中国艺术史研究。主要研究美学、文艺学、思想史，独著有《走向全球化时代的中国哲学》等 22 部，合著有《世界语境中的中国文学理论》等 5 部，主编有《中国美学经典》等 6 部，其中《美学的中国话语》等 4 种获国家级外译工程（英语与俄语），《中国美学史》《中西美学与文化精神》有韩文版，《美学导论》等 3 种有台湾中文繁体版。《中国艺术：历程与精神》有香港繁体中文版。

　　代表性著作有：《中西美学与文化精神》《20 世纪西方美学》《中国美学史》《美学导论》等。专著《中西美学与文化精神》曾翻译为韩文，在韩国产生过较大影响。

一、《中西美学与文化精神》的主要内容及其特点

《中西美学与文化精神》是张法的成名作，也是代表作之一。翻译成韩文，在韩国有很大的影响。在国内一版再版，初版于 1994 年，再版于 2010 年，我看的版本则是 2020 年版。全书 33 万余字，由引言、十二章正文和七篇附录构成。内容丰富，涉及面广；论述深入，多有创见；体系谨严，层次分明。阅读还是比较轻松的。

（一）中西文化精神整体比较

张法认为，要理解中西文化精神，需要从两个方面入手：普遍性和特殊性。

普遍性是指文化精神之所以会被提出来的一个带有文化性的事实基础。这个事实基础就是文化基本精神的体现。从这个角度讲，中西方文化的事实基础很不一样。西方文化从一开始就产生了民主制度，并以大起大落、重心不断转移的否定 – 前进的方式突飞猛进，成为人类前进的火车头；中国文化数千年来，成功地应付了各种内部和外部的挑战，毫无间断地延续了下来，而且是在一个不变的宇宙观、不变的政治制度、不变的伦理信条、不变的人生理想中毫无间断地延续下来。显然，中西文化具有独特的文化精神。

特殊性与美学有关。每当我们就美学的某一问题，比如，像悲剧、崇高、典型等等，想要深入的讨论下去，就会感到中西之间的巨大差异。这种差异在艺术领域表现的十分明显。怎么会有这种差异呢？如何理解这种差异呢？张法认为：

> 中西艺术家在进行艺术创造的时候，都信奉"外师造化，中得心源"的信条。然而当他们面对世界的时候，这个世界是不同的。中西人是按照各自的文化精神来看待和理解这个世界的。①

因此，要理解中西美学，就得要理解中西文化精神。

普遍性和特殊性决定了我们谈论文化精神的角度，主要有三个方面：世界

① 张法：《中西美学与文化精神》，中国人民大学出版社，2020年版，第9页。

的整体是怎样的；关于世界整体的理论；世界模式的独特外显。

1. 西方文化的基本精神：有

就西方而言，古希腊人认为具体的桌子后面有一个抽象的桌子，个别人的后面有一个一般的人。在分门别类的学科之上，还应该有一个把各类事物统一在一起的东西，一切理念的理念，一切科学的科学，这就是形而上学。对形而上学做理性的理解就是哲学（它研究世界的统一性，世界的最后本体，或归于理念，或归于物质），做超理性的理解就是神学（上帝决定了世界的统一性）。哲学和神学的互补构成了西方的宇宙观。

（1）"Being"可译为"有""是""存在"

要知道世界究竟是怎样的，在中西哲人看来，最根本的就是要知道，决定世界之为这样的世界的那个根本的东西是什么。张法说：

> 对这个最根本的东西，中国文化有一系列概念：道、天、无、理、气、真如……西方文化也有一系列概念：Being（有、存在）、God（神）、idea（理念）、matter（物质）、substance（实体）、logos（逻各斯）……在中西互为参考系的背景中，Being（有）与"无"能够较好的揭示中西文化宇宙观的特色。[1]

在中国"无"的对照下，西方的"Being（有）"的特点格外突出。纵观西方文化发展史，"Being"具有重要意义。"Being"可汉译为"有"、"是"、"存在"，对"Being"而言，这三义皆有而且契合无间。"Being"在西方哲学的反复变化中，一直是一个根本概念。巴门尼德是第一个提出"Being"这个概念的哲学家。在他之后，亚里士多德认为，形而上学就是研究"Being"的学问。在亚里士多德那里，"Being"与实体、逻辑、明晰性连在一起。自此以后，西方哲学的基本问题、基本精神都没有超出柏拉图和亚里士多德的范围。西方文化也没有超出物质与存在、精神与物质这样的范畴。黑格尔的绝对理念自不必说，存在主义的中心问题仍是"Being"的问题，是"Being"的"Dasein（此在）"或"existence（实际存在）"的问题。"Being"之所以成为西方宇宙观

---

①张法：《中西美学与文化精神》，中国人民大学出版社，2020年版，第10页。

之核心，还因为它具有可以展开的丰富潜能。它可以展开为实体、虚空；而实体也可以展开为形式和内容。

（2）西方的宇宙模式：实体与虚空

当巴门尼德把"Being"作为宇宙的本体的时候，西方文化的宇宙特性已显出端倪。认识世界，是从认识存在开始的。作为某物的东西是会消失的，是有限的，不是"是"、"存在（to be）"本身。只有超越了是什么的"是"，超越了存在某物的"存在"，才是永恒的，才是本体。巴门尼德的"Being"决定了西方文化探索宇宙本体论的方向。"Being"既是"有"（是、存在），它到底有些什么东西呢？在古希腊人的心中，"Being"所有的就是实体（substance）。实体（substance）又存在于哪里呢？它存在于"虚空"之中，所谓"虚空"就是空间。无数的实体存在于空间（虚空）之中，这就是西方人所看到的现实世界或称之为物理世界。从"Being"推进到"Substance"，这一步是亚里士多德的功劳。"Substance"可以翻译为"本体"，也可以翻译为"实体"。翻译为"本体"的时候，意在强调它的根本性；翻译为"实体"的时候，意在强调它的根本性显现为物质形式。当把它翻译成"实体"的时候，更能显示出与中国文化的区别。从"Being"到"Substance"，西方文化的基本观念就更清楚了：世界就是一个实体的世界。

"Being"和"Substance"，决定了西方文化的发展方向。西方人在追求宇宙本体的时候，看中的是有（Being）而不是无；是实体（Substance），而不是虚空。如果说，世界是由有与无、实体与虚空这两部分组成的，那么，当你只看重有、实体的时候，这个世界的有与无、实体与虚空的关系就决定了，世界的基本模式也被决定了。这个宇宙模式决定了：

①实体与虚空是分离的，相互之间没有内在联系，虚空只是一个空间场所，实体才是唯一重要的，它占据空间，在空间里生存、活动、伸展、追求。

②实体是重要的，因此，西人在实体与虚空合一的宇宙中只注重实体，把实体从虚空中分离出来认识，由此必然走向形式逻辑和实验。

③然而，何为实体，何为虚空，又受到人的认识能力的限制。实际上，西方人把他们知道的视为实体，不知道的，都归于虚空。实体意味着已知，虚空

意味着未知。

④已知与未知的对立，意味着实体的人化和虚空的敌对化。实体必是人所认识的，与人的实践水平相一致，虚空与未知相连，既给人一种压迫感，又成为人进一步的认识对象和征服对象。实体与虚空的这一内容决定了西方文化在对立中前进的性质。

⑤这样，西方文化史上产生了一批批由近及远的因果推论和人化推演出的宇宙整体性质。比如柏拉图从具体的桌子推出桌子的理式，又从具体事物的理式推出宇宙的理式。实际上，这类宇宙的整体性质是一种有限的无限化，即按照自己的形象来塑造宇宙之神的形象，按照人的现有水平给宇宙整体下定义。

⑥实体与虚空的模式含有宇宙整体定义的不可靠内因，加之走向逻辑和实验必然使对事物的认识一步步深化，对事物认识的深化又会推动对宇宙整体认识的变化。实体与虚空的模式决定了西方的宇宙整体图式处于不断的否定和否定之否定之中。

从古希腊至今，在实体与虚空对立的推动下，西方文化的宇宙整体图式发生了三次巨大的变化，显示了四种图式：最初是古典的稳定世界。在古典时代，实体世界的逻辑图式是一种由静驱动的直线隶属图式；继而是近代的动荡世界，近代西方的实体世界，是一个辩证前进的逻辑图式；然后是现代的隐喻世界，现代西方的实体图式是单个人与上帝、存在与存在者之间的一种隐喻图式；最后是后现代西方的无根的世界，后现代西方的实体图式显出的是实体和诸多参考系之间的关系。

（3）形式：西方宇宙模式的理论化

更进一步，西人眼中的世界是一个实体的世界，对实体世界的具体化、精确化就是 form。form 汉译为形式，往往比照中国文化的形、形貌、外形来理解。其实这是不准确的。中国文化中的形、形貌、外形等在英文中是 body、shape 等。波兰美学家托塔凯维奇在《六概念史》中考察了"形式"一词在西方文化中的五种含义：

①形式是事物诸部分的安排，与之相对的词是原素（element）；

②形式是直接呈现给感官的东西，与之相对的词是内容；

③形式是客体的外形或者轮廓线，与之相对的词是质料或物质；

④形式是客体的概念性本质，与之相对的是客体的偶然特征；

⑤形式是主体知觉把握客体的先验形式。张法认为，在西方文化中，形式是把握世界方式的独有特色。

最早的时候，古希腊和世界其他文化一样，都是用神灵观念来看世界的。但是，当第一位哲学家兼自然科学家泰勒斯把宇宙的根源不是归于神，而是归于一种物质——水——的时候，这就意味着古希腊文化走上了另一条道路，那就是对世界的理性化和实体化的开始。当毕达哥拉斯把宇宙的本源归结为数的时候，这意味着西方文化对世界的形式化的开始。当艺术家按照美的比例创造雕塑的时候，既给了石头一个外形，又给了一个本质。正是在这种氛围中，亚里士多德认为：形式就是本体。形式就是事物明晰的可分性。首先是各部分自身的大小，所谓数；然后是各部分之间的尺度关系，所谓比例；最后，各部分大小和相互比例构成完美和谐的整体，所谓秩序、安排。张法说：

> 正是这种形式构成了人们对事物本质的认识，它既是形式，又是内容，是形式和内容的契合无间。形式决定着古希腊哲学的理论结构（柏拉图的理念体系和亚里士多德的逻辑体系），决定着理想的国家结构和心理中的实体性的知、情、意结构，同时也是美和艺术的本质。①

如果说古希腊是形式和内容的契合无间，那么近代则显出形式和内容的分裂。与哥白尼的无限宇宙一致，文艺上大放异彩，有浮士德的追求激情，有寻求弥合越来越明显分裂的宇宙的泛神论诗歌，有打破束缚，追求离奇、艳采、神秘、情韵的浪漫主义，也有走向世俗随物赋形的现实主义……席勒深深的感到，现代人已经失去了古代世界中人和自然的和谐关系，近代诗人只能是感伤的诗人，他的诗只能是感伤的诗。在康德哲学里，形式只能把握现象界，把握不了物自体；天才无视形式，无需形式，他自己创造形式。因而形式在人们中的地位就不再崇高。

在古代的"理式——形式——质料"三级结构中，理式和形式是稳定的，

---

①张法：《中西美学与文化精神》，中国人民大学出版社，2020年版，第18页。

质料则是散乱的。近代，形式也不稳定了（实质是形式所依赖的古典宇宙模式不稳定了）。黑格尔重铸了宇宙模式，他把形式和质料合一为外在形式，而把稳定性的力量全部集中在理念（经过改造的理式）上，结合成近代意义上的，可与中国形神论相通的内容和形式。内容和形式是可以不断变化的，就艺术而言，先有象征性艺术，形式大于内容；又转为古典型艺术，形式和内容相适应；再变为浪漫型艺术，内容大于形式。然而，不管怎么变化，它都为理念内容所统率，都是理念内容按照自身的辩证逻辑不断发展的结果。就这样，黑格尔把形式贬斥为只具有次要意义的外在形式的同时，又建立了内容的内在形式：肯定、否定、否定之否定。黑格尔摧毁了形式的内容，却又建立了内容的形式。

到了现代，随着牛顿和上帝的陨落，黑格尔理念内容的崩溃，取而代之的是多层结构和深层结构理论。它弥漫于语言学、人类学、心理学、文艺学……表现在结构主义的言语和语言、精神分析的意识和无意识、存在主义的存在和存在者的关系中。现代学者总是力图把深层结构形式化，这表明深层结构是西方文化形式原则的又一深入。尽管表层与深层的关系非常隐晦曲折，现在学者坚持要用深层来统治表层，用无意识来支配意识，以存在来决定存在者，仍然和古典一样，要以最后的、最高的性质，一种类似于宇宙整体性的东西来统率一切。多重结构是从最表面开始，一层层严格的往里推，但到最后总会遇上类似于康德的物自体的东西，再往下推就推不走了。多层结构和深层结构都显出一种比近代更严格的形式原则，又都显出了要追求一个最后的根据以使形式安顿下来。

只有到了后现代才终于从现代形式结构的困境中解脱出来。世界是未完成的，因此，追求最后的东西是不可能的。世界是一个不断演化的过程，因此，任何结构都是一种建构，一旦建构起来，就成为一种固定的结构。但由于世界是变化的，建构的结构就必然是可以解构的。因此，存在者后面没有一个存在，意识下面没有一个无意识，表层结构深处没有一个深层结构。事物的意义不是被决定的，而是相对的、生成的、变化的；所谓似有若无、迷离恍惚的存在、无意识、深层结构只是事物的参考系可以转换这一现象产生出来的幻象。然而后现代也不过是否定了现代的形式原则代之以自己的形式原则而已。

形式在西方文化中具有根本性的意义，因为它是实体进一步的具体化，是科学明晰性的产物。形式，既是客观规律的明晰表现，又是人对客观规律的认识把握，形式使杂乱的现象取得秩序，使原始的质料获得新质，使神秘模糊的内容呈现理性，使混沌的自然为人理解，形式是人在与自然斗争中发展自己的自我确证，是客观规律性和主观目的性的统一，是人的实践力量在具体历史阶段的体现。

（4）明晰：西方文化的理论特色

对于实体世界的形式化必须是明晰的。明晰性既是形式结构的鲜明特点，也是它的基本追求。

西方文化的理论建造，从泰勒斯开始就是明细的：宇宙万物的本源是水。多么确定、明晰！确定、明晰得要前进就必须否定他。这正是西方文化前进的基本特征：否定→前进。之所以要否定，是因为前辈说得太确定、太明晰了，如果不否定前辈的观点，就没法确立自己同样确定、同样明晰的观点。因为明晰与确定，对同一世界的不同看法就无法共处，必然产生冲突与矛盾，这也会导致否定。自泰勒斯以来，古希腊文化经过一系列否定、否定之否定，达到了物质的明晰——原子和精神的明晰——理式。

到中世纪，托马斯·阿奎拉也是运用亚里士多德的形式逻辑来证明上帝的存在。到近代，霍布斯、笛卡尔、斯宾诺莎都要求确实而普遍的知识、单纯而明晰的概念、明细明确的思维。因为明晰，确凿无误，知识才是力量。

为了明晰地认识世界，就必须怀疑一切。怀疑一切，是为了找到无可怀疑的明晰性。17世纪，"所有伟大的哲学家都力图把数学证明的严密性运用到一切知识——包括哲学本身——中去。"18世纪，启蒙思想家们把天上人间的一切都放在明晰的理性法庭上给予审判。19世纪，是一座座明晰的思想体系大厦和黑格尔明晰的辩证逻辑。20世纪，由于牛顿、上帝、黑格尔的倒塌，宇宙整体变得模糊了，这种模糊典型的表现在宗教中上帝的隐匿和海德格尔的不能用科学和逻辑来证明的存在里，也表现在象征派诗歌和印象派绘画里。

尽管如此，人们仍然在追求明晰性。爱因斯坦不相信上帝在投骰子，苦心追求宇宙的统一场论；弗洛伊德努力弄清无意识的确定的明晰性质；最终，结构主义者用言语和语言扫除了模糊的迷雾，重建了理论的明晰性。然而西方科学发展到相对论、量子力学、非欧几何，都不支持一个普遍明晰的宇宙整体，以结构主义为代表的现代思想很快就遭到后现代思想的批判，后现代思想明晰地论证了本质的不存在，整体性的不可能，结构的解构性。

明晰性是人类认识世界和认识自身的要求，是人类发展自己追求真理的要求。西方在总结认识过程和认识规律的过程中，在实体性和形式原则的暗中制约下，走向了工具的明晰。人类的感官作用是有限的，如何保证人的心理活动的结果符合客观真理呢？怎样才能认识无限宇宙的内容和统一性呢？西方文化是通过工具来解决这些问题的。工具可以分为物质工具和精神工具。物质工具就是科学技术，在近代特别是通过实验手段达到完备；精神工具，即逻辑，在亚里士多德那里就体系化了。工具是人的自然能力的延伸，人创造工具获得了对客观世界的明晰认识，改造工具和创新工具扩大和深化了对世界的明晰认识。

正是感官的明晰性转化为工具的明晰性，造成了西方文化人和世界的分裂和心理内部的分裂：工具异化。现代西方对工具异化（科技异化和逻辑异化）更是深感焦虑、惶恐，对中介在人与世界之间的遮碍作用体验更深。张法总结说：

> 从巴门尼德到亚里士多德，到黑格尔，到海德格尔，Being从存在的确定到逻辑的确定，到理念辩证运动的确定，终于只落得个此在（Dasein）的确定，这是个被不明不白的抛到世界上来的，一直为虚无所困扰的，带着焦虑、烦恼、畏惧和孤独的此在。后现代思想使西方人明晰地认识到，西方文化一直追求的对客观世界的明晰认识并没有使它们认识到一个纯客观的世界，而是不断地认识着又不断地创造着一个文化世界。[①]

显然，从"有"到"实体"，到"形式"，到"明晰"，尤其是"工具的明晰与异化"，张法通过自己总结的西方"宇宙模式"清楚解释了西方文化的基本精神和西方文化的发展过程。

（2）中国文化的基本精神：无

与西方文化相反，在中国，儒、道都奉为经典的《周易》说："形而上者

---

① 张法：《中西美学与文化精神》，中国人民大学出版社，2020年版，第30页。

谓之道，形而下者谓之器。"道，即宇宙的根本规律。分而察之，儒、道、释各有其道；合而观之，三者互补构成了中国文化的宇宙观。

（1）无：以体言之谓之无

张法认为，在中国文化的诸概念中，最重要的有四个：道、无、理、气。这四个概念是相通的，互注的。

《老子》二十一章说："道之为物，惟恍惟惚。"张法认为这个"恍惚之道"就是"无"。《老子》四十章又说："天下万物生于有，有生于无。""有生于无"或"无中生有"就成为中国文化一个显著的特点。在魏晋玄学中，"无"成了哲学本体论的核心范畴。随着佛教的传入，佛教"空"的基本观念恰恰契合了道家的"无"，更是凸显了"无"的本体论意义。张法说：

> 必须强调的是，在与西方宇宙观的比较中，"无"是作为道、无、理、气一体化的中国宇宙观这一整体提出来的。正如汉儒郑玄所说："以理言之为道，以数言之谓之一，以体言之谓之无，以物得开通为之道，以微妙不测为之神，应机变化谓之易，总而言之，皆虚无之谓也。"[1]

郑玄强调"以体言之谓之无"，这大概就是张法说魏晋玄学以"无"为本体论的原因吧。

（2）气与有无相生：中国人的宇宙模式

如果说"实体与虚无"是西方的宇宙模式，那么，"气与有无相生"就是中国的宇宙模式。

中国的"无"之能生有，在于"无"不是西方作为实体的所占位置和运动场所的虚空，乃是充满着生化创造功能的"气"。张载说："空虚即气"。气化流行，衍生万物。气之凝聚形成实体，实体之气散而物亡，又复归于宇宙流行之气。悠悠万物，皆由气生，人也如此。"气"在先秦哲学中就是一个本体范畴，《管子》开其先，孟、庄、荀随其后。在汉代学术中，在《淮南子》、董仲舒、王充的理论里，"气"一直占有重要位置；宋代理学，"气"与"理"，是两个最重要的范畴。在王夫之和戴震的哲学殿堂里，"气"更是取得了独尊

---

[1] 张法：《中西美学与文化精神》，中国人民大学出版社，2020年版，第11页。

的地位。张法指出：

> 西方文化是一个实体的世界，中国文化是一个气的世界，在这个气的世界里，有、实体是气，是气之凝聚。"凡可状皆有也，凡有皆象也，凡象皆气也。"（张载《正蒙·乾称》）[①]

前面本在讲"无"，怎么讲到"气"来了？原来"无"就是"气"。张载说："虚空即气"，又说："太虚无形，气之本体，其聚其散，变化之客形尔。"（《正蒙·太和》）在气的宇宙中，"无"是根本，是永恒的气。"无也者，开物成务，无往而不存者也，阴阳恃以化生，万物恃以成形。"（《晋书·王衍传》）。无是有的本源，又是有的归宿。有（实体）是暂时的、有限的，在本质上是与无、与气连在一起并由之决定的。这种有无相生的宇宙观决定了中国人对宇宙整体认识的三个特点：

①不是把实体与虚空分离开来，而是必然把二者联系起来，气使得具体事物从根本上不能独立，必须依从整体。因而实验科学是不可能的。

②物体中最根本的也是气，气本是功能性的，虽可观察但更靠经验，虽可分析但更靠体悟，这使得中国思维没法走向形式逻辑，必须另辟蹊径。

③物体之气来源于宇宙之气。对物体之气的认识必须依赖于对宇宙之气的认识。整个宇宙对于有限时空的人来说本有已知未知之分，但在气中则浑然一体，因此，气必然是体悟的、难言的、讲不清楚的；同时又是可以把握的、洞察的、心灵神会的。

张法指出：宇宙整体之气，中国人本来没有把握，但他却以为把握了。西方人最初也以为自己把握了这个宇宙之道。但西方人以重实体为核心的实践方式，依靠逻辑和实验，终于不断的否定了自己；而中国人以气为核心的实践方式始终无法察觉自己在宇宙之道认识上的迷误，只好在"天不变，道亦不变"的坚定信仰下徘徊了2000多年。

张法在对比了中西方的宇宙模式之后，总结说：

> 一个实体的宇宙，一个气的宇宙；一个实体与虚空的对立，一个则虚

[①] 张法：《中西美学与文化精神》，中国人民大学出版社，2020年版，第16页。

实相生。这就是浸渗于各方面的中西文化宇宙模式的根本差异，也是两套完全不同的看待世界的方式。西方人看待什么都是用实体的观点，而中国人这是用气的观点去看的。[①]

（3）整体功能：中国宇宙模式的理论化

正像实体世界必然具体化为形式原则一样，气的宇宙具体化为整体功能。李约瑟说，中国是有机自然观；普里戈津说，中国重关系。这些都是对整体功能的模糊认识。在《周易》中，已有很完备的整体功能思想了。《周易》用阴阳二爻组合成八卦，象征八种基本物象：天、地、雷、风、山、火、水、泽。再用八卦自身重叠和相互重叠，组合成象征宇宙万物的六十四卦。这里，阴阳二爻不是实体而是功能，"一阴一阳之谓道"。八卦、六十四卦，不仅是功能的，而且也是整体的，整个《周易》系统也是一个整体功能系统。阴阳五行学说也是整体功能的。《尚书·洪范》中所讲的五行看似都是物质，若从功能着眼，它已经超出具体事物本身了。因其强调的是功能性，它很快就演化为整个宇宙具有普遍联系的整体功能学说。

中国宇宙整体的基本轮廓包括四个方面：

①人体之气的阴阳五行与小农经济所依赖的自然之气的阴阳五行相通；

②生命的阴阳五行（心、肝、脾、肺、肾等）与心理的阴阳五行（喜、怒、思、忧、恐、礼、仁、信、义、智等）相通；

③家与国的阴阳五行也是相通的，君臣如父子，亦如夫妻，"君为臣纲，父为子纲，夫为妇纲"。

④大一统的朝廷作为社会的组织管理系统，又是顺乎自然，依乎天理的，"天尊地卑，君臣定矣，卑高已陈，贵贱位矣"（《礼记·乐记》）。

在小农经济和大一统的农业社会中实践着思考着的人们，把社会形态和自然天道相互参照、比附、交流，既把自然织入社会又把社会织入自然，建立起一个天人合一的宇宙。人们以一种整体功能的思考方法，既把天人化了，又把人天化了，从而形成了一个既永恒运转又永恒不变的天道。

---

① 张法：《中西美学与文化精神》，中国人民大学出版社，2020年版，第17页。

所谓整体功能，就是从事物整体出发，把事物作为一个不可分割的整体来把握。它绝不离开整体来谈部分、离开整体功能来谈结构，它认为离开了整体的部分，再也不是整体的部分，分割开来的部分再也不具有其在整体里的性质。把分割开来的部分考察、研究、透视的再精确、明晰、详细也没用，因为它已失去了原有的最本质的东西。例如人体解剖得到的知识，早已不是人体本质性的知识。人最重要的是神气，一旦解剖，神气已散，何谈认识。各部分之所以存在，全赖整体的存在，整体功能是整体决定部分，而不是部分决定整体。

西方的系统论里的系统是可以和其他系统分离开来研究的，其基础仍是具体事物可以和宇宙整体分离开来独立研究，得出其本质，从这里产生了西方的实验科学。正是这种分离决定了西方系统论的整体性必然是结构功能论。而中国的具体事物的整体性（气）是不能够与宇宙整体（天地之气）分离开来的。

中国人之所以会有整体功能的宇宙模式，是源于大一统的农业社会的必然要求。它要求把握整个宇宙，这个要求是超出实践能力之外的，但又要必须达到。于是就只能是把握整体的功能，而无法把握整体的内在结构，也没必要把握整体的内在结构。

（4）模糊：中国文化的理论特色

中国文化既然是整体功能性的，它就不可能具有分析性。这种根本上决定了它的理论特色就是：模糊。

中国文化从《易经》开始就是模糊的。《尚书》讲五行，《管子》讲气，重功能倾向愈明显，模糊性愈固定。道家的"道"是"道可道，非常道"（《老子》第一章），永恒的"道"只能是模糊的。孔子的"仁"，从其言谈看应是非常肯定的了，但孔子从不下定义，以致今天对"仁"的含义还有争议。至于佛家所说的"空"，更是模糊不清。张法说：

> 当儒、道等各种思想融合为中国文化气、阴阳、五行的整体宇宙时，
> 中国文化的模糊性就坚如磐石了。（模糊的中国文化也讲确定，气化万
> 物，生生不息，一阴一阳之谓道，五行相克相生，都是万古不变的。但这

种确定性是整体功能的确定性，本就是模糊的。）①

模糊的东西自然不能用公式、定义表达出来，不能给予形式化，不能让人明确的检验其对错。然而，由于中国人特殊的实践方式——农业方式和养生方式——确实又把握了一些宇宙的秘密，这种超前性的成功把整个未知的和已知的宇宙融合为一个气的宇宙，它的模糊性给中国文化带来独具的特点：

①"道"的崇高。由于气的宇宙包含着未知，因此总有一种不可穷尽感，所谓"仰之弥高，钻之弥坚，瞻之在前，忽焉在后"（《论语·子罕》）。"道"是没有穷尽的，深、远、高、古是中国文化的上等境界，也是中国艺术的上等境界。由于气的宇宙包含着已知，人对把握"道"和朝向"道"又有充分的信心和深切的向往。下至芸芸众生，上至大贤大德都不是要否定它，而是要走向它、体悟它、阐明它。

②轻工具。中国整体功能宇宙的超前性内容包含了工具所不能达到的层次和部分，这一层次和部分又恰在整体功能中具有决定性的意义，这就决定了中国文化的轻视工具的特点。它首先表现在古人的语言观上。认为"言不尽意"，"得意"可以"忘言"。语言是不重要的，只有语言所表达的东西才是最重要的。这就使得中国文化只把语言作为纯工具来看，深知人要达到的是对事物本身的认识，而不是对工具的认识。语言如此，技术也是如此。庖丁解牛之所以令人惊叹，在于"由技进乎道"。它是不可传授，也是学不到的；只能靠体悟、心领、意得。加之是技术是"机心"的结果，分割了人与世界之间的联系，成为像语言一样的中介，这就造成了中国文化一切技术的艺术化、神秘化。技术如此，医术、武术、权术莫不如此。其结果必然是重道轻艺，轻视工具。

③重心灵。整体功能的超前性，工具无法达到，是靠心灵来达到的。中国人认为，人来源于宇宙（气），是宇宙的产物，人的奥秘和宇宙的奥秘在根本上应是一致的，所谓"天人本无二"（程颐），"道与性一也"（程颢），"心包万理，万理具于一心"（朱熹），"吾心即是宇宙，宇宙即是吾心"（陆象山）。要达到宇宙，与宇宙合二为一，就必须重视对心灵的修养。

---

① 张法：《中西美学与文化精神》，中国人民大学出版社，2020年版，第31页。

④儒家的实用理性和道家的经验直觉的互补。它可以概括为三点：第一，是清醒的、理性的、不是宗教迷信，自有一套功能性"逻辑"；第二，强调经验、体验和直觉，对外物仰观俯察，用整个心身体验，直到悟出最精微处；第三，在现实中是有效的、有用的、有利的，施之于社会人伦，用之于自然天道，都能见出实际的功效。就像针灸一样，尽管体内的反应怎样不清楚，但一扎针就有效。

中西文化精神的不同之处，可以列表如下：

对比方	核心范畴	宇宙模式	宇宙模式的理论化	宇宙模式的理论特色
西方	有	实体/虚空	形式	明晰性
中国	无	气与有无相生	整体功能	模糊性

中西文化的不同之处，一目了然。张法在面对中西文化的差异时，尽量做事实描述，个别地方也有价值判断。在一些读者看来，张法对中国传统文化的批评有点"过"了；在另一些读者看来，可能还不过瘾。

（二）中西美学整体比较

如同中西文化精神存在巨大差异一样，中西美学无论存在形态、内在结构和发展历史都是极不相同的，有鲜明的差异。

1. 中西美学存在形态

关于中西美学的存在形态，张法认为，西方的美学形态是显现出来的，不仅有集中的论述，还有理论体系。而中国的美学形态是隐秘起来的。不但没有一本以"美学"命名的著作，连美话、美的随感也没有。西方有美有学源于三个基础：对事物的本体追求，主体的知、情、意划分，艺术的统一性质。这三个基础，在中国都不存在。不是不存在美的事实、美的感受、美的创造和欣赏，而是不存在使美具有明确领域的三种把握和分类方式，因此美学的各方面研究也就没有形成统一的"学"的研究。

就本体论来说，中国古人从来不去追问美的本质是什么，虽然他们随时都在谈美。西方人追求美的本质，是因为他们认为客观世界是可以认识的。

就主体的心理分类而言，中国古人对主体心理的划分，不像西人的几何式划分，知、情、意分得清清楚楚；而是把心理看着一个整体进行整体功能把握。中国的性、心、意、志、情既不相同又互渗相交。

再就艺术的统一性来说，中国的各门艺术从来未被统一论述过，因为各门艺术的地位是不平等的，诗文的地位最高，音乐次之，戏曲、小说又次之，建筑因为匠人地位低，最次。艺术之所以不平等，是因为它们的教化功能不平等。所以无法进行统一的论述。西方就不一样，他们把所有艺术，即不同种类的艺术放在一个大的框架下，统一论述。所以就有了丹纳的《艺术哲学》和黑格尔《美学》这样的艺术专著。

西方美学是以哲学理论、艺术理论、生活美理论综合而成的，中国文化里哲学、艺术、生活美都有丰富的理论，而且这些没有被形式上综合的各种理论里，在其核心的概念上又都是统一的，都是使用中国文化的基本概念（如气、阴阳、虚实等），因此，一个整体的中国美学是存在的，中国美学由潜隐到显露是完全可能的。

那么，中西美学的具体存在形态又是怎样的呢？西方美学存在于四种类型的著作中：

（1）一般美学理论的体系性著作。如黑格尔的《美学》，桑塔耶那的《美感》，丹纳的《艺术哲学》；

（2）对两个或多个部门艺术进行比较的著作。如莱辛的《拉奥孔》；

（3）论述某一个或几个重要美学问题的著作。如柏克的《论崇高与美》，沃林格的《抽象与移情》；

（4）只论某一部分艺术的著作。如亚里士多德的《诗学》，汉斯立克的《论音乐的美》。

中国的美学也存在于四类著作中：

（A）两门或稍多门类一起论述的著作。如李渔的《闲情偶寄》，刘熙载的《艺概》；

（B）部门艺术专论。如刘勰的《文心雕龙》，孙过庭的《书谱》；

（C）诗品画品类。这又分两种情况：一种是线索清楚，但形式松散、各部分独立性较强，但又形散神不散。如谢赫的《古画品录》，王国维的《人间词话》；一种是结构松散，随起随收，天南地北，不拘形式。如欧阳修的《六一诗话》；

（D）以诗论诗。如杜甫的《戏为六绝句》，黄钺的《二十四画品》。

上述内容可以列表如下：

类别 中西	一般美学理论	部门艺术比较著作	一个或几个美学问题著作	部分艺术专著	诗品画品类	以诗论诗
西方	（1）	（2）	（3）	（4）		
中国			（A）	（B）	（C）	（D）

可见，西方美学存在形态的（1）（2）两项在中国美学存在形态中找不到对应的部分，（3）（4）两项勉强可以对应中国的（A）（B）两项，而中国的（C）（D）两项在西方也找不到对应的部分。

2.中西美学的内在结构

明白了中西美学的存在形态，还得弄清楚中西美学最内在的东西是什么。最内在的东西，也就是中西美学理论的结构方式。中西美学理论的结构方式有何异同呢？

西方美学理论有四种结构方式；

（1）种属等级结构。这是古代社会的体系类型，一种金字塔式的逐层上升或下降的结构。如亚里士多德的《诗学》就体现为逐层下降的结构。艺术是摩仿，由摩仿的媒介、对象、方式的不同，分别为音乐、绘画、诗。诗是对人行为的摩仿。摩仿坏人，就是喜剧；摩仿好人，就是史诗或悲剧。悲剧又有一系列特点……整个体系是以种属关系的等级来把握的。柏拉图在《会饮》中讲了人的审美活动的深化扩大的上升过程，这也是一种种属等级关系结构。

（2）进化等级结构。这是近代美学的体系类型。这里各种美的事物不仅是一个种属分类的问题，更是一个进化等级的问题。它们在被分类的同时，也被排列在不同的进化阶段中；整个美的序列又在宇宙的进化序列中有一个等级地位。这种美学理论结构方式典型地体现在黑格尔的《美学》之中。美是从自然界进化等级最低的无机物开始萌芽的，经过植物、动物、人，美的成分越来越多，最后进入艺术——真正的美的领域。同样，各门艺术也有一个进化等级：象征型艺术之后，是古典型艺术，最后是浪漫型艺术。

（3）循环转换结构。这是现代美学的结构类型。存在主义的存在和存在者、精神分析的意识和无意识、结构主义的言语和语言为这类结构提供了指导。比如弗莱的《批评的解剖》就是对这种结构运用得最好的典范。弗莱对整个世界文学做一总体把握，他认为，文学中有两个永恒对立不变的世界，一个是天堂的启示世界，一个是地狱的魔幻世界，二者构成整个文学的深层结构。二者相互转化，循环往复，演绎出欧洲文学史不同发展阶段的特点。

（4）自由模式。这是后现代类型。所谓自由结合模式实质上是反对有一个固定的模式，反对体系。比如，阿多诺的《美学理论》就不追求体系结构，想谈哪个问题，就谈那个问题，并不在乎相互之间有没有关系。

那么，中国美学理论的结构方式又是怎样的呢？

中国美学理论的结构方式有两大代表。这两大代表就是刘勰的《文心雕龙》和司空图的《二十四品》。前者重在从外在结构和偏于用精炼词组来建造体系；后者重在从内在结构和偏于用类似性感受来建立体系。在某种意义上说，懂得了这两部著作，就懂得了古代一切美学著作的思考方式。

《文心雕龙》的体系性主要表现在四个方面：一是文的本体论。《文心雕龙》从"原道"开始，由道之文到人之文：中国的宇宙本身就是美的。因此，原道、征圣、宗经，继而展开为各种文章体裁。这是中国文化关于美的起源、发展、规律的一般看法。二是体裁——罗列；三是历史的条分缕析；四是总体结构。《文心雕龙》外结构（体裁、历史）清楚，内结构"模糊"，这是中国美学理论的特色，是由中国宇宙天地万物君臣父子明了而内在气化阴阳"模糊"所决定的。为让内在模糊之物更鲜明地表达出来，中国美学产生了司空图的《二十四品》这样的典型之作。

《二十四品》其实与《文心雕龙》有同样的体系。其一，它同样有时间顺序。从"雄浑"到"旷达"，有一个从春到夏到秋到冬的流动。二十四品似乎可以象征一年的二十四个节气。它表明了一种循环的时间观念。其二，与《文心雕龙》以文体的罗列不同，《二十四品》以风格类型的不同来展开一种空间的气象。文体的展开是外在的宏伟，风格类型的展开是一种内在的气魄。《二十四品》从类型上来展开审美意象，但审美意象的精微之处是超绝言象的。所以，《二十四品》把范畴与类似性感受结合起来，用独特的技巧把握住了艺术的精微之处。它不是让你把握一个定义，一个解说，去捉摸艺术之言，而是让你迅速由言入意，由言入境，直接在境中去感受，去体验，去心领。因为用概念、解说、定义都是达不到事物深处的，而用类似性感受之境，就达到了这深处。

总起来看，中西美学理论的结构方式有很大不同。详见下表：

类别	西方	著作实例	中国	著作实例
具体区别	种属等级结构	《诗学》	精炼性词组	《文心雕龙》
	进化等级结构	《美学》		
	循环转换结构	《批评的解剖》	类似性感受	《二十四品》
	自由模式	《美学理论》		

3. 中西美学的历史发展

中西美学理论的内在结构差异之巨大，明眼人几乎一眼就能看透。中西美学理论的历史发展又有怎样的异同呢？

张法认为，中西美学的历史发展，与文化的发展方式相一致。西方为不断的否定和变换核心，而中国则为由一个不变的核心不断地丰富和扩大。

具体来说，西方美学的发展有四大阶段：

（1）古代美学提出期。主要体现为古希腊美学。古希腊美学的内容已经十分丰富了：形体、心灵、行为、制度、知识……都可为美。不仅有亚里士多德的《诗学》专著，还有很多重要的美学范畴，比如和谐、悲剧、喜剧等等。但作为美学标志的，是柏拉图的《大希庇阿斯》，它以追求本质的方式提出了美的本质这个美学的根本问题。

（2）近代美学体系化时期。鲍姆嘉通以 Aesthetics 命名美学，使美学正式成为一门学科。从柏拉图追求美的本质，到鲍姆嘉通的 Aesthetics，可以看到一个明显的转变：Aesthetics 直译是"感性学"，这意味着鲍姆嘉通建造美学的依据不像柏拉图那样基于一切事物应有共同的东西（本质），而是基于主体知、情、意的划分。他对美的定义是：美是感性认识的完善。它确实代表了不同于古代以本体论为重心，而以认识论为重心的近代美学倾向。鲍姆嘉通认为感性认识的完善主要体现在艺术上。也正是在十八世纪，各门艺术从技术中独立出来称为统一的美的艺术。这样，就形成了美学的另一种新倾向：美学即艺术哲学。这时的美学还是要问："美的本质是什么？"，但已不像柏拉图所设想的，从美的本质直接推出具体事物的美的性质，而是分别转入两个方向。一是美与心理的关系，一是各门艺术的统一性。康德用《判断力批判》把前一个方向体系化了，黑格尔用《美学》把后一个方向体系化了。

（3）现代美学时期。近代美学的根本前提——美的本质，被分析哲学（美学）通过语言分析认定为是一个无意义的虚假问题加以拒斥，并被普遍赞同。没有了（消解了）美的本质问题，美学的两个倾向立即以自身为中心形成了独立声势。前者的高潮是 1900—1915 年，以移情论、直觉论、孤立论、距离论等为代表的审美心理主流派，后者的高潮即 1915—1950 年的以英国形式主义、俄国形式主义、英美新批评为代表的艺术潮流。苏珊·朗格的《情感与形式》完全不用美的本质建构了一套艺术哲学体系，杜夫海纳的《审美经验现象学》也不用美的本质，结合主体的心理与艺术。建构了现代美学体系。

（4）后现代美学时期。后现代美学，对要从某一固定点去建立一个美学体系的"体系"本身进行质疑。只要美学还保持一个体系的金字塔结构，要建立美学就是很难的。后现代美学把建立体系的固定基点打破了。它的美学形态并不明显，但从其精神，可以体会出已进行了根本性的转换。

中国美学的发展也有四个阶段：

（A）先秦两汉萌芽期。这一时期有两件大事：一是中国文化宇宙结构的建立，中国美学正是在这个宇宙结构中生长出来的。二是以先秦的《乐记》、汉代的《毛诗序》为标志，建立了以社会伦理为中心的儒家美学理论。

（B）魏晋六朝建立期。这一时期的美学从人物品藻开始，波及到诗、文、书、画、山水、庭院……而且人们对这些美与艺术重的又是个人的情趣，而非教化功能。品人讲风度气韵，绘画要传出神韵，论诗讲究滋味……艺术和审美的特质从这时起真正受到重视。美学的主色开始以灿烂之光彩显现出来。

（C）唐宋元明发展丰富期。唐代，审美各方面都蓬勃发展：入仕、归隐，内地，边塞，庙堂，田园，社会，自然……方方面面都引发为艺术，也凝结为各种理论。张彦远的画论，孙过庭的书论，韩愈的文论，白居易、司空图的诗论……表现出儒道释的相映生辉。宋代，有一个新的背景，就是市民阶层和市民文艺的兴起。美学明显地表现为道、释思想越来越浓。总体风格从唐的雍容大度转为远、逸、平淡。市民的审美趣味从宋发展到晚明，形成了具有独立形态的美学思想，这就是以李贽、徐渭、汤显祖、袁宏道所代表的，以"童心""至情""性灵""俗""真"为主要概念的美学思想。这股思潮一直延续到清代的朱耷、曹雪芹、郑板桥、袁枚、李渔等。然而这种与"雅"相对的"俗"的美学仍然是与中国宇宙观相一致的，它仍表现为对中国文化基本原则的丰富。

（D）清代美学。当晚明思潮的余波在袁枚等人那里最后翻滚一阵就消失之后，清代美学对中国古典美学的总结这一整体风貌就显出来了。王夫之、叶燮、刘熙载、王国维是其代表。正是在他们的理论中，中国美学由一个不变的核心像滚雪球一样地不断丰富、扩大的特质显示出来，既博大精深又停止而无超越……

为简明起见，我们把上述分期列表如下：

类别	西方	中国
历	古代美学提出期	先秦两汉萌芽期
史	近代美学体系化时期	魏晋六朝建立期
分	现代美学时期	唐宋元明发展丰富期
期	后现代美学时期	清代美学

（三）中西美学具体内容比较

深入到美学学科内部，中西方美学理念的不同那就更是繁多了，几乎无从述说。好在张法分类明晰，条分缕析，说的明白。中西美学的具体比较是该书的重点，占了大半篇幅。但在这篇"导读"中，限于篇幅，我们只能点到为止。

1. 中西方不同的审美凝结（范畴）比较

在第三至第六章的标题中，张法用了"审美凝结"一词。但他的确没有界定这个概念的意义。若与"范畴"一词比较，"审美凝结"强调了"范畴"形成的过程性。

（1）关于和谐。虽然中西方的文化理想追求大致相同，但和谐的起源却不一样。中国文化"和"的观念是从原始仪式开始的，和谐的观念源于音乐，而且它还与帝王的饮食有关，讲究各种滋味的"调和"。上古帝王掌握全国大权，他的身心健康对全国人民的命运至关重大。因此原始仪式演化为帝王的饮食仪式后，整个仪式的结构——饮食、诗、歌、乐、舞——其功能都在于保证帝王的身心能和谐健康的运转，所谓"五味实气，五色精心，五声昭德"。

西方文化和谐的起源也是从音乐开始的，但当文明的曙光临照希腊半岛，毕达哥拉斯从音乐的秘密中探索宇宙的秘密，是走的是科学之路。发音体上长短、粗细、厚薄等的差别与音调之间的比例关系，造成了音乐的和谐，造成了音乐的美。数的和谐不仅是音乐美的本质，也是一切艺术的本质。美的本质就是和谐。

中西文化和谐观念的起源都关系到音乐。但西方强调的是音乐的科学性格，中国强调的是音乐的政治功能。西方的和谐是用明晰的数来说明的，经过数而获得宇宙的普遍性；中国的和谐是用模糊的风和气来说明的，经过风和气而上升为一种宇宙的性质。这种起源上的差异影响了中西和谐理论的形态。

中西和谐的基本特征是不一样的。中国和谐的基本特征是整体和谐。这里的整体不是某一事物的整体而是宇宙整体。这决定了中国文化和谐观的基本特点：①是一个容纳万有的和谐观；②是一个把时间空间化的和谐观；③是一个对立而又不对抗的和谐观。西方和谐观的基本特征又不一样。在毕达哥拉斯看来，对立的统一，杂多的统一，其根本在数的和谐，因此这种统一是一种外在的统一，形式的统一。到赫拉克利特那里，他的和谐观就发展了毕达哥拉斯的和谐观，和谐不再是静态的，而成为一种动态的。和谐中有冲突，有斗争。

中西和谐的美学表现不一样。和谐从根本上说是从整体着眼的，但整体又是由部分（个体）构成的。因此整体和谐的具体意味就在于整体和部分（个体）的关系，诸部分（个体）以一种什么样的方式形成和谐的整体。中国文化的和谐首先强调整体的和谐，由整体的和谐来规定个体（部分），个体（部分）应该以一种什么方式,有一种什么样的位置都是有个整体性决定的。这从中国绘画上鲜明的表现出来。西方文化的和谐是强调部分(个体),以部分(个体)的实体性来形成整体的和谐。这也同样鲜明地体现在他们的绘画艺术之中。除了整体,空间、时间也都是中西心灵的和谐意向,其中的和谐观表现也有明显的不同。

(2)关于悲剧。中西方具有不同的悲剧意识。张法给悲剧意识下了个定义,他说:

> 如果要对悲剧意识下一个定义的话,那么,似可说,悲剧意识是由相反相成的两极所组成的:(一)悲剧意识把人类文化的困境暴露出来,这种文化困境的暴露,本身就意味着一种挑战。(二)同时,悲剧意识又把人类文化的困境从形式上和情感上弥合起来。这种弥合也意味着对挑战的应战。按照这个定义,可以说,西方人认为人类的存在具有一种悲剧性,这一方面源于生存环境的恶劣,另一方面也源于人的局限性。可是中国人就没有这么一种绝对的悲剧意识,只有一种相对的苦难意识:在天人合一的有机整体中,可能会有天灾、人祸,有很多的磨难,但一切都会过去,风雨过后是彩虹,苦尽甘来。

这就造成中西方两种截然不同的悲剧意识的形态。西方的悲剧意识从反抗开始,经过毁灭、清醒和净化的过程,到最后超越,实现了它的悲剧意识;而中国人的悲剧意识也是从反抗开始,经过磨难、成功和同化的阶段,达到归仁(归礼)的大团圆结局,等于是消解了那种绝对的悲剧意识。

从文化精神的角度讲,这种差别主要源于中西悲剧意识的不同侧重。中国人维护的是礼教,而西方人追求的这是真理,即事实的本相。维护礼教就必须最终归于礼教,这就形成一种大团圆的结局;追求事实的本相,得到的是残酷的、悲惨的真相,往往是毁灭的悲剧性结局,但在精神上又激起了人类超越毁灭的渴望。

(3)关于崇高。从文化精神的角度看,崇高可以说是近代的产物。柏克和康德关于崇高的理论正是这种近代精神的体现。崇高理论要表明的是人类的一种超越性心态,而且它要详细地描绘出超越是怎样进行的,是怎样发生、发展、完成的。人类是在不断进步的，始终伴随着超越活动，因此崇高现象是一个普遍的现象，只是由于具体的文化形态和历史阶段的不同，表现为不同的具体形态。张法考察了西方崇高理论的诸形态：柏克的崇高理论、康德的崇高理论、布拉德雷的崇高理论和凯瑞特的崇高理论以及郎吉弩斯的崇高理论，总结出西方崇高理论的动态结构。从郎吉弩斯的狂喜到柏克的可怖反映了西方崇高理论的大幅度摆动，但它们又都是建立在西方文化所面临的巨大障碍和超越意识之上的。

中国崇高理论的诸形态又有一番不一样的风貌。由于中国"气"与整体功能的宇宙观，既排除了人与自然的对立，也没有人在上帝面前的原罪，从而没有一种巨大的精神压力使中国产生系统的崇高理论。但作为人类的超越意向中国古人还是有的，于是就留下了在中国文化的规范下另一种形式的崇高理论。在中国古人那人，人物的崇高体现为"大"；建筑的崇高体现为"台"；高山大河的崇高体现为"乐"。

（4）关于荒诞与逍遥。自由是西方文化中的一个重要概念，然而只是在现代，自由与荒诞连在一起的时候，才对美学发生了举足轻重的影响。逍遥是中国古代与自由最近似的一个概念。它在庄子那里一出现就对中国美学产生了巨大影响，一直到宋代，逍遥与梦幻感相连时，才从美学的显赫地位慢慢的退了下去。要对中西美学进行总体把握，自由和逍遥都有非常重要的地位，不过只有把二者各自的相连系统放在一起进行考察，其重要性方能敞开出来，这就是西方人的抗争、自由、荒诞和中国人的退隐、逍遥、梦幻感。

西方文化是从抗争开始走向自由之路的。但是这条路走得非常艰难，甚至走向了它的反面：古希腊哲学家认为人的灵魂是自由，但它受到肉体的约束，内在的自由就是灵魂摆脱了肉体束缚的自由。一个有德行的人是自由的。但人在面对外在世界的时候，人的理性面对一个全知全能的上帝，人成为上帝的仆从，当这个上帝被近代科学转变为一种自然规律的时候，人就成了自然规律的奴隶，人类追求自由，反而没有了自由。出于对黑格尔历史理性的反抗，萨特的存在主义一方面取消了上帝的存在，一方面把人拔高到替代上帝的地位，大声宣讲人类的绝对自由，即没有价值尺度的无所不为。这种绝对自由表现为一种荒诞、一种虚无、一种恶心。"他人即地狱"。于是，世界是一种荒诞的存在，人在这个世界中之所以为人，就是因为他能勇敢的承负这种荒诞。于是各种各样的荒诞文学也就产生了。

但其实中国人呈现出完全不同的风貌。中国人对自由的追求也是基于束缚，但它获得自由的方向却是退却。儒家中像屈原那样激烈的抗争在中国历史上还是很少见的，大多数人在激烈的冲突中都选择了退却，平心静气的等待政治的清明。而道家则认为社会是堕落退化的结果，个体要生存就得选择清静无为，"无待"而逍遥游。张法指出：退却意味着守穷。儒家的守穷是甜葡萄主义，心里会老是想念，不得安宁。道家的守穷是酸葡萄主义，心里彻底安心，就超然物外了。道家思想作为儒家思想的结构之"补"，也就成功了。仕途顺利，可接受儒家思想，努力工作；仕途不顺，不妨接受道教思想，离世自乐，逍遥自在。佛家思想也成为仁人志士仕途失败转换心理获得解脱的另一条大道。佛教认为苦的根源在于人有生命、有欲望，只有灭掉自己的欲望，才能达到涅槃的境界。而具体的方法就是遁入空门。王维说："一生几许伤心事，不向空门何处销"（《叹白发》）。逍遥的境界进一步虚幻化就成为一种梦幻感。因为真正的逍遥是"无待"的，既没有任何内在与外在的约束。然而尘世中的逍遥游总是有所待的，这种无可奈何的心态，依附于逍遥游的心态上，就滋生出一种梦幻感，觉得一切都不是真实的，包括自己也不是真实的。于是，人生如梦，恍兮惚兮。

2. 中西方审美对象理论比较

讨论过了"审美凝结"的范畴，张法开始用第七、八两章的篇幅考察中西审美对象的差别。第七章从文与形式的角度考察中西审美对象的结构理论；第八章从典型与意境的角度考察中西审美对象的最高境界。

（1）文与形式。文与形式都是外观。这外观，就中国而言是文；就西方而言是形式。张法认为，"文"的起源是纹身，是对身体的一种修饰。它有两个特点：第一个特点是饰，即修饰性；第二个特点是规定性。身上做何种饰文，是由社会等级关系所规定的。于是，"文"就拓展为一种具有社会意义的文饰。

到春秋末期，"文"离开了"质"，离开了礼的规定，成了纯粹的饰，丧失了教化作用，结果遭到墨、道、法诸家的全面攻击。进一步，德与质也分裂了。质意味着人的实体性的出身和地位，德则是与该地位相称的品德修养。于是礼崩乐坏，纲纪大乱。从美学上看，文与质的矛盾在人上比在物上暴露得更充分、更突出，矛盾的解决也就更彻底，走得更远。

对西方人来说，他们由事物的外观进而关注到事物的形式（form）。与中国的"文"深扎在政治伦理中不同，古希腊的"形式"走向了科学的道路，就是数学的道路。数、比例、秩序，构成完美的和谐整体。这就是古希腊人的美的法则，不是符合礼制的文物昭德的外观，而是遵循数学法则的形式，与政治伦理无关。由于数的法则，形式不断向内、向抽象发展，还从客体向主体发展。形式不是随便什么尺度比例，而是美的尺度比例。艺术家创造艺术品，是给质料以形式，工匠制作产品，也是赋形式于质料，公民制定法律，是给城邦社会以形式……因此形式又引申为事物的概念性本质。形式作为美统治了整个古希腊文化，连灿烂的星空也一点、线、面的形式闪耀着美感的光辉。古希腊的形势就是内容。但随着近代理性主义的诞生，人的肉身与灵魂的对立，导致了形式与内容的分裂。形式法则由其抽象的数和比例保持其普遍性，又因为宗教的象征意味而保持其具体性。这是艺术还未从技术中区分出来，灵魂与肉体分离还没有体现在艺术作品的理论上。张法指出，形式在康德和席勒那里还带着古代而来的理性本质的灵光，到黑格尔则被取了下来，形式就是感性形象，包括质料之类。内容在康德、席勒那里还是由古代而来的无形式的质料、现象、感性物，黑格尔则清除了这些感性成分，将之上升到不沾世俗感性的纯逻辑的宝座。这就是绝对精神。绝对的精神在不同的历史阶段获得不同的感性形式。因此艺术是内容和形式的统一，美的理念和外在形象的统一。理念决定着自己合适的艺术形象，它的运动发展决定了不同的艺术类型。

具体来说，就审美对象而言，西方擅长于对艺术作品的结构分析，提出了各种各样的文艺批评理论，其中多层次结构理论是尤为值得关注的。西方人对结构的认识也有一个发展的过程，从兰色姆、雅各布森到因加登、苏珊·朗格，再到弗莱，对文学作品的结构分析愈来愈深入。弗莱运用原型批评理论和结构主义原则，提出了他的艺术文本多层次结构理论。他认为一个文本具有四个层次，最基本的层次就是词汇层，文本是由大量的词汇组织起来的，因此文本的意义只与词汇的意义有关，与词汇所指的外在事物无关；第二层就是描绘层，它描述一些人物、事件和行为方式。因此描述不是指向外在事物，而是向内指向形式；第三层就是形式层，它主要表现为意象结构。意象结构一方面是个人创造，另一方面它又是整个文学中的这一类意象的特例。为了更深入的理解这一意象，就得进入作品的第四层：神话层。神话层使文学的自律体系开始显露，也向人们开启了一种认知定式，进入到作为整体文学的原型象征中去。

在中国这样一个特殊的社会，却发展出一种特殊的审美对象，即人体结构审美对象。对活生生的人物进行公开的品评，这在西方的基督教社会是不被赞许的，但在中国社会，尤其是魏晋时期，人们可以公开的品评人物形象。魏晋时期的人物品藻与人才选举有关，它源于古代的面相学，其基本范畴是神、骨、肉。与《周易》中的言、象、意结构一起，深刻影响了中国艺术作品中的美学意境理论结构。

在突破政治伦理和逻辑概念对艺术内容的统治地位后，西方美学走向了多层结构的审美对象，中国美学形成了人体结构的审美对象。人体结构重的是难以寻求的神、情、气、韵，从而保持了自己的稳定，从魏晋到清代，并无变化。多层结构理论，就是原型批评和结构主义，也讲究从语言一层层往里推，弗莱的原型整体结构是如此的明晰确定，因此它的被否定或被修正的命运是免不了的。

（2）典型与意境。典型这个词在希腊文中是 tupos，原意是铸造用的模子，与 idea 同义，也是模子与原型的意思。又由此派生出 ideal，即理想的意思。由此，我们可以体会出，典型这个词有理想的模子或原型这么一个意思。张法指出，西方文化是重实体，重形式的，对审美个体也主要是重"型"，宇宙中最根本的东西也是实体的，是理式，因此具体之型要获得较深的存在意义就必须同时又是理式的典型性显现，仿佛它是由理式的模子一样不差地铸造出来似的。典型理论的核心，可以说是由一个三角形构成的（如图）：

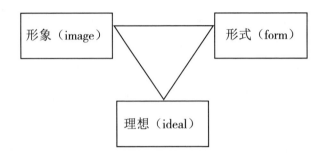

　　西方人面对形象时，注重的是形象中较稳固的形式，而何以具有这样而非别样的形式，又是由理想决定的。所以说理想、形式、形象是西方典型理论中的三要素或三层次（加上一个词语层，几乎与弗莱的多层次结构理论一致了）。

　　西方文化在其发展中，理想不断变化，上述三角形之间的关系也随之不断变化，而作为三角形的整体——典型，也就在不断的变化。张法认为，在古希腊时期，柏拉图的理式（idea）基本上可以说是理想和形式的统一。因此，在典型的三因素中，理想和形式重合为一，这就决定了古希腊典型理论的面貌——纯形，即理想形式。到中世纪，统一的宇宙被分为两半：尘世和天堂、此岸和彼岸。因此，尘世之美具有二重性：就其作为上帝创造意志的体现来说，它是美的；就其与天堂之美相对而言，它的美是低级的。这种二分决定了典型三因素的组合：形象和形式是尘世的，理想是天上的，形象和形式是有形的，可见的，理想则是无形的，非尘世之人能全见的。这样，在形象、形式和理想之间就造成了一条巨大的鸿沟，它决定了中世纪的典型理论是轻形的，即轻视艺术的表达而侧重宗教理想的呈现。艺术的地位也降低了。到近代之后，太阳中心说给教会沉重的打击，个体从封建束缚中解放出来，艺术得到了蓬勃发展。因此如何正确把握个性与普遍性的关系，就成为近代典型理论的核心。对个性的普遍性的第一次理论把握是类型理论。个性的普遍性被认为是普遍的人性。他在古典主义艺术特别是古典主义戏剧的得到鲜明体现，又由法国理论家布瓦洛给予明晰的理论阐述。把个性类型化就是把个性融入共性，是个性单一化了，这样到最后，个性也就没有了。张法认为，真正写出独特的个性的，是浪漫主义作家。于是，个性化的理想追求形成了具有近代精神的在个性与普遍性的关系中强调个性的典型理论。形象不再是类型化的，而是具有鲜明个性的。用歌德的话说，它是从特殊中显出一般。浪漫主义的主观、情感、天才具有冲破一切法规约束的威势，这催生了现实主义。和浪漫主义强调情感不一样，现实主义强调理性和分析。现实主义同样非常重视人物的个性，重视个性人物的普遍意义，不过，在现实主义看来，普遍性主要在于社会性，是社会环境造就了各式各样的人物。因而对社会环境的揭示成为现实主义的重要任务。由于重客观重理性，在现实主义的典型三因素中，形式法则未被排除，它与环境结合起来形成人物个性和共性之间的一个中介。因此现实主义的典型理论尤其强调个性和共性、特殊和一般的统一，人物和环境的统一。

近代的典型理论主要是由现实主义典型理论和浪漫主义典型论构成的。

近代典型理论一般和特殊的统一是建立在宇宙的整体性和总的规律之上的，牛顿、上帝、黑格尔都体现出一种整体性的理论。现代典型理论在新的文化背景中产生。自爱因斯坦以来，无法证明宇宙的整体性。这样，近代特殊与一般的关系就变成了存在与存在者、意识与无意识、表层与深层的关系。这种关系不是直接的，而是间接的、曲折的、隐喻的。它以一种变形的方式表现出来。因此，典型理论的三因素在现代的变化就显示为：以前作为一般或共性的理想变为深层结构或者变为德里达式的无结构的阙如（absence）。深层结构或无结构与形象的联系是以变形的方式进行的。从而形式转为变形，形象也表现为一种变形形象。变形成了现代典型理论的中心。不仅现代艺术的典型形象主要为变形形象，如卡夫卡小说、先锋派电影、表现主义音乐、荒诞派戏剧、毕加索绘画所显示出来的形象，甚至连古典艺术在这一目光注视之下也显出变形的意蕴。弗洛伊德对《哈姆雷特》、《蒙娜丽莎》的分析就是如此。

中国人没有典型理论却有意境理论。中国文化气的宇宙是重视功能的，但从先秦到两汉在审美对象上却一直以实体为主。到魏晋，随着中国美学结构趋于形成，曹丕提出"文以气为主"，陆机提出"诗缘情而绮靡"。气、情已转为功能性，意境特色开始展露出来，直到钟嵘提出"文已尽而意有余"的"滋味"说，中国意境理论才正式出现。钟嵘是中国意境理论的奠基者。审美对象的特质在其文以尽而意有余的滋味，这是与老子的不可道之道，与孔子知其难语而不语的天道相一致的东西，在滋味说里，艺术精神与文化精神浑然一体了。

在中国文化中，"意"是玄妙不可琢磨的，它需要"象"表现出来，因此"象"也有一种朦胧模糊的性质。不同"象"的空间组合就是"境"。"意境"是通过"象"的组合表现出来的。因此"意境"也具有一种空虚飘渺的性质，并非像西方审美对象那样是一个实体。

中国意境理论也有一个历史发展演化的过程，是中国文化精神的具体体现。从魏晋至清代，时代、思想、流派、个人诸多因素错综复杂，很容易使人迷失方向。若从文化思想结构以及历史流变这两个方面来谈中国意境的基本类型及其变化，则可以看出如下的一些特点：

（1）阳刚阴柔：意境类型与文化结构。中国文化的宇宙从根本上说是由气、阴阳、五行、八卦组成的。气、阴阳、五行、八卦、万物本是既可以收起来一以贯之，又可以散开衍为各类，也可以由任何一层切入而再扩大或缩小，还可以以一层而象征全体。从历史的发展看，意境类型是以文化结构为参考系又不断趋向这个文化结构。意境类型萌芽于人物品藻。刘劭在《人物志》中把人物分为12种个性类型。这种分类就深受文化结构的影响，但难以规范化。意境类型主要有四种：一是由作者的性质决定作品的意境。二是由文体的性质决定意境的类型。三是由时代的性质决定意境的类型。四是由自然方面决定意境的类型。

这四种意境系列都要从作品中反映出来，具体来说，就是时代、自然融集于人，人形成作品，刘勰把它综合起来归为八类（《文心雕龙·体性》）。八类又可以分为两两相对的四组，这四组又可以归并为阴阳两大类。这是按照《周易》的格式来分类的。

阳刚阴柔是两类最基本的意境类型，一切都可以归为二，"一阴一阳之谓道"。受文化结构的影响，意境也是一个一、二、五（或四）、八、多的上下可伸缩的结构。

（2）浓淡神逸：意境类型与儒道互补。意境的最高境界，从浑然整体看，是得天之气的全美；从二分看，是两种美：阳刚之美与阴柔之美。这两种意境实际上一为儒家的最高境界，一为道家的最高境界。凡尚儒者总是以典雅、雄浑、阳刚之美为第一；凡崇道者，总是以冲淡、远奥、阴柔之美为最高。儒、道的境界之差别，简而言之，就是浓与淡、神与逸的差别。张法指出，错彩镂金之浓与出水芙蓉之淡是从意境中之"境"着眼谈整个境界，如果从意境中之"意"着眼，儒、道的理想境界之区别就表现为神逸之争。

（3）雅俗韵态：意境类型与历史发展。浓淡神逸是渗润着儒道思想的两种基本的意境类型。从魏晋到唐代，二者相互辉映，各放异彩。但进入宋代以后，淡与逸相对于浓与神，在理论上明显的占据了绝对优势。宋以前，浓淡神逸皆为雅，为理想的审美境界，与雅相对的是俗。到宋代，市民社会兴起，俗有了新特点，即市民性。雅俗之争变得非常激烈。雅之所以为理想境界，因为它体现了道心，俗为雅之所不齿，因为他不合道心，既无儒者的雍容高贵，又无道家的闲淡飘逸。然而，到明代李贽推出"童心说"，反对道心，为俗超越于雅之上奠定了哲学基础。由反对道理的童心，反对格套的性灵，反对理法的至情而来的审美浪潮"率心而行"、"任性而发"，怀情而往，创造出了"俗"的崭新境界。

俗从意境中的意方面来说，表现为狂、奇、趣。从境与言方面看则表现为直、露、俚、新。要更准确的概括新潮流的俗的趣韵，可用一个"态"字。"晋人尚韵，唐人尚法，宋人尚意，明人尚态。"态不仅是明代的书法特色，而且可为整个新潮流的总体特色。

3.中西美学创作理论比较

与西方文化一样，西方美学的创作理论也以否定－前进的方式运行。与古代、近代、现代相联系，显示出三套不同的创作理论。古代以摹仿概念为核心，近代以想象概念为核心，现代以直觉概念为核心。三套创作理论一起构成了西方美学创作理论的基本面貌。中国文化以一个基点为中心向四面衍射、丰富、扩展。在西方以断裂方式出现的东西，在中国却呈现为一种统一而丰富的整体现象。这也是中国美学创作理论的特征。它的主要特色是从概念、结构、意蕴诸多方面表现出来的。

（1）一般创作理论

具体来说，中西方美学创作的一般理论的差异主要体现在如下几个方面：

①摹仿自然与心师造化。对中国人来说，师法自然是古人创造文化的法则，

同样也是艺术创造的法则。唐代画家张璪说："外师造化，内得心源"。中国的"造化"包括人在内，但主要指天地、指自然。

但是在西方人那里，自然（nature）包含两层意思：一是本性，二是自然。主要是与人工相对的自然本性。因此，古希腊美学提出摹仿自然，主要是指摹仿人及其活动。既不指山水诗，也不指花鸟画，而是指人体雕塑、绘画和摹仿人行动的戏剧。张法指出，造化与自然的文化内容差异构成了心师造化和摹仿自然的差异的基础。

②想象与内游。张法认为，若以心灵的主动性为中心来谈创作论，在中国为内游神思，在西方则为想象。如果可以把中国创作的总体征归为"神与物游"的话，那么，心师造化为对景之游、外游，神思则为背景之游、内游。中国的内游以"虚静"为前提，西方的想象以"天才"为保障。虚静是让艺术家之心达到宇宙之心去创造，天才则是以个人的主观能动性去创造。西方古代的摹仿遵照的是理性的形式法则，近代想象奉行的是超规律的创造法则，因此想象的一个巨大特点是独创。

想象与内游有三个特点：一是联想与神游，二是同情与物化，三是幻想与玄游。联想、同情与想象有关；神游、物化则与内游有关。

③直觉与兴。西方进入现代社会，动态的宇宙模式转变为相对的宇宙模式，其美学创作理论也要随之改变。法国哲学家柏格森和意大利哲学家克罗齐系统的提出了直觉理论。想象退位，直觉登台，其他的艺术创造概念也围绕着直觉重新认识自己的位置。在中国美学中，无论是对景的外师造化，寓目则书，还是背景的神思内游，都包含着一个根本性的前提：兴。兴大致是与直觉相对应的概念。有了兴，对景直寻才"书"得出来，背景的内游方能发动。

（2）灵感理论

西方灵感理论体现了西方文化精神：否定－前进。从神赐论到天才论到无意识论，始终包含着一种对立：诗人与诗神，常人与天才，意识与无意识。诗人、常人、无意识代表着日常、现在、法规；诗神、天才、无意识代表着超常、非现在、超法规。灵感总意味着对日常、现在、法则的突破，意味着超越、否定—前进的文化性质在这里又闪亮了一道光芒。一方面它们确实在前进，在取得惊人的成就，犹如神灵附体或成为天才；另一方面前进的轨道——不断的否定——又是很痛苦的，它们常感到自己的渺小，感到自己与生俱来的原罪。因此使他们产生飞跃和超越的灵感迷狂也表现为一种二重心理，一是成为天才的骄傲，一是失去自我的惶惑。

中国的灵感理论，宛如神助的突然性，人品论，参悟论，从文化根源上讲都与中国宇宙的气的非实体性和道的超绝言象有关。灵感，从最深层的意义上，表现为人与道的瞬间的契合。因此这里少有冲突对立，多为一种愉悦幸福的提升。那突然而来的灵感不是使人失去自我，而是使人获得了道境的体验。艺术的灵感是一种与得道相一致的感兴和悟入。人品论和参悟论都要人从修身养性中去把握获取灵感之源。这样，它们不是以失去自我去获得一瞬间的灵感，而是以成就一种人格去获得永久性的灵感。在中国文化中，艺术灵感成为天人之和的一种方式，成为人的自足性的一种证明。中国的灵感理论，同样闪耀着中国文化性质之光。

4. 中西方审美欣赏理论比较

就中西审美欣赏理论而言，它的核心问题是美感的问题。美感问题虽然混乱不堪，说可以从两个方面来观察：一方面，主体在审美感受中运用的是哪些生理心理元素，也就是中西文化是怎样定义审美感官的。另一方面，审美过程被中西文化解释成怎样一种过程。前者是美感的主体构成问题，后者是欣赏的方式问题。

就美感的主体构成而言，从汉字"美"的起源来看，中国人的美感源于饮食快感，这种快感加入社会内容之后转变为快乐，于是形成了心理快感的整体功能性质，眼、耳、鼻、舌、身感官被同等并列的看待。形成了中国人五官整合的美感主体构成。西方就不一样，从毕达哥拉斯到亚里士多德，奠定了贯穿于西方文化的一个基本观点：视觉听觉是审美感官，味、嗅、触觉是非审美感官。于是形成了眼耳独尊的美感主体构成。随着历史发展，中国美感的主体构成，分为两层结构：心气与五官。不过这心气与五官不像在孟、庄那儿是对立的，而是统一的，是一种动力结构，是建立在中国的宇宙观和与宇宙观相一致的艺术观之上的。而西方美感主体构成现代转向有三种倾向：一是经验传统的变化，这主要在自然主义美学中反映出来；二是态度转换，美感并不在于某些感官和心理因素，而在一种主体态度；三是格式塔心理学美学关于大脑感官的动力结构理论。

就欣赏方式而言，中西审美的具体方式有各自的个性特色，主要从四个方面表现出来：一、在观照方式上，中国采取仰观俯察远近往还的散点游目，西方应用的是选一最佳范围，典型地显示对象的焦点透视；二、在进行纵深观赏时，中国讲究品味和体悟，西方重视认识和定性；三、在审美过程中，中国要求主体虚心澄怀，去情去我以体会对象的神韵，西方主张主体通过放纵情欲而净化自己；四、在审美效果上，中国要求主体在审美中提高自己，达到或趋向客体的境界，西方希望主体在主客的交流中，既突破自己的局限，又突破对象的局限，达到一种主客都不曾有的境界。

欣赏者的性质和作品的性质决定了欣赏过程的性质：一场主体对主体的对话。在欣赏过程中，作品不是僵尸的物，而是与欣赏者处于平等对话状态的主体。双方互动交流，各自超越了自身。欣赏过程是欣赏者和作品的双向超越活动。

（四）主要特点

李修建在《全球视域下的文化美学——张法美学研究评析》一文中，对张法的美学研究做了一个全面的描述与评价。他认为，张法作为50后学者，面对复杂困难的理论问题，能够以清通简要的逻辑和笔触，将之条分缕析的呈现出来。这点是得到学界公认，并且深为大家叹服的。[①]

王洪岳在《论张法美学的特色与进思方式》一文在谈到《中西美学与文化精神》一书时，认为张法是把"以史出论"的方法和"同情之理解"前提下的比较方法结合起来运用于自己的美学撰述之中的。[②]

解芳的《中西美学，时间与范畴》一文，似有批评之意。作者认为，五四一代学人兼有西学素养与国学传统。所以，对于五四以后学者们的诸多尝

---

① 李修建：《全球视域下的文化美学——张法美学研究评析》，《民族艺术》，2013年第2期。

② 王洪岳：《论张法美学的特色与进思方式》，《东吴学术》，2012年第4期。

试，应予以重视。另一方面，张法把中华文明的"和"与希腊文明的"harmony"归结为"和谐"，企图寻求共通点的愿望，自然毋庸置疑。可是，他忽略了一点，即一种动态的观察。①

余开亮在《中西美学比较中的问题意识——读张法〈中西美学与文化精神〉》一文认为，在三种中西比较模式中，张法的《中西美学与文化精神》侧重于以去中心化的态度，既论述了中西美学的各自优势又指出了中西美学的各自问题。②

李修建的两点评价虽然过于表面，却是令人印象最深刻的。王洪岳的评价也十分中肯，这本书的确提供了一个新范式，在一对最基本的范畴之上，解释中西美学之特色，这种写法并不多见，它将成为后学的示范。而解芳的批评，在我看来，似有为批评而批评之嫌。把"中国美学"限定在辛亥革命之前，即定义为传统美学，仅是为了突出中国美学的本来样貌。而辛亥革命之后，尤其是五四运动之后的中国美学很明显已经不是传统美学了，如果也拿来比较，就很难把中西美学各自不同的特点讲清楚。至于说到中华文明的"和"与古希腊文明的"harmony"的区别，这是一个更大的问题了。如果坚持语言分析哲学的看法，连"翻译"都是不可能的。我认为，虽然不同语言词语的语义在发展变化，但各种语言的词语语义在历史长河中，随着交流的增加却是趋同的。这也是不同民族最终能够相互理解的基础。在这个意义上说，张法关于中华文明的"和"与古希腊文明的"harmony"的比较，并无不妥。余开亮的看法从一个更深刻的层面上肯定了张法的比较方法，这正是《中西美学与文化精神》的价值所在。

我觉得它主要有如下几个特点：

第一印象是对比鲜明。这是一本中西美学与文化精神比较研究的著作，运用对比的研究方法应该是理所当然。但笔者目力所及，发现如此鲜明的对比，在同类研究中还是少见的。该书之所以对比如此鲜明，有两个原因：一是抓住

---

① 解芳：《中西美学，时间与范畴》，《书城》，2021年第12期。

② 余开亮：《中西美学比较中的问题意识——读张法〈中西美学与文化精神〉》，《文艺争鸣》，2011年第9期。

了中西方文化基本精神的"元概念"，即对比的逻辑起点：西方是"有"，中国是"无"。二者恰好处于对立面，形成鲜明对比。也许第二个原因更为重要：在"元概念"之下，逐层推导出的次级概念，比如，西方文化由"有"推导出实体、虚空的宇宙模式；再由实体推导出形式、内容的宇宙模式的理论化；再由形式推导出"明晰"这一理论特色，不仅合理，具有严密的体系性，而且，张法都为它们找到了中国文化中早已存在的对标概念。你会发现整本书都是如此。通过这种方式，张法把看似散乱、复杂的中西美学与文化现象组织起来了，给予了它们一种内在的逻辑与结构，形成一个有生命力的系统。如此，就把中西美学和文化精神放在一个对立的两极，造成强烈对比的效果，令人印象十分深刻，也让人更容易理解和把握。

另一个突出特点就是现象学与逻辑－历史方法的综合运用。该书不仅有中西方美学和文化精神一般范畴、概念的静态分析与对比，更重要的是，它运用逻辑—历史的分析方法，不仅对比了范畴、概念的具体内涵，还对比了它们的发生、发展的动态变化。每个范畴、概念，既有横向的对比，又有纵向的对比，既有共时态的对比，又有历时态的对比，既全面又深刻。但逻辑－历史的方法是以现象学方法体现出来的。即对感性现象或曰客观事实进行细致的全方位的描述，其中也不乏分析与综合，却没有追问现象背后的本质，也不追问造成如此现象或事实的根本原因。比如，作者虽然分析了古希腊哲学何以重视"有"，却偏重于对文本的梳理，没有追问古希腊哲学家何以如此。对中国文化精神"无"的分析，也是如此。在讲到中西美学的整体特征和具体问题时，就现象层面的确梳理的非常好，有内在的逻辑联系，但面对这些巨大差异时，仍然没有追究根本原因。不是说作者没有追根溯源，比如，在讲到中国美学的审美对象时，作者追溯到魏晋时期的人物品藻，甚至进一步追溯到古老的面相学，但这仍没有触及根本原因，自然也就没有触及到本质。而这一切是受到现象学方法的制约的。

还有一个特点也许不那么突出，但读者还是能够把握到的。这就是在中西方美学与文化精神的对比中，作者是有一定倾向性的。这种倾向性还不明晰，不像是有意为之，更像是自然流露。

我以为《中西美学与文化精神》讲清了"异流"，却没有讲"同源"，这很容易让人误解为中西方美学与文化精神完全是风马牛不相及的两种东西。就像桃树与常春藤一样，完全不是同一种属。这难免让人产生"非我族类"的联想，不利于中西美学与文化的交流。我们是否应该继续追问：为何中西方美学与文化基本精神是"无"与"有"的对立？这种对立是怎么来的？为什么中西方美学与文化精神有如此巨大的差异？实际上，考察各种不同的文化，其初始阶段都有一个"无"的观念。所以，我认为世界各种不同的文化是"同源"的。之所以"同源"，一方面是因为"人种"的同一起源，人种的同一性保证了不同民族的基因、生理结构和心理活动的一致性；另一方面是因为"意识"的同一起源，保证了不同民族所有个体意识的本质是一样的。意识活动的外化、物化，就是文化，文化反过来又影响意识的发展。只是因为各个民族的"地方性"（自然的、社会的、文化的）生存差异，在相对封闭的环境之中，形成了独具特色的民族文化。这才形成了"异流"。因此，世界各种不同文化其实是"同源异流"的关系。当"无"获得形式和结构，就进化为"有"。而中国人始终认为世界是变动不居的，"无"就像"气"一样，始终没有获得形式与结构，没有被扬弃，结果形成独具特色的中国文化与中国美学。

二、中西美学与文化精神差异的原因分析

很多人都在讲现象学方法，却对什么是现象学方法语焉不详。我这里所说的现象学方法是指对感性现象、客观事实进行描述的方法，其中也不乏分析综合与论证，却避免追问现象背后的本质，也不追问造成如此现象、事实的根本原因。这种方法当然要追溯到胡塞尔的现象学。胡塞尔通过"现象还原"，把"现象"还原到最初的本真状态，即"现象"与"本质"融合的状态，就可以通过"本质直观"的方法把握事物。这种方法事实上取消了"现象"与"本质"的区分，二者均不存在了。只是因为我们的感官指向外部世界，只能看到的那些形状、色块、光斑、变动，听到的声音、闻到的味道……感知不到它们之中

蕴涵的"本质"。所有这一切，仍然称之为"现象"，但此"现象"不是彼"现象"，它是蕴涵着"本质"的"现象"，不是与"本质"二分的"现象"，这就是胡塞尔哲学为何称为现象学的原因。这种现象学消解了"本质"，将"本质"融化到"现象"之中，当然不会追问现象背后的本质了。形成这种现象一元论哲学之后，人们开始批判"本质主义"，现象学研究方法就流行起来了。这种研究方法重视对现象的描述、分析和综合，寻找现象之间的各种联系：或者历史演化，或者结构分析。既然"本质"已经消解在"现象"之中，那么，对现象的描述也就是对本质的描述，因此，不必额外探求本质的问题。《中西美学与文化精神》一书鲜明地体现了这一特点。

值得指出的是，中国文化精神本就有现象学特征。根本原因在于中国文化精神具有经验性质，认为世界是一个有机整体，万事万物之间具有千丝万缕的普遍联系。它没法分类，也不在乎分类，就像李泽厚所说的"一个世界"，它一片混沌、一片模糊。比如，中国文化把身体感知到的一切称为"文"，感受到的一切称为"质"，"文"是外在的，"质"是内在的，"文"是"质"的外化，"文"与"质"并不是二元对立的关系，而是同一事物的不同表现。"文犹质也，质犹文也。虎豹之鞟犹犬羊之鞟。"西方人认为"现象"是变化不定的，因而是虚假的；"本质"是决定某物是某物的根本原因，它是不变的。中国人认为"文"和"质"，都会变化，世上没有不变的东西。变化不存在真假问题，只有好坏问题。显然，"文"不能与"现象"对应、"质"也不能与"本质"对应，与胡塞尔讲的现象学的现象倒是有类似之处。

受中国传统文化的影响，中国学人特别重视文献梳理、考证与注疏，重视阐述文献、圣贤的"微言大义"或者记下自己的点滴感受与体悟。比如，把中西文化精神总结为"无"与"有"的差异，作者主要是通过文献梳理的现象描述方法来进行对比的，细致、深入地描述了这种差异，但并没有追问二者何以会有如此差异，原因何在，这背后隐藏着怎样的本质。同样的，在对比中西方宇宙模式、中西方美学理论形态、结构和历史的差异时，也是如此。在讲到中西美学的具体问题时，比如，美的范畴、审美对象、创作理论、审美欣赏等等，也是如此，没有分析造成这些差异的原因。

这个问题也不只存在于《中西美学与文化精神》之中，我看过的中西文化比较研究的大部分著作都有这个问题。成复旺把中国文化看成一种"生命模式"，西方文化是一种"技术模式"，讲得非常好，就是没有进一步分析：为何中国文化是"生命模式"、西方文化是"技术模式"？李泽厚的中西方"一个世界"、"两个世界"之分，同样没有分析造成这种差别的根本原因，更不用说熊十力、梁漱溟、牟宗三等人了。正如前述分析那样，这不仅是受到现象学的影响，更受到我们学术传统的影响。由于中国文化的经验性质，本就有现象学的特性，不仅没有"现象"与"本质"的观念，更没有"不变"的意识。如此，就不会追问那个"不变"的"本质"。于是，学者们埋头于可见的可收集整理的文献梳理。从这些文献中去发掘"微言大义"或考证这些文献的错讹，就成为大多数学者的毕生事业。这个传统并没有因为西学东渐而消失，而是以一种更具有学术性的"硬功夫"的形式传承下来，似乎只要有这种"硬功夫"，才算一个真正的学者。这个传统自汉儒以来已经有两千年历史了，在学术上并没有取得多大成就，更没有具有世界影响的理论贡献，我们早就该醒悟了。我们不能止步于罗列文献，不能止步于现象描述，不能止步于感悟记录，我们应该先把"本质"弄清楚，追问事物的根本原因，这样，才会有对世界清晰、清醒的认识，才会理性、正确应对这个世界。所以，我不满足于描述中西美学与文化精神的巨大差异，更希望追问造成这种巨大差异的根本原因。

现象学方法作为一种西方后现代主义的研究方法，对我们来说，或许有一样好处：它凸显了现象或事实，让我们更加清楚地看到了这些现象和事实。这有利于我们继续探究这些现象或事实背后的东西。但是，倘若我们接受了西方后现代主义的影响，现象学方法就有了全然不同的意义：没有什么本质，也没有什么现象，只有我们感知到的表象。这里面，不仅仅是现象与本质的合一，还是主观与客观的合一。这就回到中国文化固有的"有机整体"的层面了，回到中国文化重功能、重关系，轻实体、轻属性的老路上去了。对西方来说，这恰好补救了他们二元对立的偏差，但对中国来说，这意味着我们停滞不前。

（一）中西美学与文化精神具有共同的起源

其实，对中西文化的对比研究，在民国时期已经蔚然成风并取得很大成就。新儒家那帮人认为中国文化贵在道德、精神，而西方文化利在科技、物质，优劣高下立现。他们坚持中国文化优越论。与之相对，陈独秀、鲁迅、胡适、陈序经等人，则认为中国社会愚昧、贫穷、野蛮，根子在中国文化，坚持中国文化落后论。陈序经更是提出了"全盘西化"的主张。都是中国人，为何对中国文化有如此天差地别的评价呢？原因在于，新儒学那帮人沉迷于士大夫阶层以上都熟悉的浩如烟海的典籍之中，自有一种优越感，以为凡典籍中有载的东西都是好的，不能数典忘祖；而陈独秀、鲁迅、胡适、陈序经等五四新知识分子关心普罗大众的疾苦，苦心探寻底层社会民众困苦的原因。他们把矛头指向新儒家那帮人视之如珍宝的传统文化。民国时期的文人学者做出了中西文化的价值判断。他们没有反思中西方文化精神何以如此的原因，或者仍在现象层面寻找原因。比如，鲁迅归之于"吃人"的封建社会，胡适归之于落后的制度。这显然不是根本原因，因为我们还可以追问：为何封建社会会"吃人"？为何制度落后？

之后，李泽厚、成复旺等人也试图概括中西文化精神的根本差异。李泽厚提出了"一个世界"与"两个世界"的对比；成复旺受到德国学者彼得·科斯洛夫斯基的启发，提出"生命模式"与"技术模式"的区别。这种对比圆融恰当，十分有理。他们二人都认为中国文化不仅可以走向世界，还可以补救西方文化之偏。在后现代时期，西方文化要获得新生，只能向中国文化学习，走向中国文化。但他们都没有追问中西方文化如此不同的原因，这也暴露了二人受到中国学术传统影响之深。若是造成中西方文化精神如此巨大差异的原因都不清楚，又如何可以肯定中国文化可以走向世界，西方文化走向中国？这之中，是否有情绪与愿望替代了理智与事实的风险？

1. 共同源头源于意识发展的同一性

对中西文化精神的对比研究有一个共同的现象：大家都在讲中西文化的不同，仿佛中西文化天生就是对立的。这不能不让人联想到亨廷顿的"文明的冲突"：如果承认不同文化有一个共同的根源，这些文化之间就存在和解的可能性，不会爆发"文明的冲突"；但若不承认有一个共同的根源，认为不同文化根本就是异质性的，不可通约，不可兼容，那么，除了"文明的冲突"，还会有更好的结果吗？在当今这个变化莫测的世界里，我更愿意看到中西文化相互间的联系。从发展的眼光看，中西文化应该有一个共同的起源，都是人类大家庭中的一员，应该能够和平共处。在目前这种情况下，强调"同源"或许比强调"异流"更有意义。

我这里不想就"人类是否具有同一起源"这一问题浪费心力，这不是这篇导读的任务。不相信"同一起源论"的人总可以找到支持自己观点的证据；相信"同一起源论"的人也是如此。就我来说，无论从感性经验来看，还是从理性的逻辑论证来看，我都相信"同一起源论"。不仅人种是同一起源的，人的意识起源过程也是同一的。以下的观点就建立在这样一个预设前提之上。我常常在想，世上如此丰富多彩、各具特色的文化，相互之间有没有关联？我认为所有这些看起来迥然不同的文化都是意识活动的不同表现形态。文化是意识活动的外化、物化。意识有一个发生、发展的过程。尽管意识的内容大不相同，意识的本质是一样的。意识是大自然进化的成果，是生命适应生存环境的最佳策略。基于人类同样的生理基础和同样的地球物理时空，所有人的意识发生发展过程是一样的，差异源自意识发展的不平衡，这种不平衡是由两个因素造成的：一个是环境，包括自然环境和社会环境；一个是文化，文化本是意识活动的外化与物化，但它一经产生，就反过来作用于意识活动，促进或阻碍意识的进化。还有一个是基因。但是基因的作用相对稳定、持久，不像前二者那么明显与活跃。

在《马克思主义视阈下的体验美学》一书中，笔者认为，意识发生、发展可以分为三个阶段六个时期：无意识阶段、他意识阶段和自意识阶段。他意识阶段分为三个时期：意识萌芽时期、个物意识时期和神话意识时期；自意识阶段也分为三个时期：巫术意识时期、宗教意识时期和科学意识时期。在自意识阶段之前的他意识阶段，是没有主体与客体之分的。人类生活在一个天、地、神、人四方嬉戏的融合世界中，这个世界没有分裂，没有矛盾，是一个美的世界。①

现如今，我的看法有了一点儿变化。我认为，意识的发展有四个阶段八个时期：前意识阶段、他意识阶段、自意识阶段和超意识阶段。前意识阶段是意识萌芽的准备期，以情绪交流为主；他意识阶段可以分为意识萌芽时期、个物意识时期和神话意识时期。他意识阶段，意识已经产生，基于人的感官的外在指向性，人能注意到外在对象，没有注意到自己，还没有主体性。这就是称之为"他意识"的原因。那时，世界是一个有机整体，有意识的人在有机整体之中体验世界。这就是李泽厚所说的"一个世界"（详见后文）。到自意识阶段，意识更趋稳定，进化为思维。这一阶段有三个时期：巫术意识时期、宗教意识时期和科学意识时期。人意识到了自己的存在，意识到了自己的动机、欲望、意图和目的，意识到了自己的内在冲突、矛盾和意志，并学会制订措施、计划和策略，这意味着人获得了主体性，成为主体。这就是称之为"自意识"的原因。人既已意识到自己的存在，也就把自己从世界中分离出来成为主体，自身之外的那个整体就成了主体的悉心观察、认识的对象，成了客体。此时的客体还是一个有生命力的整体（人在这个整体之外），它没有被分割。有了主体，有了客体，就有了主体与客体的对立，也就有了二元对立，这就是李泽厚先生所说的"两个世界"（详见后文）。有了主客体的分离与对立，就需要一个中介将二者联系起来，这个中介就是认识活动。随着思维水平、认识能力的提高，有机整体被主体逐步分解，逐步认识，主体获得大量知识与技能。到十九世纪末，人们意识到，世界已经被分解成"一堆僵死物"。主体与客体的分裂与对立已经到了无以复加的程度。人们失去了"家园"和"精神寄托"，虚无主义盛行。于是，人类进入到超意识阶段。超意识阶段可以分为两个时期：现代主义时期和后现代主义时期。前者开始反对理性主义和科学主义；后者开始解构一切宏大叙事，突出个体的主体性。经过胡塞尔的现象学洗礼和维特根斯坦的语言分析训练，人的思维升级为直观。直观要求主体与客体的重新融合，要求

---

① 详见谭扬芳、向杰：《马克思主义视阈下的体验美学》，社会科学文献出版社，2014年版，第四章。

两个世界融合为一个世界，要求二元论融合为一元论。可见，人的意识形态由最初的意识（他意识阶段）发展为思维（自意识阶段），再由思维发展为直观（超意识阶段），其发展的阶段性特征十分鲜明。他意识阶段是"一个世界"，它没有主客体之分，人在世界中体验世界；自意识阶段是"两个世界"，主体与客体已经分离，人在世界之外认识世界；现在，人类来到超意识阶段，带着前两个阶段的全部文明成果努力重构"一个世界"，而不是简单回归原始的有机整体的"一个世界"，人在世界之中即体验又认识、在体验中认识、在认识中体验这个世界。

（1）前意识阶段大致在 700 万年到 200 万年前。这一阶段在为人的意识诞生做积极准备。首先是大脑容量的增长，让人科动物占据了进化的有利地位。然后是直立行走，手脚分离分工，动作更加协调；直立行走还改变了孕育方式，人类婴儿成为早产儿，一方面极大地促进了大脑发育，智力飞速进步，另一方面迫使男女长期稳定地分工合作，养育孩子。最后是火的利用，更是促进了人类社会的全面发展。在这一时期，人类的情绪、情感得到了充分发展，一种运用情感来交流的"语言"出现了。所有这一切，为意识的诞生创造了良好的条件。

（2）他意识阶段大致在 200 万年到 2 万年前，这一阶段相当于旧石器时期。分为三个时期：意识萌芽时期、个物意识时期和神话意识时期。这一阶段因为注意力和记忆力还不稳定（保持时间极短）的原因有如下一些特点：

①由于感官感知的外在指向性，人的目光向外，只能看到外部世界，看不到自己。因而不能把自己从世界之中分离出来，对象化世界。人关注外部世界的变化，并在无意识之中与自己联系起来，认为一切都与自己紧密相关。

②世界是一个类似人一样有生命、有活力的有机整体，因为人还看不到自己，自己也是这个有机整体的一部分。人在世界之中。没有主体和客体之分，也没有肉身与灵魂之别。现实中的矛盾与冲突还没有进入到意识之中，只有"一个世界"。

③神支配世界。人是被支配的对象，没有地位。人意识到要讨好神，才能获得神的护佑，否则，人是无法生存下来的。

④"变化"是这个世界最显著的特征。世界是常变常新的世界，人活在当

下，没有过去，也没有未来。

⑤"普遍联系"是这个世界另一个显著特征。所有事物（包括人）相互之间都有千丝万缕的联系，不是因果联系，而是神秘联系。要么是魔力影响，要么是先后顺序，要么是臆想妄断。而且斩不断，理还乱。正因为普遍联系，所以有机整体不可分割。

⑥没有认识活动，只有体验活动。人在世界之中通过自己的身体感官直接体验世界，把握世界。

（3）自意识阶段大致相当于2万年前至十九世纪末，也就是新石器时期到十九世纪末。也分为三个时期：巫术意识时期、宗教意识时期和科学意识时期。这一阶段一个划时代事件就是：自我意识的诞生，即人意识到自己不仅有一个肉身，还有一个灵魂，是有意识活动的人。这意味着"自我"是不会变的，它获得了"同一性"。因"自我"的同一性，万事万物也获得了同一性（稳定性），于是，词语意有所指，语言获得飞速发展，具有了强大力量。意识进化为思维。思维因为同一性，也就有了同一律、排中律和矛盾律的思维规则，理性产生了。这一阶段，有如下一些特征：

①认识活动产生。人从世界之中分离出来，并把世界对象化，主体与客体产生了，认识活动产生了。认识活动成为主体与客体之间、人与世界之间的中介。"一个世界"分化为"两个世界"。

②人的地位突出，人们开始大量杀死神。人神分离，英雄辈出。由于注意力和记忆力的增强，人们可以注意到不在场的事物，以为自己的语言与行动具有一种实体性特征，可以对不在场的人和物实施作用。国王、酋长、祭师、巫师等人都有非凡的力量，可以支配所有在场或不在场的人与物。

③开始分割有机整体，对分割下来的部分进行观察、研究，努力寻找其中的神秘属性或神秘物质（神的踪迹）。一旦寻找到，人就可以通过这种神秘属性或神秘物质像神一样支配世界。

④原因与结果、目的与手段分离、明晰了。由于人意识到了自己的存在，也就逐渐明白了许多事物的变化其实是自己造成的。自己就是原因，变化是结果。既然如此，就可以有意识地造成某种结果。如此，人的行动就有了目的性、

计划性和策略性。人越来越具有理性。

⑤由于自我的同一性和稳定性，过去、现在和未来的观念产生了，人类有了历史。

⑥语言更加成熟、完善。大量特称词语消亡，归并为表达类意义的少量词语。这虽然造成"白马非马"的悖论，却有利于交流。

⑦他意识阶段的风俗习惯、思想观念流传下来，仍有强大的力量。

（4）超意识阶段大致是从十九世纪末至今。分为现代主义和后现代主义两个时期。这一阶段的主要特征是：

①反理性主义、反科学主义。十八世纪对理性和科学的迷信到十九世纪已经登峰造极，不仅上帝死了，人也死了。虚无主义盛行。

②宏大叙事被消解。规律、事实、真理、理想、道德等等宏大词语被反思与批判。

③"两个世界"融合为"一个世界"。要求主体与客体、主观有与客观、理性与感性、精神与物质、肉身与灵魂、人文与科学、价值与知识、自由与必然等等二元对立的融合。

④个体获得至高无上的地位，但个体的能力还不能与这种地位相匹配，于是，各种颓废主义、荒诞主义盛行。

⑤自意识阶段的"思维"升级为超意识阶段的"直观"。由于个人不仅储备了丰富的经验，还具有广博的背景知识，这使得不少人开始具备"直观"的能力：能够在很短的时间里，无需分析与推理，就能凭借感官感知到的刺激信息（现象）把握事物的本质。这种能力在专家身上体现得最为突出，随着现象学的发展，越来越多的人正在获得这种能力。

意识的发生发展有它自己的内在发展趋势，具有阶段性特征。意识形态是人类共有的，意识内容则依文化的不同而不同。意识形态具有"同一性"和"阶段性"特征，意识内容则具有"地方性"和"流变性"特征。我这里所说的"意识形态"不是政治术语，而是指与意识内容相对的意识形式，即相对稳定的意识活动的状态，也简称为意识。人类文化的背后，是意识在起决定作用。有什么样的意识，就有什么样的文化。

2. 共同源头就是原始融合的世界

有两种不同性质的融合。一种是原始融合，一种是现代融合。前者是指他意识阶段主客体未分的混融状态。后者是指在自意识阶段主客体分离之后，又重新融合的状态。当然，原始融合一直都存在，即便是在主客体分离之后，它也并没有消失，只是它被日益剧烈的对立与冲突所掩盖。神秘体验和审美体验就源于主客体未分的原始融合。主客体分离之后，主客体重新融合的努力一直存在，这主要体现在艺术活动之中。在艺术活动中，主体与客体重新融合于创作—欣赏活动中，在创作—欣赏活动中体验客体，主体与客体的对立、冲突消解了，矛盾解决了。这就是现代融合。如此，美学是基于主客体融合的体验的学问，这应该就是尼采提出"审美救赎"的原因吧。因为通过审美可以达到主客体融合的境界。

在自意识阶段之前，中西方是同源的。都处于主客体不分的融合状态，都依靠体验活动把握世界，都创造了丰富的艺术和神话。

（1）原始融合：有意识的人体验身外的对象

在他意识阶段，人的意识从萌芽到诞生，再到体验对象，有一个数百万年的进化历程。此时，人还没有自我意识，没有意识到自己的存在，因此没有主体性，没有同一性。人在不知不觉中把自己的心理活动投射到外物之中，以为一切对象都与自己一样是可以说话、思想的，是有情绪、情感和感受的，是有生命的。[①]在意识萌芽时期，因为神经系统极不稳定，人的注意力不容易集中，外物映射在大脑里的表象也极不稳定，意识就像闪烁不定的电火花，在这种极不稳定的意识之中，世界就是一个变动不居的虚无的幻相。在个物意识时期，神经系统更为成熟，注意力开始内化为记忆力，表象在大脑里生存的时间长一些了，这意味着表象在一定时间范围内能够被人注意到，它获得了一定程度的稳定性。于是，表象就是一个对象。一事物有许多不同的表象，也就有许多不同的对象，这每一个对象我们称之为"个物"。这一时期，语言得到空前发展，

---

① 详见迈克尔·托马塞洛：《人类认知的文化起源》，中国社会科学出版社，2011年版，第14页。

这些"个物"都被命名，它们生生灭灭，留下来的构成了今天我们语言的核心部分。这些词语意味着同一性开始萌芽。人们认为词语之间是没有联系的。到神话意识时期，神经系统更趋成熟，记忆的时间更长，表象生存的更久，这意味着人可以更长久的注意表象，可以对表象进行简单的操作。分类、对比\比较的能力也有了，人们发现一些不同的词语（对象）其实指称的是同一事物。那些不同的对象不过是同一事物变形而来的。于是，从无数的幻相之中，产生了本相。本相通过变形可以变成任何对象（这些对象都是幻相）。这就是神话的根源。若把这种变形推衍到极致，可以认为世上所有的东西，都是某个不变的本相变化出来的。由于本相的产生，同一性更加鲜明，又由于变形的存在，表明同一性仍不稳定。因此，世界是一个"生命一体化"的世界。生命之气即"生气"灌注其中，形成一个有机整体。有意识的人也是这个有机整体不可分割的一部分。整体的每一部分都是这个整体。这也就是主客体未分的融合状态。

在这样的状态中，有意识的人还是没有完成的人，他没有自我意识，没有主体性，他在世界之中，犹如婴儿在母腹之中。他虽没有主体性，却有主动性。他为了生存，必然要把握身外的世界。现在问题来了：没有主体性的有意识的人如何把握他身外的世界？也就是说，在原始融合状态，处于融合之中的人如何把握他的身外世界？我认为，在他意识阶段的有意识的人是不可能"认识"世界的。不仅因为人还没有意识到自己的存在，没有主客体的分离与对立，也因为还不能满足"认识"活动的先天条件。第一个条件就是同一性的确立。但在他意识阶段，同一性还没有稳定下来。

因此，没有主体性的有意识的人要把握他身外的世界，唯一的方法就是体验。所谓体验，可以简单理解为用身体去感知与验证。这就要求把身外的世界当成自己"无机的身体"，是自己身体的一部分，用感知大腿某处疼痛的方法去把握外在世界。① 在原始融合之中，有意识的人还不是主体，因此也就没有客体，人与世界直接打交道，无需中介环节。人与世界直接打交道的方式就是

---

① 参见向杰：《审美体验：美的实现——兼论审美体验在生命美学中的意义》，《美与时代》，2018年第7期。

体验。

体验活动是人类把握世界的主要方式之一。[1] 我相信这是人类把握世界的最早的共同方式，所有民族都有神话和各种原始艺术形式，就是明证。

（2）现代融合：后现代社会重建"一个世界"的努力

在自意识阶段，经过了巫术意识时期、宗教意识时期和科学意识时期，理性主义一路高歌猛进，"两个世界"的对立越来越严重，鸿沟愈来愈宽，深不可测。这主要体现在这样几个方面：

①认识活动几乎取代了体验活动。认识活动虽然成为人与世界之间的中介，把人与世界联系起来了，但这种联系越来越多地表现为人改造、征服世界，造成人与世界越来越隔膜、越来越陌生，最后，人感觉自己不是世界的一部分，而是某种疏离的、孤寂的、与世界无关的存在。

②由于认识活动，人把有机整体的世界一块一块地分割，一块一块地研究，终于把一个有机整体分割完毕，成为一堆无生命、无情感的"僵死物"。同时，人在这一过程中，也变成了无生命、无情感的"物体"。人变得不是人了，被自己异化了。所以，福柯才说"人死了"。

③在他意识阶段，人生活在具象世界中。在自意识阶段，人生活在类象世界中，部分人还生活在抽象世界中。在具象世界里，每个人的世界都是一个独特的世界，所有事物都有独特的名称，每个人也是一个独特的世界，无可替代的世界，他们都是独一无二的，因此具有巨大价值。但在类象世界中，"人"是一个类概念，人们关注的是"人"的共相，而个体所独有的特殊属性即所谓的"殊相"则被忽视。人们用"人"这个词来指称所有人，从而把每个人的特殊价值抹杀了。在这个类象世界里，人降低为一个通用的符号。人生活的世界也成为一个模式化的世界，不再是独具特色的个人世界、有生命力的神秘世界。

④不仅如此，认识活动"制造"了大量的技术与知识。科学研究每日制造的知识不得不用"知识大爆炸"来形容。而技能不仅越来越多，还越来越复杂，

---

[1] 参见向杰：《人类把握世界的两种主要方式：体验与认识》，《美与时代》，2015年第3期。

掌握起来也越来越难。如此，个人终其一生，也仅能掌握很少部分的知识与技能。在这种情况下，社会分工虽然解决了生存问题，却让人深刻意识到自己的片面性：人，不再是一个完整的人了。任何人，你在你自己的专业领域可能游刃有余，超出你的专业，你就可能寸步难行。问题在于你不懂的领域太宽阔了，那是一片大海，你自己的专业、你熟悉的领域不过是一座小岛。面对如此情况，人不仅觉得渺小，更觉得荒诞，因为这是自己造成的。

⑤至于说到人因自己改造、征服世界而造成的灾难，那是自作孽，不说也罢。

面对如此困境，人类应该怎么办？既然原因是"两个世界"的对立，那当然应该是消解这种对立。胡塞尔意识到欧洲科学的危机，先从认识论下手。胡塞尔问道：这些知识是可靠的吗？难道有谁能够保证意识之矢一定、必然射中意向之的吗？没有谁保证。那如何才能保证意识之矢一定、必然射中意向之的呢？也就是说如何才能保证知识的可靠性呢？唯一的办法就是将现象通过思维的绝对被给予性还原到原初的本真状态，对这种处于本真状态的现象的把握，就是本质直观。如此，现象与本质融合为一。海德格尔意识到本真状态的重要性，从区分存在与存在者入手，引出此在，一种特殊的存在者，从而把存在悬置起来，突出关注此在的生存状况。他同样主张回到原初的本真状态，即回到"诗意的栖居"，回到天、地、神、人四方嬉戏，也就是回到"在世界之中"的融合状态。自此，主体与客体重新融合为一了，所有的两极对立的矛盾和由此构成的"两个世界"也就融合为一了，成为"一个世界"。这就是我所说的现代融合。

（二）"异流"：主客体分离之后的分道扬镳

如上所述，在他意识阶段，中西方文化经历了同样的发展历程，是"同源"的关系。进入自意识阶段之后，中西方才走上各自不同的发展道路。这个问题要追溯到中西文化的根源上去，才能认清各自文化的本质和特点。我认为这不是"无"与"有"的对应那么简单。借用李泽厚的观点来说，如果说中国文化的根源是"巫史传统"，那么，我认为，西方文化的根源就是"巫哲传统"。

1. 西方文化具有"知识"的性质，是哲学型文化

在自意识阶段的早期，也就是巫术意识时期，人从神的统治之下解放出来，开始相信人自己的力量，人的地位大大提高。他们相信语言和仪式可以支配世界，即使是那些不在眼前的人或物，都可以使用语言和仪式支配它、控制它，甚至还可杀死它。巫术甚至还可以支配、控制神。但是，随着意识水平的提高，目的越来越明确，人们越来越清楚地发现：巫术失效了。因为它没有达到目的，既没有杀死某人，也没有治好某人的病，甚至都无法把林子里的猎物驱赶出来。面对深刻的自我怀疑，巫师（祭司）应该怎么办？这是中西方巫师（祭司）面临的共同难题。面对这一问题，中西方巫师（祭司）给出了不同的答案。

（1）"巫哲传统"：西方文化的根源

西方文化的源头有三个：古希腊、古希伯来和古罗马（亦有学者认为是古希腊、古希伯来和古埃及），但人们说的最多的还是古希腊。我们这里虽然讲的是西方文化的一般情况，但仍以古希腊为主。

如果说，在巫术的效力失效以后，中国的巫师把"鬼"请了回来，试图借助"鬼"的魔力继续支配世界。那么，古希腊人则把"神"请了回来，试图借助神的力量继续支配世界。就是说，中西方面对同一问题，给出了不一样的答案。

在自我意识阶段的巫术意识时期，因为人的作用大大提高，借助语言和仪式，可以支配、控制世界。神的作用大大降低，甚至掀起了灭神运动。经过很长一段时间，人们终于发现巫术是骗人的，但支配、控制世界的观念已经深入人心，人不想失去这种能力，于是古中国人把"鬼"请回来，古希腊人就把"神"请回来，想借助它们的力量继续支配、控制世界。

"神"与"鬼"不一样。"神"与人没有血缘关系，它们是"异类"，没有子孙，没有特别喜欢人。"神"无处不在，它藏在实体之中，成为实体的神秘属性或神秘物质。人若认识、把握了这些神秘属性或神秘物质，就能够支配、控制世界。这就是所谓的"神秘知识"，它常常以秘传的方式掌握在"祭司"手中。神秘知识包括物质实体的属性、天文学、医学知识，还有神谕以及巫术使用的咒语、秘仪等等。这种神秘知识不是个人经验，而是存在于世界之中的"真理"，任何人找到它，就拥有了它的神秘力量。当然，人人都想找到它、掌握它。"祭司"也不例外，他想掌握更多的、更有威力的神秘知识，便只有观察研究外在世界这一条途径。起初，大大小小的祭司（巫师）都观察研究具体实体的神秘属性或寻找神秘物质，因为使用范围有限，人们开始归纳同类实体，想获得这一类实体的神秘知识，适用范围就大了。如此一来，祭司演变成了追求"真相"、"真理"的哲学家了。这就是我所说的古希腊的"巫哲传统"。

泰勒斯是人类有史以来的第一个哲学家。哲学史没有说他是祭司或巫师，但我相信他是一个具有巫术意识的哲学家。他自个儿在家观察、研究天象，没有国家资助，也不为国家服务，是纯粹为了爱好吗？应该不是。他是想掌握世界的神秘知识，用来支配、控制世界，就像巫师利用咒语、仪式支配太阳的升降一样。最能证明这一点是毕达哥拉斯及其学派的活动。毕达哥拉斯本人就是一个信奉俄耳甫斯密教团体的首领，很可能就是一个巫师。这个团体不仅有许多禁忌，而且，在毕达哥拉斯的带领下坚持不懈地追求神秘知识。如果不是神秘知识有那么大的神秘力量，有谁会紧衣缩食千辛万苦去思考那些玄奥的问题？

泰勒斯作为有史以来的第一个哲学家，他关心世界"是"什么。他认为世界的本原是"水"。这个答案，看起来相当粗浅，其实很不简单。要知道，在巫术意识时期，世界虽然具有一定的稳定性，一只山羊在人们谈论它或猎获它的时候，还是一只山羊，但它仍然是要变化的呀。你一转头，它就可能变成一棵树了。所以，在哲学家诞生的时候，世界仍然是变化无穷的。"变化"是地球上所有人面临的共同问题。在他意识阶段的个物意识时期，变化最快，世界每时每刻都是新的，叫作"常变常新"，几乎没有什么事物可以被把握。但若要支配、控制世界，又必须要弄明白实体是什么。"某物是什么"这是巫术意识时期的意识主题。因为只有认识到"某物是什么"了，才会掌握到它的神秘知识。

这就意味着，有志于支配世界的人，必须认识"某物是什么"，你的能耐小，你可以认识一些常见的小东西，掌握了它们的神秘知识，你就可支配这些小东西了；你的能耐大，你就可以认识一些大东西，大到像世界这样的实体。掌握了大东西的神秘知识，你就可以支配这些大东西，乃至世界。哲学家当然要把握最大的实体，那就是世界。所以，泰勒斯就追问"世界是什么？"。世界是"水"，但因为世界是变化不定的，很可能"水"只是世界某一特定阶段的存在形态，世界很可能会变化成其他东西。到底是什么东西呢？"无限定"，阿拉克西曼德说。他无法判断世界是什么。原因就在于：世界变化太快，就在我们肯定它是"水"的时候，它可能变成其他东西了（比如变成"气"了）。这样的话，我们的语言就失去了它意指的对象，当你说"世界是水"的时候，它已经不是水了，变成气了；甚至当你说"世界"的时候，你所意指的"世界"已经不是"世界"了，而是其他什么东西了。你的辩论者就会说"不对！你看，世界是气。"或者"看那，你问的是它吗？"如此，讨论不仅没有意义，而且成为不可能！甚至语言也没有意义了。

变化还带来一个麻烦。我们举例说明：假定我们生活在巫术意识时期，那时候还有个物意识、神话意识的传统影响。你面前有一只蝴蝶。它真是一只蝴蝶吗？它有可能是一只虫子变的；也有可能是一只猴子变的；也有可能是你朋友变的。但是你怎么知道？你没法知道。于是你说，蝴蝶是幻相、虫子是幻相、猴子是幻相、朋友也是幻相，一切都是幻相，世界是不存在的。后来，随着意识的日渐稳定，思维活动成为可能，你发现，在蝴蝶、虫子、猴子、朋友之间有一种联系。这种联系是不变的。你进一步观察，发现所有这些幻相中，有一个是本相。只有找出这个本相，才不被幻相欺骗，才能支配、控制本相的实体。只是要找出本相绝非易事，只有巫师或祭司才有那种能耐。找到的本相就是真相，与真相相对，幻相就是假相了。找到了真相，才会有真理。所以，哲学家的任务就是要在许多迷惑人的假相中找到真相，获得真理。

当我们说"A is B"的时候，"A（主词）"与"B（谓词）"都是会变化的，只有中间的"Being"是不变的。问题在于：我们确实又在谈论"世界是什么"的问题。这是怎么做到的？巴门尼德首先对这个问题进行了哲学思考。他认为，变化的东西是不能把握的，只有不变的东西才可以把握。从这个意义上说，只有"是"是不变的，是其所是，不能是"不是"，不能是其所非。就是说，当我们谈论"黄金雨"的时候，"黄金雨"就是"黄金雨"，它不可能是"宙斯"。正是在这个意义上，巴门尼德消解了神话，也割裂了词语与实在世界的联系——词语仅仅与词义联系在一起，当我们说"黄金雨"的时候，这个词语仅仅只与大脑中"黄金雨"的表象相联系，与现实中是否真有"黄金雨"没有关系，与"黄金雨"是否宙斯所变更没有关系了。如此，词语"黄金雨"就与"黄金雨"的表象建立了稳定的联系，黄金雨就是黄金雨，不再是别的东西，既不是宙斯，也不是实在世界中的黄金雨。巴门尼德建构了同一性。有了这种同一性保证，我们才能在变化之中找到不变。语言只能表达不变的东西，语言有了表达功能，我们才能谈论这个世界。可见，"Being"并不是"存在"的意思，在古汉语中找不到对应的词语，只能勉强翻译为"是"。西方的"存在论"应该翻译为"是论"。不是问"世界是否存在"，这是一个伪问题！而是问"世界是什么"。这才是古希腊哲学家真正操心的问题。

为什么中国古人不问"世界是什么"呢？连这样的句式都没有（古汉语只有比较类似的"…者…也"句式）！因为有的国王（巫师）的经验成为所有人的经验，他垄断了一切，他告诉臣民标准答案。某物是什么，他说了算。

由于哲学家们的不断努力，恩培多克勒提出了"四元素"说，德谟克里特提出了著名的"原子"说，"世界是什么"的问题越来越趋向于自然，神秘因素逐渐淡化、消失，神秘知识成为自然知识，哲学失去了神性，哲学家也失去了祭司的功能，成为像柏拉图、亚里士多德一样真正的哲学家。

哲学家获得的"知识"、"真理"、"智慧"，其实都是他个人的经验。经验不是知识。经验具有私人性、情感性、主观性、具体性、模糊性、体验性和实用性等特点。显然，它有很大的局限性。经验要经过多人的检验，达成"共识"，才是"知识"。

（2）西方的自我意识是个体的自我意识，因此不得不追求"共识"

自我意识产生之后，西方人意识到自己的个体存在，他们独自分解世界，进行独立研究。泰勒斯自个儿在家观察、研究天象，他没有国家资助，不为国家意志服务。泰勒斯的研究结果只是他自己的经验，要成为知识、真理，国家的肯定是不够的，还必须获得更多人的检验。于是寻求"共识"就成为追求知识的唯一方式。"共识"有范围大小的区别，寻求"最大共识"成为哲学家们的重要任务。"最大共识"有两种表现：一是对最大、最终对象的"共识"。

于是有对"世界"、"终极根源"、"终极关怀"的询问，由经验世界过度到超验世界。二是在共同体中最大范围的"共识"。要达成"共识"，就必须确保准确无误的理解。不能是模糊理解，必须是精确理解，不允许出现误解。于是一种专门的语言——以符号、公式等数学表达式为特征的科学语言——产生了。科学语言的产生造就了一批掌握科学语言的科学家，科学家组成了科学共同体，并形成了相应的科学交流制度。为了达成"共识"，还必须有确保能够达成共识的交流规则。必须确保自由交流、平等交流，必须确保各种情感、意见、思想、理论都有交流机会。于是，达成广泛的"共识"，成为全社会的共识。在商贸活动中，要合作、要交易，就得达成共识。靠实力抢夺不仅要流血，往往得不偿失。于是，谈判、协商、妥协成为达成共识的最好方法。一旦形成共识，就要坚决执行，培养了契约精神；在国家治理的过程中，同样需要达成共识。达成共识的方法也是谈判、协商和妥协。于是，自由、平等、公平、正义、博爱、民主、制衡等等价值观也就水到渠成，并成为全社会的"共识"。

在巫术失效之后，古希腊人把神请回来，演变成认识对象的神秘属性，再演变成自然属性。由于认识对象的存在，古希腊人认为神秘知识是存在于对象之中的。就像金子一样，它必定存在于某处，只需找到它就行了。这就势必要求不断提高认识水平和认识能力。于是，"是论（存在论）"转变为"认识论"。由于对世界的认识不断深化、泛化，这种主客对立的研究认识活动成为西方人掌握世界的主要方式。因而"共识"是无数个体在主客体对立的认识活动中获得的，它是哲学研究的结果。因此，西方文化从根本上说，是一种知识文化，一种哲学型的文化。

随着主体对客体的分割越来越彻底，有机整体成为一堆无机的碎片，客体已经被"虚无化"。人的主体性被提高到至高无上的地位。每个人都是上帝，都是终极的存在，都是绝对真理，何来"共识"？于是多元主义、相对主义大行其道。"共识"没有了，西方社会陷入虚无主义之中。于是，有识之士开始呼吁主体与客体重新融合，哲学家们努力将两个世界融合为一个世界，将二元论融合为一元论。哲学开始美学化。西方文化开始向中国文化靠拢。

2. 中国文化具有经验性质，是美学型文化

李泽厚首次提出中国文化的根源是"巫史传统"，这是一个伟大发现。但很遗憾的是，他对此传统的意义认识不足，甚至还认为这是一个应该发扬下去的好传统。在讲到与此有关的"实用理性"时，也是如此。他多次谈到中国有误把前现代性当成后现代性的风险。似乎又与前述观点相矛盾。那么，"巫史传统"究竟是怎么回事呢？

（1）"巫史传统"：中国文化的根源

在巫术失效以后，中国巫师做出了自己的反应：他们把"鬼"请了回来，试图借助"鬼"的魔力继续支配世界。他们为什么不像古希腊人那样把"神"请回来呢？原因时在巫术兴起的早期，由于人掌握了咒语和仪式，有了巫术能力，可以支配、掌控世界，"神"成为多余的东西，被大批消灭了。人们不再敬拜"神"，而是敬拜"鬼"。"鬼"是人死去后的魂魄，它生前与大家住在一起，不仅有血缘关系，还相互关照，很有感情。成"鬼"以后肯定比"神"更愿意保护自己的亲人。随着时间流逝，新"鬼"成为祖先，对"鬼"的崇拜变成"祖先崇拜"。祖先当然更喜欢那些经常祭祀的人，喜欢更贵重的祭品。什么祭品最贵重？当然是人啊。用人牲来祭祀祖先，在所有的祭祀竞争中，肯定是最出彩的，最让祖先高兴的。但用人牲祭祀不是一般人能做到的，也没有多少王孙能做到，只有国王一个人能够长期坚持用人牲祭祀。于是国王不但垄断了国家的祭祀活动，还通过不断地杀人树立起了个人的绝对权威。国王有了随自己意愿"生杀予夺"的大权，他的一喜一怒、一言一行都关系到千万人的身家性命。因此，国王不仅是最厉害的巫师，也是最厉害的"活鬼"。他的一喜一怒、一言一行替代了巫术中的咒语和仪式，会产生严重后果，必须要有专人记录国王的言行。这专人就是"史"。"史"的前身是"巫"，国王是"大巫"，在他身边，还有一班"小巫"。这些"巫"一边从事巫术活动，一边也要记录国王的言行，慢慢地，个别"巫"就专门记录国王的言行，转变为"史"了。"史"的职责就是记录国王的言行，国王的言行就是一国的历史。这就是李泽厚所说的"巫史传统"。

祖先崇拜的要义就是要获得祖先的喜欢，让它更多地保佑自己。于是，祭祀的义务渐渐转移到国王的手里，成为一种垄断的特权，限制或不充许其他人祭祀祖先。这就加强了政教合一的统治形式。国王也是会死的，也会成为祖先，被子孙崇拜，因此，子孙要想获得国王死后的保佑，就必须孝顺。这实际上就是儒家道德所宣讲的那一套：就是因祖先崇拜而衍生出来的。

祖先崇拜有利于建构一个等级森严的社会秩序，但它也埋伏着巨大的危机：并不是所有人都是国王家族的成员，他们有自己的家族，自己的祖先，他们势必也要敬拜自己的祖先。你越是倡导祖先崇拜，人们就越要崇拜自己的祖先，这会造成各是其是，各非其非、离心离德的后果，以家族为单位的小共同体在族长的领导下，各自维护自己的利益，不断发生家族纷争、群体性械斗，偶尔还与国王的大共同体发生冲突。这当然是国王不愿见到的。国王虽然可以运用无上的权威胁迫所有人不得祭祀自己的祖先，取消民间祭祀，由国王代替所有人统一祭祀（祭祀祖先演变为祭祀天地、祭祀炎黄），仍不能阻绝人们隐秘地祭祀自己的祖先（毕竟只有自己的祖先才能保佑自己）。这正是中国人"一盘散沙"的原因。于是，寻找一个共同的祖先就成为迫切需要。首先是有生命活力的"天、地"充当了所有人的共同祖先，但"天、地"太宽泛了，也可以成为"四夷"的祖先，于是到近代才提出了"炎黄子孙"的说法，中国人把炎帝与黄帝认作自己的共同祖先。

显然，"巫史传统"的核心在于至高无上的国王，他拥有巫师的神秘力量，可以随意生杀予夺。他有强烈的自我意识，以自己为中心，别人都是他的工具，为他服务，他成为为所欲为、作威作福的威权者。他的一己之见，成为所有人的共同识见。要让国王的一己之见被所有臣民接受、信奉，必须具备两个条件：一是杀人立威，不是一个一个地杀，而是一批一批地杀，让所有臣民害怕；二是控制一切资源，把天下的资源统统归为己有，臣民要生存，就只能依附于国王。国王一点点恩赐，就会让臣民感恩戴德、心存感激。既害怕，又感激，这两种极不协调的情感集于一身，就是中国人的性情。做到了这两点，国王的经验就很容易被所有人接受了。当国家日益强大，国王的经验成为国家意志，国家通过庞大的行政机构贯彻实施，落实到社会生活的方方面面，形成强大的文化力量，于是中国文化就具有了国王个人经验的性质。

由于国王的意识还处于巫术意识时期，并且还受到他意识阶段的传统影响，他的个人经验必然具有那些意识形态的鲜明特征。有机整体、普遍联系、变化不定、祖先崇拜和支配自然等等神话意识和巫术意识观念在他的生活中起到决定性的作用。如此，国王的经验也就必然是他意识水平的体现。国王的经验成为所有人的经验，成为国家意识，他的经验的局限性也就成为所有人认知的局限性，也就成为国家意识和主流文化的局限性。

但是，每个人毕竟有自己的经验，这是国王无法控制的事情。由于有国王经验（国家意志）的压力，个人的经验不可能公开广泛地交流，只能在极其有限的范围内私下传播。自然无法得到别人的验证，同样不知对错。在国王经验与所有个人经验之间，还有基于祖先崇拜的族长的经验。族长因为个人威信，他的经验在族人中往往具有决定性的影响。在相对封闭的环境中，"天高皇帝远"，族长的经验起到国王经验的作用。所以，在中国，实际上有三种经验，一是以国家意志面目出现的国王的经验，二是以祖先崇拜面目出现的族长的经验，最后才是每个人自己的经验。这三种经验同时存在，也相互影响。

不管哪种经验，国王的、族长的还是每个人的经验，都只是经验。这一点，需要重点强调。经验不是知识，只是每个人比较稳定的感受。把经验当成知识，甚至还有"经验知识"的说法，是一种谬误。经验具有私人性、情感性、主观性、具体性、模糊性、体验性、实用性等等性质。经验的表达，就是艺术。因为它们的外在形式都是具体可感的、有个人印记的、有主观情感的。一首诗、一段感悟或一件瓷器，都是经验的表达，都是艺术。窗外芭蕉，若是一种自然存在，没人会注意。但凡注意到它，就必是注入了一种经验（意绪），它就是艺术了。这些艺术获得别人的赞赏，那一定是引起了别人情感上的"共鸣"。所以，在中国文人中大家追求的不是"共识"，而是"共鸣"。杜威说"艺术即经验"，他这话特别适用于中国文化。这也是中国文化的美学属性，所以，我认为中国文化就是一种"美学型文化"，它与西方"哲学型文化"相反相对。

考察世界上的其他文化，比如古埃及文化、古印度文化、古希腊文化，均没有这种性质。原因在于，他们的国王虽然也很强大，也可以杀人，也有权威，但他们头上毕竟还有"神"在，国王不敢恣意妄为，不敢像中国商王那样用大批人牲祭祀鬼神。他们也没有完全控制生存资源，甚至还承认所有人的私有财产神圣不可侵犯，不少人不依附国王也能够生存，他们保持了相对独立，具有一定的自由。如此，国王的经验很难为所有人接受。

（2）中国人的自我意识是威权者的自我意识，因此无需"共识"

另一方面，在自意识阶段的巫术意识时期，国王通过人牲祭祀大批杀人立威，又垄断了一切生存资源，成为一个强大的威权者，所有人不得不依附于他。每个人虽也意识到了自己的存在，却把自己的自我意识投射到一个威权者身上，以威权者的自我意识取代了个体的自我意识，威权者的意志就是所有人的意志。如此，在这样的社会中，不存在"共识"的问题，人们也没有"共识"的观念。威权者的情绪、意见、思想和理论就是所有人的情绪、意见、思想和理论。威权者的个人经验就是所有人的共识（个人经验不是知识，它常常是错误的）。威权者与所有人构成一个有机整体，其中的每一个人都不能从这个有机整体中分离、独立出来，同时，每一个人又都是这个有机整体。威权者虽然是主体，但他受制于包括他在内的有机整体，没有办法将身外的世界当成客体看待。他的主要精力必是应付以他为至高无上的威权者的无数个体，他陷于与自己的崇拜者之间的斗争。对他来说，维持自己的权威才是唯一重要的事情。于是，维系"万世一统"的道德、等级、赏罚体系就发明出来了。

儒家致力于维护威权者的威权，获取生存资源；道家轻视威权，却又不得不承认威权者有"生杀予夺"的无上权利，便选择逍遥；佛家则看空一切，选择逃避。这一切的背后，暗中起作用的其实是另一种虚无主义情绪。中国自古就有一种虚无主义情绪，与现代西方的虚无主义相比，中国虚无主义表现为一种人生如梦、人生如寄的无聊状态。为了打发这种无聊的情绪，人们用诗词歌赋、琴棋书画、声色犬马、风花雪月点缀生活，寻些乐子，找点趣味。可见，所谓的艺术不过是逃避虚无主义的结果，这也是艺术家一直处于弄臣地位的原因吧。

个体没有主体性，世界仍然是主客体不分的有机整体，仍处于"天人合一"的融合状态。但个体毕竟是有意识的人，对身边的事物难免有自己的想法，形成自己的经验。因有威权者的存在，个人的想法和经验不可能大范围的公开交流，没有形成"共识"的条件和机制，不可能形成"共识"。因此，没有知识，只是经验；没有哲学，只有美学。

总之，中国文化一直处于主客体不分的原始融合状态。有意识的人只能在有机整体之中体验身外的世界。体验获得感受，稳定的感受就是经验。杜威说："艺术即经验"。我们有理由认为中国文化是一种美学型的文化。

可见，分裂的西方文化向融合的中国文化靠拢，似乎是必然的。但我的看法不一样：西方后现代文化不是向中国文化靠拢，而是向"融合"状态靠拢。只是因为中国文化恰好是一种"融合"状态的文化，就让人看走了眼，以为西方文化正在向中国文化靠拢。

（三）美学与哲学是人类走向未来的两条腿

张法用"无"与"有"概括中国文化与西方文化的基本精神，由此引出了笔者的一些思考。我们不能停留于中西文化的差异性，还要问问"为什么"，找到造成这种差异的根本原因，才能真正理解这种差异，理解各自文化的优劣，才会扬长补短，迎头赶上。

中国文化源于"巫史传统"，巫师与国王合一。国王通过祭祀祖先把自己的个人经验变成国家意识，强迫所有臣民接受。经验不存在于事物之中，而是存在于人心之中，所以，才会有自我修养，希望在心里发现更多更好的经验，以便在各种关系中取得胜算。因此，在中国，经验主导一切。在这一切的背后，是主体与客体的融合不分，浑然一体。所以，中国文化，是一种经验现象学，是美学型文化。而西方文化源于"巫哲传统"，巫师（祭司）演化为哲学家。哲学家"爱智慧"，追求真相与真理，通过多人检验达成共识，获得知识。知识就是力量，可以支配、控制世界。因此，西方是知识主导一切。这一切的背后是主体与客体的二元对立。所以，西方文化是一种哲学型文化。

美学是体验世界的结果，而哲学则是认识世界的结果。前者正是中国文化的特征，后者正是西方文化的特征。所以，我觉得用"美学"概括中国文化的基本精神、用"哲学"概括西方文化的基本精神，是有道理的。在后现代社会，西方人正由分裂走向融合，哲学似乎在美学化；而中国人则想继续保持融合状态，等待西方人向自己走来。

我认为，不论中方、西方，都不应该一条腿走路。西方不可能放弃哲学，用美学来取代它。中国也不应该放弃美学，用哲学取代它。相反，西方只有哲学，没有美学（他们所谓的美学还是哲学，并不是真正的美学），他们应该装上美学这条腿；中国只有美学，没有哲学，我们应该装上哲学这条腿。因为哲学与美学不能互相取代，它们是人类走向未来的两条腿，缺一条都不行。两条腿行走，身体才能平衡，才能行久致远。

在后现代社会，哲学，将退出舞台的中心，在幕后继续发挥作用；而美学将走向舞台的中心，暴露在追光灯下，艳丽动人。在《回到鲍姆嘉通》一文中，我是这样说的：

> 我们因此有理由相信：哲学——那种"二元对立"的学问——正在退场，退居幕后；而美学——那种"一元融合"的学问——正在出场，占据舞台的中央，主导人类的感受经验，为创建一个更好感受的幸福社会而奋斗不息。①

---

① 向杰：《回到鲍姆嘉通》，《美与时代》，2014年第10期。

美与人生境界

——张世英《美在自由》导读

王燕子[①]

张世英先生的《美在自由——中欧美学思想比较研究》（以下简称《美在自由》）是中国当代美学著作中不可多得的一本经典。此书中精辟的阐释和创新的开放兼容性，得益于张世英提出的"万有相通"哲学观。这本书第一版由人民出版社2012年出版。之后，北京大学出版社2016年出版了《张世英文集》，又将这本书编排为第9卷，再次出版。此书收集了张世英跨越长达20年、关于欧洲美学思想以及中国美学思想相结合问题的系列论文，分为5编，共28篇。不过，正因为是论文集编，有些观点的表述在某些篇章上有些叠加，通读过程中很容易看成是学术观点的重复。但是，这些叠加并不是简单的重复，应该看成是相同观点在不同维度的比较及扩展性论述。

张世英认为，以老庄的"万物与我为一"、宋明道学的"仁者以天地万物为一体"为核心的中国哲学中"天人合一"的整体性、高远性，与以欧洲为中心的西方哲学中"主—客"二分哲学观点中自我"主体性"，完全有融汇结合的可能及必要。从《美在自由》中，我们可以看到张世英希望将中国当代美学

---

① 王燕子，广东财经大学副教授。

拉回到"为人生"的"大美学"轨道中的初心。这既保存了中国古典美学那种关心"天地大美"、人生之美的综合性美学精神的特点，也吸纳了西方美学中原有"学科型"的理性特点。再加上"主体性"认知力的提升，最终张世英在《美在自由》这本书里将审美意识的最高层次落在"超理性之美"，从而思辨且创新性地探讨了"美与人生境界"的议题。此书中的观点及方法，已然具有"各美其美、美美与共"的融会贯通的理想境界，当属于建构中国学派、守正创新的当代经典美学著作。

一、"万有相通"与审美

一个成熟的学者在表达他的学术观点的时候，我们不仅要注意他观点本身的内涵，更要了解这一观点提出的背景，以及背景中可能存在的多元性的学脉经历。张世英的美学观点的核心思想，是从中西哲学史的差异中寻找到的"美在自由"的"超理性之美"的感悟，然后将其回归到中国传统文化之中，重返中国古典美学中"大美学"的轨迹，将"超理性之美"与人生成才之路联合起来，提倡一种超越主客二分的"万物一体"观。当时的学术界，对西学的引入和阐释，一度呈现出"失语症"的症候。如何正确看待西学的引入，以及正确处理西学转换的中国化方式，是当时学界面临的一个比较重要的问题。即便放在当下，这种转换思考也是非常重要的。

《美在自由》的出版是在当代国际跨文化交流的背景中对原有中国传统的"万物一体"观的新的阐释和发展，可以看成是对中国美学精神"守正创新"的一种努力。这种努力经历了一种过程，是从比较中西文化中的两种不同的"在世结构"开始的。

（一）两种不同的"在世结构"

《美在自由》这本书的副标题为《中欧美学思想比较研究》，虽名为"美学思想比较研究"，实则从中欧哲学比较开始。其实，美学与哲学的关系非常微妙，在美学史上占最显赫地位的常常是哲学家。因为美学通常是被作为哲学思想或体系中的一个方面或部分，哲学上宏观层面的启发或观念，往往比美学领域中某些具体性艺术问题或艺术作品的讨论影响更为深远。《美在自由》这本书可以看成是张世英在其哲学思想逐渐成型并成熟过程中，对一些美学问题的思考。故此，张世英在此书的第一编《审美意识的哲学基础》中，首先区别了中欧哲学史中两种不同的"在世结构"。

1.何为"在世结构"

所谓"在世结构"，指的是人与世界的关系，即人生在世是如何理解人与世界万物的关系。在张世英看来，这种关系占主导地位的有两类：一类便是将世界万物隔离于人之外，不仅如此，还将我立于"主体"地位，将世界万物之中的他人或者他物皆当作"客体"，主体与客体之间的关系属于观察与被观察、认识与被认识的关系。之后当主体获得并掌握了客体的本质、规律之后，转而将客体为我（主体）所用，从而最后达到主体与客体的统一。欧洲哲学中将这种关系称之为"主客关系"。以这种关系模式存在的"在世结构"是"主—客"二分式结构。

另一类便是把任何世界万物看成是血肉相连的关系。在他看来，人是世界万物的灵魂，而世界万物则是人的灵魂的一种外在显现，即是一种灵魂的承载。没有人存在的世界，只是没有灵魂的躯壳，是无意义的。与此同时，人也就成为没有依附的幽灵。换句话说，人（自我）与世界是相互依赖的。这种"在世结构"是"人—世界"融合式结构。①

对这两种不同在世结构的理解、区分，以及两者在中国美学思想史，乃至中国哲学史上的表现的梳理，是张世英美学思想（哲学思想）建立的基础。除了《美在自由》之外，在他的《天人之际——中西哲学的困惑与选择》（人民出版社1995年版）、《进入澄明之境——哲学的新方向》（商务印书馆1999年版）和《哲学导论》（北京大学出版社2002年版）三书中也多次出现对这两种不同在世结构的介绍和比较，并由此提出了他最重要的"万有相通"的哲学

---

① 张世英：《美在自由——中欧美学思想比较研究》，人民出版社，2012年版，第3—4页。

思想。在他看来，这种"万有相通"哲学是结合了中国传统的"天人合一"与西方传统的"主客二分"为一体的一种"后主客式的哲学"或称"后主体性的哲学"，它并不抛弃"主客式"或"主体性"，而是既包括又超越"主客式"或"主体性"。①且只有在这种"万物相通"哲学的范畴中，才能真正建立起"美在自由"之"自由"的三重超越。

张世英指出，"美在自由"之"自由"的三次超越需要经历感性超越（"感性美"）、理性超越（"理性美"），最终达到"超理性之美"。此时，"通过感性的东西和理性的东西，进而达到一种对万有相通（相互联系、相互隶属）的整体或者说对万物一体的领悟"②。在他看来，对应于"感性美""理性美""超理性之美"这三重审美境界，人的审美功能相应也是三重的，首先是感官性的情调审美，其次是一种具有逻辑性思维的理性审视之美，最高便是超逻辑性的审美想象。整体来说，理解张世英对两种不同在世结构的认知和辨析，才能真正体会到他对于"美在自由"这一美学思想的逻辑起点。

2.哲学史中的"在世结构"

"人—世界"结构的融合式与"主体—客体"结构的二分式，是人类思想史上个人精神意识的两种不同状态。张世英认为，中欧哲学史上这两种结构的思想都存在过，只是地位不同：欧洲哲学史上占主导地位的旧传统是"主体—客体"式，而中国哲学史上长期占有主导地位的是"天人合一"式，即"人—世界"融合式。

张世英指出，人与世界（自然）的关系，在欧洲哲学史上有三个不同阶段：第一，苏格拉底、柏拉图之前，属于早期的自然哲学，主要是"人—世界"合一式。第二，柏拉图首开"主—客"二分式思想。但这个阶段属于混杂期，自然哲学与柏拉图思想并存，直至笛卡尔时期，开始了近代哲学。当然，作为近代哲学的开创者，笛卡尔本身也存在芜杂的情况，他的哲学中也有一些"人—世界"合一的思想。黑格尔是近代哲学集大成者，他提出的"绝对

---

① 张世英：《觉醒的历程：中华精神现象学大纲》，中华书局，2013年版，自序第1—2页。

② 张世英：《美在自由——中欧美学思想比较研究》，人民出版社，2012年版，第347页。

精神"便是"主体—客体"关系的最高体现，被认为是认识的最高目标，也是最终极的真理。可以说，笛卡尔到黑格尔的欧洲近代哲学的原则就是"主体—客体"式。第三，黑格尔之后，大多数现当代哲学家以及一些神学家，开始挑战、贬低乃至反对"主—客"式的关系设定。其中，海德格尔是此阶段最重要的哲学家，他旗帜鲜明地反对自柏拉图到黑格尔的旧的形而上学传统，提倡"人—世界"合一思想。但是，在海德格尔等人的思想中，这种反对与提倡之间，并不是绝对的对立关系，而是在经历了"主—客"关系式之后，感知到其中的弊端，然后提出，"人—世界"合一式优先于"主—客"式，而且，海德格尔本人也论述过"主—客"式关系以"人—世界"合一式为基础。

换句话说，张世英认为，海德格尔提倡的"人—世界"合一式思想，已然不同于前柏拉图时代的自然哲学，而是经历了近代哲学之后的、有所反思有所超越后的新的"人—世界"合一式思想。恰好可以说，这是一个否定之否定的路径，是从古到今的整个欧洲，乃至西方哲学史的特点之一。

而中国哲学史长期以"天人合一"的思想为主导。当然，中国古代思想家对于"天"的解释有多种，张世英所说的"天人合一"思想中的"天"只是取世界万物或自然之义，以此来比较中欧哲学史中人与世界的关系。在中国哲学史中，除了"天人合一"思想，还有"天人相分"的思想。在张世英看来，这种"天人相分"就有些类似"主—客"式，但是从未占有过主导地位。例如，先秦时期的墨家思想就有类似认识论的"主客二分"的思想倾向，可一直不占主导地位，而且语焉不详。

张世英指出，中国哲学史中的"天人合一"思想的萌芽，最早可追溯到西周时期的天命论。到了孟子，正式提出了天人相通的观念。但是，孟子的"天人合一"和老庄的"天人合一"不同。

孟子思想中，人之所本是有道德的，而孟子所谓的"天"，也有道德意义，于是，有道德意义的"天人合一"的境界也需要通过有道德的方法才能达到，例如，"强恕""求仁"。然而，老庄的"天人合一"是没有道德意义的，只是道法自然。在老庄看来，"道"是宇宙万物的本根，人亦以"道"为本。"天人合一"境界的获得，也不需要道德意义的加持，庄子主张的是"坐忘""心斋",即忘我的经验、意识,取消一切区别,便可达到"天地与我并生,而万物与我为一"的境界。

当然,老庄的"天人合一"境界与海德格尔的"此在—世界"(人—世界的关系)还是不同的。老庄的"天人合一"是一种原始的"天人合一",没有经历过"主—客"二分的认识论思想的洗礼,而海德格尔则是明确了"主—客"式思想与认识论的价值和地位,然后论述"此在—世界"的结构优先于"主—客"式。在张世英看来,老庄哲学和海德格尔哲学的区别,是中欧哲学的区别,同时也是古代哲学与现代哲学的区别。换句话说,此两者中,不仅存在文化区别,也存在时代区别。

在中国哲学史中,以孟子代表的以人伦原则为根本的"天人合一"说,到宋明道学达到高峰。张世英认为,张载的"天人合一"思想的表述中,更多的是主张"德性所知"高于"见闻之知",即"天人合一"高于"主—客"认知式。当然,张载的认知结论不可能像海德格尔那样具有系统性分析的过程。道学的"天人合一"说,在张载之后,逐渐分为程朱理学与陆王心学两派。其中,王阳明的"天人之说"在中国哲学史上的代表性地位,与海德格尔"此在—世界"的思想在西方哲学史上的代表地位类似。当然,两者也存在着根本的区别,最大的区别可概括为两点:第一,时代性。海德格尔思想中的"人—世界"关系的表述,经历了认识论的洗礼,而王阳明心学缺乏这种,属于古代哲学。第二,道德伦理与道德理性的地位。王阳明的心学具有的是封建道德伦理意识,且只属于道德理性,不具有超理性。而海德格尔的"此在"内容非常广泛,且属于超理性范畴。[1]

当然,中国到了近代社会,学习了西方近代哲学中的"主—客"思维方式以及与之相联的主体性哲学。中国美学也进入到了中国现代美学阶段。

3.审美意识的"在世结构"

美学史上关于美学问题的讨论,大多围绕着美是什么,美的标准如何界

---

[1] 张世英:《美在自由——中欧美学思想比较研究》,人民出版社,2012年版,第10—12页。

定，如何认识美，美感如何分析等问题。其中，美感问题，涉及的是审美体验。张世英认为，美感问题的核心实际上是谈审美意识。他明确指出："按主客关系式看待人与世界的关系，则无深层的审美意识可言；审美意识，从根本上来讲，不属于主客关系，而是属于人与世界的融合，或者说'天人合一'。"①

在美学史上，我们常常可以看到有些学者把审美意识放置在"主—客"二分的关系中讨论，有的是主张审美意识源于主体，或者主张源于客体，或者主张主客观统一。但这些观点都属于"主—客"二分的认知模式。张世英认为，只有超越这种主客关系式，达到更高一级的天人合一模式才能获得诗意或深层次的审美意识。他在讨论审美意识的"在世结构"的时候，通过从中国诗词的品鉴过程的体验分析出发，否定以主客观关系为框架的审美意识的设定。

例如，马致远的小令《天净沙·秋思》："枯藤老树昏鸦，小桥流水人家。古道西风瘦马。夕阳西下，断肠人在天涯。"如果按照"主—客"二分模式来言谈审美意识，那么古藤、老树、小桥、流水、古道等词语的感知只能是字面意义上的认知感受，而缺乏审美直觉中获得的超越性。要想真正体验诗词的魅力，就要超越单纯的主客关系以及认识论的理性层面的感知，最终在审美意识过程中通过审美直觉获得创造性想象的愉悦感，这都是无功利的。

张世英最终指出，审美意识的直觉性、创造性、愉悦性，以及不计较利害的特性，都需要审美者在审视过程中超越单一维度的"主—客"关系。这种超越是对有限性的超越，而在天人合一的审美意识中，一切有限性都被超越，从而进入"物我两忘"或"忘我之境"。因此，用后现代美学中的"显隐说"，而不是现代美学的"典型说"思维方式审视艺术作品，探讨美学的基本理论问题，将会获得真正深层次的审美意识。

张世英在"艺术中的隐蔽与显现"这部分内容中，非常清晰地将"典型说"与"显隐说"进行了比较梳理。在他看来，欧洲传统艺术哲学基本上以"典型说"为核心，从柏拉图、亚里士多德到康德、黑格尔，主要的重心都放

---

① 张世英：《美在自由——中欧美学思想比较研究》，人民出版社，2012年版，第14页。

在了普遍性的追求上。甚至我国文艺理论界近半个世纪以来的"典型说",也只是认为具有显现出事物本质或普遍性的作品才能称为真正的作品。此背景下,美学的哲学基本问题便是认识论问题。

但是,张世英认为,诗意性的审美意识,应该是让人获得一种返回家园之感,或者说是回复领会到天人合一、万物一体。这便是新艺术哲学的方向。旧形而上学的概念哲学探讨的是"事物是什么",与此相对,新哲学的方向要求的是"显现事物是怎样(如何)的"。前者追求普遍性、本质性,追求的途径是认识论的类型,最终探讨出的是将同类事物中的不同性,即差异性、特殊性全部抽离出来,只留下抽象的普遍性。后者把在场的东西和不在场的东西综合为一,把事物的显现和隐蔽同时呈现。张世英指出,"强调隐蔽、思慕家园、回复到与万物合一的整体","不是要回到主客关系以前的原始状态",而是"在艺术中超越主客关系,以回到人生的家园"。因此,他认为:"从以主客关系的在世结构到超主客关系的在世结构,从重在场(显)到重不在场(隐),从典型说到显隐说,乃是当今艺术哲学的新方向。"[①]

(二)"惊异"的灵魂——超越有限

人天生都是诗人,人人可以成为艺术家,类似的话语有很多。但是,现实中,刚出生的孩子是不可能成为诗人或艺术家的。当小孩从混沌未分状态到能认识世界、区分自我与他者、区分主客过渡的时候,将会有一种无知式探索的"惊异"感出现,而这种"惊异"感常被人称为"童心"。童心的存在代表着探索、新奇、感动。亚里士多德在《形而上学》中对"惊异"有类似这样的描述,惊异就是对无知的意识,或者说是求知欲的兴起。张世英指出,亚里士多德是在讨论知识,或者说探讨终极原因的知识即哲学时谈到惊异的。惊异被学者们当成了求知的开端,是哲学的开端。之后的柏拉图、黑格尔等哲学家不断地区分惊异的价值,认为惊异只是开端和起源,惊异意味着刚刚从无自我意

---

① 张世英:《美在自由——中欧美学思想比较研究》,人民出版社,2012年版,第44—47页。

识中惊醒，至于真正清醒的状态，则是属于精神本身的东西，则不属于惊异。黑格尔区分艺术类型的时候，将象征型艺术或者说整个艺术，都归入"前艺术"，在他看来，哲学不仅超越艺术，而且超越宗教，哲学远远把艺术，特别是艺术开端的惊异抛到了它的最高范畴之后。

但是，真正的诗人、艺术家都是具有清楚的自我意识、能自主分辨主客关系的人。他们之所以成为非一般人，进入诗人、艺术家行列，就在于真正的诗人、艺术家可以通过超越主客二分的阶段，超越知识本身进入高一级的主客浑一状态，从而采取了"诗意的看法"，如同老子所说的"复归婴儿"的状态。

1.感兴与惊异

惊异感如何获得？张世英认为，审美意识的获得，或者说诗意的产生，需要惊异兴发诗兴。有两种阶段的诗兴获得可以由惊异引起：第一阶段，人从无自我意识开始到能区分主客这个过渡的"中间状态"，此中能激起惊异，兴发诗兴；第二阶段，从主客二分到超主客二分，从有知识到超越于知识层认知的时刻，也能够激起惊异，兴发诗兴。第一阶段是自然进入一个新视域，或者说新世界，从无知到有知的过渡；第二阶段是创造出一个新世界，区别于诗人或艺术家生活已久、熟悉了的旧世界的新领域。

中国美学史上所说的"感兴"，可以看成是诗人"惊异"能力的努力。例如，明代诗人石沆的古诗《夜听琵琶》，"娉婷少妇未关愁，清夜琵琶上小楼。裂帛一声江月白，碧云飞起四山秋"，这首诗里就把惊异的过程展现出来了，起初"娉婷少妇未关愁"，但是，"清夜琵琶上小楼"之后，"裂帛一声"就把原有的环境一下打破，创造出了一个新的领域，新世界开启，不仅"江月白"了，而且原来清夜已然褪去成为若隐的背景，换成"碧云飞起四山秋"。此时，诗中琵琶的宛若裂帛之声，引发了少妇之愁怨，四山之秋色，此为感兴。"感，动人心也。"（许慎《说文解字》）"兴者，有感之辞也。"（挚虞《文章流别论》）张世英指出，儿童不经任何教导，听到音乐即能手舞足蹈，即为第一种惊异，这也是一种"感兴"。而诗词中的感兴，抛去了平常看待事物的态度，开掘创造出了一个新世界。事物还是原来的事物，但诗人因"感兴"—"惊异"而开启了其中的"美"。张世英此时特别引用了叶燮的金语："凡物之美者，盈天地皆是也，然必待人之神明才慧而见。"（《集唐诗序》）并同时指出："新奇乃是惊异的结果和产物。"①可以说，惊异让人们进入到了诗意的境界，超越认知的惊异，进入新的世界。

但是，在欧洲哲学史上，从笛卡尔到黑格尔的近代哲学史，占主导地位的主客二分的思维方式，主张主客统一是一种认识论上的统一，即通过认识把两个彼此外在的东西（主体与客体）统一在一起，和超主客关系的审美境界完全不同。尼采就曾大力批判这种主体、主体性、主客二分的思维方式，尼采明确主张艺术家比旧形而上学的哲学家更正确地接近尘世，他提倡人应该学会善于忘却，善于无知，就像艺术家那样。在张世英看来，尼采的这种提倡，就是希望哲学摆脱原有"理念世界""绝对理念"之类的抽象化的"天国"，最终归于尘世。当然，尼采矫枉过正了，完全贬低主客二分和知识的地位，并不可取。

在张世英看来，海德格尔的论述，比尼采的观点更为恰当，海德格尔不仅将惊异当成了哲学的开端，还把惊异当成了哲学本身，甚至将惊异作为"人与存在的契合"（适应、一致、协和），或者说人在与存在契合的状态下感到惊异。于是，惊异在海德格尔那里成为哲学和审美意识的灵魂和本质。值得指出的是，海德格尔所谓的惊异，不是指在平常事物之外看到另一个与之不同的令人惊异的新奇事物，而是指"在惊异中，最平常的事物本身变成最不平常的"。当然，海德格尔的"最不平常"指的是事物之本然，敞开了事物本来之所是。换句话说，惊异把原来平时的主客关系中的态度看法转化和提升，最终成为"人与存在相契合"，成为超主客关系。

张世英认为，海德格尔关于惊异是在事物本身发现其不平常性的观点和论述，与诗人、文学家不谋而合。于是，海德格尔最著名的那句"人诗意地栖居着"，应该是指人可以经过美的陶冶而成为真正的诗人，或者成为真正有诗意的人。由此看来，惊异既然可以被指认是诗意的灵魂，凭借惊异可以使得人跳脱出事物最平常的时刻，进入不平常的审美境遇。自然而言，感兴使得惊异呈

---

① 张世英：《美在自由——中欧美学思想比较研究》，人民出版社，2012年版，第29页。

现，也便使得诗意呈现。

2.超越有限

我们平常看待事物的态度，都是关注于"在场的东西"。对于"不在场的东西"，我们一般是不予理睬，这是一种有限的视角、有限的观点。但是，进入到审美意识或者艺术领域，有限的事物不仅呈现有限，还能呈现出无限的内容，即超越有限。但是，在美学史内，西方传统美学以有限显现无限的设定，是以认识论的"主—客"二分的思维方式来限定的，即显现的无限是普遍性概念，即超越感兴的抽象本质或理念，这种态度下呈现出的审美观最基本的观点是"典型说"。但是，张世英认为的"有限显现无限"中的"无限"，是指在场背后所藏匿的无限关联，这里不在场的无限所在，"不是抽象的概念，而是具体的现实世界，只不过这被显现的具体现实世界隐而未显而已"。不仅如此，传统美学中所谓的以"有限显现无限"之"有限"只是指在场的感性事物本身，而张世英所认为的"有限"，不仅包括感性的事物本身，还包括理性普遍的东西在内。因此，在场显现不在场，需要超越有限，超越在场，不仅是超越感性的东西，而是超越感性与理性的具体统一物。换句话说，是通过在场的事物（凝结着"思"的直观性事物），超越到不在场事物的无限想象。

例如，说不尽的《红楼梦》，为何说不尽？绝不是在《红楼梦》已然说出的东西的范围内转来转去，而是因为在《红楼梦》已然说出的东西中，还隐匿着无尽的具体现实的东西能供人玩味无穷。如果是按照传统美学观点中的"典型说"的分析，《红楼梦》的情节人物等可以显现理性无限物，那么把人们的注意力从文本引向抽象的概念世界，最终将《红楼梦》总结出所有的逻辑概念之后，文本的理念追求也就"至矣尽矣"。但是，如果是按照"人—世界"合一的思维方式，以"显隐说"的观点，超越文本中呈现出的感性内容以及文本本身具有的理性沉思，最终把人从现实引向更广的现实，那么现实的天地广阔无垠，则意味无穷。

超越有限有何价值？这涉及人的本能需求。人首先是一个有限的存在，人与动物的最大不同，在于人的自我实现的需求，人类不甘心停止于有限的范围，他总想超越有限，这种超越意识实质上就是审美意识或者诗意需求。在张世英看来，诗意是美的艺术的总的精神所在。人之为人，在于诗意的追寻。

人类在"超越"的历史中，已然需要经历几个阶段。张世英在《审美意识：超越有限》一章的"历史"部分梳理出了三个阶段。

第一，摹仿式超越（古希腊哲学）

亚里士多德认为，摹仿是人类最早的游戏，这种摹仿虽然是对原有事物的再现，但是，摹仿者可以从摹仿行为中获得快感，其中包括从中领悟、推断事物的意义以及对摹仿技巧、智力运用感到惊奇。这种摹仿式再现也可以达到一种超越，一种对现实事物有限性的某种程度的超越。当然，亚里士多德、普罗提诺、阿奎那等哲人对超越有限的内涵的侧重点多有不同，但都还是认同摹仿超越所具有的价值。

第二，显现无限，获得愉悦（近代哲学）

近代哲学出现了唯理论与经验论两种思潮，这使得此时的美学领域开始探究有限的感性事物如何显现无限的理性、理想，并能让人感到愉悦。张世英指出，此时的康德提出了理想美以无限的理性为基础的观点，这种"美的理想"包括：审美的规范意象和理性观念。这个思想为之后黑格尔关于美是理念的感性显现说开辟了道路。可以说，康德的美学思想标志近代人在超越有限的意识方面进入到一个新阶段。而黑格尔关于"美是理念的感性显现"是西方近代美学理论的一个总结。张世英指出："黑格尔的整个哲学包括他的美学把人的注意力引向抽象的概念世界，他的艺术低于哲学、艺术必须被扬弃的观点就是一种表现。"

第三，摆脱抽象，超越理性（欧洲现当代哲学）

欧洲现当代哲学的主要特点就是反对近代哲学的抽象性，最有代表性的是海德格尔的"显隐说"。近代美学的一般术语也可以说成是以有限显现无限，但是，内涵已经超越近代。这里所谓的有限，也是包括概念在内的有限，因为概念也是受理性的限制，而这里的无限，是与有限同样具体的无穷尽。

张世英特别指出，超越有限的审美意识从近代到现当代，实现了从抽象到具体、从天上到人间的跨越。古代到近代是超越感性，近代到现当代就不仅是超越感性，同时还超越理性。按照现当代的观点，艺术的目的重在显现隐蔽的不在场的东西。

3. "想象"之超越

生活中的想象和"想象"的哲学意义不一样。"想象"在哲学史上、心理学史上、美学史上有各式各样的界定，但都有飞离在场的意思。张世英指出，从柏拉图到胡塞尔关于想象的思想发展历程可以分为三个阶段。

第一阶段，柏拉图认为认识的过程分为四个阶段（想象→信念→理智→理性），在这个过程中，想象是认识过程中最低阶段，这是一个贬低想象、贬低飞离在场的一个最古典的例子，代表着在场为先、为重的形而上学观点。

第二阶段，康德将想象力分为两种：再生的想象力、创造的想象力。康德在设定中，认为创造的想象力的认识功能不仅能把时间中各种感觉因素整合为一种整体感觉的能力，而且具有联结感性直观和知性概念的作用。此外，在审美功能上，创造的想象力本身具有的自由性可以带来审美的愉悦感，也具有一种显现理想化、理念（典型）性审美形象的能力。

张世英特别指出，康德的这种设定虽然打破了柏拉图那种轻视飞离在场意识、一味追求纯粹在场的纯粹概念的传统形而上学的观点，但是其最终还是把理性概念看成是他哲学的最高原则。要真正完成旧形而上学的终结，必须把想象看成是对思维概念的超越，而且这种超越不是要抛弃思维概念，而是经过它，包括它，又超出它。

第三阶段，胡塞尔认为，想象可以使未直接出场的东西显现出来，被照亮起来。而人不能同时从各个侧面看到一个对象的整体，如需对一个对象进行整体性把握，必须加入想象。于是，对象的整体性把握也就是想象的产物。此时，胡塞尔认为的想象，不仅超越了感性直观的束缚，也增添了想象飞离感性在场的思想成分。

在这三个阶段的解读之后，张世英提出，想象需要有多层次界定，"想象使不出场的东西出场"的"能力"或"经验"（康德用的是能力）这句最经典的定义需要有三个层次的解读：第一，记忆或联想；第二，创造的想象；第三，幻想。其中，在提到创造的想象力时，张世英主张，审美意识的更高层次应当是超越典型说所讲的典型创造，而以在场东西通过想象显现本身不在场的东西，从而让审美者获得无限不在场的空间。"词外之情""言外之意""弦外之音"，才是最高的审美境。而审美幻想的自由度比一般想象具有更大程度的飞离在场的特点。如李白的"飞流直下三千尺"这种类型的幻想，直接跳脱出感性直观以及思维推理的检验，把逻辑上不可能的东西纳入万物一体中，这种程度的想象力对于扩展"万物一体"的人生境界能起到重大作用。

《美在自由》一书在学术的创新性上也具有一定的"想象力"，主要体现在两个方面：一个方面是强调用"天人合一"而不是"主客二分"作为美学研究的思维方式。但是，他强调的"天人合一"和中国传统美学中提倡的"天人合一"不一样，而是吸纳了"主客二分"思维方式中主体性思维的理性方式之后，再进行新的转换和超越，进入一种含有现代性的"天人合一"，用超主客关系，回到具体现实中。另一个方面，是认识到学科型美学发展的窄化，努力用人与世界、人与万物相通的眼光看待艺术审美的价值和意义。将中国美学界原有的占主导地位的认识论美学模式进行调整，将美学活动纳入到人生境界的领域中。"人生境界"的问题，原本就是中国古典美学，甚至是中国传统哲学十分重视的问题，在中国古代哲人眼中，追求高品位的人生境界才是人生之大美。张世英这种将艺术哲学的方向拉向人生哲学的方向的努力，可谓是对中国传统哲学中"大美学"理念的一种复归。因此，从这两个方面来说，张世英先生的美学思想，既能正视传统中的不足，也能吸纳西方现代性的内涵，将传统进行再造，这种优秀传统文化的创造性转化、创造性发展，可以说已经达到"守正创新"的效果。

二、"无用"之美与真善美之统一

庄子早在《逍遥游》中就给后人呈现了"无用"之用。此"无用"之用不同于日常之用。只有区分了用与"无用"之用，才能理解"本真"之用。《美在自由》从审美语言的角度，阐释了"无言"的"无用"之美。此处的"无用"语言,是一种诗性语言,不同于日常语言的指示之用。当然,跳脱出日常之用的诗性之美从来不是独存的,真善美的融合在不同文化中都是被推崇及肯定的,只是结构细节的不同。为此,《美在自由》中,特别强调"万物一体"是当代美学应该追求的境界,这是集聚"真善美"三位一体的思想。

(一)审美语言的"无用"诗性

张世英在谈论人的在世结构的时候,更多倡导的是"天人合一"的在世结构。这种在世结构呈现出的人与世界的关系是融合一体,而不是主客二分的割裂审视与被审视的对象化关系。在人与世界融合一体的关系中,人与人之间的相互交流是通过语言。当然,在张世英看来,不同的哲学观将会呈现不同的语言观,而人文社会科学领域内的语言是有其独特性的,具有诗性的内涵,这种诗性语言是审美意识在语言结构中的投射呈现。只有区分了诗的语言与非诗语言之后,才能真正描写诗化语言的特征,中国古典诗的语言特征便代表了最典范的审美语言模式。语言最大的作用是什么?它的意义何在?在主客二分的认识论时代,语言只能作为交流的工具,但是在当下,除了其本真的指示功能之外,它还附加有其他活动诉求的功能项,或者是宗教功能、道德功能、审美功能等等。于是语言的意义是什么?我们必然需要回到人生的"在世结构"的原初模式,人与人之间的关系,人与世界的关系是什么?在我们谈论用何种态度用语言谈论这个世界的时候,其实代表着的就是我们对于这个世界的态度。于是,语言的意义便是我们对待人生、对待世界的不同生活方式的态度。

1.语言哲学中的"大言"与"小言"

欧洲古典哲学到现当代哲学经历了三次转向:柏拉图《斐多》篇中苏格拉底的观点便代表了第一次转向,认识到物质性和有限性的局限,进而超越并突出精神性和向往无限性。第二次则是笛卡尔提出的"我思故我在",明确建立了近代哲学中的人的主体性原则,在推进人类超越物质性与有限性、突出人的精神性层面更进一步。而第三次,到了黑格尔阶段,他集大成地完善了主体性哲学,提出的"绝对精神"或"绝对理念"把人的主体性强化到无与伦比的神圣地位，人类超越物质性有限性的内在需求和冲动达到了极致。而到了欧洲现当代哲学，虽然流派纷呈，但大体都强调主客关系，主张人与世界的融合。

这两种代表不同"在世结构"的哲学转向，最大的转折点是语言学转向。张世英认为，在旧形而上学的认识论中，世界万物是被人认识的客体，语言作为人与世界万物之间的桥梁，被认为是反映天地万物的工具和镜子。而在现当代哲学中，人与世界是融合于一体的。融合的关系在于语言，语言建构了世界，世界也因为语言而具有了意义。张世英特别指出，传统的语言观总是按照常识的看法，认为书写的东西是口语符号，语言只是说话者的主体行动。但是在海德格尔、德里达等现当代哲学家那里，语言是独立于言说者的主体性。这可以将语言看成是先行于主体所说语言之前的"无言之言"[1]。他认为，这可以借用庄子的话，描述为"大言"。在庄子的《齐物论》中，"大言炎炎"中的"大言"乃为星星之火可以燎原，照亮一切，使万物具有意义。关于这个理解，其他学者有不同的见解，例如，章太炎先生认为，"大言炎炎（淡淡），小言詹詹"，这里指大的言语应该是淡淡无味的。与之相应，小言詹詹，则是琐碎繁杂的。[2]虽然释义的细节不同，但对于庄子看待"大言"与"小言"的区别及作用不同的观点，两人都是有体会的。

《美在自由》中，单独有一小节写"大言"与"小言"，以万物一体论为哲学基础的语言观，认为人与世界融合为一的宇宙整体能作无言之言，这种"语言言说"是独立于感性对象和概念的，类似庄子的"大道""大言"。因此用"大道无言"来说，"大道"不是不能言，而是不做"小言"。"小言"是针对具体感性的对象，是具有逻辑概念的东西，是在场的东西，是能被人感知的。而"大言"独立于言说主体，具有能将"在场"与"不在场"整体呈现的能力。换句话说，是一种超概念式的语言，亦或是诗的语言。

例如，杜甫的《春望》："国破山河在，城春草木深。"在场描绘的事物是"山河在""草木深"。但是，诗中呈现的"不在场"事物最为扣人心弦，

---

① 张世英：《美在自由——中欧美学思想比较研究》，人民出版社，2012年版，第108页。

② 章太炎：《齐物论释》，崇文书局，2016年版，第11页。

"无余物""无人"之凄凉景象虽在诗中未以字词之句出现，可字里行间中又布满了黍离之悲。于是，张世英就将这样一首诗中的"大道无言"之状直接称为"道言"，诗人已经将"在场"与"不在场"的东西融为一体。

在张世英看来，梵高的农鞋同样如此，只是用另一种视觉的方式言说着"道言"。这种即为"无言之言"，即"大言"。建筑艺术也是如此，如古希腊石庙或者是北京的天坛，用的是建筑的艺术方式，言说着"在场"与"不在场"合一的隐蔽"道言"。[①]其实，这种"道言"指的是跳出了日常指示之用，具有"本真"之用的审美语言。

2.审美语言的诗性特征

审美语言是诗性的语言。可是诗性的语言最原初也是属于日常生活中的语言。为何原属于日常生活的语言又可以转换为诗性语言呢？张世英觉得要追寻语言的诗性问题，或者说辨析诗的语言与非诗的语言之间的区别，必须先回到语言的原初性。

他先梳理了狄尔泰在语言哲学中的观点，然后着重指明，日常语言能够暗指未说出的东西，其背后的原因是言说者与他人生活的本身具有共同性，有了这个才能使个人独特的东西也能得到他人理解。看来，语言本身就已然具有一种诗性的本质，它既能保持个人性，又能与他人达到一种共识性的认同。

除了狄尔泰之外，张世英还着重提及了伽达默尔所讲的"语言的思辨性"。在伽达默尔看来，语言是联系自我和世界的中介。能被理解的存在就是语言。于是，语言的思辨存在方式便具有了普遍本体论意义。[②]张世英在伽达默尔的基础上，特别强调："诗的语言具有最强的'思辨性'，它从说出的东西中暗示未说出的东西的程度最大、最深远，而一般的非诗的语言毕竟未能发挥语言的诗意之本性。"[③]

当然，在比较诗的语言与非诗的语言时候，除了强调诗性语言具有将"在

①　张世英：《美在自由——中欧美学思想比较研究》，人民出版社，2012年版，第117页。

②　伽达默尔：《真理与方法：哲学诠释学的基本特征》，洪汉鼎译，上海译文出版社，2004年版，第614—615页。

③　张世英：《美在自由——中欧美学思想比较研究》，人民出版社，2012年版，第123页。

场"与"不在场"、显现与隐蔽融合的特点之外，还谈到了诗性语言的独特性、一次性。

为了更好地解释诗性的语言所具有的特征，张世英特别将中国古典诗的语言特征进行了概括与总结。为此，张世英再次提到刘勰《文心雕龙·隐秀》中的佚文"情在词外曰'隐'，状溢目前曰'秀'"，用来强调中国传统诗论中"言不尽意""言有尽而意无穷"等观点。张世英对中国古典诗的语言特征总结了以下几点：

一、言约旨远。当然，不仅仅是词量少，且词少还需要有更积极的拓展性的延伸意味，言约旨远重点在于能引发达到"旨远"的想象。宋代魏庆之编的《诗人玉屑》中就曾提到："用意十分，下语三分，可几风雅；下语六分，可追李杜；下语十分，晚唐之作也。"具体数字不用拘泥，可言约旨远是诗性语言的正道。

二、象征性和暗喻性语言。如何能确实达到言约旨远，语词的选用很有必要。利用象征或暗喻的技巧即可让个性化的情绪引发具有相似背景的"共同体"认同的感知想象，古今中外的文化皆如此。不同的是，有些学者的象征或暗喻引发的不是具体感性的"不在场"事物的呈现，而是具有理念、概念、典型等境域的沉思，这和中国古典诗词中的深远意境还是有所不同。

三、画意性语言。诗的语言引发的应该是具体实景的形象性语言，"象外之象，景外之景"，讲究的是意境的神韵。张世英在这里强调画意，有点现代意识的代入来谈诗的语言。特别是现代世界进入视觉文化时代后，诗的语言如果具有画意性语言特征的话，比较容易进行艺术类型的转换。

四、音乐性语言。张世英认为，诗的画意性特征强调的是空间上的形象性，而音乐性特征的话，正好契合时间上的节奏性，当然，这主要集中于精神领域中的节奏感。中国古典诗词中格律诗的规则就很好地呈现了这个特征。例如，李清照《声声慢》的"寻寻觅觅，冷冷清清，凄凄惨惨戚戚"的顿挫凄绝，不仅是语言的节奏，更是诗人心境中的波澜起伏。

3.语言意义的意义辨析

语言是联系自我与世界的桥梁。语言意义的获取方式可以看成是自我联系世界的方式。关于语言的意义，大体有两种观点：意义的指称论以及意义的观念论。在指称论的思想上，语言的意义在于要求语词的作用是有所指称，无所指称的语词则没有任何含义。而观念论的思想，则是认为语词的意义代表的是一种观念，这是从语言学的角度来说明语词的意义的方式。在欧洲语言哲学中，张世英认为胡塞尔的意向性理论较为特别。胡塞尔认为，我们的意向活动包括三个环节：意向行为，意义（意向内容），对象。每一个表达不仅意味着什么，而且涉及某种东西；它不仅有意义，而且与某个对象发生关系。他强调一切意向活动都是以对象化的意向活动为基础。①于是，在张世英看来，意向性理论挪用到语言意义的理解中，就不会仅仅强调语言的认识意义，而需同样重视人的意志、欲望、感情等方面的语言意义。

为此，张世英指出，人生的"在世结构"决定语言的不同意义。人生在世的"在世结构"分为"主体—客体"关系式和"人—世界"融合式。根据人的各种文化活动相应的语言环境，也就可以认为，语言的认识意义、功利意义、伦理道德意义需要的是"主体—客体"关系来说明。至于审美活动中的审美语言则是属于"人—世界"融合式的"在世结构"。②作为审美语言的诗的语言，就不是以实际功用为目的，或者是以道德上的善为目的，如果是以道德为预定目的而进行写作的诗的语言，一般情况也不属于真正有审美意义的语言，而只是道德上的说教。诗的语言应该是一种扩展想象空间，或者是一种"玩味"的感觉的语言，而这正和胡塞尔所说的意向性理论有呼应之势。

那么，如何才能将语言诗意的想象空间进行扩展，从而达到"玩味"的作用？除了语言本身的多义性外，还有一种观点，就是隐喻性语言的存在。张世英指出，诗的语言特点可以理解为"蕴涵"，这样就能表示通常所谓的语言的隐喻性，而不仅仅限定为特别的语言技巧，如双关语、反讽等才能算诗的语言。当然，诗的语言不仅需要"蕴涵"，还需要音乐性。如此整体融合才能是诗的语言。从"在世结构"来看，诗的语言是"人—世界"的融合式审美语

---

① 刘放桐等编著：《新编现代西方哲学》，人民出版社，2000年版，第308—309页。

② 张世英：《美在自由——中欧美学思想比较研究》，人民出版社，2012年版，第135—137页。

言，宗教语言也属于"人—世界"融合式，在信仰层面上具有一定的神圣性意义。张世英特别指出，审美语言与宗教语言在神圣性上有一些共通之处。当然，张世英并不是让诗的语言最终转向宗教语言，而是将其中共通的神圣性加以提出，然后将其纳入到人生问题，将审美与人生意义放在一起，强调审美的最终目的可以是神圣性的崇高。当然，关于神圣性这个议题，一定是从宗教语言中才能考量出审美语言的神圣性吗？张世英的这个提法算是一家之谈，也许还有其他的可能。这也是后续美学家需要思考的问题。

（二）真善美的融合

在中国古典美学中，美从来不是单独存在的形式内容，孔子所说的"尽美尽善"（《论语·八佾》），荀子所说的"美善相乐"（《荀子·乐论》）都可以看到美善相随的"大美学"意识。此外，在中国古典美学中，美与真的统一也是存在的，只是对"真"有着独特的理解。陈望衡曾认为，中国古典美学认定的"真"包括三种形态：宇宙精神之真，客观物象之真，思想情感之真。[1]张世英在《美与真、善》这章中，将中欧哲学史中"真善美"统一的观点进行了梳理，认为三者的统一无疑是肯定的，只是在细节认知上各有不同。

1.美与真善的地位

在人类追求美的历程中，对待其地位的处理，也代表了人们对于世界理解的过程，曲折迂回又一往直前。

（1）真善对美的主导（古希腊时期、文艺复兴时期）

在古希腊时期，人类的思想文化的探索还处于人类的童年时代，人们更多重视身边日常的实际需求，对美的衡量标准受到很多与意志、欲望相联系的道德观念即真与善的制约。[2]对于此观点，其实可以持两个角度的考量。第一，古希腊时期的思想文化尚处于人类的童年时期，这个阶段主要是萌初阶段，很多重要且对后世影响深远的观念可以在这里找到源初点，这个时期也常被人称

---

[1] 陈望衡：《中国古典美学史》，湖南教育出版社，1998年版，第20页。

[2] 张世英：《美在自由——中欧美学思想比较研究》，人民出版社，2012年版，第147页。

为"原典"（原点）时期。第二，古希腊时期最主要的是模仿艺术。模仿即再现。当然，后代对模仿的价值多有不同解读，但都不得不认可模仿艺术与现实最为接近。于是，必然会将美的评判标准和现实利益、道德价值等联系起来。亚里士斯多德区别了审美趣味与日常实际的兴趣之间的差异，但是，他还是将美的快感和善联系起来，可以说，美的超越性在他的观念中还不具有。在柏拉图《大希庇阿斯篇》里，苏格拉底和诡辩论学者希庇阿斯之间辨析了美本身与美的东西之间的差异。当然，对美本身的追问，最终是无解的。不过，在讨论过程中，还是可以看出当时的认知停留于真和善主导美的层次。

（2）美与神性（中世纪时期）

中世纪时期，神学的追求是最重要的主题。普罗提诺也为这个时期的神学代言，他认为，神是真善美的统一。艺术不是模仿简单的现实事物，而是在艺术呈现中流露出了神的理性。张世英认为，普罗提诺主张美的东西在于形式显现的过程，这个论断开始把现实中的意志、欲望、效用等东西与审美逐渐区分开来。此后，还有阿奎那继承了普罗提诺关于美来源于上帝的神性观点，将艺术中的形式与神性联系起来，认为对称的形式美是神性的象征。这种观点和后世艺术象征的个性自由的选择有一定意义上的渊源。此时，将美与善之间的区别开始明确，甚至直接主张"美在善之外和善之上"，这种描述可以说已经开始逐渐明了美的超越性特征。当然，这一切的感知，还是附在神学的神性理解和追求上。这时候的美与神性如影随形。

（3）美的独立性（近代）

到了近代，美学的独立性开始逐渐明确出来。这是一个递进的过程。最开始，法国的布瓦罗强调美与真之间的关系，认为艺术必须抓住永恒的普遍性，即创造典型。被称为"美学之父"的鲍姆嘉通，也强调美需要和认识联系起来。但是，真正称得上把美提到首要地位并做出专门系统分析的美学家是康德。张世英认为，康德最有价值的地方是他具有了分辨真善美之间差异性存在的审美意识，一方面，他认识到美不同于真、善，同时，还认为美高于真、善，且不受现实中的真、善即自然和道德的束缚。虽然康德还是提出美是道德秩序的象征，但是这种象征不再是臣服性的。当然，康德在美学研究上的贡献是提出美与真善的差异，从而树立其独特性的基础。不过，席勒的思想就不同，他更多地把美居于统一真与善的地位，且赋予美最高价值。在他看来，只有审美的人，游戏着的人，才是获得最高自由的人，才是完全的人。谢林也认为美比真要高，因为在他看来，审美直观是先验哲学体系中最高层次。而黑格尔的对艺术美的判断，是用认识和概念由低级到高级的发展过程来解释，他对真的追求抑制了美的意识。

在这个阶段，整体来说，美是高于善的，这对于美的地位的提高很有作用。但是，在张世英看来，欧洲近代哲学主导的还是主客关系的思维方式，主体外在于客体，需要凭借自己的主体性，通过感性认识和理性认识，把握客体的本质，最终达到一种超感性的世界。欧洲近代美学上的诸种派别大多都是以感性显现理性为美，或者说是以感性与超感性的理性的统一为美。这种状况下，美还是受到抽象性哲学的压制，此时的美学追求的是美的抽象性。这和中国传统哲学中追求情景合一为美的观点正好形成对比。①

（4）美蕴涵真与善（现当代）

张世英认为，现当代还是多元混杂的，例如，克罗齐提倡的审美直觉，是要求直觉即艺术的直通性，把概念和道德，即真和善都剔除了。当然，克罗齐不能代表现当代美学观的主流，在他看来，以海德格尔为代表的现当代，才是代表审美意识发展的总趋势。海德格尔强调，从在场的东西中显现出与之相联系的不在场的东西，才能看出一个在场者的"真"。但是，如果割裂在场与不在场的关系，只得到片段的抽象性，反而失去了在场者的具体真理。此时，美显然比真更为重要，由美才能达到真。海德格尔的"显隐说"与中国刘勰的"隐秀说"有类似之处。言有尽而意无穷，这种诗学理念，同样也是由在场的"言"获得无穷之意，诗歌的美也便是这具体感性的不在场的"意"与在场之"言"的汇集。

在张世英看来，"万物一体"是当代美学应该追求的境界，这是集聚"真

---

① 张世英：《美在自由——中欧美学思想比较研究》，人民出版社，2012年版，第152—153页。

善美"三位一体的思想。可以说，他借用中国传统的"万物一体"观念概括欧洲现当代所追求的在场与不在场综合为一的整体性观点，甚至已达到打通中外古今的水平，捕捉到了当下对美的理解和追求的总体趋势。当然，张世英还指出，中国传统的"万物一体"——"天人合一"——的思想还是处于前认识论阶段，有待进一步开发和阐发。

2.审美与人类精神表现领域的"万物相通"

中国传统的"天人合一"思想中已经包含了"万物一体"的思想。人们比较多的是从生态美学的角度对其进行阐释。《美在自由》一书，则另辟蹊径，从人类精神世界入手，从审美角度阐释人类精神表现领域的相通相连，将传统的"万物一体"思想进行了现代性阐释和生发。

（1）审美与道德的异域相通

张世英在梳理中欧哲学史上几种不同道德观时，提到了两个非常重要的人，一个是卢梭，一个是孟子。在他看来，与自苏格拉底—柏拉图到黑格尔的传统主流思想相对的，有功利主义的道德观以及卢梭的道德观。对于前者，把功利看得比道德要高，张世英自然是不同意；对于后者，他认为卢梭提出了一个很有价值的观点，即"同情心"。张世英指出，卢梭把道德放在人类的"同类感"这种前理性思维上理解，与中国的孟子，有异曲同工之妙。这种建立在人天生具有同类感和同情心基础上的思维方式，和孟子所讲的"人皆有不忍之心"，王阳明所讲的"一体之仁""根于天命之性"，有相似之处。当然，张世英还是特别指出两种的不同，儒家把天性看成是封建道德的"天理"，而卢梭因为担心文明社会的阶级分层对同类感带来的破坏，故主张回到自然，这都是不可取的。在张世英看来，我们今天要提倡的是一种既有理性、文明、人欲，又能超越它们，在更高层面看到同类感的价值，然后把道德意识的同类感建立在万物一体的本体论基础上，最终进入到超道德意识的审美意识的领域。

在张世英的这部分内容中，他对历史上道德观的理解，其实建立在一种扬弃观的思维方式上，保留为当下现代社会所需求的，克服为当下人们已然唾弃的。禁欲主义的道德观是灭人欲的，自然要抛弃；同类感的共通意识是有益于人与人、人与世界融合的，所以要发扬，但不是回到原始世界无文明状态的纯自然阶段，那种同类感是无意识的，是自发的。而现在我们追求的应该是有意识的、有目标性的，建立在认识论基础上，然后又超越于理性、超越文明或文化之间的壁垒，打通障碍达到新层次的万物一体的同类感，这种同类感将是一种高级的"天人合一"。在张世英看来，高级的"天人合一"只能存在于审美意识中，它是"一种高级的万物一体的境界，它不是间接的分析，不是知识的充实，不是功利的牵绕，不是善恶的规范，但它又不是同这些没有任何联系的"，类似于"学不学、欲不欲"的超仁义和大智若愚的境界。①

这部分内容，最有价值的是张世英在谈美，却不仅仅谈美，人与世界要达成融合，人与万物需要成为一体，中间的关键是精神性的统一，这就是人对人的责任感和帮助他人谋幸福的道德意识的理论依据。通常其他美学家在说审美意识，关键点都在谈美的愉悦性特征，美仿佛变成了个人性的、形式化的、无责任感的。其实，在张世英看来，审美意识本质在于人与世界的融合、人与存在的契合或者说是人与万物的一体性。这中间就应该包括人对人的责任感。人融合、参与于物，也融合参与于人，通过人与人、人与物的相互融合和参与，才能达到无限的整体和一体，从而实现人的自我实现。这种自我实现才是最高的善，艰苦是审美意识，也是道德意识，既是审美愉悦，也是道德责任感。这可以看成是张世英将审美和人生意义放在一起探讨的价值。这点是近百年中国美学史上将审美与人生追求，将审美共通感（包括人类同类感的道德意识）的现实性与超越性统一在一起的最明确的探讨。当然，张世英特别指出，强调审美与道德的联系的同时，还要确认一点，审美意识高于道德意识。为道德而艺术的作品，很难成为真正高水平的作品，而只有超越主客观关系，不是就道德而道德的说服，而是从审美感染力的角度出发，以崇高之美的感动力呈现出万物合一的崇高力量，才会呈现真正包含善（道德），又超越于善（道德）之上的美（审美）。因此，张世英认为，我们要为哲学现实化，更要诗化，中国传统哲学具有较强的现实化特色，还需把哲学诗化，成为诗化哲学。

---

① 张世英：《美在自由——中欧美学思想比较研究》，人民出版社，2012年版，第162—163页。

（2）科学与审美的异域相通

科学与审美的关系是怎样的？在中国当代美学史上最有名的一个关系描述，即是朱光潜先生在《谈美》一书中写到的《我们对于一棵古松的三种态度——实用的、科学的、美感的》，对待于古松，科学的态度和审美的态度是决然两样的。不仅如此，"科学的态度之中很少有情感和意志，它的最重要的心理活动是抽象的思考"[①]。这个描述性关系，在一定程度上为审美启蒙起到了很好的作用，用身份切换的方式描绘了不同态度的存在意义和价值。可是，一定程度上，也让人们对科学与审美的关系问题，产生了一定的误解。科学与审美真的是两股道上的车吗？

在《美在自由》一书中，张世英重新给科学与审美确定了一种新的关系，这是一种开放性的相互影响的关系。首先，科学的态度有可能进入到审美阶段，例如，欣赏自然美便是由科学通向审美的起点。例如，通过技术层面，达到一种非常态的自然——太空世界或微观世界的美，等等。科学技术的能力可以帮助人们了解到更多的美感体验。当然，科学家在科研活动所兴发的审美意识和科研活动本身还是有区别的，但两种的联系是完全可以切换的。只是，这种通过科技感受到的自然美更多是形式感上的抽象美，缺乏深层内在的意蕴。

当然，科学家所追求的普遍性、本质性同时也是美学上典型观所追求的深度意蕴所在。不同的只是美学的典型观不仅有普遍性、本质性，还有着生动的个别性，如同歌德所认为的"在特殊中显出普遍"。于是，生动地特殊且具有普遍性的观点，可以看成是科学精神在美学思想上的一种追求。

除此之外，科学和审美之间的关系，还可以是转换通道。在张世英看来，由科学到审美的主要通道是想象，不同的是，科学想象与审美想象的差异性。科学想象伴随的是一种"求证"的考虑和约束，但是审美想象则可以随性而至，甚至是反逻辑。如果用"在世结构"来区分科学与审美的话，科学的"在世结构"是"主客"关系，而审美的"在世结构"则是"人—世界"融合关系。除了这种区别，它们还有着很多的相通，如都起源于"惊异"，持有同样

---

① 朱光潜：《谈美》，中华书局，2010年版，第5页。

的"自由"精神。自由精神，即"不受实际兴趣或者说利害关系的束缚"的自由。在张世英看来，科学活动和审美活动都具有一种不计利害的愉悦，从科学的快乐达到审美的愉悦，是由单纯的求真到追求真善美相统一的转换。①由此来看，审美境界的高远和科学精神的高远之间的确有着共通之处。

到了现代社会，科技的发展能切切实实让我们进入到虚拟世界，这种超越现实的虚拟，是一种科学虚拟现实化的实现。这种科学虚拟与艺术审美虚拟，仍然有着冥冥之间的互通。虚拟可以是期待未来现实回答的虚拟，同时，虚拟还可以是不需要现实的虚拟，如艺术的虚拟，诗的虚拟。同样，虚拟还可以是对"尚未"和"应该是"的前景的虚拟，如社会历史、伦理道德的虚拟。不管是科学、历史，还是艺术都可以由于虚拟显示出自身的深度和真实性。这种对于虚拟的描述，和亚里士多德在《诗学》中谈论诗（艺术）与历史的区别，有所呼应。在亚里士多德看来，历史记述已经发生的事，诗人描述可能发生的事。诗是一种比历史更富有哲学性、更严肃的艺术，因为其表现带普遍性的事情。②这种描述可能发生且带有普遍性的能力，是一种艺术虚拟，是具有逻辑性的虚拟真实。其实，艺术还有更多更深远的虚拟，远超出逻辑性范畴。艺术的真实观不同于科学的求实，却可以包含且超越与科学与历史相关的"求实"境界。

《美在自由》中对于现实生活中不同领域（审美、道德、科学）的比较，并不在于刻意强调三者的差异，更多是在差异中描述三种内在的转换，以及艺术审美的包容，和对它们的超越。中国传统的"万物一体"思想主要是作为"仁学"的主要内涵之一。但是，张世英提出的"万物相通"思想不同于传统的"万物一体"思想，他主张的是人与万物的相通共生。《美在自由》中阐释的审美、道德、科学等不同领域的关联事实，让我们再次回到"万物一体"的"体物"中，感应"天下之物"的连通。面对当代社会多元共存、价值观整合

---

① 张世英：《美在自由——中欧美学思想比较研究》，人民出版社，2012年版，第184页。

② 亚里士多德：《诗学》，陈中梅译注，商务印书馆，1996年版，第81页。

的趋势，从审美活动的角度切入到整个人类精神世界的建构，最终从整体哲学的角度，探讨审美与人类其他精神表现领域的关联，是《美在自由》一书区别于其他作品、具有"大美学"格局的经典之处。

三、"主体性"人生的美学探寻

"主体性"这个概念，在中国早已成为包括文史哲在内的人文社科领域现代性发展中的重要命题。在1980年代，因为"文学主体性"的论争，此概念已经在中国学界掀起了巨大浪潮。这场论争突破了由苏联传入的传统反映论的文学体系，建立了主体性的文学理论。即便如此，当时倡导的文学主体性，仍然强调作家的主体性呈现时还需有具有历史使命感和杜会责任感。当时刘再复在倡导"文学的主体性"时，已然意识到我们的主体性是不同于西方近代哲学中的主体性，因此，他说道："我们要求作家应当具有历史使命感和杜会责任感。这不是对作家的苛求，因为履行历史使命自身就是作家自我实现的一种方式。"[1]当然，在某些学者看来，主体性毕竟还是属于前现代的命题，其本身具有重大的理论缺陷，之后的理论还需进一步提升，从主体性进入到主体间性阶段。[2]这背后的逻辑，是认为主体性哲学本身存在理论缺憾，即建立在主客二分基础上的主体性哲学不能解决生存的自由本质问题。这种哲学只是建立在认识论基础上，而忽略了作为人类生存的本体论问题，即人与人之间的主体与主体关系。

如上这种从主体性哲学进入主体间性哲学的判断有其客观性理由。但是，除了这种直接挪用西方"主体间性"哲学的方式，是否还有其他契合中国哲学、中国美学、中国文学理论发展需求的方式？如果转换角度，从中国传统文化中，寻找中国文化特有的本质性基因，判断其存在的缺陷，合理化修正其发

---

① 刘再复：《论文学的主体性》，《文学评论》，1985年第6期。

② 杨春时：《文学理论：从主体性到主体间性》，《厦门大学学报》（哲学社会科学版），2002年第1期。

展必备的要素，最终从"守正创新"的发展模式中，寻找到中国现代文化发展所需要的精神，以及发展努力的方向，也许更加契合中国文化的根本需求。

张世英在《美在自由》中，专门有一部分内容，探讨"欧洲审美意识与人的主体性"问题。在他的论述中，将欧洲的哲学、宗教学、艺术学与美学之间呈现出的"主体性"意识的特点进行了综合性论述。其中，对这种以主客二分基础上建立的主体性需求和自我表现进行了比较到位的评价，并将其与中国传统文化中的哲学意识与美学意识进行了比较，不断找出两者间的差异及共通之处，这种开放性的取长补短意识，坚持的是守正创新的价值立场。

（一）"人的主体性"认知阶段的演变

1.中世纪神学时期（超越现实和实际利益的主体性认知）

提到主体性，一般总认为这是西方近代哲学的命题，在以基督教占统治地位的中世纪，人的主体性是被压抑的，对神性的追求压制很大程度上阻止了人的主体性追求，人为的美、创造性的美、艺术的美都被归于被歧视、被敌视的对象。但是，《美在自由》一书让我们重新发现了中世纪审美意识中具有创造性的一面。

在张世英看来，古希腊的审美意识还深受满足意欲的实际兴趣的束缚，人的选择性还是一种务实的现实主义原则。那么，到了中世纪，审美意识开始强调审美意识应该将现实中务实的满足意欲需求的实际兴趣进行区分，有了现实层次与精神层次分离的需求，甚至更加强调了精神层次中的美的崇高性的价值。从这个角度来说，中世纪的人的主体性意识，已经具有了超越现实与实际利益（个人需求的意欲兴趣）区分的认识。

在提及普罗提诺的美学观时，张世英重点强调了他在欧洲美学史上承上启下的作用，他一方面仍然保持柏拉图所谓艺术"和真理隔着三层"的观点中重视理念之美的观点，另一方面，有修正着现实美与艺术美的关系地位，因为普罗提诺看来，艺术已然不是单纯的模仿，而是象征性的，艺术作品象征着神，具有了神性价值。可以说，普罗提诺这位古希腊最后一位新柏拉图主义者，又是中世纪基督教哲学的鼻祖，把神性这个桥梁放置到美学领域，让美的境界具有了一种高远性。张世英认为，最高的美就应该是"万物一体"的高远境界。

张世英在罗列了普罗提诺以及中世纪的奥古斯丁、爱里根那和托马斯后，最后总结并强调基督教的一个基本美学观点："美是神性在感性形象中的显现，自然美和艺术美是神性的象征，美需要在超越现实世界和实际利益的领域才能领悟到。"①这个观点对张世英颇有启发，之后在美与人生境界关系的探讨中，中世纪美学家对神性的追求，让他坚信美的境界不应是放在感性事物之美的层次中，不是说感性事物之美不重要，而是说仅存在这种层次的美，没有高远之境界的美的追求，人类对美的认知是欠缺的。

可以说，在中世纪时期基督教与审美的关系中，我们真实地看到高远境界的价值，以及象征主义在神性追求阶段时的发展，而象征主义中区分精神世界与现实世界的差异性以及对超越性的追求，是人的主体性萌初时必须经历的阶段。不仅如此，张世英非常重视这种超越性，甚至认为，这种超越性是可以延续的，不仅在神学盛行的阶段会强调这种超越性，即便是在现代社会，宗教精神倡导的这种超越性依旧存在。例如，王尔德描述《莎乐美》时，追求唯美主义的审美意识，便是一种对美的神圣性追求。张世英特别指出，西方现代的审美意识的特点，"是把美提升到具有宗教精神的神性地位"②。我们可以这样理解：神性不仅是宗教的神性，还可以是非宗教的神性，这是人类生于现实又不满于沉溺现实的困顿，希望寻求一种超越现实的需求，这种超越性需求的存在，本身就是人之为人特性。至于是宗教超越，或是审美超越，只是类型的不同，但超越需求是共通的，都是为了达到一种超验的境界。

因此，张世英认为，柏拉图倡导的"理念"之美是超验境界，基督教的天国也是超验境界。同时，中国传统文化中儒家从"万物一体"境界中延伸出的"民胞物与"以及道家从"万物一体"中延伸出的"济贫救苦""先人后己、与万物无私"也是一种倡导跳出仅关注个人心灵格局，进入关心众生、追求超

---

① 张世英：《美在自由——中欧美学思想比较研究》，人民出版社，2012年版，第205页。
② 张世英：《美在自由——中欧美学思想比较研究》，人民出版社，2012年版，第212页。

功利的高远境界。虽然此中没有西方宗教的内涵，但还是可以具有宗教情怀，加入一种神圣性。即把人世间的神圣性作为可以和宗教中的神性比肩的，同等价值的超验追求。从某种意义上说，倡导美的神圣性是超越当下世俗之美的时代需求。张世英将崇高的高远境界放置于人生境界的神圣性的位置，是有很大的现实意义和时代意义的。

2.近现代哲学时期（主体性认知与自我表现）

主体性是近代哲学阶段的主要命题。张世英在《天人之际》《哲学导论》中都曾多处提到欧洲近代哲学的特征，他认为主要有三点：第一，按照"主客二分"关系的思维模式强调人的独立自主性，即主体性；第二，理性至上主义；第三，对知识和科学的崇尚，包括对认识论、对普遍性和同一性的崇尚。这三个特点，在张世英看来，是内在联系在一起的，整体呈现为"一种理性批判精神、自由创造精神"。

《美在自由》中有一节，以欧洲现代画派哲学为例，探讨人的主体性与自我表现的关系。同时，在梳理欧洲艺术的自我表现方式的时候，特别将中国传统艺术中特点进行比较性分析，提出了中西艺术会通后的方向。这可谓是中西比较美学中比较有观点的一种论述。其他的中西比较美学，大体更多重在梳理和区分。例如，张法的《中西美学与文化精神》是从比较文学的学科意识出发，探讨中西美学各种重大命题和概念的特色和关联，然后研究导致这些问题异同的中西美学的整体结构，最终探讨中西不同的文化范式。可以说，更多是从学理层面将各自美学结构的建构性和可解构性暴露出来。当然，张法认为这种比较的最终结果是希望在更高层次上达到两者的融合，即寻求横跨不同范式之间的共通规律。[①]但是，在行文中，《中西美学与文化精神》这本书是没有明确给出融合的步骤和方法。与之相比，张世英的设想更加务实，直接明了地分析两者在具体方面的差异，并指出借鉴的具体的方式或方向。就这点上说，张世英的《美在自由》的诉求更为务实，讲求操作方式。

张世英一开始就指出，欧洲近代史上占主导地位的"主体性哲学"，其基

---

① 张法：《中西美学与文化精神》，北京大学出版社，1994年版，第9—10页。

本思维方式是"主体—客体"二分，这种人与自然、我与非我的对立基础上的统一哲学不同于中国传统的"天人合一"思想。前者重视的是自我表现，后者重视的是无我之境。①当然，不是说"无我之境"就是没有自我，而是说这是一种湮没于"万物一体"之中的"互依型的自我"。这种自我缺乏独立自我和自我创造性。欧洲文化中的自我观则是一种"独立型自我"，具有较强的独立自主、自我创造的精神。西方现代画尤其能显现这种自我表现方式。虽然其中派别林立，但自我表现则是一脉相传，不同的只是表现方式不同。

欧洲画派进入文艺复兴后，在审美意识方面，理想主义盛行，这时候的绘画多脱离现实，陷入空想，从哲学层面看，是过多倚重主体的表现，这也是中世纪神权下解放出来的人性刚开始的自我高扬。之后到了19世纪现实主义画派出现，主要是写实派和印象派绘画，此时的绘画主体，不管是写实派追求形似，还是印象派追求光、色的表达，其实本质都是采取科学态度，忠实于客观现实的描绘，不同的只是描绘的手段不一致而已。而到了20世纪的表现主义画派，开始了一个人生观和哲学观的转换，转换的根本是对待科学态度的不同。张世英认为，表现主义画派实际上是对科学至上主义、唯科学主义的人生观和哲学观的一种反对和克服。主体不能受制于客体，而必须主导客体，主导物。

那么，西方表现主义之"表现"与中国传统绘画之"神似"是否有共通呢？张世英认为，这是两种不同的文化呈现出的差异。第一，西方表现主义的"表现"是一种明确反对科学至上主义的行为，如切实反对印象派对光和色的科学分析的表达方式，而中国传统绘画之"神似"只是凭直觉对物体进行的"神形"把握。第二，欧洲表现主义画派表现的是个人的情绪和个性，而中国传统绘画追求的是一种"天人合一"意义下的"道"的把握和传达。如顾恺之所处的魏晋玄学追求的得意而忘形，"得意"乃"得道"也。因此，欧洲表现主义画作是一种超越科学之后的"后科学文化"，而中国传统绘画则是一种"前科学文化"。

中欧两种美学文化的区别从毕加索的立体主义画风的分析更加能区分出

---

① 张世英：《美在自由——中欧美学思想比较研究》，人民出版社，2012年版，251页。

差异。立体派之前的传统画法，是希望通过感觉—视觉所见到的一面暗示其他见不到的侧面，即用显现的东西暗示同时呈现隐蔽的东西。但是，立体派则强调表现，强调把隐蔽的东西"表现"出来，是用"发现"的方式来创造绘画。"发现"不仅需要感觉，更需要理性与想象。张世英特别指出："立体派绘画是感性与理性、与想象相结合的产物，它与西方现代科学技术的发展有不可分离的联系。"①除此之外，抽象表现主义代表人物康定斯基的绘画，只用符号和几何图形来进行象征，这已经是完全脱离了物象表现的范畴。这和纯音乐（即无标题音乐等）一样，都是力求表现自我精神。中国的写意画为代表的传统绘画到底还是追求一种"道"或"意境"，属于一种"前主客关系的天人合一"的精神境界，一种无我之境。

张世英看到中西艺术之中呈现的美学精神的差异性之后，还是相信可以达到中西会通的可能。他认为，在保存传统写意画强调的"天人合一"之"道"以及"无我之境"的特点，同时突破"前主客关系"和"前科学"性的问题，吸收欧洲抽象画之重主体、重自我表现的特点，最终走出一种中西会通的道路。②当然，张世英同样也意识到这条中西会通之路的艰难。如何将西方的东西融入到中华文化传统之内，肯定需要尝试，甚至试错的过程。不过，张世英在提及中西会通的时候，他更多地认为："在中国整个思想进程比西方'慢半拍'的现状下，先谈谈重主体性、重自我表现的问题，也许还是有现实意义的。"③他这个思想，在当时是很具有一定代表性的。"慢半拍"的定论属于进步主义的立场。思想发展的评判不应该只有一个唯一性的轨道。同一个轨道中自然有快慢比较，可是不同文化应该是不同的文化轨道，认同"美美与共"，自然是各有千秋。但是，取长补短的拿来主义，也是守正创新必须具有的开放性意识，这点无疑是必须肯定的。

---

① 张世英：《美在自由——中欧美学思想比较研究》，人民出版社，2012年版，第261页。

② 张世英：《美在自由——中欧美学思想比较研究》，人民出版社，2012年版，第264—266页。

③ 张世英：《美在自由——中欧美学思想比较研究》，人民出版社，2012年版，第266页。

3.后现代哲学时期（反理性主义的"真实主体"的自我认知）

但是，在肯定"主体性"的道路上高速发展，最终还是会走向极端的人类中心主义。欧洲画派秉承以科学和理性为构成原理，形成的特点是科学性至上、理性至上，最终形成一种"为艺术而艺术"的风尚，追求视觉上的形式美和美的纯粹性，与此同时，便是脱离生活，形成精英主义，在表现自我和与众不同的个性化时，不易被社会大众所理解。欧洲现代绘画的这些特点与局限性同在。而后现代绘画艺术则是对这些局限性进行了一系列的反思和克服。

被誉为"后现代艺术之父"的杜尚，说出了后现代存在最核心的动力，即取消科学的法则。杜尚认为，人类太过于看重自己，以为自己就是地球的主宰。科学只是一个封闭的循环，每过50年，可所谓的科学准则就会被推翻重建。于是，他认为自己的所作所为都是在证伪。[1]杜尚的这种思维方式是一种反传统的存在，反对传统的凝滞性、顽固性。最有名的莫过于他在达·芬奇的名画《蒙娜丽莎》上画了口须和一束山羊胡子。这种反叛性最根本的目的，在于反对西方人最为核心的欧洲传统，以及科学至上主义、理性至上主义带来的概念固定化、生活刻板化。张世英认为，虽然中国传统和西方传统不同，但是，中国长期封建专制主义传统流传下来的凝滞性与顽固性也是不可小觑。中国传统文化不是说所有的都有必要传承，守正创新之正，也应该是精华，而不是糟粕。因此新生的创造是很有必要，也是很有压力的。

后现代艺术除了反叛传统，还有另一个鲜明特点，艺术生活化或生活艺术化。原来欧洲现代艺术在追求形式美、纯粹美、视觉美时，极力倡导的都是"为艺术而艺术"，这个趋势向精英主义倾斜，最终让艺术与日常生活之间的距离越来越远。以杜尚为代表的后现代艺术把艺术扩大到日常生活领域，让艺术的表达重归生活之美。杜尚的作品《泉》，不单是一个简单的艺术作品，更是一个包含艺术哲学的呐喊。在日常生活领域内的东西，挪移到一个新地方，它原有的实用性价值就改为艺术价值。张世英认为，杜尚这种以生活境界为

---

① 皮埃尔·卡巴纳：《杜尚访谈录》，王瑞芸译，广西师范大学出版社，2013年版，第253页。

艺术最高峰的观点，和他所主张的美学思想有相通之处。美学之美，或者说审美意识之美，除了外在的漂亮、好看之类的感官之美，更应该重视提高人的境界，诗意的境界，以及提高人生境界。"万物一体"的人生境界为最崇高之美。而杜尚的艺术哲学在一定程度上打破了原来主客二分的"主体性哲学"模式，已经在一定程度上与中国传统中"天人合一""万物一体"有所契合。[①]但是，张世英还特别指出一点，杜尚的为反对而反对的反叛精神，以及过分否定传统艺术观的做法，有些走入极端，还是没有真正摆脱二元对立的非此即彼的思维模式，还没有真正进入"万物一体"的相融模式。毕竟中国文化中的亦此亦彼、圆通无碍的境地，让西方人体会也很难全然会通。因此，杜尚之后的后现代艺术的各大派别，把杜尚原有的一丝生活与艺术相统一的思想演绎得扭曲变形，呈现出的稀奇古怪的"作品"，反对了原有的传统艺术，也同样拉开了与日常生活之间的距离，仍然陷入非此即彼、割裂生活与艺术的思想困境中。

相对于其他欧美后现代艺术流派，张世英更为推崇德国新表现主义，在他看来，德国新表现主义重返德国先前表现主义的主体性意识，不仅强调自我的自由表现、自由联想，还把这种主体性的意识下沉表达为绘画的形式感的形象性上，而不同于其他表现主义，特别是抽象表现主义的无形象的纯形式，也不同于那些号称艺术及生活的那种搬用"现成品"即为艺术的"自由"。不仅如此，德国新表现主义还缅怀了其本民族传统，这使得他们的作品中洋溢着德国的民族精神。这在一定程度上恢复了现实主义的部分特色，具有了关注现实社会政治的特点。这不得不说，有点和中国文化倡导的"小我"与"大我"融合统一的诉求，有着异曲同工之处。

也许正是从德国新表现主义的发展趋势中，张世英提出一种可以和德国新表现主义起到"异频共振"效果的方式来创新中国文化传统。在他看来，可以从三方面下手：第一，学习西方现代艺术中表现主义的自我表现精神，充分展现人的主体性意识；第二，学习后现代主义艺术中生活艺术化的趋势，可以

---

① 张世英：《美在自由——中欧美学思想比较研究》，人民出版社，2012年版，274页。

提高人生境界精神；第三，将中国传统文化中"天人合一"、民胞物与的泛爱意识与德国新表现主义中的忧患意识和关心民族命运的精神相联系，取长补短。①

也正是在这种思考之下，张世英将人生境界之美提到了重要地位，人生境界应该是有多重层次的，而最重要不在于个人层面的美的向往与享受，而是在个人意识的充分自由的情况下，具有"万物同一"的同理心，从而进入到"万物一体"的境界，平等对话，相互担当，此时不仅具有中国传统的"无我"之心，同时又具有了后现代的"超越自我"的境界。这种境界也许正可以用当下"人类共同体"的意识来表达。这种意识，也可以说成是"美美与共、天下大同"的现代化呈现。每种文化各自有自己特有的风格特点，在共同相处、共同影响的环境中，最终呈现一种相互欣赏、相互接纳的一种可以被大家公认的大同意识。这种大同当然不是为了消弭各自的不同，而是接纳同中有异、异中有同之时，看到各自的优点，取长补短，进而提升到一个新的更高水平。

（二）人生境界之"大美"

探讨美与人生境界的关系时，必然会提到王国维的《人间词话》。王国维写到，所谓古今之成大事业、大学问者，必经过三种之境界："昨夜西风凋碧树。独上高楼，望尽天涯路"；"衣带渐宽终不悔，为伊消得人憔悴"；"众里寻他千百度，回头蓦见，那人正在灯火阑珊处"。②这里的境界，是指诗意境界，也是指人生境界，或者说，是人生境界中之上乘者。当然，人生境界会因为时代地域的不同有所不同。如儒家所讲的"孔颜乐处"也是一种人生境界，且是儒家看重的最上乘的人生境界。张世英对于人生境界中社会维度的探讨，是在他写作《哲学导论》之后的事，他自言，最初写作《哲学导论》只是从个人修养的角度来论述，导致有些学者称他的哲学思想为个人哲学。为此，特意写作了一本《境界与文化——成人之道》，来系统探讨个人的人生境界与

① 张世英：《美在自由——中欧美学思想比较研究》，人民出版社，2012年版，第276页。

② 王国维：《人间词话》，上海古籍出版社，2008年版，第6页。

一个民族的文化的关系问题。①而在《美在自由》这本书中，在探讨"美与人生境界"这部分时，将个人维度的人生境界与社会维度的人生境界叠加一起，并提出了最高境界之说，即超理性之美的境界。这种超理性之美，可以让人获得一种神圣性的美感，最终实现的是"天人合一"精神境界的终点。

1.超越"主—客"认知模式的"天人合一"

《美在自由》中《艺术哲学的新方向》这一章的内容，主要着重的是"新"的努力，一方面是指欧洲现当代哲学家海德格尔代表的哲学转向，一方面指对中国传统文艺理论观点的新的阐发和诠释。张世英将两者融合后开始提倡一种"超越主客二分"认知模式的"天人合一"。

欧洲传统艺术哲学是建立在主客二分的认识论基础上，基本上是以"典型说"为核心，典型就是作为普遍性的本质概念，艺术品或诗歌的价值就在于从特殊的感性事物（或艺术形式，或诗歌语言等）中呈现出普遍性，呈现出本质概念。但是，黑格尔之后，欧洲的一些现当代哲学家，如狄尔泰、尼采、海德格尔等人，希望改变原有传统的主—客式概念哲学，努力寻求一种超越主—客式、超越概念哲学的新道路。这是一种新的重大转向。

张世英先生认为欧洲现当代哲学中超越原有主客二分的本体论意识，是一个渐进的过程。从狄尔泰开始，就已经提出人生的意义并不在于主客统一的认识模式，而是应该把人生建立在知情意的人与世界万物的融合过程中。除了狄尔泰，到了尼采，直接就提出了倡导超越主客、超越知识以达到尼采所言的"酒神状态"才是最佳境界，这才是生命最真挚的状态，这种境界便是一种与万物为一体的天人合一的境界。②而到了海德格尔，他则明确要求返回到比主客关系更本源的境域，在这里人与世界的关系是融合一体的，类似灵魂与肉体的关系，没有了世界，人就成了无躯体的灵魂，缺了人，世界变成了无灵魂的外壳，是无意义的。这种观点，海德格尔曾描述为"世界世界化"③，世界不

① 张世英：《境界与文化——成人之道》，人民出版社，2007年版，序言第1页。

② 尼采：《悲剧的诞生》，周国平译，生活·读书·新知三联书店，1986年版，第334—335页。

③ 海德格尔：《林中路》，孙周兴译，商务印书馆，2015年版，第33页。

是被我们打量的对象物，而是非对象性的东西，而我们人始终隶属其中。

张世英认为，海德格尔提到的这种状态就可以用中国哲学中的"天人合一"来描述。当然，他首先就撇开两者的不同之处，只是说"超越主客二分"的非对象性的方式和"天人合一"之间的状态的联系。在他看来，"天人合一"就是万物一体："万物各不相同而又互相融合，一气相通，这里没有任何二元之分，包括主客之分、物我之分。"①

其实，海德格尔的这种描述，在他评论梵·高画的农鞋中就表达了这种关系，在艺术作品的欣赏中，不是把作品中的物体对象化，而是将艺术品中显现于当场的东西，放进"怎样"与之相关联的隐蔽中，这是一种与之关联的"何所去""何所为""何所及"之类的表达内容。即，农鞋这类显现的物体，与之关联的农夫艰辛的步履，对面包的渴望，在死亡面前的颤栗，等等。对艺术作品的欣赏，不再是普遍概念在感性事物中的显现，而是转换为不在场的事物在已在场事物中得到显现。此时的欣赏关系，人与世界的关系，都是融合为一体，不再被分割，不再被对象化形成主客二分的对垒或对抗。

当然，要将不在场的东西与在场的东西综合为一体，即将显现与隐蔽综合为一体，需要的途径是想象。而之前在旧形而上学时代，艺术哲学中所要达到本质概念，或普遍性概念的途径，需要的是思维，"即把特殊的东西一步一步地加以抽象从而把握普遍性"。想象，在旧形而上学时代，是被贬低或排斥的，只是单纯在场的原本事物的影像，无更多价值或意义。但是，在欧洲现当代哲学家的共识中，想象才能敞开一个使事物如其本然地显现出本真的整体境域，没有想象，就没有在场与不在场结合的现实整体，诗意和艺术魅力也就无从产生。

张世英认为，中国古典诗在创作及鉴赏方面的显现与隐蔽的理论，与海德格尔所代表的艺术哲学的新方向有着异曲同工之处，两者之间可以实行中西对话、古今对话。②刘勰《文心雕龙·隐秀》云："情在词外曰隐，状溢目前曰

---

① 张世英：《美在自由——中欧美学思想比较研究》，人民出版社，2012年版，第81页。

② 张世英：《美在自由——中欧美学思想比较研究》，人民出版社，2012年版，第87—88页。

秀。""夫隐之为体，义生文外，秘响旁通，伏采潜发，譬爻象之变互体，川渎之韫珠玉也。"讲的"隐秀"其实就是隐蔽与显现的关系，特别是"隐"，隐的特征就是含义见于文字之外，隐秘的心声能使人从侧面领会贯通。[①]可以说，文学艺术具有的诗意，妙处便在于从目前"在场"之物想象到"不在场"的东西。让人感到韵味无穷。这也是中国古典诗重含蓄之意。当然，这里的韵味无穷，并不是指概念的抽象本质意义的无穷，而是指通过想象能感受到的无穷想象的具体可感的情绪或物象。例如，柳宗元的《江雪》："千山鸟飞绝，万径人踪灭。孤舟蓑笠翁，独钓寒江雪。"诗中所述之词，状溢目前，历历可见。可谓之"秀"。但此中诗句还更多"隐"意，不畏风雨泰然自若的孤高情景，可放置于多种类似境域，让人体会其中无穷之内涵，通过想象，诗中之隐让人浮想联翩。

因此，张世英多次强调，想象的能力，超越了主客二分造成的割裂状态，这是对主客二分思维模式的知识对象化的超越。想象在新的艺术哲学方向中，把在场者与在场者背后的不在场者，一起加以呈现。他的这种将欧洲现代哲学与中国古典史论中可以通约的思想融合于一体，努力提倡的现代意义上的超越认知层面的"主客二分"模式之后的"天人合一"，是值得肯定的，且做到了"守正创新"的艺术哲学方向。

2.回到"大美学"的轨道

美学的价值是什么？张世英在探讨这个问题的时候，是有一个逻辑推延的过程，在"审美价值的区分"这部分，张世英分成了四个阶段来探讨美学的意义，将美学的意义从最初的艺术美学价值逐渐推演到人生境界的价值，最终打破美学学科作为学科的单一性，而从学科型的艺术哲学路径扩展到人生境界的"大美学"轨道。这个最终落点也回到了中国古典美学中提倡的高远境界的追求轨道。

第一，梳理艺术门类中审美价值高低的判断标准。在梳理过程中，张世英把黑格尔对于艺术分类的标准和中国传统艺术中诗画等的艺术理论进行了

---

① 王运熙、周锋：《文心雕龙译注》，上海古籍出版社，2012年版，第266—267页。

比较。

在张世英看来，黑格尔以精神战胜物质的程度为艺术划分高低的标准（建筑、雕刻、绘画、音乐、诗歌，精神性越来越强，审美价值越来越高）欠妥。当然，黑格尔推崇语言是表达他所认可的"绝对精神"最完善的表达。但是，他还没有意识到人的存在与语言之间的关系。直到海德格尔才真正明确提出世界万物皆因语言而敞开和有意义的结论。在万物与人融于一体的世界中，万物也是有语言的，他们所做的是"无言之言"。

张世英为了描述艺术语言的诗意，还特别强调了中国古典艺术中诗中有画、画中有诗的传统，在诗中，或者画中，想象可以成为一切艺术的基础，将艺术门类之间的语言性融合沟通起来。因此，张世英特别提出，审美价值高低之分，或者艺术美的价值之高低，不是靠外在的艺术媒介的差异性来判断，而是以超越有限空间的大小为标准，或者在于艺术品给人的想象空间之大小，亦或是诗意的境界之高低。[①]

第二，从超越有限性程度来决定审美价值的高低。张世英首先强调先将视觉外在的美好之词与美学意义上的诗意的境界加以区分。这种区分在于界定艺术的价值。人的自我确认是需要一种自我实现的过程，这是由有限向无限扩展的过程。艺术同样是以有限表现无限、言说无限，即超越有限。

如何超越有限？在艺术中超越自然的现实进行感性超越（人类最初的模仿论艺术），超越感性到达理性，进行理性的思维抽象（能显现无限的抽象的普遍性概念的典型论艺术），以在场显现不在场，即显现隐蔽的东西的艺术（超越理性，最终达到人与世界的融合一体）。

那么达到最高的超越主客二分之后的"天人合一"模式的美，达到的是一种最高意义的诗意境界。这种诗意境界是让人能感到"言外之味，弦外之响"。在中国古典诗学中，这种言外的具体现实，不仅仅是现实之物，还包括是诗与理之间的诗意结合，这种诗意结合不仅在艺术领域，还包括了人生领域，是意象更是意境，这两种融合才达到了人生境界的高远之意。

---

① 张世英：《美在自由——中欧美学思想比较研究》，人民出版社，2012年版，第93页。

第三，人生境界中的"崇高"。张世英在描述美学的最高目的，是"将人高尚起来"。这是将美学的价值与人生境界放在了一起。为此，他专门有一本书，题为《境界与文化——成人之道》，在这本书的序里，他一开始就写到在从事哲学研究的过程中，曾一度让人以为他的思想是个人哲学立场，缺乏社会维度。为此，开始思考人生境界中个人性与民族文化的关系问题。[1]在张世英看来，人的活动有很多，按照科学、道德、审美活动中精神境界的价值标准，可以把它们分为由低到高的三个层次：科学—道德—审美。按照境界的价值从低到高可以分为："欲求的境界""求实的境界""道德的境界""审美的境界"（"诗意的境界"）。[2]当然，张世英特别指出，四种境界不是独自割裂的，高层次境界往往体现、渗透在低层次境界之中加以体现，例如，感官需求中也有美，如味之美；求知追求中的美，可以为科学美；道德活动中的美，可以是德行美。然而在审美的境界中，娱人耳目之美肯定低于心灵之美，心灵之美中最高的即为"崇高之美"。

张世英关于"人生境界"的阐述，提升了中国当代美学研究的理论层次与精神层次，不再把审美看成是一种认识论层面的活动，而是超越了常识与知识层面，进而将提高人的审美境界为最高目的。张世英特别提出美的神圣性，与西方的宗教意识的神圣性不同，他认为的神圣性，就在于日常生活中，落实在现实人生中，超越现实功利的精神体验。于是，在"万物一体""天人合一"的追求中，现实世界不再是庸常的世界，意义开始不一样，高远的心灵境界有了崇高的追求便成了神圣的审美追求。这种高远境界的追求，让美学的价值回到了"大美学"轨道。在张世英看来，他所主张的万物一体，最终达到的不仅是"美"的最高峰，同时还是主客符合意义之"真"和应该意义之"善"二者无限延伸的最高峰，在此意义上，可以说，真善美的融合是万物一体融合的最高境域。人达到此种境域，就是一个既美且善且真的完全之人，且也是审美之人。

---

① 张世英：《境界与文化——成人之道》，人民出版社，2007年版，序言第1—3页。

② 张世英：《美在自由——中欧美学思想比较研究》，人民出版社，2012年版，第294—295页。

3.人生境界说

在《美育书简》中，席勒考察了18世纪德国的社会状况，认为德国受到两种疾病的困扰，分别为感性强制以及理性强制。于是倡导需要造就一批人性完整的理想公民，而只有通过美育的途径才能完成。可以说，席勒的美育观念是建立在需求解决政治问题的基础上，提出的主体意识革命。在他看来，不管是个人还是类，都可以区分出三个不同时期或阶段，且任何阶段都不可以跳跃过去，而且各个阶段的衔接次序也不是自然或意志能颠倒的。这三种状态为：物质状态、审美状态、道德状态。他指出："人在他的物质状态中只能承受自然的力量，在审美状态中他摆脱了这种力量，而在道德的状态中他支配着这种力量。"①

张世英谈及境界时，没有像席勒一样，把人状态只是放在某一个具体的情境状态之中，而是把境界放置在一个综合的状态，认为"境界乃是主观与客观交融合一的产物"。因为，张世英认为："境界乃是个人在一定的历史时代条件下、一定的文化背景下、一定的社会体制下、以至在某些个人具体遭遇下所长期积淀、铸造起来的一种生活心态和生活方式，也可以说，是无穷的客观关联的内在化。"②这种关联式思维，可以说紧紧抓住了中国文化的特性。在张世英看来，按照各式各样的标准，境界可以有多种分类，名目繁多的境界自然也是可以被认可的。例如，冯友兰把人生境界分为功利境界、道德境界、天地境界。张世英是将境界分为了欲求境界、求知境界、道德境界、审美境界。这里面当然有标准的差异，但最主要的是境界之间的关系性结构的不同，以及最高境界的内核追求。从这几个方面入手，可以很好地了解张世英"美在自由"的真正内涵。

（1）四种境界及其关系结构

张世英按照人的自我发展历程以及实现人生价值和精神自由的高低程度，将人生境界分为了四种，分别为：欲求境界（最低的境界，此满足个人生存所

---

① 席勒：《美育书简》，徐恒醇译，社会科学文献出版社，2016年版，第175页。

② 张世英：《美在自由——中欧美学思想比较研究》，人民出版社，2012年版，第283页。

必需的最低欲望），求知境界（第二境界，具有个体性、主体性自我，具有片面的自由），道德境界（第三境界，具有推己及人的同感心，处于主客对立的领域），审美境界（最高境界，进入主客融合的领域，自我得到充分自由）。这四种境界，是张世英吸取黑格尔《精神现象学》中对于自我意识以及自我与他者存在的关系等认知内容，再加上中国传统的天人合一的思想，有所调整之后区分出来的阶段类型。在张世英看来，黑格尔的《精神现象学》以西方传统文化的发展史为参照，描述出人在自我实现过程中所经历过的最详尽的阶段和境界。但是，中国传统文化自然有所不同，因此根据关联原则写就了此四种境界的内容。

在张世英看来，高层境界都潜存着低层次的境界，不仅如此，审美境界也可以渗透到低级的欲求活动中，或者认知获得，甚至道德活动中。于是，这四种境界是关联于一起的，最高的审美境界也不是高高在上、凡人无法企及的境界，而是既可以入世，又超越的。这种境界结构模式，在中国传统文化思想的浸润下，才会真实呈现，于是，美学中的最高追求不再是西方学科史中的美学学科模式的典范性规则，而是回到了中国文化的"大美学"轨道中，将历史传统与个人人生经历有机结合起来。

（2）生活艺术化的两种不同呈现

如果美学不再限于学科类型的"狭窄"性美学，那么"大美学"的范畴第一个模式就是打通艺术与生活的界限。生活艺术化便是这种趋势出现的现象。这种现象在中西艺术史上都有不同程度的呈现。

在美学学科史上，日常生活的审美化趋势，是后现代主义为反对现代艺术片面化极端地重视个人性艺术形式的表达，最终对现代艺术进行一种生活化下沉，将其与现实生活重新联结。这产生了两种不同层次的审美观和艺术观：

一种是将生活艺术化简单化、表面化，这导致了原来与现实生活的实用性、功用性相对立的所谓精英艺术直接转换变成了物化、功用性产品。把原有的艺术性本身的自由性创作的精神呈现可能完全抹杀，这导致的是对艺术性解放功能的放弃。艺术的自由在生活化过程中直接被扼杀。这种所谓的生活艺术化的弊端是将艺术直接降低到日常生活的水平，完全没有提升日常生活的精神境界，艺术成为日常生活的表面形式化装饰，成为审美的低级形式，甚至是降低到了动物性的低级欲求层次。这种类型的日常生活审美化遭到了许多学者的批判。

这种生活艺术化的简单且表面化呈现，在20世纪的现代价值形态中，是一个很常态化的现象。主要是由三个方面的内容造成的：一是消费主义盛行，在艺术多元化需求中，艺术成为一种商品性的物化形式，生活艺术化可以看成是艺术消费的降维行为。二是解构主义盛行，对于权威的反抗，对于艺术膜拜的"祛魅"使得艺术精英性的形式实验淡化。三是互联网媒介的高速推进，去中心化的意识在媒介传播层面最大化的实现，虽然也会有某种意义上的信息鸿沟存在。但是，在媒介层面上生活艺术化也让人们的精神自由得到了进一步释放。当然，第一步释放是精神层面的低级欲求层面。但这并不意味着都必须进入一种悲观论看法。《美在自由》的一个非常好的重点，就在于谈及人的境界之时，将欲求境界当成了第一层次，但并不意味这个层次到了第二甚至第三第四层次就必须将第一层次割裂。日常生活审美化也可以有着高层次境界的可能。因此，《美在自由》这本书还是肯定了高级层面的生活艺术化存在。

另一种则是真实地将艺术融入到生活中，最终将生活中的理性至上主义的压抑进行祛除，即便是片刻的祛除，也是达到了获得精神自由的人生境界。此时，最真实的生活也能体现艺术的本质，自由的本性。张世英在谈及生活艺术化的最高层次的时候，特别地提到，且多次提到杜尚对待艺术与生活的态度，在他看来，杜尚能说出"我最好的艺术作品就是我的生活"这样的句子，就已经呈现出杜尚作为艺术家不仅仅是艺术能力的问题，已然具有了哲学家的内涵。杜尚的画作不是为了悦目，而在于展现他生活的思想境界。张世英认为，杜尚的思想与西方那种非此即彼的重分别、分析的理性至上主义传统完全不同，他的作品具有了一种亦此亦彼、彼此融通、相辅相成的思想。[1]而这种思想正好和中国传统的"万物一体"思想冥冥之中有着契合之处。而且，这种艺术化生活在中国传统文化中，早已有之。如，庄子的庖丁解牛，魏晋南北朝的

---

① 张世英：《美在自由——中欧美学思想比较研究》，人民出版社，2012年版，第326页。

竹林七贤等。但是，中欧两种不同文化孕育出的"生活艺术化"，在精神自由的追求层面上还有着本质上的区别。一种还属于封建社会群体压制之下，希望追求个性自我的审美自由；另一种是个性自我独立之后，为打破理性至上再进行深化的自由追求。

（3）人生境界之"大美"

《美在自由》这本书并不仅仅停留于区分中欧美学思想的差别问题，更有价值的是在于将中国传统的"万物一体"观念进行新的阐释和发展，同时还多次强调"美的神圣性"的追求。这不仅把中国当代美学研究的理论路径拉回到中国文化传统的"大美学"轨道上，还能提升中国当代美学研究的理论水平与精神层次。

在中国美学界，对美学长期以来的理解都存在一种趋势，将美看成是一种知识，一种在认识论层面上的主体性能力，能够理性地追求美学意义上的美或者是常识意义上的美。例如，五四前后的梁启超和蔡元培，一位是号召"小说革命论"，一位是倡导"以美育代宗教"。这都是从启蒙主义的理性出发看待美学的价值和意义。而到了20世纪50时代，美学大讨论中，朱光潜在《论美是客观与主观的统一》肯定的美的属性问题，也还是在认识论和知识论的范畴。直到现代美学，有一批学者开始讨论海德格尔等人的后现代哲学，提到了如何超越后现代主义，如何面对后现代性体验——无聊，以及如何解决人的精神困境。

《美在自由》中的对"人生境界"的阐释，提出了"美感的神圣性"这个美学观点。这种美感追求的"神圣性"，就是中国传统"万物一体"观念的现代性境界。"万物一体"的境界在传统文化中如果还尚处于前科学阶段，但《美在自由》中提倡的"万物一体"观念的现代性境界，则是经历了认识论等主客二分之后的理性主义，然后进入到超越性体验之上的新的"万物一体"的智慧领悟。《美在自由》中的"审美意识的三重超越"，很明晰地描绘了感性美、理性美、超理性之美。这里的超越性，不仅是"高出、超过"之意，还包括了"通过、包含"之意。美的神圣性体验，作为第三层超越性的美感体验，不是脱离现实世界，而是追求类似宗教彼岸世界的神性，这是中国传统文化中

"天人合一"境界的"安身立命"之所在。

美的"神圣性"不在于谈及某个具体或抽象的神灵，而是中国文化中始终坚持的"大美"境界——将有限的人生与无限的"道"融合为一体，"天人合一"中人生的终极关怀之所在。庄子所谓"至人无己"（《逍遥游》），张世英则认为"至人忘己"①。美的神圣性体验的指出，是将美指向人生，指向人生的根本意义，这是一种寻找精神家园的过程中，最终对有限生命进行超越的努力。《美在自由》这本书最核心的价值部分也就在这里，美的价值，不仅在于认识论层面，而应该在于本体论层面，审美的最高层次应该是提升人生境界，只有赋予人世间美的"神圣性"追求，我们才能超越日常生活的声色之美，以及理性逻辑的典型之美，最终进入超理性之美的高远境界，使人们的生活更有意义。

① 张世英：《美在自由——中欧美学思想比较研究》，人民出版社，2012年版，第370页。

守正与创新：语境中的美学突围

——朱光潜《西方美学史》导读

李金来[①]

  朱光潜的《西方美学史》是新中国第一部西方美学史研究著作，也是第一本高校西方美学史美学教材。自其问世以来，先后获得诸多的赞誉，也面临不少的批评。本文在阅读《西方美学史》原著基础上，批判接受对它的褒扬与指摘，从多元属性、研究理论和缺憾探因三个角度进行导读谈论。限于学力之不足，难免有错讹唐突之论述，敬请指导帮助。

一、《西方美学史》的多元属性

（一）美学理论

  朱光潜先生的《西方美学史》是对西方美学家和美学思想进行较为系统研究的美学理论著作。尽管有着深厚的古典美学积淀，但中国近代美学无论是概念阐释还是论述方法，无疑都因受到西方美学的思辨理路和刺激启发而逐步发

---

① 李金来，艺术学博士，贵阳学院副教授、硕士生导师。

展起来。由于学术界聚焦热点因国内政治形势变迁而难以扎实落地，以及真正熟稔西方（特别是欧洲）美学理论的人才较为缺乏，因此自20世纪初直至1930年代，虽然对西方美学的引介传播也曾引发关注，但国内高校和文化界对西方美学史的较为系统的研究一直难以实质上获得发展。这种不充分的研究状况延续到新中国成立后，导致直到1950年代时国内还没有一本真正意义上的西方美学史著作。

1963年，朱光潜先生的《西方美学史》（上册，下册出版于1964年）在千呼万唤中终得问世，直接填补国内西方美学史的研究空白，并无可争议地获得美学界的高度认可，认为它"作为中国学界出现的第一部系统扎实的西方美学史，足以代表这个时代的学术水准，尤其是美学研究水准"[1]。作为一部关涉西方美学通史的著作，对于西方美学思想、美学家和美学学说的理论研究是其获得成功的重要前提。如果没有对西方美学的理论研究，《西方美学史》便会因为缺失学术分量而沦为纪年概说的空架子。

《西方美学史》的美学理论研究有着明确的思想指导和价值遵循。在西方自古希腊至20世纪的美学历程中，先后涌现出众多的哲学家、美学家和文艺理论家，美学思想和观念也是众说纷纭，相互之间的承继脉络和批判建构错综复杂，并没有较为清晰的思想史、美学史和学科史的理路。面对研究对象的葱茏芜杂状况，离开明确的和整一的思想指导标准，根本无法进行有效的整理归纳和宏观的系统研究。实际上，结合朱光潜先生接受编著《西方美学史》任务的历史语境来看，明确的思想指导不仅是学术研究的必然要求，而且也是该项工作能够顺利进行的政治保障。有鉴于此，朱光潜以历史唯物主义为指南，在《西方美学史》中对美的本质、形象思维以及典型人物进行重点突出的研究辨析，并对具有代表性的美学家在美学思想史上的贡献序位加以客观的判断评价。《西方美学史》明确地以马克思主义观点研究美学理论，在序论、每章的结束语以及全书的结束语部分，都会引用马克思主义的经典著作来支撑和阐明自己的学术观点，并且对马克思主义经典著作的引用频次远高于其他西方

---

[1] 王攸欣：《朱光潜传》，人民文学出版社，2011年版，第371页。

美学理论著作和文学批评史著作。确立马克思主义思想观点的指导地位，使得全书在研究方法方面采用美学家、美学命题、美学概念和美学逻辑相交叉结合的科学论证方式，从而保证全书在政治立场和思想指导层面的疏而不漏和严谨统一。

坚实丰厚的学术积累是《西方美学史》对西方美学理论研究获得重要实绩的前提保障。朱光潜长期留学欧洲，学术兴趣囊括文艺理论、文艺心理、哲学美学甚至解剖学与建筑学等领域，精通多国语言且擅于借助翻译进行理论观照和学术研究。《西方美学史》的写作虽然是特定历史语境中的文化诉求和学术期待，时间紧任务重，但基于自己长期有意识的学习思考和翻译积累，写作一部西方美学史于朱光潜而言，并非是仓促草成的"急就章"。朱光潜具有严谨沉稳的学术立场和创作伦理，他对于西方美学理论的研究必定建立在丰富厚实的材料资源基础之上。面对当时国内西方美学原著和美学史汉译本资料较少的状况，朱光潜做了系统的翻译工作。对西方美学原著的翻译研究，从长远看不仅是传播西方美学并保障相关研究能够深刻有质量的知识前提，奠定中国当代美学对西方美学资料的框架秩序，而且恰好解决《西方美学史》撰写必需的一手资料难题。成功是留给有准备的人，朱光潜亲力亲为的翻译著述，也让他虽经受学术批判却仍成为写作《西方美学史》的不二人选。据不完全统计，朱光潜在写作《西方美学史》之前，已经翻译出版或即将出版的重要美学著作就包括克罗齐的《美学原理》、柏拉图的《文艺对话集》、黑格尔的《美学》（第一、二、三卷）、莱辛的《拉奥孔》、博克的《论崇高与美的两种观念》、爱克曼辑录的《歌德谈话录》。在完整的翻译之外，朱光潜还有选择地翻译西方相关美学著作的关键段落以辅助阐明美学理论问题，这类著作包括朗吉弩斯的《论崇高》、普罗提诺的《论美》、达·芬奇的《笔记》、狄德罗的《谈美》、鲍姆嘉通的《美学》、席勒的《审美教育书简》和《论素朴的诗和感伤的诗》以及维柯的《新科学》等。毫无疑问，朱光潜注重美学史料和美学思想的结合互证，从历史语境和文献材料中加以分析、比较、反思而获得判断和认识。朱光潜对于西方美学史文献资料的翻译、甄选和梳理研究，是他敢于第一次使用这些文献资料并撰写《西方美学史》的最大底气，而对于西方美学家和美学思想的熟稔掌握，正是《西方美学史》得以在对西方美学理论的批判研究方面获得开拓性贡献和历史性突破的学术保障。

鲜明的美学理论观点和独特的美学研究方法是《西方美学史》获得美学理论著作属性的重要原因。面对广博浩渺的西方美学理论资源，如果没有自己鲜明的美学观点加以统摄汇聚，便容易流于简单的记录摘取和敷衍罗列。特别是以西方美学通史为切入路径的美学理论研究，尤其不能没有作者自己的真知灼见。基于自身长期扎实的学术经历，满足于追根溯源和典型筛选的写作方式对朱光潜而言几乎没有什么难度，甚至考虑到当时的知识状况和文化气候，即便以这样的面目问世的《西方美学史》依然拥有开创性价值。但作为秉承读书问学真挚抱负的美学理论家，在写作《西方美学史》的过程中，有的放矢地表明自己的美学观点和批判立场，是难以拒绝的学术宿命。当然，唯一的困难可能只是在论述辨析的过程中，顺应国内社会生活主题和意识形态形式，适时妥帖地转变自己的美学观念和话语范式。

要而言之，朱光潜在《西方美学史》中亮明的美学观点和学术主张主要包括：第一，美学与哲学、心理学和文艺理论的关系是美学研究的应有之义。朱光潜在《西方美学史》中对于"形象思维"进行不遗余力的论述阐释，先后从"从认识角度来看形象思维""从西方美学史来看形象思维""马克思肯定形象思维""从实践角度来看形象思维""近代心理学的一些旁证""艺术作品必须向人这个整体说话"共六个方面接续展开。对于"形象思维"的重视，长期成为学者对《西方美学史》进行批判的焦点之一，批评者认为"形象思维"是文艺理论问题而非美学问题。平心而论，与批评者具有自己的学科预设观念一样，朱光潜认为文艺理论是美学研究的有机成分，因此对其展开研究顺理成章。客观而言，西方美学史是鲍姆嘉通把"美学"从哲学中独立出来之后才兴起的研究范式，这不能遮蔽古希腊以来西方哲学、美学与文艺理论相互交杂缠绕的事实，并没有一条纯粹单独的美学发展路径。朱光潜在研究美学理论过程中，兼及文艺理论主题，认为文学艺术家对于文艺的言说著述也是美学思想的重要分支，既是他对美学理论范畴的学术认识，又是自身美学观念建构的直接表达。

　　美学理论研究必须尊重原初语境，这是美学理论得以存在发展的逻辑前提。朱光潜在论述具体历史时代的美学思想和美学理论时，都注重结合这一特定时代的经济、哲学、科学、宗教、文艺和政治来综合性地观照考察其得以产生发展的历史环境和文化背景，这就保障美学理论因紧密契合时代语境而得以生动演变其自身发展逻辑和理论范畴内涵。为实现这种总体性研究的价值预期研究，朱光潜从西方的原始文献出发，不仅仔细分析美学原典的理论因子，而且注意结合西方的人类史、文化史和政治经济发展史给予客观忠实的判断批评。朱光潜《西方美学史》对于原初语境中美学理论的审视模式，有效阻遏新中国美学建设脱离语境流于空谈的弊病，对于我们的新美学建设的知识构架和论说素养具有示范引领作用。"《西方美学史》始终不忽视西方美学史的复杂性和丰富性，这就为中国当代美学提供了丰富的西方美学知识参照系，有助于提升中国当代美学的学科化和体系化。"[①]文化制约理论建构，朱光潜在西方留学生活多年，对于西方美学思想的传承流变以及其赖以存续的西方经济政治等语境要素都有着较为真切直接的理解体会，这就使得朱光潜的美学原著翻译和美学理论评鉴都具有基于语境土壤和时代气息的真诚与温度。朱光潜对西方美学经典理论和基本概念范畴基于原初语境的理解阐释是其理论学说具有开创性和经典性的能量源泉。因此我们可以感受到朱光潜在论述西方美学理论的时候，有种如数家珍的平实情感和张弛节奏。比如朱光潜对笛卡尔的哲学与理性美学的关系、休谟美学的效用说与同情说、博克的心理美学、维柯的人类学美学、康德和黑格尔的美学，以及浪漫主义与现实主义、意识形态与社会存在的关系等问题的解析阐释都较为精到客观。

　　美学理论研究离不开美学家及其思想的比较阐释，经得起比较追问是美学理论的生命担当。朱光潜在论述美学家及其美学观点时，欢喜并擅于把一位美学家的思想理论与其他相关的思想家加以共时性或历时性的比对观照，从而在自己并不过分介入的情况下，通过准确恰当的比较和朴素平易的叙述，让读

---

　　① 王本朝：《〈西方美学史〉与中国当代美学的知识建构》，《湖北大学学报》（哲学社会科学版），2006年第6期。

者自然而然地认识他们的美学理论并自由做出批判借鉴。比如在论述贺拉斯的《论诗艺》的时候，如何考评朗吉弩斯的《论崇高》具有何种独特性？朱光潜说："我们最好拿它和《论诗艺》作一比较，看哪些论点是和《论诗艺》基本一致的，哪些论点是《论诗艺》所没有的，因而能见出它的独创性的。"经过比较，就会发现虽然他们都同样主张向希腊罗马古典作品学习，但存在区别："贺拉斯谈到摹仿古典时所侧重的是从古典作品中所抽绎出来的'法则'和教条，朗吉弩斯则强调具体作品对于文艺趣味的培养。他主张读者从具体作品中体会古人的思想的高超、情感的深刻以及表现手段的精妙。长期地这样沉浸在古典作品里，就会受到古人的精神气魄的潜移默化，或则说，'得到灵感'，'在狂热中不知不觉地分得古人的伟大'……他还强调学习古人不应满足于古人的成就而应和古人'竞赛'，争取超过他们。"[1]除此之外，《西方美学史》中把赫拉克里特与毕达哥拉斯进行对比，在论述亚里士多德时与柏拉图加以关联，审视分析黑格尔对康德的批评借鉴等，都是朱光潜对于比较研究在西方美学理论研究过程中的有效性和论证力的直接肯定，并使得作为研究方法的比较阐释成为美学理论的生发机制，对于中国学界对于西方文化艺术比较和中西文化比较都具有启发建树价值。

（二）美学通史

著书容易写史难，更别说是对本无清晰的沿袭路径的西方美学进行通史性的把握聚拢与收拾梳理。《西方美学史》是新中国第一部美学史著作，是新美学建设的开山之作，必将在中国美学发展史中具有示范性意义。夏中义称之"堪称是前无先贤、暂无来者的首创之作"[2]，实际上朱光潜先生自己也认为《西方美学史》是他"回国后头二十年中唯一的一部下过功夫的美学著作"[3]。

---

① 朱光潜：《西方美学史》，商务印书馆，2017年版，第117—118页。
② 夏中义：《朱光潜美学十辨》，商务印书馆，2011年版，第266页。
③ 朱光潜：《朱光潜全集》（第10卷），安徽教育出版社，1993年版，第565页。

然从今天的理论视野和史学素养来看，西方美学史充满难以确切言说的逻辑盲点。首先，所谓"西方"本身的内涵与外延都难以把控。这是因为，"西方"自带意识形态偏重，与"东方"和"第三世界"天然相拒斥，甚至连俄苏都并不涵括于内。从这个角度来看，《西方美学史》就其论述的内容广度而言，采用较为中性地理区划叫作《欧洲美学史》更为合理，而在其他流派部分引入俄国革命民主主义和现实主义时期的美学更多是由于特定时期国内学者对于俄国文化艺术与美学理论的情感亲近度和意识形态认同所致。其次，有美学家和美学理论，是否便必定有美学史同样也是一个问题。众所周知，自鲍姆嘉通开始，美学获得独立的学科属性，前此诸多的美学家的身份标识实际上是后来的研究者赋予的，而在他们的时代进行相关哲学问题和文艺问题的思辨论证时，也就当然没有美学的灯塔烛照引领和逻辑统摄。同时，由于各个时代的哲学与社会主题不同，再加上欧洲文学艺术界这些风流人物的主体性张扬，更容易把标新立异和理论突围作为自己的学术信念，而对于内在的隐形的史学脉络的潜移默化制约则较为漠视淡化，导致用史学的链条对所谓美学家及其之间的美学关系进行串并联动并不能让人信服。最后，既然为美学史，那么全景式的通史便理应是研究工作的目标任务。但《西方美学史》于此依然存在不可忽视的硬伤，比如从时间上看截止到克罗齐，对于其后的20世纪美学则因为意识形态的认知而全然不论；从美学家的选择上看，虽然有自己的代表性标准，但的确对丹纳和丹托等较有影响力的美学理论家选择性忽略，而且相对于主流美学家之言，对于边缘支脉的美学家也没有给予必要的照顾。

尽管如此，《西方美学史》仍可谓是中国知识界和美学界对于西方美学较为系统全面的史料整理和史学整理。朱光潜认为"美学史的研究是美学研究中一个重要的组成部分。现代的美学一方面是现代社会的产物，另一方面也是过去美学思想积累的批判，继承和发扬，这就是说，美学是历史发展的产物"[①]，显然是着眼于从社会历史发展的宏观视域观照美学的发展历程，并且把美学史研究看作美学研究的组成部分，美学史是美学自然而然的积累沉淀。

---

① 朱光潜：《朱光潜全集》（第6卷），安徽教育出版社，1990年版，第7页。

朱光潜对美学的认识是基于历史观的学术伦理认知，他主张美学和美学史不能够分开："美学史所研究的是过去美学思想的发展，主要是文艺方面美学思想的发展。美学史与美学只有一点不同：美学更多地面对现在，美学史更多地面对过去。但是这个分别也只是相对的：美学固然不能割断历史的联系，美学史也必须从现实出发。"①基于这样的历史观和美学观，朱光潜对于西方美学史的研究便自动获得其历史的合理性和美学的必要性。事实上，在《西方美学史》的再版序论中，朱光潜进一步明确美学史研究的方法论，指出"研究美学史应以历史唯物主义为指南"②，而不是以美学是否天然拥有"史的事实"为依据。

朱光潜对于其《西方美学史》的史学品质的担忧，主要集中在对于美学思想史前期研究的不充分不完备方面。在谈到《西方美学史》时，朱光潜说道："严格地说，本编只是一部略见美学思想发展的论文集或读书笔记，不配叫做《西方美学史》。任何一部比较完备的思想史都只有在一些分期专题论文的基础上才写得出来。"③可能是受到朱光潜《西方美学史》的影响，也可能是时代文化语境中历史观的大致类同，国内其他对于西方美学论述的时间跨度相仿相关美学史著作，包括杨思寰的《西方美学思想史》、李醒尘的《西方美学史教程》、吴琼的《西方美学史》、丁枫的《西方审美观源流》、凌继尧的《西方美学史》和章启群的《新编西方美学史》等成果，基本上也都是以这样历史观念和美学史认知来组织建构自己的美学史时间线性发展脉络。而以美学问题为导向进行具有跨越式和集聚性特征的美学史研究著作，直到2005年彭锋的《西方美学与艺术》出版才被应用于研究实践。彭锋明确指出该书在美学史观念上的创新："这是一本绍介西方美学和西方艺术理论的教科书。跟以往的同类著作相比，该书的特点是相当鲜明的。它不是按照编年或者思想家作为全书的线索，而是按照主题来缔结全书。"④这部教材选取"美""悲剧""崇

---

① 朱光潜：《朱光潜全集》（第6卷），安徽教育出版社，1990年版，第8页。
② 朱光潜：《朱光潜全集》（第6卷），安徽教育出版社，1990年版，第22页。
③ 朱光潜：《朱光潜全集》（第6卷），安徽教育出版社，1990年版，第17页。
④ 彭锋：《西方美学与艺术》，北京大学出版社，2005年版，封三。

高""模仿""表现"和"趣味"等15个问题进行专题性研究，并按照每章论述一个问题的写作原则共分为15章，具有美学史研究观念的开拓性和试验性。而对于自己的这种创新举措，彭锋不无谦逊地表达了自己的忐忑担忧："本书不同于任何西方美学史和艺术概论的写法，由此必然会面临这样的问题：这种写法是否合理？或者说选择这些内容是否经过了严格的论证？"①显然这种担忧也可能是因为由朱光潜的《西方美学史》所带动的美学史研究原则和路径，很多年来一直被奉若经典。

作为一部满足时代需求的应运而生的美学史著作，《西方美学史》较为忠实真诚地践行自己的美学研究历史观，并因其扎实认真的热忱工作而获得美学史研究的重要实绩。《西方美学史》以时代时间为线索，以美学思想史代表人物为坐标，充分结合文化背景考察西方美学思想产生的社会经济政治环境，力图呈现西方美学史的经典作家与理论节点。他所采用的历史文化与美学逻辑相统一、美学理论与文艺实践相结合等阐释原则和论证理路，成为之后国内西方美学史写作的基本范式和方法遵循。《西方美学史》的历史线索从古希腊罗马开端，直到漫长的中世纪再到文艺复兴为一条纵线；伴随着启蒙运动的兴起和民族国家的建立，民族文化和国别文艺都获得长足进展，于是美学的民族性和国别性逐渐显现，相应地美学史的演进路径也由一生多。在《西方美学史》的写作过程中，朱光潜对于18世纪和启蒙运动时期的西方美学史研究，能够分别对法国的新古典主义代表笛卡尔和布瓦洛，英国经验主义的培根、霍克、夏夫兹博里等人，法国启蒙运动的伏尔泰、卢梭和狄德罗，德国启蒙运动的鲍姆嘉通和莱辛，以及意大利的维柯的美学思想进行较为详尽的评述，但是对18世纪末20世纪初这段历史区间的西方美学却仅仅只聚焦于德国的康德、歌德、席勒和黑格尔，并且在讲完黑格尔之后，就俄国以外的欧洲部分来说，直接跳到19世纪末和20世纪初以英国的费肖尔、立普斯和谷鲁斯为代表的"移情"说，以及以意大利的克罗齐为代表的"直觉"说，同样留下大段的美学史空白。因此，即使考虑到朱光潜写作时的文化语境制约，也不得不承认从欧洲美学本身

---

① 彭锋：《西方美学与艺术》，北京大学出版社，2005年版，前言第1页。

来看，相关美学人物的选择论述都显得有些前重后轻且下卷收拢过于急促，从美学史的角度来看其实难副。

综上所述，《西方美学史》作为研究西方美学的通史而言，确实存在不容辩驳的学术遗憾，但以朱光潜为人治学的操守风气，相信这样的美学史弊端他绝对不会没有清晰的认识。由此观之，作为新中国第一部美学史著作，美玉微瑕的《西方美学史》警示和勉励学界，在研究西方美学通史的过程中，要脚踏实地，臻于完善。

尽管如此，朱光潜的《西方美学史》在美学史的研究领域仍然有其值得肯定和学习的方面。比如，关于美学史的研究范畴，在朱光潜看来是包含文艺理论发展史在内的。因为从历史唯物主义的立场出发，人类的审美现象和文艺现象所表达的审美情感是人的本质力量对象化过程中的重要情感要素，而且文艺理论家和对文艺现象的理性思考也是美学思想的来源之一，当然应该被美学史研究予以接纳。朱光潜认为："每个时代都按当时的特殊需要去吸收过去文化遗产中有用的部分，把没有用处的部分扬弃掉，因此所吸收的部分往往就不是原来的真正的面貌，但也并不是和原来的真正面貌毫无联系。"[1]这种美学史研究思路有利于形成美学历史和研究逻辑之间的统一，比如在讨论柏拉图的"灵感"说时，洋洋洒洒地牵涉出普罗提诺、康德、尼采、柏格森、克罗齐和萨特这样一条美学史的关系链条。

朱光潜的美学史研究也体现在对具体美学家和文艺家的微观学术史研究方面。朱光潜认为朗吉弩斯是一个古典主义美学家，他的美学史贡献不仅在于提出"崇高"这个美学理论范畴。"朗吉弩斯的理论和批评实践都标志着风气的转变：文艺动力的重点由理智转到情感，学习古典的重点由规范法则转到精神实质的潜移默化，文艺批评的重点由抽象理论的探讨转到具体作品的分析和比较，文艺创作方法的重点由贺拉斯的平易清浅的现实主义倾向转到要求精神气魄宏伟的浪漫主义倾向。"[2]朱光潜通过对朗吉弩斯的美学思想及其美学史价

---

① 朱光潜：《朱光潜全集》（第6卷），安徽教育出版社，1987年版，第81页。

② 朱光潜：《西方美学史》，商务印书馆，2017年版，第125页。

值的评述分析，帮助指导学术界准确认识朗吉弩斯在西方美学史中所具有的学术地位和史学序位，这种微观美学史的研究方法对于后来以至于当前的美学史研究都仍具有指导意义，有助于启发学术界以问题为中心，以美学家为基准，微观而缜密，具体而深刻地掘进对西方美学史的研究探析。

《西方美学史》也体现出历史唯物注意历史学所追求的"客观公正"的治史精神。朱光潜指出："用了较多的篇幅，以便多援引一些重要的原始资料。编者在工作过程中，在搜集和翻译原始资料方面所花的功夫比起编写本身至少要多两三倍。用意是要史有实据，不要凭空杜撰或撷拾道听途说。"①此后的西方美学史著作和教材基本上都遵循这种史学研究理念以及与之相适应的历史书写范式，这表明朱光潜的《西方美学史》作为美学通史研究著作拥有强劲而深远的学术影响。

（三）美学教材

《西方美学史》作为高等学校美学教材的工具属性，是其不可偏废的定位特征。这一属性特征不仅是其在美学理论和美学史的学术研究方面获得赞许抑或饱受指摘的原因，而且也是它在美学家选择评判和美学理论论说表达方面具有平实通俗易懂和深入浅出析理特征的决定因素。

1950年代末至1960年代初期，新中国知识界、美学家和高校师生在经历过首次美学大讨论大争鸣之后，建设发展适应新形势新任务的新美学，作为各领域各学派的共识开始被提上议事日程。1961年，北京大学哲学系为满足新美学建设的迫切需要，特别筹措开设美学专业培训班，为国内各地的高校课堂教学培训美学师资。朱光潜作为美学大讨论中被批判的对象，也获得资格参与这个培训班的教学工作。出于对教学工作的热爱和对美学研究的重视，朱光潜特意编写西方美学史讲义作为该培训班的适用性教材。1962年夏天，朱光潜受胡乔木的指派委任，在高级党校再次讲授三个月的西方美学史课程。正是这两次宝贵的西方美学史授课机会和课堂实践，奠定朱光潜研究西方美学思想和美学史

---

① 朱光潜：《西方美学史》，商务印书馆，2017年版，第2页。

的知识基础和教学思路。1962年4月，中国科学院社会科学部门在杭州召开全国高等学校教材编写会议，决定在高等学校逐步开设美学课程，并且把西方美学史列入首批教材编写计划。鉴于朱光潜在培训班和党校的美学教学经历，以及他所编写的西方美学史讲义作为底本便于高效迅捷地完成教材任务，于是指定朱光潜编写一部《西方美学史》教材。对于朱光潜来讲，这是美学大讨论中被针对批评以来，继得以主讲美学培训班之后，再次获得来自社科教育部门的肯定。朱光潜愉快接受教材编写任务，在美学培训班西方美学史讲义的基础上，融会自己珍藏的西方美学学习笔记和美学大讨论过程中翻译的西方美学理论资料，用不到两年的时间编写完成两卷本的《西方美学史》教材。

朱光潜编写的《西方美学史》是我国是第一部由中国学者编撰的美学史专著，代表了当时中国对西方美学思想和美学通史研究的最高水平，在我国美学研究史和高校美学教育史上都具有重要的开创性价值，长期被奉为西方美学史研究的经典教材。《西方美学史》创作完成于1960年代初期，1963—1964年首次出版并于1979年推出修订本，至今已经多次再版重印，对于西方美学史的专业教学与西方美学研究都具有重要作用。1977年香港的文化资料供应社重印《西方美学史》时，《大公报》还为此专门刊发评论文章，认为"这是部难得的好书，值得推荐给任何一个文艺工作者或是对文艺有兴趣的人"，便是对其作为通识性美学史教材的一种客观真实的认定评介。

《西方美学史》从工具属性上被定位为高校教材，是作为"高等学校西方美学史的教材"而编写的，这在初版的编写凡例中有清楚的说明。它的"教材"性质决定了它需要有知识性和实用性，所以它对西方美学从公元前6世纪古希腊毕达哥拉斯学派到20世纪初意大利美学家克罗齐的历史演变过程，都进行比较全面系统同时也有所偏重疏漏的介绍评论，并以各个时代较有代表性的重要美学流派和美学家为美学史线索，适当兼顾其他文艺流派和美学家，既描述各个时代美学思想的基本情况和流变历程，同时还游刃有余地勾勒描绘出西方美学中的一些基本问题和重要范畴之间的转承接续关系。作为教材自然要实用，要特别注重教学过程中教学的互动性和知识的系统性，所以朱光潜认为

"教材是要同时顾到教师和学生的"①。《西方美学史》以马克思主义的历史唯物论主义和科学辩证发展观对西方美学进行合理总结归纳；在编写体例和理论写法上，它以大量充实的资料汇编为基础，尽可能多介绍美学理论，少批判美学家，注重引用马克思经典著作原文进行说理讨论，上下卷都附有资料原文节选，方便师生查阅资料和阅读原典，具备美学史教材应有的各项内容和学术指标。

《西方美学史》作为高校教材的出场，是时之所需和形式所急。1960年代初，中国社会的政治、经济和文化出现积极喜人的调整时期，为了"树立新学风，创造新的传统，培养出新的人物"的时代号召，由中宣部牵头组织，全国高等学校实施课程设置调整和文科教材的编写。作为一项教育改革工作，它又不仅是教育战线的分内之事，同时也是适应意识形态斗争方式发生转变的历史需要。当时中西方意识形态领域的斗争方式需要"从以世界观斗世界观，到以知识斗知识"②，而编写文科教材则能够进一步强化意识形态的纲领性和指导性，因为"文是搞意识形态，搞阶级斗争、搞马克思主义的，从这个意义上讲，文很重要"③。显然，教材的编写出版绝不是一件简单的学校例行性工作事务，而是必然具有意识形态属性，这无可厚非，因为结合最近中小学的"毒教材"事件来看，加强各级学校教材的意识形态审查仍然十分必要。特别值得注意的是，这次部编文科教材还承载着建设社会主义文化的期待："欧洲曾经是中心，但是今后它不一定是中心。总有一天中国要成为世界学术文化界所瞩目的地方，人家研究世界经济、哲学都要到中国来，要准备五十年或者二三十年，我们现在就要全面准备，否则，现在没有的东西，将来还是没有。欧洲不能老是中心，世界革命气运在转移，文化也会跟着反映。"④由今观之，这次部编教材把西方美学史纳入规划，实在是有种让人感奋的先见之明。《西方美学史》教材的编写不仅提供让高校师生认识了解西方文化哲学和审美思潮的依

---

① 朱光潜：《朱光潜全集》（第6卷），安徽教育出版社，1990年版，第3页。
② 周扬：《周扬文集》（第3卷），人民文学出版社，1990年版，第212页。
③ 周扬：《周扬文集》（第3卷），人民文学出版社，1990年版，第202页。
④ 周扬：《周扬文集》（第3卷），人民文学出版社，1990年版，第210页。

据，而且反映出新中国在文化建设方面的开放心态和意识形态自信，实际上确实为后来的中国文学艺术界能够与西方建立对话联系做了必要的知识铺垫和信念砥砺。

或许正是从这种文化建设久久为功的立场出发，作为第一部西方美学史教材，《西方美学史》尽管存在各种不足缺憾，但仍然具有毫无争议的拓荒价值。在国家教委组织的全国优秀教材评奖活动中，《西方美学史》获评为国家级特等优秀教材，是合乎实际的中肯评价。该教材的编写实践所具有的对中国高校美学史建构的价值，如果结合旧中国的文艺和美学发展状况来审视，便更加明白有力。蔡元培提倡美学美育，瞿秋白介绍过马克思主义的文艺理论，留学欧美的归国学者如邓以蛰、宗白华，包括朱光潜等无不致力于美学理论研究和哲学美学思想探索，但总的来看，相关工作都处于草创阶段，主要靠各位学者的文化报国情感和较有主体性人格魅力的感召和呐喊。正儿八经开设美学专业课的也就是朱光潜讲授的《文艺心理学》，美学学科和美学专业仍旧被视为冷门虚美的旁门左道。究其原因，没有一本专业性强且理论扎实、水平过硬的西方美学史教材，应该是关键因素之一。《西方美学史》作为教材对于中国高校美学学科发展和美学专业培养的历史性贡献，依然值得我们认真总结归纳。

《西方美学史》作为高校美学教材，有其自身的知识考量和讲述节奏，当然也必然浸染着编者的精神气质和审美素养。朱光潜将西方美学历程按时间先后大致划分为古希腊罗马时期、中世纪、文艺复兴、启蒙运动、德国古典美学、俄国革命民主主义和现实主义、19世纪末到20世纪初这样七个阶段，并依照时间顺序分别叙述。在介绍每一美学史阶段的过程中，都会以当时出现的重要美学家或主要美学流派为主线，既介绍他们的主要美学著作，又分析批判其所蕴含的美学思想。比如全书总共介绍四十几位西方美学家，而作为重点加以阐释推介的则有二十名左右。在论及康德的《判断力的批判》和黑格尔的《美学》等公认的重要但难啃的美学著作时，朱光潜基本上会采用宏观介绍哲学体系，并以其独特浅显的语言表达和通俗平易的来自日常生活中的案例进行讲解答疑，力求精辟易解和深入浅出。这种编写方式有其美学史的合理性和美学教材的实用性，因此后来国内的西方美学史教材不约而同地沿用这种以时代、人物与流派为主线的编写体例，应该不仅是因为朱光潜的《西方美学史》的标杆效应，也是对这种教材编写方式对高校课堂教学的有效性和辅助性功能的默认肯定。

当然，作为一部成书于特定历史文化语境中的西方美学史教材，必然将面对不同的批评声音。比如，有观点就认为，朱光潜的《西方美学史》对此后国内西方美学史教材的编著产生深刻的影响，其表现之一是国内编著的西方美学史教材一直沿用叙述史的历史书写范式。这种历史书写范式在貌似客观公正的历史叙述背后隐藏着悖论，对美学教学和研究具有明显的桎梏性作用。西方美学史教材编著者应该根据史学理论的发展，从叙述史转向问题史，编写更多具有创新意识与理论反思品格的教材。还有学者从"焦虑理论"高度提出不同看法：布鲁姆的"影响的焦虑"理论"反映了诗人对传统影响扼杀新人独创空间的焦虑情结，显示出敢于同传统决裂的一搏前人的气概"[1]，朱光潜的《西方美学史》"奠定了此后中国的西方美学史的研究范式和书写体例"[2]，使此后国内编著的大多数西方美学史教材存在一种"影响的焦虑"。再有，认为西方美学史教材，如果过分强调思想性，强调知识的规范性与基础性，强调评价的稳妥性与普适性，那么必然"导致强调思想的规范性和结论的单一化"。[3]西方美学史作为一门理论性较强的课程，应避免"四平八稳的叙述"，应追求"批判的、怀疑性的阅读"。[4]

说起容易做起难。面对上述种种批评建议，也许还是回到事实本身便是最好的回答：首先，对于《西方美学史》也好，关于西方美学史也罢，虽然有包括上述批评建议在内的种种不同观点，但事实是目前不少西方美学史教材仍然难以做到，原因恐怕不能再说是无法摆脱朱光潜《西方美学史》的影响吧。其

---

① 布鲁姆：《影响的焦虑》，徐文博译，江苏教育出版社，2006年版，"代译序"第2页。

② 章辉：《从朱光潜〈西方美学史〉看西方美学史的写作体例和问题意识》，《中国图书评论》，2007年第4期。

③ 黄柏青：《多维的美学史——当代中国传统美学史著作研究》，河北大学出版社，2008年版，第212页。

④ 吴琼：《西方美学史》，上海人民出版社，2000年版，第590页。

次，我们有理由相信，朱光潜的《西方美学史》并不完全是他心中理想的西方美学史，确实是特定时期各种因素和影响相互妥协的产物，从中既能看到主流意识形态的强势力量，又能看到主体性的挣扎与奋斗。朱光潜当然知晓教材的缺憾，但他相信师生的审美判断力，并寄希望于后来的学者勉力精进。正如海登·怀特所言："伟大的历史经典之所以从来不明确'解决'某一历史问题，而总是向过去'敞开'以激发更多的研究，其原因就在于它们的比喻性。正是这个事实允许我们基本上把历史话语当作阐释，而非解释或描写，而最重要的则是将其当作一种书写，不是为平息我们要认识事物的意志，而是刺激我们进行更多的探讨，生产更多的话语，更多的书写。"[1]从这个角度来看，朱光潜的《西方美学史》可谓不辱使命。

二、《西方美学史》的研究理路

（一）性情先于知识

性情先于知识是《西方美学史》的理论思维和表达方式，也是其获得普遍认可的人格魅力保障。朱光潜1925年出国留学，曾在英国、法国致力学习文学、心理学和哲学，他坦言："柏拉图、康德、黑格尔和克罗齐这些唯心主义的美学大师统治了我前大半生的思想。"[2]在1930年代到1940年代，他认为"美感经验纯粹地是形象的直觉，在聚精会神中我们观赏一个孤立绝缘的意象"。[3]解放后，在党的教育下，他认识和检查自己的错误，承认自己过去的美学研究工作"对人民革命事业造成了很大的危害"，因此，他表示要重新学习马列主义，并积极参加当时的美学讨论。《西方美学史》这部著作，就是他经过重新学习之后，对西方美学的历史发展，努力用马列主义的观点所作的新

---

① 海登·怀特：《后现代历史叙事学》，陈永国、张万娟译，中国社会科学出版社，2003年版，第299页。

② 朱光潜：《朱光潜谈美书简》，长江文艺出版社，2020年版，第25页。

③ 朱光潜：《朱光潜全集》（第1卷），安徽教育出版社，1987年版，第198页。

的探讨和评价。这种经历也为他在1950年代参与美学大讨论并遭受猛烈批判埋下伏笔。

然而出人意料的是，这场围绕批判朱光潜美学思想的大辩论是清剿资产阶级唯心主义思想的重要行动的序幕却是朱光潜自己拉开的。1956年6月，他在《文艺报》上发表《我的文艺思想的反动性》一文，编者加了这样的"按语"："这是作者对他过去的美学观点的一个自我批判。大家知道，朱光潜先生的美学思想是唯心主义的。"①一句"大家知道"既掩藏了组织策划者的用意，又把被批判者变成人人得而诛之的对象。于是，朱光潜不得不变成靶子和箭垛，任人去评论和批判。有意思的是，朱光潜自己也"积极认真地参加了这个讨论"，他左推右挡，"有来必往，无批不辩"②，一点不放过争辩的机会和反批评的权利。在多方面的压力之下，他有过紧张和害怕，但也不乏由学理而生成的真诚和自信。

这次讨论虽名为美学大辩论，但却没有进入实质性的交锋，出现了贴标签、挂招牌，甚至是自说自话的状况，对一些基本原则和概念的理解上"没有共同语言"。③这次批判与解放后对他的多次批判一样，并没有让朱光潜服气。在他看来，"马克思列宁主义美学"是研究美学的人的"奋斗目标"，是"待建立的科学"，在成了堂皇的"招牌"后，每人的葫芦里却卖的是不一样的药。④于是，他感到中国当代对于美学的认识水平还很低："参加美学论争的人往往并没有弄通马克思主义，至于资料的贫乏，对哲学史、心理学、人类学和社会学之类与美学密切相关的科学，有时甚至缺乏常识，尤其令人惊讶。因此我立志要多做一些翻译重要资料的工作。"⑤

朱光潜坦言虽然钻研马克思主义多年，但是在编写过程中依然存在着对以历史唯物主义为指南的困难认识不足的问题："自以为只要抓住经济基础决

① 朱光潜：《我的文艺思想的反动性》，《文艺报》，1956年第12期。
② 朱光潜：《朱光潜全集》（第10卷），安徽教育出版社，1993年版，第534页。
③ 朱光潜：《朱光潜全集》（第10卷），安徽教育出版社，1993年版，第288页。
④ 朱光潜：《朱光潜全集》（第10卷），安徽教育出版社，1993年版，第80页。
⑤ 朱光潜：《朱光潜全集》（第1卷），安徽教育出版社，1987年版，作者自传第7页。

定上层建筑和意识形态而上层建筑和意识形态对经济基础也起反作用这个总纲就行了。在实际运用这个总纲时，就先试图确定所涉时期的社会类型，看它是奴隶社会，封建社会，还是资本主义社会，然后就设法说明该时期的文艺和文艺思想如何联系到该社会类型。"①1960年代在中国存在着将马克思主义庸俗化和片面化的倾向，在当时的特殊历史条件下朱光潜能提出这种说法实在难能可贵。他注意到了人类思想的"两栖性"："有些人的思想就象蛤蟆一样，是水陆两栖的，时而唯心，时而唯物。"朱光潜列举之前与之相关的三种说法，即马克思、恩格斯和列宁所提出的"上层建筑和意识形态平行，又比意识形态重要"，斯大林提出的"上层建筑包括意识形态在内"和《马克思主义和语言学问题》中提出的"将上层建筑和意识形态划等号"。朱光潜坚决反对将上层建筑等同于意识形态，或以意识形态替代上层建筑，他认为"上层建筑和经济基础同属于'社会存在'……把上层建筑和意识形态等同起来，就如同把客观存在和主观意识等同起来是一样错误"②，这样会"过分抬高了意识形态的作用，从而降低了甚至抹煞了政权，政权机构及其措施的巨大作用"③。

朱光潜并不认同"没有也不可能有一个统一的浪漫主义"的说法，他在考察历史事实的基础上，提出"主观性""重视中世纪民间文学"和"回到自然"是浪漫主义文艺运动的三个显著特征。在与现实主义的对比中，朱光潜并未片面批判浪漫主义。现实主义文艺思潮兴起于浪漫主义文艺思潮之后，具有揭露资本主义社会问题的强烈批判色彩，而这种文艺上的斗争符合无产阶级的政治路线上斗争的要求，高尔基更是将现实主义称为"批判现实主义"。"长期以来，由于政治的、历史的原因，我国文学评论界独尊现实主义，习惯用现实主义的创作方法来看待文学现象。"④但朱光潜认为不能片面得出"在任何时代，浪漫主义都是必须反对的，只有现实主义才是唯一正确的传作方法"⑤

---

① 朱光潜：《西方美学史》，商务印书馆，2017年版，第8页。
② 朱光潜：《西方美学史》，商务印书馆，2017年版，第19页。
③ 朱光潜：《西方美学史》，商务印书馆，2017年版，第20页。
④ 王向远：《中国日本文学研究史》，九州出版社，2021年版，第230页。
⑤ 朱光潜：《西方美学史》，商务印书馆，2017年版，第783页。

的结论。朱光潜坚持承认1790年代到1830年代浪漫主义解放思想、反对西方代表宫廷文艺并具有封建性质的新古典主义的进步意义，同时赞同高尔基关于"积极的浪漫主义"和"消极的浪漫主义"的区分："消极的浪漫主义，——它或则是粉饰现实，想使人和现实相妥协；或者就使人逃避现实，堕入自己内心世界的无益的深渊中去……积极的浪漫主义则企图加强人的生活的意志，唤起人心中对于现实，对于现实的一切压迫的反抗心。"①蒋孔阳认为："朱先生的著作，还有一个特点，那便是学风上的朴素无华和文风上的深入浅出。"得益于对美学史深厚的理论造诣以及驾驭语言的高超才能，朱光潜在著作中使用通俗易懂的语言深入浅出地阐释了复杂抽象的问题，这种文风和语言没有天真淳朴的性情，是全然不能够从技术上得到天然的提升的。

朱光潜曾自谦地说："严格地说，本编只是一部略见美学思想发展的论文集或读书笔记，不配叫做《西方美学史》。任何一部比较完备的思想史都只有在一些分期专题论文的基础上才写得出来，而且这也不是由某个人或几个人单干所能完成的。为着适应目前的紧迫需要，编者只能介绍一些主要流派中主要代表的主要论点，不能把面铺得太宽，把许多问题都蜻蜓点水式地点一下就过去了。"②他也认为对柏拉图的恰当评价"并不是一件易事"，如唯物主义者车尔尼雪夫斯基就对柏拉图大加赞赏，称赞柏拉图比亚里士多德"具有更多的真正伟大的思想"。由此，朱光潜也认为对柏拉图"不能匆促地下片面的结论"，"要追究……他的思想中究竟是否还有什么值得学习的。对于我们来说，这个工作还仅仅在开始"。③"不介绍尼采、叔本华和弗洛伊德等人与变态心理学，因为他们都被戴上反动派的黑帽子，我不敢，怕这顶黑帽子真安到自己头上来"④，这是著者1983年的表白，离《西方美学史》成书已近20年矣。他将科学而客观的评价交给了后来者，这正是朱光潜在编写过程中性情先于知识的证明。

---

① 朱光潜：《西方美学史》，商务印书馆，2017年版，第786页。

② 朱光潜：《西方美学史》，商务印书馆，2017年版，第2—3页。

③ 朱光潜：《西方美学史》，商务印书馆，2017年版，第67—70页。

④ 朱光潜：《朱光潜全集》（第10卷），安徽教育出版社，1993年版，第650页。

（二）观念导引方法

观念导引方法，是朱光潜编写《西方美学史》的基本研究理论。《西方美学史》内容浩繁，主要梳理了自公元前6世纪的古希腊柏拉图到20世纪的克罗齐代表的美学思想，时间跨度约2600年。在漫长历史中选择代表人物并非易事，对于典型人物的选拔标准朱光潜明确写道："代表性较大，影响较深远，公认为经典性权威，可说明历史发展线索，有积极意义，足资借鉴的才入选。反面人物也不一概排斥。"[①]包括柏拉图、普罗提诺、阿奎那和克罗齐等具有唯心主义倾向的人物也被罗列在内。历史唯物主义首先是唯物主义的，朱光潜并未片面否定柏拉图等人的思想，而是结合具体经济和政治背景进行有针对性的扬弃，在评述部分也大多首先承认其有益成分，之后才批判其漏洞。

虽然《西方美学史》并未涉及马克思主义行世以后的美学思想，但朱光潜在编撰过程中时刻注重以马克思历史唯物主义为指导原则。刘旭光认为：朱光潜对"美学史研究中历史唯物主义原则的奠定与应用"有重要贡献。[②]历史唯物主义是马克思主义思想中的重要内涵，但马克思本人并没有发明和使用"历史唯物主义"这一概念，他在1859年《政治经济学批判》导言中关于"生产关系与经济结构、社会存在与社会意识"的论述被认为是历史唯物主义的总纲。恩格斯晚年才使用"历史唯物主义"的概念，并以之指称马克思所创立的"唯物主义历史观"。《西方美学史》创作于1960年代，不可否认体现一定的时代局限性，比如对马克思主义的理解仍然具有教条主义倾向，站在阶级立场的批判具有片面性等，但我们更应该立足于历史现实条件，使用历史唯物主义的原则对此加以看待。朱光潜在序论部分特意设置了《研究美学史应以历史唯物主义为指南；它的艰巨性和光明前途》一节，阐明了自己对历史唯物主义的理解。"至于谈到您用唯物主义方法处理问题的尝试，首先我必须说明：如果不把唯物主义当作研究历史的指南，而把它当作现成的公式，按照它来剪裁各种

---

① 朱光潜：《西方美学史》，商务印书馆，2017年版，第3页。
② 刘旭光：《朱光潜〈西方美学史〉的不足与启示》，《探索与争鸣》，2005年第10期。

历史事实，它就会转变为自己的对立物。"①《西方美学史》也正是遵循这种历史唯物主义的观念组织进行编写工作并获得历史性的成功。

《西方美学史》并没有仅仅停留在教材的特性上，它还有另外的意图。用朱光潜自己的话说，就是在认识意义之外，还有"实践意义"。他说："学习美学史，并不是为知识而知识，为理论而理论，而是要理论知识的帮助，来解决我们自己的文艺实践和审美教育实践方面的问题。"②对西方美学加以辨别、分析和批判，目的是要"从总结过去经验的基础上，自己进行摸索和解决问题"，并"结合我们的需要和条件，加以综合，来建立我们自己的美学"。③这种创新观念，有助于促进写作过程中融汇自己的学习心得，并自觉与时代主题相结合。

朱光潜认为不可将积极和消极的区别绝对化，这是因为"一切学说思想都有它的历史环境的背景，我们读任何书，都要还它一个历史的本来面目"④。他举例指出虽然雪莱属于积极的浪漫派，华兹华斯属于消极的浪漫派，但雪莱不仅在诗歌创作上受华兹华斯影响，同时在思想上也都宣传博爱并具有泛神论的色彩。朱光潜始终坚持应该"根据当时文学流派发展与转变的历史事实"⑤来认识浪漫主义：在进行19世纪英国、德国和法国的阶级力量对比后，他反对某些文学史家提出的19世纪进步的浪漫主义"就其性质而论是反资产阶级的"的说法，认为这是对社会基础和上层建筑关系的错误认识。朱光潜认为不能把意识形态与上层建筑等同起来，赞同毛主席关于"意识形态是政治和经济的反应"的说法观点。

浪漫主义和现实主义在西方美学史中占有重要地位，朱光潜在《西方美学史》中也着重通过"文艺与现实的关系"和"文艺的社会功用"章节展开论述，同时指出："浪漫主义和现实主义这两种创作方法的区别和联系，牵涉到

---

① 转引自朱光潜：《西方美学史》，商务印书馆，2017年版，第9—10页。
② 朱光潜：《朱光潜全集》（第6卷），安徽教育出版社，1990年版，第9页。
③ 朱光潜：《朱光潜全集》（第6卷），安徽教育出版社，1990年版，第8—9页。
④ 朱光潜：《朱光潜全集》（第6卷），安徽教育出版社，1993年版，第1页。
⑤ 朱光潜：《西方美学史》，商务印书馆，2017年版，第788页。

美的本质和艺术的典型化问题，所以在美学上是一个基本问题。不但创作实践，就连美学本身也有浪漫主义与现实主义的两种不同的倾向。"①在面对浪漫主义和现实主义的争鸣过程中，朱光潜并未一味否定浪漫主义，而是将其分为积极的浪漫主义和消极的浪漫主义区分对待；同时将浪漫主义和现实主义分为文艺思潮运动和创作方法，认为作为文艺思潮运动的浪漫主义和现实主义并不具有普遍性，体现出朱光潜对马克思历史唯物主义思想的运用。对于文艺复兴时期，朱光潜指出意大利的人文主义者虽然在坚信"艺术摹仿自然"的同时提出"艺术家就是第二自然"的说法，但大体上仍然是现实主义的。在论述启蒙运动的三大领袖之一的狄德罗时，朱光潜分为"浪漫主义方面""现实主义方面"，指出狄德罗的美学思想兼具浪漫主义和现实主义两方面。在结束语部分朱光潜更是专门列出一节对浪漫主义和现实主义进行论述，在论述过程中则体现出对历史唯物主义的运用。

朱光潜举例说明即便李白等人具有浪漫主义倾向，杜甫等人具有现实主义倾向，他们运用浪漫主义或现实主义的创作方法，但也不能将其对应为"浪漫主义派"或"现实主义派"，因为这无疑将产生于特定时间和空间的文艺流派运动普遍化，这种贴标签的方法是"反历史主义的"。②朱光潜曾指出浪漫主义和现实主义是特定民族在特定时期的历史产物，"不应把这种作为某一民族、某一时期流派的差别加以普遍化，把它生硬地套到其他时代的其他民族的文艺上去"。③朱光潜对于现实主义和浪漫主义以及二者之间关系的认识，直接影响到《西方美学史》的研究理论，并且从宏观上制约朱光潜对于具体的美学家的美学理论的批判。

（三）意义超迈形式

意义超迈形式，不仅是朱光潜编写《西方美学史》的学术立场，也是其

---

① 朱光潜：《西方美学史》，商务印书馆，2017年版，第782页。
② 朱光潜：《西方美学史》，商务印书馆，2017年版，第801页。
③ 朱光潜：《谈美书简》，长江文艺出版社，2020年版，第88—89页。

能够从容应对各种批评的精神守望。1956年到1962年，在中国发生一场美学大辩论，学者们先后在《人民日报》《文艺报》《哲学研究》《新建设》和《学术月刊》等国内主要报纸、期刊发表了400余篇文章参与讨论。辩论是在有关领导和组织的精心策划下进行的，朱光潜被作为批判对象，成了整个大辩论的"靶子"。他自己对这一点也是非常清楚的，"美学讨论是在党的领导下由《文艺报》在1956年开始组织的"，"美学讨论开始前，胡乔木、邓拓、周扬和邵荃麟等同志就已分别向我打过招呼，说这次美学讨论是为澄清思想，不是要整人"。朱光潜通过这场批判讨论受到了深刻教育，自此以后开始系统学习马克思主义，提出"美是主客观辩证统一"的美学观点，还以马克思主义关于美学的实践观点不断丰富和发展自己的美学思想。

在朱光潜看来，真正的艺术必然既要反映现实，又要表现理想，浪漫主义和现实主义都不例外，只是各有侧重。坚持自我中心、蔑视客观现实的浪漫主义是消极的浪漫主义；自然主义是对艺术的反动，对现实表现简单抄袭、无视主观理想则会沦落于自然主义。而在创作者身上也往往能看到两种倾向的结合，比如同属于《荷马史诗》，《伊利亚特》较多倾向于现实主义，而《奥德赛》则更倾向于浪漫主义。主观性是浪漫主义的本质，而现实主义则是从客观现实世界出发。在朱光潜看来，创作时应该将两者结合，做到主客观的统一，这也是艺术唯一的康庄大道。

朱光潜相信"学以致用"，认为美学史"必须从现实出发"[①]，"我们学习美学史，并不是为知识而知识，为理论而理论，而是要借理论知识的帮助，来解决我们自己的文艺实践和审美教育实践方面的问题"[②]；正是"为着更好地达到这个目的，我们才有必要去追溯过去人类对类似问题的看法，作为借鉴"。[③]因此之故，《西方美学史》的"结束语"竟用近七万字的篇幅来做"关于四个关键性问题的历史小结"[④]，依次为"美的本质""形象思

---

① 朱光潜：《朱光潜全集》（第6卷），安徽教育出版社，1990年版，第8页。
② 朱光潜：《朱光潜全集》（第6卷），安徽教育出版社，1990年版，第9页。
③ 朱光潜：《朱光潜全集》（第6卷），安徽教育出版社，1990年版，第8页。
④ 朱光潜：《朱光潜全集》（第7卷），安徽教育出版社，1991年版，第322页。

维""典型人物性格"与"创作方法"。

深入浅出地把道理讲明白，这就是美学理论研究的意义之所在。"《西方美学史》的学术价值，决不仅仅在于写作的方式上，在于材料的充实和表达的深入浅出上；更重要的，是在于它的内容，在于它对西方美学中一些有代表性的人物和观点的分析、论证和评价上，在于它能够力图用马列主义辩证唯物主义和历史唯物主义的观点，来对西方美学发展的历史规律所作的探讨和总结上。"①朱光潜曾经是尼采、克罗齐的忠实信徒，而在《西方美学史》中，他的观点已有明显转变。

朱光潜对柏拉图的认知评价和情感态度也是坚持意义至上的表现。众所周知，古希腊哲学家柏拉图在他的《理想国》中给诗人定了两大罪状：一是文艺不能给人真理，只是说谎；一是文艺有伤风败俗的影响，因此他要把诗人从"理想国"中驱逐出去。资产阶级美学史家都把这种思想描绘为"诗与哲学之争"，但朱光潜却一针见血地指出："其实这只是从表面现象看问题，忽略了上面所提到的柏拉图在政治上的基本动机，就是要在新的基础上建立足以维护贵族统治的政教制度和思想基础。他理想中的哲学家正是他理想中的贵族阶级的上层人物。他们这场斗争骨子里还是政治斗争。"可见，对于意义的坚守和执着，有助于美学家在研究美学理论问题时不脱离具体时代的社会存在和意识形态，并做出忠于事实的价值判断。

三、《西方美学史》的缺憾探因

（一）语境的制衡

语境的制衡是朱光潜的《西方美学史》获得成功却又饱受争议的共同缘由。《西方美学史》上册自1963年出版后，受到了广大读者尤其是高校读者的

---

① 蒋孔阳：《西方美学研究中的一项重要成果——评介〈西方美学史〉》，《文学评论》，1980年第2期。

欢迎，1964年就重印了一次。但历史很快就进入到了一个"万马齐喑"的时代，"四人帮"把这部美学史"打入冷宫十余年"①，直到1979年6月，人民文学出版社再版了《西方美学史》。此时82岁高龄的朱光潜还专门写了再版序论，对1963年出版《西方美学史》时写的初版序论做了一些修改，对时代语境制约下的一些意识形态话语做了说明，并对美学史的研究方法和美学理论中的一些重要理论问题提出了一些新的看法。

《西方美学史》的不足和缺憾主要包括以下几个方面的问题：第一，浪漫现实主义与现实浪漫主义的认识还可以继续发展，而不是停留于二者作为文艺思潮和创作手法。第二，作为第一部美学史专著，也是第一部对于西方美学和西方美学史的研究。但可能较为侧重时间线意义上的史的逻辑建构，但对于西方美学的问题史研究不够深入，同时也缺乏对于西方美学以及美学史的批判追问。第三，以历史唯物主义为指导，对美的本质，形象思维和典型人物进行介绍传达和客观评价，在1960年代初期能对浪漫主义展开论述实属不易，但观点并非完全是基于学术立场的研究。第四，著作没有涉及马克思主义形成后的西方美学思想，但却是以马克思主义为指导进行梳理归纳，存在后知后觉主题先行的可能，对于马克思主义关于文艺的思想理论对于西方美学史的审视观照和判断消化则没有系统独立的研究。第五，没有展开对20世纪克罗齐之后的西方美学思想的研究，原因居然是认为西方古代文明有辉煌的传统，现代文明的发展方向则由社会主义取而代之，西方古代文明有精华和糟粕，我们研究的目的就是吸取精华部分为我所用。这些问题的出现，基本上都可归结于时代语境的制衡。

《西方美学史》是朱光潜建国后"唯一重要的著作"②，也是他"回国后头二十年中唯一的一部下过功夫的美学著作"③。尽管如此，有观点认为其仍然存在着时代的遗憾和局限，它毕竟是权力话语下进行的一套美学知识生产。如由于对文艺理论的过分偏重而影响了美学史的范围，他认为西方美学史中四

---

① 朱光潜：《朱光潜自传》，江苏文艺出版社，1998年版，第9页。
② 朱光潜：《朱光潜全集》（第10卷），安徽教育出版社，1993年版，第532页。
③ 朱光潜：《朱光潜全集》（第10卷），安徽教育出版社，1993年版，第565页。

个最重要的问题是：美的本质、形象思维、典型、现实主义和浪漫主义。事实上只有前两个问题真正属于美学问题，后面两个则属于文艺理论问题。朱光潜对此做出明确回应："从历史发展看，西方美学思想一直在侧重文艺理论，根据文艺创作实践作出结论，又转过来指导创作实践。正是由于美学也要符合从实践到认识又从认识回到实践这条规律，它就必然要侧重社会所迫切需要解决的文艺方面的问题，也就是说，美学必然主要地成为文艺理论或艺术哲学。艺术美是美的最高度集中的表现，从方法论的角度来看，文艺也应该是美学的主要对象。"①

朱光潜还把"我们自己的美学"表述为"新美学"，提出"建立新美学是一件重大的工作，我们需要更谦虚的学习和更严谨的批判。我们需要学习马列主义，学习新时代的现实情况，也需要学习美学古典和美学史的发展，认清我们所应该否定的和所应该接受的"。②无论是哪种说法，都说明他有着建立中国当代美学学科的自觉追求。朱光潜在谈到鲍姆嘉通的美学命名时，认为"命名本身意味着美学作为一门独立科学的开始"。③朱光潜对"新美学"概念的表述虽基本上还停留在原则思路上，缺乏更具体的思路和明确的内容，但在我看来，《西方美学史》就可以看作他建立"我们自己的美学"或者说"新美学"的一次大胆的探索和真诚的努力。但他不可能没有一点顾忌和防范，不可能真正进入到自由的写作状态。他对叔本华、尼采和弗洛伊德美学的故意"遗忘"，就能说明这一点，乃至于到了后来，朱光潜还为此深感内疚。他说在1933年回国以后，就很少谈到叔本华和尼采，是"有顾忌，胆怯，不诚实"，"读过拙著《西方美学史》的朋友们往往责怪我竟忘了叔本华和尼采这样两位影响深远的美学家，这种责怪是罪有应得的"。④事后的自责不过是暂时减轻心理的负担而已，如果设身处地去考虑，要在1960年代把叔本华、尼采的美学放进《西方美学史》，那无疑是相当大的冒险，是很难做到的。如果在第十五

① 朱光潜：《西方美学史》，商务印书馆，2017年版，第4页。
② 朱光潜：《朱光潜全集》（第10卷），安徽教育出版社，1993年版，第2—3页。
③ 朱光潜：《西方美学史》，商务印书馆，2017年版，第327页。
④ 朱光潜：《朱光潜全集》（第2卷），安徽教育出版社，1988年版，第210页。

章黑格尔之后，就接着叙述叔本华、尼采、立普斯、克罗齐和弗洛伊德等的美学思想，这当然可以进一步说明西方美学如何从古典、近代走向现代的发展趋势，也能体现体系的完整与和谐，而不是像现在这样，把别林斯基、车尔尼雪夫斯基与移情说和克罗齐放在"其他流派"同一编里，给人以不伦不类、匆匆作结的印象。

语境的制衡以及对于《西方美学史》作为高校教材的定位，也是《西方美学史》仓促之下带着相关弊病登上历史舞台的决定性因素。朱光潜对此有过这样的说明："五十年代的美学大辩论引起国内对美学的广泛注意，1961年北京大学要求我在哲学系开美学专题，1962年科学院教材会议指定我编一本《西方美学史》，同时中央几位领导同志又指名要我去中央党校讲课，我讲了三个月。就以北大和中央党校讲课的提纲为基础，我花了大约一年多时间，写出了《西方美学史》。"[①]从这样的描述里，可以发现《西方美学史》是美学大辩论的自然延伸和结果，同时又是课程设置的需要，相关问题的出现不是朱光潜美学研究能力不足的结果，而是语境要素的多方干扰导致的后果。

（二）个体的主观

经历过1950年代末到1960年代初的美学大讨论，朱光潜的美学思想已然发生了凤凰涅槃式的转变。他已然完全否定了其前期的唯心主义美学观，而皈依到了马克思主义美学思想旗下，完成了其美学思想的马克思主义改造。他的新美学观在《论美是客观与主观的统一》一文中做了完整的表述："我接受了存在决定意识这个唯物主义的基本原则，这就从根本上推翻了我过去的直觉创造形象的主观唯心主义。我接受了艺术为社会意识形态和艺术为生产劳动这两个马克思主义关于文艺的基本原则，这就从根本上推翻了我过去的艺术形象孤立绝缘，不关道德政治实用等等那种颓废主义的美学思想体系。"[②]朱光潜所学习的主要是马克思主义的阶级斗争理论，整天处于用马克思主义阶级斗争理论

---

① 朱光潜：《朱光潜全集》（第10卷），安徽教育出版社，1993年版，第532页。
② 朱光潜：《朱光潜全集》（第5卷），安徽教育出版社，1989年版，第96页。

检讨改造自我思想的时代氛围中，对于马克思主义的艺术理论接触不多，所以1979年在《西方美学史》再版序论中朱光潜认为过去对马克思主义理论的认识很多情况下是"鹦鹉学舌"，到了1970年代末重新学习马克思主义理论才发现自己所学还有大问题，"自己并没有弄清楚，所以汗流浃背"。①

朱光潜对美学的认识体现了一种历史观，他主张美学和美学史不要分开来看，他说："美学史所研究的是过去美学思想的发展，主要是文艺方面美学思想的发展。美学史与美学只有一点不同：美学更多地面对现在，美学史更多地面对过去。但是这个分别也只是相对的：美学固然不能割断历史的联系，美学史也必须从现实出发。"②在时代意图与学术知识、政治意识与个人思考之间，他试图寻找到一种力量的平衡。这就使得它不得不带着镣铐去跳舞，在从容的叙述背后也隐有压抑的痛苦，出现了文本的矛盾和裂缝。朱光潜颇讲究学术史的"洋为中用"。正是这一国家意识，导致朱著于某种程度上，是在借西方美学史框架，来演示俄苏文论在当代中国的变迁。于是《西方美学史》就成了一个有多种意义和欲望的文本，如对主流意识形态的张扬，对个人感受的曲折表达，还留有欲说还休的空白和缝隙。

1963年的初版编写凡例里，朱光潜已有说明。在凡例中，他谈到了"选择标准"，认为那些代表性大、影响深远、能说明历史线索的反面性材料有学术意义，如新柏拉图派和克罗齐。"这些反面性的东西不仅可以当反面教员，也还可以帮助理解正面性的东西。一般地说，在过去的美学家之中，正确的思想总是在和错误的思想斗争之中才形成的，而且正面与反面的分别也只是相对的，没有人是完全正确的，发生过深远影响的人也很少有毫无可取之处的。正确地对待他们，须根据马克思主义的观点对他们进行分析批判，去伪存真。编者也作了一些尝试，但限于思想水平，做的比较少，而且做的也很肤浅，甚至难免错误。这一方面的工作只有留待关心美学的同志们的长期的共同的辛勤努力。"③

---

① 朱光潜：《朱光潜全集》（第6卷），安徽教育出版社，1990年版，第31页。
② 朱光潜：《朱光潜全集》（第6卷），安徽教育出版社，1990年版，第8页。
③ 朱光潜：《西方美学史》，商务印书馆，2017年版，第4—5页。

朱光潜对那些不合意识形态的美学家和美学观念，时有贴标签的简单判断。如在评价柏拉图时，认为他的灵感说"基本上是神秘的反动的，它的反动性特别表现在它强调文艺的无理性"，他的迷狂说"宣扬了反理性主义"，"在长期为基督教所利用以后，又为颓废主义种下了种子"。他认为柏拉图的"反动观点"在西方发生过长远的"毒害"影响。而在王本朝看来："所谓的'反面性'材料，或者说是"反动性"观念都是出于当时的意识形态判断。有意思的是，一旦到了评判那些有代表性的反面的西方美学家或美学观念的时候，朱光潜就陷入了唯心主义、形式主义和反现实主义的泥淖，所得出的往往是一些肤浅而简单的结论。"[1]或许，对于朱光潜来说，西方美学史的写作也是一次以审美的方式介入美学及意识形态争鸣的认真尝试，教材的定位即是一种护体也是一种束缚，便于他以较为个体性的美学主张展开研究工作。

蒋孔阳1980年在《文学评论》第2期上发表长文《西方美学研究中的一项重要成果——评介〈西方美学史〉》。该文对朱光潜《西方美学史》做了全面评介，是真正阅读朱先生而发的议论，有些意见直到今天仍然是有价值的。譬如他认为朱光潜在《西方美学史》的古希腊部分对支配希腊的"摹仿说"怎样产生和形成，它在柏拉图和亚里士多德之间为什么会引起那么大的争论，并没有深入探讨，甚至有的提都没提，原因似乎也可归之为个体的主观势能。[2]

吴琼先生对朱光潜《西方美学史》的解读似可佐证这种个体的主观。他认为这部巨作是"一个压抑的文本"。"而正是由于这种压抑和对压抑的反抗，使得《西方美学史》成了一个多种欲望并存的异质性文本，在这里，既有对主流意识形态的违心顺从，又有对自己的观点的曲折表达，也就是说，在这里，文本与欲望之间、个人意志与主流意识形态之间，已经说出的与想说又未说的东西之间矛盾地并存着，而也正是这种并存，使得那文本成了一个充满裂隙、空白、缺口和断裂的文本。因此，我们要想真正地理解朱光潜《西方美学

---

① 王本朝：《〈西方美学史〉与中国当代美学的知识建构》，《湖北大学学报》（哲学社会科学版），2006年第6期，第702页。

② 宛小平：《美学史的写作——朱光潜〈西方美学史〉是非谈》，"美学在中国与中国美学学术研讨会"会议论文，2005年。

史》，就必须从这些裂隙、缺口和空白入手，透过文本的表层去挖出隐藏在文本底层的潜意识愿望。这一愿望就是，朱光潜总是力图在不触犯主流意识形态的前提下，间接地表达出自己看待西方美学史的真实观点。"①

朱光潜的个体性主观多少也体现在研究论述的"我注六经"方面。"当要讲关于美的议论的时候，就写关于美的理论；没有时就找一些艺术理论来写；但从哪儿找艺术理论来写呢？主要是作者熟悉的文学理论，建筑、绘画、舞蹈、音乐理论等几乎都被漏掉了。"②章启群新作《新编西方美学史》前言里就对朱光潜的"四个关键性问题"提出了异议，认为除了"美的本质"和"形象思维"还算是美学问题，而"典型人物"和"浪漫主义和现实主义"则属于文艺理论问题。进而章先生得出结论："这样，朱光潜先生的《西方美学史》，不仅出现了篇幅不少的与西方文艺理论和批评史重合的部分，具有很浓的西方文学批评史的色彩，还存在对于西方美学中美学基本线索的描述和理解的偏颇。由于朱光潜先生在美学界的巨大影响，这种偏颇已经造成了汉语西方美学研究的一个误区。"③朱光潜的回答很干脆："典型问题在实质上就是艺术本质问题，是美学中头等重要的问题。"④"浪漫主义和现实主义这两种创作方法的区别和联系，牵涉到美的本质和艺术的典型化问题，所以在美学上是一个基本问题。不但创作实践，就连美学本身也有浪漫主义与现实主义的两种不同的倾向。"⑤

朱光潜在对每一个重要时代或者重要人物介绍完之后都会有一个结束语，有如太史公曰一般，从自己的理论立场对所介绍对象的影响意义性质作一个评价。这就带来以意识形态立场评价对象的偏颇。美学史书写需要坚持史实和史论。前者关系到资料的收集和整理，后者则是观看对象的范式和视域。按照阶

---

① 牛宏宝等：《汉语语境中的西方美学史》，安徽教育出版社，2001年版，第447页。

② 张法：《被西方美学史写作忽略的几个问题》，《首都师范大学学报》（社会科学版），2003年第6期。

③ 章启群：《新编西方美学史》，商务印书馆，2004年版，前言第3页。

④ 朱光潜：《西方美学史》，商务印书馆，2017年版，第744页。

⑤ 朱光潜：《西方美学史》，商务印书馆，2017年版，第782页。

级出身把思想家加以分类，从其阶级属性看其思想的价值，从而把思想等同于意识形态，这就抹杀了思想的超越性和创造性以及思想中的纯粹知识方面。比如对康德美学的分析。作者把法国大革命等同于启蒙运动，认为启蒙运动就是暴力革命和唯物主义，从而得出康德的思想基本上是与启蒙运动背道而驰的错误结论。在马克思主义的视域中，康德的纯粹客观的没有为实践活动所指涉的自然客体就是物自体。此外，物自体还指人的自由意志。人有自由意志，自由意志是无所规定的，纯粹自由的，因此是无法认识的，也是无法规范的。康德说人是自身的目的而不是手段。这实际上是对人的自由意志、对人的主体性和主体人格的高度肯定，正是启蒙哲学的伟大之处。由于对康德哲学的这一方面缺乏理解，朱光潜便较为主观地地批评康德的"物自体是反理性的，只是神秘主义和不可知论的基础"。①

朱光潜在讲到但丁时，也不无主观地联系到自己过去对白话文的态度，认为但丁主张用"俗语"这和我们"五四"时期主张白话是一致的。还比如讲到狄德罗的演员表演要运用所谓"理想的艺术"，这和他自己过去一直主张中国的戏剧表演（特别是京剧）者要用冷静的头脑代替飘忽不定的热情，既不完全用情感陷入到"角色"中，又能准确地塑造所要表演的那个人物的一举一动，这和朱光潜过去常常说明的美感经验是"不即不离"（既不过也不是不及）完全一致。这些事例都说明朱光潜的《西方美学史》还有一个"内在的成见"，这个"内在的成见"不是象"外在的成见"经过历史的沉淀就可以淘汰的。

（三）理论的困境

理论是灰色的，美学理论自身的困境与旅行，也是朱光潜《西方美学史》存在前述相关缺憾的重要原因。"也许，学术上最难的'史'的写作，就是美学史。美学史写作之难，首先在于美学之难。在世界文化中，只有西方有美学。就是在有美学的西方，美学史的写作也非易事。"②没有一个美学家是自

---

①　朱光潜：《西方美学史》，人民文学出版社，1979年版，第407页。

②　张法：《被西方美学史写作忽略的几个问题》，《首都师范大学学报》（社会科学版），2003年第6期。

觉接续之前的美学家理论，没有一个美学家不尝试进行创新建构，因此所谓史若从系统性本身来看，就很难被确认。

西方美学旅行到中国特定时期，主要聚焦于与社会语境及现实主题密切相关的两个问题。整部著作实际上是围绕着20世纪中后期中国美学界认为的两个最重要问题即美的本质和艺术上的典型问题去组织美学史的。翻译的功底和转义的素养以及文字的表现能力，是《西方美学史》得以不断再版，特别是为大中专院校选择教材的原因。但基于对西方美学的认知，深入浅出固然有其独到之处，不过深入深处原本是其理论家理论建构与辨析方法的本来面目，某种程度上虽然有助于明白，但却减弱西方美学逻辑四辩对于学生理论素养和思维品质培育的能量。

但问题的吊诡之处在于，《西方美学史》的批评者估计也不是都具备精读原著的能力，所以基于理论翻译的批评往往容易流于形式，难见真章。

理论的可阐释性是朱光潜的《西方美学史》能够以"一家之言"而在中国的西方美学史研究领域占据高地的原因。《西方美学史》不但"借西方美学史框架，来演示俄苏文论在当代中国的来龙去脉"[1]，而且接受了苏联的教育理念，表现出哲学教科书体系具有的封闭性与僵化性等特点。朱光潜当时因怕"被戴上反动派的黑帽子"[2]，除了在美学专业知识方面积极向苏联看齐之外，还积极吸收运用哲学教科书体系强调思想教育基础上以本体论与二元对立的思维方式来梳理西方美学的发展历程，形成西方美学史教材的基本框架和逻辑结构。

高校教材的定位既制约对西方美学思想的阐释空间，又产生对于西方美学理论进行误读的现实需求。朱光潜指出："教材要兼顾到教师和学生"，"要传授知识"，要"培养成优良的学风和文风"[3]，并认为19世纪下半期之后的文艺与文艺理论"日趋腐朽颓废"，"在敲帝国主义文化的丧钟"，"我们在

---

① 夏中义：《论〈西方美学史〉的"洋为中用"——兼及朱光潜与鲍桑葵和李斯托威尔之比较》，《文艺研究》，2010年第5期。

② 朱光潜：《朱光潜全集》（第10卷），安徽教育出版社，1993年版，第650页。

③ 朱光潜：《西方美学史》，商务印书馆，2017年版，第2、3页。

这种教材里无须为它们浪费笔墨"①。于是，充分利用理论自身的困惑窘迫服务于实用性意图，便成为无法回避的选择。《西方美学史》一方面努力遵循"如实直书"的客观主义标准，宣称"编者对主要流派中主要代表的选择只有一条标准：代表性较大，影响较深远，公认为经典性权威，可说明历史发展线索，有积极意义，足资借鉴的才入选"②；另一方面又指出"我们生活在马克思主义时代和毛泽东思想的故乡，社会主义的中国，即使只介绍到资本主义时代为止的西方美学思想发展，为着古为今用，洋为中用，也必须努力运用辩证唯物主义和历史唯物主义的观点和方法"。③因此，康德及其理论在面对主题先行的阐释行为时也只留下深沉的无力感。比如朱光潜在《文艺心理学》中，主要介绍康德的形式主义和无利害感的美学观点，态度也是同情和赞赏为主。但在《西方美学史》中，朱光潜却不得不用马列主义的观点批判康德的上述观点，并且经过深入研究发掘和强调康德美学中过去为资产阶级美学史家所忽视的观点，如美的社会性、美是道德精神的象征以及审美意象等。④

由于这种需要充分发挥美学理论的实用性功能的现实考量，美学理论被有意识地多元阐释，甚至抛却美学理论而大谈文艺理论的社会功能都已经难以阻止。在论柏拉图时，朱光潜拟定的三个小标题分别是文艺与现实世界的关系，文艺的社会功用，文艺才能的来源。这三个方面都是文艺学问题，美学的独特的研究对象和范围没有体现出来。再比如论述狄德罗的部分，朱光潜的安排是戏剧理论，又分为关于市民剧和关于演剧两小节，关于自然、艺术和美的看法，其中又分为浪漫主义方面、现实主义方面、美在关系说、自然与艺术的关系和现实美与理想美几个小节。可以看出，狄德罗美学思想的主要方面没有被突出，文艺学问题占主要部分。再如别林斯基，作者以四小节论述对象，但只有第四节谈到美，前三节论述的都是文学理论问题。当代俄国的美学家很多，

---

① 朱光潜：《西方美学史》，商务印书馆，2017年版，第7页。

② 朱光潜：《西方美学史》，商务印书馆，2017年版，第3页。

③ 朱光潜：《西方美学史》，商务印书馆，2017年版，第7—8页。

④ 蒋孔阳：《西方美学研究中的一项重要成果——评介〈西方美学史〉》，《文学评论》，1980年第2期。

但选择别林斯基和车尔尼雪夫斯基作为论述对象是因为这两位是现实主义文学理论的代表人物。在特定时代，现实主义在中国是主流的权威文学理论，选择这两个人作为俄国美学思想的代表，是时代意识使然。结尾部分是关于美的本质问题、形象思维、典型人物、浪漫主义和现实主义四个问题小结，但一般而言其中只有一个是美学问题，其他是文艺学问题，而且是特定时期关注的文艺学问题。整个西方美学史框架，只有"美的本质"才是纵贯两千五百年西方美学史谱系的基元性命题，其余三项，皆属文学原理范畴，而非美的哲学范畴。但朱光潜的回应却是"艺术美是美的最高度集中的表现"，故"文艺也应该是美学的主要对象"①，这真可谓是"仁者见仁，智者见智"。理论的言说困境和阐释自由度，为美学理论研究提供主体强势介入的机缘空隙，以及服务时代迫切审美需要的技术性便利，甚至会助长接受主体的论说主导希冀，并最终以著作教材自身的硬伤和缺憾作为无言的反驳和回响。

---

① 朱光潜：《西方美学史》，商务印书馆，2017年版，第4页。

散步美学的延续

——朱良志《中国美学十五讲》导读

陈 莉[①]

一、引言

朱良志（1955—　），安徽滁州人，北京大学哲学系教授，长于中国哲学、美学与艺术关系的分析，能从中剔发中国人的人生智慧。朱良志独特的思想观念和表达方法，受到当代学界的广泛关注。朱良志的美学思想有以下四个方面的总体特征：

其一，朱良志延续了中国美学诗意化的理论风格。中国古代的美学和艺术理论，如陆机的《文赋》、刘勰的《文心雕龙》、严羽的《沧浪诗话》、司空图的《二十四诗品》、徐上瀛的《溪山琴况》、宗白华《美学散步》等都以优美的语言、诗意化的意象表达了对于艺术和美的思考。朱良志美学延续了这种传统。他的表述语言是诗化的，幽窗鹤影、藤蔓花卉、山花草木、岚光日色、云雾蒙蒙……读他的美学论著，如同走进江南的园林，移步换景，每一处景物

---

① 陈莉，中央民族大学教授。

都美不胜收，每一处景物都韵味无穷，而他捕捉到的美学思想也如同一朵开在天地间的小花，点亮了世界，也点亮了心灯，天地瞬间明艳起来。他的论著如《扁舟一叶》《一花一世界》《曲院风荷》《生命清供》《真水无香》《顽石的风流》等，单单这些书名都足以让人玩味良久，更何况翻开书，一个虚幻、空灵、美好的世界就渐渐在眼前展开。朱良志延续了中国古代诗化的理论传统，也延续了宗白华散步美学的散文化和诗意化传统，使中国美学的道路上鲜花盛开，风光旖旎。

随着学术的"正规化"，越来越多地运用西化的、理性化的语言来表达美学思想，甚至于我们的表达出现了严重的模式化、套路化的倾向。好些论著、论文淹没在一大堆引文之中，表面看起来是学富五车、引经据典，其实很大程度上就是一种学术论文的"包装"技巧——要显得有学识——但仔细推敲这类论文，你会发现太多作者或者是虚张声势，或者基本没有提出什么有价值的学术观点。但是朱良志的美学不是这样的。他将中国传统哲学、美学、艺术烂熟于心，融汇成自己的一种思维模式和学术土壤，他从传统文化的深层生根发芽。因此且不要说他的美学表达了什么思想，他的表述方式就已经让人心生欢喜，就已经是值得玩味、琢磨和学习的了。

其二，朱良志发现了具有中国特色的美学问题。朱良志浸润在传统哲学的智慧之中，在长期阅读和体悟中国哲学的基础上，将这些古老的哲学和美学观念与自己的生命体验融汇成一体，形成了具有自己独特的感觉和视角的美学思想。比如朱良志美学中有着强烈的宇宙意识和对自然无序之序的思考，显然受到了道家混沌宇宙观和儒家天人合一思想的影响，但是他的美学大大地丰富了传统美学。在道家哲学中混沌仅仅只是一个具有抽象性的哲学概念，朱良志在艺术中发现了混沌现象的具体表现，又重新对混沌和自然的关系、混沌与宇宙秩序的关系进行哲学思考，从而丰富和深化了混沌哲学。同样，在禅宗圆融一体哲学观念的影响下，朱良志在一朵小花中看到了整个世界，他深谙一花一世界的美学意义，深知"青山自青山，白云自白云"的佛学真谛，但他又能将这一美学思想阐释得更加充分，更加精彩。

朱良志的美学思想，让人觉得又熟悉又陌生。熟悉是因为学习了中国传统文化的人都能隐约感觉到这些理论观点受到了老庄、禅宗或者明清艺术理论的影响，但他能将传统哲学观念重新激活，赋予传统美学以新的生命活力。你常常会惊讶，他怎么会想到从某个角度使传统美学观念得到升华。比如朱良志说儒家美学是玉的美学，道家美学是石的美学。我们很多人都知道儒家以玉比德，也都知道道家尊崇自然，但是他将儒、道美学特征分别概括为"玉"和"石"，概括得如此恰切，如此令人信服。我们觉得朱良志所说所言的这个观点我们也知道，那个观点我们也知道，都似曾相识，但你又不得不惊叹于朱良志的解读如此精辟和独到，所以我们的阅读体验是，又亲切，又拍案叫绝。

而对于那些没有接触过中国传统文化和传统哲学、美学的读者，朱良志的美学给他们呈现了最美好、最独特的中国美学的样态。阅读朱良志的美学论著，很容易会让一个年轻的学子感受到中国美学的确很美，且从此爱上中国美学，甚至会循着他的美学论著中提到的一些中国传统美学的"蛛丝马迹"，从此慢慢进入中国古代美学和艺术的汪洋大海。

其三，朱良志对古代绘画和各种景物有着极好的感觉。他的感觉表现为一种感性的生命体验。比如对于石上的青苔，朱良志说，忽然能感到青苔的绿意向他袭来，简直要将他席卷而去。对于一个盆景，朱良志说，那绿色的枝叶像绿色的流，优雅而缠绵，恍惚间似乎能听到叶间轻轻流淌的声音，就像一曲美妙的乐曲从枝叶间传出。朱良志能够将最微妙和独特的审美感受呈现出来，还能够在凡常的一动一静中提炼出其中的哲学和美学蕴涵。比如他能感受到青蛙跳到池水中，打破万古之宁静，能够从中读出永恒和瞬间的合一；他也能从枯枝和嫩叶中读出瞬间和永恒的关系。朱良志美学是以微妙感受为基础的美学，他的感觉让我们内心温暖和柔软。他用诗化的语言告诉我们美学以审美感受和生命体验为开端。

受到中国传统哲学和美学的濡染，朱良志形成了一种打量和观照中国艺术的独特眼光，也能从艺术现象中提炼出一些独特的美学观念。比如他从倪云林的绘画中能够读出亘古的宁静，他能从黄公望的绘画中读出宇宙的混沌。他从中国艺术中提炼出来的美学观念常常让人惊叹不已。作为一个中国人，我们大约也意识到了中国艺术中的某一种美学精神，看到了朱良志对这种美学精神的概括，一下子就触到了自己意识深处那个想到了但是却一直没有能准确说出来的审美感受。他又将审美感受升华到哲学的高度，带我们跨越时空进入到中国哲学的深层，去领会最抽象的美学观念。从真切的审美体验到美学观念的抽象，在他这里过渡得如此自然，可以说是感受着风的温柔，感受着树的摇曳，我们就被他带进了美学的圣殿。

其四，从研究方法的角度来看，朱良志有着非常强烈的方法意识。他认识到了从王国维以来中国美学研究开始从西方寻找视角和切入点的做法。他深刻认识到中西美学是不同的两种思路，不能相互阐释。朱良志认为，中国美学关注的是生命，西方美学关注的是理性、知识，是超验的本体和抽象的本质；中国美学是一种生命美学，关注的是生命存在的状态。西方美学长于思辨，中国美学则是生命的、体验的。此外，西方美学关注的是审美经验、感性、感情、快感等；中国美学关注的是人在天地之间的集体性感受，生命超越是中国哲学的核心。因此，他力求把握中国美学的特点，不把中国美学当作论证西方美学的资料。

我们似乎已经看见中国古代美学中的晨光熹微、看见轻烟缭绕、看见曲径通幽。让我们进一步从朱良志《中国美学十五讲》的导读开始美学的散步吧！

《中国美学十五讲》是北京大学出版社21世纪伊始出版的"名家通识讲座书系"中的一本。北大出版社的这套丛书显然面向大学生，努力普及中外文化，包括音乐、政治、建筑、戏剧、医学等等，因此每一本书所讨论的内容都具有教材的性质。也因此《中国美学十五讲》不是专题研究，但也体现了朱良志美学的思想框架和基本思路。《中国美学十五讲》在内容上包含三个层次：首先从道家哲学、佛禅哲学、儒家哲学、楚骚精神和气化哲学等五个方面追踪生命超越产生的根源及流变，可以说这一部分是朱良志美学的哲学基础和出发点；其次，讨论中国美学在知识之外、空间之外、时间之外、自身之外、色相之外的超越美学旨趣，这是生命美学的形态论；最后朱良志通过对境界、和谐、妙悟、形神、养气等几个基本范畴的梳理，构建了生命超越美学的范畴论。可以说，"超越"是朱良志这本美学论著的关键词。

二、中国美学的哲学基础及其美学蕴涵

朱良志将道、禅、儒、骚、气化哲学五个方面作为其美学的哲学基础，认为这五个方面是中国美学的"根源论"。相较而言，朱良志更加关注佛、禅、道。但从《中国美学十五讲》的"超越"精神来看，朱良志对儒家哲学和楚骚哲学的阐释却也是符合该书核心论点的。朱良志抓住了超越个体和时代局限的审美化生存，比如在儒家哲学中朱良志着重论述了儒家摆脱功利束缚的美学精神，在对楚骚的阐述中着重提炼出屈原超越于个人在政治漩涡中挣扎的痛苦和纠结，抓取了屈原面向天地宇宙的叩问，抓取了渔父超越凡俗生活归隐大自然的精神。下面对朱良志美学的哲学基础进行更具体的梳理。

（一）道家哲学及其美学蕴涵

朱良志对道家哲学的美学价值进行了充分的挖掘，且能将道家哲学的观念灵活地运用到对各种艺术现象的解读上。朱良志较多关注的道家哲学观念有以下几个方面：

宇宙的混沌状态。老庄保留着对宇宙原初混沌状态的深刻记忆。《庄子·应帝王》中有关混沌的故事从侧面说明了庄子对宇宙基本状态的理解。宇宙是混沌的，天地间一片苍茫。这个混沌的世界是一个没有清晰界限的世界，是一个没有主客彼此的世界。因此也是一个"大制不割"的世界。"大制不割"的核心意思是宇宙和万事万物是一个混朴的整体，最好不要打破这个混全性。幽暗的、混茫的、空空落落的、无边无际的道的世界，就是朴，就是没有被打破的圆融，就是"大制不割"。在这里没有知识，没有分别，没有争斗，没有欲望，万物自生听，太空恒寂寥。

如果说天地的本然状态是混沌，那么人的本然状态也是混沌和懵懂。宇宙是混茫的，人也应该处于这样的混茫状态。"大制不割"就是要保持人的混沌生存状态。人忘掉自我，融身到大自然中，成为自然的一个部分，随着大化流转的节律而生活，就能保持原初的混沌。《在宥》中讲了一个故事：云将要到东方去漫游，碰见了鸿蒙。云将问了许多关于知识的问题，鸿蒙避而不答。

最后鸿蒙告诫云将，要安处自然，合于造化，要忘掉形体，抛弃聪明。在这个寓言中鸿蒙是混沌的。是浑然忘己、忘物，与物融二为一的象征。与外物泯然一体，漠然处之，就返回到原初状态，返回到质朴的状态，也才能终身不离本根。

道家哲学认为混成的世界是大美的世界，而分别的世界是残破的。庄子把这样混沌的状态称为"天放"，即一个纯任自然的状态。纯任天然的世界就是本来样态的世界，是一个没有人为加工的世界，是一个不做作的世界。道家哲学倡导人自然地生活。《人间世》中讲了一个故事，说一个爱马的人，用竹筐去盛马粪，用盛水器具去接马尿，有牛虻叮咬马背，养马人就扑打牛虻，却被发怒的马踢伤了。庄子想用这个故事告诉人们，要尊重马的天性。①

庄子哲学中的"物化"思想。在庄子看来人就是大自然的一个组成部分，应当融身于宇宙之中。人随物迁化，不沾不滞，不必为物欲而奔驰，不必为形迹的安顿而惶惶不可终日，心灵随物迁化，无所系。在物化的境界中，人和宇宙达到最深沉的亲和融通。这也是陶渊明所说的"纵浪大化中，不喜亦不惧"的境界，是苏轼所说的"身与竹化"的境界。在理性的世界中看世界，是以我的眼睛去看世界，世界在我的对岸。而在物化的世界中，我在世界中。在物化的境界中，就是闭上知识的眼睛，开启生命之眼，与清风同在，与孤鹜齐飞。所以物化境界就是一个人与万物相与优游的境界，在这一境界中，人忘己忘物，一任心灵与世界相与绸缪，获得一种生命流转的空茫感受。在审美的世界中更多地表现为"观物化"的境界，即忘掉一己小我的各种是非恩怨，去除物我之间的对抗性因素，以一颗澄明之心，静观花开花落、四季轮转。并在静观中，获得灵魂的净化，进入一个与岚烟霞光相与优游的大美境界。

庄子的齐物论。《齐物论》中庄生梦见自己变成了一只蝴蝶，醒来后，他想不清楚自己是蝴蝶，还是蝴蝶是自己。在庄子看来万物均为一气构成，万物一体，所以蝴蝶和庄生之间其实并没有绝对的区别和界限。万物之间均没有质和量的差别，没有优劣高低的差别。《齐物论》中说："天下莫大于秋豪之

---

① 朱良志：《中国美学十五讲》，北京大学出版社，2006年版，第18页。

末，而太山为小；莫寿于殇子，而彭祖为夭。天地与我并生，而万物与我为一。"在庄子看来，泰山、秋毫等同，殇子与彭祖等同。世间万物没有实质性的差别，万物一体，世界平等，没有主客彼此的差别，没有高下美丑的差别。

在道家哲学的基础上，朱良志对中国艺术进行了一系列具有开拓意义的解读。比如他分析中国水墨画的艺术精神时指出，墨色幽深玄妙，有宇宙混元之象。水墨画超越具体色彩的局限，突破形似，是更高层次的艺术。水墨画体现了庄禅哲学影响下空灵淡远的审美趣味。

道家哲学影响于艺术的还有对自然的推崇。推崇自然就是原生态地、自然而然地呈现。原生态世界的一个最突出特点是没有秩序。一切秩序都是理性构建起来的，都不具有天然合理性。庄子认为，混沌的世界是幽暗的，知性的世界是清晰的，但世人眼中的清晰世界才是真正的混乱无序，儒家、名家建立的条理、逻辑、秩序恰恰是荒诞不实的。去除人为秩序的植物和山石等，表现出疏野之美和未经雕刻的质朴美。正如朱良志在《顽石的风流》一书中所说的："石的浑沦就是自在兴现的境界，不劳人力，不著理性，无所系系，不挂烟萝。"①

（二）佛教禅宗哲学及其美学蕴涵

东汉时期佛教传入中国，经过魏晋以来与中国文化的融合，到隋唐时期，蔚为大观，三论、华严、法相、天台、禅宗等佛学派别相继出现，尤其是禅宗结合中国道家学说和印度大乘佛学所形成的新型哲学对中国美学和艺术均有巨大影响。朱良志美学受到禅宗非常深的影响，在《中国美学十五讲》中他从"不二法门"入手，对禅宗和美学艺术的深层联系进行剖析。他关注到的佛禅观念主要有以下几个方面：

万物圆融。唐法藏《华严金师子章》说："金与师子，同时成立，圆满具足。"这是华严宗的基本理论。华严宗认为，一切现象归于法性真如，法性真如体现为一切现象，二者圆融无碍。理事无碍，事事无碍，一切都没有绝对的

---

① 朱良志：《顽石的风流》，中华书局，2016年版，第34页。

差别。用珍珠来打比方，那就是一颗珍珠中能看到其他所有珍珠，一切其他珍珠又可以通过此一颗珍珠得到显现，珠中有珠，以至无穷。用"月印万川"也能来说明这个观念，那就是万川之月，都是一个月亮朗照的结果，而散落在江湖上的每一个月亮不是天上那个月亮的部分，江湖中的每一个月都是一个完满具足的生命世界。所以说水中的月亮与天上的月亮的关系不是特殊和一般、整体和部分的关系。

圆融思想的美学意义：第一，万物之间没有绝对的差别，大和小、高和低都没有绝对的差别。没有短暂的时间和绵延的永恒的差别，没有局促的当下和广阔的天地的判别。一个小小的花朵，就是一个大大的世界、一个圆满自足的乾坤。第二，每一个事物都是自足圆满的一个整体。"月印万川"是赋予每一个事物以存在的意义，一朵小花就是一个圆满具足的世界。禅宗也有类似一即一切的理论。所谓青青翠竹，总是法身；郁郁黄花，无非般若。佛性禅意就在一草一木之中。

自在圆成的境界可以用"青山自青山，白云自白云"来概括，这里的青山、白云不是抽象的道的外在显现形式。朱良志进一步讲总结了"青山自青山，白云自白云"中所包含的几层意思：第一，其意义不是被观出来的，它不是人们观照的对象，不是人的意识的对象，观者的态度根本不能决定其意义；第二，这个真实的世界是"自在"的，不是"他在"，不是由他因而决定的。世界的意义就在世界本身，而不是所谓现象背后的本体所照亮的；第三，存在本身是圆满自足的，它不是本体显现的现象，其意义并不来自本体；第四，这个现象可以说是空的，但它是般若空，而不是存在属性的空，也不是心灵的空，它依其自身而存在；第五，存在恒常不变，不来也不去。

成为朱良志美学基石的还有佛禅梦幻泡影的观念。世界如幻象，世事如泡影，所以"一切有为法，如梦幻泡影"。是身如影，世界如影，生命的展开如水中之月，通明透亮，又不可捉摸。印度大乘佛学所说的"般若见"是一种无分别的见解。大乘空宗认为，一切都是虚幻不真的，一切都是梦中之像，镜中之影，水中之月，幻而不真。《心经》说："是诸法空相，不生不灭，不垢不净，不增不减。"《金刚经》说："一切有为法，如梦幻泡影，如露亦如电，应作如是观。"[1]基于此种对于世界梦幻感的认识，朱良志对中国艺术中梦幻感和朦胧感颇为关注。他赞美山水画中朦胧淡远的境界，认为云烟是山水的精华，山水的灵气。没有云烟，山水就失去了灵气。

成为朱良志美学基石的还有佛禅无念无住的态度。佛教有"无喜无嗔"的无喜无怒哲学，强调"不涉情境"。《坛经》强调的三无，无念、无相、无住，其实质就是不二之法。不是分出念与非念、相与非相、住与非住，而是于念中达到不念，于相中达到非相，于住中达到无住。禅宗中不立文字，无念无住。无念无住简单说就是无所系缚，不沾不染，如寒塘鹤影，不留痕迹，一切都在平常中，解除目的的求取，解除知识的束缚，还世界一个真实相。让青山自语，让白云自语，花自落，水自流，野渡无人舟自横，人心退出，天心涌起。一念心清净，处处莲花开。无心于万物，才能真正放下。

朱良志关注寂灭的佛教世界。《维摩诘经》说："法常寂然，灭诸相故。""寂灭是菩提。"断灭烦恼，归复寂静之本然状态，佛教将此称为寂静门。在艺术中表现为一种绝对的寂静。朱良志认为倪云林的画面展现的就是这样一个完全寂灭的世界。

（三）儒家哲学及其美学蕴涵

朱良志的美学更多受到道禅哲学的影响，但他也从儒家哲学中汲取了他所需要的营养，并对儒家哲学的美学精神进行了概括。朱良志对儒家哲学美学精神的提炼是从子在川上曰"逝者如斯夫"为开端和核心的。这一定程度上是对儒家哲学的偏颇理解，但也是儒家哲学的题中应有之意。朱良志从不舍昼夜的流水中所看到的是中国文化中的创造精神。他指出创造有三义：一是创造本身，那使创造成为可能的原始动力；二是创造的相状，如万物滋生，四时运转等；三是创造的精神，一种永不停息的创造精神。他更加推崇的是天地的自然运转，万物的自然生长。虽然这里说的是儒家，但是其实说的是道家造化的思想。说到天地的创造，朱良志还是用庄子的观点来阐释创造的内涵。《庄子》

---

① 宣方译注：《金刚经译注》，中华书局，2012年版，第160页。

将天地看成一个大烘炉，天是一个生命流转的创造本体，造化是冶炼工。按照贾谊《鵩鸟赋》中的思想，这个冶炼工以阴阳为炭，以万物为铜，进行永不停息的创造。

人与天地运化的关系：大化如流，人也要与之同流，这是儒家天人合一思想的体现。人的秩序要合于天的秩序，人的创造要合于天的创造。换句话说，人的创造是为了合于天地创造的精神和节奏，只有这样人才能融入天地的大循环中。天有春夏秋冬，人就应该遵循这个自然秩序去生活，即春生、夏长、秋收、冬藏。儒家也将人的伦理道德秩序纳入到天的秩序中。天地与我并生，万物与我为一，我与天地万物均禀天地生生之气而得以生，我的生命与万物是平等的。人融入这个世界，就回复了自己的生命活力。这是儒家博大视野和情怀的哲学基础。

人的生命体是一个小宇宙，它是天地大宇宙的缩影。中国古人认为，人的生命宇宙与大宇宙有着各种联系，首先人体小宇宙与大宇宙之间有着同构关系。人的五脏六腑等与四时、二十四节气、日月的更替有着内在的同构关系。在这个思想的影响下，园林就是一个小宇宙，也是天地宇宙的一个组成部分。因而园林中的一块石头、一勺水与大千世界是相通的，通过园林可以汇入宇宙的节奏中去。

朱良志还从非常宏观的角度提炼和概括了儒家哲学中的宇宙视野和生命不息的精神。大自然中的一草一木时时刻刻都在变化，天地无处不新，无时不新，天地是一个创造空间，这一空间充满了新新不停的创造。人融于世界之中，去体验大化流衍。在中国哲学中，天地万物是有生命的，人的生命与宇宙的大生命有着同样的节奏。人的生命与宇宙有着同样的本体。可以说生生哲学是以生命为特点的特学。生生哲学所包含的主要思想是，孳生化育生命，生生不息，无稍断绝。生生化育突出了中国哲学所强调的生命联系的观点，突出了中国人视宇宙为一生命世界的根本精神。在生命流变的过程中值得关注的还有联系的观点。同一生命不同生长过程有联系，这是生命生生不息、绵延不已的特点；还有不同生命的交替演进的联系，这也是形成代替旧生命的无限往复循环；还有不同生命之间的平行联系，侧重于强调生命之间的彼摄互通，共同支撑一个生命之网，每一个生命都是这网中的一个纽结。

虽然儒家学说关注的是形而下的社会伦理道德规范，但是儒家将社会人伦规范的根据追溯到天地，因而在儒家哲学中有着宏阔的天地宇宙视野，并构成了儒家哲学中的"超越"维度。尤其是宋明理学家指出，人欲尽处，天理流行。当人弱化自己的欲望时，就能胸次悠然，就能与天地同在。朱良志有关儒家美学的论述，认识到儒家哲学关心人伦的建构，但也认识到儒家将人的道德根据归之于天的特征。

朱良志指出，天不是自然对象，不是至上神灵，天是无声无息、寂寞无形的本体界，但是一切灿烂的美的形态都从这一本体来体现。天是创造的本体，是美的本体。延伸到艺术中，则是将艺术也纳入到天的秩序中。刘勰将天地的精神归纳为美的创造，沈宗骞《芥舟学画编》也强调了人参赞化育之功的精神。大道周流，艺术遵循大道，宇宙万有都在这生生不息、往复回环的运动之中。诗人要同乎大道，就是要把握这宇宙运转之轴，这样才能来往千载，生命长存。

（四）骚人遗韵

楚骚对中国文化和美学的影响是不可估量的。虽然朱良志将骚人遗韵作为自己美学理论基石的一个组成部分，但是楚骚精神显然不是贯穿朱良志美学的核心观念。

朱良志指出如果只从忠君爱国的角度来看楚辞，是将楚辞的精神狭隘化了。中国古代那种回环往复的哀伤，似有似无、似浓似淡、绵长幽咽的缠绵情感始于楚辞，寂寞彷徨的感情也始于楚辞。但是这种缠绵的情感并不是朱良志美学最为关注的。而且朱良志认为忠君爱国式的情感只具有有限的意义。因此在指出楚骚爱国忠君情感之后，朱良志很快就将读者引向楚辞中的"天问"，引向人类面对天地宇宙时的集体性情感。

当然，朱良志对于楚辞中情感恍惚迷离特征的概括还是值得一提的。楚辞中情景具有恍惚迷离的特点，就像翩然而来又恍惚而去的各种神灵，都不可思议，不可捉摸。这种迷离的神韵在后世董其昌的绘画中，在潇湘的琴曲中都有。潇湘楚韵，在迷离中荡漾。董其昌说这样的美是"隔帘看花"，李日华说"绘事必以微茫惨淡为妙境"，恽南田说"山水要迷离"，戴熙说绘画之境应"阴阴沉沉若风雨杂遝而骤至，飘缥缈渺若云烟吞吐于太空"。迷离微茫能产生比清晰直露更好的美感，但这不是因为模糊不清而形成的，而是因为意绪的微茫难明、似有还无、若存若失而形成的。

在骚人遗韵中值得一提的还有朱良志对于"物哀"的关注。他强调的是在自怜中传达出的宇宙之沉思。

（五）气化宇宙

气是中国古代哲学中的一个重要范畴。中国古代美学和艺术中也贯穿着气化哲学的基本精神。朱良志《中国美学十五讲》从艺术的气韵开始讲起，对气化宇宙、气的氤氲和朦胧等特点及其在艺术中的体现进行了论述。我们可以将他的气化美学思想归纳为以下几个方面：

第一，宇宙之气。

中国哲学认为，天地万物由一气构成，宇宙是一个生生不息、绵绵不绝的周流过程，万事万物都在这生命之流中流转。世界就是一个庞大的气场，万物浮沉于一气之中，天地之间的一切无不有气荡漾其间，构成一个流动欢畅的大全体。气化流行是中国人的宇宙观。

万物运动轨迹各异，但是由于一气贯通，彼此联属，俨然而成一个生命整体，生命之间彼摄互荡，由此构成生机勃勃的空间，世界也由此构成一个无限的生命之网。每个生命单位又都是这网中的一个纽结。一木一石一山一水都处于气化氤氲的有机生命整体中，成为生命整体中的一个纽结。个体生命体是天地大宇宙的一个纽结，是宇宙大气流荡的一个过程，是无限变化气流的一个阶段。由于一气贯通，所以从一个纽结可以观生命之大全。

从生理性的角度看，人之生，是因为气之聚。《庄子·知北游》中说："人之生，气之聚也；聚则为生，散则为死。"人的生命体是一个气的自足循环系统，是一个小宇宙。有了生命之气的流动、变化、生灭，有了一气的流行，作为个体的生命之气就与宇宙之气成为一个大的循环。万物也都是由不同的气所构成，山山水水各不同，但都具有生命之气荡其间；一草一木各有姿色，无不是因为有生气贯乎其间。

因为气的中介作用，人的小宇宙和大宇宙之间也有着神秘的联系。因此《黄帝内经》将人的生命体纳入到宇宙变化的节奏之中，强调人的生命体与外在的宇宙的深刻关联性。气的消息决定了生命的律动。气分阴阳，阴阳鼓荡，一进一退，使得万物同在一个生命节奏中展开，使得时令、物候、人情、世情等都伴着同一生命节奏。因为都是浮荡于宇宙大气中的生命体，因而，事物之间可能产生感应关系。《周易》中说："同声相应，同气相求。"《乐记》说："万物之理，各以类相动"。

第二，精神之气。

中国古人认为人的精神状态与气的运行有着密切的关系。春秋战国时期，中国人已经具有了血气的概念。人们把血气当成生命有机体的基础，认为人的生命来源于气，并将气和血联系起来。人的血气是生命存在的基础，没有这个基础，形无以立，神无以成。因而，血气又与人的精神有着内在的联系。

在儒家文化语境中，人之异于禽兽，不在于自然生命构成比禽兽更加高明，而在于生命境界的提升。养气是提升生命境界、克服卑微和渺小、克服欲望和一己之狭隘的根本途径。比如孟子在气的基础上又提出"志"和"神"的概念。他说气是人的自然生命的根本，又是精神生命的依凭，但志是统帅气和决定气的精神因素，气志一体，气以包志，志以提气。志、神是统帅气、统帅人的整体生命的概念，也是将人与动物相区别的概念。动物的生命也是由气构成的，但是动物没有神、志，所以没有提升生命的导引性力量。神、志将人从自然生命上升到精神生命，克服了血气和精神的分离。相反，如果人不能努力提升道德和精神修养，也就与动物没有什么区别。孟子提出养气的概念就是提升和净化人的自然生命，去除过分的生理欲望。通过养气使胸次悠然，上下浑然与天地同体。孟子将自然生命作为道德宇宙生命的基石，消解人的内在生理欲望与外在道德规范的冲突。养气可以使个体超越对一己狭隘欲望的关注，扩大心胸，从而形成一个与人伦秩序不相违背的大丈夫。这就是孟子所说的"浩然之气"，是充沛的内在生命之气，也是沛然流荡的宇宙精神。

和孟子立足于生命超越、建立合规律的道德宇宙的养气学说相比，道家养气学说立足于建立自然而然的生命节奏，建立超越于人的知识和伦理秩序的生命大和谐境界。道家看到外在的欲望和功名利禄对生命的危害，所以提出消除自然生命的一切外在的追逐，包括对知识、欲望、名声等的追求，超越了这些外在的干扰，人融身天地之间，与天地一体，也就与天地之气一体。《庄子》说："无听之以耳而听之以心，无听之以心而听之以气！听止于耳，心止于符。气也者，虚而待物者也。"①这是说耳目等感官所获得的只是外在知识，所以要返归于内心，用气去听。气是虚静澄明的心，是去除小我，而与天地万物同在的心，是打开了的心。在艺术中涵养这样的心就能够与宇宙的盛大之气相沟通。《淮南子》发展了道家的观点。《淮南子》说："夫形者生之舍也，气者生之充也，神者生之制也。"②这是说，外在的形式是生命的宅宇，血气是生命的内在动力，心神是生命的主宰。《淮南子》还指出"精神盛而气不散矣"，精神是生命的主宰，而精神是气聚集的产物，这样就将人的自然生命和精神凝合为一个整体。养气就成为打通人的自然生命、精神生命的途径。

第三，气对美学和艺术的影响。

气化哲学决定了中国美学的发展方向，出现了以表现宇宙节奏为根本目的的美学观念。在中国美学中，审美活动多强调人与世界相吞吐，人的生命与气化的世界相优游。大千世界都是生命一往一来的吞吐。庞大的宇宙就是个气场，人在这有机的气场中吞吐，心理生命也在这气场中优游。

气是自然生命的根本。大化流行，唯气而已。人以气而生，文也以气为生。艺术创造就是一个艺术家与外在气化世界相吞吐的过程，艺术家的创造就是表现生命的吞吐。曹丕说"文以气为主"，谢赫提出"气韵生动"的美学概念，都是将艺术作为一个完满自足的生命体。

---

① 郭庆藩：《庄子集释》，中华书局，2013年版，第137页。

② 何宁：《淮南子集释》，中华书局，1998年版，第82页。

文章、书法和绘画不仅内在气脉贯通，而且与宇宙之气也相沟通。在书法艺术中，可以说书法家禀天地之气，在挥毫泼墨间，将宇宙之气和自我生命之气贯注到一笔一画之中，从而使书法成为贯注生气的艺术。如王献之的一笔书和陆探微的一笔画，在飞舞的线条中，有着一脉相通的气势。一笔书一笔画的"一"是一泓生命的清流，一脉生命的律动，在气势流转中一气呵成，常断而气脉不断。

艺术中所呈现的山水、花草、树木等，都是生气贯注其间。但中国艺术绝不将作品看成一个封闭的世界，而是将其看成宇宙大化流动的一个环节。就绘画而言，绘画选取的是宇宙气流的一个断面，但中国画家绝不满足于这一断面的内容。他们要自此一山一水、一木一石去反映普遍生命，反映出宇宙的浩瀚和渊深。园林最为集中地体现了中国艺术气韵流荡的精神。中国的每一个园都是宇宙庞大气场的一个点，是世界网络中的一个纽结。好的园林是一个好的气场，曲折的路径，墙上的窗，都是这气流的路径。尤其是园林中的亭子，世界都归于一亭之中了。人坐在亭中，就汇入了宇宙洪荒之中，与整个世界流荡的气相互沟通了。对于鉴赏者来说，观看艺术，便进入了世界的气场，加入了这气化流荡的世界。所以说艺术之气又与生命之气、天地之气、宇宙之气相通。气韵生动中的气既是艺术之气，又是天地之气、宇宙之气。

朱良志指出，明清以后，在气脉学说的基础上又发展出"艺术龙脉说"。龙脉是一种隐藏在有形世界背后的潜在气势，是天地中孕育的开合起伏的潜在动感，是一条隐在的生命之线。这是体。而外在的峰回路转、起伏飞腾、结聚澹荡的形式则是用。艺术的外在形式虽然是松散的，但必须表现出内在的体势，只是这样才能使形式具有联系。龙脉，是阴阳开合之势。龙脉又是一条虚灵的生命之流。大自然中没有线条，线条是人对外在物象的抽象，中国艺术重视线条，重视的正是这一条虚灵的生命之线。所以作画不能拘泥于外在的形式，而要关注内在气脉。正因为这条内脉的存在，山才有了腾挪之势，水才有了绵延之流。艺术家抓住了这条龙脉，就抓住了生命之线。

混沌是宇宙最原始的状态，也是气最原始的状态。庄子哲学对混沌有较多关注。朱良志以"气象浑沦"概括了整体的混沌之感，体现了元气周流、无所滞碍的生命精神。"元气淋漓"则反映了创化之初的鸿蒙境界，有一种苍茫感。中国艺术所要表现的正是生命世界气化氤氲、密合无际的状态。在园林中多表现云烟缥缈、荷光水影。绘画艺术更是为复现烟云流荡的自然之气提供了可能。山水画给人以云烟缭绕、气韵流荡的美感。在古人看来云烟就是气，是山林之气，得云烟则得四时之真气，得造化之妙理，也得到了氤氲流荡的浩然宇宙精神。如宋代米芾、米友仁父子的山水多画云山烟树，总是迷离模糊。观其画，如同置身于鸿蒙初开的世界，有灵魂震颤之感。如米友仁的《潇湘奇观图》，云烟缥缥缈缈，山峰、树林、屋舍掩映在云烟之中，一派元气淋漓，氤氲无限的感觉。再如元代画家商琦的《春山图卷》，雾霭迷蒙，感觉群山都在云烟之中飘荡起来了。元代画家方从义的《云山图》，画面云雾缥缈，山色空蒙，有一种随云烟飘动的质感。这些都渊源于中国的气化宇宙哲学。

三、中国美学的"超越"精神

"超越"是中国美学的内在精神，也是朱良志构建中国美学的内在线索。他在《中国美学十五讲》所说的超越主要包含以下几个方面：

（一）超越对象化、超越理性、超越主客二分地直面世界

随着科技的进步，人类走出懵懂和混沌，对世界有着越来越清晰和理性的解读。但是正如庄子所说，有了机械，也就有了机心，有了算计心，人类常常被算计和虚幻的成败得失所控制，忘掉了人的本真状态。相较于庄子，惠子站在万物之外去理性思考事物。惠子的哲学是理性的、认知的、科学的，庄子的哲学是诗意的、体验的、美学的。庄子是一种诗意化地观照世界的视角，是超越对象化地观照世界的方式和视角。对象化地看世界的方式是，人从世界中抽离出来，站在世界之外，将世界看成是自己的对象。人在万物之外，是世界的观照者和分析者，世界成了人分析和征服的对象。在对象化中，世界丧失了本身的独立意义，变成了人的知识、价值的投射。在为世界立法的关系中，人是

世界的中心，人握有世界的解释权。庄子反对对象化地面对世界的方式，认为应当将世界从对象化的关系中拯救出来，还世界以自身本然的意义，而不是人所赋予的意义。人并不在世界之外，人是世界之中的一个存在者，而不是站在世界之外的一个裁判员。这就是一种非对象化的观照世界的方式。

非对象化的世界，也是一个濠濮间想的境界。《世说新语·言语》中记载，简文帝放下对象化的和功利之心来到华林园，在林水间优游自在，觉得鸟兽禽鱼自来与人亲近，体会到濠间濮上快适、自由的境界，感受到大自然中原有的亲和。濠濮间想就是一个人与世界相与优游的非对象化世界。

朱良志引用朱光潜面对古松的三种态度说，第一种是科学的态度，第二种是商人功利的态度，第三种是画家审美的态度，即以超功利的审美眼光打量着世界。在朱良志看来画家审美的态度也不是对于世界最具美学意义的态度。对世界最具美学意义的态度应该是我在这个世界之中，与古松同在，而不是站在它的对面，对它进行对象化的审视。我与物融为一体，没有分别，没有主客关系，所谓"纵浪大化中，不喜亦不惧"。

非对象化就是要放下二元对立的思维方式，走向物我相融的关系。在面对审美对象的问题上，朱良志指出西方的审美距离说隐含的是主客对立的关系。只是在审美距离中，主体对于客体没有占有的欲望，客体对主体没有造成伤害的可能。而中国式的审美观照是没有主客之分的，是我融入世界之中，与宇宙万物同呼吸共吐纳。苏轼《书晁补之所藏与可画竹三首其一》写道："与可画竹时，见竹不见人。岂独不见人，嗒然遗其身。其身与竹化，无穷出清新。庄周世无有，谁知此疑神。"朱良志认为这首诗表达了人与竹的非对象化关系。画家与竹子没有任何界限，对象化的世界不存在了，只有与竹相与优游的感觉。

朱良志指出中国美学是超越知识和概念的。以知识去左右审美活动，必然导致审美的搁浅。以知识去概括世界，必然和真实的世界相违背。因为世界是灵动不已的，而概念是僵硬的，以僵硬的概念将世界抽象化，其实是对世界的错误反映。人不是通过概念和知识去认识这个世界，而是没入这个世界，拥有这个世界，与万物同在，从而发现世界的意义。当人融入这个世界时，人不是在这样的世界中发现其普遍性，从特殊中概括出一般，而是就在这世界之中感受其意义。朱良志认为西方哲学的困境是理性的困境。从古希腊哲学开始，二元结构是西方哲学的基石。从巴门尼德、毕达哥拉斯到柏拉图、亚里士多德，共同的特点是将世界看成本质和现象两部分。并且认为本质比想象重要。中国哲学中也存在本质和现象的二元结构，如《周易》中讲的"形而上者谓之道，形而下者谓之器"，在老子、孔子、庄子、孟子的思想中也存在着一个超越于现象之上的道。但是中国哲学从南宗禅开始，开启了一个新的思维路径，即认为真实的世界是一个实相世界，这个实相世界如其本然地自在存在，不为他法而存在，物之存在意义只在其自身。

超越也体现为对语言的超越。老子反对语言文字，其实质是反对语言文字背后所包含的知识、概念。老子揭示了语言和概念、知识之间的关系，语言是对世界的命名，是概念的凭依，而通过概念结撰的知识则奠定在对世界命名的基础上。我们所认识的世界是语言所描述的世界，语言是人不可须臾或离的。没有语言也就没有人的活动本身。但是语言的局限性又是非常明显的，语言无法显现世界的丰富性，无法表达人对世界的复杂微妙的心理体验，所以道家认为言不尽意。也因此中国古代文化和美学较多呈现为意象思维。意象思维避免了语言对于世界的切割。

朱良志超越分别和对待的思想基础主要来自禅宗。南岳慧思大师的偈语："天不能盖地不载，无去无来无障碍。无长无短无青黄，不在中间及内外。"禅一悟后是没有分别的，无前无后，无内无外，不将不迎，无古无今，悟后不是将外物融入自己的内心，而是消解其观物的心。物不在心外，不在心内。

禅宗超越对神灵的崇拜，认为没有一个超越于现象之外的本体给予世界意义。凡宗教都有崇拜的对象，但禅的根本命意在于破依他而起，在这里没有佛祖，没有西天，没有祖师西来意，也没有化生万物的那个本原。这样的哲学给寻找世界意义的中国艺术家提供了再好不过的滋养。于艺术中超越"山水以形媚道"、超越"德成在上，艺成在下"的观念，确立世界自身的意义。因此自从中唐以后"青山自青山，白云自白云"几乎成为中国艺术所追求的至高境界。

禅宗的超越还包括超越理性和逻辑。《赵州录》记载一个公案："时有僧问：'如何是祖师西来意？'师云：'庭前柏树子。'学云：'和尚莫将境示人。'师云：'我不将境示人。'云：'如何是祖师西来意？'师云：'庭前柏树子。'"[1]这段禅宗公案中，第一层次是在否定理性逻辑。当学生问什么是佛法大意时，赵州禅师回答庭前柏树子，答非所问，是要超越理性、超越是非和判断；当学生以为这是老师对佛法大意的比喻性回答时，老师否定这是以境示人，目的是要超越人、境的分别；第三层次再次对佛法大意的回答，这里庭前柏树子不是载道的工具，也不是以物化道的工具，那树就是那树，圆满自足、独立自在的一棵树。

（二）超越时间和空间

朱良志的空间观念受到宗白华较大影响。宗白华对艺术的空间意识非常重视，曾撰有《中西画法所表现的空间意识》《中国诗画中所表现的空间意识》等多篇论文，致力于揭示中西艺术在空间意识上的差异。他认为，中国艺术具有一种独特的空间意识。一个充满音乐节奏的宇宙是中国艺术家追求的魂灵，中国艺术创造的空间不是现实空间，而是一种"灵的境界"。朱良志的空间诗学是在宗白华这一思想的基础上形成的。宇宙的地老天荒，世间的人道恒常，天地运转的音乐节奏，这些是他从宗白华那里学习到的，他进一步将禅宗哲学融入到对时空观念的理解中，使中国时空观念更加深入。

人生短暂，转瞬即逝，个体生命如白驹过隙，似飞鸟过目，是风中的烛光，倏忽熄灭；是叶上的朝露，日出即晞，转眼不见。衰朽就在眼前，毁灭势所必然，世界留给人的是有限的此生和无限的沉寂。凡俗之人的肉体存在于空间中的具体位置，也往往沾滞于时间绵延的细节中，沾滞于对过去的眷恋和当下的迟钝中，在一条由古今构成的历史洪流中泅渡，找不到自我生命的岸。时间意味着秩序、目的、欲望、知识等等。一般人早已习惯了在过去、现在、未来一维的时间秩序中感受冬去春来、阴惨阳舒的四季流变，徜徉于日月相替、

---

① 文远记录，徐琳校注：《赵州录校注》，中华书局，2017年版，第18页。

朝昏相参的生命过程。所以超越有限的时空是摆脱有限性束缚、走出痛苦的一种方式。

超越时间的具体方式是寻求变化世界背后的永恒。对永恒的追求是中国美学的一大特色。天地自其变者观之，万事万物无一刻停息，而自其不变者观之，山川无尽，天地永恒，春来草自青，秋至叶自红。

超越时间的方式就是摆脱时间的捆绑，在时间之外去把握生命的真实。中国美学认为，与其关心外在的流动，不如关心恒常如斯的内在事实。中国艺术家创造了非现实的空间和时间。比如倪云林、龚贤等的山水画可以表现超越时空的感觉。他们的山川丘壑不是在一个具体的时间和空间中所看到的山水画，而是具有强烈的非现实感。在这样的世界中，青山不语，空亭无人，荒林古刹，孤鸟盘桓，空山无人，水流花开。在这里，喧嚣的世界远去了，时间凝固了，古木参天，古刹俨然，将人的心拉向莽远的荒古。这样的时空超越了凡俗和生死，具有一定的抽象性。

艺术家山静日长的体验，其实就是关于永恒的形上思考，他们用艺术的方式思考。比如倪云林的《容膝斋图》中数株老木枯槎，几笔淡淡的山影，表现了荒天迥地的感觉。一切似乎都静止了，水不流，云不动，路上没有行人，水中没有渔舟，兀然的小亭静对着远山。沈周在太湖之畔，在吴侬软语的故乡，在那软风轻轻、弱柳缠绵的天地，也在用冷寂的画面表达永恒之思。文徵明的画专门追求静寂，他自号"世间求静者"。他要在静寂中忘却时间，与气化的宇宙同吞吐。文徵明八十八岁时所作的《真赏斋图》中茅屋两间，两老者对坐，茅屋外苍松古树，细径曲折，苔藓遍地，大有两翁静坐忘却时间、面对亘古的感觉。

瞬间永恒是超越时间的基本理念。人不可能与时间赛跑，无限不可在外在的追求中获得，那么，就在当下，就在此刻，就在具体的生存参与中实现永恒。

在超越时间这个问题上，瞬间和永恒的关系也是很重要的一个方面。禅宗有"万古长空，一朝风月"的说法，万古和此刻、无限和此在交织在一起，时间的障碍被撤去了。瞬间永恒是禅宗最深刻的秘密之一，也是中国艺术的秘密之一。在瞬间永恒的思维中，物我合一，齐同古今，万古一时，古今共明月。很多艺术中都表现这种瞬间永恒的奇妙结合。比如千古的终南山和此刻采菊东篱下的陶渊明，这种亘古长存和瞬间即逝融合在一起，给人奇妙的感觉。再如中国艺术中苍老的树干与鲜艳的花朵的组合，宁静的池塘与青蛙跃入池塘的组合，都表现了永恒和瞬间的重叠和无分别的观念。

中国艺术极力创造静寂的意象，也是为了超越时间，为了在静中体味永恒。中国艺术在一定程度上就是为了在静寂中谛听永恒之音。那总非人间所有的宁静画面，荡去尘寰和喧嚣，给人以静寂和神秘之感。如荆浩的画就是静寂神秘的山水，峰峦迢递，气氛阴沉，寒树瘦，野云轻，突出深山古寺幽岑冷寂的气氛。唐子西的诗"山静似太古，日长如小年"把这种时空观的微妙体验准确表达出来了。在静绝尘氛的世界，时间凝固，心灵由躁动归于平和，一切目的性的追求被消除，人在无冲突中自由显现自己，一切撕心裂肺的爱，痛彻心腑的情，种种难以割舍的牵挂，都在宁静中归于无。心灵无牵无挂、不沾不滞、不将不迎，时间的因素荡然隐去，此在的执着烟消云散，此时此刻，就是太古，转眼之间，就是千年，千年不过此刻，太古不过当下。

在永恒的宁静中还有一种寂寞感。空山无人，水流花开，是寂寞。一丸冷月高挂天空，是寂寞。皑皑白雪绵延不尽，是寂寞。但这种寂寞不同于凡常的寂寞。凡常的寂寞是一种无所着落的感觉。永恒宁静中的寂寞是置身于荒天迥地之中，忽然间面对地老天荒悟到了万物自生听，太空恒寂寞。这种寂寞不是心中有所期待，不是心中有目的地需要跋涉，这就是终极的家园，在这家园中似乎撇开了一切安慰和照顾，无所等待、无所安慰，它是一个永恒的定在，一个绝对的着落，是生命的永恒的归宿。

超越时间的观念与佛教有密切关系。佛教中不来不往、不生不死、不垢不净、三际皆断、一念不住的思想是永恒宁静画面的哲学基础。超越时间的另一种表现是打破时间节奏，以不合时间来说时间，以不问四时来表达对时间的关注，以混乱的时间安排来显示他们的生命思考。持此时间观念的人以为，寻常心灵被时间刻度化和格式化了。人们被关在时间的大门之内，生命的展开被打上越来越细密的时间刻度，而这一刻度只不过丈量出人生命资源的匮乏，彰显出人生命的压力。时间成了一道厚厚的屏障，遮拦着生命的光亮。所以应该捅破这一屏障，去感受时间背后的光亮。佛教中"雪里芭蕉""火里莲花"等意象超越的正是时间屏障。在中国古代绘画艺术中更是常常表现"不问四时"的时间观念。宋代王希孟的《千里江山图》囊括了四时不同的山水形态。在花鸟画中也是一样，王维的雪中芭蕉所强调的是大乘佛教的不坏之理，芭蕉以喻不坏之身。陈洪绶的《听吟图》将冬天的梅花和秋天的红叶插在同一个瓶中。这些都是将时间的障碍打破。众人看到的是世间之物，而他所见为世外之景。

在超越时间的问题中朱良志还谈到高古的问题。高古是要通过此在和往古的转换而超越时间，它体现的是中国艺术家对永恒感的思考。对"古"的表现将人的兴趣点由俗世引向宇宙意识之中；由对"古"的创造达到对事物发展阶段的超越，将人的心灵从残缺的遗憾转向大道的圆融。中国艺术家喜欢苍老的古树，喜欢遒劲盘绕的古藤。这些特殊的对象将人的心灵由当下拉向莽莽的远古。此在是现实的，而远古是渺茫迷幻的；此在是可视的，而遥远的时世是迷茫难测的；俗世的时间是可以感觉的，而超越的神化之境却难以捕捉。独特的艺术创造将人的心灵置于这样的流连之间，徘徊于有无之际。在具体的艺术中，我们常常可以看到艺术家将苍老和秀嫩置于一处，比如在锈迹斑斑的铜壶中插上一枝正在开放的鲜花，即此刻即过去，也即无此刻无过去。陈洪绶的画常通过亘古的宁静切入永恒，画面中的人物神情古异，淡不可收，有一种高古之美。

（三）超越个体的有限性

朱良志美学的超越精神还表现为超越狭隘的个人情感，以及超越对琐碎日常生活和社会矛盾的关注。

朱良志关注生命体验，但并不局限于狭隘的一己之情，而是关注人类面对苍茫大地、时序运转的集体性体验。朱良志赞赏倪云林的绘画就是因为倪云林的绘画不是简单地再现客观现实，不是表现琐碎的日常生活情感，而是表现了一个具有超越性的意义世界。

朱良志关注中国艺术情感的超越性，并认为这不是艺术对现实生活不满的表现，而是为了呈现生命的本真，表现超越个体情感的生命意识。中国艺术中的情感常常不是因为一己之得失而形成的个人化的情感，而是一种人类全体的共同情感，这种情感有些混沌，有些模糊，有些无所指，但是却深沉而宏大。

这种情感多表现为超越个体小我之戚戚，面对宇宙的深沉哀叹。朱良志认为不可以把楚辞仅仅只是当成忠诚的教科书，而应当看到楚辞以天问式的口吻，深究宇宙人生之理，应当看到楚辞中包含着宇宙人生感和独特的精神气质。再比如郑思肖除了亡国之痛外，还有一种"宇宙的悲切"。人生活在无限时空中，宇宙浩瀚无穷，衬托出个体生命的渺小，常常会使人产生如同陈子昂"前不见古人，后不见来者，念天地之悠悠，独怆然而涕下"的慷慨悲凉之情。所以说中国绘画强调舍弃生理生命，力求与宇宙生命同归。画家把可能引起生理欲望的和一己之私视为俗念，强调迥出天机，脱略凡尘。这种超越小我的生命就是宇宙生命。宇宙生命是一切生命得以存在的内在推动力。中国绘画就是要追求自我生命与宇宙普遍生命的相融，从而在山光鸟性中表现生命流转之趣。

朱良志超越个体情感的哲学基础是庄子忘情融物的哲学，即要将人从情感的施与和获得的得失中拯救出来，让人回归到大自然，相忘于江湖之中。所以说，有两种情感，第一种感情是包含着个人得失和伦理道德内涵的情感，第二种情感是排除了社会的、生理的欲望的无功利的精神愉悦。而后一种情感是忘掉小我，浑然与外物同体，与对象合一，从而达到的天人合一式的愉悦体验。从个体小我跳脱出来的途径和理论根据，其一是道家万物一体的气化哲学观念，其二是涤除玄鉴、屏蔽外在欲望的心斋坐忘功夫。

当打通了万物之间的障碍，中国艺术就有了一种博大的情怀，就能跳出狭隘的、眼前生活的局限而与万物优游，与天地共在。如中国画家常画几点寒鸦汇入昊昊苍天，汇入暝色的世界，表现它们与世界同在，俯仰于永恒的宇宙之中。再如李白的"浩然与溟涬同科"，孙绰的"兀同体于自然"，袁枚的"鸟啼花落，皆与神通"，体现的都是宏阔的宇宙意识和博大的视野。中国艺术常能表现出一种旷达的宇宙意识，很大程度上就是因为有了这种情感的超越性。在仰观俯察天人之时，人们的目光看到无限的天际，又从无限的世界回到近前，俯仰卷舒。人超越有限的、琐碎的、繁杂的具体时空，在天地之间优游自得，在无限的宇宙中追求生命的永恒安顿，追求一个绝对的意义世界。因而中国艺术表现了宇宙的苍茫，表现了"万古唯此刻，宇宙仅一人"的深沉孤独感。

（四）超越儒家的社会秩序和外在束缚

虽然朱良志美学也有对儒家哲学的关注，但是他的美学主要建立在道释哲学的基础之上。儒家文化重视规矩法度，倡导的是符合礼仪规范的行为举止。在艺术上倡导的是"发乎情止乎礼义"，对个性和情感进行规范。儒家文化往往是朱良志构建其美学的反向参考。比如他推崇萧散的精神气质，认为风景的萧散表现为超越人工秩序、追求自然风韵；人的萧散是挣脱现实生活的束缚；书法的萧散是对法度的超越。萧散是和儒家的庙堂、富丽相对的审美观念，是没有修饰的自然状态。如果说黎明即起洒扫厅堂是儒家修养和规范的一种体现，那么"落叶不扫"恰是道家返归自然、无拘无束精神的体现。

儒家艺术强调"比德"，即将审美对象作为人的品德的象征，赋予外在事物以"意义"。中国艺术中的"四君子""岁寒三友"等就是比德。竹子象征节操、耿介等，梅花象征着凌寒傲雪的高洁人品。倪云林的《六君子图》画面上六棵杂树，象征隐逸中的贤人，这也是比德的眼光。在绘画理论中，宋代郭熙的《林泉高致》将主峰和其他山峰的关系比作君臣关系。清代沈宗骞在《芥舟学画编》中认为画山水要分清君臣主宾之位。还有在艮岳的制作中体现皇家的威严，表现皇家君臣观念。朱良志认为这些做法都是外在赋予山水以伦理道德意义，将山水变成道德的教科书。

朱良志认可比德是中国艺术的一种，他延续了道释两家推崇自然的观念，但认为中国艺术境界远不止于此，更多的艺术表现的是一个能与人呼吸吐纳的世界。朱良志举李日华在一幅竹画上的跋语说："其外刚，其中空，可以立，可以风，吾与尔从容。"画家的这幅竹画中要表现的是竹子刚强、中空、独立等观念，但这只是表面的，更重要的是画家将自己的生命放置其中，和竹相与优游，这才是绘画的最高境。朱良志认为无论绘画还是叠山垒石都应该规避人工自然秩序，都应该超越这些外在的意义设定，努力追求自然天成的境界，让艺术成为安顿人身心的栖息之处，而不是成为某种外在意义的载体。

四、万物自在：主体性的消失

朱良志美学非常关注人的生命体验，关注生命存在状态，可以说他的美学就是生命美学。他对主体有着独特的理解，他的生命体验也有着特定的内涵。

（一）主体的消失

如果说西方哲学突出的是主体性，那么中国哲学弱化的恰恰是人的主体性。西方以人为中心的观念，必然会导致人与他人的冲突、人对宇宙的主宰。朱良志要构建的是非主体性的美学，他强调人不是世界的主体，不是宇宙的主宰者，不是万物意义的设定者。

人不应该成为世界意义的设定者。当你放下主体性的眼光，以物为量，在世界的河流中优游时，人就与万物彼此往来，共成一体。山花自烂漫，野意自萧瑟。没有外在于世界的人，没有被征服的物，物与人都从对象化的关系中解脱出来，在自由的境界中存在。无心随鸟去，有意从水流，人就像一叶扁舟，在水中自在飘荡；像一朵小花，在山间自由开放。人融入世界，没有了世界决定者的角色，一切都自在兴现。

人忘掉自我主体，就能成为天地宇宙的一部分，就能参与大化之流，这也成为艺术的崇高目标。当打通了万物之间的障碍，中国艺术就能跳出狭隘的、眼前生活的局限，而有了一种博大的情怀，与万物优游，与天地共在。这是汉魏之前仰观俯察的宇宙意识，是宋元明清时期艺术总是要从有限之中摆脱出来趋于无限的宇宙的根本原因。

弱化主体的哲学基础首先来自道家哲学。道家哲学认为，万物均由气构成，均是宇宙大化之流中的一个组成部分，因而万物齐一。庄子说："天地与我并生，而万物与我为一。"我与世界的界限打破了，我和世界融为一体，还归于世界的大本。在自然中，人和万物融为一体，没有冲突，没有彼此，没有观者和被观者。《庄子·大宗师》中所讲的"相濡以沫，不如相忘于江湖"的故事，就是要告诉人们，人与人、人与世界，最自然、最自在的关系是"忘"于江湖，即人浑然无知、没有强烈主体意识和功利算计地优游于天地之间。当个体生命进入宇宙节奏之后，外在的"官知止"，而心灵的眼则在这流动的世界中逡巡，与宇宙共呼吸，随白云自往来。因而这里没有主宰者，神灵不是主宰者，人也不是主宰者。

弱化主体性的另一个哲学根据就是佛教。佛教万物皆空的思想，自然也空掉了人的主体性，空掉了万物之间的各种区别，最终恢复灵魂自性，不沾一念，空明无碍。在这样的心境中体认世界，让世界自在存在，青山自青山，白云自白云。

青原惟信禅师参禅悟道，发现三十年前，看山是山，看水是水。后来认识到，山不是山，水不是水；再到后来，依然能够看山是山，看水是水。这段话体现了南宗禅的精髓。在第一境界和第三境界中，虽然山是山，水是水，但是第一境界中，山水是对象化的山水，人和山水之间横亘着理性的障碍。在第三境界中，不再有人和山水之间的对立，不再有主客二分的区别，人融身山水之中。朱良志引用这个禅宗故事在于说明，在禅的世界中，没有明确的主体，因而去除了人和外物之间的一切障碍，没有了分别心，就能与山水自然同在。

禅宗也用"落叶满空山，何处寻行迹"，"空山无人，水流花开"，"万古长空，一朝风月"来表达人生的三种境界，第一种境界还处在一个有对象和有分别的状态，力求在空山中寻找行踪；第二境界中人融于自然之中，水流花开，一切自在兴现。在空寂中、在静穆中有灵动的生命。在水流花开的寂静世界中，人的意识淡出，人还权力于世界自身，人不说了，让世界去说，世界的说就是我的说，落英缤纷，流水潺潺，风轻云淡，花开花落，那就是我。空山无人是分别境的退出，水流花开是世界灵觉的显露。

心学认为，美不自美，因人而彰，或者我未来看花时，花与我归于寂，我来看花时，花一时明亮起来。在朱良志看来这些理论都不合于禅。禅宗强调，世界不是我照亮的，世界自在存在。人只有去掉分别心，去掉执着心之后，世界自在呈现。因此佛禅的世界里没有观照的主体，没有被观的对象，人与世界共成一生命宇宙。所谓"一念心清净，处处莲花开"。莲花不是在人的主体意识中开放，只存在于人的纯粹体验中，人的纯粹体验，就是无主客关系的体验。云来鸟不知，水来树不知，风来石不知，庄子所描绘的那个"咸其自己"的世界就在这里，因为我无心，世界也无心，在无心的世界中，溪流潺潺，群花绽放，人心退去，天心涌起，此时但见天风浪浪起长林，芦花飘飘下澄湖。

（二）纯粹体验

朱良志将宇宙和人均视为生命体，认为生命之间彼此激荡，浑然一体。人超越外在的物质世界，融入到宇宙生命世界之中。中国美学是生命的美学，个体生命面对宇宙苍穹和花开花落时有着独特的体验。

主体在进入审美活动之前，必须去物去我，保持内心的宁静。胸中廓然无一物，内心虚静专一，心灵超脱于自然人世，寄意于太古之世，徜徉于寥廓之间，才能获得一种永恒感。正如恽南田说："目所见，耳所闻，都非我有，身如枯枝，迎风萧聊。"这就是说，当审美主体忘掉了自我，就能与造化浑然一体。

天地有大美而不言，达至天地之大美的唯一途径就是纯粹体验。纯粹体验就是排除知识化、对象化地认识世界的视角，融自我和万物为一体，从而获得灵魂的适意。简单讲，纯粹体验就是忘掉自我，没有理性的参与，让自己重新回到具有本能性的体验的瞬间。

人与世界贯通的过程带有一定的神秘性。《易传》中讲"寂然不动，感而遂通天下"，"寂然不动"，是静穆的心灵持养，而"感而遂通天下"，则是以一虚静之心与宇宙万物浑然同体，达到一种灵魂的跃升。朱熹也说，心可以寂然感通，即在寂静中忽然就与万物感通了。朱良志就戴熙的一首题画诗来阐述这一观点。戴熙的这首诗写道："万梅花下一张琴，中有空山太古音。忽地春回弹指上，第三弦索见天心。"空山寂寂，一个人在如雪的梅花丛中援琴弹拨，琴音空灵，似乎整个宇宙的声音都在梅花丛中回荡，在空灵的山间回荡，万古之前的声音也在花海中回荡，弹琴者融入到这一片梅魂花影之中，他淡去了"人心""人乐"，似乎感受到了"天心"，这就是纯粹体验。纯粹体验中显然带有超越逻辑的神秘体验性。

在纯粹体验中，人超越知识，消除有意的心智活动，摆脱一般的知识形式，从习惯中跳出来，从僵化的自我中跳出来，摈弃逻辑和知识，而对对象做纯然的审美观照。在纯粹体验中，并非脱离外在世界的空茫索求，而是即世界即妙悟。悟后，人见到一个自在彰显的世界，它不由人的感官过滤，也不在人的意识中呈现。而是水自流，花自飘，我也自在。世界并不"空"，只是我的念头"空"，我不以我念去过滤世界，而是以"空"念去映照世界，这就是"目前"，就是"当下"。

纯粹体验是一种超越概念和语言的体验。老子所描绘的以无言之心和光同尘的方式，就是中国美学中典型的纯粹体验方式，以无言的体验方式去契合无言之大美。所谓"言"就是主体以心力智巧对事物做刻意的解说。这种先入为主的、以知识为主宰的观物方式必然导致审美静观的搁浅。纯粹体验追求的是深层的契合。在深层的契合中达到一种飞跃。这种审美的飞跃具有不可意料的特点。当这种飞跃发生时，主体以忘我的情怀融入对象之中，任何解释的语言都是多余的。正如陶渊明所说的，这是一种"欲辨已忘言"的状态，是一种只可意会不可言传的状态。明代画家唐志契说这是一种"要皆默会，而不能名言"的状态。在纯粹体验中，人没有理性辨析的能力，甚至失去了条理性表达的欲望，完全成为自然的一个组成部分。

（三）无情、无牵挂

前面已经分析了中国美学对于狭隘的、个体化情感的超越。超越了狭隘的个体化情感有两个去向，一个是融入到宇宙大化之中，另一个是以不沾不滞的态度面对一草一木，呈现无情无义的情感状态。如果说前者的哲学以庄子齐物论为基础，那么无情、无牵挂，甚至无意义的世界更多地是对佛教万物皆空和超越分别、超越二元思想的拓展。朱良志说：情，是一种倾向；爱，是一种施与。有了情和爱，就有了我和世界的分别，就没有了纯然的体验。人溺于欲望、恩怨、得失、亲疏关系之中，常常会为情感所束缚，难以从具体的事物中超脱而出，去呼吸宇宙清逸之气息。不爱不憎，无喜无怒，心如止水，不泛涟漪，绝去爱憎，才能恢复性灵的清明。

朱良志以独特的眼光看到了中国艺术中情感的"淡漠"，认为中国艺术中超越情感，表现为无情世界、无人世界。这一点比较集中地体现在对倪云林山水画的解读中。倪云林的画淡然、幽远，画的似乎是我们熟悉的世界，又似乎离我们很远，是一个纯然陌生的世界。倪云林为我们描绘的世界，没有一点沾滞，没有一点情感的波澜，留下的就是空虚和寂寞的时空，是迥绝于人寰的时空。他的心灵既不为之哀惋，又不对其爱怜。这是佛教空、寂精神的体现，是一种永恒的宁静。

在"无情"艺术观念的影响下，朱良志对中国诸多艺术现象做出新的解读。朱良志认为，八大山人并不是留恋一个旧的时代，他的绘画中瞪着眼睛的鱼和鸟，其眼神并不是世俗意义上的愤世嫉俗情感的表达，而是一种不喜不悲、不爱不恨、不再看向世俗的眼神。刘眘虚的诗句"道由白云尽，春与青溪长。时有落花至，远随流水香"写曲折的小径消失在白云之中，盎然的春意随着潺潺的溪流蔓延，偶尔有落花随溪水飘来，又随着流水向前飘去。诗人在溪水边看着这一切，没有强烈的情感，没有明确地思考什么问题，似乎没有情，也没有意，就这样淡然地在自然之中。所以朱良志说中国艺术刻画的不是外在的世界，而是人心中的世界，大约有一点以艺术表现"抽象理念"的意思。

（四）妙悟

有两种认识世界的方式，一种是理性的、知识的，另外一种是微妙的感知。《维摩诘经》中称前一种为"识识"，即一般认识方式；后一种被称为"智识"，即智慧之知，以智慧观照。朱良志将这种微妙的体验称为妙悟。

朱良志是通过与一般审美活动的比较来阐释妙悟作为一种认知活动的特征的。一般的认知活动是科学的、知识的，而妙悟是彻底超越知识和经验，超越个体的功利，从而对世界做纯然观照的认知活动。妙悟是一种无目的的宁静参悟，又在无目的中合于最高目的。妙悟符合审美愉悦的基本原则，但它不追求功利的快感，而是一种以生命愉悦为最高目标的体验过程，是一种无功利的深沉快感。

朱良志用面对一棵古松的比喻来说明妙悟与其他认知方式的不同。他说，面对古松时分析其是什么种类的松树，有多少年份，这是科学的态度；考虑这古松有什么用处，能卖多少钱，这是一种商人的功利态度；面对古松时，不在乎它是什么树，有什么用处，只在乎它能带来快乐，这是审美态度。但是除了这三种态度外，还有一种态度，那就是妙悟。妙悟是一种去除了一切态度、情感倾向和意志的纯粹体验活动。

朱良志将妙悟与一般审美认知进行比较，认为在目的上它们是不同的。一般审美认知活动的过程中也有理性的参与，有审美主体、审美对象。但在妙悟中，没有审美主体，也没有审美对象，妙悟是一个审美主体和客体合而为一的过程。从审美心理构成上看，一般审美认识活动的心理因素包括情感、想象、联想、意志等。如果说一般审美认识活动是奠定在感觉基础上的，妙悟则是超感觉的，是一种非喜非乐的体验活动。妙悟超越了感觉，超越了简单的快乐。在妙悟理论看来，一切悲喜都是受到功利驱动的。所以在对待情感的态度上，一般审美活动需要情感的作用，情感是推动审美活动的至关重要的因素，但在妙悟活动中，不是以情感推动认识对象，而是以"自性"去推动认识。而自性的世界是对情感世界的扬弃，任何情感倾向的介入都无法进行真正的妙悟活动。在对待理性的态度上，一般审美认识活动虽然不是科学的认知活动，它重视感性对象本身，不是以逻辑去概括世界，不是以理性去分析世界，但审美意志在这种认识活动中依然发挥着不可忽视的作用，在审美过程中理性的力量后退或者缩小，但并不是完全淡出，它依然存在于对经验世界的组合、联想、判断等活动中。而妙悟则是无言无知，是一种彻底的非理性非逻辑的活动。妙悟是以朗然明澈之心映照无边世界，让世界自在显现。所以妙悟是一种冥观，在冥观中方可与大道冥合。

妙悟还具有超越时空约束的特点。在禅宗及深受禅宗影响的中国艺术理论看来，一切时间虚妄不实，妙悟就是摆脱时间束缚，进入无时间的境界中。在妙悟中，刹那就是充满，在时间空间上没有残缺。在一念中，无时间，无空间，因而也无当下，无目前，无无边。刹那永恒，也就没有刹那，没有永恒。因为彻悟中，没有时间和空间的分际，一切如如；解除了一切量的分别，不再有时间的短长和空间的大小。

妙悟还是智慧之光的恢复。妙悟与西方的直觉思维有一些共通性，但是西方的直觉思维一般被看作反常态的非理性思维。非理性的思维，或者被解释成一种不可解释的神秘力量，或者被认为是神灵的凭附，或者被认为是人的性灵深处所潜藏的非理性的本能。而妙悟强调的内在动力却是人的自性。在禅宗中，强调一切众生皆有佛性，而庄子也强调人皆有光，有智慧的光芒。妙悟其实就是对灵魂中这种觉性的恢复。慧的直觉不是立足于感性基础上的瞬间超越，也不是立足于理性基础之上的忽然间对对象本质的把握，而是对灵魂深层的智慧力量的发现，对人的存在真实地位的发现。所以，妙悟不是静默的哲学，而是发现人的内在本明的哲学。朱良志进一步解释，与西方直觉理论不同，妙悟不是靠知识获得，也不是神灵凭附的超自然力量，它是人与生俱来的生命觉性，就像一粒"种"，本来在那里。妙悟就是破除"我执""法执"后的生命原样呈现。在进一步的解释中，明显能感觉到朱良志将妙悟解释成本性的呈现了。他说妙悟就是在智慧中观照，在智慧中一切都是自在现象，就是天光显现。在妙悟中发现自性，在自性中观照世界，点亮一盏生命的灯，照彻无边的世界。妙悟是回到生命之路的唯一途径。

朱良志看到了妙悟是人类认知世界的一种特殊方式，但是在他论证妙悟的过程中实际上也论证了人类懵懂和混沌的状态，只是他没有专门辟出一节来论述这一问题。但这是中国美学中一个很重要的问题。可以说中国美学始于对宇宙原初混沌状态的集体无意识记忆。庄子所说的道有不可捉摸的混沌性，其实就是宇宙原初混沌状态的折射。而人最原始的状态也是混沌。老子说是一种像婴儿一样混沌无知的状态。庄子则用混沌的寓言故事说明了人类最初无知无识的原初状态。《庄子·知北游》中假托"知"为了"道"的问题云游四方，问到"无为谓"、狂屈、黄帝等，他们都或者没有回答，或者欲言又止，表达了庄子对"知"所代表的知识性思维的批判态度。庄子还说"大知闲闲，小知间间"，"闲闲"就是懵懂而无分别。庄子形成达到此一境界的心灵如同"天府"，它是不道之道，不言之言，不辩之辩，倾之不尽，注之不满，具有不竭的智慧源泉。《庄子》中的心斋、坐忘、物化、朝澈等概念，都在描述这种"不知"和"懵懂"的神秘体验。

五、诗化的美学范畴

提炼和概括美学范畴，是朱良志美学中一个很重要的层面。他的美学范畴常常用一个诗意化的意象来命名。这与司空图《二十四诗品》对于艺术风格的概括是一样的。意象式的美学范畴既保留了范畴内涵的丰富性，又具有一定的概括性。

（一）落花无言

朱良志通过"落花无言"想要概括的是放弃目的、知识、欲望，如落花般无言，似秋菊般恬淡的审美境界。无言之美、无言之境是去除外在干扰的生命体验境界，是在非知识、非功利的体验中的生命飞跃。

无言之美是绝对的美，是美的本体。人为的美是局限的、片面的。天地是无言之美的体现者。无言不是不说话，无言之美不是以沉默的方式去体物，无言是放弃"人之言"，而达到"天之言"的境界。"天之言"是不以人的知识去言说，而以生命的本然状态去呈现。

无言之美包含着对世界基本状态的认识，即认为"万物如其自身而存在"。我们在观察中，在审美体验中，将世界看成对象，赋予世界意义，但恰恰是在赋予世界意义的努力中剥夺了世界的意义。世界上的万事万物如其本然地存在着，没有意义。所以无言之美即保持天地宇宙原本的样子，保持万物一个没有人赋予其外在意义的样子。

无言之美的哲学基础首先来自道家哲学。世界本没有意义，正是庄子所说的"天地有大美而不言"。天籁是自然天成之声，它无机心，无智巧，无矫饰，无涉于欲望，不劳于理智，四时行，百物生，不为，不言。音乐的本体世界是无声的，而万籁声响，乃是这本体音乐的体现，故而自然而然，像那山前的景色，风来云起，日出雾收，不劳人虑，无为无作。这便由一个寂然无音的本体界，转而为天籁之音的"无言"的世界。从根本上说，庄子以不言之美为绝对之美，为美的本体。不言之美是一种具有本体意义的美。

无言之美在禅宗就是自在兴现的世界，没有一个抽象的绝对的本体存在。"维摩一默"即不言。世界自在呈现，山河大地、水鸟树林，自在活泼，不受妄念的支配，只是自由自在地呈现。这也是美的自在呈现。所以最高的美是不言之美。可以说这是南禅受大乘空宗的影响，但是又能扬弃大乘空宗一味空寂、无为无造的思想。

无言之美也源自佛教的寂灭哲学观念。在佛学中，寂然不动叫作寂，断灭烦恼叫作静。寂就是无生，就是不动。法常寂然，灭诸相故。寂灭是菩提。在佛学中，相灭而寂生。寂是一切法相境界的本体。所谓一切境相，本自空寂。《法华经》中说："诸法从本来，常自寂灭相。"作为本体的寂，是没有生灭的。但是也不意味着对诸相的否弃，大乘佛学的意思是即相即寂，体相不二。灵明空寂，与佛无殊。一般来说，佛教的寂就是静，寂和静不分。在湛然虚寂的世界，断灭烦恼，不起念，无住心，就能归复寂静的本然状态。

佛教中的寂灭在艺术中常表现为静。朱良志指出，中国艺术中有三种不同的"静"：一是环境的安静；二是心灵不为世事纷扰的安静；三是没有生灭变化的静，绝对的平静，一如韦应物所说的是一种"太空恒寂寥"的静。这是一种不生不灭、无古无今的静。倪云林的山水表现的是繁华落尽，一切的喧嚣都荡去，一切的执着和躁动都无影无踪的宁静。画面上没有人来，没有舟往，没有鸟飞，连风都是静止的，没有色彩，寂寞、简单、空阔，是一种枯淡到极致的气氛，是一个没有人为破坏的本真世界。还有马远的《寒江独钓图》中是一种脱略凡尘、追求心灵自由的境界，是一种淡尽人间风烟的感觉。柳宗元的

"千山鸟飞绝，万径人踪灭。孤舟蓑笠翁，独钓寒江雪"这首小诗所显示的同样是一个没有人、没有鸟的寂静世界。中国艺术不是要表现一个活的世界，而是要通过寂寥境界的创造，荡去遮蔽，让世界自在活泼。这样的画面虽然没有外在的活泼的物质形式，但是却彰显了世界本原的真实，即让青山自青山，白云自白云。这种艺术追求的哲学根据在于"骊黄牝牡之外"，即超越外在形式发现一个意义世界。这与儒家从富有生意的、活泼的外在形式入手进而发现宇宙天理的路径不同，是一个放弃对物质形式的执着、让世界自在呈现的路径。

（二）以小见大

"以小见大"是朱良志《中国美学十五讲》中的又一个核心范畴。它既包括"以小见大"，也包括"圆满自足"。

"以小见大"是指从有限中见出永恒和无限。比如张岱《湖西亭看雪》中的湖心亭虽小，但是它与整个宇宙相连通。倪云林绘画中的一个小亭却是艺术家与天地相互吐纳的纽结。郑板桥的十笏茅斋虽小，然而在这样闭塞的小小居所中，他能够弥合六虚，上下与天地同流。朱良志特别能够体会万物处于宇宙整体之中的哲学观念，能够以一个有限的点通向无限。因为空间再小，物象再微，都是一个自在圆成的世界，都是一个"全"，都能与无限相通。

进一步讲，无限不是一个可以通过理性把握的事实，而是通过心灵体验可以切入其中的生命时空。无限就在一丘一壑一花一草之中。脱离有限的无限是不存在的，有限即无限。在生命体验的世界中，没有大小多少之分，审美体验的世界是一个无量的世界，是一种心灵的超越。有了心灵的超越，身在小亭可以妙观天下，人在小舟中而浮沉乾坤。石涛在金陵的住所非常小，叫一枝阁。一枝阁虽小，但他将微渺个人置于莽莽宇宙之中，人的精神天地并不小；人的生命虽然短暂，但将心灵从法执我执的拘束中释放出来，人生就变成天地宇宙的欢歌。同样，一个园中小亭虽小，但是艺术家将它放到天地之中，汇入到宇宙的节奏中，招风雨，伴春花秋月，所以它并不小。从小我到无限的超越是一种内在超越，是心延展向整个宇宙，天地自大，宇宙自广。外在的追求并不能使人进入无限。

"以小见大"的另一种表现是大和小、有限和无限区别的消失。朱良志常举一朵小花的例子。比如八大山人所画的一朵开在大石块下的幽兰，如此地不起眼，它的谦卑和微小难以让人注意到它的存在，但它就在那里散发出淡淡的幽香，似有若无，似淡若浓，空灵之至，缥缈之至，自在圆成。同样，一朵浪花就是浩瀚海洋，一即一切，一切即一。这是朱良志反复表述的美学观念。

以小见大在艺术中有广泛体现。小中见大，当下圆满，在无分别的境界中，一任真性发出，一切知识的、计量的都烟消云散。苏东坡从东海蓬莱阁下带回一些小石以养菖蒲，作诗"我持此石归，袖中有东海"，这句诗打破了具体与无限的界限，一个石头就是整个东海。朱良志说："中国艺术观念有一种当下圆满的思想，一花一世界，一叶一如来。每一个生命都是一个"圆"，它是圆满的，无所缺憾的，而不是一个残缺体；它是一个'全'，味味俱足，自身就是一个完整的意义世界。"①再比如盆景，不是微缩景观，不是山水的一个截面，而是一个活的世界，它自身就是一个整体。在一个小小的盆景中，人能感到心灵的怡然，恍惚间能听到叶间轻轻流淌的声音。

朱良志强调自在圆成绝不同于西方艺术理论中的典型。典型是将无限的东西体现在个别的有限的现象之中，它的基本方法是概括，是以少概括多，是在有限中表现无限。但是中国艺术中没有大和小、多和少、有限和无限的区别，一切量上的推演都与生命体验不合。天地一芥子，不是在芥子中见天地之大，而是在真实的体验中，一个芥子也是一个圆满的生命。一叶知秋，不是根据一片叶子落了，而推测出很多叶子都落了的事实，而是将人放进这个世界中，感受生命的悸动。一片叶子落了，性灵也被置于秋风萧瑟之中。所谓"咫尺有万里之势"同样是说这咫尺就是万里。在《惟在妙悟》一书中，朱良志也反复强调了这个意思。他说，在王弼的言、象、意三重结构中，象是表达意的工具，领会了意，象就可以被超越了。但是在禅宗中，言、境、法的关系却不是这样的。禅宗的境是一个完满圆融的世界。境既是体现法的媒介，但是这个媒介本

---

① 朱良志：《真水无香》，中华书局，2009年版，第250页。

身是有生命的。朱良志说："不是由青青翠竹去追求法身，青青翠竹就是它的全部，就是法身，不存在万物背后的一个抽象的法身，妙悟后的桃花就是一个宇宙。"①

以小见大、圆满自足就是要打破万物之间大小、多少、高下的界限，认为每一个事物、每一朵小花都有其存在的意义。因而，朱良志否定了比喻和象征意义。在比喻的意义结构中，有喻体和喻旨两部分，喻旨是起决定意义的，喻体只是"指月之指"，它自己是没有意义的。但是在中国艺术中更加推崇的是景物自身的意义，而不是事物的比喻意义。比如"木末芙蓉花"呈现的就是芙蓉花本身，它没有要指向的意义。同样，象征作为一种修辞手法，它的意义也在于象征的内容，而不在自身。作为象征物的物体是没有意义的。朱良志美学关注的不是这个意义上的美学，而是那种超越了比喻和象征意义的事物本身。他认为每一个生命都圆满具足，都是一个完整的意义世界。

以小见大的美学观念来自佛教华严经的一些观念。华严宗自称为"圆教"。法藏在《华严金师子章》中以皇宫门口的狮子作比喻，说："一一毛中，皆有无边师子；又复一一毛，带此无边师子，还入一毛中。"每一物都有圆满的自性，每一物都是大全。禅宗也认为触处皆是，当下圆成。芥子纳须弥是"自在圆成"观念的另一种表达。芥子，芥菜籽，佛经中形容极小之物。须弥山，佛教宇宙观中的世界中央，又叫妙高山。"须弥入芥子"，高大无边的须弥山纳于一粒芥子中。这里没有大小的区别，万物具有佛性，部分等于全体。

在禅宗中其实没有"一"，也没有"一切"，禅宗破除了量的观念，就是要建立当下此在的观念。当量的区别和量对人的束缚被破除后，生命就可以恢复其真实性和生命本身的意义。慧能弟子永嘉玄觉《证道歌》说："一性圆通一切性，一法遍含一切法。一月普现一切水，一切水月一月摄。"②还有"月印万川，处处皆圆"，这些都是"一即一切"观念的不同表达。存在的意义不

① 朱良志：《惟在妙悟》，安徽文艺出版社，2020年版，第102页。

② 石峻等编：《中国佛教思想资料选编》（第二卷第四册），中华书局，1983年版，第145页。

在其高度的概括性，不是我们平常所说的在特殊中体现出一般，在有限中体现出无限，而是就在其自身。一朵野花，无绚烂之色彩，又处在偏僻的地方，但是它圆满自足，无所缺憾。蒲花柳絮，庭前柏树子，都是圆满自足的一切。朱良志说，庭前柏树子，并不是说柏树是佛法大意的载体，而是说柏树本身就是佛法。虽然一草一木都有无边法界，都是法性的体现，但如果到一草一木中去求法性，则是迷惑之见。

（三）虚实相生

朱良志对虚实内涵的理解比较宽泛，有和无，阴和阳，有色彩与无色彩等都被归于虚实关系。虚实可以被概括为阴阳，一阴一阳，相摩相荡，盎然成一生命空间。虚实之间相辅相成，正因为有实，虚空世界才不落于无意义的顽空，空的意义因有实而彰显出来。反过来，正因为有空，实有世界才有生命吞吐的空间，有气韵流荡的可能。空虚看起来没有用，却有着大用。虚实相生，非虚则无以成实，非实则无以显虚。此外，正像阴阳鱼一样，黑处见白，白处显黑，黑白交相韵和，一推一挽，构成了吞吐之势。

虚实广泛存在于各类艺术中。朱良志特别分析了中国园林中的虚实问题。在园林中唯有空，才有灵气往来。园林创造或许可以说就是引一湾溪水、置几片假山，来引领一个虚空的世界，创造一个灵的空间。我们目之所见的对象在虚空的氤氲中显示出意义。比如园林中的回廊虽然拥挤，但是这一"实"可以引领你走向宇宙纵深之无限；小桥虽小，但这一"实"却能将你度向另外一个虚无且"无限"的世界。

中国绘画也有空白之妙。无为有之无，有为无之有，无无也无有，无有也无无，无画处皆成妙境，由无画处引入有画处。如八大山人的画，往往仅仅画一只鸟、一枝荷、一尾鱼，满幅皆空，但活意盎然。在绘画中，黑浓湿干淡之外，再加一白，便是六彩。白就是没有着墨的素纸，是绘画中的无画之处。山石的阳面、石坡的平面、水天空阔的地方、云物空明处等等，还有云烟、道路、日光等等，都需要通过"留白"的方式来表达。但恰恰是因为留白，整个画面才有了透气之处，才有了活的灵魂。但是很多人只知道有画处是画，不知道无画处皆画。画之空处，全局所关，即虚实相生法。

虚实问题还表现为模糊和清晰的关系。"蹈虚蹑影"这一部分的哲学基础是佛教的色空和无住思想，视世界如幻相的思想。《维摩诘经》中说"是身如影"。《金刚经》讲，一切如梦幻泡影。世界如影，人生如梦，这是中国人看世界的态度，也是艺术努力表现的境界。中国艺术家将世界虚化，蹈光蹑影，表现了梦幻空花、苔痕梦影、云烟缥缈、雾霭蒸腾的艺术境界。

艺术创造就是做"如觅水影"的工作。朱良志认为倪云林的山水是道禅梦幻空花哲学最高妙的视象。倪云林的思想中有浓厚的空幻感。他有诗道："身世一逆旅，成兮分疾徐。反身内自观，此心同太虚。"他反复嘱咐自己以"身同太虚"的观念做人、为艺。生命的短暂和色相世界的空幻，使他悟到禅家的色空和道家的寄客智慧，他要做荒天中那只似有若无，无住无定，悠远而缥缈的孤鸿。倪云林的画可以称为"影之画"，他要写出"一痕山影淡若无"的妙处，世界被他幻象化，他将心灵化为虚灵不实的线条律动。倪云林的画面空灵如闲云野鹤，去来无踪；如太虚片云，寒潭雁迹，缥缈恍惚；如风，如云，如气，似空无一物，又似处处即是，才触手有，一放手又无。如现藏于台北故宫博物院的《江亭山色图》如一个依稀的梦境。一河两岸的构图有着浓厚的空茫感，那山似乎在流动，那树、那亭也似乎在随着水流荡着。画家以疏松之笔触，轻轻地滑过绢素，像飞鸿轻点水面，没有一丝一毫的落实，没有一丝一毫的执着。这画面给人强烈的太虚感，似有若无，一痕，一影，无言地诉说这宁静而超越的世界。他笔下的山水，疏林特立，淡水平和，淡岚轻施，一切似乎都在不经意中。这世界似乎离我们很近，又似乎离我们很远。

李日华的题画诗也能从鉴赏的角度领会中国艺术虚灵缥缈的感觉。如他的题画诗"不是春山淡欲无，江空沙落眼模糊"把山也淡淡、水也绵绵，沙净天阔的感觉抓住了。他还有题画诗写道："落日万山紫，虚亭一叶秋。新诗吟未稳，注目数江鸥。"在傍晚微茫寂寞的时分，在江天空阔的清秋时节，艺术家傍着虚亭，沐浴着落日余晖，在内心组织着新诗，远处若隐若现的鸥鸟似乎又引起了诗人的关注，让诗人忘记了吟诗。一抹山影在夕阳余晖中流动着，世界如幻如影，缥缈微茫。这是中国古代艺术对宇宙的理解。

虚实关系的另外一种体现方式是有色和无色的关系。从周代礼乐文化中已经可以看出，中国古代有着明确的色彩审美观念，但是这种审美观念也遭到了老庄的批判。老子说："五色令人目盲，五音令人耳聋，五味令人口爽，驰骋畋猎令人心发狂。"色彩给人刺激，也带来困扰，所以道家追求无色，认为无色是万物之母。禅宗在佛学色空哲学的影响下，发扬老庄素淡哲学思想，高扬这种无色的哲学。有色的世界是表现，空幻不实，而无色的世界才是本色。

中国艺术中"以无色为美"这种色彩观念在各门艺术中都有体现。如在建筑中，南国乡村传统的建筑多是"黑白世界"，粉墙黛瓦，在青山绿水之中，勾出淡淡的素影。唐代以后出现了水墨画。水墨画是用墨在宣纸或者白绢上直接作画，除了墨的浓淡干湿，没有任何色彩，后来将以水墨为主要表现手段，加以少量颜色的画也叫水墨画。后来水墨画成为中国画的代表画种。比如黄公望的《九峰雪霁图》画的是大雪初霁，山峰静穆地沐浴在雪的拥抱之中。黄公望以墨线勾出山峦，以淡墨烘托天空，以稍浓的墨色勾画出参差的小树。仅仅墨色的浓淡居然能表现出一个通灵透彻的世界，真是不可思议。正如石涛所说的"墨海中立定精神"，"混沌里放出光明"。明代笪重光反对丹黄缕出、丹青竞胜的色彩观。在《画荃》中他指出："丹青竞胜，反失山水之真容……墨以破用而生韵，色以清用而无痕。"在用色和水墨之间，他以为水墨的表现力更强。

朱良志认为"势"也是中国艺术中虚实关系的一种。势可以说以有限表现无限的可能，以有显示出"无"的趋势。大自然中有着无限的势，比如峭壁上一块将垮却还没有垮下来的大石头，就有一种将要垮下来的势。比如在绘画中，被云烟遮挡，山的高峻气势就画出来了。流水被树丛遮挡，其流向远方的态势就出来了。还有清晨的江畔，宿雾未收，晨光熹微，淡淡的轻烟笼罩江面，似现非现。这里隐藏着无限的可能性，有着延伸向远方的势。在书法中也常见这一"势"字。如东汉崔瑗《草势》曾形容书法用笔的妙处，要像"狡兔暴骇，将奔未驰"，就像一只受到惊吓的兔子，正准备奔跑，但是还没有奔跑的瞬间，这就是书法要表现的"势"，即表现一个连续动作的某一个承前启后的瞬间，通过这一个动作能看到后面动作的可能性。书法空间是静止的空间，有势在，静止的空间就有了流荡的生命。在书法中，"势"通过形式内部的避让、呼应、映衬等关系，造成冲突，形成势。朱良志认为势体现了虚实之间的辩证关系。

（四）大巧若拙

大巧若拙是体现中国美学基本特点的理论命题之一。大巧若拙的哲学基础主要是道家哲学。大巧首先反对的是"机心"。《庄子·天地》篇中通过圃圃不用机械的故事，就是想说明机械常与机心相联系，会使人忘记巧只是一种工具上的便利。有了机心就有了算计，有了目的性，澄明之心就不存在了。没有算计的心就是"天心"。"天心鸥兹"是出自《列子》中的一个故事，说一个住在海边的人，喜欢鸥鸟，每天与鸥鸟相与游戏。有一天他的父亲说那你给我抓一只鸟。这个人带着这样的目的再去海边，鸟儿不再落下。因为有了机心，就失去了与世界自在游戏的天心。其次，大巧反对的也是机巧。老子说"大巧若拙"，大巧就是自然而然，不劳人为，没有技术的痕迹。拙没有什么技术含量，没有脑筋可动，但是符合自然之道。而且拙也是滋养生命的方式，劳心费力的巧却是对生命的戕害，拙是养生之道，守拙更是一种人生境界。所以大巧符合自然之道，而技术性的、人为的巧往往出自人的机心，具有一定的伪饰性。大巧若拙强调的是素朴纯全的美。素朴自然，天下莫能与之争美。大巧若拙突出了中国哲学以天为徒、遵循自然的思想。拙也是人的本性，是人的本来面目，一切技巧都是为了满足某种欲望而对本性的破坏。

朱良志结合艺术现象对大巧若拙的美学命题进行了最为充分的阐释。比如顽石质朴、自然、野性，甚至丑怪，但是颇得中国文人青睐，就是因为苍然顽石自然天成，未经雕凿，体现了大巧若拙的哲学精神。还有对于枯藤、残荷、老木的欣赏均来自对自然天成的哲学精神的认识。

大巧若拙在艺术中表现为对自然状态的推崇，对人工秩序的规避。比如中国书法提倡生、拙、老、辣，反对熟、巧、嫩、甜。书法不仅仅是把字写好，写漂亮，还要在漂亮之外，追求更高的境界。傅山说："宁拙毋巧，宁丑毋媚。"刘熙载说："丑到极处，便是美到极处。"这些美学观念所体现的就是对人为秩序的规避。

中国艺术归复于拙，其核心在于建立生命的本然状态。拙的另一种表现形式是无序。比如西方园林强调的是秩序、对称、整齐，中国园林强调的是无序、是一个散漫的秩序。其实，中国人不是欣赏无秩序，而是不强行通过人为的方式去改变自然，是力求体现无序中隐藏的深层秩序。这种深层秩序是对人工秩序的规避，对自然秩序的推崇。这是大巧若拙思想的又一体现。

（五）华严境界

在"华严境界"一讲中，朱良志主要讨论的是中国美学和艺术中的境界说。朱良志首先指出境界说与中国哲学不重视知识论而重视存在论有关。哲学意义上的境界不是指具体的物理空间，而是人心所对的世界，不是现实世界，而是虚灵世界。

中国哲学美学中人生境界与艺术境界相融，审美境界与生命境界合一。朱良志概括了境界的以下几个突出特点：其一，境界突出人的境遇。动物没有世界，只有人才有世界。境强调的是身临其境的体验，是人在世界中，世界带给人的灵魂的颤动。其二，美学境界突出的是一个完整的、自足的世界，一个当下所发现的活泼的世界，而不是知识的对象。其三，境界的虚幻性。境界是人心灵中出现的一个活的、流动的、虚灵的空间，而不是实有的世界。其四，境是一个自在显现的世界。风轻云淡，如此自然自在地存在着。诗人看出了这个自在显现的世界，他无须说什么，只是与自然同频共振地存在着。总之，境界不是概念的世界，不是认知的世界，而是人体验的世界。

朱良志在境界问题中还谈了象和境的关系问题。他说象和境的区别表现在以下几个方面：第一，象一般指的是实在对象，境则是一个世界，一个在心灵中构成的世界。第二，象可能是一个具有象征意义的符号，比如荷花象征着出污泥而不染的精神。境则是眼中所见之景，这个景如此这般存在，可能没有什么象征意义。第三，作为美学范畴的境受到禅宗让世界直接显现自身思想的影响。相对而言象有着较为固定的意义，其欣赏价值比较单一。当然象与景又密不可分，境非象，但离不开象，无象则无以出境，境生象外是对二者关系的一个很好说明。境不离象，象是境赖以存在的基础。境是对象的超越。

作为衡量美学和艺术审美价值标准的境界有三个标准：其一，有内容。有内容是说有境界的审美对象具有深刻的包孕性，即表现丰富的言外之意。朱良志说这是"不在者"。中国艺术的造境，就是要提供一个想象的空间，一个可以永恒拓展的意蕴空间。其二，有智慧。有智慧主要指的是境界中包含着对人生、历史、宇宙的哲理性的感受和领悟。但是哲理性却是通过世界的生动的、活泼的原样去呈现的。其三，有意思。这是说境界作为一种审美标准，不但具有内容的包孕性，思想的深刻性，还须有韵味、耐咀嚼。

（六）饮之太和

在中国古人的生活中要面临四种矛盾关系：神人关系、天（自然）人关系、人人（他人、群体）关系以及人和自我的关系。在这四种关系中取得平衡和和谐是中国古代宗教、哲学、美学、伦理学共同关心的问题。因为和谐的方式和侧重点不同又形成了几种不同的和谐表现形式。在"饮之太和"这一章中，朱良志虽然分了"生命的和谐""适度原则""协调原则""天和原则""平和原则"等节，但其实质则是讲了儒家、道家和禅宗三种哲学观念下的和谐思想及其美学意义。

"神人以和"是西周之前和谐思想的主要形态。在生产力落后的上古时期，人在超自然力面前感到恐惧，"神人以和""无相夺伦"的思想努力抚平这种冲突，给人以精神安慰。但是"神人以和"，说到底是人对神灵的敬畏，是人对至上神、祖先神的顶礼膜拜。在这种关系中谈不上人在情感和理性方面的协调和稳定。儒家和谐思想强调的是人的情感的悦适，人的内在生命与外在世界的协调。这是对神人关系的超越。

在儒家的和谐思想中，朱良志以"致中和，天地位焉"为核心展开论述。

首先他指出这个中和原则的基础是天地各得其所，各有其位，如天尊地卑，故而各有其序，自成和谐系统。天地是和谐的凝聚，其核心精神就是和谐。天地乃生生，生生乃有条理，万有现象各得其所，山崎川流，花开花落，鸢飞鱼跃，冬去春来，日往暮收，都是自然而然，有序有则。天地乃以大和，天地万物各得其位。人的文化创造要行天之道，就是要得天地和谐的精神。天地的和谐是儒家社会秩序和谐的理论根据。天的和谐也是音乐和谐的依据。《乐记》中提出"大乐与天地同和"的思想，就是强调音乐作为一种艺术与天地万物具有同构性，音乐创造必须契合大化流衍的节奏，天地的节奏就是音乐的节奏。大乐与天地同和为音乐的和谐奠定了一个本体论的基石。

儒家哲学重视生命的延续，而生命延续的根据，在朱良志看来也来自天地的和谐。"致中和，万物育焉"是儒家思想的一个重要层面。"天地位"强调通过和谐合于天地，而"万物育"强调和谐是滋育生命的基础。二者之间的逻辑关系是，正因为天地人各得其位，所以有生生之活力。大自然因为和谐而生生不已，人只有效法这种和谐原则，才能契合自然秩序，创化生生。《乐记》中说："和，故百物皆化。""和，故百物不失。"这是和谐与滋养生命关系的很好概括。

儒家的和谐思想不是一种外在的强制性规定，而是一种内在的生命体验。艺术的熏陶，美的境界是达到和谐的最受重视的方式。中国古代有"乐从和"、"乐和声"的思想，就是通过艺术的途径使人的情绪得到宣泄，从而保持内心的宁静和平和。音乐的和谐节奏长期作用于人，会对人的心性形成一定的影响，使人成为一个能与群体和谐相处的人。到了宋明理学阶段，更加强调心灵境界的和谐，认为心中一团和气是人与自然与他人相和谐的基础。

儒家的和谐思想在美学上表现为协调之美。其中有三个要点，其一是相互对待；其二是在对待中产生的相互协调、相互补充、相互消长的关系；其三是由此产生的和谐美。如果说适度原则强调的是节制性，协调原则强调的则是融合性。《国语·郑语》中所说的"夫和实生物，同则不继。以他平他谓之和……声一无听，物一无文，味一无果，物一不讲"所阐述的正是对立和谐的美学原则。

道家的和谐思想侧重于人与宇宙的和谐。在道家看来，"天地有大美"，这是一种不被人的理性所支配的本然的美。相较于儒家的和谐思想，道家的和谐思想有以下几个方面的特征。其一，儒家的和谐强调的是人与人之间的和谐，落实于群体之间的协调。道家强调的是自然无为，任运物化。其二，儒家的和谐观强调不偏不倚，守中处和，强调适度原则。道家强调万物齐一，物我齐一，逍遥无待。

禅宗也有属于自己的和谐观念。如果说儒家的和谐是建立在对立冲突基础上的和谐，那么禅宗的和谐观念强调回到自己的本来面目，强调在无冲突的境界中展现自己的真性。禅心就是一种无冲突之心、不争之心、不起念之心。不起念，因而内心一片澄明。一个破除了我执法执的我，没有情感的波澜，没有时空的分际，不知何以始，不知何以终，只有春水在流，绿树在摇荡。禅宗创造的是一个大和谐的境界。相较于道家哲学要远离现在、现实，禅宗关注的是平常，即要以一颗平常心面对一切。平常心不有不无、不动不静、无高无下。禅宗的和谐观与儒家也有明显区别。儒家的和谐是理性的、知识的、社会的。道家的和谐要通过修炼达到身如槁木、心如死灰、去物我的境界，然后才能进入与天地和融的境界，强调的是人心性的自由。而禅宗则力求在打柴担水的日常生活中实现内心的平静。所以道家是灭绝后的和谐，禅宗是凡常的和谐。

（七）形神之间

形神问题是中国美学中的关键问题之一。朱良志分析了形神理论的哲学基础，大致按照历史顺序分析了形神问题在不同历史时期的具体表现。

有关个体生命的哲学思考是形神问题的逻辑起点。庄子认为道不可形迹，不可以理智追寻，不可以语言捕捉。大象无形，但大象是世界的本体，是决定象的世界意义的根本。在有形的世界背后永远都有一个无形的世界，这个无形的世界反而是世界的决定者。庄子将人的生命也分为形神两个方面，主张形神不离，养形护神，但是神更为根本。《淮南子》认为神本形末，有形受制于无形，神是一切有形世界的控制力量。神来自天，形来自地，神为阳，形为阴，阴阳相合而为人。地是一个可见的世界，天是一个不可见的世界。地之有形，天之微茫难形。在这有形世界的背后，有一种不可知的神秘力量控制着世界。"传神写照""以形写神"是形神哲学观念在艺术上的落实。

中国美学中重神轻形的思想几乎伴着形神理论同时产生。《庄子》中曾讲过一个故事，一窝小猪很爱自己的母亲，但知道自己的母亲死了，一个个惊慌逃走。小猪爱的显然不是母亲的形体，而爱的是那个支配形体的精神。魏晋玄学中的言意之辨，关注精神，认为有形的语言是可以被超越的，重在脱略形骸，得意忘言。唐宋以后，美学中重神轻形的思想愈加明晰。宋代文人画体现了重神轻形的美学理论。明清时期的"不似之似"对过分轻视形式的倾向具有一定的矫正作用，是形神理论的新发展。

如果说以形写神与传神写照侧重于艺术品的创造，那么象外之象理论则侧重于艺术品的鉴赏，强调的是在艺术鉴赏中，体悟有限形象之外的思想、情感和意蕴，体悟象外之象，景外之景。

形神关系在一定程度上也受到佛教一切相都是虚妄思想的影响。八大山人对外形不执着，因为外在世界虚而不实，如同影子一样。徐渭有"舍形悦影"说，认为艺术不是现实世界的摹本，而是对这一世界的超越。中国艺术家眼中的世界就是一个幻影的世界。"舍形而悦影"准确地概括了中国画创作的规律。南宋禅僧玉涧的《远浦归帆图》用淡墨染出山影，再用浓墨点出参差迷离的树木，用细笔勾出一叶小舟。画面恍惚、幽淡、空灵，真像用画笔留下了世界的影子。

六、值得进一步探讨的问题

无疑朱良志的美学在参悟中国古代哲学、在充分吸收中国古代美学营养的基础上，对很多美学观念进行了更为深入和系统的解读，也提出了不少具有创新性的美学观点，尤其是用古代哲学和美学观念解读古代艺术现象，又从解读古代艺术现象的过程中抽绎出一系列富有真知灼见的美学观点。这些都是值得称道和深入体悟、学习的。但是朱良志美学中也有一些需要进一步思考的问题。

打通儒释道，重新形成新的美学理论，这是朱良志美学视野宏阔、见解独到的原因。的确在儒释道之间有不少内在的相通性。尤其是道、释之间的确有更多交集。比如朱良志指出，禅宗中万流归海，大海不增不减，永恒安宁，这与庄子的"齐物论"有着相同之处。朱良志还指出："《大般若经》中列《平等品》，平等品强调的就是边见不生、平等不二。平等是中国人的大智慧之一，在庄子的器物思想中，就已显露出这样的理论倾向。"①边见不生和齐物论确实有相近的意思，但是禅宗和道家哲学有关这个问题的论述中其实存在着微妙的差别。禅宗的侧重点在于万物不可被分析，而齐物论的侧重点在于万物一气相通，因而万物都是平等的，但是也不可否认释道各有侧重，其理论进路并不相同。

再比如朱良志将儒家"子在川上曰，逝者如斯夫"解释成达观，他说"逝者如斯"所表达的美学思想是："不必羡宇宙，不必叹自己，纵浪于大化之中，自有永恒，自有清风明月的世界。放浪形骸，寄蜉蝣于天地，悠然面对逝者如斯之宇宙，清心把玩盈虚如彼之浮沉，自有一份达观的世界。"②看到这样的逻辑推演，我们就明白，这实际上是将儒家思想"统编"到佛教思想中去了。

能够明显看得出，朱良志对佛禅哲学更为青睐。因而，对一些明显具有道家哲学蕴涵的现象，他常用禅学的角度进行阐释。比如对于八大山人的护法图，如果理解为道家对混沌整一世界的保护可能更合适。但是朱良志从佛教的角度来理解。对于"天心鸥兹"的理解也是如此。1692年，八大山人创作的16开册页，在荷花一图中，题了"天心鸥兹"。天心鸥兹的典故来自《列子》，这个故事想表达的主要意思是，人放下机心，修得一颗"天心"，像一只忘机的海鸥一样在天地间自由自在地飞翔，从世界的观照者回到世界之中，从世界

---

① 朱良志：《中国美学十五讲》，北京大学出版社，2006年版，第29页。

② 朱良志：《中国美学十五讲》，北京大学出版社，2006年版，第54页。

的对岸回到生命的海洋中，无欲无求，才能与自然融为一体。这是典型的道家思想，但朱良志却将认为"天心鸥兹"体现了禅学思想。石涛的思想有明显的道家思想痕迹，就混沌和一等概念而言，主要还是道家思想的体现。朱良志也将其归为禅学思想。但是太过用禅学思想来统一道家思想，弥合它们的区别，一定程度上也会将更加丰富和多元的中国美学简单化。进一步讲，的确在不同的思想体系之间存在一定的交集，但是如果将阐释的目标都指向佛教禅宗，中华美学的丰富性有可能会被弱化。

此外，在朱良志美学中没有形而上的神灵，更没有给神秘和超验留有空间，但是有个体到群体的超越，有有限到无限的超越，甚至有形下到形上的超越。这个超越的过程朱良志多用"冥会"概括。虽然朱良志反复讲冥会就是虚静，就是放下知识和外在的标准，然后就能超越。比如朱良志说，对待无言之大美，就需要无言的冥会。无言，说的是要关闭知识之途；冥会，说的是无分别的独自默然证会。默然证会应该是一种具有神秘色彩的体验，否则不会有对绝对美的体验。如果不承认超越的非理性和神秘性，从实证的和逻辑的角度看，从形下显然是无法跨越到形上的。这可能是朱良志遇到的哲学困境。他说到冥会，但是有意回避冥会的神秘性。当然朱良志这种通过默然冥会就能沟通有限和无限的做法在心学中也是存在的。比如陈白沙说："惟在静坐，久之，然后见吾此心之体隐然呈露。"[1]王阳明的"致良知"同样以直觉超越自我体悟天理，但是已经有不少研究者指出王阳明哲学中的确保留了一定的神秘色彩。

纯粹体验在朱良志美学中是一个很"暧昧"的概念，他没有将其引向神秘体验，但是又强调它超越任何理性和认识。这个概念在神秘主义和理性主义的边缘徘徊，究其实质，显然具有一定的神秘性，但朱良志并不认为它具有神秘性。这个问题在朱良志其他论著中也有。比如他力求避开宗教性，不会让美最终归于一个形而上的超验神灵。但是他也认识到审美中存在一些神秘不可解释的现象。比如道家哲学的"道"本身就是一个具有超验性的抽象概念。朱良志

---

① 陈献章：《陈献章集》，中华书局，1987年版，第145页。

认识到了"道"具有一种自我发动之力，所谓天机自动。道化为阴阳，阴阳相摩相荡就有了万物。但是如果不能认可道作为超验概念的性质，最终会将道这个概念偷偷换成了自然，而自然就是形而下的大自然。所以在朱良志论述书法美学时，一方面指出书法"与天地宇宙相通，是宇宙大化的符号"①，将书法的源头"溯之于道"，但是在形上的道与形下的书法审美之间到底怎样勾连，如果不承认超验的概念具有化生作用，这个坎是跨越不过去的。但是朱良志并没有在自己的美学中给神灵、给超验精神留有明确的位置，因而他将书法的源起解释成"书家不是观自然，而是效法自然，融入自然，参与自然的运作，最终化自然为自我，天机自动也，天机自动成之于书家之心。"②"天机"在中国文化语境中是一个具有神秘超验性的概念。但是朱良志强调"天机并非意味着艺术创造靠一种神秘的外在力量"③，"'天机'并不是俗语中'天机不可泄露'的神秘其实，而是如'天'之'机'，是自然而然的机缘，天机自发，自然天成，不待他力"④。他强调天机就是自然而然，就是虚静之心必然遇到的机缘。所以，朱良志所说的艺术的神秘性在神秘的外在力量和客观实际之间，但是"偶然天成"的动力就成为一个非常模糊的问题。这些都是深入阅读朱良志美学过程中值得进一步思考的问题。

①　朱良志：《中国艺术的生命精神》，安徽文艺出版社，2020年版，第159页。
②　朱良志：《中国艺术的生命精神》，安徽文艺出版社，2020年版，第162页。
③　朱良志：《中国艺术的生命精神》，安徽文艺出版社，2020年版，第229页。
④　朱良志：《惟在妙悟》，安徽文艺出版社，2020年版，第33页。

意境美学的现代建构

——宗白华《艺境》导读

张泽鸿[①]

宗白华（1897—1986）是现代中国美学与艺术学两个学科的奠基者之一。宗先生以其独特的"艺境求索"和"美学散步"享誉学界，与朱光潜并称现代中国"美学的双峰"。1920年宗白华负笈海外，师从德国著名美学家、艺术理论家玛克斯·德索（Max Dessoir），1925年学成归国后在东南大学（后更名为中央大学）开设美学、艺术学等相关课程[②]。宗白华在深入探究中国文化精神、中国哲学及中国艺术观念的基础上，结合对西方文化和哲学观念、艺术精神与美学思想的多维度探究，撰写了大量的哲学、美学和艺术学研究论文，从

[①] 张泽鸿，淮阴师范学院文学院教授，泰国格乐大学客座教授、艺术学博导。

[②] 关于宗白华在1920—1940年代在中央大学开设的课程，在邹士方和李醒尘等人的著述中有记载，主要有："美学、艺术论、形而上学、人生哲学、叔本华哲学、尼采哲学、斯播格耐（O.Spengler）的《西方之衰落》、康德哲学、人生之形式、歌德、文艺复兴时期艺术欣赏"等。邹士方在《宗白华评传》中增加了一门"历史哲学"课程而李醒尘在《宗白华传略》一文中所记录的与邹氏稍有出入，没有提及"人生哲学"和"历史哲学"，但提到宗白华曾开设海德格尔哲学等课程，宗白华曾对刘小枫说他在1940年代末曾在大学讲授过海德格尔的存在主义思想，刘小枫在宗白华书房里见过二三十年代版本的海氏名著《存在与时间》。参阅邹士方：《宗白华评传》，香港新闻出版社，1989年版，第91—92页。邹士方：《宗白华传略》，《晋阳学刊》，1984年第6期。李醒尘：《宗白华传略》，《新文学史料》，1989年第3期。刘小枫：《湖畔漫步的美学老人——忆念宗白华师》，《读书》，1988年第1期。

跨文化比较的视域，深入阐发了中国艺术意境、艺术空间意识、中西艺术和美学思想的异质性，提出了一系列重要的美学命题和艺术批评观念。他的美学和艺术学研究，既重视对文化传统与现代意识的连接，又强调了东方情调与全球视野的互动，其思想对当代中国美学和艺术学诸学科的发展产生了深远影响。

在1930年代，学界就将他与著名美学家邓以蛰相提并论，有"南宗北邓"之称。冯友兰在1940年代曾说，现代中国"真正构成美学体系的是宗白华"①。贺麟在1945年的《当代中国哲学》一书中也指出，宗白华、邓以蛰和朱光潜是"近来对于美学有创见的"三位美学家②。朱光潜也曾说，在中国当代美学家中最值得尊重的一位就是宗白华先生。③李泽厚在1980年为《美学散步》所作的序言中指出，宗白华深得中国美学的精魂，并"相当准确地直观把握住了那属于艺术本质的东西，特别是有关中国艺术的特征"④。台湾诗人学者杨牧称赞宗白华"是五十年来我们最值得敬佩的比较文学者之一，更是传承介绍美学理论和实践的睿智"⑤。张岱年曾称赞宗白华在美学造诣与生活风度上都达到很高的境界，堪称"超然物外，逍遥自得"⑥。季羡林曾认为，宗白华的思想应当重新研究，他在中国美学史上的地位要重新评定。⑦宗门高足刘小枫认为宗先生是继王国维之后另一位中国式的"生命哲学家"⑧，他是从生存体验出发，积极探究宇宙、人生的审美奥秘。在清末民初西学东渐潮流的影响下，宗白华始终是在中西对话的语境中进行美学思考与文艺创作，在传统与现代、东方与西方之间博观约取，建构了独具特色的美学理论和艺术学话语体系。

---

① 林同华：《宗白华美学思想研究》，辽宁人民出版社，1987年版，第14页。

② 贺麟：《五十年来的中国哲学》，上海人民出版社，2012年版，第68页。

③ 茅原、费邓洪：《从"意境三层次"说引发的思考》，《中国音乐学》，1991年第2期。

④ 李泽厚：《宗白华〈美学散步〉序》，《读书》，1981年第3期。

⑤ 宗白华：《美学的散步》，洪范书店，1981年版，序第8页。

⑥ 邹士方：《宗白华评传》，香港新闻出版社，1989年版，第289页。

⑦ 宗白华译：《西方美术名著选译》，安徽教育出版社，2000年版，第243页。

⑧ 刘小枫：《湖畔漫步的美学老人——忆念宗白华师》，《读书》，1988年第1期。

宗白华先生亲自审定的《艺境》一书于1987年出版，这本书与早先出版的宗著《美学散步》一起，成为中国现当代美学和艺术学领域中百读不厌的经典。《艺境》的出版虽晚于《美学散步》，但它的主要特色有二：一是宗白华一生从青年到晚年时期最为重要的文章都被收入其中，共计60篇，这个篇幅超过了《美学散步》（22篇）；二是收入了宗白华早年创作的《流云》小诗，共计60首，这是《美学散步》所没有的。因此《艺境》是最能体现宗白华在美学理论与艺术实践两个方面重要成就的著作，正如宗白华自己所言："诗文虽不同体，其实当是相通的。一为理论的探究，一为实践之体验。"[①]从《艺境》全书来看，它最为鲜明地体现了宗白华以"艺术意境"为核心概念所建构的美学思想体系，也彰显了他在文化哲学、美学、诗学、艺术理论与批评等诸多方面的学术追求。从20世纪中国美学史的角度看，宗白华的《艺境》（包括《美学散步》）与王国维的《人间词话》、朱光潜的《文艺心理学》、李泽厚的《美的历程》一道，成为现代中国美学中里程碑式的著作，也是外国学者了解中国现当代美学发展状况不可或缺的经典读本。

从《艺境》全书来看，它主要体现了宗白华以"艺境"为核心范畴建构的美学思想体系，但它又不局限于美学问题，还包括宗氏在文化理想、人生哲学、艺术学（艺术理论与批评）和诗学等诸领域的理论探索和创作实践，较为全面地反映了宗白华学术思想的总体风貌。

一、《艺境》中的人生哲学

（一）宗白华学术思想的四个阶段

宗白华一生的学术进路和思想演变历程可分为四个时期：少年的文化哲学时期、青年的哲学诗人时期、中年的艺术哲学时期以及晚年的美学散步（美学史）时期。这样划分的逻辑和理据在《三叶集》中有明确显示，宗白华在1920

---

① 宗白华：《艺境》，北京大学出版社，1997年版，前言。

年1月3日致郭沫若的信中有言："以前田寿昌在上海的时候，我同他说：你是由文学渐渐的入于哲学，我恐怕要从哲学渐渐的结束在文学了。因我已从哲学中觉得宇宙的真相最好是用艺术表现，不是纯粹的名言所能写出的，所以我认将来最真（正）确的哲学就是一首'宇宙诗'，我将来的事业也就是尽力加入做这首诗的一部分罢了。"[①]由此可见，宗白华自1920年初开始，就决定要从哲学研究转向文艺实践和美学研究，实现学术道路的第一次重要转折。随后他便远赴德国留学5年（1920—1925），这一期间他是作为一个现代诗人活跃在诗坛上，著名的"流云小诗"就是在1922年前后陆续发表的，这是宗白华的诗人时期。1925年回国之后他任教于东南大学（后改为中央大学、南京大学）哲学系，直至1952年全国院系调整时调入北京大学哲学系。与建国前的前期偏于文化哲学、艺术的实践与研究不同，后期宗白华偏于中国美学史的研究，所处成果也逐渐减少。由此，我们可将宗白华一生的学术思想历程大致可以分为四阶段：文化哲学时期（1897—1920）——哲学诗人时期（1920—1925）——美学/艺术哲学时期（1925—1952）——美学史研究时期（1952—1986）。[②]而生命哲学精神贯穿和统领了这四个时期，人生与艺术的关联是终其一生的思考和研究的总方向。

这是一种为便于分析的粗线条划分，并且每一时期的命名也是基于宗白华这一阶段的学术重心和兴趣趋向而拟定的。文化哲学时期，宗白华加入少年中国学会，主要兴趣在建构"新文化"。哲学诗人时期，宗白华成功地进行了艺术实践，主要成就是创作了诗情与哲理相交融的"流云小诗"系列。在美学/艺术哲学时期，宗白华对中西艺术进行了整体观照，以"艺术意境"为核心进行了比较艺术学（包括比较美学）的阐发研究，这一时期是宗白华美学研究的巅峰期。最后是中国美学史研究时期，这一时期宗白华成果不多，主要集中在对中国美学史的研究上，早期美学与艺术学学科分立的意识在此阶段已"模糊

---

① 宗白华：《艺境》，北京大学出版社，1997年版，第14页。

② 王岳川在《未名湖畔的散步美学家》一文中将宗白华学术思想分为三个时期：青年的哲学诗人（1930年代以前）、中年的体验美学家（1930—1950年代）、晚年的散步哲学家（1960年代以后）。见王岳川：《思·言·道》，北京大学出版社，1997年版，第223—226页。

化"。建国后，宗白华长期甘居边缘位置，低调行事，远离政治风潮和美学讨论的漩涡，在美学的园地里从容"散步"①，安心做个学术的"逍遥派"，因此被视为"魏晋风度"的现代实践者②。经过长期的"冷遇"之后，而令宗白华在当代美学界与艺术学研究领域真正声誉鹊起的是在1990年代中期，这有四个方面的原因：一是1994年由宗门弟子林同华先生花费十余年时间整理和主编的《宗白华全集》四卷问世，宗氏思想的整体面貌得以呈现，从而带动了宗白华研究的热潮。二是1996年秋在安徽黄山召开的朱光潜、宗白华百年诞辰国际学术研讨会，形成了朱、宗研究的高峰。"黄山会议"可谓当代美学研究（包括宗白华研究）的一个分水岭。三是1990年代中期中国思想界兴起的关于"人文精神失落"的探讨，以及与此相关的"国学热""传统文化热"等，这些思想动态共同汇成一种复兴古典精粹、重估文化传统的主潮，而宗白华论著体现的浓厚古典情结，而使得他在这场复兴传统文化的潮流中备受关注。"重估宗白华"③成为学界的一种主导倾向。四是当代中国美学、文论与艺术学研究领域出现了所谓"理论贫乏症"和"失语症"，亟需从朱光潜、宗白华、钱钟书等前辈学者的思想遗产中重新发现话语生产的机制，开掘可资利用的理论资源，寻找中国人文学术在未来的新进路。1990年代中期以来，当代中国文论、中国美学要从钱钟书、朱光潜等人"接着讲"④的口号提出，由此可以预期，随着当代中国美学、文论和艺术学等学科的全面深入发展，宗白华的美学将成为当代中国人文学术领域的显学。

---

① 刘小枫指出，"少年中国"时代与游欧回国后的宗白华都不是真正的"散步者"，晚年宗白华才开始接近"散步者"的形象。见刘小枫：《湖畔漫步的美学老人——忆念宗白华师》，《读书》，1988年第1期。

② 袁济喜认为宗白华是魏晋美学精神的现代传人，见袁济喜：《承续与超越——20世纪中国美学与传统》，首都师范大学出版社，2006年版，第197页。

③ 章启群：《重估宗白华——建构现代中国美学体系的一个范式》，《文学评论》，2002年第4期。

④ 叶朗：《从朱光潜"接着讲"——纪念朱光潜、宗白华诞辰一百周年》，《北京大学学报》（哲学社会科学版），1997年第5期。

（二）艺术化的人生观

由于受"五四"新文化运动革故鼎新的潮流影响，青年时期的宗白华着眼一种"新人生观"的建构，他在《说人生观》（1919）一文中曾说："明哲之士，智越常流，感生世之哀乐，惊宇宙之神奇，莫不憬然而觉，遽然而省，思穷宇宙之奥，探人生之源，求得一宇宙观，以解万象变化之因，立一人生观，以定人生行为之的，是以，今日哲学之所事有二：（一）依诸真实之科学（即有实验证据之学），建立一真实之宇宙观，以统一一切学术；（二）依此真实之宇宙观，建立一真实之人生观，以决定人生行为之标准。"①宗白华将人生观分成乐观、悲观，以及超然观三种。宗白华早期思想深受叔本华和佛教的浸渍，他认同叔本华"世界旁观之则美，身处之则苦"的观点，世界本身是超越苦乐的，苦乐之感纯属主观，乐观之人往往视宇宙如天堂，人生皆乐境，悲观者则视人生为苦海。宗白华推崇的是一种超世入世观，只有明理哲人能"神识周远，深悉苦乐，皆属空华。栖神物外，寄心世表，生死荣悴，渺不系怀"，但是他们悲悯众生皆苦，对人生苦痛深怀同情之心，于是"毅然奋起，慷慨救世"②。这就是宗白华心仪的"超世入世观"，也是他从事学术研究的一种基本态度。

青年时期的宗白华强调一种真正超然的态度观照宇宙人生，这种对超然人生观的价值认同，宗白华将其具体化为一种唯美主义的、艺术化的人生观："我们要持纯粹的唯美主义，在一切丑的现象中看出他的美来，在一切无秩序的现象中看出他的秩序来"，这是"排遣烦闷无聊的生活"的重要方法③。所谓"艺术的人生观"，就是"从艺术的观察上推察人生生活是什么，人生行为当怎样"④，以审美化的或唯美主义的眼光看世界，其意义在于这种艺术人生观是把"人生生活"当作一种"艺术"看待，使其优美、丰富、有条理、有意

---

① 宗白华：《宗白华全集》（第1卷），安徽教育出版社，1994年版，第17页。
② 宗白华：《宗白华全集》（第1卷），安徽教育出版社，1994年版，第18页。
③ 宗白华：《宗白华全集》（第1卷），安徽教育出版社，1994年版，第179页。
④ 宗白华：《宗白华全集》（第1卷），安徽教育出版社，1994年版，第207页。

义。显然，宗白华的艺术人生观既是对叔本华人生哲学、伦理学的扬弃，又是对歌德人生观的继承。宗氏认为，歌德的人生比他的诗还有价值，这是因为他的人生如同丰富而优美的高等艺术品。在宗白华看来，以艺术（审美超脱）的态度观照生活世界，方能显示这个世界存在的价值和意义，人生艺术化是一种人就在世界之中的"诗意的生存"方式。

在宗白华看来，人生与艺术具有"同构性"，他说："我们生命创造的现象与艺术创造的现象，颇有相似的地方。我们要明白生命创造的过程，可以先去研究艺术创造的过程。艺术家的心中有一种黑暗的、不可思议的艺术冲动，将这些艺术冲动凭借物质表现出来，就成了一个优美完备的合理想的艺术品。生命的现象也仿佛如此。生命的表现也是物质的形体化，理想化。生命的现象，好像一个艺术品的成功。"①宗白华认为，艺术创造目的是成就一个优美的艺术品，人生目的是完成优美高尚的人生，艺术创造与生命创造在"创造程序"上是一致的，因而可以把生活、人生当作一个艺术品看待，把人生行为、生活活动视为一个高尚优美的艺术品的创造过程，使它美化、理想化。这是一种把人生"转化"为艺术的理想。宗白华在《论〈世说新语〉和晋人的美》等文章中着意凸显的就是这种人格追求。他将中国古典文化精神与叔本华、尼采的人生观有机融合，提出了新国民人格的塑造与人生哲学建构的理想，宗白华所追求的艺术人生观，正是"五四"时期人生觉醒与文化自觉的产物，也是"少年中国"的人格象征。

宗白华还强调要以"幽默"的人生态度来观照世界。他在收入《艺境》的《悲剧的与幽默的人生态度》一文中，对近代自然科学对宇宙人生的机械化、理性化的分割和支配表达了一种深层的忧虑感：他认为近代自然科学是帮助近代人走向了一条"平淡幻灭"之路，"科学欲将这矛盾创新的宇宙也化作有秩序、有法律、有礼教的大结构"。但是好在人类历史上向来就有不安分的艺术家、哲学家们偏要"在人生的喜剧里发现悲剧，在和谐的秩序里指出矛盾，

---

① 宗白华：《宗白华全集》（第1卷），安徽教育出版社，1994年版，第207页。

或者以超脱的态度守着一种'幽默'"①。这些持严肃生活态度的人，能在人生中体验到"不可解救的矛盾"以及理想与事实的永久冲突，矛盾愈多则体验愈深，生命的境界愈丰郁，因而能在悲壮的生活冲突里显露出人生与世界的深度。诗人、艺术家、哲学家等能在看似平凡的生活世界里体验到人生与世界的双重的深度，这就是生活的经验世界带给人生的价值与意义。在宗白华看来，真正的幽默是以愉悦与超脱的胸襟为基础的人生态度，是"以广博的智慧照瞩宇宙间的复杂关系，以深挚的同情了解人生内部的矛盾冲突"，这是一种审美的、自由的、艺术化的人生哲学思想。悲剧和幽默都是试图对人生价值的"重新估定"，两者都能彰显出人存在于世界的"深度"意义。因此，无论是以悲剧的情绪"透入"人生，还是以幽默的情绪"超脱"人生，这两种对待人生的不同态度，其意义和价值都是值得肯定的。在宗白华看来，悲剧的人生态度与幽默的人生态度都是能体验到生命与宇宙的深度的。

宗白华早期的思想趋向和价值追求主要聚焦于"现代人生"这一关键命题，强调中国文化的重建旨趣在于回归人生价值。他的"艺术人生观"与当时其他人文学者（如钱穆、梁启超、朱光潜等）的"人生艺术化"主张一起，共同构成了20世纪中国新人文主义的集体叙事。

（三）理想人格的两副面孔：晋人与歌德

人格与文化，既是20世纪上半叶中国学人在民族文化危机中普遍关注的时代课题，也是身处这一语境的宗白华感受强烈并企图解决的两个焦点问题。宗白华提出了建构新人格的理念和方法："我们做人的责任，就是发展我们健全的人格，再创造向上的新人格，永进不息，向着'超人'（ueermensch）的境界做去。我们对于小己的智慧要日进于深广，对于感觉要日进于优美，对于意志要日进于宏毅，对于体魄要日进于坚强，每日间总要自强不息。对于人格上有所增益，有所革新，才不辜负这一天的生活。我们每天的生活就是对于小己人格有所创造的生活，或是研究学理以增长见解，或是流连美术以陶冶性情，

---

① 宗白华：《艺境》，北京大学出版社，1986年版，第81页。

或是经历困厄以磨练意志，或是劳动工作以强健体力，总使现在的我不复是过去的我，今日的我不是昨天的我，日日进化，自强不息，这才合于大宇宙间创造进化的公例。"①宗白华主张青年人应当在广大宇宙中创造出健全的人格，在自然境界中培养高尚的胸襟，并提出"人类最高的幸福在于时时创造更高的新人格"之说。在他看来，现代的理想人格主要在于自由、开放、深情、创造的心灵，他从晋人（魏晋名士）与歌德这两大理想人物身上找到了建构现代新人格的路径和方法。宗白华对晋人审美精神的叹赏与他所崇拜的歌德精神可以"互相发明"②，这种融合魏晋风流与歌德精神中西两个维度的新人格和"理想心灵"，又是创造中国现代艺术与审美的共同人性基础。

1.体验魏晋风流的美

宗白华写于抗战中的《论〈世说新语〉和晋人的美》（1941）一文充满了"借古喻今"的深意，他指出："秦汉以来，一种广泛的'乡愿主义'支配着中国精神和文坛已两千年。这次抗战中所表现的伟大热情和英雄主义，当能替民族灵魂一新面目。在精神生活上发扬人格底真解放，真道德，以启发民众创造的心灵，朴俭的感情，建立深厚高阔、强健自由的生活，是这篇小文的用意。环视全世界，只有抗战中的中国民族精神是自由而美的了！"③这篇论文既含蓄批判了抗战时中国人普遍存在的"乡愿"国民性，又深刻阐发了六朝时期的艺术精神和士人心灵境界，将魏晋时代的人格精神与抗战中的国民精神相映照，意在唤醒中华民族曾经具有的那种刚健丰沛的精神理想，由此见出宗白华重建民族精神的文化理想。宗白华具体阐述了魏晋美学的三重意蕴：艺术的创造精神、人格的自由精神、新的道德理想。

宗白华认为，晋人在艺术境界上的造诣不仅基于他们意趣超越、深入玄境的心胸，以及尊重个性、生机活泼的人格，更主要的还是他们对宇宙人生的

---

① 宗白华：《宗白华全集》（第1卷），安徽教育出版社，1994年版，第98页。

② 袁济喜：《承续与超越——20世纪中国美学与传统》，首都师范大学出版社，2006年版，第215页。

③ 宗白华：《宗白华全集》（第2卷），安徽教育出版社，1994年版，第267页注释。

一往情深，所谓"天际真人是晋人理想的人格，也是理想的美"①。晋人酷爱自己精神的自由，并能推己及物，体会宇宙和人生的深沉"境地"。宗白华认为，魏晋士人这种精神上的真自由、真解放是近代哲学的生命情调、宇宙意识的萌芽。晋人在人格上不仅推重自由精神，还追求唯美的人格。晋人对人格的"唯美主义"和友谊的重视，使其养成一种高级社交文化活动如"竹林之游""兰亭禊集"等。晋人之美，美在神韵，即追求一种"事外有远致"、不沾滞于物的自由精神。

宗白华认为，晋人"从性情的真率和胸襟的宽仁建立他的新生命，摆脱礼法的空虚和顽固"②，因此形成了"人物品藻"的美学风气，晋代美学主要是"拿自然界的美来形容人物品格的美"，因而自然美和人格美这两方面同时被魏晋人所"发现"。魏晋时代主要强调"人物的容貌、器识、肉体与精神的美"，因此这是中国美学史上最有生气、美的成就极高的一个时代。晋人"唯美的人生态度"表现于两方面：一是把玩"现在"，即"在刹那的现量的生活里求极量的丰富和充实，不为着将来或过去而放弃现在价值的体味和创造"③。二是将美的价值是寄于过程，不在于目的，即所谓无所为而为的态度。这种纯然寄兴趣于生活过程及生活本身价值而不拘泥于目的的人生态度，显示了晋人唯美主义生活美学的典型形态。

宗白华曾精辟地指出："汉末魏晋六朝是中国政治上最混乱、社会上最苦痛的时代，然而却是精神史上极自由、极解放，最富于智慧、最浓于热情的一个时代。因此也就是最富有艺术精神的一个时代。"④书法、绘画、雕塑、音乐、诗文、佛教造像、寺院建筑等等，无不是"光芒万丈，前无古人"，由此"奠定了后代文学艺术的根基与趋向"。六朝之前的汉代在艺术上过于质朴，在思想上定于儒教一尊；其后的唐代在艺术上又过于成熟，在思想上是儒佛道三教并行。只有魏晋六朝这几百年是精神上的大解放、思想上的大自由

---

① 宗白华：《艺境》，北京大学出版社，1997年版，第136页。
② 宗白华：《艺境》，北京大学出版社，1997年版，第147页。
③ 宗白华：《艺境》，北京大学出版社，1997年版，第144页。
④ 宗白华：《艺境》，北京大学出版社，1997年版，第133页。

时代。六朝在思想和信仰的自由、艺术创造精神的勃发方面颇类似于西欧16世纪的文艺复兴，二者都属于强烈、矛盾、热情、生命色彩浓烈的时代，不同的是，文艺复兴艺术所表现的美是浓郁、华贵的，魏晋人则倾向于简约玄澹、超然绝俗的美，"晋人的美"代表了中国审美理想和艺术精神的"最高峰"①。在宗白华看来，世说新语时代将人格美的鉴赏推向登峰造极的境界，中国艺术美学源自人物品藻之学。中国艺术批评史上的名著如谢赫《画品》、钟嵘的《诗品》、刘勰的《文心雕龙》等都产生于人物品藻的时代氛围中。司空图的《二十四品》更是集美感范畴之大成。宗白华认为，晋代书法就是"自由的精神人格"最具体、最适当的艺术表现，书法这种类似抽象音乐的艺术最能表达出晋人空灵的玄学精神和个性主义的自我价值。因此可以说，"个性价值之发现"是世说新语时代的最大贡献，而晋人书法是个性主义在艺术上的代表。

2.以歌德的精神做人

宗白华非常推崇歌德。歌德是文艺复兴后欧洲最后一个文化巨人，不仅是一位浪漫主义诗人，也是一位"体验的哲学家""生活的哲学家"②。歌德用他丰富多彩的生活体验为人生提供一种多姿的模式，为我们提供一种人生的向度和标尺。正如海德格尔所说：真正的诗人是为人类寻找生存尺度的人。歌德的人生与文学作品给我们以无限的生命启示。人的生活本都是变迁的。但歌德每一次生活上的变迁，都启示一次重大的人生意义，留下了宝贵的生活经验，为人生永久象征。歌德用他83岁的生命历程向我们展现出人生的本色和尽力追求个性完善的品格，启示了人生广大精微的真谛。由于对歌德人格的真诚追慕，宗白华不断拿歌德的精神来映照自己的心灵世界，提升自己的人生境域。"以歌德的精神做人"，对宗白华来说绝不仅仅是一句口号，而是视歌德为理想文化与人格精神的象征。歌德博大精深的思想，其中对流动不息的生命创化力的追求，以及歌德所具有的世界主义精神，这些都深深吸引着青年宗白华。宗白华深受德国古典美学精神的浸染，认为培育健全的人格，需要树立"超

① 宗白华：《艺境》，北京大学出版社，1997年版，第134页。

② 乔治·桑塔亚那：《诗与哲学：三位哲学诗人卢克莱修、但丁及歌德》，华明译，广西师范大学出版社，2002年版，第91页。

世入世"的人生态度。这种人生态度与人格精神也有着康德和歌德的影子。通过审美和艺术来实现必然与自由、理性与感性的协调一致，进而培养自由的意志，建立自由的人格，是德国古典美学的主旨。从康德、席勒、歌德到黑格尔，都非常重视审美作为无功利、非逻辑的自由活动所具有的"解放"的性质，把审美看成是道德自由的预演或象征。

宗白华被认为是国内学界最早研究歌德的学者之一，享有"现代中国的歌德权威"的美誉，在其译文中有大量关于歌德的文章，不仅有歌德的诗选、通信，还有比学斯基的《歌德论》。宗白华对德国古典艺术家歌德的完美人格特别地欣赏，他提出"拿歌德的精神做人"的口号绝非空谈。早在1930年代，宗白华就以其对歌德的介绍和研究，在中国学术界产生了重要影响。他的《歌德之人生启示》《歌德的〈少年维特之烦恼〉》等文章，开拓性地研究了歌德唯物论的泛神论思想。西方学者布朗德斯（Georg Brandes）曾说，歌德的想象力与理性同样的丰富，"他是大造化中一个创造者，全智慧中一个智慧者，自然中一个小自然，如同人说一个国中的小国。他一个人是一个整个的文化"①。歌德不只是在他的文艺作品里表现了人生，尤其在他的人格与生活实践中彰显了人性的丰富与伟大，因此他的生活本身就是美丽、巍峨的艺术品。

在宗白华看来，歌德给我们的人生启示"是纵身大化中与宇宙同流，但也是反抗一切的阻碍压迫以自成一个独立的人格形式"。宗白华对歌德人格的由衷称赞和高度认同，对主体的人性化追求，高扬了艺术境界中的人性力量和生命意义。歌德对现代人生的启示表现在两个向度上：一是其文艺作品"启示我们人生真相"，二是歌德的"人格"与"生活"本身也表现了"人生广大精微的义谛"。宗白华认为，西方近代建立在三种不同文明精神（古希腊、中古基督教、文艺复兴）之上，近代人生的意义问题，是由歌德以他的人格、生活、作品来表现和象征的。歌德是近代泛神论信仰的一个代表，他的人格既表现了西方文明自强不息的精神，又同时具有东方乐天知命、宁静致远的智慧，其人格与生活可谓极尽了人类的全部可能性。宗白华对歌德的完满人性和生命价值

---

① 宗白华：《宗白华全集》（第2卷），安徽教育出版社，1994年版，第41—42页。

的欣赏，同时也是对其自我人格精神的一种激励，是他对生命境界自觉追求的
体现。宗白华自幼喜爱静思的浪漫，青年时代喜爱王、孟、韦、柳等唐诗的和
谐静穆。他曾以魏晋人格为理想，认为魏晋士人倾向于"简约玄澹，超然绝
俗"的人格美，寻求"不沾滞于物"的精神气象，魏晋士人在超越的胸襟中已
萌动着一种西方近代人才有的宇宙意识和生命情调，发现和肯定个体的生命价
值和意义。率真的性情、自由的精神、生命的情怀、超然入世的态度，是宗白
华综合歌德与晋人的双重特性而得出的审美结论。基于对歌德与晋人的人性观
的双重认同，宗白华在艺术审美观上也是充满生命情趣的，同时这种普遍生命
化的审美观又促进了他对中国艺术意境的深刻体悟。他将"艺境"看作情景交
融而创构的境象，其中体现了艺术家的人格涵养。艺境是人类心灵的具体化、
感性化，也是心灵世界的感性显现，而人格精神、生命情调是艺境生成的最根
本依据。因此，艺术意境的创造和欣赏可以成就审美的人生境界，艺术意境与
人生境界是一体两面的关系。

宗白华推重歌德的主要原因在于歌德对现代人生的启示价值。歌德带给
近代人生一个新的生命情绪，这新的人生情绪就是对生命价值的肯定。尽管歌
德在哲学上受到斯宾诺莎泛神论的影响，但他主要从自己的"活跃生命"中所
体验得到的"动的创造的宇宙人生"，这与斯宾诺莎倾向机械论与几何学的宇
宙观迥然不同，"歌德自己的生活与人格却是实现了德国大哲学家莱布尼兹
（Leibniz）的宇宙论"[1]。莱布尼茨认为："宇宙是无数活跃的精神原子，每
一个原子顺着内在的定律，向着前定的形式永恒不息的活动发展，以完成实现
他内潜的可能性，而每一个精神原子是一个独立的小宇宙，在他里面像一面镜
子反映着大宇宙生命的全体。"[2]在宗白华看来，歌德的生活与人生就是莱布
尼茨所说的"精神原子"，它本身就是一个小宇宙，也映照着整个大宇宙生
命的整体景象。这种莱布尼茨的宇宙观类似于华严哲学的境界观，华严境界就
是千灯相照、互映生辉的境界。歌德的启示在于，要重视生活本身的意义与价

---

① 宗白华：《艺境》，北京大学出版社，1997年版，第46页。
② 宗白华：《艺境》，北京大学出版社，1997年版，第46页。

值，以及生活经历与人格养成的内在联系。人生的每一次经历都是人格演进的必要"阶石"，在每一段生活里都潜伏着"生命的整体"与"永久"的绵延，即"有限"里包含着"无限"。人生与世界的关系在本质上是一种逐渐趋于"最高和谐"的互摄历程，世界给予人生以丰富的内容，人生给予世界以深层的意义，人生与世界就在双向交往中彼此获得了存在的"深度"和价值。这也许是解决近代人生困境问题的最好方式，也可能是文艺复兴以来人类在相继失去"宇宙"（本体论）和"上帝"（宗教）之后，从自身的尘世生活中所能寻求到的最主要的人生意义所在。

二、《艺境》中的意境美学

（一）艺术意境的内涵

宗白华晚年曾说他"终生情笃于艺境之追求"，可见"艺术意境"（简称"艺境"）是打开宗白华生命本体论美学的一把密钥。关于"艺境"问题，宗白华先后写了两篇《中国艺术意境之诞生》文章来进行探讨，1943年发表了《中国艺术意境之诞生》初稿，1944年又发表了《中国艺术意境之诞生》的增订稿。《艺境》中收入的是增订稿，它比初稿增加了部分内容，在理论阐述上更加丰富深刻。在宗白华美学思想中，"艺境"与人生境界紧密关联，艺术意境论是建立在人生境界观的基础上的。艺境是一个独立自足的"形相创造"，是一个有情有相、圆满自足的"小宇宙"。人生的境界包孕深广，举凡经济、政治、宗教、科学与哲学等都可以体现于文艺，因此，可以说"艺术的境界是生命境界的反映"。在宗白华看来，人与世界的关系因层次不同可分为六种境界：功利境界、伦理境界、政治境界、学术境界（科学境界）、艺术境界、宗教境界。艺术境界介乎学术境界与宗教境界之间，它"以宇宙人生的具体为对象，赏玩它的色相、秩序、节奏、和谐，借以窥见自我的最深心灵的反映；化实景而为虚境，创形象以为象征，使人类最高的心灵具体化、肉身化"①，这就是"主于美"的"艺术境界"。艺术境界本质上也是一种生命的境界，它以宇宙人生为对象，是心灵的具体化和感性化。

宗白华认为艺境的展开有三个维度：深度、高度、阔度。如叶梦得《石林诗话》说："禅家有三种语，老杜诗亦然。如波漂菇米沉云黑，露冷莲房坠粉红，为函盖乾坤语。落花游丝白日静，鸣鸠乳燕青春深，为随波逐浪语。百年地僻柴门迥，五月江深草阁寒，为截断众流语。""函盖乾坤"是阔，"随波逐浪"是深，"截断众流"是高。因而，艺境不是一个平面的再现，而是一个"境界层深的创构"，它实际包含"写实"（直观感相的描写）、"传神"（活跃生命的传达）和"妙悟"（最高灵境的启示）三个境层的结构，艺术的最高境界是人生、宇宙、艺术一体化的"妙悟灵境"——"是一种带有哲理性的宗教体验，它是情、理、形、神的熔铸，也是对真、善、美三位一体的窥照"②。

华裔法国学者程抱一精辟地指出，中国艺术意境（灵动空间）构成了中国艺术的"第五维度"，它是中国艺术家衡量作品的最高价值，它超越了所有关于美的概念，是艺术的最终目标。③宗白华喜欢用方士庶《天慵庵随笔》中的一段话来描述意境的美："山川草木，造化自然，此实境也。因心造境，以手运心，此虚境也。虚而为实，是在笔墨有无间，——故古人笔墨具此山苍树秀，水活石润，于天地之外，别构一种灵奇。或率意挥洒，亦皆炼金成液，弃滓存精，曲尽蹈虚揖影之妙。"这段话体现了中国艺术意境思想的精粹，画家诗人"游心之所在"就是其独辟的灵境与创造的意象，这是艺术创作的"中心之中心"。因此，宗白华将"艺境"界定为："一个充满音乐情趣的宇宙（时空合一体）是中国画家、诗人的艺术境界。"④这个界定说明中国艺术意境本

① 宗白华：《艺境》，北京大学出版社，1997年版，第159页。

② 滕守尧：《艺术社会学描述——走向过程的艺术与美学》，上海人民出版社，1987年版，第81页。

③ 程抱一：《中国诗画语言研究》，涂卫群译，江苏人民出版社，2006年版，第366页。

④ 宗白华：《艺境》，北京大学出版社，1997年版，第223页。

质在于时空合一、音乐化、流动感，它也指出中国艺术的基本特征：在中国艺术中，没有孤立的空间意象，任何艺术意象都是在时间中展开的，以时间的生命之流融汇意象，中国艺术追求这种时空合一的充满音乐感的意境。简言之，宗氏艺境说有四层意蕴：

其一，艺境以宇宙人生的"灿烂感性"（意象）为基础，它是情景相融互映的结晶。宗白华认为，一个成功的艺术作品需要诗与画的交融，情和景的互渗，"景中全是情，情具象而为景"，展现出一个独特的宇宙（意境）。艺境生成以意象创造为条件。与西方思想文化重视"数"不同，中国思想文化重视的是"象"。"象"是自足的、完形的、无待的、超关系的一个完备的"全体"，它是依靠"直感直观"来体验的"世界的意味"。宗白华说："'象'如日，创化万物，明朗万物"，艺术境界就是一个意象圆融的世界。宗白华艺境论是中国尚象美学思想的现代转化。中国传统美学强调"境生于象外""象外之象""味外之旨"。中国艺术追求超越有限的形象和技巧，追求无限的生机趣味和元气淋漓的境界，即所谓"舍形悦影""遗形写神"。有学者曾指出，在中国艺术中有两个世界："一是'可见'的世界，表现在艺术作品中的画面、线条、语言形式等方面；一是'未见'的世界，那是一种看不见摸不着的世界，是作品的艺术形象所隐含的世界。从广义的角度看，前者是'象'，后者可以称为'象外之象'。"[①]艺术家要以整体性的心灵去体验对象世界，艺术的生动气韵要从世界的"生活"（生香活态）中酌取，以己意而化之，凭借自己的性灵去融会物象，铸造出新的艺术意境。艺术意境是心物融合的产物，是情景之间"交融互渗"的结晶。宗白华认为，唐代画家张璪提出的"外师造化、中得心源"八字箴言是意境创现的基本条件，"造化"（客观的自然景象）和"心源"（主观的生命情调的）的凝合，生成一个鸢飞鱼跃、剔透玲珑的"生命的结晶体"[②]，即艺术意境。艺术意境是"景中含情""情中具象"而涌现的一个独特的"宇宙"，"艺术意境的创构，是使客观景物作我主

---

① 朱良志：《中国美学十五讲》，北京大学出版社，2006年版，第370页。
② 宗白华：《宗白华全集》（第2卷），安徽教育出版社，1994年版，第326页。

观情思的象征"①，山水与诗心、自然与人文的相协融合，是创造中国艺术深境的基础和前提。

其二，艺境的本体构成是动静结合、虚实相生与时空一体化。宗白华认为中国人的宇宙是阴阳虚实变化无穷的生命节奏，宇宙是虚灵的时空合一体，里面流荡着生机气韵。时空合一的观念来自周易和秦汉历律哲学，时空合一观对中国艺境形成有重要作用。秦汉思想家将音乐五声与四时五行配合，十二律对应十二月，使我们的生活融化在音乐的节奏中，从容不迫而感到内部有意义有价值，人们处在一个时空统一的、音乐化的和谐世界里。四时对应四方，时间的节奏（一年十二月二十四节气）率领着空间方位（东南西北等）以构成"宇宙"观。所以中国人的空间感随着时间感而节奏化、音乐化了。宗白华认为，中国人在天地动静、四时节律以及生命绵延中体验到"宇宙是生生而具条理的"，这"生生而条理"就是天地运行之道，是一切现象的"体"和"用"。宗白华认为，艺境之微妙在于它不是通过"机械的学习和探试"可以获得，而是"在一切天机的培养，在活泼泼的天机飞跃而又凝神寂照的体验中突然涌现出来的"②。艺术家在幽静中的心灵活跃，尤为元人画境诞生的源泉。虚与实、动与静、"酒神"与"日神"的辩证统一构成意境生成的双重驱动力。

其三，艺境论重视心物的双向交流，并强调对主体心灵世界的开拓。既使万物心灵化，又使心灵具体化，最终心物俱冥，物我同化。在宗白华看来，山川大地是宇宙诗心的影现，诗人艺术家的活跃心灵本身就是宇宙的创化。他还称："艺术家以心灵映射万象，代山川而立言，他所表现的是主观的生命情调与客观的自然景象交融互渗，成就一个鸢飞鱼跃，活泼玲珑，渊然而深的灵境。"③意境升华的动力在于"心源"，在于人的性灵中。沈颢《画麈》说："称性之作，直操元化。盖缘山河大地，器类群生，皆自性现其间。卷舒取舍，如太虚片云、寒塘雁迹而已。"④宗白华认为这几句话深得中国艺术创造

---

① 宗白华：《艺境》，北京大学出版社，1997年版，第162页。

② 宗白华：《宗白华全集》（第2卷），安徽教育出版社，1994年版，第329页。

③ 宗白华：《宗白华全集》（第2卷），安徽教育出版社，1994年版，第358页。

④ 沈子丞编：《历代论画名著汇编》，文物出版社，1982年版，第239页。

心灵之微妙，艺术意境是从主体"心源"与"造化"接触时突然的领悟和震动中诞生的，艺术与"美"都离不开心源创造，"艺术家以心灵映射万象，代山川而立言，他所表现的是主观的生命情调与客观的自然景象交融互渗，成就一个鸢飞鱼跃，活泼玲珑，渊然而深的灵境"①，艺境创造离不开人格涵养与心灵妙悟，艺术境界的实现"端赖艺术家平素的精神涵养，天机的培植，在活泼泼的心灵飞跃而又凝神寂照的体验中突然地成就"②。艺术家凭借他深静的心襟，发现宇宙间深沉的境地；他们在大自然里"偶遇枯槎顽石，勺水疏林，都能以深情冷眼，求其幽意所在"。

其四，艺境以表现宇宙的生命精神为最高蕲求，艺术境界的本质是生命的超越，指向生命的最高境界。宗白华认为："只有大自然的全幅生动的山川草木，云烟明晦，才足以表象我们胸襟里蓬勃无尽的灵感气韵。"艺术意境要创形象为象征，表现出心灵的意蕴和生命的精神。宗白华认为，艺境是艺术家凭借他深静的心胸发现宇宙间深沉的境域，是艺术家主体心灵和宇宙诗心的和谐统一。由此可见，宗白华所言的意境不仅是一种艺术境界，还是一种生命境界，这种境界体现了中国文化所倡导的天人合一的传统。宗白华的意境论有一显著特征，就是他不在狭隘的诗学意义上使用意境概念，使其局限于纯诗艺的创造和鉴赏的领域，而是涵盖着一切艺术与人生，直接关系到人的生命意义、生命价值的思考。宗白华的"艺境"论浸染着浓郁的宇宙生命情调，旨在揭示艺境与人生的紧密联系，其本质是追求超越的生命境界。因此可以说，宗氏艺境论已经超出艺术学限囿而进入"生命哲学"和"文化哲学"领域③。

---

① 宗白华：《艺境》，北京大学出版社，1997年版，第160页。

② 宗白华：《艺境》，北京大学出版社，1997年版，第162页。

③ 艺境论寄托着宗白华重建中国文化的理想，他在《中国艺术意境之诞生》（增订稿，1944）中说，要以"温故而知新""同情的了解"方法来研究艺术史，探讨中国艺术的"幽情壮采"，意在复兴民族文化精神，恢复民族心灵的青春活力。他认为"温故而知新"是艺术创造与艺术批评应有的态度："历史上向前一步的进展，往往是伴着向后一步的探本穷源。"在宗白华看来："现代的中国站在历史的转折点。新的局面必将展开。然而我们对旧文化的检讨，以同情的了解给予新的评价，也更重要。就中国艺术方面——这中国文化史上最中心最有世界贡献的一方面——研寻其意境的特构，以窥探中国心灵的幽情壮采，也是民族文化底自省工作。"见宗白华：《艺境》，北京大学出版社，1997年版，第158页。

在宗白华看来，中国艺术的"空白"构成艺境的空间感。中国画家在一片"虚白"上挥毫运墨，"用各式皴文表出物的生命节奏"。庄子说："虚室生白"，"唯道集虚"，中国艺术重视这种"空中点染，抟虚成实"的表现方法，使诗境、画境里充斥着"荡漾"的空间感，尤其是书法，最能传达这空灵动荡的意境。中国人能于"空虚"中创现"生命的流行"和"絪缊的气韵"，中国人对"道"的体验是"于空寂处见流行，于流行处见空寂"。唯道集虚、体用不二，构成了中国人的生命情调和艺术意境的实相。在唐宋诗词、宋元山水花鸟画里，我们可以体会王夫之所谓"追光蹑影之笔，写通天尽人之怀"的意蕴。从盛唐王孟诗派、两宋词到宋元画家，都追求"以空虚衬托实景"。尤其是中国画用笔是从空中直落，与画上虚白溶成一片，画境恍如天光云影，其中的光影是荡漾于其中的一种形而上的、非写实的"宇宙灵气"。画家用心正在"无笔墨处"，即其笔墨所未到，亦有灵气空中行，这种画面构造法"植根于中国心灵里葱茏絪缊，蓬勃生发的宇宙意识"[1]。在宗白华看来，中国艺术的意境"既使心灵和宇宙净化，又使心灵和宇宙深化，使人在超脱的胸襟里体味到宇宙的深境"[2]。中国艺术及其高超莹洁的意境是中国文化中壮阔幽深的"宇宙意识"和"生命情调"的显现。他从艺境的层深结构以及艺术的生命价值方面对中国古典"意境"论做了新的诠释与开拓，"艺境"已超出一般艺术批评的范畴，而凝结为中国文化理想的象征物。

（二）意境美学的理论价值

宗白华建构了一个以意境为核心的美学理论体系，这在《艺境》一书中有鲜明的体现。宗白华的意境美学不仅仅是一个关乎中国审美经验现代转化的问题，也关乎文化哲学问题，更是一个人生境界的本体论问题。宗白华意境美学的理论价值体现在四个维度：

---

[1] 宗白华：《艺境》，北京大学出版社，1997年版，第172页。

[2] 宗白华：《艺境》，北京大学出版社，1997年版，第173页。

1.生命本体

宗白华的意境美学以生命为本体，强调"万物生机之美"。他将宇宙看成一个生命不断演进、生机浩荡的真实空间，其哲学、美学、艺术学体系是建立在生命本体论的基础之上，立足于"天人合一的生命哲学"①。宗白华的美学思想也是以生命意识和宇宙情怀为核心，以"气韵生动"即"生命的律动"为表现对象，强调艺术与人生、宇宙的同一创造历程。宗氏指出，中西形上学分属"生命"与"唯理"两个不同的体系，西方"唯理的体系"关注世界的结构与秩序，中国"生命的体系"关注世界的意趣与价值。艺术活动与生命的旨趣、人生的价值密不可分，艺术以形式与节奏表现生命内部"至动而有条理的生命情调"，这与希腊时代"美是丰富的生命在和谐的形式中"的美学命题相通。

宗白华强调"流动的生命""生命情调"构成艺术存在的基础。由于倡导"哲学就是宇宙诗"，宗白华将从莱布尼茨到歌德的有机宇宙论、康德的时空唯心观、叔本华的生命意志论、柏格森的绵延创化说都看成是"宇宙的图画"。同时，他又把《周易》的生生之德、老庄的"道"化宇宙、戴震的气化境界都视为生生不已的"宇宙旋律及生命节奏"，一同纳入宇宙大生命的学说中。由此可见，宗白华的宇宙观即在于将"宇宙生命化""生命宇宙化"，宇宙与生命是同一的。宇宙是一生机浩荡的世界，生命就在宇宙中一气沉浮，浩荡交融，生生不绝。艺境、美感由此而生。宗白华的生命本体论既回答了美学的哲学基础是生命，也指出了中国艺术的美在于"生命"，艺术的最高价值在生命境界，艺术意象、艺术意境等都是生命美的体现。在生命（生命精神、生生意识）成为艺术本体论的前提下，宗白华进一步通过生命"同情"的途径，将生命宇宙观如何与人生观、艺术观相沟通。他认为艺术世界的中心是"同情"，同情起于幻想，终于创造。所谓"艺术生活"就是在现实生活以外

---

① 提出宗白华"生命美学思想"的代表性论文主要有李衍柱的《生命艺术化艺术生命化——宗白华的生命美学新体系》（《文学评论》，1997年第3期）、彭锋的《宗白华美学与生命哲学》（《北京大学学报》哲学社会科学版，2000年第2期）、陈望衡的《宗白华的生命美学观》（《江海学刊》，2001年第1期）等。

的一个"空想的同情的创造的生活"。所谓"同情"，就是以物我一气相通的生命视角来看待艺术、宇宙与人生。宗白华认为人类之同情能够"扩充张大"到普遍自然中去，因为大千世界本来就具有精神化的生命。而作为艺术与审美体验核心内容的艺术意境，也是以生命为本体的。宗白华认为，中国艺术家能于"笔致起落"中表现物体之生命，"理"者物之定形，"趣"者物之生机；"理趣"就是中国艺术通过"外师造化、中得心源"之手段，将宇宙自然化为胸中意象，在心灵与造化的结合中创造出艺术的"生生之美"。诚如当代学者所说："中国艺术家以体现生命为艺道不二法门，生命被视为一切艺术魅力的最终之源。"①宗白华着意开掘的"中国艺术生命精神"就是立足于这一艺术传统。

2.气韵生动

在宗白华看来，中国艺术意境体现在"气韵生动"。中国画以"气韵生动"②即"生命的律动"为"始终的对象"，谢赫的"六法"以气韵生动为首目，确实说明了中国画的基本特点。在宗白华看来，气韵生动的主要特征就是音乐性与和谐的韵律感，传统艺术论对此有精要阐发，如明汪砢玉说："所谓气韵者，乃天地间之英华也。"清唐岱说："画山水贵乎气韵，气韵者，非云烟雾霭也，是天地间之真气。"气乃天地中的"生命流行"，韵则是形式中所蕴之音乐感。气与韵合，韵以体气。宋范温说："韵者，美之极也。"黄山谷说："书画当观韵。"这都说明中国艺术以韵为艺术之至高境界，气化世界生机流荡，同时又是富有节奏的流荡，体现出一种独特的音乐精神，中国绘画和书法是以线条笔墨表现人格风度与个性情感，其美犹如音乐，因此宗白华说，一个充满音乐节奏的宇宙，是中国艺术薪求的核心。

谢赫"六法"成为中国后来绘画思想、艺术思想的指导原理。"六法"中的"应物象形""随类赋彩"是模仿自然，但是艺术家不能停留于此，否则就是自然主义。艺术家要进一步表达出"形象内部的生命"，这就是"气韵生

---

① 朱良志：《中国艺术的生命精神》，安徽教育出版社，1995年版，第8页。

② 关于"气韵生动"的理论溯源和研究概况，参见邵宏：《衍义的"气韵"——中国画论的观念史研究》，江苏教育出版社，2005年版。

动"的要求。气韵生动是绘画创作追求的最高目标、最高境界，也是绘画批评的主要标准，在宗白华看来，"气韵，就是宇宙中鼓动万物的'气'的节奏、和谐。绘画有气韵，就能给欣赏者一种音乐感"[1]。中国的建筑、园林、雕塑中都潜伏着音乐感（"韵"）。谢赫的气韵生动说不仅提出了一个美学标准，而且是对汉代以来艺术实践的理论总结。因此，气韵生动是属于中国艺术独有的一种精神，宗白华是在中西艺术比较中发现并阐释这一点的："中国画所表现的境界特征，可以说是根基于中国民族的基本哲学，即《易经》的宇宙观：阴阳二气化生万物，万物皆禀天地之气以生，一切物体可以说是一种'气积'（庄子：天，积气也）。这生生不已的阴阳二气织成一种有节奏的生命。中国画的主题'气韵生动'，就是'生命的节奏'或'有节奏的生命'。伏羲画八卦，即是以最简单的线条结构表示宇宙万象的变化节奏。后来成为中国山水花鸟画的基本境界的老、庄思想及禅宗思想也不外乎于静观寂照中，求返于自己深心的心灵节奏，以体合宇宙内部的生命节奏。"[2]

3.虚实相生

虚实结合体现了中国艺术的"结构性"特征，也是宗白华意境美学中的重要概念年。中西方美学都重视虚实关系，但是二者对虚与实的解释与侧重点颇为不同，相比较而言，中国艺术更强调"虚"，而西方美学则更重视"实"。[3]宗白华指出，"虚"与"实"、"有"与"无"是万事万物的构成原理，"虚实相生"（有无相生）也是中国艺术思想的核心部分，"有无相生相成，为一切生物之本"[4]。空灵和充实是艺术精神的两元[5]，静穆的观照与飞跃的生命构成中国艺术精神的二元辩证关系。充实是指艺术执着于人生的一面，空灵是指艺术追求审美超越的一面。充实和空灵、执着与超越，是人类艺

---

① 宗白华：《艺境》，北京大学出版社，1997年版，第357页。

② 宗白华：《宗白华全集》（第2卷），安徽教育出版社，1994年版，第109页。

③ 彭锋：《中西美学中的虚与实》，《北京大学学报》（哲学社会科学版），2011年第1期。

④ 宗白华：《宗白华全集》（第3卷），安徽教育出版社，1994年版，第507页。

⑤ 宗白华：《艺境》，北京大学出版社，1997年版，第185页。

术共同的美感特征。从老子"以空虚不毁，万物为实"、庄子"唯道集虚"论可以看出，虚实理论体现了"艺术意境"的特点：艺道合一、动静不二。宗白华认为："离形得似的方法，正在于舍形而悦影。影子虽虚，恰能传神，表达出生命里微妙的、难以模拟的真。"王船山曰："神理流于两间，天地供其一目。"神理流行为虚为本，而天地感性的存在为实。虚实理论的前提是视宇宙为一大化流衍、生生不绝的气的世界的哲学观念。艺术上的虚实结合，才能真实地反映有生命的世界。

宗白华认为："'虚'和'实'辩证的统一，才能完成艺术的表现，形成艺术的美。""中国艺术上这种善于运用舞蹈形式，辩证地结合着虚和实，这种独特的创造手法也贯穿在各种艺术里面。大而至于建筑，小而至于印章，都是运用虚实相生的审美原则来处理，而表现出飞舞生动的气韵。"[①]"中国古代诗人、画家为了表达万物的动态，刻画真实的生命和气韵，就采取虚实结合的方法，通过'离形得似'，'不似而似'的表现手法来把握事物生命的本质。"[②]离形得似，是中国艺术的重要特点，虚实结合，才能产生空间的节奏，因为中国思想家认为客观现实是个虚实结合的世界，所以反映为艺术，也应该虚实结合，才有生命。艺术要主观和客观相结合，才能创造美的形象。这就是"化景物为情思"的思想。宗白华说，文化哲学上这种虚实结合的观念，最明显地体现在中国各门类艺术中："中国山水画中亭台楼阁桥等，皆已化实为虚，成为透空的部分，不是室实有墙壁的部分，反而是为山水中留出虚空，吐纳云气的部分，留出空白。……中国画，因用线钩出轮廓，轮廓内为虚空，……遂成虚实结合。"[③]

虚实相生方能创造出艺术的幽远境界。笪重光《画筌》中说："实景清而空景现"，"真境逼而神境生"，"虚实相生，无画处皆成妙境"。这就是说，艺术通过逼真的形象表现出内在的精神，即用可以描写的东西表达出不可以描写的东西，用"在场的"暗示出"不在场的"。化实为虚，虚实结合，创

---

① 宗白华：《艺境》，北京大学出版社，1997年版，第286、289页。

② 宗白华：《艺境》，北京大学出版社，1997年版，第336页。

③ 宗白华：《宗白华全集》（第3卷），安徽教育出版社，1994年版，第533页。

造审美意象，就有无穷的意味，体现生命气韵，彰显艺术境界。宗白华认为，艺术创造要化实为虚，化景物为情思，把客观真实化为主观的表现。这是对艺术中虚实结合的正确定义。清画家方士庶在《天慵庵随笔》中说："山川草木，造化自然，此实境也；画家因心造境，以手运心，此虚境也。虚而为实，在笔墨有无间。"这就是说，艺术家创造的境界尽管也取之于造化自然，但他在笔墨之间表现了山苍木秀、水活石润，是在天地之外别构一种灵奇，是一个有生命的、活的、现实世界所没有的"新境界"。[①]

中国艺术"境界"说的内在结构是虚实相生。就中国画来说，虚不是笔墨上的少，实也不是笔墨上的多，"虚"是画面中流荡不已的通灵气韵，"实"是充实而光辉的画面意象，"虚实相生"就是充实的生命意象与空灵的画面空间融合而成的生机回转、气韵流荡的艺术境界。"元四家"中吴镇画笔墨繁密，倪云林画笔墨萧疏，然吴画虽密，其画面各部分之间，亦有密有疏、实外藏虚；倪画虽疏，其画面各部分之间，亦有疏有密、虚中含实。阴阳疏密变化乃画面经营结构之根本大法，此吴、倪之所同也。一疏一密之谓艺，一阴一阳之谓道，中国艺术之生生气韵，即在此阴阳摩荡、虚实相生的音乐般节奏中。

在宗白华看来，艺术中"充实"的本质是饱满的生命精神与深沉的宇宙情调的统一，充实既表现为"真力弥满，万象在旁"的人生情怀，也是"返虚入浑，积健为雄"的宇宙情调，还是"吞吐大荒，由道返气"的艺术境界。艺术家精力充实，气象万千，说明"艺术的创造追随真宰的创造"[②]。宗白华对恽南田所谓"群必求同，求同必相叫，相叫必于荒天古木，此画中所谓意也"深表同感，他认为"相叫必于荒天古木"是何等沉痛超迈而深邃热烈的宇宙情调，这是中国艺术心灵里最幽深、最悲壮的表现。中国艺术不仅能化实为虚，离形得似，舍形而悦影，而且要能抟虚成实，使虚的空间化为实的生命。抟虚成实的"实"，依照宗白华的见解，不仅是实在的形象，还是能化机械空间为生命空间的精神，中国画中的虚空不是死的物理空间，而是最活泼的生命

---

① 宗白华：《艺境》，北京大学出版社，1997年版，第350—351页。
② 宗白华：《艺境》，北京大学出版社，1997年版，第188页。

源泉。这就是"无画处皆成妙境"的意思。王羲之曾说书法是"实处就法,虚处藏神",宗白华也认为书法的"补空"是在空白处轻轻着笔,反而显示出虚处,因而气韵流动,空中传神,这是中国艺术创造的重要原理。虚处藏气,空中传神,抟虚成实,化"虚"为生命的精神。虚实相生,既能实中藏虚,又能抟虚成实,这就是中国艺术精神的辩证法。

4.时空合一

宗白华认为,舍形而悦影,舍质而趋灵,追求无色之色,空灵的幻影,是中国艺术的重要审美特性。中国文人追求"虚灵"的艺术精神,具体表现于艺术空间上。反过来,中国艺术的空间意识的独特性彰显了"虚实相生"的审美趣味。宗白华意境美学非常强调审美的时空意识。从审美空间来说,中国艺术追求优游自在、纵浪大化的空间感。宗白华认为"这和宇宙虚廓合而为一的生生之气"正是中国画的表现对象。中国人对于这空间和生命的态度却不是抗衡和对立,而是"纵浪大化,与物推移"。中国人视宇宙为一气化的世界,一流荡不已的生命空间。这种流动的空间感,借助"舞"的姿势体现出来,中国的绘画、书法和戏剧都贯穿着舞蹈精神(音乐精神),由舞蹈动作来显示"虚灵的空间"。这种"舞"的虚灵空间构成中国绘画、书法、戏剧、建筑在空间表现上的共同特征,舞蹈精神(空间感)以其表现"虚实结合"理论而成为中国艺术的总体"风格"。中国艺术的空间是一超越现实时间与空间的"灵动空间",如恽南田说:"谛视斯境,一草一树、一丘一壑,皆洁庵灵想所独辟,总非人间所有。其意象在六合之表,荣落在四时之外。"这体现了一种永恒的"灵的空间"。老子说:"天地之间,其犹橐籥乎?"吴澄说:"天地间犹橐籥然,橐象太虚,包含周遍之体。籥象元气,纲缊流行之用。"橐籥蕴涵阴阳开合之道,形容天地万物化生的原理。阴阳二气相摩相荡即是天地之"道"。这个宇宙观影响了后世艺术的发展,中国画、诗、园林、建筑(亭台)都体现了虚实相生的创造原理。中国传统绘画很早就掌握了虚实结合的手法,中国画处理空间的方法也相通于中国戏曲舞台空间、中国诗歌的意境。中国艺术在空灵与充实两面都曾尽力达到极高的境界,这也是把握宗白华意境审美的关键点所在。

从审美时间来说，宗白华认为中西时间空间意识以不同的宇宙观为背景，中国文化产生了独特的生命时间意识："时"字在古代上面是"之"，下面是"日"，就是"日出上升"的形象。中国的时间意识是由下向上升腾的一条线，"寓万物萌生之义"（刘师培语），这也是体现了中国思想里"时"的创造性。"'日出'是'时'的展开，'时'不是一条几何学上的死线条。中国的'四度世界'是一个生命的有机体，不是一个几何体。"①古代中国人能深深感到时间的创造性的节奏和成果，把它推高到能贯串形上与形下的"原理"。中国画的空间表现中又贯穿着时间的维度，这与西方绘画的空间透视法有显著不同。宗白华认为，中华民族在艺术和哲学思想里所表现的特殊精神和个性，需要从分析空间时间意识来理解，他说："中国画家在画面上主要的是以流动的节奏，阴阳明暗来表达空间感，而不是依靠科学的透视法则来构造一个接近几何学的三进向空间，这也就是把'时间'的'动'的因素引进了空间表现，在这个'时—空统一体'里，'时'和'动'反而居于领导地位。这'时—空统一体'是中国绘画境界的特点，也是中国古代《易经》里宇宙观的特点。"②这种古代哲学思想形成了中国艺术思想及其表现的基础，尽管艺术家并不一定都能明确地意识到。从《汉书·律历志》可以看出，秦汉思想家用音乐的五声来配合四时五行，以十二律配合一年的时间季节，人们仿佛处在一个"时空统一"的、音乐化的和谐世界里。《易经》乾卦象曰："大哉乾元，万物资始，乃统天。云行雨施，品物流行。大明终始，六位时成，时乘六龙以御天。"所谓"六位时成"是说在时间的创进历程中形成了"位"，显现了"空间"，即阴、坤、地。空间的"位"是在"时"中形成的。卦里的六爻表示着六个活动的阶段，每一活动的"站点"就是它的"位"，位（六位）随着"时"的创进而形成、变化。扬雄曰"辟宇谓之宙""宙畅于天内"，韦昭曰"天宇所受曰宙"，都阐明中国文化中"时空统一"的思想，这与西方自古希腊以来的"时空分割"或"化时间为空间"的思想相比较有本质的区别。

---

① 宗白华：《宗白华全集》（第2卷），安徽教育出版社，1994年版，第476页。
② 宗白华：《宗白华全集》（第2卷），安徽教育出版社，1994年版，第474页。

（三）生命活力：意境美学的哲学基础

生命哲学（Lebensphilosophie）本是指1880年代至1930年代流行于欧陆学界并影响到中国的一种非理性主义哲学思潮[①]。而在中国现代哲学家看来，中国古代哲学的主流也是一种"生命哲学"模式，特别是中国传统文化中源远流长的"气"理论逐渐形成一种"气化哲学"（亦称"有机哲学"）观，属于中国化的"生命哲学"，它所体现的是中国人对宇宙和人生的深度思考。李约瑟曾指出，古代中国人创造了一套有机宇宙哲学，其思维方式是"并连思考"[②]，所谓"有机""并联"恰恰指明了中国气化哲学以"生命整体关联"的方式来把握世界的重要特点。而对宗白华来说，中西这两种不同形态的生命哲学构成了他创建现代艺术形上学和生命本体论美学的重要思想资源。他将儒家（包括《周易》）的形上学与现代西方的生命哲学、怀特海的历程哲学（有机哲学）相联系，从而为"中国艺术的生命学说"的出场做了理论铺垫。

宗白华认为儒家秉持一种"有机"的、"生命"的天道观，天是超越感性的实在，自然中有一种生生不息的运行着的"理法"[③]。中国哲学自明代中期以来出现了"气的哲学的谱系"，其中，清代学者戴震被视为是古代"气的哲学的集大成者"。[④]宗白华在《论格物》中引用了戴震的话说："大致在天地，则气化流行，生生不息，是谓道在人物，则人伦日用，凡生生所有事，如亦气化之不可已，是道也。"在宗氏看来，中国画所表现的境界特征是根基于中国哲学《易经》的宇宙观："阴阳二气化生万物，万物皆禀天地之气以生，一切物体可以说是一种'气积'（庄子：天，积气也）。这生生不已的阴阳二气织成一种有节奏的生命。"[⑤]中国画的主题是"气韵生动"，它实质上是一

---

① 张玉能、陆扬、张德兴等：《西方美学通史》（第5卷），上海文艺出版社，1999年版，第117—118页。

② correlative thinking，成中英译为"并连思考"。

③ 宗白华：《宗白华全集》（第1卷），安徽教育出版社，1994年版，第644页。

④ 小野泽精一、福永光司、山井涌等编著：《气的思想——中国自然观和人的观念的发展》，李庆译，上海人民出版社，1990年版，第453页。

⑤ 宗白华：《宗白华全集》（第2卷），安徽教育出版社，1994年版，第109页。

种"生命的节奏"或"有节奏的生命"。宗白华继承并发扬了中国传统气化哲学的精神，将中国艺术的"气韵生动"说与哲学的元气论相联系，从而为阐释中国艺术的美学精神找到形而上的依据。

由于受中国哲学元气论的深刻影响，"中国艺术家借助一定的物质手段或通过一定的艺术形式，来表现对宇宙'气化流行，生生不息'的体悟和感受时，总是着力于表现天地万物的生机活力，着力于表现山水花鸟的生命力，着力于表现人物的气质、个性和精神世界，亦即着力于表现天地万物在'气化流行，生生不息'的大化流程中呈现出来的'神'、'韵'和'势'"①。中国艺术的根基在普遍流行的宇宙生命。在中国古代艺术理论中，逐渐形成了以生机气韵为本体的思想，降及清代，元气论思想在画坛已普遍流行。恽南田认为山水画的本体就是不可学的"生生气韵"，所谓"笔端点点，俱通元气"②即是此理。郑板桥说："天之所生，即吾之所画，总需一块元气团结而成。"③而在中国艺术学看来，中国艺术所关切的主要是"生命之美"——气韵生动的充沛活力。中国艺术家徜徉于自然山水之间，最能参悟大化生机而浑然合一。绘画的气韵，本质上是宇宙生命精神的艺术体现，在中国哲学家看来，"气"是一种介于物质与精神、有形与无形、形而上与形而下之间的生命本体，"气化"思维的这种特点与中国艺术的"气韵生动"说形成了内在的相通性。因此，宗白华在"气"的思想中为生命本体论美学另寻得一个重要的理论渊源。

宗白华认为"气韵"就是宇宙中鼓动万物的"气"的节奏与和谐。所谓"气韵生动"是元气宇宙观在艺术领域的彰显，是天地之"气"的节奏化、音乐化、具象化。中国人在天地动静、四时节律中感到宇宙是生生而具条理的，这生生而条理就是天地运行的大道，就是现象世界的"体"和"用"。绘画有气韵，就能给欣赏者一种音乐感。"六朝山水画家宗炳，对着山水画弹琴，'欲令众山皆响'，这说明山水画里有音乐的韵律。……其实不单绘画如此，

---

① 韩林德：《境生象外》，生活·读书·新知三联书店，1995年版，第166页。

② 朱季海辑：《南田画学》，古吴轩出版社，1992年版，第80页。

③ 郑燮：《郑板桥集》，上海古籍出版社，1979年版，第222页。

中国的建筑、园林、雕塑中都潜伏着音乐感——即所谓'韵'。"①宗白华在中西对比中对中国艺术"气韵生动"的阐述，其最后着眼点落在"空间意识"上，也就是说"气韵生动"的精神最终要通过独特的空间建构体现出来。中国人的空间意识不是几何式的，而是无往不复的流动空间，是生命化（时间化）的空间。因此尽管艺术（绘画）是空间性的，但中国人是通过阴阳明暗、高下起伏（三远法）来表现、组织景物，构成一幅画的整体。从整幅作品来看，静态的焦点透视为动态的散点透视所取代，于是这里不是一个透视法的三进向的空间，而是把"时间"的"动"的因素引入"空间"表现之中，在这个"时空统一体"里，"时"之"动"反而居于领导地位。中国绘画艺术以这种特殊的空间建构，形成动态流转的时空统一体，回旋着音乐般的节奏，造就生命弥满的气韵。

（四）青春精神：意境美学的文化理想

近代维也纳学派的石里克曾认为，人类的一切知识和精神文化创造的意义主要在于使保持人类生活的"青春化"②，受此启发，宗白华也非常重视阐发中国文化和中国艺术的"青春精神"，他认为西洋艺术家永远追求光、热和生命，西洋油画里"永驻着光、热和生命"，它象征着人类不朽的青春精神，他还认为："艺术的境界是两元的。它需要青春的光，也需要秋熟的美。"③在宗白华看来，现代中国艺术所绝对需要的就是西洋油画的那种体现青春精神的"光、热和生命"。

按照宗白华意境美学的理论逻辑，美的根底在生命，中国艺术的理想就在于显现出一种"嫩春境界"（生机勃勃的境界），中国文化的理想在于恢复青春精神。在宗白华看来，艺术与人生、艺术精神与生命精神是合一的。从推崇艺术的嫩春境界到呼唤中华文化的青春情怀与美丽精神，是他一脉相承的文

---

① 宗白华：《艺境》，北京大学出版社，1997年版，第357—358页。

② 贺麟：《五十年来的中国哲学》，上海人民出版社，2012年版，第60页。

③ 宗白华：《宗白华全集》（第2卷），安徽教育出版社，1994年版，第404页。

化理想，他曾说中华民族中这种天真纯洁的"青年气"是永远需要的。他在《论〈游春图〉》一文中说："如果我们把隋唐的丰富多彩、雄健有力的艺术和文化比作中国文化史上的浓春季节，那么，展子虔的这幅《游春图》，便是隋唐艺术发展里的第一声鸟鸣，带来了整个的春天气息和明媚动人的景态。这'春'支配了唐代艺术的基本调子。"[①]宗白华认为盛唐艺术具有"春"的情调——生生不息、刚健蓬勃的生命精神，这也是中国文化的"美丽精神"所在。宗白华认为："如果我们把唐代艺术文化比拟欧洲十六世纪的文艺复兴，那么，展子虔这幅《游春图》就相当于十五世纪意大利画家菩提彻利（Botticelli）的《春》和《爱神的诞生》。在意境内容和笔法风格上，两春都可做有趣的比较。……中国山水画在六朝已经萌芽，《游春图》正是我国保存下来的第一幅完整优美的山水画，它在中国艺术史上具有极大的价值。"[②]这幅画不仅抓住了人物的"内在生命"，也表现出山川景象和这景象里的流动气氛——"春"。

基于艺术属于文化的观念以及文化建设的理想，宗白华将中国艺术的"青春精神"进一步提升到中国文化的"美丽精神"高度来阐述。宗氏在《中国文化的美丽精神往哪里去？》一文中曾呼吁恢复中国文化的"美丽精神"，即生命创造的精神、艺术（音乐）的精神、天地人和谐的精神。印度诗哲泰戈尔曾赞誉中国文化的美丽精神，中国人喜爱现实世界而又不拘泥于现实，"他们已本能地找到了事物的旋律的秘密。不是科学权力的秘密，而是表现方法的秘密。这是极其伟大的一种天赋"[③]宗白华指出，东西古代哲人都曾"仰观俯察"以探求宇宙的奥秘。西方哲学倾向于用逻辑推理、数学演绎的方式去"把握宇宙间质力推移的规律"，与西方思想不同，中国古代哲人是以静观态度去体验宇宙间生生不已的节奏和"旋律的秘密"。中国文化中的生生韵律已经渗透进我们的现实生活，"使我们生活表现礼与乐里，创造社会的秩序与和谐"。但是，中国文化所探寻的"宇宙旋律"和"生命节奏"，却在近代以来

---

① 宗白华：《艺境》，北京大学出版社，1997年版，第260页。

② 宗白华：《艺境》，北京大学出版社，1997年版，第260页。

③ 宗白华：《艺境》，北京大学出版社，1997年版，第179页。

的文明史中丧失了价值和地位。身处民族抗战的艰难年代，宗白华对中国文化精神的丧失深感痛心，他说："我们丧尽了生活里旋律的美（盲动而无秩序）、音乐的境界（人与人之间充满了猜忌、斗争）。一个最尊重乐教、最了解音乐价值的民族没有了音乐。这就是说没有了国魂，没有了构成生命意义、文化意义的高等价值。中国精神应该往哪里去？"①中西文化向何处去，是引起20世纪如宗白华一样的人文学者"惆怅、深思"的问题，也许在宗白华看来唯有掌握了"创化机密"的中国文化才是拯救未来世界的最佳选择。

宗白华呼吁文人画写实传统的复归，则寄托了他对中国艺术与文化之健康、充实精神的复兴愿望。他说，中国文人画首先是注意人格修养与心灵充实，视艺术为人格与自然的统一。"这种文人画使中国的山水、花鸟画能成为世界第一流的，最有心灵价值的艺术。"因此，"恢复文人画的真正精神，注重人格和心灵生活的充实，再发挥唐宋画像的写实精神，兼而吸收西洋艺术的刺激和丰富的印象，深入自然与社会，使体认而保全文人画的写实，这是中国艺术复兴的途径"②。在宗白华看来，敦煌艺术成就全面展现了中国艺术传统与佛教思想结合后开辟出来的一种新的艺术胜境，唐代以佛教雕刻、壁画、诗歌等造就了中国"艺术热情"高涨的伟大时代。宗白华从敦煌艺术的"灿烂遗影"中发现了先民的伟力、活力、想象力，以敦煌艺术为典型的佛教艺术足以代表中国艺术热情高涨、生命旺盛的青春精神，也显示了盛唐时代的艺术热情，它与西方近代的动态艺术有相似之处，足可以成为重建中国现代文化与艺术的一个重要参照。宗白华深情回眸敦煌艺术的用意当在于中国文化精神的复兴和重建，在他看来，敦煌宗教艺术与唐诗、唐画一起成为中国艺术史上的"浓春时代"，凸显了"拙厚天真的美"，体现了中国艺术史上生命勃发的创造精神。

---

① 宗白华：《艺境》，北京大学出版社，1997年版，第181页。

② 宗白华：《宗白华全集》（第2卷），安徽教育出版社，1994年版，第339页。

（五）中国艺术的"意境批评"范式

宗白华对意境问题的重视，不仅体现在以意境为核心进行美学思考，还在于以意境为审美标准和方法来进行艺术批评，建构了中国艺术的"意境批评"或"境界体验式批评"[1]范式。

由于受到德国哲学家斯宾格勒（O. Spengler）文化意象理论的影响，在复兴中国文化美丽精神的驱动下，宗白华选择从美感境界（意境）来透视和评析中国艺术的方向、价值和结构问题。在他看来，形、景、情组成了艺术世界中彼此相扣的三层结构形态："艺术至少是三种主要'价值'的结合体：（一）形式的价值。就主观感受言即'美的价值'。（二）描象的价值。就客观言为'真的价值'，就主观感受言，为'生命的价值'（生命意趣之丰富与扩大）。（三）启示的价值。启示宇宙人生之意义之最深的意义与境界，就主观感受言，为'心灵的价值'，心灵深度的感动，有异于生命的刺激。"[2]宗白华认为，艺术的三层价值结构分别对应着三层次的美感境界，形式结构（形）对应着审美的价值，意象的结构（景）对应着"真实"与生命情趣的价值，情感启示（情）的结构对应着人生体验境界与心灵感动的价值。

宗白华在《略谈敦煌艺术的意义与价值》[3]一文中以意境为方法，从艺术史角度对中国艺术的演进方向进行了总体分析：一是礼教的、伦理的方向，它形成了礼乐文化艺术；二是山水花鸟绘画，形成自然主义的艺术；三是佛教艺术，形成艺术热情的时代。以儒家精神为代表的礼乐文化艺术、以道家精神为核心的自然山水艺术，和以佛学精神为代表的佛教艺术，构成了中国审美文化的主体和艺术精神的主流。在我们看来，这三种文化走向在一定程度上也对应着中国艺术的三个境层：儒家礼乐文化艺术是偏重于写实的的层次，老庄影响下的自然主义的艺术遵循传神的追求，而以禅宗为核心的中国艺术走向了妙悟

---

① 张泽鸿：《宗白华现代艺术学思想研究》，文化艺术出版社，2015年版，第174—175页。

② 宗白华：《艺境》，北京大学出版社，1997年版，第83页。

③ 1948年9月13日由国立敦煌艺术研究所主办的敦煌艺术展在南京、上海举行，展出临摹壁画600余幅，宗白华在观摩此次展览后写下了《略谈敦煌艺术的意义与价值》一文。

的境界，当然这并非绝对的一一对应关系，其中有着相互交叉、渗透的影响。

宗白华在分析和理解中国艺术时，主要使用了"以象显境"的方法，就是以主体的审美体验为前提条件，通过批评文本的意象创构与逻辑论证来"显现"意境的方法。"以象显境"的境界批评方法源自中国传统诗学，晚唐诗人司空图《二十四诗品》开创了中国艺术妙悟论与境界批评论的先河，其以象显境、以境喻境的批评方法对后世影响深远，《诗品》以四言句式描述一个完整的诗歌意象，产生艺术境界，让读者在诗的境界的呈现中去体验所要评价的"诗品"，达到纯粹理论概括所不能完全表达的境地。司空图摒弃了语言、逻辑、理性的局限性，让境界自然呈现，让诗人之心与读者之心在系列意象的创造与艺境的生成中去交流、体悟、发现、超越。这就是以象显境的方法。宗白华深得其中三昧，其所谓"美学的散步"，就是采取自由的言说、意象的呈现、境界的创构，在自然中顿悟天地之大美，在意象中体验艺术与人生的真谛。

以司空图《二十四诗品》为代表的意象（境界）批评、重视妙悟的思维方法对宗白华有着潜在的影响，使得宗白华的美学研究与话语表述也具备了"以象示境"方法，重视"象外之象"的体验性，达到了"气象混沌、难以句摘"的境界。宗白华的学术方法和批评风格是在批判继承中国美学的悟性思维与德国哲学思辨性的基础上的综合创新。宗白华曾说，美学的内容不一定在于哲学的分析与逻辑的考察，也可以在于人物的趣谈、风度和行动，可以在于艺术家的实践所启示的美的体会与体验。真正理想的美学著作，所应追求的恰恰是学术性和趣味性的统一。不重视科学的分析、逻辑的实证、理性的把握，而重视趣谈、风度、艺术、体验，这是宗白华艺术美学的特色，也典型地体现在艺境阐释中。其意境论不从概念辨析出发，而是从审美经验出发，不纠缠于有关意境的本质和特征的抽象分析，而是亲身感知和体验艺术中的意境之美。

在《中国艺术意境之诞生》一文中，可以典型地见出"以象显境"的方法。文中先后列举了王羲之、阿米尔、王安石、马致远、杨载、沈周、盛青嵝、诺瓦理斯、张彦远、司空图、杜甫、荷尔德林、勃莱克、道灿、倪云林、常建、张孝祥等诗人的诗歌意象（意境）来印证艺术意境问题，引用了龚定庵、方士庶、恽南田、张璪、汤采真、董其昌、黄子久、董源、宋迪、蔡小石、冠九、李日华、戴醇士、庄子、郭若虚、石涛、张怀瓘、王船山、高日甫、笪重光、刘熙载、叶梦得等人的艺术论来阐释艺境。宗白华为了进一步解说"中国文艺里意境高超莹洁而具有壮阔幽深的宇宙意识生命情调",他以张孝祥词《念奴娇·过洞庭》来显现宇宙生命精神,这种境界"悠悠心会,妙处难与君说",只能在境界的呈现中去妙悟。词中描绘的"尽挹西江,细斟北斗,万象为宾客。叩舷独啸,不知今夕何夕",就是诗人对时间、空间之超脱,对宇宙间生命精神的体悟,真正达到了"雪涤凡响、棣通太音"的境界。这就是以象显境的批评方法。

宗白华的艺境显现方法是建立在生命沟通与心灵体验的基础上,以"意象"群为中介,在心灵体验的作用下,将艺术创作与读者欣赏的两极在生命世界中沟通融合,从而实现了对人生与艺术一体化境界的不断超越,同时也回到了生存的世界之中。这个人存在于其中的世界,即是宗白华推崇的"生命的世界",也就是胡塞尔所谓的"生活世界",在胡塞尔看来,作为源初性的"生活世界"原则上是可以"直观的宇宙",它是每个人都可以通过他的现实的"可经验性"才得以"表明"的。①从这个意义上说,宗白华的意境显现方法是以艺术"意象世界"为中介,以心灵妙悟为动力,实现对生命世界的还原和回归。"为了展现那个基本的生活世界,人们必须'塑造'一个'意象的世界'来提醒人们"②,艺术世界就是要揭开那被利益、知识与理性遮蔽的生活世界本身。意境批评与现象学还原有异曲同工之妙,它们都能带领我们不断向上超越,又不断回归到充满诗意的"基本的生活世界"之中。

---

① 胡塞尔:《生活世界现象学》,倪梁康、张廷国译,上海译文出版社,2002年版,第265页。

② 叶秀山:《美的哲学》,人民出版社,1991年版,第62—63页。

三、意境美学与西方艺术

中国文化的深厚传统构成建构现代中国美学和艺术学的丰富思想资源，中国艺术的"道统"（a Great Tradition）[1]是宗白华美学研究的基点。宗白华曾说，中国有数千年绘画艺术史以及丰富精深的画学，其中的精思妙论"不惟是将来世界美学极重要的材料，也是了解中国文化心灵最重要的源泉"[2]。但是宗白华并未囿于自身的艺术传统，而是深入批判吸收西方美学和艺术思想，在中西融合的基础上不断丰富和充实自己的艺术理论与美学思想。

宗白华曾指出，创造与发展中国物质文化的根本路径在于"取法欧西，根基科学"，而创造与发展中国精神文化的方法，就在于"一方面保存中国旧文化中不可磨灭的伟大庄严的精神，发挥而重光之，一方面吸取西方新文化的菁华，渗合融化，在这东西两种文化总汇基础之上建造一种更高尚更灿烂的新精神文化，作世界未来文化的模范，免去现在东西两方文化的缺点、偏处"[3]。在宗白华看来，中西固有文化都有缺憾和不足，将来世界的"新文化"一定是融合两种文化的优点而进行新创造的结果。宗白华的意境美学思想建构，也离不开对西方艺术及其精神传统的体验、阐发和融合。

（一）意境美学与古希腊艺术理论

宗白华对古希腊艺术精神颇具同情之理解，他在《哲学与艺术——希腊大哲学家的艺术理论》一文中具体阐述了希腊哲学家的艺术理论，主要涉及艺术的形式与表现、原始美与艺术发明、中庸与净化、艺术与模仿自然等核心问题。

宗白华从希腊艺术理论关于艺术的本质学说中发现了艺术的"形式与表现"的关系。希腊艺术理论对宗白华的启示在于，艺术是"形式"与"生命"（表现）的和谐一体。他认为："艺术有'形式'的结构，如数量的比例（建

---

[1] 方闻：《心印》，李维琨译，上海书画出版社，1993年版，第1页。

[2] 宗白华：《艺境》，北京大学出版社，1997年版，第90页。

[3] 宗白华：《宗白华全集》（第1卷），安徽教育出版社，1994年版，第102页。

筑）、色彩的和谐（绘画）、音律的节奏（音乐），使平凡的现实超入美境。但这'形式'里面也同时深深地启示了精神的意义、生命的境界、心灵的幽韵。"[1]在宗白华看来，哲学家与艺术家对待艺术的态度、关注艺术的价值维度是不同的："艺术家往往倾向以'形式'为艺术的基本，因为他们的使命是将生命表现于形式之中。而哲学家则往往静观领略艺术品里心灵的启示，以精神与生命的表现为艺术的价值。"[2]希腊艺术理论中就存在这两种不同的倾向。如"人生哲学家"苏格拉底看中的就是艺术的"精神内涵"，在他看来，"人生伦理"问题比"宇宙本体"问题更主要，因此艺术的内容比形式更重要。西方美学中"形式主义"与"内容主义"之争以及"为人生的艺术"与"唯美主义艺术"之争就是从苏格拉底开始的。但希腊哲学家也有以"艺术家的观点"来看宇宙的，如毕达哥拉斯发现宇宙的机密一面是"数"的定律，一面是"乐"的和谐。音乐节奏就是宇宙和谐的象征。"美即是数，数即是宇宙的中心结构，艺术家是探乎于宇宙的秘密的！"[3]毕达哥拉斯视宇宙的本体为纯粹"数"的秩序，而艺术如音乐就是以"数的比例"为基本元素，因此毕氏将宇宙的秘密结构与艺术的启示价值在本体论层面看作是同一的"数"，因而艺术的地位被抬高到宇宙论的层次。希腊艺术观念的启示在于，音乐不仅是数的形式的和谐，也是心灵的律动，它深刻表现了人类心灵最深处的情调与律动，形式与情感是一镜两面的关系。"心灵必须表现于形式之中，而形式必须是心灵的节奏，就同大宇宙的秩序定律与生命之流动演进不相违背，而同为一体一样。"[4]这就是音乐的意境和谐之美。

宗白华推崇希腊文化的"中庸"之美，认同古希腊人的宇宙观："宇宙是无尽的生命、丰富的动力，但它同时也是严整的秩序、圆满的和谐。"[5]希腊哲学也同样追求天人相合（天人同构），以宇宙的和谐为人生奋进和追求的楷

---

① 宗白华：《艺境》，北京大学出版社，1997年版，第72页。
② 宗白华：《艺境》，北京大学出版社，1997年版，第72页。
③ 宗白华：《艺境》，北京大学出版社，1997年版，第73页。
④ 宗白华：《艺境》，北京大学出版社，1997年版，第73页。
⑤ 宗白华：《艺境》，北京大学出版社，1997年版，第76页。

模，人生若想止于至善，实现人格境界，就应当以宇宙为模范，追求生活的秩序与和谐，因为"和谐与秩序是宇宙的美，也是人生美的基础"①。达到这种"美"的途径，在亚里士多德看来就是"执中""中庸"。这种中庸之道是一种"不偏不倚的毅力、综合的意志"，"力求取去乎上、圆满地实现个性中的一切而得和谐"，所以中庸是"善的极峰"。在希腊哲学家看来，"刚健清明的美"才是美的理想，因此"美是丰富的生命在和谐的形式中"；而所谓"美的人生"就是一种"极强烈的情操"在"更强毅的善的意志"的统率之下，在和谐的秩序里回旋着生命的力量，充满张力而达到平衡。希腊的造型艺术和诗歌乃至人生哲学都是如此，这才是真正的"古典之美"。

宗白华在希腊艺术"模仿说"的基础上进而反思"艺境"创造问题。他在希腊艺术哲学的基础上提出了体现一般艺术特征的"境界"论，即："一个艺术品里形式的结构，如点、线之神秘的组织，色彩或音韵之奇妙的谐和，与生命情绪的表现交融组合成一个'境界'。每一座巍峨崇高的建筑里是表现一个'境界'，每一曲悠扬清妙的音乐里也启示一个'境界'。"②在宗白华看来，绘画、雕刻、诗歌、小说、戏剧等艺术中的"境界"往往寄托于"景物的幻现"之中。

宗白华认为，亚里士多德不仅研究如何模仿，还要研究模仿的对象。艺术可就三方面来观察：（1）艺术品制造的材料，如木、石、音、字等；（2）艺术表现的方式，即如何描写模仿；（3）艺术描写的对象。艺术的理想当然是用最适当的材料，以最适当的方法来描摹最美的对象。艺术创造过程终归是一种"造型"的过程，并且艺术创造是模仿自然创造的过程，二者都是"物质的形式化"，因此可以说"艺术家是个小造物主，艺术品是个小宇宙"③，艺术与宇宙都是"真理"的显现。亚里士多德认为"诗是比历史更哲学的"，这是说诗歌比历史更近于真理。因为诗是表现人生普遍的情绪与意义，史是记述个别的事实；诗所描写的是人生情理中的必定性，历史是叙述时空中事态的偶尔

---

① 宗白华：《艺境》，北京大学出版社，1997年版，第76页。

② 宗白华：《艺境》，北京大学出版社，1997年版，第77页。

③ 宗白华：《艺境》，北京大学出版社，1997年版，第78页。

性。文艺就是要能"在一件人生个别的姿态行动中，深深地表露出人心的普遍定律"，它是比心理学更深一层、更为真实的"启示"。宗白华还认为，艺术的模仿不是徘徊于自然的外表，而是要"深入参透"真实世界的必然性。艺术是达到真理、表现真理的"另一条道路"，它不过是使真理披了一件"美丽的外衣"。宗白华对艺术"真实"的理解，与英国唯美主义美学的代表人物沃尔特·佩特的观点有很大的相似性，佩特曾深入研究过温克尔曼和古希腊艺术。佩特认为，美尤其是艺术美，应当表现"真实"，这个真实不是客观世界的真实，而是主体精神和主观感受的真实。"一切美毕竟都仅仅是真实所具有的精美"，"好的艺术与他再现那种感觉的真实程度是相称的"。[1]早年信奉"唯美主义"人生观的宗白华，其在美学和艺术观念上受到佩特等英国唯美主义学派的影响也是很自然的事情。

（二）意境美学与罗丹艺术精神

终生情笃于"艺境求索"的宗白华，其意境美学建构与具体的艺术鉴赏密切相关。他留学欧洲时广泛接触西方艺术，从古典史诗、悲剧到现代绘画、雕塑，从歌德、席勒、海涅到达·芬奇、罗丹等艺术家的作品，他均有涉猎，并吸取西方艺术思想之精粹，构成其艺术理论的重要部分，其中法国雕塑家罗丹的艺术对宗白华的艺术观念和美学思考影响甚深。宗白华足迹踏遍巴黎的各个文化区域，而罗丹"生动的人生造像"是他这一时期"最崇拜的诗"[2]。在《艺境》一书中收入了两篇关于鉴赏罗丹雕刻艺术的文章，一是早年的《看了罗丹雕刻以后》，一是晚年的《形与影》。1979年宗白华在翻译德国女作家海伦·娜丝蒂兹回忆录《罗丹在谈话和信札中》的译后记中回忆道："我在一九二〇年夏秋间，经过巴黎前往德国，巴黎的罗丹纪念馆里，陈列罗丹遗作石刻及素描，极为丰富，他的作风奔放生动，与巴黎所藏的古典艺术正相对

---

① 转引自张玉能、陆扬、张德兴等：《西方美学通史》（第5卷），上海文艺出版社，1999年版，第628页。

② 宗白华：《艺境》，北京大学出版社，1997年版，第200页。

映，对我是一个重要启示。……今回首已半个多世纪，未能忘情。"①宗白华认为罗丹留下的丰富的艺术观念和创作体会，对他产生了巨大的思想启发。宗白华对罗丹艺术的生命精神和美感的深切领悟，融入到以生命为本体的意境美学沉思之中。罗丹雕刻艺术在三个层面对宗白华美学思想产生了重要影响：即自然之真、生命之美、生动之象。

1.自然主义的艺术真理观

宗白华和罗丹都认为"自然"是美的，自然是一切美的源泉，是一切艺术的范本。而艺术的最终目的"不外乎将这种瞬息变化，起灭无常的'自然美的印象'，借着图画、雕刻的作用，扣留下来，使它普遍化、永久化"②。宗白华在《看了罗丹雕刻以后》③一文中曾阐明自己与罗丹相契的艺术观念：一方面他认为"艺术是精神的生命贯注到物质界中，使无生命的表现生命，无精神的表现精神"；另一方面他又认为"艺术是自然的重现，是提高的自然"。宗白华秉持这种艺术见解徘徊于罗浮艺术之宫，摩挲于罗丹雕刻之院，这带给他思想上的"激变"，更加坚定和深化了自然主义的艺术理念。罗丹雕刻仿佛"刹那的电光"，与宗白华的思想不谋而合，使得他对自己的人生哲学和艺术观念更为坚定，因为他"自幼的人生观和自然观是相信创造的活力是我们生命的根源，也是自然的内在的真实"④。由此可见，宗白华与罗丹在人生观、艺术观上无疑具有深层的契合点。

"自然"一词在罗丹的艺术理论中有着神圣的意义和崇高的地位。罗丹奉自然为唯一的"女神"，认为自然是美的源泉，世间一切美和艺术都视自然为依归。罗丹说："我唯一的野心，就是对于自然的卑顺忠实。"⑤我们要善于发现自然的时时处处、无往不在的美。罗丹认为自然是美的化身，是生命活

---

① 宗白华：《宗白华美学文学译文选》，北京大学出版社，1982年版，第201页。

② 宗白华：《艺境》，北京大学出版社，1997年版，第25页。

③ 宗白华《看了罗丹雕刻以后》1920年冬写于法兰克福，原载《少年中国》1921年3月15日第2卷第9期。

④ 宗白华：《艺境》，北京大学出版社，1997年版，第24页。

⑤ 罗丹口述，葛赛尔著：《罗丹艺术论》，傅雷译，人民日报出版社，2000年版，第15页。

力的源泉。伟大的艺术家不仅能发现和欣赏自然的美，还能化丑为美，将拙扑的自然原型塑造成精美的艺术品。自然即美，美在于内在的真实，自然是真实的体现。在真正的艺术家面前，自然中的一切之所以"美"，是因为他不仅能接受所有的"外表的真"，还能够读到它所有的"内在的真"——生命的真实。罗丹认为色彩、线条等形式的美主要是依靠其所传达的"真理"与"情操"来体现的，艺术形式只是引导我们去发现内在真实之美的媒介。在罗丹看来，美即真，美与真是统一的。罗丹推重自然，其本意在于他相信自然有一种创造的活力，自然是大化生机的世界，自然中蕴涵着无尽的生命创造精神。可以说，罗丹的自然观中有着与中国美学相通的部分，这也是宗白华理解与诠释罗丹艺术的一个理论支点。宗白华重视自然，崇尚自然美是宗白华美学思想中的一个核心内容。青年时期的宗白华崇尚泛神论，他曾说："诗人的宇宙观以Pantheism为最适宜。"①泛神论（Pantheism）以自然为本位，强凋自然即神，自然的一切（包括人）都是神的表现，因而物我可以相通，人与自然和谐一致。在宗白华看来，自然界的生物都像人一样具有充盈的生命活力，自然中有生命、精神，有情绪、意志，山水云树，月色星光，都是我们有知觉、有感情的"姊妹同胞"。宗白华也认为"美的真泉仍在自然"②，大自然的全体就是一个理性的数学、情绪的音乐和意志的波澜。在自然与美的关系上，他认同罗丹"自然始终是一切美的源泉，是一切艺术的范本"这样的观点。作家和艺术家置身于这种美妙的大自然之中，往往能够引起创作的激情。宗白华认为，大自然中有一种不可思议的活力，这个活力既是一切生命的源泉，也是一切"美"的源泉。艺术家可以从自然中获得创造的灵感，心追造化，妙夺天工，实现对生命美的表现和对艺术美的创造。总之，艺术的目的就是表现"自然的

---

① 宗白华：《艺境》，北京大学出版社，1997年版，第13—14页。
② 宗白华：《艺境》，北京大学出版社，1997年版，第25页。

真象"。

2.生命精神的美

艺术家奉自然为女神，自然是大化之流，自然饱含生命与活力，艺术也应当以表现生命为核心。宗白华说罗丹的雕刻可称为"自然的心理学"[①]。罗丹认为，没有生命就没有艺术。生命与活力，构成罗丹艺术的精神主体。罗丹说"动"是宇宙的真相，唯有"动象"可以表示生命和精神，体现出"自然背后所深藏的不可思议的东西"。[②]这就是罗丹的世界观及艺术观。罗丹能深入自然的核心地带，直接体验自然的"生命呼吸、理想情绪"，洞察自然的万种形象"无不是一个深沉浓挚的大精神"（宇宙活力）的表现。这个"自然的活力"必须要表现出天光云影、鸢飞鱼跃的生命情态。"所谓自然的内容，就是一种生命精神的物质表现而已。"[③]宗白华受到罗丹艺术的深刻影响，以生命精神为艺术本体，推崇自然与艺术的生动与活力。在宗白华看来，"动""活力""生命"，都是指天地自然无处不在的生命精神。罗丹说"照片说谎，而艺术真实"，其原因在于艺术能表现"动"，照片不能表现"动"，"动"是自然的真相。表现动相，才能表现自然的生命精神。罗丹重视艺术的生命，宗白华投以同情之理解，他们都视艺术为一种生命的表现。宗白华发现罗丹艺术的活力与生动同样体现在中国艺术中，而作为中国艺术的审美理想，"气韵生动"的根据正是"动的范型"，即"道"——生生不绝的宇宙精神与自强不息的人生态度。

罗丹认为艺术表现生命姿态的秘密全在于动作，生命活力通过动作来表现，动作是活力的象征。艺术家能以自己的心灵妙悟来创造艺术作品，以幽深的生命情调来浸染生硬粗糙的"自然"材料，用生动的意象来唤醒观照者的生命遐想："一个高明的雕塑家塑一个人体的时候，他表现的并不只是几根筋肉，而是弹拨筋肉的生命……还不止是生命……而是一种支配的'力'，这'力'把或是妩媚、或是暴烈、或是爱的柔情、或是力的紧张传达给肉

① 宗白华：《艺境》，北京大学出版社，1997年版，第28页。
② 宗白华：《艺境》，北京大学出版社，1997年版，第27—28页。
③ 宗白华：《艺境》，北京大学出版社，1997年版，第28页。

体。"①力即势，是生命动态的呈现。在罗丹看来，艺术中的生命传达是全靠模塑与动作两个条件，模塑是一种雕塑艺术手法，主要表现空间感、立体感和人物的动感姿态，动作的表现在于传达生命和活力。宗白华说，罗丹认定"动"是宇宙的真相，唯有"动象"可以表示自然背后深藏的生命和精神。在宗白华看来，世界无时无处不在"活动"中，浩浩流衍，一息不停。"动"是生命的体现，艺术描写"动"，就是表现生命精神。自然万象变动不居，它无时无处不在"精神""生命"之中。因此艺术家要想借图画、雕刻等以表现"自然之真"，当然必须要在表现"动象"的基础上才能凸显精神和生命。"动象的表现"是艺术的最后目的。

3.舍形悦影的艺术形象

在具体的艺术创作中，罗丹所谓"写动"是一种艺术理念，它要通过具体的艺术手法来实现这种理念。宗白华认为罗丹采取的是虚实结合、"舍形悦影"的艺术表达手法。"舍形悦影"是明朝画家徐渭曾提出的一个艺术理论命题。"中国古代诗人、画家为了表达万物的动态，刻画真实的生命和气韵，就采取虚实结合的方法，通过'离形得似'，'不似而似'的表现手法来把握事物生命的本质。"②罗丹艺术创作的特点正是"重视阴影在塑形上的价值"，他最爱到哥特式教堂③里去观察复杂交错的阴影变化，并把这些意象运用到雕塑形象里，成为他造型艺术的特殊风格。宗白华在1920年夏季到达巴黎，多次

---

① 罗丹口述，葛赛尔著：《罗丹艺术论》，傅雷译，人民日报出版社，2000年版，第93页。

② 宗白华：《宗白华全集》（第3卷），安徽教育出版社，1994年版，第444页。

③ 哥特式是指欧洲从12世纪晚期到15世纪的建筑风格，以后遍指这一时期的所有艺术，代表作是意大利、法国和德国的这一时期的大教堂，矗立天空，雕镂精致，富于光和影的交错流动，表现着飞腾出世的基督教精神。关于哥特式教堂的"阴影"对罗丹的启发，宗白华认为《罗丹在谈话和信札中》里一段话可供参考："阴影的力量对于罗丹是一探索不尽的秘密。在巴黎圣母院的穹门前，他试图解说这不可探明的规律。他说：'大教堂的变动不居的阴影表现出运动。动是一切物的灵魂。只有这样的创作是永远有价值的：即它内部具有力量，把自己的阴影在天光之下完满地体观出来。因为从正确的形成的体积，诸阴影才会完全自己显示出来。在重新修复这大教堂时，鲁莽的手把这一切可能性毁灭了。这是多么无知！……'"罗丹强调"动是一切的灵魂"，对宗白华的思想影响甚深。见宗白华：《宗白华全集》（第3卷），安徽教育出版社，1994年版，第445页注释。

观摩罗丹博物馆并被罗丹的艺术造像深深感动，他认为这些新创的现实主义与浪漫主义相结合的"艺术形象"堪与古希腊的雕刻境界媲美。宗白华说："艺术贵乎创造，罗丹是在深切地研究希腊以后，创造了新的形象来表达他自己的时代精神。"①罗丹的雕刻不单是表现了人类的"普遍精神"（普世价值），同时也注意表现民族的"时代精神"（特殊价值）。罗丹通过自己的艺术创作表现了他所处时代的最内在的精神面貌，也就是文艺复兴以来近代人生的深层矛盾、追求与幻灭。这就是罗丹的创作企图和艺术意境。因此，宗白华说罗丹创造的艺术形象可以助其理解艺术的真谛。

在对罗丹艺术作品的鉴赏中，宗白华获得了艺术观念上的深刻启示，换言之，宗白华的意境美学与罗丹的艺术精神产生了高度的契合和共鸣。

四、《流云》中的生命诗境

宗白华在《艺境》中不仅有"美学散步"，即以哲学思辨和诗性文体相结合的方式阐述了意境美学思想，同时也进行了具体的文艺实践，即创作了60首《流云》小诗，想以诗歌的形式来实践他的美学和文艺理论主张，因此，一定意义上可以说《流云》是对"艺境"的表征，这种艺术表征的成败得失有待具体分析。

（一）《流云》：万物一体的生命诗境

宗白华致力于中国美学和艺术学研究的，有两大因缘的刺激：一是他于1921年春转入柏林大学哲学系学习，受教于德国著名美学家和艺术学家玛克斯·德索；二是他在1922年前后一度诗性勃发，创作了《流云》小诗。②理论自觉与诗性创造，是推动宗白华由早年的文化批评走向美学和艺术学研究的重要因素。

---

① 宗白华：《宗白华全集》（第3卷），安徽教育出版社，1994年版，第445页。

② 汪裕雄、桑农：《艺境无涯——宗白华美学思想臆解》，安徽教育出版社，2002年版，第27页。

宗白华是现代著名诗人，《流云》被誉为小诗派的殿军。《流云》集是宗氏浪漫诗魂与生命诗境的精粹体现。《流云》中所彰显的生命精神与哲学境界，是宇宙、生命、心灵、美感四位一体化的"华严境界"。于是，从《流云》小诗返观宗白华的"艺境"论①，或从"艺境"说分析《流云》的价值②，便成为当代学者研究宗白华艺术实践（诗歌创作）与艺术理论内在关联的一种基本思路，不过这种将艺术实践与艺术理论相结合的研究范式也遭到质疑和诟病③，因为具体到每一个艺术家，其诗歌实践与理论主张之间往往并非完全吻合。因此，我们认为，宗白华的诗歌创作于1922年前后，而他的艺境理论成熟于1940年代，其间诗人的思想也在不断发展变化。因此，无论是用先出的诗歌来推导后出的理论，还是用后来的理论来印证先前的诗歌，似乎都很难自圆其说。所以这种研究需要谨慎，要在充分尊重诗歌艺术本身特质的基础上来看待它们所显现的艺术境界。

宗白华非常欣赏冰心的《繁星》小诗，认为她的诗"意境清远，思致幽深，能将哲理化入诗境，人格表现于艺术"，同时还提出，希望冰心的诗歌创作能"永久保持着思致与情感的调和，不要哲理胜于诗意，回想多于直感"。④宗白华在1921年冬天开始有"写诗的冲动"，此时他常常被一种"创造的情调"所驱使，心灵与自然、自我与人类仿佛通过"神秘的暗道"而相通。诗兴勃发的宗白华常常彻夜难眠，"在烛光摇晃中写下那些现在人不感兴趣而我自己却借以慰藉寂寞的诗句"⑤。诗人的胸襟和情怀，使得他对宇宙人生有着非同一般的细腻深邃的体验。宗氏1922年的《题歌德像》一诗曰："你的一双大眼，/笼罩了全世界。/但也隐隐的透出了，/你婴孩的心。"《春

　　① 彭锋：《从〈流云〉看"艺境"》，《安徽师大学报》（哲学社会科学版）1997年第1期。

　　② 汪裕雄、桑农：《艺境无涯——宗白华美学思想臆解》，安徽教育出版社，2002年版，第244—270页。

　　③ 汤拥华：《宗白华与"中国美学"的困境———一个反思性的考察》，北京大学出版社，2010年版，第264页。

　　④ 宗白华：《宗白华全集》（第1卷），安徽教育出版社，1994年版，第416页。

　　⑤ 宗白华：《艺境》，北京大学出版社，1997年版，第202页。

至》："诗人的境/仿佛似镜中的花，/镜花被戴了玻璃的清影，/诗境涵映了诗人的灵心。"宗白华认为歌德有一颗老子所说的婴孩之心，即赤子之心、童心、真心，这是纯粹的崇高的人格的体现。宗白华将歌德的艺术与人格相联系，认为诗境中"涵映"了诗人的灵心，诗境与诗心两相契合，互相辉映。这就是宗氏所谓的"艺境"本质。诗人的灵心与诗的境界达到了"'两镜相入'互摄互映的华严境界"。1922年的《夜》一诗曰："一时间/觉得我的微躯/是一颗小星，/莹然万星里/随着星流。/一会儿/又觉着我的心/是一张明镜，/宇宙的万星/在里面灿着。"人者天地之心，心又可以容纳万物。诗心与万物互相包含，相映增辉。这就是宗白华的"宇宙诗"。其《孤舟的地球》一诗曰："孤舟的地球/泛泛的空海/缠绵的双星/同流的天河，/但我们的两星/寄托在地球的孤舟上。"以上诸诗中，诗人遐想地球仿佛一叶扁舟泛流在宇宙星空之中，我们的心灵又寄托在地球之上，在这样由宏观到微观的视觉转换中，将宇宙、星辰、地球，人的心灵通过相互依存的"生命"联系在一起，宇宙间万物，都是一脉相连的大化流衍，都能产生一体具化的生命共感。

宗白华在《晨兴》一诗中写道："太阳的光/洗着我早起的灵魂。/天边的月/犹似我昨夜的残梦。"这种天人同构的描述，显示了人生与宇宙相通的生命哲学思想，犹如理学家所说的心外无物、吾心即宇宙的哲学境界。《信仰》一诗写道："红日初生时/我心中开了信仰之花/我信仰太阳/如我的父！/我信仰月亮/如我的母！/我信仰众星/如我的兄弟！/我信仰万花/如我的姊妹！/我信仰流云/如我的友！/我信仰音乐/如我的爱！/我信仰/一切都是神！/我信仰/我也是神！"此诗颇有郭沫若浪漫主义的诗风，在体现泛神论的思路上是接近的，但是与郭氏不同在于，它始终是以"民胞物与"、人与万物共生的和谐精神做指引，没有彰显郭沫若"天狗"式的破坏力量。宗白华1923年创作的《流云（宇宙）》诗曰："宇宙的核心是寂寞，/是黑暗，/是悲哀。/但是/他射出了/太阳的热，/月亮的光，/人间的情爱。//我爱朦胧，我尤爱朦胧的落日。/落日的朦胧中，/我与宇宙为一。"在宗白华看来，宇宙的本体就是创造生命，创造光热和情爱。我欲与宇宙合一，坠入生命创造的"寂寞黑暗"之中，吸取宇宙的创造精神来自我创造，这就是"天行健，君子以自强不息"的生命创造精神。

作为一个中国化的"泛神论"①派诗人，宗白华的泛神论思想倾向是充满生命情调和宇宙精神的，是其生命哲学在现代诗学中的显现。宗氏"泛神论"诗学观最早是在《三叶集》中提出的。宗白华在这一时期写给郭沫若的信中慨叹："因为平日多在'概念世界'中分析康德哲学，不常在'直觉世界'中感觉自然的神秘"，虽然偶有清妙幽远的感觉也无法一时用语言"表写"出来，他有一个独特的看法，就是主张"心中不可无诗意诗境，却不必一定要做诗"。②宗白华早年的泛神论诗观无疑受到了郭沫若的启发，他曾回忆说："白话诗运动不只是代表一个文学技术上的改变，实是象征着一个新世界观，新生命情调，新生活意识寻找它的新的表现方式。"③白话诗人要遵循穷则变、变则通的生命原则来开辟文艺的新天地，来表达新生活的内容、感触和思想，新文体要适应新的文艺创造。郭沫若自称是一位泛神论者（Pantheist），宗白华也主张诗人的宇宙观应以泛神论为好，宗、郭都认为歌德的人生观和宇宙观就是以泛神论为基础的。郭沫若在答复宗白华的信中说："我想诗人与哲学家底共通点是在同以宇宙全体为对象，以透视万事万物底核心为天职；只是诗人底利器只有纯粹的直观，哲学家底利器更多一种精密的推理。诗人是感情底宠儿，哲学家是理智底干家子。诗人是'美'底化身，哲学家是'真'底具体。"④郭沫若认为"哲学中的Pantheism确是以理智为父以感情为母的宁馨儿"，泛神论者是把宇宙全体重新看作个有生命有活动性的"有机体"。宗白华在1919年写给郭沫若的信中说，将来最真确的哲学就是一首"宇宙诗"。在宗白华看来，宇宙是"活动自由的有机生命"，只有艺术才能真正显现"宇宙的真相"，而以"名言"（概念）为方法的哲学和科学不能完全呈现出生命流行的宇宙真相。

———————————

① 泛神论的核心观念是认为自然、宇宙本身即神，神与宇宙是同一的，即Nature God或Universe God，17世纪荷兰哲学家斯宾诺莎的泛神论对法国哲学和德国哲学产生了广泛而深刻的影响，于是产生德国的泛神论即德国的斯宾诺莎主义，代表人物有康德、莱辛、赫尔德、歌德、席勒、贝多芬、谢林和黑格尔等。

② 宗白华：《艺境》，北京大学出版社，1997年版，第12页。

③ 宗白华：《宗白华全集》（第2卷），安徽教育出版社，1994年版，第294页。

④ 宗白华：《宗白华全集》（第1卷），安徽教育出版社，1994年版，第222页。

宗白华自1920年左右起，决定要从哲学研究转向文艺实践和艺术美学研究，实现人生的一次重要转折是确定无疑的。尽管他后来不再写诗，但"诗人的气质却始终没有从他身上消失"①。在去欧洲留学后，他在认同罗丹泛神论倾向的艺术思想基础上，提出万物一体生机之美的观念，这便带有"泛美主义"②的色彩。宗白华说："大自然中有一种不可思议的活力，推动无生界以入于有机界，从有机界以至于最高的生命、理性、情绪、感觉。这个活力是一切生命的源泉，也是一切'美'的源泉。"③在信奉泛神论和生命哲学的宗白华看来，自然无往而不美，艺术也无往而不美，因为艺术家能以心灵来表现"自然的精神"，使艺术的创作如同自然的创作："艺术创造的过程，是物质的精神化；自然创造的过程，是精神的物质化；首尾不同，而其结局同为一极真、极美、极善的灵魂和肉体的协调，心物一致的艺术品。"④艺术与自然具有相近的"生命创进"之历程。

综观宗白华的诗学和哲学思想，其早期主要推崇泛神论，后来是倾向生命哲学，这两者又是前后相续、一脉相承的，宗白华的中国式泛神论的"神"就是指宇宙间的"普遍生命"。简言之，宗白华的生命哲学（泛神论）来源有三：一是少时就养成的"活力"人生观，二是西方生命哲学的影响，三是对中国传统形上学与艺术精神的体察。在这三者交融互渗之下，宗白华在1930—1940年代真正建构起自己的生命哲学思想。因此，宗门弟子刘小枫曾将乃师视

---

① 宗白华：《宗白华美学文学译文选》，北京大学出版社，1982年版，第355页。

② "泛美主义"（Panaestheticism）是宗白华的老师玛克斯·德索在《美学与一般艺术学》中提出的概念，源自中世纪神学家普罗提诺的神学美学，普罗提诺认为万物被上帝光辉照耀而显现"绝对的美"，因为不存在与上帝绝然分离之物，也就不存在全然缺乏审美意义之物，因此万物皆美（尽管美有等级之分），世间一切都被涂上了上帝美的光辉。而现代泛美主义则更多建立在泛神论或生命哲学基础上，与普罗提诺的一神论泛美主义已有本质区别，但是二者都将万事万物当作宇宙生命精神的审美显现，并且都倾向于贬低艺术。见玛克斯·德索：《美学与艺术理论》，兰金仁译，中国社会科学出版社，1987年版，第45页。

③ 宗白华：《艺境》，北京大学出版社，1997年版，第25页。

④ 宗白华：《艺境》，北京大学出版社，1997年版，第28页。

为"中国式的生命哲学家"①，这一定位是基本准确的。

（二）"白天的速度"与"黑夜的诗意"：审美现代性的二重性

日本美学家今道友信曾言，东方美学是"充满诗的意象的思索体系，是美的理念，是精神的美和艺术"，中国传统艺术（如诗）"是想象力突破了概念的僵化的思考和固定化，是想象力带来了动的想念的更为自由的漫游；它向人类启示了宇宙的神韵，启示了艺术的秘密，不，存在的秘密，还启示了超越者的美"。②诗性的想象能使人洞悉生存的本质，抵达生命的智慧境界。在宗白华看来，最好的生存方式就是诗意的生存，因为诗的本质就在于安顿心灵、消解分裂。他说："诗，本是产生于诗人对于造化中一花一草一禽一虫的深切的同情，由同情而体会，由体会而感悟。不但是汩汩的深情由此流出，许多惺惺的妙悟，默默的沉思也由此诞生。诗，是诗人用他的灵魂抚摩这世界，熨贴这世界，因而抚慰着自己，弥补着自己的心灵的伤痕。"③宗白华还认为诗人是"人类的光和爱和热的鼓吹者"④。

宗白华在《我和诗》一文中探讨了诗在他生命中的重要地位以及诗情与人生的关系。他说："我后来的写诗却也不完全是偶然的事。回想我幼年时有一些性情的特点，是和后来的写诗不能说没有关系的。"⑤宗白华自幼就酷爱山水风景，清风白云是他孩提时代"心里独自把玩的对象"。湖山的清景在幼年宗白华的童心里占据着"莫大的势力"，"一种罗曼蒂克的遥远的情思引着我在森林里，落日的晚霞里，远寺的钟声里有所追寻，一种无名的隔世的相思，鼓荡着一股心神不安的情调"；深夜聆听那遥远的箫笛声，"我仿佛和那窗外的月光雾光溶化为一，飘浮在树杪林间，随着箫声、笛声孤寂而远引"。这些

---

① 刘小枫认为，本来就重视生命问题的青年宗白华，在接触德国生命哲学思潮之后很快与之一拍即合。宗白华首先是一位"生命哲学家"，而且毫无疑问是"中国式的"。见刘小枫：《湖畔漫步的美学老人——忆念宗白华师》，《读书》，1988年第1期。

② 今道友信：《东方的美学》，蒋寅等译，生活·读书·新知三联书店，1991年版，第275页。

③ 宗白华：《宗白华全集》（第2卷），安徽教育出版社，1994年版，第303页。

④ 宗白华：《艺境》，北京大学出版社，1997年版，第202页。

⑤ 宗白华：《艺境》，北京大学出版社，1997年版，第196页。

都养成了他亲近自然、推崇生命的世界观。在宗白华看来，"世界是美丽的，生命是壮阔的，海是世界和生命的象征"。他欢喜海，包括"月夜的海、星夜的海、狂风怒涛的海、清晨晓雾的海，落照里几点遥远的白帆掩映着一望无尽的金碧的海"。少年时宗白华因病到青岛休养，尽管没有写过一首诗，"然而那生活却是诗，是我生命里最富于诗境的一段。青年的心襟时时象春天的天空，晴朗愉快，没有一点尘滓，俯瞰着波涛万状的大海，而自守着明爽的天真。"①1914年夏宗白华从青岛回到上海他外祖父方守彝②家里，每天清晨老人高声唱诗，声调沉郁苍凉，非常动人。宗白华在古典诗歌上的兴趣大约受到其外祖父的很深影响。

在古典诗人中，王、孟的诗境比较符合宗白华的"情味"，尤其是王维"清丽淡远"的诗风很投合宗白华的"癖好"。宗白华自称："唐人的绝句，像王、孟、韦、柳等人的，境界闲和静穆，态度天真自然，寓秾丽于冲淡之中，我顶欢喜。后来我爱写小诗、短诗，可以说是承受唐人绝句的影响，和日本的俳句毫不相干，泰戈尔的影响也不大。"③青年宗白华喜欢读诗，常常在夜里山城清寂的时候，"抱膝微吟，灵犀一点，脉脉相通"，其友人的"华灯一城梦，明月百年心"两句诗成为他这时心情的写照。1918—1920年，宗白华开始写哲学文章，但是对文学还是有浓厚兴趣。彼时德国浪漫派文学、歌德、康白情、郭沫若的创作以及罗丹的雕刻都启发了宗白华对新诗的高度关注。

从19世纪下半叶以来，西方社会迈入现代性阶段，对现代艺术家来说，是由一种"永恒性的美学"转变为"瞬时性与内在性的美学"，前者奉行永恒

---

① 宗白华：《艺境》，北京大学出版社，1997年版，第197页。

② 宗白华外祖父方守彝（1845—1924），安徽桐城人，字伦叔，号贲初，又号清一老人，清末民初诗人，遗作有《网旧闻斋调刁集》《方柏堂先生事实考略》等。方守彝是桐城诗家方宗诚（号柏堂）之子，方守彝之弟方守敦是著名诗人兼书法家，"五四"时期著名女作家方令孺（九姑）是宗白华姨妈，"新月派"诗人方纬德、著名戏剧导演方绾德、学者舒芜（方管）都是宗白华的表弟。宗白华在《先父受于公逝世讣告》中说："先父受于公，忠贞廉介，思想超迈。早年从学桐城方氏，为先外祖贲初公所器重。"参见宗白华：《宗白华全集》（第2卷），安徽教育出版社，1994年版，第379页。

③ 宗白华：《艺境》，北京大学出版社，1997年版，第198页。

的、超验的美之理想，后者追逐变化、新奇和震惊的审美体验。① 在1920年代置身于中西文化对流中的宗白华，以诗人的敏锐而体会到这种从古典到现代的转折，他曾感叹说："这时我了解近代人生的悲壮剧、都会的韵律、力的姿式。对于近代各问题，我都感到兴趣，我不那样悲观，我期待着一个更有力的更光明的人类社会到来。然而莱茵河上的故垒寒流、残灯古梦，仍然萦系在心坎深处，使我常时做做古典的浪漫的美梦。"② 在《生命之窗的内外》一诗中，宗白华表达了一种现代性的焦虑和"一个近代人的矛盾心情"，这种焦虑和矛盾就是前现代与现代性的矛盾，传统审美经验与现代性审美经验的抵牾。古典主义的永恒性与转瞬即逝的审美现代性之间的张力，在宗白华的早期美学思想中已经初步显现。正如波德莱尔所说："现代性是短暂的、易逝的、偶然的，它是艺术的一半，艺术的另一半是永恒和不变的。"③ 波德莱尔这种"永恒美"与"现代美"的二元观及其矛盾，在宗白华的美学中也有体现，但不同在于，波德莱尔、本雅明等都是现代性艺术的捍卫者，对工业文明的都市现代性有一种迷恋，而宗白华在一定意义上是"现代的传统主义者"④，他的诗作是对这种审美现代性矛盾的表征，他的诗学和意境美学是以返回古典的形式对现代性的某种抵抗。我们来具体分析《生命之窗的内外》这首诗：

> 白天，打开了生命的窗，
>
> 绿杨丝丝拂着窗槛。
>
> 一层层的屋脊，一行行的烟囱，
>
> 成千成万的窗户，成堆成伙的人生。
>
> 活动、创造、憧憬、享受。
>
> 是电影、是图画、是速度、是转变？

① 卡林内斯库：《现代性的五副面孔：现代主义、先锋派、颓废、媚俗艺术、后现代主义》，顾爱彬、李瑞华译，译林出版社，2015年版，第1页。

② 宗白华：《艺境》，北京大学出版社，1997年版，第200页。

③ 转引自卡林内斯库：《现代性的五副面孔：现代主义、先锋派、颓废、媚俗艺术、后现代主义》，顾爱彬、李瑞华译，译林出版社，2015年版，第50页。

④ 德国汉学家顾彬认为宗白华是一个"现代的传统主义者"，参见叶朗主编：《美学的双峰——朱光潜、宗白华与中国现代美学》，安徽教育出版社，1999年版，第379页。

生活的节奏，机器的节奏，

推动着社会的车轮，宇宙的旋律。

白云在青空飘荡，

人群在都会匆忙！

黑夜，闭上了生命的窗。

窗里的红灯，

掩映着绰约的心影：

雅典的庙宇，莱因的残堡，

山中的冷月，海上的孤棹。

是诗意、是梦境、是凄凉、是回想？

缕缕的情丝，织就生命的憧憬。

大地在窗外睡眠！

窗内的人心，

遥领着世界深秘的回音。①

这首诗中创造了一组强烈对比的意象群，白天的机器的节奏、匆忙的人群，夜晚的冷月孤舟、诗魂梦影，白天的现代图景，与夜晚的古典诗意，形成了鲜明的对照，白天的"速度"与黑夜的"诗意"构成了现代性与永恒性的审美悖论和心灵焦灼，如宗白华所感叹的那样："在都市的危楼上俯眺风驰电掣的匆忙的人群，通力合作地推动人类的前进；生命的悲壮令人惊心动魄，渺渺的微躯只是洪涛的一沤，然而内心的孤迴，也希望能烛照未来的微茫，听到永恒的深秘节奏，静寂的神明体会宇宙静寂的和声。"②李泽厚曾说："在'机器的节奏'愈来愈快速，'生活的节奏'愈来愈紧张的异化世界里，如何保持住人间的诗意、生命、憧憬和情丝，不正是今日在迈向现代化社会中所值得注意的世界性问题么？不正是今天美的哲学所应研究的问题么？"③宗白华的诗

① 宗白华：《艺境》，北京大学出版社，1997年版，第200—201页。

② 宗白华：《艺境》，北京大学出版社，1997年版，第201页。

③ 李泽厚：《走我自己的路》，生活·读书·新知三联书店，1986年版，第123页。

性心灵所要抗拒的就是现代性进程中人的生存困境。《流云》之诗，成为宗白华抗拒现代性进程的一个最有力的心灵武器，也是他安顿性灵的工具。"诗"是其艺术化、理想化的生存方式。①《生命之窗的内外》一诗十分微妙地传达了诗人在现代社会的生存体验的忧患感与分裂感。"生命之窗"的内外，是截然不同的两个世界，内在世界的古典诗意，与窗外世界的现代性节奏，在诗人心灵中造成强大的张力。宗白华要用诗性来消解现代性进程中的人性分裂，回归人性的和谐世界。关上生命之窗，就是退回到自己的心灵世界。

宗白华对近代以来科学主义至上、精神生命堕落的社会现状非常担忧："近代人与无情无表现，纯理数之机器漠然，惟有利害应用之关系，以致人为机器之奴。更进而人生生活机械化，为卓别林之《摩登时代》讥刺之对象！"②机械化不仅是对现代人生活方式的改变，更挤压了人的生命时间。刘小枫指出，"现代"一词所蕴含的是"生存性的时间"，带有"在体性"（ontic）的意涵，"表明生存品质和样式的变化，与过去的生存品质和样式构成紧张关系"。③由于"高速度时间是作为现代性首要特性的变动不居运动性的标志"④，宗白华对现代性的焦虑，主要原因也在于对现代不可逆转的快速时间对生命时间的挤压和摧残，因为"现代时间所包含的现代劳动时间与人体生命时间的矛盾，成为现代性深层矛盾之一"⑤。而生命时间"要求适宜于自己的多样的时间尺度"，强力违反生命时间的自然规律，超常时间保持快速生活与工作节奏，必然对生命本身造成伤害。这是宗白华产生现代性"焦虑"的根本所在。这种浓厚的现代文化危机感使得宗白华总是要回眸中国传统艺术文

---

① 关于宗白华诗学思想中的生存论维度及其用诗来消解现代性张力的意蕴仍处于遮蔽状态，还未被学界完全认知，仅有李泽厚在1980年的《美学散步》序中寥寥数语提及宗白华诗化生存与现代性的矛盾。见李泽厚：《宗白华〈美学散步〉序》，《读书》，1981年第3期。

② 宗白华：《宗白华全集》（第1卷），安徽教育出版社，1994年版，第592页。

③ 刘小枫：《现代性社会理论绪论——现代性与现代中国》，上海三联书店，1998年版，第63页。

④ 尤西林：《心体与时间——二十世纪中国美学与现代性》，人民出版社，2009年版，第17页。

⑤ 尤西林：《心体与时间——二十世纪中国美学与现代性》，人民出版社，2009年版，第21页。

化，希冀能在"诗"（诗学重建）与"美"（古典新诠）中激活当代人文精神、消融文化现代性的内在张力。由此看来，宗白华的诗歌创作与古典艺术研究，"是对传统审美精神的创造性转化，也是对'科学权力'所营造的现代新世界的批判性回应"，他是"以审美的方式来回答乃至解决生命的意义和人性的危机等现代性问题"①。换言之，宗白华对古典审美趣味的提倡，对传统艺术意境的研究，是通过一种"与古为新"和返本开新的方法，旨在以诗意来消解工业文明、工具理性导致人性的分裂，试图建立现代人的审美新感性，建构现代人性的完整维度。

综上所述，宗白华的意境美学思想的发轫和成熟，既与其个人的诗性气质有关，也是他不断参照和融会中西文化、哲学、美学和艺术等多重思想资源的结晶。通过《艺境》这本浓缩了宗白华美学研究的精华之作，我们可以了解到，宗白华美学思想根基是生命哲学，他是站在"宇宙生命"的基石上来化合中西、融通古今，以艺术、生命、宇宙、文化的多维视角来穿透东西文化的界限，在跨文化、跨学科的视域中进行现代意境美学体系的探索和建构。

---

① 张辉：《审美现代性批判》，北京大学出版社，1999年版，第35页。